BIBLIOTHÈQUE DU *PROGRÈS AGRICOLE ET VITICOLE*

COURS COMPLET

DE

VITICULTURE

PAR

G. FOËX

VITICULTEUR, DIRECTEUR ET PROFESSEUR DE VITICULTURE A L'ÉCOLE NATIONALE D'AGRICULTURE DE MONTPELLIER

QUATRIÈME ÉDITION

REVUE ET CONSIDÉRABLEMENT AUGMENTÉE

Avec 6 Cartes en chromo hors texte et 597 Gravures dans le texte

AUX BUREAUX DU *PROGRÈS AGRICOLE ET VITIÇOLE*

MONTPELLIER ET VILLEFRANCHE (RHÔNE)

MONTPELLIER

CAMILLE COULET, LIBRAIRE-ÉDITEUR

LIBRAIRE DE L'UNIVERSITÉ

5, GRAND'RUE, 5

PARIS

GEORGES MASSON, LIBRAIRE-ÉDITEUR

120, boulevard Saint-Germain

1895

COURS COMPLET

DE VITICULTURE

DU MÊME AUTEUR

Manuel pratique de Viticulture pour la reconstitution des vignobles méridionaux, vignes américaines, submersion, plantation dans les sables; avec 103 figures dans le texte; 5e édition, revue et considérablement augmentée. Montpellier, 1891. 1 vol. in-12; prix 3 fr. 50. Franco poste.................................... 4 fr.

Rapport sur le plâtrage des vins, suivi des expériences sur le plâtrage des vins effectuées à l'École nationale d'Agriculture de Montpellier, sur l'ordre de M. le Ministre de l'Agriculture, par MM. BOUFFARD, AUDOYNAUD et BOURDEL. Montpellier, 1888. 1 vol. in-8°; prix 2 fr. 50. Franco poste........................ 2 fr. 75

Instructions pratiques sur les moyens de combattre le Mildew (Peronospora de la Vigne). Montpellier, in-8°; prix 0 fr. 50. Franco poste.............. 0 fr. 60

Foëx et **Viala**. Ampélographie américaine. Montpellier, 1885 in-f°, avec 6 planches phototypiques; prix 7 fr. Franco poste............................ 7 fr. 60

(Quelques exemplaires seulement)

Foëx et **Viala**. Le Mildiou ou Peronospora de la Vigne. Montpellier, 1885. 1 vol. in-12, avec 4 planches, dont une en chromo; prix 2 fr. Franco poste.... 2 fr. 20

Rovasenda. Essai d'une Ampélographie universelle, par le comte de Rovasenda; traduite, annotée et augmentée par le Dr F. CAZALIS et M. FOEX, Directeur et Professeur, et Pierre VIALA, Professeur de Viticulture à l'École nationale d'Agriculture de Montpellier. Deuxième édition augmentée, avec une planche en couleur. Montpellier, 1887. 1 vol. in-4°; prix 7 fr. Franco poste................ 7 fr. 75

BIBLIOTHÈQUE DU *PROGRÈS AGRICOLE ET VITICOLE*

COURS COMPLET

DE

VITICULTURE

PAR

G. FOËX

VITICULTEUR, DIRECTEUR ET PROFESSEUR DE VITICULTURE A L'ÉCOLE NATIONALE D'AGRICULTURE DE MONTPELLIER

QUATRIÈME ÉDITION
REVUE ET CONSIDÉRABLEMENT AUGMENTÉE
Avec 6 Cartes en chromo hors texte et 597 Gravures dans le texte

AUX BUREAUX DU *PROGRÈS AGRICOLE ET VITICOLE*
MONTPELLIER ET VILLEFRANCHE (RHÔNE)

MONTPELLIER
CAMILLE COULET, LIBRAIRE-ÉDITEUR
LIBRAIRE DE L'UNIVERSITÉ
5, GRAND'RUE, 5

PARIS
GEORGES MASSON, LIBRAIRE-ÉDITEUR
120, boulevard Saint-Germain

1895

PRÉFACE DE LA QUATRIÈME ÉDITION

L'accueil bienveillant que les viticulteurs ont bien voulu faire aux trois premières éditions de ce livre nous ayant imposé l'obligation d'en préparer une quatrième, nous avons cherché à la mettre au courant des derniers résultats acquis et à augmenter ou à compléter certaines parties de l'ouvrage que nous jugions insuffisantes. Dans cet ordre d'idées, nous avons cru devoir accroître la portion qui renferme l'ampélographie par la description d'un certain nombre d'hybrides ou de formes nouvelles d'espèces américaines susceptibles de fournir de bons porte-greffes particulièrement pour les terrains calcaires plus ou moins susceptibles de déterminer la chlorose (1) ; nous y avons également ajouté les monographies de divers cépages étrangers ou à raisins de table qui nous paraissaient offrir un intérêt spécial.

On a complété l'étude des procédés de greffage de la vigne par des indications relatives aux greffes en écusson, aux greffes herbacées et à la stratification des boutures greffées dans la mousse.

Le chapitre relatif aux engrais applicables à la vigne a été mis au courant des recherches les plus récentes et notamment

(1) Voir, entre autres, la note VII de l'appendice.

de celles de M. Muntz, qui ont complété dans une large mesure celles précédemment effectuées sur la question (1).

On a cherché à étendre les notions relatives à la chlorose, en résumant les résultats des travaux de MM. Bernard, de Montdésir, Houdaille et Semichon, Lagatu, Viala et Ravaz, etc. Un certain nombre de maladies nouvelles (*maladie pectique, maladie de Californie, brunissure*, *gélivure*, *etc.*) ont été ajoutées à celles antérieurement décrites. Enfin la portion du « Cours » consacrée à la viticulture comparée a été enrichie de diverses monographies de vignobles (*Châteauneuf-du-Pape*, *Côte-Rôtie*, *Tokay*, *Sion*) et par la description des procédés suivis pour la culture des raisins de table sous verre en Angleterre, en Belgique et dans le nord de la France.

L'auteur ose donc espérer encore que ceux de ses lecteurs qui ont entre leurs mains les éditions précédentes constateront en celle-ci certains progrès et ne la consulteront pas sans quelque profit.

Montpellier, 1er juin 1895.

(1) Voir la note VI de l'appendice.

INTRODUCTION

Le présent livre, qui résume sous une forme méthodique les matières de l'enseignement dont l'auteur est chargé à l'Ecole Nationale d'Agriculture de Montpellier, est le fruit de trente ans de pratique et d'étude de la Viticulture, poursuivies dans les vignobles et dans le laboratoire. Il a été écrit d'une manière plus spéciale en vue des élèves des Ecoles d'Agriculture ; nous pensons néanmoins qu'il sera lu avec quelque profit par les viticulteurs en général. La viticulture est, en effet, arrivée à une époque où l'expérience et les connaissances traditionnelles qui ont assuré pendant longtemps sa prospérité ne sont plus suffisantes et où la possession d'une solide instruction professionnelle est indispensable à ceux qui la pratiquent. Les vignobles sont menacés de toute part ; favorisés dans leur dissémination par l'extension des relations internationales, des parasites nombreux, et qui pour la plupart ont été inconnus en Europe jusqu'à une époque récente, détruisent fréquemment les récoltes et menacent la vigne elle-même dans son existence. Les attaques incessantes des maladies cryptogamiques, telles que l'*Oïdium*, l'*Anthracnose*, le *Mildew*, etc., exercent constamment la vigilance des viticulteurs et les obligent à une lutte de tous les instants contre ces infiniment petits, si longtemps ignorés et pourtant causes de si grands effets.

L'invasion du *Phylloxera*, qui a déjà détruit en France seulement plus d'un million d'hectares de vignes, et dont on peut prévoir l'arrivée dans toutes les contrées où cette plante est cultivée, a profondément modifié les conditions de la viticulture, et elle pose à ceux qui s'en occupent les problèmes les plus divers et les plus complexes : il faut tout à la fois défendre contre l'insecte les vignobles encore vivants et travailler à la reconstitution de ceux qui ont été détruits. Cette œuvre doit se faire, en France, dans des conditions particulièrement difficiles, en présence d'une concurrence étrangère des plus actives pour les vins de grande consommation surtout, qui représentent la portion la plus considérable de la production française.

Tandis que notre pays supportait seul, au début, tout le poids des attaques du phylloxera et qu'il s'efforçait de trouver les moyens d'en arrêter les effets, ses voisins, plus heureux, augmentaient rapidement leur production viticole et cherchaient à se substituer à lui sur le marché européen. Le commerce français, encouragé par les facilités que lui donnaient les tarifs de pénétration des chemins de fer et par la possibilité d'obtenir des vins alcoolisés dans des conditions beaucoup moins onéreuses que dans notre propre pays, où les impôts sur les alcools pèsent lourdement sur le vinage, s'est détourné, pendant nombre d'années, de nos produits nationaux. Aussi, les autres contrées viticoles du bassin de la Méditerranée font de grands efforts pour perfectionner leur viticulture: l'une d'entre elles notamment, l'Italie, qui est tout spécialement bien située pour la production et le commerce des vins, a donné à l'enseignement de la Viticulture un développement considérable par la création de quatre Ecoles spéciales, de stations œnologiques et de caves expérimentales ; elle cherche en outre à tenir ses viticulteurs au courant des derniers progrès accomplis, en confiant de nombreuses missions à des hommes compétents et en instituant, chaque année, des concours spéciaux d'objets et d'instruments relatifs à la viticulture et à la vinification. Nous avons actuellement en elle un concurrent d'autant plus redoutable qu'il a tout à la fois la terre et la main-d'œuvre à bon marché, qu'il est pourvu d'un outillage et de méthodes perfectionnés.

Dans ces circonstances, les viticulteurs français doivent s'armer pour la lutte mieux que par le passé, et il leur faut apporter à l'étude de tout ce qui concerne la défense, la reconstitution et l'exploitation de leurs vignobles un soin tout particulier. C'est pour les aider dans cette tâche, où se trouvent également engagés leurs intérêts particuliers et ceux du pays, que nous avons cherché à réunir dans ce volume l'ensemble des connaissances aujourd'hui acquises sur la viticulture, et dont il devient difficile de se passer.

L'ordre adopté pour atteindre ce but est le suivant :

L'ouvrage est divisé en cinq parties.

Dans la première, on a rapidement exposé l'histoire de la Viticulture et sa situation actuelle dans le monde.

Une deuxième partie renferme l'Ampélographie, dont les cadres se sont bien élargis depuis que l'espoir de trouver des cépages résistant au phylloxera a poussé les viticulteurs à importer en Europe les vignes du monde entier. Après un premier chapitre consacré à l'étude des caractères et des divisions de la famille des *Ampélidées*, et plus particulièrement à ceux des espèces du genre Vitis, les principaux cépages issus de ces diverses espèces sont passés en revue, avec des indications sur leurs caractères, leurs aptitudes et les conditions nécessaires à leur développement. Cette étude est d'une utilité toute spéciale, au moment où une grande partie du vignoble français est en voie de reconstitution et où il importe, par suite, de le repeupler avec des types choisis, susceptibles de résister au phylloxera, aux diverses maladies cryptogamiques, pouvant donner une production abondante et offrant dans leurs vins les qualités recherchées par le commerce. Elle a été limitée aux cépages qui présentent, à divers points de vue, un intérêt bien déterminé, les ouvrages spéciaux d'ampélographie permettant aux lecteurs qui désireraient se renseigner sur ce qui touche les autres de le faire facilement. Les cépages d'origine américaine occupent naturellement une place notable dans ce travail, et, parmi les types qui sont issus du V. Vinifera, on a décrit ceux qui jouent un rôle d'une certaine importance dans les vignobles français et étrangers ou ceux qui paraissent susceptibles de quelque avenir.

La troisième partie est consacrée à la Viticulture générale ; on a cherché, en traitant les nombreuses questions qui se rattachent à ce sujet, à sortir du mode de conception local ou systématique qui a presque constamment inspiré jusqu'ici les auteurs viticoles. Afin d'atteindre autant que possible ce but, on a résumé, en commençant, les notions relatives à la Physiologie de la vigne et à l'influence des divers milieux sur sa végétation et ses produits. On a puisé ensuite dans ces premières indications les bases sur lesquelles doivent reposer les opérations culturales ; l'étude comparée des procédés usités dans les diverses contrées viticoles montre enfin comment ces principes trouvent leur application dans la pratique usuelle et dans des conditions différentes. La multiplication par semis et le greffage ont été l'objet de développements assez étendus, à cause de l'intérêt spécial qui se rattache à ces questions dans les circonstances actuelles.

La quatrième partie traite des Accidents, Maladies et Parasites qui peuvent atteindre la vigne : les parasites végétaux, dont quelques-uns, tels que le *Mildew* et le *Black-Rot*, préoccupent vivement en ce moment les viticulteurs, par les ravages qu'ils occasionnent et qui ont été le sujet d'études nombreuses, ces dernières années, à l'Ecole d'Agriculture de Montpellier, occupent une place importante dans cette portion du livre. Parmi les parasites animaux, c'est, comme on le conçoit, le *Phylloxera* qui est étudié de la manière la plus complète : l'historique de l'invasion de ce puceron en Europe est exposé en premier lieu, ainsi que les renseignements relatifs à sa biologie et aux lésions qu'il produit sur la vigne ; après quoi, les moyens usités pour le détruire ou en paralyser les effets, — emploi du sulfure de carbone, du sulfo-carbonate de potassium, des badigeonnages, submersion, plantation dans les sables, vignes américaines — sont successivement passés en revue.

Enfin, les Lois et Règlements édictés en France et dans les divers pays viticoles pour se préserver de l'invasion de l'insecte ou en arrêter l'extension sont résumés dans un chapitre spécial ; la connaissance de la législation adoptée à ce point de vue est nécessaire aujourd'hui à tous les viticulteurs, à cause de la responsabilité qu'ils pourraient encourir en une foule de circonstances, par suite de l'inexécution de certaines de ces prescriptions, et des avantages qu'ils peuvent retirer en plusieurs cas de quelques dispositions qu'elle renferme.

La cinquième et dernière partie comprend la Viticulture comparée. On a cherché à y présenter, sous la forme d'une série de monographies distinctes, les indications relatives aux principaux vignobles français, à quelques vignobles étrangers et aux divers systèmes de culture et de taille de la vigne qui jouissent d'une certaine notoriété. On a réuni, en premier lieu, dans chaque monographie, des renseignements sur les éléments constitutifs du milieu, tels que le climat, la nature du sol, la topographie générale des vignobles ; on a donné ensuite quelques indications sur les principaux crus et sur les cépages cultivés ; on a enfin décrit les procédés de culture employés, en les comparant avec ceux usités dans d'autres vignobles et en cherchant à établir les raisons de leurs analogies et de leurs différences.

L'étude comparée des moyens employés en divers lieux a une grande importance pour les viticulteurs, qui se sont beaucoup trop longtemps renfermés dans la connaissance exclusive des pratiques locales. Ces notions, qui pourraient être regardées comme suffisantes, à la rigueur, dans les conditions ordinaires, laissent ceux qui s'en contentent désarmés dès que des circonstances nouvelles viennent à se produire. Il est en outre impossible, si l'on ne cherche pas à élargir ainsi ses horizons, de bien comprendre la portée des moyens que l'on a l'habitude de mettre en œuvre, et par suite de juger sainement des améliorations dont ils sont susceptibles.

Cette dernière portion du *Cours de Viticulture* ne peut guère être regardée que comme une ébauche assez incomplète ; des voyages d'étude dans les diverses contrées viticoles de la France et de l'Europe seraient nécessaires pour pouvoir lui donner la perfection convenable, et malheureusement il nous a été impossible jusqu'ici de les entreprendre, aucune occasion ne nous ayant été offerte de le faire. Peut-être les circonstances nous permettront-elles plus tard de combler ce *desideratum*.

Telle est, dans son ensemble, l'œuvre que nous offrons aux viticulteurs. Nous ne nous dissimulons pas les nombreuses imperfections qu'elle renferme : rédigée au milieu d'occupations et de préoccupations variées et accumulées, elle se ressent des conditions défavorables qui en ont entouré l'élaboration, et, si nous n'eussions écouté que notre propre sentiment, nous en aurions retardé la publication pour chercher à l'améliorer sur bien des points ; mais des amis, peut-être trop bienveillants, nous ayant assuré que, dans les circonstances que traverse actuellement notre viticulture, il était utile qu'elle vît le jour le plus tôt possible, nous la donnons telle qu'elle est, espérant que l'on voudra bien nous tenir compte de notre bonne volonté. Nous avons cherché d'ailleurs, par de nombreuses notes bibliographiques, à permettre aux lecteurs désireux de faire une étude personnelle plus complète des sujets traités dans cet ouvrage de consulter les travaux publiés sur ces questions.

Il me reste enfin un devoir à remplir avant de clore ces lignes d'Introduction : celui d'exprimer ici ma reconnaissance à ceux que je considère comme mes Maîtres dans l'ampélographie, la viticulture, la cryptogamie et l'entomologie : MM. Planchon, Pulliat, L. Vialla, H. Marès, G. Bazille, Max. Cornu, Prillieux, Lichtenstein et V. Mayet, qui retrouveront au cours de ce livre de nombreux reflets de leurs travaux et des précieux conseils qu'ils m'ont toujours accordés si libéralement et d'une manière si bienveillante ; à mes chers élèves, aujourd'hui mes collaborateurs, P. Viala et L. Ravaz ; enfin à M. Tisserand, directeur de l'Agriculture, qui a bien voulu s'intéresser à mes travaux et pourvoir libéralement aux moyens de les effectuer.

Montpellier, mai 1895.

COURS COMPLET

DE VITICULTURE

PREMIÈRE PARTIE

HISTOIRE DE LA VITICULTURE

CHAPITRE PREMIER

SOMMAIRE. — La Viticulture. — Histoire de la Viticulture en Europe. — Les Vignobles de l'Asie, — de l'Afrique, — de l'Océanie. — Histoire de la Viticulture en Amérique (1).

Aucune culture, parmi celles des plantes utiles, n'a été l'objet d'études et de préoccupations aussi nombreuses que celle de la Vigne. Elle a pris, sous le nom de *Viticulture*, une place à part dans l'Agriculture générale ; l'*Ampélographie*, qui étudie les divers cépages qu'elle met en œuvre, constitue une branche spéciale dans la botanique, et des hommes dont les noms demeureront célèbres parmi les agriculteurs lui ont consacré d'une manière exclusive leur temps et leurs facultés. C'est qu'en effet on peut aujourd'hui considérer la viticulture comme l'une des bases les plus solides de la prospérité agricole des nations qui la possèdent : elle offre à l'agriculture un produit

(1) BIBLIOGRAPHIE. — Voir **Homère** ; l'*Odyssée*. — **Moïse** ; la *Genèse*. — **Varron, Columelle, Palladius**. — **Pline** ; *Histoire naturelle*. — **A. Jullien** ; *Topographie de tous les Vignobles connus*. Paris, Huzard, 1816. — **De Candolle** ; *Géographie Botanique*. Paris, Masson, 1855. — **Dejernon** ; *La Vigne en France*. Pau, 1866. — **Foëx** ; *Conférences sur l'Histoire et la Géographie de la Vigne*, in Bulletin de la Soc. d'Agric. de l'Hérault, mai, juin, juillet 1873. — **L. Portes** et **F. Ruyssen** ; *Traité de la Vigne et de ses produits*. Paris, Octave Doin, 1886, tom. I. Ce dernier ouvrage renferme des documents très complets sur la question traitée dans ce chapitre et de nombreuses notes bibliographiques.

largement rémunérateur, au commerce un précieux élément d'échange et à l'État une matière à impôt des plus productives. Du reste, en dehors de ce point de vue essentiellement positif, le savant trouve, dans les problèmes qu'elle pose, un champ de recherches des plus attrayants; le philanthrope y voit une source d'aisance pour les populations ouvrières, dont elle augmente les salaires ; l'artiste lui-même, séduit par le coloris brillant du fruit de la vigne et les formes gracieuses de ses pampres, y puise parfois le motif d'élégantes compositions.

L'importance de la culture de la vigne et l'attrait que possède tout ce qui s'y rattache nous amènent nécessairement à jeter un coup d'œil sur son histoire, qui nous retrace son passé, et sur sa géographie, qui nous parle de son état actuel.

I.— HISTOIRE DE LA VITICULTURE EN EUROPE

La culture de la vigne nous vient de l'Orient, qui a servi de point de départ à nos civilisations européennes. Dès la plus haute antiquité, l'homme y rencontra la vigne en Arménie, contrée où ses fruits acquièrent, à l'état sauvage, un développement remarquable, et qui dut promptement fixer son attention.

La Bible nous montre dès les premiers âges de l'humanité, au lendemain du grand déluge historique, Noé plantant la vigne et abusant déjà de son produit. Plus tard, les mythologies ont attribué à plusieurs de leurs dieux son introduction chez les différents peuples, ou peut-être ont-elles, comme cela paraît plus probable, divinisé les hommes utiles qui en ont doté leur pays. C'est ainsi que Saturne passe, parmi les Grecs, pour l'avoir introduite en Crète, Osiris en Egypte ; Bacchus l'aurait apportée à sa suite, en faisant la conquête de l'Inde (1) ; enfin le roi Gérion, qui fut mis au rang des demi-dieux, l'avait fait connaître aux Espagnols.

A l'époque héroïque, nous voyons la culture de la vigne, connue dans la Grèce sous les Titans, remise en honneur dans la Béotie par Cadmus, 1519 ans avant notre ère. La production du vin, alors fort limitée, ne visait encore qu'aux besoins du pays, peut-être même de la famille seulement ; mais peu à peu, la civilisation progressant, la navigation se développe, et, facilité par la configuration particulière de la Méditerranée orientale, le commerce international commence de côte en côte, gagnant l'Asie-Mineure, l'Egypte, les côtes d'Afrique

(1) D'après M. Ad. Pictet, cité par MM. Portes et Ruyssen, les Aryas auraient connu le vin et l'auraient introduit dans l'Inde, en Europe et en Egypte.— Portes et Ruyssen ; *Traité de la Vigne et de ses produits*, tom. I. Paris, Octave Doin, 1886, pag. 31.

et bientôt la Sicile et l'Italie. La production augmente au fur et à mesure de ces progrès, et nous savons en effet, aujourd'hui, qu'à l'époque du siège de Troie, les Grecs tiraient de grands profits de leurs vins, parmi lesquels les plus renommés paraissent avoir été ceux de Maronnée, Cos, Candie, Lesbos, Smyrne et Chio.

La Grèce demeure longtemps la pourvoyeuse de l'Italie ; car si ce fut peu après cette époque que la culture de la vigne fut introduite dans cette dernière contrée, elle s'y développa lentement dans les débuts : on n'y possédait pas encore la sécurité nécessaire pour l'établissement d'une entreprise à longue échéance, qui demande, de la part de ceux qui la tentent, une confiance en l'avenir, inconnue en ces temps de guerres et de luttes perpétuelles. Aussi, à l'époque des premiers rois de Rome, le vin était-il une chose de luxe que l'on faisait généralement venir de Grèce et dont l'on était fort avare; l'usage en était interdit aux femmes.

Numa chercha à améliorer la culture de la vigne en enseignant le moyen de la tailler ; et afin de donner plus de poids à ses recommandations, il défendit d'offrir aux sacrifices d'autre vin que celui obtenu d'une vigne taillée par le fer. Mais ce ne fut, d'après ce que nous voyons dans Pline, qu'au IVme siècle avant J.-C. qu'elle fit de sérieux progrès et devint promptement l'une des branches importantes de l'agriculture italienne, ainsi que le démontre la large place que les géoponiques latins, Caton, Varron, Pline, Virgile et Columelle, lui ont consacrée dans leurs ouvrages, tandis que la perfection d'un certain nombre de procédés que nous indiquent ces auteurs, l'élévation des rendements obtenus de leur temps, sont une preuve du haut degré de prospérité qu'on avait su lui faire atteindre alors.

Les Phocéens, en fondant Marseille 600 ans avant J.-C., importèrent probablement avec eux les cépages de la Grèce et la culture de la vigne dans notre pays. Justin nous dit que «les anciens habitants de la Gaule apprirent des Grecs établis à Marseille la manière de tailler la vigne et de planter l'olivier». Mais leurs colonies, d'une surface restreinte, vivaient moins par l'agriculture que par le commerce ; d'ailleurs, les peuplades gauloises, presque continuellement en guerre avec eux, «aimaient mieux, comme nous le rapporte Strabon, manier l'épée et la lance que la charrue et le soc, et elles ne purent se décider à faire le métier de laboureur que quand les Romains les eurent forcées à quitter celui des armes». Aussi, leur action civilisatrice dut-elle être fort restreinte jusqu'à la conquête de la province ; les colonies romaines devinrent alors comme autant d'écoles concourant, avec celles des Grecs, à répandre les bons procédés de culture de la Grèce et de l'Italie. Mais, même après cette époque, on comprend facilement qu'il dut se passer beaucoup de temps avant que les peuples qui étaient voisins de ces sources de lumière eussent appris à leurs compatriotes plus éloignés la manière de faire valoir leurs terres. Aussi ne serons-nous pas très surpris du dire de Diodore de Sicile, qui vivait sous Auguste et qui nous raconte que, de son temps encore, certaines peuplades gauloises échangeaient, auprès des marchands italiens et massaliotes, un enfant contre un tonneau de vin.

Quoi qu'il en soit, la vigne était cultivée en Gaule et y gagnait rapidement du terrain. Pline, qui écrivait peu de temps après cet historien, en compte plusieurs cépages qu'il désigne par des noms locaux. Il nous parle des vins qu'ils produisaient en véritable connaisseur : ceux de Marseille sont trop gras (*pingius*) ; ceux de Vienne avaient, à son avis, un arrière-goût de poix ; ceux de Béziers, réputés dans les Gaules, étaient peu connus au dehors. Quant aux crus de la province, il ne peut, dit-il, les apprécier, «de crainte de s'empoisonner, parce qu'on les colore avec de la fumée et qu'on y mêle de l'aloès et d'autres drogues.»

Cependant, les conquêtes de César avaient ouvert à la civilisation de vastes espaces, où la culture de la vigne se propagea rapidement sous l'influence romaine ; les principaux vignobles de la vallée du Rhône furent successivement plantés. On a trouvé, il y a quelques années, à l'Ermitage, une cave souterraine renfermant quarante amphores contenant de la lie desséchée ; cette découverte permet de supposer que la vigne y était déjà cultivée, bien qu'il n'en soit fait mention nulle part dans les auteurs latins, et que plus tard, lorsque vers le XIIIme siècle on en planta de nouveau sur les coteaux, il fallut les défricher. Après les Romains, les Barbares étaient venus, détruisant tout sur leur passage, et les forêts avaient remplacé la vigne jusqu'en des temps meilleurs. On a tout lieu de supposer également, bien que les documents précis manquent à cet égard, que Bordeaux avait déjà des vignobles à cette époque.

Les Romains apprirent bientôt à apprécier les vins des Gaules et à les préférer à ceux de l'Italie, qui, venus pour la plupart sur des vignes en hautains, étaient généralement peu agréables, comme nous pouvons le conclure d'un mot de Cinéas, ambassadeur de Pyrrhus : trouvant vert et âpre le vin que lui servaient ses hôtes romains, il leur dit que «c'était justice de pendre à un gibet haut et éminent la vigne mère de ce vin».

La facilité qu'offrait le Rhône pour le transport des vins de Vienne, aussi bien peut-être que leur qualité, avait attiré sur eux une grande faveur de la part du commerce romain ; les bateliers *utricu-*

laires les transportaient jusqu'à Arles, d'où on allait les embarquer à Marseille. Bientôt l'invention des tonneaux par les Gaulois, en facilitant encore les transports, fit prendre à l'importation des vins des Gaules des proportions suffisantes pour effrayer les propriétaires italiens ; ceux-ci obtinrent de Domitien un édit qui, sous prétexte d'une famine qui avait désolé le pays, ordonnait l'arrachage et le remplacement, par des cultures de céréales, de la moitié des vignes des Gaules et de l'Espagne.

Mais de pareilles mesures ne pouvaient être longtemps maintenues ; le bon sens public en fit bientôt justice, et nous voyons dès le règne suivant, sous Nerva, puis sous ses successeurs, Trajan et Adrien, la vigne regagner du terrain. L'empereur Probus, comprenant l'importance de sa culture en Gaule, tant au point de vue de la civilisation et de la pacification de cette contrée qu'à cause du commerce important qu'elle alimentait, employa même ses légions à créer de nouveaux vignobles en Bourgogne et en Champagne.

C'est peut-être dans ce vaste ensemble de plantations que se trouvaient comprises ces vignes du *Pagus Arebrignus,* qui, au dire d'Eumènes, étaient déjà si vieilles au temps de Constantin qu'on y trouvait à peine la taille ; c'est probablement aussi à cette époque que furent établis ces vignobles des environs de Paris dont Julien trouvait le vin si bon.

Mais la viticulture ne s'arrêta pas à ces limites, qu'elle ne dépasse guère de nos jours ; les Romains, encouragés par les résultats obtenus en Gaule, cherchaient à l'introduire dans toutes les contrées soumises par leurs armes ; c'est ainsi qu'ils l'importèrent, à la suite de leur conquête, dans la Grande-Bretagne, où, au dire de Joseph Strutt, auteur d'un ouvrage sur les *Mœurs et usages des anciens Bretons,* on a trouvé des pressoirs et autres vestiges d'instruments de vinification remontant à cette époque. Du reste, le même auteur a recueilli des chroniques et des faits qui prouvent d'une manière certaine que la vigne continua encore assez longtemps à être cultivée dans cette contrée (1).

Quoi qu'il en soit, la vigne continuait à s'étendre et à prospérer en Gaule. Le poète Ausone, qui vivait à Bordeaux au IVme siècle, dans son

(1) D'après la Chronique de William de Malmsbury, il est aujourd'hui avéré que la culture de la vigne était très répandue en Angleterre au XIIme siècle. Cet auteur cite la vallée de Glocestershire comme étant celle qui produisait les meilleurs vins ; il y avait aussi dans le parc de Windsor une vigne qui a existé jusqu'au règne de Richard II, et ce roi en payait la dîme à l'abbé de Walthum, alors curé de cette paroisse.— R. Dejernon ; *La Vigne en France et spécialement dans le Sud-Ouest.* Pau, Veronese, 1866, pag. 53.

poème sur les *Bords de la Moselle*, chante les vignobles qui en dominent les rives près de Metz ; il parle également du vin comme d'un objet de commerce important pour Bordeaux. Malheureusement, bientôt les invasions successives des Barbares, puis la constitution du régime féodal, vinrent arrêter cette ère de prospérité, et dès lors, pendant bien longtemps, ce n'est plus que sous les murs d'un château-fort ou d'un couvent que nous pouvons la retrouver.

Un certain nombre de vignobles, aujourd'hui célèbres, étaient déjà connus ; Grégoire de Tours, qui vivait au IVme siècle, nous rapporte que «à l'occident de Dijon sont des montagnes très fertiles, couvertes de vignes qui fournissent aux habitants un vin aussi noble que le Falerne».

Un moment même, sous la puissante main de Charlemagne, la viticulture prit un nouvel essor. Ses *Capitulaires* renferment des prescriptions relatives à la culture de la vigne, et nous la voyons pénétrer, à la suite de ses armées, en Allemagne et en Suisse près de Zurich et sur les collines du pays de Vaud. On commence à la planter dès le IXme siècle dans l'archiduché d'Autriche, en 1248 en Bohême, et le fameux *Furmint* de Tokai fut introduit en Hongrie en 1250, de Forli en Italie. Ce ne fut qu'au XIIIme siècle qu'elle fut cultivée en Prusse, à la suite de la conquête des chevaliers teutoniques.

Mais, au démembrement de l'Empire, les Barbares reparaissent ; les Normands ravagent une partie de la France, et la viticulture souffre de nouveau, sauf dans les rares contrées qu'ils ne peuvent atteindre. C'est ainsi que nous savons que les premiers ducs de Bourgogne avaient déjà leurs clos à *Vosne*, *Chenôve*, *Pommard* et *Volnay*, tandis que presque toutes les vignes de nos côtes étaient arrachées par les pirates ou abandonnées par les habitants.

Tandis que la culture de la vigne, arrêtée dans son mouvement en France, y restait presque stationnaire, l'Espagne au contraire, sous la domination des Maures, voyait ses plantations s'agrandir et se perfectionner. Le docteur arabe Ibn-all-Awam, qui vivait au XIIme siècle, dans son livre sur l'Agriculture nabathéenne, nous donne sur la vigne des renseignements précieux qui témoignent de l'importance que sa culture avait acquise à son époque chez ses compatriotes.

A l'époque des croisades, nous pouvons constater une certaine reprise dans la plantation de la vigne en France. Beaucoup de seigneurs avaient été obligés de vendre la liberté à leurs serfs pour subvenir aux frais de ces expéditions, et le paysan, libre, travaillait mieux et davantage ; en outre, la tranquillité relative dont on jouissait dans les campagnes, en l'absence de ces rudes batailleurs, encourageait la production agricole ; enfin le clergé, qui possédait alors la plus grande partie des meilleures terres, venait de publier plusieurs *canons* pour la sécurité de l'agriculture. Mais bientôt, la croisade des Albigeois vint détruire dans le Midi les effets de deux siècles de travail. Après ces événements, la guerre de Cent ans troubla encore pendant longtemps la sécurité de l'agriculture de notre pays, et la vigne, plus que toute autre culture, eut à en souffrir. Nous savons en effet que les Anglais profitèrent de leur passage en Normandie pour y faire arracher les vignes, nombreuses alors en cette province, qu'ils considéraient comme pouvant faire concurrence à celles de Guyenne.

Ce ne fut qu'à l'époque de la Renaissance que la vigne put participer au bénéfice du mouvement général des esprits, qui eut une telle influence sur notre agriculture française. L'Etat commença alors à s'occuper de cette branche si importante de notre production nationale ; malheureusement son intervention fut préjudiciable aux intérêts de la culture qui nous occupe. A deux reprises différentes, en 1563 et en 1781, des édits de proscription furent lancés contre elle ; la crainte de la disette des grains, ce spectre qui effrayait tant les gouvernements au temps où la difficulté des transports obligeait à ne compter que sur la production locale, en fut la cause.

Depuis lors, sa prospérité n'a décidément plus cessé d'aller en croissant. La Révolution française, en favorisant le morcellement de la propriété et l'amélioration des moyens de communication, en créant aux vins de nouveaux débouchés, aida puissamment son développement, de sorte que, tandis que l'on ne comptait dans notre pays, en 1775, que 800,000 hectares de vignes, nous en avions 1,500,000 en 1789; 1,900,000 en 1800; 2,000,000 en 1850; et en 1865, avant que le phylloxera eût exercé ses ravages, elle y recouvrait près de 2,500,000 hectares, c'est-à-dire plus de la moitié de la surface cultivée en vigne dans le monde entier. Aujourd'hui, les vignobles français, en grande partie reconstitués, donnent déjà une production plus que suffisante pour les besoins de notre consommation nationale et qui, d'ici à un avenir très prochain, ne trouvera les débouchés nécessaires à son écoulement que par l'exportation.

Telle est, d'une manière bien rapide et bien incomplète, l'histoire de la Viticulture en Europe et particulièrement en France.

II. — LES VIGNOBLES DE L'ASIE

En Asie, la culture de la vigne a peu d'importance, elle est surtout pratiquée pour la production des raisins de table dans les contrées qui seraient pourtant favorables à celle du vin ; dans la Turquie d'Asie, bien que chaque jardin possède des ceps nombreux, nous ne voyons de véritables vignobles à vin que près de Smyrne, de Thyra, de Trébizonde et d'Erzeroum. On récolte aussi une certaine quantité de vin au pied du Caucase, en Géorgie, en Arménie et en Perse (à Chiraz dans le Faristan et à Ispahan). M. de Humboldt signale dans l'Asie centrale les vignes de Khamil Hami, sous 43° lat. et 92° long. orient. de Paris, et celles de H'lassa dans le Thibet chinois, sous 29°41' de latitude. Ainsi que le fait remarquer M. de Candolle, l'étendue et la hauteur des montagnes au centre du continent sont un obstacle évident à la viticulture. Dans le nord de la Chine aux environs de Pékin, il y a des vignobles. Bunge dit qu'il en a rencontré même en grande quantité jusqu'à Gouan-gon, qui est plus septentrional que cette ville.

La culture de la vigne a été autrefois assez répandue dans ces deux contrées pour la production du vin : d'anciennes chansons chinoises et divers documents l'établissent d'une manière certaine. Depuis, des édits rendus en vue de réprimer l'ivrognerie ont supprimé la plus grande partie des vignobles, l'usage du vin a été complètement abandonné et les raisins ne sont plus utilisés que pour la table (1).

La vigne existe au Japon, mais dans les jardins seulement ; elle y a été cultivée autrefois pour le vin, puis proscrite comme en Chine ; de nombreux encouragements sont donnés actuellement à la plantation des vignobles par le gouvernement de cet empire. Enfin, nous avons reçu, ces dernières années, quelques cépages provenant de Srinagar (Kachemir), dans le massif de l'Hymalaya, où un Français, M. Ermens, a fait de louables efforts pour en propager la culture.

III. — LES VIGNOBLES DE L'AFRIQUE

En Afrique, les plantations de vignes sont nombreuses dans la région septentrionale qui borde la Méditerranée ; nous trouvons cette plante en Egypte, où, d'après M. Pictet, elle aurait été introduite par les Aryas (2), en Abyssinie, dans la régence de Tripoli, en Tunisie, en Algérie et au Maroc. Mais, sauf en Algérie et en Tunisie, où sa culture prend depuis quelques années un développement considérable sous l'influence de la colonisation française (3), on ne la rencontre guère dans ces divers États que dans les jardins, les musulmans qui les habitent ne buvant pas de vin.

(1) Portes et Ruyssen ; *loc. cit.*, pag. 32 et suiv.

(2) Portes et Ruyssen, I, p. 31.

(3) D'après M. Borgeaud, sous-directeur de l'École d'Agriculture de Rouïba, notre colonie algérienne possédait déjà en 1885 environ cinquante mille hectares de vignes. (Voir carte viticole).

Au Nord-Ouest, dans l'océan Atlantique, les groupes des îles Açores, Madère et des Canaries produisent des vins renommés. Enfin, dans l'Afrique méridionale se trouvent les vins célèbres du Cap qui donnent le vin de Constance ; ils ont été créés avec des cépages importés de l'Hérault par des protestants français, émigrés lors de la révocation de l'Édit de Nantes.

IV. — LES VIGNOBLES DE L'OCÉANIE

La vigne est également cultivée sur quelques points de l'Océanie, à Java et à Mindanao, qui ne font que des raisins de table et en petite quantité.

En Australie, au contraire, et notamment dans la colonie de la Nouvelle-Galles du Sud et dans celle de Victoria, un certain nombre de plantations de vignes ont été effectuées, ces dernières années, avec succès, au point de vue de la production du vin (1) ; le phylloxera y a malheureusement fait son apparition récemment.

Du reste, l'avenir viticole de l'Australie paraît dépendre à peu près exclusivement du développement plus ou moins grand que prendra la consommation du vin dans ce continent ; en effet, la grande distance qui le sépare de l'Europe et le haut prix qu'y atteint la main-d'œuvre l'empêcheront vraisemblablement longtemps d'exporter ses produits.

V. — HISTOIRE DE LA VITICULTURE EN AMÉRIQUE

Sur le continent américain, la viticulture joue un rôle jusqu'ici relativement peu considérable, mais qui s'accroît progressivement. Au midi de l'Amérique du Sud, la République Argentine a commencé à créer un vignoble qui tend à prendre de l'importance. Au Brésil, quelques tentatives de culture de vignes ont été faites dans les provinces de San Paulo, de Rio Grande do Sul et de Minas Geraes, qui jouissent, grâce à leur altitude, d'un climat relativement tempéré : mais la coïncidence qui existe entre la saison des pluies et l'époque de la maturité du raisin entraîne le développement de nombreuses maladies cryptogamiques, lesquelles ont mis obstacle jusqu'ici à leur extension. Les essais de M. le Dr Baretto, à San Paulo, permettent d'espérer que l'on arrivera à résoudre ces difficultés, tout au moins

(1) Voir *John Bull's Vineyard, — Australian sketches by Hubert de Castella.* Sands and Mc Dougall limited, Melbourne 1886.

en ce qui touche la culture des raisins de table. Le Chili et le Pérou ont profité de la région tempérée que leur offre le flanc de la Cordillère des Andes, lorsqu'on s'élève à une altitude suffisante, pour planter des vignobles dont les produits sont l'objet de transactions d'une certaine importance avec les Etats de l'Amérique centrale, sous forme de vin ou d'eau-de-vie. La viticulture chilienne s'est particulièrement développée depuis quelques années, grâce à l'impulsion intelligente qui lui est donnée par le gouvernement de cette république et par suite de l'augmentation de consommation qui résulte de la prospérité croissante de l'industrie minière. Le Mexique a des vins renommés : celui d'*el Passo*, sur les bords du *del Norte*, celui de *Parras*, dans la province de Coahuila, et ceux de *San-Luiz-de-la-Pas*, dans celle de Méchoacan ; mais sa production est peu considérable et ne donne lieu à aucun commerce.

En Californie, la culture de la vigne est fort ancienne et assez importante ; les premiers essais de plantation furent faits en 1740 par les prêtres de la Mission de San-Diego (Basse-Californie) ; les plants qu'ils avaient importés d'Espagne ont conservé le nom de *Mission Grapes* (raisins de la Mission). C'est particulièrement dans la Sierra Nevada et dans le comté de *los Angelos* que les plantations les plus récentes ont été faites. Le phylloxera a aujourd'hui envahi les vignobles de cet Etat, et une maladie grave, qui détruit très rapidement les vignes sous l'influence d'un champignon *Myxomycète*, récemment découvert par MM. P. Viala et Sauvageau, y sévit gravement depuis quelques années (1).

Dans la partie des Etats-Unis qui se trouve à l'est des Montagnes Rocheuses, la viticulture est peu développée et se fait dans des conditions très différentes de celles des contrées que nous venons de passer en revue : en effet, tandis que ces dernières cultivent uniquement les cépages de l'ancien Monde issus du V. VINIFERA, la première, au contraire, a dû demander à ses espèces indigènes, plus résistantes à l'action du phylloxera et à celle des maladies cryptogamiques, l'élément constitutif de ses vignobles. L'importance qui s'attache, depuis l'invasion du phylloxera en Europe, aux cépages de cette origine, nous oblige à dire quelques mots sur leur histoire et sur celle de leur culture.

Les vignes américaines ont été beaucoup plus anciennement connues par les Européens qu'on ne le pense généralement. Elles avaient déjà, au Xme siècle, fixé l'attention des hardis navigateurs qui

(1) Voir *Maladies de Californie*. — *In* les *Maladies de la Vigne*, par Pierre Viala. Montpellier, C. Coulet, libraire-éditeur, 1893. Pages 407 et suiv. de la 3e édition.

précédèrent Christophe Colomb dans la découverte du continent américain.

M. Christian Rafn, archéologue danois, qui a recueilli un grand nombre de documents sur les voyages que firent les Scandinaves, du xme au xivme siècle, sur la côte orientale de l'Amérique, nous raconte qu'en l'an 1000, Leif, fils d'Éric le Rouge, partit du Groenland avec 35 hommes pour aller explorer plus complètement les terres visitées par Biarne en 986; ils s'arrêtèrent dans le Massachusetts, et un Allemand, nommé Tyrker, y découvrit des raisins dont ils remplirent leur chaloupe. Depuis lors, plusieurs voyages furent entrepris pour venir en chercher. Leif appela le pays : Vinland.

Adam de Brême, qui vivait au xiime siècle, affirme également comme un fait que la vigne croît en Amérique; il le sait, non par des conjectures, mais par le récit authentique des Danois. Il cite comme autorité le roi danois Tvein Etridson, neveu de Canut le Grand.

Lors de la première colonisation des États-Unis, les émigrants (*Pilgrim fathers*) remarquèrent des vignes indigènes à Plymouth. «Il y a ici des raisins rouges et blancs, très doux et très gros», écrivait Jos.-Edward Winslon, en 1621. Le R. P. Higginson, écrivant, en 1629, de la colonie du Massachusetts, dit : «Il y a, ici, d'excellentes vignes, de tous côtés, dans les bois. Notre gouverneur a déjà planté un vignoble avec l'espoir de l'agrandir.» Ainsi, dans les derniers siècles, on a cultivé la vigne et on a fait occasionnellement, en Amérique, du vin de vignes indigènes (les colons français près de Raskaskia, Ills, firent, en 1760, cent dix barriques de gros vin de vignes indigènes); mais ni la qualité ni le prix obtenus n'offrirent un encouragement suffisant pour persévérer» (Buchanan, cité par Meissner) (1). — Mais ce n'est qu'après les tentatives infructueuses faites à la fin du siècle dernier et au commencement de celui-ci, par les Suisses de la Nouvelle-Vevey, sur les bords de l'Ohio, et par le conventionnel Lakanal, dans le Kentucky, le Tennessee, l'Ohio et l'Alabama, pour cultiver nos vignes de l'ancien Monde, que les Américains essayèrent sérieusement d'utiliser leurs cépages indigènes. Ce fut le V. Labrusca, situé dans les États les plus anciennement colonisés et qui donnait naturellement des fruits volumineux, sur lequel se portèrent les premiers efforts. Des semeurs habiles et persévérants créèrent un grand nombre de variétés de cette espèce. On essaya bientôt après de tirer également parti du V. Riparia et du V. Æstivalis, et, dans le

(1) *Illustrated descriptive catalogue of american grape vines, a grape growers mannal* by Bush and Son and Meissner. — Saint-Louis, pag. 7 de la 3me édition.

Sud, du V. Rotundifolia. Enfin, on chercha à obtenir, par voie d'hybridation entre ces diverses espèces ou entre l'une d'entre elles et des vignes d'Europe, des produits intermédiaires qui jouent un rôle assez important aujourd'hui dans la viticulture américaine.

C'est M. Longworth, de l'Ohio, que l'on peut considérer comme l'initiateur dans la mise en culture des espèces sauvages, dont il s'est occupé dès 1823 environ ; il a été suivi depuis par des viticulteurs dont les noms sont bien connus aux États-Unis, tels que MM. Underhill, Roger, Allen, Arnold, Adlum, Bull, Rickett, etc.

Malgré tous ces travaux, la viticulture progresse peu aux États-Unis; elle a à souffrir, dans les États de l'Est, des atteintes désastreuses des maladies cryptogamiques, dont le développement est favorisé par les conditions spéciales du climat, et dans ceux mieux situés à ce point de vue, tels que le Texas et la Californie, des effets du défaut de débouchés pour ses produits. Le marché national, en effet, est très limité par suite de l'influence des Sociétés de tempérance, et le marché étranger est difficilement accessible à cause du haut prix de la main-d'œuvre qui rend les vins trop chers pour qu'ils puissent subir des frais de transport considérables.

On a bien essayé, afin de réduire ces derniers, d'avoir recours à la concentration des moûts par le moyen du vide. Des usines, bien installées pour cet objet, existent actuellement en Californie et exportent leurs produits en Allemagne, où ils sont étendus d'eau et mis en fermentation. Mais il est évident que, lorsque les importations de ce genre acquerront des proportions trop considérables, les États européens producteurs de vin prendront contre les moûts concentrés des mesures analogues à celles déjà édictées contre les raisins sec, et que le marché de l'ancien Monde leur sera bientôt fermé. La situation ne paraît donc pas de nature à se modifier beaucoup de ce chef.

Il est, par contre, probable que les Sociétés de tempérance américaines, composées de gens sensés et pratiques, une fois mieux informées, reviendront à une plus saine appréciation des choses ; elles se rendront compte que les pays où l'usage des vins rouges est général, même dans les classes les plus pauvres, ainsi que cela a lieu dans le midi de la France, n'ont pas d'ivrognes ; elles comprendront enfin que la meilleure solution du problème qu'elles poursuivent se trouve dans le remplacement du wiskey par le vin rouge à bon marché. Les États-Unis de l'Est deviendront alors un débouché presque indéfini pour la Californie, le Texas et les autres États susceptibles de produire du vin, et la viticulture y prendra vraisemblablement un essor considérable.

Les divers cépages américains sont restés longtemps peu connus en Europe, à cause de leur infériorité comme raisins de table et comme producteurs de vins. A peine y trouvait-on quelques types, tels que le *York-Madeira* ou l'*Isabelle*, que ses qualités ornementales avaient fait adopter pour couvrir les tonnelles des jardins. Ce n'est qu'en 1861 que M. le marquis de Ridolfi entreprit, afin d'échapper aux ravages de l'oïdium, de cultiver l'*Isabelle* sur une assez grande échelle, dans ses propriétés, près de Florence.

En 1866, M. Laliman importa, dans le même but, divers cépages dans sa propriété de la Tourrate, près de Bordeaux. Les observations de ce viticulteur sur la résistance que ces vignes opposaient aux attaques du phylloxera, qu'il communiqua au Congrès de Beaune en 1869, attirèrent sur elles l'attention, et, au printemps de 1872, M. Victor Lefranc, ministre de l'Agriculture, fit venir, par l'intermédiaire de M. le Consul de France à New-York, une certaine quantité de vignes américaines qui furent distribuées à divers agriculteurs notables de l'Hérault; depuis lors, les importations se sont beaucoup multipliées, et l'École d'agriculture de Montpellier a pu réunir une collection renfermant plus de 300 espèces ou cépages du Nouveau Monde. On a déjà planté 142.000 hectares de ces vignes, en 1891, dans le seul département de l'Hérault, et elles tendent à prendre une place de plus en plus grande dans la reconstitution du vignoble français, où elles couvrent, à l'heure actuelle, une surface plus importante que dans celui des États-Unis (436.018 hectares en 1890).

En résumé, si l'on compare la situation de la viticulture dans les diverses contrées du monde qui la pratiquent, on est bien vite amené à reconnaître qu'elle n'est encore largement et solidement assise qu'en Europe. Et, si l'on met en regard les pays viticoles européens, on constate la grande supériorité de la viticulture française, tant au point de vue de l'importance que de la variété et de l'excellence de sa production. Seule, elle produit tout à la fois ces admirables vins de la Gironde et de la Bourgogne, qu'aucun autre ne saurait remplacer sur les tables somptueuses, et ces vins communs, mais sains et hygiéniques, qui, grâce à leur bon marché, peuvent entrer dans la consommation de tous.

DEUXIÈME PARTIE

AMPÉLOGRAPHIE

CHAPITRE II

SOMMAIRE. — L'Ampélographie. — Les Ampélidées. — Caractères et divisions de cette famille. — Les Cissus et les Ampelopsis. — Les Ampelocissus. — Les Vitis. — Caractères et espèces de ce genre (1).

L'*Ampélographie* a pour objet, ainsi que son nom nous l'indique, la description des vignes. Elle s'est occupée pendant de longues années, d'une manière à peu près exclusive, des cépages issus du VITIS VINIFERA. Aujourd'hui, le cadre de ses études s'est beaucoup élargi par suite de la préoccupation où l'on est de trouver des vignes résistantes aux attaques du phylloxera. On a fouillé l'Asie, l'Afrique

(1) BIBLIOGRAPHIE. — **J.-E. Planchon**; *Ampelideæ in monographiæ Phanerogamarum prodomi*, etc., de A. et C. de Candolle, vol. quintum pars secunda.— Paris, G. Masson, 1887.— **J. d'Arbaumont**; *La tige des Ampélidées*, in *Ann. des sc. natur.* 1881.— **G. Foëx** et **P. Viala**; *Ampélographie américaine*, bibliothèque du Progrès agricole et viticole. Montpellier, 1884.— **J.-E. Planchon**; *Les Vignes Américaines, leur culture*, etc. Montpellier, Coulet, 1875.— **A. Millardet**; *Études sur les Vignes d'origine américaine qui résistent au Phylloxera.* 1876, Paris, Gauthier-Villars.— Le même, *Études sur quelques espèces de Vignes sauvages de l'Amérique du Nord*, 1879.— Le même, *Histoire des principales variétés et espèces de Vignes d'origine Américaine.* Paris, 1878, Masson. — **Bush and Son and Meissner**; *Illustrated descriptive Catalogue of American grapes Vines.* 1883. Saint-Louis, R.-P. Studley (traduit en français en 1885 par MM. Planchon et L. Bazille; chez Coulet, libraire, Montpellier). — **Bourgade**; *Adaptation parfaite des Vignes Américaines du Sud au climat et au sol de la France méridionale.* Montpellier, 1878, Coulet.— **C.-S. Rafinesque**; *Americ. Manual of grapes Vines*, etc. Philadelphie, 1830.— **G. Engelmann**, in *Riley sixth annual Report.* Saint-Louis (Missouri), ann. 1874. (*The true grape Vines of United States*). — **E. Durand**; *Sur les Vignes et les Vins des États-Unis*, in *Bullet. de la Soc. d'Accl. de Paris*, avril et mai 1862. — **P. Viala**; *Une mission viticole en Amérique.* Montpellier, C. Coulet, 1889. — **T.-V. Munson**; *Classification and generie synopsis of the Wild grapes of North america* Washington governement printing office, 1890. — **J.-E. Planchon**; *Sur quelques espèces de vrais Vitis de l'Asie Orientale*, in Vigne Américaine, n° 6, juin 1883, pag. 181.— **A. Lavallée**; *Les Vignes Asiatiques*, etc, Paris, 1878, veuve Bouchard-Huzard (Extrait du Bull. de la Soc. Nat. d'Agr. de France).— **P. Romanet du Caillaud**; *Des Vignes Chinoises et spécialement des Vignes du Chen-Si.* La Vigne Américaine, 1885, n°s 8 et 9. — **T.-V. Munson**; *Explorations viticoles dans le Texas*, *in* Revue de viticulture, 20 octobre 1894 et suiv.

et l'Amérique, et on en a rapporté des types nouveaux ou mentionnés seulement par quelques botanistes; la dernière de ces contrées a fourni, outre ces espèces sauvages, les jeunes cépages obtenus par les récents efforts de ses viticulteurs.

Pour bien juger l'ensemble de ces nombreuses formes que l'Ampélographie est appelée à décrire, aussi bien que pour mettre de l'ordre dans l'étude qui va suivre, il est nécessaire de jeter un coup d'œil sur la famille des Ampélidées en général et sur la classification des diverses formes qui s'y rattachent.

A.— LES AMPÉLIDÉES

La famille des AMPÉLIDÉES, à laquelle appartient la vigne, est formée par des arbustes ou des arbrisseaux généralement sarmenteux et grimpants, quelquefois buissonnants, d'autres fois enfin à tige renflée et charnue, avec des rameaux herbacés annuels (1). Les végétaux qui la composent ont les *feuilles* palmées ou pennées, rarement bipennées, alternes, stipulées, avec les vrilles ou les inflorescences opposées aux feuilles, d'une manière tantôt continue, tantôt discontinue. Les *fleurs* sont hermaphrodites, polygames ou unisexuées, monoïques (PTERISANTHES), régulières, avec un *calice* petit, gamosépale entier ou denté. La *corolle* a quatre, cinq, quelquefois six ou sept pétales libres ou soudés par le bas, ou bien cohérents par le haut, insérés en dehors d'un disque hypogyne glanduleux. *Préfloraison* valvaire (se touchant seulement par les bords juxtaposés). *Étamines* au nombre de quatre, cinq, quelquefois six ou sept, à *anthères* biloculaires, s'ouvrant en long, introrses, opposées aux pétales, s'attachant au disque. L'*ovaire* est libre, creusé de deux loges (chez les VITÉES); ces loges renferment chacune deux ovules anatropes, c'est-à-dire dont le développement se fait de manière à renverser la direction première du nucelle; ces ovules sont collatéraux, ascendants, c'est-à-dire qu'étant attachés sur le côté de l'ovaire, ils se dressent vers son sommet. *Style* court, quelquefois à peu près nul; *stigmate* simple. *Baie* à une ou plusieurs loges, à une ou plusieurs semences. *Graines* osseuses, dressées, munies d'un albumen corné, avec un petit embryon droit à cotylédons ovales, sans périsperme.

La famille des Ampélidées a été divisée par M. Planchon, qui en a fait une remarquable étude, en une série de genres et de sous-genres dont il résume ainsi les caractères.

(1) Voir à l'Appendice, note 1: «Explication des mots techniques employés dans les descriptions ampélographiques».

«Genre I.— VITIS Tournef.

»(Linné. Vignes proprement dites.)

»Fleurs polygames-dioïques (c'est-à-dire mâles sur un pied, hermaphrodites ou polygames sur l'autre). Pétales 5, soudés en capuchon. Style conique, plus ou moins court et renflé à la base. Stigmate punctiforme ou en tous cas à peine dilaté. Baie à deux loges, à 1, 2, 3, 4 graines. Graines plus ou moins pyriformes, avec deux fossettes ventrales courtes.

»Arbustes sarmenteux de l'hémisphère nord, presque tous des régions tempérées, en général grimpants et pourvus de vrilles. Feuilles simples, diversement lobées (très rarement digitées). Thyrses avec ou sans vrille accessoire.

»Genre II.— AMPELOCISSUS Planch.

»Fleurs polygames-monoïques (tous les pieds également à fleurs hermaphrodites ou paraissant telles, quelques-unes physiologiquement imparfaites). Pétales 5 (rarement 4), étalés (non soudés en capuchon). Style court, conique, souvent à 10 stries. Stigmate en fossette, à peine ou non dilaté. Disque en forme d'anneau, dressé, souvent à 10 stries. Baie souvent à deux loges, à 2, 3, 4 graines. Graines naviculaires ou trigones, à face creusée de deux sillons longs et larges. Thyrses en corymbes toujours munis d'une vrille.

»Arbrisseaux grimpants ou dressés, à tiges souvent annuelles, partant d'une souche vivace, tubéreuse ; presque tous des régions chaudes. Feuilles simples, palmées ou composées (digitées ou pédalées).

»Genre III.— PTERISANTHES Blume.

»Fleurs polygames-monoïques. Pétales 4-5, étalés. Style court. Stigmate petit. Disque en forme d'anneau, ceignant la base de l'ovaire. Baie à deux loges, à 2 ou 4 graines. Graines ovales-trigones, à deux fossettes ventrales.

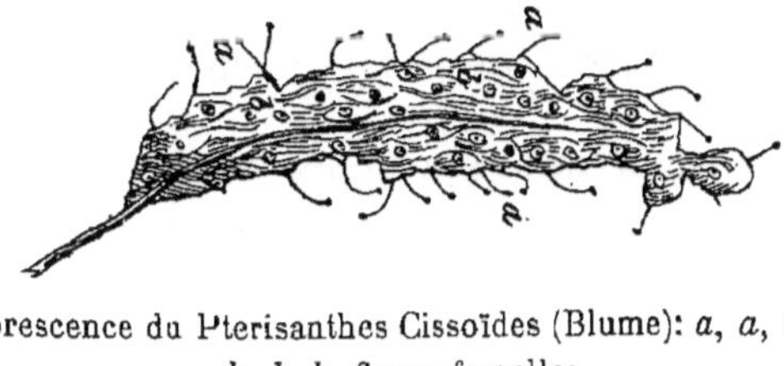

Fig. 1.— Inflorescence du Pterisanthes Cissoïdes (Blume): *a*, *a*, *a*, fleurs mâles ; *b*, *b*, *b*, fleurs femelles.

»Axe de l'inflorescence dilaté en lame lobée et spiralée ; fleurs hermaphrodites plongées dans l'épaisseur de cette lame, les fleurs mâles pédicellées en occupant les bords (fig. 1).

»Arbrisseaux sarmenteux de la région Malayenne. Feuilles indivises ou palmati ou pédatiséquées.

»Genre IV.— CLEMATICISSUS Planch.

»Fleurs polygames-monoïques. Pétales 5, libres, étalés. Disque en coupe. Style assez long, subulé. Baie presque sèche, à deux loges, à 2-4 graines. Graines ovales-trigones, à deux larges fossettes ventrales.

»Sous-arbrisseau à vrilles, grimpant ou couché; de l'ouest de l'Australie extra-tropicale. Cymes pédonculées, muniesd'une vrille à leur base.

»Genre V.— TETRASTIGMA Miquel.

»Fleurs polygames-dioïques (les fleurs mâles sur un pied, les hermaphrodites ou pseudo-hermaphrodites sur un autre). Pétales 4, souvent corniculés au-dessous de leur sommet, étalés. Disque ceignant la base de l'ovaire. Style très court ou court. Stigmate élargi, à quatre lobes ou à quatre pointes. Baie à 2-4 graines. Graines ovales-globuleuses ou ellipsoïdes, à 1 ou 3 sillons sur leur face ventrale, avec des stries transversales.

»Lianes sarmenteuses, grimpantes; des régions chaudes ou tempérées de l'Asie. Des vrilles. Feuilles le plus souvent pédalées. Cymes corymbiformes.

»Genre VI.— LANDUKIA Planch.

»Fleurs polygames-monoïques. Pétales 5, étalés. Disque à cinq lobes profonds, adné à la base de l'ovaire. Style court, épais, cylindracé. Stigmate en disque.

»Arbuste grimpant (?) de l'Asie tropicale (Malaisie, Tonkin).

»Genre VII.— PARTHENOCISSUS Planch.
»(Vignes vierges proprement dites.)

»Fleurs hermaphrodites (quelques-unes pseudo-hermaphrodites). Pétales 5, étalés, rarement un peu cohérents au capuchon. Disque en apparence nul, en réalité confondu avec la base de l'ovaire et ne s'en distinguant que par la couleur. Style subulé, assez épais. Baie le plus souvent à une ou deux graines.

»Arbrisseaux grimpants de l'Asie tempérée, de l'Amérique boréali-orientale et du Mexique, à vrilles dilatées en ventouses. Feuilles digitées ou palmatilobées. Cymes sans vrilles.

»Genre VIII.— AMPELOPSIS Michaux (en partie).
»(Fausses vignes vierges.)

»Fleurs hermaphrodites (quelques-unes pseudo-hermaphrodites). Pétales 5, très rarement 4, étalés. Disque en forme de coupe, adné à la base de l'ovaire et formant au-dessus de la base du fruit un rebord en forme d'anneau. Baie à une ou deux loges, 1-4 sperme, le plus souvent de couleur brillante.

»Arbustes le plus souvent buissonneux, à vrilles non renflées en ventouses.

»Parties tempérées de l'hémisphère Nord, Asie et Amérique.

»Genre IX. — RHOICISSUS Planch.

» Fleurs hermaphrodites ou pseudo-hermaphrodites. Pétales 5-7, épais, étalés pendant l'anthèse, plus ou moins macescents et roulés en dedans après la floraison. Disque annulaire à la base de l'ovaire, persistant sous le fruit sous forme d'anneau peu saillant.

»Arbrisseaux du Cap ou de l'Afrique tropicale et extra-tropicale, buissonneux ou grimpants, à aspect de Rhus. Feuilles trifoliolées (à folioles externes inéquilatérales) ou unifoliolées ou entières et palmatilobées.

»Genre X. — CISSUS L. (en partie).

»Fleurs hermaphrodites ou plutôt polygames-monoïques (quelques-unes étant physiologiquement mâles). Pétales 4, étalés lors de l'anthèse, rarement réunis en capuchon. Style subulé, grêle, stigmate petit. Disque en forme de coupe, adné au bas de l'ovaire, divisé en quatre lobes. Baies à 1-2-3-4 graines.

»Arbrisseaux grimpants, rampants ou dressés, avec ou sans vrilles, à port varié. Feuilles entières ou lobées, ou diversement composées (palmati ou pedati-divisées). Cymes opposées à la feuille ou pseudo-axillaires, rarement munies de vrilles.

»Ce dernier genre, représenté dans les régions tropicales ou subtropicales des Deux-Mondes et de l'Australie, se divise en trois sections naturelles, savoir :

»1° *Eucissus*. — Cymes terminées en fausses ombellules : corolle (dans le bouton) conique, non étranglée.

»Des Deux-Mondes et de l'Australie.

2° *Cayratia* Juss. (Causonis Rafinesque). — Cymes à rameaux divariqués, pédicelles non groupés en fausses ombellules. Corolle (dans le bouton) en cône déprimé, renflé à la base.

»Feuilles souvent pédalées. Afrique, Asie, Australie tropicales et subtropicales.

» *Cyphostemma.* — Inflorescence des Cayratia. Corolle (dans le bouton) en forme de gourde, renflée à la base, dilatée au sommet en quatre lobes, resserrée vers son milieu.

»Feuilles palmées, pédalées ou biternées, rarement indivises. Afrique tropicale et subtropicale. Rares dans l'Asie tropicale, étrangers à l'Australie et à l'Amérique (1).»

B. — LES CISSUS ET LES AMPELOPSIS

En résumé et en ne nous préoccupant que des genres des contrées tempérées, nous considérons comme séparées du genre Vitis, sous les noms de Cissus et d'Ampelopsis, les Ampélidées à inflorescence en *ombelle*, en *corymbe* ou en *cyme*, dont les fleurs (fig. 2 et 3), ordi-

Fig. 2

Fig. 3

Fig. 2. — Diagramme d'une fleur d'Ampelopsis. — Fig. 3.— Fleur de Cissus (Cissus Cyphostemma Macropus, Planch.).

nairement à quatre ou cinq pétales, sont toujours ouvertes en étoile, à ovaire généralement noyé dans le disque, avec un style généralement surmonté d'un stigmate non capité : à fruits non édules, dont l'écorce est adhérente et lustrée, dont la greffe ne réussit pas avec les vignes (2).

(1) J.-E. Planchon. *La Vigne américaine*, mai 1887, pag. 168 et suiv.

(2) M. J d'Arbaumont (*La Tige des Ampélidées*. Ann. Scienc. natur., 1881) a basé sur les caractères anatomiques tirés de la structure de l'écorce primaire un système de classification qui correspond dans ses traits généraux à celui précédemment énoncé. La première section comprend les *Euviles* (de Planchon) ou *Vites veræ* (de Durand) ; elle est caractérisée par une écorce dans laquelle se développe à la limite externe du liber mou une assise phellogène (ou génératrice de liège) qui isole toutes les couches qui lui sont extérieures, de sorte que l'écorce se détache de bonne heure, entraînant avec elle en lanières les volumineux faisceaux de fibres libériennes. Dans la deuxième section, qui comprend une partie du genre Vitis (*Muscadinia* de Planchon) et tous les autres genres des Ampélidées, cette assise phellogène est le plus

C. — LES VITIS

Le genre Vitis compte de nombreuses espèces répandues dans presque toutes les régions tempérées et sur toutes les parties du globe. C'est l'Amérique du Nord qui en renferme la plus grande quantité (18 ou 20); puis vient l'Asie orientale (9 ou 10), et enfin l'Europe qui n'en compte qu'une, le V. Vinifera.

Port. — Les vignes sont des végétaux généralement grimpants (V. Vinifera, V. Æstivalis, V. Thunbergi, V. Coignetiæ, etc.), quelquefois buissonnants (V. Rupestris) (1).

Développement. — Elles peuvent atteindre en certaines circonstances un développement très considérable : le *Mustang* (V. Candicans) du Texas enlace et étouffe, sous l'étreinte de ses rameaux puissants, les plus grands arbres ; les collections de l'École d'Agriculture de Montpellier possèdent un tronc de V. Æstivalis sauvage qui a $0^m,22$ de diamètre et un tronc de V. Coignetiæ de $0^m,18$ environ; on cite enfin dans la Caroline du Nord un pied de *Scupernong* (V. Rotundifolia) qui s'étend sur plus de 80 ares de superficie.

Racines. — Les racines de vignes sont le plus souvent ramifiées sans pivot apparent ; cette disposition est surtout fréquente sur les ceps provenant de bouture ou de provin; d'autres fois, elles sont munies d'un pivot prédominant, chez les individus provenant du semis de certaines espèces, telles que le V. Candicans, le V. Æstivalis, etc..., par exemple. Ces organes suivent dans le sol une direction qui se rapproche plus ou moins de la verticale ou de l'horizontale, et d'où dépend, dans une certaine mesure, l'aptitude de certains cépages à réussir mieux que d'autres dans tels ou tels terrains.

Les racines de vignes sont pourvues d'une couche de parenchyme cortical moins épaisse que celle que l'on rencontre chez les Cissus et les Ampelopsis ; il y a néanmoins de grandes différences entre les espèces à ce point de vue : les unes, comme le V. Vinifera et le V. Labrusca, ont des racines grasses et tendres ; les autres, comme le V.

souvent absente ou stérile, et, quand elle existe, elle correspond à l'assise sous-épidermique, de sorte que l'écorce persiste et s'épaissit ; les couches épidermiques seules s'isolent. Il se développe alors souvent sous les stomates primitifs des *lenticelles*, sortes d'ouvertures en boutonnières, en communication avec l'air extérieur, dont l'accès leur était fermé par cette assise de liège imperméable. Des subdivisions, basées aussi sur des caractères anatomiques, sont faites dans cette deuxième section.

(1) Voir à l'Appendice, note 2.

RUPESTRIS, le V. BERLANDIERI et certains types de V. RIPARIA *sauvages*, les ont au contraire grêles et dures. Des racines principales naissent chaque année des *radicelles*, qui constituent un chevelu plus ou moins abondant; ces *radicelles* jouent, comme on le sait, le rôle le plus important au point de vue de la nutrition de la plante.

Tige. — Le *tronc*, généralement grêle et élancé, est plus ou moins noueux avec une écorce ordinairement caduque (V. VINIFERA, V. LABRUSCA, V. ÆSTIVALIS, etc.), rarement adhérente (V. ROTUNDIFOLIA).

Les *rameaux*, sauf chez le V. ROTUNDIFOLIA, sont *sarmenteux* et formés par une série d'éléments cylindriques séparés par des nœuds (mérithalles). Chacun des nœuds est pourvu d'une feuille, à l'aisselle de laquelle se trouve un bourgeon qui évolue quelquefois dès la première année, pour fournir une nouvelle ramification; sur les rameaux de l'année naissent des *inflorescences* ou des *vrilles*; elles sont opposées aux feuilles, tantôt d'une manière continue, tantôt discontinue.

Les *feuilles* (fig. 4) sont alternes, palminerves, tantôt entières, tantôt lobées, parfois composées (*V. Pagnuccii*), plus ou moins incisées, divisées ou dentées. La face supérieure est généralement glabre ou à peu près, l'inférieure est souvent recouverte de poils.

Les *inflorescences* sont en grappes simples ou ramifiées et opposées

Fig. 4.— Feuille et inflorescence de vigne.

aux feuilles (1) (fig. 4). Le pédoncule de ces grappes devient *vrille* par avortement de l'inflorescence.

(1) Nous avons trouvé quelques rares inflorescences sur certains types de *V. Berlandieri* qui étaient en thyrse et en cyme; ce n'est qu'une curieuse anomalie ou peut-être un fait d'atavisme.

Fleurs.— La vigne peut être considérée comme *polygamo-dioïque*, c'est-à-dire que certains pieds n'ont que des fleurs mâles, d'autres des fleurs hermaphrodites, ou bien portent à la fois des fleurs de sexes divers. Cette variété de sexes, qui est commune chez les types sauvages, n'existe pas chez les cépages cultivés, parce que l'on a eu intérêt à ne multiplier que les rameaux à fleurs hermaphrodites et, par suite, fertiles par elles-mêmes.

La fleur hermaphrodite peut, du reste, être considérée comme la fleur type, les autres ne devenant unisexuées que par l'avortement ou la formation anormale d'une partie de leurs organes sexuels. On peut en donner la description suivante (fig. 5, 6, 7 et 8) :

Calice petit, cupuliforme, gamosépale, denticulé. *Corolle* calyptriforme, ordinairement à cinq pétales (quelquefois à quatre, à six ou

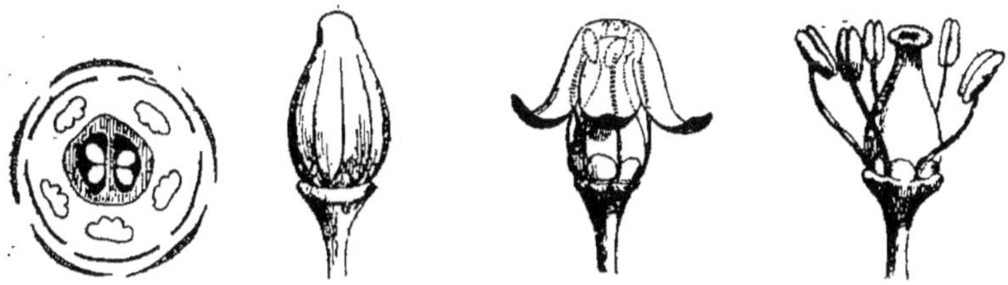

Fig. 5 Fig. 6 Fig. 7 Fig. 8

Fig. 5.— Diagramme d'une fleur de vigne. — Fig. 6. — Fleur de vigne non encore ouverte.— Fig. 7.— Fleur de vigne montrant les pétales soudés au sommet et détachés par la base.— Fig. 8.— Fleur de vigne dépouillée de sa corolle.

à sept). *Pétales* à æstivation valvaire, insérés en dehors d'un *disque* hypogyne, glanduleux, à urcéoles le plus souvent délimitées et épaisses, parfois aplaties, formant rarement une couronne unique. *Étamines* au nombre ordinairement de cinq, quelquefois de quatre, six ou sept (1), à filet séparé, insérées sur le disque, opposées aux pétales

(1) On peut citer divers exemples de développements anormaux de fleurs d'Ampélidées ; certains sont réellement des anomalies, d'autres ne sont probablement que la traduction fidèle de l'origine primitive, commune aux diverses espèces de cette famille, et que la culture fait renaître sous diverses formes, en soumettant ces plantes à des conditions de vie exceptionnelles. Ainsi, dans les *Ampelopsis* et les *Cissus*, on trouve des fleurs à corolle calyptriforme et des fleurs normales s'ouvrant en étoile chez les *Vitis*. Le nombre des étamines chez certaines fleurs d'Ampelopsis est de quatre, cinq, six ; il varie, chez les fleurs de *Vitis*, entre quatre, cinq, six, sept... ; certaines fleurs ont présenté treize étamines ; le *Baxter* (Hybride) a le nombre six prédominant dans l'androcée. Certains types de *V. Berlandieri* et de *Champin* ont leur ovaire noyé dans le disque, caractère distinctif et assez constant des *Ampelopsis*. Le stigmate capité, propre au *Vitis*, est en colonne élancée chez l'*Huntingdon*, l'*Harwood*, l'*Elisabeth*, le *Cynthiana...* ; il est bifide chez l'*Othello*, le *Noah*, le *Telegraph*, le *Clinton*, le *Riparia Martin des Paillères...*, et multifide (quatre ou cinq parties) chez l'*Agawam*, le *Taylor*.

Anthères biloculaires, s'ouvrant en long. Cinq *glandes nectarifères* alternant avec les étamines, insérées sur le réceptacle en dessous du pistil. *Ovaire* habituellement simple; *stigmate* ordinairement *capité*, contrairement à ce qui a lieu chez les AMPELOPSIS et les CISSUS; le stigmate est tantôt sessile, tantôt porté par un *style* court. Les fleurs mâles (fig. 9) sont caractérisées par l'avortement du pistil, la longueur relativement grande du filet des étamines, une odeur généralement très suave, ce qui paraît être dû au grand développement qu'y prennent les nectaires *a* (1).

Indépendamment de ces formes que l'on peut considérer comme normales, puisqu'on les rencontre communément chez les espèces sauvages, il en existe d'autres véritablement anormales : ce sont celles

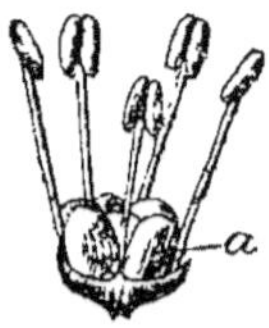

Fig. 9

Fig 10

Fig 9.— Fleur de vigne mâle.— Fig. 10. — Fleurs coulardes ou avalidouïres.

auxquelles on a donné le nom d'*Avalidouïres* en Languedoc, de *Déflouraïres* en Provence, de fleurs *Coulardes* autre part, et qui sont généralement stériles.

Ces fleurs (fig. 10) ont été étudiées avec beaucoup de soin par M. Marès (2) et par M. Planchon. Elles sont caractérisées par une corolle persistante, s'ouvrant en étoile, comme celle des AMPELOPSIS; les étamines sont la plupart du temps emprisonnées sous les pétales, qui sont épais et creux; leur filet est trop court pour permettre à l'anthère d'atteindre au stigmate; enfin les anthères elles-mêmes s'ouvrent imparfaitement et renferment un pollen stérile.

Le pistil est bien constitué, de sorte que la fleur peut jouer le rôle de fleur femelle et, si elle est fécondée par du pollen arrivé du dehors, elle noue et donne un fruit. Cette constitution anormale de la fleur est assez fréquente chez le *Terret* (ancien cépage languedocien); on la rencontre également chez certains V. RIPARIA *sauvages*.

On a trouvé quelquefois sur la *Clairette* des fleurs doubles, par

(1) Les fleurs mâles sont très communes chez les divers types sauvages (V. RIPARIA, V. CORDIFOLIA, V. CANDICANS, V. BERLANDIERI, V. RUPESTRIS, V. THUNBERGI, etc.).

(2) Voir le *Livre de la Ferme*, par Joigneaux, tom. II, pag. 243, 2e édit.

suite de la transformation du pistil ou des étamines en feuilles rudimentaires (*Chloranthie*), et ces fleurs sont naturellement infertiles; c'est d'après les observations de M. Planchon, dans les terres fortes, argilo-calcaires à fond humide, qui donnent à leurs organes végétatifs une grande vigueur, que ces anomalies se produisent.

M. V Pulliat a découvert et fixé par le greffage un *Gamay* à fleur double qui présente la même modification.

Nous avons observé également des cas de chloranthie sur des pieds d'*Herbemont*, de *Sphynx*, de V. THUNBERGI et même sur des sujets qui n'étaient pas très vigoureux (1)

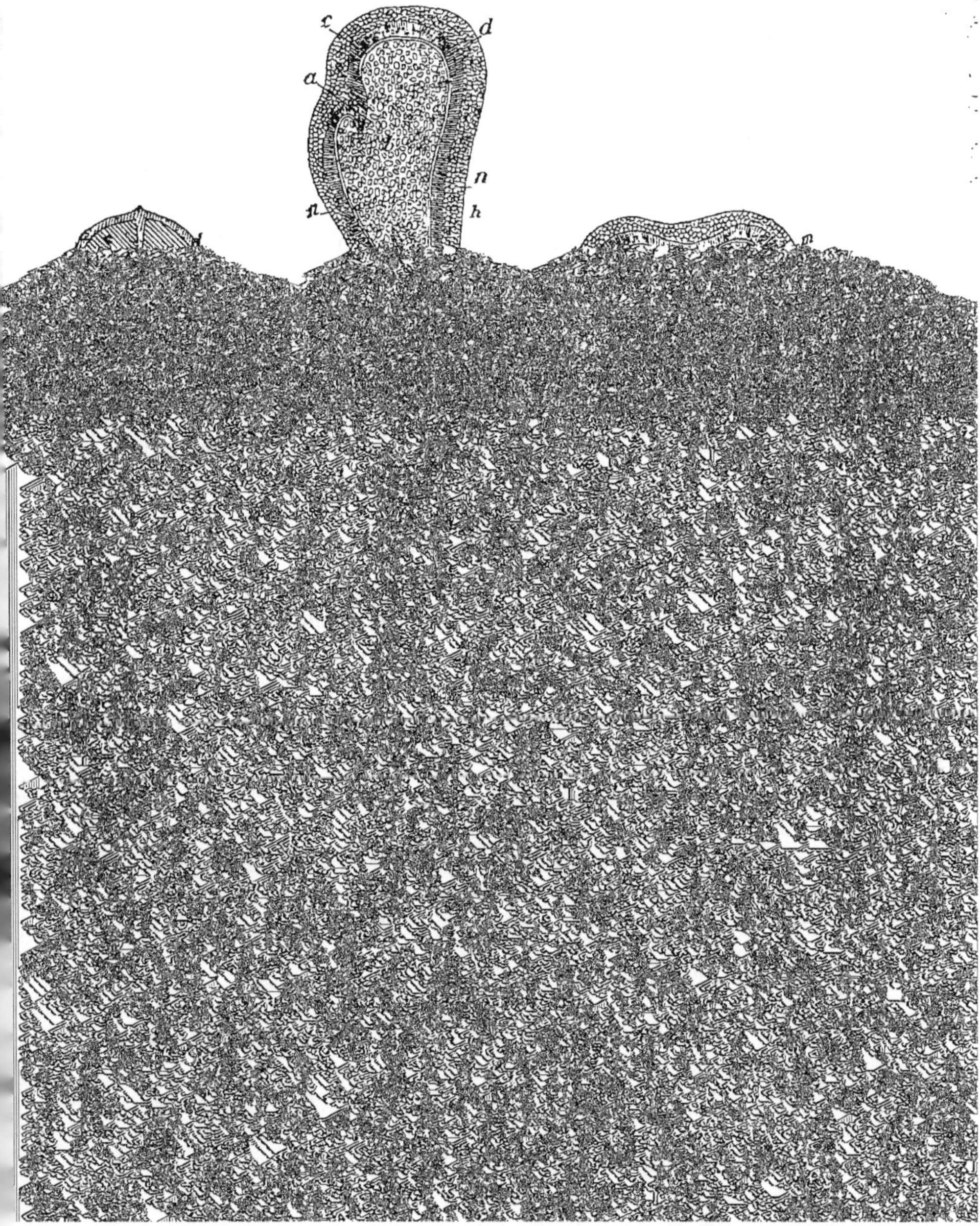

tenant jusqu'à quatre graines (1), souvent deux ou trois, quelquefois point, comme chez le *Corinthe* et le *Sultanieh*. *Endocarpe* et *mésocarpe* confondus à la maturité et constituant une chair tantôt fondante, ainsi que cela a lieu pour les V. VINIFERA et V. ÆSTIVALIS, tantôt résistante et élastique (chair pulpeuse des Américains), comme chez le V. LABRUSCA, le V. CANDICANS, etc. *Jus* le plus souvent incolore, quelquefois rouge plus ou moins vif. Le fruit est tantôt sans goût particulier, tantôt avec un arome spécial (saveur des *muscats*, ou goût *foxy* de certains cépages américains). *Épicarpe* plus ou moins épais, coloré diversement, noir, rouge, rose, jaunâtre, blanchâtre ou vert ; souvent recouvert d'une poussière blanchâtre (*pruine*). Le *stigmate* et même la *corolle* persistent quelquefois jusqu'à la maturité sur le raisin. Du pédicelle (*a* fig. 11) partent des faisceaux qui vont s'insérer sur les graines et qui restent adhérents à cet organe après le détachement de la baie, formant ce que l'on nomme le *pinceau* ; ces faisceaux sont très développés dans le V. CANDICANS et constituent la *columelle*.

Les *graines* (fig. 12 et 13) (2) sont dures, munies d'un *albumen* corné, huileux, avec grains d'aleurone (3), avec un embryon droit et dressé. M. le professeur Millardet en donne la description suivante : «Les graines allongées sont atténuées à une extrémité en une sorte de *bec* plus ou moins long ; arrondies à l'extrémité opposée. Elles sont insérées par le bec sur un faisceau vasculaire mince et court, qui part du pédoncule du fruit, de telle façon que leur longueur répond au prolongement de ce pédoncule. Elles sont donc dressées par rapport à celui-ci. En conséquence, le bec constitue leur extrémité inférieure ; l'extrémité opposée, arrondie, est leur extrémité supérieure. Lorsqu'il y a plusieurs graines dans un fruit, on désigne sous le nom de *face ventrale* ou *interne* de la graine celle qui est tournée vers le centre du fruit, ou, si l'on veut, celle par laquelle les grains se regardent. Lorsqu'il n'y a qu'une seule graine, on donne ce même nom à la face correspondante. La *face dorsale*, opposée à la précédente, est celle qui regarde l'extérieur, la peau du grain.

La *face ventrale* présente deux fossettes disposées symétriquement

(1) Dans des cas exceptionnels, le nombre des graines s'est trouvé supérieur à quatre ; on en a observé jusqu'à neuf normalement développées chez certains hybrides américains, et quinze dans des grains du *Croton*, mais la plupart imparfaitement mûres.

(2) Voir à l'Appendice, note 3.

(3) Les grains d'*aleurone* sont constitués par une matière de réserve azotée, en suspension dans l'huile ; ceux de la vigne sont hérissés de proéminences et renferment des *cristalloïdes* et un *globoïde*.

de chaque côté du plan médian de la graine. La forme, la profondeur, la disposition de ces fossettes, varient beaucoup dans la même espèce suivant le nombre de graines et sont peu caractéristiques en général.

La *face dorsale* présente vers le milieu une sorte d'ombilic, désigné en botanique sous le nom de *chalaze*, situé dans une dépression plus ou moins large et profonde, saillante ou à peine marquée, arrondie, etc. De la chalaze part un cordon plus ou moins proéminent, dirigé de bas en haut, qui contourne l'extrémité supérieure de la graine et vient se perdre sur la ligne médiane de celle-ci, vers le milieu de la face ventrale ou un peu au-dessus : c'est le *raphé*.

La graine de la vigne rentre dans le type des graines anatropes, avec ce caractère spécial que la chalaze n'est pas opposée au micropyle, mais déjetée de sa place normale sur une des faces.

Les graines présentent dans leur ensemble et dans la disposition de la chalaze et du raphé des variations de formes intéressantes au point de vue de la détermination des espèces.

Le genre Vigne a donné naissance à de nombreuses espèces dont les formes variées et les aptitudes diverses offrent un objet des plus intéressants pour les recherches du botaniste et du viticulteur. Dans le but d'arriver à établir les comparaisons nécessaires à une étude complète, nous allons passer en revue les diverses espèces connues actuellement, en donnant les caractères des plus intéressantes d'entre elles.

M. Planchon a divisé les vignes en deux grandes sections : la première, à laquelle il a donné le nom de MUSCADINIA, ne renferme que deux espèces de formes tout à fait particulières, le V. ROTUNDIFOLIA de *Michaux* et le V. MUNSONIANA de *Simpson* ; la deuxième, celle des EUVITES (les vraies vignes), où il classe notre V. VINIFERA et toutes les autres espèces qui s'en rapprochent par leur structure générale. Enfin il a subdivisé cette seconde section en une série de groupes renfermant les espèces qui présentent entre elles des analogies suffisantes (1). Depuis lors, M. Viala, à la suite de la mission dont il a été chargé en Amérique en 1885, tout en conservant les grandes lignes de la classification de M. Planchon, l'a légèrement modifiée en ce qui touche le groupement des vignes américaines qu'il avait pu étudier de plus près et plus récemment que ce botaniste sur des échantillons répandus, souvent en quantité innombrable, dans les contrées qu'il

(1) J.-E. Planchon.— *Ampelideæ*.

a parcourues (1). Ce sont les travaux de ces deux auteurs que nous avons pris comme base du tableau ci-après ; nous avons cherché de plus à y introduire, par une disposition convenable des espèces qui y sont contenues, la notion de la communauté d'origine géographique de certaines d'entre elles (2).

Tableau des principales espèces du genre Vitis

Classification		Noms des espèces		Origine
Ire SECTION **Muscadinia**	....	V. Rotundifolia	*Michaux*	Amérique.
	....	V. Munsoniana	*Simpson*	
IIe SECTION **Euvites**	Série 1. — LABRUSCÆ	V. Labrusca	*Linné*	
	Série 2. — LABRUSCOÏDEÆ AMERICANÆ	V. Californica	*Bentham*	
		V. Caribæa	*de Candolle*	
		V. Coriacea	*Suttleworth*	
		V. Candicans	*Engelmann*	
	Série 3.— ÆSTIVALES	V. Linsecomii	*Buckley*	
		V. Bicolor	*Leconte*	
		V. Æstivalis	*Michaux*	
	Série 4.— CINERASCENTES	V. Cinerea	*Engelmann*	
		V. Cordifolia	*Michaux*	
		V. Berlandieri	*Planchon*	
	Série 5. — RUPESTRES	V. Monticola	*Buckley*	
		V. Rupestris	*Scheele*	
		V. Arizonica	*Engelmann*	
	Série 6.— RIPARIÆ	V. Rubra	*Michaux*	
		V. Riparia	*Michaux*	
	Série 7. — LABRUSCOÏDEÆ ASIATICÆ	V. Coignetiæ	*Pulliat*	Asie orientale.
		V. Romaneti (3).	*Romanet du Cail.*	
		V. Thunbergi	*Sieb. et Zucc.*	
		V. Lanata	*Roxburgh*	
		V. Pedicellata	*Lawson*	
	Série 8. — (Vignes non encore classées)	Spinovitis Davidi (4)	*Romanet du Cail.*	
		V. Pagnuccii	*Romanet du Cail.*	
		V. Amurensis	*Ruprecht*	
	Série 9.— VINIFERÆ	V. Vinifera	*Linné*	Europe, Asie occidentale. Afrique du Nord.

(1) P. Viala.— *Une Mission en Amérique.*

(2) Voir à l'Appendice, note 4.— Une nouvelle classification des vignes américaines proposée par M. T.-V. Munson.

(3) Le *V. Romaneti*, qui avait été laissé en dehors des *Labruscoïdées* par M. Planchon, qui ne le connaissait encore qu'imparfaitement, présente de nombreuses analogies avec le *V. Coignetiæ* et nous paraît devoir être classé auprès de lui.

(4) Le *Spinovitis Davidi*, par ses caractères généraux, paraît pouvoir être rapproché, jusqu'à un certain point, de certaines formes du *V. Cordifolia* d'Amérique.

1° MUSCADINIA

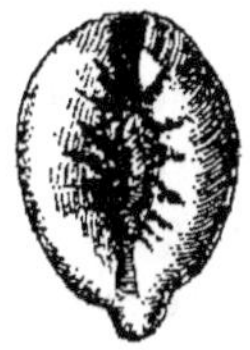

Fig. 14.- Graine du Scuppernong (V. Rotundifolia)

La section MUSCADINIA est caractérisée, d'après M. Planchon, de la manière suivante :

« *Ecorce* des rameaux non striée, couverte de nombreuses petites lenticelles (au moins sur le bois des rameaux) ; bois dur, sans gros vaisseaux ; moelle peu abondante. *Baies* peu nombreuses dans chaque inflorescence, mûrissant successivement et se détachant une à une à la maturité. »

V. Rotundifolia (Mich.). — L'une des deux espèces qui ont donné lieu à la formation de cette section est le V. ROTUNDIFOLIA de Michaux, connu vulgairement en Amérique sous le nom de *Muscadine*, *Bullace*, *Bullet grape* (raisin à balles).

M. P. Viala en donne la description suivante : « *Souche* très vigoureuse, à port étalé, tronc très fort avec racines adventices, rameaux à écorce adhérente, parsemée de lenticelles, d'un gris foncé et luisant, sans diaphragmes ; vrilles simples discontinues. *Feuilles* petites, aussi larges que longues, pentagonales ou quadrangulaires, entières, épaisses et parcheminées, tablier nul, dents en deux séries, larges, à direction oblique ; vertes, vernissées et glabres sur les deux faces, le revers plus clair. *Grappe* composée de quelques grains à maturité successive, gros, sphériques, d'un brun-jaunâtre, à peau épaisse et pulpe charnue. » (1).

Graines volumineuses (7mm5 environ de longueur par 5mm de largeur), allongées, aplaties, la face dorsale partagée en deux parties égales par un sillon longitudinal, d'où rayonnent de nombreuses rides. *Chalaze* ovale, peu saillante. *Raphé* non apparent sur la face dorsale (fig. 14).

Cette espèce semble se rapprocher, par le caractère de ses feuilles tout au moins, des formes de vignes fossiles les plus anciennes, dont on a retrouvé les traces dans l'étage *palæocène* (V. SEZANNENSIS) (2). Le V. ROTUNDIFOLIA habite les États-Unis du Sud, le Mississipi, l'Alabama, la Géorgie, la Caroline du Nord, la Caroline du Sud et la Floride, et ne dépasse pas vers le Nord le Potomac, par 38° de latitude environ. Il prend un développement considérable, à l'état sauvage, dans les bois, où ses rameaux recouvrent les plus grands arbres.

(1) P. Viala ; *loc. cit.*, pag. 160.

(2) M.-L. Portes et F. Ruyssen (*Revue internationale des Sciences*, 4 décembre 1883).

La culture de cette espèce a donné naissance à un certain nombre de cépages dont le plus connu est le *Scuppernong* à baies jaunes mordorées, puis le *Flower*, le *Thomas*, le *Mish* à fruits violets, enfin le *Tender pulp*, le *Richmond* et le *Pedee*. Les formes cultivées du V. ROTUNDIFOLIA conservent une très grande vigueur : M. Planchon cite un pied de *Scuppernong*, dans la Caroline du Nord, qui recouvre une superficie de 80 ares.

Les cépages issus du V. ROTUNDIFOLIA n'offrent malheureusement aucun intérêt au point de vue pratique pour les viticulteurs européens. Si, en effet, on les considère comme producteurs directs, leurs fruits ne peuvent mûrir sous le climat du midi de la France ; les grains arrivent successivement à maturité et tombent au fur et à mesure, ce qui rend difficiles les opérations de vendange et de vinification telles que nous les comprenons ; de plus, leur moût, très pauvre, doit être nécessairement additionné de sucre et ne donne, malgré cela, qu'un vin médiocre. Ile ne se prêtent pas mieux enfin au rôle de porte-greffe, la greffe de nos divers cépages de l'ancien Monde ayant à peu près constamment échoué sur eux jusqu'ici.

V. Munsoniana (Simpson). — La seconde espèce qui constitue avec le V. ROTUNDIFOLIA la section *Muscadinia* est le V. MUNSONIANA, qui a été séparée récemment de la précédente par Simpson ; elle a été décrite, comme il suit, par M. P. Viala, qui l'a importée dans les collections de l'École d'agriculture de Montpellier :

«*Souche* de faible vigueur, à port un peu buissonnant, tronc grêle; rameaux pourvus de lenticelles, très grêles, d'un rouge-noirâtre ; vrilles discontinues et simples. *Feuilles* petites, orbiculaires, tablier bien développé, sinus pétiolaire en V profond ; dents peu nombreuses, triangulaires, à bords droits, normales au limbe qui est épais, glabre sur les deux faces, l'inférieure vernissée. *Grappe* sous-moyenne, conique, à grains petits, sphériques, pruinés, d'un rouge-violacé. *Graines* petites, allongées et aplaties ; chalaze ovale, allongée, avec fines stries, radiantes au pourtour et deux sillons ; raphé nul (1).

Le V. MUNSONIANA est, comme le V. ROTUNDIFOLIA, une vigne du Sud ; il habite les parties marécageuses et fertiles les plus chaudes de la Floride. Il n'a jamais, jusqu'ici, été mis en culture et ne paraît pas susceptible d'être utilisé pour les mêmes raisons qui empêchent de faire usage du précédent.

(1) P. Viala ; *loc. cit.*, pag. 166.

II. — EUVITES

Les caractères de la section des Euvites donnés par M. Planchon sont les suivants :

«*Écorce* striée s'enlevant en lanières (le périderme du moins) ; bois tendre à gros vaisseaux ; moelle abondante. Grappes à 'grains nombreux, restant adhérents jusqu'à maturité et au delà.»

M. Planchon, dans son livre sur *les Vignes américaines*, n'avait divisé d'abord les Euvites qu'en deux groupes, correspondant au volume de leur fruit ; plus tard, abandonnant ce caractère qui a peu de fixité, même dans une espèce bien déterminée, il a réuni les vignes en sept séries, en tenant compte de l'ensemble des caractères de chacune d'entre elles. M. Viala a suivi ce mode de division (1), en le modifiant légèrement, pour le mettre en rapport avec les résultats de ses études récentes ; c'est ce groupement, que nous avons cherché à accommoder à la notion d'origine géographique des espèces, que nous avons employé nous-même, ainsi que nous l'avons dit précédemment.

Série 1. — Labruscæ.

V. Labrusca (Linné). — *Synonymie* (d'après Planchon) : *V. Vinifera Sylvestris americana*, foliis aversa, parte densa lanugine tectis. (Plukenet-Phytograh, 249, fig. 15.)

Le V. Labrusca est caractérisé de la manière suivante : *Plante* habituellement de vigueur moyenne, montant parfois très haut. *Sarments* gros et longs, parfois pourvus vers les nœuds, lorsqu'ils sont herbacés, de poils glanduleux, grimpants ou étalés. *Vrilles* continues, contrairement à ce qui a lieu pour toutes les autres espèces de vignes actuellement connues. *Bourgeonnement* rosé. *Feuilles* revêtues en dessous d'un duvet serré, prenant parfois l'aspect un peu métallique. *Grappe* plus ou moins grande, généralement peu ailée, à *grains* gros, ronds ou ovales, à pulpe coriace (*pulpy*), d'un goût particulier rappelant celui du cassis, de la framboise ou de la fraise, et que les Américains désignent sous le nom de *foxy* (de renard ou sauvage) ; *peau* épaisse ordinairement, maturité généralement précoce. *Graines* volumineuses ; *chalaze* et *raphé* généralement non apparents (fig. 15).

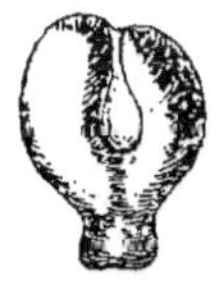

Fig. 15.-Graine de Concord (V. Labrusca)

(1) P. Viala.— *Une Mission en Amérique.*

Cépages principaux issus du V. Labrusca

Groupe du Nord	Groupe du Sud	Origine inconnue
Concord.	Adirondac.	Alexander (?)
Cottage.	*Catawba.*	*Arrot.*
Dracut-Amber.	*Isabelle.*	Beauty (?)
Early Victor (?)	*Israella.*	Brighton (?)
Hartford prolific.	Lydia (?)	*Creveling.*
Ives Seedling.	Miles (?)	*Elisabeth.*
Lady (?)	Mottled.	*Logan.*
Moore's Seedling (?)	Maxataney.	Hayes (?)
Martha.	Prentiss (?)	Pocklington (?)
Northern précoce.	Rebecca (?)	*Una.*
Northern Muscadine.	To-Kalon (?)	Schiller.
North America.	*Union-Village.*	Walter (?)
Perkins.		
Rentz.		
Telegraph (Bush).		
Venango.		
Vergeness (?)		

Le V. Labrusca est connu aux États-Unis sous le nom vulgaire de *Fox grape* (raisin de renard) ou de *Northern Fox grape* (raisin de renard du Nord). D'après Engelmann (cité par Meissner), cette espèce, originaire des Alleghanies, s'étendrait de la Nouvelle-Angleterre à la Caroline du Sud, où elle préfère les bois humides et les sols granitiques ; elle descend sur le versant ouest des monts Alleghanies en suivant les cours d'eau, mais elle n'existe pas dans la vallée du Missisipi. C'est le premier des types indigènes qui ait été mis en culture en Amérique ; aussi a-t-il donné lieu à un plus grand nombre de cépages que les autres, et les raisins qui en proviennent alimentent-ils presque exclusivement les marchés des grandes villes des États du Nord, de l'Est et du Centre.

C'est également le premier qui ait pénétré en Europe sous la forme d'*Isabelle* et de *Catawba.*

D'après MM. Bush et Meissner, les V. Labrusca pourraient se ranger en deux groupes distincts : 1° ceux du Nord, d'une végétation vigoureuse et à fruits très *foxés* ; 2° ceux du Sud. qui sont moins vigoureux, moins précoces, mais à goût moins *foxé.*

Il y a peu à espérer, au point de vue de l'utilisation de ces divers cépages en Europe ; en effet, le goût *foxé* de leur fruit en rend l'emploi impossible comme producteur direct, tandis que leur résistance moindre que celle des autres espèces américaines aux attaques du phylloxera et la difficulté de l'adaptation de beaucoup d'entre elles à nos conditions de sol et de climat leur font préférer d'autres types comme porte-greffes.

Série 2. — Labruscoïdeæ americanæ

V. Californica (Bentham). — *Synonyme* (d'après P. Viala): *V. Girdiana* pour une forme se rattachant à l'espèce et ainsi appelée par M. Munson.

Le V. Californica possède les caractères suivants: *Plante* très vigoureuse et atteignant de très grandes dimensions en Amérique,— à port grimpant. *Tronc* très gros, avec écorce se détachant en grosses lanières. *Sarments* longs, de moyenne grosseur, ramifiés, de couleur brun clair cendré, portant des poils aranéeux quand ils sont jeunes, et un très léger tomentum lorsqu'ils sont aoûtés, mérithalles moyennement longs. *Vrilles* discontinues, longues, un peu tomenteuses. *Feuilles* grandes ou moyennes, orbiculaires ou cordiformes, quelquefois trilobées, à sinus pétiolaire assez ouvert; dents en deux séries, peu accusées, sauf deux qui indiquent les lobes latéraux inférieurs; vert terne, à reflets jaune doré *à la face supérieure*, avec des poils aranéeux blancs sur les nervures; d'un vert-blanchâtre avec un tomentum abondant *à la face inférieure*. *Grappe* petite, à grains petits, noir-violacé foncé. *Graine* généralement renflée, presque globuleuse, à bec court ($6^{mm} \times 4^{mm}$); *chalaze* saillante, allongée, se confondant avec le *raphé*, qui se perd le plus souvent dans le sillon qui le renferme, d'autres fois se continuant jusque sur la face ventrale (fig. 16).

Fig. 16.- Graine du V. Californica

Le V. Californica paraît spécial à la Californie (d'où son nom) et au sud de l'Orégon; il semble habiter de préférence les alluvions fertiles des bords des cours d'eau, où il prend un grand développement qui, d'après M. P. Viala, dépasse même celui du *Mustang* (V. Candicans). Dans ces milieux, il a ordinairement de grandes feuilles orbiculaires, avec trois lobes indiqués, minces, et généralement moins tomenteuses que celles des localités plus arides. Dans les endroits secs, le V. Californica est généralement plus rabougri, avec des formes ramifiées et buissonnantes; ses feuilles sont plus petites, plus épaisses, plus tomenteuses avec des dents à peine marquées (1).

Le V. Californica est cultivé, depuis plus de dix ans, à l'Ecole d'agriculture de Montpellier, où il avait été obtenu de graines envoyées par M. Charles Wetmore, de San Francisco; il s'y est toujours

(1) P. Viala; *loc. cit.*, pag. 146 et suiv.

montré d'une végétation médiocre, très sensible aux attaques du phylloxera et à celles des maladies cryptogamiques, et notamment du mildew; enfin, il est d'une reprise de bouture sinon impossible, du moins très difficile. Ces divers inconvénients, dont on comprend facilement toute l'importance, empêchent de songer à l'utiliser pour la reconstitution des vignobles dans les contrées phylloxérées.

V. Caribæa (de Candolle). — Cette espèce est très peu connue jusqu'ici. M. Planchon lui attribue la synonymie ci-après : « *V. Caribæa* de Candolle, *V. Indica* Swartz, *V. Tiliæfolia* Humb., *V. Acuminata*, *V. Arachnoïdea* Œrsted., *V. Fruticosa* E. de Lafon.» Le même botaniste en donne la description suivante : «Grimpante, à vrilles discontinues, à rameaux striés, à jeunes feuilles et à inflorescences recouvertes d'un tomentum dense de poils aranéeux, entrelacés, couleur de rouille ou blancs, persistants à la page inférieure des feuilles adultes et plus ou moins disséminés sur les rameaux adultes, à feuilles cordées-orbiculaires, largement dentées, entières ou vaguement trilobées, plus rarement à 3 lobes indiqués, thyrses mâles allongés dépassant souvent les feuilles, — femelles plus courts, le plus souvent un peu plus lâches, quelquefois denses, baies petites (environ de la grosseur d'un petit pois), globuleuses, à pédicelles courts et gros, glabres, à 2-3 graines ovoïdes, subcordés, couleur de châtaigne, obtuses au sommet, larges à bec court, face ventrale renflée en carène obtuse entre des fossettes largement obovales allongées, raphé filiforme se dirigeant sur une chalaze obovale-orbiculaire, atteignant le milieu du dos.» (1).

Cette espèce est répandue dans l'Amérique tropicale (Antilles, Mexique, Nouvelle-Grenade, Costa-Rica, Panama). Nous en ignorons les aptitudes, le degré de résistance au phylloxera, etc. Son habitat dans la région tropicale ne permet pas d'ailleurs de songer à la cultiver en Europe.

V. Coriacea (Suttleworth). — M. Planchon a séparé cette espèce du *V. Candicans*, avec lequel Engelmann l'avait confondu et dont il diffère très nettement. M. P. Viala en donne la description suivante: «*Souche* de vigueur moyenne, à port grimpant, tronc moyen ; bois de l'année brunâtre, à poils laineux abondants ; vrilles intermitentes. *Feuilles* plutôt petites, cordiformes allongées, lobées et à lobes ouverts, planes, épaisses ; dents peu accusées ; sinus pétiolaire en V à bords déjetés ; *face supérieure* d'un vert peu foncé et luisant ; *face*

(1) J.-E. Planchon ; *loc. cit.*, pag. 330.

inférieure à tomentum dense et d'un blanc-jaunâtre. *Grappe* allongée, sous-moyenne, assez serrée ; grains petits, noirs. *Graines* petites, subsphériques ; chalaze ovale, fondue avec le raphé qui s'amincit jusqu'à la base du pépin. »

Cette vigne n'habite, comme la précédente, que des contrées chaudes (Floride, Louisiane, Mexique) ; elle n'offre, très probablement comme elle, aucun intérêt pratique.

V. Candicans (Engelmann). — *Synonymie* (d'après M. Planchon): *V. Mustangensis* (Buckley).— *V. Caribæa* var. *coriacea* (Chapmann).

Le V. Candicans Engelmann est caractérisé de la manière suivante: *Plante* très vigoureuse, recouvrant de ses rameaux puissants les plus grands arbres, qu'elle finit souvent par étouffer. *Sarments* presque cylindriques, longs, de diamètre moyen, à mérithalles assez allongés, recouverts d'un duvet blanc serré à l'état herbacé, et conservant, après l'aoûtement, des flocons de poils étalés ou grimpants. *Vrilles* discontinues, brun pourpre, ou quelquefois rosées, recouvertes d'un duvet blanc serré quand elles sont jeunes, et clairsemé après leur durcissement. *Bourgeonnement* blanc-rosé, montrant à l'ouverture de nombreuses grappes de fleurs carmin foncé. *Feuilles* moyennes, aussi larges que longues, quelquefois petites, tantôt profondément lobées et sublobées, toujours plus ou moins convexes à la face supérieure, d'un vert intense et à peu près glabre *en dessus*, recouvertes d'un duvet très serré, généralement d'un blanc pur *à la face inférieure*. *Pétiole* souvent lavé de brun pourpre et plus ou moins duveteux suivant son âge, formant avec le plan du limbe de la feuille un angle un peu obtus. *Fleurs* mâles, chez un grand nombre d'individus. *Grappes* quelquefois si nombreuses qu'elles cachent les feuilles, denses, composées, plus courtes que les feuilles; *baies* grosses, d'un noir pourpre, à pulpe résistante, tantôt blanche, tantôt rouge de sang, à peau épaisse et renfermant un principe acerbe. *Graines* grosses (6,5mm × 4,5mm) ; chalaze peu saillante, un peu allongée vers la partie supérieure ; *raphé* peu ou non apparent (fig. 17).

Fig. 17. - Graine de Mustang (V. Candicans)

Le V. Candicans est connu en Amérique sous le nom de *Mustang grape* (raisin de cheval sauvage) ; on le rencontre, à l'état sauvage, dans le territoire des Indiens, une partie de la Louisiane, au Texas, dans le sud-ouest de l'Arkansas et au Mexique dans les provinces de Tamaulipas, Nuevo-Léon, de Cohahuila.

M. P. Viala appelle cette espèce le Riparia du Sud, parce qu'elle habite surtout le bord des cours d'eau ; on la trouve depuis les alluvions sableuses, rouges, fraîches et fertiles, jusque dans les sols les plus ingrats.

Le *Mustang* n'offre, dans sa forme sauvage actuelle, aucun intérêt comme producteur direct; les colons de l'Ouest américain en font bien un peu de vin, mais ils sont obligés pour cela de le *médicamenter*, c'est-à-dire d'y ajouter du sucre et de l'alcool. Il pourrait constituer au besoin, grâce à sa passable résistance au phylloxera (13), à sa vigueur et à son aptitude à vivre dans des terrains assez calcaires, un porte-greffe analogue au *Jacquez*, n'était la difficulté très grande de le faire reprendre de bouture.

Série 3. — **Æstivales**

V. Linsecomii (Buckley). — M. P. Viala donne de cette espèce la description suivante : «*Souche* très vigoureuse, à port grimpant, tronc fort; *bois* de l'année couleur noisette; *vrilles* discontinues. *Feuilles* très grandes, presque aussi larges que longues, orbiculaires, le plus souvent entières ou lobées à sinus profonds ; sinus pétiolaire très profond, à lèvres tangentes; à peine dentées, limbe épais et rugueux; *face supérieure* d'un vert sombre; *face inférieure* glaucescente. *Grappe* moyenne, tronc-conique; grains moyens ou sous-moyens, disculaires, pruineux, d'un rouge foncé, à saveur désagréable. *Graines* grosses, pyriformes ; bec détaché, chalaze large, orbiculaire; raphé filiforme. » (fig. 18).

Fig. 18 - Graine de Post Oak (V. Linsecomii)

La vigne qui vient d'être décrite avait été désignée jusqu'ici, en Europe, sous le nom de V. Lincecummii (Planchon, *Ampelideæ*, p. 338), par suite d'une erreur d'orthographe; elle a été dédiée par Buckley au docteur Gideon Linsecom, dont elle doit par conséquent porter le nom (1). Elle est désignée vulgairement sous les noms de *Post Oak grape*, parce qu'on la rencontre dans certaines parties des États-Unis, dans des bois de chênes appelés *Post Oak; Pine wood grape*, parce que, dans d'autres endroits, elle habite des bois de pins; on l'appelle encore, autre part, *Turkey grape* (raisin de dindon), *Big summer grape* (gros raisin d'été) et *S. western Æstivalis* (Æstivalis du Sud-Ouest) (2).

Des échantillons du V. Linsecomii, envoyés en Europe par M. Hermann Jæger, sous les noms de *Neosho* et d'*Æstivalis à gros*

(1) P. Viala ; *loc. cit.*, pag. 106 et 107.
(2) — —

grains, ont été regardés comme des hybrides de V. Æstivalis et de V. Labrusca ; M. P. Viala, à son retour d'Amérique, les a rapportés à leur véritable type.

Cette espèce se rencontre dans le sud du Missouri, l'Arkansas, le Territoire des Indiens et la Louisiane; elle ne donne qu'une faible production, le vin que l'on en obtient est âpre et d'un goût amer désagréable, elle reprend difficilement de bouture, enfin elle est difficile quant à la nature du sol; elle ne se développe bien que dans les terres siliceuses rouges, profondes et fertiles; on ne peut donc songer à l'utiliser en Europe, un grand nombre d'autres lui étant bien préférables.

V. Bicolor (Leconte).— Cette vigne n'a point encore été importée en Europe; M. Planchon paraît admettre avec M. Sereno Watson qu'on peut la rapporter au *V. Æstivalis* de Michaux (1). M. T. Munson l'avait séparée de cette dernière espèce sous le nom de *V. Cœrulea*, il en a ensuite reconnu l'identité avec le Bicolor de Leconte. M. P. Viala nous le fait connaître comme il suit: «*Souche* vigoureuse, à port grimpant, tronc fort; bois de l'année pruineux, d'un rouge cannelle; vrilles discontinues. *Feuilles* moyennes, orbiculées-pentagonales, le plus souvent entières; sinus pétiolaire profond et fermé; deux séries de dents régulières et obtuses; limbe peu épais; face supérieure glabre et glaucescente. *Grappe* sous-moyenne, ramifiée, compacte; grains sphériques, petits, noirs. *Graines* petites, trapues; bec court; chalaze ovalaire, peu proéminente; raphé en cordon filiforme.»

«Le V. Bicolor, d'après le même auteur, ne différerait du V. Æstivalis que par une moins grande découpure des feuilles qui sont glaucescentes et glabres à la page inférieure, par sa grappe petite et serrée et surtout par ses grains petits. Il conserve cependant des caractères uniformes et constants dans toute la région qu'il habite; il est particulier au nord-est des États-Unis, plus fréquent dans le Michigan, l'Indiana, l'État de New-York; il descendrait jusqu'à la Virginie et on en aurait observé quelques rares pieds dans la province d'Ontario (Canada). On le nomme vulgairement dans les régions, d'après M. T.-V. Munson, *Blue grape* (vigne bleue), *Winter grape* (raisin d'hiver), *Northern Æstivalis* (Æstivalis du Nord), *Northern summer grape*, etc.».

Le V. Bicolor, comme les précédents, est sans intérêt au point de vue pratique et ne mérite d'être importé en Europe qu'à titre d'é-

(1) J.-E. Planchon — *Ampelideæ*, p. 614 et 615.

chantillon botanique pour compléter les collections de vignes qui ne le possèdent pas.

V. Æstivalis (Michaux-Durand-Engelmann).— Le V. ÆSTIVALIS est caractérisé de la manière suivante: *Plante* de vigueur variable, généralement moyenne, à port grimpant. *Sarments* moyens et longs, de couleur le plus souvent pourpre foncée et presque toujours pruinés. *Vrilles* discontinues et assez fortes. *Bourgeonnement* rouge-carmin vif. *Débourrement* et *floraison* à peu près simultanés avec les vignes indigènes de l'Hérault. *Feuilles* quelquefois entières, le plus souvent à lobes plus ou moins marqués, un peu épaisses; les jeunes feuilles s'ouvrent à plat dès leur naissance et sont couvertes sur leurs deux faces d'un duvet épais; les adultes, à peu près sans duvet au-dessus, portent en dessous, sur les nervures, des poils tantôt un peu raides, tantôt floconneux, disposés en petites touffes plus ou moins denses ou clairsemées. *Grappe* de forme variable, à petits grains, presque toujours pruinés, à pulpe fondante, non foxée; peau relativement mince. *Graines* (fig. 19) moyennes (5mm × 4mm), au nombre de deux à trois, arrondies au sommet, à bec court et obtus; *chalaze* circulaire, saillante; *raphé* proéminent.

Fig. 19. - Graine d'Herbemont (V. Æstivalis)

Le V. ÆSTIVALIS est vulgairement connu en Amérique sous le nom de *Summer grape* (raisin d'été). L'habitat naturel de cette espèce est, d'après M. P. Viala, dans le centre et le centre-est des États-Unis, surtout dans la Pensylvanie, la Virginie, les Carolines, les petits États du bord de l'Atlantique (Maryland, Delaware, New-Jersey). Sa limite géographique est formée par la Nouvelle-Angleterre, les grands lacs, le nord de l'Illinois et de l'Iowa, l'Indian Territory et le Texas; on le trouve dans les États de l'est du golfe du Mexique, depuis la Louisiane et même dans le nord de la Floride, où on n'observe cependant que quelques rares individus de cette espèce (1). D'après le même auteur, le V. ÆSTIVALIS croît indifféremment dans toutes les situations, aussi bien sur les bords des fleuves que sur les coteaux assez secs; ils acquièrent leur plus grand développement dans les alluvions fertiles; certains troncs de V. ÆSTIVALIS sont aussi gros dans ces terrains que ceux du V. CANDICANS ou du V. CALIFORNICA (2). Les sols qui lui conviennent le mieux sont ceux qui sont caillouteux,

(1) P. Viala; *loc. cit.*, p. 120 et 121.

(2) Les collections de l'École d'agriculture de Montpellier possèdent un tronc de V. Æstivalis qui mesure 0m22 de diamètre.

siliceux, fortement colorés en rouge; il se développe encore convenablement dans certaines marnes bleues fertiles, mais paraît redouter plus ou moins l'élément calcaire qui, s'il ne le fait pas généralement jaunir, en diminue la végétation.

Malgré la valeur de ses fruits (à notre point de vue européen), il a été beaucoup moins semé jusqu'ici en Amérique, dans la but d'obtenir des formes nouvelles, que le V. LABRUSCA.

Les principaux cépages qui sont issus du V. ÆSTIVALIS peuvent être classés en trois groupes distincts. Le premier, à feuilles lobées, à grappe ailée et allongée, qui renferme: *Jacquez*, *Herbemont*, etc., lesquels sont probablement des hybrides de V. VINIFERA; le deuxième, à feuilles presque entières, à grappe ramassée, courte et non ailée, comprend: *Cunningham*, *Black-July*; le troisième, à feuilles garnies sur les nervures à leur face inférieure d'un duvet couleur de rouille, et où l'on peut classer: *Cynthiana, Hermann*. Ce dernier groupe paraît dérivé d'une race septentrionale, tandis que les deux premiers ont plutôt une origine méridionale.

C'est parmi les V. ÆSTIVALIS seulement que nous avons trouvé des producteurs directs susceptibles de fournir des vins en rapport avec les goûts des consommateurs européens. Mais leur production, relativement faible, ne leur permet de jouer qu'un rôle secondaire, à ce point de vue, dans la reconstitution des vignobles méridionaux.

D'après Bush et Meissner, on peut considérer le V. ÆSTIVALIS comme le grand producteur des régions situées à l'est des Montagnes Rocheuses. Dans l'ouest du Texas, les variétés de cette espèce réussiraient mieux que toutes les autres. Dans le nord de l'Amérique, il aurait pris la place qu'occupaient les V. LABRUSCA, à cause de sa bonne résistance au phylloxera (16) et de la valeur de son vin et souvent de ses raisins pour la table (1).

Le *Jacquez* et l'*Herbemont* sont seuls employés comme porte-greffes parmi les cépages de cette espèce.

CÉPAGES PRINCIPAUX ISSUS DU V. ÆSTIVALIS

Groupe du Nord	Groupe du Sud	Groupe inconnu
Cynthiana.	*Black-July.*	*Baxter.*
Elsinburg.	*Cunningham.*	*Blue Favorite.*
Hermann.	*Harwood.*	*Pauline.*
	Herbemont.	*Pulliat.*
	Jacquez.	*Æstivalis de Spaunhorst*

(1) Bush and Son and Meissner; *Bushberg-Catalogue*, 1883.

Série 4. — Cinerascentes

V. Cinerea (Engelmann). —*Synonymie: V. Æstivalis* var. *cinerea* (Engelmann). — *V. Canescens* (Engelmann et Hort. Paris) pour la variété à feuilles lobées. — *V. Cinerea* var. *rufescens*(J.-E. Planchon) et vulgairement aux Etats-Unis *Ashy grape* (vigne cendrée). —*Sweet winter grape* (raisin sucré d'hiver) (1) et *Wichita* (2), du nom d'une rivière du Texas.

Le V. Cinerea est caractérisé comme il suit: *Plante* vigoureuse, étalée ou grimpante. *Sarments* longs, grêles, de diamètre régulier sur toute leur longueur, sinueux, peu ramifiés, à section polyédrique, surtout vers l'extrémité, finement striés, pubescents, à poils grisâtres, courts, sauf sur les nœuds où ils prennent l'aspect aranéeux ; — de couleur gris légèrement roussâtre terne quand ils sont aoûtés, — à mérithalles moyens ou longs. *Vrilles* discontinues, pourpre clair et duveteuses avant l'aoûtement, plus tard revêtues des mêmes poils courts et grisâtres qui recouvrent l'ensemble des sarments. *Feuilles* de dimensions variées suivant les formes sauvages considérées, généralement sur-moyennes, parfois grandes, d'autres fois petites, plus longues que larges, entières et cordiformes dans le type le plus ordinaire, quinquelobées avec des découpures profondes dans la forme *Canescens ;* sinus pétiolaire en V; – d'un vert pâle et gaufrées entre les nervures *à la face supérieure*, — d'un vert-blanchâtre et recouvertes d'un feutrage de poils raides sur les nervures et sous-nervures *à la face inférieure ;* pétiole tomenteux, formant un angle obtus avec le plan général du limbe de la feuille. *Grappe* grosse, allongée, lâche (d'après P. Viala). *Grains* très petits, noirs, luisants, non foxés et acides. *Graine* petite ($5^{mm} \times 4^{mm}$), avec *chalaze* circulaire saillante ; *raphé* étroit, saillant, venant se perdre dans l'échancrure supérieure (fig. 20).

Fig. 20.- Graine du V. Cinerea.

Cette espèce habite plus particulièrement l'ouest et le sud des États-Unis, plus ou moins mélangée au V. Cordifolia ; on la rencontre avec cette dernière, d'après M. P. Viala, dans l'Illinois, le Tennessee, le Missouri, l'Arkansas, le Kansas, le Territoire des Indiens et le nord du Texas. Toutefois, « cette vigne, dit-il, ne commence, au Nord, que dans le centre de l'Illinois et ne remonte pas dans l'Iowa et le Nebraska ;

(1) P. Viala ; *loc. cit.*, p. 33.

(2) Les premiers V. Cinerea introduits à Montpellier l'ont été, sous le nom de Wichita, par M. P. Douysset, qui les avait reçus d'un de ses correspondants du Texas.

elle va à l'Est jusqu'au golfe du Mexique et jusqu'au sud de la Caroline du Nord ; quelques rares individus ont été observés en Floride. Le V. Cinerea a été observé, par E. Palmer, dans les États de Coahuila et de Nuevo-Léon (Mexique)».

Le V. Cinerea se rencontre dans des terres assez diverses ; c'est dans les alluvions profondes et riches, parfois un peu humides, qu'il prend son plus grand développement ; mais on le trouve dans beaucoup d'autres milieux, même dans des terres très calcaires et à sous-sol crétacé. Les essais faits en France, avec cette espèce, dans les terrains calcaires crayeux de la Champagne de Cognac n'ont cependant pas réussi jusqu'à présent ; on peut attribuer cet insuccès à ce que l'on n'a guère importé jusqu'ici en Europe que des boutures provenant de formes à grand développement des riches alluvions, lesquelles ne sauraient s'accommoder d'un milieu aussi pauvre et présentant des conditions physiques aussi différentes. La beaucoup meilleure réussite de certains V. Berlandieri provenant de régions crayeuses et de leurs hybrides dans les calcaires leur a fait préférer ces derniers dans les sols de cette nature.

Le V. Cinerea reprend en général difficilement de bouture.

V. Cordifolia (Michaux). — *Synonymie* (d'après J.-E. Planchon) : *V. Cordifolia* Michaux (Fl. bor. am., II, p. 231, ann. 1803). — *V. Cordifolia* var. *genuina* Durand (in. Bull. Soc. Acclim., IX, p. 483). — *V. Vulpina* var. *Cordifolia* Regel (Cons. spec. gen. Vit. Petropoli, p. 6). — *V. Vulpina* Torrey (Flor. am., I, p. 264). – *V. Virginiana* (Hort. Mus., Paris, septembre 1823). — *V. Cordifolia* var. *fœtida* (Hort. Mus., Paris, oct. 1873) (1).

Le V. Cordifolia porte, aux États-Unis, les noms suivants : *Winter grape* (raisin d'hiver), *Frost grape* (raisin des gelées), *Chiken grape* (raisin des poulets).

Description. — *Plante* très vigoureuse ; *tronc* très gros, à bois dur, à écorce en lanières étroites et serrées, à port grimpant. *Sarments* grêles, d'une grosseur presque régulière d'une extrémité à l'autre ; à *mérithalles* longs, aplatis près des nœuds, à vrilles discontinues fortes et ramifiées. *Feuilles* jeunes, s'ouvrant tout de suite à plat, ce qui les différencie du V. Riparia, chez qui les jeunes feuilles restent un certain temps pliées en gouttière. Les *feuilles* adultes sont moyennes ou petites, généralement entières ou cordiformes, plus longues que

(1) J.-E. Planchon.— *Ampelideæ*, pag. 350.

larges, avec une pointe accusée à l'extrémité opposée au pétiole ; dents obtuses, régulières, sauf les deux correspondant aux lobes latéraux qui sont aiguës ; à sinus pétiolaire profond et souvent en V ; à limbe plus ou moins épais et parcheminé ; à *face supérieure* glabre, luisante et d'un vert foncé ; à *face inférieure* plus pâle, quelquefois jaunâtre, plus luisante que la supérieure, avec des poils blancs, courts et serrés sur les nervures et sur leurs embranchements avec les sous-nervures. *Grappe* le plus souvent lâche, à grains petits, d'un violet-noir mat non pruineux, d'une saveur un peu acide et désagréable, renfermant habituellement une, quelquefois deux et rarement trois graines. *Graines* petites (4 à $5^{mm} \times 3^{mm}$), renflées, à *chalaze* arrondie, *raphé* saillant et proéminent comme chez les V. ÆSTIVALIS, mais plus épais et logé dans une cavité plus profonde (fig. 21).

Fig. 21.- Graine de V. Cordifolia

Le V. CORDIFOLIA, d'après M. Viala, s'élève plus au Nord que le V. CINEREA, mais il se rencontre surtout dans la région où ce dernier est le plus abondant. « On ne commence à en trouver quelques rares pieds que sur les bords du lac Ontario, non loin des chutes du Niagara, que l'on peut considérer comme sa limite au Nord. Il s'étend dans la Pensylvanie et commence à devenir plus abondant dans la Virginie et les Carolines : il va au Sud jusque dans la Floride, mais cette espèce est relativement rare dans les États du golfe du Mexique. A l'Ouest, elle existe dans l'Ohio, l'Indiana, mais ne remonte pas au Nord le Wisconsin, le Minnesota et le Dakota ; le Wyoming, le Colorado et le Nouveau-Mexique, États où on ne l'a pas observée, forment sa limite à l'Ouest. Elle est surtout abondante dans l'Illinois, le Tennessee, le Missouri, l'Arkansas, le Kansas, le Territoire des Indiens et le nord du Texas, etc. Le V. CINEREA et le V. CORDIFOLIA sont limités dans le Texas par le Brazos River et finissent, ainsi que nous l'avons dit, là où commence le V. BERLANDIERI, espèce avec laquelle ils sont peu mélangés sur la rive gauche ; on n'observe plus ces espèces à quelques milles au sud de la rive droite.

» Il est fort probable que le V. CORDIFOLIA ne se trouve pas dans le Mexique; nous n'avons jamais trouvé cette vigne dans les herbiers de plantes mexicaines. » (1).

Le V. CORDIFOLIA reprend difficilement de bouture, il croît dans les mêmes sols que le V. CINEREA, auquel, comme nous l'avons vu précédemment, il est constamment mélangé dans l'aire qu'ils occupent en commun. Ainsi que ce dernier, on le rencontre en Amérique

(1) P. Viala; *loc. cit.*, p. 47.

dans les terrains calcaires ou à sous-sol crayeux, où le V. RIPARIA et le V. ÆSTIVALIS jaunissent et se rabougrissent; cependant, les *Cordifolia* essayés dans les terres très calcaires de mauvaise qualité des environs de Cognac n'ont pas donné jusqu'ici de résultats satisfaisants, mais il est probable que c'est parce que l'on n'y a pas fait usage des formes provenant des calcaires.

V. Berlandieri (Planchon).—*Synonymie: V. Monticola* (Millardet). — *V. Montana* (Buckley). — *V. Æstivalis* var. *monticola* (Engelmann). — *Cordifolia coriacea* (Dr Davin).

M. Planchon, ne trouvant pas les échantillons de cette vigne cultivés à l'École nationale d'agriculture de Montpellier conformes au V. MONTICOLA de Buckley, les rapporta à ceux récoltés au Texas par Berlandier, botaniste suisse, qui avait été envoyé dans cette contrée par de Candolle, et en fit une espèce à laquelle il donna le nom de V. BERLANDIERI.

Le V. BERLANDIERI a été introduit en France par M. Douysset sous le nom de *Little sweet mountain* (petit sucré de montagne) ; M. Viala l'a entendu dénommer aux États-Unis : *Mountain grape* (raisin de montagne), *Little mountain grape* (petit raisin de montagne), *Sugar grape* (raisin de sucre), *Winter grape* (raisin d'hiver), *Fall grape* (raisin d'automne).

On peut donner de cette espèce la description suivante : *Plante* vigoureuse, à port étalé ou grimpant. *Tronc* de moyenne grosseur, à bois dur. *Sarments* longs, grêles, à section polygonale, sinueux, avec des flocons de poils répartis tantôt sur toute la surface, tantôt seulement près des nœuds et sur l'origine des vrilles ; ces dernières discontinues ; mérithalles longs. *Feuilles* moyennes ou petites, orbiculaires ou cordiformes, quelquefois trilobées, sinus pétiolaire en V ou en U, à bords plus ou moins réfléchis ; à dents très courtes et obtuses, à limbe épais et tourmenté ; face supérieure d'un vert foncé et généralement luisant, d'un vert plus pâle à la face inférieure chez les formes glabrescentes, avec un duvet grisâtre chez les formes tomenteuses. *Grappe* moyenne ou sous-moyenne, ramassée, tronc-conique, le plus souvent ailée, à deux lobes distincts. *Grains* serrés, petits, sphériques, noirs et pruinés ; chair peu abondante, sans goût particulier. *Graine* moyenne, renflée, à bec court ; *chalaze* généralement allongée et se confondant avec le *raphé,* qui se perd presque toujours dans le sillon qui le renferme (fig. 22).

Fig. 22.- Graine du V. Berlandieri

Le V. BERLANDIERI habite le sud-ouest des États-Unis ; on le rencontre à partir du Brazos qui coupe le Texas du Nord-Ouest au Sud-Est et qui le limite à peu près au

Nord ; il s'étend dans tout le centre et le sud de cet État et dans le sud du Nouveau-Mexique ; il n'a pas été signalé dans l'Arizona, mais on le trouve au Mexique, dans les provinces de Nuevo-Léon et de Coahuila.

Cette vigne croît habituellement dans les montagnes ou dans les collines (d'où le nom de *mountain grape*) ; elle s'y accommode des sols les plus chauds et les plus secs, bien qu'on la rencontre parfois cependant au bord des rivières, dans des alluvions fraîches et fertiles ; ses feuilles sont alors généralement larges et ternes.

La plus grande partie des terres occupées par le V. BERLANDIERI sont formées par les diverses assises du crétacé inférieur ; les formes qu'il revêt dans ces milieux lorsqu'ils sont très calcaires sont caractérisées par de petites feuilles luisantes (1).

Les V. BERLANDIERI provenant pour la plupart des terrains calcaires, il s'en est trouvé un certain nombre qui ont pu vivre sans jaunir dans les terrains crayeux de la Charente ; cependant, quelques-uns de ceux qui avaient été placés dans les plus mauvais d'entre eux ont donné lieu, dans les mauvaises années, à des ceps chlorosés lorsqu'on les a greffés avec la *Folle blanche* ; il faut donc procéder à une sélection très sévère des formes à employer dans les calcaires. Mais un certain nombre d'hybrides de V. BERLANDIERI avec des vignes d'Europe, reprenant plus facilement de bouture que les formes pures et offrant de meilleures conditions pour le greffage, permettent d'espérer que l'on pourra utiliser les qualités remarquables d'adaptation au calcaire de cette espèce. L'un d'entre eux, *Cabernet*×V. BERLANDIERI N° 333 (*Tisserand*), à l'Ecole d'agriculture de Montpellier, a remarquablement résisté à l'action des plus mauvais calcaires à Cognac, bien que, greffé, si sa résistance au phylloxera était démontrée suffisante, il rendrait de réels services dans ce milieu ou d'autres analogues.

Le V. BERLANDIERI reprend d'ordinaire difficilement de bouture ; cependant MM. Viala et Ravaz sont parvenus, en employant le procédé de bouturage dit à la pousse que nous décrirons plus loin, à résoudre cette difficulté.

(1) P. Viala ; *loc. cit.*, pag. 15 et 16.

Série 5. Rupestres

V. Monticola (Buckley).— *Synonymie :* M. J.-E. Planchon voulut bien dédier à l'auteur du présent ouvrage une forme à raisin noir de cette espèce, que l'École nationale d'agriculture de Montpellier avait reçue du Texas, par l'intermédiaire du Ministère de l'agriculture, et étiquetée : *V. Monticola vigorous grower* (à végétation vigoureuse) ; il lui donna le nom de *V. Foëxeana*. Depuis lors, M. P. Viala put, lors de son voyage en Amérique, voir en herbier les échantillons du V. MONTICOLA de Buckley recueillis par ce botaniste, et il y rapporta le *V. Foëxeana* de J.-E. Planchon et le *V. Texana* de Munson.

Description. – *Souche* moyennement vigoureuse, à port semi-grimpant, à écorce caduque, finement striée. *Sarments* de moyenne longueur, grêles, à mérithalles moyens ou courts, d'un brun acajou foncé, à nœuds aplatis, avec des poils aranéeux blanchâtres. *Vrilles* discontinues, fortes ou très fortes, courtes, bifurquées, de couleur acajou avec un léger tomentum. Ramifications secondaires nombreuses. *Feuilles* petites, entières ou trilobées, orbiculaires, quelquefois terminées par une pointe qui leur donne l'aspect cordiforme, légèrement roulées en cornet ; à dents très courtes et obtuses, sauf deux qui rappellent les sinus latéraux. Parenchyme épais et coriace, tout à fait glabre et d'un vert foncé et luisant sur la *face supérieure ;* —glabre, sauf quelquefois aux angles des nervures et d'un vert plus clair et luisant à la *face inférieure*. *Pétiole* court, grêle, souvent pourpre violacé et légèrement duveteux. *Raisin* en grappillon court et conique. *Grains* petits, présentant les diverses teintes du noir (forme *Foëxeana*) au gris-rosé, luisants, à peau fine, fondants, sucrés et sans goût particulier. *Graine* de $6^{mm} \times 4^{mm}5$, aplatie, à bec très court ; *chalaze* circulaire saillante ; *raphé* en cordon un peu large à l'origine, près de la *chalaze*, saillant jusqu'au delà de l'échancrure supérieure.

Le V. MONTICOLA habite une région montagneuse, située vers le centre du Texas, à l'ouest du Brazos River. « On ne le rencontre jamais, d'après M. P. Viala, sur les bords alluviaux des fleuves, mais seulement sur le flanc des montagnes, élevées au plus de 500 mètres et à partir du tiers de leur hauteur, et sur les plateaux étendus qui couronnent les collines texiennes (nommées *mountains* au Texas). La caractéristique climatérique de cette région est l'extrême sécheresse. » (1).

Bien que le V. MONTICOLA puisse se bien développer dans des ter-

(1) P. Viala ; *loc. cit.*, pag. 69.

rains calcaires, il ne donne pas dans les sols crayeux des résultats suffisants ; on peut le considérer comme inférieur dans ces milieux au V. Cinerea, au V. Cordifolia, mais surtout au V. Berlandieri. Sa faible production empêche de songer à l'utiliser comme producteur direct ; mais le peu de difficulté de sa reprise de bouture et sa grande rusticité permettraient vraisemblablement de s'en servir avec succès comme porte-greffe dans les terrains très secs.

V. Rupestris (Scheele). —*Synonymie: V. Populifolii* (Lindheimer), *in* herb. des Ampélidées de Cambridge (Massachusetts). — Cette espèce porte en Amérique les noms vulgaires de : *Sand grape* (raisin des sables) dans le Missouri, *Sugar grape* (raisin de sucre) au Texas.

Description.— *Souche* vigoureuse, à port généralement semi-érigé et buissonnant, quelquefois rampant ou étalé. *Tronc* gros et court. *Sarments* de moyenne longueur ou courts, tantôt assez gros, tantôt grêles, à ramifications nombreuses ; teintés de pourpre à l'état herbacé, surtout aux nœuds et au sommet ; avec des poils aranéeux près des nœuds et au sommet ; brun-rouge ou brun légèrement jaunâtre une fois aoûtés ; à mérithalles courts et à nœuds légèrement aplatis, un peu pruineux ; vrilles discontinues, tantôt fortes, tantôt grêles. *Feuilles* petites, entières, cordiformes, plus larges que longues et repliées en gouttière, d'un vert glauque avec nervures roses à la naissance, complètement glabres sur les deux faces ; les deux bords inférieurs de la feuille sont sur la même ligne par suite de l'ouverture aussi grande que possible du sinus pétiolaire. Pétiole court et grêle, aplati et légèrement canaliculé en dessus, formant un angle généralement obtus avec le plan du limbe de la feuille. *Fleurs* très nombreuses, subglobuleuses, d'un jaune-verdâtre, le plus souvent mâles, à côtes parfois assez marquées et envinées à leur sommet ; calice petit, disque entier, à urcéoles peu distinctes ; le stigmate forme une rosette blanche sessile sur un ovaire tronc-conique. *Grappe* petite, lâche, irrégulière, fréquemment millerandée, à pédoncule long et tendre, à pédicelles gros et courts avec un bourrelet peu distinct et de petites verrues. *Grains* petits, noirs, très colorés en rouge à l'intérieur avec des veines plus foncées, à stigmate excentrique, à peau fine, à pulpe assez fondante et sans goût particulier. *Graines* petites ($4^{mm} \times 3^{mm}5$), *chalaze* peu saillante, allongée, se confondant avec le *raphé* qui est lui-même peu saillant, comme dans V. Riparia (fig. 23).

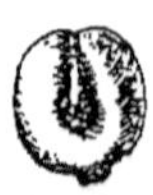

Fig. 23.- Graine du V. Rupestris.

Le V. Rupestris ne possède que des types sauvages. M. Mazade, qui qui a fait une étude très complète des principales formes de V. Ru-

PESTRIS, les classe comme suit en tenant compte de leurs caractères botaniques généraux:

«*Premier groupe.*— Les formes comprises dans ce groupe ont les caractères suivants: port buissonnant; feuilles à bords très peu ondulés, régulièrement pliées en gouttière, généralement petites. Teinte généralement jaunâtre.

»Type du groupe N° 1: *Rupestris Ganzin.*

»*Deuxième groupe.*— Description: port érigé (ramifications principales seules rampant sur le sol); feuilles peu pliées en gouttière; sinus pétiolaire en forme d'accolade.

»Type du groupe N° 2: *Rupestris du Lot.*

»*Troisième groupe.*— Les formes de ce groupe sont caractérisées par un port rampant et des feuilles à reflet métallique sombre.

»Types du groupe N° 3: *R. Martin*, *R. Mission*, *R. de Fortworth*, *R. Métallique* (1).»

Le V. RUPESTRIS est une espèce de la partie méridionale des États-Unis. «On ne commence à l'observer, dit M. P. Viala, que dans le centre de l'État du Missouri; le Missouri trace sa limite au nord, exactement au point où il se jette dans le Mississipi. Les premiers individus trouvés ont été signalés dans le parc naturel de Saint-Louis (Forest Parck); il n'existe plus à l'est du Mississipi, dans l'Illinois. Je l'ai observé en petit nombre, sur le cours inférieur du Cumberland River, dans le sud-ouest du Tennessee. Le V. Rupestris est très répandu dans le sud-ouest du Missouri, le sud du Kansas, l'est du Nouveau-Mexique et dans le Territoire des Indiens, le Texas, l'Arkansas, le nord et le nord-ouest du Texas.»

»Dans tous ces États, l'habitat du V. Rupestris est bien particulier et se différencie de celui de toutes les autres espèces des États-Unis. On ne l'observe jamais dans les bois ou dans les milieux ombragés; dès qu'il existe une végétation arborescente quelconque, même des buissons, les Rupestris disparaissent; ils poussent toujours exclusivement dans les milieux éclairés et dégarnis de toute plante ligneuse.» (2).

Le V. RUPESTRIS croît en Amérique, dans des sols plus ou moins argileux mélangés de cailloux siliceux ou de calcaire dur; c'est dans des terrains analogues, mais particulièrement dans le *diluvium alpin* qui est formé, comme on le sait, de cailloux roulés siliceux mélangés de terre argilo-siliceuse rouge, qu'il a donné les meilleurs résultats.

(1) Mazade. — Etude sur les *Rupestris.* — *Revue de viticulture*, tom. I, pages 204, 238 et 257.

(2) P. Viala; *loc. cit.*, pag. 79.

La reprise de cette espèce au bouturage et au greffage est un peu plus difficile que celle du *Jacquez*, du *Vialla* ou du V. Riparia, sans cependant que cette difficulté puisse être considérée comme de nature à constituer un obstacle à son emploi dans la pratique. Elle est d'ailleurs, une fois la soudure faite, un porte-greffe des plus remarquables par le développement qu'elle assure aux cépages greffés et par le diamètre considérable que prend son tronc, lequel le met en rapport avec celui des vignes d'Europe les plus puissantes. Sa résistance au phylloxera est généralement très élevée (18,50 à 19,50 d'après MM. Viala et Ravaz).

V. Arizonica (Engelmann). — *Plante* moyennement vigoureuse, à port étalé. *Sarments* assez longs, assez gros, cylindriques, sinueux, à écorce lisse et adhérente ; ramifications nombreuses. *Vrilles* discontinues très grêles. *Feuilles* petites, entières, cordiformes, quelquefois trilobées, sinus pétiolaire nettement ouvert en U ; *face supérieure* d'un vert foncé, généralement glabre et luisante, avec les nervures colorées d'un rouge vineux, surtout vers les insertions sur le pétiole ; *face inférieure* d'un vert plus pâle, avec de petits poils rudes sur les nervures ; dents obtuses peu profondes. *Grappe* cylindrique, allongée. *Grains* assez petits ou moyens, sphériques, pruinés, d'un goût agréable. *Graines* plutôt petites (5 à $6^{mm} \times 4^{mm}$), un peu allongées, à *chalaze* et *raphé* peu apparents et se confondant généralement, pour disparaître bientôt dans le sillon peu profond qui les renferme (fig. 24).

Fig. 24.- Graine du V. Arizonica

Le V. Arizonica est répandu, à l'état sauvage, dans une partie de la Californie et notamment dans l'Arizona, d'où lui vient son nom, ainsi que dans la région montagneuse de Prescott à Tucson. Il paraît doué d'une grande rusticité et d'une certaine résistance au phylloxera, et pourra peut-être jouer un certain rôle comme porte-greffe; il présenterait même pour cet objet, d'après M. Viala qui l'a vu greffé dans le nord de la Californie, une certaine analogie avec le V. Rupestris.

Série 6. — **Ripariæ**

V. Rubra (Michaux). — *Plante* peu vigoureuse, à port rampant, tronc grêle; bois de l'année d'un brun-rougeâtre. *Vrilles* intermittentes. *Feuilles* petites, triangulaires allongées, lobées, à lobe terminal allongé ; sinus pétiolaire rudimentaire ; dents larges et obtuses; *face supérieure* d'un vert sombre ; *face inférieure* d'un vert plus clair et peu luisant, avec bouquets de poils courts aux angles des nervures. *Grappe* allongée, cylindrique. *Grains* petits, d'un noir foncé et luisants. *Graines* grosses, subsphériques ; *chalaze* ovale, peu apparente; *raphé* nul.

Le V. Rubra n'existe, au dire de M. P. Viala (1), que sur un nombre de points très limité, au bord du Mississipi et au bord du Merrimac. C'est une vigne des terres d'alluvion très riches des bords des fleuves. Sa faible végétation ne permet pas d'espérer d'en tirer parti comme porte-greffe pour la reconstitution des vignobles, et le faible volume de son grain et la tardivité de sa maturation le rendent impropre au rôle de producteur direct.

V. Riparia (Michaux). — *Synonymie*, d'après J.-E. Planchon (2) et P. Viala (3) : V. Riparia Michaux. — *V. Cordifolia* var. *Riparia* Torrey, Gray et Planchon. — *V. Vulpina* Linné, Wild et Leconte.— *V. Incisa* Jacq. — *V. Odoratissima* Donn. — *V. Palmata* Vahl, — *V. Riparia* var. *Palmata* J.-E. Planchon. — *V. Virginiana* Hort. Paris. — *V. Virginiana sylvestris* Parkins. — *V. Acerifolia* Rafinesque. — *V. Dimidiata* Raflnesque. — *V. Montana*, *concolor*, *columbina*, *populifolia, odoratissima*, *amara* Rafinesque. — *V. Canadensis aurisfolio* Tournefort. — *V. Virginiana alba foliis profonde dissectis* Hort. reg. Paris. — *V. Vulpina dicta Virginiana nigra* Pluken. — *V. Intermedia* Nuttal. — Cette vigne était nommée autrefois, aux Etats-Unis, par les colons français, *vigne des Battures* (d'après Michaux). Il porte également le nom, au Texas, de *River grape* (vigne des rivières) ou de *Sweet scented grape* (vigne odorante), à cause de l'odeur suave que dégagent surtout ses fleurs mâles.

Description. — Le V. Riparia est une vigne vigoureuse, à port très étalé ou grimpant, à *tronc* généralement grêle ; l'écorce se détache en lanières étroites et épaisses. *Sarments* longs, grêles, coniques, un peu renflés vers les nœuds, généralement lisses chez les formes glabres ; — de couleur variant du brun-rouge au café au lait clair en passant par les diverses teintes d'ocre brun-rouge et brun-jaune; avec de nombreux poils courts qui leur donnent un aspect velouté chez les formes tomenteuses ; à diaphragmes très minces ; mérithalles longs; vrilles discontinues, grêles. *Feuilles jeunes* demeurant longtemps pliées ; — *adultes* moyennes ou sous-moyennes, plus

(1) P. Viala ; *loc. cit.*, pag. 87 et 88.
(2) J.-E. Planchon.— *Ampelideæ*, pag. 352.
(3) P. Viala ; *loc. cit.*, pag. 126 et 127.

longues que larges, généralement entières avec des dents plus longues marquant les cinq lobes; — profondément lobées dans la forme *Palmata*; dents aiguës en deux séries; sinus pétiolaire très ouvert: parenchyme mince; *face supérieure* d'un beau vert, glabre, avec des nervures bien marquées; *face inférieure* d'un vert plus pâle avec des poils groupés aux points de divergence des nervures dans les formes glabres, et des poils courts répartis sur toute la longueur des nervures dans les formes tomenteuses. *Pétiole* formant un angle obtus avec le limbe. *Grappe* petite, allongée, portant souvent des fleurs s'ouvrant en étoile ou des fleurs mâles très odorantes; lorsque la grappe est fertile, elle porte des *grains* peu serrés, de volume irrégulier, mais toujours petits, sphériques, un peu aplatis, noirs, pruinés, à stigmate persistant et central; jus rouge, goût acidulé et acerbe. *Graines* (fig. 25) petites chez les types sauvages ($4^{mm} \times 4^{mm}$), un peu plus grosses dans les races cultivées; *chalaze* peu saillante, allongée, se confondant avec le *raphé*, qui se perd bientôt dans la dépression médiane.

Fig. 25.- Graine du Riparia sauvage.

Cette espèce occupe, dans l'Amérique du Nord, une aire très étendue; elle va depuis le lac Saint-Jean, à 90 milles au nord de Québec, jusqu'au Texas, du 48° lat. au 28°. On la trouve sur les rives du Missisipi supérieur, dans le Minnesota et sur les bords du lac Supérieur. Dans le Sud, elle est commune sur les bords de l'Ohio, dans le Kentucky, l'Illinois, le Missouri, l'Arkansas et le Territoire des Indiens. M. Meissner dit ne l'avoir jamais rencontrée à partir de la Louisiane et du Texas; mais on trouverait une de ses formes dans les Montagnes Rocheuses du Colorado et du Nouveau-Mexique et peut-être dans le sud de l'Utah.

M. P. Viala mentionne aussi sa présence dans le Montana, le Dakota, le Wyoming, aux environs du Grand-Lac salé, dans l'Utah; dans le Colorado (rarement), sur les bords de la Rivière Rouge et du Trinity River. En résumé, d'après cet auteur, à part la Floride, la plus grande partie du Texas et la région située à l'ouest des Montagnes Rocheuses, le V. RIPARIA s'étend dans tous les Etats-Unis et le sud-est du Canada; mais c'est surtout dans les Etats qui bordent l'Atlantique qu'on le rencontre abondamment. La plupart des *Riparia* cultivés en France actuellement ont été importés des bords du Missouri par M. Meissner.

On conçoit que, sur cette vaste étendue, cette espèce ait donné lieu à des formes nombreuses et variées; plusieurs tentatives ont été faites, il y a quelques années, sans succès, pour les classifier. M. P. Viala a enfin proposé récemment de les grouper comme suit:

Groupement des formes du V. RIPARIA, d'après M. P. Viala (1)

- I. — Riparia tomenteux . . . . .
  - *A*. — A grandes feuilles.
  - *B*. — A petites feuilles.
- II. — Riparia glabres
  - 1° A feuilles lobées . . . . Ex. : *V. Riparia* var. *Palmata*.
  - 2° A feuilles entières.
    - *A*. — A petites feuilles.
    - *B*. — A grandes feuilles.
      - *a*. — A feuilles ternes. . .
        - *a'*. — A feuilles minces.
        - *a''*. — A feuilles épaisses.
      - *b*. — A feuilles luisantes et épaisses. . . . .
        - *b'*. — A feuilles arrondies.
        - *b''*. — A feuilles allongées.

(1) P. Viala ; *loc. cit.*, pag. 130 et 131.

Les *Riparia tomenteux à grandes feuilles* croissent généralement dans les alluvions fraîches et fertiles des bords des fleuves, ils constituent de très bons porte-greffes ; ceux à *petites feuilles*, qui habitent des milieux plus secs, ne prennent pas un développement suffisant pour être employés utilement.

Les *Riparia glabres à feuilles lobées* (forme *Palmata*) sont peu vigoureux et ne doivent pas être introduits dans les cultures. Ce sont les *Riparia glabres à grandes feuilles*, mais surtout ceux *à feuilles luisantes et épaisses*, que l'on peut regarder comme les meilleurs porte-greffes fournis par cette espèce.

Les *Riparia* reprennent très facilement de bouture, la greffe réussit bien sur eux ; enfin, l'expérience a montré en Europe qu'ils assuraient une prompte mise à fruit et une abondante production aux cépages que l'on greffait sur leur tige ; on leur a reproché seulement la gracilité de leur tronc, dont le développement égale rarement celui de la greffe. Il est impossible jusqu'ici d'apprécier si ce fait peut être considéré comme constituant un sérieux inconvénient.

Le principal défaut des formes de cette espèce paraît être la facilité avec laquelle il jaunit, une fois greffé, lorsqu'on l'emploie dans des sols renfermant des proportions un peu notables de calcaire tendre (craie, marne calcaire ou travertin). Il croît, en effet, aux États-Unis, d'après M. Viala, dans diverses natures de sols qui appartiennent surtout aux formations primitives ou à leurs dérivés et aux formations actuelles, un petit nombre aux formations secondaire ou tertiaire ; il n'est réellement vigoureux que dans certains terrains.

Les terres d'alluvion, les argiles rougeâtres et riches, les terrains siliceux ou argilo-siliceux rouges, caillouteux ou non, les sables frais et fertiles, les terrains formés de débris de calcaires durs, mais frais et riches, sont les seuls milieux où il acquiert, en Amérique, un beau développement.

Ce sont les *R. Fabre*, *R. Portalis* ou *Gloire de Montpellier*, *R. n° 13 de Meissner*, tous appartenant au groupe à grandes feuilles ternes, épaisses et allongées, qui se sont montrés les plus résistants à l'action du calcaire ; ils ne réussissent cependant que quand il n'est pas en trop grande quantité dans le sol et surtout sous la forme tendre. C'est pour avoir trop généralisé l'usage du V. Riparia dans la reconstitution des vignobles de la région méditerranéenne, et pour n'avoir pas choisi suffisamment au début ses meilleures formes, que l'on se trouve, dans les mauvaises années, en présence de surfaces trop considérables envahies par la chlorose. On ne multiplie plus guère aujourd'hui que le *R. Gloire*.

Série 7. — Labruscoïdeæ Asiaticæ

V. Coignetiæ (Planchon). - *Synonymes : V. Rugosa* (Naudin). — *V. Labrusca Japonica* (Thunberg).

Plante très vigoureuse, dont le tronc atteint, dans le nord de l'île de Yesso, jusqu'à 25 centimètres de diamètre, tandis que la plante s'élève jusqu'à 30 mètres de hauteur (Degron). *Sarments* longs, grêles, à mérithalles allongés, grimpants ou étalés ; nœuds très peu renflés, à écorce brune, rayée, se détachant en larges lanières sur le bois de deux ou trois ans. *Vrilles* discontinues, ce qui la sépare nettement du V. Labrusca américain.

Feuilles adultes, grandes, entières, plus épaisses dans les types du Sud que ceux du Nord, où elles sont très minces, presque orbiculaires ou trilobées, sinus pétiolaire tantôt largement ouvert, tantôt profond, étroit ou fermé par la superposition des lèvres latérales ; dents larges et très atténuées, acuminées ; *face supérieure* d'un vert assez foncé, présentant des gaufrures nombreuses et assez apparentes entre les nervures et sous-nervures, qui sont très saillantes ; *face inférieure* recouverte, surtout sur les nervures, d'un duvet plus ou moins épais de couleur rubigineuse, qui le rapproche du V. Labrusca américain ; jeunes feuilles généralement trilobées, à sinus pétiolaire souvent largement ouvert, duveteuses *à la face supérieure*, recouvertes, *à la face inférieure*, d'un tomentum blanc-roussâtre dense et abondant, sur lequel la place des sous-nervures est marquée par des dépressions qui y tracent des dessins plus foncés. *Grappe* à grains peu nombreux, espacés, sphériques, noirs, petits (comme un gros pois, d'après M. Degron), sans goût particulier, renfermant deux ou trois graines. *Graines* moyennes ($6^{mm} \times 4^{mm}$), avec un bec court et pointu, légèrement échancrées à l'extrémité supérieure, généralement larges et bombées, avec une *chalaze* peu apparente, allongée, se confondant avec le *raphé*, qui se perd presque immédiatement dans le sillon médian.

Cette espèce a été rapportée du Japon, en 1875, par M. et Mme Coignet qui voyageaient alors pour le compte de la Chambre de commerce de Lyon ; M. Pulliat, qui la reçut d'eux à leur retour, la dédia à Mme Coignet et l'appela V. Coignetiæ, nom qui a été accepté par

(1) Un tronc, rapporté par M. Degron et conservé dans les collections de l'Ecole nationale d'Agriculture de Montpellier, a 0m20 de diamètre.

M. J.-E. Planchon (1). Depuis lors, M. Degron, qui avait été envoyé en mission au Japon par le Ministre de l'agriculture (2), en recueillit de nombreux échantillons qui sont cultivés à l'École nationale d'agriculture de Montpellier.

Le V. COIGNETIÆ est très répandu dans les bois des montagnes du Japon, où il est connu sous le nom, généralement donné aux vignes sauvages, de *Yama bouto*. Il paraît constituer une espèce plutôt septentrionale ; il prend son plus grand développement dans l'île de Yesso, et notamment au bord du fleuve Ishikari, où on le rencontre jusqu'aux sources de ce cours d'eau, par 44° environ de latitude nord ; il redescend vers le midi jusqu'au sud de Yeddo, dans l'île de Nippon, à près de 25° de latitude nord.

Le V. COIGNETIÆ, bien que susceptible de donner du vin, ne paraît pas pouvoir jouer le rôle de producteur direct, à cause du faible volume de ses grains et de la qualité médiocre de ses produits. Quoiqu'il semble se rapprocher, dans quelque mesure, par l'organisation de ses racines, de certains types américains et par suite susceptible de résister jusqu'à un certain point au phylloxera, il ne paraît cependant pas pouvoir faire un bon porte-greffe ; en effet, il reprend difficilement de bouture et s'est montré jusqu'à présent, en France, très sensible à la sécheresse.

V. Romaneti (Romanet du Caillaud). — *Plante* vigoureuse, à port étalé ou grimpant, l'écorce du tronc se détachant en lanières grises, irrégulières. *Sarments* longs, un peu sinueux, de grosseur moyenne ou un peu grêles, à mérithalles longs, à nœuds peu volumineux et légèrement aplatis ; à bourgeons moyens, ovoïdes allongés, entourés d'écailles d'un roux clair, lavé d'une pruine blanche et portant parfois des poils glanduleux et raides comme ceux des rameaux ; *ramifications* nombreuses, parfois assez longues et pourvues de poils glanduleux ; *vrilles* discontinues, bifurquées, avec poils glanduleux au moins vers l'origine, à bois assez dur recouvert d'une écorce finement striée, d'un brun-rougeâtre, marquée par place de taches rubigineuses, les unes rougeâtres, les autres jaunâtres, hérissée de nombreux poils glanduleux et raides qui persistent, ainsi que dans les autres organes, après l'aoûtement, cloison des nœuds très mince. *Feuilles* moyennes ou grandes, plus longues que larges, cordiformes ou très légèrement trilobées, les lobes latéraux extrêmes étant alors marqués par un plus grand développement de deux dents

(1) J.-E. Planchon.— *Ampelideæ*, pag. 325.
(2) Comptes rendus des services du phylloxera 1883.

symétriques ; sinus pétiolaire assez profond, le plus souvent fermé par la superposition de ses bords ; dents très courtes à peine marquées, terminées par une petite pointe; surface un peu gaufrée entre les nervures et tourmentée ; d'un vert foncé et glabres à la *face supérieure* ; blanchâtres et recouvertes d'un tomentum abondant formé de poils blancs, serrés et feutrés, ressemblant à ceux des V. LABRUSCA américains, nervures saillantes, couleur chamois clair avec de nombreux poils glanduleux, rouges *à la face inférieure*. *Grains* noirs, édules et propres à faire du vin; graines globuleuses-ovoïdes à bec court, à *chalaze* orbiculaire.

M. Romanet du Caillaud donne sur cette vigne les indications suivantes :

«Le V. ROMANETI ainsi que le SPINOVITIS proviennent de terrains granitiques.

»Les raisins sont de la grosseur de ceux des vignes d'Europe nées de graines (1), c'est-à-dire qu'ils sont gros comme un fort grain de groseille. Les grappes sont ordinairement à grains distancés; mais il y en a aussi à grains serrés, comme celles des vignes cultivées en Europe. La longueur des grappes est assez variable ; il est rare cependant que les plus grandes aient plus de 10 centim. de long.

»A maturité complète, ce raisin est noir comme le fruit de la ronce.

»Le moût qu'on en exprime est de couleur de sang vif, plutôt noir que rouge.»

Dans les collections de l'École nationale d'agriculture de Montpellier, le V. ROMANETI s'est montré jusqu'ici assez vigoureux (surtout greffé sur pied américain); malheureusement, aucun des pieds cultivés n'est fertile. Il est très ornemental au moment de sa première végétation ; ses jeunes feuilles recouvertes, surtout sur les nervures de la face inférieure, de forts poils rouges glanduleux, rappellent celles de certains *bégonia*. Par un certain nombre de ses caractères, cette espèce paraît se rapprocher de certaines formes de V. COIGNETIÆ. Elle a été trouvée en Chine, dans une forêt près du village de Ho-chen-Miao, province de Chen-Si, à une altitude de 1,300 à 1,400 mètres.

V. Thunbergi (Siebold).— *Synonymes: V. Ficifolia* (Bunge). — *V. Sieboldi* (Hort).— *V. Labrusca* (Franchet et Savatier).— *V. Flexuosa.*— Cette espèce peut être décrite de la manière suivante :

(1) Il y a là évidemment une erreur de l'auteur, les vignes d'Europe *nées de graines* donnant souvent lieu à de gros raisins.— G. F.

Plante de vigueur moyenne, à *sarments* grêles, sinueux, grimpants ou étalés, recouverts, à l'état herbacé, de poils roussâtres, lanugineux par petits flocons assez abondants. *Vrilles* discontinues. *Feuilles* petites, tri ou quinquelobées, épaisses, avec touffes de poils laineux sur les nervures, d'un vert foncé, gaufrées entre les nervures au-dessus, avec un tomentum abondant d'une couleur ferrugineuse en dessous; pétiole recouvert de poils roux. Les *fleurs* présentent de nombreux cas de variation dans les parties des verticilles. *Grappe* petite, globuleuse ou légèrement ailée, peu serrée, à grains noirs, pruinés, renfermant des graines généralement au nombre de deux. *Graine* petite ($4^{mm} \times 3^{mm}5$), globuleuse, à bec court; *chalaze* large et nettement dessinée se confondant avec le *raphé*, qui s'arrête au sommet de la graine.

Le V. Thunbergi est répandu au Japon et dans certaines parties montagneuses de la Chine. Le faible volume de son fruit et son goût particulier, qui rappelle un peu celui de la feuille de figuier dans le vin qu'il produit, ont empêché de l'utiliser comme producteur direct, tandis que sa non résistance au phylloxera y a fait renoncer comme porte-greffe de nos V. Vinifera.

Comme le précédent, il est très ornemental et mérite d'être cultivé comme plante grimpante.

V. Lanata (Roxburgh).— *Description :* «Grimpante, à vrilles discontinues ; *jeunes feuilles* et jeunes rameaux recouverts d'un tomentum dense fauve ou couleur cannelle ; *feuilles* cordées-ovalaires, entières ou légèrement trilobées, largement denticulées ou dentées; lorsqu'elles sont adultes seulement, plus ou moins glabres à la *partie supérieure*, recouvertes d'un tomentum aranéeux serré à la *face inférieure; thyrses* brièvement pédonculés, courts (quelquefois subcorymbiformes), divisés en plusieurs lobes (ceux qui portent des fleurs mâles plus longs que les autres); les ramifications des inflorescences tomenteuses, les pédicelles (qui sont plus longs que les fleurs) et les fleurs elles-mêmes glabres; *baies* petites (environ 4 à 5^{mm} de diamètre), globuleuses, renfermant deux à trois graines; *graines* petites, triangulaires-ovoïdes, d'un noir-grisâtre, bec très court; *raphé* se détachant d'une *chalaze* dorsale discoïde, en suivant une carène ventrale élevée, fossettes ventrales linéaires.» (1).

M. J.-E. Planchon donne comme habitat de cette espèce les régions tempérées ou chaudes de l'Inde anglaise et de la Chine; il ajoute aux indications géographiques qu'il donne à son sujet : «Le

(1) J.-E. Planchon.— *Ampelideæ*, pag. 328.

Vitis Lanata est la seule vigne véritable qui descende dans les plaines chaudes de l'Inde anglaise. Elle y représente à tel point la vigne tropicale des Antilles et du Nouveau Continent en général, que j'ai vainement cherché des caractères bien nets pour séparer les deux plantes. Je n'ai pourtant pas osé les réunir en une seule espèce, parce que n'ayant vu ni l'une ni l'autre à l'état vivant, j'ai jugé prudent de ne pas opérer cette réunion sur des échantillons d'herbier.» (1).

Cette vigne, qui appartient, par ce que l'on vient de voir, aux pays chauds, n'offre aucun intérêt dans les régions tempérées et paraît sans application possible dans les régions tropicales à cause du faible volume de ses grains, dont nous ignorons d'ailleurs complètement le goût.

V. Pedicellata (Lawson).— *Description* (d'après J.-E. Planchon): «Grimpante, à *vrilles* discontinues, jeunes rameaux et *jeunes feuilles* recouverts d'un duvet serré de poils courts, simples, brillants, couleur de fer; *feuilles* adultes, hérissées seulement sur les nervures et sous-nervures; *feuilles* cordiformes entières, terminées par un angle largement ouvert ou légèrement trilobées, à denture ouverte et grossière: *grappes* pédonculées cylindro-ovoïdes, parfois lâchement bifide; pédicelles des fleurs mâles grêles (parfois cependant beaucoup plus que dans les espèces voisines), glabres, comme d'albâtre; les fleurs femelles, un peu plus brièvement pédicellées (la corolle d'ordinaire à cinq pétales et en capuchon), ovaire oviforme insensiblement confondu avec un style qui est presque aussi long que lui.»

Le même auteur donne encore sur cette vigne les renseignements suivants: «Région himalayenne, Kumaon, mont Katu, altitude 7,000 pieds anglais.

»Au premier abord, on pourrait confondre cette espèce avec le *Vitis Lanata*, mais la nature des poils l'en sépare parfaitement.» (2).

Série 8.— Vignes non encore classées

Vitis Davidi ou Spinovitis Davidi (Romanet du Caillaud).— *Plante* de vigueur moyenne ou peu vigoureuse. *Tronc* grêle à écorce se détachant en lanières filiformes. *Port* grimpant ou étalé. *Sarments* de longueur moyenne, sinueux, grêles, plus gros à l'origine qu'à l'extrémité, à mérithalles moyens ou courts, à nœuds peu ren-

(1) J.-E. Planchon. — *Ampelideæ*, pag. 328 et 329.
(2) J.-E. Planchon.— *Ampelideæ*, pag. 330.

flés; bourgeons petits, coniques, recouverts d'écailles brunes (de la couleur du sarment) et luisantes; ramifications peu nombreuses; vrilles discontinues; bois dur renfermant très peu de moelle; écorce très légèrement striée, brun peu foncé, garnie d'un grand nombre de courtes épines en aiguillons coniques; cloison des nœuds relativement épaisse. *Jeunes feuilles* trilobées. *Feuilles adultes* petites, plus longues que larges, nettement cordiformes, à sinus pétiolaire bien ouvert en V; le lobe extrême terminé en pointe aiguë; dents très courtes, arrondies, mucronées; limbe lisse, de consistance un peu parcheminée à la manière des V. Cordifolia; de couleur vert clair, glabres et un peu luisantes à la *face supérieure*; vert plus pâle et glabres à la *face inférieure; pétiole* court, grêle, souvent épineux.

Cette description a été prise sur des échantillons cultivés dans la collection de l'École nationale d'agriculture de Montpellier, qui n'ont pas fructifié jusqu'ici.

D'après M. Romanet du Caillaud, cette vigne est originaire des montagnes de Lao-Yu, en Chine, où elle a été signalée par M. Armand David; elle croît dans les terrains granitiques. Elle ne semble susceptible d'aucun emploi dans la reconstitution des vignobles.

V. Pagnuccii (Romanet du Caillaud). — *Plante* de vigueur moyenne; *tronc* grêle à écorce se détachant en longues lanières irrégulières; *port* grimpant. *Sarments* longs, grêles et sinueux, à mérithalles moyens; à nœuds peu volumineux et aplatis. *Bourgeons* coniques, de la couleur du bois. *Ramifications* peu nombreuses; *vrilles* discontinues, longues, bifurquées. *Bois* dur avec peu de moelle; écorce finement striée; brun clair lavé de brun plus foncé près des nœuds; diaphragme peu épais, plat. *Jeunes feuilles* déjà à 3 ou 5 folioles, bronzées et pourvues de nombreux poils blancs sur les nervures et les sous-nervures à la face inférieure. *Feuilles adultes* moyennes, souvent entières et orbiculaires, avec un sinus pétiolaire très largement ouvert (à la partie inférieure des rameaux), puis se divisant d'abord d'une manière irrégulière, puis symétriquement en 3 ou 5 folioles lancéolées; *dents* très courtes, en scie, très finement mucronées; d'un vert assez foncé et glabres à la *face supérieure*; d'un vert un peu plus pâle, avec des poils disséminés sur les nervures et sous-nervures et groupés au point de bifurcation de ces dernières; *pétiole* long et violacé.

Les échantillons cultivés dans les collections de l'École nationale d'agriculture de Montpellier n'ont pas encore fleuri; d'après Mgr Pagnucci, cette vigne aurait des fruits acides qui mûrissent en octobre.

Le V. Pagnuccii existe en Chine, dans la province du Chen-Si, versant méridional du Tsing-Ling, dans une forêt près du village dit Ho-Chen-Hao, latitude environ 33°20' N., longitude environ 105° E. Altitude 1300-1450^{m} (Armand David, Mgr Pagnucci *fide* Romanet du Caillaud, cité par J.-E. Planchon). (1).

Cette vigne ne paraît susceptible d'être utilisée que comme plante ornementale, rôle auquel se prêtent très bien ses feuilles gracieuses et singulières, qui rappellent tout à fait celles de certaines *Ampelopsis*.

V. Amurensis (Ruprecht).— *Synonymie : Vitis vinifera* var. *Amurensis* (Regel).

Description. — *Plante* de vigueur moyenne, à port grimpant ou étalé. *Sarments* de moyenne longueur, grêles, *plus gros à la base qu'à l'extrémité*, sinueux, *cylindriques* et très légèrement anguleux ; à *mérithalles* inégaux, à nœuds peu volumineux. *Bourgeons* petits, coniques, de la couleur du sarment, avec quelques ramifications assez développées. *Vrilles* discontinues, assez fortes, bifurquées. *Bois* peu dur, avec une moelle peu volumineuse. *Ecorce* très adhérente, striée, de couleur cannelle clair, un peu plus foncée près des nœuds, avec quelques poils aranéeux, blancs quand les rameaux sont jeunes, glabres quand ils sont adultes. *Feuilles* moyennes, aussi larges que longues, cordiformes ou orbiculaires, la plupart à 3 ou 5 lobes, sinus pétiolaire en U, sinus latéraux supérieurs, le plus souvent à peine marqués, les inférieurs parfois profonds ; lobes arrondis, dents très courtes légèrement mucronées ; *face supérieure* à parenchyme légèrement saillant entre les nervures et sous-nervures, d'un beau vert et glabre, rougissant en automne ; *face inférieure* d'un vert plus pâle, avec nervures et sous-nervures saillantes, pourvues de quelques poils rigides, simples, disséminés, pieds mâles nombreux. Chez les individus fertiles : *Grappes* petites, avec de petits grains noirs (de 7 à 8^{mm} environ de diamètre), à deux ou trois *graines* à bec court et pointu, à *chalaze* orbiculaire.

Le V. Amurensis habite la Mongolie orientale, la région du fleuve Amour et de l'Ussuri en Mandchourie. Sa non résistance au phylloxera a été constatée ; il ne mérite d'être cultivé que comme plante ornementale, rôle auquel la belle couleur de ses feuilles en automne le rend très propre.

V. Vinifera (Linné).— Cette espèce est caractérisée de la manière suivante : *Arbrisseau* sarmenteux, susceptible de prendre un assez grand développement. *Tronc* relativement gros, à écorce grossière,

(1) J.-E. Planchon.— *Ampelideæ*, pag. 364.

se détachant en lanières irrégulières. *Rameaux* cylindriques, quelquefois garnis de poils glanduleux, un peu épineux lorsqu'ils sont à l'état herbacé (ainsi que cela a lieu pour certains cépages de la Chine et du Japon), de couleur très variable ; à *mérithalles* tantôt longs, tantôt courts; étalés, semi-érigés ou érigés. *Vrilles* ou *inflorescences* discontinues. *Feuilles* cordiformes-orbiculaires, plus ou moins divisées ou dentées, le plus souvent à trois ou cinq lobes; ces lobes parfois peu distincts, d'autres fois nettement séparés par des sinus profonds ; quelquefois enfin, plusieurs fois sublobées (*Chasselas lacinié*) ; vertes et glabres *en dessus*, tantôt plus ou moins pubescentes *en dessous*, soit avec des poils simples et rares, soit avec des poils aranéeux, ou avec un mélange de ces deux formes de poils, mais jamais autant que chez le V. LABRUSCA. *Grappes* de forme variable, à *baie* tantôt sphérique, tantôt ovoïde, à chair fondante, non *foxée,* ayant quelquefois le goût de *muscat* ou un goût particulier, comme dans le *Cabernet*, le *Cinsaut*, etc. *Graine* (fig. 26) moyenne, allongée ($6^{mm} \times 4^{mm}$), avec un bec saillant, allongé ; *chalaze* déprimée, peu apparente, située vers le tiers supérieur ; *raphé* non apparent.

Fig. 26.- Graine d'Aramon (V. Vinifera).

Les formes primitives, probablement multiples du V. VINIFERA, nous sont peu connues; certaines ont probablement été profondément modifiées par la culture, d'autres ont disparu, la multiplication n'ayant porté que sur des types (parfois accidentels et anormaux) qui répondaient le mieux aux nécessités économiques de l'homme. Cependant, M. Planchon signale des formes de la région caucasique et de l'Asie centrale qui possèdent des caractères communs assez nets (1): «Elles sont remarquables par la consistance épaisse de »leurs feuilles et par les poils simples, courts et raides qui hérissent »plus ou moins les nervures principales sur la page inférieure de la »feuille. Très rarement, on trouve quelques flocons de poils aranéeux, »disséminés sur cette même face inférieure». En outre, l'étude des résultats fournis par les semis de divers cépages d'Europe permet de reconnaître chez certains d'entre eux des caractères qui se perpétuent avec une grande régularité, et que l'on peut regarder comme de nature à les faire considérer comme appartenant à de véritables variétés. Les descendants du *Teinturier du Cher*, même issus d'une fécondation croisée, ont, comme lui, des raisins à jus rouge; leurs feuilles se colorent en automne et elles sont presque toujours revêtues au revers d'un tomentum analogue à celui de ses propres feuilles. Les semis de *Clairette* ont, comme elle, des grains blancs,

(1) J.-E. Planchon.— *Ampelideæ*, pag. 359 et 360.

oblongs et des feuilles épaisses, d'un vert foncé en dessus et pourvues d'un tomentum blanc et abondant en dessous. Les plants issus du *Grenache* ou *Alicante* ont, comme lui, les feuilles lisses et les fruits noir-bleuâtre. Ceux qui proviennent des *Chasselas* conservent aux jeunes feuilles extrêmes de leurs rameaux la couleur rousse qui les caractérise. Un grand nombre d'observations de ce genre ont été faites pour d'autres cépages, et il est probable que si on entreprenait des semis, méthodiquement organisés, des principaux cépages cultivés, on arriverait à caractériser un certain nombre de races correspondant à des types anciens et doués d'une certaine fixité.

Le V. VINIFERA a été considéré, pendant longtemps, comme originaire de la région méridionale du Caucase, de l'Arménie et du sud de la mer Caspienne; il paraît aujourd'hui démontré que l'homme l'a trouvé répandu sur une aire beaucoup plus étendue, lorsqu'il est arrivé à un degré de civilisation suffisant pour en entreprendre la culture.

M. Henri Marès, dans son travail intitulé *Des vignes du midi de la France* (1), exprime l'idée que l'on a confondu la question de l'origine de la culture de la vigne avec celle de l'origine de la vigne elle-même ; il croit qu'on peut la considérer comme indigène dans le midi de la France.

M. A. de Candolle, dans son livre récent sur l'*Origine des plantes cultivées*, se range à cette opinion (2).

Il nous paraît également certain que l'homme a rencontré le V. VINIFERA dans toutes les contrées qui entourent la Méditerranée ; cette plante a probablement aussi occupé très anciennement une partie de l'Asie occidentale, la région méridionale et orientale de la France et une portion de l'Allemagne, de l'Autriche et de la Hongrie; son aire primitive a dû, en un mot, égaler la surface où elle est aujourd'hui cultivée. *A priori*, en effet, si l'on considère le mode de reproduction naturel de cette plante, qui est le semis; si l'on étudie, d'autre part, les conditions dans lesquelles il a pu agir, on reconnaît que la propagation du V. VINIFERA a dû être fort rapide et qu'il a probablement bien vite envahi toute l'étendue où il était susceptible de vivre.

La chute d'une graine provenant d'un de ses rameaux, qui s'étendent souvent dans les bois assez loin du pied mère, suffit pour créer une nouvelle plante qui gagnera du terrain à son tour ; au bout de

(1) *Le Livre de la Ferme et des maisons de Campagne*, tom. II, pag. 157 Paris 2e édit., V. Masson et fils.

(2) Alph. de Candolle.— *Origine des plantes cultivées*. Biblioth. Sc. internationale. Paris, Germer-Baillière et Cie, 1883, pag. 151 et suiv.

peu d'années, une forêt peut être ainsi envahie, et bientôt, d'une forêt à une autre, une contrée tout entière. De plus, les nombreux oiseaux qui font leur nourriture des raisins sauvages en transportent les semences à de grandes distances, et les flots des cours d'eau dont la vigne semble affectionner les bords en charrient souvent au loin les branches aux moments d'inondation, de sorte que de nouveaux centres de reproduction peuvent se former bien au delà de ces limites; et si aucun obstacle, tel qu'une vaste mer, un désert aride ou une chaîne de montagnes glacées, ne vient l'arrêter complètement, elle s'avancera jusqu'au point extrême où le climat ne lui permettra plus de végéter.

Nous retrouvons en effet, aujourd'hui, le V. VINIFERA à l'état sauvage sur toute la côte septentrionale de l'Afrique, dans l'Asie-Mineure, la Perse, le Caucase, la Crimée, l'Archipel, la Grèce, la Dalmatie ; il recouvre en Italie, notamment sur les bords de l'Arno, de vastes forêts. Nous le rencontrons en France, non seulement dans la région méditerranéenne, mais dans l'Est, d'où il remonte jusqu'aux bords du Rhin ; enfin, la Péninsule Ibérique le possède sur toute son étendue.

Mais, de la présence simultanée de la vigne sauvage et de la vigne cultivée dans diverses contrées, on a tiré une objection contre la thèse que nous soutenons. On peut se demander si ces Lambrusques que nous rencontrons dans les pays de vignobles, et qui reproduisent plusieurs de nos cépages cultivés, ne seraient pas des descendants dégénérés échappés à nos cultures. Pour peu qu'on examine de près cette hypothèse, elle ne tarde pas à tomber devant les considérations suivantes : On n'a, en premier lieu, rencontré jusqu'ici, parmi les vignes sauvages de notre région, aucun des types correspondant aux cépages que nous savons historiquement avoir été importés de l'étranger, et notamment de l'Asie, ce qui semble démontrer que les diverses formes de nos Lambrusques sont véritablement autochtones. En outre, dans certaines provinces de l'Espagne, la Galice, les Asturies, Victoria et Guipuscoa, la vigne ne peut être cultivée à cause du climat; elle y mûrit difficilement ses fruits, même en espalier, et pourtant les forêts de ces contrées abondent en vignes sauvages. Dans ces conditions, l'action de l'homme ne peut nullement être invoquée; la vigne s'y est véritablement installée d'elle-même dans un milieu essentiellement défavorable. On a donc le droit d'admettre *a fortiori* qu'elle a dû conquérir spontanément des milieux éminemment propres à son développement.

De plus, si l'on consulte les auteurs romains qui ont traité de la vigne, on voit citée, dans Caton et dans Pline, une certaine vigne

Répartition des Vignes et des Principales Ampélidées dans le Monde

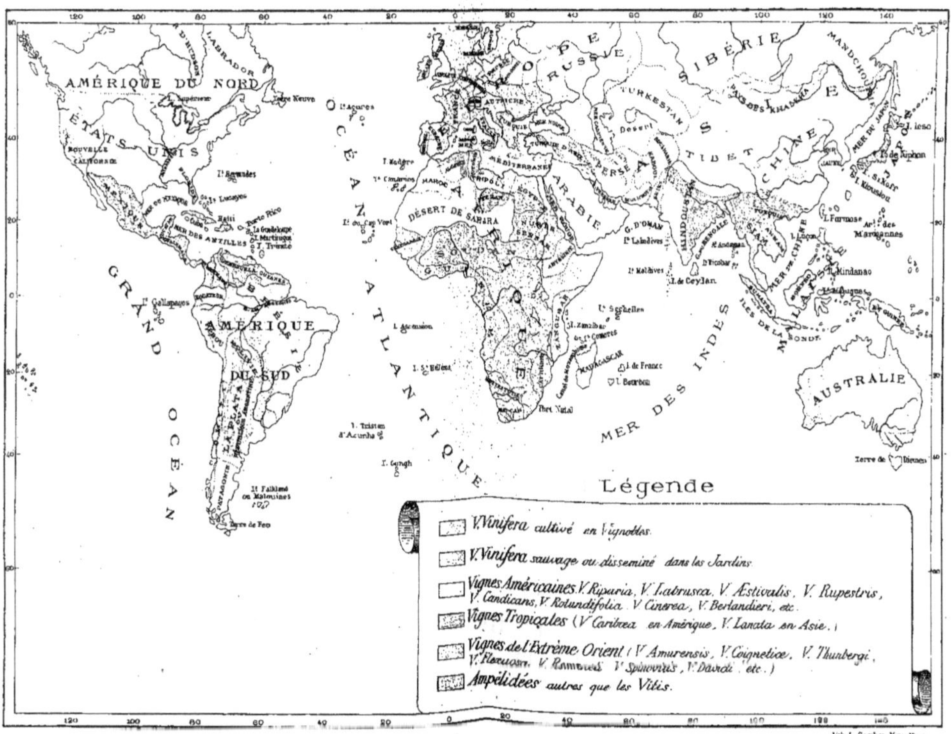

Lith. L. Combes Montpellier

d'Albi, en Narbonnaise, qui paraît présenter tous les caractères généraux de nos Lambrusques : ses tiges sont grêles, au point qu'il faut employer des fourches pour les soutenir ; le raisin est petit et fournit un vin qui ne se conserve pas. On a l'habitude de lui laisser jeter trop de bois (or on sait que, dans tous les essais de culture tentés sur la Lambrusque, on n'a pu obtenir du fruit que par une taille très longue) ; enfin elle est très rustique, se contente, au besoin, des terres les plus pauvres et ne craint pas les bruines.

Si l'on songe, d'autre part, combien peu, après l'époque où furent faits les premiers essais de plantation dans la province, écrivaient ces auteurs (le premier surtout), on est forcément amené à se demander si ce n'était pas là la vigne sauvage à peine modifiée par la culture. Du reste, Pline, après avoir énuméré et décrit les divers cépages de l'Italie et de la Grèce, en les désignant par des noms spéciaux, indique ceux de la *Province* par le nom de la localité où ils sont cultivés, laissant ainsi supposer qu'ils n'y étaient point arrivés du dehors.

D'ailleurs, si quelque doute pouvait encore subsister sur cette question, une dernière preuve viendrait certainement le faire disparaître. M. G. Planchon a découvert dans les tufs calcaires de Castelnau, dont la formation est antérieure à toute civilisation humaine, des empreintes de feuilles de vignes paraissant présenter les caractères généraux de nos Lambrusques (1). Depuis lors, M. de Saporta, aux Aygalades, près Marseille (2), et un autre géologue en Italie, ont rencontré dans des travertins de la même époque des empreintes semblables. Ces faits permettent évidemment d'affirmer que le V. VINIFERA est indigène dans les contrées où il est aujourd'hui cultivé en Europe.

Ainsi que nous l'avons exposé plus haut, le V. VINIFERA est répandu, à l'état sauvage, dans toutes les parties tempérées de l'ancien continent (3). On le rencontre en Espagne, dans le midi de la France, en Italie, dans le midi de l'Allemagne, en Autriche-Hongrie, dans le midi de la Russie, au Caucase, dans la Turquie d'Asie, en Perse et en Algérie. Il s'étend, dans ces contrées, dans les limites suivantes, d'après M. de Candolle (4). On le trouve, à l'état cultivé, dans l'ensemble de la Péninsule Ibérique, sauf dans les quatre provinces des Asturies, de Galice, de Guipuscoa et de Vittoria, où le V. VINIFERA n'existe qu'à l'état sauvage, à cause du climat qui empêche son ex-

(1) G. Planchon.— *Étude sur les tufs de Montpellier*. 1864, pag. 63.

(2) De Saporta.— *La Flore des tufs quaternaires de Provence*, 1863, pag. 15 et 27.

(3) Voir la carte N° 1.

(4) Voir A. de Candolle.— *Géographie botanique*, 1855. Paris, G. Masson, pag. 338 et suiv.

ploitation d'être profitable. En France, la limite extrême de sa culture sur la côte de l'Océan se trouve située entre Vannes et Redon, mais la moyenne d'une culture un peu générale peut être fixée à l'embouchure de la Loire, de 47°15' à 45°20' de latitude ; de là, elle se dirige à travers les départements de la Mayenne, de l'Eure, de l'Oise ou même de la Somme, passant par les Andelys, Compiègne et Laon. En Belgique, la vigne s'arrête entre Liège et Maëstricht. En descendant le Rhin, on rencontre de bons vignobles aussi longtemps que le fleuve est bordé de coteaux ; mais au delà de Bonn, cette condition cesse et les vignobles deviennent rares ; ils s'arrêtent à Dusseldorf, au nord-ouest de l'Allemagne ; Postsdam et Berlin, par 52° environ de latitude, sont ses limites extrêmes. Du côté de la Saxe, les vignobles sont assez nombreux jusqu'à 51° 1/4 de latitude ; on voit même encore quelques plantations entre Dantzig et Kœnigsberg.

On rencontre également de grandes vignes en Bohême, malgré l'élévation de cette contrée ; la Moravie, la Hongrie, en renferment aussi. La suite de montagnes appelée Riesengebirge, puis Carpathes, fixe sa limite dans cette partie de l'Europe ; elle ne la franchit vers l'Orient que sous 48° de latitude ; elle passe alors dans la province de Bukowina, qui possède des vignes, tandis que la Galicie n'en a pas. La Russie d'Europe renferme peu de vignes, et dans le Midi seulement ; les limites septentrionales de cette culture sont : Mohilow, ville située sur le Dniester sous 48° de latitude : Kiew, sur le Dnieper, un peu au Nord de 50° ; Sarepta, sur le Volga, par 48° 1/2.

Toutes les contrées comprises entre la Méditerranée (1) et les points

(1) M. de Candolle donne comme limite de la culture de la vigne, dans diverses contrées, les altitudes suivantes :

CONTRÉES	LIMITE SUPÉRIEURE DE LA VIGNE		
	MAXIMUM	MINIMUM	MOYENNE probable
Hongrie septentrionale	»	290m	»
Nord de la Suisse	580m	450	500m
Canton des Grisons	750	»	700
Canton de Berne près Thune	643	»	»
Valais	810	780	800
Canton de Neuchâtel	580	450	520
Faucigny (Savoie)	815	»	»
Alpes Italiennes	1.180	424	800
Vélay (France)	800	»	»
Hautes-Alpes (France)	1.200	»	»
Pyrénées, Canigou	750	»	550
Andalousie	1.364	»	»
Apennins centraux	»	»	580
Etna	1.300	»	»
Turquie d'Europe	»	»	680
Madère	676	»	»

que nous venons d'indiquer, et plus au sud les anciens Etats Barbaresques, cultivent la vigne et produisent plus ou moins de vin, sauf aux altitudes trop grandes. La culture de la vigne a dépassé autrefois, vers l'Ouest et vers le Nord, les limites actuelles ; on a vu des vignobles en Bretagne, en Normandie, en Angleterre et sur les bords de la mer Baltique ; mais ces cultures, situées dans des conditions défavorables, au point de vue de la quantité et de la qualité des produits qu'elles pouvaient donner, ont disparu au fur et à mesure que l'amélioration des moyens de transport et des relations internationales a permis aux échanges de s'effectuer plus facilement.

Le V. VINIFERA est cultivé, ainsi que nous l'avons dit précédemment, en dehors des limites que nous venons d'indiquer, au sud de l'Afrique (colonie du Cap), dans les îles Açores, Madère, les Canaries; en Asie, en Perse, au Thibet, en Chine et au Japon ; en Amérique, en Californie, au Pérou, au Chili, dans la République Argentine et en Australie ; mais il a été importé dans toutes ces contrées, où il n'existait pas antérieurement.

Les principaux cépages issus du V. VINIFERA sont les suivants :

PRINCIPAUX CÉPAGES ISSUS DU V. VINIFERA

France

Agudet (noir et blanc). — Tarn-et-Garonne.
Alicante-Bouschet. — Hérault.
Aramon. — Bas-Languedoc.
Aubun. — Vaucluse.
Baudé. — Drôme.
Bicane. — Maine-et-Loire.
Bouillenc (noir et blanc). — Tarn.
Bourboulenc. — Vaucluse.
Brun-Fourca. — Provence.
Brustiano. — Corse.
Cabernet franc. — Gironde.
Cabernet-Sauvignon. — Gironde.
Calitor (noir, gris et blanc). — Région méditerranéenne.
Carignane. — Région méditerranéenne.
César. — Yonne.
Chasselas. Raisin de table.
Chenin (noir et blanc). — Anjou.
Cinsaut. — Hérault.
Clairette. — Région méditerranéenne.
Colombaud. — Région méditerranéenne.
Corbeau. - Savoie.

Cot.— Est, Centre, Sud-Ouest.
Danugue.— Var.
Durif.— Isère.
Enfariné.— Jura.
Folle-Blanche.— Charentes.
Frankental. Raisin de table.
Gamay (blanc, petit, etc.).— Bourgogne et Beaujolais.
Gibi.— Région méditerranéenne.
Gouais blanc.— Loir-et-Cher.
Grec (rouge et blanc).— Région méditerranéenne.
Grenache.— Région méditerranéenne.
Groslot.— Cher.
Gueuche noir.— Jura.
Guillan-Muscat.— Lot, Tarn-et-Garonne.
Hibou (blanc et noir).— Savoie.
Jacquère.— Savoie.
Joannenc.— Vaucluse.
Maccabeo.— Roussillon.
Madeleine noire.— Bourgogne.
Majorquen.— Provence.
Marocain.— Région méditerranéenne.
Marsanne.— Drôme.
Mauzac blanc.— Tarn-et-Garonne.
Mérille.— Gironde.
Merlot.— Gironde.
Meslier.— Côte-d'Or.
Mondeuse (noire et blanche).— Savoie.
Morastel.— Région méditerranéenne.
Mourvèdre.— Région méditerranéenne, Charentes.
Muscadelle.— Gironde.
Muscat blanc.— Région méditerranéenne.
Muscat d'Alexandrie. Raisin de table.
Œillade.— Hérault.
Olivette (jaune, rouge, noire). Raisin de table.
Pascal blanc.— Provence.
Persan.— Savoie.
Petit-Bouschet.— Hérault.
Pinot (noir, mouret, gris, blanc).— Bourgogne.
Piquepoul (noir, gris, blanc).— Région méditerranéenne.
Pulsard.— Jura.
Rivier.— Ardèche.
Robin noir.— Drôme.
Roussanne.— Drôme.
San-Antoni.— Roussillon.
Sauvignon.— Gironde.

Savagnin.— Jura.
Sciaccarello.— Corse.
Sicilien.— Provence.
Spiran (noir, gris, blanc).— Hérault.
Syrah.— Drôme.
Tanat.— Pyrénées.
Teinturier.— Jura, Cher.
Téoulier.— Basses-Alpes.
Terret (noir, gris, blanc).— Bas-Languedoc.
Tressot.— Yonne.
Trousseau.— Doubs et Jura.
Ugni blanc.— Provence.
Verdot.— Gironde.
Vionnier.— Rhône.

Alsace

Burger (blanc et noir).
Olwer.

Allemagne, Autriche

Blaüer Portugieser.
Rauschling (petit, gros).
Riesling.
Silvaner.
Traminer.

Hongrie

Bakator (rouge et blanc).
Balafant.
Dinka (noir et blanc).
Kecskecsecsu (noir et blanc).
Kolni kek.
Lampor feher.
Leany szollo.
Limberger noir.
Margit Koraï feher.
Torok sar feher szollo.

Russie

Dodrelabi.— Caucase.
Kakour blanc.— Crimée.
Sabalkanskoï.— Crimée.

Saperavi.— Caucase.
Tavaveri.— Caucase.
Ygia.— Caucase.

Turquie

Chaouch.
Crassos staphila.
Sultanine.

Grèce

Aëtoni (kondro, mauron, Psilo).
Aprostaphilao.
Augulato.
Basilostaphilo.
Coritsano.
Curisti.
Guadurea.
Karistino.
Keropodia.
Korinti.
Rodités.
Rombola.
Sabatès.
Scopelitico.
Sideritès.
Sirihi.

Italie

Agostenga.— Piémont.
Alionza.— Bologne.
Avarengo.— Piémont.
Balsamina.— Venise et Tyrol.
Barbarossa.— Piémont.
Barbera.— Piémont.
Bonarda — Piémont.
Canajolo.— Toscane.
Cataratta.— Sicile.
Colorino.— Toscane.
Erbaluce bianca.— Piémont.
Fresa. — Piémont.
Malvasia.— Toscane.
Monica nera.— Sardaigne.
Montepulciano.— Italie centrale.
Nebbiolo. - Piémont.

Neiretta.— Saluces.
Neretto.— Alexandrie.
Niureddu Cappuciu.— Sicile.
Niureddu minutiddu.— Sicile.
Passeretta bianca.— Asti.
Prugnolo.— Toscane.
San Gioveto.— Toscane.
Schiava.— Lombardie.
Trebbiano.— Italie centrale.
Verdiccio bianco.— Bari.
Vernaccia.— Sardaigne.

Espagne

Alban real.
Albillo (*Castellano, — de Granada, — de Huebla, — Laco, — negro*).
Almuñecar.— Malaga.
Bobal.
Boton de Gallo (noir et blanc).
Casta de Ohanez bianca.
Corazon de Gabrito.
Crujidero (noir et blanc).
Donzellino do Castello.
Ferrar (*blanco, commun*).
Jaen (*blanco, — del plan* blanc, — *negro de Granada, — negro de Sevilla*).
Jami noir.— Grenade et Murcie.
Listan (*commun, — d'Andalousie* blanc, — *de Paxarete, — Ladrenado, — Morado, — Temprano*).
Mantuo (*Bravio, — Castellano, — de pilas, — Morado, — Perruno*).
Mollar (*negro, — cano, — de Grenada*).
Montuo (*Castellano, — Perruno, — Verde*).
Pedro Ximenès.
Perruno (*commun, — duro, — negro*).
Teta de vaca (*negra, — blanca*).
Uva de Rey.

Portugal

Alvarelhao.
Arinto.
Bastardo.
Boal (*cachudo, — carrasquinho, — branco, — roxo, de Alicante*).
Bomvedro.
Casculho.
Codega.
Cornifesto.

Diagalves.
Donzellinho (de Castello, — gallego).
Dona branca.
Entreverde.
Espardeiro.
Fernao pires.
Formosa.
Mourisco (branco, — tinto do Douro, — preto).
Rabigato.
Sousão.
Terrantez.
Tinta (Carvalha, — de Castello, — Cao).
Touriga.
Verdelho.

Algérie et Tunisie

Ahmor bou-Ahmor.
Aïne-Amokrane.
Aïne-Amokrane-el-Ahmor.
Aïne-el-Bouma.
Aïne-el-Kelb.
Akkacha.
Amellal (gros).
Amellal (petit).
Aïne-Zitoun.
Beni-Abès Lekhal.
Beni-Misserah.
Ben-Salem.
Bezzoul-el-Adra.
Bezzoul-el-Kadem (Cherchali).
Bezzoul-el-Kadem (Kabyle).
Bezzoul-el-Kelba.
Chaouch.
Darkaïa noir.
Deker el Aneb.
Dronka.
El Bordj Abiod.
El Bordj Ahmor.
El-Milli ou El-Millah.
El-Rerbi.
El-Rerbi-el-Ahmor.
Ferrana.
Ferrani.

Galb-el-Ferrendji.
Galb-el-Their.
Galb-el-Tsour.
Grillah.
Hamor-el-Hab.
Hasseroumb-el-Abiod.
Hasseroumb-Lekhal.
Karem-el-Abiod.
Liadia.
Souaba-el-Hadja.
Soultaniesch d'Eski-Baba.
Tabarkante Kabyle.
Toustain.
Zizet-el-Brega.
Zizet-el-Maaza-el-Abiot.
Zizet-el-Maaza Ahmor (1).

Egypte

Dronkane.
Henab Turki

Maroc

Ribier.

Turquie d'Asie

Kara bournou.
Rosaki.

Perse

Darkaia.
Keshmish (blanc, — *ali*, — violet, — noir).
Schiradzouli (blanc, — rouge).

Inde (Cachemir)

Kawouri.
Opiman.

(1) La liste des cépages d'Algérie et de Tunisie est extraite de l'« Ampélographie des cépages indigènes de l'Afrique française du Nord », par Leroux. S. C. Blida, 1893.

Chine

Vigne de Chine (du Jardin d'Acclimatation).

Japon

Vigne de Yamanachi.
Vigne de Yeddo.

HYBRIDES

Entre les divers types de vignes que nous venons d'étudier, il s'est produit soit accidentellement, soit par la volonté de l'homme, un grand nombre de croisements qui ont donné lieu à des formes intermédiaires, dont un grand nombre offrent un réel intérêt au point de vue pratique. Le fait de l'hybridation n'a pas entraîné nécessairement, comme on l'a quelquefois supposé, l'infécondité des produits obtenus ; la fertilité des produits résultant du semis d'un certain nombre d'hybrides américains le démontre d'une façon évidente (1). Au reste, pour peu que l'on y réfléchisse, la chose est peu surprenante en elle-même ; en effet, l'étude des Ampélidées tend à montrer la prédominance, dans les diverses formes de cette famille, des caractères *adaptationnels*, c'est-à-dire de ceux qui résultent de l'influence des milieux, sur les caractères *philétiques*, lesquels marquent les affinités ou les dissemblances héréditaires entre les différents types (2). Cette prédominance est un indice de la très grande plasticité de formes des plantes qui la composent, et on comprend que chez elle des différences apparentes très grandes peuvent accompagner des origines communes peu éloignées.

Certains types du V. Riparia, qui présentent des caractères de rusticité remarquables, paraissent être des hybrides sauvages du V. Riparia avec le V. Rupestris ou le V. Cordifolia ; le *Solonis* est, d'après M. P. Viala, le résultat d'un croisement qui s'est effectué entre le V. Riparia et le V. Candicans. L'ensemble de formes connues

(1) On peut donner comme exemple les nombreux semis de Rommel qui ont porté sur le *Taylor*, l'*Elvira* et le *Delaware*, tous cependant hybrides.

(2) Voir à ce sujet la note 2 de l'Appendice.— *Les Ampélidées africaines*. On peut mentionner également, à l'appui de l'assertion ci-dessus, le fait de la présence de forts poils glanduleux en aiguillons et d'épines sur diverses vignes de Chine et du Japon appartenant à des espèces diverses (*V. Romaneti, V. Davidi* et divers cépages. — *Yeddo, vigne de Chine* appartenant au *V. Vinifera*) ; l'influence d'un même milieu a créé chez toutes ce caractère commun.

sous le nom de CHAMPIN peut être considéré enfin comme constitué par des hybrides à divers degrés du V. CANDICANS avec le V. RUPESTRIS, le V. BERLANDIERI, le V. MONTICOLA.

Nous donnons ci-après une liste des principaux hybrides obtenus ou trouvés en Amérique, et de ceux créés récemment en France.

HYBRIDES PRINCIPAUX

A. — Hybrides américains sauvages (1)

I. — Hybrides du V. Candicans

V. RUPESTRIS × V. CANDICANS (*Champin-Rupestris*). — P. G. (2).
V. MONTICOLA × V. CANDICANS (*Champin-Monticola*). — P. G.
V. BERLANDIERI × V. CANDICANS (*Champin-Berlandieri*). — P. G.
V. RIPARIA × V. CANDICANS (*Solonis* ou *Novo-Mexicana*). — P. G.
V. RIPARIA × V. CANDICANS (? *Doaniana*). — P. G.
V. CORDIFOLIA, V. CINEREA, V. LINSECOMII, V. ÆSTIVALIS } × V. CANDICANS. — P. G.
V. CINEREA × *Novo-Mexicana*. — P. G.

II. — Hybrides du V. Rupestris

V. CORDIFOLIA, V. RIPARIA, V. ÆSTIVALIS, V. BERLANDIERI, V. CINEREA, V. LINSECOMII } × V. RUPESTRIS. — P. G.

III. — Hybrides du V. Cordifolia

V. RIPARIA, V. ÆSTIVALIS } × CORDIFOLIA. — P. G.
V. BERLANDIERI × V. CORDIFOLIA ? — P. G.
V. RUBRA, V. CORIACEA, V. LINSECOMII, V. CINEREA, V. LABRUSCA } × V. CORDIFOLIA. — P. G.

(1) La portion A de la liste des hybrides est extraite de l'ouvrage de M. P. Viala ; *loc. cit.*, pag. 171.

(2) On a désigné dans cette liste les porte-greffes par P. G. et les producteurs directs par P. D.

IV. — Hybrides du V. Riparia

V. Æstivalis } × V. Riparia.— P. G.
V. Cinerea }
V. Berlandieri × V. Riparia.— P. G.
V. Labrusca } × V. Riparia.— P. G.
V. Bicolor }

V. — Hybrides du V. Æstivalis

V. Labrusca }
V. Cinerea }
V. Coriacea } × Æstivalis.— P. G.
V. Linsecomii }
V. Bicolor }

VI. — Hybrides du V. Cinerea

V. Coriacea × V. Cinerea (*Simpsoni*).— P. G.
V. Berlandieri × V. Cinerea ? — P. G.
V. Linsecomii × V. Cinerea.— P. G.

VII. — Hybrides du V. Berlandieri

V. Monticola × V. Berlandieri.— P. G.

VIII. — Hybrides du V. Californica

V. Californica × V. Arizonica.— P. G.

B. — **Hybrides américains cultivés** (obtenus en Amérique)

I. — Se rattachant au V. Æstivalis

Alvey ? — Hagar (1). — P. D.
Eumelan ? — P. D.
Herbemont × { V. Linsecomii 50, 55, 56.— Jæger.— P. D.
Triumph.— Munson. – P. D.
Norton's.— Munson.— P. D.
Martha.— Munson.— P. D. }
Jacquez ? — P. D.
Rulander — P. D.

(1) Le nom final en caractère ordinaire est celui de la personne qui a obtenu l'hybride.

II. — Se rattachant au V. Riparia

Autuchon (*Clinton* × *Chasselas*).— Arnold.— P. D.
Black-Pearl (probablement semis de *Clinton* ou de *Taylor*). — Schraidt. — P. D.
Blue-Dyer ? — P. D.
Canada (*Clinton* × *Black-Saint-Peters* ou *Grenache*). — Arnold.— P. D.
Cornucopia (*Clinton* × *Black-Saint-Peters*). — Arnold. — P. D.
Clinton et *Black-Hambourg*.— P. D.
Elvira (*Taylor* × *Sphinx*).— Rommel.— P. D.
Peter-Wylie ? — Dr Wylie.— P. D.
Vialla ? — P. G.

III. — Se rattachant au V. Rupestris

Huntingdon.— P. D.

IV. — Se rattachant au V. Labrusca

a. *York-Madeira* (semis d' *Isabelle ?*).— P. G.
Diana (semis de *Catawba*).— Mme Diana Crehore. — P. D.
b. *Grein's Seedlings* (semis de *Taylor*). — Grein.— P. D.
Irwing (*Concord* × *Frontignan blanc*).— Underhill. — P. D.
Delaware blanc ? — P. D.
Noah ? — O. Wasserzicher.— P. D.
Triumph (hybr. de *Concord* × ?).— Campbell.— P. D.
c. *Delaware ?* — P. D.
Othello (*Clinton* × *Black-Hambourg*).— Arnold.— P. D.
Senasqua (*Concord* × *Black-Prince*). — Underhill.— P. D.
Secretary (*Clinton* × *Muscat-Hambourg*). — P. D.
Game ? — P. D.
Iona (semis de *Catawba*).— Dr C.-W. Grant.— P. D.
Janesville (*Hartford* × *Clinton ?*) — P. D.
d. *Agawam* (*Wildmammoth* × *Black-Hambourg*). — Roger.— P. D.
Aminia ? — Roger. — P. D.
Barry ? — Roger. — P. D.
Black-Eagle (*V. Labrusca* × *V. Vinifera*). — Underhill. — P. D.
Essex ? — Roger.— P. D.
Gœthe ? — Roger. — P. D.
Herbert (*V. Labrusca* × *Black-Hambourg*).— P. D.
Highland (*Concord* × *Muscat du Jura*).— Rickett.— P. D.
Lindley (*Wildmammoth* × *Chasselas doré*).— Roger.— P. D.

Massassoit? — Roger. — P. D.
Merrimack? — Roger. — P. D.
Requa? — Roger. — P. D.
Salem (*Wildmammoth*×*Black-Hambourg*). — Roger. — P. D.
Senasqua (*Concord*×*Black-Prince*). — Underhill. — P. D.
Wilder (*Wildmammoth*×*Black-Hambourg*). — Roger. — P. D.

V. — Affinités indéterminées

Black-Defiance (*Black-Saint-Peters*×*Concord*). — Underhill. — P. D.
Conqueror (*Concord*×*Royal-Muscadine*). — Archer-Moore. — P. D.
Croton (*Delaware*×*Chasselas de Fontainebleau*). — Underhill. — P. D.
Delaware et *Scuppernong?* — P. D. (1).
Duchess (*Concord blanc*×*Delaware* ou *Walter*). — Cayvood. — P. D.
Lady-Washington (*Concord*× hybride *d'Allen*). — Rickett. — P. D.
Naomi (*Clinton*×*Muscat*). — Rickett. — P. D.
Pearl (semis de *Taylor*). — Rommel. — P. D.
Schuykill? — P. G.

C. — **Hybrides américains cultivés** (obtenus en France)

I. — Hybrides provenant du Jacquez

Félix-Sahut (semis de *Jacquez*). — P. Pioch. — P. D.
Hybride Delmas . . . . (semis de *Jacquez*). — Delmas. — P. D.
Jacquez d'Aurelle N° 1. — — . — d'Aurelle. — P. D.
Jacquez d'Aurelle N° 2. — — . — d'Aurelle. — P. D.
Saint-Sauveur. . . . . — — . — G. Bazille. — P. D.

II. — Hybrides provenant de l'Herbemont

Herbemont blanc Malègue (semis d'*Herbemont*). — Malègue. — P. D.
Herbemont d'Aurelle N° 1 — — . — d'Aurelle. — P. D.
Herbemont d'Aurelle N° 2 — — . — d'Aurelle. — P. D.
Herbemont-Touzan (*Herbemont* × *Touzan?*). — Lauze. — P. D.

III. — Hybrides obtenus à l'Ecole d'agriculture de Montpellier

Alicante-Bouschet × V. Rupestris N°s 135, 136. — P. G.
Aramon × V. Monticola N°s 419, 420. — P. G.

(1) Parenté très peu probable avec le *Scuppernong*.

V. BERLANDIERI × *Alicante-Bouschet* × V. RUPESTRIS Nos 448, 449, 450. — P. G.

V. BERLANDIERI × *Petit-Bouschet* N° 434. — P. G.

Cabernet × V. BERLANDIERI Nos 329, 330, 332, 333. — P. G.

Folle-Blanche × V. BERLANDIERI. — P. G.

Jacquez × *Prunelat* Nos 137, 138. — P. D.

Jacquez × *Prunelat* × *Alicante-Bouschet* × V. RUPESTRIS Nos 445, 446, 447. — P. G.

V. MONTICOLA × *Aramon* N° 418. — P. G.

Petit-Bouschet × *Alicante-Bouschet* × V. RUPESTRIS Nos 438, 439. — P. G.

Petit-Bouschet × *Blue-Favorite* Nos 443, 444. — P. G.

Petit-Bouschet × V. RIPARIA Nos 139, 141, 142, 143, 144, 146, 147, 149. — P. G.

Petit-Bouschet × V. RUPESTRIS N° 134. — P. G.

Pulliat (semis de *Neosho* × ?) N° 174. — P. D.

Riley (semis de *Black-July* × ?) N° 158. — P. D.

Sabalkanskoï × V. BERLANDIERI N° 342. — P. G.

IV. — Hybrides obtenus par M. Couderc

Bourrisquou × V. RUPESTRIS (*Martin* ou *Ganzin*) Nos 601, 603, 604. — P. D.

Chasselas × V. RUPESTRIS *Martin* N° 901. — P. D.

Othello × V. RUPESTRIS *Ganzin* N° 802. — P. D.

Colombaud × *Yorks* N° 1106. — P. D.

Mourvèdre × V. RUPESTRIS *Ganzin* N° 1203. — P. D.

Yorks × *Bourrisquou* N° 1304. — P. D.

Oporto × *Colombaud* N° 1401. — P. D.

V. RUPESTRIS × *Chasselas rose* N° 2001. — P. D.

Emily × V. RUPESTRIS *Ganzin* N° 2801. — P. D.

Canada × V. RUPESTRIS *Ganzin* Nos 3301, 3303. — P. D.

Bourrisquou × *Rupestris* × V. ÆSTIVALIS N° 3904. — P. D.

V. RUPESTRIS × *Ugne noire* (jardin) Nos 503, 504. — P. D.

V. RUPESTRIS × *Chasselas* (jardin) N° 503. — P. D.

V. RUPESTRIS × *inconnu* (jardin) N° 206. — P. D.

Gamay-Couderc (*Colombaud* × V. RUPESTRIS *Martin* N° 3103). — P. D. et P. G.

Cognac (*Emily* × *Yorks*) N° 904. — P. D.

Solonis × V. RIPARIA Nos 1613, 1614, 1616. — P. G.

V. — Hybrides obtenus par MM. Millardet et de Grasset.

Chasselas × V. BERLANDIERI N° 41.— P. G.
V. RUPESTRIS × V. RIPARIA N° 108.— P. G.
V. RUPESTRIS × V. RIPARIA N° 75.— P. G.
V. RIPARIA × V. RUPESTRIS N° 101.— P. G.
V. RUPESTRIS × V. CORDIFOLIA N° 104.— P. G.
V. RUPESTRIS × V. CORDIFOLIA N° 107.— P. G.
V. RIPARIA × V. CORDIFOLIA — V. RUPESTRIS — *de Grasset N° 1* N° 106.— P. G.
V. CORDIFOLIA × V. RUPESTRIS N°s 1, 2.— P. G.
Azema (V. ÆSTIVALIS × V. RIPARIA).— P. G.
Cabernet × V. RUPESTRIS *Ganzin* N° 33.— P. G.
Aramon × V. RIPARIA N° 143.— P. G.
Alicante-Bouschet × V. RIPARIA N° 141.— P. G.
V. RIPARIA — V. RUPESTRIS × *Cépage inconnu* N° 50.— P. G.
Cabernet × V. CINEREA N° 30.— P. G.
Alicante-Bouschet × V. CORDIFOLIA N° 142.— P. G.

VI.— Hybrides obtenus par M. Terras

Alicante × V. RUPESTRIS N° 20.— P. D.
Mourvèdre × V. RUPESTRIS.— P. D.

VII.—Hybrides Seibel

Hybride Seibel N° 1. — V. RUPESTRIS — V. LINCECOMII × *Cinsaut* ? — P. D.
Hybride Seibel N° 2. — V. RUPESTRIS — V. LINCECOMII × *Alicante-Bouschet* ? — P. D.

VIII.— Hybrides Ganzin

Clairette dorée Ganzin — *Aramon* — V. RUPESTRIS *Ganzin fertile N° 60* × *Grosse Clairette*.— P. D.

CHAPITRE III

SOMMAIRE. — Les cépages et leur valeur au point de vue botanique. — Classification générale adoptée. — Description des Cépages issus du V. LABRUSCA, du V. BERLANDIERI, du V. RUPESTRIS, du V. RIPARIA, du V. ÆSTIVALIS, etc. — Hybrides américains (1).

On donne le nom de *Cépages* aux diverses formes de vignes cultivées. Ces formes ne correspondent pas à l'idée que l'on se fait d'une variété, en botanique : pour bien en comprendre la valeur, il faut se reporter à leur origine. Le cépage est le produit d'un semis multiplié

(1) BIBLIOGRAPHIE. — **J. Aldum**; *A Memoir on the cultivation of the Vine.* Washington, 1823. — **J.-J. Dufour**; *The American Vine dresser Guide.* Cincinnati (Ohio), 1826. — **Rafinesque**; *American Manual of grape Vine.* Philadelphie, 1830. — **Ch. Downing**; *The fruits and fruit Trees of America.* New-York, 1849. — **R. Buchanan**; *Culture of the grape.* Cincinnati, 1865. — **C.-W. Grant,** of Iona (N.-Y.) *d'Illustrated Catal. of Vines*, 1858. — **G. Husmann**; *The cultivation of the native grape.* New-York. — **W.-C. Strong**; *Culture of the grape.* Boston, 1866 et 1867. — Major **J. Le Conte**; *American grape Vines*, in *Agric. patent office Report.* Washington, 1858. — **A.-S. Culler**; *The grape Culturist.* New-York, 1873. — **P.-J. Berckmans**; *Catalogue des Cépages Américains*, etc., in Bullet. de la Soc. d'Agr. de l'Hérault, 1874, pag. 814 et suiv. — **J.-E. Planchon**; *Les Vignes Américaines, leur culture*, etc. Montpellier, Coulet, 1875. — **A. Millardet**; *Études sur les Vignes Américaines qui résistent au Phylloxera.* Paris, Gauthier-Villars, 1876. — **L. Cazaux**; *Moyens pratiques de distinguer les principaux cépages Américains.* Montpellier, 1878, Imprimerie Centrale du Midi. — **A. Millardet**; *La question des Vignes Américaines au point de vue théorique et pratique.* Bordeaux, 1877, Féret et fils. — **A. Champin**; *Culture théorique et pratique des Cépages résistant au phylloxera.* Montpellier, Coulet, 1878. — **Id.**; *Le Phylloxera et les cépages résistants.* Paris, Tolmer, 1878. — **V. Pulliat**; *Le Vignoble.* Paris, Masson, de 1874 à 1879. (Quelques monographies). — **D. Cavazza**; *Les vignes de M. Jules Pagézy.* Vienne, Savigné, 1880. — **A. Millardet**; *Notes sur les Vignes Américaines*, séries I, II, III. Paris, Masson, 1881, 1887 et 1888. — **V. Ganzin**; *De l'Hybridation artificielle*, etc. *Revue scientifique*, 30 juillet 1881. — **G. Couderc**; *Etude sur l'Hybridation artificielle de la vigne.* Montpellier, C. Coulet, 1887. — **Prof. Clemente Grimaldi**; *Sull ibridismo delle viti Americane.* Milano, 1890. — **G. Bourgade**; *Vignes Américaines et Climatologie comparée de la France méridionale et des États-Unis d'Amérique.* Montpellier, C. Coulet, 1884. — **L. Degrully** et **P. Viala**; *Les Vignes Américaines à l'Ecole d'Agriculture de Montpellier.* Montpellier, C. Coulet, 1884. — **Dr A. Vialettes**; *La Vérité sur les Vignes Américaines.* Montpellier, Hamelin frères, 1887. — **Dr D. Frederico Trémol y Borrel**; *Informe acerca de la cepas de los Estados-Unidos de America.* Barcelona, 1881. — **T.-V. Munson**; *Classification ad generic synopsis of the Wild grapes*

ensuite par la segmentation, c'est-à-dire par le bouturage, le marcottage ou le greffage ; c'est donc, à proprement parler, un individu dont on perpétue l'existence, sans recourir au semis, qui lui donnerait des descendants plus ou moins semblables à lui, mais autres que lui-même.

C'est ce fait que la plupart des cépages présentent entre eux seulement des différences individuelles qui a fait échouer les efforts des botanistes qui, ainsi que D. Simon-Roxas Clemente et quelques autres, ont essayé d'en faire la classification (1).

Bien que reproduits par des procédés qui assurent une fixité relativement très grande aux caractères propres de chacun d'eux, il ne faudrait pas croire néanmoins que les cépages échappent absolument à toutes variations. Il n'est pas rare, par exemple, de voir de très anciens cépages noirs donner, à côté de leurs fruits noirs habituels, des fruits gris, panachés ou blancs. Ces variations se conservent ensuite très bien par une sélection convenable : c'est là l'origine des *Terrets gris* et *blanc*, des *Pinots gris* et *blanc* (le *vrai* et non le *Chardonnet*), de la *Mondeuse blanche*, du *Tresseau panaché*, etc. La fertilité, le volume du fruit, l'aptitude à la coulure, peuvent également varier d'un sarment à un autre, et, si ces sarments deviennent des boutures, du pied provenant de l'un à celui provenant de l'autre.

Les espèces les plus anciennement cultivées sont naturellement celles qui ont donné lieu au plus grand nombre de cépages ; le V. Vi-

of north America. Washington governement printing office, 1890. — **A. Ducornot** ; *Guide pratique du Viticulture*. Saint-Affrique, 1888.— **Mme veuve Ponsot** ; *Les Vignes Américaines*, etc. Bordeaux, Féret et fils, 1890 — **E. Bender** et **V. Vermorel** ; *Le Vigneron moderne*. Montpellier, C. Coulet, 1890. — **G. Foëx** et **P. Viala** ; *Ampélographie Américaine*. Montpellier, bibliothèque du *Progrès agricole et viticole*, 1885 — **Bush et fils** et **Meissner** ; *Catalogue illustré et descriptif des Vignes Américaines*, traduit par MM. Louis Bazille et J.-E. Planchon. Montpellier, C. Coulet, 1885 — **Mme la Duchesse de Fitz-James** ; *Grande culture de la Vigne américaine*. Montpellier, C. Coulet, 1884.— **Dr Despetis** ; *Emploi pratique des Vignes Américaines*. Béziers, 1883. — **F. Sahut** ; *Les Vignes Américaines, leur greffage et leur taille*. Montpellier, Coulet, 1885. **Maurice Lespiault** ; *Notes et Observations sur les Vignes Américaines*. Nérac, L. Durey, 1882. — **Étienne Courty** ; *Reconstitution des vignobles par les plants Américains*. Montpellier, C. Coulet, 1884.— **G. Davin** ; *État actuel de la viticulture Américaine*. Draguignan, 1879.— **P. Viala** ; *Une Mission viticole en Amérique*. Montpellier, C. Coulet, 1889. — **G. Foëx** ; *Manuel pratique de Viticulture*. Montpellier, Coulet, 1891. — **P. Viala** et **L. Ravaz** ; *Les vignes américaines, adaptation, culture, greffage, pépinières*. Montpellier, C. Coulet, 1892 — **Société centrale d'agriculture de l'Hérault** ; *Congrès viticole de Montpellier, 1893*.— *Congrès viticole et agricole de Lyon* ; Rapports, section viticole, 1894

(1) D. Simon-Roxas Clemente ; *Essai sur les variétés qui végètent en Andalousie*. Paris, 1814, pag. 126 et suiv.

NIFERA de l'Europe méridionale et de l'Asie occidentale est celle qui a été la première mise en œuvre par la civilisation et qui possède, par suite, les cépages les plus nombreux. Virgile, avec l'exagération qui est une licence des poètes, en compare le nombre à celui des «*grains de sable que le zéphyr agite dans la mer de Libye*». Nous savons d'ailleurs par les écrits des géoponiques latins, Caton, Varron, Pline, Palladius, que leurs contemporains en possédaient déjà beaucoup. Il paraît probable que plusieurs d'entre les cépages romains sont arrivés jusqu'à nous, ainsi que cela a eu certainement lieu pour les *Muscats* (*apianæ*, — raisins des abeilles, à cause de leur goût sucré qui attire ces insectes). Nous avons donné précédemment (page 65) la liste des principaux d'entre eux.

Les cépages du groupe des V. VINIFERA sont vraisemblablement issus pour la plupart, à l'origine, de semis spontanés mis en culture dans la contrée même qui leur a donné naissance, comme nous l'avons établi en traitant de l'origine de cette espèce.

Ce n'est probablement qu'à une époque assez récente que le semis a été employé en Europe pour l'obtention de cépages nouveaux. Il a été appliqué d'abord aux raisins de table, et tous les amateurs connaissent les types obtenus par MM. Malingre, Courtiller, Jacques, Vibert, Moreau-Robert, Besson, etc. ; mais ce n'est qu'il y a quelques années que MM. Bouschet de Bernard père et fils entreprirent l'obtention de cépages à vin proprement dits. Par des croisements bien compris, ils sont parvenus à créer cette nombreuse série de cépages à jus rouge qui jouent aujourd'hui un rôle si important dans les vignobles du midi de la France.

En ce qui concerne les espèces américaines, ce n'est, ainsi que nous l'avons expliqué précédemment, qu'après les tentatives infructueuses faites à la fin du siècle dernier et au commencement de celui-ci par les Suisses de la Nouvelle-Vevey sur les bords de l'Ohio, et par le conventionnel Lakanal dans le Kentucky, le Tennessee, l'Ohio et l'Alabama pour cultiver les vignes de l'Ancien Monde, que les Américains essayèrent d'utiliser leurs espèces indigènes. Ils recueillirent directement dans les bois certaines formes, telles que l'*Alexander*, le *Catawba*, le *Dracut-Amber*, du groupe des V. LABRUSCA, le *Cynthiana*, le *Far-West*, des V. ÆSTIVALIS ; d'autres furent trouvés dans des jardins ou des cours où ils avaient crû spontanément (*Bottsi*, *Cambridge*, *Cassady*, etc.). Mais des semis nombreux furent également faits par divers viticulteurs, tels que MM. Underhill, Roger, Allen, Arnold, Rickett, etc., etc. Ce fut le V. LABRUSCA, situé dans les États les plus anciennement colonisés, et qui donnait naturellement les fruits les plus volumineux, sur lequel portèrent les premiers efforts. On essaya également, bientôt après, de tirer parti du V. Riparia, du V. Æstivalis et, dans le Sud, du V. Rotundifolia. Enfin, on chercha à obtenir, par voie d'hybridation entre ces diverses espèces ou entre l'une d'entre elles et des vignes d'Europe, des produits intermédiaires qui jouent un rôle important aujourd'hui dans la viticulture américaine. En France, les vignes américaines ont été semées le plus souvent après hybridation par MM. Couderc, Millardet et de Grasset, Ganzin, Gaston Bazille, d'Aurelles de Paladines, Terras, Seibel et un grand nombre d'autres personnes, l'auteur du présent ouvrage s'est occupé également de semis d'hybrides américains à l'Ecole nationale de Montpellier depuis 1875.

L'étude des cépages qui va suivre ne saurait être complète : elle excéderait les limites d'un ouvrage tel que celui-ci et serait sans objet pour la plupart des lecteurs auxquels il s'adresse (1). Nous nous bornerons donc à examiner, pour chacune des espèces cultivées, les types dérivés les plus connus, ceux qui peuvent être d'une réelle utilité pour les viticulteurs, ou enfin ceux qui présentent quelque particularité intéressante.

Cette étude sera faite dans l'ordre suivant :

I. *Vignes américaines.* — *A*. Cépages issus du V. Labrusca : — *B*. Cépages issus du V. Riparia ; — *C*. Cépages issus du V. Æstivalis ; — *D*. Cépages issus du V. Rupestris ; — *E*. Cépages issus du V. Berlandieri ; — *F*. Cépages hybrides.

II. *Vignes européo-asiatiques.* — Cépages issus du V. Vinifera.

I. — VIGNES AMÉRICAINES

A. — Cépages issus du V. Labrusca

Nous examinerons en premier lieu, parmi les cépages issus du V. Labrusca pur, le *Concord* et l'*Ives Seedling* du groupe du Nord, puis le *Catawba* et l'*Isabelle* du groupe du Sud. Aucun d'entre eux, sans doute, ne joue un rôle important en Europe, par suite de leur résistance insuffisante au phylloxera, de la difficulté de leur adaptation ou du goût *foxé* de leur fruit, mais tous sont cultivés assez en grand en Amérique et méritent par suite d'attirer notre attention.

(1) Les personnes qui désirent faire une étude complète de l'Ampélographie pourront consulter avec fruit les ouvrages indiqués à la Notice bibliographique qui accompagne ce chapitre.

Concord

Synonymie. — Aucun nom synonymique n'a été donné à ce cépage.

Description. — *Souche* vigoureuse, à *port* étalé, *tronc* trapu, écorce se détachant en larges lanières irrégulières. *Sarments* longs, un peu grêles, peu sinueux, d'un vert clair, avec tomentum lanugineux assez serré et légèrement rouilleux à l'état herbacé, ternes, rugueux à cause de la persistance de la base de poils raides, d'une couleur noisette foncé avec rainures plus claires à l'aoûtement ; *mérithalles* moyennement allongés, aplatis ; nœuds peu prononcés ; *vrilles* continues, grêles, bifurquées, couvertes d'un léger tomentum rouilleux. *Bourgeons* à duvet roussâtre peu abondant, d'un carmin foncé, teinte qui persiste longtemps sur la page inférieure des *jeunes feuilles*, où les poils, très abondants, sont plus tard blancs de neige, la page supérieure faiblement gaufrée d'un jaune doré, le pourtour des dents et les glandes carminées, l'aplatissement des feuilles a lieu de très bonne heure ; les *grappes de fleurs*, enveloppées dans un léger duvet, sont d'un vert-jaunâtre avec le sommet teinté de rouge sale. *Feuilles* grandes, entières, orbiculaires ; *sinus pétiolaire* largement ouvert en V et profond, les sinus supérieurs indiqués par des dents plus longues, assez épaisses ; *face supérieure* d'un vert foncé, finement gaufrée ; *face inférieure* à tomentum dense d'un blanc doré ; nervures fortes, à peine tomenteuses ; deux séries de dents acuminées, obtuses, peu profondes. *Pétiole* assez long, fort, lavé de pourpre clair sur certaines parties, formant un angle obtus avec le plan du limbe de la feuille. *Fleurs* petites, peu odorantes, allongées ; *calice* petit, rouge sur son pourtour et irrégulièrement denticulé ; étamines à filet très long et gros, à anthères nettement dorsifixes ; disque peu marqué ; ovaire petit, en bouteille, à petit *style*, sans *stigmate* bien distinct. *Grappe* sur-moyenne, cylindro-conique, souvent ailée et à lobe long : *pédoncule* tendre, vert clair, assez court ; *pédicelles* petits, courts, à bourrelet peu marqué et aplati avec verrues, supportant un pinceau assez long et incolore. *Grains* non serrés, entremêlés parfois de rares grains verts, d'un volume assez régulier, d'une grosseur moyenne, quelques-uns petits, pruinés, d'un noir-violacé foncé, incolores à l'intérieur ; à *peau* assez peu épaisse, élastique ; chair *pulpeuse*, à jus rose d'un goût foxé, renfermant deux ou trois grains.

Cépage productif (1).

(1) Cette description, ainsi que quelques-unes des suivantes, est extraite de l'*Ampélographie Américaine*, par G. Foëx et P. Viala. C. Coulet, Montpellier, 2e édit.

Maturité. — Correspondant à la deuxième époque de M. Pulliat.

Le *Concord* est très répandu aux Etats-Unis ; son fruit y est consommé comme raisin de table dans les États du Nord-Est, du Centre et de l'Ouest : il fait partie de cette catégorie de raisins que les Américains appellent : « *The grape for the million* » (raisin pour le million, pour les masses). Son vin, fait en rouge, est léger et rafraîchissant ; il tend à prendre place dans la consommation américaine comme boisson populaire ; malheureusement, il est caractérisé par le goût *foxé*.

Le Catalogue de la Société américaine de pomologie, cité par M. Meissner, dit que « le *Concord* réussit sur une plus grande aire de sol et de climat qu'aucune autre variété » (dans trente-cinq Etats de l'Union), mais qu'il est aujourd'hui généralement mis de côté dans les Etats du Centre-Sud, parce qu'on le trouve « impropre aux climats chauds et secs ».

Ce cépage a été d'abord importé en Europe en très grande quantité à cause de l'estime qu'ont pour lui les Américains ; mais il a donné lieu à bien des déceptions, à cause du nombre limité de milieux dans lesquels il est susceptible de prospérer. Les insuccès qui ont été constatés sont dus, le plus souvent, à l'insuffisance de la résistance qu'offre ce cépage aux attaques du phylloxera, laquelle a été évaluée à la note 3 dans l'échelle de MM. P. Viala et L. Ravaz, et en quelque mesure aussi à sa tendance à la chlorose, qui ne lui permet de se développer d'une manière satisfaisante, dans le Midi tout au moins, que dans des sols siliceux et rouges, tels que ceux formés par les cailloux roulés du *diluvium alpin*. Il est donc impossible que ce cépage joue jamais un rôle quelconque dans la reconstitution des vignobles en Europe.

IVES SEEDLING

Synonymie. — *Ives*, *Ives' Madeira*, *Kittredge*.

Description. — *Souche* vigoureuse, à *port* étalé, *tronc* assez grêle, écorce se détachant en étroites lanières irrégulières. *Sarments* longs, forts, sinueux, rugueux par suite de la persistance de poils raides assez nombreux, à tomentum laineux, blanc-roussâtre, assez dense sur les jeunes sarments, s'éclaircissant sur le bois adulte, d'un vert clair avant l'aoûtement, prenant ensuite une teinte brun clair ; *mérithalles* courts, à stries assez larges et bien indiquées, cylindriques, à nœuds renflés ; *vrilles* continues, fortes, courtes, bifurquées, recouvertes de poils lanugineux et lavées de rose sale sur certaines parties.

Bourgeons enveloppés dans une bourre peu épaisse, brune, qui disparaît de bonne heure des écailles rouges, prenant une teinte rose qui s'affaiblit très vite en se limitant au pourtour des feuilles et aux extrémités des dents glanduleuses; *jeunes feuilles* trilobées, page inférieure garnie de poils blancs soyeux très serrés ; la page supérieure, légèrement tourmentée, est d'un jaune doré avec un duvet de poils lanugineux ; l'épanouissement a lieu de bonne heure. *Feuilles* grandes, trilobées, mais à sinus latéraux peu profonds ; *sinus pétiolaire* profond et peu ouvert en V, faiblement bullées, assez peu épaisses ; nervures larges, très fortes et proéminentes à la page inférieure; dents larges très robustes, fort peu profondes; *face supérieure* d'un vert terne, avec poils aranéeux disséminés; tomentum cotonneux épais, blanc doré à la *face inférieure* sur le parenchyme, les nervures avec bouquets de poils distancés. *Pétiole* long, fort, renflé et tendre à l'insertion, à duvet lanugineux peu dense et lavé de rose clair sur certaines parties, formant un angle droit avec le plan du limbe. *Fleurs* moyennes, globuleuses, verdâtres ; *étamines* à long et gros filet; *disque* à nectaires gros, jaunâtres, peu détachés ; *ovaire* globuleux, vaguement sillonné, à petit stigmate presque sessile. *Grappe* moyenne ou surmoyenne, lâche, cylindrique, allongée, le plus souvent ailée; *pédoncule* court, grêle, aminci et dur à l'insertion, vert sale, avec petits bouquets de poils aranéeux; *pédicelles* assez longs, gros, verts, à bourrelet renflé et verrues peu nombreuses ; les baies s'en séparent assez facilement et abandonnent un pinceau étroit, allongé et à pointe vineuse. *Grains* moyens, entremêlés de rares petits grains verts, subglobuleux, à pruine peu abondante, d'un noir foncé, incolores à l'intérieur, à stigmate persistant au centre dans un ombilic, peu déprimé ; baie peu ferme, à *peau épaisse* mais élastique, sur laquelle est accumulée intérieurement la matière colorante abondante ; *pulpe* charnue, jus rose vineux, d'une saveur foxée se traduisant par une légère odeur, renfermant de deux à quatre graines.

Cépage fertile.

Maturité. — Arrivant à la deuxième époque de M. Pulliat.

L'*Ives Seedling* a été obtenu par M. Henry Ives, de Cincinnati, et probablement d'un pépin de Hartford prolific. M. Meissner s'exprime ainsi, relativement à ce cépage: «Le colonel Waring et le Dr Kittredge ont été les premiers à en faire du vin, il y a environ dix-huit ans, et c'est maintenant un vin rouge populaire dans l'Ohio. Si nous ne lui trouvons pas de titres au premier prix *comme la meilleure variété pour tout le pays,* qui lui a été accordée à Cincinnati, le 24 septembre 1868, nous lui reconnaissons le grand mérite d'avoir donné une nouvelle impulsion à la culture de la vigne dans l'Ohio, dans un moment où les échecs répétés du *Catawba* rendaient cette impulsion le plus désirable. »

Ce cépage n'a donné aucun résultat utile en France ; sa résistance (4) est insuffisante, de plus le goût foxé et la chair pulpeuse de son fruit le rendent impropre à la vinification et à la table, et sa mauvaise végétation dans un grand nombre de sols du Midi empêche de l'employer comme porte-greffe.

CATAWBA

Synonymie. — *Red Muncy*, *Catawba Tokay*, *Singleton.*

Description. — *Souche* vigoureuse, à *port* étalé, *tronc* fort, trapu, écorce grossière et en larges lanières irrégulières. *Sarments* longs, forts, droits et cylindriques, peu luisants, faiblement rugueux par suite de la persistance de la base de poils raides, très légèrement pruineux aux nœuds, d'un vert-jaunâtre et glabres à l'état herbacé, d'un brun acajou peu foncé à l'aoûtement; *mérithalles* allongés, aplatis aux nœuds, à stries bien marquées; *vrilles* continues, fortes, bifurquées. *Bourgeons* isolés, à poils assez nombreux d'un roux doré; *jeunes feuilles* carminées sur la page inférieure où cette coloration persiste longtemps; les nervures vertes sont sans poils et le parenchyme possède un duvet dense, la page supérieure est d'un jaune doré ; elles sont épaisses, presque entières; l'aplatissement a lieu de très bonne heure, les *grappes de fleurs*, enlacées dans des flocons de poils denses blancs, ont une teinte jaune sale. *Feuilles* grandes, larges, assez peu épaisses et non rugueuses, faiblement bullées, suborbiculaires, faiblement trilobées; *sinus pétiolaire* profond, fermé à l'extrémité où les lèvres se recouvrent; nervures assez accusées; *face supérieure* glabre, d'un vert assez foncé ; *face inférieure* d'un vert clair avec les bouquets de poils blanchâtres disséminés sur les sous-nervures et le parenchyme, deux séries de dents bien distinctes, obtuses, peu profondes. *Pétiole* long, assez fort, verdâtre, formant un angle obtus avec le plan du limbe. *Fleurs* moyennes, jaunes-verdâtres, très coniques, aplaties au sommet, sillonnées ; *calice* brunâtre, entier; *urcéoles* petites, épaisses, surplombées par l'*ovaire* en bouteille; style relativement long, stigmate large et épais, entier ; les *anthères* se séparent souvent du filet, restent unies entre elles, en formant une couronne sur le stigmate, auquel elles adhèrent. *Grappe* irrégulière, ailée, lâche, grosse ou moyenne; *pédoncule* long, gros, ligneux à l'insertion, tendre et vert aux autres parties; *pédicelles* assez longs, à bourrelet très peu marqué et avec rares verrues, les baies s'en séparent facilement et abandonnent un très petit pinceau incolore. *Grains* gros ou moyens, sphériques, pruinés, d'un violet foncé, incolores à l'intérieur, à *stigmate* persistant central, baie ferme, à *peau* assez épaisse, peu élastique; *pulpe* charnue, à jus très légèrement coloré en rose, d'une saveur peu foxée, renfermant une ou deux graines.

Cépage d'une fertilité assez faible.

Maturité. — Correspondant à peu près à la deuxième époque de M. Pulliat.

Le *Catawba* est originaire de la Caroline du Nord, et il a pris le nom de la rivière Catawba. Il a été introduit à Clarksburg et ensuite propagé par le major Adlum.

Ce cépage a été cultivé très fructueusement pendant nombre d'années dans divers Etats, notamment dans l'Ohio et en remontant au Nord jusqu'aux îles du lac Erié. C'est avec son fruit que l'on prépare le *Sparkling Catawba*, le champagne américain. Mais aujourd'hui sa culture est un peu délaissée sur certains points, à cause de l'incertitude de ses récoltes, laquelle résulte de l'action du *mildew* et de la tardivité de sa maturité, qui n'arrive qu'en octobre dans les États de l'Est et du Nord. Il résiste suffisamment au phylloxera en Amérique dans les sols provenant des terrains anciens ou des alluvions modernes et riches; il jaunit et se rabougrit, au contraire, dans les marnes jaunâtres de Sandusky, d'après M. P. Viala (1).

Le *Catawba* est considéré par les Américains comme un excellent raisin de cuve et de table; aussi le conserve-t-on précieusement dans les localités où il arrive à complète maturité et où il est peu exposé au *mildew*.

Le *Catawba* est un des cépages américains les plus anciennement importés en France, mais il ne s'y est jamais répandu à cause de sa faible résistance au phylloxera (4), du nombre limité de sols où il réussit, du goût un peu foxé de son fruit et de sa médiocre fertilité.

Isabelle

Synonymie. — *Paign's Isabella*, *Woodward*, *Christie's improved Isabella* (Isabelle améliorée de Christie), *Payne's Early* (Précoce de Payne), *Samboton*, et en France *Raisin fraise*.

Description.— *Souche* vigoureuse, à *port* étalé, *tronc* fort, écorce

(1) P. Viala ; *loc. cit.*, pag. 198.

grossière, se détachant en étroites lanières irrégulières. *Sarments* longs, plutôt grêles, droits, rugueux, peu luisants, très faiblement pruineux aux nœuds; d'un vert-jaunâtre sale et à longs poils lanugineux disséminés à l'état herbacé, prenant à l'aoûtement une teinte brun-violacé, plus claire aux extrémités qu'aux nœuds, qui sont aplatis; *mérithalles* assez longs, à stries fines, peu profondes et irrégulières, cylindriques; *vrilles* continues, fortes, d'un vert sale, à longs poils lanugineux peu nombreux. *Bourgeons* embrassés par des poils bruns, nombreux et insérés sur les écailles, qui persistent longtemps, lavés ensuite de carmin clair sur la page inférieure des *jeunes feuilles*, où les nervures ont des poils roussâtres clairsemés, et le parenchyme porte des poils serrés; la page supérieure, d'un vert doré, est faiblement gaufrée; l'aplatissement a lieu de bonne heure et les *grappes de fleurs* se montrent aussitôt vertes et envinées à leur sommet, emprisonnées encore par le duvet des écailles. *Feuilles* grandes, allongées, épaisses, faiblement trilobées, les deux sinus supérieurs peu marqués; le *sinus pétiolaire* profond, à lèvres se recouvrant à leur extrémité, légèrement pliées en gouttière et bullées; deux séries de dents larges, assez profondes, nettement délimitées et à pointe acuminée prononcée; nervures très proéminentes à la *face inférieure* qui est blanchâtre et à poils lanugineux serrés; *face inférieure* d'un vert terne assez foncé. *Pétiole* long, fort, d'un vert sale, légèrement teinté de rose sur certaines parties, à bouquets de poils aranéeux disséminés, formant un angle droit avec le plan du limbe. *Fleurs* grosses, globuleuses, verdâtres, à côtes marquées au sommet, peu odorantes; *calice* entier enserrant les pétales à leur base; *étamines* à filet long et gros et anthères triangulaires; *disque* à gros nectaires, élargis, bruns; *ovaire* aminci, rayé de blanc sur un fond vert clair, à *style* court, couronné par un *stigmate* souvent multifide. *Grappe* assez grosse, cylindro-conique ou irrégulière; *pédoncule* court, ligneux à l'insertion, moyennement gros; *pédicelles* courts avec verrues, bourrelet peu renflé portant un long pinceau teinté de rouge. *Grains* un peu serrés, entremêlés de rares grains verts, moyens, ovales, à stigmate persistant au centre, noirs, incolores à l'intérieur, assez durs, à *peau* épaisse; *pulpe* charnue, jus coloré en rouge, d'un goût foxé, renfermant de une à quatre graines.

Cépage d'une fertilité moyenne.

Maturité.— A la deuxième époque.

L'*Isabelle*, d'après M. Meissner, est probablement originaire de la Caroline du Sud; «dans l'Est, sa grande vigueur, sa rusticité et sa fertilité ont été pour ce cépage la cause d'une grande extension; mais, dans l'Ouest, on l'a trouvé d'une maturité très inégale et sujet au *mildew*, à la carie noire et à la rouille des feuilles. Il a été, avec raison croyons-nous, mis entièrement de côté par nos viticulteurs, depuis son remplacement par des variétés meilleures et d'une réussite plus assurée.»

L'*Isabelle* est un des cépages américains les plus anciennement introduits en Europe; elle est depuis longtemps employée, dans les jardins, à couvrir des tonnelles, usage auquel son beau feuillage la rend éminemment propre. Ainsi que nous l'avons dit précédemment, M. le marquis de Ridolfi en a entrepris la culture sur une grande surface dans ses propriétés près de Florence, dès 1861; depuis lors, ce cépage s'est répandu dans un certain nombre de localités en Italie, où il est apprécié à cause de l'immunité dont il jouit au point de vue de l'*oïdium*. Le vin qu'il produit est coloré, mais plat et *foxé;* les paysans italiens l'acceptent néanmoins sans difficulté.

Malheureusement, l'*Isabelle* s'est montrée insuffisamment résistante à l'action du phylloxera, elle est évaluée à la note 5 dans l'échelle de résistance; elle a été détruite dans les vignobles méridionaux, où on en trouvait quelques pieds disséminés, quelque temps après les cépages français. Pour cette raison et par suite de la qualité plus que médiocre de son vin, elle ne mérite pas d'être introduite dans les nouveaux vignobles.

B.— Cépages issus du V. Riparia

Le groupe des V. Riparia offre cette particularité qu'il n'a pas fourni à la viticulture seulement des types fructifères et cultivés (généralement hybrides), mais encore des formes sauvages que leur rusticité, leur vigueur et leur résistance au phylloxera rendent éminemment propres au rôle de porte-greffes.

Par suite de la multiplication par semis qui s'opère dans les bois et du métissage qui a lieu entre ses diverses races, les formes sauvages du V. Riparia sont très nombreuses, on les a groupées dans le tableau page 51; on pourrait en compter presque autant que de pieds-mères, et il serait impossible et sans intérêt pratique d'examiner toutes celles qui sont déjà connues en France. On peut néanmoins, en tenant compte de leurs caractères prédominants et de leurs aptitudes au point de vue cultural, les réunir en cinq formes principales qui persistent assez bien au semis: *A.*— V. Riparia *tomenteux à grandes feuilles; B.* — V. Riparia *glabres à feuilles minces; C.* — V. Riparia *glabres à feuilles épaisses et ternes; D.*— V.

RIPARIA *glabres à feuilles épaisses et luisantes; E.* — V. RIPARIA *cultivés.* Mais parmi les premiers une sélection a été faite et on ne cultive plus guère actuellement que deux types de V. RIPARIA *sauvages*, dont l'expérience a montré la supériorité, ce sont le *Riparia Gloire de Montpellier* et le *Riparia grand glabre* que nous allons décrire: enfin une autre forme paraît devoir jouer un certain rôle dans les plantations à venir à cause de sa résistance relative à l'action du calcaire, c'est le *Riparia du Colorado.*

V. RIPARIA SAUVAGES

RIPARIA GLOIRE DE MONTPELLIER

Synonymie.— R. Gloire, R. Portalis, R. Michel, R. Saporta.

Ce *Riparia* a été remarqué, il y a quelques années, par M. L. Vialla, dans le domaine de Portalis. Il signala sa vigueur, qui lui parut supérieure à celle des autres types qu'il connaissait et le multiplia dans son domaine de Saporta; il observa enfin que les greffes faites sur cette forme ne jaunissent pas dans certains milieux un peu sujets à la chlorose où les autres V. RIPARIA *sauvages* donnaient de mauvais résultats. Depuis lors, les études dont ce *Riparia* a été l'objet n'ont fait que confirmer la bonne opinion qu'on avait conçue en premier lieu à son égard. MM. P. Viala et L. Ravaz lui ont attribué la note 19 dans l'échelle de résistance au phylloxera et 20 dans celle de la vigueur. Le *Riparia Gloire* peut donc être regardé comme l'un des meilleurs porte-greffes, à la condition de ne pas l'employer dans les terrains renfermant du calcaire tendre en forte proportion.

Description.— Souche très vigoureuse. *Port* étalé. *Tronc* de grosseur moyenne (plutôt gros pour un V. RIPARIA *sauvage*). *Sarments* longs, à mérithalles allongés, de grosseur moyenne, un peu coudés aux nœuds, d'une couleur noisette clair,— leur écorce s'éraille très facilement en fines lanières après l'aoûtement, — pruinés, — très peu de ramifications secondaires. Les *sarments jeunes* d'un pourpre clair. *Feuilles* très grandes, arrondies, ternes, limbe régulièrement gaufré entre les nervures principales ; poils raides sur les nervures à la face inférieure ; sinus pétiolaire en U assez ouvert.

Riparia Grand Glabre

Synonymie.—R. N° 13 de la collection Meissner.— Ce cépage a été sélectionné et propagé par M. Gédéon Arnaud, de Montagnac (Hérault), qui avait observé sa remarquable résistance à la chlorose dans les sols arides et blanchâtres de cette commune ; on peut le regarder comme l'une des formes les plus rustiques de l'espèce et supportant le mieux une dose modérée de calcaire. MM. P. Viala et L. Ravaz lui ont attribué la note 19 dans l'échelle de résistance au phylloxera.

Il est caractérisé comme suit : *Souche* vigoureuse. *Port* étalé. *Tronc* un peu grêle. — *Sarments* longs, — à mérithalles allongés, — de grosseur moyenne, d'une teinte pourpre à l'état herbacé, d'un gris noisette, très pruinés et faiblement envinés au niveau des nœuds lors de l'aoûtement ; bois très rouge, nombreuses ramifications secondaires. — *Feuilles* moyennes, allongées, sans être cordiformes (les côtés sont presque parallèles), luisantes, comme vernissées, planes, sinus pétiolaire en V.

On a également signalé, ces dernières années, d'autres formes : le *R. du Colorado*, le *R. Ramond* (hybride de Rupestris) et le *R. Martineau*, qui offriraient une certaine résistance au calcaire: la première, le *R. du Colorado* (probablement un hybride de Riparia×Rupestris), présente, d'après M. Ravaz, qui l'a expérimentée depuis 1890, effectivement une résistance à la chlorose plus élevée que celle des formes précédentes, du *Rupestris du Lot* et même des *Riparia* × *Rupestris* connus jusqu'ici, mais inférieure à celle des *Vinifera* × *Riparia* et des *Berlandieri* purs ou de leurs hybrides. Quant aux deux dernières, elles n'ont pas prévalu sur les précédentes, et ce n'est d'ailleurs pas chez les *Riparia* ni chez les *Rupestris* bien purs que l'on doit chercher, d'une manière générale, les porte-greffes convenables pour les terrains calcaires.

Les V. Riparia *sauvages* ont joué un rôle très important dans la reconstitution des vignobles méridionaux ; très résistants et très vigoureux, ils donnent des greffes robustes et fructifères; ils sont enfin d'un enracinement facile. Aussi, sur 500,000 hectares reconstitués par le greffage sur vignes américaines, en occupent-ils au moins 350,000. Leurs défauts sont: 1° la gracilité de leur tronc qui laisse une différence très sensible entre leur tige et celle de la greffe ; 2° ils redoutent ordinairement les calcaires très actifs, où ils jaunissent et font jaunir les greffes. Malgré ces inconvénients, les deux formes que nous avons indiquées en premier lieu, lorsqu'on les plante dans des terres d'alluvion, plutôt siliceuses, dans des terres argilo-siliceuses rouges du *diluvium alpin* (quand elles sont profondes et pas trop sèches), dans des sables frais et fertiles, constituent des porte-greffes excellents.

V. RIPARIA CULTIVÉS

Les V. RIPARIA *cultivés* sont considérés en Amérique comme des producteurs directs. En France, on ne les a utilisés que comme porte-greffes, et encore les délaisse-t-on de plus en plus aujourd'hui, pour les remplacer par les formes sauvages de même origine, qui sont plus rustiques et d'une adaptation plus facile aux diverses natures de sol. Nous nous bornerons, vu le peu d'importance qui s'y attache en Europe, à décrire leurs deux types les plus communs, le *Clinton* et le *Taylor*, tous deux résultent du croisement du V. RIPARIA avec le V. LABRUSCA.

CLINTON

Synonymie. — *Wortington* (de Downing). — Plant Pouzin (Drôme et Ardèche).

Description. — *Souche* vigoureuse. *Port* étalé. *Sarments* longs, grêles, presque droits, glabres, fermes ou peu luisants aux extrémités, presque lisses, non pruineux, à ramifications nombreuses; légèrement nuancés de pourpre avant la véraison, d'un brun noisette, plus foncé aux nœuds à l'aoûtement; *mérithalles* allongés, cylindriques, à *nœuds* assez peu détachés ; *vrilles* discontinues, d'un brun pourpre, généralement bifurquées. *Bourgeons* d'un blanc sale, passant au brun, couleur donnée par les poils très nombreux des écailles; prenant ensuite une teinte plus rosée, qui se limite sur l'extrémité de la face inférieure des *jeunes feuilles*, dont les deux faces restent longtemps recouvertes d'un duvet lanugineux dense ; elles s'aplatissent tardivement et laissent à découvert les *grappes de fleurs* vertes, teintées de rouge sale à leur extrémité. *Feuilles* moyennement grandes, cordiformes, quelquefois trilobées, d'un vert assez foncé et glabres à la *face supérieure*, d'un vert un peu plus pâle, avec des poils raides et serrés sur les nervures à la *face inférieure ;* avec deux séries de dents, quelques dents plus grandes indiquant la place des lobes. *Pétiole* peu long, formant avec le limbe de la feuille un angle à peu près droit. *Fleurs* grosses, allongées, cylindro-coniques, dilatées au sommet, vertes et luisantes, à côtes assez marquées, peu odorantes; *calice* membraneux sur son pourtour, irrégulièrement et légèrement découpé ; *urcéoles* du disque jaunes et peu détachées ; *ovaire* surmonté d'un stigmate nettement bifide. Les variations dans le nombre des parties des verticilles sont assez fréquentes. *Grappe* moyenne ou petite, cylindrique, peu souvent ailée ; *pédoncule* assez long, un peu grêle, aplati ; *pédicelles* petits, courts, renflés à leur insertion sur le pédoncule, à bourrelet bien marqué. *Grains* peu serrés, moyens ou sous-moyens, entremêlés de rares grains verts, sphériques, pruinés, d'un noir foncé, verdâtres à l'intérieur ; *stigmate* peu apparent, central ; grain ferme à *peau* peu épaisse, résistante, à *pulpe* charnue, peu fondante, à jus rosé et à saveur acide, peu foxée ; baie renfermant en général deux grosses graines.

Cépage assez productif.

Maturité. — Précoce à la première époque.

M. Meissner, citant Strong, dit que le *Clinton* aurait pour origine une vigne de semis qui fut plantée, en 1821, par l'honorable Hugh Withe, dans le domaine du professeur Noyes, à Cotlege Hill, et dont le pied primitif existerait encore. Il possède tous les caractères d'un hybride entre V. Riparia et V. Labrusca.

Le *Clinton* est très apprécié, en Amérique, comme producteur direct, surtout à cause de sa résistance aux maladies cryptogamiques. Des vignobles importants de ce cépage sont plantés dans le nord des Etats-Unis, notamment à l'île de Kelley, sur le lac Erié.

Ce cépage a été l'un des premiers importés en Europe ; sur le dire des Américains, qui l'estiment beaucoup, comme nous venons de le voir, on l'accueillit d'abord avec une faveur exagérée ; il fournissait, disait-on, un excellent vin ; il devait en outre servir de porte-greffe universel et suffire à lui seul à tous les besoins qu'impliquait la reconstitution de nos vignobles.

Mais, bien qu'il donne un vin remarquable par sa couleur et par sa richesse en alcool, on a renoncé à l'utiliser comme producteur direct, à cause de son médiocre rendement et de son goût particulier ; cependant les petits propriétaires de la Drôme et de l'Ardèche le plantent sur bien des points, depuis quelques années, au bord des champs ou même en plein, et lui demandent leur provision annuelle de vin ; et si l'on a reconnu qu'il portait bien la greffe de certains de nos cépages méridionaux (l'*Aramon* notamment), on s'est également rendu compte qu'il ne pouvait s'adapter, du moins dans la région méditerranéenne, qu'à un nombre limité de terrains.

Le *Clinton* est très sujet à la chlorose, surtout dans les terres fortes, froides et humides, dans les sols sans profondeur et dans les terrains calcaires, où, par suite du défaut de chaleur ou d'humidité, il ne peut refaire assez promptement les radicelles que le phylloxera détruit. Ce sont les terres de moyenne consistance ou légères, perméables et fraîches, dans lesquelles il végète le mieux et dans lesquelles on peut seulement le cultiver. Les sols siliceux rouges lui sont particulièrement favorables.

Il reprend très facilement de boutures au moins aussi aisément que nos vignes indigènes. Malheureusement, sa résistance tout à fait insuffisante au phylloxera (8) empêche de l'employer avec la sécurité nécessaire.

TAYLOR

Synonymie. — *Bullit*, *Bullet*, *Taylor's Bullit*.

Description. — *Souche* vigoureuse, à *port* étalé, *tronc* robuste, écorce grossière et caduque. *Sarments* longs, de diamètre moyen, à peine sinueux, à ramifications nombreuses et longues, glabres, peu lisses, rayés de brun avant l'aoûtement, prenant ensuite une teinte d'un brun clair, légèrement lavés de rose sur les *nœuds*, qui sont assez apparents et peu pruineux, moyennement écartés ; *mérithalles* presque luisants et aplatis, à stries larges et peu profondes; *vrilles* discontinues, fortes, rameuses, généralement trifurquées. *Bourgeons* d'un roux foncé, à poils des écailles denses, les enlaçant et persistant assez longtemps par bouquets; *jeunes feuilles* vertes, lobées, à poils peu nombreux, blancs et aranéeux et se limitant sur les nervures à la page inférieure; la page supérieure est vernissée avec rares petits flocons aranéeux; les feuilles restent longtemps imbriquées et les *grappes de fleurs* vertes n'apparaissent qu'à leur épanouissement. *Feuilles* assez grandes, légèrement trilobées, presque entières, sinus supérieurs assez ouverts, deux séries de dents assez aiguës, glabres sur les deux faces, creusées en entonnoir vers le pétiole, point de départ des nervures rosé; d'un beau vert à la *page supérieure*, vert clair à la *face inférieure*. *Pétiole* long, assez robuste, lavé de brun, formant un angle à peu près droit avec le plan du limbe de la feuille. *Fleurs* moyennes, presque cylindriques, légèrement brunâtres à leur sommet, luisantes, peu odorantes ; *calice* à cinq dents peu distinctes, disques à *urcéoles* très apparentes, jaunes; *style* peu marqué, *stigmate* souvent bifide, parfois divisé en trois ou quatre parties ; l'ovaire ou les étamines avortent dans certaines fleurs et on a des fleurs mâles ou femelles, il y a aussi des fleurs normales. *Grappe* petite, cylindrique et à grains serrés ou irrégulière et à grains lâches, simple; *pédoncule* long, assez gros, ligneux à l'insertion; *pédicelles* petits, courts, à verrues et à bourrelet peu renflé, surmonté d'un petit pinceau incolore. *Grains* sous-moyens, sphériques, rosés à la lumière; pruinés, incolores à l'intérieur; *stigmate* persistant excentrique; baie assez dure, à *pulpe* charnue assez abondante, à *peau* fine, à jus incolore, d'un goût assez agréable, un peu aigrelet; trois ou quatre graines.

Cépage d'une très faible fertilité, par suite de l'avortement de la plupart de ses fleurs.

Maturité. — A la deuxième époque.

Ce cépage, l'un des plus anciennement cultivés en Amérique, a été signalé pour la première fois par le juge Taylor, de Jéricho (Kentucky). Il peut être regardé comme un hybride de V. Riparia et de V. Labrusca. Il est peu répandu aux États-Unis, à cause de sa stérilité presque complète. En France, il a été l'objet, quoique dans des proportions moindres, des mêmes fluctuations d'opinion que le *Clinton*; trop vanté au début et trop délaissé ensuite, il est regardé aujourd'hui, ainsi qu'il le mérite, comme un porte-greffe passable dans les milieux qui lui conviennent.

La vigueur du *Taylor* lorsqu'il est placé dans des conditions favorables, le diamètre considérable qu'acquiert promptement son tronc, la facilité avec laquelle s'enracinent ses boutures, son aptitude à nourrir nos divers cépages français, en feraient un porte-greffe de premier ordre. Malheureusement, comme le *Clinton*, bien qu'à un moindre degré, il est loin de prospérer partout : les terres trop argileuses, trop caillouteuses, trop humides et froides, ou trop sèches, lui sont généralement nuisibles. Lorsqu'on le place, au contraire, dans des sols de consistance moyenne ou même un peu forts, pourvu qu'ils soient bien drainés, ou dans des terrains légers mais frais, on peut le regarder comme un porte-greffe dont il est possible de faire usage. On lui préfère néanmoins les formes sauvages du V. Riparia, qui le dépassent en rusticité et en résistance aux attaques du phylloxera (la sienne n'atteint que la note 11 dans l'échelle de résistance, ce qui doit être regardé comme insuffisant dans la plupart des cas).

C. — Cépages issus du V. Æstivalis

Les cépages provenant du V. Æstivalis pourraient être considérés comme plus spécialement aptes à jouer le rôle de producteurs directs, auquel les rendrait éminemment propres la qualité de leurs fruits, qui n'ont pas de goût particulier. Les plus connus d'entre eux sont : le

Jacquez, l'*Herbemont*, le *Black-July*, le *Cunningham* et le *Norton's Virginia* ; nous allons les étudier successivement : tous paraissent provenir de croisements du V. ÆSTIVALIS avec le V. VINIFERA et le V. CINEREA.

JACQUEZ

Synonymie.— *Jack, cigar-box grape* (raisin de la boîte à cigare), *Longworth's Ohio, Ohio*, *Mac-Candless, Black-Spanish*, *El Paso*, *Burgundy*, *Lenoir* (d'après G. Onderdonk et Meissner), quelquefois *Jacques* en France (Pulliat).

Description. — *Souche* vigoureuse, à *port* semi-érigé, *tronc* robuste, écorce grossière et caduque. *Sarments* longs, de moyenne grosseur, presque rectilignes, à ramifications assez nombreuses, pruineux aux nœuds, lavés de pourpre à l'état herbacé, d'un brun-violacé lie de vin à l'aoûtement, d'un brun clair sur les extrémités et légèrement excoriés à la base ; à *mérithalles* assez allongés, presque cylindriques, stries régulières, peu profondes ; à *nœuds* peu aplatis et gros ; *vrilles* discontinues, vigoureuses, vertes et glabres, bi ou trifurquées. *Bourgeons* roux doré, embrassés dans un lacis épais des poils des écailles, prenant ensuite une teinte généralement carmin foncé sur les deux faces et se limitant au pourtour des feuilles ; ces *jeunes feuilles* sont épaisses, les trois lobes indiqués par des dents plus longues, à tomentum dense, roussâtre sur les nervures de la face inférieure ; légèrement gaufrées ; l'épanouissement des feuilles a lieu de bonne heure, leur aplatissement est tardif, et alors se montrent les petites *grappes de fleurs* entièrement recouvertes par des bractées imbriquées d'un brun vineux. *Feuilles* grandes à l'état adulte, allongées, tri ou quinquelobées, généralement quinquelobées, *sinus pétiolaire* assez profond, presque fermé ; deux séries de dents atténuées, un peu ondulées, glabres et d'un beau vert gai à la *face supérieure*, plus pâle et portant sur les nervures des bouquets de poils soyeux à la *face inférieure* ; nervures assez fortes et bien dessinées. *Pétiole* long, cylindrique et renflé aux deux extrémités, lavé de brun, formant avec le plan du limbe de la feuille un angle presque droit. *Fleurs* cylindriques ou globuleuses, aplaties, parfois en creux et envinées au sommet, à côtes bien marquées, vertes, peu odorantes ; *calice* entier, à pourtour légèrement enviné ; disque à *urcéoles* peu apparentes, comprimées, d'un vert clair ; *ovaire* assez petit, légèrement mamelonné ; *style* peu marqué et stigmate faiblement déprimé, bifide. *Grappe* grosse, allongée, cylindrique ou cylindro-conique, parfois ailée, les *premiers lobes* sont toujours longs ; *pédoncule* long, renflé à l'insertion ; d'un vert clair sur toutes ses parties, non ligneux, mais dur à l'insertion ; *pédicelles* longs, avec rares petites verrues et bourrelet conique ; les baies s'en séparent assez difficilement et laissent adhérent un petit pinceau coloré en noir-violacé foncé. *Grains* assez lâches, non entremêlés de grains verts, moyens ou sous-moyens, sphériques, pruinés, d'un noir-violacé foncé, très colorés à l'intérieur en rouge-violacé foncé, ayant rarement à leur surface de petites verrues avec auréole ; *stigmate* prononcé, un peu excentrique ; *peau* assez épaisse, *pulpe* peu charnue, fondante ; jus très coloré en rouge vineux, sans saveur spéciale ; graines de une à trois.

Cépage fertile.

Maturité. — A la troisième époque.

Le *Jacquez* est un V. Æstivalis du Sud ; il est originaire du comté de Lenoir, dans la Caroline du Sud (d'où l'un de ses noms). Il est peu cultivé aux Etats-Unis actuellement à cause de la facilité avec laquelle il est atteint par l'*anthracnose* ; on l'a abandonné dans l'Ohio et le Missouri, et ce n'est plus guère qu'à Natchez, dans le Mississipi, sur quelques points du Texas et en Californie, qu'on le trouve encore en Amérique.

En Europe, l'aire de ce cépage est, pour la raison que nous venons d'indiquer, assez limitée. Il réussit, en France, dans la région méditerranéenne, de la frontière italienne à Carcassonne et au Nord jusqu'à Valence (Drôme). Dans la Gironde, ce n'est que sur les hauts coteaux de Saint-Emilion qu'on a pu en obtenir quelques résultats. Mais si le nombre de départements susceptibles de cultiver le *Jacquez* est peu considérable, il occupe du moins dans le milieu qui lui convient une place importante.

La résistance relative du *Jacquez* au phylloxera est aujourd'hui démontrée par des faits nombreux et anciens; il s'est trouvé compris dans les premières expériences faites sur les vignes américaines, chez MM. Laliman à Bordeaux, Borty à Roquemaure (Gard) et Aguillon à Chibron (Var), mais cette résistance est peu élevée (13), ce qui a donné lieu, dans certains milieux défavorables et dans des années où la multiplication du phylloxera était abondante, à des dépressions sensibles dans sa végétation. Peu sujet à la *chlorose*, il prospère dans presque tous les terrains où il a été essayé jusqu'ici, à la condition qu'elles ne soient pas crayeuses ou ne renferment pas un calcaire trop actif ; mais c'est dans les terres profondes, riches et bien saines, qu'il paraît donner les meilleurs résultats au point de vue de l'abondance de sa production et du bon développement de sa végétation.

Le *Jacquez* peut être regardé comme le produit d'une hybridation entre V. Æstivalis, V. Vinifera et V. Cinerea ; l'apparition constante de plants appartenant à ces trois types, parmi les produits de semis de ce cépage, tend du moins à justifier cette hypothèse. Son vin doit probablement à cette origine les qualités qui le caractérisent et qui lui ont assuré une certaine place dans le commerce. Le vin de *Jacquez* est plutôt grossier, il a un léger goût particulier et tout spécial peu agréable quand il est jeune, mais il est assez alcoolique et très coloré ; sa couleur, qui est trop bleue ou violacée lorsqu'il a été fait avec du raisin trop mûr et au contact de l'air, prend une teinte vermeille lorsqu'on le fait avec de la vendange un peu verte ou que, par le plâtrage ou l'addition de l'acide tartrique, on lui rend l'acidité nécessaire. C'est en somme un assez bon vin de coupage ; mélangé à la cuve avec l'*Aramon*, dans la proportion d'un quart environ, il donne un vin de consommation très convenable.

Le rendement du *Jacquez* est évidemment moindre que celui des cépages méridionaux à grande production, tels que l'*Aramon*, la *Carignane*, etc., mais il donne autant que ceux de fertilité moyenne ; il les dépasse même dans les bons fonds frais et fertiles lorsqu'il y est conduit en treilles à grand développement et n'y est pas atteint par l'*anthracnose*.

On a prétendu qu'il existait deux variétés de *Jacquez*, l'une plus fructifère que l'autre. Rien ne nous a semblé démontrer jusqu'ici qu'il en fût réellement ainsi ; nous avons seulement observé que certains pieds, identiques du reste aux autres par leurs caractères d'ensemble, produisaient moins qu'eux. Ce fait est seulement explicable par la multiplication excessive à laquelle on s'est livré au début sur ce cépage, qui a amené à employer comme boutures des fragments de sarments infertiles, au lieu de ceux sélectionnés parmi les plus productifs, comme on eût dû le faire. Un bon choix des boutures permettra de faire, peu à peu, disparaître cet inconvénient et d'améliorer même la production moyenne.

Le *Jacquez* peut être soumis avantageusement à la taille longue, son produit est plus abondant et sa végétation plus vigoureuse lorsqu'on lui impose ce régime.

Ce cépage s'est malheureusement montré très accessible à l'action du *mildew*, qui s'attaque particulièrement chez lui à la grappe : il résulte de ce fait une perte de récolte considérable, les années où il est atteint par ce parasite.

Bien que ce soit comme producteur direct que le *Jacquez* a été cultivé au début, il l'est surtout actuellement comme porte-greffe ; on l'a toujours employé dans ce but avec succès dans les milieux qui lui conviennent. Aussi conçoit-on que la facilité de son adaptation à certains sols argileux, grisâtres et un peu marneux (marnes bleues), où les V. RIPARIA ne réussissent généralement pas bien, la proportion de reprises considérable qu'il donne au greffage, même à un âge relativement avancé, et la vigueur de sa végétation permettent d'en faire usage utilement pour cet objet. Cependant il est plus sûr d'avoir recours à des porte-greffes jouissant des mêmes qualités et plus résistants au phylloxera, tels que le *Belton*, par exemple.

Jacquez à gros grains. — On a remarqué au champ d'expériences du *mas de las Sorres*, près Montpellier, un pied de *Jacquez* dont l'un des bras produisait des sarments souvent fasciés et constamment pourvus de grappes à grains un peu plus gros que les autres. On a donné le nom, aux plants obtenus par la sélection de ces sarments, de *Jacquez à gros grains de las Sorres* ; cette forme, d'une multiplication difficile et qui manque de fixité, s'est peu répandue jusqu'ici.

La valeur du *Jacquez* comme producteur direct a encouragé en outre un certain nombre de viticulteurs à en tenter le semis ; les produits de cette opération ont été fort inégaux, les uns se rapprochent de la forme américaine V. ÆSTIVALIS et sont généralement alors infertiles ou peu fertiles, les autres ont un haut degré de ressemblance avec le V. VINIFERA et donnent souvent des fruits abondants et de bonne qualité, mais ils perdent alors généralement en grande partie les propriétés de résistance à l'action du phylloxera qu'ils pourraient tenir de ce cépage.

Les principaux semis de *Jacquez* obtenus jusqu'ici sont : le *Saint-Sauveur*, les *Jacquez d'Aurelles*, l'*Hybride Delmas* et le *Félix-Sahut*. Aucun d'eux n'a montré jusqu'ici un ensemble de qualités suffisantes pour qu'il soit utile d'en parler et pour qu'il mérite d'être essayé à nouveau.

HERBEMONT

Synonymie.— *Herbemonts'Madeira*, *Warenton*, *Warren*, *Neil-grape*. — Aucun de ces synonymes n'a persisté en Europe.

Description. — *Souche* vigoureuse, à *port* étalé, *tronc* robuste, écorce grossière. *Sarments* longs, peu grêles, peu sinueux, à ramification assez abondante, luisants, pruineux sur toute la surface, glabres, légèrement lavés de pourpre à l'état herbacé, d'un rose clair à l'aoûtement; *mérithalles* moyens ou courts, peu aplatis, parfois cannelés, obscurément striés; *nœuds* gros, très apparents; *vrilles* discontinues, moyennement vigoureuses, bi ou trifurquées. *Bourgeons* petits, d'un roux clair et à duvet peu épais, à écailles engainantes très longues; d'une coloration ultérieure carminée, due à l'apparition de l'extrémité des deux faces des *jeunes feuilles*, qui ont des poils roux, abondants surtout sur les nervures de la page inférieure, la page supérieure prend vite une teinte jaune clair; dents peu marquées, à glandes vertes, proéminentes et transparentes; aplatissement assez tardif; *grappes de fleurs* d'un rouge-brun avec écailles verdâtres. *Feuilles* grandes, tri ou quinquelobées, faiblement ondulées, à lobe supérieur bien détaché, d'un vert médiocrement foncé et glabres à la *face supérieure*, d'un vert plus pâle avec des poils raides et serrés à la *face inférieure*; deux séries de dents peu aiguës. *Pétiole* assez allongé et grêle, formant un angle droit avec le plan du limbe de la feuille. *Fleurs* subglobuleuses, d'un vert clair uniforme, luisantes, à côtes marquées, à peine odorantes; *calice* confondu avec le renflement du pédicelle; *disque* à *urcéoles* peu développées; *ovaire* renflé, à *style* court et *stigmate* aplati, rougeâtre dans quelques fleurs, blanchâtre le plus souvent. *Grappe* sous-moyenne cylindro-conique, souvent ailée; *pédoncule* assez long, enviné sur tout son parcours, renflé à l'insertion, moyen; *pédicelles* courts à gros bourrelet conique et avec grosses verrues; les baies s'en détachent facilement en laissant adhérent un petit pinceau rosé. *Grains* serrés, petits ou sous-moyens, sphériques ou déprimés par la pression, à pruine assez abondante, d'un rouge foncé, virant au noir sur les parties exposées à la lumière, non colorés à l'intérieur; *stigmate* très apparent, central; *peau* assez peu épaisse; *pulpe* fondante, juteuse, à jus d'un rose clair et d'une saveur assez relevée, agréable; *graine* de deux à quatre, deux en général.

Cépage d'une fertilité moyenne.

Maturité.— A la troisième époque.

L'*Herbemont*, dont l'origine était d'abord inconnue, a été propagé par M. Nicolas Herbemont, duquel on lui a donné le nom; on l'a retrouvé plus tard, à l'état sauvage, dans le comté de *Warren*. C'est un V. ÆSTIVALIS du Sud croisé de V. CINEREA et de V. VINIFERA; aussi prospère-t-il dans le Texas, la Georgie, la Caroline du Sud et la Floride, et en général, dans ces contrées, sur les coteaux à sol rouge, caillouteux, s'échauffant bien; il redoute les sols argileux et froids, où il se chlorose pour peu que les conditions atmosphériques soient peu favorables. En Amérique, on le considère comme très productif, et Downing l'a qualifié *bags of wine* (sacs à vin).

De même que le *Jacquez*, l'*Herbemont* est l'un des cépages dont la résistance est des plus anciennement établie en Europe; malheureusement, cette résistance est peu élevée (12) et ne suffit pas toujours son vin, moins grossier que celui de ce dernier, possède, lorsqu'il provient de situations convenables, des qualités réelles; mais sa coloration, beaucoup moins intense que celle du vin de *Jacquez*, ne lui permet pas de rivaliser avec lui sur les marchés du Midi. En outre, l'*Herbemont* se met un peu tardivement à fruit, et sa production, regardée comme très considérable par les Américains, qui ne sont pas habitués aux grands rendements de nos vignes, est moindre que celle du *Jacquez*. Enfin, il aoûte souvent les extrémités de ses bois d'une manière insuffisante.

Malgré les inconvénients que nous venons de signaler, qui le font passer après ce dernier cépage, l'*Herbemont* pourrait encore jouer un certain rôle dans la reconstitution des vignobles du Midi, n'était le nombre limité des terrains dans lesquels il est possible de le faire prospérer, sous le climat méditerranéen tout au moins. Il semble jusqu'ici que ce sont, dans ce milieu, les terres caillouteuses, perméables, faciles à échauffer et conservant néanmoins, pendant l'été, une certaine fraîcheur, qui seules lui permettent de végéter vigoureusement et sans chlorose (1). Les sols à cailloux siliceux ou calcaires, durs, colorés en rouge par du fer peroxydé, ainsi que l'a démontré M. L. Vialla, lui conviennent très bien.

Il réussit d'une manière plus générale et est plus apprécié dans le Sud-Ouest et dans la partie supérieure de la vallée du Rhône.

L'*Herbemont* mûrit sensiblement en même temps que le *Jacquez*; mais, moins sujet que ce dernier à l'anthracnose, il peut remonter vraisemblablement plus au Nord que lui, pourvu qu'il soit cultivé en coteaux bien exposés.

L'*Herbemont* reprend plus difficilement de bouture que le *Jacquez*; pourtant, lorsque l'on opère dans de bonnes conditions, on peut obtenir encore des résultats suffisants (de 60 à 70 °/₀) de ce mode de multiplication.

Il peut être employé, au besoin, comme porte-greffe et donne souvent des greffes vertes dans des sols où il jaunissait avant d'être greffé, mais sa résistance peu considérable à l'action du phylloxera doit lui faire préférer des espèces plus réfractaires à l'insecte.

Comme le *Jacquez*, l'*Herbemont* a été fréquemment semé; il a donné en Amérique: 1° le *Dunn*, obtenu dans le Texas, qui ressemble beaucoup à l'*Herbemont*, mais aurait les grains un peu plus gros et un peu plus juteux; 2° l'*Exquisite*, à raisin blanc; 3° l'*Harwood* ou *Warren amélioré*, obtenu par le major Harwood, à Gonzales (Texas); il est

(1) Voir: Mémoire sur les causes de la chlorose chez l'*Herbemont*, par M. G. Foëx, in *Revue des Sciences naturelles*. Montpellier, décembre 1881.

semblable à l'*Herbemont* à tous égards, excepté pour la dimension du grain qui, d'après M. Meissner, est presque double de celui de l'*Herbemont*. D'après le même auteur, il mûrit quatre ou cinq jours avant ce dernier ; il a des sarments forts, à mérithalles courts, sa végétation est moins vagabonde et il reprend difficilement ; 4° le *Mac-Kee*, qui paraît identique au type ; 5° le *Yoakum*, dont les raisins ont un jus un peu plus foncé que ceux de l'*Herbemont*, mais sont mélangés de grains verts, les feuilles sont plus sinuées ; moins vigoureux et moins productif que lui.

Toutes ces formes, sauf peut-être l'*Harwood*, sont inférieures à l'*Herbemont*.

Sur l'ancien continent, on a obtenu, en Algérie, les *Herbemont d'Aurelles* et, en France, l'*Herbemont Touzan* et l'*Herbemont Malègue* à fruit blanc. Aucun de ces cépages ne paraît posséder une résistance suffisante au phylloxera pour mériter d'être employé.

Black-July

Synonymie. — *Devereux*, *Lincoln*, *Blue grape*, *Sherry*, *Thurmond*, *Hart*, *Tuley*, *Mac Lean*, *Husson* (en Amérique), reçu à plusieurs reprises en Europe sous les noms de *Lenoir* et de *Baldwin-Lenoir*.

Description. — *Souche* vigoureuse, *port* étalé. *Sarments* longs, de moyenne grosseur, d'une couleur brun pourpre à l'état herbacé, rouge-violacé à l'aoûtement, à *mérithalles* moyennement allongés, à *nœuds* peu apparents et un peu aplatis ; *vrilles* discontinues, bifurquées, lavées de brun à la base. *Bourgeons* enlacés dans de nombreux poils d'un roux clair, prenant une teinte rosée, résultat de la coloration des nervures et de l'extrémité de la face inférieure des feuilles dont l'aplatissement est lent et successif ; leur face supérieure se teint de rose clair sur le pourtour ; les deux pages sont recouvertes d'un duvet lanugineux blanchâtre, assez dense, qui s'éclaircit lentement. *Feuilles* moyennes, entières, sensiblement boursouflées, rugueuses, à deux séries de dents peu aiguës ; *face supérieure* vert foncé, avec de très légers poils sur les nervures ; *face inférieure* de couleur vert pâle, portant sur les nervures des poils en bouquets assez abondants. *Pétiole* moyennement long, robuste, légèrement lavé de brun pourpre et formant un angle obtus avec le plan du limbe de la feuille. *Grappe* moyenne, le plus souvent cylindrique ou cylindro-conique, rarement ailée ; *pédoncule* un peu long, vert sale, dur à l'insertion ; *pédicelles* petits, verts, à bourrelet à peine indiqué, parsemé de petites verrues ; les baies s'en séparent facilement et laissent un petit pinceau avec traînées légèrement colorées. *Grains* peu serrés, non entremêlés de grains verts à la maturité, sous-moyens ou petits, d'un noir-bleuâtre foncé, avec pruine, incolores à l'intérieur, sphériques, à *stigmate* persistant excentrique, marqués sur la surface de petites ponctuations entourées d'une auréole plus claire et parfois très nombreuses ; grain un peu mou, à *peau* fine, mais peu élastique, à *pulpe* un peu charnue, assez fondante, à jus presque incolore et saveur aigrelette agréable ; renfermant une ou deux *graines*.

Cépage d'une faible fertilité.

Maturité. — A la troisième époque.

Le *Black-July* est encore un V. ÆSTIVALIS du Sud des États-Unis fécondé, comme le *Jacquez* et l'*Herbemont*, de V. CINEREA et de V. VINIFERA ; il est peu cultivé. On le rencontre seulement dans quelques vignobles du Texas et sur les bords du golfe du Mexique. Il s'est peu répandu dans les nouveaux vignobles en France, à cause probablement de son rendement relativement peu élevé et de sa faible résistance au phylloxera (**11**). Il donne un vin qui, s'il n'est pas aussi foncé que celui de *Jacquez*, possède du moins une jolie couleur, une véritable finesse et beaucoup d'agrément.

Ce cépage paraît s'accommoder de tous les terrains qui ne sont pas trop mouilleux ou trop froids. C'est dans les sols profonds de moyenne consistance, bien drainés, chauds, mais ne se desséchant pas trop en été, qu'il réussit le mieux.

Le *Black-July*, probablement fécondé accidentellement par un V. VINIFERA, ou peut-être par un fait d'atavisme, a donné à l'École d'agriculture de Montpellier un semis à beau fruit blanc, le *Riley*, qui peut être regardé comme un bon raisin de table.

CUNNINGHAM

Synonymie. — *Long* pour certains auteurs ; pour d'autres, le *Long* serait un type voisin du *Cunningham*, mais non identique. En ce qui nous concerne, nous n'avons jamais trouvé de différence appréciable entre les cépages que nous avons reçus sous ces deux noms.

Description.— *Souche* vigoureuse, à *port* étalé, tronc trapu, écorce grossière et caduque. *Sarments* longs, gros, presque rectilignes, glabres, peu lisses, à ramifications assez abondantes, pruineux, surtout aux nœuds ; *mérithalles* parfois allongés, cylindriques, à stries nombreuses, peu profondes et mal délimitées ; *nœuds* aplatis ; *vrilles* discontinues, assez vigoureuses, généralement trifurquées, lavées de brun ; bois lavé de pourpre foncé à l'état herbacé, d'un rouge-violacé clair à l'aoûtement. *Bourgeons* enlacés dans un lacis épais de poils roux, très nombreux, persistant très longtemps, prenant ensuite une teinte carmin clair sur le pourtour des deux faces des *jeunes feuilles*, d'un blanc-jaunâtre sur les autres parties ; la page supérieure, faiblement gaufrée, est recouverte d'un tomentum aranéeux assez épais, les nervures de la face inférieure sont teintées de roux clair, les jeunes tiges ont de rares glandes rougeâtres ; les *grappes de fleurs* d'un roux-rougeâtre clair, enveloppées dans un léger duvet et embrassées par des écailles assez développées, apparaissent à l'épanouissement, qui est hâtif ; l'aplatissement complet des feuilles est tardif. *Feuilles* grandes, entières, un peu gaufrées entre les nervures ; à *sinus pétiolaire* le plus souvent fermé, deux séries de dents atténuées, glabres et d'un vert foncé à la *face supérieure*, légèrement pubescente et d'un vert-blanchâtre à la *face inférieure*; nervures assez fortes. *Pétiole* moyennement long, gros, cylindrique, formant un angle légèrement obtus avec le plan du limbe de la feuille. *Fleurs* moyennes, cylindriques, d'un vert clair uniforme, peu odorantes ; *calice* entier, peu développé, disque à *urcéoles* développées, bien limitées, étamines à *filets* gros, blancs ; ovaire moyen à style surmonté d'un *stigmate* grand, étalé, blanc, mamelonné. *Grappe* moyenne, cylindro-conique ou irrégulièrement cylindrique ; *pédoncule* gros, court, vert, renflé et presque ligneux à l'insertion ; *pédicelles* longs, grêles, renflés aux deux extrémités, verts, avec verrues proéminentes et peu nombreuses, à petit pinceau enviné. *Grains* serrés, moyens ou petits, sphériques et un peu déprimés par la pression, pruinés, d'un rose clair, virant au rose-violacé sur les parties exposées à la lumière, non colorés à l'intérieur ; *stigmate* persistant, très apparent dans un ombilic central très peu marqué; baie ferme à *peau* un peu épaisse, *pulpe* fondante à jus légèrement teinté de rose clair, saveur sucrée assez agréable, un peu musquée, graines de deux à cinq, le plus souvent quatre.

Cépage peu fertile.

Maturité tardive (quatrième époque de M. Pulliat).

Le *Cunningham* est, comme les précédentes, une vigne du Sud des États-Unis et provenant des mêmes croisements ; il est un peu cultivé dans la Virginie, le Texas, l'Arkansas. Il a été obtenu dans le jardin de M. Jacob Cunningham, dans le comté du Prince-Edward en Virginie. Il présente avec le *Black-July* de très grandes analogies et forme avec lui un groupe caractérisé par ses grappes petites et compactes et ses feuilles entières ou presque entières, que l'on peut opposer à celui à grandes grappes et à feuilles lobées auquel appartiennent le *Jacquez* et l'*Herbemont*.

M. Meissner paraît considérer le *Cunningham* comme l'un des meilleurs cépages américains du groupe des V. ÆSTIVALIS. En France, on a été assez désillusionné sur son compte. Son vin, qui est riche en alcool et présente certaines qualités, manque malheureusement de couleur ; aussi ne peut-on guère faire avec ses raisins que des vins blancs qui, bien préparés, ont certainement de la valeur, mais que son insuffisante fertilité et sa maturité tardive ne permettent pas de produire très avantageusement.

Ce cépage prospère plus qu'aucun autre dans les terrains de cailloux roulés, rouges, du *diluvium alpin*. Sa maturation, malheureusement plus tardive que celle des autres formes que nous venons de décrire, ne permet pas de le cultiver en dehors de l'extrême midi de la France.

Le *Cunningham* est aussi difficile à faire reprendre de bouture que l'*Herbemont*, ce qui ne l'a pas empêché de jouer, à un moment donné, un rôle de quelque importance comme porte-greffe ; ses aptitudes, à ce dernier point de vue, sont d'ailleurs fort discutées ; enfin il est d'une médiocre résistance au phylloxera, comme l'*Herbemont* (12). En résumé, ce cépage paraît avoir peu d'avenir en Europe.

NORTON'S VIRGINIA

Synonymie. — Cynthiana, *Red River*, *Norton* ou *Norton's Virginia* ou *Norton's Virginia Seedling*.

Description. — Souche vigoureuse, à *port* étalé, *tronc* moyen. *Sarments* longs, assez gros, un peu sinueux, légèrement rugueux par suite de la persistance de quelques poils rubigineux, très pruineux surtout au niveau des nœuds, ternes, ramifiés ; à *mérithalles* allongés, peu aplatis, stries fines et peu profondes ; lavés de brun pourpre à l'état herbacé et recouverts de poils laineux roux vers les extrémités ; d'un rose-violacé clair, plus foncé aux parties exposées à la lumière à l'aoûtement ; *vrilles* discontinues, robustes, brun pourpre à la partie inférieure. *Bourgeons* petits, réunis assez souvent par deux ou par trois, d'un roux doré foncé, prenant ensuite une teinte pourpre, coloration limitée d'abord au pourtour des deux faces des *jeunes feuilles* et aux nervures parsemées de quelques poils rouilleux ; écailles larges et transparentes ; la teinte se limite au pourtour de la *face supérieure* et s'étend sur le parenchyme de la *face inférieure* ; feuilles épaisses, à lobe supérieur bien marqué, à duvet aranéeux dense; dents peu distinctes, à glandes vertes très détachées sur le carmin foncé du parenchyme ; à petites glandes sphériques, transparentes sur le pétiole et les nervures principales ; les *grappes de fleurs*, d'un rouge-brun foncé, se montrent à l'aplatissement complet, qui est tardif, comprises dans des bractées assez longues. *Feuilles* adultes assez grandes, tri ou quinquelobées, quelquefois presque entières, à *sinus pétiolaire* moyennement ouvert et lobes peu accusés ; à surface un peu gaufrée ; d'un vert foncé luisant et glabres à la *page supérieure*, d'un vert plus pâle à la *page inférieure* et portant sur les nervures et sous-nervures des touffes de poils laineux roussâtres, mélangés quelquefois de poils blancs et raides ; d'un pourpre rosé vers la naissance des nervures, avec deux séries de dents très atténuées. *Pétiole* robuste, cylindrique, avec traces de poils laineux roussâtres, formant un angle à peu près droit avec le plan du limbe de la feuille. *Fleurs* cylindro-coniques, aplaties au sommet, d'un vert clair uniforme ; *calice* très peu marqué; étamines à *filets* longs, grêles; *ovaire* renflé, détachant brusquement un style court, surmonté d'un stigmate allongé, bifide. *Grappe* moyenne ou sous-moyenne, conique, parfois ailée; *pédoncule* long, grêle, rouillé ; *pédicelles* courts, renflés à l'insertion, à bourrelet aplati, les baies s'en détachent facilement et laissent adhérent un pinceau pourpre vineux. *Grains* peu serrés, sous-moyens globuleux, pruineux, d'un noir-violacé ; à *stigmate* central peu apparent; *peau* mince, élastique ; *pulpe* peu charnue, fondante, jus foncé et saveur fine, agréable ; grain ferme, renfermant deux ou trois graines.

Cépage assez peu fertile.

Maturité. — A la troisième époque.

Le *Norton's Virginia* est une vigne sauvage découverte, en 1835, à l'île du Cèdre, sur la rivière de James, près de Richmond (Virginie), par le Dr F.-A. Lemosq ; elle a été propagée ensuite par le Dr N. Norton, d'où son nom. C'est un hybride de V. ÆSTIVALIS, de V. LABRUSCA et de V. CINEREA.

Ce cépage, que M. Meissner considère, avec les viticulteurs les plus expérimentés des Etats-Unis, comme *le plus sûr et le meilleur raisin à vin rouge d'Amérique*, est devenu le principal plant dans le Missouri et en Virginie, où il occupe aujourd'hui des surfaces relativement importantes.

En France, le *Norton's Virginia* est moins apprécié. Dans le Midi, il ne peut vivre que dans les terres rouges avec cailloux siliceux, et il n'y possède jamais une végétation très vigoureuse. Dans les vignobles de la Drôme et du Rhône, il réussit mieux et dans des milieux plus divers, mais sa production est partout regardée comme insuffisante, à moins qu'on ne le mette en treille et qu'on ne lui donne un grand développement. Il reprend enfin très difficilement de bouture; aussi, malgré la belle couleur et les qualités de son vin et la résistance qu'offrent ses feuilles aux attaques des maladies cryptogamiques et notamment du *mildew*, se répand-il peu en Europe. Sa résistance au phylloxera peut être évaluée à **14**.

D. — Formes principales issues du V. Rupestris

Le V. Rupestris, dont nous avons indiqué précédemment la valeur comme porte-greffe, a donné lieu à des formes sauvages diverses, dont quelques-unes, qui paraissaient supérieures aux autres, ont été mises à part et multipliées ; les principales d'entre elles sont les suivantes : *Rupestris Ganzin*, *R. du Lot*, *R. Martin, R. Mission*, *R. de Fortworth*, *R. Métallique* (1).

Rupestris Ganzin

Ce V. Rupestris a été dédié à M. Ganzin, qui avait signalé son immunité au point de vue du phylloxera, par M. Millardet. Il paraît très résistant au phylloxera (19,5) et se développe généralement bien dans les terrains frais, mais redoute par contre beaucoup les terrains secs. On a fréquemment observé, au bout de quelques années, un affaiblissement sensible des greffes faites sur lui, aussi doit-on le regarder comme inférieur, comme porte-greffe, à d'autres V. Rupestris ou V. Riparia. Il peut être décrit comme il suit : *Plante* de développement moyen. *Souche* assez grosse. *Port* buissonnant. *Sarments* droits. *Feuilles* à bords très peu ondulés, régulièrement pliées en gouttière, à sinus pétiolaire très ouvert, variable de forme suivant les dimensions des feuilles, à teinte générale vert-jaunâtre et jaune orangé à l'extrémité des rameaux. *Fleurs* nombreuses, mâles.

Rupestris du Lot

Synonymie. — *Rupestris Sijas*, *R. Phénomène, R. Monticola*, *R. St-Georges érigé*, *R. Lacastelle*, *R. Colineau*, etc.

Ce V. Rupestris paraît avoir été introduit dans les environs de Mont-

(1) Voir pour la description de ces formes : A. Millardet.— *Notes sur les Vignes Américaines*, série III. Paris, Masson, 1888, pag. 50, et M. Mazade.— *Etude sur les Rupestris* (*Revue de Viticulture*, t. I, Nos 9, 10 et 11).

pellier par M. Robert-Sijas, propriétaire à Montferrier : il s'est montré remarquablement bien adapté aux terrains pourtant assez calcaires de cette commune, il est en outre très vigoureux, portant bien la greffe et d'une grande résistance au phylloxera (19,50). Ces qualités remarquables ont attiré l'attention des viticulteurs qui l'ont beaucoup multiplié depuis quelques années; on peut effectivement le regarder comme le meilleur des V. RUPESTRIS pour la région méditerranéenne. Bien qu'on ne puisse pas le considérer comme un plant des mauvais terrains calcaires, il possède cependant vis-à-vis du calcaire une faculté d'adaptation plus étendue que celle des autres formes de V. RUPESTRIS actuellement connues en France; il peut être comparé, à ce point de vue, au *Riparia Gloire de Montpellier* ou au *Riparia grand glabre*, mais il leur est supérieur dans les terrains pierreux et secs. Son principal inconvénient réside dans la grande propension qu'il a à émettre les drageons après le greffage, mais on peut l'éviter en enlevant avec soin les yeux de la bouture avant de la greffer et de la planter, on y porte remède en supprimant avec soin les repousses après le greffage: avec ces précautions, il devient un porte-greffe des plus remarquables.

Le *Rupestris du Lot* présente les caractères suivants : souche très vigoureuse, à gros *tronc*. *Port* érigé, les ramifications principales seules rampant sur le sol ; *sarments* noueux, très ramifiés, à *mérithalles* courts ; *feuilles* très peu pliées en gouttière, à bords ondulés, brillantes, à reflets métalliques clairs, relativement minces, — à *sinus pétiolaire* en forme d'accolade, — à dents irrégulières, bien coupées, relativement aiguës, celle qui forme le lobe terminal est assez effilée (1) : feuilles des dernières ramifications parfois extrêmement petites ; l'*extrémité des rameaux* est bronzée. Sous l'influence d'une sécheresse extrême, les feuilles se plient en gouttière et le reflet métallique disparaît ; *fleurs* mâles; *racines* un peu moins grêles que celles de la plupart des autres V. RUPESTRIS (2).

RUPESTRIS MARTIN

Le *Rupestris Martin* a été introduit du Texas, en 1874, par M. Martin, de Montels-Eglise, près Montpellier; il peut être regardé comme l'équivalent du *R. du Lot* pour la région de l'Ouest, où il s'accommode

(1) M. Couderc croit que le *R. du Lot* est le résultat d'un croisement avec le *V. Monticola*.

(2) Beaucoup d'éléments de cette description ont éte empruntés au travail précité de M. Mazade.

très bien des terres argileuses un peu froides du Maine-et-Loire, par exemple. Il redoute beaucoup plus que ce dernier la sécheresse et le calcaire, mais il est aussi résistant que lui au phylloxera (19,50) et nourrit également bien la greffe. En résumé, il constitue un excellent porte-greffe pour les milieux non calcaires ou très peu calcaires et qui ne souffrent pas de la sécheresse en été.

M. Mazade donne de cette forme du *V. Rupestris* la description suivante : « *Souche* forte, grande vigueur ; port assez rampant ; *bois* très sinueux ; *feuilles* cordiformes, épaisses, de couleur vert foncé, gaufrées au centre, irrégulièrement pliées en gouttière, bords de la feuille ondulés et recourbés en dedans ; *sinus pétiolaire* en V ; dents très arrondies et très larges (caractéristique) (1). »

Rupestris Mission

Ce Rupestris a été rapporté d'Amérique en 1887 par M. P. Viala. Très vigoureux, il ne craint pas la sécheresse, il s'est bien comporté dans les terrains marneux secs à sous-sol de conglomérat un peu calcaire de l'École d'agriculture de Montpellier. Cependant il paraît inférieur au point de vue de la résistance au calcaire, et peut-être comme porte-greffe, aux deux précédents.

Description (d'après M. Mazade). — *Souche* forte, grande vigueur ; port extrêmement rampant, teinte générale vert-violacé. — *Feuilles* petites, très pliées en gouttière, à bords incurvés en dedans et ondulés ; veinules très visibles à la face inférieure, sinus pétiolaire en forme d'accolade. *Bois* violet carminé avant l'aoutement, après il devient sombre et terne.

Rupestris de Fortworth

On désigne sous le nom de *R. de Fortworth* un groupe de V. Rupestris ayant, d'après M. Mazade, les caractères suivants: *Port* très rampant, bois droit, feuilles épaisses à reflet métallique, grandes, généralement beaucoup plus larges que longues, dents arrondies, souvent effacées. Beaucoup de ces V. Rupestris ne sont pas purs, ils constituent de bons et vigoureux porte-greffes pour les terres à V. Riparia, mais ils sont très inférieurs à celui du Lot dans les coteaux secs.

(1) M. Mazade ; *loc. cit.*, page 257.

Rupestris Métallique

Ce V. Rupestris paraît être le résultat d'un croisement avec le *Mustang* (V. Candicans); il paraît jouir d'une grande résistance à la sécheresse, mais il n'a pas la valeur de celui du Lot.

Il présente les caractères ci-après : *Souche* vigoureuse. *Feuilles* orbiculaires, brillantes, comme parcheminées, très épaisses, à reflet métallique sombre ; relativement pliées en gouttière, bords tout à fait plans, différence de dimension très faible entre les feuilles des ramifications principales et des ramifications secondaires. *Denture* régulière, en scie, pétiole faisant un angle aigu avec le limbe, ce qui donne aux rameaux dressés une raideur spéciale. Bouquets de *poils* pelucheux disséminés sur les sarments et sur les pétioles, *bourgeons* blanchâtres. *Racines jeunes* de couleur rouge.

En résumé, des diverses formes de V. Rupestris que nous venons d'énumérer, on peut regarder comme les plus intéressantes: le *R. du Lot* pour la région méridionale et sèche et le *R. Martin* pour les contrées plus au nord et plus fraîches.

E. — Formes issues du V. Berlandieri

L'attention des viticulteurs a été vivement attirée sur l'emploi du V. Berlandieri comme porte-greffe dans les terrains calcaires, crayeux, tuffeux ou de marnes blanches ; M. P. Viala a en effet constaté, au cours de la mission dont il a été chargé récemment en Amérique, que cette espèce croissait spontanément dans les régions très crayeuses du Texas. L'expérience a malheureusement démontré que le V. Berlandieri était généralement d'une reprise difficile de bouture.

Aucune forme cultivée de cette espèce n'existe encore, mais on en rencontre plusieurs à l'état sauvage ; plusieurs ont été décrites par M. P. Viala (1) ; celles à feuilles peu tomenteuses d'un jaune doré et luisant sont celles qui paraissent devoir le mieux prospérer dans les calcaires blancs friables.

Parmi les V. Berlandieri sauvages introduits en Europe, ceux qui paraissent les plus intéressants sont les suivants : *B. Viala*, *B. Millardet*, *B. École*, *B. d'Angeac*, *B. Rességuier N° 1*, *B. Rességuier N° 2* qui se rattache au type des calcaires.

(1) P. Viala.— *Une mission en Amérique*, etc., pag. 11 et suiv.

Berlandieri Viala

Cette forme a été recueillie par M. Munson qui l'a dédiée à M. P. Viala. Elle est caractérisée d'après ce dernier comme il suit : « *Souche* vigoureuse, à tronc assez fort ; *sarments* très gros, cylindriques, d'une couleur noisette foncé, à cannelures noirâtres ; jeunes rameaux rosés, à poils pelucheux peu nombreux. — *Feuilles jeunes* : presque glabres, d'un brun rosé, très luisantes ; *adultes* : sur-moyennes, orbiculaires pentagonales, épaisses et coriaces, presque planes mais repliées sur les bords ; sinus pétiolaire profond, en lyre presque fermée ; dents obtuses, un peu aiguës ; face supérieure d'un vert foncé très luisant ; face inférieure d'un vert plus clair, assez luisante avec quelques poils en brosse peu nombreux sur les nervures ; pétiole court. — Sa résistance est égale à 19.» (1)

Berlandieri Millardet

Egalement sélectionné par M. Munson qui avait remarqué qu'il jouissait d'une facilité de reprise plus grande que celle de la plupart des autres formes sauvages. M. P. Viala en donne les caractères suivants : «Elle est (cette forme) relativement vigoureuse, le tronc est très gros ; les *sarments* sont longs, coudés, à mérithalles assez longs, excoriés à la base, un peu aplatis, d'une teinte brun noisette, ternes, avec cannelures plus foncées en brun. Les *jeunes rameaux* sont d'un jaune rosé terne, avec poils pelucheux courts, assez nombreux. Les *feuilles* sont assez grandes, épaisses, suborbiculaires, entières, le sommet des lobes latéraux supérieurs et parfois les latéraux inférieurs indiqués par un plus grand développement du limbe qui est plié en cornet, mais à bords presque plans ; sinus pétiolaire assez profond en V ouvert ; dents obtuses bien marquées, mais peu développées ; face inférieure d'un vert plus clair, luisante et glabre sur le limbe avec les nervures principales fortes, garnies, comme les sous-nervures et régulièrement de chaque côté, d'une rangée de poils grisâtres, très courts et souples. *Pétiole* fort, assez long, couvert de poils courts et souples, à angle droit avec le limbe, non canaliculé.— *Racines* très grosses, nombreuses et traçantes. — La résistance de cette forme au phylloxera peut être exprimée par la note 18.» (3)

(1) P. Viala et L. Ravaz. — *Les vignes américaines : Adaptation, culture, greffage, pépinières.* Montpellier, C. Coulet, 1892, pag. 95.

(2) P. Viala et L. Ravaz ; *loc. cit.*, pag. 73 et 74.

Ce V. BERLANDIERI n'offre malheureusement pas une résistance à la chlorose aussi grande que le précédent, il peut cependant être utilisé dans des terrains qui ne sont pas calcaires à l'excès.

BERLANDIERI ECOLE

Cette forme provient d'un semis fait à l'École nationale d'agriculture de Montpellier en 1876, avec des graines données à cet établissement par M. Douysset; il a été sélectionné depuis par M. P. Viala, parce qu'il possède à un haut degré les caractères des V. BERLANDIERI qui vivent dans les calcaires aux États-Unis.

On peut le décrire comme suit: *Souche* très vigoureuse à port étalé et grimpant. *Tronc* de moyenne grosseur. *Sarments* longs, grêles, à section polygonale, sinueux, à mérithalles longs. *Feuilles* moyennes, fortement repliées sur les bords, très luisantes, très épaisses, d'un vert-jaunâtre vernissé à la face inférieure. Les jeunes feuilles sont d'un brun doré; le tronc est fort. *Résistance* au phylloxera = 19. A beaucoup moins jauni que la *Folle blanche* dans les terrains crayeux de Cognac. Résistance au phylloxera = 19.

BERLANDIERI D'ANGEAC

Cette forme provient d'un semis fait également à l'École nationale d'agriculture de Montpellier en 1876, avec des graines importées d'Amérique par M. Douysset, et sélectionnée par M. Ravaz. Il possède à un haut degré les caractères des V. BERLANDIERI des calcaires et paraît susceptible de faire un bon porte-greffe ; il semble, cependant, dans un terrain chlorosant de l'École d'agriculture de Montpellier, inférieur au suivant.

Description.—Souche vigoureuse. *Tronc* moyen. *Port* étalé ou grimpant, à écorce se détachant en lanières. *Sarments* aoûtés, longs, sinueux, plutôt grêles, un peu aplatis, à *mérithalles* moyens ou courts, à *nœuds* peu renflés, à *ramifications* nombreuses et assez développées, à *vrilles* moyennes, généralement bifurquées, se lignifiant de bonne heure, à *écorce* brun noisette, nuancée de bandes plus claires, disposées en longueur, avec traces tomenteuses persistant après l'aoûtement. *Sarments* herbacés à section polygonale très nette, d'un vert lavé de pourpre et couverts de poils courts et pelucheux vers l'extrémité. *Feuilles* moyennes cordiformes, à *sinus* pétiolaire en V peu ouvert, à *dents* courtes, obtuses; deux plus longues que les autres marquent la place des lobes inférieurs; un peu creusées au milieu et à bords révolutés; de consistance légèrement parcheminée; de couleur vert clair, glabres, sauf un très léger tomentum à la naissance des nervures à la face supérieure; vert clair, luisantes, avec des bouquets de poils très courts sur les nervures et sous-nervures à la face inférieure. *Fleurs* mâles.

Berlandieri Rességuier N° 1

MM. Viala et Ravaz ont sélectionné dans les collections de M. Euryale Rességuier un certain nombre de pieds de V. Berlandieri d'une grande vigueur et présentant les caractères du V. Berlandieri pur, provenant d'importations de boutures de Texas; il ont groupé sous le numéro 1 ceux qui présentaient les caractères suivants: *Jeunes feuilles* d'un vert doré et luisantes; *sarments* un peu coudés au niveau des nœuds, très cannelés, forts et vigoureux, ont une teinte noisette foncé, terne et à côtes noirâtres. Les *jeunes rameaux* portent des poils pelucheux, grisâtres, peu nombreux. *Feuilles* grandes, suborbiculaires, un peu repliées sur les bords, vaguement gaufrées entre les nervures principales, à lobe terminal un peu aminci, d'un vert foncé et très luisant à la face supérieure, d'un vert plus clair et vernissé à la face inférieure, où les nervures portent quelques rares poils; sinus pétiolaire très profond, peu ouvert.

Une autre forme séparée sous le N° 1 A dans la même collection est un peu supérieure comme vigueur.

Berlandieri Rességuier N° 2

Comme la précédente, cette forme est constituée par un ensemble d'individus choisis chez M. E. Rességuier, par MM. Viala et Ravaz; elle diffère de la précédente par une vigueur un peu moindre bien qu'encore très grande et parce que le bourgeonnement en est un peu plus blanchâtre. MM. Viala et Ravaz en décrivent les feuilles ainsi qu'il suit: « Les *feuilles* sont moyennes, très épaisses et coriaces, subpentagonales, entières, à dents peu accusées, à sinus pétiolaire peu profond et assez ouvert, d'un vert très foncé et luisant à la face supérieure, d'un vert-jaunâtre vernissé à la face inférieure, avec quelques poils courts et un peu roides sur les nervures. »

Comme pour le N° 1, une forme un peu plus vigoureuse que la moyenne a été sélectionnée sous le N° 2 A.

Deux autres formes, le *Berlandieri Planchon* et le *B. de Grasset*, sélectionnées et envoyées en Europe par M. T. V. Munson, ne sont pas pures, elles ne se sont pas montrées suffisamment résistantes à l'action du calcaire et doivent, par conséquent, être abandonnées; il en est de même pour bon nombre d'autres qui ont été mises en vente ces dernières années par diverses personnes. On ne peut donc recommander actuellement que les types suivants :

Berlandieri Rességuier N° 1 A et B		Pour les terrains les plus calcaires.
— *Rességuier* N° 2 A et B		
— *Ecole*..................		
— *Viala*..................		
— *d'Angeac*..............		
— *Millardet*.............		Pour des terrains un peu moins calcaires.

F. — Cépages hybrides

Ainsi qu'on l'a vu précédemment, le nombre des hybrides naturels ou artificiels est aujourd'hui très considérable ; nous avons donné précédemment la description de quelques-uns de ceux qui sont sortis du semis de certains cépages, tels que le Jacquez et l'Herbemont, sans qu'on eût procédé à une fécondation artificielle préalable. Nous donnerons ci-après quelques indications sur les plus intéressants parmi les autres, en suivant l'ordre adopté dans la nomenclature qui en a été faite.

A. — HYBRIDES AMÉRICAINS SAUVAGES

I. — Hybrides du V. Candicans

Les hybrides du V. Candicans offrent certaines formes sauvages intéressantes, les unes méritant d'être expérimentées, comme les *Champin*, les autres connues depuis longtemps, comme le *Solonis*; nous les étudierons donc ci-après.

Champin-Rupestris

Ce cépage a été trouvé au château de Salettes (Drôme), parmi des V. Rupestris que M. Champin avait reçus récemment d'Amérique, et à l'École d'Agriculture de Montpellier, parmi des plants provenant du même envoi. On peut le considérer comme un hybride spontané entre le *Mustang* (V. Candicans) et le V. Rupestris ; il comprend en effet plusieurs formes dont les caractères passent insensiblement, si on les examine les unes après les autres, d'un type très voisin du V. Rupestris à un autre qui se rapproche beaucoup du V. Candicans.

Synonymie. — *V. Champini* (autrefois) de Planchon. (1)

Description. — *Souche* vigoureuse, à *port* étalé, un peu buissonnant (dans le type glabre) ; *tronc* moyen. *Sarments* assez grêles, peu longs, rugueux, à ramifications nombreuses et développées (type glabre), d'une couleur brun noisette, plus claire au niveau des nœuds, avec petites lanières plus foncées sur les *mérithalles* courts, irrégulièrement striés et ternes, à stries fines vers les extrémités qui portent des flocons de poils lanugineux (type tomenteux) ; *vrilles* discontinues. *Bourgeons* souvent doubles, d'une teinte rousse, virant vite au rouge foncé sur la face inférieure et le pourtour de la face supérieure des *jeunes feuilles*, qui restent longtemps pliées en gouttière, formant par leur réunion une sorte d'entonnoir duquel émergent les *grappes de fleurs* très grosses et très longues, d'un rouge carmin très foncé ; la page inférieure est recouverte d'un tomentum blanc assez épais ; la face supérieure est d'un vert clair luisant avec de rares bouquets de poils lanugineux ; les dents sont teintées de rose à leur pointe. *Feuilles* adultes petites, cordiformes ou orbiculaires, à peu près aussi larges que longues, légèrement pliées en gouttière pour la plupart, jamais en cloche, même dans le type tomenteux ; d'un vert assez foncé et comme vernies à la *face supérieure* (type tomenteux), plus luisante dans le type glabre, généralement un peu coriaces, avec flocons de poils blanchâtres à la *face inférieure* (type tomenteux); l'origine des nervures est le plus souvent de couleur vineuse ; dents assez atténuées. *Pétiole* robuste, long, formant un angle à peu près droit avec le plan du limbe de la feuille. *Fleurs* nombreuses, assez grosses, cylindriques, à angles bien marqués, d'un vert clair, légèrement envinées à leur sommet, à odeur fine, délicate ; *calice* entier petit, bien détaché ; disque à *urcéoles* à peine marquées, entier, d'un jaune foncé enveloppant presque entièrement l'ovaire dans les fleurs hermaphrodites, plus nombreuses dans le type tomenteux que les fleurs mâles, qui dominent dans le type glabre. Les *filets* des étamines de fleurs mâles sont grêles, longs, blancs, les anthères toujours petites. — Les variations dans le nombre des parties aux verticilles sont fréquentes. — *Grappe* petite, allongée, irrégulière ; *pédoncules* longs, plus courts dans le type glabre, lanugineux et envinés dans le

(1) M. T. V. Munson regarde le *V. Champini* comme une bonne espèce et non comme un hybride. Voir «*Explorations viticoles dans le Texas*», in *Revue de viticulture*, t. II, N° 44.

type tomenteux; *pédicelles* moyennement longs, tendres, verts, à poils aranéeux (type tomenteux), avec petites verrues peu marquées; la peau des baies du type tomenteux, en se séparant de la pulpe, reste, comme dans le *Mustang*, entièrement adhérente au pédicelle, sur lequel persiste une columelle effilée (pinceau) de la longueur du grain; un pinceau court, fortement enviné, reste fixé au pédicelle dans le type tomenteux. *Grains* peu serrés, sphériques, noir-violacé, petits, peu pruineux dans le type glabre; ceux du type tomenteux sont sous-moyens, pruineux, très lâches, mûrissant assez irrégulièrement dans la même grappe; *stigmate* persistant, central; *pulpe* charnue, assez fondante, colorée en rouge et veinée, à jus rougeâtre, à goût un peu spécial; *peau* épaisse, à saveur très acerbe, presque caustique; grain ferme, renfermant en général deux graines, dont les caractères se rapprochent très nettement du V. RUPESTRIS dans le type glabre et du *Mustang* dans le type tomenteux (1).

M. Viala rapporte que «*les Champin-Rupestris*» ou CANDICANS-RUPESTRIS que l'on possède actuellement en France ont été cueillis dans le comté de Johnson, à 30 kilomètres environ de Cleburne, dans le lit de nombreux *creeks* ou ravins qui aboutissent au Nolandriver, un affluent du fleuve Brazos. La région est constituée par d'immenses plaines découpées par ces ravins et appartient au calcaire crétacé. Sous la couche uniforme de terre noire que l'on retrouve dans toutes les prairies du Texas sont des roches crétacées, mais moins crayeuses que les calcaires à BERLANDIERI et CORDIFOLIA, CINEREA; elles sont dures, lamelleuses et entrecoupées par des bancs d'argile bleuâtre ou de marnes bleues..... Ces milieux sont moins desséchés et moins arides que ceux où viennent les RUPESTRIS, mais ils sont assez peu fertiles» (2).

En France, le *Champin-Rupestris* a été jusqu'ici peu employé, il a cependant, à notre connaissance, donné de très bons résultats comme porte-greffe dans des sols calcaires ou marneux peu fertiles, où les V. RIPARIA et les *Jacquez* greffés jaunissaient et où on aurait intérêt à le multiplier sérieusement.

CHAMPIN-MONTICOLA. — C. BERLANDIERI

M. P. Viala a étendu le nom de *Champin*, attribué en premier lieu par M. Planchon au V. CANDICANS × V. RUPESTRIS, à un certain nombre d'autres croisements entre le V. CANDICANS et d'autres

(1) G. Foëx et P. Viala. — *Ampélographie Américaine* (2me édit., pag. 151).
(2) P. Viala; *loc. cit.*, pag. 172 et suiv.

espèces sauvages ; il mentionne notamment les *Champin-Monticola* recueillis au Texas par M. T. V. Munson (*Gwyn grape*) du comté de Lampasas et *Sandfort grape* du comté de Bell), le *Champin-Monticola* de Belton et les *Champin-Berlandieri* des comtés de Llano, Coryell, Bell, etc. C'est le *Champin-Monticola* de Belton (*Belton*) qui lui paraît le plus digne d'être essayé dans les milieux où le *Champin-Rupestris* a donné de bons résultats, et même dans ceux qui sont plus secs et plus calcaires.

MM. Viala et Ravaz s'expriment ainsi qu'il suit au sujet de cet hybride :

« *Belton*. — C'est l'hybride le plus intéressant de ce groupe ; d'après M. T. V. Munson, il reprendrait assez bien de bouture. Dans les essais de bouturage que nous avons faits, nous avons eu une proportion assez faible de reprises. Sa résistance au phylloxera, un peu supérieure à celle du *Solonis*, peut être exprimée par la note 16 ; sa vigueur, ainsi que nous l'avons dit, est des plus grandes, plus élevée que celle de la majorité des vignes américaines. Dans les craies de Cognac, cet hybride a jauni, quoique non greffé, à la première et à la deuxième année, mais sans rabougrissement ; il est certainement inférieur au V. BERLANDIERI au point de vue de la résistance à la chlorose, mais il pourrait peut-être avoir de la valeur pour les marnes assez calcaires et compactes pour lesquelles ses fortes racines sembleraient l'indiquer. Il demande à être essayé encore et surtout à pouvoir être pratiquement bouturé.

» Le *Belton* a des sarments forts, cylindriques, à nombreux poils pelucheux blanchâtres. Feuilles planes, épaisses et coriaces, les lobes latéraux indiqués par des dents plus longues, le lobe terminal triangulaire, les dents bien découpées et normales au limbe comme le V. MONTICOLA ; face supérieure d'un vert mat, poils aranéeux sur les nervures principales et secondaires de la face inférieure » (1).

Depuis l'époque où ces lignes ont été écrites, les essais faits à l'Ecole nationale d'agriculture de Montpellier n'ont fait que confirmer l'espoir qu'avait permis de concevoir un premier examen du *Belton*, il est toujours remarquable par sa vigueur, sa résistance au phylloxera (19,5) paraît meilleure encore qu'on ne l'avait cru tout d'abord et on est parvenu à le multiplier sans trop de difficulté.

(1) P. Viala et L. Ravaz ; *loc. cit.*, pag 162 et 163

Solonis

Synonymie. — *V. Solonis*, *Cordifolia-Solonis* (Planchon anciennement), *Novo-Mexicana*, *Riparia* × *V. Candicans* (P. Viala).

Description. — *Souche* vigoureuse, à *port* étalé, *tronc* assez trapu, *écorce* grossière et caduque. *Sarments* longs, grêles, à peine sinueux, presque cylindriques, lisses, un peu luisants, avec flocons de poils blanchâtres persistants surtout au niveau des nœuds et à ramifications nombreuses et longues, d'une couleur pourpre foncé et recouverts d'un léger duvet aux extrémités à l'état herbacé, d'un gris-brunâtre clair à l'aoûtement ; à *mérithalles* allongés, vaguement striés ; à *nœuds* peu gros et peu détachés ; *vrilles* discontinues, bifurquées, d'une couleur brun pourpre, recouvertes d'un duvet persistant continu. *Bourgeons* petits, renflés, enlacés dans une bourre peu dense, d'un blanc sale ; une teinte rousse succède ensuite, les nervures, les pétioles de la face inférieure et la tige étant teintés de rose ; à leur aplatissement, qui est tardif, les *jeunes feuilles* sont encore embrassées par un lacis peu épais de poils blanchâtres, elles sont entières, à dents surmontées de glandes d'un rouge clair. Les *grappes de fleurs* vertes, teintées de rouge vineux à leur sommet, se montrent avant l'épanouissement complet du bourgeon. *Feuilles* adultes de moyenne dimension, entières, avec deux rangées de dents aiguës, quelques-unes un peu plus longues marquant les lobes ; celles qui indiquent les lobes inférieurs convergent vers l'axe de la feuille, qui est pliée en gouttière avec l'extrémité inférieure recourbée en dessous ; *sinus pétiolaire* peu profond et largement ouvert ; glabres sur les deux faces, d'un vert glauque à la *face supérieure*, plus pâle à la *face inférieure ;* nervures marquées de rouge aux points de bifurcation, parsemées en dessous de poils hérissés. *Pétiole* assez court, robuste, cylindrique, brun pourpre, recouvert de duvet blanchâtre et formant un angle à peu près droit avec le plan du limbe de la feuille. *Fleurs* de grosseur moyenne, cylindriques, vertes, odorantes, à côtes marquées et aplaties au sommet, rarement envinées au point de réunion des pétales ; *calice* entier peu marqué ; *urcéoles* du disque très détachées, ovaire peu renflé se dégradant en un style assez long et bien marqué, surmonté d'un *stigmate* qui est souvent élargi et recourbé sur ses bords. *Grappe* petite, cylindrique ou irrégulière, rarement ailée ; *pédoncule* peu long, grêle, dur, roussâtre et tomenteux ; *pédicelles* courts, minces, à bourrelet aplati ; les baies s'en détachent assez difficilement et laissent adhérent un court pinceau coloré en rouge-violacé. *Grains* peu serrés par suite de l'avortement des fleurs, petits ou très petits, globuleux, parfois déprimés au sommet, pruinés, d'un noir foncé, rosés et veinés à l'intérieur ; *stigmate* persistant, central, bien marqué dans un ombilic apparent ; grain ferme, à *peau* épaisse résistante, astringente ; *pulpe* peu charnue, fondante, à jus coloré en rouge sang foncé et d'une saveur acide peu agréable ; les baies renferment en général deux grosses graines.

Cépage d'une fertilité très faible.

Maturité. — Très hâtive à la première époque.

Cette vigne a été trouvée sous le nom, qui lui a été conservé, de *Solonis*, au Jardin des Plantes de Berlin ; elle s'est répandue depuis dans divers jardins botaniques d'Europe, et enfin dans les cultures comme porte-greffe. M. Meissner l'a cru originaire de l'Arkansas.

M. P. Viala en a vu des échantillons recueillis au Nouveau-Mexique dans l'herbier de Cambridge (E.-U.) et dans celui de Columbia College à New-York. Il l'a rencontré, sur les bords de la Rivière Rouge, avec des formes passant successivement du V. RIPARIA au V. CANDICANS, ce qui ne laisse aucun doute sur sa parenté avec ces deux espèces dont il est un hybride. Ce sont ces formes que M. Munson avait groupées sous le nom de *V. Novo-Mexicana*.

Doué d'une vigueur remarquable et susceptible d'un développement considérable dans les milieux qui lui conviennent, il nourrit bien la greffe de la plupart de nos cépages français.

Très peu sujet à la chlorose, il croît mieux que les autres races du V. RIPARIA *sauvage* dans les terrains un peu humides ; il semble redouter au contraire, dans le Midi, les sols secs et brûlants, où il perd fréquemment ses feuilles grillées par les coups de soleil ; on ne doit pas en faire usage dans les terrains argileux très compacts ni dans les marnes jaunes très pauvres ; il réussit mieux que beaucoup d'autres cépages dans les terrains à sous-sol crayeux peu profond des Charentes, mais il y jaunit une fois greffé ; il supporte même sans trop en souffrir l'action du sel dans les sols bas voisins de la mer ou des étangs salés. Mais ceux qui lui conviennent le mieux sont ceux de nature argilo-calcaire ou argilo-siliceuse, noirs ou rouges, renfermant des cailloux siliceux ou de calcaire dur ; il s'accommode remarquablement bien du *diluvium alpin*. Il redoute l'*anthracnose* dans les climats humides, tels que celui du Beaujolais, mais son rôle de porte-greffe le protège promptement contre cette maladie.

On a reproché au *Solonis* de se multiplier difficilement de bouture ; ses gros sarments reprennent en effet avec peine, mais ceux de moyenne ou de petite dimension, bien conservés et placés dans des conditions convenables, réussissent dans des proportions considérables (80 ou 85 o/o). Il est un peu plus difficile au greffage que les V. RIPARIA, mais il nourrit très bien les greffes, une fois la soudure faite.

Sa résistance au phylloxera est égale à 15, c'est-à-dire que, bien qu'inférieure à celle des espèces sauvages pures, telles que le V. RIPARIA, le V. RUPESTRIS ou le V. BERLANDIERI, elle est sensiblement supérieure à celle du *Jacquez*.

Ainsi qu'on peut en juger par ce qui précède, le *Solonis* doit être considéré comme le porte-greffe par excellence des terrains bas, où les RIPARIA *sauvages* risqueraient de souffrir de l'excès d'humidité et des terrains profonds à sous-sol un peu crayeux et tuffeux.

Ce cépage conserve ses caractères avec une remarquable persistance lorsqu'on le multiplie par le semis, ce qui démontre qu'on peut employer pratiquement à son égard le mode de multiplication que nous venons d'indiquer.

CORDIFOLIA × RUPESTRIS DE GRASSET N° 1

Le *Cordifolia-Rupestris n° 1 de Grasset* a été trouvé par M. de Grasset dans un mélange de boutures de V. RUPESTRIS et de V. CORDIFOLIA provenant de l'Arkansas.

M. Millardet l'a décrit comme il suit:

«Ce cépage a la *souche* très forte et le *port* à la fois très allongé et un peu buissonnant.

»*Bois de l'année* gros, rond ou presque rond, bien droit, grossièrement et profondément strié, entre-nœuds variant, pour la longueur, entre 10 et 18 centimètres; à l'état vert, toujours coloré en violet, surtout à l'arrière-saison, sur les rameaux extrêmes; à maturité, de couleur châtain plus ou moins vive, suivant l'âge et l'exposition du soleil, plus claire aux extrémités, à peine pruineux. *Diaphragmes* (à partir du cinquième nœud) variant, pour l'épaisseur, entre deux tiers de millimètre et un millimètre.

»*Feuillage* d'un beau vert, plutôt un peu foncé. Au printemps, pousses glabres, un peu violacées-bronzées; grappes rouges au sommet.

»*Feuille* à pétiole subarrondi-polygonal, en général aplati dans sa moitié supérieure; à strie médiane fréquemment accompagnée de deux stries latérales sur les feuilles supérieures; pubescent, coloré en violet à l'arrière-saison, ainsi que la base des nervures principales, sinus pétiolaire généralement très ouvert dans les feuilles inférieures, ouvert dans les moyennes, presque fermé dans les extrêmes. Limbe épais, de forme subpolygonale-cordée, presque toujours, sauf sur les feuilles extrêmes, aussi ou plus large que long, toujours distinctement trilobé, quelquefois subquinquelobé. Lobes subaigus ou obtus, le médian généralement aigu. Dents généralement inégales (feuilles extrêmes) ou très inégales (feuilles de la base), obtuses ou subaiguës (jamais arrondies comme dans l'*hybride Jæger*), à bord presque complètement glabre et présentant quelques poils subulés au fond des sinus dentaires. *Face supérieure* du limbe lisse ou à peine gaufrée et presque glabre, sauf sur les grosses nervures. *Face inférieure* présentant sur les principales nervures et à leur aisselle des poils subulés d'autant plus nombreux que la feuille est plus âgée.»

Cet hybride est, sinon indemne, du moins très peu attaqué par le phylloxera (19), et jouit, suivant M. Millardet, d'une grande rusticité; il paraît, comme les V. Rupestris et les V. Cordifolia, capable de vivre dans des terrains assez secs et rocailleux, mais il est atteint par la chlorose, se rabougrit et finit quelquefois par succomber dans les terrains calcaires, crayeux et même dans les marnes jaunes. Son tronc, qui atteint un volume assez considérable, se prête très bien au greffage; c'est là peut-être le seul avantage qu'il possède sur les bonnes races du V. Riparia; il ne paraît pas supérieur aux meilleures formes du V. Rupestris.

Cordifolia × Rupestris n° 1 de Jæger

Synonymie, — *Cordifolia-Rupestris-Riparia-Jæger* ou *Hybride-Jæger* (Millardet).

Cet hybride a été introduit en 1882, en France, par M. Bourgade, de Montblanc (Hérault), qui le tenait de M. H. Jæger; il avait été recueilli dans l'Arkansas.

Description. — *Souche* très vigoureuse, à *port* étalé, *tronc* moyen à écorce caduque en lanières longues et moyennement larges. *Sarments* longs, minces, couleur de café au lait, lavés de brun vers les nœuds, marqués de stries longitudinales; à *mérithalles* allongés, à *nœuds* généralement saillants; *vrilles* le plus souvent assez fortes et bifurquées. *Feuilles* petites, entières, cordiformes, aussi larges que longues, à sinus pétiolaire ouvert en V, légèrement pliées en gouttière; dents peu profondes et atténuées, sauf celle qui termine la feuille du côté opposé au pétiole; — un peu coriace; face supérieure glabre, d'un beau vert lustré, avec les nervures se dessinant en couleur claire;

face inférieure un peu plus pâle, glabre, sauf de petits bouquets de poils raides groupés à l'aisselle des nervures. *Grappe* petite, généralement simple, quelquefois rameuse, portant des *grains* petits, sphériques, noirs, pruinés, à stigmate central persistant, mais peu apparent, d'un goût rappelant celui de la figue mal mûre. *Graines* assez petites, renflées, à *chalaze* allongée peu saillante ; *jus* incolore, acide.

Le *Cordifolia* × *Rupestris-Jæger* s'est montré, dans les essais faits à l'École d'agriculture de Montpellier, excellent porte-greffe, de reprise facile, vigoureux et robuste, mais, comme le précédent, impropre aux terrains crayeux et tout au plus égal à certains bons V. RUPESTRIS.

HYBRIDE AZÉMAR

Synonymie. — *Æstivalis* et *Riparia* (Millardet).

Ce porte-greffe provient d'un semis de graines de V. ÆSTIVALIS sauvage du Missouri, fait par M. Azémar, de Perpignan, en 1879. MM. Millardet et de Grasset sont parvenus, au moyen de fécondations artificielles entre le V. ÆSTIVALIS du Missouri et le V. RIPARIA sauvage du même pays, à obtenir des formes tout à fait analogues.

Description (d'après M. Millardet). — «Souche très forte. Plante à *port* allongé, à sarments peu nombreux, longs et gros. Entre-nœuds de longueur moyenne ou sur-moyenne (12 à 18 centimètres).

» *Jeunes pousses*, au printemps d'abord d'un gris-violet, pubescentes et tomenteuses, avec les jeunes grappes d'un violet vif. A l'arrière-saison, tiges extrêmes, de couleur pâle ou violacée du côté supérieur, parsemées de quelques poils laineux.

» *Bois de l'année* violet avant maturité. Quand il est mûr, glabre dès la base des pousses, de couleur vieil acajou, pruineux, presque rond, scabre, à stries médiocrement profondes. *Diaphragme* de 1 millimètre 1/2 d'épaisseur.

» *Feuillage* d'un beau vert foncé.

» *Feuilles* à pétiole coloré, à peu près de la longueur du limbe, aplati littéralement dans sa moitié inférieure, de haut en bas, et très renflé dans son tiers supérieur, à strie supérieure peu marquée, toujours bordée de poils subulés, quelquefois nombreux. *Sinus pétiolaire* ouvert, subaigu ou obtus. *Limbe* un peu gaufré, grand, cordé ou subcordé, polygonal, plus ou moins distinctement trilobé, à lobe terminal, aigu ou subaigu, bordé de dents assez régulières et presque égales ; subaiguës ou subarrondies, à bord toujours révoluté, portant quelques poils subulés plus ou moins clairsemés et des poils laineux plus rares encore. Au fond des sinus dentaires, toujours un groupe de poils subulés. *Face supérieure* du limbe avec quelques amas de poils aranéeux, incolores sur les nervures, dans les feuilles jeunes et d'âge moyen. *Face inférieure* avec de nombreux poils subulés sur presque toutes les nervures, mais peu ou pas de poils laineux.

» *Plante* fertile. *Grappe* de 12 à 15 centimètres de long, claire, à grains petits, très pruineux, riches en matières colorantes, de saveur agréable, sucrée et très astringente ; à maturité de deuxième époque. »

L'*Hybride Azémar* reprend assez facilement de bouture (60 pour 100 environ), se soude bien au greffage et acquiert une grosseur de tronc considérable; sa résistance égale 17.

B.— HYBRIDES AMÉRICAINS CULTIVÉS (obtenus en Amérique)

Un certain nombre d'habiles semeurs américains, parmi lesquels on doit citer MM. Roger, Arnold, Allen, Rickett, Underhill, etc., ont obtenu, par le croisement de plusieurs de leurs espèces de vignes entre elles ou avec le V. VINIFERA, un grand nombre de cépages hybrides dont quelques-uns ont été proposés, soit comme porte-greffes, soit comme producteurs directs. On a également trouvé à l'état sauvage divers hybrides spontanés que la viticulture européenne a adoptés comme sujets pour les vignobles greffés.

Les cépages hybrides les plus intéressants sont les suivants, dont nous allons donner la description :

Othello.	*Elvira.*
Canada.	*Noah.*
Brandt.	*Triumph.*
Cornucopia.	*Autuchon.*
Huntingdon.	*York-Madeira.*
Secretary.	*Vialla.*
Senasqua.	*Black-Defiance.*

OTHELLO

Synonymie. — Hybride d'Arnold n° 1.

Description. — Souche vigoureuse, à *port* mi-érigé. *Sarments* d'une longueur moyenne, un peu grêles, cylindriques, assez luisants et peu rugueux; d'une couleur brun-jaunâtre à l'aoûtement, plus foncée sur les nœuds et les parties exposées à la lumière ; à *mérithalles* allongés, grossièrement striés ; à *nœuds* peu apparents, non aplatis et légèrement pruineux ; *vrilles* discontinues, bifurquées. *Bourgeons* recouverts de poils roux, peu nombreux et tombant de bonne heure;

ils deviennent blanchâtres en s'ouvrant et montrent des *grappes de fleurs* enlacées d'un léger duvet floconneux et carminées à leur extrémité, comprises dans des feuilles plus longues qui s'étalent peu à peu et assez vite ; ces *jeunes feuilles* sont nettement trilobées, parfois quinquelobées, blanches à leur page inférieure, avec des points rose carmin isolés sur le pourtour, à dents profondes, surmontées de glandes vertes très apparentes. *Feuilles* grandes à leur complet développement; trilobées; à sinus pétiolaire fermé, les bords des deux lobes se superposant; à deux séries de dents assez aiguës; *face supérieure* vert foncé ; *face inférieure* de couleur vert-blanchâtre avec duvet floconneux blanc, disposé par petites touffes sur les nervures et sous-nervures. *Pétiole* robuste, assez court et formant un angle obtus avec le plan du limbe de la feuille. *Fleurs* grosses, cylindro-coniques, non odorantes, aplaties et mamelonnées à leur sommet, parfois envinées, à angles détachés et pétales gondolés sur leur surface ; *filets* blancs, très grêles ; *urcéoles* du disque très détachées et d'un jaune clair ; le *style* est long et porte un *stigmate* très étalé, souvent nettement bifide. *Grappe* moyenne ou sur-moyenne, cylindrique, parfois ailée et à un lobe long ; *pédoncule* gros, court, vert sale, dur et renflé à l'insertion ; *pédicelles* assez longs, de grosseur moyenne, recouverts de nombreuses petites verrues, à bourrelet peu marqué ; les baies s'en détachent facilement et laissent adhérent un petit pinceau enviné de rouge clair. *Grains* lâches, moyens ou presque gros, d'un volume assez régulier, subsphériques et un peu allongés, se rétrécissant insensiblement à leur insertion, avec pruine très abondante, d'un noir-violacé foncé, peu colorés à l'intérieur; *stigmate* persistant, peu marqué, le plus souvent excentrique ; grain ferme, à *peau* coriace et un peu acerbe, à *pulpe* charnue, peu fondante, à jus coloré en rouge clair et d'une saveur légèrement foxée; renfermant une ou deux graines.

Cépage fertile.

Maturité. — A la deuxième époque.

L'*Othello* est le produit de la fécondation du *Clinton* par le *Black-Hambourg.*

M. Meissner dit l'avoir essayé sans grand succès; l'opinion peu favorable que paraît en avoir ce viticulteur est due surtout à ce que ce cépage est assez accessible aux maladies cryptogamiques et notamment au *mildew*.

En France, l'expérience a donné en premier lieu de meilleurs résultats qu'aux États-Unis: sa production abondante et son adaptation facile à diverses natures de sol l'ont fait d'abord adopter comme producteur direct, malgré le caractère un peu foxé et un peu acide de son vin dans la région méditerranéenne. Mais sa résistance insuffisante au *phylloxera* (6 à l'échelle de résistance), la facilité avec laquelle il perd ses feuilles inférieures sous l'influence des coups de soleil, sa sensibilité à l'action du *mildew* et à celle du soufre qui brûle les feuilles quand il fait chaud, enfin la fragilité de ses sarments, qui sont détachés en grand nombre par le vent au début de la végétation, l'ont fait abandonner à peu près complètement partout aujourd'hui dans le Midi.

Les sols argilo-calcaires, pierreux, secs ou peu profonds, sont contraires à sa réussite, et on ne doit pas tenter de l'y cultiver. Ce sont les terres profondes et saines, plutôt siliceuses et restant fraîches en été, qui lui conviennent le mieux.

Canada

Synonymie. — Hybride d'Arnold n° 16.

Description. — Souche assez vigoureuse, à *port* semi-érigé, *tronc* moyen. *Sarments* plutôt courts, un peu grêles, très légèrement teintés à l'état herbacé, écorce se détachant facilement, peu luisante et presque lisse, d'une couleur brun clair noisette à l'aoûtement sur les parties exposées à la lumière ; *mérithalles* courts, assez finement striés; *nœuds* aplatis, pruineux; *vrilles* discontinues, longues, bifurquées. *Bourgeons* enlacés dans des flocons de poils d'un brun doré, prenant ensuite une teinte blanchâtre; les *jeunes feuilles*, enveloppées longtemps dans des poils laineux, ont leur pourtour légèrement teinté en rose clair, surtout à la page inférieure, et les dents bien détachées d'un rouge vineux sale, les deux faces recouvertes d'un duvet blanc-jaunâtre assez épais ; les *grappes de fleurs* vertes apparaissent tardivement. *Feuilles* moyennes, quinquelobées, à sinus pétiolaire assez profond, peu ouvert, sinus latéraux peu profonds en général ; *face supérieure* glabre, d'un vert assez foncé ; *face inférieure* d'un vert plus pâle et recouverte sur les nervures et sous-nervures de touffes de poils cotonneux ; deux séries de dents assez aiguës. *Pétiole* de dimensions moyennes, légèrement teinté, cotonneux, formant avec le limbe un angle à peu près droit. *Fleurs* grosses, prismatiques, aplaties au sommet, un peu rétrécies à leur insertion, d'un vert foncé, vernissées ; *ovaire* gros, bien détaché, à style court et souvent bifide. *Grappe* moyenne, cylindro-conique, parfois ailée et à lobe court ; *pédoncule* très court, vert, renflé et dur à l'insertion ; *pédicelles* longs, verts, à bourrelet aplati, parsemé de petites verrues ; les baies s'en détachent facilement et laissent adhérent un petit pinceau incolore. *Grains* assez serrés, rarement entremêlés de quelques grains verts, sous-moyens ou petits, sphériques ou légèrement ovoïdes, à pruine peu abondante, d'un noir-violacé, uniformément verts à leur intérieur; *stigmate* persistant excentrique ; grain assez ferme, à *peau* fine ; *pulpe* fondante, à peine charnue, à jus peu coloré, de saveur aigrelette même dans les raisins très mûrs ; renfermant une ou deux graines.

Cépage fertile.

Maturité. — A la deuxième époque.

Ce cépage serait le produit, d'après M. Meissner, de la fécondation du *Clinton* par le *Black-Saint-Peters.* On le considère, aux États-Unis, comme délicat, ainsi que la plupart des hybrides d'Arnold.

Sa résistance au phylloxera, qui égale 4, est tout à fait insuffisante pour qu'on puisse le cultiver utilement. Il est en outre assez accessible au *mildew* et au *black-rot.* Son vin, un peu acide comme celui de la plupart des hybrides producteurs directs américains, est très droit de goût et atteint, dans des milieux convenables, un certain caractère de distinction.

En résumé, on aurait pu considérer le *Canada* comme un cépage ayant quelques chances d'avenir dans les contrées viticoles qui ne sont pas situées dans un climat trop sec n'eût été son défaut de résistance.

Brandt

Synonymie.— Hybride d'Arnold n° 8.

Description. — *Souche* assez vigoureuse, à port semi-érigé, *tronc* moyen. *Sarments* un peu grêles, à mérithalles longs. *Feuilles* (*jeunes*) rouges, — (*adultes*) très profondément lobées; avec les dents aiguës, glabres sur les deux faces. *Grappe* moyenne, allongée, cylindrique, un peu ailée, assez serrée. *Grain* petit ou moyen, noir, à peau mince, fondant, à jus doux et vineux.

Cépage fertile.

Maturité. — A la deuxième époque.

Ce cépage a été obtenu, comme le précédent, d'un semis de *Clinton* croisé avec le *Black-Saint-Peters.* Il est peu répandu en Amérique, mais M. Meissner le considère comme ayant dans ce pays une réelle valeur, à cause de sa précocité. En France, il est également peu cultivé, mais l'expérience semble démontrer qu'il peut être planté avec le *Canada*, auquel il ressemble beaucoup, dans la région moyenne ou septentrionale de la culture de la vigne. Le vin produit par le mélange de ses raisins avec ceux de ce dernier cépage est assez agréable et d'une jolie couleur.

Il redoute le *mildew* et le *black-rot* et ne résiste suffisamment au *phylloxera* que dans les milieux très favorables.

CORNUCOPIA

Synonymie.— Hybride d'Arnold n° 2.

Description.— Souche de vigueur moyenne, à *port* étalé, *tronc* grêle, écorce se détachant en lanières irrégulières. *Sarments* longs, grêles, peu sinueux, cylindriques, rugueux, peu luisants, d'un pourpre clair et cannelés à l'état herbacé ; d'un brun vineux sale, moins foncé aux extrémités à l'aoûtement ; *mérithalles* moyens, à stries confusément détachées ; *nœuds* aplatis ; *vrilles* discontinues, grêles, légèrement lavées de pourpre. *Bourgeons* enveloppés dans une bourre assez épaisse d'un brun foncé, passant ensuite au rose clair, teinte due à l'extrémité des feuilles et en partie aux écailles ; la page inférieure des *jeunes feuilles* est rousse et recouverte d'un léger duvet aranéeux ; la page supérieure, un peu gaufrée et brillante, a quelques bouquets de poils aranéeux ; les dents, glanduleuses, sont roussâtres et peu développées; les *grappes de fleurs* n'apparaissent qu'à l'épanouissement, qui est assez tardif. *Feuilles* moyennes, entières, légèrement lobées, avec des sinus latéraux peu apparents ; *sinus pétiolaire* peu ouvert en V ; *face supérieure* glabre d'un vert gai, avec les nervures teintées d'un beau rouge; *face inférieure* d'un vert plus pâle avec des poils raides sous les sous-nervures et les nervures, qui sont colorées en rouge à leur origine ; deux séries de dents peu profondes et généralement obtuses. *Pétiole* de moyenne dimension ou fort, d'un rouge vif et recouvert de poils raides ; formant un angle obtus avec le plan du limbe. *Feuilles* assez grosses, peu odorantes, d'un vert foncé, luisantes, cylindriques, dilatées ; leur sommet, qui est vaguement enviné, à côtes marquées et plus claires ; *calice* peu marqué, entier ; disque *urcéolé* jaune-vert ; ovaire gros, subcylindrique, se rétrécissant brusquement en un *style* court ; *stigmate* épanoui, bien marqué, divisé parfois en quatre segments. *Grappe* moyenne et cylindrique, ou petite et irrégulière, souvent ailée et à lobe moyen ; *pédoncule* long, renflé et ligneux à l'origine, d'un vert tendre sur les autres parties ; *pédicelles* longs, grêles, renflés à leur insertion sur l'axe, à bourrelet très aplati avec verrues peu marquées ; les grains s'en séparent assez difficilement et laissent adhérent un gros pinceau d'un rouge vineux clair. *Grains* moyennement serrés, non entremêlés de grains verts, moyens ou petits, sphériques ; légèrement pruinés, d'un noir peu foncé, incolores à l'intérieur, avec veines blanches, à *ombilic* distinct, mais peu marqué ; baie ferme, à *peau* épaisse, à *pulpe* peu charnue et fondante, à jus faiblement rosé d'une saveur légèrement foxée et acidulée ; renfermant deux ou trois graines.

Cépage assez fertile.

Maturité. — A la deuxième époque.

Le *Cornucopia* a été obtenu, comme le *Canada* et le *Brandt*, par la fécondation du *Clinton* par le *Black-Saint-Peters.*

Ce cépage donne un vin de bonne qualité et on a essayé de l'utiliser dans les terrains riches et frais dans le Lyonnais et le Beaujolais. Dans le Midi, où, par suite de l'abondante multiplication du phylloxera, on ne peut employer que des cépages très résistants, il a promptement faibli par suite de sa résistance insuffisante au phylloxera (4).

HUNTINGDON

Synonymie.— Aucune.

Description.— *Souche* peu vigoureuse, à *port* un peu buissonnant, *tronc* grêle. *Sarments* moyens ou courts, grêles, sinueux, verts à l'état herbacé, d'un gris cendré, terne et peu rugueux à l'aoûtement ; *mérithalles* courts, à stries larges, assez profondes ; *nœuds* détachés ; *vrilles* discontinues, grêles, bifurquées, légèrement lavées de pourpre. *Bourgeons* d'une teinte rougeâtre, due aux écailles, qui ont quelques poils roux ; souvent doubles ; les *jeunes feuilles* sont recouvertes d'un léger duvet lanugineux qui disparaît vite, elles sont brunes, ternes à la page inférieure, brillantes à la page supérieure ; *grappes de fleurs* légèrement colorées à leur sommet. *Feuilles* petites, plus larges que longues, généralement pliées en gouttière, les unes entières et cordiformes, les autres trilobées avec les sinus latéraux peu profonds, sinus pétiolaire assez ouvert en U, glabres, d'un vert clair et lustrées à la *face supérieure*, d'un vert moins accusé avec des bouquets de poils cotonneux clairsemés sur les nervures à la *face inférieure ;* deux séries de dents assez courtes, obtuses. *Pétiole* assez gros et court, formant avec le plan du limbe un angle droit. *Fleurs* moyennes, cylindriques, peu allongées, parfois subglobuleuses, d'un vert gai rarement envinées au sommet, odorantes, la corolle desséchée persistant longtemps sur l'ovaire ; disque à *urcéoles* d'un jaune clair, relativement allongées ; *ovaire* conique, style assez long, stigmate allongé, peu épanoui ; variation fréquente dans le nombre des parties aux divers verticilles. *Grappe* petite, cylindrique ou irrégulière, parfois ailée et à lobe court ; *pédoncule* assez long, vert, glabre, dur et renflé à l'insertion ; *pédicelles* gros, ramassés, à bourrelet peu aplati, et verrues en petit nombre ; les grains s'en séparent assez facilement et laissent adhérent un petit pinceau enviné. *Grains* assez serrés, non entremêlés de grains verts, d'un volume irrégulier, petits ou sous-moyens, sphériques et renflés dans la région centrale, pruinés, d'un violet foncé, veinés de rouge vineux à l'intérieur ; ombilic peu apparent avec *stigmate* central ; baie peu ferme, à *peau* assez fine, non résistante, acerbe ; *pulpe* fondante, peu charnue, jus faiblement rouge, saveur très légèrement framboisée, renfermant deux ou trois graines.

Cépage peu fertile.

Maturité.— A la première époque.

Résistance = 10.

L'*Huntingdon* paraît être, ainsi que le montrent l'étude de ses caractères et celle des produits du semis de ses graines, un hybride de V. RUPESTRIS, de V. LABRUSCA et de V. RIPARIA. C'est un cépage assez rustique, assez résistant aux diverses maladies cryptogamiques, mais assez sensible au phylloxera. Son vin, très coloré au début et sans goût particulier, se dépouille peu à peu et assez promptement de la matière colorante.

En résumé, la vigueur assez médiocre de ce plant, son faible rendement, qui résulte du volume peu considérable de son fruit, et la rapide décoloration de son vin, semblent autant d'obstacles à ce qu'il se répande dans les vignobles français, et notamment dans le Midi. Il est très inférieur, comme porte-greffe, vu sa faible résistance, aux V. RUPESTRIS purs.

SECRETARY

Synonymie. — Aucune.

Description. — *Souche* peu vigoureuse, à *port* étalé, *tronc* trapu, *écorce* rugueuse à lanières fines. *Sarments* courts, grêles, glabres, luisants, cylindriques, un peu sinueux, légèrement pruineux au pourtour des nœuds, qui sont aplatis et peu détachés ; verts à l'état herbacé, d'un brun-grisâtre à l'aoûtement ; *mérithalles* courts, finement striés ; *vrilles* discontinues, grêles, courtes, bifurquées. *Bourgeons* petits, enveloppés dans une bourre peu dense, roussâtres, à écailles larges et courtes, prenant ensuite une teinte d'un vert clair ; *jeunes feuilles* très minces, transparentes, dents envinées sur leur pourtour, trois dents plus longues indiquant les lobes ; nervures proéminentes sur la page inférieure, où le tomentum brun-blanchâtre est peu serré ; l'épanouissement des feuilles est hâtif et les *grappes de fleurs*, sans poils, sont fortement envinées au sommet. *Feuilles* plutôt petites, larges, minces et un peu coriaces ; cinq lobes indiqués par des dents plus longues et le lobe supérieur assez détaché ; sinus pétiolaire ouvert ; faiblement pliées en gouttière ; nervures assez fortes, envinées à leur naissance ; deux séries de dents aiguës et assez profondes ; *face supérieure* glabre, d'un vert gai et peu luisant ; *face inférieure* vert terne, avec rares poils lanugineux sur les nervures principales. *Pétiole* court, grêle, renflé à son insertion, vaguement rosé, formant un angle droit avec le plan du limbe. *Fleurs* moyennes, allongées, subovoïdes, non odorantes, à côtes bien marquées, d'un vert clair, lavées de carmin au sommet ; *calice* petit, vert, denticulé ; *urcéoles* séparées, petites, vertes ; *étamines* à gros filets longs ; *ovaire* allongé, d'un vert foncé, finissant en un style court peu distinct, surmonté d'un stigmate élargi, bifide. *Grappe* sur-moyenne cylindro-conique, allongée, ailée et à lobe court ; *pédoncule* court, tendre, vert clair, assez gros ; *pédicelle* court, avec rares verrues sur le bourrelet peu renflé ; les baies s'en séparent assez difficilement et laissent adhérent un pinceau rouge. *Grains* peu serrés, avec grains verts entremêlés, moyens, pruinés, d'un noir foncé, verts à l'intérieur ; stigmate persistant excentrique ; baie dure, à *peau* assez épaisse, à pulpe peu charnue, jus assez abondant, rosé, d'une saveur légèrement musquée, fraîche et agréable, mais avec un arrière-goût piquant ; renfermant deux graines.

Cépage d'une assez grande fertilité.

Maturité. — A la deuxième époque.

Le *Secretary* est un hybride obtenu par H. Rickett, par le croisement du *Clinton* et du *Muscat Hambourg*. On peut le considérer comme un raisin de table agréable (sauf son arrière-goût qui est un peu piquant), mais il ne saurait faire une vigne à vin ; sa résistance au phylloxera est à peu près nulle (2), il est assez sujet aux attaques du *mildew*, il est regardé comme incultivable aux États-Unis, à cause de sa sensibilité aux effets du *black-rot* et ne paraît pas devoir sortir des collections d'amateurs.

SENASQUA

Synonymie. — Aucune.

Description. — *Souche* vigoureuse, à *port* étalé, *tronc* peu trapu, écorces à larges lanières non persistantes. *Sarments* longs, droits, cylindriques, à nœuds non renflés et peu détachés, rugueux par suite de la persistance, sur toute la longueur de la base, de poils raides qui sont plus nombreux vers les nœuds, d'un rouge vineux à l'état herbacé, devenant sombre et mat à l'aoûtement; *mérithalles* très allongés, à stries larges, régulières, non profondes ; *vrilles* discontinues, longues et fortes, avec poils raides à leur insertion, bifurquées. *Bourgeons* globuleux, à duvet assez dense, d'un roux très clair, prenant une teinte jaune-verdâtre terne; la page inférieure des *jeunes feuilles* qui sont trilobées est blanche, tomenteuse sur le parenchyme, à poils bruns, peu serrés sur les nervures proéminentes et transparentes; page supérieure d'un vert-jaunâtre, légèrement gaufrée, terne, peu duveteuse; l'évolution des bourgeons est lente et les *grappes de fleurs* apparaissent très tard. *Feuilles* grandes, larges, suborbiculaires, quinquelobées et à lobe inférieur très détaché en lyre, les sinus latéraux inférieurs peu profonds, le *sinus pétiolaire* largement ouvert et à section quadrangulaire; nervures proéminentes, envinées faiblement à leur réunion, assez épaisses, rugueuses, finement gaufrées et bullées; luisantes, glabres et d'un vert foncé à la *face supérieure*; à tomentum blanc, serré sur le parenchyme à la *face inférieure*; avec poils par bouquets disséminés sur les nervures et sous-nervures ; deux séries de dents détachées, obtuses et à pourtour rosé clair. *Pétiole* long, fort, formant avec le limbe un angle presque droit. *Fleurs* de grosseur moyenne, non odorantes, luisantes, d'un vert assez clair, aplaties et déprimées au sommet, sillonnées sur les pétales, subglobuleuses ; *calice* entier, peu marqué ; *urcéoles* d'un vert clair, petites, cachées sous l'*ovaire*, qui est rétréci à son insertion et globuleux, surmonté d'un style court, nettement détaché, couronné par un stigmate peu distinct ; *étamines* à filet gros au milieu. *Grappe* sur-moyenne ou grosse, régulière, ramassée, cylindro-conique, épaisse, assez souvent ailée ; *pédoncule* gros, court, renflé et dur à l'insertion; *pédicelles* peu longs, gros, d'un vert sale, à bourrelet renflé et parsemé de petites verrues; pinceau long, gros, enviné de rouge à sa pointe. *Grains* très serrés, non entremêlés de grains verts, presque gros ou moyens, à pruine assez abondante, d'un noir-violacé foncé, incolores à l'intérieur, sphériques et déprimés par la compression; *stigmate* légèrement excentrique, apparent dans un ombilic bien marqué; *peau* assez épaisse, supportant la matière colorante; *pulpe* peu charnue, à *jus* d'un rose vineux assez foncé, d'un goût foxé assez peu prononcé, avec pointe musquée; renfermant de deux à quatre graines.

Cépage assez productif.

Maturité.— A la deuxième époque.

Le *Senasqua* a été obtenu par M. S. Underhill d'un croisement entre le *Concord* et le *Black-Prince*. M. Meissner s'exprime ainsi sur ce cépage: «La vigne est vigoureuse et fertile dans un sol riche modérément rustique. C'est un des plus lents à épanouir ses bourgeons au printemps et par suite un des moins sujets à souffrir des gelées tardives; malgré cela, il mûrit de bonne heure ici, quelques jours après le *Concord*. Chez nous, à Bushberg, il n'a pas bien réussi et n'est pas, à beaucoup près, aussi remarquable que d'autres variétés d'Underhill, le *Black-Eagle* et le *Black-Defiance*. Un sol argileux n'est pas le meilleur pour le *Senasqua*, il demande un sol léger et profond. L'obtenteur lui-même ne recommande pas le *Senasqua* comme un raisin avantageux pour le marché, à cause de sa maturité tardive (quelques jours plus tard que le *Concord*), mais seulement comme un estimable et beau fruit d'amateur. Comme tel, il est du premier rang, *du plus grand mérite pour ceux qui apprécient l'éclat et le brillant dans un raisin.*

Le *Senasqua* s'est montré, en France, d'une végétation moins vigoureuse, au début tout au moins, que celle de l'*Othello*, auquel il ressemble assez par la nature de ses produits. Sa réussite, comme aux États-Unis, n'a pas été égale partout; enfin, l'expérience qui en a été faite a permis de constater que sa résistance au phylloxera est faible comme celle de tous les dérivés du V. Labrusca, surtout croisés avec le V. Vinifera; elle est égale à 5.

Black-Defiance

Synonymie.— Aucune.

Description. — *Souche* vigoureuse, *tronc* gros, *port* étalé, *écorce* se détachant en lanières allongées et fines. *Sarments* (aoûtés) rouges, longs, cylindriques, finement striés, à *mérithalles* moyens;—(herbacés) vert clair et munis de poils cotonneux; *vrilles* discontinues. *Bourgeonnement* blanc-roussâtre et passant au rouge carminé; *jeunes feuilles* trilobées et s'étalant promptement après leur sortie, munies d'un duvet cotonneux à la face supérieure, avec un duvet plus dense à la face inférieure. *Feuilles* grandes, épaisses et trilobées; sinus latéraux peu profonds; sinus pétiolaire à peine ouvert; quelquefois les lobes pétiolaires se superposent; face supérieure glabre, d'un vert foncé et sombre: face inférieure, munie d'un duvet blanchâtre assez abondant; dents en deux séries. La feuille est épaisse et gaufrée et se colore en rouge à l'arrière-saison. *Grappe* grosse, compacte et ailée; *grains* gros, sphériques, d'un noir foncé et pruinés; à peau épaisse et résistante, à pulpe charnue, légèrement foxée.

Maturité.— A la deuxième époque.

Le *Black-Defiance* a été obtenu, par Underhill, du croisement du *Concord* avec le *Black-Saint-Peters*; il a été beaucoup prôné au début par les personnes qui espéraient obtenir des résultats suffisants dans la reconstitution des vignobles par les producteurs directs, et en effet c'est l'un des plus séduisants parmi les cépages appartenant à cette catégorie. Il est fertile quand on le soumet à la taille longue, et son vin, d'une jolie couleur, n'est que très faiblement foxé. Malheureusement, sa résistance au *phylloxera* est absolument insuffisante (5).

C'est dans les terres argileuses, fraîches et fertiles qu'il paraît le mieux se comporter.

Elvira

Synonymie.— Aucune.

Description.— *Souche* vigoureuse, *port* médiocrement étalé, *tronc* moyen et écorce caduque et grossière. *Sarments* assez longs, gros, à peine sinueux, à ramifications peu nombreuses; lavés de brun à l'état herbacé et avec quelques poils durs et courts et les extrémités couvertes d'un duvet blanc; d'un brun clair, plus foncé aux nœuds et à la base, à l'aoûtement; à *mérithalles* moyens, finement striés en long; à *nœuds* saillants, aplatis; *vrilles* continues, longues, fortes et trifurquées. *Bourgeons* très petits, souvent doubles, d'un roux foncé, prenant vite une teinte blanche avec quelques pointes rosées parsemées sur le pourtour des feuilles, qui s'aplatissent de bonne heure en montrant des *grappes de fleurs* vertes, avec certaines places d'un brun sale; ces *jeunes feuilles* sont entières, épaisses, à tomentum blanchâtre, tombant vite à la face supérieure, persistant plus longtemps sur la face inférieure, dont les nervures sont recouvertes d'un duvet légèrement roussâtre; les dents sont surmontées de glandes vertes, plus claires à leur pointe. *Feuilles* adultes grandes, entières, repliées en entonnoir, gaufrées entre les nervures, d'un vert foncé, à deux séries de dents généralement atténuées, avec de légers poils floconneux à la *page inférieure*; nervures larges et fortes, recouvertes en dessous par des poils hérissés. *Pétiole* robuste, canaliculé, recouvert de poils nombreux et hérissés, teinté de brun clair par places, formant un angle généralement obtus avec le plan du limbe de la feuille. *Fleurs* assez petites, subglobuleuses, d'un jaune clair, odorantes; à angles peu marqués, disque entier à *urcéoles* très accusées; ovaire peu renflé, surmonté d'un *style* long terminé par un très petit stigmate. *Grappe* petite, sphérique ou cylindro-sphérique, rarement lobée; *pédoncule* fort, moyennement long, vert ou peu lanugineux; *pédicelles* ramassés, sans verrues, à bourrelet peu marqué; les baies s'en détachent facilement et laissent adhérent un pinceau jaune clair. *Grains* serrés, non entremêlés de grains verts, à deux grosseurs, sur-moyens et sous-moyens, cylindro-sphériques, pruinés, d'un rose clair ou vert clair quand ils ne sont pas exposés à la lumière, vert à l'intérieur; à *stigmate* persistant, excentrique; à *peau* épaisse, coriace, non élastique; *pulpe* charnue non fondante, à jus incolore et à goût légèrement foxé; baie renfermant de une à trois graines, le plus souvent deux.

Cépage d'une moyenne fertilité.

Maturité. — A la deuxième époque.

L'*Elvira* a été obtenu d'un semis de *Taylor* par J. Rommel (de Morisson, Missouri). Mais on peut le regarder sûrement comme un hybride; en effet, les semis de ses graines que l'on a faits à l'École d'agriculture de Montpellier pendant plusieurs années de suite ont constamment donné naissance à trois types de vignes, quelques-unes se rapprochant plus ou moins de ce cépage, d'autres ressemblant au *Taylor* et aux formes glabres du V. RIPARIA, enfin d'autres identiques à une vigne fort curieuse cultivée au Jardin d'Acclimatation sous le nom impropre de *Grand noir*, et à laquelle nous avons donné celui de *Sphinx* (1).

L'*Elvira* serait donc un hybride entre le *Taylor* et le *Sphinx*.

Les Américains apprécient beaucoup ce cépage. En France, sa culture tend à être de plus en plus délaissée. On peut lui reprocher une production insuffisante, si on la compare à celle de la plupart de nos cépages à vin blanc et le goût particulier de son fruit. On a songé à l'utiliser comme porte-greffe, rôle auquel le rendraient très apte la vigueur de sa végétation et le volume de son tronc; malheureusement sa résistance au phylloxera est peu élevée (8).

L'*Elvira* exige, pour prospérer, des terrains riches, profonds, frais et perméables.

(1) Voir : Foëx et Viala. — *Ampélographie Américaine*, pag. 235 de la 2me édit.

NOAH

Synonymie.— Aucune.

Description. — *Souche* vigoureuse, à *port* étalé, *tronc* grêle, *écorce* se détachant en lanières irrégulières. *Sarments* longs, grêles, un peu sinueux, glabres, luisants et rugueux, rayés de pourpre-grisâtre et pourvus de poils glanduleux à l'état herbacé; d'un rouge-brun sale à l'aoûtement; à *mérithalles* allongés, finement striés; à *nœuds* apparents et peu aplatis; rameaux stipulaires nombreux; *vrilles* continues, de moyenne longueur, bifurquées, devenant pourprées en vieillissant. *Bourgeons* petits, effilés, enlacés dans des poils roux peu nombreux; les *jeunes feuilles* carminées sur la nervure centrale et à l'extrémité de la face inférieure, trilobées; les deux pages recouvertes d'un duvet peu dense qui disparaît vite; dents longues, contournées; à l'aplatissement, qui est tardif, se montrent les grappes de fleurs vertes, enveloppées dans un duvet lanugineux blanc. *Feuilles* moyennes ou grandes, entières, rarement trilobées, les lobes inférieurs toujours marqués par un plus grand développement des dents; sinus pétiolaire moyennement ouvert, parenchyme un peu épais, d'un vert foncé, lustré et glabre à la *face supérieure*, recouvert d'un duvet serré blanc, passant faiblement au roux à la *face inférieure*; *nervures* fortes et saillantes sur cette page, teintées de rouge assez vif au point de bifurcation sur la page supérieure; deux séries de dents généralement atténuées. *Pétiole* fort, recouvert de poils raides et se colorant en pourpre en vieillissant, formant un angle obtus avec le plan du limbe de la feuille. *Fleurs* grosses, cylindriques, allongées, aplaties au sommet, sillonnées, très peu odorantes, d'un vert clair; *calice* finement denticulé, peu déloppé; *étamines* à filets longs, grêles; *disque* à nectaires peu détachés, d'un vert-jaunâtre; *ovaire* globuleux, à *style* effilé, relativement très allongé et surmonté d'un *stigmate* large, souvent bifide. *Grappe* grosse, cylindro-conique; *pédoncule* gros, ligneux et renflé à l'insertion, vert sale, assez court, tordu; *pédicelles* petits, courts, verts, parsemés de petites verrues, à bourrelet peu marqué; les grains s'en détachent difficilement et laissent adhérent un pinceau incolore. *Grains* peu serrés, non entremêlés de grains verts, de deux grosseurs; moyens ou sous-moyens, sphériques et parfois renflés au milieu, à pruine abondante, d'une couleur vert clair, à *stigmate* central persistant dans un ombilic peu marqué; baie ferme, à *peau* épaisse, coriace, à *chair* pulpeuse non fondante, jus incolore et goût foxé; renfermant en général trois graines assez grosses.

Cépage d'une fertilité moyenne.

Maturité. — A la deuxième époque.

Résistance = 13.

Le *Noah* a été obtenu par M. Otto Wasserzieher, de Nanvoo (Illinois), d'un semis de *Taylor* probablement fécondé accidentellement par un V. LABRUSCA. M. Meissner, qui l'a étudié et mis en vente le premier, donne sur son compte les indications suivantes : « Un grand nombre de renseignements de plusieurs contrées de notre pays lui sont très favorables sous le rapport de la végétation, de la santé, etc., tandis que, dans quelques localités, le fruit a le mildew quand la saison n'est pas bonne ; il est jusqu'à présent moins sujet à la carie noire que d'autres variétés. »

En France, il s'est montré résistant au phylloxera, vigoureux, assez rustique, susceptible de faire un bon porte-greffe dans les terrains riches et profonds, de consistance moyenne, qui lui conviennent ; il redoute malheureusement les terrains crayeux des Charentes, où on espérait en tirer parti pour faire de l'eau-de-vie, le goût *foxé* de son vin le rendant impropre au rôle de producteur direct.

En résumé, le *Noah* possède, d'une manière générale, les mêmes aptitudes que l'*Elvira*, mais sa résistance au phylloxera est bien supérieure à celle de ce dernier cépage.

TRIUMPH

Synonymie. — *Hybride de Concord de Campbell n° 6.*

Description. — *Souche* assez vigoureuse, à *port* étalé, *tronc* de grosseur moyenne ; *écorce* se détachant en lanières irrégulières. *Sarments* longs et grêles, lisses, de couleur pourpre terne à l'état herbacé, d'un brun sale à l'aoûtement ; *mérithalles* longs, à cannelures larges, peu profondes ; *vrilles* discontinues, généralement trifurquées, lavées de pourpre à la base. *Bourgeons* renflés, assez gros, enlacés dans un duvet peu épais d'un roux doré ; la page inférieure des *jeunes feuilles* est lavée sur son pourtour de rose clair, à tomentum blanchâtre, assez épais sur le parenchyme et petits bouquets de poils roux sur les nervures peu proéminentes ; la face supérieure lisse est d'un jaune bronzé, à tomentum lanugineux peu dense ; feuilles faiblement trilobées, peu épaisses, à petites dents avec pointe rougeâtre, aplatissement assez tardif et *grappes de fleurs* vert-blanchâtre, enveloppées dans un duvet peu dense. *Feuilles* adultes moyennes, presque entières ou trilobées, gaufrées ; *sinus pétiolaire* généralement fermé ; glabres et d'un vert foncé à la face supérieure, où les nervures sont teintées de rouge à leur naissance, recouvertes à la face inférieure d'un duvet abondant qui lui donne une couleur blanchâtre ; deux séries de dents peu profondes, médiocrement aiguës. *Pétiole* assez long, pourpre et formant avec le plan du limbe un angle droit. *Fleurs* de grosseur moyenne, globuleuses, non odorantes, d'un vert clair luisant, sillonnées et envinées au sommet; *calice* petit, denticulé et brun sur son pourtour; *urcéoles* peu apparentes, d'un vert clair; *étamines* à filet assez gros et long; *ovaire* renflé, régulier, à style distinct et stigmate large, bifide. *Grappe* sur-moyenne ou grosse, cylindrique allongée; *pédoncule* fort, assez long, vert sale, dur, mais non ligneux; *pédicelles* courts, de grosseur moyenne, à bourrelet très aplati avec petites verrues; les baies s'en détachent difficilement et laissent souvent adhérents une partie de la peau et un petit pinceau non coloré. *Grains* un peu serrés, entremêlés de petits grains verts avortés, à volume irrégulier gros, moyens ou sous-moyens; leur forme est subglobuleuse, allongée, la pruine à peine apparente; couleur d'un vert clair, un peu dorée au soleil; *stigmate* très peu marqué, faiblement excentrique ; raisin ferme, à *peau* peu épaisse, peu élastique, éclatant facilement, même en terrain sec; la plupart des grains, à la maturité complète, s'ouvrent sur un des côtés; *pulpe* assez fondante; *jus* assez abondant, à saveur foxée prononcée ; grain renfermant de deux à quatre graines.

Cépage fertile.

Maturité. — A la troisième époque.

Le *Triumph* est le résultat d'un croisement avec le *Concord* et le *Chasselas musqué*. Son fruit est sans contredit le plus beau raisin blanc qu'aient jusqu'ici obtenu les Américains, et il est lui-même l'un des cépages les plus fertiles qui nous soient arrivés du nouveau Monde. Malheureusement, le goût *foxé* de son fruit, que l'on trouve dans le vin, et sa faible résistance au phylloxera, qui n'atteint que la note 4, l'empêcheront probablement de se répandre beaucoup dans le vignoble français comme producteur direct.

Peut-être pourra-t-on en faire usage pour faire des vins blancs en vue de la fabrication de l'eau-de-vie.

Le *Triumph* est un peu délicat au point de vue du climat, ses fruits éclatent au moment de la maturité; ils sont très foxés et redoutent beaucoup le *brown-rot* et le *black-rot* ; ce n'est que dans le Midi que l'on peut songer à le cultiver. Il est expérimenté depuis peu en France et sa résistance n'est par conséquent pas encore bien établie.

AUTUCHON

Synonymie. — *Hybride d'Arnold n° 5.*

Description. — *Souche* vigoureuse, à *port* étalé, *tronc* gros, *écorce* se détachant en lanières irrégulières. *Sarments* vigoureux, sinueux, cannelés et rayés de pourpre à l'état herbacé; d'un jaune-brun clair, plus foncé au niveau des nœuds et à l'insertion, à l'aoûtement; ramifications nombreuses; *mérithalles* cylindriques, lisses, moyennement allongés; *nœuds* larges, aplatis, très apparents; *vrilles* discontinues, longues, bifurquées, teintées de pourpre à l'origine. *Bourgeons* embrassés par des poils roux, peu denses, longs, à teinte rose clair sur l'extrémité des lobes de la page inférieure des *jeunes feuilles*, qui sont actuellement trilobées, parfois quinquelobées, à dents très marquées et fortement envinées à leur pointe; un léger duvet blanc recouvre les deux faces et disparaît vite de la *face supérieure*; l'épanouissement du bourgeon est tardif, et alors apparaissent des grappes de fleurs grosses, vertes, faiblement envinées à leur sommet et enlacées par places dans des poils aranéeux blanchâtres. *Feuilles* moyennes quinquelobées; *sinus pétiolaire* largement ouvert; *face supérieure* glabre, d'un vert foncé et luisant; *face inférieure* d'un vert pâle avec de longs poils hérissés sur les nervures et sous-nervures; deux séries de dents plus aiguës. *Pétiole* long et fort, glabre, légèrement teinté de pourpre, formant un angle droit avec le plan du limbe de la feuille. *Fleurs* très grosses, cylindriques, allongées, aplaties et sillonnées au sommet peu enviné, à côtes proéminentes, d'un vert foncé, luisantes, non odorantes; *disque* entier, peu développé; *étamines* à filets moyens, anthères grosses d'un jaune foncé; *urcéoles* peu distinctes, surplombées par l'*ovaire* globuleux, vert clair et à un ou deux sillons assez profonds; style bien délimité, court, à *stigmate* large, bifide; variations fréquentes dans le nombre des parties des verticilles. *Grappe* sur-moyenne, cylindrique allongée, ailée, avec un lobe long; *pédoncule* long, brun, gros, sale, renflé et ligneux à l'insertion; *pédicelles* moyens, verts, à bourrelet assez marqué, parsemé de verrues proéminentes peu nombreuses; les baies s'en détachent assez difficilement et laissent adhérent un pinceau court, gros, incolore. *Grains* lâches, moyens ou sous-moyens, sphériques, légèrement pruinés, d'un vert clair ou brun rosé sur les parties exposées à la lumière; *stigmate* persistant, le plus souvent central, brun foncé sur son pourtour; raisin ferme, à *peau* épaisse, mais élastique; *pulpe* fondante, à jus clair d'un goût particulier, tout à la fois légèrement foxé et musqué cuit; grain renfermant une ou deux graines.

Cépage d'une fertilité assez faible.

Maturité. — A la deuxième époque.

Ce cépage provient du croisement du *Clinton* avec le *Chasselas doré.* M. Meissner fait, en ce qui le concerne, les observations suivantes : «Il s'est montré délicat, d'une réussite incertaine, du moins dans l'Ouest ; son fruit est sujet à la carie noire et au mildew, et, malgré ses belles qualités, il ne restera qu'une variété d'amateur et ne peut pas être recommandé pour une culture en grand.»

En France, l'*Autuchon* s'est montré jusqu'ici insuffisamment résistant au phylloxera (7) et aussi, bien qu'il donne un vin fort agréable, en a-t-on abandonné la culture ; la couleur de son fruit et l'insuffisance de son rendement auraient d'ailleurs diminué les chances qu'il aurait eues de s'y répandre.

York-Madeira

Synonymie. — *Camby's August, Black German, Large German, Small German, German Wine, Wolfe, Monteith, Marion port, Tryon* (d'après Downing, cité par Planchon), *Hyde's Eliza* (d'après Berkmans, cité par Planchon), *Worlington, York's Madeira, Raisin de Vorlinton, Petit noir parfumé* (comte Odart).

Description. — *Souche* moyennement vigoureuse, à *port* étalé, *écorce* grossière. *Sarments* longs, grêles, rugueux, par suite de la persistance à la base de poils raides peu apparents, déviés au niveau des nœuds, ternes, non pruineux, tomenteux et d'un vert sale à l'état herbacé, d'un roux-brunâtre à l'aoûtement, plus foncé aux nœuds et aux parties exposées à la lumière ; *mérithalles* moyennement allongés ou courts, à nombreuses cannelures peu profondes, aplatis et à *nœuds* situés dans le plan de l'aplatissement ; *vrilles* discontinues, courtes, bifurquées, lavées de rose sale. *Bourgeons* à duvet roux, peu dense, à tête généralement carminée ; les *grappes de fleurs* se montrent de bonne heure et dépassent les feuilles, qui restent petites, analogues par ce caractère au *Mustang* ou au V. Rupestris ; les *jeunes feuilles*, carminées sur leur pourtour, sont entières, tomenteuses et d'une coloration jaune doré sur les deux faces, avec poils rougeâtres sur les nervures, à dents surmontées de glandes jaunes, bien tranchées. *Feuilles* moyennes, entières, faiblement bullées, cordiformes et peu allongées, les trois lobes inférieurs peu détachés ; *sinus pétiolaire* ouvert, glabres à la *face supérieure*, garnies à la *face inférieure* d'un duvet laineux assez compact ; deux rangées de dents généralement courtes et obtuses. *Pétiole* court, vert sombre. *Fleurs* petites, subglobuleuses, aplaties au sommet, qui est parfois légèrement enviné, d'un vert foncé luisant, mamelonnées à leur surface; *disque* à *urcéoles* bien marquées, vertes ; *ovaire* en bouteille ; *stigmate* à bords relevés. *Grappe* petite, cylindrique ou cylindro-conique, le plus souvent ailée ; *pédoncule* court, verdâtre, avec flocons de poils peu nombreux ; *pédicelles* courts, étalés brusquement au sommet, qui porte un court et large pinceau vineux après le détachement du grain. *Grains* assez lâches, sous-moyens, sphériques, d'un noir foncé, pruinés, veinés à l'intérieur ; à *stigmate* persistant, excentrique ; *peau* épaisse, résistante ; *pulpe* charnue, à jus brun vineux clair et saveur foxée ; en général deux graines grosses.

Cépage d'une fertilité faible.

Maturité.— Au début de la deuxième époque.

L'*York-Madeira* est un ancien cépage américain ; on le suppose issu d'un semis d'*Isabelle*. Il est aujourd'hui à peu près complètement abandonné aux États-Unis.

C'est une des vignes américaines les plus anciennement introduites en Europe : le comte Odart l'avait reçu avant l'*Isabelle* et le *Catawba*, antérieurement à 1840. M. H. Marès le possède depuis une époque presque aussi ancienne dans sa propriété de Launac. Depuis l'invasion du phylloxera dans le midi de la France, il a très vivement fixé l'attention des viticultenrs à cause de sa rusticité. Il réussit bien dans presque tous les sols et même dans ceux qui sont secs et arides, *s'ils ne sont pas crayeux et tuffeux.* Son raisin donne un vin très coloré et alcoolique, mais très *foxé* ; aussi ne peut-on pas l'utiliser comme producteur direct.

Comme porte-greffe, il fournit une proportion de soudures considérable et finit par donner de bonnes greffes, mais dont le premier développement est un peu lent. Il n'est malheureusement pas doué d'une très grande résistance au phylloxera (11), aussi lui préfère-t-on aujourd'hui le V. Rupestris, qui possède les mêmes qualités moins cet inconvénient et qui nourrit plus rapidement le greffon.

Vialla

Synonymie. — Clinton-Vialla et semis de *Clinton* (Laliman), *La Tourratte* (Millardet).

Description. — Souche vigoureuse, à *port* étalé et *tronc* robuste. *Sarments* longs, vigoureux, de grosseur moyenne, presque droits, luisants et peu rugueux ; verts à l'état herbacé, d'un brun vineux à l'aoûtement; à *mérithalles* moyennement allongés, peu aplatis, à stries fines, peu profondes ; à *nœuds* assez gros, renflés et très légèrement pruineux ; *vrilles* continues. *Bourgeons* bruns, passant ensuite au carmin clair, coloration due à la face inférieure des feuilles et au pourtour de la face supérieure ; les *jeunes feuilles* sont recouvertes sur leurs deux faces d'un duvet aranéeux assez dense et ont les trois lobes indiqués par des dents plus longues : elles restent longtemps fermées, emprisonnant les *grappes de fleurs* vertes, teintées de rouge, qui n'apparaissent qu'à leur épanouissement. *Feuilles* assez grandes, entières, orbiculaires, d'un duvet foncé et à peu près glabres à la *face supérieure* ; d'un vert plus clair et garnies d'un duvet blanchâtre, peu serré, à la *face inférieure* ; à *dents* peu marquées, obtuses, et *sinus pétiolaire* bien ouvert. *Pétiole* robuste, de moyenne longueur, parsemé de petits poils raides. *Fleurs* assez grosses, cylindriques et à côtes bien marquées, vertes et envinées à leur sommet, odorantes ; *calice* entier, bien développé, persistant longtemps ; disque à *urcéoles* bien séparées, d'un jaune-verdâtre ; ovaire à *style* long et à *stigmate* épanoui. *Grappe* sous-moyenne ou petite, cylindrique ou irrégulière, toujours allongée, simple ; *pédoncule* long, moyen, tendre et un peu renflé à l'insertion, vert ; *pédicelles* assez longs, verts, avec rares verrues et à bourrelet peu aplati ; les baies s'en détachent facilement et laissent adhérent un petit pinceau couleur lie de vin. *Grains* serrés, non entremêlés de grains verts, moyens ou sous-moyens, sphériques, un peu déprimés par la compression sur les parties latérales, pruinés, d'un noir foncé, verdâtres à l'intérieur, avec quelques veines rougeâtres ; *stigmate* persistant central ; *grain* un peu mou ; *peau* coriace, épaisse ; *pulpe* charnue non fondante, à jus coloré en rouge clair et goût *foxé* ; baie renfermant de une à quatre graines.

Cépage très peu productif.

Maturité.— A la première et à la deuxième époque.

Le *Vialla* ne doit pas être confondu avec le *Franklin*, cépage américain qui lui ressemble beaucoup à première vue, mais en diffère pourtant par le bourgeonnement, le feuillage et le fruit, et qui est inférieur comme porte-greffe. Le *Vialla*, bien qu'originaire d'Amérique, a été obtenu, en France, probablement d'un semis de M. Durieu de Maisonneuve, directeur du Jardin des Plantes de Bordeaux ; il a été propagé par M. Laliman, qui l'a envoyé fréquemment sous les noms de *Clinton-Vialla* et de *semis de Clinton*, sous lesquels on les retrouve dans divers points du Midi. Ces noms, d'après M. Pulliat, devraient être attribués à un autre cépage de semis sortis des cultures de M. Laliman.

Le *Vialla* n'offre aucun intérêt au point de vue de la production directe, à cause de la saveur *foxée* de son fruit et de sa propension à la coulure. Mais il constitue, par contre, un excellent porte-greffe, vigoureux, peu sujet à la chlorose et réussissant dans la plupart des sols, dans les régions moins sèches que celle du Midi méditerranéen tout au moins. C'est le porte-greffe par excellence du Beaujolais ; il est très estimé dans la Gironde. Sa résistance au phylloxera (12) n'est malheureusement pas très élevée, ce qui ne permet de l'employer que dans des terrains où l'insecte se multiplie peu.

Le *Vialla* est peut-être, de tous les porte-greffes usités jusqu'ici, celui qui donne les proportions de réussite les plus considérables et celui qui se prête le mieux au rôle du sujet pour les greffes sur boutures.

C. — HYBRIDES AMÉRICAINS CULTIVÉS (obtenus en France)

Hybrides obtenus à l'Ecole d'agriculture de Montpellier

Dès 1875, des essais de fécondation artificielle, pour l'obtention d'hybrides entre les vignes américaines et les vignes d'Europe, furent entrepris par l'auteur du présent ouvrage ; ses efforts se tournèrent d'abord vers la création de producteurs directs : une série d'hybrides entre le *Jacquez*, l'*Herbemont*, l'*Aramon* (fécondation 1875, semis 1876) furent obtenus, mais ne donnèrent lieu à aucun cépage de valeur. En 1880 on commença, après d'autres tentatives également infructueuses dans le même sens, à se préoccuper de l'obtention de porte-greffes vigoureux, rustiques et convenables pour les sols difficiles. Dans cet ordre d'idées, on féconda divers cépages Bouschet (*Petit-Bouschet*, *Alicante-Henri-Bouschet*), dont la vigueur avait été remarquée, par le V. Riparia et le V. Rupestris ; et bientôt après, en 1883, le *Cabernet*, le *Sultanieh*, la *Roussanne*, etc., par le V. Cinerea, le V. Candicans et le V. Berlandieri ; enfin, plus tard, en 1887, la *Folle* des Charentes, le *Petit-Bouschet* furent fécondés par le V. Berlandieri, et des hybrides ou semis anciens furent unis entre eux : *Jacquez* × *Prunella* × *Alicante-Bouschet* × *Rupestris*, *Pulliat* × *Alicante-Bouschet* × *Rupestris*, etc.

Un certain nombre de porte-greffes très vigoureux, bien résistants au phylloxera, se soudant bien et nourrissant bien la greffe des vignes d'Europe, sortirent des premières de ces tentatives ; mais comme ils ne paraissaient pas notablement supérieurs aux bons porte-greffes déjà connus, tels que les formes précitées du V. RUPESTRIS ou que les RIPARIA, — R. *Gloire de Montpellier*, — R. *Grand Glabre*, etc., on ne pensa pas utile de donner cours à la spéculation en attirant l'attention sur eux. Cependant, parmi les semis de 1884 (fécondation de 1883), un certain nombre des pieds obtenus se sont fait remarquer tout à la fois par une certaine résistance aux attaques du phylloxera et par la propriété qu'ils ont manifestée dans les terres crayeuses peu profondes de la Champagne de Cognac, de porter jusqu'à présent, sans les faire jaunir, les greffes de la *Folle blanche*. Le plus intéressant d'entre eux à ce dernier point de vue est le *Cabernet* × V. BERLANDIERI Nº 333 (Tisserand), dont nous donnons ci-après la description. Nous décrirons également l'*Alicante-Bouschet* × *Rupestris* Nº 136, très remarquable par sa vigueur et sa grande résistance au phylloxera, et le *Petit-Bouschet* × V. RUPESTRIS Nº 142, qui semble avoir également un certain avenir comme porte-greffe.

TISSERAND (CABERNET × BERLANDIERI Nº 333)

Description. — *Souche* assez vigoureuse. *Tronc* de grosseur moyenne, à *écorce* caduque se détachant en fines lanières. *Sarments* longs, peu sinueux, de moyenne grosseur ; *nœuds* peu saillants, *bourgeons* gros, avec des ramifications faibles ; *bois* assez dur, avec un canal médullaire peu volumineux. *Ecorce* rouge sombre, très fortement striée. *Sarments herbacés* pourpres, recouverts de poils aranéeux disséminés, surtout vers l'extrémité, aplatis aux nœuds. *Bourgeonnement* : très jeunes bourgeons carmin vif, puis rose-blanchâtre, avec grappes grosses apparaissant promptement. *Jeunes feuilles*, pétiole et pourtour de la face supérieure rosés, avec des poils aranéeux qui y forment un léger duvet ; poils blancs sur les nervures de la face inférieure. *Feuilles adultes* moyennes, quelquefois orbiculaires, quinquelobées, plus longues que larges ; *sinus pétiolaire* généralement fermé, en U à bords se recouvrant ; *sinus latéraux* supérieurs ouverts ; *sinus latéraux* inférieurs assez profonds ; *dents* en deux séries, courtes et obtuses ; assez épaisses, glabres, d'un vert luisant en dessous, d'un vert un peu plus clair, avec des poils courts et raides sur les nervures et sous-nervures à la face inférieure. *Pétiole* cylindrique, empourpré avec quelques poils raides et aranéeux. *Fleurs* mâles.

Le *Tisserand* s'est montré très résistant, même greffé, à l'action des mauvais calcaires crayeux des environs de Cognac ; malheureusement, sa résistance au phylloxera n'est pas encore assez certaine pour qu'on puisse le recommander d'une manière absolument sûre.

ALICANTE-BOUSCHET × RUPESTRIS N° 136

Description.— *Souche* très vigoureuse; *tronc* fort; *port* semi-érigé; *écorce* grossière se détachant en lanières irrégulières de moyenne largeur. *Sarments* longs, peu sinueux, plutôt grêles; *mérithalles* de moyenne longueur ou courts; *nœuds* un peu plats, lavés d'une teinte légèrement plus foncée que les mérithalles; *bourgeons* petits, coniques, glabres; *vrilles* moyennement fortes, trifurquées, ligneuses à l'aoûtement; bois assez dur, avec peu de moelle; *écorce* finement striée, couleur café au lait clair lorsque le sarment est aoûté, vineux lorsqu'il est jeune; *diaphragme* mince, plat en dessus, concave en dessous. *Feuilles* sous-moyennes, orbiculaires ou largement cordiformes, aussi ou plus larges que longues, comme celles du V. RUPESTRIS; *sinus pétiolaire* très ouvert; *dents* courtes et obtuses, creuses au milieu ou révolutées; — fermes, d'un beau vert, glabres et lisses à la *face supérieure;* — glabres et d'un vert un peu plus pâle à la *face inférieure. Pétiole* assez long, formant un angle très obtus avec le limbe de la feuille. Une partie des fleurs mâles, d'autres fertiles. *Grappes* petites, allongées, ailées, lâches, irrégulières, à pédoncules et pédicelles tendres et herbacés jusqu'à la maturité; *bourrelet* peu développé, avec de nombreuses varicelles; *pinceau* petit, rouge foncé. *Grains* petits, sphériques, noirs et légèrement pruinés, fermes, à peau mince, mais assez résistante, à ombilic peu apparent, central, à chair fondante, jus rouge foncé, saveur sucrée, avec un arrière-goût un peu piquant. *Graines* 2 à 3, petites, à bec court, semblables à celles du V. RUPESTRIS.

Cépage peu fertile.

Maturité. — A la première époque.

Cet hybride a été obtenu en 1880, à l'Ecole d'agriculture de Montpellier, par la fécondation de l'*Alicante-H.-Bouschet* par une forme de V. RUPESTRIS à fleurs mâles très vigoureuses des collections de cet établissement. Il s'est montré très résistant au phylloxera (19) et remarquablement vigoureux; c'est un excellent porte-greffe, se soudant facilement. Il redoute seulement les sols crayeux, où les greffes qu'on applique sur lui jaunissent dans les mauvaises années. En résumé, il paraît posséder les aptitudes des V. RIPARIA; il les dépasse seulement par la grosseur de son tronc et la vigueur.

PETIT-BOUSCHET × RIPARIA N° 142

Description. — *Souche* assez vigoureuse, — *tronc* assez gros, *écorce* se détachant en lanières assez fines. — *Sarments* longs, droits, de grosseur moyenne, à *mérithalles* assez longs, *nœuds* peu renflés, *vrilles* moyennes, bifurquées, discontinues, se lignifiant en automne, *écorce* couleur noisette, peu profondément striée, *cloisons des nœuds* minces. — *Feuilles* moyennes, minces, quinquelobées; à *sinus pétiolaire* en U, *sinus latéraux inférieurs*, assez profonds; *dents* courtes et aiguës en deux séries. — *Relief* un peu creusées vers le point d'attache du pétiole, les lobes le plus souvent un peu révolutés, le limbe très légèrement gaufré entre les nervures ; — d'un vert clair et glabre à la face supérieure, — d'un vert plus pâle et glabres avec quelques petits poils raides et clairsemés sur les nervures à la face inférieure, *nervures* peu volumineuses, mais saillantes à la face inférieure. — *Pétiole* de grosseur moyenne, assez long, lavé de pourpre, formant avec le limbe de la feuille un angle obtus. — *Grappillons* assez semblables à ceux du V. RIPARIA *sauvage*, peu serrés, avec *pédicelles* courts, à *bourrelet* peu volumineux retenant, quand on arrache le grain, un *pinceau* petit et rouge foncé. — *Grains* petits, durs, sphériques, à *peau* mince, à *ombilic* excentrique, — de couleur noir violacée, pruinés, *jus* rouge; *saveur* rappelant celle des figues mal mûres. — *Graines* 1 - 3, petites, semblables à celles du V. RIPARIA *sauvage*.

Cépage peu fertile.

Maturité — A la première époque.

Ce cépage a été obtenu, à l'Ecole nationale d'agriculture de Montpellier, en 1883, par la fécondation (1882) du *Petit-Bouschet* par un V. RIPARIA. Sa grande résistance au phylloxera, qui égale 19, sa résistance à la chlorose, qui paraît devoir être assez élevée, méritent de le faire essayer sérieusement comme porte-greffe dans les terrains sensiblement calcaires.

Hybrides obtenus par M. Couderc

M. Couderc s'est livré depuis quelques années, avec une grande activité et beaucoup de compétence, à la production d'hybrides, les uns destinés à servir de porte-greffes, les autres de producteurs directs ; nous reproduisons ci-après les indications qu'il donne sur les principaux d'entre eux (1) :

« *Gamay-Couderc, Hybride n° 3103 ; Colombaud × Rupestris-Martin, semis de 1882.* — Résistance au phylloxera atteignant l'immunité phylloxérique, assez peu sensible au mildiou. Grappes très nombreuses, lâches, 14 à 20 centimètres de long, grain ovale (13 à 15 millimètres), noir, très fin, fondant, à saveur française à la fois acidulée et sucrée, sans aucun arrière-goût ; ne diffère du raisin français que par la fraîcheur, qui est moindre ; maturité de deuxième époque (2) ; vin bon, fin et très coloré (premier rouge-violet, cinq couleurs), alcool 11° ; feuillage du Rupestris, mais à feuilles trilobées, avec gaufrures caractéristiques vers l'ombilic. Son feuillage, son port semi-érigé, son bois gros, noué court, à gros nœuds aplatis, le distinguent facilement, ce qui est important au point de vue commercial et même agricole.

» *Gamay-Couderc*, un des rares hybrides de Vinifera et de Rupestris qui soient indemnes, a réuni les qualités les plus remarquables de ses parents. Sa mère, le *Colombaud*, a une résistance relative au phylloxera et était spécialement cultivée dans les plus mauvais terrains calcaires et marneux de la Provence, du Languedoc et de la Charente (3), où il atteignait les plus grandes dimensions. Son père, le *Rupestris-Martin*, est le meilleur des Rupestris. Il a, chez M. Martin, de Montels-Église, près Montpellier, son importateur, 14 ans de résistance phylloxérique, dans une argile blanche, où presque tous les plants américains ont succombé à la jaunisse ; il porte, chez moi, des greffes superbes dans un terrain crétacé blanc, où rien ne résiste ; malheureusement, il prend difficilement la greffe. *Gamay-Couderc*, au contraire, avec une vigueur bien plus grande et une résistance égale, prend très facilement de bouture et fort bien la greffe, grossit rapidement du tronc ; à moitié français par sa mère, il se soude mieux avec nos cépages français et portera probablement des greffes d'une plus longue durée. Je ne saurais trop le recommander comme porte-greffe.

» La production de Gamay-Couderc est-elle suffisante ? Elle a été,

(1) Ces indications sont extraites du *Catalogue pour 1889-1890 des hybrides obtenus par M. G. Couderc*, Aubenas (Ardèche).

(2) Précoce pour un cépage français, plutôt tardif pour un *hybride de Rupestris*. Là où le Gamay-Couderc mûrira, presque tous les hybrides de Rupestris mûriront. Il servira ainsi de pierre de touche.

(3) Le *Gamay-Couderc* greffé a jauni dans les terrains crayeux des Charentes. (Note de l'Auteur).

cette année, de 1 kil. 600 en *moyenne*, sur 700 pieds à leur troisième feuille (taille indiquée plus loin). Le pied-mère, depuis 3 ans, se tient aux environs de 2 kil. 500 (taille vieux coursons sur deux bras). Les raisins sont très nombreux, même sur les pampres, et grandissent avec l'âge. Le grain, variable de volume d'abord, atteint une bonne grosseur. La production serait fort belle, si elle n'était diminuée par une propension à la coulure (1), qui éclaircit pour ainsi dire méthodiquement les grappes. Cette propension n'existe pas dans certains pieds et, par la sélection, on peut, je pense, arriver à la faire disparaître. Il est évident qu'en présence des hybrides plus récents, bien plus productifs, on doit réserver son opinion. Je crois cependant que beaucoup de personnes se contenteront de sa production et, qu'en sélectionnant les sarments pour les plantations destinées à être conservées directes, il leur rendra de signalés services, même comme producteur. Comme porte-greffe, sa grande valeur ne me paraît pas discutable (2).

»*601, Bourrisquou* × *Rupestris* (*Martin* ou *Ganzin*), *semis de 1883.* — Grappe 30 centimètres, grain 12 à 15 millimètres, craint la pourriture, maturité assez tardive; vin fin, coulant (8 à 9°); production abondante et coloration suffisante (une couleur et demie, troisième rouge-violet); peu ou pas atteint par le mildiou, mais sujet à la mélanose, qui n'a d'autre effet nuisible que de déparer son feuillage. Paraît indemne: un des Vinifera × Rupestris les plus vigoureux, et qui *vient le mieux dans la craie;* a une haute valeur comme porte-greffe (3).

»*Hybride 603, Bourrisquou* × *Rupestris* (*Martin* ou *Ganzin*), *semis de 1883.*— Grappes nombreuses, massées, portées très près du sarment, grain 14 à 15 millimètres, vin à coloration intense et à maturité précoce. L'hybride 603 est toujours un de mes favoris, mais il a cependant démérité cette année, parce qu'il a eu des taches confluentes de mildiou sur ses feuilles. Deux forts traitements sont donc nécessaires au printemps pour préserver complètement le fruit et les parties essentielles du feuillage. Cep à bonne vigueur moyenne, production régulière trompant du bon côté à la vendange. Paraît indemne.

»*Hybride 604, Bourrisquou* × *Rupestris* (*Martin* ou *Ganzin*), *semis*

(1) Avortement unilatéral des ovules : les grains n'ont ordinairement qu'un pépin, rarement deux, ce qui compense en partie la coulure.

(2) La résistance au phylloxera du *Gamay-Couderc* ne s'est pas montrée suffisante à l'Ecole d'agriculture de Montpellier et dans plusieurs autres endroits. (Note de l'Auteur).

(3) Jaunit cependant dans la craie, une fois greffé. (Note de l'Auteur).

de 1883. — L'infériorité relative au point de vue du mildiou, montrée cette année par l'hybride 603, m'a engagé à mettre 604 à l'étude. Grains ovoïdes, très précoces; ne craint ni phylloxera ni mildiou, vient bien dans les terres blanches. Son défaut est de couler, mais certaines branches ne coulent pas du tout et ont alors une belle production. Sarments faciés très fréquents; multiplier surtout ceux-là. A en outre une grande valeur comme porte-greffe; tient du Rupestris-Martin une pousse très tardive en automne et arrêtée seulement par les gelées (1).

»*Hybride-Jardin 503, Rupestris* × *Ugne noire.*— Même semis que Jardin 504; comme lui indemne de phylloxera et de mildiou, vigueur plus grande. Port érigé; l'hybride de Vinifera × Rupestris, qui par le bois et le feuillage rappelle le plus le Vinifera tout en conservant le reflet glauque et les caractères distinctifs du Rupestris de Fortworth qui a servi de mère. Mise à fruit très prompte. Raisins massés à grains ronds (15 millimètres), très serrés, d'abord égaux à ceux de Jardin 504: avec l'âge du cep ils prennent un bien plus gros volume et la production devient alors tout à fait celle d'une vigne française à très bonne production, supérieure à celle du Gamay Beaujolais et égale à celle du Cot ou du Mourvèdre. Les défauts sont: 1° Une maturité un peu plus tardive que celle de Jardin 504, un goût spécial plus prononcé (rappelant le *raisiné*, mais très différent du foxé et en somme pas désagréable). 2° Une grande sensibilité à la mélanose qui a amené dans mon enclos le défeuillement du bas des pampres, cause peut-être de la maturité plus tardive. Ailleurs, il n'y a pas eu de défeuillement. Vin (premier rouge-violet, trois couleurs) fait en trop petite quantité pour être bien jugé. Vient bien dans les calcaires.

»*Hybride 1002, Gamay* × *Rupestris-Ganzin, semis de 1883.* — Plus vigoureux que le précédent, grains ovoïdes, raisin massé, celui du Gamay en raccourci; production tout à fait insuffisante.

»Les hybrides 1002 et 1003 paraissent spécialement adaptés aux terrains siliceux.

Les hybrides Couderc renferment évidemment un grand nombre de types remarquables et dignes d'être étudiés avec soin; cependant, il ne semble pas que jusqu'ici aucun d'entre eux ait résolu le problème qui préoccupe tant, en ce moment, de porter la greffe des vignes d'Europe en résistant au phylloxera et sans jaunir dans les terres crayeuses des Charentes.

(1) Redoute le calcaire. (Note de l'Auteur).

Ceux qui paraissent mériter d'être étudiés avec le plus de soin pour l'avenir sont ceux de V. VINIFERA × V. BERLANDIERI et de V. VINIFERA × V. MONTICOLA.

Hybrides obtenus par MM. Millardet et de Grasset

Indépendamment des hybrides spontanés signalés par M. Millardet (*Cordifolia* × *Rupestris de Grasset, Hybride Azémar*) dont nous avons parlé précédemment, MM. Millardet et de Grasset ont créé un grand nombre d'hybrides divers au moyen d'éléments choisis par eux ; M. Millardet désigne comme les meilleurs parmi ceux obtenus jusqu'ici : *Cabernet* × *Rupestris-Ganzin* N° 33, *Aramon* × *Riparia* N° 143, *Alicante-Bouschet* N° 141, *Riparia-Rupestris* × *Cépage inconnu* N° 50. (Porte-greffes pour terrains calcaires). — *Cabernet* × *Cinerea* N° 30, *Alicante-Bouschet* × *Cordifolia* N° 142. (Porte-greffes pour terrains argileux et argilo-calcaires ou argilo-siliceux où l'argile domine).— *Chasselas* × *Berlandieri* N° 41. (Porte-greffe pour terrains crayeux).

M. Millardet donne de ces hybrides la description suivante (1) :

N° 33.— CABERNET × RUPESTRIS-GANZIN

« Plantes vigoureuses, très rustiques, à port habituellement subérigé, à facies de *Rupestris*. Feuillage d'un vert assez foncé. Feuilles plutôt petites, pliées, creuses, à peu près complètement glabres sur les deux faces et au bord. Bois légèrement coudés aux nœuds, à entre-nœuds courts; de couleur châtain plus ou moins claire, souvent parsemés de petites ponctuations noires, saillantes, par suite un peu scabres.

» Plantes stériles. Feuilles plus ou moins colorées en rouge à l'arrière-saison.

» Feuilles supérieures entières ou à peine lobées.— A¹.

» Feuilles supérieures 3-5-lobées.

» * Feuilles supérieures plutôt 3 que 5-lobées.— A².

» * . . . . 5-lobées, le plus souvent peu colorées à l'arrière-saison.— A. »

(1) Notice renfermée dans une circulaire de M. Ferdinand Bouisset, à Montagnac (Hérault), datée du 1er octobre 1894, et rédigée par M. Millardet.

N° 143. — Aramon × Riparia

«Plantes très vigoureuses, à port traînant. Feuillage de couleur très claire. Feuilles grandes en général, cordées, facies de *Riparia*. Bois droits de couleur claire, lisses. Entre-nœuds de longueur moyenne.

»Feuilles tachées de rouge à l'arrière-saison. Plante très coularde.— A^2.

»Feuilles jamais tachées de rouge.

»* Plante fertile.— A.

»* Plantes stériles.

»* * Entre-nœuds atteignant 15 à 16 centimètres de longueur. Feuilles adultes presque complètement glabres, à bord glabre.— B^2.

»* * Entre-nœuds ne dépassant pas 15 centimètres.

»Plante présentant des poils laineux assez fréquents à l'extrémité des pousses, sur les jeunes feuilles et vrilles.

»Feuilles anciennes notablement pubescentes et même laineuses, surtout en dessous, sur les nervures. Bord de la feuille légèrement laineux et pubescent.— A^1.»

N° 144.— Alicante-Bouschet × Riparia

«Plantes vigoureuses, à port traînant. Bois de couleur claire, peu striés, lisses, habituellement un peu aplatis et même offrant d'un côté, sur les plus gros sarments, un sillon longitudinal très marqué, étendu d'un nœud à l'autre ; à entre-nœuds de longueur moyenne (ne dépassant pas 15 centimètres), augmentant et diminuant régulièrement.

»Feuilles grandes, étalées, planes ou légèrement creusées, à bords réfléchis, lisses, luisantes (sauf A, qui les a mates), comme graisseuses en dessus, à facies de *Riparia* par la grandeur, l'inégalité et l'acuité des dents.

»Feuilles inférieures peu ou pas du tout pubescentes en dessous, les moyennes ou supérieures jamais. Bord extrême glabre, sauf quelquefois sur les feuiles inférieures. Limbe généralement plus long que large, à lobe moyen très aigu. Feuillage violacé en octobre.— A.

»Feuilles inférieures moyennes et même supérieures, toujours plus ou moins pubescentes, à la face inférieure des nervures et au bord extrême. Limbe généralement plus large que long, à lobe moyen subaigu ou obtus. Feuillage d'un rouge vif en octobre.— A^1.»

N° 50. — Riparia-Rupestris × Cépage inconnu

«Plante sélectionnée A. — Stérile, vigoureuse, à port plutôt traînant, à feuillage complètement coloré en rouge vif à l'arrière-saison.

»Bois de couleur claire, peu striés, à entre-nœuds de longueur moyenne, irrégulière. Feuilles grandes, à limbe très étalé, réfléchi sur les bords, à facies de *Riparia* par ses dents grandes et inégales. Limbe 3, rarement 5-lobé sur les feuilles inférieures, sub-3-lobé sur les moyennes ou supérieures. Feuilles inférieures surtout pubescentes sous les nervures. Bord extrême à peine pubescent.»

N° 30. — Cabernet × Cinerea

«Plante sélectionnée B[1]. — Stérile, de vigueur moyenne. Bois à entre-nœuds de longueur moyenne, à nœuds renflés ; anguleux-polygonaux au sommet des sarments ; à maturité, finement striés et de couleur brun-chocolat, un peu pubescents tout à fait à la base des sarments.

»Feuilles généralement 5-lobées, à sinus supérieurs profonds, arrondis-rhomboïdaux ; les unes vertes, les autres colorées en violet foncé à la fin d'octobre. Limbe gaufré, très pubescent en dessous sur toutes les nervures.»

N° 142. — Alicante-Bouschet × Cordifolia

«Plante sélectionnée B. — Fertile, mais coularde, très vigoureuse. Bois gros, à entre-nœuds atteignant 17 centimètres, de couleur noisette, fortement striés, un peu scabres. Raisin noir de 15 à 20 centimètres de long, à grains noirs, petits, très espacés. Feuillage luisant, d'abord d'un beau vert foncé, ensuite d'un vert-violacé en octobre. Feuilles grandes, à limbe presque entier, presque toujours plus large que long.»

Parmi ces hybrides, ceux qui paraissent le plus digne d'intérêt sont le *Riparia-Rupestris* × *Cépage inconnu* N° 50, qui semble le plus résistant au calcaire parmi les hybrides de *Rupestris*, et le *Chasselas* × *Berlandieri* N° 41, qui jusqu'ici s'est bien comporté dans les mauvais terrains crayeux de Cognac.

Hybrides Seibel

Les hybrides Seibel proviennent de graines récoltées sur un pied de V. RUPESTRIS × V. LINSECOMII (N° 70 de Jæger) et vraisemblablement fécondées accidentellement par des V. VINIFERA, le N° 1 probablement par un *Cinsaut* et le N° 2 par un *Alicante-Bouschet*.

HYBRIDES SEIBEL N° 1

Description (1). — *Souche* d'une vigueur au-dessus de la moyenne, *tronc* fort, *port* étalé, buissonnant. *Sarments* allongés, un peu sinueux, légèrement aplatis, avec insertion des bourgeons sur la partie la plus mince ; de grosseur moyenne ou grêles ; mérithalles moyens ou courts ; *nœuds* saillants avec un bourrelet spécial très apparent au-dessous de l'insertion de la feuille; *bourgeon* peu développé, pointu, de couleur marron ; *ramifications* très nombreuses comme dans le V. RUPESTRIS ; bois à écorce glabre, luisante et de couleur noisette. *Bourgeonnement* glabre ; les *jeunes feuilles* sont luisantes glabres sur les deux faces, d'un vert très clair. *Feuilles* ayant la forme générale de celles du V. RUPESTRIS, petites, restant peu de temps pliées en gouttière et disposées en cornet ensuite, entières, avec dents plus développées indiquant les lobes supérieurs; plus larges que longues comme celles des V. RUPESTRIS ; sinus pétiolaire très largement ouvert, en U peu profond ; *dents* courtes, larges et pointues, en deux séries ; *face supérieure* glabre, d'un vert clair, vernissée ; *face inférieure* d'un vert pâle, également glabre et vernissée. *Grappes* moyennes, peu serrées, cylindriques, quelquefois ailées ; *pédoncule* long, grêle, d'un rouge clair à la naissance. *Grains* de grosseur moyenne (de 15 à 17 millim. de diam.), un peu ovoïdes ; peau mince avec ombilic persistant ; d'une couleur rouge foncé tirant sur le noir à la maturité ; pruine abondante ; *chair* molle ; *jus* incolore.

Maturité. — Correspondant à la première époque de M. Pulliat.

Ce cépage donne un vin assez fin et une production moyenne. Il paraît doué d'une résistance au phylloxera analogue à celle du Jacquez (13).

(1) Cette description est faite, comme la suivante, d'après celle donnée par M. Rougier : *Deux cépages nouveaux.* — In *Progrès agricole et viticole*, 3 septembre 1893, pag. 223 et suiv.

HYBRIDES SEIBEL Nº 2

Description.— *Souche* très vigoureuse, *tronc* fort, *port* semi-érigé. *Sarments* allongés, droits, gros, presque cylindriques, avec des cannelures peu prononcées; *mérithalles* moyens; *nœuds* gros; *bourgeons* moyens, d'un rouge vineux, recouverts d'un duvet blanc-grisâtre; *ramifications* peu nombreuses; *vrilles* discontinues très fortes; à l'*état herbacé*, la couleur est violette avec zones très claires; grappes très rapprochées de la base. *Feuilles* grandes, orbiculaires, entières, avec dents plus développées indiquant les lobes inférieurs et supérieurs, étalées ou pliées en cornet ; *sinus* pétiolaire ouvert en lyre lorsqu'on étale la feuille ; dents très irrégulières, le plus souvent en plusieurs séries, elles sont larges et obtuses ; le limbe est épais, ferme ; *face supérieure* d'un vert foncé, glabre et vernissée ; en automne, les feuilles prennent la coloration rouge spéciale des *Teinturiers* et *hybrides Bouschet ; nervures* très saillantes, fortes, ayant un très léger duvet cotonneux ; *pétiole* fort, formant un angle obtus avec le limbe. *Grappes* de grande dimension, ailées, pyramidales, assez serrées et très régulières.

Grains moyens, sphériques, peu consistants à la maturité ; *peau* mince, rouge, tirant sur le noir à la maturité ; *ombilic* persistant et central ; *chair* juteuse ; *jus* coloré.

Maturité.— A la deuxième époque de M. Pulliat.

Cépage d'une très bonne fertilité.

Ce cépage donne un vin un peu grossier; sa résistance paraît assez voisine de celle du *Clinton* (8).

Hybrides Ganzin

M. V. Ganzin s'occupe, depuis de nombreuses années, d'hybridations ; les plus intéressants des hybrides qu'il a obtenus jusqu'ici sont les suivants : *Aramon* × V. RUPESTRIS Nº 1, *Aramon* × V. RUPESTRIS Nº 2 et la *Clairette dorée Ganzin*.

ARAMON × V. RUPESTRIS GANZIN Nº 1

Obtenu en 1879 de la fécondation de l'*Aramon* par le V. RUPESTRIS *Ganzin*.

Description (1). — *Souche* très vigoureuse, très forte, trapue, à sarments longuement traînants ; *bourgeonnement* rouge carmin obscur, bronzé, violacé. *Sarments* jeunes carminés-violacés, avec cannelures plus claires sur fond vert. *Feuilles* moyennes sur les sarments principaux, petites sur les ramifications latérales, presque entières, parfois trilobées, d'un vert un peu terne, glabres. *Bois* d'hiver gros ou très gros, strié, parfois, mais rarement cannelé, à couleur variant du rouge brique clair faiblement carminé au noisette lavé de blanc ou de jaune, moucheté de piqûres et parfois de maculations brun-noirâtres.

L'*Aramon* × *Rupestris* N° 1 paraît bien résistant au phylloxera, mais il jaunit non seulement dans les craies, mais même dans les terres de groie des Charentes ; on peut donc en faire un bon porte-greffe, mais seulement dans les terrains peu calcaires ; il s'accommode de sols relativement humides et compacts.

Aramon × V. Rupestris n° 2

Issu du même semis que le précédent.

Description. — Souche très vigoureuse, forte, trapue, à sarments très longuement traînants ; *bourgeonnement* vert clair bronzé, lavé de rouge ; *sarments jeunes* semblables au N° 1, mais avec nuances plus claires ; *feuilles* comme au N° 1, entières, rarement subtrilobées. *Bois* d'hiver gros, strié, très souvent cannelé, noisette très clair lavé de blanc-jaunâtre, parfois brun-rougeâtre, moucheté de piqûres noires et quelquefois maculé de jaune, à couleur de fond beaucoup plus claire que celle du N° 1.

Cet hybride redoute encore plus le calcaire que le précédent.

Clairette dorée Ganzin

La *Clairette dorée Ganzin* a été obtenue, en 1886, de la fécondation de l'*Aramon-Rupestris Ganzin* fertile N° 60 par la *Grosse Clairette*. M. V. Ganzin en donne la description suivante (2) :

« *Souche* vigoureuse, à tronc assez fort ; port semi-érigé ou étalé suivant les terrains ; écorce longtemps adhérente, se détachant en fines lanières. *Sarments* de force et de longueur moyennes, droits, à

(1) Victor Ganzin. — *Les Aramons-Rupestris. Progrès agricole*, t. VIII, pag. 123 et suiv.

(2) *La Clairette dorée Ganzin. Progrès agricole* du 7 janvier 1894.

peu près dépourvus de ramifications secondaires ; assez courtement noués ; *vrilles* discontinues, longues ou très longues, bifurquées ; yeux gros, largement coniques, renflés à leur base. *Bourgeonnement* duveteux, blanc, très légèrement roussâtre. *Feuilles* de grandeur moyenne, aussi ou plus larges que longues, à long ou très long pétiole ; sinus pétiolaire en U plus ou moins ouvert ; quelquefois entières, ordinairement trilobées, avec lobes peu profonds ou faiblement quinquelobées ; à dents irrégulières, courtes, élargies, munies le plus souvent sur leur gros côté d'une petite dent d'accotement ; lisses sur les deux faces, avec des poils subulés courts, peu apparents, sur les nervures de la face inférieure ; d'un vert foncé mat, un peu grisâtre ou glauque et se décolorant en jaune à l'automne, avant la défeuillaison. *Grappe* longue, grosse, de forme pyramidale allongée, légèrement aplatie plutôt que conique, moyennement serrée ; à pédoncule assez fort et long, d'une belle couleur rouge mat un peu enviné ; *grains* moyens ou sur-moyens, ovoïdes, de grosseur inégale, le plus souvent 15 à 16 sur 16 à 17^{mm}, prennent à maturité des tons chauds qui varient du jaune ambré au gris-lilacé clair, suivant le pied, l'exposition, l'année ; tiquetés de points bruns ; à ombilic persistant ; *peau* résistante ; *chair* ferme et juteuse, à saveur franche, pure, bouquetée ; maturité tardive, fin septembre. Les premières grappes sont portées sur le sarment au 4me ou 5me nœud. »

Ce cépage, qui paraît jouir d'une assez grande résistance au phylloxera, a été encore peu étudié ; il est donc difficile de se prononcer d'une manière définitive sur sa valeur.

Hybrides obtenus par M. Terras

M. Terras, à Pierrefeu (Var), a obtenu divers hybrides franco-américains, parmi lesquels le plus intéressant est son *Alicante*×*Rupestris* N° 20, qu'il considère comme très résistant au phylloxera et qui donne un vin droit de goût de 10 à 12° ; il est difficile de se prononcer encore d'une manière définitive sur l'abondance de sa production, sur les conditions de sol qui lui conviennent et sur son degré absolu de résistance. Cet hybride intéressant paraît cependant digne d'être expérimenté.

CHAPITRE IV

SOMMAIRE.— Cépages issus du V. VINIFERA (1).— Vignes à raisins de cuve.— Cépages du Bas-Languedoc, de la Provence, du Roussillon

L'intérêt qui s'attache aux cépages issus du V. VINIFERA et leur nombre très considérable nous amènent nécessairement à adopter pour eux une classification qui nous permette de mettre de l'ordre dans l'étude que nous allons faire des plus importants d'entre eux. Nous les diviserons, en premier lieu, en deux grandes classes: 1° les cépages à raisins de cuve; 2° les cépages à raisins de table. La première classe, qui est elle-même très nombreuse, sera subdivisée

(1) BIBLIOGRAPHIE.— Le **Comte Odart**; *Ampélographie universelle*. Paris, librairie agricole, 1859. — **V. Rendu**; *Ampélographie Française*, etc., Ve Bouchard-Huzard, Paris, 1854. — **Mas** et **Pulliat**; *Le Vignoble*. Paris, G. Masson, 1874 à 1879.— **H. Marès**; *Des Vignes du midi de la France*, in *le Livre de la Ferme* de P. Joigneaux, tom. II. — **H. Bouschet**; *Les raisins du verger*. — **A. Pellicot**; *Le Vigneron Provençal*. Montpellier, Gras, imprimeur, 1866.— **Ch. Cocks**; *Bordeaux et ses vins*. Bordeaux, Féret et fils, 1881 — **P. Tochon**; *Rapport sur l'exposition de Cépages tenue à Chambéry* les 19, 20 et 21 septembre 1886. Chambéry, 1868.— **Muraire**; *Mémoire sur les espèces de raisins de Provence*. Aix, 1781.— **Cambassédès** et **Mercier**; *Des différentes natures de raisins de notre terroir*, Nimes.— **A. d'Armailhacq**; *Culture des Vignes dans le Médoc*. Bordeaux, P. Chaumas, 1867.— **Aug. Petit-Lafitte**; *La Vigne dans le Bordelais*. Paris, Rotschild, 1868.— **Thiébaut de Berneaud**; *Nouveau manuel complet du Vigneron Français*. Paris, 1851. — **Chaptal**; *Traité théorique et pratique sur la culture de la Vigne*. Paris, Delabain fils, 1801. — **Duhamel**; *Traité des arbres fruitiers*.— **Loiseleur-Deslongchamps**; *Nouveau traité des arbres fruitiers*. — *Pomologie de la France*. — **Comte J. de Rovasenda**; *Essai d'une Ampélographie universelle*, traduit de l'italien par MM. le Dr F. Cazalis et le professeur Foëx. Montpellier, C. Coulet, 1881. — **Comitato centrale Ampelografico**; *Ampelographia Italiana*. Torino, 1879, traduction en français de la partie parue jusqu'en 1885, par M. L. Ravaz. Montpellier, bibliothèque du *Progrès agricole*, 1885. — **Acerbi**; *Delle Viti Italiane*.— **Dom Simon de Rojas Clémente y Rubio**; *Ensayo sobre las variedades de la vid Comun*. Madrid, 1879 (édition avec planches en chromolith. par le ministère de Fomento). — **Vicomte de Villa Maior**; *Manual de Viticultura pratica*. Porto, 1881.— **Robert Hogg**; *Fruit manual*.— **Ditrich**; *Systematicches Handbuch der Obstkunde*.— **Christ**; *Handbuch über die Obstbaumzucht*.— **Hermann Gœthe**; *Handbuch der Ampelographie*, etc. Graz. Commissions. Verlag von Ley Kam. Josefstal, 1878.— **V. Pulliat**; *in Journal d'Agriculture pratique et*

en une série de groupes renfermant les cépages les plus caractéristiques des principales régions viticoles.

Ainsi que nous l'avons dit précédemment, et d'une manière générale, l'étude qui va suivre est loin d'être complète, elle ne porte que sur les cépages de l'ancien continent les plus usuels ou sur ceux qui paraissent offrir les qualités les plus remarquables à certains points de vue. Nous renvoyons nos lecteurs, pour une étude plus complète, aux auteurs cités dans la notice bibliographique, et notamment à l'excellent ouvrage de notre ami et confrère M. Pulliat, *Le Vignoble.*

I. — VIGNES A RAISINS DE CUVE

A.— Cépages du Bas-Languedoc

Les principaux cépages de cette contrée sont : l'*Aramon*, la *Carignane*, les *Terrets*, le *Grenache*, l'*Œillade*, le *Cinsaut*, l'*Espar*, le *Morrastel*, les *Spirans*, les *Picquepoul*, les *Calitors*, la *Clairette*, les *Muscats*, les *Hybrides Bouschet*.

Aramon

Synonymie.— *Ugni noir* en Provence, *Pissevin* à Hyères, *Gros Bouteillan* à Draguignan, *Réballaïre* de la Haute-Garonne, *Plant riche* de l'Hérault, *Burchardt's Prince* dans les serres d'Angleterre.

Description.— *Souche* forte et très vigoureuse dans les terrains riches ; *port* étalé. *Sarments* rampants, d'un beau rouge clair en été, de couleur grise en hiver ; *nœuds* saillants avec l'œil d'un blanc sale et très développé ; *mérithalles* courts. *Feuilles* grandes peu découpées, glabres à leur face supérieure, garnies à la face inférieure d'un tomentum peu serré ; *sinus* pétiolaire ouvert. *Grappe* volumineuse, allongée, presque cylindrique ou légèrement ailée, à pédoncule herbacé, peu résistant. *Grains* gros, sphériques, très juteux, peu comestibles quoique assez doux, d'un noir peu foncé, dans les milieux frais et très fertiles où la production est très considérable.

Revue horticole, div. monographies. — **P. Viala** ; *Les Hybrides Bouschet.* Montpellier, C. Coulet, 1886. — **V. Pulliat** ; *Mille variétés de Vignes.* Montpellier, C. Coulet, 1888.— **H. Marès** ; *Description des cépages principaux de la région méditerranéenne de la France.* Montpellier, Coulet. — **S.-C. Leroux** ; *Ampélographie des cépages indigènes de l'Afrique française du Nord.* Blida, 1893.

Maturité.— A la troisième époque de M. Pulliat.

L'*Aramon* débourre de bonne heure, ce qui l'expose aux gelées printanières; son fruit, à peau peu épaisse, pourrit souvent dans les endroits bas, lorsque l'année est humide. Malgré ces inconvénients, la grande abondance de la production de ce cépage, qui s'est élevée, dans certaines circonstances, jusqu'à 400 hectolitres à l'hectare, lui a assuré une place très étendue dans les vignobles méridionaux. Son vin, un peu faible lorsque son rendement dépasse 100 hectolitres, comme cela a lieu dans les plaines riches et fraîches, est au contraire ferme, solide, d'une belle couleur quand il est récolté sur les coteaux; il est toujours frais et agréable. Ce sont ces qualités qui ont amené les viticulteurs du Bas-Languedoc à donner une place prédominante à l'*Aramon* dans leurs vignobles, lorsque, par suite des facilités de transport créées par les chemins de fer, ils ont substitué la production des vins de grande consommation à celle des vins de chaudière.

L'*Aramon* vient à peu près dans tous les terrains, mais il ne produit pas suffisamment dans les sols pauvres, secs ou froids. C'est dans les terres franches, profondes, perméables et riches qu'il donne les meilleurs résultats.

On connaît plusieurs variétés d'*Aramon*: 1° l'*Aramon Pignat*, très fertile, mais qui ne paraît devoir ses qualités qu'aux milieux très riches dans lesquels il est cultivé; 2° l'*Aramon à feuilles tomenteuses*, obtenu de semis par M. Marès; 3° l'*Aramon blanc*, gagné par M. Bouschet. Ces dernières variétés n'offrent pas grand intérêt au point de vue viticole.

Carignane

Synonymie.— *Monestel* dans le Var, *Bois dur*, *Carignan* dans l'Hérault.

Description.— *Souche* forte et vigoureuse, *port* érigé. *Sarments* d'un brun-rouge violacé une fois aoûtés, avec les nœuds de la base rapprochés, bois dur, d'où le nom qu'on donne quelquefois à ce cépage dans l'Hérault; les extrémités ne s'aoûtent pas toujours très bien. *Feuilles* grandes, gaufrées, tourmentées, quinquelobées, avec des sinus profonds; d'un vert assez foncé et glabres à la face supérieure, d'un vert plus pâle et faiblement duvetées sur la face inférieure; se colorant soit partiellement, soit totalement, en rouge éclatant dans l'arrière-saison. *Grappe* grosse, irrégulièrement lobée. *Grains* légèrement oblongs, noirs, moyens, peu sapides; *pédoncule* ligneux.

Maturité. — Correspondant à peu près à la troisième époque de M. Pulliat.

La maturité de la *Carignane* n'est pas toujours régulière dans les terrains bas et humides ; la grappe renferme souvent, dans ces conditions, un certain nombre de grains qui demeurent rouges. Ce cépage est également très sujet aux attaques des maladies cryptogamiques (*oïdium, anthracnose* et *mildew*), ce qui fait qu'on a dû renoncer à sa culture dans les localités qui y sont exposées jusqu'au moment où des remèdes ont été trouvés à ces maladies. Il est assez répandu dans le Languedoc, l'Algérie et surtout dans le Roussillon ; en effet, la *Carignane* est, à bien des égards, un des cépages les plus précieux du midi de la France ; c'est peut-être celui qui dans cette région allie dans la plus large mesure l'abondance de la production avec les qualités recherchées par le commerce ; son vin, un peu dur, est spiritueux et solide, et sa production s'élève parfois jusqu'à 200 hectolitres à l'hectare. La *Carignane* est enfin d'une mise à fruit hâtive et débourre tard, ce qui soustrait habituellement ses récoltes à l'action des gelées.

Les terrains qui conviennent le mieux à la *Carignane* sont ceux qui sont à la fois un peu forts et bien drainés, tels, par exemple, que les sols caillouteux à base d'argile rouge en pente ou en plaines élevées. Dans les plaines basses, son vin perd une grande partie de ses qualités au point de vue de la couleur et de l'alcoolicité, et il donne de la rudesse aux mélanges dans lesquels on l'introduit.

La *Carignane* est originaire de *Cariñena* en Aragon ; aussi avons-nous adopté pour elle l'appellation de *Carignane*, proposée par M. Marès, au lieu de celle de *Carignan*, que lui ont donnée quelques auteurs et qui semblerait lui attribuer une origine italienne.

On connaît deux variétés de *Carignane*, la *Carignane rose* et la *Carignane mouilla*, qui ne paraissent être que des modifications légères apportées au type primitif par la culture, et qui d'ailleurs n'offrent pas grand intérêt.

Les Terrets

Synonymie. — Terrain ? dans Vaucluse pour la variété noire.

On connaît trois variétés de *Terrets :* le *Terret noir*, le *Terret gris* et le *Terret blanc*. Les deux dernières ne sont probablement que des dégénérescences de la première, ainsi que le démontrent les faits suivants : M. Cazalis-Allut a vu un vieux pied de *Terret noir*, rampant sur un sol rocheux, donner, sur les coursons voisins du pied, des raisins noirs, puis plus loin des raisins gris; enfin, vers l'extrémité, des raisins blancs. M. Marès a observé des raisins moitié noirs et moitié gris, d'autres moitié gris et moitié blancs. Ce sont ces variations de couleur, fixées par la sélection des boutures, qui ont évidemment donné lieu aux trois types cultivés.

a. *Terret noir.*

Description. — *Souche* de moyenne vigueur. *Sarments* érigés, vigoureux, à mérithalles allongés, nœuds assez gros, de couleur rouge clair. *Feuilles* moyennes, quinquelobées; lobes supérieurs bien accusés, — inférieurs peu apparents; vert clair, glabres et à peu près lisses à la face supérieure, garnies d'un duvet à la face inférieure. *Grappe* grosse, cylindro-conique, irrégulièrement ailée, à grains serrés, pédoncule ligneux. *Grains* gros, oblongs, d'un rouge-violacé, croquants, juteux et agréables à manger.

Maturité. — A la troisième période de M. Pulliat.

Le *Terret noir* a été autrefois l'un des cépages les plus répandus dans le Bas-Languedoc, où ses précieuses qualités le faisaient beaucoup apprécier. Tout à la fois productif, peu accessible aux gelées et à la pourriture, il donne sur les coteaux d'excellents vins; l'ancien vignoble de Saint-Georges-d'Orques lui devait en partie sa réputation.

Il se met à fruit de bonne heure, mais vieillit assez rapidement. Il est de plus sujet à devenir *coulard*; ce caractère se fixe au bout de quelque temps et se transmet si l'on multiplie de bouture un pied qui le présente. Enfin il est très sujet aux attaques de l'oïdium.

Les inconvénients que nous venons de signaler ont contribué à le faire abandonner depuis lors, surtout dans les plaines riches et fertiles, où il a été remplacé par l'*Aramon,* qui est plus productif encore, plus précoce, et dont le vin est d'une belle couleur.

b. *Terret gris ou Terret bourret.*

Description. — Plus vigoureux et plus fertile que le *Terret noir*, il lui ressemble d'ailleurs par ses caractères d'ensemble: souche, port, sarments et feuilles. Le raisin est d'un rose-gris lilas, assez agréable à manger, mais moins estimé que le noir.

Le *Terret bourret* donne un vin incolore et sans saveur particulière, ce qui lui assure des débouchés faciles pour le coupage des vins blancs des divers crus. Cette propriété unie à sa fertilité, qui est égale, dans certains milieux, à celle de l'*Aramon*, et sa tardivité, qui lui permet d'échapper aux gelées, l'ont fait adopter, pour les bas-fonds froids, dans un grand nombre de localités en Languedoc.

c. *Terret blanc*

Description. — Identique au précédent, sauf que ces fruits sont blancs; il est rarement cultivé.

Peu répandu dans les vignobles.

GRENACHE

Synonymie. — *Bois jaune* dans quelques localités du Languedoc, *Alicante* dans l'Hérault, *Redondal* dans la Haute-Garonne, *Tinto* dans Vaucluse, *Sans pareil* dans les Basses-Alpes, *Roussillon*, *Rivesaltes* dans le Var et les Bouches-du-Rhône, *Aragonès* près de Madrid.

Description. — *Souche* très vigoureuse, atteignant parfois des dimensions considérables ; *port* érigé ou semi-érigé. *Sarments* gros, à mérithalles courts, à nœuds renflés, d'une couleur d'ocre jaune, s'aoûtant souvent d'une manière imparfaite. *Feuilles* moyennes ou petites, glabres sur les deux faces, d'un vert clair et comme vernies sur la supérieure. *Grappe* grosse, serrée, ordinairement ailée, à pédoncule ligneux. *Grains* moyens, un peu ovoïdes, d'un noir peu foncé, pruinés, à peau fine et un peu sujets à la pourriture.

Maturité. — A la troisième époque de M. Pulliat.

Le *Grenache* donne un vin agréable, moelleux et alcoolique, qui acquiert promptement de la qualité, mais qui vieillit vite en passant à la couleur pelure d'oignon, puis orange. Il entre dans la composition de divers vins connus ; il est mélangé avec une forte proportion de *Mourvèdre*, dans les vins de Bandol, avec la *Carignane* dans ceux de Banyuls, de Port-Vendres et de Collioure. Seul et vendangé très mûr lorsque ses moûts marquent 15 à 20°, il donne dans le Roussillon des vins de liqueur justement renommés.

Le *Grenache* donne de 25 à 65 hectolitres à l'hectare. Placé dans les terres riches et fraîches, il produit beaucoup, mais s'use très rapidement ; il donne de bons résultats dans les terres granitiques, dans les grès rouges et dans les marnes siliceuses ou ferrugineuses du Var, où nul autre cépage (sauf le *Calitor* et la *Clairette*) ne réussit ; il y dure assez longtemps et y produit passablement.

Le *Grenache* débourre plus tard que l'*Aramon* et est, par suite, moins sujet que lui aux gelées du printemps.

Malgré ces diverses qualités, ce cépage tend à être abandonné de plus en plus dans les vignobles méridionaux, à cause de la promptitude avec laquelle son vin perd sa couleur, pour passer au jaune, et des ravages que le mildew exerce sur lui.

On connaît plusieurs variétés de *Grenache* : 1° *Grenache gros* du Var, à fruit plus gros que celui du type, très peu stable et revenant à la forme ordinaire dès qu'on le cultive dans des conditions moins favorables que celles qui lui ont donné naissance ; 2° le *Grenache gris* ou *Grenache violet*, simple dégénérescence qui ne diffère que par la couleur du fruit ; 3° enfin le *Grenache blanc*, qui est une vraie variété issue vraisemblablement d'un semis ; il ressemble au *Grenache noir* par l'aspect des sarments et du feuillage, mais le grain du raisin est légèrement ovoïde.

Le *Grenache* est originaire d'Espagne, où il porte le nom de *Granaxa*.

Œillade

Synonymie. — *Ulliade*, *Ouillade* dans le Languedoc, la Provence et le Roussillon. A été fréquemment confondu, à tort, avec le *Cinsaut*.

Description. — *Souche* moyenne ; *port* semi-érigé. *Sarments* forts, à mérithalles moyens, à nœuds assez renflés, rougeâtres. *Feuilles* moyennes, un peu plus longues que larges, quinquelobées ; sinus pétiolaire fermé ou peu ouvert, sinus supérieur profond à peu près fermé ; dents larges, aiguës, assez profondes, d'un vert foncé et un peu rugueuses à la face supérieure, un peu cotonneuses à la face inférieure. *Grappe* grosse, un peu lâche, cylindro-conique, ailée ou lobée. *Grains* gros, ovoïdes, peu serrés, d'un beau noir, pruinés, sucrés, croquants, très agréables à manger.

Maturité. — A la deuxième époque de M. Pulliat.

L'*Œillade* débourre un peu après l'*Aramon*, mais très hâtivement encore ; aussi est-elle sujette aux gelées. Elle constitue un excellent raisin de table assez précoce. Son vin est fin et délicat, d'une couleur jolie, mais peu intense. Ce cépage est malheureusement sujet à la coulure et à la pourriture ; aussi est-il peu répandu dans le Midi, où on ne le trouve guère que dans les anciens vignobles, mélangé à d'autres anciennes variétés du pays.

On peut vraisemblablement considérer l'*Œillade blanche* comme une variété de l'*Œillade noire*, désignée aussi sous les noms de *Picardan* dans l'Hérault, de *Gallet* dans le Gard et d'*Araignan* dans le Var.

Ce type a les sarments plus érigés, à bois un peu plus clair ; les feuilles sont plus profondément découpées. Ses raisins sont légèrement musqués et très doux. Sa fertilité est moindre que celle de la race noire.

L'*Œillade blanche* a produit autrefois un vin blanc très estimé, connu sous le nom de *Picardan*; mais, sa culture étant aujourd'hui de plus en plus abandonnée, on lui a substitué, dans la préparation de ce vin, la *Clairette*, tout en lui laissant son ancien nom.

CINSAUT

Synonymie.— *Bourdalès* ou *Boudalès* dans les Pyrénées-Orientales, *Bourdelas* dans les Hautes-Pyrénées, *Cinq saou* dans l'Hérault, *Picardan noir* (par erreur, puisque le *Picardan* est une variété de l'*Œillade*) dans le Var, *Plant d'Arles*, *Espagnen* dans Vaucluse, *Salerne* à Nice, *Ulliade noire* par erreur dans certaines collections, à cause de la ressemblance qui existe avec ce cépage, dont il est pourtant bien distinct à certains points de vue.

Description.— *Souche* moyennement ou peu vigoureuse, *port* étalé. *Sarments* de longueur moyenne, grêles, à mérithalles allongés, nœuds de volume moyen. *Feuilles* assez grandes, bien que plus petites que celles de l'*Œillade*, plus découpées, sinus pétiolaire étroitement ouvert, sinus latéraux supérieurs profonds et étroits, inférieurs moins profonds; glabres à peu près lisses et d'un vert plus pâle que celles de l'*Œillade* à la face supérieure, cotonneuses à la face inférieure. *Grappe* grosse, cylindro-conique, un peu rameuse, plus ou moins lâche; *pédoncule* herbacé. *Grains* plus gros que ceux de l'*Œillade*, d'un beau noir pruiné à la maturité, croquants, d'une saveur fraîche très agréable.

Maturité. — Plus hâtive que celle de l'*Œillade* (première-deuxième époque de M. Pulliat).

Le *Cinsaut* donne de 30 à 60 hectolitres par hectare d'un excellent vin peu coloré, d'un bouquet particulier et agréable, mais c'est surtout comme raisin de table qu'il est cultivé; on en expédie chaque année d'assez grandes quantités à la halle de Paris. Il est peu sujet à la gelée à cause de son débourrement très tardif; il est, par contre, très sensible au mildew.

Les terrains qui lui conviennent le mieux sont ceux qui sont chauds et substantiels; dans les coteaux, il donne plus que l'*Aramon* placé dans ces mêmes conditions.

Ce cépage joue un rôle important dans la constitution du vignoble de Saint-Georges-d'Orques, et l'on peut attribuer à sa présence une partie des qualités du vin que l'on y récolte.

ESPAR

Synonymie.— *Mourvèdre*, *Tinto*, *Catalan*, *Négré* en Provence, *Benada* ou *Benadu* dans Vaucluse, *Plant de Saint-Gilles* dans le Gard,

Mataro dans les Pyrénées-Orientales, *Balzac* dans les Charentes, *Fleuron*, *Charnet*, *Espagnen* dans l'Ardèche, *Etrangle chien* dans la Drôme, *Trinchiera* à Nice.

Description. — *Souche* assez vigoureuse, s'élevant promptement. *Sarments* érigés; à mérithalles courts, à nœuds gros, d'une couleur brun-jaunâtre une fois aoûtés. *Feuilles* moyennes, quinquelobées, mais avec les sinus latéraux (les supérieurs surtout) très peu profonds; sinus pétiolaire ouvert; deux séries de dents un peu aiguës; face supérieure d'un vert foncé, un peu rugueuse; face inférieure duveteuse et blanchâtre. Pétiole et nervures rouge-brun foncé. *Grappe* moyenne, cylindro-conique, avec de petites ailes; à pédoncule ligneux, couleur bois près du sarment, vert près de la grappe. *Grains* moyens, sphériques, serrés, noirs, pruinés, sucrés et juteux, mais un peu âpres et désagréables à manger.

Maturité.— A la troisième époque de M. Pulliat.

Le *Mourvèdre* est celui des plants méridionaux dont l'aire est la plus étendue; on le rencontre depuis les Alpes-Maritimes jusqu'au delà des Pyrénées-Orientales, et, en remontant vers le Nord, jusque assez avant dans la Drôme, il constitue également un élément important dans le vignoble des Charentes. C'est le cépage par excellence de la Provence, où, uni au *Grenache*, il forme la base des vins de Pierrefeu et de Bandol dans le Var, lesquels sont les plus appréciés pour les transports d'outre-mer. La faveur dont il jouit est d'ailleurs bien justifiée par ses qualités remarquables; son vin, un peu âpre, est d'une belle couleur et d'une grande solidité. Sa production, moindre que celle de la *Carignane* (de 30 à 50 hectolitres), est du moins très régulière, parce qu'il débourre tard et est par suite peu sujet aux gelées; il coule rarement et résiste habituellement assez bien à l'action des maladies cryptogamiques.

Bien que peu difficile sur la nature du sol, le *Mourvèdre* ne prospère et ne donne tout le produit qu'il est susceptible de fournir que dans les bons terrains. Les côtes calcaires, fertiles avec sous-sol de roche fendillée, les plaines élevées argilo-calcaires ou formées par le *diluvium alpin*, chaudes et bien drainées, lui conviennent particulièrement.

Le *Mourvèdre* est d'origine espagnole, il nous vient probablement de *Murviedro* (Valence).

MORRASTEL

Synonymie. — *Mourrastel* ou *Monestel* (par corruption) dans l'Hérault, l'Aude et les Pyrénées-Orientales, ce dernier nom risque d'amener de la confusion avec le *Monestel* du Var, qui est la *Carignane*; aussi devrait-il être complètement abandonné.

Description. — *Souche* assez vigoureuse. *Sarments* érigés, assez gros (moins cependant que ceux du *Mourvèdre*), à mérithalles moyens et à nœuds de grosseur moyenne, de couleur acajou. *Feuilles* moyennes, tri ou quinquelobées, sinus pétiolaire presque fermé; deux séries de dents aiguës; face supérieure d'un beau vert, glabre et presque lisse; face inférieure garnie d'un duvet aranéeux. *Grappe* assez grosse, cylindro-conique, ailée. *Grains* serrés, petits, noirs, sphériques, âpres et peu agréables à manger; *pédoncule* ligneux.

Maturité. — Correspondant à la troisième époque de M. Pulliat.

Ce cépage ressemble beaucoup au *Mourvèdre*, dont il diffère cependant par ses feuilles d'un vert moins sombre, à lobes plus arrondis, surtout par les feuilles naissantes des extrémités du sarment qui sont roussâtres chez lui, tandis qu'elles sont blanchâtres dans le *Mourvèdre*. Il a le port de ce dernier, mais ses sarments sont plus rouges.

Le *Morrastel* donne un très bon vin plus noir que celui du *Mourvèdre*; il est peu sujet à la gelée, à cause de l'époque tardive de son débourrement; il redoute également peu la coulure, mais son raisin donne peu de jus; il produit peu dans les sols légers ou dans ceux qui, par leur fraîcheur et leur fertilité, favorisent beaucoup le développement de ses sarments. Ce sont les terrains en coteaux forts et argileux ou de consistance moyenne où il donne les meilleurs résultats. Son rendement, qui est habituellement de 25 à 30 hectolitres, peut atteindre, dans de très bonnes conditions, 50 hectolitres.

Ce cépage paraît orinaire d'Espagne.

LES SPIRANS

Les *Spirans* forment un groupe de cépages fort intéressant, qui renferme trois types: le *Spiran noir*, qui est le plus répandu; le *Spiran gris* et le *Spiran blanc*. Les deux premiers semblent identiques entre eux, sauf la couleur du fruit; le troisième paraît une variété distincte.

a. *Spiran noir*

Synonymie. — *Aspiran noir*, *Verdal* dans l'Hérault, *Piran* dans le Gard, *Riveyran* dans l'Aude, *Epiran* d'après le comte Odart.

Description. — *Souche* moyennement vigoureuse. *Sarments* semi-érigés, un peu grêles, à *mérithalles* moyens, d'une couleur rouge clair. *Feuilles* moyennes, quinquelobées, à sinus profonds; dents profondes, inégales, assez larges, donnant à la feuille un aspect très élégant; face supérieure d'un vert-jaunâtre et glabre, face inférieure avec un léger duvet lanugineux sous les nervures et sous-nervures. *Grappe* moyenne, un peu ailée, serrée. *Grains* moyens, légèrement ovoïdes, à peau un peu épaisse, d'un noir-violacé, pruinés, juteux, d'une saveur fraîche, très agréables à manger.

Maturité assez précoce (première-troisième époque de M. Pulliat).

Le *Spiran noir* est un excellent raisin de table très estimé dans le Midi; il donne également un vin doué d'une grande finesse, mais peu coloré. Son rendement s'élève de 30 à 50 hectolitres par hectare environ. Il est peu sujet aux gelées, bien que son débourrement ne soit pas très tardif, par suite de la hauteur de sa souche.

Les sols qui conviennent le mieux à ce cépage sont ceux qui sont tout à la fois substantiels et chauds, tels, par exemple, que les terrains rocailleux rouges, d'une certaine fertilité, situés en coteaux.

b. *Spiran gris*

Synonymie. — *Verdal* dans l'Hérault.

Le *Spiran gris* est identique au noir, sauf pour la coloration de son fruit. Ce dernier est d'un gris clair, qui varie d'intensité suivant qu'il a été plus ou moins directement exposé au soleil, tandis qu'il reste presque vert à l'ombre ; il prend une teinte presque violâcée sur les côtés bien éclairés.

Le *Spiran gris* est peu cultivé, bien qu'il donne un très bon vin blanc.

c. *Spiran blanc*

Le *Spiran blanc* diffère des précédents par son bourgeonnement, qui est plus duveteux et plus blanc, et par l'aspect plus tomenteux de la face inférieure de ses feuilles. Sa grappe est plus courte et moins grosse; ses fruits, très blancs, très pruinés, sont plus tardifs. C'est, comme les variétés noire et grise, un excellent raisin de table.

Les Piquepouls

Le groupe des *Piquepouls* est composé de trois variétés ne différant entre elles que par la couleur de leur fruit et qui paraissent de simples dégénérescences du type noir, auquel le gris revient quelquefois.

a. *Piquepoul noir*

Synonymie. — *Picpoul noir*, *Picpouille* dans l'Aude et l'Hérault; *Picapulla* dans le Roussillon et la Catalogne.

Description.— *Souche* vigoureuse, acquiert de grandes dimensions dans les terrains qui lui conviennent. *Sarments* érigés, assez gros, à mérithalles courts, à nœuds renflés, rouge clair, rayés. *Feuilles* moyennes, quinquelobées, à sinus pétiolaire et latéraux profonds, presque fermés ; face supérieure glabre et d'un vert gai ; face inférieure garnie d'un léger duvet court. *Grappe* moyenne, assez ailée. *Grains* petits, légèrement ovoïdes, noirs, très juteux, à peau fine, à jus doux.

Maturité tardive (troisième époque tardive de M. Pulliat).

Le *Piquepoul noir* est surtout répandu dans le Roussillon et dans la Drôme ; il donne un vin fin et délicat, mais il est peu productif, sujet à s'égrener et à la pourriture dans les années humides. Il peut prospérer dans les terrains arides et pauvres et y donner des produits relativement satisfaisants ; ce sont les sols caillouteux, un peu forts ou marneux, qui lui conviennent le mieux. Il redoute peu les gelées, parce qu'il végète tardivement, mais il est sujet à la coulure.

b. *Piquepoul gris ou rose*

Ce cépage est identique, par ses caractères généraux et ses aptitudes, avec le précédent ; son raisin seulement est d'un rose foncé grisâtre et il est plus fertile que lui.

Le vin du *Piquepoul gris* est connu sous le nom de Piquepoul ; c'est l'un des meilleurs vins blancs du Midi ; sa production s'élève de 20 à 40 hectolitres par hectare.

C'est cette variété qui est la plus largement employée dans l'Hérault ; elle réussit très bien dans les sols sableux, où ses produits sont plus avantageux que ceux des vignes à raisin rouge.

c. *Piquepoul blanc*

Très peu répandu, ne diffère des précédents que par la couleur blanche de son fruit et par l'époque un peu plus hâtive de sa maturité.

LES CALITORS

Les *Calitors* sont très anciennement répandus dans le midi de la France, mais notamment en Provence ; ils ont donné lieu à trois variétés : l'une noire, l'autre grise et la troisième blanche, qui ne diffèrent entre elles que par la couleur du fruit.

a. *Calitor noir*

Synonymie. — *Foirard* (Olivier de Serres), *Fouiral* dans l'Hérault, *Charge-mulet* ou *Cargomuou*, *Pecoui touar*, *Ginoux d'Agasso* en Provence, *Mouillas* dans l'Aude, *Cayau*, *Sigotier* dans les Basses-Alpes, *Braquet*, *Bracchetto*, *Nœud court* dans les Alpes-Maritimes, *Canseron* dans le Gard.

Description. — *Souche* très vigoureuse. *Sarments* semi-érigés, gros, à mérithalles courts, nœuds assez gros et un peu aplatis, d'une couleur rouge clair, un peu terreuse. *Feuilles* moyennes, quinquelobées, profondément découpées, avec des dents aiguës ; face supérieure d'un vert foncé, face inférieure duveteuse et blanchâtre. *Grappe* grosse, un peu ailée, assez allongée. *Grains* gros, sphériques, juteux, à peau d'un rouge obscur, d'autant moins foncé que la souche est plus chargée de récolte.

Maturité tardive (troisième époque tardive de M. Pulliat).

Ce cépage, bien qu'ordinairement conduit à la taille courte, se prête à la taille longue.

Le raisin du *Calitor* récolté sur les coteaux est comestible, bien que de qualité inférieure ; il donne un vin faible et peu coloré qui s'altère facilement ; il est sujet à la pourriture. Ces défauts ont fait renoncer d'une manière presque générale à sa culture dans le Midi. Pourtant sa grande rusticité, qui lui permet de prospérer dans les plus mauvais sols et même dans les terrains salés où dépérissent la plupart des autres cépages, peut, dans certains cas, le faire adopter malgré ces inconvénients.

b. *Calitor gris*

Synonymie.— *Saoûle Bouvier* dans l'Hérault. Ce type, qui ne diffère du précédent que par la couleur du fruit, donne un vin d'assez bonne qualité, mais il n'existe qu'à l'état de souches éparses çà et là dans les anciens vignobles.

c. *Calitor blanc*

Cette variété est très fertile et répandue dans le Gard, d'après M. Marès.

Clairette

Synonymie.— *Clairette de Trans* dans le Var, *Clairette verte*, *Petite Clairette* dans d'autres parties du Midi, *Blanquette* dans l'Aude, où on ne la confond pourtant pas avec la variété qui donne le vin dit Blanquette de Limoux, *Petit blanc* à Aubenas ; *Clairette* d'Olivier de Serres.

Description. — *Souche* vigoureuse. *Sarments* érigés, longs, de moyenne grosseur, à mérithalles un peu courts. *Feuilles* moyennes quinquelobées, à sinus pétiolaire fermé, sinus latéraux peu profonds, à dents peu aiguës; face supérieure d'un vert très foncé, face inférieure blanche d'un duvet très serré. *Pétiole* ordinairement teinté de rose. *Grappe* moyenne, cylindro-conique, peu serrée. *Grains* petits, ovoïdes, blancs, ambrés, pruinés, d'une saveur agréable.

Maturité.— A la troisième époque de M. Pulliat.

La *Clairette* est très répandue dans le midi de la France, où on la trouve sur tout le littoral et remontant jusqu'assez haut dans la Drôme. Elle est notamment cultivée assez en grand dans certaines parties de l'Hérault, où elle donne lieu à un vin blanc connu sous le nom de Picardan, parce qu'il se faisait autrefois avec le cépage de ce nom. Elle sert dans diverses localités à faire des vins mousseux qui jouissent d'une certaine réputation locale, tels que la Clairette de Trans (Var) et celle de Die (Drôme). On en obtient des vins secs qui, bien préparés, rappellent ceux de Madère ou des vins doux qui à la longue prennent bien le goût de *rancio*. Mélangée en petite quantité avec les raisins de cépages rouges, elle donne au vin de la finesse et de l'agrément, et, loin d'en diminuer la coloration, son moût paraît au contraire agir favorablement pour l'extraction de la matière colorante de ces derniers. Ses raisins sont excellents pour la table et se conservent bien pendant l'hiver.

Les rendements de la *Clairette* sont fort variables suivant les milieux, mais on peut les considérer comme s'élevant en moyenne de 25 à 30 hectolitres par hectare.

Ce cépage est un de ceux qui se développent le mieux dans les endroits ombragés; il se prête également à la taille longue et à la taille courte. Dans les milieux frais et fertiles, il s'emporte facilement en bois et nécessite des pincements. Il est sujet à la coulure et devient facilement *avalidouïre* par suite de la dégénérescence de ses fleurs. Il est enfin fréquemment atteint par l'*anthracnose ponctuée*, qui a obligé dans certains endroits à renoncer à sa culture.

Les terrains qui conviennent le mieux à la *Clairette* sont ceux d'une nature un peu forte et argileuse, mais bien assainis.

On connaît plusieurs variétés de *Clairette :* la *blanche*, la *verte* et la *rose;* les deux premières ne sont que le résultat des conditions de milieu et se modifient dès qu'on les déplace ; la troisième, plus fixe, ne diffère du type que par la couleur de son fruit.

Les Muscats

Les *Muscats* (*Apianæ — qui attirent les Abeilles —* des Romains) constituent un groupe de vignes ayant pour caractère commun l'arome particulier de leur fruit, que l'on désigne dans le midi de la France sous le nom de *Muscat*. L'une de leurs variétés produit des vins très renommés en diverses contrées : c'est le *Muscat blanc,* dont nous allons donner la description.

Muscat blanc

Synonymie.— Muscat de Frontignan, *Muscat de Rivesaltes*, *Moscatel menudo blanco* de dom Rojas Clémente

Description. — Souche assez vigoureuse. *Sarments* étalés, forts, à mérithalles courts, à nœuds un peu renflés, d'une couleur rouge-brun. *Feuilles* moyennes, aussi larges que longues, tri ou quinquelobées, avec le sinus pétiolaire fermé ou presque, les sinus latéraux supérieurs profonds, les autres peu apparents ; à dents assez profondes et aiguës ; face supérieure d'un beau vert, glabre et unie ; face inférieure plus pâle, très légèrement duveteuse sur les nervures. *Grappe* moyenne, ordinairement cylindrique, quelquefois un peu ailée. *Grains* moyens, sphériques, de volume un peu irrégulier, souvent déformés par la pression mutuelle qu'ils exercent les uns sur les autres ; fermés, d'un jaune ambré nuancé de brun-roussâtre du côté exposé au soleil ; *pédoncule* long et vert.

Maturité précoce (entre la deuxième et la troisième époque de M. Pulliat).

Le *Muscat* débourre de bonne heure, aussi doit-on le planter dans des localités élevées et peu exposées aux gelées de printemps; il redoute l'action des grands froids de l'hiver, qui amènent quelquefois la destruction des souches.

Le *Muscat* est tardif à entrer en production et ne donne jamais un rendement élevé lorsqu'on lui applique la taille courte; néanmoins, comme ses produits sont incomparablement supérieurs en qualité lorsqu'on le soumet à ce régime, on ne lui donne de longs bois dans aucun des vignobles où on le cultive pour le vin. Le greffage hâte l'époque de sa mise à fruit et paraît exercer une influence heureuse sur la quantité et la qualité de ses produits.

Les sols caillouteux, substantiels, bien drainés et chauds, où le raisin peut attendre sans danger de pourriture que le moût ait atteint 18° à 19°, sont ceux qui lui conviennent le mieux.

Le *Muscat* donne un raisin de table très estimé dans le Midi. Les vins qu'il produit peuvent être classés parmi les premiers entre les vins de liqueur; il forme la base des crus renommés de Rivesaltes, Frontignan, Lunel et Maraussan. Mélangé avec les raisins secs du *Teinturier*, qui le colore en rouge, il produit le vin célèbre de Constance, au cap de Bonne-Espérance, où il a été importé, lors de la révocation de l'Édit de Nantes, par des réfugiés protestants français. Il donne enfin dans les Bouches-du-Rhône, uni au *Mourvèdre*, un vin peu connu, mais d'une réelle valeur, connu sous le nom de Muscat de Cassis.

A côté du *Muscat blanc*, dans les vignobles où il est cultivé, on trouve une variété *rouge* et une autre *grise* ou *rose*, qui n'en diffèrent que par la couleur de leur fruit. Elles sont peu cultivées; pourtant, à Frontignan, on fait quelque peu de vin de Muscat rouge, qui ressemble beaucoup au vin de Constance.

Le *Muscat de Rivesaltes*, dont quelques auteurs ont fait une variété à part et dont le revers de la feuille serait un peu plus blanc que chez le *Muscat de Frontignan*, n'est probablement, ainsi que paraît le supposer M. Marès (1), que le produit d'une légère modification résultant des conditions de milieu.

(1) H. Marès. — *Des vignes du midi de la France.* (*Le Livre de la Ferme*, 1865).

CÉPAGES DITS HYBRIDES-BOUSCHET

Ainsi que nous l'avons dit précédemment, les tentatives pour créer de nouveaux cépages à vin, par les semis, sont de date récente en Europe : MM. Bouschet de Bernard père et fils sont les premiers qui se soient sérieusement engagés dans cette voie; les résultats considérables auxquels ils sont arrivés par ce moyen sont dignes de fixer l'attention et d'encourager à entreprendre de nouveaux essais. Ces Messieurs ont fécondé successivement les principaux cépages de l'Hérault par le *Teinturier* du Cher, dont le raisin, comme on le sait, a le jus rouge; ils ont obtenu ainsi une série de types nouveaux, dont plusieurs ont une valeur considérable au point de vue pratique pour le midi de la France, où ils se sont rapidement répandus.

On a donné à ces cépages le nom d'*Hybrides Bouschet* (1); mais, pour peu qu'on y réfléchisse, on ne tardera pas à reconnaître que c'est improprement qu'ils ont été ainsi qualifiés; en effet, les hybrides sont le résultat du croisement effectué entre deux *espèces* d'un même genre, tandis que les parents des cépages Bouschet appartiennent tous deux au V. VINIFERA. Ils n'ont même pas, au point de vue botanique, la valeur des *métis*, ces derniers prenant naissance par l'union de deux *races* ou *variétés* distinctes. On ne peut les regarder que comme l'équivalent des produits des plantes *dioïques*, dans lesquels deux individus distincts, mais de même espèce, impriment chacun une part de leurs caractères propres à leurs descendants (2).

Quoi qu'il en soit d'ailleurs de cette question purement théorique, nous décrirons ci-après les plus importants et les plus répandus de ces cépages.

PETIT-BOUSCHET

Synonymie. — *Teinturier Bouschet* quelquefois dans l'Hérault.

Description. — *Souche* vigoureuse. *Sarments* étalés, vigoureux, à mérithalles assez longs. *Feuilles* moyennes, plus longues que larges, quinquelobées, avec le sinus pétiolaire ouvert; les sinus latéraux bien marqués, à dents inégales, courtes et aiguës, la face supérieure

(1) Voir à l'appendice (note 4) une liste annotée de ces nouveaux cépages.

(2) La permanence remarquable des caractères du *Teinturier* permet cependant de considérer ce cépage comme une vraie *variété*.

glabre, avec des nervures d'un rouge-violacé, se teintant de rouge sang sur son pourtour lors de la maturité du fruit, et passant au rouge foncé ensuite; la face inférieure recouverte d'un duvet aranéeux. *Grappe* grosse, conique, ailée, un peu lâche. *Grains* de moyenne grosseur, sphériques, d'un noir foncé, à jus rouge foncé.

Maturité précoce, à la première époque.

Le *Petit-Bouschet* est remarquable par la coloration de son jus, qui donne des vins d'un très beau rouge; par la précocité de son fruit, qui mûrit dix à douze jours avant l'*Aramon* et lui permet de remonter beaucoup plus au Nord que lui; enfin par l'abondance de ses produits qui, dans de bons terrains, peuvent dépasser 100 hectolitres à l'hectare. Il jouit de la propriété très intéressante de résister mieux que la plupart des autres cépages méridionaux aux attaques du *mildew*, sans être pourtant tout à fait indemne par rapport à ce parasite, ainsi qu'on l'avait cru d'abord. Il a persisté également pendant plus longtemps dans les vignobles phylloxérés du Midi que la plupart des autres cépages.

Malheureusement, son vin plat et peu alcoolique n'a de valeur que comme colorant.

Les terres qui conviennent le mieux au *Petit-Bouschet* sont celles qui sont riches et profondes; c'est là qu'il rend le plus et qu'il est le plus utile de le cultiver pour compenser le défaut de coloration des vins qui y sont produits par les autres cépages.

Le *Petit-Bouschet* serait, d'après M. Bouschet, le produit d'un croisement entre l'*Aramon* et le *Teinturier*.

Alicante Bouschet (1) extra-fertile

Description.—*Souche* assez vigoureuse. *Sarments* étalés, longs, gros, légèrement sinueux, à mérithalle moyennement allongé, à nœuds assez gros, d'un jaune vineux clair après l'aoûtement. *Feuilles* moyennes, presque entières, orbiculaires, épaisses, à sinus pétiolaire en V ouvert, formant une gouttière assez prononcée suivant la nervure centrale, avec bords fortement révolutés vers la face inférieure; face supérieure luisante, glabre, d'un vert foncé, prenant avant l'arrière-saison une coloration rouge-brun foncé; face inférieure avec des poils

(1) M. Henri Bouschet de Bernard mentionne dans la traduction de l'*Essai Ampélographique* de Rovasenda six types d'*Alicante-Bouschet;* nous décrivons ici les plus recommandables.

aranéeux par bouquets. *Grappe* moyenne, cylindro-conique, non ailée. *Grains* moyens, un peu plus gros que ceux du *Grenache*, sphériques, légèrement déprimés, noirs, moins pruinés que ceux du *Grenache*, jus rouge, plus sucrés que ceux du *Petit-Bouschet*.

Maturité assez hâtive.

L'*Alicante Bouschet*, peu connu en premier lieu, tend actuellement à se répandre à cause de la supériorité de son vin sur celui du *Petit-Bouschet*; il est d'un rouge remarquablement brillant, alcoolique et assez agréable. On lui reproche de prendre au bout de peu de temps la couleur pelure d'oignon, comme le *Grenache*, mais à un beaucoup moindre degré. Il est issu des croisements de ce dernier cépage avec le *Teinturier*, est un peu plat et peu alcoolique lorsqu'on le cultive dans les terres profondes et fraîches, qui sont celles qui lui conviennent le mieux et où il peut rendre les plus grands services pour compenser le défaut de coloration des vins qui y sont produits par les autres cépages.

ALICANTE HENRI-BOUSCHET

Synonymie.— Alicante Bouschet n° 2. L'*Alicante Bouschet n° 2* n'est pas né de la même graine que l'*Alicante Henri-Bouschet*, mais il est issu du même croisement et possède des caractères et des qualités identiques à ceux de ce dernier (1).

Description.— Souche vigoureuse, à port presque rampant. *Sarments* de l'année jaunes ou jaunes vineux. *Feuilles* jeunes, grandes, légèrement trilobées, à tomentum abondant sur le revers, d'un vert-jaunâtre nuancé de roux à la page supérieure ; — adultes, moyennes, entières, orbiculaires, à sinus pétiolaire profond en V et variable dans son ouverture, ce qui entraîne des variations dans la situation du limbe, mais en général un peu en gouttière au centre avec bords incurvés du côté du sinus basilaire ; face supérieure d'un beau vert foncé et assez luisante ; face inférieure d'un vert-blanchâtre, avec un tomentum aranéeux assez abondant sur les sous-nervures. *Grappe* grosse, épaisse, tronc-conique, ample et jamais tassée, à aile très développée. *Grains* sur-moyens, à pulpe abondante et fondante, d'un noir vineux foncé, jus d'un rouge sang foncé et vif à saveur sucrée et fraîche (2).

(1) Voir P. Viala.— *Les Hybrides Bouschet*, pag. 86.

(2) M. P. Viala a bien voulu me communiquer la description ci-dessus, extraite des notes qu'il avait préparées en vue de l'ouvrage cité précédemment.

Maturité. — A la deuxième époque.

L'*Alicante Henri-Bouschet* a été récemment signalé aux viticulteurs, dont il a vivement attiré l'attention, par M. Bouschet de Bernard. On peut le considérer comme l'un des types les plus précieux obtenus par M. Henri Bouschet: son vin est remarquable par sa couleur rouge-noir vif et grenat, il a du corps et de la finesse tout à la fois. De plus, sans donner les mêmes rendements que l'*Aramon* ou le *Petit-Bouschet*, il est d'une bonne fertilité. Enfin il paraît jusqu'ici peu accessible au *mildew*. Ce sont les sols de moyenne consistance et bien sains qui conviennent le mieux à ce cépage. On a signalé, ces dernières années, des échecs dans son emploi en certains milieux; il semble que les terres basses et un peu humides lui sont particulièrement défavorables, parce qu'il s'y aoûte mal et qu'il souffre alors de l'action des hivers rigoureux; il redoute l'*anthracnose*. Dans les coteaux ou les plaines un peu élevées et caillouteuses, au contraire, il se comporte habituellement bien.

Alicante Bouschet a sarments érigés

Description. — *Souche* vigoureuse, à port très érigé, à bois de l'année d'une teinte gris-jaunâtre rayée de brun, jeunes feuilles entières, d'un jaune-verdâtre uniforme à la page supérieure. *Feuilles* adultes moyennes, un peu allongées, peu profondes, trilobées, fortement bullées et gaufrées ; sinus pétiolaire en V profond et presque fermé; face supérieure d'un vert assez foncé et peu luisante; face inférieure avec léger tomentum aranéeux. *Grappe* moyenne, épaisse et pyramidale, très dense, pédoncule très dur à l'insertion. *Grains* surmoyens, sphériques, déprimés par la pression ; pulpe à jus d'un rouge brillant (1).

L'*Alicante Bouschet* à sarments érigés est d'une production régulière, sauf dans une variété coularde que l'on doit éliminer avec soin par la sélection; son vin est d'une très belle couleur rouge intense. La disposition de ses rameaux permet d'exécuter les labours à la charrue pendant toute la durée de sa végétation.

(1) La description ci-dessus nous a également été, ainsi que la suivante, communiquée par M. Viala.

ARAMON TEINTURIER BOUSCHET

Description. — *Souche* peu vigoureuse, à port étalé, à bois de l'année d'un gris-brunâtre. *Bourgeonnement* blanchâtre, duveteux; jeunes feuilles trilobées, avec tomentum laineux, blanc à la face supérieure. *Feuilles* plutôt grandes, presque aussi larges que longues, 3, sublobées, à sinus pétiolaire assez profond en U carré, nervure d'un vert-jaunâtre clair; face supérieure d'un beau vert foncé, face inférieure d'un vert-blanchâtre, avec tomentum aranéeux peu abondant. *Grappe* très grosse, tronc-conique lâche, à rafle et pédoncule vert clair et cassant. *Grains* gros, globuleux, d'un noir-violacé foncé, à peau fine, pulpe abondante, à jus d'une couleur rouge vineux assez foncé et brillante.

Maturité. — A la deuxième époque.

L'*Aramon Teinturier Bouschet* a été récemment répandu dans les vignobles, et il est encore insuffisamment connu pour être jugé d'une manière définitive ; néanmoins, il s'est fait remarquer jusqu'à présent par sa grande fertilité et la tardivité de son bourgeonnement, qui lui permet d'échapper aux gelées. Son vin paraît équivaloir à peu près à celui de l'*Aramon*, plus la couleur qui est d'un rouge vif foncé. Il semble malheureusement sujet à la coulure et prompt à s'épuiser sous l'influence de sa très grande production; tous ceux que nous avons observés jusqu'ici nous ont, du moins, paru rabougris, sans autre cause appréciable.

TERRET BOUSCHET

Description.— *Souche* assez vigoureuse, à *port* étalé, bois de l'année d'un rose vineux sur fond jaune. *Bourgeonnement* presque glabre, feuilles moyennes, un peu allongées, cordiformes, 3, sublobées; sinus pétiolaire assez profond en V et ouvert, à bords légèrement tomenteux sur le revers. *Grappe* grosse ramifiée, conique et presque lâche. *Grains* sur-moyens, globuleux, à peau résistante, à jus abondant, d'un rouge vineux peu intense.

Le *Terret Bouschet* est un cépage de moindre valeur que les précédents, et on ne saurait le recommander au même titre que les *Alicante Bouschet*, par exemple. Son vin est de couleur rouge vif, mais peu foncé. Il est très productif, et c'est là sa principale qualité. Sa maturité est plus tardive que celle des autres *Bouschet*. Il débourre tardivement, mais redoute beaucoup le *mildew*.

Aspiran Bouschet

Description. — *Souche* vigoureuse, à port presque rampant, bois fortement enviné à l'état herbacé, d'un gris cendré clair sur fond vineux lorsqu'il est aoûté. *Bourgeonnement* duveteux, rouge-violacé clair. *Feuilles* grandes, aussi larges que longues, profondément découpées, quinquelobées ; les sinus latéraux et pétiolaire profonds, fermés au sommet, laissant un trou à la base ; nervures envinées, pourtour liséré de rouge vineux ; face supérieure d'un vert mat foncé ; face inférieure à fortes nervures, pourvues de nombreux poils courts et raides, à rares poils aranéeux sur le parenchyme ; d'un carmin vineux clair à l'automne. *Grappe* sur-moyenne, allongée, tronc-conique, lâche. *Grains* sur-moyens ellipsoïdes, à pruine très abondante ; *pulpe* à saveur très agréable ; jus d'un rouge sang intense, à couleur vive.

Maturité. — A la troisième époque.

L'*Aspiran Bouschet* est encore peu connu; il paraît moins productif que les cépages *Bouschet* que nous avons étudiés précédemment, mais il est remarquable par la coloration très intense de son vin, qui est le plus foncé que nous ayons vu jusqu'ici en France. C'est à ce titre qu'il mérite d'être particulièrement signalé.

B. — Cépages de la Provence

La Provence est la partie de la région méditerranéenne dont les vignobles renferment peut-être le plus grand nombre de cépages ; indépendamment de ceux que nous venons de mentionner comme prédominant en Languedoc et que l'on y trouve tous, elle en possède en propre un certain nombre qui lui sont spéciaux ou que l'on y rencontre tout au moins plus fréquemment qu'autre part. Tels sont, par exemple, le *Brun fourca*, le *Tibouren*, les *Grecs rouge* et *blanc*, le *Pascal blanc*, le *Colombaud* et l'*Ugni blanc* ; nous allons les décrire.

Brun fourca

Synonymie. — *Farnous* en Provence, *Moulan*, *Mourastel-Flourat*, *Moureau* dans l'Hérault.

Description. — *Souche* moyennement vigoureuse. *Sarments* forts, érigés, à mérithalles allongés, à nœuds assez gros, d'un rouge terne et grisâtre une fois le bois aoûté. *Feuilles* d'un aspect tourmenté, moyennes, quinquelobées, avec le sinus pétiolaire fermé par la superposition des bords des lobes latéraux ; les sinus latéraux peu profonds, deux séries de dents larges et peu profondes ; face supérieure glabre, d'un beau vert ; — teintées en rouge, soit partiellement, soit sur toute leur surface, à l'arrière-saison ; face inférieure avec quelques poils courts sur les nervures. *Grappes* grosses, ailées, de forme un peu irrégulière. *Grains* gros, ovoïdes, noirs, couverts d'une pruine abondante (d'où le nom de *Farnous* ou enfariné en Provence, et de *Flourat* ou fleuri en Languedoc), s'égrènent facilement, d'une saveur sucrée, un peu acidulée. Un certain nombre de grains restent souvent non colorés dans la grappe.

Maturité hâtive (deuxième époque, un peu tardive, d'après M. Pulliat).

Le *Brun fourca* est un cépage fertile lorsqu'on le cultive dans les terrains profonds, riches et bien drainés ; il peut y donner jusqu'à 75 hectolitres et plus, par hectare, d'un vin d'une belle couleur et d'assez bonne qualité. Il débourre tard et est peu sujet à la gelée. Ces avantages sont contre-balancés par les inconvénients suivants : il redoute les *retours de sève*, son fruit s'égrène à la maturité et pourrit facilement dans les années humides; enfin il est difficile sur la nature du sol et vieillit et dégénère promptement quand on le place dans un terrain pauvre. Ces défauts tendent à faire abandonner de plus en plus le *Brun fourca* même en Provence, où il a occupé autrefois une place assez importante.

M. Pellicot signale deux variétés de *Brun fourca* qui ne sont que des dégénérescences du type que nous venons de décrire. L'une, dite *bouquetier* en Provence, coule ; l'autre donne une forte proportion de grains verts dans les grappes.

Tibouren

Synonymie. — *Antibouren, Antibois, Geysserin* dans le Var.

Description. — *Souche* assez vigoureuse. *Sarments* érigés, assez forts, peu allongés, mais nombreux sur la souche, à mérithalles moyennement allongés et nœuds peu saillants, d'une couleur grisblanchâtre en hiver. *Feuilles* grandes, un peu plus larges que longues, quinquelobées, à sinus pétiolaire largement ouvert, sinus latéraux très profonds et ouverts, dents profondes, étroites et aiguës ;

face supérieure glabre, face inférieure duveteuse, d'un vert-grisâtre, à nervures saillantes. *Grappe* moyenne ou grosse, souvent rameuse, sujette à la coulure ; grains sphériques, d'un violet-noirâtre, à peau mince, sucrés et agréables à manger.

Maturité hâtive (première époque de M. Pulliat).

Le *Tibouren* débourre promptement (en même temps que l'*Aramon*) et est par suite sujet aux gelées ; son fruit ne se colore pas toujours bien lorsque la récolte est abondante ; enfin il produit facilement des types coulards.

On connaît une variété de *Tibouren blanc* qui est très peu répandue.

Ce cépage réussit dans tous les terrains, même dans ceux qui sont un peu salés ; mais c'est dans les terres riches et profondes que l'on en obtient les produits les plus abondants. Son rendement semble proportionnel à la fertilité du sol.

Grec rouge

Synonymie. — *Barbaroux* dans l'Hérault (ce cépage en est tout au moins très difficile à distinguer), *Raisin du pauvre* dans le Gard, *Gros rouge* dans la Loire, *Grommier du Cantal*, *Monstrueux de De Candolle* de divers auteurs.

Description. — *Souche* très vigoureuse atteignant un âge très avancé. *Sarments* forts, à mérithalles courts. *Feuilles* moyennes, larges, quinquelobées, à sinus pétiolaire ouvert, sinus latéraux profonds et fermés par le recouvrement des bords des lobes, à dents aiguës. Face supérieure verte et glabre, face inférieure recouverte d'un duvet court. *Grappe* très grosse, compacte, irrégulière et de formes diverses. *Grains* gros, sphériques, souvent déprimés par la pression mutuelle qu'ils exercent les uns sur les autres, d'un rouge obscur, à peau épaisse, juteux, d'une saveur assez agréable.

Maturité assez hâtive (à la deuxième époque de M. Pulliat).

Le *Grec rouge* donne un vin léger et agréable, mais c'est surtout comme raisin de table qu'on utilise ses produits.

Ce cépage se développe bien, grâce à sa rusticité, dans les sols les plus divers, même dans ceux qui sont mouilleux ou un peu salés.

GREC BLANC

Le cépage désigné sous ce nom paraît être une véritable variété du *Grec rouge*, dont il diffère par la couleur de son fruit et par divers autres caractères de détail, mais dont il se rapproche par la forme de la grappe, par celle de la feuille et par le bourgeonnement. Ce cépage n'offre d'intérêt que comme raisin de table, et encore n'est-il pas assez précoce pour donner lieu à une culture de quelque importance.

PASCAL BLANC

Synonymie.— Brun blanc dans le Var (à Draguignan).

Description. — Souche assez vigoureuse. *Sarments* de moyenne force, à mérithalles courts. *Feuilles* grandes, quinquelobées, à sinus pétiolaire ouvert en U ; sinus latéraux assez profonds, les inférieurs ouverts. Face supérieure glabre, face inférieure garnie d'un duvet laineux serré. *Grappe* assez grosse, conique, ailée, à grains petits, sphériques, à peau assez épaisse, d'un blanc-verdâtre ou jaunâtre, prenant une teinte de rouille du côté exposé au soleil.

Maturité assez précoce (à la deuxième époque de M. Pulliat).

Le *Pascal blanc* est très fertile, il fournit un vin blanc assez ordinaire, il entre comme élément de quantité dans le vin blanc de Cassis (Bouches-du-Rhône). Il s'accommode des terrains les plus pauvres et les plus arides, mais y produit beaucoup moins que dans ceux qui sont fertiles et frais. Il redoute néanmoins dans ces derniers la pourriture lorsque l'automne est humide; M. Pellicot pense que l'élément calcaire dans le sol lui est utile.

La culture du *Pascal blanc* est de plus en plus délaissée dans les Bouches-du-Rhône et le Var, seuls départements où on le rencontre et d'où il paraît originaire.

COLOMBAUD

Synonymie.— Aubier dans le Var, *Grèques* à Marseillan, dans l'Hérault. M. Pellicot dit l'avoir reçu de la Charente sous le nom de *Saint-Pierre*.

Description.— Souche très vigoureuse. *Sarments* érigés, gros, à mérithalles moyens. *Feuilles* moyennes, sinus pétiolaire profond et presque fermé, sinus latéraux peu profonds, dents en deux séries assez aiguës; face supérieure glabre et à peu près lisse, face inférieure légèrement duveteuse. *Grappe* moyenne, de forme un peu irrégulière, ailée, serrée. *Grains* gros, sphériques, transparents, d'un blanc-verdâtre, devenant jaunes et un peu rouillés du côté exposé au soleil, peau mince; agréable à manger.

Maturité tardive (correspondant à peu près à la troisième époque de M. Pulliat).

Le *Colombaud* est, comme la plupart des cépages blancs provençaux, très rustique; il s'accommode des terrains même les moins favorables à la végétation de la vigne, tels que ceux qui sont mouilleux ou salés. Son fruit, à peau mince, redoute pourtant la pourriture dans les milieux humides; il coule fréquemment aussi dans les sols pauvres. Ce sont les sols fertiles, chauds et bien drainés qui lui conviennent le mieux. Il s'est montré, par suite de sa vigueur, plus longuement résistant aux attaques du phylloxera que la plupart des autres cépages méridionaux.

Le *Colombaud* donne un vin sec et incolore, qui prend du bouquet et du moelleux en vieillissant.

Ugni blanc

Synonymie.— *Maccabeo* dans le Roussillon, *Bouan et Beou* (bon et beau), *Queue de Renard*, *Clairette à grains ronds* dans le Var, *Grédelin* dans Vaucluse. Ne doit pas être considéré comme la variété blanche de l'*Ugni noir*, qui est l'*Aramon*.

Description.— *Souche* forte. *Sarments* étalés, longs, de moyenne grosseur, à mérithalles longs, d'une couleur gris-roussâtre. *Feuilles* moyennes, quinquelobées, sinus pétiolaire ouvert, sinus latéraux supérieurs profonds et fermés, les inférieurs ouverts, dents aiguës; face supérieure d'un vert clair un peu jaunâtre, face inférieure couverte d'un duvet aranéeux assez serré. *Grappe* longue, cylindrique (d'où le nom de *Queue de Renard*), plus ou moins ailée. *Grains* moyens, sphériques, blancs, se colorant en roux ou en rose clair dans les sols chauds et un peu caillouteux en coteaux, ce qui a donné lieu à la pensée qu'il existait une variété rose de ce cépage.

Maturité tardive (troisième époque, un peu tardive, de M. Pulliat).

L'*Ugni blanc* est limité, par suite de l'époque tardive de sa maturité, à la région plus chaude de la Provence. Il est peu difficile, quant à la nature du sol où on le cultive; il ne redoute guère que ceux qui sont humides, dans lesquels sa durée est peu considérable. Il débourre tardivement et craint peu les gelées; la peau épaisse du fruit le garde contre la pourriture et permet de le conserver facilement en hiver. Il donne, surtout dans les sols rocailleux en coteaux, un vin généreux qui, au bout de quelques années, rappelle celui de Marsala; c'est lui auxquels les vins blancs de Cassis, dans les Bouches-du-Rhône, doivent leur qualité. Il paraît offrir une résistance assez grande au *mildew*.

C. — Cépages du Roussillon

Le Roussillon possède un certain nombre des cépages du Languedoc et de la Provence que nous avons déjà décrits; ce sont: l'*Espar*, qui y est connu sous le nom de *Mataro*, le *Grenache*, le *Muscat blanc*, la *Carignane*; nous y ajouterons quelques indications relatives au *San Antoni*, qui est tout à fait spécial à cette contrée et qui est remarquable par la beauté de son fruit.

San Antoni

Synonymie. — Aucune.

Description. — *Sarments* moyennement vigoureux, à mérithalles moyennement longs. *Feuilles* moyennes, tri ou quinquelobées, plus larges que longues, à sinus pétiolaire tantôt ouvert, tantôt fermé; sinus latéraux supérieurs ouverts et peu profonds, sinus latéraux inférieurs profonds, formés par superposition des bords; dents larges, glabres sur les deux faces. *Grappe* grosse, courte, serrée. *Grains* très gros, ovoïdes, à peau épaisse, à chair ferme et croquante, d'un noir-bleuâtre; agréables à manger.

Maturité. — Entre la deuxième et la troisième époque de M. Pulliat.

Ce cépage, peu fertile, à grains peu juteux, ne peut guère être employé à la production du vin; c'est surtout comme raisin de table que son fruit est utilisé. Connu seulement dans les Pyrénées-Orientales, il est peu répandu, même dans ce département.

CHAPITRE V

SOMMAIRE.— Cépages de la Drôme, de la Savoie, de la Bourgogne, du Lyonnais et du Beaujolais, du Centre, du Jura, de l'Alsace, de la Gironde, des Charentes.

D.— Cépages de la Drôme

Certaines parties de la Drôme possèdent des cépages tout à fait spéciaux et qui jusqu'ici ne sont pas répandus au dehors; la vallée de la Drôme est particulièrement remarquable à ce point de vue; elle renferme des types tels que la *Siramuse,* le *Cornet*, le *Pougayen*, le *Flona,* le *Pointu*, le *Lardot* (1), etc., dont aucun jusqu'ici n'a été cultivé sur une grande échelle et que nous nous bornerons à mentionner sans les décrire ici. Le vignoble de l'Ermitage a aussi ses cépages particuliers, qui jouissent au contraire d'une grande notoriété, et que nous allons étudier; ce sont: la *Syrah*, le *Durif*, la *Roussanne*, la *Marsanne* et le *Viognier*, que l'on rencontre surtout à Côte-Rôtie.

SYRAH

Synonymie.— *Schiras*, *Sirac* ou *Syrac* de divers auteurs, *Petite Sirrah* du comte Odart et de M. Rendu, *Sérine* au vignoble de Côte-Rôtie, *Sérène* dans l'Isère, *Plant de la Biaune* dans la Loire.

Description. — *Souche* assez vigoureuse. *Sarments* étalés, assez gros, à mérithalles allongés, d'une couleur grisâtre en hiver. *Feuilles* assez grandes, d'un vert foncé et glabres à la face supérieure, recouvertes à la face inférieure d'un duvet aranéeux surtout sur les nervures — quinquelobées, sinus pétiolaire ouvert — dents obtuses. *Grappe* moyenne, allongée, conique, un peu ailée, un peu lâche. *Grains* moyens ou petits, ovoïdes, d'un noir pruiné, à peau fine, à chair juteuse et sucrée.

Maturité assez hâtive (deuxième époque de M. Pulliat).

(1) Voir : Mas et Pulliat.— *Le Vignoble*, tom. III.

La *Syrah* est répandue dans la Drôme, certains points de la Loire, du Rhône et de l'Isère, où elle produit des vins fermes et corsés très estimés. Elle forme la base des vignobles de l'Ermitage, de Côte-Rôtie et de Cornas; on mélange seulement avec elle en petite quantité certains cépages blancs, tels que le *Viognier* à Côte-Rôtie, et quelquefois la *Roussanne* ou la *Marsanne* à l'Ermitage. Elle a été également introduite dans les meilleurs crus de la Gironde. Elle se prête très bien à la taille longue, et, soumise à ce régime, elle est assez productive.

La *Syrah* présente une certaine résistance à l'action du *mildew*, ce qui, joint à ses autres précieuses qualités, permet de la considérer comme l'un des cépages les plus estimables pour la région du Centre et de l'Est. Elle a pourtant le défaut de dégénérer facilement; aussi doit-on en sélectionner les boutures avec le plus grand soin au moment de la plantation. C'est la diminution dans le volume du fruit, qui résulte du mauvais choix des sarments destinés à la multiplication et d'un milieu défavorable, qui a donné lieu a l'idée erronée qu'il existe deux races de *Syrah*, la *grosse* et la *petite*.

Durif

Synonymie. — Pinot de Romans, Pinot de l'Ermitage, Nérin, Plant Durif.

Description. — *Souche* vigoureuse et prenant un grand développement; *port* étalé. *Sarments* un peu grêles, à mérithalles assez longs. *Feuilles* moyennes, peu profondément tri ou quinquelobées, à dents irrégulières, assez larges. *Grappe* grosse, cylindro-conique, serrée, à pédoncule assez long. *Grains* sur-moyens, globuleux ou légèrement déformés par suite de la densité de la grappe, à chair ferme, juteuse et sucrée, peau un peu épaisse, d'un noir foncé; peu pruinés.

Maturité. — A la première époque de M. Pulliat.

Le *Durif* est cultivé sur divers points de la Drôme et de l'Isère; c'est un cépage productif, doué d'une résistance relative assez considérable au *mildew* et produisant un vin d'une belle couleur et assez alcoolique. Il redoute seulement les grandes sécheresses qui en dessèchent les grains et les milieux bas et humides, où son aoûtement est souvent insuffisant et où il souffre par suite quelquefois de l'hiver. C'est dans les sols un peu caillouteux, mais fertiles et situés en coteaux qu'il donne les meilleurs résultats. Il se prête au besoin à la taille longue et aux grandes formes, à cause de la vigueur de sa végétation.

Viognier

Synonymie. — Peut-être *Galopine* à la Tronche, près Grenoble, d'après M. Pulliat.

Description. — *Souche* moyennement vigoureuse. *Sarments* grêles, allongés. *Feuilles* moyennes, presque trilobées, à sinus pétiolaire ouvert, à dents aiguës et irrégulières, d'un vert glabre à leur face supérieure, revêtues d'un léger tomentum à la face inférieure. *Grappe* moyenne, pyramidale, ailée, un peu serrée. *Grains* moyens, sphériques, blancs, prenant une teinte dorée quand ils sont mûrs.

Maturité assez hâtive (deuxième époque de M. Pulliat).

Le *Viognier* produit les vins blancs de Condrieu, qui sont fort estimés, et il entre avec la *Sérine (Syrah)* dans la composition des vins rouges de Côte-Rôtie. On le cultive dans des coteaux secs et pierreux, où il semble donner ses meilleurs produits. Il est habituellement soumis à la taille longue.

Roussanne

Synonymie. — *Roussette, Fromenteau* (Isère), *Bergeron* dans certaines parties de la Savoie, *Martin cot* et *Arbin* dans d'autres, d'après M. Pulliat.

Description. — *Souche* vigoureuse, à port semi-érigé. *Sarments* longs, forts, à mérithalles allongés et nœuds un peu aplatis. *Feuilles* moyennes, quinquelobées, à sinus latéraux profonds, sinus pétiolaire ouvert, dents irrégulières et courtes, glabres à la face supérieure, un peu duveteuses à la face inférieure, courtes. *Grappe* moyenne, cylindro-conique, serrée. *Grains* moyens, sphériques, blancs, prenant un aspect roussâtre à la maturité, à peau un peu épaisse.

Maturité. — Deuxième époque de M. Pulliat.

La *Roussanne* est cultivée dans les vignobles de l'Ermitage, dans la Drôme, sur quelques points de l'Isère et en Savoie. Elle s'accommode très bien des terrains secs et chauds en coteaux. Elle est habituellement soumise à la taille courte.

La *Roussanne* produit des vins blancs d'une réelle valeur (ceux de St-Péray (Ardèche) entre autres), mais on l'associe généralement à la *Marsanne*, qui donne une qualité inférieure, mais qui est plus productive.

Marsanne

Synonymie. — *Grosse Roussette* en Savoie, d'après M. Tochon.

Description. — *Souche* vigoureuse et fertile. *Sarments* vigoureux, à mérithalles allongés. *Feuilles* grandes, tourmentées ; sinus pétiolaire fermé ; sinus latéraux assez profonds ; dents obtuses, courtes et larges ; face supérieure glabre, face inférieure garnie d'un duvet aranéeux. *Grappe* assez grosse, rameuse, un peu lâche. *Grains* moyens, sphériques, blancs, prenant une teinte dorée du côté du soleil, à peau mince, chair fondante, juteuse et sucrée.

Maturité. — Troisième époque de M. Pulliat.

La *Marsanne* est cultivée dans la Drôme, où elle entre en mélange avec la *Roussanne* pour la préparation des vins de l'Ermitage ; dans l'Ardèche, à Saint-Péray, où on fait le vin mousseux de ce nom ; enfin dans l'Isère. Ce cépage est soumis, dans la Drôme et l'Ardèche, à la taille courte, mais il supporte très bien dans les milieux fertiles la taille longue ; il devient alors très productif.

E. — Cépages de la Savoie

La Savoie est riche en cépages autochtones ou dont elle partage tout au plus la culture avec l'Isère ou quelques parties du département de l'Ain. Beaucoup d'entre eux offrent un intérêt considérable à divers titres et méritent d'être signalés ; nous décrirons les suivants : la *Mondeuse*, le *Persan* et le *Hibou*.

Mondeuse

Synonymie. — *Mouteuse, Marne, Molette, Mandouse* en Savoie (d'après M. P. Tochon), *Persagne, Persaigne, Gros plant, Grand Chétuan*, Meximieux dans l'Ain et le Lyonnais, *Savoyanne, Tournerin, Marsanne ronde* dans l'Isère, *Salanaise* à Givors, *Vache* dans l'Allier, *Grosse Sirah* dans la Drôme, *Maldoux, Rouget* dans le Jura (d'après M. Pulliat).

Description. — *Souche* forte et vigoureuse. *Port* étalé. *Sarments* assez vigoureux, d'un gris-jaunâtre quand ils sont aoûtés, longs, à mérithalles allongés. *Feuilles* moyennes ou grandes, plus longues qu' larges, glabres à la face supérieure, couvertes d'un léger duvet aranéeux à la face inférieure ; presque trilobées, les sinus latéraux supérieurs étant à peine marqués, les inférieurs sont profonds, le sinus pétiolaire est profond et presque fermé. *Grappe* grosse, pyramidale, ailée, allongée, un peu lâche. *Grains* de grosseur un peu variable, généralement moyens, ovoïdes, d'un bleu violacé, pruinés, à chair fondante, juteuse et sucrée, mais conservant au moment de la pleine maturité une saveur un peu acide et astringente.

Maturité. — Entre la deuxième et la troisième époque de M. Pulliat.

La *Mondeuse* débourre tardivement et est, par suite, peu exposée aux gelées ; elle redoute peu la coulure, la pourriture et les attaques du *mildew.* Elle peut vivre sur les coteaux déclives et peu fertiles ou dans les vallées profondes et riches. Elle s'accommode de la taille courte en souche basse et de la taille longue, en treille, à grand développement, qui paraît lui convenir mieux encore. Elle produit enfin abondamment (jusqu'à 100 ou 120 hectolitres à l'hectare) lorsqu'on la met en treille dans de bons terrains ; son vin, un peu dur et astringent quand il est jeune, est du moins coloré et solide, et il gagne de la finesse en vieillissant.

Ces précieuses qualités justifient la faveur dont jouit la *Mondeuse* dans l'Isère, l'Ain, la Savoie et un certain nombre d'autres départements où le climat rude et humide exige des cépages d'une rusticité exceptionnelle et se prêtant également à la culture en vigne basse en coteaux et à celle en vigne moyenne ou haute, seule possible dans leurs plaines et leurs vallées.

Mondeuse blanche.

Synonymie. — *Tongin*, *Dougin*, *Aigreblanc*, *Blanche*, *Blanchette* (d'après M. P. Tochon).

Ce cépage, qui ne diffère en rien, sauf par la coloration de son fruit, de la *Mondeuse noire,* a été signalé pour la première fois par M. P. Tochon dans son *Rapport sur l'exposition de cépages de Chambéry des 19, 20 et 21 septembre 1868.* Elle ne paraît être qu'une dégénérescence accidentelle fixée par la sélection des boutures ; le fait que M. Pulliat a trouvé quelques pieds de *Mondeuse grise* dans le vignoble de Villebois rend du moins très probable cette hypothèse.

La *Mondeuse blanche* est mélangée à la *Roussanne* et au *Chasselas* dans les meilleurs vignobles à vin blanc de la Savoie, dans celui de Chignin entre autres. Elle est moins productive que la *noire.*

PERSAN

Synonymie. — *Beccu*, *Becuette*, *Prinseur*, *Étris* en Savoie (d'après M. P. Tochon), *Pressan, Étraire*, *Batarde*, *Aguzelle*, *Siranèze pointue*, *Pousse de Chèvre* dans l'Isère (d'après M. le comte d'Agout, cité par M. Pulliat dans *le Vignoble*).

Description.— *Souche* vigoureuse. *Sarments* de moyenne grosseur, à mérithalles plutôt courts et de longueur irrégulière. *Feuilles* moyennes ou grandes, d'un vert foncé, lisses et glabres en dessus, d'un vert plus pâle et parsemées d'un léger duvet aranéeux à la face inférieure, presque entières ou trilobées, avec le sinus pétiolaire ouvert, dents courtes, larges et inégales. *Grappe* moyenne, cylindro-conique, serrée; *pédoncule* ligneux et un peu court; *grains* ovoïdes moyens, juteux, à pellicule fine, d'une saveur âpre et astringente.

Maturité.— Deuxième époque de M. Pulliat.

Le *Persan* occupe, après la *Mondeuse*, une place importante dans les vignobles de la Savoie; il est à la fois rustique et fécond; il donne des vins durs et astringents, mais solides et susceptibles de s'améliorer beaucoup en vieillissant. Ce cépage est cultivé en souche basse et à taille courte sur les coteaux secs et arides, et en treilles à long bois et à grand développement dans les plaines ou les vallées fertiles.

M. de Mortillet regarde l'*Etraire de l'Adui* comme une variété distincte du *Persan*. D'après lui, ce dernier cépage pousserait moins en bois que le premier: sa *feuille* plus ample, plus étoffée et moins glabre; le *sarment* plus gros, de couleur plus claire, moins chargé de vrilles, la moelle plus développée et les mérithalles plus longs; la *grappe* plus volumineuse, moins tassée, plus rameuse; les *grains* plus gros, plus détachés, moins ellipsoïdes. Enfin, l'*Etraire de l'Adui* serait, d'après cet auteur, plutôt une vigne de coteau à cultiver en souche basse qu'une vigne de plaine et de treille.

On a signalé la remarquable résistance qu'offrirait ce cépage aux ravages du *mildew*, et qui en rendrait la culture particulièrement précieuse dans les circonstances actuelles.

HIBOU NOIR

Synonymie. — *Hibou*, *Hivernais*, *Polofrais* en Savoie, *Promère* dans l'Ain, et probablement d'après M. Pulliat, *Bibou*, *Guibou*, *Luisant*, *Raisin-Cerise* dans l'Isère.

Description.— *Souche* vigoureuse. *Sarments* forts, à nœuds aplatis, à mérithalles allongés. *Feuilles* grandes, d'un vert pâle et glabres à la face supérieure, légèrement duveteuses à la face inférieure ; sinus latéraux supérieurs assez profonds, sinus inférieurs peu apparents ; sinus pétiolaire ouvert; dents larges, aiguës à leurs extrémités en deux séries. *Grappe* grosse, cylindro-conique, peu serrée. *Grains* gros, sphériques, d'un rouge-violacé, à peau épaisse, juteux, sucrés, un peu âpres.

Maturité.— Troisième époque de M. Pulliat.

Le *Hibou* est presque exclusivement cultivé dans la Savoie, il y est mis le plus souvent en treilles à long bois, disposition qui semble lui convenir plus particulièrement. On le cultive pourtant aussi en vigne basse dans les territoires élevés de la Tarentaise et de la Maurienne.

Le *Hibou* donne un vin assez agréable, bien que généralement peu coloré ; il pourrait probablement être cultivé avec avantage dans des contrées plus méridionales, où sa maturité serait mieux assurée.

Hibou blanc

Il existe en Savoie un *Hibou blanc* qui est, d'après M. Pulliat, nettement distinct du noir. Il est du reste peu cultivé.

F.— Cépages de la Bourgogne, du Lyonnais et du Beaujolais

Ces diverses contrées possèdent en commun le *Gamay*, qui joue un rôle très important dans leurs vignobles, ce qui nous a amené à les réunir dans un même groupe. Le *Pinot* est plus spécial à la Bourgogne; enfin le *César* se trouve surtout dans l'Yonne.

Pinot noir (1)

Synonymie. — *Pineau* de divers auteurs, *Noirien* dans quelques parties de la Bourgogne, *Franc pineau*, *Petit Vérot* dans l'Yonne, *Auvernat noir*, *Plant noble* dans le Centre, *Rougel* dans le Jura et la Haute-Saône, *Pineau de Ribeauvilliers* en Alsace. *Salvignin noir*,

(1) Nous avons adopté l'orthographe de *Pinot* et non de *Pineau* parce que, le nom étant Bourguignon, on prononcerait *Piniot* en Bourgogne si on écrivait *Pineau* : or on prononce *Pineau*, ce qui correspond dans le pays à l'orthographe *Pinot*.

Servagnin noir dans le Jura et en Suisse, *Vert doré*, *Plant doré*, *Pinot de Fleury*, *Plant médaillé* dans la Champagne, *Morillon noir* autour de Paris, *Langedet* dans la Loire, *Petit Bourguignon* dans le Beaujolais, *Cortaillod rouge* en Suisse, d'après Gœthe.

Description.— Souche peu vigoureuse. *Port* étalé. *Sarments* grêles, cylindriques, à mérithalles allongés, d'une couleur jaune, légèrement violacés une fois aoûtés. *Feuilles* moyennes, un peu épaisses, presque orbiculaires, à sinus pétiolaire ouvert, à dents obtuses et peu profondes, glabres et un peu rugueuses à la face supérieure, qui est d'un vert foncé, recouvertes d'un léger duvet à la face inférieure; elles tombent les premières parmi celles des cépages communément cultivés. *Grappe* petite, tassée, cylindrique, quelquefois un peu ailée, à pédoncule ligneux. *Grains* petits, ovoïdes, souvent déformés par suite de la pression qu'ils exercent les uns sur les autres, noirs foncés, presque toujours légèrement pruinés, à peau épaisse.

Maturité hâtive.

Le *Pinot noir* peut être considéré comme le cépage noir le plus remarquable que nous possédions au point de vue de la qualité des vins qu'il produit ; c'est lui qui donne les grands vins de Bourgogne et ceux de Champagne. C'est la très grande valeur de son vin qui le fait cultiver dans les vignobles septentrionaux susceptibles de produire des vins distingués, malgré la faiblesse de ses rendements qui peuvent s'élever en moyenne à environ 15 hectolitres à l'hectare. Transporté dans le Midi, sa production n'augmente pas sensiblement et la qualité de son vin devient beaucoup moindre.

Le *Pinot* demande des terrains calcaires bien drainés, en coteaux, pour donner des produits de bonne nature et réguliers. Dans les terrains granitiques, il donne des vins d'une moins belle coloration et de moins de bouquet. Dans les plaines, il gèle et il coule fréquemment.

Ce cépage demande une taille longue, mais sans exagération et proportionnée à la vigueur que lui permettent d'atteindre les conditions de milieu dans lesquels il est placé.

Le *Pinot noir* est un très ancien cépage bourguignon, et il a donné lieu, comme la plupart des types cultivés d'ancienne date, dans une même contrée, à des variétés dont les fruits sont de couleurs diverses. On connaît dans la Côte-d'Or un *Pineau rougin*, un *Pinot gris*, un *Pinot blanc* et un *Pinot mour*, à fruits luisants, qui ne diffèrent du type que par la couleur ou l'aspect de leur fruit; il existe également une variété blanche connue sous le nom de *Pinot blanc Chardonay*, qui est nettement distincte du type par ses époques de végétation et la saveur de ses fruits, que nous décrirons séparément.

Le *Pinot gris* est connu sous les noms de *Beurot* dans la Côte-d'Or, de *Fromenteau* en Champagne, *Malvoisie* ou *Auvernat gris* en Touraine, *Auxerrois* dans la Moselle. Il est considéré comme plus fertile que le *noir*.

Le *Pinot blanc* est encore nommé *Plant doré blanc* en Champagne, *Auvernat blanc* dans le Loiret.

Le *Pinot mour* porte également le nom de *Mouret* et de *Tête de Nègre;* on le considère en Bourgogne comme donnant plus de couleur aux vins que le type.

Pinot blanc Chardonay

Synonymie.— Chandenet, Chardenet, Noirien blanc en Bourgogne, *Chardonay* dans le Beaujolais, *Petit Chatey* en Bresse, *Auvernat* dans l'Auxerrois, *Blanc* dans la Moselle, *Beaunois*, *Rousseau*, *Plant de Tonnerre* dans l'Yonne, *Melon* dans les vignobles du Jura, *Épinette* dans la Marne, *Arnoison* dans l'Indre-et-Loire.

Description.— Souche médiocrement vigoureuse, plus pourtant que celle du *Pinot noir*. *Sarments* moyens, grêles, à mérithalles courts, plus jaunes que ceux du précédent. *Feuilles* moyennes d'un vert un peu plus jaunâtre que chez le noir. *Grappe* petite, légèrement allongée, cylindro-conique, compacte. *Grains* petits, sphériques, d'un vert clair prenant une teinte dorée du côté du soleil; moins sucrés, mais d'une saveur plus relevée que chez le *Pinot blanc* vrai.

Maturité.— Plus tardive d'une douzaine de jours que le précédent, qui est en outre plus fertile.

Le *Pinot blanc Chardonay* donne les vins blancs renommés de Montrachet, de Chably, de Pouilly et de l'Étoile. Il vient bien, grâce à sa vigueur et à sa rusticité, dans les sols les plus maigres et demande une taille longue.

Gamay noir

Synonymie.— Petit Gamai, Gamet, Plant de Bévy, Plant d'Arcenant, Plant de Malain, Plant d'Evelles, Plant de Labronde, Plant Nicolas, Plant Picard, Gros Bourguignon, Plant de Magny, Gamay de Liverdun, Éricé noir, Grosse race, Lyonnaise.

Description.— *Souche* moyennement vigoureuse, à *port* érigé. *Sarments* moyens, mérithalles de moyenne longueur. *Feuilles* moyennes, trilobées, ou presque entières, à sinus pétiolaire ouvert en V; sinus latéraux peu marqués, dents courtes, obtuses, irrégulières; face supérieure d'un vert clair et glabre; face inférieure un peu plus pâle et presque glabre. *Grappe* moyenne, cylindro-conique, serrée, à pédoncule court et ligneux. *Grains* moyens, légèrement ovoïdes, d'un beau noir, pruinés, juteux et sucrés.

Maturité.— Deuxième époque de M. Pulliat.

Le *Petit Gamay* paraît originaire de Gamay, localité voisine de Beaune; il est très répandu dans toute la Bourgogne, où il joue le rôle d'élément de quantité, à côté du *Pinot*, qui représente l'élément de finesse et de distinction dans les vins de cette contrée. Mais c'est dans le Beaujolais, dans le Mâconnais et le Lyonnais qu'il est surtout cultivé; il constitue à peu près à lui seul tous les vignobles de cette région. On le trouve enfin jouant un rôle important dans un grand nombre de départements du Centre et de l'Est.

Le *Petit Gamay* est prompt à se mettre à fruit, ses rendements sont réguliers et assez élevés. Il produit dans les sols granitiques et schisteux du Beaujolais des vins d'une très réelle valeur, dont quelques-uns peuvent être classés parmi les vins fins. Dans les terrains calcaires, le vin est plus coloré, mais moins fin. Il redoute un peu les gelées printanières, parce qu'il débourre de bonne heure. La taille qui lui convient le mieux est la taille courte, il s'épuise promptement avec la taille longue.

On connaît du *Gamay* trois variétés: le *Gamay teinturier*, le *Gamay gris* et le *Gamay blanc* ou *Feuille ronde;* aucune n'a une très grande importance.

César

Synonymie.— *Romain*, *Picarneau* (1).

Description.— *Souche* très vigoureuse, *port* érigé ou semi-érigé. *Sarments* forts, à mérithalles allongés. *Feuilles* grandes, un peu gaufrées, glabres à la face supérieure, tomenteuses à la face inférieure, quinquelobées, les sinus latéraux supérieurs moins profonds que les inférieurs, le sinus pétiolaire un peu étroit; dents larges, irrégulières.

(1) Se prononce dans l'Yonne *Picarniot*.

Grappe assez grosse, cylindro-conique, un peu ailée. *Grains* d'un volume moyen, globuleux, noirs foncés, pruinés, juteux et sucrés.

Maturité assez hâtive (première époque tardive, d'après M. Pulliat).

Le *César* se rencontre dans les meilleurs vignobles de l'Yonne, à Irancy, Bailly, Sussy et surtout à Coulages-la-Vineuse. C'est un cépage très vigoureux, productif; il donne un vin de très bonne qualité, possédant beaucoup de corps, assez de finesse et gagnant en vieillissant. Il est exigeant au point de vue de la profondeur et de la richesse du sol. On le soumet habituellement à la taille courte.

G.— Cépages du Centre

Les vignobles du Centre possèdent un certain nombre de cépages que nous avons déjà décrits, tels que le *Côt*, le *Pinot*, le *Gamay*, etc.; mais les plus caractéristiques d'entre ceux qui y sont cultivés sont les *Chenins* ou *Pinots de la Loire.*

Chenin noir

Synonymie.— *Pinot d'Aunis* (du village d'Aunis, près Saumur) dans la Maine-et-Loire.

Description.— *Souche* vigoureuse. *Sarments* érigés, gros, à mérithalles courts. *Feuilles* moyennes, épaisses, un peu bullées, quinquelobées, avec le sinus pétiolaire fermé, les sinus latéraux peu profonds, dents irrégulières plutôt obtuses. Face supérieure glabre, d'un vert foncé, face inférieure garnie d'un duvet aranéeux assez serré. *Grappe* moyenne, assez serrée, cylindro-conique. *Grains* moyens, sphériques, d'un noir foncé, pruinés quand ils sont mûrs.

Maturité assez hâtive (deuxième époque de M. Pulliat).

Le *Chenin noir* n'a, malgré le nom qui lui est attribué dans certaines contrées, aucun rapport avec le *Pinot* de Bourgogne; son vin est très inférieur à celui de ce dernier, mais il n'en donne pas moins des produits de bonne qualité; sa fertilité et sa rusticité en font un cépage d'une réelle valeur. Ce sont les sols riches et profonds des plaines qui lui conviennent le mieux. Dans ces milieux, c'est la taille longue que l'on doit lui appliquer.

Chenin blanc

Synonymie.— Pineau blanc de la Loire, Plant de Maillé, Plant d'Anjou.

Description.— Souche vigoureuse. *Sarments* érigés, à mérithalles courts. *Feuilles* petites, un peu bullées, trilobées, à sinus pétiolaire ouvert en U, dents courtes, inégales et presque obtuses. Face supérieure glabre, face inférieure garnie d'un duvet aranéeux. Nervures un peu teintées de rouge ainsi que le pétiole. *Grappe* moyenne, petite, cylindro-conique. *Grains* oblongs, moyens, d'un jaune doré, juteux, d'une saveur agréable.

Maturité assez hâtive (deuxième époque de M. Pulliat).

Ce cépage, pas plus que le précédent, ne saurait être rapporté au *Pinot* de Bourgogne. C'est à lui que les vins blancs de l'Anjou doivent leurs qualités. Il est très rustique, résiste bien à la coulure et réussit sur les terrains les plus divers. Ce sont ceux argileux et profonds qui lui conviennent le mieux. On le taille court.

H.— Cépages du Jura

Les principaux cépages de cette région sont: le *Pulsart*, le *Trousseau* et l'*Enfariné*.

Pulsart noir

Synonymie.— Poulsart, Blussart par corruption, *Plant d'Arbois* dans le Doubs, *Mècle, Mescle, Métie* dans l'Ain.

Description.— Souche vigoureuse. *Sarments* moyens, à mérithalles courts. *Feuilles* petites, quinquelobées, sinus pétiolaire largement ouvert en U, à dents aiguës, glabres sur les deux faces, d'un vert tendre. *Grappe* moyenne, allongée, ailée, pendante, peu fournie, *Grains* moyens, ovoïdes, violets foncés, à peau fine, juteux, sucrés et agréables à manger.

Maturité assez précoce (deuxième époque de M. Pulliat).

Le vin de *Pulsart* peut être considéré comme l'un des meilleurs que donnent nos cépages français; il entre comme premier élément de qualité dans les vins rouges des vignobles les plus renommés du Jura et du Doubs (Arbois, Poligny, Byans, etc.) et dans celui de Journans dans l'Ain. On en fait en outre de très bons vins mousseux et des vins de liqueurs dits de *paille*.

Le *Pulsart* demande des sols argilo-calcaires en coteaux et de bonne qualité, il coule facilement sur les terres pauvres. Il exige une taille longue et une tenue un peu élevée pour produire; dans ces conditions, il est assez fertile.

Le *Pulsart noir* a donné lieu à des variations dans la couleur ou quelques autres propriétés de ses fruits, dont on a fait des variétés sous les noms de *Pulsart noir musqué*, le *Pulsart bronzé*, le *Pulsart rose*, le *Pulsart gris* et le *Pulsart blanc*.

TROUSSEAU

Synonymie.— Aucune bien établie.

Description.— *Souche* très vigoureuse. *Sarments* érigés, robustes, à mérithalles courts. *Feuilles* moyennes, orbiculaires, à sinus pétiolaire fermé; dents obtuses, épaisses, rugueuses et glabres à la face supérieure, duveteuses à la face inférieure. *Grappe* moyenne, cylindro-conique, serrée. *Grains* moyens, légèrement ovoïdes, noirs, pruinés, à peau épaisse.

Maturité hâtive (fin de la première époque de M. Pulliat).

Le *Trousseau* donne un vin d'une belle couleur, solide et alcoolique; il est moins productif que le *Pulsart*, il donne en moyenne de 25 à 30 hectolitres à l'hectare.

Il est remarquable par sa rusticité, il se développe bien dans tous les sols argileux, frais et profonds. Il résiste très bien aux gelées du printemps, aux sécheresses de l'été et à l'humidité de l'automne; par contre, il souffre souvent des gelées d'hiver, par suite de l'aoûtement insuffisant de ses sarments.

Ce cépage, grâce à ses précieuses qualités, s'est beaucoup répandu depuis un certain nombre d'années dans les vignobles du Jura.

ENFARINÉ

Synonymie. — *Lombard noir*, *Gaillard* dans l'Yonne, *Nerre noir* dans la Haute-Marne, *Gouai noir* en Bourgogne.

Description. — *Souche* grêle, manquant de solidité. *Sarments* étalés, de vigueur moyenne, à mérithalles courts. *Feuilles* moyennes, plus longues que larges, à sinus pétiolaire tantôt ouvert, tantôt fermé; sinus latéraux inférieurs profonds; dents en deux séries aiguës; sinus supérieurs à peine marqués; face supérieure glabre, d'un beau vert foncé, face inférieure un peu tomenteuse, surtout sur les nervures. *Grappe* moyenne, cylindrique, serrée, fréquemment avec lobes détachés. *Grains* moyens, sphériques, noirs, recouverts d'une pruine blanche abondante, d'où son nom d'*Enfariné*, à peau épaisse et résistante, d'une saveur âpre et acerbe.

Maturité.— Plus tardive que celle du *Pulsart* (deuxième époque de M. Pulliat).

L'*Enfariné* donne un vin commun, mais remarquablement solide, grâce à sa richesse en tannin, et qui s'améliore en vieillissant. Il est fertile et peu sujet à la coulure et à la pourriture. La plupart des sols peuvent lui convenir et lui permettre de fournir une production abondante ; pourtant, certaines marnes rouges et les terrains granitiques semblent moins favorables à son développemen que les autres.

On le taille à long bois.

I. — Cépages de l'Alsace

Les vignes qui jouent le rôle le plus important en Alsace sont le *Petit-Rauschling*, le *Savagnin* et le *Riesling.*

PETIT-RAUSCHLING

Synonymie.— Ortlieber, Tockauer, Elsasser en Alsace.

Description.— Souche moyennement vigoureuse. *Sarments* semi-érigés, moyennement vigoureux, à mérithalles courts. *Feuilles* orbiculaires ou cordiformes, presque entières avec le sinus pétiolaire profond, les autres à peine marqués, avec des dents aiguës et irrégulières de dimensions. Face supérieure glabre et unie, face inférieure recouverte d'un duvet, surtout sur les nervures. *Grappe* petite, globuleuse. *Grains* petits, verdâtres, se teintant de jaune du côté exposé au soleil, sucrés et un peu acides.

Maturité.— A la deuxième époque de M. Pulliat.

Le *Petit-Rauschling*, qui est assez répandu en Alsace, est un cépage suffisamment productif, mais donnant des vins communs; ses fruits sont très sujets à la pourriture ; aussi est-il peu recommandable.

Savagnin blanc

Synonymie.— *Traminer rother*, *Roth Edel*, *Rousselet*, *Gris rouge*, *Gentil Durel rouge* en Alsace, *Fromenté* dans la Haute-Saône, *Blanc brun* dans le Jura.

Description.— *Souche* assez vigoureuse. *Sarments* étalés et rampants, grêles, à mérithalles courts. *Feuilles* petites, orbiculaires, trilobées ou quelquefois entières, à sinus pétiolaire fermé par la superposition des bords des lobes adjacents, sinus latéraux peu profonds; face supérieure vert foncé, à peu près glabre, légèrement boursouflée, face inférieure recouverte d'un duvet aranéeux. *Grappe* conique, courte, obtuse. *Grains* ovoïdes, d'un blanc-verdâtre, à peau épaisse, un peu charnus, sucrés, légèrement aromatiques.

Maturité.— A la deuxième époque de M. Pulliat.

Le *Savagnin blanc* est peu fertile, mais donne des produits très distingués; la peau épaisse de son raisin le protège contre la pourriture et lui permet de se passeriller et de servir à faire des vins de paille. On associe le plus souvent sa vendange à celle du *Riesling*. Il doit être taillé à long bois.

Ce cépage paraît originaire d'une localité du Tyrol appelée Tramin, d'où lui serait venu son nom de *Traminer;* il est répandu aujourd'hui dans la Franche-Comté, en Suisse (Zurich), en Alsace, dans toute l'Allemagne et en Autriche. Il a donné lieu à plusieurs variétés ne différant du type que par la couleur de leur fruit: le *Savagnin rouge* ou *rose* (*Roth traminer*), *Savagnin jaune*, *Savagnin vert*, *Savagnin blanc*; la première, seule, est nettement fixée, les autres semblent ne pouvoir être considérées que comme les aspects divers que prennent les raisins dans des milieux variés.

Riesling

Synonymie.— *Gentil aromatique* (Rendu).

Description. — *Souche* plutôt un peu grêle, à écorce assez compacte et peu fendillée. *Sarments* semi-érigés, un peu grêles et flexibles, à mérithalles moyennement longs, à nœuds assez saillants, d'un gris lustré et comme argentés en hiver, avec des rameaux secondaires assez nombreux. *Feuilles* moyennes, épaisses, tri ou quinquelobées, à sinus pétiolaire presque fermé; face supérieure d'un vert foncé, glabre, un peu rugueuse, face inférieure d'un vert pâle et tomenteuse. Les feuilles tombent de très bonne heure. *Grappe* petite, cylindro-conique, compacte. *Grains* petits, sphériqnes, à point pistillaire persistant, verdâtre ou jaune clair, dorés ou rosés du côté exposé au soleil, sucrés et d'une saveur aromatique.

Maturité.— Deuxième époque, un peu tardive, d'après M. Pulliat.

Le *Riesling* est le cépage blanc par excellence de l'Allemagne, où il joue dans la confection des grands vins blancs le rôle analogue à celui qu'ont chez nous le *Pinot blanc*, le *Sémillon* ou le *Sauvignon*; c'est particulièrement dans les vignobles de la rive droite du Rhin qu'il donne les meilleurs vins; c'est avec son raisin que l'on prépare le célèbre Johannisberg ; il est également cultivé en Alsace et en Autriche, mais sans y donner lieu à des produits aussi distingués.

J. — Cépages de la Gironde

Le département de la Gironde et les départements contigus renferment des cépages noirs et blancs d'une très grande valeur par suite de la haute qualité des vins qu'ils produisent. Les principaux d'entre les noirs sont : les *Cabernets*, le *Merlot*, le *Verdot,* le *Côt* ou *Malbeck;* enfin le *Grappu,* intéressant par sa productivité et sa résistance au *mildew*, mais grossier. Parmi les blancs, les plus remarquables sont : le *Sémillon*, le *Sauvignon*, la *Muscadelle.*

Cabernet-Sauvignon

Synonymie.— *Petit-Cabernet* dans le Médoc, *Vidure* ou *Petit Vidure* dans les Graves de la Gironde, *Navarre* dans la Dordogne.

Description.— *Souche* assez vigoureuse quand elle est jeune, mais vieillissant vite dans certains milieux. *Sarments* forts, à mérithalles allongés, de couleur acajou foncé en automne, striés. *Feuilles* moyennes, quinquelobées ; sinus pétiolaire profond, se refermant vers le haut ; sinus latéraux profonds, arrondis au fond, fermés vers l'extérieur par les bords des lobes superposés, de sorte que le limbe de la feuille a l'air percé de trous ronds ; dents fortes et inégales ; face supérieure glabre, d'un vert foncé et bullée ; face inférieure duveteuse. *Grappe* moyenne, conique, à ailes courtes, serrée. *Grains* petits, sphériques, d'un bleu-noirâtre, recouverts d'une pruine épaisse, à peau dure, à chair ferme assez juteuse, d'une saveur particulière propre aux *Cabernets.*

Maturité.— Deuxième époque, un peu tardive, de M. Pulliat.

Le *Cabernet-Sauvignon* est aujourd'hui très répandu dans la Gironde, où il entre dans la composition de tous les grands crus rouges. Il donne un vin d'une couleur vive et brillante, un peu dur au début, mais acquérant en vieillissant de très réelles qualités. Peu sujet à la coulure, à la pourriture et au *mildew*, il donne un produit assez régulier.

Les sols qui lui conviennent le mieux sont ceux dits de *Graves*, mais peu argileux; il vient très bien dans les sous-sols d'alios ferrugineux du Médoc et des Graves de Bordeaux et sur les fonds forts et profonds des coteaux de la Dordogne, de la Garonne et de la Gironde.

Le *Cabernet-Sauvignon* demande une taille longue.

Cabernet franc

Synonymie. — Gros Cabernet ou *Carmenet* dans le Médoc, *Grosse vidure*, *Cabouet*, *Petit fer*, dans d'autres parties de la Gironde, *Breton* dans la Vienne et l'Indre-et-Loire, *Véronais* près de Saumur, *Veron* dans la Nièvre et les Deux-Sèvres, *Arrouya* dans les Hautes et les Basses-Pyrénées.

Description.— Souche très vigoureuse. *Sarments* semi-érigés, gros, longs, à mérithalles assez allongés, d'une couleur gris fauve roussâtre. *Feuilles* moyennes, ressemblant beaucoup à celles du *Cabernet-Sauvignon*, mais un peu moins fines et moins luisantes. *Grappe* moyenne, serrée, moins cylindrique et moins grosse que celle du *Cabernet-Sauvignon*, ailée. *Grains* petits sphériques, inégaux, bleu-noirâtre, très pruinés, à peau fine, juteux, d'une saveur spéciale, agréables à manger.

Maturité un peu plus tardive que celle du *Cabernet-Sauvignon.*

Le vin du *Cabernet franc* présente beaucoup d'analogie avec celui du *Cabernet-Sauvignon ;* il est solide et fin, mais un peu moins parfumé, un peu moins long à se dépouiller.

Le *Cabernet* est un cépage des plus vigoureux et des plus rustiques, son raisin résiste très bien aux pluies et à l'humidité de l'automne; il se développe dans les terres légères comme dans celles qui sont fortes et argileuses. Les terrains marneux et calcaires sont les seuls qui ne lui conviennent pas; il demande la taille longue.

On connaît deux variétés du *Cabernet:* le *Cabernet blanc*, ainsi dénommé parce que, au moment de la première végétation, ses feuilles et ses jeunes sarments sont d'un vert-blanchâtre ; le *Cabernet gris*, dont les jeunes extrémités ont une teinte rosée et les jeunes feuilles deviennent ensuite d'un vert très foncé. Le fruit et le vin de ces deux variétés sont identiques à ceux du *Cabernet franc.*

Merlot

Synonymie.— *Vitraille*, *Bigney*, *Alicante*, *Crabutet*, *Plant Médoc* dans la Gironde.

Description. — *Souche* vigoureuse. *Sarments* semi-érigés, longs, à mérithalles assez courts, striés, couleur fauve grisâtre après l'aoûtement. *Feuilles* plus larges que longues, moyennes, quinquelobées ; sinus pétiolaire ouvert ; sinus latéraux ouverts, à dents aiguës et inégales ; face supérieure glabre, presque lisse et d'un beau vert ; face inférieure tomenteuse, rouge à l'arrière-saison. *Grappe* conique, allongée, rameuse. *Grains* petits, sphériques, moyens, inégaux, d'un noir-bleuâtre, très pruinés, juteux, sucrés, très agréables.

Maturité assez précoce (deuxième époque de M. Pulliat).

Le *Merlot* donne un vin moelleux et parfumé, inférieur pourtant à celui des *Cabernets*, mais se faisant plus rapidement. Il est très productif ; aussi se répand-il rapidement dans la Gironde, quoiqu'il redoute la pourriture et s'égrène facilement une fois mûr.

Les sols qui lui conviennent le mieux sont ceux qui sont frais et en coteaux exposés au Nord, où son fruit mûrit moins vite et, par suite, risque moins de pourrir. Il est habituellement taillé à long bois, mais se porte bien quand on le soumet à la taille courte.

Verdot

Synonymie.— *Carmelin* dans le canton de Sainte-Foy et à Bergerac.

Description. — *Souche* assez vigoureuse. *Sarments* semi-érigés, minces, longs, à mérithalles moyennement allongés ou courts, d'une couleur brun-grisâtre terne, rayés de rouge-brun. *Feuilles* moyennes, plus longues que larges, presque entières à la base des sarments, nettement tri ou quinquelobées vers leur extrémité ; sinus pétiolaire cordiforme fermé ou presque fermé par le rapprochement du bord des lobes adjacents; dents courtes et inégales; face supérieure glabre, bullée, d'un beau vert, face inférieure tomenteuse. *Grappe* petite, cylindro-conique, pourvue de deux ailes régulières et bien détachées.

Maturité relativement tardive (troisième époque de M. Pulliat).

Le vin du *Verdot* est bien coloré, solide, vieillissant lentement et s'améliorant longtemps; il est long à acquérir du bouquet, il convient très bien pour les transports d'outre-mer.

Le *Verdot* ne redoute ni la coulure ni la pourriture. Ce sont les sols riches, profonds et frais des palus de la Gironde qui lui conviennent le mieux. On le soumet habituellement à la taille longue.

Les vignerons bordelais en distinguent trois variétés: 1° le *Petit-Verdot* ou *Verdot rouge* à grappe très petite; 2° le *Verdot de palus* ou *Verdot blanc* à grappe plus allongée; 3° le *Verdot Colon* à feuille plus épaisse, grande et cotonneuse, grappe grosse donnant un vin peu coloré. Ces caractères, qui sont variables, ne sont probablement que le résultat de la culture dans des milieux différents.

Cot

Synonymie. — *Malbeck*, *Gourdoux*, *Estrangey*, *Noir de Pressac*, *Mouzat*, *Gros noir*, *Cahors*, *Balouzat*, *Mourame*, *Noir doux*, *Pied rouge*, *Pied de Perdrix*, *Côte Rouge*, *Teinturier*, *Parde*, *Terranis*, *Boucharès*, *Étaulier*, *Guillan*, *Hourcat*, *Moussin*, *Pied doux*, *Grande Parde*, *Quercy* et *Romieu* dans la Gironde; *Vesparo*, *Mauzain*, *Rougeau*, *Quillot* dans le Gers; *Gros Auxerrois*, *plant de Béraou* dans le Lot; *Clavier* ou *Claverie* dans les Landes; *Bouyssalet* dans la Dordogne; *Coly*, *Jacobin* dans la Vienne; *Cahors*, *Périgord* dans l'Orléanais; *Gros pied rouge mérillé* dans le Lot-et-Garonne; *Magrot*, *Prunièral* dans la Corrèze; *Grifforin* dans la Charente-Inférieure; *Plant du Roi* près d'Auxerre; *Côt* dans l'Indre-et-Loire.

Description. — *Souche* vigoureuse. *Sarments* courts, droits, d'une couleur brun fauve après l'aoûtement; mérithalles assez courts, à nœuds saillants. *Feuilles* assez grandes, larges, épaisses, trilobées, à sinus pétiolaire ouvert en V; face supérieure d'un vert pâle, tachées de rouge, glabres, bullées; face inférieure recouverte d'un duvet floconneux. *Grappe* grosse, généralement conique, ailée. *Grains* gros, sphériques, d'un noir-violet, pruinés, à peau tendre, très doux et savoureux.

Maturité hâtive (fin de la première époque de M. Pulliat).

Le *Côt* est l'un des cépages les plus répandus en France, il est cultivé depuis l'Yonne jusqu'à l'Océan et aux Pyrénées. Les nombreux noms synonymiques que nous venons d'indiquer sont la conséquence de cette large diffusion. C'est surtout dans le Sud-Ouest et dans le Centre que le *Côt* joue un rôle important: il entre, sous le nom de *Malbeck*, dans la composition des vins de Bordeaux; il sert de base aux vins du Lot, si estimés pour les coupages de ceux de la Gironde; on l'emploie enfin beaucoup dans la Touraine.

Le vin du *Côt*, qui est considéré comme manquant un peu de corps dans la Gironde, est au contraire ferme, coloré et corsé dans d'autres localités. Ce sont les sols argilo-calcaires, forts, riches et meubles qui conviennent le mieux à ce cépage; il redoute surtout les terrains à sous-sol imperméable. Il est sujet à la coulure et à la pourriture. Il se prête très bien à la taille longue et aux grandes formes ; c'est lui qui est cultivé en *Chaintre* sur quelques points de la Touraine. Il redoute beaucoup les gelées, mais il présente l'avantage, lorsqu'il a perdu sa première pousse, de donner du fruit sur les rameaux issus du vieux bois.

On a cru pouvoir diviser les *Côts* en plusieurs variétés : le *Côt à queue rouge* ou *Côt rouge,* le *Côt à queue verte* ou *Côt vert* et le *Côt de Bordeaux* ou *Malbeck ;* mais les caractères sur lesquels on s'est basé pour établir ces distinctions (notamment la coloration du pédoncule) sont de peu d'importance et n'ont aucune fixité.

Grappu de la Dordogne

Synonymie.— *Picardan noir* (d'après Pulliat), *Prueras*, *Prolongeau.*

Description. — *Souche* vigoureuse, susceptible de prendre un grand développement. *Sarments* semi-érigés, longs et gros, à mérithalles moyens. *Feuilles* de grande dimension, d'un beau vert et glabres à la face supérieure, duveteuses à la face inférieure ; presque entières avec le sinus pétiolaire ouvert en U; dents inégales, les unes obtuses, les autres aiguës. *Grappe* grosse, munie de deux ailes bien saillantes, à pédoncule court, gros et herbacé, à grains moyens, sphériques, à peau épaisse, noire et pruinée.

Maturité. — A la troisième époque.

Le *Grappu* donne un vin mou, de peu de couleur et commun, mais il est très productif; M. Pulliat l'appelle l'*Aramon* du Sud-Ouest. Il paraît en outre très résistant à l'action du *mildew*.

Ce cépage doit être conduit à la taille courte.

Sémillon

Synonymie. — *Colombier* dans la Gironde, *Chevrier* dans la Dordogne, *Malaga* dans le Lot, *Goulu blanc* dans l'Isère.

Description. — *Souche* assez vigoureuse. *Sarments* semi-érigés, vigoureux, longs, à mérithalles assez longs, légèrement aplatis, de couleur acajou. *Feuilles* grandes, épaisses, trilobées ou quinquelobées, à sinus pétiolaire ouvert en U; sinus latéraux inférieurs profonds, dents courtes, inégales, généralement obtuses; face supérieure d'un vert pâle, glabre, tourmentée; face inférieure légèrement duveteuse. *Grappe* grosse, fournie, cylindro-conique, ailée. *Grains* gros, à peu près sphériques, inégaux, serrés sur le corps de la grappe, lâches sur les ailes, transparents, d'une belle couleur dorée à la maturité, à peau fine, chair d'une saveur spéciale, douce et parfumée.

Maturité. — Deuxième époque de M. Pulliat.

Le *Sémillon* est un de nos cépages blancs les plus distingués; c'est celui qui unit le plus de finesse à la production la plus abondante. Mélangé au *Sauvignon* et à la *Muscadelle*, il donne les grands vins blancs de Sauterne. Son vin est d'une belle couleur mordorée; il a beaucoup de limpidité, de finesse, de saveur et de moelleux. Il a malheureusement le défaut de pousser de bonne heure, ce qui l'expose aux gelées, et d'être sujet à la pourriture; il résiste assez bien au *mildew*.

Ce sont les sols argilo-calcaires, forts ou graveleux, à sous-sol argileux, marneux et rocheux qui lui conviennent le mieux. Il est habituellement soumis à la taille courte, mais il peut supporter, quand il est suffisamment vigoureux, un arçon.

Sauvignon

Synonymie. — *Surin fié* dans le Centre, *Blanc fumé* dans la Nièvre, *Puinechou* dans le Gers.

Description. — *Souche* plus vigoureuse que celle du *Sémillon*. *Sarments* étalés, effilés, à mérithalles de longueur moyenne, de couleur cannelle tachée de brun. *Feuilles* petites, plus larges que longues, épaisses, trilobées, à sinus pétiolaire ouvert, à dents inégales et obtuses; face supérieure glabre, un peu bullée et d'un beau vert foncé; face inférieure tomenteuse. *Grappe* petite, cylindrique, serrée. *Grains* moyens, inégaux, un peu ovoïdes, transparents, d'un roux doré; peau dure un peu avant la maturité du raisin, se fendant quand elle est avancée, sucrée, d'un arome spécial, agréable.

Maturité assez hâtive (deuxième époque de M. Pulliat).

Le *Sauvignon* donne un vin fin, aromatique, d'une belle couleur dorée. Il entre pour un tiers environ, avec le *Sémillon*, dans les grands vins de Sauterne. Il est cultivé, en dehors de la Gironde, dans le Gers, dans la Vienne et jusque dans l'Yonne, et donne partout lieu à des produits distingués.

Le *Sauvignon* réussit dans la plupart des sols, mais ce sont ceux qui sont caillouteux, légers ou argileux, mêlés de pierraille et à sous-sol calcaire, qui lui conviennent le mieux. Il est sujet à la coulure. On le taille habituellement à coursons à trois yeux.

On lui attribue quatre variétés : le *jaune*, le *vert*, le *rose* et le *violet*, qui ne diffèrent que par la couleur de leur fruit.

Muscadelle

Synonymie. — *Musquette*, *Muscadet doux*, *Raisinotte*, *Angelicaut* dans toute la Gironde, *Catape* dans le canton de Créon, *Guépus* dans les cantons de Castillon et de Sainte-Foy, *Blanche douce* et *Muscat fou* à Bergerac, *Blanc Cadillac* à Fronsac, *Guilan musqué* dans le Lot et le Tarn.

Description. — *Souche* vigoureuse. *Sarments* gros, à mérithalles moyens, longs, couleur d'acajou. *Feuilles* grandes, épaisses, un peu plus larges que longues, 3-5 lobées, à dents fortes et aiguës, avec le sinus pétiolaire ouvert en V; face supérieure vert clair et lisse, face inférieure légèrement duveteuse. *Grappe* grosse, ailée, un peu compacte. *Grains* sphériques, transparents, d'un jaune doré au moment de la maturité, à peau fine, sucrés, à arrière-goût spécial se rapprochant plus, malgré ce que semblerait indiquer son nom, du *Sauvignon* que du Muscat.

Maturité assez hâtive (deuxième époque de M. Pulliat).

Le vin de la *Muscadelle*, très parfumé, est rarement employé seul, à cause de son arome trop prononcé; associé avec le *Sémillon*, il donne les vins de liqueur très estimés à Montbazillac près de Bergerac, et avec le *Sémillon* et le *Sauvignon*, il rentre dans la composition des grands vins de Sauterne.

La *Muscadelle* est sujette à la coulure et à la pourriture ; c'est dans les sols argileux bien divisés par un cailloutis abondant qu'elle réussit le mieux. Elle est soumise à la taille courte.

K. — Cépages des Charentes

Les deux cépages principaux des Charentes sont le *Balzac* (*Espar du Languedoc*), dont nous avons déjà parlé et qui donne les vins rouges de ces départements, et la *Folle blanche,* qui produit les vins blancs dont on fait les eaux-de-vie renommées de Cognac.

Folle blanche

Synonymie. *Enrageat*, *Plant Madame*, *Grosse Chalosse*, *Grais*, *Rebauche* dans le Sud-Ouest, *Piquepouille* dans le Gers.

Description.— *Souche* grosse et courte. *Sarments* courts, gros, à mérithalles assez courts, de couleur roussâtre. *Feuilles* moyennes, quinquelobées ; sinus pétiolaire peu ouvert, sinus latéraux profonds et ouverts, dents courtes et obtuses ; face supérieure vert foncé, glabre, un peu bullée, à nervures rouges, face inférieure légèrement cotonneuse. *Grappe* grosse, cylindrique ou cylindro-conique, serrée. *Grains* gros, sphériques, d'un vert-blanchâtre, prenant une couleur dorée du côté où ils sont exposés au soleil, à peau épaisse et résistante, juteux et sucrés.

Maturité assez hâtive (deuxième époque de M. Pulliat).

La *Folle* est le cépage blanc par excellence des Charentes, où elle représente les neuf dixièmes du vignoble ; son vin, acide et de peu de valeur pour la consommation directe, sert à faire les eaux-de-vie renommées que l'on obtient dans ces contrées ; on peut aussi le mélanger avec les vins très colorés du Midi (notamment ceux de *Jacquez*), auxquels il communique une fraîcheur et un brillant remarquables.

La *Folle* s'accommode de toutes les natures de sols, à la condition qu'ils soient suffisamment riches. Son rendement s'élève en moyenne à 30 hectolitres par hectare, mais souvent à beaucoup plus, pour peu qu'elle soit cultivée d'une manière tant soit peu intensive ; elle est assez sensible aux gelées du printemps et son fruit pourrit assez facilement dans les années humides.

On a séparé sous le nom de *Folle blanche*, *Folle verte*, *Folle jaune*, trois formes qui sont identiques quand on les place dans les mêmes conditions. Il existe une *Folle noire* qui n'a de commun avec la *blanche* que le nom.

CHAPITRE VI

SOMMAIRE. — Cépages du Portugal, de l'Espagne, de l'Italie, de la Grèce et de la Turquie, de la Hongrie, de l'Autriche, de l'Orient, de l'Algérie. — Vignes à raisins de table.

A. — Cépages du Portugal

Les vins célèbres que produisent certaines parties du Portugal donnent un intérêt tout particulier à l'étude des cépages de cette contrée. Nous allons successivement passer en revue les plus estimés et les plus répandus d'entre eux; nous ne saurions mieux faire, pour les décrire et donner sur leur compte une appréciation exacte, que de traduire quelques passages des excellentes études ampélographiques faites sur chacun d'eux par M. le vicomte de Villamaïor (1).

ALVARELHAO

«Ce cépage paraît originaire du Haut-Douro; c'est au moins dans la partie de la région qui s'étend jusqu'au-dessous de Corgo qu'on le rencontre généralement répandu et formant comme le *Bastardo* la base des vins qu'on y récolte. Dans le Minho, et principalement dans la région de Basto, on rencontre l'*Alvarelhao* sous le nom de *Locaia*.

»On reconnaît au moins deux variétés d'*Alvarelhao* : celle à laquelle on a donné le nom de *Pied rouge* ou *Pied de perdrix*, qui est la meilleure, et celle désignée sous celui de *Pied blanc* ou *vert*, qui lui est inférieure. D'autres veulent qu'il y en ait encore une troisième, qu'ils nomment *Pied hâtif*, et qui, à mon avis, est identique à la première, dont elle diffère seulement par l'intensité de la couleur du pied.

»L'*Alvarelhao pied de perdrix* est incontestablement un des meilleurs cépages qui se cultivent en Portugal, à cause des qualités qu'il

(1) *Manual de viticultura pratica pelo Visconde de Villa Maïor*. Porto Ernesto Chardron, 1881, pages 486 et suiv. de la 2e édition.

communique au vin, et que l'on devra pour cette raison propager plus qu'on ne l'a fait jusqu'ici.

»Les caractères de cette vigne sont les suivants:

»*Souche* grêle, écorce épaisse, adhérente et non gercée. *Bourgeonnement*, en temps ordinaire, à la fin de mars. *Sarments* courts, moyens, presque érigés; mérithalles moyens, grêles; nœuds peu volumineux, presque ronds; les *sarments* sont de couleur brun-rougeâtre ou cannelle; ils sont réguliers, durs et renferment peu de moelle. *Bourgeons* obtus et velus. *Feuilles* moyennes, inégales, quinquelobées, avec les sinus latéraux et celui de la base cordiforme; dents en deux séries, moyennes ou petites. Page supérieure peu rugueuse, vert clair; celle du dessous tomenteuse, avec un duvet peu adhérent, de couleur blanchâtre; nervures de grosseur uniforme et violacées. Pétiole petit ou moyen, grêle, velu, violacé. *Grappes* de grosseur suffisante, moyennes, composées, rameuses, avec de nombreuses ramifications; pédoncule moyen, grêle, tendre et rougeâtre; pédicelles verruqueux. *Grains* moyens, presque égaux, ovoïdes, noirs, peu colorés, se détachant aisément, tendres, avec peu de pulpe, doux avec un goût acide très agréable.

»*Maturité* à la fin d'août (ce qui correspond à peu près à la deuxième époque de M. Pulliat).» M. de Villamaïor, cité par M. V. Pulliat dans *le Vignoble*, donne sur le vin de ce cépage les renseignements suivants: «Le vin d'exportation (vin de Porto) qui se produit dans les vignobles du Bas-Corgo est fait, pour la majeure partie, avec les raisins de ces deux cépages, l'*Alvarelhao* et le *Bastardo*. On trouve aussi la même variété sous le nom de *Locaia* et de *Pied de perdrix* dans les vignes en hautains sur les arbres qui environnent les champs cultivés de Basto, où se produit un vin de table très vanté et très estimé pour sa fraîcheur et sa finesse; mais la dénomination la plus répandue de cette variété est celle d'*Alvarelhao* (prononcer Alvarèllon). L'*Alvarelhao* donne ses produits les plus élevés dans les terres fortes; on le conduit ordinairement en souche basse et à la taille longue. Il est fréquemment atteint par l'oïdium; par contre, ses fruits résistent bien à la pourriture dans les années humides.»

BASTARDO

«Cépage très connu dans tout le pays comme étant le plus précoce parmi tous ceux qui sont bons pour la table (il mûrit dans bien des années son fruit au commencement de juillet) et comme servant en même temps de base à un vin spécial, très fin, et qui s'améliore et se perfectionne en peu de temps.

Il existe deux variétés peu estimées de ce cépage, parce qu'elles sont inférieures, presque stériles, et par suite peu connues. Je parlerai donc seulement du bon *Bastardo*, et je commencerai par le décrire :

«*Souche* forte, d'un aspect régulier ; écorce épaisse, peu adhérente, gercée. *Bourgeonnement* hâtif. *Sarments* assez érigés, courts, avec des mérithalles courts (de 0m,04), des nœuds petits et arrondis ; à bois dur avec peu de moelle, de couleur brune uniforme ; vrilles courtes et simples ; bourgeons peu pointus, velus, feutrés et un peu violacés au moment de leur ouverture. *Feuilles* petites, régulières, avec cinq lobes peu aigus, des sinus latéraux peu profonds, cordiformes et ouverts; le sinus pétiolaire ouvert, cordiforme. Les dents en deux séries pas trop aiguës. La page supérieure presque lisse, de couleur vert foncé ; la page inférieure très peu duveteuse, de couleur plus claire, avec des nervures grêles plus saillantes ; pétiole, court, glabre, rougeâtre. *Grappe* assez généralement petite, cylindrique ou cylindro-conique, très serrée, presque toujours simple ; pédoncule court, dur, vert-grisâtre ; pédicelles peu verruqueux. *Grains* moyens, réguliers, ovoï-coniques (de 0m,014 à 0m,013), entièrement noirs, assez colorés, très serrés, se détachant facilement du pédicelle sans laisser un gros pinceau, durs, assez charnus, pellicule peu épaisse, très doux, mûrissant de très bonne heure, très sujets à se passeriller. Renfermant généralement deux ou trois graines régulières et de couleur brune.

»100 de raisins donne 51,8 de moût fin légèrement rosé, d'une densité de 1,140, contenant sur 100 parties 29,285 de sucre et 0,225 d'acide (1).

»Rebello de Fonseca, dans une note de son Mémoire, dit que ce cépage produit beaucoup dans tous les terrains, mais que ses raisins sont très sujets à se sécher ou à se pourrir, et qu'il se rencontre rarement une année où ils arrivent à leur perfection ; que, en outre, il a le défaut, lorsqu'il entre seul ou en grande proportion dans la composition d'un vin, de ne pas lui assurer une longue durée, de lui

(1) Le rendement en moût et la composition de ce dernier varient beaucoup, comme on le comprend facilement, suivant l'âge de la vigne, la nature du sol où elle vit, les conditions météorologiques de l'année, enfin suivant les engrais qui lui ont été appliqués ; aussi attachons-nous peu d'importance aux données de ce genre. Elles peuvent néanmoins avoir leur utilité si on ne leur attribue qu'une valeur relative, et c'est pourquoi nous avons cru devoir les conserver dans notre traduction.— G. F.

donner peu de couleur, quoiqu'il produise des vins très agréables et délicats, avec un bon bouquet, mais peu de corps. Malgré cette opinion, nous devons faire remarquer que les cépages qui entrent surtout dans les vins du Bas-Corgo sont le *Bastardo* uni à l'*Alvarelhão*, et que l'on fait pourtant dans tout le Douro des vins du premier seul, qui sont liquoreux, doux et très fins. Ceux de Lavradio sont aussi fabriqués en grande partie avec le *Bastardo*.

»M. Aguiar dit que, dans les vignobles de Santarem, on connaît deux qualités de *Bastardo :* celui de Castella, plus productif, précoce, mûrissant en septembre et préférant les terrains calcaires, et le *Bastardõ menudo,* aussi très productif, extrêmement hâtif, mûrissant en juillet et préférant les terrains sablonneux.»

Casculo

»Se cultive dans le Douro, il est moyennement productif; néanmoins, il donne un bon vin et convient aux terres fortes. Ses caractères sont les suivants :

»*Souche* forte, écorce mince, gercée, peu adhérente ; débourre à la fin de mars ; port régulier. *Sarments* longs, étalés ; mérithalles moyens de (0^m,04 à 0^m,12), grosseur régulière, de couleur brune-rougeâtre, mous, riches en moelle; vrilles peu nombreuses ; bourgeons peu aigus et peu velus. *Feuilles* moyennes, presque égales, à cinq lobes, entières, aiguës; sinus latéraux arrondis, les supérieurs plus prononcés, les secondaires à peine indiqués ; celui de la base cordiforme et peu ouvert ; dents en deux séries et peu aiguës. La page supérieure est un peu rugueuse, d'une couleur vert intense. La page inférieure est rugueuse, un peu tomenteuse, vert clair. Pétiole long, de grosseur moyenne, violacé. *Grappes* moyennes, ovoï-cylindriques, rarement composées, serrées ; pédoncule de grandeur moyenne, blanc-verdâtre ; pédicelles verruqueux, avec disque volumineux. *Grains* ronds, moyens, réguliers, noirs, assez foncés, ne se détachant pas facilement, tendres, pulpeux, à pellicule épaisse, doux, insipides, renfermant deux ou trois graines marquées de brun ; mûrissant tardivement.

»Un essai, fait le 11 septembre 1864, a donné un rendement de 62,5 °/₀ du raisin. Le moût, clair, a une densité de 1,085 ; il renferme 18 °/₀ de sucre et 0,282 d'acide.

»M. le comte Odart, qui a cultivé le *Bastardo,* le considère comme celui, d'entre les raisins d'Espagne et de Portugal qu'il a eus sous les yeux, qui convient le mieux au climat du centre de la France. Il dit qu'il ressemble au *Trousseau du Jura* et au *Chauché du Poitou* par son ensemble, mais qu'il en diffère beaucoup par son fruit. D'après cet auteur, ce cépage serait très répandu à Madère, où l'on ferait son vin en blanc.»

Mourisco coloré du Douro

«Alias *Mourisco preto ;* c'est sous ce nom qu'il est désigné par le comte Odart dans son *Ampélographie universelle.* Dans la partie haute du Tras-os-montes, on lui donne le nom de *Uva-rei* (raisin roi). C'est l'un des cépages les plus beaux et les plus précieux qui se cultivent dans le Douro, et on ne doit pas le confondre avec un autre qui se cultive dans le Minho sous le nom de *Mourisco*, mais qui est entièrement différent. Voici la description du *Mourisco tinto* ou *preto* du Douro :

»*Souche* vigoureuse, écorce épaisse, peu adhérente, médiocrement gercée. La racine résiste aux attaques du *phylloxera* (1). Le *bourgeonnement* a lieu en temps normal à partir du milieu de mars ; les bourgeons, au débourrement, sont peu tomenteux et luisants. *Sarments* étalés, longs, avec des mérithalles moyens, généralement de $0^m,07$ à $0^m,12$; nœuds grêles et un peu aplatis. La couleur des sarments est brun clair, uniforme ; bois dur renfermant peu de moelle ; vrilles généralement bifurquées ; bourgeons aigus peu duveteux. *Feuilles* grandes, presque orbiculaires, quelques-unes quinquelobées, avec des sinus latéraux peu ouverts, celui de la base assez vert, avec des dents grandes et peu aiguës. La page supérieure lisse, glabre, d'un vert vif et uniforme ; l'inférieure un peu rude, peu tomenteuse, vert pâle, avec les nervures principales marquées ; pétiole moyen, gros, lisse, vert-blanchâtre. *Grappes* généralement grandes, quelques-unes très grandes, pyramidales, composées, avec des ramifications plus ou moins détachées ; pédoncule long, gros, peu dur, vert clair et jaunâtre. *Grains* gros, presque aplatis et ombiliqués, noirs, peu colorés, assez adhérents au pédicelle, qui est long, peu rugueux, avec un disque volumineux ; durs avec passablement de chair ; pellicule épaisse ; doux, très sapides, avec deux ou trois graines.

»Rendement en moût 55 %; densité 1,120 ; 100 de moût contient 20,869 de sucre et 0,188 d'acide.»

(1) Les expériences que nous avons faites en France nous ont démontré que M. le vicomte de Villamaïor s'est illusionné à ce point de vue, ainsi que cela a eu lieu dans notre pays au début de l'invasion phylloxérique, pour divers cépages (*Colombaud*, *Etraire de l'Adui*, etc.). Le *Mourisco* n'est pas résistant.

MOURISCO BRANCO (*Mourisco blanc*)

«Se rencontre dans les vignes du Douro, de Tras-os-montes, de Beira Alta, des Algarves et d'autres contrées. Ce cépage a été décrit par Seabra, sous le nom de *Mourisca*, ainsi qu'il suit:

»*Mourisca* (nom usité à Breira et en Estramadure). *Sarments* de couleur châtaigne. *Feuilles* à cinq lobes, dentées en scie, avec un lobe de moitié plus grand que les autres ; tomenteuses à la face inférieure. *Grappe* atteignant jusqu'à une palme de longueur et grosse. *Grain* très serré, gros, du volume d'une noisette, d'une couleur ambrée, à peau assez épaisse et charnue ; jus peu abondant, doux, un peu âpre. Il est croquant et doit servir seulement pour pendre et conserver pendant l'hiver.

»*N. B.* – Cette dernière observation de Seabra n'est pas exacte de tous points, parce que, suivant mon expérience, le *Mourisco blanc* donne 65 °/₀ de moût, avec une densité de 1,100 et une richesse glucométrique de 12° à la fin d'août. C'est un beau cépage portant des grappes de plus de deux kilogrammes chacune. La taille qui lui convient le mieux est celle en trognon ou celle courte ou moyenne.»

Pour augmenter encore l'estime que l'on doit avoir pour ce cépage, Alarte dit : — « Les raisins du *Mourisco* peuvent être considérés comme de bons cépages pour les terres substantielles ; c'est le cépage le plus annuel, il y a en effet des années où il ne donne rien ; il est vrai que, dans les années où il porte une récolte, il donne abondamment et son vin a beaucoup de valeur. Il y a deux types de ce cépage, l'un blanc et l'autre rouge, que l'on récolte pour les conserver et non pour la cuve.»

DONZELLINHO

«Il existe trois variétés de ce cépage, deux colorées et une blanche. Celles qui sont colorées sont : le *Donzellinho do Castello* et le *Donzellinho Gallego*.

»Le *Donzellinho do Castello* est très productif et donne un bon vin ; il résiste à l'action des pluies, il est hâtif, il aime les terres fortes et froides ; ses raisins sont assez aqueux et peu riches en matières colorantes ; les grappes sont serrées, les grains réguliers et savoureux. Cette variété résiste à l'oïdium.

»Le *Donzellinho Gallego* est peu productif ; il a une grappe peu dense, une saveur particulière; il est hâtif et très recherché des oiseaux. A Rançao, il produit un vin spécial; il aime les terres fortes.

»Rebello de Fonseca décrit le *Donzellinho* de la manière suivante, qui s'applique au *Donzellinho do Castello*: *Feuilles* plus petites que la moyenne, trilobées, terminées en forme de cœur, découpées autour inégalement en scie, en dessus rugueuses et de couleur vert-jaunâtre, en dessous comme poudrées d'ocre; *rameaux* rougeâtres, nœuds espacés de trois doigts; *grappes* formées de grappillons de forme conique; *grains* ovoïdes, moyens, peu serrés, noirs, lavés de bleu; peau épaisse, renfermant trois graines; jus clair et peu visqueux, acide, avec une douceur agréable.

» Le comte Odart, dans son *Ampélographie universelle*, fait un grand éloge du *Donzellinho do Castello*, en disant qu'il est de bon rapport; vin délicat, mais peu coloré. «Je peux ajouter, dit-il, car j'en possède une trentaine de souches, que ses grappes sont bien garnies, que ses grains sont oblongs ou elliptiques et rappelent beaucoup l'*Agudet* du Tarn-et-Garonne. Sa maturité a été contemporaine de celle de notre *Côt* dans ma vigne, dont le sol ne se recommande par aucune qualité. Ce cépage, que j'ai beaucoup multiplié, convient beaucoup à notre climat; c'est vraiment une bonne acquisition.»

Verdelho

»Synonyme du *Gouveio* du Haut-Douro. C'est un des cépages les plus estimés parmi ceux que l'on rencontre dans nos vignobles du continent et de l'île de Madère. Dans les vignobles du Nord, dans Tras-os-montes et Beira, on connaît deux variétés de ce cépage: le *Verdelho* ou *Gouveio blanc*, et le *coloré*, toutes deux de bonne qualité. Il y a encore une autre variété très inférieure, que l'on appelle *Melenas*.

»Gyrão dit que, dans l'antique province de Ourem, un cépage nommé *Verdelho* ne donne presque rien, que c'est une vigne sauvage et très vigoureuse. Suivant le même auteur, il paraît que dans le Borba, le *Verdelho* et l'*Arinto* sont une seule et même chose; mais j'ai peu de confiance dans cette assertion. Il n'y a aucune probabilité pour que le cépage décrit par Seabra sous le nom de *Val de Arinto* soit effectivement le *Verdelho blanc*.

» Le comte Odart, dans son *Ampélographie universelle*, fait un grand éloge du *Verdelho de Madère*, et MM. Lindley et Hartwiss, directeur des Jardins impériaux de Crimée, lui rendent également justice. *Le Vignoble*, qui se publie actuellement en France sous la direction de MM. Mas et Pulliat, donne, dans le n° 4 de la première année, une description de ce cépage avec une belle planche qui a seulement le défaut de représenter une petite grappe chétive, qui ne correspond pas à la beauté que nous sommes accoutumés à voir sous notre climat au *Verdelho*. Voici la description que je prends la liberté d'accommoder à notre *Verdelho*, tel qu'il se développe dans les vignes et espaliers de Tras-os-montes :

» *Bourgeonnement* teinté de violet et un peu duveteux. *Sarments* grêles, court-noués, légèrement teintés de rouge. *Feuilles* moyennes ou petites, cordiformes, arrondies, glabres et lisses à leur page supérieure, presque glabres à la page inférieure, et duveteuses sur les nervures ; sinus supérieurs peu marqués ; sinus secondaires nuls ou presque nuls ; sinus pétiolaire un peu ouvert ; dents presque régulières, peu larges, courtes, obtuses ou très courtement aiguës. *Grappes* nombreuses, moyennes, coniques, régulières et bien garnies ; pédoncule long ou moyen et un peu violacé. *Grains* moyens, ellipsoïdes très réguliers, avec une pellicule résistante, transparente, de couleur jaune-verdâtre dans la variété blanche et plus foncée dans le *Verdelho pardo* ; les grains de ce dernier sont un peu plus petits. La chair est ferme, douce, avec un parfum suave et agréable ; c'est un des raisins les plus savoureux qui existent chez nous. Sa maturité est hâtive, elle a lieu à la fin d'août. Il résiste aux intempéries. D'après mes notes, le *Verdelho blanc*, à la fin d'août, fournit de 60 à 63 °/₀ de moût très fin, d'une densité de 1,112, contenant (pour 100) 22,489 de sucre et 0,282 d'acide. »

B. — Cépages d'Espagne

Beaucoup de cépages d'origine espagnole sont déjà cultivés dans le midi de la France : le *Morrastel*, la *Carignane*, le *Grenache*, le *Mourvèdre*, le *Maccabeo*, etc., dont nous avons donné précédemment la description, sont dans ce cas ; nous nous bornerons à examiner les plus connus d'entre ceux qui ne sont pas encore répandus en France.

Pedro Ximénès

Synonymie. — Suivant D. S. Roxas : *Pedro Ximen* à Malaga, *Ximénès* dans toute l'Andalousie, *Raisin pero-Ximénès* à Aranjuez et Ocana.

D. S. Roxas Clémente donne de ce cépage la description suivante :

«*Sarments* nombreux, moyens ou un peu courts, de grosseur moyenne, point sinueux, gris-rougeâtre, mous; mérithalles moyens, *rameaux* secondaires assez nombreux, moyens, avec un assez grand nombre de grappillons; bourgeons gros, très aigus. *Feuilles* quelquefois très velues; mais ordinairement elles ne diffèrent de la précédente que parce que le pédoncule et la base des nervures sont rouges; elles tombent huit à dix jours plus tard que celles du *Listan* commun. *Raisins* assez nombreux, moyens, cylindro-coniques, un peu tachés, sans grains verts, avec quelques petits grains; pédoncules tendres; pédicelles avec très peu de petites verrues. *Grains* de cinq lignes et demie de longueur et cinq de grosseur, très obtus, la superficie unie, un peu dorés, assez transparents, se séparant facilement du pédicelle, mous, peu charnus, extrêmement doux, très précoces; pinceau point ou très petit, à stigmate très persistant; peau extrêmement fine; disque simple, avec cinq et rarement quatre angles; gris clair. »

Maturité. — A la troisième époque.

Le *Pedro Ximénès* produit des vins doux et de liqueur renommés en Espagne ; il contribue beaucoup à la qualité des vins de Malaga et donne les vins connus sous les noms de Xérès, Paxarète, Pero-Ximen, San-Lucar, etc. Il a été cultivé avec succès sur quelques points du midi de la France. Il est aujourd'hui employé également en Algérie, où il a été importé par les colons Espagnols de la province d'Oran. C'est à tort que certains auteurs Allemands et à leur suite des Espagnols ont prétendu qu'il existait aux vignobles des bords du Rhin.

Ce cépage demande la taille courte.

LISTAN

Synonymie (d'après D. S. Roxas). — *Listan* à San-Lucar de Barrameda et à Chipiona, *Palomina blanche* à Xérès de la Frontera, *Palomino* à Cornil et à Tarifa, *Tempranilla* à Rota, Trébugena et Grenade; *Orgasuela* au port Sainte-Marie, *Ojo de Liebre* à Lebrija, *Temprana* ou *Temprano* à Algésiras, Ronda, Motril, Grenade, les Alpujarra, Guadix, etc.; *Alban* à Grenade.

D. S. Roxas Clémente donne de ce cépage la description suivante:

«*Cep* à tronc délié, tête grosse, écorce fine, très adhérente, peu crevassée, avec les crevasses étroites; bourgeonnement en temps ordinaire assez vigoureux. *Sarments* nombreux, très longs, non flexueux, cylindriques, gris-rougeâtre clair dans la partie inférieure, blanc moucheté de rouge dans la partie supérieure ; mérithalles moyens ; nœuds moyens ; moelle assez abondante, un peu verdâtre; grappillons peu nombreux, rameaux secondaires peu nombreux, moyens, avec un petit nombre de grappillons; vrilles opposées aux feuilles, rameuses. *Feuilles* moyennes, presque égales, un peu irrégulièrement palmées, les sinus latéraux ordinairement cordiformes, celui de la base élargi ; — un peu ridées, unies, d'un vert-blanc à leur page supérieure, très cotonneuses au revers ; le duvet très adhérent, blanc ; — toujours planes, non persistantes. Lobes cinq, presque entiers, un peu pointus, dents moyennes, nervures moyennes. Le pétiole moyen, un peu grêle, un peu velu, rouge foncé ; il s'étend jusqu'à colorer la base des nervures ; angle très aigu avec la feuille. Floraison précoce. *Raisins* grands, ovales, cylindriques, rameux à la partie supérieure, simples dans la partie inférieure ; lobes un peu courts ou moyens ; pas de grains verts, petits grains assez nombreux d'ordinaire ; pédoncule un peu court ou moyen, un peu gros, tendre, gris clair, quelquefois assez verdâtre ; pédicelles un peu verruqueux. *Grains* moyens, presque égaux, un peu aplatis par leur base et par leur sommet ; à surface unie, gris doré assez foncé s'ils sont exposés au soleil, blanc-verdâtre s'ils n'ont pas cet avantage ; charnus, se détachant facilement du pédicelle ; étamines persistantes après la maturité ; stigmate très persistant, constamment central, ordinairement partagé en deux. Le pinceau est petit. *Graines* deux ou trois, moyennes, grises, etc. »

Le *Listan* joue un rôle important dans les vignobles d'Espagne ; il peuple la plus grande partie de ceux de San-Lucar ; il entre dans la préparation des vins de Paxarète, Ximénès, Malaga, Muscats, Tintillas, etc. Il fournit les raisins secs si renommés de San-Lucar. Il est très cultivé à Xérès, au port Sainte-Marie, à Rota, à Conil et à Algésiras ; on le rencontre enfin dans les vignobles de Paxarète, d'Arca, Espera, Lebrija, Umbrète, Chipiona et Malaga.

Il est exploité à Grenade comme raisin de table.

ALMUNECAR

Synonymie. — *Almunecar* à Saint-Hucaris, Xérès, Trébugena, Algésiras, Arcos, Espera, Paxarète et Malaga. *Pasa larga* (grosse panse) à Almunecar, *Largo* à Malaga, *Uva de Pasa* (raisin de panse) à Ronda, Motril, etc.

Description (d'après don Simon Roxas Clémente).— « *Cep* grêle, bourgeonne en temps ordinaire. *Sarments* nombreux, très longs, cylindriques, entièrement nus, gris-rougeâtre un peu clair, très mous; entre-nœuds moyens, avec des grappillons peu nombreux ; *vrilles* rameuses. *Feuilles* plus jaunes que celles du *Ximénès*, auxquelles elles ressemblent d'ailleurs en tout le reste. Cinq *étamines* ; plusieurs persistent dans leur état naturel, quand le grain a déjà pris de la couleur. *Grappes* assez et quelquefois très nombreuses, longues d'environ dix pouces en comptant le pédoncule, de quatre pouces dans leur forte grosseur, doublement composées dans leur partie supérieure, composées dans la partie inférieure, avec des lobes très longs, un très petit nombre de grains restent verts, il en est de même pour ceux qui demeurent imparfaitement développés; pédoncule moyen ou un peu long, un peu gros, très tendre, très blanchâtre, communément fertile ; pédicelle avec très peu de petites verrues ; disque peu renflé. *Grains* de dix lignes dans leur grand diamètre sur six et demie au plus dans le petit diamètre, un peu amincis vers la pointe, très souvent un peu concaves du côté de la rafle et convexes à l'opposé, très obtus quelquefois, et assez souvent dorés, très transparents, très charnus, précoces; peau un peu épaisse, à disque assez marqué, gris-rougeâtre clair.»

L'*Almunecar* fournit les *panses* de Malaga, qui donnent lieu, sous forme de raisins secs, à un commerce d'exportation important ; elles valent, d'après don S. Roxas, le double de ceux de toutes les autres qualités. On le cultive pour le même objet à San-Lucar, Xérès, Paxarète et Adra.

MANTUO CASTILLAN

Synonymie.— Mantuo Castillan à San-Lucar, Xérès, Espera, Paraxète, etc., *Mantuo de San-Lucar* à Almonte, *Mantuo* à Algésiras et Ronda.

Description (d'après don Simon Roxas). — «*Souche* à tronc gros, à écorce un peu mince, bourgeonnement précoce. *Sarments* assez nombreux, semi-érigés, longs, un peu grêles, non flexueux; cylindriques, gris-rougeâtre clair dans la partie inférieure et blanc tacheté de rouge dans la partie supérieure, mérithalles longs; bourgeons assez pointus. *Feuilles* moyennes, les inférieures grandes, un peu irrégulières, presque entières ; quelquefois à cinq lobes entiers et un peu pointus ; — ridées, très cotonneuses dans la partie inférieure, avec un duvet très adhérent et blanc; les plus grandes prennent communément, avant la maturité, une couleur jaune sale plus ou moins grisâtre ; très persistantes ; sinus aigus et quelquefois un peu élargis; dents moyennes; nervures moyennes; pétiole moyen, un peu cotonneux, rouge clair, et presque à angle droit avec la feuille. *Grappe* assez grande, à pédoncule flexible; *grains* de neuf lignes de longueur et de huit et demie de grosseur, à surface unie, charnus, très savoureux. Avec des veinures apparentes, à peau fine. Disque assez marqué, circulaire, gris-rougeâtre assez foncé, communément assez pointu.»

Le raisin de ce cépage pourrit facilement dans les années pluvieuses; il est d'ailleurs très estimé comme raisin de table et de garde. Il est surtout répandu à Paxarète, à Conil et à Algésiras.

Montuo Perruno (*Montuo pour les chiens*)

Synonymie. — Aucune.

Description (d'après don Simon Roxas). — «*Souche* à écorce très adhérente; bourgeonnement très tardif. *Sarments* très longs, moyens, ronds, d'un gris-rougeâtre; à mérithalles un peu courts; rameaux secondaires peu nombreux, portant très peu de grappillons. *Feuilles* très ridées, très persistantes; *pétiole* rouge. *Grappes* nombreuses, un peu grandes avec très peu de grains verts ou avortés; pédoncule très court et très flexible. *Grains* longs de cinq lignes et demie et à peu près du même diamètre dans l'autre sens, à surface régulière, très transparente, avec des veinures apparentes, se séparant facilement du pédicelle, peu charnus, très tardifs; pinceau volumineux; peau très épaisse.»

Ce cépage est, d'après l'auteur précité, le plus répandu, après le *Ximénès*, dans la plaine de Grenade, où il occupe un tiers des vignes.

Ferrar commun

Synonymie.— Est désigné sous le nom unique de *Ferrar* à San-Lucar, Xérès, Trébugena, Arcos, Paxarète, etc.

Description (d'après D. S Roxas). — «*Souche* très grosse, bourgeonnement très tardif. *Sarments* quelquefois assez droits, peu nombreux, un peu courts, gros, cylindriques, gris-rougeâtre très clair et égal; mérithalles moyens, nœuds un peu gros; moelle assez abondante, grappillons nombreux. *Feuilles* et *pétiole* ressemblant à ceux du *Pedro Ximénès*, sauf que les premières sont un peu plus grandes, les inférieures très velues et les sinus souvent un peu plus profonds. *Grappes* grandes, irrégulières, composées, lâches sur les souches basses, un peu serrées sur celles en treilles ; à lobes ordinairement très longs, renfermant beaucoup de grains verts ; pédoncule long, gros, tendre, vert clair ; pédicelles assez verruqueux ; disque peu enflé. *Grains* de dix lignes de diamètre environ, très charnus, aigres-doux, très tardifs ; peau fine, pinceau petit ; disque assez marqué, irrégulier. *Graines* ordinairement au nombre de deux, de longueur régulière.»

Cette vigne est cultivée dans les vignobles de Paxarète, de Xérès, de San-Lucar, de Trébugena et de Malaga pour employer ses produits comme raisins de table et de conserve.

Ferrar blanc

Il existe une variété de *Ferrar commun* connue sous les noms de *Ferrar blanc* à Paxarète et de *Corona de Rey* à Espera. Elle diffère seulement de la précédente par ses sarments plus blanchâtres, ses rameaux secondaires moins nombreux, ses bourgeons plus petits, ses feuilles un peu jaunâtres et la couleur de ses grains.

Bobal

Synonymie.— Aucune en France.

Description.— *Souche* vigoureuse ; *tronc* robuste, à *écorce* se détachant en lanières fines ; *port* étalé. *Sarments* longs, vigoureux, coniques, jaune d'ocre avec des stries longitudinales brunes ; *mérithalles* moyens ; *nœuds* renflés ; *bourgeons* assez saillants. *Feuilles* moyennes ou grandes, quinquelobées, avec tous les sinus bien marqués, les inférieurs surtout ; le sinus pétiolaire étroit et profond ; *face supérieure* d'un beau vert, glabre et lustrée ; *face inférieure* avec poils par touffes, aranéeux ou cotonneux sur les nervures et sous-nervures ; rougissant et se marquant même de plaques noirâtres à l'arrière-saison ; dents courtes et obtuses, généralement en deux séries ; *pédoncule* moyen, lavé de brun et formant avec le limbe un angle obtus. *Grappes* grosses, cylindro-coniques, un peu serrées, non ailées ou à ailes courtes, à pédoncule court et gros, vert sale. *Grains* gros, un peu sphériques, un peu déprimés, peu pruinés, d'un noir clair violacé, à peau assez épaisse, se séparant assez difficilement du pédicelle, auquel ils laissent un pinceau non coloré ; chair un peu pulpeuse ; jus abondant, incolore.

Cépage fertile.

Maturité.— A la troisième époque.

Le *Bobal* a été introduit ces dernières années dans l'Hérault et y a attiré l'attention à cause de sa remarquable fertilité ; mais sa culture s'est peu répandue par suite de sa sensibilité aux attaques du *mildew*. On lui préfère l'*Aramon*, qui est plus fertile encore et qui résiste mieux à ce parasite, ou les hybrides Bouschet, qui donnent des vins plus colorés.

C. — Cépages d'Italie

L'Italie renferme de très nombreux cépages dont plusieurs offrent, à des titres divers, un intérêt considérable : les uns, tels que certains de ceux que l'on cultive en Piémont ou en Toscane, donnent des vins d'une réelle distinction (Barrolo, Asti, Chianti, etc.) ; les autres, tels que quelques-uns de ceux du Centre et du Midi, produisent soit des vins d'ordinaire abondants et solides, soit des vins de liqueur très estimés. Pendant longtemps, les richesses ampélographiques de ce pays ont été peu connues ; mais, aujourd'hui, les travaux de MM. le comte de Rovasenda, le baron Mendola, V. Pulliat et surtout ceux de la Commission ampélographique instituée par le Gouvernement italien, nous les ont révélés pour la plupart, et c'est dans les précieux documents qu'ils ont recueillis que nous puiserons la plus grande partie de ce qui va suivre.

Nebbiolo Piémontais

Synonymie.— *Spana*, *Melasca*, *Picotener*, *Chiavennasca.*

Description.— *Souche* très vigoureuse, à port étalé. *Bourgeonnement* tomenteux, blanchâtre, parfois légèrement rosé. *Sarments* rougeâtres, à mérithalles allongés, yeux petits, peu saillants, légèrement duveteux. *Feuilles* quinquelobées ou seulement trilobées ; à sinus larges et profonds, sinus pétiolaire arrondi, un peu ouvert, un peu tomenteux ; glabres à la face supérieure ; lobes à pointe légèrement aiguë ; pétiole long, rougeâtre, très finement velu. *Grappes* longues, ailées, pyramidales, plutôt serrées que lâches ; pédoncule long, un peu grêle. *Grains* moyens, légèrement ovoïdes, noirâtres, pruinés, à chair juteuse légèrement acidulée.

Maturité.— A la deuxième époque.

Le *Nebbiolo Piémontais* est le raisin à vin fin par excellence du Piémont, où il entre dans la composition des crus renommés de *Barolo* sur les collines d'Alba ; de *Lessona* et de *Gattinara* dans la région montueuse de Bielle et de Novare ; de *Campione* près de Pignerol, et de *Canavese* dans la province d'Ivrée.

Ce cépage, naturellement précoce et délicat au moment de la floraison, souffre du froid et de l'humidité ; aussi ne vient-il pas bien en plaine et le cultive-t-on surtout en contrée montueuse et à l'exposition du Midi ; il est assez facile quant aux autres conditions.

La taille courte ne lui convient pas, il devient presque infertile quand il est soumis à ce régime, et c'est probablement à cette cause que l'on doit attribuer l'insuccès des tentatives faites dans le Var, par M. Pellicot, pour la culture de ce cépage.

DOLCETTO

Synonymie. — *Nebbiolo, Uva d'Acqui, Ormeasca, Dignona, Uva de Montferrato, Dolutz nero.*

Description. — *Souche* assez vigoureuse, très fertile. *Sarments* couleur noisette ; mérithalles courts ; bourgeons saillants, gonflés, arrondis, légèrement blanchâtres et tomenteux au printemps avant le débourrement. *Bourgeonnement* blanc et cotonneux au sommet, les jeunes feuilles sont d'un rouge vineux intense sous un duvet léger et blanchâtre ; vrilles teintées de rouge. *Feuilles* généralement de grandeur moyenne ou au-dessus de la moyenne, plus larges que longues, lisses et presque luisantes à la face supérieure, légèrement tomenteuses à la face inférieure, tri ou quinquelobées ; sinus arrondis, assez profonds ; le sinus pétiolaire presque toujours ouvert ; dents aiguës ; pétiole roussâtre ; nervures rouges. *Grappe* moyenne ou surmoyenne, régulière, pyramidale, longue, ailée ou composée de grappillons, moyennement serrée, à pédoncule assez long, brun ; pédicelle rouge-brun, à maturation complète. *Grains* moyens, presque sphériques, d'un noir-bleuâtre, pruineux, à pellicule assez fine ; pulpe juteuse, assez douce. Les grains se détachent facilement, en certaines circonstances, à la maturité.

Maturité. — A la première époque.

Ce cépage est l'un des plus répandus dans l'Italie septentrionale. On le rencontre notamment dans la région de l'Apennin, comprise entre Mondovi, Alba, Acqui, Novi et dans une partie du Tortonèse. Sa culture s'est beaucoup développée dans l'arrondissement d'Alba et dans la province de Cunéo. On l'a adopté notamment dans les hautes vallées (300 à 400 mètres d'altitude) et les pentes des Alpes, à cause de sa précocité.

Les raisins du *Dolcetto* sont facilement grillés, mais résistent au contraire très bien à la pourriture ; une chaleur douce et modérée et une atmosphère un peu humide conviennent mieux à ce cépage qu'un climat sec et chaud; aussi est-ce surtout dans la région septentrionale de la culture de la vigne que l'on peut seulement songer à l'introduire. Les sols qui lui sont les plus favorables sont ceux tout à la fois légers, frais et fertiles. On le taille habituellement à long bois.

Le vin du *Dolcetto* est noir, léger, agréable à boire, mais il a moins de corps que ceux de Montferrat et moins d'arome et de spiritueux que ceux du midi de l'Italie.

Barbera

Synonymie.— Aucune.

Description. — *Souche* vigoureuse, fertile. *Sarments* de couleur noisette claire, à moelle assez abondante, à bourgeons petits, cotonneux et presque arrondis. *Bourgeonnement* non hâtif, lanugineux, vert, légèrement rosé au sommet; les *jeunes feuilles*, avant leur entier développement, ont une couleur jaune pâle, comme si elles étaient chlorosées. *Feuilles* plutôt grandes, d'un beau vert clair, quelques-unes sont teintées d'amarante sur les bords en été ; d'autres, parmi celles de la base du sarment, prennent d'assez bonne heure une teinte terne ou rouge bronzé sur toute leur surface, glabres à la face supérieure, cotonneuses à la face inférieure, quinquelobées, à sinus supérieurs arrondis plus larges et plus profonds que les sinus inférieurs. *Sinus* pétiolaire fermé ou assez étroit. *Lobes* latéraux supérieurs divergents; dents larges et courtes. *Grappe* rameuse, pyramidale, parfois presque cylindrique, lâche; *pédoncule* long et brun. *Grains* ovoïdes, sur-moyens, d'un beau noir-violacé, pruineux; *pédicelles* rouges à pleine maturité.

Maturité. — A la deuxième époque.

La *Barbera* paraît être originaire de la province d'Alexandrie et notamment des arrondissements d'Asti et de Casale ; elle s'est répandue depuis dans un grand nombre de localités en Italie, à cause de ses qualités remarquables. Le comte Odart et M. Pellicot, qui l'ont essayée en France, en ont recommandé la culture.

Ce cépage est d'une bonne fertilité, à la condition que l'on ait le soin de le cultiver dans les terres fortes et substantielles qui lui conviennent. Son vin est, d'après Gallesio, «vermeil, généreux et spiritueux; il s'améliore en vieillissant et prend le sec des vins de rôti».

La *Barbera* est tantôt cultivée à la taille longue, tantôt à la taille courte; c'est ce dernier système qui permet d'en obtenir les meilleurs produits.

Fresa

Synonymie.— *Fresia*, *Freisa*, *Spanna*, *Monferrina* à Gattinara, *Spannina* à Ghemme.

Description. — *Sarments* couleur noisette un peu rouge, assez vigoureux, à mérithalles plutôt longs; bourgeons un peu gros et pointus, plus foncés que le sarment. *Bourgeonnement* verdâtre, presque glabre ou légèrement tomenteux à l'extrémité; vrilles bifurquées, assez dures, longues et tenaces une fois qu'elles sont devenues ligneuses. *Feuilles* moyennes ou petites, consistantes, d'un vert clair, glabres sur les deux faces ordinairement plus larges que longues, avec des dents peu longues, quelquefois aiguës; entières ou trilobées, à sinus étroits, le sinus pétiolaire très ouvert. Souvent la feuille de la *Fresa* a les pointes de ses trois lobes un peu allongées et saillantes hors de sa circonférence. *Grappes* cylindriques, ailées, plutôt lâches que serrées; pédoncule long et rafle verte. *Grains* moyens ou plutôt gros, presque ovoïdes, à chair molle et flasque, de saveur un peu âpre peu agréable, mais vineuse; d'un vert clair pruiné avant de prendre la couleur rouge, puis passant à un noir turquoise, et pruinés à pleine maturité.

Maturité. — A la deuxième époque.

La *Fresa* est surtout cultivée dans le cirque des collines du Haut-Montferrat, comprenant, depuis Turin: Gassimo Chivasso, Lavriona, Albugnano, Villanova, Cambiano et Moncaliera, où on la trouve d'une manière presque exclusive. On la rencontre également dans tout le reste du Piémont.

Ce cépage donne des vins distingués dans les milieux qui lui conviennent; mais on peut, d'une manière générale, le considérer plutôt comme donnant des vins d'abondance que des vins véritablement fins. Il est remarquable par sa résistance à l'oïdium.

La *Fresa* est habituellement conduite à la taille longue en Italie, mais M. de Rovasenda pense que la taille courte lui conviendrait mieux.

Corvina

Synonymie. — *Corvina veronese*, *Corvina nera* (Acerbi, d'après Pulliat), *Corvina gentile*, *Corvina rizza* (d'après le même auteur).

Description. — *Souche* moyennement vigoureuse, à port semi-érigé. *Sarments* moyens, lisses, à mérithalles moyens. *Feuilles* moyennes, glabres et d'un vert clair à la face supérieure, avec un duvet floconneux à la face inférieure; quinquelobées, avec le sinus pétiolaire fermé ou presque fermé, sinus latéraux étroits; *dents* aiguës et irrégulières. *Grappes* moyennes, pyramidales, presque cylindriques, peu serrées. *Grains* petits, légèrement ovoïdes, à peau épaisse, noirs et pruinés; chair ferme, légèrement astringente.

Maturité.— A la deuxième époque.

La *Corvina* est cultivée dans la province de Vérone, où elle a la réputation de donner d'excellents vins; elle fournit notamment ceux qui sont renommés en Italie sous le nom de vins de Valpolicella.

La *Corvina* est habituellement associée aux arbres et taillée à long bois, mais il est probable que l'on en obtiendrait de meilleurs résultats, au point de vue surtout de la qualité du vin, en la taillant court.

Verdicchio bianco

Synonymie.— *Verdicchio bianco*, *Verdea*, *Trebbiano bianco* (province d'Ancône), *Verdicchio vero*, *Peloso* (province de Macerata), *Verdicchio bianco*, *Verdicchio giallo* (province d'Ascoli).

Description. — *Souche* moyennement vigoureuse. *Sarments* de couleur noisette, rugueux, rayés, de moyenne grosseur, à moelle peu abondante; mérithalles courts; bourgeons non tomenteux, assez gros, peu saillants. *Feuille* moyenne, plutôt consistante, aplatie, quinquelobée, avec le lobe du milieu allongé, cordiforme, les lobes de la base à peine indiqués; sinus de moyenne profondeur, elliptiques, étroits, les deux supérieurs fermés, les inférieurs ouverts; page supérieure glabre, un peu rugueuse, d'un vert sombre; page inférieure recouverte d'un léger duvet plus abondant près des nervures, lesquelles sont saillantes et teintées de rouge à leur insertion; pétiole cylindrique, de couleur verdâtre, avec une légère teinte rosée. Les feuilles persistent longtemps sur la plante et prennent avant de tomber, à la fin d'octobre ou dans les premiers jours de novembre, une couleur jaunâtre. *Grappe* serrée, conique, allongée, ailée, de couleur jaune-verdâtre, à pédoncule court, vert-jaunâtre. *Grains* de grosseur moyenne, à peu près sphériques, à peau coriace et pruineuse; chair croquante, à saveur simple et douce.

Maturité. — A la troisième époque.

Le *Verdicchio* est surtout cultivé dans les Marches; on le rencontre également dans les Abruzzes, l'Ombrie, la Romagne et même dans le Frioul. On le marie souvent avec l'érable, quelquefois avec l'orme, mais on l'établit le plus souvent sur des treilles basses en roseaux. Il est assez rustique et s'accommode de terrains fort divers; son raisin résiste assez bien à l'humidité et très bien à la chaleur et à la sécheresse. Il redoute malheureusement l'oïdium.

Le *Verdicchio* donne un bon raisin de conserve pour l'hiver; mais son fruit est surtout excellent pour la cuve. Il est utilisé en Italie pour la préparation des vins mousseux et pour celle du vin dit *Santo*. On peut l'employer utilement en mélange avec les cépages rouges.

San-Gioveto Grosso

Synonymie. — *Sangiovese* (Commission ampélographique italienne), *Montepulciano* dans les Abruzzes, *Maglioppa* à Chiétri, *Prugnelo gentile* à Montepulciano (Pulliat).

Description. — *Souche* moyennement vigoureuse. *Sarments* finement striés, assez gros, à mérithalles courts (de 5 à 6 centim.). *Bourgeons* peu saillants et déprimés. *Bourgeonnement* vert clair; jeunes feuilles d'un jaune pâle. *Feuille* plus longue que large, de couleur vert foncé terne, parsemée à l'automne de taches d'aspect ferrugineux ou noirâtre; parcheminée, ondulée et pliée en cornet vers la page supérieure, qui est diaphane et lustrée; page inférieure presque glabre, d'un vert peu clair, trilobée, avec les lobes de la base à peine indiqués, les lobes supérieurs allongés en pointe, le lobe médian allongé et acuminé; *sinus* régulièrement profonds, elliptiques, le sinus pétiolaire ouvert en V; *dents* profondes et aiguës; *pétiole* cylindrique, vert clair, légèrement rosé. *Grappe* conique, avec un grappillon qui se détache du pédoncule et constitue quelquefois sur un même axe une double grappe; — lâche, courte, de moyenne grosseur; rafle courte et ligneuse à son insertion sur le sarment. *Grains* gros, ovales, à peau coriace, pruineuse, d'un beau noir-violacé; chair aqueuse, de saveur simple, légèrement acide.

Maturité. — A la deuxième époque.

Ce cépage entre dans la préparation des meilleurs vins des provinces de Florence et de Sienne. Il est originaire de Chianti, où il est très répandu; il est cultivé dans toute la vallée de la Sièvę ou de la Ruffino, du Pomino, du Nipozzano, qui produisent avec lui les meilleurs vins; on le rencontre également sur tous les coteaux du Florentin et sur ceux de San-Casciano dans le Val de Pise, où, associé au *Canaiuolo nero*, au *Mannuolo nero*, ou quelquefois au *Trebbiano*, il donne des vins renommés.

M. Pulliat, citant M. l'ingénieur de Bosis, dit que le *San-Gioveto* fut introduit à Tocco-Casauria, dans les Abruzzes, il y a un siècle, et que depuis lors il s'est répandu dans les vignobles qui bordent l'Adriatique, où il a pris une place importante.

Ce cépage est cultivé généralement associé aux arbres, tantôt taillé à long bois, tantôt à coursons. On le tient quelquefois en souche basse, mais il produit moins sous cette forme. Sa production est règulière, il résiste bien à l'*oïdium*. Ce sont les terres argilo-calcaires fertiles, exposées au Midi ou au Levant, qui lui conviennent le mieux.

Canaiuolo nero

Synonymie. — *Cagnina* (dans les Marches), *Canaiuola*.

Description. — *Souche* vigoureuse. *Sarments* de moyenne force, légèrement rugueux et striés, peu volumineux, un peu durs à la taille, de couleur noisette, plus foncée vers les nœuds. Nœuds gros, saillants, colorés en rouge. Mérithalles longs de 6 à 8 centim. Bourgeons gonflés, saillants, arrondis, noirs, tomenteux. *Bourgeonnement* très cotonneux. *Vrilles* grêles, bifurquées ou trifurquées, rougeâtres. *Feuilles* régulières, moyennes, d'un vert intense, teintées en automne d'un jaune clair avec des taches rosées; consistantes, légèrement rugueuses et bullées, quelque peu ondulées, repliées en cornet vers la page inférieure. La face inférieure très tomenteuse, douce au toucher, de couleur vert clair, cendré; quinquelobée, avec les lobes inférieurs à peine marqués; sinus latéraux ovales, étroits et arrondis au centre, peu profonds; ceux de la base ouverts avec les bords inférieurs superposés; denture large, peu profonde, à peine mucronée; nervures saillantes, peu colorées de rouge à la base. Pétiole long, presque autant que la nervure médiane, de moyenne grosseur, coloré d'une belle couleur rouge. *Grappe* conique, un peu allongée, légèrement ailée, serrée ou quelquefois lâche, de moyenne grosseur; rafle ramifiée, d'un vert clair; pédoncule robuste, ligneux près de son insertion sur le sommet, plutôt court; pédicelles courts. *Grains* moyens ou sur-moyens, presque ovales, à peau mince, coriace, d'un noir-violacé pruiné, résistant bien à la pourriture; pulpe juteuse, molle, à saveur simple, douceâtre, acidulée.

Maturité.— A la troisième époque.

Le *Canaiuolo nero* est répandu dans toute la Toscane, où sa culture va en s'étendant. Il entre dans la composition des vins de Florence et de Chianti, associé au *San-Gioveto*, au *Malvoisie* et au *Trebbiano*.

Ce cépage paraît s'adapter mieux à la culture en hautains sur des arbres qu'à celle en souches basses. Sa production n'est pas régulière, il résiste à l'*oïdium*. Il préfère les terres argilo-calcaires exposées au Midi ou au Levant.

ALLIONZA

Synonymie.— *Aleonza*, *Leonza* (d'après M. Pulliat).

Description.— *Souche* très vigoureuse. *Sarments* semi-érigés, longs; à mérithalles allongés. *Feuilles* sur-moyennes, d'un vert clair, glabres, planes et lisses sur la face supérieure; face inférieure d'un vert plus pâle, garnie d'un duvet aranéeux; sinus supérieurs profonds, couverts, arrondis à leur base; les sinus secondaires moins marqués; sinus pétiolaire bien ouvert; lobes de la feuille allongés et bien réguliers; dents larges, aiguës à leur extrémité. *Grappe* grosse, ailée, longue, lâche, de forme pyramidale, allongée, portée par un pédoncule long et fort. *Grains* gros, sphériques, à peau épaisse, bien résistante, d'un beau jaune et pointillé un peu pruiné à la maturité, à chair molle, juteuse, sucrée et agréable.

Maturité.— A la troisième époque.

L'*Allionza*, d'après M. le comte Charles Bianconcini, cité par M. Pulliat, est un des meilleurs cépages blancs de la province de Bologne, où il paraît exclusivement cultivé. On la soumet à une taille très allongée et on l'associe à des arbres vivants, en lui faisant former de longs cordons d'un arbre à l'autre; les essais de culture en souche basse et à la taille courte n'ont pas donné jusqu'ici de bons résultats pour ce cépage. M. Pulliat conseille d'essayer de le mettre en cordons près du sol.

Le raisin de l'*Allionza* donne, d'après M. Bianconcini, un vin sec, corsé, distingué, qui ne manque pas d'un certain arome et gagne beaucoup en vieillissant.

En résumé, on peut considérer l'*Allionza* comme un cépage productif et distingué tout à la fois, qui mériterait d'être essayé dans le midi de la France.

Lacrima

Synonymie.— *Lacrima* habituellement dans les Marches, quelquefois improprement *Lacrima di Napoli* ou *Lacrima Christi*, ce qui prête à une confusion avec un cépage du midi de l'Italie qui porte ces derniers noms. On ne doit pas non plus le confondre avec le *Lacryma Christi* de Neuchâtel, qui est le *Chasselas violet.*

Description.— *Souche* vigoureuse. *Sarments* moyens, vert-roussâtre, peu forts, à nœuds plutôt rapprochés; bourgeons saillants, ovoïdes, de couleur roussâtre. *Bourgeonnement* peu cotonneux, jeunes feuilles lisses avec une légère teinte rosée; vrilles assez nombreuses. *Feuilles* adultes moyennes, quinquelobées, à lobes bien distincts et aigus, séparés par quatre sinus latéraux, les supérieurs profonds, les inférieurs peu marqués; sinus pétiolaire ouvert et arrondi. Denture irrégulière, à dents détachées et recourbées. Page supérieure glabre, d'un vert foncé; page inférieure plus pâle et glabre; nervures saillantes, d'un blanc-verdâtre, avec quelques poils. Les feuilles tombent assez promptement en automne, en prenant une belle couleur rouge. *Grappe* longue, de forme presque toujours pyramidale et irrégulière. *Grains* subovales, inégaux et portés par de longs pédicelles renflés et colorés en rouge vineux à leur insertion sur le fruit. La grappe est habituellement peu serrée, à pédoncule long, vert pâle, avec une légère teinte roussâtre.

Maturité.— A la deuxième époque.

Le *Lacrima* est particulièrement répandu dans la province d'Ancône; il prospère aux bonnes expositions du Midi, sur les terres perméables des collines des Marches. On le rencontre également dans les Abruzzes. Ce cépage est habituellement conduit en hautains sur des arbres et à la taille longue.

Il redoute les terres argileuses, fortes et humides et l'exposition du Nord. Il débourre de bonne heure et un certain nombre de ses fleurs avortent habituellement. Il résiste bien à l'action des pluies, des brouillards et de la sécheresse, mais il est par contre très accessible à l'oïdium.

Le *Lacrima* donne un vin très coloré et de bonne qualité; il est de production moyenne.

Balsamina nera

Synonymie.— *Marzamina*, *Vernaccina*, *Balsamina nera*, *Balsamina fina*, *Bergamine*; doit être considérée comme différente du *Merzemino* ou *Berzemino* de Venise, d'après la Commission ampélographique italienne.

Description.— *Souche* de vigueur moyenne. *Sarments* moyens, striés de lignes rougeâtres, durs, renfermant peu de moelle; de couleur orange. Nœuds petits, bourgeons allongés et peu gros. *Bourgeonnement* peu cotonneux ; jeunes feuilles moyennement développées, glabres, tendant à se colorer légèrement en rouge. *Vrilles* peu nombreuses. *Feuille* quinquelobée, moyenne ou sous-moyenne, arrondie, à lobe médian bien distinct des autres, qui sont parfois unis deux par deux. Les sinus qui dessinent le lobe médian sont profonds; les sinus latéraux, lorsqu'ils existent, sont fermés, le sinus pétiolaire ouvert. La feuille est coriace, glabre à la face supérieure, qui est vert-jaunâtre; la face inférieure est plus claire et recouverte d'un léger duvet apparent près des nervures. *Denture* irrégulière, aiguë, détachée. *Pétiole* cylindrique, cannelé longitudinalement, de couleur rouge vineux, plus pâle vers l'extrémité. *Grappe* de compacité moyenne, tantôt cylindrique, tantôt plus ou moins régulièrement conique, longue de 12 à 15 et même 18 centimètres. *Pédoncule* d'un vert pâle avec une légère teinte roussâtre et vineuse près de la grappe. *Grains* supportés par des pédicelles longs de deux tiers de leur diamètre environ, et de couleur vert-blanchâtre, sphériques, de moyenne grosseur, noir-violacé et pruineux à l'extérieur, rouge rubis vers l'intérieur dans les parties abritées contre l'action des rayons solaires. Pellicule très résistante, pulpe très juteuse et de saveur sucrée et acide, avec un arome léger et agréable.

Maturité.— A la deuxième époque.

La *Balsamina* est surtout répandue dans les Marches. Elle préfère les terres siliceuses, argilo-calcaires et caillouteuses, situées en coteaux et abritées des vents du nord. Elle est cultivée en vignes basses en lignes avec cultures intercalaires, ou en vignes pleines ; mais c'est surtout lorsqu'on l'associe à l'érable qu'elle végète d'une manière remarquable.

Ce cépage donne un vin assez bon, mais médiocrement abondant et d'un arome un peu particulier; il est assez sujet aux attaques de l'oïdium et perd souvent, avant la maturité, une partie de ses grains.

En résumé, malgré les qualités du vin que produit la *Balsamina*, la culture de ce cépage tend à diminuer.

Vernaccia

Synonymie.— *Guarniccia* en Sicile, *Vernazza*, *Veronese*, *Vernaccia Cenese*, *Verdea de Sinalunga* en Toscane, *Austera* en Sardaigne, d'après M. Pulliat. M. de Rovasenda dit avoir reçu de Gattinara, sous le nom de *Vernazza*, l'*Erbalus*, lequel est différent du *Vernaccia*.

Description (d'après M. Pulliat).— *Souche* vigoureuse. *Sarments* assez forts, mi-érigés, à entre-nœuds moyens. *Feuilles* moyennes, d'un vert foncé, glabres et lisses à la face supérieure, avec un léger duvet sur les nervures à la face inférieure; sinus supérieurs profonds; les secondaires bien marqués; celui du pétiole peu ouvert et quelquefois fermé; dents aiguës; pétiole moyennement long, assez fort. *Grappe* cylindro-conique, moyenne, quelquefois ailée, peu serrée, portée sur un pédoncule assez long, un peu grêle. *Grains* sphériques, moyens, à peau épaisse, blanc-verdâtre passant au vert-jaunâtre à la pleine maturité.

Maturité.— A la deuxième époque.

Le *Vernaccia* est très répandu en Sicile et entre dans la confection des meilleurs vins de cette contrée. Il est en outre très fertile, d'après M. le comte de Rovasenda. M. Pulliat pense que ce cépage doit être conduit à la taille longue.

Niureddu Cappucciu

Synonymie.— *Niureddu Minuteddu Niureddu Mascali, Perricone.*

Description.— *Souche* vigoureuse. *Sarments* semi-érigés, gros, à mérithalles assez courts. *Feuilles* assez grandes, glabres sur les deux faces, quinquelobées, à sinus pétiolaire profond et étroit; sinus latéraux profonds, avec les bords des lobes superposés et en fermant la partie extérieure; sinus secondaires marqués; dents irrégulières de forme et de longueur; pétiole long et robuste. *Grappe* grande, pyramidale, ailée, serrée. *Grains* moyens, presque sphériques, à peau épaisse, noirs, pruinés, à chair ferme et juteuse.

Maturité. — A la deuxième époque tardive (d'après M. Pulliat).

Le *Niureddu Cappucciu* est un des cépages les plus répandus, parmi ceux à raisins rouges, dans la Sicile. On l'y cultive en souche basse et à la taille courte; on en relève les sarments sur des échalas ou des roseaux. Il donne des vins estimés, connus sous les noms de vins de Catane, Taormina, de Mascali sur la côte orientale au pied de l'Etna.

D'après M. Pulliat, ce cépage serait, parmi ceux originaires de Sicile, celui qui lui aurait donné les meilleurs résultats en Beaujolais. Il se comporte très bien, greffé sur pied américain, dans les collections de l'Ecole d'agriculture de Montpellier.

Catarattu

Synonymie.— *Cataratto* (désinence italienne), *Catarattu à la Porta*, *Catarattedu*, *Catarattu Ammantiddatu*, *Ange Nicolosi.*

Description (d'après M. Pulliat). — *Souche* vigoureuse. *Sarments* érigés, assez gros, à mérithalles moyens. *Feuilles* moyennes, épaisses, un peu tourmentées, un peu bullées, d'un beau vert foncé, glabres à la face supérieure, garnies à la face inférieure d'un duvet blanchâtre; sinus supérieurs peu profonds, peu ouverts; sinus secondaires le plus souvent nuls; sinus pétiolaire fermé par le rapprochement des lobes; dents en deux séries, aiguës. *Grappe* sur-moyenne, cylindro-conique ou ailée; pédoncule moyen. *Grains* moyens, de grosseur régulière, globuleux, à peau ferme, résistante, d'un jaune clair pruiné, puis ambré, à chair juteuse plus ou moins ferme, très agréable lorsque le raisin a mûri à bonne exposition.

Maturité.— A la troisième époque.

Le *Cataratlu* est le cépage peut-être le plus répandu de la Sicile, il entre dans la composition de la plupart de ses vins. Il est tout à la fois fertile, résistant aux gelées et à l'oïdium et très rustique. Les sols argilo-calcaires et en coteaux sont ceux qui paraissent lui convenir le mieux. On le cultive, comme toutes les vignes de la Sicile, en souche basse et à la taille courte.

Nocera

Synonymie.— *Extra-fertile Suquet*, *Barbe du Sultan* (en France).

Description. — *Souche* très vigoureuse. *Bourgeonnement* vert-blanchâtre, duveteux. *Sarments* vigoureux, à mérithalles moyens. *Feuilles* grandes, quinquelobées, avec sinus pétiolaire assez profond et étroit, sinus latéraux également profonds et étroits ; dents larges, courtes, les unes aiguës, les autres obtuses ; — d'un beau vert, lisses et glabres à la face supérieure, blanchâtres, avec un léger duvet à la face inférieure. *Grappe* grosse, simple ou géminée, cylindro-conique, serrée ; pédoncule ligneux. *Grains* moyens, presque sphériques, avec stigmate persistant et central ; peau épaisse, noire-bleuâtre pruinée ; chair molle, juteuse, mais sucrée.

Maturité. — A la troisième époque.

La *Nocera* est cultivée sur la côte orientale de Sicile, notamment dans les environs de Catane, où l'on tend à lui substituer le *Niureddu*, qui donne un meilleur vin. Elle a été importée il y a quelques années en France et prônée pour sa prétendue résistance au phylloxera, laquelle a été démentie promptement par les faits. On l'a ensuite recommandée à cause de sa mise à fruit rapide, qui pourrait permettre, pensait-on, d'en obtenir plusieurs récoltes avant que l'insecte en eût amené la destruction. Aujourd'hui, cette vigne a disparu complètement des cultures de notre pays ; la *Carignane* est de beaucoup préférable à ce cépage par l'abondance de sa production et la qualité de son vin.

La *Nocera* demande des terres profondes et fertiles et la taille courte.

D. — Cépages de la Grèce et de la Turquie

Les cépages de la Grèce et de la Turquie sont peu connus dans le reste de l'Europe ; certains d'entre eux paraissent pourtant doués de qualités très réelles. Ils mériteraient une étude attentive de la part des viticulteurs des contrées méridionales qui, seuls, peuvent songer à les utiliser à cause de la tardivité de la maturité de la plupart d'entre eux. En attendant que cette étude, dont nous réunissons en ce moment les matériaux dans la collection des cépages de l'École d'agriculture de Montpellier, puisse être faite, nous nous bornerons à décrire les quelques types les plus anciennement importés en France ou les plus intéressants à certains points de vue.

Corinthe

Synonymie.— *Passolina*, *Passera*, *Passerina* en Italie.

Description.— *Souche* très vigoureuse. *Sarments* moyens, à mérithalles de moyenne longueur. *Bourgeonnement* avec un duvet blanc. *Feuilles* moyennes, quinquelobées; glabres à la face supérieure, duveteuses à la face inférieure, à sinus pétiolaire arrondi en forme de lyre et presque fermé; sinus latéraux inférieurs profonds, supérieurs un peu moins profonds, avec des sinus secondaires très nettement marqués, à dents peu longues, irrégulières. *Grappe* longue, cylindrique, un peu ailée, avec des lobes portés sur des pédoncules assez longs et grêles. *Grains* très petits, sans pépins, noirs, rouges ou blancs suivant le type que l'on considère; — de forme sphérique, un peu aplatis au pôle opposé à l'inversion du pédicelle, stigmate persistant et central, à chair juteuse, sucrée et agréable.

Maturité.— Entre la première et la deuxième époque.

Le *Corinthe* est très cultivé en Grèce, ses raisins secs y sont l'objet d'un commerce important; c'est notamment dans les îles Ioniennes (Céphalonie et Zante), dans la Morée et plus au Nord dans l'Étolie, qu'il est répandu. Il a été également planté en Piémont, mais on l'y exploite comme raisin de cuve, soit seul, soit mélangé avec le Muscat blanc. En France, il n'est guère connu que comme raisin d'ornement.

Ce cépage doit être taillé court; il redoute les terres argileuses, froides et humides, dans lesquelles il coule et donne des grains de volume inégal.

Chaouch

Synonymie.— *Ciaouss*, *Tchavouch usermu* (raisin de gendarme) à Constantinople, *Tsaous* au Jardin botanique d'Athènes, d'après M. Pulliat; *Parc de Versailles,* d'après M. Hardy, dont le père aurait ainsi dénommé un pied de ce cépage qu'il avait trouvé dans le parc de Versailles.

Description. — *Souche* vigoureuse. *Sarments* longs, assez gros, semi-érigés. *Bourgeonnement* tomenteux, blanc, très légèrement rosé; jeunes feuilles quinquelobées. *Feuilles* adultes grandes, tourmentées, glabres à la face supérieure, avec un duvet aranéeux à la face inférieure ; sinus pétiolaire étroit. *Grappe* moyenne, cylindro-conique, assez serrée lorsqu'elle n'est pas éclaircie, comme cela arrive fréquemment, par la coulure. *Grains* gros, ovoïdes, blancs dorés, à peau épaisse, à chair ferme, juteuse, très sucrée et agréable.

Maturité. — A la deuxième époque.

Le *Chaouch* est cultivé en Turquie, en Grèce, dans la Turquie d'Asie, en Égypte et en Algérie ; on peut le regarder comme le meilleur raisin de table de ces contrées. Il est malheureusement sujet à la coulure et au millerandage, qui rendent souvent sa grappe irrégulière et mal fournie. M. Pulliat pense que cet inconvénient est dû en partie à ce qu'on le soumet à la taille courte, qui est mal appropriée à la grande vigueur de ce cépage. Il existe, paraît-il, plusieurs variétés de *Chaouch* : l'une à grains sphériques, une autre à baies plus petites appelée *Tsaousi micron* (petit Tsaousi), enfin, une dernière à grains oblongs et rouges, nommée *Tsaousi kokkino* (Tsaousi rouge) ou *Tsaousi de Constantinople.*

E. — Cépages de la Hongrie

FURMINT

Synonymie. — *Formint*, *Tocaer*, *Zapfner*, *Szala*, *Weisser Lanstock*, *Shiupo*, *Maljak*, *Bieli Moslavac*, etc., en Autriche et en Hongrie ; *Tokay* en Languedoc.

Description. — *Souche* assez vigoureuse, à port érigé. *Sarments* d'un jaune pâle, à mérithalles moyens et nœuds un peu gros. *Bourgeonnement* blanc-rosé. *Feuilles* moyennes, trilobées, presque entières, à sinus latéraux peu marqués ; sinus pétiolaire en U, d'un beau vert à la face supérieure, recouvert d'un duvet aranéeux à la face inférieure, à nervures saillantes. *Grappe* moyenne ou petite, presque cylindrique, ordinairement assez serrée, à pédoncule herbacé et fragile. *Grains* moyens, entremêlés de grains sans pépins, qui se sèchent facilement ; à peau un peu épaisse prenant une couleur tachetée jaune doré à bonne exposition et à pleine maturité, à chair très sucrée.

Maturité. — A la deuxième époque de M. Pulliat.

Le *Furmint* est le cépage qui produit les vins célèbres de Tokay sur les coteaux de l'Hegy Allya, en Hongrie ; on le trouve également en Styrie, en Croatie et sur divers points de l'empire austro-hongrois. Il a été introduit au commencement du siècle, dans l'Hérault, successivement par M. de Villerase et par le général Maureilhan ; sa culture s'est établie sur quelques points de ce département et de celui du Gard, et a donné lieu à des produits très distingués. Le Tokay-princesse, obtenu par M. le Dr Beaumes aux environs de Saint-Gilles, a créé la réputation des vins de ce cépage dans le midi de la France.

Le *Furmint* est médiocrement productif ; on récolte son raisin en partie passerillé et seulement pour le convertir en vin de liqueur. Les sols qui lui conviennent le mieux pour la destination que nous venons d'indiquer sont ceux qui sont un peu forts et pierreux, bien ressuyés et chauds.

JARDOVAN

Synonymie (d'après M. V. Pulliat). — *Jardovany feher* (Jardovan blanc), *Jardany*, *Ardany*, *Rakszôlô feher*, *Izacszôlo*, *Dinka feher*, *Vilagos* en Hongrie. (Catalogue de Bude. Dr Entz.)

Silberweiss (blanc d'argent), *Weiss Dinka*, *Seeweinbeer* en Autriche. (Gœthe.)

Weiss Logler. (Jardin botanique de Dijon.)

Description. — *Souche* vigoureuse ; *tronc* gros et robuste ; *port* érigé. *Sarments* assez forts, pourpres foncés avant l'aoûtement ; à mérithalles moyens. *Bourgeonnement* : jeunes feuilles recouvertes d'un duvet blanc, légèrement teinté de rose à la face inférieure. *Feuilles* plutôt petites, ou tout au plus moyennes, tri ou quinquelobées, avec les sinus latéraux peu marqués, le sinus pétiolaire en U, le plus souvent largement ouvert ; dents en deux séries, larges et aiguës à leur extrémité ; — glabres à la face supérieure, garnies à la face inférieure d'un duvet plus ou moins serré. *Grappe* moyenne, peu ailée, assez serrée, cylindro-conique. *Grains* moyens, sphériques, d'un jaune ombré, à chair ferme, saveur sucrée et légèrement aromatique.

Maturité. — A la deuxième époque.

Le *Jardovan* est un cépage rustique peu sujet à l'anthracnose et à l'oïdium ; il produit assez abondamment, mais des vins d'ordinaire seulement. Il exige la taille courte et on doit le cultiver dans des sols riches et profonds.

Léanie Szôlô

Description. — *Souche* peu vigoureuse. *Bourgeonnement* d'un gris-roussâtre. *Sarments* peu vigoureux, à mérithalles courts. *Feuilles* petites, quinquelobées, les lobes supérieurs un peu sublobés ; sinus pétiolaire en U plus ou moins ouvert ; dents larges et courtes en deux séries ; — glabres et d'un vert foncé à la face supérieure, très duveteuses à la face inférieure. *Grappe* lâche, de grosseur moyenne. *Grains* moyens, ovoïdes, d'un vert-jaunâtre, un peu doré du côté du soleil, à peau épaisse et à chair juteuse et sucrée.

Maturité. — A la première et à la deuxième époque.

Ce cépage, répandu dans divers vignobles de la Hongrie, n'y est jamais vinifié seul, mais mélangé avec d'autres à la cuve. Ses raisins paraissent redouter la pourriture.

Bakator rouge

Synonymie (d'après M. V. Pulliat). — *Bakator piros*, *Piros Bakor* (Catalogue de Bude. Dr Entz.) ; *Bakar* (Sièbenbürgen); *Crvena Bakatorka* en Croatie (Trummer); *Granat tzin Bakator*, *Bakator grenat.* (Comte Odart.)

Description. — *Souche* assez vigoureuse ; port érigé. *Bourgeonnement* blanchâtre. *Sarments* assez vigoureux, à mérithalles plutôt courts. *Feuilles* moyennes tri ou quinquelobées ; sinus pétiolaire profond, mais fermé par la superposition du bord des lobes adjacents; dents courtes et fines ; — glabres à la face supérieure, très tomenteuses à la face inférieure. *Grappe* courte, ramassée et un peu serrée, ailée courtement et irrégulièrement conique. *Grains* moyens, subsphériques, à peau un peu épaisse, de couleur rougeâtre, passant au violet à pleine maturité, pruinés.

Maturité. — Au début de la troisième époque.

Le *Bakator* donne un vin très estimé en Hongrie qui, d'après M. John Paget, cité par M. V. Pulliat (1), a du corps, de la force, du bouquet et de la finesse. Bien conditionné, il se conserve indéfiniment. Ce cépage doit être soumis à la taille longue.

(1) Mas et Pulliat. — *Le Vignoble*, t. I, pag. 191.

Outre le *Bakator rouge*, on connaît une forme à raisins moins foncés (*Bakator tudos-zinu*), et une autre à raisins noirs (*Bakator fekete* ou *B. noir*), qui ne paraissent être dues qu'à une variation de couleur du fruit, mais qui sont identiques au rouge par toutes leurs autres qualités.

KADARKAS NOIR

Synonymie. — *Kadarkas Czerna, Kadarkas fekete, Edel Hungar traube* (raisin noble de Hongrie); *Raisin noir de Scutari* (comte Odart); *Kadarkas-Kek, Jenei fekete, Csoka szôlô, Liedtalpu, Keresztes Levelu, Torok zôlô, Fekete Czigany* (Catalogue de la collection de Bude du Dr Entz, cité par M. V. Pulliat.); *Bleu de Hongrie, Noir de la Moselle* en Styrie; *Cerna Skadarka, Skakar* ou *Skutariner noir, Modra Kadarka, Braniceoka* en Croatie; *Noble bleu noir de Tokai*, d'après H. Gœthe et divers ampélographes autrichiens, cités par M. V. Pulliat.

Description.—*Souche* vigoureuse; *port* érigé. *Sarments* de moyenne longueur et assez gros. *Feuilles* moyennes, tri ou quinquelobées; sinus pétiolaire fermé, sauf un trou circulaire au fond, par le fait de la superposition des bords des lobes adjacents; dents en deux séries, larges et obtuses; — glabres et vert foncé à la face supérieure, d'un vert plus pâle et revêtues d'un duvet assez serré à la face inférieure. *Grappe* moyenne, cylindro-conique, ailée, assez dense; —à *grains* sphériques, moyens, noirs-bleuâtres, revêtus d'une pruine abondante, bien sucrés.

Maturité. — A la troisième époque.

Le *Kadarkas* joue un rôle important dans la production des bons vins rouges de Hongrie. Il est productif et régulier. On le soumet habituellement à la taille courte.

F. — Cépages de l'Autriche

PORTUGAIS BLEU

Synonymie. — *Blauer Portugieser, Portugieser* en Autriche et en Allemagne; *Oporto* en Hongrie; *Plant de Porto* en Champagne.

Description. — *Souche* vigoureuse. *Sarments* assez gros, à mérithalles allongés, de couleur brun clair rougeâtre. *Feuilles* grandes, glabres à la face supérieure, avec quelques poils sur les nervures de la face inférieure ; sinus pétiolaire en U, sinus latéraux assez profonds ; dents irrégulières, assez obtuses. *Grappes* moyennes, ailées, généralement serrées. *Grains* moyens, sphériques, d'un noir-bleuâtre, un peu pruinés, à peau mince.

Maturité. — A la première époque.

Le *Portugais bleu* donne un vin coloré et moelleux, mais manquant de bouquet et médiocrement solide, à moins qu'il ne provienne de situations privilégiées. Il résiste bien aux attaques du *mildew*, mais est très sujet à celles de l'*anthracnose* et de l'*oïdium*. Malgré les divers inconvénients que nous venons de signaler, ce cépage est précieux dans la région septentrionale de la culture de la vigne, à cause de sa précocité, qui est aussi grande que celle du *Pinot* et du *Gamai*, et de sa productivité, qui est plus grande que celle de ces deux vignes. Ces qualités l'ont fait adopter en Champagne sur quelques points des environs d'Epernay, et M. Pulliat l'a cultivé avec succès dans les sols maigres et légers du Beaujolais. Il donne un bon raisin de table. On peut le soumettre indifféremment à la taille longue ou à la taille courte.

Les sols caillouteux, légers et secs sont ceux qui semblent lui convenir le mieux.

On ignore la véritable origine du *Portugais bleu* ; on n'est pas certain qu'il soit réellement originaire du Portugal, ainsi que son nom le ferait supposer. C'est en Autriche qu'il est actuellement le plus cultivé.

SILVANER BLANC

Synonymie. — *Sylvaner blanc, vert* ou *jaune* ; *Feuille ronde*, qu'il ne faut pas confondre avec le *Gamai blanc à feuille ronde ; Weiss blanke*, *Franken Traub*, *Gentil vert*, *Clozier*, *Silvani vert* en Alsace ; *Sylvani Zold*, *Pepltraube*, *Cilifanti*, *Zirfanler* en Hongrie (d'après M. Pulliat) ; *Gros Rhin* et *Gros plant du Rhin* dans la Suisse française ; *Grande Arvine* dans le Valais.

Description. — *Souche* vigoureuse et fertile. *Sarments* gros, érigés, à mérithalles moyens. *Bourgeonnement* tomenteux, blanchâtre, un peu rosé. *Feuilles* assez grandes, tourmentées, glabres à la face supérieure, à peine duvetées à la face inférieure ; trilobées, à sinus pétiolaire assez profond, sinus latéraux fermés par la superposition des bords des lobes ; dents irrégulières, peu longues, obtuses.

Grappe moyenne, serrée, cylindrique ou cylindro-conique. *Grains* moyens, sphériques ou un peu déprimés par la pression, à peau épaisse, blancs passant au jaune doré ou ombré du côté exposé au soleil, à la maturité.

Maturité. — Au commencement de la deuxième époque.

Le *Silvaner* est originaire d'Autriche, d'où il s'est répandu en Hongrie, dans la Transylvanie, en Croatie, en Alsace et en Suisse. Ce cépage donne, d'après le comte Odart, un bon raisin de table, mais un médiocre raisin de cuve ; il est fertile et doit être soumis à la taille courte.

On connaît deux formes de *Silvaner* : le *blanc*, que nous venons de décrire, et le *rouge*, qui ne diffère du précédent que par la couleur de son fruit.

Rother Valteliner ou Valtelin rouge

Synonymie (d'après M. Pulliat). — *Fleischrother Veltliner* sur les coteaux du Rhin et du Necker ; *Veltlini piros* dans le Catalogue de Bude ; *Raisin de Saint-Valentin* dans l'Ampélographie universelle du comte Odart ; *Saint-Valentin rose* dans les Annales de Pomologie belge.

Description (d'après M. Pulliat). — *Souche* vigoureuse, rustique. *Sarments* de moyenne force, à entre-nœuds assez courts. *Bourgeonnement* duveteux, d'un rouge-violacé qui devient plus clair au moment de l'épanouissement des feuilles naissantes. *Feuilles* moyennes ou assez grandes, à peine un peu plus larges que longues, d'un vert-bleu foncé, glabres à leur page supérieure, portant sur les nervures de leur page inférieure un duvet pileux peu abondant et que l'on retrouve aussi sur le limbe des feuilles attachées à la base du sarment ; sinus supérieurs profonds et fermés ; sinus secondaires bien marqués ; sinus pétiolaire ouvert ; dents un peu longues, très inégales entre elles et aiguës ; pétiole de moyenne longueur et de moyenne force. *Grappe* moyenne, conique, plus ou moins ailée, souvent un peu compacte ; pédoncule court et peu fort. *Grains* moyens ou presque moyens, sphérico-ellipsoïdes ; pédicelles de moyenne longueur et très grêles. *Peau* assez mince et cependant résistante ; d'abord d'un vert d'eau, puis se lavant de rose terne du côté du soleil, à la maturité, qui est de deuxième époque. *Chair* un peu ferme, un peu consistante, sucrée et agréablement relevée.

Le *Valteliner* est vraisemblablement originaire de la Valteline, dans la Haute-Italie, où il est assez largement cultivé, et entrerait, d'après le comte Odart, dans la préparation du vin de Chiavenna; mais on le rencontre surtout en Autriche et en Allemagne.

Ce cépage peut être soumis à la taille courte dans la plupart des cas; néanmoins, dans les sols très fertiles, la taille longue lui convient mieux.

G.— Cépages d'Orient

KECHMISH BLANC (Pulliat)

Synonymie. — *Kechmish blanc à grains ronds* (in *Ampélographie universelle*, comte Odart).

Description (d'après M. Pulliat). — *Souche* assez vigoureuse. *Sarments* assez vigoureux, semi-érigés, à mérithalles moyens. *Bourgeonnement* peu duveteux, légèrement blanchâtre, teinté de rose et passant au vert-jaunâtre brillant. *Feuilles* grandes ou sur-moyennes, glabres, lisses et brillantes à leur page supérieure, souvent un peu révolutées en dessous par les bords, légèrement garnies à leur page inférieure, surtout sur les nervures, d'un très léger duvet lanugineux; sinus pétiolaire bien ouvert, sinus latéraux profonds vers la pointe, le plus souvent un peu ouverts, quelquefois fermés; denture inégale, large, assez profonde, obtuse, très finement mucronée. Lors de la maturité du fruit, la feuille se macule un peu de rouge sur son pourtour, caractère tout à fait exceptionnel sur une vigne blanche, comme le fait remarquer M. Pulliat. *Grappe* moyenne, cylindro-conique, ailée, parfois aplatie, peu serrée, à pédoncule assez long, un peu grêle. *Grains* sous-moyens, presque sphériques, déprimés et un peu aplatis au point pistillaire, à peau assez fine, résistante, d'un beau jaune piqueté de points roux à la maturité, à chair ferme, sucrée, très légèrement relevée par une saveur agréable.

Maturité.— A la deuxième époque.

Ce cépage est cultivé en Orient, en Arménie et en Perse; il produit, dans cette dernière contrée, le vin renommé de Schiras. En France, où il est peu répandu, on n'en a fait usage que comme raisin de table. D'après M. Pulliat, il devrait être cultivé en cordon horizontal à coursons.

Rosaki

Synonymie.— Aucune (en Europe tout au moins).

Description.— *Souche* vigoureuse, à écorce caduque, se détachant en lanières étroites; *port* étalé. *Sarments* longs, de diamètre moyen, plutôt un peu grêles, à mérithalles courts ou moyens, de couleur brun-rougeâtre vers les nœuds, café au lait foncé vers le milieu des entre-nœuds, à nœuds aplatis. *Bourgeonnement* tomenteux, blanc-verdâtre ou blanc-jaunâtre. *Feuilles* (jeunes) de couleur bronze rougeâtre, avec les nervures vertes; — (adultes) assez grandes ou moyennes, aussi larges que longues, un peu tourmentées et en gouttière par suite de la superposition des lèvres du sinus pétiolaire qui est profond, à peine trilobées; une seule série de dents aiguës et profondes; face supérieure d'un vert assez luisant et foncé; face inférieure d'un vert terne clair, glabre sur le parenchyme, avec fortes nervures munies de rares petits bouquets de poils aranéeux; pétiole de force et de longueur moyennes, d'un rose-vert clair, à angle droit avec le limbe. *Grappe* grosse, lâche, à ramification supérieure très développée; pédoncule long, grêle; pédicelles longs, de force moyenne, à large bourrelet pourvu de grosses verrues. *Grain* gros, ovoïde, avec la partie renflée insérée au pédicelle, peu pruiné, d'un jaune doré, ferme, à peau épaisse, un peu coriace; pulpe assez fondante, d'une saveur sucrée un peu fade.

Maturité. — Entre la troisième et la quatrième époque.

Ce cépage est tenu à la taille courte dans le vignoble de Smyrne, où il est surtout cultivé. Une petite partie de ses produits va à la cuve, mais la plus grande partie est séchée et fournit des raisins de caisses, blonds, très estimés.

Sultanine

Synonymie. — *Sultan*, *Sultanieh*, *Ezekerdeksiz*, *Kechmish blanc* à grains oblongs ou *Couforogo* des Grecs, d'après le comte Odart. Ne doit pas être confondu avec le *Kechmish blanc à grains ronds*, cépage de l'Arménie et de la Perse, qui en diffère absolument.

Description. — *Souche* vigoureuse. *Sarments* très vigoureux et longs. *Bourgeonnement* vert-jaunâtre. *Feuilles* grandes, glabres et lisses à la face supérieure, tomenteuses à la face inférieure. *Grappe* lâche, plutôt grosse, cylindro-conique. *Grain* moyen, olivoïde, ambré, sans pépins, d'un goût très agréable, à peau très fine.

Maturité. — A la deuxième époque.

Ce cépage est répandu en Turquie, en Grèce, dans la Turquie d'Asie, en Perse, etc.; il est surtout employé comme raisin de table ou pour la préparation des raisins secs, il est particulièrement approprié à ce dernier emploi. Sa forme, la belle couleur blonde qu'il prend à la dessiccation, sa finesse et l'absence de pépins en font un produit de luxe justement estimé dans tout l'Orient.

H. — Cépages de l'Algérie (1)

FARRANA

Synonymie. — Le nom de *Farrana* est appliqué, d'une manière générale, par les Arabes, à toutes les vignes sauvages; mais, pour les colons français, il désigne un cépage bien déterminé, dont nous donnons ci-après la description :

Description. — *Souche* vigoureuse ; *tronc* robuste ; *écorce* caduque, épaisse, se détachant en lanières fines. *Sarments* longs, de moyenne grosseur, couleur acajou foncé, rayés de brun plus foncé, à mérithalles moyens ou longs ; nœuds renflés, un *peu plats*. *Bourgeonnement* duveteux, blanc teinté de rose. *Feuilles* (jeunes) d'abord trilobées, d'un vert-jaunâtre ; — (adultes) très grandes, tri ou quinquelobées, les lobes supérieurs détachés, mais les sinus latéraux peu profonds ; sinus pétiolaire en V, très profond, peu ouvert ; — d'un vert foncé, un peu terne à la face supérieure, qui est profondément tourmentée, comme chez la *Carignane*, à tomentum aranéeux assez abondant sur toute la face inférieure; dents larges et obtuses; pétiole gros, assez court, comprimé, d'un vert sale, formant angle droit avec le limbe. *Grappe* allongée, irrégulière, avec une aile et les ramifications supérieures très développées; pédoncule assez long, sinueux, d'un vert foncé sale, dur, mais non ligneux à l'insertion; pédicelles moyens, grêles, à gros bourrelet verruqueux portant un gros pinceau incolore. *Grain* presque gros, globuleux, très peu pruiné, d'un vert

(1) Voir, pour une étude plus complète, «l'Ampélographie des cépages indigènes de l'Afrique française du nord», par Leroux S. G. Blida, 1893.

doré clair, assez ferme; pulpe bien fondante, à jus incolore, saveur sucrée et aigrelette.

Le *Farrana* donne un vin blanc moins distingué que l'*Aïn el Kelb*, mais néanmoins de bonne qualité; aussi occupe-t-il une certaine place dans les plantations nouvelles. On le taille habituellement court, mais on lui réserve quelquefois une *paille* ou long bois à quatre ou cinq yeux.

Aïn el Kelb

Synonymie. — *Aïn el Kelb* veut dire *œil de chien* en arabe, *œil de chacal* à Mascara, Mazouna, Tlemcen.

Description. — *Souche* vigoureuse; *tronc* robuste; *écorce* caduque se détachant en fines lanières. *Sarments* longs, forts, un peu aplatis et non sinueux, d'une couleur cannelle claire et rayés de brun à l'aoûtement. *Bourgeonnement* duveteux, blanc teinté de rose. *Feuilles* (*jeunes*) jaunâtres, comme bronzées, nettement quinquelobées; — (*adultes*) moyennes, orbiculaires, tri ou quinquelobées, les *sinus* latéraux supérieurs assez profonds, mais peu ouverts; sinus pétiolaire profond et à bords superposés; *face supérieure* d'un vert foncé assez luisant, gaufrée et tourmentée; *face inférieure* vert-blanchâtre, à tomentum aranéeux clairsemé; *dents* assez finement découpées; *pétiole* court et de force moyenne, formant un angle un peu aigu avec le limbe. *Grappe* moyenne, ramassée et dense, conique, rarement ailée, à *pédoncule* court et gros, très dur à l'insertion et d'un vert sale; *pédicelles* assez longs, grêles, verts, à bourrelet peu renflé. *Grain* moyen ou un peu sur-moyen, sphérique, un peu déprimé à l'insertion, d'un vert clair, à stigmate tranchant par sa couleur noire sur ce fond. A travers la peau fine se dessinent des faisceaux fibro-vasculaires d'un blanc nacré. — De l'ensemble de ces deux derniers caractères est née chez les Arabes l'idée de la comparaison qui lui a valu son nom. Peau ferme, à pulpe juteuse, d'une saveur aigrelette, très agréable et caractéristique; bien fructifère.

Maturité. — A la quatrième époque.

L'*Aïn el Kelb* est très apprécié par les colons des environs d'Alger, à cause de la qualité de ses produits; il donne des vins blancs très distingués, mais qui ont malheureusement la singulière propriété, d'après certains viticulteurs, de perdre en vieillissant une partie de leur distinction. On le cultive de préférence dans les sols chauds, un peu caillouteux et élevés, à Mascara, à Médéah et dans le Sahel.

II. — VIGNES A RAISINS DE TABLE

Les raisins de table les plus répandus en France et en Europe sont les *Chasselas*; ces cépages jouissent, en effet, des qualités tout à fait exceptionnelles pour la consommation à l'état frais et se prêtent très bien, grâce à la hâtivité de leur maturation, au rôle de raisins de primeur. Indépendamment des *Chasselas*, on cultive dans le midi de la France, sur une assez grande échelle, pour les halles de Paris, certains cépages tels que le *Cinsaut* et le *Portugais bleu*, qui sont également des raisins de cuve et que nous avons décrits. Enfin, dans les pays du Nord, on élève en serre de nombreux types de raisins de table, parmi lesquels le *Frankenthal* et quelques autres que nous décrirons jouent un rôle plus ou moins important.

Chasselas

Les *Chasselas* forment un groupe de vignes à raisins fort recherchés pour la table et dont la culture est aujourd'hui très répandue pour cet objet ; les environs de Fontainebleau, et notamment le village de Thomery, se sont fait une réputation pour leurs *Chasselas*, qui trouvent un débouché aux halles de Paris. Des plantations de *Chasselas* importantes ont également été faites dans le Midi pour la production des raisins de primeur ; le village de Villeneuve-lès-Maguelone, près Montpellier, et celui de Guyotville, dans le Sahel, près d'Alger, ont donné notamment une assez grande extension à cette industrie. On les cultive dans les serres d'Angleterre, d'Écosse et de Belgique.

Les *Chasselas*, sous le nom de *Fendants*, sont enfin employés, dans certaines parties du vignoble suisse, à la production des vins blancs.

Les *Chasselas* présentent les caractères communs suivants : leurs jeunes feuilles, avant leur développement, ont une couleur rousse particulière ; leurs baies sont sphériques, d'une saveur douce et sucrée.

Les variétés les plus intéressantes sont les suivantes : 1° le *Chasselas doré*; 2° le *Chasselas violet* ; 3° le *Chasselas rose* ; 4° le *Chasselas de Falloux*.

Chasselas doré

Synonymie. — *Chasselas blanc*, *Chasselas de Fontainebleau*, *Chasselas de Thomery* de divers auteurs, *Raisin d'officier* à Montpellier, *Lardat* dans la Drôme et l'Isère, *Abelione* dans l'Ardèche, *Fendant roux* en Suisse, *Royal muscadine*, *Amber muscadine*, *Common muscadine*, *White Chasselas*, *Chasselas hâtif de Ténériffe*, *Golden Bordeaux*, *Queen Victoria*, *White muscadine*, *White Sweetwater* dans les serres d'Angleterre, d'après A.-F. Barron.

Description. — *Souche* vigoureuse. *Sarments* assez forts, à mérithalles de moyenne longueur souvent faibles. *Feuilles* moyennes ou grandes, quinquelobées; sinus pétiolaire étroit ; dents larges, plutôt obtuses ; face supérieure avec un duvet raide sur les nervures. *Grappe* moyenne ou grosse, conique, ailée, tantôt compacte, tantôt lâche. *Grains* assez gros, sphériques, tantôt verts, tantôt d'un jaune-roussâtre du côté exposé au soleil (ce qui a donné lieu à l'idée qu'il existait plusieurs variétés de *Fendants* en Suisse), juteux, à peau fine, moyennement sucrés et d'une saveur agréable.

Maturité précoce (première époque de M. Pulliat).

Le *Chasselas doré* réussit dans les conditions de sol et de climat les plus diverses; néanmoins, il semble qu'au point de vue de la perfection de ses produits pour la table, ce sont les bonnes terres franches, un peu légères, et les climats tempérés qui lui conviennent le mieux. Pour la production du vin, les côtes caillouteuses bien exposées sont préférables.

On le soumet habituellement à la taille courte. On en connaît une variété à feuille laciniée, appelée *Ciotat*.

Chasselas violet

Synonymie. — *Cerèse* dans l'Isère, *Chasselas rouge* ou *Lacryma Christi* à Neuchâtel.

Description. — *Souche* et *sarments* moins vigoureux que chez le *Chasselas doré* ; les jeunes feuilles sont d'un rouge plus foncé que chez toutes les autres variétés. Le pétiole est coloré d'un rouge-violet qui s'étend à la base des nervures. *Grappe* moyenne ou grosse, ailée, un peu lâche. *Grains* moyens, sphériques, inégaux, d'un violet foncé et mat dès qu'ils sont noués, puis d'un violet-rose transparent à maturité, ce qui semble constituer une sorte d'anomalie, la véraison ayant habituellement pour effet de rendre les raisins plus foncés ; — à chair sucrée et d'une saveur agréable.

Maturité hâtive (première époque de M. Pulliat).

Le *Chasselas violet* donne un raisin de table tout à fait comparable, pour la saveur et la beauté, au *Chasselas doré* ; mais, par suite des habitudes acquises, il est moins cultivé que ce dernier pour la vente. Il est employé à la production du vin dans certaines parties du vignoble de Neuchâtel, en Suisse.

C'est un cépage rustique et qui jouit de la propriété précieuse de donner du fruit, lorsqu'il a été gelé, sur les rameaux issus des bourgeons d'empattement de la base des coursons. Il doit être soumis à la taille courte.

Chasselas rose

Synonymie. — *Chasselas rouge*, *Chasselas rose d'Italie, Chasselas royal* des divers auteurs français.

Description. — *Souche* moyennement vigoureuse. *Sarments* assez forts, à mérithalles de moyenne longueur. *Feuilles* moyennes, aussi longues que larges, quinquelobées, à sinus pétiolaire étroit, à deux séries de dents, les unes obtuses, les autres aiguës. Face supérieure glabre, face inférieure un peu duveteuse. *Grappe* moyenne, conique, ailée, un peu lâche. *Grains* moyens, sphériques ; d'abord d'un vert clair, puis passant au rose, ce qui les différencie d'avec ceux du *Chasselas violet*, qui sont violets dès qu'ils sont noués ; — à peau peu épaisse, à chair juteuse, très agréable.

Maturité hâtive (première époque de M. Pulliat).

Le *Chasselas rose* n'est peut-être, d'après M. Pulliat, qu'une variété du *Chasselas doré* ; il a, comme lui, une forme à feuille laciniée. Malgré sa beauté et son excellente qualité, il est moins répandu que ce dernier.

Le *Chasselas de Négrepont* est une variété très voisine du *Chasselas rose* et qui peut facilement être confondue avec lui.

Chasselas de Falloux

Description. — *Souche* moyennement vigoureuse. *Sarments* de longueur moyenne, à mérithalles courts et sinueux. *Feuilles* moyennes, gaufrées, d'un beau vert et glabres à la face supérieure, blanchâtres, avec un duvet fin et court à la face inférieure. Les jeunes feuilles sont d'un rouge moins foncé que chez la plupart des autres Chasselas. Les sinus sont peu profonds. *Grappe* moyenne, cylindro-conique, un peu ailée, plutôt lâche. *Grains* assez gros, croquants, d'un rose clair, à chair juteuse, très agréable.

Maturité.— A la première époque de M. Pulliat, comme les autres Chasselas.

Ce cépage est remarquable par sa fertilité et par la finesse et la beauté de son fruit.

Frankenthal

Synonymie.— *Black Hambourg* pour les Anglais et les Américains, *Blauer trollinger*, *Trollingi Kek* en Hongrie, *Uva Nera d'Amburgo* d'après Acerbi, *Kechmish Ali Violet* (autrefois) d'après M. Pulliat, qui aujourd'hui regarde ces cépages comme distincts; *Black Tripoli*, *Braddick's seedling Hamburgh*, *Chasselas de Jérusalem*, *Garston Black Hamburgh*, *Gros bleu*, *Hampton Court Black Hamburgh*, *Knevett's Black Hamburgh*, *Pope Hamburgh*, *Red Hamburgh*, *Warner's Hamburgh* dans les serres d'Angleterre, d'après A.-F. Barron.

Description.— *Souche* très vigoureuse. *Sarments* assez gros, à mérithalles moyens. *Feuilles* grandes, larges, à sinus latéraux peu profonds; sinus pétiolaire presque fermé; dents peu aiguës, peu profondes; glabres et d'un vert clair à la face supérieure, légèrement tomenteuses à la face inférieure. *Grappe* grosse, pyramidale, un peu ailée, peu serrée. *Grains* gros, presque sphériques ou quelquefois un peu ovoïdes, à peau épaisse et résistante, violet-noirâtre, à chair juteuse et sucrée.

Maturité.— A la deuxième époque.

Le *Frankenthal* est un cépage très répandu dans les pays du Nord, où on le cultive dans les serres à raisins pour la table. On en fait un vin de médiocre qualité dans quelques parties de l'Allemagne, mais c'est surtout comme vigne à raisins de table que l'on doit le cultiver; il donne des produits qui, sans être de premier ordre, sont du moins très appréciés sur les marchés à cause de leur beauté et que sa fertilité rend rémunérateurs. M. A.-F. Barron l'apprécie comme il suit: « Le *Frankenthal* est considéré en Angleterre comme le raisin national par excellence. Il est le plus généralement cultivé, et, pour l'ensemble de ses mérites, surpasse de loin toutes les autres variétés. De plus, c'est la variété la plus facile à cultiver. C'est, parmi les sortes de vignes, l'ami des jardiniers» (1).

Gros Colman

Synonymie.— *Dodrelabi* (Pull.), *Sakoudrchala madchanaouri* dans le Caucase (d'après le baron de Longueuil, cité par Pulliat).

Description.— *Souche* vigoureuse. *Sarments* gros, à mérithalles allongés, à *bourgeons* proéminents. *Bourgeonnement* blanc-rose. *Feuilles* très grandes, plus larges que longues, glabres à la face supérieure, avec un duvet floconneux à la face inférieure, tri ou quinlobées; les sinus latéraux supérieurs le plus souvent à peine marqués; le sinus pétiolaire fermé et laissant une ouverture plus ou moins ovale au point de contact avec le pétiole; dents en deux séries, larges, courtes et obtuses. *Grappe* très grosse, courte, peu serrée, avec pédoncules et pédicelles un peu longs, verts et tendres ; — à *grains* sphériques, gros, à peau épaisse, noir foncé, pruinés, à chair ferme, peu sucrée et insipide le plus souvent, mais agréable à manger quand ils sont bien mûrs et commencent à se rider.

Maturité. — A la troisième époque.

Le *Gros Çolman* est très cultivé dans les serres d'Angleterre, de Belgique et du nord de la France; c'est un des raisins les plus faciles à cultiver artificiellement, «mais il exige, d'après M. A.-F. Barron(1), beaucoup de temps pour mûrir et beaucoup de chaleur. La grande dimension des grains et le poids des grappes exigent un éclaircissage sévère. Si on néglige ce soin; ce qui est une erreur de traitement, on s'en aperçoit vite au manque de couleur des grappes».

Lady Downe's

Synonymie.— *Lady Downe's seedling.*

Description.— *Souche* vigoureuse. *Sarments* de grosseur moyenne, à mérithalles moyens, sinueux. *Débourrement* tardif ; *jeunes feuilles* blanches, entourées d'un liseré rouge sur le pourtour du limbe. *Feuilles* moyennes, quinquelobées, à sinus latéraux inférieurs profonds et fermés par la superposition des bords des lobes adjacents,

(1) A.-F. Barron ; *loc. cit.*

sinus supérieurs peu profonds, sinus pétiolaire assez profond et fermé; profondément dentées en deux séries ; — glabres à la face supérieure, avec un tomentum floconneux à la face inférieure ; prenant une teinte rouge ou quelquefois jaune à l'arrière-saison. *Grappe* grosse (pouvant atteindre de 0m,20 à 0m,30 de longueur, compacte quand elle est bien soignée, irrégulièrement ailée, à *grains* gros, presque sphériques, quelquefois légèrement oblongs, avec une peau épaisse et coriace, d'un noir pourpre foncé, très pruinés, à chair vert pâle, épaisse, ferme, à saveur sucrée et aromatique.

Maturité.— A la troisième époque tardive.

Le *Lady Downe's seedling* a été obtenu, en 1835, par M. Foster, d'un croisement entre le *Black Morocco* et le *Chasselas de Fontainebleau.*

Ce cépage, qui est très fertile, doit être placé dans un sol très riche, fortement fumé et taillé court afin de le préserver d'un prompt épuisement.

En ce qui touche sa culture en serre, M. A.-F. Barron s'exprime ainsi (1): « Le *Lady Downe's* est de culture facile. Il réussit parfaitement dans une serre à vigne ordinaire, mais il exige une température élevée pour bien nouer son fruit. Il se laisse forcer sans difficulté, tout en demandant une très longue période pour parfaire sa complète maturité. Il est à observer qu'à une certaine époque de leur développement, les grains de raisins sont susceptibles de se couvrir d'une sorte de desquamation et que les jeunes pousses elles-mêmes sont sujettes à la brûlure lorsqu'elles sont exposées sans ventilation aux ardeurs du soleil. »

Ce cépage est parmi ceux qui pourraient servir dans le Midi à la production des raisins tardifs, à la condition de les cultiver, avec les précautions voulues, contre des murs.

Black Alicante

Synonymie.— Black Lisbon, Black Portugal, Black Saint-Peters, Black spanish, Black Tokay, Meredit Alicante (en Angleterre). Serait synonyme, d'après le Dr Hogg, de l'*Espagnin noir ?* du midi de la France. Ne doit pas être confondu avec l'*Alicante* du Languedoc qui est le *Grenache.*

Description.— Souche forte et vigoureuse. *Sarments* longs et forts, s'aoûtant bien. *Bourgeonnement :* jeunes pousses recouvertes d'un

(1) A.-F. Barron; *loc. cit.*, pag. 226.

duvet blanchâtre qui persiste sur le bois aoûté, surtout autour des *bourgeons* qui sont gros, proéminents et de couleur pourpre foncé. *Feuilles* très grandes, vert foncé, épaisses, soyeuses et couvertes en dessous d'un duvet argenté, à dents courtes et larges. Elles conservent très tard leur couleur verte et deviennent jaunes ou rarement rouges à l'arrière-saison. *Grappe* grande ou très grande, pouvant atteindre de un à trois kilogr., ailée, serrée, à pédoncule fort et court. *Grains* gros, ovales, noir-bleuâtre, avec une pruine abondante, à chair assez tendre, peu savoureuse, et même désagréable au commencement de la maturité. La saveur se modifie et s'améliore quand on laisse la grappe le plus longtemps possible sur pied, sans devenir jamais très aromatisée (1).

Le *Black Alicante* est une excellente vigne pour la culture en serre, où elle se contente très bien des conditions ordinaires de culture ; cependant son fruit est d'autant meilleur que le chauffage a été meilleur. Ses grappes serrées exigent un cisellement fait de bonne heure.

Ce cépage, de fertilité moyenne, à raisin un peu grossier, est surtout approprié à la culture tardive ; il se garde très bien en hiver, à condition de le tenir dans un milieu plutôt froid, sans quoi ses grains sont exposés à se recouvrir de moisissure.

Madresfield court

Description. — *Souche* de vigueur moyenne. *Feuilles* moyennes, vert foncé, rugueuses, avec des dents très développées. *Grappe* grosse, allongée, souvent bifurquée, compacte, pouvant atteindre le poids de un à deux kilogrammes. *Grains* gros ou très gros, réguliers, allongés ; à peau coriace, pourpre foncé plutôt que noir, avec une pruine abondante et bleuâtre ; à chair épaisse, verdâtre, très tendre, relevée, sucrée, avec une saveur le plus souvent musquée (2).

Ce cépage, qui est très fertile et dont le fruit est très beau, est cultivé actuellement très en grand, en Angleterre, comme raisin précoce. Il se cultive facilement en serre, à une température moins élevée que le *Frankenthal*, et même dans des serres non chauffées. Il pourrait vraisemblablement donner de bons résultats en espalier, contre un mur, dans le midi de la France.

(1) D'après A.-F. Barron ; *loc. cit.*, pag. 172 et suiv.

(2) D'après A.-F. Barron ; *loc. cit.*, pag. 228 et 229.

Le *Madresfield court* a été obtenu par M. Cox, jardinier du domaine Madresfield court, du croisement du *Muscat d'Alexandrie* et du *Black Morocco*.

Muscat d'Alexandrie

Synonymie.— *Augibi muscat* (Hérault) (ne doit cependant pas être confondu avec le vrai *Gibi* ou *Augibi* du Languedoc) ; *Moscatel romano* et *Moscatel Gordo blanco* (Espagne) ; *Uva salamana* (Toscane) ; *Gerosolimitana bianca* et *Zibibbu* (Sicile), et d'après A.-F. Barron (1) *Archefield Early Muscat*, *Charlesvoorth Tokay*, *Cabas à la Reine*, *Muscat Escholata*, *Bowood Muscat*, *Muscat Lunel* (2), *Muscat romain*, *Passe Muscat*, *Tottenham Park Muscat*, *Tiningham Muscat*, etc.

Il existe une forme noire du Muscat d'Alexandrie qui porte en Italie les noms de *Salamana rossa* et de *Gerosolimitana rossa* et *nera*, et en Espagne celui de *Moscatel gordo incarnado*.

Description. — *Souche* robuste et vigoureuse. *Sarments* assez forts, à mérithalles moyens. *Bourgeonnement* rouge, un peu tomenteux. *Feuilles* moyennes, quinquelobées, à sinus latéraux inférieurs, profonds et fermés par la superposition des bords des lobes adjacents, sinus latéraux supérieurs peu profonds mais bien marqués, sinus pétiolaire en U ouvert ; dents longues, aiguës, en deux séries ; — glabres sur les deux faces. *Grappe* longue, ailée, parfois rameuse, pouvant atteindre $0^{m},30$ et même $0^{m},50$ de longueur et un poids de deux et parfois de trois kilogrammes. *Grains* très gros, allongés, à peau épaisse et résistante, d'un jaune-verdâtre, souvent un peu doré du côté du soleil ; à chair ferme, croquante, très sucrée et à saveur musquée très prononcée.

Maturité. — Entre la troisième et la quatrième époque.

En plein air, le *Muscat d'Alexandrie* exige une exposition chaude, la situation contre un mur bien exposé et la taille en cordon à grand développement avec coursons lui conviennent particulièrement. La propension à la coulure qu'a ce cépage rend utile de le pincer un peu avant la floraison ; enfin, il est bon de le fumer fortement, afin de soutenir sa fertilité.

(1) A.-F. Barron ; *loc. cit.*, pag. 237.

(2) Le vrai muscat de Lunel est le *muscat blanc* ou de *Frontignan*, et non celui d'Alexandrie.

En ce qui touche sa culture en serre, M. A.-F. Barron s'exprime ainsi qu'il suit : « Il n'est pas de variété plus rémunératrice que celle-ci lorsqu'on la soumet à une culture spéciale. Au contraire, elle ne réussit pas lorsqu'elle se trouve dans une collection en mélange. Elle demande une température plus élevée et une atmosphère plus sèche que les autres variétés pour que sa fécondation s'accomplisse dans de bonnes conditions. Il faut donc la surveiller pendant la floraison. Il faut aussi lui donner plus de chaleur pour obtenir une maturité parfaite. Contrairement aux raisins noirs, *le Muscat d'Alexandrie* augmente de qualité lorsque ses grappes sont exposées directement au soleil» (1).

Ce cépage donne des raisins à manger frais ou à conserver pour l'hiver, on en fait dans le midi de la France, et surtout en Espagne, d'excellents raisins secs ; c'est en Andalousie qu'on en prépare la plus grande quantité, ils sont exportés par Malaga sous le nom de Moscatel gorron.

On a obtenu, en Angleterre, une variété du *Muscat d'Alexandrie*, le *Canon Hall Muscat*, qui paraît inférieur au type ; il est d'une culture difficile, coule facilement et aoûte mal son bois.

Buckland Sweetwater

Description. — *Souche* de vigueur moyenne. *Bourgeonnement* : jeunes feuilles glabres, vertes, bordées de rouge sur les bords. *Feuille* grande, trilobée, à sinus latéraux peu profonds, sinus pétiolaire fermé, à dents larges et courtes, glabres sur les deux faces. *Grappe* moyenne, peu allongée, ailée, un peu lâche. *Grains* gros, de forme et de dimension un peu variables, à peau fine, transparente, blanc-verdâtre au début de la maturité, prenant une teinte paille à la pleine maturité et s'épaississant et devenant blanchâtre si on laisse le fruit sans le récolter après la maturité ; — à chair fine, juteuse, sucrée, avec un goût rappelant celui du Chasselas.

Maturité. — A la deuxième époque.

Ce cépage a été obtenu de semis, en Angleterre, à Buckland, de graines apportées du Continent ; son raisin est fort apprécié pour la consommation d'été, il est de très belle apparence, mais est regardé comme de seconde qualité au point de vue de la saveur. Sa fertilité est assez bonne, mais il est un peu délicat. On lui donne en serre la même culture qu'au *Frankenthal*.

(1) A.-F. Barron ; *loc. cit.*, pag. 237 et 238.

Gros Guillaume

Synonymie. — *Danugue*, *Danugue noir*, *Danugue croquant*; *Panse noire* (d'après Pellicot) ; *Plant à la barre, Spagnol bleu, Spagnol noir* à Nice (d'après Rovasenda) ; *Planta de mula* en Espagne ; *Pennington Hall Hamburg*, *Seacliffe Black* dans les serres d'Angleterre (d'après A.-F. Barron).

Description. — *Souche* très vigoureuse. *Sarments* très gros, à mérithalles assez longs, à port semi-érigé. *Bourgeonnement* presque glabre ; jeunes feuilles pourpre clair, brillantes. *Feuilles* de moyenne grandeur, trilobées, avec sinus pétiolaire ouvert en V : dents courtes et aiguës ; — glabres, luisantes, d'un vert foncé. *Grappe* très grosse, pouvant atteindre, d'après A.-F. Barron, $0^m,60$ de longueur et autant de largeur et des poids variant entre 3, 5 et parfois 10 kilogrammes. *Grains* gros, sphériques ; à peau membraneuse, noire-bleuâtre, pruinée ; à chair tendre, juteuse, ne devenant vraiment agréable que lorsque le raisin est complètement mûr.

Maturité. — A la troisième époque tardive.

La grande vigueur du *Gros Guillaume* fait qu'il se prête surtout aux formes à grand développement et à la taille longue. Sa fertilité est très inégale. Le raisin, indépendamment de sa beauté, est remarquable par la facilité avec laquelle il se conserve et qui permettrait probablement de le cultiver en espalier ou en contre-espalier, dans le midi de la France, comme raisin tardif.

Bicane

Synonymie. — *Bicaine*, *Vicane*; *Panse jaune*, *Ochivi* (Gard) ; *Raisin de Notre-Dame*, *Raisin des dames* (Vaucluse) ; *Olivette jaune*.

Description. — *Souche* de vigueur moyenne. *Sarments* peu vigoureux, à mérithalles courts. *Feuilles* petites, tri ou quinquelobées ; sinus pétiolaire en U fermé; dents larges en deux séries ; plus longues que larges, glabres sur leurs deux faces. *Grappe* grosse, ailée et même rameuse. *Grains* gros, ovales, à peau fine, tendre, vert-jaunâtre, puis blanche, enfin jaune ambré à la maturité, pruinée ; sujets à la pourriture ; chair tendre, très juteuse et de saveur agréable.

Maturité. — A la deuxième époque.

La *Bicane* est remarquable par la beauté de son raisin plutôt que par sa qualité ; elle offre l'inconvénient de couler et de se millerander facilement; elle doit, pour cette raison, être soumise à une taille demi-longue avec un petit nombre de porteurs, et il faut en éclaircir et en ciseler soigneusement les grappes (1).

Cette vigne, à raison de l'époque de maturité de son fruit, d'une part, et de la finesse de sa peau qui le rend sujet à la pourriture, d'autre part, ne peut être cultivée que pour la production de raisins précoces.

Passerille blanche

Description (2). — *Souche* très vigoureuse. *Sarments* forts, à mérithalles longs, à nœuds renflés ; *port* érigé ou semi-érigé. *Bourgeonnement* duveteux, blanchâtre, un peu jaunissant, passant au vert clair sur les jeunes feuilles. *Feuilles* grandes ou très grandes, glabres sur la face supérieure, avec un duvet aranéeux sur la face inférieure, quinquelobées, avec un sinus pétiolaire étroitement ouvert ; dents larges, inégales, en deux séries, assez profondes, obtuses et courtement mucronées. *Grappe* grosse ou très grosse, cylindro-conique, ailée, un peu lâche. *Grains* gros, ovoïdes, à peau épaisse et résistante, d'un beau jaune doré à la maturité, à chair ferme, juteuse, sucrée et agréable.

Maturité. — Deuxième époque tardive.

La *Passerille blanche* est un cépage de la vallée de la Drôme; M. V. Pulliat a signalé dans *le Vignoble* (tome III, pag. 165) sa valeur comme raisin de table ; il paraît, en effet, grâce à la fermeté de sa grappe et à la peau épaisse de son grain, pouvoir bien convenir pour l'expédition et pour la conservation. Il s'accommode des sols les plus secs et les plus pauvres, à la condition qu'ils soient profonds. On doit le soumettre à la taille courte.

Ribier

Synonymie. — *Gros Ribier*, *Gros Ribier du Maroc* (par erreur, puisqu'il n'existe pas au Maroc, il a été vraisemblablement confondu avec le Marocain) et, d'après M. V. Pulliat, peut-être aussi *Raibi* ou *Rhebi* aux environs de Genève et près de Seyssel, *Croquant* à Collonges.

(1) Mas et Pulliat; *Le Vignoble*, tome I, pag. 184.

(2) D'après V. Pulliat.

Description. — *Souche* vigoureuse. *Sarments* assez longs et gros, à mérithalles inégaux, généralement de longueur moyenne. *Bourgeonnement* blanc, duveteux. *Jeunes feuilles* marquées de rouge-carmin sur les bords. *Feuilles* très grandes, quinquelobées, plus larges que longues, à sinus pétiolaire fermé à sa partie supérieure par la superposition des bords des lobes adjacents, dents larges et aiguës en deux séries ; glabres à la face supérieure, duveteuses à la face inférieure. *Grappe* généralement un peu lâche, ailée, à *grains* gros, ovoïdes, à chair ferme et croquante, à peau un peu épaisse, d'un noir-violacé.

Maturité. — A la troisième époque.

Le *Ribier* est disséminé dans un assez grand nombre de localités du sud-est de la France, où l'on en rencontre quelques pieds cultivés à cause de la beauté de son raisin qui est en même temps excellent à manger. Il semble pouvoir jouer un rôle d'une certaine importance comme vigne à raisin tardif et de conserve. Il est malheureusement sujet à la coulure et au millerandage ; aussi doit-on sélectionner avec soin les sarments destinés à servir à faire des boutures ou des greffons parmi ceux qui ont donné les grappes les plus régulières. Il est également utile de le placer dans un sol riche et profond et d'avoir recours à la pollinisation et au cisellement des grappes.

JOANNENC

Synonymie. — *Jouanen*, *Joannenc charnu*, *Lignan blanc*, *Lignenga*, *Luglienga bianca*, *Julliatique blanc*, *Blanc précoce de Kientzheim*; *Fruher Leipziger*, *Fruher grosser Malvasier*, *Fruher grosser Gelber Malvasier*, *Gelbe seidentraube*, *Kilianer*, *Fruhweisser*, *Fruher Orléans* (Dittrich, cité par V. Pulliat) ; *Augustaner* ; *Grove-end sweetwater*, *Early white Malvasia*, *Early Leipzig*, *Burchardt's Amber Cluster*, *Early Kienzheim* (A.-F. Barron).

Description. — *Souche* très vigoureuse. *Sarments* gros, longs, à mérithalles moyens, rameaux stipulaires fréquemment développés. *Bourgeonnement* à peu près glabre. *Feuilles* plutôt grandes, nettement quinquelobées, sinus inférieurs profonds et souvent fermés, les supérieurs moins profonds, mais plus ouverts; sinus pétiolaire en U, dont la partie supérieure des bords est parfois tangente ; dents larges et obtuses ; glabres à la face supérieure et légèrement duveteuses à la face inférieure. *Grappe* moyenne, peu ailée. *Grains* moyens, ovales, à peau fine, claire, transparente, blanc-verdâtre, devenant ambrée à la pleine maturité, se couvrant d'une fine fleur; à chair tendre et juteuse, d'une saveur agréable et sucrée.

Maturité précoce.

Le *Joannenc* est très probablement d'origine italienne, il est tout au moins très répandu dans ce pays sous le nom de *Luglienga bianca;* on le trouve aussi cultivé dans le Vaucluse et dans plusieurs autres départements méridionaux. Il est remarquable par la précocité et la bonne qualité de son raisin; il se prête très bien à la culture en plein air. On en obtiendrait probablement de très bons résultats dans le midi de la France en le cultivant en espalier contre des murs ou sous des vitrages non chauffés, en vue de la vente comme primeur. On doit procéder à une sélection attentive des boutures et des greffons et ne prendre que des sarments ayant bien et abondamment fructifié, il faut enfin donner au *Joannenc* une taille très longue, sans quoi sa fructification n'est pas toujours bonne.

Agostenga

Synonymie. — *Vert précoce de Madère, Madeleine verte de la Dorée* (Odart); *vert de Madère, Prié blanc* (Rovasenda); *Early Green Madeira* (A.-F. Barron).

Description. — *Souche* vigoureuse. *Sarments* longs, un peu grêles, à mérithalles assez longs; de couleur jaune clair. *Feuilles* moyennes, tri ou quinquelobées, sinus inférieurs assez profonds, sinus supérieurs moins marqués, sinus pétiolaire ouvert en U, à dents larges, courtes et obtuses; de couleur vert foncé et glabres à leur face supérieure, d'un vert plus pâle et un peu duveteuse à leur face inférieure. *Grappe* moyenne, conique, un peu ailée, peu serrée. *Grains* moyens, ovoïdes, à peau fine, claire et transparente, blanc-verdâtre, devenant ambrée à la pleine maturité et se couvrant d'une fine fleur; résistent bien à la pourriture; à chair tendre et juteuse avec une saveur agréable, sucrée, très relevée.

Maturité très précoce.

La grande précocité de l'*Agostenga* permet de le cultiver à de grandes altitudes. M. de Rovasenda, cité par M. V. Pulliat (1), dit que ce cépage est cultivé, sous le nom de *Prié blanc*, jusqu'à une altitude de mille mètres, entre Morgez et Pré-Saint-Didier, et que

(1) *Le Vignoble*, pag. 3 du tome I.

l'on en trouve même en treille contre des murs à Veran et à Courmayeur à 1200 mètres. On en fait surtout à Morgez un petit vin blanc sec qui n'est pas sans mérite, surtout dans les années chaudes.

Mais c'est surtout en vue d'en tirer parti comme raisin de table de primeur qu'il mérite d'être cultivé à cause de la bonne qualité de son fruit et de la possibilité où l'on est de le cultiver en plein air, même en Angleterre. Il pourrait, très probablement, donner de bons résultats en espalier, contre un mur, dans le midi de la France. Il exige la taille longue et de grandes formes ; on doit en protéger les raisins avec des sacs de crin, afin de le protéger contre les guêpes qui l'attaquent volontiers à cause de sa prompte maturité. L'*Agostenga* redoute les gelées d'hiver et de printemps; aussi faut-il le placer dans des sols chauds et bien drainés et à bonne exposition. Il est enfin nécessaire, en le multipliant, d'en choisir avec soin les boutures ou greffons parmi les sarments qui ont bien fructifié.

MUSCAT HAMBOURG

Synonymie. — *Hambourg musqué* (V. Pulliat); *Black Muscat of Alexandria*, *Red Muscat of Alexandria* (n'est cependant pas la vraie forme noire du *Muscat d'Alexandrie*), *Snow's Muscat Hamburgh*, *Venn's seedling Black Muscat* (A.-F. Barron).

Description. — *Souche* moyennement vigoureuse. *Sarments* moyens, à mérithalles assez longs ; *port* semi-érigé. *Feuilles* longues, tri ou quinquelobées, avec les sinus inférieurs profonds et fermés par la juxtaposition des lobes voisins, sinus supérieurs peu accusés, sinus pétiolaire en U ; à dents aiguës en deux séries. *Grappe* moyenne avec de longues ailes, généralement lâches, par suite de la gracilité des pédoncules et pédicelles et aussi à raison de l'avortement d'un certain nombre de fleurs. *Grains* ovoïdes, assez gros, noirs, recouverts d'une pruine abondante à la maturité, croquants, à peau fine, à chair fondante, très juteuse, sucrée, aromatisée, d'une saveur muscat moins prononcée que celle du *Muscat d'Alexandrie*.

Maturité. — A la deuxième époque.

Le *Muscat Hambourg* doit être conduit à la taille courte, pollinisé et ciselé, afin de donner à son fruit toutes les qualités qu'il est susceptible d'acquérir ; il est bon, quand on le cultive en plein air, afin de profiter de sa précocité, de le placer dans des sols chauds et à bonne exposition. Sous verre, il exige une serre bien chauffée et une plate-bande chaude.

Le *Muscat Hambourg* peut être regardé comme le meilleur des *Muscats* utilisables comme raisins de table, et à la condition d'en bien soigner le fruit, de manière à le rendre un peu plus régulier et un peu plus serré qu'il ne l'est d'ordinaire, il paraît avoir un certain avenir comme raisin de luxe.

West's Saint-Peters

Synonymie. — *Money's West's St-Peters*, *Oldaker's West Saint-Peters*, *Abercairney*, *Major Morays* (A.-F. Barron); *Raisin des Carmes*, *Raisin de Cuba*. (R. Hogg, cité par V. Pulliat.)

Description. — *Souche* de vigueur moyenne et bien constituée. *Sarments* moyens, à mérithalles courts, s'aoûtant bien. *Bourgeonnement* tomenteux blanc. *Feuilles* petites, un peu allongées, trilobées, les sinus supérieurs étant à peine indiqués, les inférieurs profonds et fermés ; sinus pétiolaire en U largement ouvert ; dents courtes, irrégulières, aiguës ; face supérieure glabre, d'un beau vert ; face inférieure avec des poils roides, courts et assez serrés sur les nervures et sous-nervures. *Grappe* grosse, lâche, fortement ailée, avec un pédoncule grêle mais très solide. *Grains* de grosseur moyenne et un peu inégale ; — sphériques ou légèrement ovoïdes ; à peau fine, membraneuse, très noire et bien pruinée ; à chair tendre, sucrée, fraîche et agréable.

Maturité. — A la quatrième époque.

Ce cépage est très répandu dans les serres d'Angleterre, et notamment à Chatsworth, à Frogmore, etc. ; il est remarquable par sa fertilité et doit être soumis à la taille courte.

Il est probable que *West's Saint-Peters* pourrait être cultivé, dans le midi de la France, en espalier, contre un mur, comme raisin tardif.

Afin de résumer un certain nombre d'indications données précédemment et de les compléter, nous donnons ci-après un tableau indiquant les époques de débourrement et de maturité de *divers cépages* américains et de l'ancien monde.

Époques de végétation de diverses vignes notées dans les collections de l'Ecole nationale d'agriculture de Montpellier

ESPÈCES	CÉPAGES	ÉPOQUE DE DÉBOURREMENT	ÉPOQUE DE MATURITÉ
V. ROTUNDIFOLIA.—	*Scuppernong.*	18 mars-4 avril.	Incomplète
V. LABRUSCA. —	*Arrot*........	20 mars-6 avril.	30 août.
	Concord	25 mars-8 avril.	19 août-5 sept.
	Creveling....	23 mars-5 avril.	14 août-2 sept.
	Elisabeth	19 mars-5 avril.	31 août.
	Isabelle......	20 mars-6 avril.	2 septembre.
	Israëlla......	20 mars-6 avril.	28 août.
	Ives Seedling.	20 mars-3 avril.	8 août.
	Logan.......	20 mars	4-14 août.
	Paxton......	19 mars-5 avril.	20 août.
	Rentz........	22 mars-7 avril.	22 août.
	Union Village	19 mars-10 avril.	30 août.
V. CANDICANS. —	*Mustang*	21 mars-4 avril.	27 août-17 sept.
V. LINSECOMII. —	*Neosho*.......	15-16 avril.	19 septembre.
V. CINEREA......................		26 mars-22 avril.	
V. CORDIFOLIA....................		24 mars-8 avril.	
V. BERLANDIERI		10-22 avril.	14-25 octobre.
V. RUPESTRIS		31 mars-10 avril.	1-13 août.
V. RIPARIA....................		8-18 avril.	1-15 août.
HYBRIDES.—	*Agawam*...........	30 mars	23 août.
	Alvey...............	28 mars-17 avril.	19 août-8 sept.
	Autuchon...........	2-10 avril.	24-30 août.
	Baxter..............	3-9 avril.	20-22 sept.
	Black Eagle	24 mars-10 avril.	17-30 août.
	Black July..........	4-10 avril.	31 août-10 sept.
	Black Pearl.........	9 avril.	12-24 août.
	Blue Dyer	16 mars-6 avril.	1-15 août.
	Canada.............	18 mars-6 avril.	12-25 août.
	Champin	19 mars-6 avril.	16-29 août.
	Clinton	21 mars-7 avril.	21-30 août.
	Conqueror	22 mars-10 avril.	17 août-9 sept.
	Cornucopia	19 mars-7 avril.	15 août.
	Croton..............	23 mars-9 avril.	25 août-9 sept.
	Cunningham	30 mars-16 avril.	15 septembre.
	Cynthiana	27 mars-9 avril.	22 août.
	Delaware	24 mars-10 avril.	17-30 août.
	Dunn's grape........	5 avril.	8 septembre.
	Elvira..............	23 mars-9 avril.	18-30 août.
	Eumelan............	19 mars-6 avril.	11-15 août.
	Ferrand'smich. Seedl.	16 mars-2 avril.	4 août.
	Gœthe	22 mars-10 avril.	27 août.
	Grein's	23 mars.	21-26 août.

ESPÈCES	CÉPAGES	ÉPOQUE DE DÉBOURREMENT	ÉPOQUE DE MATURITÉ
HYBRIDES. -	*Harwood*	13 avril.	2 septembre.
	Herbemont	25 mars-15 avril.	10-14 sept.
	Hermann	20 mars-9 avril.	25 août.
	Huntingdon	20 mars-7 avril.	11-15 août.
	Irwing	23 mars-10 avril.	14 août.
	Jacquez	27 mars-9 avril.	8-21 septembre.
	Marion	18 mars-7 avril.	14-15 août.
	Massasoit	25 mars-8 avril.	14-20 août.
	Noah	7-18 avril.	20-25 août.
	Oporto	23 mars-10 avril.	21 août.
	Othello	1-7 avril.	24 août-3 sept.
	Pauline	26 mars-9 avril.	12-19 sept.
	Rulander	3-11 avril.	9-13 septembre.
	Secretary	19 mars-6 avril.	4 août.
	Senasqua	25 avril.	22-28 août.
	Solonis	20 mars-5 avril.	12-19 août.
	Taylor	22 mars-8 avril-	18 août-9 sept.
	Triumph	20 mars-9 avril.	30 août-11 sept.
	Uhland	19 mars-7 avril.	15-20 août.
	Vialla	18 mars-5 avril.	13-30 août.
	Wilder	25 mars-8 avril.	12 août-3 sept.
	York-Madeira	27 mars-14 avril.	20-30 août.
V. VINIFERA. —	*Abelione* (Chasselas)	2 avril.	1re époque (1)
	Abrostino	6 —	
	Ahmeur bou Ahmeur	7 —	3e —
	Alicante-Bouschet .	9 —	1re — tardive.
	Altesse	2 —	2e —
	Alvarilhao	8 —	2e — tardive.
	Aramon	1 —	3e —
	Aramon-Bouschet .	7 —	
	Aubin jaune	3 —	
	Aubun	4 —	3e époque
	Augulato	6 —	
	Bakator	7 —	3e —
	Balafant feher	7 —	2e —
	Bus plant	8 —	
	Bastardo	4 —	1re —
	Baude	10 —	1re —
	Blavette	6 —	3e —
	Bourboulenc	4 —	3e —
	Bourriscou de Romani	6 —	

(1) Nous avons adopté pour les *Vinifera* la division en époques de maturité dont s'est servi M. V. Pulliat dans *Le Vignoble* et dans *Mille variétés de vignes*, afin que ce travail puisse se rattacher plus facilement aux indications de ces deux importants ouvrages.

ESPÈCES	CÉPAGES	ÉPOQUE DE DÉBOURREMENT	ÉPOQUE DE MATURITÉ	
V. VINIFERA.—	*Bouteillan blanc...*	6 avril.	3e époque.	
	Bouteillan noir....	8 —	3e —	
	Brun fourca......	6 —	2e —	
	Brustiano........	5 —	2e —	
	Cabernet-Sauvignon	11 —	2e —	
	Carmenère........	11 —	2e —	
	Calitor noir.......	4 —	4e —	
	Canaiuolo.........	6 —	3e —	
	Carignane........	12 —	3e —	
	Carignan-Bouschet	7 —		
	Castet............	15 —	2e —	
	Cerisette Charles..	10 —		
	Chaouch	1 —	2e —	
	Chasselas.........	22 mars.	1re —	
	Chalus............	4 avril.	2e —	
	Chichaud	4 —	2e —	hâtive.
	Cinsaut...........	8 —	2e —	
	Cinsaut-Bouschet..	9 —		
	Clairette.........	2 —	3e —	
	Colombana........	2 —	3e —	un peu tardive.
	Colombaud........	6 —	3e —	
	Cornet...........	8 —	1re —	
	Durif.............	8 —	1re —	un peu tardive.
	Eparse............	10 —	3e —	tardive.
	Estaca saouma....	11 —	3e —	
	Feroldigo.........	5 —		
	Farrana..........	11 —	4e —	
	Flouron	6 —	2e —	
	Folle blanche	4 —	2e —	
	Formosa..........	10 —		
	Furmint sarga....	3 —	2e —	
	Gamai blanc	4 —	2e —	hâtive.
	Gamai noir........	2 —	1re —	
	Gibi	6 —	3e —	hâtive.
	Gitana...........	4 —		
	Goher kek........	5 —	2e	tardive.
	Grand noir de la Calmette.......	9 —		
	Grappu..........	8 —	3e —	
	Grec blanc.......	8 —	3e —	
	Grec rouge........	8 —	2e —	
	Grenache	8 —	3e —	
	Gros Guillaume...	8 —	4e —	
	Gros Ribier.......	8 —	3e —	
	Hibou blanc.......	3 —	2e —	
	Hibou rouge.......	2 —	2e —	

ESPÈCES	CÉPAGES	ÉPOQUE DE DÉBOURREMENT		ÉPOQUE DE MATURITÉ		
V. VINIFERA.—	*Jacquère blanc....*	2	avril	2e	époque	
	Juhfark	10	—			
	Lasca............	1	—			
	Lampor feher.....	5	—			
	Maccabeo........	6	—	3e	—	tardive.
	Malbec...........	6	—	1re	—	
	Malvasia Douro...	14	—			
	Mancin...........	4	—	3e	—	
	Mançonnet........	4	—			
	Marocain gris.....	10	—	4e	—	
	Marocain noir.....	8	—	4e	—	
	Marsanne.........	14	—	3e	—	
	Mavroudion.......	4	—			
	Merlot............	6	—	2e	—	
	Mondeuse blanche.	2	—	2e à 3e	—	
	Mondeuse noire ...	2	—	2e à 3e	—	
	Montepulciano....	11	—	2e	—	
	Morrastel.........	5	—	3e	—	
	Morrastel-Bouschet	4	—			
	Mourisco noir	11	—	2e	—	tardive.
	Moulas	13	—	3e	—	
	Mourvèdre........	6	—	3e	—	
	Moustardier.......	14	—	3e	—	
	Muscadelle........	11	—	2e	—	
	Muscat bifère.....	4	—	2e	—	tardive.
	Muscat blanc......	6	—	3e	—	
	Muscat noir.	4	—	1re à 2e	—	
	Muscat rouge......	8	—	1re	—	
	Niureddu Cappucciu	6	—	3e	—	
	Nocera	2	—	3e	—	
	Œillade	8	—	2e	—	
	Œillade - Bouschet N° 1............	7	—			
	Œillade - Bouschet N° 4............	16	—			
	Olivette blanche ...	13	—	3e	—	
	Olivette noire......	10	—	3e	—	
	Pamidi...........	8	—			
	Pascal blanc......	2	—	3e	—	
	Passerille blanche.	2	—	3e	—	
	Persan...........	4	—	2e	—	tardive.
	Petit blanchon.....	6	—	2e	—	
	Petit Verdot	6	—	3e	—	
	Pinot blanc........	2	—	1re à 2e	—	
	Pinot franc	4	—	1re	—	
	Pinot gris.........	2	—	1re	—	
	Piquepoule gris ...	4	—	3e	—	

ESPÈCES	CÉPAGES	ÉPOQUE DE DÉBOURREMENT	ÉPOQUE DE MATURITÉ	
V. VINIFERA.—	*Piquepoule noir* ...	2 avril.	3e époque.	
	Plant Fabre	8 —		
	Portugais bleu	2 —	1re —	
	Pougayen	10 —	2e —	
	Pougnet	6 —	2e —	
	Raisaine	13 —	2e —	hâtive.
	Ribote	8 —		
	Riesling	2 —	2e —	
	Robin noir	4 —	2e —	
	Roditès	10 —		
	Romain	31 mars.	2e —	hâtive.
	Rosaki	9 avril.	3e —	
	Roussane	3 —	2e —	tardive.
	Roussaou	3 —	2e —	—
	Rousse	8 —	2e —	
	Rulander	2 —	1re —	
	Saint-Jacques blanc	5 —	1re —	
	Saint-Jacques noir.	6 —	1re —	
	Saint-Laurent	2 —	1re —	
	Saint-Macaire	8 —		
	San-Antoni	1 —	2e —	
	Sauvignon	4 —	2e —	
	Scaliger	5 —		
	Semillon	6 —	2e —	
	Sideritès	6 —		
	Sillard	8 —		
	Sultanine	4 —	2e —	tardive
	Sumoll	4 —		
	Syrah	2 —	2e —	
	Syramuse	6 —	2e —	tardive.
	Terret blanc	11 —	3e —	
	Terret-bourret	8 —	3e —	
	Terret-Bouschet ...	14 —	3e —	
	Terret noir	12 —	3e —	
	Tibouren	1 —	3e —	
	Todor feher	7 —		
	Tourbat	3 —	3e —	
	Tramini piros	3 —	2e —	
	Tressa	6 —	2e —	
	Tripier	4 —	3e —	
	Ugni blanc	12 —	3e —	tardive.
	Verdicchio	10 —		
	Verdot colon	8 —	3e —	
	Vespolino	30 mars	2e —	

TROISIÈME PARTIE

VITICULTURE GÉNÉRALE

CHAPITRE VII

SOMMAIRE. — Physiologie de la vigne (1) : réveil de la végétation ; nutrition de la plante ; fructification ; aoûtement. — Influence des milieux sur la vigne et ses produits : du sol ; du climat ; de l'altitude ; de la situation ; de l'exposition (2).

Les principaux points que nous aurons à voir dans l'étude de la viticulture générale seront traités dans l'ordre suivant : nous examinerons en premier lieu le mode d'existence de la vigne et l'influence des divers milieux sur sa production ; cette étude nous servira de

(1) BIBLIOGRAPHIE. — **Julius Sachs**; *Physiologie végétale* (traduit de l'allemand par Marc Micheli). Paris, V. Masson et fils, 1868. — **P. Duchartre** ; *Eléments de Botanique.* Paris, J.-B. Baillière et fils, 1885. — **Ph. Van Tieghem** ; *Éléments de Botanique.* Paris, Savy, 1886. — **P.-P. Dehérain** ; *Cours de Chimie agricole.* Paris, Hachette et Cie, 1873. — **Albert Lévy** ; *l'Actinomètre Arago-Davy; Contribution à l'étude de la maturation des raisins, in* Annales Agronomiques, Nº 16-1. — **C. Saintpierre** et **L. Magnien** ; *Recherches expérimentales sur la maturation du raisin, in* Annales Agronomiques, Nº 14-1. — **Macagno** ; *Recherches sur les fonctions des feuilles de la Vigne, in* Comptes rendus Ac. des Sc. du 12 octobre 1877 ; et *Action de la lumière sur la Vigne, in* Comptes rendus Ac. des Sc., 29 octobre 1877 — **Neubauer** ; *Chemische Untersuchungen über das Reifen der Trauben, in* Aualen der Œnol., tom. V. — **J. Cuboni** ; *Recherches sur la formation de l'amidon dans les feuilles de la vigne, in* Messager Agricole, 10 mars 1885. — **Cte de Gasparin** ; *Cours d'Agriculture*, tom. IV. Paris, librair. agric. de la Mais. rust., 1860.

(2) **Cte de Gasparin** ; *Cours complet d'Agriculture*, tom. II et IV. — **Cte Odart** ; *Manuel du Vigneron.* Paris, librair. agric. de la Mais. rust., 1845. — **R. Dejernon** ; *La Vigne en France et spécialement dans le Sud-Ouest.* Pau, Veronèse, 1866. — **Aug. Petit-Laffite** ; *La Vigne dans le Bordelais.* Paris, Rotschild, 1868. — **H. Marès** ; *Des vignes dans le Midi de la France, in* le Livre de la Ferme. Paris, Masson. — **Vte de Vergnette-Lamotte** ; *Des Vignes dans la Côte-d'Or, in* le Livre de la Ferme.

guide dans l'appréciation des procédés de multiplication et de culture. Nous passerons ensuite à la multiplication de la vigne, à l'établissement des vignobles et à leur entretien ; nous dirons enfin un mot de la vendange, qui vient couronner l'œuvre du viticulteur et commencer celle de l'œnologue, dont nous n'avons pas à nous occuper dans cet ouvrage.

I.— PHYSIOLOGIE DE LA VIGNE

A. **Réveil de la végétation.** — La vigne est une plante à feuilles caduques, et par conséquent à végétation interrompue pendant l'hiver. Au premier printemps, le réveil de la végétation se manifeste chez elle par le phénomène que l'on appelle les *pleurs* ; les tissus des racines se sont gorgés d'eau pendant l'hiver ; cette eau, mêlée d'air et d'acide carbonique, a pénétré le reste de la plante ; l'élévation de la température de l'air et du sol détermine la dilatation des bulles gazeuses interposées dans les colonnes liquides que renferment les vaisseaux. Ces liquides se trouvent alors à l'état de tension, et, si l'on vient à pratiquer une section perpendiculaire à la direction des vaisseaux, ils s'écoulent en abondance, ou, si on les contient dans un tube vertical convenablement adapté à la tige, ils s'élèvent à une hauteur de plusieurs mètres (1). Le phénomène que nous venons de décrire se manifeste jusqu'à ce que les rameaux nouvellement formés soient venus, par la transpiration de leurs feuilles, donner issue à une grande partie du liquide.

Bientôt, en effet, les bourgeons, sollicités par l'action de la température de l'atmosphère, plus élevée pendant le jour que celle du sol, se développent et donnent naissance à de jeunes rameaux et à leurs feuilles. Ces nouveaux organes se forment au moyen de matériaux mis en réserve par la vigne à la fin de l'été précédent, et que le liquide séveux dissout sur son passage et leur apporte.

Bientôt après, le sol s'échauffant, la vie renaît également dans les racines ; les radicelles, organes tendres où domine l'élément cellulaire, et qui jouent le rôle actif dans l'absorption souterraine, font leur apparition.

B. **Nutrition de la plante.**— La vigne se trouve alors pourvue de tous les organes qui sont nécessaires à la nutrition. Ses feuilles, qui

(1) La célèbre expérience de Hales, faite en avril 1725 sur un cep de vigne coupé au niveau du sol, montra l'eau s'élevant dans un tube qui y était adapté jusqu'à 7 mètres environ.

se multiplient en nombre et se développent en surface, fonctionnent activement sous l'influence de la radiation puissante et prolongée de la fin du printemps et du commencement de l'été (1). Par leur transpiration, elles favorisent le mouvement ascensionnel de la sève et, par suite, la migration nécessaire de certains matériaux. Grâce aux propriétés spéciales de leurs parties vertes, riches en chlorophylle, elles décomposent l'acide carbonique de l'air et créent, en présence de l'eau et des produits inorganiques très oxydés, absorbés par les racines, l'*amidon*, puis le *glucose* (2), qui, légèrement modifiés, concourent ensuite, avec les matières albuminoïdes azotées que l'on trouve abondamment réunies dans les mêmes régions, à la formation de nouveaux organes ou au développement de ceux déjà existant.

Pendant ce temps, les racines travaillent de leur côté, elles appellent dans leurs tissus celles des matières dissoutes dans le sol que leurs cellules sont capables de précipiter et, par suite, de s'approprier; ou celles qui, dissoutes à la faveur de l'acide carbonique, suivront le mouvement de la sève jusque vers les surfaces où la mise en liberté de ce gaz leur permettra de se déposer. Elles attirent enfin à elles, de proche en proche et par voie de dialyse, les matériaux élaborés par les feuilles nécessaires à leur accroissement.

Cette période peut être considérée, comme celle de la préparation à la fructification; la plante emmagasine les éléments qui seront nécessaires à la formation du fruit; elle a donc une importance des plus grandes, puisque des circonstances plus ou moins favorables qui l'environnent dépendra, dans une large mesure, le succès de la récolte. Elle doit être précédée et aidée par des soins culturaux nombreux et suivis qui favorisent ce grand effort préparatoire.

La plante doit trouver dans le sol et dans l'atmosphère la chaleur nécessaire au bon développement de ses nouveaux rameaux et de ses jeunes racines. Les feuilles ont besoin de la lumière vive qui détermine l'assimilation des éléments atmosphériques. Il faut aux racines, sous une forme soluble, les matières minérales et organiques qu'elles sont appelées à recueillir; le sol doit leur fournir, en outre, l'eau nécessaire à la dissolution de ces matières, celle qu'exige l'entretien des tissus de la vigne et celle que demande la transpiration

(1) Les observations actinométriques faites par M. Crova, depuis 1883, ont démontré l'existence de deux *maxima*, l'un (le plus élevé) en mars ou avril, l'autre en septembre ou octobre. (*Annales de l'École Nationale d'Agriculture de Montpellier*. N° 1, années 1884-85. Montpellier, C. Coulet, éditeur, pag. 61).

(2) Voir *Recherches sur la formation de l'amidon dans les feuilles de la Vigne*, par le Dr Joseph Cuboni. (*Messager Agricole*. 3e série, 10 mars 1885, tom. V, N° 3.)

des feuilles. Mais ce qui caractérise cette première phase de la végétation, c'est le besoin de lumière qui favorise la croissance de ses nouveaux organes.

C. **Fructification.** — C'est pendant ce temps qu'a lieu l'acte très important de la floraison ; suivant que la fécondation s'opèrera plus ou moins bien, la quantité de fruit sera plus ou moins considérable. Les circonstances les plus favorables pour son accomplissement régulier sont un temps chaud et calme ; les pluies qui refroidissent l'atmosphère et entraînent le pollen, les vents du nord et de nord-ouest, froids et desséchants, qui détruisent quelquefois les organes reproducteurs ; enfin, d'une manière générale, les abaissements notables de température, constituent au contraire des conditions fâcheuses.

Une fois le fruit *noué*, l'objet de l'activité de la vigne change : le développement, en premier lieu si rapide, de ses diverses parties se ralentit peu à peu ; la plante cesse de former de nouveaux organes, mais elle perfectionne ceux qui sont déjà créés ; les nouveaux rameaux grossissent, les grappes et les grains augmentent de volume ; les matériaux qui serviront à la production de l'année suivante, absorbés par les racines et par les feuilles, vont s'accumuler dans les fruits ou se mettre en réserve dans les rameaux, les bourgeons et les racines.

La maturité s'approche ; trente ou quarante jours avant cette époque, dans le midi de la France, se produit la *véraison :* les fruits des cépages à raisins noirs prennent une couleur violacée ; ceux des variétés à raisins blancs acquièrent une teinte plus claire. Pendant ce temps, l'ensemble de la plante subit une crise, la végétation s'arrête, les rameaux et les feuilles pâlissent (1) ; ces phénomènes correspondent à un travail de résorption des matériaux accumulés dans les diverses parties de la plante, qui se déplacent pour se porter dans les fruits. On doit, en prévision de cette période critique pour la vigne, employer à l'avance les moyens convenables : labours, binages, soufrages, sulfatages, etc., pour favoriser le mieux possible la végétation pendant sa durée et pour protéger la plante contre les attaques

(1) Ce phénomène n'a pas échappé à l'observation des paysans, qui comparent l'état de la vigne à ce moment à celui d'une femme en mal d'enfant. Un dicton languedocien dit :

Qu'aou vei la bigno aou mes d'aous
Veis sas doulous.

Qui voit la vigne au mois d'août voit ses douleurs (dans le sens de douleurs de l'enfantement).

des maladies cryptogamiques, qui en aggraveraient d'une manière fâcheuse les conditions.

Le raisin grossit, son acidité diminue, le sucre augmente ; arrivé à pleine maturité, le pédoncule de la grappe se lignifie chez certains cépages ; le grain ne grossit plus, il se détache facilement du pédicelle en lui abandonnant un *pinceau* ; la peau est amincie, le pigment qui y adhère en dessous se détache facilement avec l'ongle. La graine est mûre et susceptible de germer. C'est là la maturité physiologique, celle qui est nécessaire pour assurer la perpétuation de l'espèce.

Pendant cette période, le raisin dégage jour et nuit de l'acide carbonique, il absorbe ou perd l'eau suivant qu'il est dans un milieu humide ou sec ; la proportion d'acide diminue, celle du sucre augmente (1). Le facteur naturel principal, pendant ce temps, est la chaleur ; c'est sous sa dépendance que paraît être, dans la plus large mesure, la formation du sucre ; mais la *lumière* joue un rôle important : son action paraît influer sur la diminution de l'acidité du grain de raisin (2). C'est probablement à cause de l'activité de la radiation solaire, dans les régions méridionales, que les vins y manquent de l'acidité nécessaire pour leur communiquer de la fraîcheur et contribuer à la formation du bouquet délicat qu'ils offrent souvent dans les milieux dont le ciel est moins pur.

Une atmosphère humide et chaude, dans laquelle le raisin peut absorber de l'eau et se gonfler (3), est favorable à la production des vins d'abondance, dans lesquels on cherche plutôt la quantité que la richesse alcoolique. Un air sec et chaud convient mieux aux vendanges destinées à faire des vins alcooliques ou de liqueur, pour lesquels les moûts concentrés sont nécessaires.

Le raisin est récolté à un état de maturité plus ou moins avancé, suivant la nature des vins que l'on veut obtenir, mais le plus souvent à une époque qui ne dépasse pas celle de la maturité physiologique. Pourtant, on la laisse passer quelquefois pour l'obtention des vins de liqueur, dont le sucre ne doit pas être entièrement converti en alcool ; on vendange alors le raisin *passerillé*, c'est-à-dire un peu desséché, ou bien lorsqu'il a subi un certain *blettissement*.

Le *passerillage* s'obtient facilement avec certains cépages dans les

(1) Voir *Recherches expérimentales sur la maturation des raisins*, par MM. Camille Saintpierre et Lucien Magnien. (*Annales Agronomiques*).

(2) Voir l'*Actinomètre Arago-Davy ; Contribution à l'étude de la maturation des raisins*, par Albert Lévy. (*Annales Agronomiques*).

(3) C'est pour cette raison que les vents marins sont considérés dans le Bas-Languedoc comme favorisant le développement du raisin lorsqu'ils soufflent avant la vendange.

localités sèches, chaudes et aérées ; les sucs du raisin se concentrent par l'évaporation de l'eau qu'ils renferment, sans autre modification sensible ; dans les conditions favorables, ils peuvent arriver sur le pied même à l'état de raisins secs.

Le *blettissement*, au contraire, se produit dans les milieux à atmosphère un peu humide, dans les crus blancs de Sauternes, aux vignobles du Rhin et de la Moselle (*pourriture noble*) par exemple et sur certaines variétés ; il est le résultat d'une décomposition du péricarpe du fruit, dont le but naturel est la mise en liberté de la graine. L'air pénètre dans les cellules ; il y détermine, d'après M. Cahours, une fermentation alcoolique, caractérisée par un dégagement d'acide carbonique et la formation d'alcools. Ces alcools, unis aux acides du fruit, donnent naissance à des éthers auxquels certains vins doivent probablement une partie de leur bouquet caractéristique.

Le *Botrytis cinerea* paraît jouer un rôle important dans la production des phénomènes que nous venons d'indiquer, son mycélium pénètre les tissus des grains de raisins et consomme une plus grande quantité des acides que du sucre qui y est renfermé, d'où il résulte une amélioration dans la qualité du moût. Dans les années favorables, les raisins très mûrs se laissent seuls attaquer ; partout où passent les filaments mycéliens, les cellules meurent et brunissent ; si le temps est sec, les grains se passerillent ; s'il fait humide, les grains absorbent l'eau directement et les filaments conidifères sortent et donnent aux taches qu'ils produisent un aspect velouté, grisâtre ou olivâtre caractéristique. La pénétration du mycélium facilite également l'accès de l'air et par suite les phénomènes de *blettissement* ou de *passerillage* précédemment indiqués (1).

D. **Aoûtement.** — Quel que soit d'ailleurs le moment où la vendange ait lieu après l'époque de la maturité physiologique, le raisin ne demande plus rien à la souche, qui commence à serrer ses réserves en vue de la végétation de l'année suivante. Les sarments s'aoûtent, c'est-à-dire deviennent ligneux ; les feuilles jaunissent, se colorent de teintes pourprées ou se dessèchent progressivement, bientôt leur pétiole se détache, à la suite d'une sorte de cicatrisation, à ras du

(1) Voir C. Sauvageau.— *La pourriture noble dans la vinification*, in *Revue de viticulture*, 1894. Nos 34, 35 et 36. — H. Müller-Thurgau.— *Ueber die Veränderungen, welche die Edelfäule an den Trauben verursacht und über den Werth dieser Erscheinung für die Wein production*. Mayence 1888. — P. Viala. — *Les maladies de la vigne*, pag. 352.

sarment, et elles tombent. Aux premières gelées, les extrémités des sarments, demeurées à l'état herbacé, se désarticulent à leur tour, au point de contact des diaphragmes dans les nœuds : la vigne prend sa tenue d'hiver. A ces phénomènes apparents correspond un travail intérieur de résorption vers les parties centrales de la plante ; la fécule s'accumule dans les bourgeons, dans les tissus cellulaires des rameaux aoûtés, des branches, de la tige et des racines ; les matières azotées se déposent sur les diaphragmes *criblés* des *cellules* ou *vaisseaux grillagés*, accompagnées probablement par les phosphates, qui leur sont habituellement très intimement unis.

En résumé, une grande partie des matériaux que renfermaient les organes qui se détachent de la plante se transportent vers ceux qui restent, pour y attendre le moment où, au réveil de la végétation, ils se reporteront vers la périphérie et formeront les jeunes rameaux et les jeunes racines, ainsi que nous l'avons indiqué en commençant.

II. — INFLUENCE DES MILIEUX SUR LA VIGNE ET SES PRODUITS

Les éléments principaux qui peuvent exercer une influence notable sur la vigne à l'état de culture et sur ses produits sont : 1° la nature du sol ; 2° le climat ; 3° l'altitude ; 4° la situation ; 5° l'exposition.

A. **Influence résultant de la nature du sol.** — On peut dire d'une manière générale que, sauf dans les sols marécageux ou acides, on est parvenu à créer des vignobles productifs à peu près dans tous les terrains agricoles. C'est ainsi que nous trouvons dans des terres franches, formées des alluvions profondes, fertiles et fraîches, une partie des vignobles les plus productifs du Bas-Languedoc, et ceux récemment créés dans une grande partie de la Camargue et dans la Mitidja, en Algérie. Dans des terrains silico-argileux, mélangés d'une forte proportion de cailloux roulés, on rencontre les vignobles des bords du Rhin, du Beaujolais, de certaines parties des Côtes du Rhône, de la Costière de Saint-Gilles dans le Gard et de la Crau d'Arles dans les Bouches-du-Rhône. Dans des sables plus ou moins purs, mélangés de cailloux roulés de grosseur variable, les vignobles des Graves du Bordelais et du Médoc. Dans les sables marins, ceux du cap Breton dans les Landes et d'Aiguesmortes dans le Gard. Dans les calcaires jurassiques, les vignobles de Frontignan et une grande partie de ceux qui couvrent les garrigues de l'Hérault et du Gard. Dans les sols calcaires crayeux ou à sous-sol de craie, les vignobles de la Champagne (Pierry, Ay, Épernay, Avize et Gramont) et ceux d'une partie des Charentes. Dans les calcaires magnésiens, un certain nombre de crus blancs renommés de la Côte-d'Or. Dans les schistes argileux, les vignobles du Douro, de Malaga, de Grenade, de l'Aragon, de l'Anjou. Dans les granits, les vignes de l'Ermitage et du mas de Condrieux. Dans les débris volcaniques, les vignobles de Roquemaure (dans le Gard), une partie de ceux des bords du Rhin, ceux du Vésuve, de l'Etna et de Ténériffe. On pourrait multiplier encore beaucoup les exemples, à l'appui de ce que nous venons d'avancer ; mais si l'on peut faire des vignes partout, toutes les vignes ne s'adaptent pas également bien à des conditions aussi diverses, certaines d'entre elles ne peuvent même vivre que dans des terrains assez spéciaux. Cette question a été traitée dans l'*Ampélographie*, et il en sera parlé plus loin à propos de l'emploi des vignes américaines, nous n'y reviendrons donc pas ici ; nous nous bornerons pour le moment à rechercher l'influence générale qu'exercent les propriétés des principaux sols sur la quantité et la qualité des produits de celles qui sont susceptibles d'y prospérer.

Le terrain agit sur la végétation de la plante et sur ses fruits tout à la fois par ses propriétés physiques et par sa constitution chimique.

En examinant la question à ce double point de vue, on peut dire d'une manière générale que les sols légers ou de compacité moyenne, faciles à échauffer, ne retenant que la quantité d'eau rigoureusement nécessaire à la vie de la plante, donnent lieu à une végétation médiocre ; mais si l'on a eu soin de les planter avec des cépages fins, appropriés à leur nature, ils produisent habituellement des vins de choix.

Les terres fraîches, profondes et fertiles fournissent au contraire une végétation vigoureuse, une production abondante, mais médiocre en qualité ; on doit les utiliser pour la culture des cépages communs, mais de grande fertilité.

Si l'on considère les choses de plus près et que l'on examine en premier lieu l'influence qu'exercent les conditions physiques, on remarquera que la coloration rouge ou brune du sol, qui est favorable à l'absorption rapide des rayons caloriques et ensuite à leur rayonnement, active le développement des radicelles, dont nous avons déjà indiqué le rôle important (1) ; elle permet en outre au fruit, pendant la période de maturation, de garder constamment une température relativement élevée, à cause de la propriété qu'elle donne au terrain d'émettre, pendant la nuit, la chaleur qu'il a emmagasinée

(1) Voir plus loin ce qui est relatif aux causes de la chlorose de la vigne.

pendant le jour : aussi, les récoltes y atteignent-elles un haut degré gleucométrique. Mais la facilité avec laquelle s'exerce le rayonnement dans ce cas favorise l'abaissement de température, qui peut entraîner les gelées blanches au printemps, si elles sont dans les situations défavorables.

Les terres blanches s'échauffent lentement au printemps parce qu'elles réfléchissent une grande partie des rayons caloriques qui les frappent. Les radicelles s'y développent tardivement, ce qui détermine fréquemment l'état chlorotique des vignes qui y sont cultivées. La réverbération très active qui s'y produit amène souvent, pendant les ardeurs de l'été, le *grillage* des raisins; ceux qui échappent à cet accident, soumis à une température élevée, sont généralement peu volumineux, mais riches en sucre.

La présence des cailloux constitue aussi un élément modificateur important pour les conditions physiques du sol : ils en favorisent l'échauffement parce qu'ils augmentent sa perméabilité et qu'ils absorbent plus de calorique que la terre elle-même. Mais s'ils aident à l'égouttement des eaux en excès, ils s'opposent comme des écrans (les cailloux plats surtout) à l'évaporation de celle qui reste interposée entre eux. La végétation est habituellement saine dans les terrains caillouteux ; les vignes s'y développent peu, mais y durent longtemps; les produits y sont médiocrement abondants, mais supérieurs en qualité et plus hâtifs que ceux venus dans des terrains analogues, mais non caillouteux.

La composition chimique du sol exerce également une influence importante sur les récoltes que donne la vigne. Les terrains riches en potasse, ainsi que le sont fréquemment ceux qui sont formés par la désagrégation de certaines roches granitiques, feldspathiques, de micaschistes ou basaltiques, donnent des vins alcooliques à bouquet agréable, mais manquant souvent de corps et de couleur. Les sols calcaires ou à sous-sol calcaire produisent généralement au contraire les vins les plus parfaits à ces derniers points de vue ; aussi observe-t-on constamment, dans les vignobles à vins rouges situés sur des formations géologiques diverses, que les produits des crus sur calcaire sont préférables à ceux situés sur des terrains manquant de cet élément.

Les calcaires magnésiens (dolomies), qui fournissent généralement une végétation peu vigoureuse, paraissent du moins convenir à la production des vins blancs, auxquels ils communiquent un caractère de grande finesse.

La présence en grande quantité, dans une terre, des matières azotées organiques est habituellement favorable à une végétation très active et, à la condition d'une taille convenable, à une fructification abondante ; mais les produits sont généralement aqueux et, dans ces conditions, donnent des vins d'une conservation difficile.

B. **Influence du climat.** — Le climat a une action considérable sur la production de la vigne ; il impose, en premier lieu, un certain choix de cépages qui, par suite de leurs époques de végétation et de maturité, peuvent seuls réussir dans les conditions qui lui sont propres. Mais ce point de vue ayant été étudié précédemment dans l'*Ampélographie*, nous n'y reviendrons pas actuellement ; nous nous bornerons à examiner l'influence qu'exerce cet élément sur l'ensemble des cépages cultivables dans le milieu qu'il représente.

On peut dire, d'une manière générale, que les climats septentrionaux, froids et humides, ne sont pas favorables à la culture de la vigne, les gelées d'hiver y font quelquefois périr les ceps partiellement ou complètement, celles du printemps et la coulure détruisent fréquemment les récoltes, et les raisins qui échappent à ces accidents ne parviennent guère que dans des années exceptionnelles à une maturité suffisante. Les vins qu'on y obtient sont le plus souvent peu alcooliques, durs et acides, par suite du défaut de chaleur et de lumière ; lorsque les conditions météorologiques sont favorables, ils offrent un bouquet léger et délicat et une fraîcheur agréable. L'incertitude au point de vue des chances de récoltes et la qualité le plus souvent défectueuse qu'elles présentent ont amené à renoncer à la culture de la vigne dans les contrées les plus septentrionales qu'elle occupait autrefois, au fur et à mesure que la facilité des moyens de communication augmentait et qu'il devenait plus facile d'importer du vin des contrées, où il est produit dans de meilleurs conditions.

Les climats intertropicaux sont encore moins propres à la viticulture que les précédents (1) : la végétation de la vigne y est continue, et on y rencontre constamment et simultanément des fleurs et des grappes à divers états de développement et de maturité, ce qui rend impossible toute opération de vinification ; on a bien essayé par des tailles bisannuelles, qui interrompent la végétation, de régulariser la production ; mais, malgré cela, les raisins y donnent généralement des produits défectueux, aqueux, manquant d'acidité et de solidité.

Les climats tempérés sont les plus favorables à la culture de la

(1) Nous ne parlons ici que de ce qui concerne les vraies vignes et non des *Cissus* et *Ampelocissus*, qui, s'accommodant mieux aux conditions spéciales des climats tropicaux, pourront peut-être y être cultivés utilement, ceux à fruits édules tout au moins.

vigne; leurs parties les moins chaudes donnent, dans de bonnes situations et avec des cépages convenables, des vins pleins de finesse et de fraîcheur ; c'est là que l'on rencontre la plupart des bons crus à vin de table, tels que ceux de la Bourgogne, du Jura, du Doubs, des bords du Rhin et de la Suisse, et, en descendant plus au Sud, ceux de l'Italie du Nord et de la Gironde ; on y trouve également les grands vins mousseux de la Champagne. Leur région, moyennement chaude, produit les vins communs de grande consommation, tels que ceux du centre de la France, de la Savoie, du Bas-Languedoc, d'une partie de la Provence, du nord de l'Algérie, des plaines du nord de l'Espagne et de l'Italie septentrionale et centrale. Enfin, leurs parties les plus chaudes et les plus sèches donnent les grands vins de liqueur du Roussillon, de l'Hérault, de l'Espagne, du Portugal, de l'Italie méridionale, de la Grèce, des Canaries, de Madère, et, dans l'hémisphère sud, ceux du cap de Bonne-Espérance.

C'est à sa situation en pleine zone tempérée que la France doit la variété et la célébrité de sa production viticole : seule, parmi les nations européennes, elle donne tout à la fois ces grands vins de table qui font l'honneur de sa viticulture et dont on n'a pu jusqu'ici obtenir l'équivalent nulle part, ces vins de grande consommation à la fois sains et bon marché qui, grâce à l'abondance avec laquelle elle les produit, ont enrichi nos départements méditerranéens ; enfin, des vins de liqueur qui peuvent lutter avec ceux des pays méridionaux les plus favorisés.

C. **Influence de l'altitude.** — L'altitude modifie profondément les conditions climatériques, elle entraîne une diminution de température proportionnée à son importance ; c'est grâce à son influence que la vigne a pu être cultivée dans les parties élevées de certaines contrées situées sous des latitudes très chaudes, au Brésil, au Pérou, dans l'Amérique centrale, au pic de Ténériffe et dans l'Himalaya. C'est elle qui limite la culture de certains cépages, ou celle même de la vigne en général, dans bien des parties de l'aire géographique qui devraient à première vue lui appartenir (1). Mais comme, en définitive, l'altitude tend à constituer de véritables climats locaux isolés au milieu du climat général d'une contrée, nous ne pouvons que renvoyer, pour ce qui regarde son influence sur la production de la vigne, à ce que nous avons dit précédemment sur celle du climat.

(1) Voir pag. 64, note 1.

D. **Influence de la situation.** — Les vignobles peuvent être situés sur des montagnes ou des plateaux élevés, sur des coteaux, dans des plaines ou dans des vallées.

Dans la première de ces situations, la vigne est tout d'abord soumise aux influences, qui découlent de l'altitude, que nous avons indiquées précédemment ; de plus, par suite de la fertilité généralement peu considérable du sol dans ces milieux et de l'action des vents qui y règnent plus qu'autre part, les raisins y sont généralement durs, à peau épaisse, peu sucrés et peu juteux, et les récoltes peu abondantes et médiocres en qualité.

Sur les coteaux, les conditions sont beaucoup meilleures; en effet, si le sol y est généralement moins fertile que dans les plaines ou dans les vallées et que, par suite, on ne peut y obtenir des récoltes aussi abondantes, les produits y sont du moins meilleurs et plus réguliers. Les anciens l'avaient déjà observé : «*Bacchus amat colles*», disaient leurs auteurs géoponiques. Les vignobles en coteaux sont mieux exposés que les autres à l'action du soleil ; ils sont éclairés, les premiers le matin, et les derniers le soir, par ses rayons. Leur surface inclinée agit jusqu'à un certain point comme le mur d'un espalier qui réfléchit une partie du calorique qu'il reçoit, et emmagasine le reste, pour l'émettre ensuite lentement, par le rayonnement, vers les objets qui en sont proches. La pente, qui détermine l'égouttement des eaux en excès, favorise l'échauffement du sol, et par conséquent le bon développement des radicelles et l'élévation du degré gleucométrique des moûts. Enfin, les coteaux sont moins exposés à l'action des gelées blanches au printemps et à celle des brouillards, qui déterminent la pourriture en automne, que ceux situés plus bas.

Ces derniers avantages, joints aux bonnes conditions qu'ils offrent pour la maturation des récoltes, font préférer cette situation pour l'établissement des vignobles dans la partie la moins chaude de la région où la vigne est cultivée : les vignobles des bords du Rhin, de l'Alsace, de la Lorraine (fig. 27), de la Champagne, de la Bourgogne (fig. 28), du Jura, de la Suisse, etc., sont en coteaux. Partout, du reste, d'une manière générale, les vins de coteaux sont considérés comme supérieurs aux autres.

Dans les plaines, les vignes trouvent généralement des terres fertiles et fraîches, qui favorisent une végétation luxuriante et donnent de grands rendements lorsque les années sont favorables ; mais les vins y atteignent un degré alcoolique moins élevé et une coloration moins riche que sur les coteaux.

Les plaines sont en outre plus sujettes aux gelées blanches du printemps, aux maladies cryptogamiques et quelquefois à la pourriture. En somme, malgré les inconvénients que nous venons de signaler, c'est dans cette situation que la vigne peut donner ses

Fig. 27.— Vignes en coteaux à Thiaucourt (Meurthe-et-Moselle), d'après le Dr J. GUYOT.

produits les plus abondants ; aussi doit-on l'utiliser à la culture des cépages fertiles à vin commun dans les contrées méridionales.

Fig. 28.— Vignes en coteaux de Montrachet (Côte-d'Or), d'après BERTALL.

Les vallées (1) présentent les mêmes inconvénients que la plaine,

(1) Nous ne parlerons, bien entendu, que de la partie basse des vallées étroites ; les flancs sont des coteaux et le fond des larges vallées se rapproche des conditions des plaines.

mais à un degré beaucoup plus sensible encore. Le soleil en éclaire le fond pendant peu de temps, à moins qu'elles ne soient orientées de l'Est à l'Ouest ; les gelées blanches et les brouillards y acquièrent une grande intensité, et la coulure, la pourriture et les maladies cryptogamiques y sont fréquentes ; un petit nombre de cépages très rustiques, tels que la *Mondeuse*, peuvent seuls y être cultivés dans la plupart des cas.

Quelques auteurs ont enfin avancé que le voisinage des grandes masses d'eau, rivières, fleuves, lacs ou mer, exerçait une influence heureuse sur la qualité du vin ; c'était également l'avis des anciens. Il est probable que ceux qui ont émis cette opinion n'ont pas suffisamment analysé les conditions spéciales des vignobles qu'ils ont observés ; en effet, il faut remarquer que les vignobles qui entourent les fleuves ou les lacs sont généralement situés sur des coteaux, et que c'est peut-être par ce fait que les vins qui en proviennent sont particulièrement estimés. Mais, si l'amélioration de la qualité des récoltes n'est peut-être pas une conséquence directe de cette situation, il est certain que l'atmosphère un peu humide qui existe dans ces conditions est favorable à l'abondance de la production. L'influence des vents marins, à ce point de vue, sur les vignobles du littoral méditerranéen, est bien connue et ne saurait être mise en doute : les années où ils règnent dans la période qui précède la maturation, le raisin est plus volumineux, plus juteux et plus tendre.

E. **Influence de l'exposition.** — L'orientation des vignobles en pente joue un rôle d'une certaine importance dans la région septentrionale, où l'on ne peut obtenir des produits rémunérateurs que dans les situations les plus favorables.

L'exposition au Midi peut être considérée comme la plus avantageuse dans ce milieu ; elle permet, en effet, au vignoble de recevoir le soleil pendant tout le temps où il est au-dessus de l'horizon ; elle est abritée en outre contre les vents froids du nord. En Algérie, elle offre l'inconvénient d'être exposée au *siroco*, et, sur le littoral français de la Méditerranée, aux vents violents du sud, nuisibles à la vigne.

L'exposition du Nord est avantageuse dans les contrées méridionales, lorsqu'on y produit des vins d'abondance, parce qu'elle est moins chaude que les autres et donne des fruits plus aqueux. De plus, les vignes y sont peu exposées aux gelées, à cause de la tardivité de leur végétation, et les vents secs du nord y diminuent les chances de pourriture en automne. Cette orientation est au contraire désavantageuse dans les pays du Nord, surtout si la pente est un peu rapide.

Le levant offre l'inconvénient, parce qu'il reçoit les premiers rayons du soleil, d'amener un dégel rapide et par suite dangereux dans les cas de gelées printanières.

Le couchant présente l'avantage contraire ; les dégels y sont lents et moins dangereux qu'au midi ou au levant ; mais, dans la région ouest de l'Europe, les grands vents de l'Océan y exercent des ravages quelquefois considérables.

CHAPITRE VIII

SOMMAIRE.— Procédés de multiplication applicables à la vigne (1). — Multiplication par graine. Le semis : choix des cépages ; choix des graines ; préparation des semences ; exécution des semis ; soins d'entretien ; repiquage ; étude et utilisation des plants de semis. — Multiplication par segmentation. Le bouturage : choix des sarments ; types de boutures usités ; longueur à donner aux boutures ; moyens d'assurer l'enracinement ; époque la plus convenable pour le bouturage ; choix du milieu où doit s'effectuer l'enracinement (plein champ ou pépinière).

La vigne, comme la plupart des végétaux supérieurs, peut se multiplier par voie de *semis* ou par les divers procédés de segmentation: *bouturage*, *marcottage*, *greffage*. Tous ces procédés n'ont pas la même valeur dans tous les cas pour le praticien, et c'est de l'usage raisonné de celui qui convient le mieux aux circonstances données et au but que l'on se propose d'atteindre que dépend souvent le succès d'une plantation. Nous allons donc les passer successivement en revue, en examinant les applications dont ils sont susceptibles et les soins dont on doit entourer leur emploi.

I. — MULTIPLICATION PAR GRAINE

Le semis. — Ce qui caractérise le semis, c'est qu'il donne naissance à des *individus* nouveaux qui, tout en conservant les caractères généraux de leurs parents, en diffèrent néanmoins par certains traits particuliers qui constituent leur individualité. On obtient donc, de ce

(1) BIBLIOGRAPHIE.— **J. Guyot** ; *Culture de la Vigne et Vinification*, 2e édit. Paris, librair. agric. de la Mais. rust. — **J. Guyot** ; *Étude des Vignobles de France*. Paris, V. Masson et fils, 1868.— **A. Pellicot** ; *Le Vigneron Provençal*. Montpellier, typogr. Gras, 1866. — Le Cte **Odart** ; *Manuel du Vigneron*. Paris, librair. agric. de la Mais. rust. 1845. — **A. Thiébaut de Berneaud** ; *Nouveau Manuel complet du Vigneron français*. Paris, Roret, 1851.— **R. Dejernon** ; *La Vigne en France et spécialement dans le Sud-Ouest*. Pau, impr. Veronèse, 1866.— **Aug. Petit-Laffite** ; *La Vigne dans le Bordelais*. Paris, Rotschild, 1868. — **H. Marès** ; *Des vignes dans le midi de la France*, *in* le Livre de la Ferme, tom. II. Paris, V. Masson, 1865.— **G. Foëx**; *Manuel pratique de Viticulture*. Montpellier, C. Coulet, 5e édit. 1891. — **Ch. Cocks et E. Ferret** ; *Bordeaux et ses Vins* (Notions préliminaires). Bordeaux, Féret et fils, 1881. — **J. Decaisne** et **C. Naudin** ; *Manuel de l'Amateur des Jardins* (1re partie). Paris, Firmin Didot.— **P. Viala** et **L. Ravaz** ; *Les vignes américaines : adaptation, culture, greffage, pépinières*. Montpellier, C. Coulet, 1892.

mode de multiplication, des variations dans les limites des formes de ce que l'on est convenu d'appeler l'espèce ; c'est lui qui permet la création de cépages nouveaux dont on assure ensuite la perpétuation par les procédés divers de segmentation.

L'obtention des types nouveaux est une œuvre de longue haleine, qui n'est guère à la portée du plus grand nombre des viticulteurs, préoccupés d'arriver le plus tôt possible à un produit sûr et connu. Elle offre néanmoins une réelle utilité et constitue un but des plus attrayants pour les chercheurs. En effet, si l'on est en droit de supposer qu'un certain nombre de nos anciens cépages ont été produits par des semis spontanés ou accidentels, il est du moins probable que la plus grande partie est issue de semis exécutés dans un but défini. La recherche de formes nouvelles par ce moyen paraît avoir été abandonnée pendant les siècles qui ont précédé celui où nous vivons. Ce sont les Américains qui, les premiers, l'ont reprise pour améliorer leurs espèces indigènes, seules cultivables chez eux ; ainsi que nous l'avons dit précédemment, c'est M. Longworth (de l'Ohio) que l'on peut considérer comme l'initiateur dans la mise en culture des espèces américaines sauvages, dont il s'est occupé dès 1823 environ ; il a été suivi depuis par des semeurs dont les noms sont bien connus aux États-Unis : MM. Underhill, Roger, Allen, Arnold, Adlum, Bull, Rickett, etc. En Europe, pendant le courant du présent siècle, quelques jardiniers ou pépiniéristes ont cherché à obtenir, par le semis, de nombreux raisins de table ; les plus notables sont : MM. Jacques, Moreau-Robert, Vibert, Malingre, Courtiller, Besson, etc. ; depuis lors, des viticulteurs de l'Hérault, MM. Bouschet de Bernard père et fils, ont créé de nombreux cépages à vin à jus rouge fort estimés dans le Midi ; enfin MM. Millardet et de Grasset, M. Couderc, nous-même à l'École d'agriculture de Montpellier et divers autres viticulteurs ont créé des porte-greffes nouveaux en vue de la reconstitution des vignobles sur racines résistantes.

Si les variations sont trop fréquentes et trop considérables dans les semis pour que l'on puisse compter sur eux comme moyen de constituer des vignobles de producteurs directs, on peut du moins, en s'entourant de certaines précautions, éviter que ces modifications ne s'étendent à la constitution radiculaire spéciale à l'espèce, d'où dépend la résistance des vignes américaines. On peut alors en tirer parti comme moyen de créer des porte-greffes américains pour nos cépages européens, notamment dans les régions encore indemnes, où l'introduction des plants enracinés serait dangereuse et où celle des boutures est interdite par les lois et règlements.

1° Choix des cépages

Au point de vue de la création de types nouveaux, on a intérêt à employer des formes cultivées, qui présentent déjà un certain nombre des caractères désirés, mais chez lesquels ils sont moins bien fixés que chez les types sauvages et qui sont plus aptes par conséquent à fournir quelques descendants qui, tout en conservant les bonnes qualités qui les ont fait choisir, en acquièrent encore d'autres. On peut aussi, par le croisement entre des espèces ou de simples cépages offrant partiellement de part et d'autre les qualités que l'on voudrait voir réunies chez le même individu, chercher à obtenir un produit intermédiaire qui les possède toutes.

On fécondera, par exemple, un V. Æstivalis américain résistant et à petit fruit, par un français non résistant et à gros fruit. Certainement, un très grand nombre des produits obtenus de la sorte se rapprocheront surtout de l'un de leurs ancêtres et pécheront par le faible volume du fruit, par leur infertilité ou autre chose ; mais il est possible d'en trouver un, dans le nombre, qui accumulera dans son individu toutes les bonnes qualités de ses parents : le *Jacquez* n'a probablement pas une autre origine. Les croisements qui paraissent devoir se faire avec les plus grandes chances de succès sont ceux entre V. Æstivalis et V. Vinifera, ou V. Rupestris et V. Vinifera, aucun des parents ne possédant le goût *foxé*, qui persiste presque toujours chez les descendants.

Mais, comme nous le verrons par la suite, c'est surtout vers l'obtention de porte-greffes résistant au phylloxera, vigoureux et susceptibles de s'unir très bien aux vignes d'Europe, que se tournent aujourd'hui les efforts ; dans cet ordre d'idées, on n'a plus à se préoccuper de la fertilité des parents ou du goût de leur fruit, mais uniquement de la mesure dans laquelle ils réalisent les qualités indiquées précédemment. L'introduction d'un cépage européen dans des hybrides de ce genre semble les rendre plus aptes à porter sans jaunir la greffe des V. Vinifera dans les milieux où la chlorose est à redouter, mais on a bien des chances de voir diminuer par ce fait leur résistance au phylloxera.

L'opération même de l'hybridation s'effectue de la manière suivante : La fleur de la vigne offre, ainsi que nous l'avons dit en étudiant les caractères botaniques du genre *Vitis*, une disposition particulière : ses pétales, au lieu de s'ouvrir par le haut, se détachent du calice par leur base et restent soudés entre eux en formant une sorte de bonnet ou capuchon qui maintient pendant un certain temps les anthères au contact du pistil (fig. 29, 30 et 31) ; c'est après cela qu'a lieu la fécondation : on doit donc décapuchonner chaque fleur avant le moment où les pétales se sont détachés ; on enlève les étamines

Fig. 29

Fig. 30

Fig. 31

Fig. 29.— Fleur normale de vigne recouverte de sa corolle en capuchon.— Fig. 30.— Fleur normale montrant les pétales détachés par la base et soudés au sommet, maintenant les anthères au contact du pistil.— Fig. 31.— Fleur normale montrant les anthères débarrassées de la corolle et prêtes à être enlevées.

avec des pinces (fig. 32), afin d'ôter toute chance de fécondation ultérieure par leur moyen ; on apporte alors des fleurs ouvertes du type qui doit jouer le rôle de mâle et on les promène sur les premières, de manière à y faire déposer une portion de la poussière fécondante. On enveloppe enfin les grappes fécondées avec un sachet de gaze (fig. 33), afin d'empêcher l'arrivée des pollens étrangers.

Lorsqu'il y a discordance dans les époques de floraison, on peut avancer celle du cépage tardif en en plaçant un cep sous un coffre vitré et retarder celle du cépage hâtif en l'abritant du côté du Midi avec des planches ou des paillassons et en enfermant les grappes de fleurs dans des sacs en papier blanc.

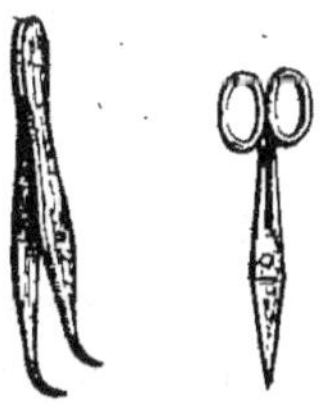

Fig. 32

Fig. 33

Fig. 34

Fig. 32.— Outils servant à enlever la corolle et les étamines. — Fig. 33.— Sachet protecteur en gaze.— Fig. 34.— Le même, gonflé par une carcasse en fil de fer.

Une fois la fécondation opérée, il est bon de prendre diverses précautions afin d'éviter la coulure, qui peut résulter, soit de l'entraînement du pollen par les pluies, soit du refroidissement accidentel de l'atmosphère. Pour éloigner le premier danger, on peut maintenir les sacs protecteurs gonflés au moyen d'une carcasse en fil de fer logée à l'intérieur (fig. 34) et les abriter avec un chapeau en papier fort, passé à l'huile de lin. On combat assez efficacement le second par des soufrages répétés à partir du moment de l'opération, par des pincements ou par l'incision annulaire.

En dehors des graines provenant directement d'une hybridation, on a été tenté d'utiliser celle des cépages hybrides eux-mêmes ; mais ces formes n'ont aucune fixité, elles se dédoublent au semis et donnent lieu à des descendants qui reproduisent plus ou moins les anciens types d'où le cépage est sorti ; il n'y a donc pas intérêt à les employer.

Lorsqu'on fait usage du semis en vue de créer des porte-greffes dans des milieux faciles, on cherche souvent au contraire à éviter le plus possible les variations, afin de ne pas risquer de perdre la faculté de résistance au phylloxera, qui constitue leur seule raison d'être. On doit donc s'adresser à des types sauvages, dont une longue sélection naturelle a fortement fixé les principaux caractères, et il faut autant que possible choisir parmi eux ceux dont l'époque de floraison rend impossible toute chance de fécondation spontanée par les espèces moins résistantes. Ce sont les V. RIPARIA *sauvages*, le *Solonis*, le V. BERLANDIERI, le V. CORDIFOLIA, le V. CINEREA et le V. RUPESTRIS qui semblent remplir le mieux possible ces conditions ; l'expérience a du reste démontré la remarquable permanence des formes générales de ces vignes dans leurs descendants de semis. Il semble donc plus prudent de se limiter à l'emploi de ces espèces, lorsque surtout on n'est pas en situation de faire une sélection au point de vue de la résistance, en plaçant les plants en terrain phylloxéré.

2° CHOIX DES GRAINES

Les graines des vignes destinées aux semis doivent être de la récolte précédente et avoir été recueillies lorsque les raisins avaient atteint toute leur maturité. L'expérience a démontré que celles qui ont fermenté avec le moût réussissent dans les mêmes proportions que celles qui ont été extraites directement du fruit : aucune précaution spéciale n'est donc nécessaire à cet égard.

3° Préparation des semences

Les graines confiées au sol sans préparation préalable germent ordinairement d'une manière irrégulière et successivement; afin d'éviter cet inconvénient, on doit les stratifier, durant l'hiver, dans du sable sur lequel on verse, pendant le courant du mois de mars, quelques gouttes d'eau. On obtient ainsi un travail préparatoire qui hâte et régularise la germination. Dans le cas où l'époque tardive de la réception des semences empêche d'avoir recours à ce moyen, on peut se borner à les tremper dans de l'eau pure pendant trois ou quatre jours; la stratification doit néanmoins être considérée comme préférable, les effets en sont augmentés par l'enlèvement de la pointe du bec (1).

4° Exécution des semis

Le semis s'effectue au mois d'avril, de manière à ce que les jeunes plants n'aient rien à redouter des gelées après avoir levé et qu'ils puissent profiter d'une plus longue période de végétation.

Les graines sont semées à $0^m,03$ ou $0^m,04$ de profondeur, sur une plate-bande convenablement fumée avec des engrais très actifs et recouverte de $0^m,05$ à $0^m,06$ de terreau et de sable si le sol est un peu compact. On les dispose en lignes espacées de $0^m,30$ à $0^m,40$ et $0^m,60$ ou plus dans la ligne. On a observé que le développement pendant la première année est toujours proportionnel à l'écartement laissé entre les plants. On recouvre enfin la planche d'un léger paillis.

5° Soins d'entretien

Les soins d'entretien consistent en bassinages donnés tous les deux ou trois jours avec un arrosoir muni d'une pomme finement percée, et en sarclages exécutés avec précaution.

La levée a généralement lieu au bout d'un mois environ. Les jeunes plants sont alors assez sensibles à l'action du soleil; il faut éviter de les arroser aux heures de grande chaleur; on peut même, au besoin, les abriter au moyen d'un léger clayonnage.

6° Repiquage

Les plants de semis de V. Riparia atteignent fréquemment $1^m,25$ à $1^m,50$ de longueur pendant la première année, ceux du V. Æstivalis

(1) G. Chauveaud.— *Comptes rendus Acad. des Sc.*, 22 janvier 1894.

ne dépassent guère au bout du même temps $0^m,50$ ou $0^m,60$; il est néanmoins nécessaire de les repiquer à demeure à la fin de l'hiver qui suit le semis, afin qu'ils ne souffrent pas trop de la transplantation.

7° Étude et utilisation des plants de semis

Lorsque les semis ont été faits dans le but de chercher des cépages nouveaux, les préoccupations du semeur tendent, avant tout, à hâter le moment de la floraison des plants qu'il a obtenus ; il pourra alors les étudier au point de vue de la fertilité et de la valeur de leurs fruits. On s'est beaucoup exagéré la durée du temps nécessaire pour arriver à la fructification des plants de semis ; certains d'entre eux, divers V. Riparia et *hybrides*, ont donné du fruit, à l'École d'agriculture de Montpellier, dès la troisième feuille ; la plupart commencent à produire à la quatrième ou à la cinquième. Au reste, on peut hâter ce moment par divers moyens, tels que le provignage, l'arcure des rameaux, l'incision annulaire ou la ligature d'une branche que l'on réserve comme long bois pour l'année suivante, ou mieux encore en greffant un sarment du jeune plant sur une souche faite. Le fruit n'atteint généralement pas au début le volume et l'abondance qu'il est susceptible d'acquérir par la suite ; il faut, par une bonne sélection des boutures, par l'emploi répété de la greffe ou du provignage, par une taille relativement courte et la culture dans un bon sol, favoriser le développement de ses qualités.

Lorsque l'on a semé pour obtenir des porte-greffes, on peut utiliser les jeunes vignes ainsi produites de deux manières : il est possible, soit d'employer directement les pieds eux-mêmes, soit de se borner à recueillir les sarments qu'ils produisent pour en faire des boutures.

Les plants de semis des formes à prompt développement, telles que les V. Riparia *sauvages*, les *Solonis*, etc., peuvent souvent se greffer en fente anglaise dès la première année ; mais l'inégalité dans la vigueur et les aptitudes de chaque individu risquent d'entraîner de l'irrégularité dans la plantation à laquelle ils servent de base ; il est préférable de faire usage seulement des boutures prises sur les pieds-mères, qui auront été choisis parmi les plus robustes et les plus remarquables par leur végétation, dans des conditions de sol analogues à celles où on veut les employer.

En résumé, ainsi qu'on peut le voir par ce qui précède, le semis ne peut être appelé à jouer en pratique un certain rôle que comme moyen de produire à l'avance des porte-greffes résistants dans les milieux indemnes ; ses autres applications sont plutôt du domaine du pépiniériste ou de l'amateur que de celui du viticulteur proprement dit.

II.— MULTIPLICATION PAR SEGMENTATION

Les procédés de multiplication par segmentation présentent avec le semis cette différence qu'au lieu de donner naissance, comme celui-ci, à des *individus* nouveaux, ils assurent la perpétuation d'individus déjà existants. Ils consistent en effet à faire naître, sur une portion de la plante que l'on en détache, les organes nécessaires pour lui permettre une existence indépendante, ou à les lui procurer tout prêts chez une autre plante. On peut obtenir de la sorte, non seulement une fixation très parfaite des caractères du *pied-mère*, mais même ceux du fragment de plante que l'on en a séparé. De là l'importance, sur laquelle nous insisterons plus loin, de sélectionner avec soin les sarments qui doivent servir à faire des boutures ou des greffons, en les choisissant parmi ceux qui ont présenté au plus haut degré les qualités dont on veut assurer la perpétuation. Les seules différences qui peuvent s'établir entre le pied-mère et ses descendants résultent de la variété des milieux et ne se traduisent, en définitive, que par des degrés dans le développement et la vigueur, mais n'altèrent en rien les propriétés fondamentales du type originel, telles que le goût ou la couleur du fruit, la résistance ou la non résistance aux attaques des divers parasites animaux ou végétaux, etc.

Le bouturage.— Parmi les procédés de cet ordre, le *bouturage* est le plus anciennement et le plus généralement usité pour la multiplication de la vigne ; il est considéré par la majorité des viticulteurs comme si supérieur à tous les autres, dans la pratique usuelle, que certains cépages, susceptibles d'ailleurs de rendre de réels services, ont été rejetés parce qu'ils se prêtaient mal à son emploi. Le bouturage, dans son application à la vigne, tend habituellement à provoquer le développement de racines adventives sur un fragment de sarment qui n'en possède pas.

M. L. Ravaz, qui a étudié récemment le mode d'enracinement des sarments des vignes, s'exprime ainsi sur cette question : «Au point où dans une bouture de vigne doit naître une racine, la couche génératrice libéro-ligneuse devient plus active sur une étendue de 4 ou 5^{mm} de diamètre. Elle forme du bois en dedans, du liber en dehors, et c'est dans l'assise des cellules les plus externes du liber qui vient d'être formé que la racine prend naissance. La poche digestive se constitue aux dépens de l'assise la plus interne du rayon médullaire libérien de l'année précédente. La racine naît toujours dans un rayon médullaire, le plus souvent à égale distance des faisceaux libériens qui le bordent, quelquefois aussi, cependant, sur le flanc d'un faisceau. Pour faire saillie au dehors, elle doit traverser tout le liber de l'année précédente, qui est constitué par 2, 3, 4 couches de tissu criblé, alternant avec 1, 2, 3 bandes de fibres libériennes, plus une couche de liège à peu près imperméable qui entoure la bouture. Or ces tissus ne peuvent être ni digérés en raison de leur dureté, ni refoulés à l'extérieur à cause de leur résistance. La racine serait donc dans l'impossibilité de sortir si, par un mécanisme que je vais décrire, un tissu particulier très tendre, comme spongieux, ne se substituait au liber et à l'enveloppe de liège.

» Au moment où l'anneau libéro-ligneux augmente d'activité, l'assise la plus interne de l'enveloppe subéreuse redevient active sur une largeur embrassant 3 ou 4 faisceaux libériens : elle forme rapidement, en direction centripète, une épaisse couche de cellules à parois très minces et allongées radialement, qui repousse au dehors l'enveloppe subéreuse, la soulève et la déchire. Les cellules qui relient latéralement les rayons médullaires aux faisceaux libériens deviennent aussi génératrices ; elles engendrent une couche de cellules analogues à la précédente et qui rejette sur les côtés les faisceaux libériens, si bien que la racine n'a plus désormais devant elle qu'une portion du rayon médullaire isolé au milieu du tissu qui vient d'être décrit. Ce tissu, très mou et très tendre, la racine le refoule un peu au dehors et le digère à mesure qu'elle s'accroît.

» Les racines naissent de la manière qui vient d'être indiquée dans toutes les espèces de vignes que j'ai étudiées (j'en excepte la tribu *Muscadiana*), avec des différences de détail sur lesquelles je reviendrai ultérieurement » (1).

Un certain nombre de points paraissent plus particulièrement favorables à l'émission des racines adventives ; ce sont, par exemple, l'empattement de la base des sarments et les nœuds. On a également observé que l'apparition de ces organes était précédée par le développement, sur la section de la bouture ou sur les parties qui en ont été accidentellement ou volontairement meurtries ou dénudées, d'un tissu cellulaire tendre, succulent, aggloméré en masses irrégulières, auquel on a donné le nom de *bourrelet* ou de *calus*. On a cru pendant longtemps que cette production était nécessaire à l'enraci-

(1) L. Ravaz.— *Recherches sur le bouturage de la Vigne*, in *Comptes rendus de l'Acad. des Sc.*, 15 septembre 1890.

nement; les travaux récents de M. Rudolph Stoll (1) ont démontré que ce n'est pas de la substance même du *calus* que partent les racines, mais d'un point situé, soit immédiatement au-dessus, soit plus haut et latéralement.

On supposait que les cellules extérieures du *bourrelet*, qui présentent dans leurs dispositions une certaine analogie avec les poils radicaux, travaillaient à absorber les matériaux dissous renfermés dans le sol jusqu'au moment où les racines étaient développées et en état de fonctionner.

D'après M. Ravaz, le *calus* serait bien plutôt un obstacle à la formation des racines, il n'absorberait pas les matières nutritives du sol, dont la bouture n'a d'ailleurs nul besoin, car lorsqu'elle meurt après avoir émis quelques feuilles, ce n'est point, dit-il, «par défaut de matières nutritives, mais uniquement par manque d'eau».

Les tissus les plus jeunes et les plus tendres sont ceux qui paraissent les plus aptes à émettre des racines adventives, et, n'étaient les difficultés d'application que nous signalerons plus loin, ce serait, en se plaçant au point de vue exclusif de la formation de ces organes, les rameaux encore herbacés que l'on devrait préférer.

Les conditions de milieu les plus favorables à l'enracinement sont l'humidité et la chaleur, et c'est, comme nous le verrons, de l'action convenablement combinée de ces deux éléments que dépend dans la plus large mesure le succès de ce mode de multiplication.

Après les indications générales qui viennent d'être données sur le bouturage, et qui serviront de base à ce qui va suivre, nous allons étudier successivement les points suivants, qui se rattachent à la mise en pratique de ce procédé: 1° Choix des sarments destinés à faire des boutures; soins à leur donner pour la conservation et le transport; 2° Types de boutures usités; 3° Moyens d'assurer l'enracinement; 4° Époque la plus convenable pour le bouturage; 5° Choix du milieu où doit s'effectuer l'enracinement des boutures.

1° Choix, conservation et transport des boutures

a. *Choix des boutures.*— Ainsi que nous l'avons vu précédemment, les jeunes rameaux encore herbacés sont ceux qui s'enracinent le plus facilement, mais ce sont aussi ceux qui se dessèchent le plus

(1) Voir: Stoll (Rudolph).— *Ueber die Bildung des Kallus bei Stecklingen* (Sur la formation du calus dans les boutures), *Bot. Zeit.*, 1874, nos 46, 47 et 49, planch. 12; — ou Duchartre, qui résume ce travail dans ses *Éléments de Botanique*. Paris, J.-B. Baillère et fils, 1877, pag. 331 et 332.

rapidement, tant à cause de la transpiration de leurs feuilles que de l'état tendre et succulent de leurs tissus.

Par suite, dans les conditions ordinaires, c'est-à-dire dans un sol non chauffé et à l'air libre, il n'est pas possible d'en faire usage, le flétrissement arrivant avant l'enracinement. D'autre part, la facilité de reprise des sarments lignifiés dans la plupart des cas rend inutile de recourir à l'emploi des moyens artificiels, tels que la culture sous des abris vitrés et chauffés, qui sont nécessaires pour tirer parti des boutures herbacées.

On fait usage, d'une manière générale, de sarments de l'année recueillis après la chute des feuilles et bien aoûtés. On doit éviter l'emploi de boutures provenant de vignes atteintes par des maladies cryptogamiques, telles que l'*anthracnose*, le *mildew* ou l'*oïdium*; elles sont généralement moins bien nourries et elles risquent en outre de propager dans la nouvelle plantation certaines de ces maladies.

On a observé que ce sont généralement les boutures d'un développement moyen, avec des nœuds peu écartés, prises dans la partie moyenne du sarment, qui offrent les chances les plus considérables de reprise et produisent les souches les plus fructifères et les plus promptement fertiles. Les gros rameaux s'enracinent moins facilement et poussent à bois plutôt qu'à fruit, tandis que ceux qui sont trop grêles courent risque de se dessécher avant d'avoir émis leurs racines; ils sont souvent insuffisamment aoûtés et ne donnent généralement pas lieu à des plants bien vigoureux.

Il faut, lorsqu'on multiplie des producteurs directs, choisir de préférence les sarments sur des pieds fertiles et prendre ceux dont les fleurs ne coulent pas habituellement et qui ont donné les fruits les plus abondants et les plus beaux. On pourrait en outre, par des essais gleucométriques faits sur des raisins des divers rameaux, les choisir de manière à ne multiplier que ceux dont les fruits donneraient des moûts atteignant un degré élevé. Ces caractères, particuliers au pied de vigne ou même au rameau, se fixent très bien par une sélection telle que celle que nous venons d'indiquer, et on obtient de la sorte une augmentation notable dans la quantité et la qualité de la production. Lorsqu'il ne s'agit au contraire que d'obtenir des porte-greffes, la sélection ne peut viser que l'obtention de plants vigoureux et réfractaires à la *chlorose*.

b. *Emballage et transport des boutures.*— On peut regarder comme offrant les plus grandes chances de réussite les boutures taillées seulement au moment même de leur emploi. A ce point de vue, les sarments qui ont voyagé se trouvent dans des conditions réelles d'infériorité par rapport à ceux récoltés sur place. Comme, néanmoins, il est très fréquemment nécessaire d'avoir recours à des boutures venues de dehors, nous allons donner quelques indications sur les soins dont on doit entourer leur emballage et sur les précautions à prendre à leur arrivée.

Il faudrait, pour obtenir une conservation parfaite des sarments à transporter, les mettre dans des conditions telles qu'ils ne puissent ni dessécher ni absorber plus d'eau qu'ils n'en renferment normalement. La dessiccation fait périr la bouture en lui enlevant son eau de végétation ; l'excès d'eau détermine tantôt (si les conditions de température sont suffisantes) le développement anticipé des bourgeons, tantôt la fermentation des matières qui ont servi à l'emballage et la pourriture des sarments, tantôt enfin l'apparition de moisissures qui en altèrent les tissus.

Les emballages dans la terre franche presque sèche, ne contenant pas plus de 10 °/₀ d'eau, et renfermée dans des caisses bien jointes, doublées de toile cirée ou de papier passé à l'huile de lin, réalisent à peu près toutes les conditions voulues. Des boutures ainsi disposées ont fait le voyage de Srinagar (Kachmir) à Montpellier, en passant par Paris, sans avoir souffert le moins du monde. Ce mode d'emballage est malheureusement trop lourd pour qu'on puisse l'employer pratiquement. Lorsque les sarments ne doivent pas voyager très loin, le mieux est de les mettre dans des mannequins en paille, après en avoir enveloppé la base avec de la mousse légèrement humide. Pour des expéditions plus lointaines, les bottes de boutures peuvent être entourées entièrement de mousse ou de foin à peine assoupli par l'humidité, que l'on environne lui-même de paille sèche; on peut encore les placer dans de la sciure de bois : on enferme le tout dans des caisses doublées de papier huilé, ainsi qu'il a été dit plus haut.

A l'arrivée d'un envoi conditionné de la sorte, les boutures doivent être mises à tremper pendant un jour ou deux dans l'eau, ou bien, ce qui vaut mieux, couchées dans du sable très légèrement humide.

c. *Conservation des boutures.*— Lorsqu'on est dans la nécessité de garder les boutures un certain temps avant de les planter, le meilleur moyen de leur conserver leur vitalité consiste à les enterrer dans un tas de sable établi dans un cellier ou dans un local analogue. Lorsqu'on doit en faire usage peu après la récolte, il suffit d'en plonger la partie inférieure dans l'eau.

2° Types de boutures usités

Ainsi que nous l'avons vu précédemment, l'emploi des boutures herbacées entraîne celui des cultures chauffées et sous verre, dont il est inutile de faire usage, à cause de la facilité d'enracinement des boutures lignifiées; c'est donc de ces dernières seulement que nous aurons à nous occuper.

Les boutures prises sur les sarments *aoûtés* ne peuvent différer entre elles que par la partie du rameau qui les constitue et par la longueur qu'on leur donne ; nous allons examiner successivement ces deux éléments.

a. *Divers systèmes de boutures considérées au point de vue de la portion du rameau utilisé.* — On peut classer les boutures de vignes, en ne se préoccupant que de ce côté des choses, en *boutures par crossette*, boutures dites *pied-de-bœuf*, *boutures à talon* et *boutures par rameau ordinaire*.

La bouture par *crossette* (fig. 35) est formée de la partie inférieure

Fig. 35

Fig. 36

Fig. 37

Fig. 38

Fig. 35. — Bouture par crossette. — Fig. 36. — Bouture dite pied-de-bœuf. — Fig. 37. — Bouture à talon. — Fig. 38. — Bouture par rameau ordinaire.

d'un sarment muni d'un fragment de bois de deux ans : l'empattement qui se trouve au point d'attache du rameau est, ainsi que nous l'avons dit précédemment, un lieu favorable à l'émission des racines. On l'a employé pendant longtemps d'une manière presque exclusive, à cause de ce fait, et, dans certaines contrées encore, les boutures de vignes sont toujours désignées sous le nom de *crossette;* elle présente néanmoins le défaut d'être difficile à planter au pal, à cause de la disposition oblique de la *crossette;* le bois de cette dernière, en outre, trop âgé pour bien reprendre, s'altère souvent, ce qui est préjudiciable à la bonne santé de la vigne. Ces inconvénients se retrouvent à un plus haut degré encore dans le type de bouture désigné en quelques endroits sous le nom de *pied-de-bœuf* (fig. 36), et qui ne diffère de la précédente que parce qu'on laisse à la suite de la *crossette* une portion du *bras* de souche qui la portait. On a imaginé, afin de profiter des avantages qu'offrent ces boutures en évitant ce qu'elles présentent de défectueux, de supprimer le bois ancien, tout en conservant l'empattement de la base du sarment; on se trouve ainsi dans les meilleures conditions au point de vue des chances de reprise. La bouture disposée de la sorte porte le nom de *bouture à talon* (fig. 37).

La facilité très grande avec laquelle s'enracinent les sarments de la plupart de ces espèces du genre *Vigne* et la difficulté qui résulte de l'emploi exclusif de la partie inférieure des rameaux ont amené le plus grand nombre des viticulteurs à faire surtout usage de la bouture par *rameau ordinaire*, qui est pratiquement suffisante dans la majeure partie des cas. Cette bouture (fig. 38) est un simple morceau de sarment coupé au-dessous d'un œil, ce point étant, ainsi que nous l'avons vu, favorable à l'émission des racines.

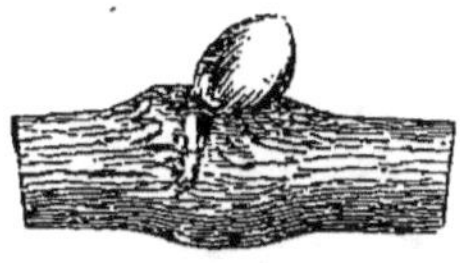

Fig. 39. — Bouture semée à un œil.

On a proposé à maintes reprises de multiplier la vigne par la *bouture semée* (procédé Hudelot); ce procédé consiste à enfouir à une faible profondeur ($0^m,08$ à $0^m,10$) des fragments de sarments munis d'un seul œil (fig. 39). Les plants qui en proviennent sont remarquables par leur belle végétation, quelques-uns atteignent jusqu'à $1^m,30$ de longueur de tige, la première année. La racine en est souvent pivotante et en continuité avec la tige, ainsi que cela se voit dans les semis de graines et contrairement à ce qui a lieu pour les boutures en général (fig. 40).

Les Américains emploient également des boutures à un œil, que l'on réserve vers la partie supérieure d'un fragment de rameau de $0^m,04$ environ; on greffe sur le côté opposé à l'œil et un peu en dessous un morceau de racine. Une fois la soudure opérée, la racine paraît agir surtout en fournissant à la jeune plante les matériaux qu'elle renferme et peut-être en absorbant un peu d'humidité dans le sol; mais bientôt son rôle finit, et, sans qu'elle périsse, elle cesse de fonctionner et de s'accroître, elle cède sa place aux racines propres du plant. L'expérience a démontré que si ce procédé augmente un peu les chances de reprise, il ne procure pas à la jeune plante une végétation beaucoup plus développée que celle que l'on peut obtenir avec des boutures de même longueur, non greffées et placées dans les mêmes circonstances. Au reste, les deux procédés que nous venons d'indiquer (*bouture semée* et *bouture avec racine greffée*) ne donnent de résultats avantageux qu'à la condition d'être employés sous bâche dans un sol chauffé, ce qui, ainsi que nous l'avons dit, est inutile, étant donnée la reprise très suffisante des boutures *par rameau ordinaire*; de plus, il entraîne des difficultés pour la formation de la souche, dont il faut établir le tronc sur un des rameaux fournis par l'œil unique.

3° Longueur a donner aux boutures

Si l'on n'a égard qu'au développement et à la bonne constitution du plant qui en proviendra, on peut affirmer que les boutures les plus courtes sont les meilleures. Les boutures à un œil, par exemple, donnent lieu à un faisceau de racines très puissant et en continuité avec la tige, qui assure, comme nous l'avons vu, à la souche une vigueur remarquable; les boutures très longues, au contraire, se couvrent d'un grand nombre de touffes de racines disposées sur chaque nœud, dont aucun ne prend un grand développement et qui vont du haut en bas en diminuant de longueur, jusqu'au point où le sarment, incapable d'en émettre, reste sans vitalité apparente et finit quelquefois par périr et se décomposer partiellement (fig. 41 et 42).

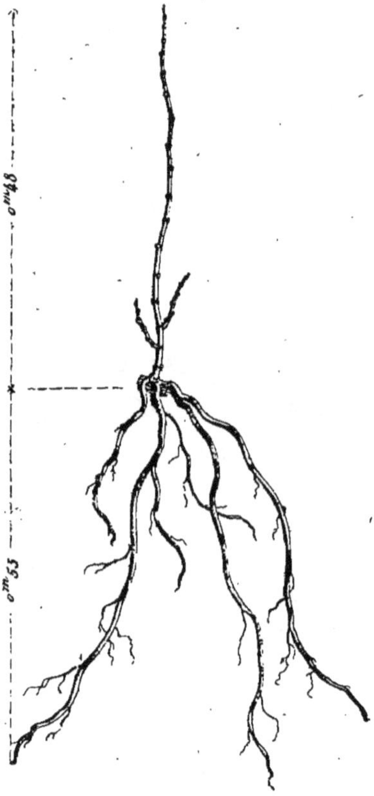

Fig. 40. — Jeune plant de moyenne force, obtenu d'une bouture semée de V. Vinifera.

Mais le point de vue qui a été indiqué au début n'est pas le seul que l'on doive considérer ; il est nécessaire, en vue d'assurer la reprise, de placer le sarment dans un milieu suffisamment humide; or, dans le plus grand nombre des cas, la fraîcheur nécessaire ne se trouve qu'à une certaine profondeur dans le sol : de là, la nécessité de donner à la bouture une longueur plus considérable que celle qui paraît préférable de prime abord.

Les boutures doivent donc être d'autant plus longues que la terre où elles doivent s'enraciner est plus sèche ; on leur donne fréquemment en Provence jusqu'à $0^m,80$, alors que, dans les régions plus

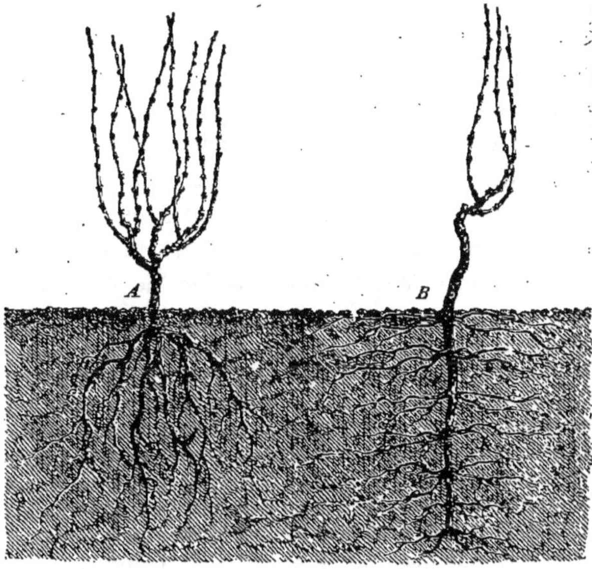

Fig. 41 Fig. 42

Fig. 41.— Vigne provenant d'une bouture courte.— Fig. 42.— Vigne provenant d'une bouture trop longue.

septentrionales et plus humides, elles n'ont que $0^m,35$ et quelquefois même $0^m,25$. Leurs dimensions peuvent varier entre $0^m,25$ et $0^m,35$ environ, suivant les circonstances.

On a l'habitude, dans certaines contrées (Beaujolais, Côte-d'Or, Yonne, etc.), où le climat n'est pas très chaud et la terre jamais trop sèche, de couder les boutures au fond de la fosse où on les plante (fig. 43), afin de leur donner une plus grande longueur souterraine et de provoquer la prompte formation d'un grand nombre de racines dans la couche superficielle et facile à échauffer du sol. Ce procédé offre les inconvénients que nous avons indiqués plus haut et ne peut, par suite, convenir qu'aux vignobles où l'on ne cherche pas à obtenir de la vigne une végétation très vigoureuse.

Fig. 43.— Bouture coudée.

4° Moyens d'assurer la reprise des boutures

La reprise des boutures ne peut s'effectuer que dans un milieu qui leur offre tout à la fois une température et une humidité suffisantes, sans être excessives. La plus grande difficulté que l'on rencontre pour arriver à l'enracinement résulte de la tendance qu'a le rameau à se dessécher avant le moment où il est en mesure de pourvoir par lui-même aux pertes qu'il fait dans l'atmosphère. Certaines espèces américaines sont particulièrement réfractaires au bouturage, à cause de l'écart assez considérable qui existe entre le moment où les bourgeons se développent et celui où les racines sortent, ce qui fait que la plante perd beaucoup d'eau par la transpiration de ses feuilles, alors qu'elle ne peut presque rien puiser dans le sol. Les moyens d'échapper à cette difficulté peuvent être rangés dans deux catégories : 1° ceux qui ont pour but de hâter le développement des racines ; 2° ceux qui tendent à retarder la dessiccation jusqu'au moment de l'enracinement.

Pour atteindre le premier résultat, on peut avoir recours à la *stratification*, au *trempage*, au *décorticage*, à la *torsion*, au *maillochage* ou au *chauffage du sol*.

La *stratification* consiste à enterrer entièrement les boutures, pendant l'hiver, dans une terre légère ou dans du sable très légèrement humide, de manière à déterminer un premier travail préparatoire à la sortie des racines. On a proposé de stratifier les sarments verticalement et renversés par rapport à la position qu'ils occupaient sur la plante : on pensait ainsi déterminer un afflux de matériaux vers l'œil supérieur qui, revenant au moment de la plantation à sa position inférieure primitive, fournirait aux racines un aliment plus abondant. Les expériences tentées dans ce sens à l'Ecole d'agriculture de Montpellier n'ont pas donné des résultats meilleurs que ceux fournis par la stratification ordinaire.

Le *trempage* des boutures dans l'eau produit des effets analogues à ceux de la stratification; mais, pour peu qu'il soit prolongé, il offre des inconvénients : le bois des sarments risque, en effet, de perdre, par la macération une partie des matériaux solubles qu'il renferme et qui doivent servir à former les nouveaux organes du jeune plant, ou bien de se pourrir. Enfin, les racines qui naissent quelquefois dans l'eau, et que l'on pourrait regarder comme utiles à la première végétation de la bouture, ne sauraient fonctionner une fois mises en terre, ainsi qu'il résulte des expériences de M. Sachs (1).

Le *décorticage* est une pratique anciennement usitée dans l'Hérault et les départements voisins, et qui donne des résultats très satisfaisants ; il augmente parfois, dans des proportions très considérables, le chiffre des reprises. D'après M. Ravaz, il agirait en facilitant la pénétration de l'eau dans les tissus de la bouture (2).

La *torsion* ou l'écrasement qui résulte du *maillochage* donnent le même résultat, mais en déterminant la formation de fentes par lesquelles l'eau pénètre dans la moelle, qu'elle désorganise plus ou moins, de telle sorte que l'on obtient rarement des plants sains par ces moyens. On doit donc préférer le *décorticage*.

Le *chauffage* du sol hâte beaucoup l'évolution des racines et augmente considérablement les chances de reprise des boutures ; on peut le produire soit au moyen de thermosiphon, soit en établissant des couches de fumier. Mais ces procédés sont trop coûteux pour que l'on ait intérêt à en faire usage, étant donnée la facilité d'enracinement des boutures de la plupart des espèces de vigne. Tout au plus peut-on s'en servir pour des cépages précieux et exceptionnellement rebelles au bouturage, ou pour des boutures greffées auxquelles on demande, tout à la fois, l'enracinement et la soudure de la greffe.

Les procédés qu'on emploie pour retarder la dessiccation des boutures avant leur enracinement sont : les *arrosages*, les *paillis*, le *recouvrement avec le sable*, l'*ombrage*.

Les *arrosages* et les *paillis* permettent de donner au sol ou d'y fixer l'eau nécessaire à l'entretien de la fraîcheur de la bouture. On ne peut guère les appliquer que dans la culture en pépinière. Les premiers doivent être pratiqués par infiltration et avec précaution, surtout lorsqu'on les donne dans des terres d'une certaine compacité.

Le *recouvrement* total de la bouture avec du sable ou avec une terre légère et meuble s'oppose à la dessiccation du bois du sarment lui-même et à celle du sol dans lequel il est planté. Ce procédé est le plus facile à appliquer en plein champ et donne des résultats satisfaisants.

L'*ombrage*, qui consiste à placer les boutures à l'abri de clayonnages légers ou surtout sous des arbres dont le feuillage n'est pas trop épais, diminue beaucoup la perte d'eau. Les rayons lumineux verts,

(1) Sachs. — *Bot. Zeitung.*, 1860, pag. 113.
(2) L. Ravaz ; *loc. cit.*

qui passent à peu près seuls à travers les feuilles, sont en effet très peu favorables à la transpiration. On ne doit pas oublier toutefois que si l'ombrage facilite la reprise, il nuit au développement ultérieur des jeunes plants, qui ont besoin de transpirer activement pour se bien nourrir et s'accroître rapidement; il ne faut donc user de ce moyen que d'une manière temporaire.

MM. P. Viala et L. Ravaz ont montré que l'on obtenait une beaucoup plus forte proportion de reprises pour les espèces réfractaires au bouturage, en n'en plantant les sarments que lorsqu'ils ont poussé de jeunes rameaux de $0^{m},10$ à $0^{m},12$; ces jeunes rameaux sont supprimés et la bouture est mise en terre comme à l'ordinaire.

Enfin l'expérience a établi que le greffage sur boutures favorisait beaucoup l'enracinement de ces dernières.

5° Époque la plus convenable pour le bouturage

On pensait autrefois, dans le Midi notamment, que les boutures les plus tôt plantées étaient celles qui réussissaient le mieux, sauf le cas des terres exceptionnellement humides, et, en effet, on cherchait dans une plantation hâtive ce travail de préparation que l'on demande aujourd'hui à la stratification, mais on ne l'obtenait qu'en faisant courir au sarment les chances d'altération qui résultent quelquefois de l'humidité excessive du sol pendant l'hiver et de l'action des gelées. Il est évidemment préférable de stratifier les boutures dans le sable et de les planter relativement tard, au moment où la température est suffisamment élevée pour déterminer une prompte entrée en végétation.

C'est vers la fin de mars ou le commencement d'avril, dans la région méditerranéenne, que ces conditions semblent se réaliser généralement le mieux. Au reste, l'époque à choisir dépend, dans une certaine mesure, de la nature du sol : les terres légères et chaudes, bien exposées, devront toujours être plantées avant celles qui sont froides et humides.

6° Choix du milieu le plus convenable pour la plantation des boutures

Les boutures peuvent être placées, soit en plein champ, dans le même lieu où elles devront se développer, soit dans des pépinières où elles s'enracinent et d'où elles sont enlevées sous forme de *plants enracinés*, pour être ensuite mises en place à demeure.

a. *Plantation en plein champ.* — La plantation immédiate en plein champ présente les avantages suivants : elle évite les frais de transplantation et le retard qui résulte de cette opération pour le développement du plant ; mais elle offre l'inconvénient de placer, la plupart du temps, les boutures dans un milieu peu favorable à leur enracinement. Il est préférable de n'en faire usage, sauf lorsque l'on doit opérer dans des terres légères, fraîches et fertiles, que pour les cépages d'une reprise facile et d'un prix peu élevé, tels que ceux issus des V. Vinifera, V. Riparia, V. Rupestris, etc.

b. *Plantation en pépinière.* — La plantation en pépinière, au contraire, permet de créer, soit par le choix du sol, soit par des soins spéciaux, les conditions les plus favorables à la reprise des boutures et à leur développement. Elle diminue en outre les frais d'entretien pendant la première année, à cause de la densité beaucoup plus grande des plants, qui permet de ne faire porter les opérations de culture que sur des surfaces beaucoup plus restreintes. Elle doit être employée presque nécessairement lorsqu'on veut créer un vignoble dans des terres argileuses ou des sols caillouteux, secs ou peu profonds, ou lorsque enfin on multiplie des cépages d'une reprise un peu difficile, tels que ceux qui sont issus du V. Æstivalis.

Une pépinière destinée à remplacer les manquants doit, en outre, toujours accompagner l'établissement d'une jeune vigne.

Il sera parlé plus loin, à propos des plantations, de la mise en place directe des boutures ; aussi, laissant de côté l'étude des détails de cette opération, nous bornerons-nous à dire quelques mots sur la création des pépinières et sur les soins qui leur sont nécessaires.

La pépinière doit être placée, autant que possible, dans un terrain léger ou de moyenne consistance, chaud, bien drainé, frais ou irrigable. Le sol doit être parfaitement nettoyé, ameubli par un labour de $0^m,30$ à $0^m,35$ et fumé avec des engrais promptement assimilables, tels que des fumiers de ferme à demi-décomposés, des crottins de mouton, des fientes de pigeons, des tourteaux ou des engrais chimiques appropriés à la vigne.

La plantation s'opère de la manière suivante (fig. 44) : Les boutures sont placées debout dans de petits fossés à parois verticales ; on accumule ensuite une portion de la terre meuble déblayée, sur la base du sarment, contre laquelle on la presse fortement avec le pied, puis on achève de combler le fossé avec la terre restante. Les écartements généralement usités ne sont pas suffisants et ne permettent pas aux plants d'atteindre tout le développement possible pendant la première année ; les distances les plus convenables paraissent être de 0m,50 entre les lignes et de 0m,15 à 0m,20 entre les pieds.

Lorsque la terre n'est pas irrigable et n'est pas très fraîche par elle-

Fig. 44.— Plantation des boutures en pépinière.

même, il est prudent d'en couvrir toute la surface avec un paillis ; les soins d'entretien consistent alors en simples sarclages destinés à ôter les mauvaises herbes, en dérangeant le moins possible la couverture pendant tout le temps que sa protection paraît utile. Quand, au contraire, il est possible d'arroser, on donne aux plants un léger buttage (fig. 45), suivant la direction des lignes, de manière à laisser dans les

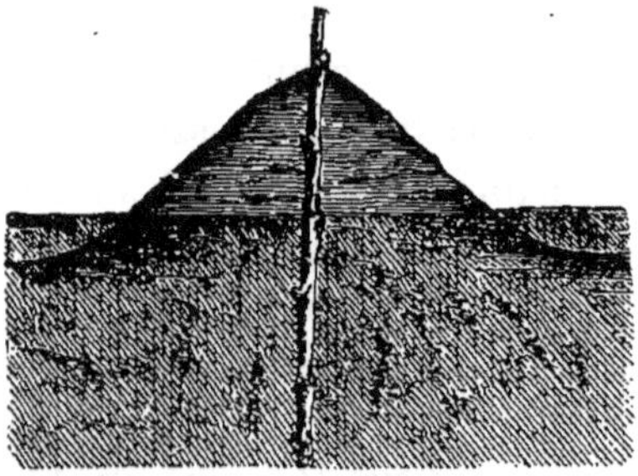

Fig. 45.— Plantation des boutures en pépinière.— Bouture plantée et buttée.

intervalles des rigoles par lesquelles l'eau peut circuler et produire un arrosage par infiltration ; des binages fréquemment répétés doivent alterner avec les arrosages, afin d'en conserver le mieux possible les effets, tout en maintenant la propreté du sol.

La durée de la culture en pépinière peut être de un ou de deux ans. Les plants de deux ans sont évidemment plus forts que ceux d'un an, mais le défaut d'espace les empêche généralement d'acquérir le développement qu'ils eussent atteint en plein champ; de plus, le volume et la longueur de leurs racines en rendent l'arrachage difficile ; on se trouve dans la nécessité de les mutiler plus ou moins en les extrayant du sol, et, en définitive, ils n'offrent pas, une fois en place, une supériorité suffisante sur les premiers pour justifier les retards et les soins supplémentaires qu'ils exigent. Il est donc préférable, dans la plupart des cas, de ne conserver les plants en pépinière qu'une seule année.

CHAPITRE IX

SOMMAIRE. — Provignage : Principaux types de provins usités ; Moyen de faciliter l'enracinement des provins ; Époque la plus favorable au provignage.

Provignage. — Bien que, ainsi que nous l'avons vu précédemment, le *bouturage* puisse être considéré comme le mode de multiplication le plus usité de la vigne, il peut néanmoins être remplacé utilement, dans certains cas, par le *provignage*, dont nous allons nous occuper actuellement.

Le provignage, ou marcottage, consiste, pour la vigne, à faire naître des racines sur un sarment avant qu'il ait été détaché du pied qui lui a donné naissance. Ce procédé, qui, comme le bouturage, conserve dans la nouvelle vigne les caractères particuliers au pied-mère et même au sarment, offre l'avantage, sur ce dernier mode de multiplication, de mieux assurer la reprise du nouveau plant, puisque sa séparation et sa mise en place ne s'effectuent qu'alors qu'il est pourvu de tous les organes nécessaires à son existence. Aussi doit-il être préféré, malgré tout ce que son exécution peut offrir d'un peu compliqué, pour les cépages dont l'enracinement par bouture est difficile, tels que les V. BERLANDIERI, V. CORDIFOLIA, V. CINEREA, le *Mustang* (V. CANDICANS), l'*Herbemont*, le *Norton's Virginia* (V. ÆSTIVALIS), etc., ou pour ceux, rares et précieux, dans la multiplication desquels on cherche à éviter les moindres déchets. Les conditions générales de succès pour le *provignage* sont du reste sensiblement les mêmes que pour le *bouturage*, c'est-à-dire une humidité moyenne et une température assez élevée.

Les principaux points que nous aurons à examiner pour l'étude de ce mode de multiplication sont les suivants :

1° Divers types de provins usités ; 2° moyens de faciliter l'enracinement des provins ; 3° époque la plus favorable au provignage.

1° PRINCIPAUX TYPES DE PROVINS USITÉS

Les principaux modes de provignage sont les suivants : *a*. Provignage par *marcotte simple ;* — *b*. par *couchage de la souche ;* — *c*. par *marcotte multiple* ou *chinois ;* — *d*. par *versadi*.

a. *Provignage par marcotte simple.* — Le provignage par marcotte simple peut être employé à faire des plants enracinés, à remplacer sur place les pieds manquants dans une plantation, à affranchir un sarment américain greffé sur pied indigène, ou à donner des mérithalles enracinés destinés à servir de sujets pour le greffage de l'atelier.

Lorsqu'il s'agit de produire des plants enracinés, on se borne à coucher sous terre, et aussi près que possible de la souche-mère, une portion du sarment, que l'on relève ensuite de manière à faire émerger un ou deux yeux. On supprime tous les bourgeons intermédiaires entre l'origine du sarment et son point de pénétration dans le sol, afin d'éviter qu'ils ne se développent au détriment du provin lui-même. Le trajet souterrain du rameau doit être le plus court possible, en vue d'économiser le bois, dont l'extrémité peut servir de bouture, et pour éviter la formation d'un trop grand nombre de faisceaux de racines, ces dernières se développant d'autant moins individuellement qu'elles sont plus nombreuses.

On peut exécuter des provins de ce genre avec des sarments aoûtés ou seulement herbacés ; dans ce dernier cas, on gagne du temps, puisque l'on obtient l'enracinement pendant l'année même qui eût été nécessaire pour faire une simple bouture.

Au vignoble de la montagne de Reims, on place la partie du sarment à enraciner entre deux mottes de gazon, afin de la maintenir dans des conditions d'humidité convenables.

Lorsque l'on arrache les plants ainsi enracinés (fig. 46) pour les transplanter, il est bon, avant de les mettre en place, de les couper de manière à ne leur laisser que une ou deux touffes de racines bien constituées, ces organes prenant alors des dimensions beaucoup plus considérables que si on les eût laissés en grand nombre.

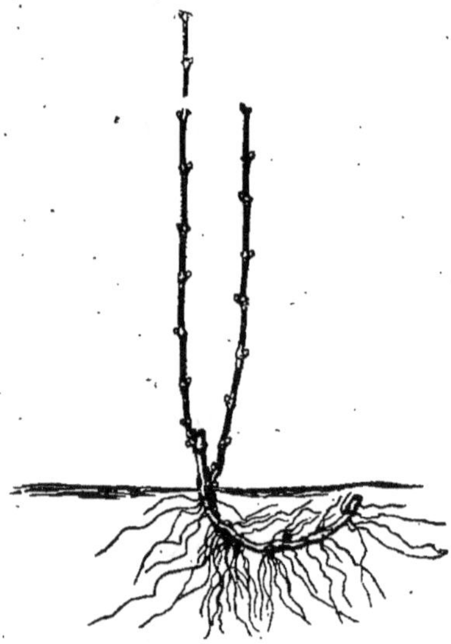

Fig. 46. — Plant provenant d'un provin par marcotte simple.

Le provignage par marcotte simple peut, comme nous l'avons vu, être également employé pour remplacer un pied manquant dans une plantation ou pour affranchir un sarment américain greffé sur une vigne indigène ; dans ces deux cas, le provin doit demeurer d'une manière définitive à la place où il a été établi; on l'exécute alors comme il suit (fig. 47): Après avoir fouillé l'emplacement de la souche morte et en avoir soigneusement extrait les racines, on ouvre

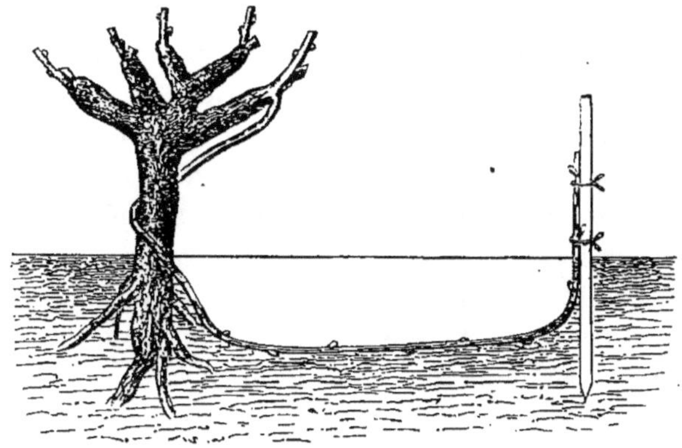

Fig. 47.— Provin par marcotte simple.

entre le pied-mère et le point où doit être installé le nouveau cep une tranchée assez profonde pour que le sarment couché au fond ne puisse être atteint par des labours (0^m,30 environ). On choisit un sarment d'une longueur suffisante et, autant que possible, parmi ceux qui ne peuvent être utilisés à fournir un courson au moment de la taille; on le fait pénétrer dans la tranchée aussi près que possible du pied de la souche, de manière à ce qu'il soit protégé contre les accidents qui pourraient l'atteindre pendant les façons de culture ; on le couche ensuite au fond du fossé, puis on le relève verticalement au point voulu, en l'attachant à un piquet enfoncé dans le sol. La tranchée est comblée avec de la terre bien meuble que l'on tasse fortement contre le sarment.

On rabat enfin à deux yeux au-dessus de terre la partie émergente, et on éborgne les bourgeons intermédiaires entre l'origine du provin et son point de pénétration dans le sol. On met souvent dès le début une certaine quantité de fumier dans le fossé où repose la marcotte afin de favoriser le développement des racines ; il semble préférable de ne fumer la première année que le pied-mère et de ne donner de l'engrais à la nouvelle souche qu'après son sevrage. On évite ainsi l'invasion des racines des vignes voisines, qui autrement se développent beaucoup dans la fosse et font une concurrence fâcheuse à celles qui naissent sur le sarment, avant que ces dernières aient acquis des proportions suffisantes pour pouvoir lutter.

Lorsqu'un sarment à portée de la souche à remplacer n'a pas une longueur suffisante pour atteindre l'emplacement qu'elle occupait, on peut procéder, soit par une série de couchages successifs répétés d'année en année jusqu'à ce que l'on ait atteint le but, soit en greffant en fente anglaise, sur un rameau que l'on choisit parmi les mieux situés, un sarment d'une longueur convenable, et en opérant ensuite comme à l'ordinaire. Il est possible, par ce dernier procédé, de conserver ou de changer le cépage, en employant, pour rallonger, un sarment de la même ou d'une autre variété.

Les provins par marcotte simple destinés à demeurer en place sont généralement sevrés au bout de deux ans; un sevrage trop hâtif détermine une diminution momentanée de la végétation, qui est préjudiciable à la fructification. Ce mode de provignage permet enfin, en relevant, en hiver, les sarments couchés depuis le printemps précédent et en les divisant au-dessous de chaque nœud, d'obtenir un grand nombre de fragments pourvus de racines. Les fragments racinés, auxquels M. Champin a donné le nom de mérithalles enracinés, peuvent se greffer comme des barbées ordinaires et avec des chances de succès peut-être un peu plus grandes.

b. *Provignage par couchage de la souche.* — Le provignage par couchage de la souche est à peu près exclusivement employé dans certains vignobles en France; il est destiné tantôt à donner à la plantation la densité qu'elle doit définitivement atteindre (*assizelage* de la Champagne), tantôt à remplacer les pieds manquants ou affaiblis, ainsi que cela a lieu en Provence, à l'Ermitage ou en Bourgogne.

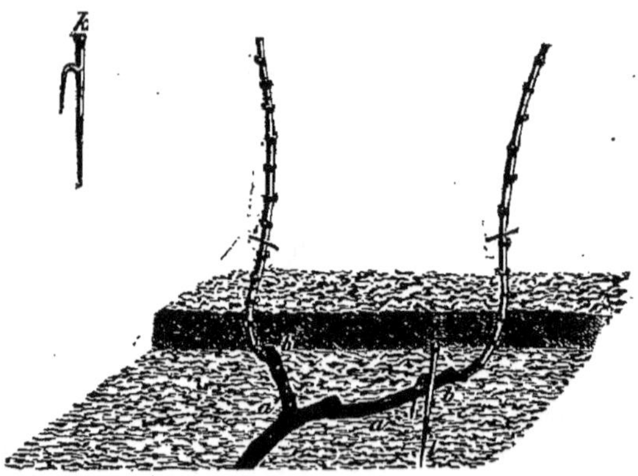

Fig. 48.— Assizelage des souches en Champagne.— *a*, *b*, *a'*, *b'*, souche souterraine; *k*, *l* crochet pour maintenir les sarments en place.

D'autres fois enfin, il constitue une pratique culturale régulière destinée à donner à la vigne des radicelles nombreuses à une faible profondeur sous terre, comme en Champagne.

Ce système de provignage peut être considéré, d'une manière générale, comme inférieur aux autres : les souches qui en résultent sont habituellement peu vigoureuses et de peu de durée, ce que l'on doit attribuer au faible développement et à la mauvaise répartition du système radiculaire, né en partie sur le vieux bois et dispersé sur de trop grandes longueurs. Il est en outre plus coûteux à établir que le précédent. On n'a intérêt à en faire usage comme moyen de multiplication proprement dit que lorsque l'on veut obtenir plusieurs provins du même pied-mère (fig. 48), destination à laquelle il se prête mieux qu'aucun autre procédé ; c'est dans ce but qu'il est employé en Bourgogne et en Champagne : le vignoble est établi, dans ces contrées, par une première plantation peu serrée, dont on garnit ensuite les intervalles en couchant les souches sous terre, de manière à faire sortir à des places convenables plusieurs sarments qui formeront de nouveaux ceps.

Les provins s'exécutent habituellement de la manière suivante (fig. 49 et 50) : Une fosse profonde P est creusée à partir de la souche-

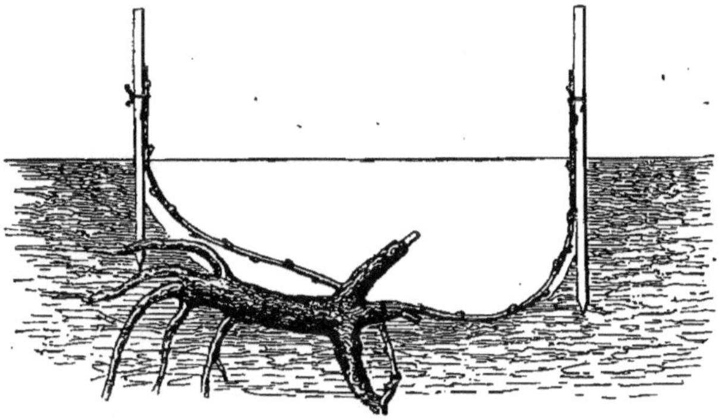

Fig. 49.— Provin par couchage de la souche, en Provence.

mère *y*, *b* et dans la direction ou dans les directions où doivent être installés de nouveaux plants ; on dégarnit les principales racines *g*, *h* de la vigne jusqu'à ce qu'elle possède une mobilité suffisante pour qu'on puisse, sans l'arracher ni la briser, la coucher au fond de la fosse ; on relève alors, suivant *m*, *j*, *m*, *k*, les sarments *c*, *d*, *e*, *f*, aux endroits que doivent occuper les nouvelles souches. Ces sarments, rabattus en *k* et *j*, prennent le nom de pointes ou saillies. On fume ensuite entre deux terres en *n*, *n*, et on comble avec de la terre bien ameublie *m*, *m*, *o*, *o*. Lorsque le provin est destiné au remplacement d'une souche voisine, on a soin de ramener l'un des sarments à l'endroit même qu'occupait le pied-mère (fig. 49). Ce genre de provin porte le nom de *cabus* en Provence (du verbe *cabuçar*, faire la cabriole) ; on ne l'exécute pas dans cette contrée d'une manière régulière, mais au fur et à mesure que le besoin s'en fait sentir. A l'Ermitage, en Bourgogne et en Champagne, on l'effectue au contraire, chaque année, dans des proportions

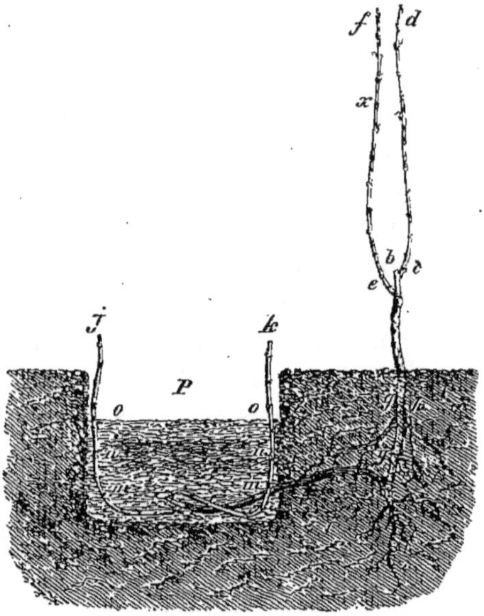

Fig. 50.— Provin par couchage de la souche, effectué à l'Ermitage (Drôme).

réglées d'avance, de manière à obtenir le renouvellement complet du vignoble dans un laps de temps déterminé.

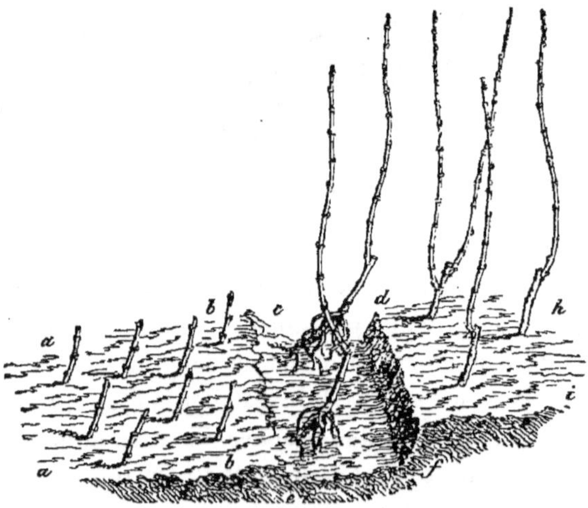

Fig. 51.— Bêcherie des vignes en Champagne. — *d*, *f*, *i*, *h*, partie non bêchée.— *c*, *d*, *e*, *f*, jauge ouverte où l'on couche le bois de deux ans; — *a*, *a*, *b*, *b*, partie bêchée d'où ne sortent plus que les bois de l'année précédente, taillés à quatre yeux (broches).

En Champagne, le provignage par couchage est, ainsi que nous l'avons indiqué précédemment, une pratique culturale habituelle; on donne chaque année, au mois de mars, un premier labour d'aération à la houe à 0m,15 ou 0m,20 de profondeur, qui porte le nom de *bêcherie*; au fur et à mesure de son exécution, on enterre pour chaque cep le bois ancien, en ne laissant sortir que le sarment de l'année précédente, que l'on rabat à trois ou quatre yeux (*broche*) (fig. 51).

On s'est demandé si la reconstitution par le greffage sur pied américain ne serait pas, dans l'avenir, un obstacle à l'emploi du provignage ; l'expérience semble démontrer qu'il n'en est pas ainsi et que, à la condition de sevrer très soigneusement la greffe, pendant deux ans au moins, des racines qui pourraient s'y développer et de faire bien aoûter la soudure à l'air par le déchaussement, on peut provigner des vignes d'Europe greffées sur pied américain, sans qu'elles aient à en souffrir. Leurs racines adventices sont, en effet, promptement détruites par le phylloxera et elles continuent à vivre par celles du sujet (1).

PROVIGNAGE DES PLANTS GREFFÉS

c. *Provignage chinois.* — Le provignage par *marcotte multiple*, ou *chinois*, est destiné à la production des plants enracinés ; il offre l'avantage de rendre possible l'obtention de ces derniers en une seule saison, c'est-à-dire dans un temps aussi court que celui habituellement nécessaire pour faire une bouture, et cela sans perte de bois.

On procède, pour l'effectuer, de la manière suivante (fig. 52) : Une fosse de 0m,25 environ de profondeur est creusée à partir du pied-mère ; un sarment convenablement choisi est tendu horizontalement dans cette fosse et maintenu à 0m,06 ou 0m,08 au-dessous du niveau du sol, au moyen de petits piquets sur lesquels on l'attache solidement. On enlève enfin tous les yeux intermédiaires entre le point de départ du sarment et l'endroit où il pénètre dans l'excavation. Lorsque la plante entre en végétation, chaque bourgeon se développe, et, dès que les rameaux qui en proviennent ont atteint 0m,15 ou 0m,20 de longueur, on comble la fosse avec la terre précédemment extraite, que l'on se borne à fumer avec du fumier décomposé si elle est de bonne qualité, ou avec un mélange de bonne terre rapportée, de terreau et de sable si elle est médiocre ou mauvaise. Lorsque le sol manque de fraîcheur, on doit le recouvrir d'un paillis et l'arroser. Pendant le courant de l'été, des racines nombreuses se développent sur l'ancien sarment et sur les rameaux qui en dérivent. Lorsque arrive le moment de la plantation, on n'a plus qu'à relever le provin et à le diviser en

(1) Voir : *Congrès viticole de Montpellier, Compte rendu in-extenso.* C. Coulet, Montpellier, 1893, pag. 81.

autant de fragments qu'il y a eu de rameaux enterrés ; chacun d'entre eux constitue un bon plant enraciné.

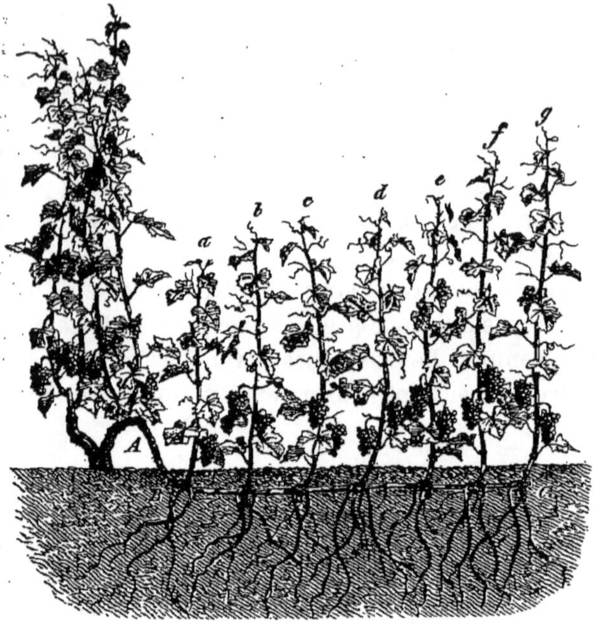

Fig. 52. — Provin multiple dit chinois. — *A, B, C,* sarment couché horizontalement. — *a, b, c, d, e, f, g,* rameaux de l'année enracinés.

Ce procédé peut être considéré comme le plus pratique et le plus économique pour la multiplication des cépages d'un enracinement difficile, tels que le *Mustang,* l'*Herbemont*, le *Norton's Virginia* et l'*Hermann*, toutes les fois que l'on opère dans de bonnes terres, pas trop sèches ou irrigables.

d. *Provignage par versadi.* — Le provin par *versadi* peut être utilisé, soit au remplacement d'une souche manquante, soit à l'établissement d'un cep américain franc de pied, au moyen d'un sarment provenant d'une grappe de cette origine sur vigne du pays. Un sarment (fig. 53) de dimension suffisante et convenablement situé est dirigé vers le point où doit être établi le nouveau pied ; son extrémité libre est ensuite recourbée et enfoncée à une profondeur de $0^m,20$ à $0^m,25$ dans une fosse préalablement fumée. On doit avoir la précaution d'enlever tous les bourgeons intermédiaires entre l'origine du sarment et son point de rencontre avec le sol, sauf les deux plus près de terre, ou de pincer les rameaux qui en proviennent. L'enracinement se fait dans le courant de l'année, et le sevrage peut avoir lieu dès l'hiver suivant, pour peu que le sol soit de bonne qualité. Les plants provenant de ce système sont généralement robustes et bien constitués ; ils donnent souvent du fruit l'année même de l'opération. En somme, ce procédé peut être considéré comme supérieur au provignage par marcotte ordinaire, aussi bien comme moyen de rem-

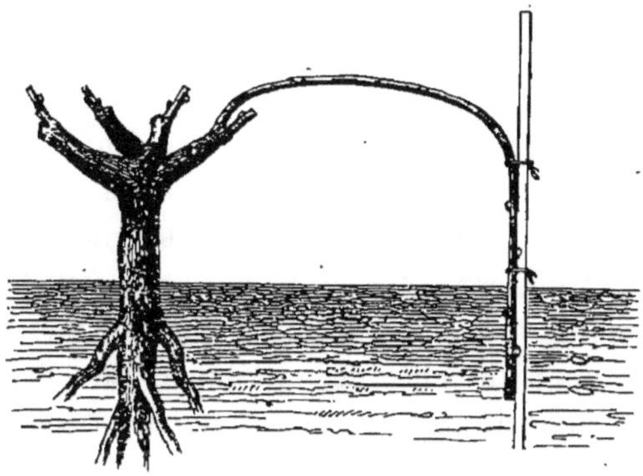

Fig. 53.— Provin par versadi.

placement que pour la production des plants enracinés à demeure ; on peut seulement lui reprocher d'empêcher le croisement des raies de labour pendant le temps qui précède la séparation d'avec le pied-mère, et de ne réussir suffisamment que dans les terres légères,

Fig. 54.— Versadi en végétation.

fraîches et riches, encore y crée-t-il des plants qui, une fois sevrés, doivent se développer dans des conditions de préparation insuffisantes et souffrent beaucoup de la concurrence que leur font les souches voisines anciennement établies et maîtresses du sol. C'est ce que l'expérience a d'ailleurs démontré (1).

2° Moyens de faciliter l'enracinement des provins

Bien que l'enracinement des provins de vignes soit à peu près assuré par le seul fait du séjour d'un sarment sain dans une terre suffisamment fraîche et meuble, néanmoins divers moyens peuvent être employés pour favoriser l'émission des racines et leur développement. Tels sont, par exemple, une ligature faite avec du fil de fer vers le milieu du trajet souterrain du provin, une fente maintenue ouverte par une petite cheville, une languette détachée jusqu'à mi-bois ou un simple décorticage dans la même région. Le principe de ces procédés est analogue à celui dont nous avons vu l'application aux boutures (pag. 295), en ce qui touche tout au moins le décorticage et les lésions diverses que l'on y pratique ; mais il semble en outre que le sevrage partiel qui résulte des ligatures au fil de fer ou des sections à mi-bois joue un rôle utile au bon développement du provin.

Les arrosages et les paillis, qui maintiennent le sol dans des conditions de fraîcheur utiles à une bonne végétation, aident également beaucoup à la réussite de l'opération.

3° Époque la plus favorable au provignage

L'époque qui paraît la plus convenable pour l'exécution des provins avec les sarments aoûtés est celle qui succède à peu près immédiatement à la chute des feuilles. Le sarment se prépare alors, par une sorte de stratification, à émettre promptement des racines dès la reprise de la végétation. On doit pourtant faire une exception pour les terres humides en hiver, dans lesquelles les bourgeons risqueraient de s'altérer.

Lorsqu'on fait usage de rameaux herbacés, on doit les enterrer dès qu'ils ne sont plus trop cassants pour être courbés sans danger de se rompre ; les tissus semblent en effet d'autant plus aptes à émettre des racines qu'ils sont plus tendres.

(1) Voir : «le Versadi greffé», in *Revue de viticulture*, tom. I. Première année, 1894 (janvier à juin), pag. 161 et suiv.

En résumé, comme on a pu le voir par ce qui précède, le provignage est un procédé d'une exécution plus compliquée et généralement moins économique, au point de vue de la bonne utilisation des bois, que le bouturage, ce qui justifie la répugnance qu'éprouvent les viticulteurs à le substituer à ce dernier. Il peut rendre néanmoins de grands services, grâce à la constance des résultats qu'il fournit, même pour les cépages les plus difficiles à enraciner, et il mérite, à ce titre, de fixer sérieusement l'attention des praticiens.

CHAPITRE X

SOMMAIRE. — Le greffage: Pratique du greffage; âge auquel le sujet peut porter la greffe; choix des greffons; époque du greffage; systèmes de greffes usités pour la vigne; outils et machines à greffer; ligatures et engluements; soins à donner aux greffes; conditions d'application du greffage; valeur des divers porte-greffes au point de vue des chances de reprise de la greffe (1).

A. Le greffage. — Le greffage est une opération qui consiste à perpétuer l'existence d'une portion d'un végétal en la fixant sur une autre plante qui joue le rôle de porte-greffe et lui fournit par ses racines les matériaux nécessaires à sa subsistance. Le porte-greffe

(1) BIBLIOGRAPHIE. — **Cazalis-Allut**; *Mémoires sur l'Agriculture, la Viticulture et l'Œnologie.* Montpellier, 1848. — **H. Marès**; *Des Vignes dans le midi de la France*, in *Le Livre de la Ferme.* Paris, Masson, 1865. — **G. Foëx** et **Bréheret**; *Résumé des leçons pratiques sur le greffage des Vignes américaines*, etc. Montpellier, Grollier, 1880. — **Société centr. d'Agr. de l'Hérault**; *Conférences pratiques sur le greffage des Vignes américaines.* Montpellier, Grollier, 1879. — **J. Comy**; *Culture des cépages américains dits porte-greffes.* Nimes, imp. Clavel-Ballivet et Ce, 1879. — **Mme veuve Francis-Ponsot**; *De la reconstitution et du greffage des Vignes.* Paris, A. Delahaye et E. Lecrosnier, 1880. — **H. de Mortillet**; *Bouturage et greffage des Vignes américaines.* Grenoble, impr. Gabriel Dupont, 1880. — **A. Champin**; *Traité théorique et pratique du greffage de la vigne.* Paris, Georges Masson, 1880. — **Charles Baltet**; *L'Art de greffer*, etc. Paris, Masson, 1880. — Le **Dr Despetis**; *Emploi pratique des Vignes américaines.* Béziers, imp. Rouvier, 1883. — **Etienne Courty**; *Reconstitution des Vignobles par les Vignes américaines.* Montpellier, C. Coulet, 1884. — **A. de Mondenard**; *Petit Traité de Viticulture franco-américaine.* Moissac, impr. Gaston Gaufeard, 1884. — **G. Foëx**; *Manuel pratique de Viticulture.* Montpellier, C. Coulet, 5e édit., 1891. — **B. Chauzit**; *Etat actuel de la question du Phylloxera en France.* Nimes, impr. Clavel et Chastanier, 1885. — **Félix Sahut**; *Les Vignes américaines, leur greffage et leur taille.* Montpellier, C. Coulet, 1887. — **V. Pulliat**; *Manuel du greffeur de Vignes.* Bibliothèque du *Progrès agricole*, 1885. — **Dr Saurel**; *Conférence sur le greffage de la Vigne.* Avignon, Seguin frères, 1882. — **Charles Baltet**; *Le greffage de la Vigne.* Masson, 1882. — **Bush and Son and Meissner**; *Illustrated descriptive Catalogue.* Saint-Louis, R.-P. Studdley, 1883. — **Ch. Baltet**; *Le greffage de la Vigne*, etc. Paris, Masson, 1882. — **Dr Bonnier**; *De la greffe-bouture.* Rodez, 1886. — **Félix Sahut**; *Les Vignes américaines, leur greffage et leur taille.* C. Coulet, Montpellier, 1887. — **V. Vermorel**; *La greffe-bouchon.* Montpellier, C. Coulet, 1888. — **V. Vermorel**; *Le greffage pratique de la Vigne.* Villefranche (Rhône), 1890. — **L. Portes** et **F. Ruyssen**; *Traité de la Vigne et de ses produits.* Octave Doin, Paris, 1889. Tome III. — **G. Cazeaux-Cazalet**; *Notice sur le greffage des Vignes*

prend le nom de *sujet*, et le fragment que l'on multiplie celui de *greffe* ou *greffon*.

Comme les autres procédés de multiplication par segmentation, le greffage assure la parfaite conservation des qualités propres à la greffe ; la nature du sujet ne peut influer sur elle que par la vigueur plus ou moins grande qu'il est capable d'imprimer à son développement; mais les propriétés spéciales, telles que la constitution de la fleur, la couleur, la forme et le goût des fruits, par exemple, ne sauraient être modifiées de ce chef. On obtient seulement dans la plupart des cas, par suite du greffage, une certaine augmentation dans le volume et la richesse gleucométrique du fruit, mais ce fait est indépendant de la nature du porte-greffe. Tout ce qui a été avancé relativement à la stérilité des greffes provenant de rameaux fertiles placés sur des sujets infertiles, sur l'altération de la saveur des fruits des cépages d'Europe greffés sur des vignes américaines à raisins *foxés*, ou sur l'incompatibilité entre les porte-greffes à fruit blanc et les greffes à raisins noirs, est absolument erroné et doit être regardé comme inspiré par l'ignorance et les préjugés. Il en est de même pour le porte-greffe, qui, une fois greffé avec un autre végétal, ne subit aucune modification dans la nature des tissus de sa tige ou de ses racines.

On sait que le greffage ne peut réussir qu'entre végétaux très voisins les uns des autres; en ce qui concerne les vignes, la limite des affinités nécessaires ne paraît pas dépasser celles du genre; les tentatives faites pour les greffer sur diverses espèces des genres *Ampelopsis* et *Cissus* ont complètement échoué jusqu'ici, il peut y avoir soudure, mais pas bonne nutrition du sujet ; il en a été de même, comme on le comprend *à fortiori*, pour les essais entrepris en vue de faire vivre la vigne sur des plantes appartenant à d'autres familles (*mûrier*, *airelle*, *ronce*, *clématite*, etc.). L'une de ses formes même, le V. Rotundifolia, dont nous avons indiqué les caractères très particuliers, se montre réfractaire à la greffe des autres espèces du même genre.

américaines. Bordeaux, Féret, 1884. — **G. Cazeaux-Cazalet**; *Instruction pratique de la greffe d'été*. Bordeaux, Féret, 1888. — *Royal Commission on vegetables produits*; *Hanbbook on Viticulture for Victoria*. Melbourne, 1891.— **P. Viala et L. Ravaz**; *Les Vignes américaines, adaptation, culture, greffage, pépinières*. Montpellier, C. Coulet, 1892. — **J. Dufour**; *Traité de la nouvelle greffe lyonnaise*. Ecully, chez l'auteur, 1893.— **A.-F. Barron** (trad. par Pynaert); *La Culture de la Vigne en serres et sous verre*. Paris, J.-B. Baillière et fils, 1893. — **G. de Dubor**; *Viticulture moderne*. Larousse, Paris, 1894. — **Duchesse de Fitz-James**; *La pratique de la viticulture*. J.-B. Baillière et fils, Paris, 1894.

La soudure, qui met en relation le sujet et la greffe, s'effectue par le contact de leurs couches génératrices, dont les tissus en voie d'accroissement sont seuls susceptibles de s'unir et de se modifier comme il est utile pour cet objet. MM. P. Viala et L. Ravaz expliquent comme il suit ce phénomène : «Sur la section inférieure d'un greffon taillé à un ou deux yeux et placé dans des conditions de chaleur et d'humidité convenables, apparaissent sur les bords, de même qu'à la base de toutes les boutures, de petites protubérances désignées sous le nom de *calus* et qui ne sont que des amas de tissu cicatriciel.... Ce sont les protubérances de tissu cicatriciel qui, mises en contact avec les autres par la juxtaposition de la section du greffon à celle du sujet, se soudent. Plus elles sont jeunes au moment où elles se réunissent, c'est-à-dire moins leurs cellules externes sont subérifiées, mieux la soudure se fait ; il en résulte que les diverses régions de l'écorce doivent être le plus rapprochées possible. Les cellules qui dérivent directement de l'activité génératrice se soudent ; une de leurs assises se transforme, devient génératrice et raccorde l'assise génératrice du sujet à celle du greffon. A partir de ce moment, le plant greffé s'accroît normalement ; au point de soudure, comme plus haut et plus bas, il se produit, à la manière ordinaire, du bois en dedans, du liber en dehors. Les cellules qui proviennent des autres régions du liber ou de l'écorce se soudent aussi les unes avec les autres, puis se transforment de manière à reconstituer les tissus dont elles sont dérivées.

»Dès que les tissus sont en contact et soudés les uns aux autres, ils se différencient donc de manière à constituer, les uns, une assise génératrice, les autres, les faisceaux libéro-ligneux, les rayons médullaires, etc., qui se relient à l'assise génératrice, aux faisceaux libéro-ligneux, aux rayons médullaires, etc., correspondants du greffon et du sujet. Toutefois, comme le nombre des faisceaux libéro-ligneux n'est pas toujours le même chez le sujet et le greffon, il se produit des anastomoses plus ou moins nombreuses disposées en manière de réseau. Les canaux du bois et du liber, formés au point de soudure, sont par suite en communication directe avec ceux du greffon et du sujet qu'ils raccordent, et, dès lors, la circulation des liquides séveux se fait comme si la plante n'était pas greffée.

»Si des régions de l'écorce autres que l'assise génératrice interviennent dans la constitution de la soudure, son rôle à elle n'en est pas moins le plus considérable ; il est toujours nécessaire qu'il existe dans les tissus de soudure, afin de former à l'intérieur le bois qui est la partie résistante de la tige, à l'extérieur le liber. Les soudures par le liber seul, et qui peuvent exister, n'ont jamais qu'une durée très restreinte, si les cellules dérivant directement de l'assise génératrice ne se soudent pas; on sait, en effet, que chaque année le liber de l'année précédente est toujours exfolié et qu'il se détache du cep en lanières plus ou moins épaisses qui constituent ce que les vignerons appellent l'écorce.

»Tel est, en gros, le mécanisme de la soudure (1).»

Les conditions extérieures nécessaires à la réalisation de ce phénomène sont: 1° une humidité suffisante pour empêcher la dessiccation des tissus de la greffe, mais non excessive; 2° une température assez élevée pour provoquer la formation rapide de nouvelles cellules dans les couches génératrices des portions de plantes à unir.

La première de ces conditions est si indispensable pour la vigne qu'on ne peut la greffer avec succès que sous terre, milieu qui présente une humidité moyenne plus convenable à la conservation de la vie de la greffe que l'atmosphère ambiante.

Le greffage de la vigne est une opération fort ancienne; il était déjà pratiqué par les Romains et il a joué un rôle d'une certaine importance, autrefois, dans le midi de la France. L'intérêt qui s'y rattache est bien justifié d'ailleurs: le greffage permet en effet d'obtenir des résultats divers et d'une utilité incontestable, que nous mentionnerons au début de cette étude. On peut en premier lieu, par cette opération, changer la nature et la production d'un vignoble presque sans perte de temps; c'est par ce moyen que, sur bien des points, on a substitué dans l'Hérault l'*Aramon*, qui donne des vins de consommation directe, aux anciens cépages à vins de chaudière, ou que l'on a remplacé en divers lieux des cépages très sensibles au *mildew*, tels que la *Carignane* ou le *Grenache*, par d'autres résistant mieux à cette maladie. La greffe rend également possible de hâter la mise à fruit des vignes d'une fructification tardive; M. Cazalis-Allut la recommandait dans ce but pour le *Muscat de Frontignan*, qui ne commence d'ordinaire à donner de récolte complète que vers la quinzième année (2). Elle rétablit promptement la production des souches momentanément stérilisées par le recepage ou affaiblies par l'âge; elle constitue, ainsi que nous l'avons vu, le meilleur procédé pour amener la floraison des jeunes plants de semis. On peut, en l'appliquant à des sarments rares ou précieux, obtenir une multiplication rapide de ces derniers. Enfin, en faisant vivre nos anciens cépages

(1) P. Viala et L. Ravaz.— *Les vignes américaines, adaptation, culture, greffage, pépinières*. Montpellier, C. Coulet, 1892, pag. 230 et suiv.

(2) *Mémoires sur l'Agriculture, la Viticulture et l'Œnologie*, par Cazalis-Allut. Montpellier, Grollier, imprimeur, 1848, pag. 73.

d'Europe, dont la supériorité ne saurait être discutée, sur des pieds américains résistants, elle les soustrait aux attaques, mortelles pour eux, du phylloxera. La reconstitution des vignobles méridionaux par ce moyen donne aujourd'hui à cette opération une importance plus grande encore que par le passé, qui nous amènera à traiter avec quelques détails les questions qui s'y rattachent.

Pratique du greffage.— Nous considérerons successivement, dans l'étude qui va suivre, les points ci-dessous indiqués :

1° Age auquel le sujet peut porter la greffe ;

2° Choix des greffons ;

3° Époque du greffage ;

4° Systèmes de greffe usités pour la vigne ;

5° Outils et machines à greffer ;

6° Ligatures et engluements ;

7° Soins à donner aux greffes ;

8° Conditions d'application du greffage ;

9° Valeur des divers porte-greffes et des divers greffons au point de vue des chances de reprise de la greffe.

1° Age auquel le sujet peut porter la greffe

On peut établir en principe qu'il est possible de greffer la vigne à tout âge, depuis le moment où elle est à l'état de simple bouture jusqu'à celui où, épuisée par de longues années de taille et de production, on demande pour elle à la greffe une jeunesse et une fertilité nouvelles, en remplaçant sa charpente antérieure, qui n'est plus formée par des bois jeunes et sains. Mais, dans cette longue période, tous les moments ne sont pas également favorables à la réussite de l'opération ; la greffe sur bouture, par exemple, donne une proportion de reprise moindre que celle sur plants enracinés, ce qui se conçoit d'ailleurs aisément, puisqu'elle a contre elle non seulement les chances de mauvaise soudure, mais encore celles de non enracinement de la bouture. Malgré ces inconvénients, le greffage sur bouture tend à se répandre de plus en plus, à cause de la promptitude des résultats qu'il permet d'obtenir, il donne lieu à une proportion de réussite suffisante, à la condition de l'entourer de soins convenables et que nous indiquerons dans la suite de cette étude, enfin il favorise l'enracinement des boutures à reprise difficile, telles que celles du V. Berlandieri, qui donnent lieu ainsi à une réussite bien supérieure à celle que l'on aurait obtenue avec les mêmes boutures non greffées.

En ce qui concerne les greffes sur plants enracinés, on peut affirmer que les sujets les plus jeunes (les plants d'un an, par exemple) sont ceux qui donnent la plus forte proportion de reprise et les meilleures soudures. Ce fait s'explique par la jeunesse des tissus mis en présence, laquelle est favorable à la formation prompte et abondante des cellules qui établissent la continuité entre le sujet et le greffon, et aussi probablement par la nature des systèmes de greffe que l'on est amené à employer (greffe en *fente anglaise* ou en *fente pleine*), qui, ainsi que nous le verrons par la suite, peuvent être considérés comme les meilleurs. L'importance du greffage sur des sujets jeunes est particulièrement manifeste sur des porte-greffes appartenant à certaines espèces, telles que le V. RIPARIA *sauvage*, sur lequel les chances de réussite, d'abord très bonnes, diminuent ensuite rapidement avec l'âge. Toutefois, les greffages herbacés, qui théoriquement réaliseraient le mieux les conditions que nous venons d'indiquer, ont été jusqu'à présent généralement abandonnés dès qu'on a voulu les faire passer dans la pratique en France, par suite de la facilité avec laquelle se dessèchent les greffons en cet état. Ces derniers, en effet, à moins que les greffes ne soient sous verre et chauffées, ou faites avec des précautions qui n'ont pas paru jusqu'ici réalisables en grande culture, perdent habituellement leur vitalité avant que la soudure ait eu lieu. Cependant des applications plus satisfaisantes de ces procédés ayant été faites récemment, nous en parlerons ci-après.

2° CHOIX, RÉCOLTE ET CONSERVATION DES GREFFONS

a. *Choix du sarment.* — La greffe assurant, comme les autres procédés de multiplication par segmentation, la permanence des caractères du pied-mère et, dans une certaine mesure, ceux du sarment lui-même, il est important de choisir ses greffons parmi les rameaux les plus fertiles de souches saines et présentant bien les aptitudes spéciales de la race que l'on veut multiplier. On doit rejeter avec soin ceux qui ont donné des fleurs coulardes, des grappes millerandées, des raisins mal colorés (si l'on a affaire à des cépages rouges). Il est nécessaire en outre que les sarments recueillis soient bien aoûtés, pourvus de tous leurs yeux, aient un développement moyen et renferment peu de moelle. Ces dernières conditions, que l'on rencontre sur des rameaux provenant de souches déjà âgées, sont importantes en ce sens que les bois qui les remplissent risquent moins de se sécher avant la soudure et d'éclater lorsqu'on enfonce le greffon; la solidité et, par suite, la reprise de la greffe sont mieux assurées. Les sarments des jeunes plantiers, plus mous et plus difficiles à dessécher, offrent moins de chances de réussite.

b. *Époque à laquelle les sarments doivent être taillés.* — L'expérience a démontré que pour assurer le succès des opérations de greffage, il faut que la végétation du greffon soit en retard sur celle du sujet; la soudure peut aussi s'opérer en partie avant que les feuilles se soient assez développées pour risquer de dessécher le greffon par leur transpiration. Il importe, par conséquent, de récolter les sarments destinés à la greffe avant qu'aucun mouvement de sève ait commencé à se manifester; de là, la nécessité de les conserver jusqu'au moment où l'on peut exécuter le greffage.

c. *Conservation des greffons.* — Les conditions pour la bonne conservation des greffons sont les mêmes que celles indiquées pour les boutures; on doit de plus les empêcher d'entrer en végétation, afin d'éviter les inconvénients signalés précédemment. Pour réaliser ces conditions, on peut, ainsi que cela se pratique dans l'Hérault, les placer, réunis par bottes de cinquante ou de cent, dans les celliers où la température demeure basse et les recouvrir de sable presque sec (à 10 °/ₒ d'eau environ), ou encore les disposer debout dans une tranchée de 1 mètre ou $1^m,50$ de profondeur. Cette tranchée doit être creusée sous un hangar ou à l'exposition du nord, au pied d'un mur élevé. Les sarments sont ensuite recouverts de sable, puis de terre; on doit user, lorsqu'on les retire du sable, des précautions indiquées pour les boutures stratifiées.

d. *Moyen de reconnaître la vitalité des greffons.* — Des accidents peuvent se produire, qui rendent la conservation imparfaite, et il est alors très important d'être à même de distinguer, avant de s'engager dans l'opération du greffage, les sarments susceptibles de reprendre. Les procédés suivants peuvent être employés dans ce but: lorsqu'on fait une section dans un sarment et que l'on reconnaît que la couche verte située sous l'écorce est desséchée ou qu'elle a noirci, on peut être assuré qu'il a perdu sa vitalité: mais la réciproque n'est pas toujours vraie, et des sarments restés verts demeurent quelquefois endormis. En ces circonstances, le moyen le plus sûr pour juger de la qualité des greffons consiste, comme l'a proposé M. L. Vialla, à en placer quelques-uns, pris au hasard au milieu des paquets, dans un vase plein d'eau, et à les maintenir pendant plusieurs jours à une douce température, en les mettant sur une fenêtre au soleil ou sur une cheminée où l'on fait du feu. Si les bourgeons se gonflent et s'ouvrent, ou si l'on voit l'eau perler sur une section faite à la partie supérieure du sarment, on peut être assuré que les bois sont dans de bonnes conditions de conservation.

3° Époque du greffage

En principe, les greffes, une fois faites, doivent se souder le plus vite possible ; aussi ne faut-il greffer que pendant le cours de la végétation et préfère-t-on généralement, pour effectuer cette opération, le printemps, durant lequel elle a toute son activité. On a néanmoins proposé à diverses reprises de faire des greffages en automne : on augmenterait ainsi, dans de notables proportions, la durée du travail qu'il serait possible de faire chaque année avec le personnel de greffeurs actuellement existant. Mais si les greffes faites dans cette saison ont fourni d'excellents résultats en certaines années, lorsque la végétation se prolongeait assez pour que la soudure pût s'effectuer avant l'hiver, elles ont donné lieu à de graves échecs dans les années où les froids un peu hâtifs ou des pluies abondantes sont intervenus peu après l'opération. On ne saurait oublier en effet que des greffes faites longtemps avant qu'elles puissent se souder courent diverses chances qu'il importe d'éviter : les tissus mis à découvert risquent de se dessécher ou de subir, suivant les circonstances atmosphériques, d'autres altérations de nature à empêcher la réunion des parties en présence ; de plus, les gelées du printemps peuvent, en détruisant les bourgeons ou en arrêtant subitement la végétation, compromettre gravement l'avenir de ces opérations. C'est donc au printemps — du commencement de mars à la fin de mai — qu'il vaut mieux greffer la vigne dans la plupart des circonstances. Il faut chercher à éviter pendant cette période le moment où les pleurs de la vigne sont très abondants ; en effet, lorsque l'eau baigne en grande quantité les sections (l'eau de la sève, comme celle de la pluie), elle empêche la formation des tissus cicatriciels qui forment la soudure.

Un temps couvert et doux, mais non à la pluie, qui empêche la dessiccation des greffons sans menacer la greffe d'une humidité excessive et préjudiciable à sa réussite, est celui que l'on doit préférer quand on a chance de le rencontrer à cette époque. Des vents du nord desséchants régnant pendant l'opération, ou des pluies abondantes continues lui succédant, constituent au contraire des conditions défavorables.

4° Systèmes de greffe usités pour la vigne

La vigne peut, à la rigueur, être greffée par tous les systèmes usités pour les végétaux ligneux, mais un petit nombre seulement de procédés ont donné des résultats réellement pratiques. Nous passerons donc rapidement en revue les divers modes de greffage proposés jusqu'ici pour cette plante, en fournissant sur chacun d'eux les appréciations qu'il comporte ; nous n'examinerons, avec quelques détails, que ceux qui ont fait leurs preuves et ont été définitivement adoptés.

L'expérience a démontré que les greffes entre bois aoûtés qui étaient exécutées hors de terre ne réussissaient que dans de faibles proportions, à cause du desséchement, trop facile dans l'atmosphère, des parties coupées. La pratique a donc adopté d'une manière exclusive, sauf le cas des greffes en écusson et herbacées, les greffes souterraines ou tout au moins temporairement souterraines, et par suite assez près de terre pour être buttées jusqu'après la reprise.

On a enfin reconnu que les greffes par approche donnent généralement lieu à des pieds peu vigoureux et à soudures imparfaites (1). Ce sont donc seulement les divers procédés de greffage en fente ou analogues que nous allons étudier ; les plus connus d'entre eux sont : a. *la greffe en fente ordinaire ;* b. *en fente pleine ;* c. *à la Pontoise ;* d. *en fente anglaise ;* e. *Champin ;* f. *à cheval* et — *Camuset ;* g. *à talon ;* h. *Fermaud ;* i. *bouture ;* j. *en fente latérale ;* k. *en écusson ;* l. *herbacée.*

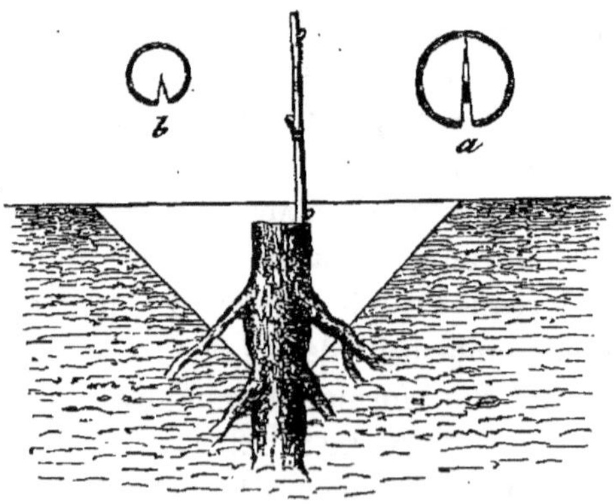

Fig. 55. — Greffe en fente ordinaire. — *a*, section d'une grosse souche fendue au ciseau ; — *b*, section d'une jeune souche fendue partiellement à la serpette.

a. *Greffe en fente ordinaire.* — La greffe en fente ordinaire est la plus anciennement employée ; elle a été pendant longtemps à peu

(1) Les nombreux essais faits de 1876 à 1879 ne laissent aucun doute à cet égard.

près seule appliquée aux vignes. Pour l'exécuter, on déchausse le sujet jusqu'à la naissance des grosses racines ; puis on le coupe à 0m,02 ou 0m,03 seulement au-dessous du niveau du sol (fig. 55), afin d'éviter le plus possible les chances d'affranchissement, lorsque surtout on greffe un V. VINIFERA sur pied américain. On *rafraîchit* la plaie avec une serpette du côté où doit être posé le greffon. On fend ensuite le pied, suivant son diamètre, au moyen d'un ciseau approprié, ou simplement avec une serpette si la souche n'est pas trop forte. Dans le premier cas, le ciseau est placé un peu en arrière du bord du sujet de manière à n'ouvrir la fente que du côté de la greffe (fig. 55 *a*), et, une fois la fente faite, on en élargit légèrement la partie supérieure jusqu'au ciseau, en enlevant avec la pointe de la serpette deux petites lames de bois d'une épaisseur proportionnée au volume du greffon à insérer. On obtient ainsi une section plus régulière et plus nette, et on évite l'écrasement qui résulte quelquefois de la pression trop considérable exercée par les parois de la fente sur la greffe.

Fig. 56
Greffon pour la greffe en fente ordinaire.

Le greffon lui-même est coupé habituellement de telle sorte qu'il lui reste trois bourgeons et le mérithalle situé au-dessus de l'œil inférieur. Cette dernière partie du sarment est taillée en forme de lame de couteau, de manière à ce que les deux biseaux convergent à partir de l'œil inférieur vers le bas et en même temps se rapprochent du côté qui leur est opposé. Les deux biseaux ne doivent pas avoir la même obliquité par rapport à l'axe, de façon à éviter de mettre à nu la moelle des deux côtés (fig. 56). On obtient ainsi une lame de bois continue qui offre plus de solidité. Le greffon est ensuite fortement enfoncé dans la fente, de manière à mettre en contact les couches génératrices des bois en présence, la soudure ne pouvant avoir lieu, ainsi que nous l'avons dit précédemment, que dans ces conditions. Pour obtenir cette rencontre, beaucoup de greffeurs se bornent à s'assurer que les écorces correspondent à l'extérieur; mais comme l'écorce des sujets déjà âgés, que l'on emploie dans la greffe en fente ordinaire, est plus épaisse que celle du greffon, il peut arriver que les couches génératrices soient parallèles sans coïncider. Afin d'éviter cet inconvénient, on doit donner à ce dernier une légère obliquité par rapport au sujet; on est ainsi assuré que les couches se coupent en un point où la soudure peut avoir lieu. Une fois la greffe en place, on retire le ciseau qui servait à maintenir la fente ouverte. Lorsqu'on a affaire à de très forts sujets, afin de mieux proportionner l'appareil extérieur que peut produire au début la greffe avec le développement que possède la souche, on pose deux greffons (fig. 57), un à chaque extrémité d'une fente qui traverse la section sur un même diamètre. On double ainsi les chances de reprise, et, si les deux greffons reprennent, on en supprime un l'hiver suivant.

Ce système de greffe est plus spécialement applicable aux souches d'un certain âge, et par conséquent d'un diamètre assez considérable. Pour celles d'une moindre grosseur, on peut, afin d'obtenir un serrage suffisant, avoir recours à une ligature, ou bien ne pratiquer la fente que sur un côté au moyen de la serpette (fig. 55 *b*).

Fig. 57. — Greffe en fente avec deux greffons.

Fig. 58. — Greffe en fente pleine.

b. *Greffe en fente pleine.* — Cette greffe (fig. 58) est très appliquée depuis quelque temps sur de jeunes sujets d'un an, à cause de la facilité de son exécution et de la double chance de reprise qu'elle offre si elle est bien faite.

Après avoir déchaussé le sujet, on le coupe au niveau du sol ou légèrement au-dessus, mais toujours assez bas pour qu'on puisse facilement recouvrir la section par le buttage, puis on le fend par le milieu avec une serpette ou un ciseau à greffer tranchant, en suivant la direction du plus grand diamètre, qui est évidemment celle où la couche génératrice a le plus d'activité et peut par conséquent donner lieu aux meilleures soudures. Le greffon est choisi d'un diamètre égal à celui du sujet, afin d'avoir chance d'obtenir une soudure de chaque côté; on le taille en biseau sur les deux faces, mais en donnant de chaque côté une pente égale; on enfonce ensuite le greffon dans la fente, en ayant soin de le faire affleurer des deux côtés si l'épaisseur de l'écorce des parties est sensiblement la même, ou lui donnant une légère inclinaison sur l'axe du porte-greffe si l'une d'elles est notablement plus épaisse que l'autre. Les résultats donnés par ce procédé sont satisfaisants et permettent de le ranger à côté de celui en *fente anglaise;* cependant il offre l'inconvénient de laisser des solutions de continuité qui se recouvrent tardivement et d'une manière incomplète à l'origine des biseaux de la greffe; il donne lieu en outre à des greffes moins solides et à des bourrelets plus volumineux que ce dernier, lequel est, par suite, encore préféré par les personnes qui disposent d'un personnel capable de le bien exécuter.

Fig. 59.— Greffe en fente pleine à épaulement.

On peut, en quelque mesure, porter remède au premier de ces inconvénients, en faisant la greffe dite à épaulement (fig. 59), dans laquelle une coupe horizontale à la naissance des origines des biseaux permet de recouvrir en partie la section du sujet. Mais on ne peut alors faire la coupe du greffon qu'avec un outil approprié dont les tranchants sont d'un entretien difficile et qui arrive, le plus souvent, assez vite à ne plus faire des sections bien nettes.

c. *Greffe à la Pontoise.* — On a proposé, il y a quelques années, de substituer la greffe dite *à la Pointoise* à la greffe en fente ordinaire, pour les sujets de volume moyen, trop gros pour être greffés en *fente pleine* et trop faibles pour que la fente faite au ciseau se limite à une portion seulement du diamètre. Ce procédé diffère des précédents en ce que, au lieu de fendre le sujet, on creuse sur le côté de ce dernier, avec la serpette ou avec une gouge spéciale, une excavation en forme de pyramide triangulaire (fig. 59), destinée à servir de logement au greffon, lequel est lui-même taillé de manière à la remplir exactement (fig. 60).

Cette greffe offre divers inconvénients : elle est, en premier lieu, d'une exécution difficile ; on arrive avec peine, par ce moyen, à obtenir un contact convenable entre les couches génératrices des éléments en présence; enfin, lorsque la soudure a lieu, la poussée des tissus conjonctifs nouvellement produits chasse souvent le greffon, qui se décolle et se sèche. En résumé, ce système n'a pas donné d'aussi bons résultats que celui en fente ordinaire ; aussi a-t-il été abandonné par la pratique, qui le remplace, dans les circonstances

Fig. 60

Fig. 61

Fig. 60. — Tronc de vigne montrant l'évidement destiné à loger la greffe à la Pontoise.— Fig. 61. — Greffon préparé pour la greffe à la Pontoise.

pour lesquelles il avait été proposé, par la greffe en fente de côté indiquée précédemment (fig. 55 *b*).

d. *Greffe en fente anglaise.* — Ce n'est guère que depuis que l'on se préoccupe de greffage de nos vignes d'Europe sur pied américain, comme moyen de reconstituer les vignobles détruits par le phylloxera, que l'application de la *greffe en fente anglaise* a été faite à la vigne. On peut la considérer aujourd'hui comme celle qui donne les meilleurs résultats lorsqu'elle est bien faite et qu'on l'emploie sur des sujets assez jeunes pour que l'on puisse trouver les greffons d'un diamètre correspondant.

L'opération s'exécute de la manière suivante : Après l'avoir déchaussé, comme il a été dit à propos de la *greffe en fente pleine*, le sujet est taillé en biseau au niveau du sol, au moyen d'une serpette ou d'un couteau spécial, puis refendu verticalement à 0^{m},002 au-dessus du milieu de la section. On cherchait, au début, à faire des sections très allongées (fig. 63), dans la pensée d'augmenter le plus possible les surfaces de contact et d'obtenir ainsi de bonnes soudures avec peu de bourrelet ; mais l'expérience a démontré que la coupe en biseau, très aiguë, entraîne la formation de languettes très minces, qui se dessèchent facilement et ne peuvent, par suite, pas se souder ; de plus, les biseaux n'ont pas la rigidité voulue pour garder la direction rectiligne qu'ils doivent conserver une fois la greffe assemblée, ils se courbent et laissent des vides. M. Pulliat dit que l'on doit donner au biseau une pente de 28 à 32 %, ce qui correspond à un angle de 16 à 18°, et, pour la fente, une profondeur de 0m,004 à 0m,005 (fig. 64) (1). Au lieu de donner à la section une surface tout à fait plane, on la creuse très légèrement, de manière à compenser l'effet du relèvement qui résulte de l'introduction de la languette dans la fente. Le greffon est préparé exactement de la même manière, en ayant soin de faire partir la section de la base d'un œil, et il est assemblé avec le sujet de telle sorte que la languette de chacun d'eux pénètre dans la fente de l'autre. Si la greffe a été bien faite, toutes les sections doivent porter à plat les unes sur les autres et se recouvrir parfaitement sans vide ni jour; elle doit rester assemblée de telle sorte que l'on puisse, à la rigueur, l'abandonner sans ligature. Les greffes anglaises, chez lesquelles on ne peut obtenir un contact intime et une

Fig. 62

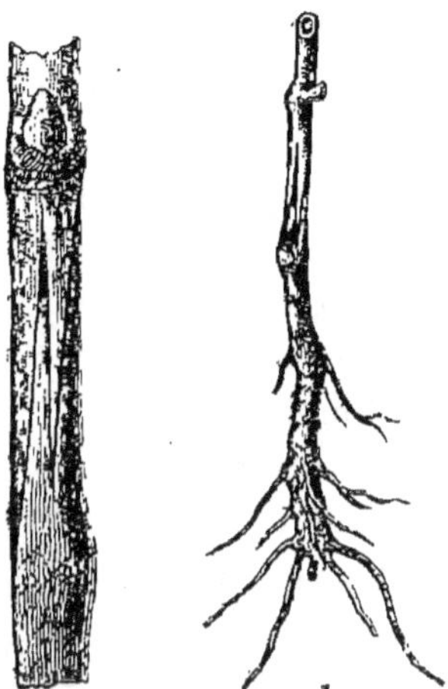

a *b*

Fig. 63

Fig. 64

Fig. 62. — Greffe en fente anglaise non encore assemblée. — Fig. 63. — Greffe en fente anglaise à biseau allongé ; — *a*, sur une bouture ; — *b*, sur un plant enraciné. — Fig. 64.— Greffe en fente anglaise à biseau court assemblée.

solidité suffisante que par une ligature serrée, donnent rarement lieu à une bonne soudure ; la ligature ne doit servir, dans le cas qui nous préoccupe, que comme moyen d'empêcher les déplacements qui pourraient se produire à la suite des chocs accidentels.

(1) V. Pulliat.— *Manuel du greffeur des Vignes* Bibliothèque du *Progrès agricole*, rue Albisson, 1. Montpellier, 1885, pag. 19 et 20.

On considère comme diamètre minimum possible pour le sujet $0^m,006$ ou $0^m,007$, l'opération devenant trop difficile au-dessous de ces dimensions, au point de vue de l'exécution manuelle; le diamètre maximum est donné par la grosseur des sarments servant de greffons. On peut, il est vrai, greffer en fente anglaise un sujet plus gros que la greffe qu'il doit porter, mais on perd le bénéfice de la double chance de soudure que l'on a lorsque les épaisseurs sont égales. Le greffon est, d'ordinaire, coupé à deux ou trois yeux, suivant la longueur des mérithalles ; pourtant, dans le cas des greffes sur boutures, on ne conserve habituellement qu'un œil, afin de mieux proportionner l'appareil extérieur avec le faible développement que prennent les racines au début, et d'éviter le desséchement qui résulterait de la transpiration d'un grand nombre de feuilles avant l'apparition des premiers de ces organes.

La greffe en fente anglaise, qui permet de placer de très bonne heure (le plus souvent à un an) nos cépages d'Europe sur pied américain, donne les meilleurs résultats tant au point de vue de la proportion des reprises qu'à celui de la bonne constitution des plants qui en proviennent. Ces résultats paraissent dus à la multiplicité des surfaces de contact entre les couches génératrices du sujet et du greffon, qui assure mieux la reprise, facilite les échanges de matériaux entre les deux individus réunis et détermine la formation de cicatrices allongées et peu renflées qui ne risquent pas de nuire au bon fonctionnement ultérieur de la plante. Grâce aux divers avantages que nous venons d'énumérer, la greffe anglaise occupera vraisemblablement partout la première place dans la reconstitution des vignobles, ainsi que cela a déjà lieu dans certaines contrées (le Beaujolais notamment).

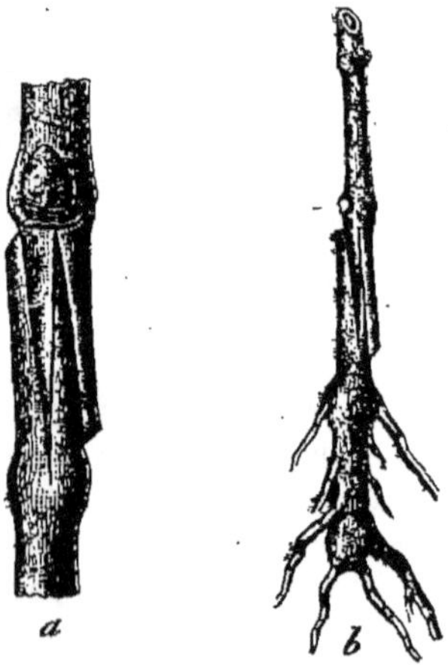

Fig. 65. — Greffe Champin. — *a*, sur une bouture ; — *b*, sur un plant enraciné.

e. *Greffe Champin.* — La *greffe Champin* est une modification de la greffe en fente anglaise, qui a joui pendant quelque temps d'une certaine réputation, mais qui est aujourd'hui abandonnée. On la pratique de la manière suivante : Le sujet, étant coupé perpendiculairement à son axe, est fendu vers les deux tiers de son diamètre, et la partie la plus épaisse est taillée en biseau allongé jusqu'au bord supérieur de la fente. On procède de même pour le greffon, qui est assemblé comme il a été dit précédemment (fig. 65).

Cette greffe offre l'inconvénient de présenter deux talons saillants, dont le plus bas, qui appartient au greffon, émet généralement des racines, ce qui risque d'en entraîner l'affranchissement ; le plus élevé est souvent le siège d'excroissances irrégulières qui déparent la soudure. Ces inconvénients l'ont fait délaisser pour la greffe en fente anglaise proprement dite.

f. *Greffe à cheval.*— Cette greffe peut être regardée comme l'inversion de celle *en fente pleine*, que l'on a appelée quelquefois pour cette raison *greffe à cheval renversée.* Elle n'est applicable qu'à de jeunes sujets, par suite de l'habitude où l'on est d'employer, lorsqu'on la fait, des greffons de même grosseur que le pied, de manière à obtenir une soudure de chaque côté.

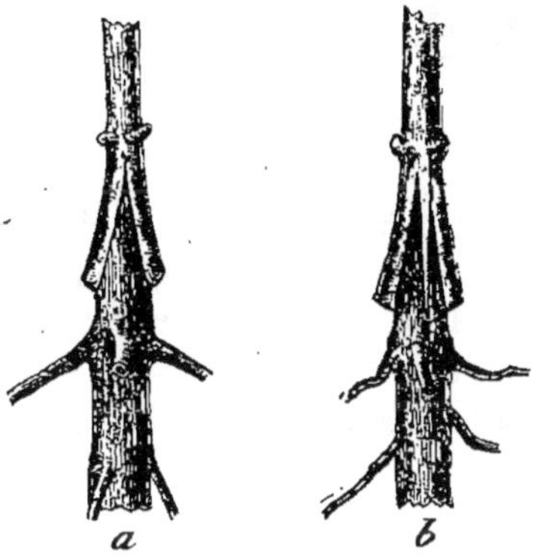

Fig. 66. — *a*, greffe à cheval ; — *b*, greffe Camuset.

La *greffe à cheval* s'exécute comme il suit : On taille le jeune pied en biseau et on le fait pénétrer dans une fente pratiquée suivant le diamètre du greffon (fig. 66 *a*). Elle a été modifiée, sous le nom de *greffe Camuset*, de la manière suivante : La languette du sujet est fendue par le milieu, de manière à recevoir une esquille réservée dans la fente du greffon (fig. 66 *b*).

Cette greffe, qui est remarquable par la multiplicité des surfaces qu'elle met en contact, est malheureusement d'une exécution difficile ; du reste, comme la *greffe à cheval* elle-même, elle offre l'inconvénient de s'affranchir très facilement par les racines qui naissent sur les sections du bas du greffon, lesquelles forment talon de chaque côté du sujet.

Ces deux systèmes ont été abandonnés pour cette raison, d'une manière générale, aujourd'hui, par les viticulteurs.

g. *Greffe à talon.*— Ce système, ainsi que les suivants, n'est applicable qu'au cas spécial où l'on veut obtenir l'affranchissement de la greffe ; on peut les considérer comme destinés à offrir un appui temporaire au greffon jusqu'au moment où, pourvu de racines à lui, il vivra d'une vie indépendante ; on est appelé à en faire quelquefois usage dans la multiplication des vignes américaines. Pour en obtenir un résultat durable, il est nécessaire que ces greffes soient effectuées sur des vignes situées en terrains riches, susceptibles de nourrir suffisamment le nouveau pied sur la place même où l'ancien a vécu.

La *greffe à talon* s'exécute ainsi qu'il suit : Le sujet étant coupé et fendu comme il a été dit pour la greffe en fente ordinaire, on choisit un greffon légèrement courbe et muni d'un talon ; on l'amincit sur

Fig. 67.— Greffe à talon.

ses deux faces en forme de lame de couteau (fig. 67), puis on l'insère dans la fente de manière à ce que ses couches génératrices coupent sur la plus grande longueur possible celles du sujet et que le talon se trouve dans une situation convenable pour s'enraciner ; on ligature enfin, si le tronc n'a pas une élasticité suffisante, pour serrer convenablement la greffe.

h. *Greffe Fermaud.*— M. P. Fermaud a modifié de la manière suivante (fig. 68) le procédé que nous venons d'indiquer : Le pied une

Fig. 68.— Greffe Fermaud.

fois coupé et fendu, on enlève avec une gouge appropriée une portion du bois de la souche en avant de la fente, de manière à obtenir un biseau aigu sur l'un des côtés. On détache ensuite vers le tiers du greffon une languette de bois qui doit être dénudée à l'extérieur, et on l'insère dans la fente. L'épaisseur du sarment est logée dans l'excavation produite.

i. *Greffe-bouture.*— Cette greffe s'exécute de la manière suivante. Le sujet est coupé obliquement, puis fendu vers le milieu du biseau

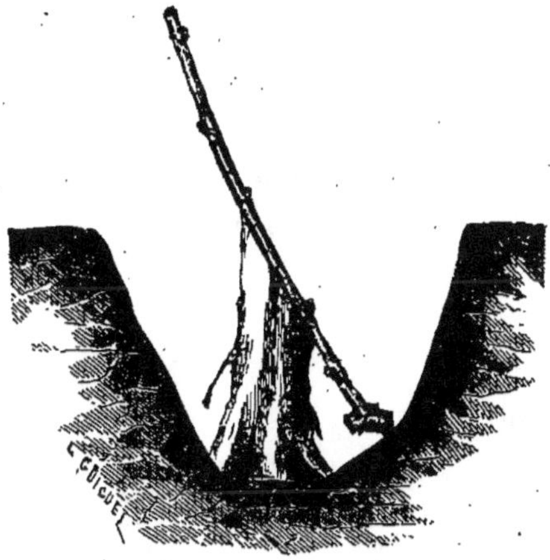

Fig. 69.— Greffe-bouture.

(fig. 69) ; le greffon, taillé comme pour la greffe Fermaud, est ensuite fixé par l'insertion de sa languette dans la fente.

j. *Greffes en fente de côté.*— Divers viticulteurs ont proposé depuis quelques années l'emploi des greffes en fente de côté pour obtenir la soudure de nos vignes d'Europe sur pied américain. Les procédés les plus connus sont ceux de M. Gaillard, de Brignais (Rhône), de M. Dauty, de Montpellier, et celui de M. Constant Ballan, d'Omet (Gironde), propagé depuis quelques années par M. Cazeaux-Cazalet, président du Comice de Cadillac, et connu généralement sous le nom de greffe de Cadillac.

Les systèmes de greffe que nous venons de mentionner présenteraient, d'après leurs promoteurs, les avantages suivants : On assurerait, en réservant la tête du sujet, une meilleure végétation pendant le temps où se fait la soudure ; on éviterait, en cas de non réussite, les mutilations qui rendent une seconde opération difficile et quelquefois impossible ; enfin on conserverait, jusqu'à ce que la greffe eût bien repris et fût sur le point de produire elle-même, la récolte du porte-greffe lorsqu'il est fructifère.

La greffe Gaillard s'effectue de la manière suivante : On pratique à la surface du sol une entaille sur un côté du sujet ; cette entaille est obtenue au moyen d'un trait de scie horizontal et peu profond et d'un coup de ciseau légèrement incliné par rapport à l'axe, qui détache un éclat superficiel en forme de coin. Sur la section horizontale ainsi découverte, on pratique une fente parallèle à l'axe de

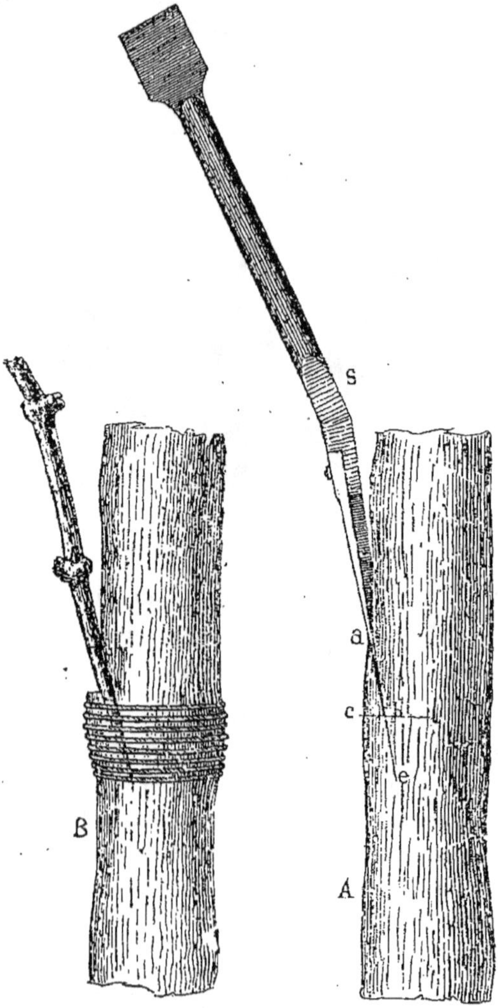

Fig. 70 — Greffe Dauty. — *A*, exécution de la greffe ; — *a*, *c*, *b*, entaille ; — *a*, *e*, fente. — *B*, greffe terminée et liée.

la souche et on y insère un ou deux greffons préparés avec les précautions usitées dans le cas de la greffe en fente ordinaire. On lie ensuite et on butte.

La greffe Dauty (fig. 70) est identique à la précédente, sauf que la souche est entaillée au moyen d'un sécateur coudé S, qui creuse l'espèce de cran indiqué ci-dessus et avec lequel on pratique une fente un peu inclinée par rapport à l'axe.

La greffe de Cadillac ne diffère des précédentes que parce que la fente est pratiquée sans encoche préalable et dans une direction oblique par rapport à la verticale ; voici, d'ailleurs, comment on l'effectue :

L'opération peut s'exécuter soit au printemps, soit en automne ; d'après les observations faites par le Comice de Cadillac, cette dernière saison serait préférable. Le sujet *c* (fig. 71), après avoir été déchaussé, est fendu latéralement en *b* à quelques centimètres au-

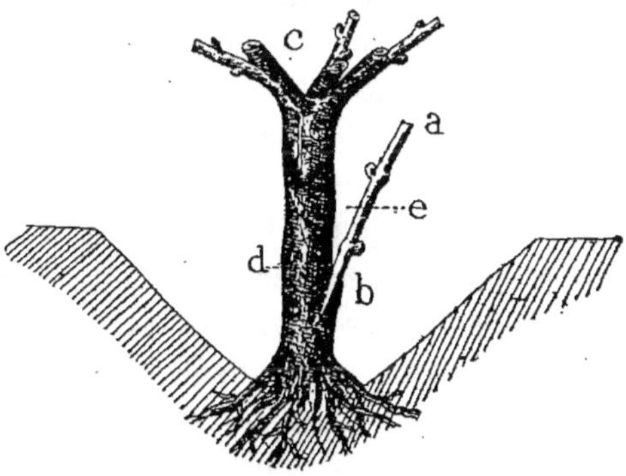

Fig. 71.— Greffe en fente de côté dite de Cadillac.

dessus du niveau du sol ; le greffon *a*, taillé en biseau, est inséré dans la fente avec les précautions nécessaires pour faire coïncider exactement les couches génératrices. On lie ensuite avec de l'écorce d'osier préalablement trempée dans l'eau, afin d'assurer le contact et d'empêcher le déplacement du greffon ; on a, en outre, la précaution, à Cadillac, de rabattre ce dernier sur un seul œil, en *e*, dans la crainte de l'exposer à un décollement accidentel si on lui laissait une trop grande longueur. On butte enfin de manière à recouvrir la greffe et la préserver de la dessiccation.

L'expérience ne s'est pas cependant encore prononcée d'une manière assez générale sur la valeur de ces procédés pour qu'il soit possible de les juger définitivement. Cependant ils offrent l'inconvénient d'exiger des soins très minutieux et difficiles à donner quand on opère en grand pendant l'été qui suit l'opération. Il faut, en effet, veiller fréquemment à dégarnir le côté où a été posée la greffe, afin de lui assurer la lumière nécessaire à son développement ; il faut enfin, par des pincements convenables sur les rameaux du sujet, assurer l'évolution de la végétation du greffon. C'est ce qui a empêché tout au moins ces systèmes de greffage de se répandre dans le Bas-

Languedoc où ils auraient donné lieu, sans cela, à des applications des plus utiles.

Tels sont les principaux systèmes de greffe en fente, avec bois aoûtés, applicables à la vigne ; nous allons aborder l'étude des procédés de greffage à l'*écusson* et en *fente herbacée*, actuellement proposés pour les remplacer.

k. *Greffe à l'écusson.* — On a proposé à diverses reprises d'appliquer le *greffage à l'écusson* à la vigne et même à de simples boutures, qui se trouveraient ainsi porter sur une tige américaine, par exemple, des rameaux de cépages d'Europe, sans que ces derniers offrent l'inconvénient de risquer de s'affranchir. Malheureusement, les tentatives faites au début ont été pendant longtemps infructueuses, la proportion de réussite était trop peu considérable pour que l'on pût faire passer ce procédé dans la pratique. On est arrivé, aujourd'hui, à de meilleurs résultats, notamment en Hongrie, où ce mode de greffage a été propagé par M. le professeur Horvath (1); en France, elle a été employée, ces dernières années, sous le nom de greffe Salgues, et M. de Lapparent, inspecteur général de l'agriculture, et M. E. Marre, qui l'ont expérimentée dans le Lot, disent en avoir obtenu de bons résultats.

Le greffage à l'écusson de la vigne peut se faire soit à œil poussant, soit à œil dormant. D'après M. Jouzier, qui a étudié en Hongrie l'application de ce procédé, la greffe à œil dormant devrait être recommandée comme donnant des ceps plus vigoureux que celle à œil poussant. Mais la greffe à œil poussant présente l'avantage de fournir, si elle a été faite à temps, un sarment susceptible de donner du fruit dès l'année suivante.

Fig. 72.— Enlèvement de l'écusson.

L'opération elle-même s'effectue comme il suit : Le bourgeon ou œil qui doit servir de greffe est pris dans la partie moyenne ou inférieure des rameaux lorsqu'il a pris son plein développement. M. Alazard, qui a appliqué avec succès la greffe en écusson, recommande, comme très important, de le détacher *lorsque le diaphragme et le bois présentent sur la section une teinte blanchâtre et lorsque la moelle est encore absolument verte et gorgée d'eau.* L'écusson est enlevé sur une longueur de deux ou trois centimètres (fig. 72), et on conserve au-

(1) E. Jouzier. — *Greffage de la vigne en écusson et en fente herbacée*; in Annales de l'Institut national agronomique, tome XII, 1887.

dessous de l'écorce une lamelle de tissu cellulaire d'une épaisseur de un à deux millimètres et sur toute sa longueur. On évite ainsi la dessiccation de l'écorce, qui se produirait presque fatalement sans cela. On laisse environ la moitié ou le tiers du pétiole adhérent à l'écusson.

On peut préparer à l'avance une certaine quantité d'écussons, qui se conservent parfaitement frais plusieurs heures, à la condition d'avoir la précaution de les placer dans la mousse humide et dans l'eau.

Le sujet peut être, soit un rameau de l'année bien développé et convenablement situé, soit un sarment de l'année précédente, une simple bouture ou la tige d'un jeune plant enraciné ; il suffit, pour que l'opération soit facile, que l'écorce puisse se soulever sans se rompre.

Sur le point choisi, qui sur les rameaux herbacés doit être situé au-dessous d'un bourgeon, on fait une fente longitudinale de 3 ou 4 centimètres et on soulève les bords avec la lame mousse du greffoir. On glisse ensuite l'écusson sous l'écorce, que l'on maintient pendant ce temps entre-bâillée en courbant légèrement le rameau du côté de la fente. On ligature enfin avec de la laine ou du coton (fig. 73).

Fig. 73.— Greffe Salgues en écusson assemblée et ligaturée.

M. Horvath opère un peu différemment. «Mais ce qui est tout à fait indispensable, dit M. E. Jouzier (1), ce en quoi consiste la différence entre la greffe en écusson ordinaire et celle que M. le professeur Horvath applique à la vigne avec beaucoup de succès, c'est que l'écusson doit être posé sur un emplacement occupé par un autre bouton, sur un nœud.

»Ayant fait choix du sarment sujet (fig. 74), on supprime la feuille qui l'occupe et on fait, au-dessus et au-dessous du bouton à remplacer et à des distances correspondant à la longueur de l'écusson, deux entailles semi-annulaires (*a*, *a*' et *b*, *b*', fig. 74) tranchant l'écorce sans entamer le bois, sur la face du sarment occupée par l'œil à remplacer. On joint ensuite ces deux entailles par une troisième (*x*, *y*, fig. 74) qui, longitudinale et parallèle à l'axe du sarment, passe par le centre du bouton et tranche également toute la partie corticale aussi bien que ce qui reste du pétiole sans entamer le bois. Puis, s'aidant de nouveau,

(1) E. Jouzier ; *loc. cit.*, pag. 137.

soit de la spatule, soit de la lame du greffoir, on soulève les deux petits rectangles d'écorce (a, x, y, b, a', x, b', fig. 74) partiellement isolés de façon que, comme dans la greffe en écusson ordinaire, ils fassent charnière et puissent bientôt recouvrir l'œil apporté. Ces deux

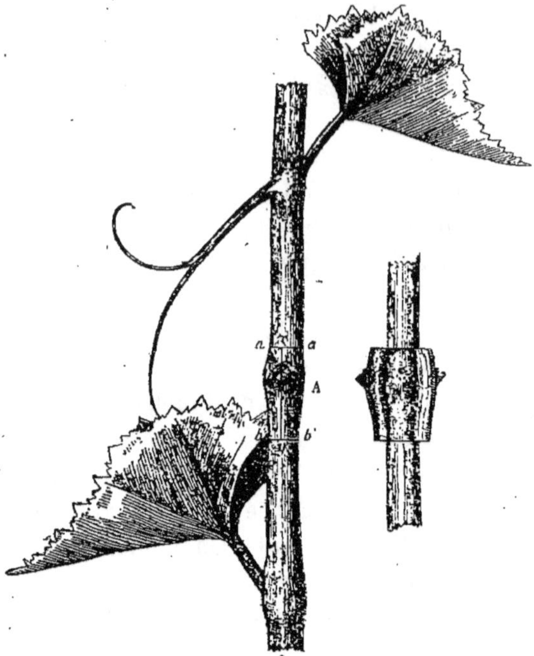

Fig. 74 Fig. 75

Fig. 74 et 75.— Préparation du rameau sujet pour recevoir l'écusson.

petits rectangles d'écorce soulevés, on a, sur le sarment, une place où le bois est à nu et dont la forme est parfaitement disposée (fig. 75) pour emboîter celle de l'écusson préparé, on pose celui-ci sur cette place, on ramène par dessus les deux lambeaux d'écorce soulevée et on attache (fig. 76).»

La reprise de la greffe est effectuée au bout de dix à douze jours. On doit, bientôt après, desserrer les ligatures afin d'éviter l'étranglement des rameaux qui pourrait se produire une fois la greffe en végétation (fig. 77). Si le greffage a eu lieu à œil poussant, quand la greffe a commencé à évoluer, il faut rabattre le sujet à $0^m,10$ ou $0^m,15$ au-dessus d'elle. On renvoie ce soin au moment de la taille d'hiver, quand on a greffé à œil dormant.

1. *Greffes herbacées.*— Ainsi que nous l'avons dit précédemment (pag. 316), les greffes herbacées ont généralement mal réussi jusqu'ici en France dans leurs applications à la vigne; d'après M. Hermann

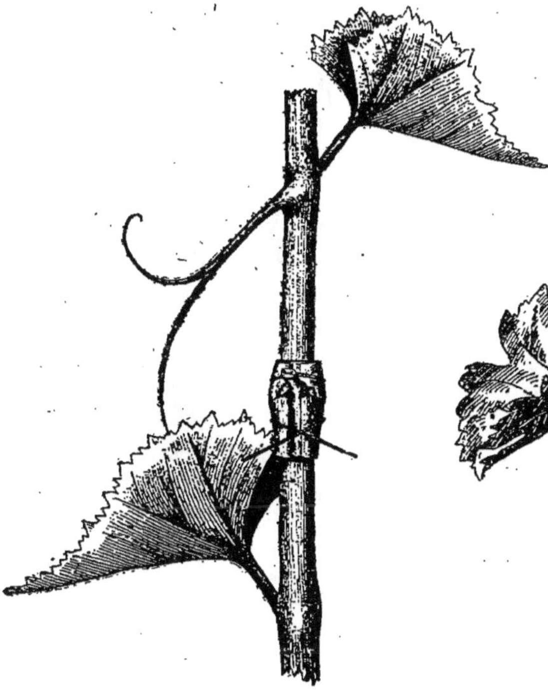

Fig. 76

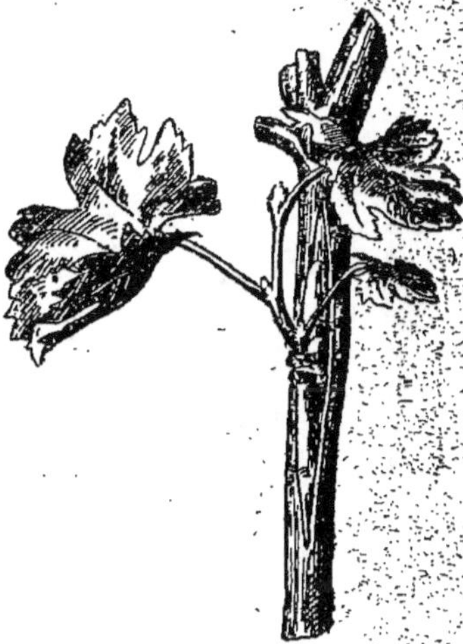

Fig. 77

Fig. 76. — Greffe en écusson terminée et ligaturée. — Fig. 77. — Greffe en écusson lorsque le bourgeon du greffon entre en végétation.

Gœthe et M. E. Jouzier, il n'en serait pas de même en Hongrie, où ce procédé, déjà anciennement pratiqué sur les arbres fruitiers, aurait été appliqué avec succès à cette plante depuis quelque temps.

Le greffage herbacé peut se faire : 1° en fente simple; 2° en fente anglaise; 3° en greffe anglaise simple ; 4° en greffe latérale.

M. E. Jouzier décrit comme suit la manière dont la greffe en *fente herbacée* est effectuée en Hongrie :

«Cette greffe se pratique sur des sarments très jeunes. On peut l'exécuter dès que l'extrémité du jeune sarment, entre la deuxième et la troisième feuille épanouies, comptées de l'extrémité du rameau à son origine (*a* et *b*, fig. 78), est encore très tendre, mais déjà flexible. Cela ne se présente guère avant le commencement de juin, alors que les rameaux ont de 0m,40 à 0m,60 de longueur; jusqu'à cette époque, l'extrémité des jeunes rameaux est excessivement tendre et se briserait trop facilement.

»Le jeune rameau étant reconnu en état d'être greffé, on en sup-

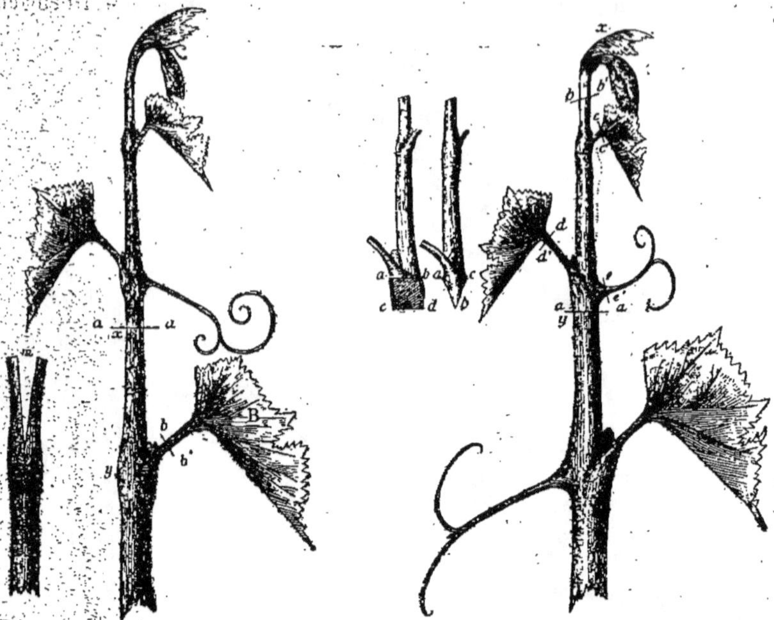

Fig. 79 Fig. 78 Fig. 81 et 82 Fig. 80

Fig. 78 et 79.— Préparation du rameau sujet.— Fig. 80, 81 et 82.— Préparation du greffon.

prime l'extrémité entre les deuxième et troisième feuilles développées (toujours comptées de haut en bas) (fig. 78 *a*, *a'*). On a le soin de laisser au-dessus de la dernière feuille conservée une longueur de mérithalle de 0^{m},04 à 0^{m},05 (*x*, *y*, fig. 78). On coupe cette feuille en conservant une partie du pétiole (*b*, *b'*, fig. 78), puis on fend longitudinalement, suivant son axe, jusqu'au premier nœud conservé, la partie supérieure du rameau déjà taillé. La fente doit intéresser le nœud, mais non le dépasser (fig. 79, *m*, *n*).

»Comme greffon, on choisit, sur un cep de la variété adoptée, l'extrémité d'un jeune rameau semblable à celui que l'on a pris comme sujet (fig. 80). On coupe l'extrémité choisie d'une longueur telle qu'elle ait, en outre de l'extrémité non épanouie du bourgeon, deux feuilles ouvertes (*x*, *y*, fig. 80). On coupe celles-ci en en conservant les pétioles (*c*, *c'* et *d*, *d'*, fig. 80), on coupe également les vrilles (*e*, *e'*, fig. 80), on rogne le greffon au-dessus de la deuxième feuille ouverte (*b*, *b'*, fig. 80) et on taille en coin son extrémité inférieure (fig. 81 et 82); l'angle du coin (*a*, *b*, *c*, fig. 82) doit être très peu aigu, c'est-à-dire que ses faces (a, b, c, d, fig. 81) seront courtes. Le coin doit être taillé sur le nœud inférieur lui-même en ayant soin, toutefois, d'en conserver l'œil et le pétiole qui le protège.

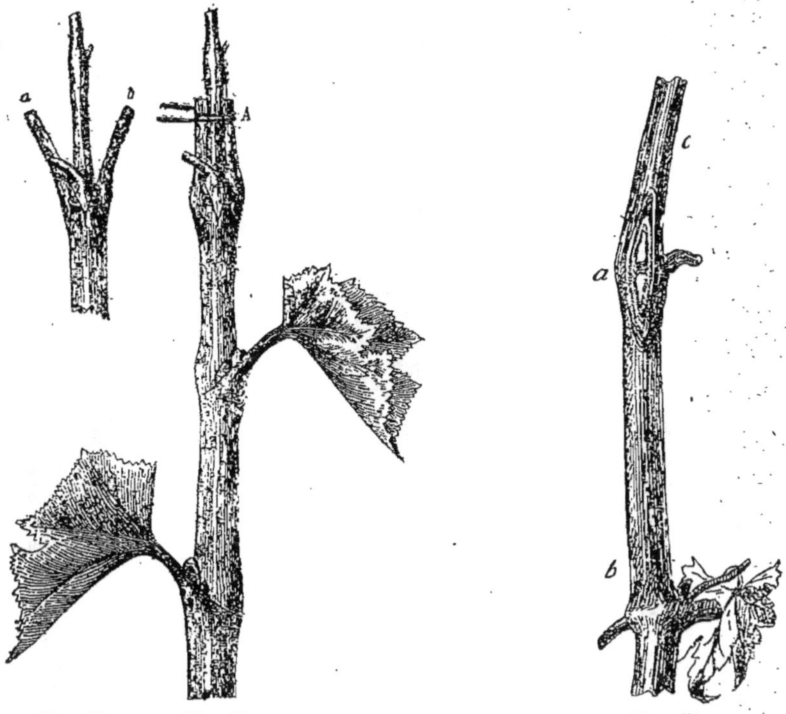

Fig. 83 Fig. 84 Fig. 85

Fig. 83 et 84. — Greffe en fente herbacée terminée et ajustée. — Fig. 85. — Greffe herbacée de côté, sujet préparé (Viala et Ravaz, d'après H. Gœthe).

» Le greffon ainsi taillé est ajusté sur le sujet; on enfonce dans la partie fendue de celui-ci la partie taillée en coin de celui-là, de façon que l'œil inférieur du greffon vienne remplacer l'œil supérieur du sujet (fig. 83), et on attache avec de la laine ou du raphia.

» Il est très pratique de lier de la façon suivante: on fait au niveau de la partie supérieure fendue du sujet (A, fig. 84) deux ou trois tours de ligature sans serrer beaucoup, puis, maintenant les brins de raphia ou de laine avec le doigt, on rajuste le greffon de manière que son écorce et celle du sujet coïncident; on raffermit la ligature commencée et on la continue de façon à couvrir la plaie complètement, sauf l'œil du greffon. Si l'on a lié à la laine, il suffit, pour arrêter la ligature, de tordre ensemble les deux brins liants (1).

(1) E. Jouzier; *loc. cit.*, pag. 132.

»Il est superflu d'ajouter que pour fendre le sujet et tailler le greffon, il est indispensable de ne faire usage que d'un greffoir à tranchant très fin.»

La greffe *en fente anglaise herbacée* ou la greffe *anglaise herbacée simple* (sans languette) se font par les procédés ordinaires. La greffe de côté se fait comme le montrent les figures 85, 86, 87, 88. Les sec-

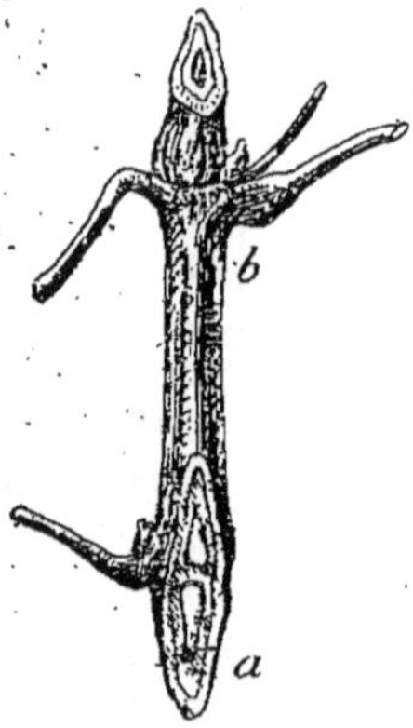

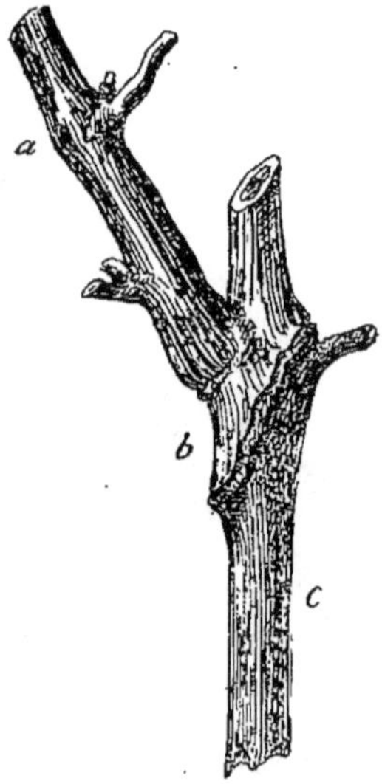

Fig 86 Fig. 87 Fig 88

Fig. 86. — Greffe herbacée de côté ; — *a*, *b*, greffon. — Fig. 87. — Greffe herbacée de côté assemblée et ligaturée ; — *a*, greffon ; — *b*, ligature ; — *c*, sujet. — Fig. 88. — Greffe herbacée de côté, soudée ; l'œil du greffon a donné le rameau : *a*, *b*, points de soudure ; — *c*, sujet (Viala et Ravaz, d'après H. Gœthe).

tions sur le sujet et sur la greffe sont faites sur un nœud, ce qui paraît augmenter sensiblement les chances de reprise.

C'est au mois de juin que doivent se faire les greffes herbacées. Lorsque l'on fait usage de la greffe de côté, on pince l'extrémité du rameau du sujet sur lequel on a opéré. Les yeux du greffon se développent deux ou trois semaines après l'opération, et les sarments qui en naissent s'aoûtent bien.

5° Outils et machines a greffer

a. *Outils pour l'exécution de la greffe en fente.* — On emploie pour cette opération : 1° une scie à archet en fer (fig. 89) ou une scie de jardinier pour décapiter les pieds de forte dimension ; 2° un sécateur pour les sujets plus faibles ; 3° un ciseau en fer, dont nous donnerons ci-après la description ; 4° un marteau ordinaire, ou plutôt un marteau-piochon qui, tout en servant à enfoncer le ciseau, permet au besoin de dégager le pied à greffer (fig. 90) ; 5° une serpette pour aviver les plaies, faire la fente sur des jeunes souches et préparer les greffons.

Les outils que nous venons de mentionner sont suffisamment connus ou représentés par les figures intercalées dans le texte pour qu'il soit utile de les décrire, sauf le ciseau à greffer, dont la construction exige une attention toute spéciale et se prête à des dispositions variées. En principe, on peut considérer le ciseau à greffer comme un coin destiné à fendre la souche, et un ciseau *à froid*

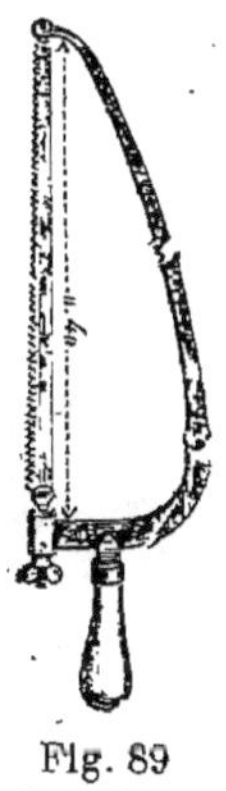

Fig. 89

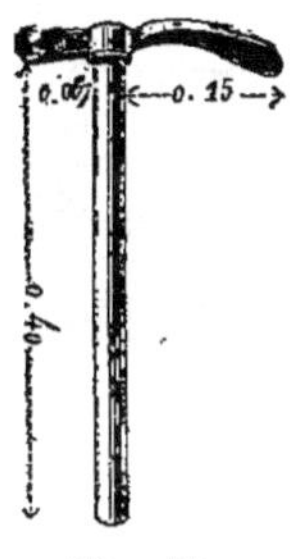

Fig. 90

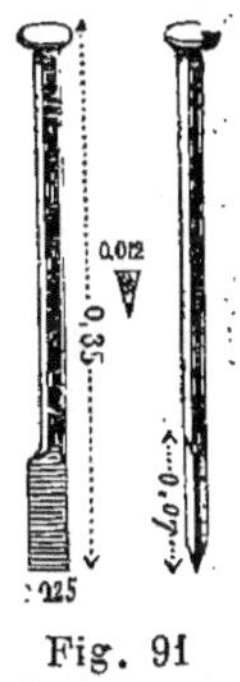

Fig. 91

Fig. 89.— Scie de greffeur.— Fig. 90.— Marteau-piochon.— Fig. 91.— Ciseau à greffer.

ordinaire peut au besoin en faire l'office. Mais, ainsi que nous l'avons vu dans le cas le plus ordinaire, celui où l'on ne pose qu'un seul greffon sur chaque sujet, on cherche, dans l'intérêt de la conservation du pied et pour obtenir un serrage suffisant de la greffe, à ne déterminer la fente que du côté de cette dernière, sans la laisser traverser de part en part ; pour produire cet effet, la lame ne doit pas avoir la même épaisseur sur ses deux tranches ; quelquefois on lui donne tout à fait la forme d'un couteau, de manière à disposer d'un tranchant latéral qui permet de fendre entièrement les jeunes sujets de faible diamètre (fig. 91).

b. *Outils pour l'exécution de la greffe en fente pleine.*— La *greffe en fente pleine* se fait ordinairement à la serpette ; pourtant M. Comy, de Garons (Gard), a imaginé un ensemble d'appareils qui facilitent beaucoup l'exécution de cette opération et permettent de la réaliser avec une grande perfection. La machine à greffer de M. Comy comprend : 1° une jauge ; 2° un panier pour les greffons ; 3° un couteau pour les tailler ; 4° une serpette destinée à fendre et à mesurer le sujet.

La jauge est une plaque de laiton dans laquelle sont découpées huit entailles de largeur variant de 0m,006 à 0m,013, destinées à mesurer le diamètre des sarments qui doivent servir de greffons (fig. 92 et 93 *j*).

Fig. 92.— Jauge de M. Comy.

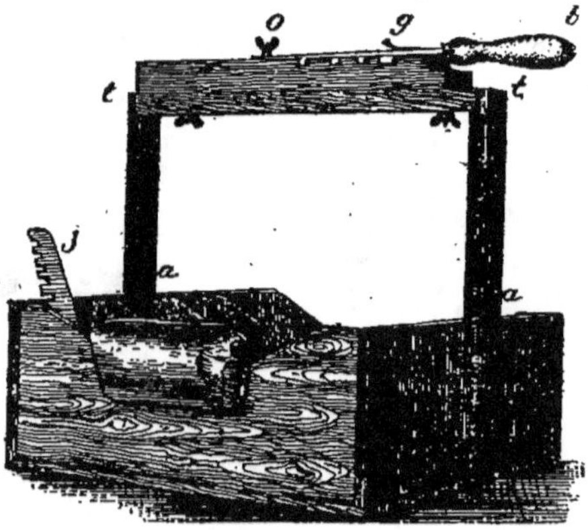

Fig. 93.— Appareil à greffer de M. Comy.

Chaque entaille porte un numéro d'ordre correspondant à celui de l'une des cases du *panier* de greffage.

Le panier à greffons est en bois et divisé en huit compartiments égaux *c c c c*, numérotés comme la jauge, et dans lesquels on range les greffons préalablement calibrés avec cette dernière ; une neuvième case, plus grande, est destinée à recevoir les outils accessoires. Une anse en bois (fig. 93 *a t*, *t a*) porte sur la traverse horizontale *t t*, qui en forme la partie supérieure, un couteau *o*, *b* à lame plate en dessous et inclinée en dessus ; l'une des extrémités de cet outil est traversée par un pivot *o*, autour duquel on peut lui imprimer un mouvement angulaire au moyen d'une poignée fixée à l'autre extrémité. La partie voisine de la lame est guidée entre des plaques horizontales en laiton qui assurent sa marche dans un même plan et par suite déterminent des sections parfaitement régulières. La lame se meut au-dessus d'un socle en bois de chêne dans lequel sont pratiquées seize encoches à fond incliné et établies deux par deux, de manière à permettre de faire successivement, avec des pentes égales, les deux biseaux du greffon, pour des sarments de diamètre divers. Ces encoches sont numérotées d'une manière correspondant à la jauge.

La serpette (fig. 94) présente la disposition spéciale suivante : Sur la lame se trouve un petit bouton saillant en cuivre *a* et un curseur de même métal *b*, qui peut se rapprocher ou s'éloigner à volonté du bouton fixe par un léger mouvement effectué avec le pouce ; une graduation, correspondant à celle des entailles de la jauge, permet de juger de l'écartement qui existe entre le curseur et ce point.

Fig. 94. Serpette de M Comy.

Lorsqu'on veut employer l'appareil Comy pour l'exécution de la greffe en fente pleine, on opère ainsi qu'il suit : On trie en premier lieu les greffons au moyen de la jauge et on les classe dans les cases du panier ; puis on se transporte sur le champ, où, après avoir décapité la souche que l'on veut greffer, on la fend au moyen de la serpette. On a soin, en pratiquant la fente, de mesurer avec le curseur le diamètre du sujet ; après quoi on prend dans la case du panier, correspondant à la mesure, un greffon qui se trouve avoir exactement le même diamètre. On place ce greffon successivement dans les deux encoches correspondantes à son numéro de la pièce en dessous du couteau et on le taille en biseau ; il ne reste plus, pour terminer, qu'à l'insérer dans la fente et à ligaturer.

L'emploi de ces instruments présente les avantages suivants : en premier lieu, il permet de trouver sûrement et promptement des greffons d'un diamètre exactement correspondant à celui du sujet ; en second lieu, on peut obtenir des sections parfaitement planes et exactement symétriques sur ces greffons.

c. *Outils pour l'exécution de la greffe en fente anglaise.* — Cette greffe s'exécute habituellement au moyen de la serpette ou d'un couteau à greffer. Ces instruments ne présentent de spécial dans leur disposition que ceci, c'est que le côté de lame qui se trouve dessous pendant la coupe doit être plate, afin que la section elle-même soit bien plane. Cette disposition ne peut être maintenue qu'à la condition de n'aiguiser les lames que sur une face; en effet, l'aiguisage, quel que soit le soin avec lequel il est exécuté, produit toujours une certaine convexité à la partie de la lame voisine du tranchant (fig. 97), d'où des oscillations et des variations d'inclinaison qui donnent lieu à des coupes festonnées, qu'il importe d'éviter en la faisant porter sur une partie plane (fig. 98).

Parmi les couteaux à greffer les plus connus, on peut mentionner celui de M. Champin et celui de M. Kunde (de Dresde) (fig. 99), qui remplissent très bien les conditions indiquées ci-dessus. On pour-

Fig. 95

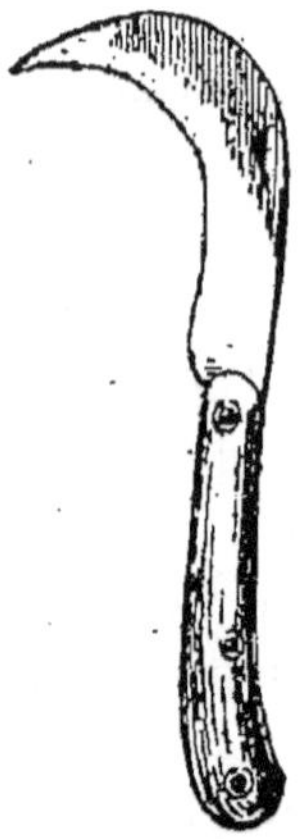

Fig. 96

Fig. 97

Fig. 98

Fig. 99

Fig. 95 et 96.— Serpettes.— Fig. 97. — Coupe d'une lame ordinaire aiguisée sur ses deux faces.— Fig. 98.— Lame de greffoir aiguisée sur une seule face.— Fig. 99. — Couteau à greffer de M. Kunde.

rait leur substituer avantageusement celui de M. Rolli, coutelier à Lausanne (Suisse), qui est identique comme forme, égal en qualité et meilleur marché, ou celui de M. Vermorel, à Villefranche (Rhône).

On peut faciliter l'exécution des greffes anglaises par l'emploi de guides-greffes convenables, qui permettent d'obtenir des coupes très planes et d'inclinaison tout à fait régulière. Nous citerons, parmi les instruments pouvant servir à cet objet, celui de M. Castelbou, de Puisserguier (Hérault) ; il est formé d'un tronc de pyramide pentagonale en bronze; dans la base inférieure et vers la périphérie sont percés une série de trous cylindriques, de volume varié, parallèles à l'axe et coupés obliquement par le plan de chaque face. Des languettes en acier, fixées à la partie inférieure de chaque face, forment deux sortes de gardes qui, à la moindre pression, viennent s'appliquer sur elle, mais qui, à l'état normal, s'en écartent légèrement.

Cet appareil peut être employé, soit aux greffages en place, soit à ceux à l'atelier ; dans ce dernier cas, on le fixe au moyen d'une sorte de support. On opère, pour s'en servir, de la manière suivante : Le sujet ou le greffon est engagé dans l'un des trous correspondant à son diamètre, puis on fait glisser la lame d'un couteau à greffer sur les ressorts, ce qui donne une coupe oblique et plane ; retournant ensuite le couteau, on l'engage entre la face de la pyramide et le ressort, entre lesquels on le fait glisser ; on obtient ainsi une fente convenablement placée.

M. F. Richter, qui pratique chaque année le greffage en fente anglaise à l'atelier sur une grande échelle, emploie un guide-greffe encore plus simple. Chaque ouvrier a devant lui trois tubes en laiton coupés obliquement suivant une pente convenable, de diamètres différents et fixés à la table par un petit support en fer (fig. 100). Le sarment est passé, après avoir été convenablement coupé, dans celui des tubes dont l'ouverture correspond le mieux à sa grosseur, puis la section est pratiquée en suivant les bords du biseau du tube, au moyen du couteau de Kunde (fig. 99). Une femme fait ensuite les fentes à la main avec le même couteau.

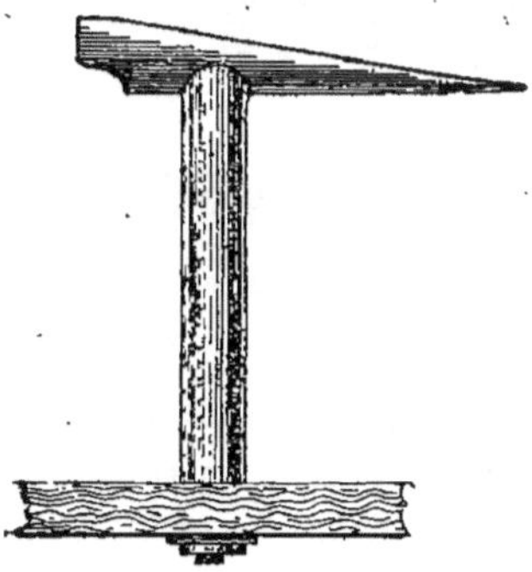

Fig. 100. — Guide-greffe de M. Richter.

Enfin, de nombreuses machines ont été inventées pour faire la greffe en fente anglaise ; la seule qui soit encore parfois employée est celle de M. Petit, ingénieur civil à Langon (Gironde).

Cet appareil (fig. 101) est formé essentiellement de deux lames :

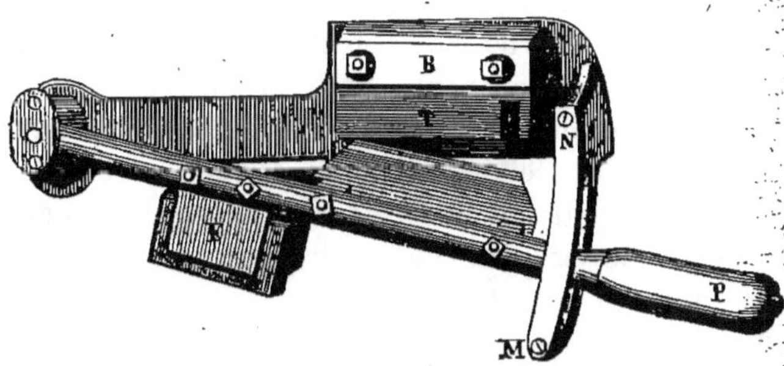

Fig. 101 — Machine Petit, pour le greffage en fente anglaise.

l'une sert à exécuter la coupe en biseau du sarment, l'autre F est destinée à faire la fente ; elles sont portées toutes deux par un levier auquel on peut communiquer, au moyen d'une poignée P fixée à l'une de ses extrémites, un mouvement de rotation autour d'un axe qui traverse l'autre extrémité. Une glissière, qui se meut entre deux guides parallèles situés en MN, maintient le levier dans un plan horizontal et limite l'étendue de ses déplacements.

La lame qui fait la coupe est une sorte de plane de charron; elle est située en avant, si l'on considère l'appareil en place et prêt à servir. La lame F, qui fend, se rapproche beaucoup de la portion droite d'une serpette ordinaire et est placée du côté opposé à la première.

Au-dessous de la lame G se trouve une tablette en bronze T (fig. 101 et *a b c d*, fig. 102), formant un plan gauche. Cette tablette

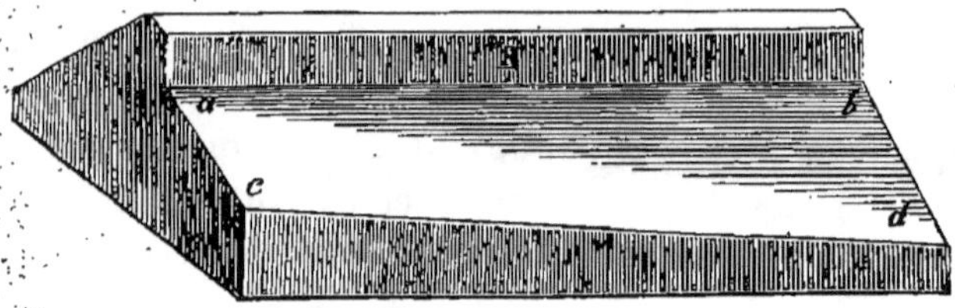

Fig. 102.— Tablette de la machine Petit.

est limitée à sa partie supérieure par une buttée horizontale B; c'est au pied de cette buttée que vient s'arrêter la lame coupante, à l'extrémité de sa course en avant. Cette disposition de la tablette permet, en plaçant un sarment sur un point convenable de sa surface, d'obtenir une même inclinaison de coupe, quel que soit son diamètre. Sous la lame F se trouve une seconde tablette en bois, analogue à la première, et sur laquelle on fait la fente.

Tout cet ensemble est supporté par un bâti en fonte, que l'on fixe au bord d'une table au moyen de vis solides.

L'appareil se manœuvre de la manière suivante : 1° pour couper en biseau, on place le sarment sur la tablette T, en un point convenable, et en faisant porter l'extrémité contre la buttée B ; puis on pousse à fond la lame coupante, par l'intermédiaire de la poignée P ; 2° pour fendre, on pose sur la tablette en bois le sarment déjà coupé, en plaçant la section en dessus, de telle sorte que le tranchant de la lame l'attaque vers le milieu et suivant son axe ; on ramène alors le levier vers l'opérateur, jusqu'à ce que la fente ait atteint la profondeur voulue.

M. Richter a modifié la machine Petit en faisant supporter le sarment, au moment de la coupe, par un ressort qui, en cédant sous la pression du couteau, détermine une section légèrement concave. Il recherche la concavité des sections comme moyen de compenser la convexité qui se produit par le fait de la pénétration mutuelle des languettes dans les fentes, une fois la greffe ajustée.

d. *Outils pour l'exécution de la greffe de Cadillac.*— On a imaginé, pour faciliter l'exécution de la greffe de Cadillac, une sorte de guide-greffe qui permet de faire la fente jusqu'à la profondeur voulue. C'est une sorte de pince à mors plats (fig. 103), percés d'une ouverture longitudinale *d e*, dans laquelle on enfonce un couteau à

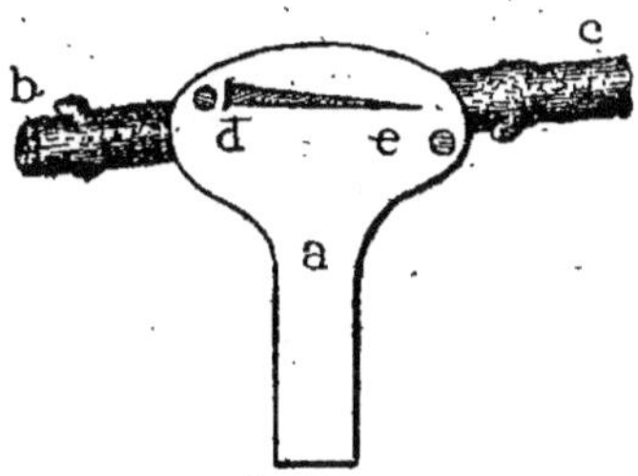

Fig. 103.— Pince pour l'exécution de la greffe de Cadillac.

lame triangulaire (fig. 104). Le sarment *b c*, maintenu dans une position convenable par la pression des pinces qui sont serrées en *a* (fig. 103) par un anneau en fil de fer et par deux petites chevilles *d e*, est fendu avec une grande précision.

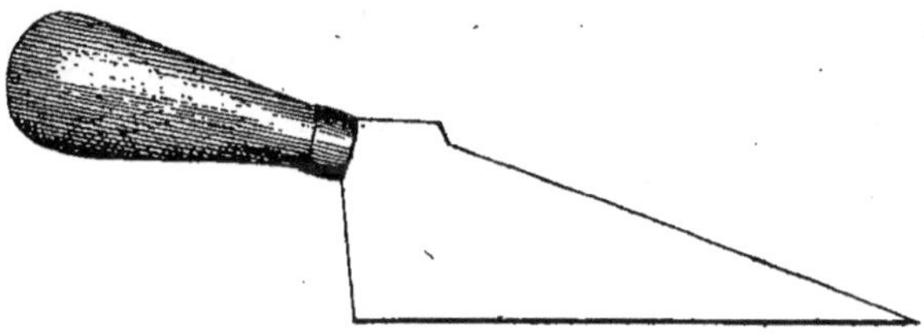

Fig. 104.— Couteau pour l'exécution de la greffe de Cadillac.

Aucune des machines servant à exécuter les greffes en place n'a été jusqu'ici adoptée par la pratique, tout ou moins d'une manière un peu générale ; on peut dire du reste que le greffage à la main tend à gagner de plus en plus de terrain au fur et à mesure que le nombre des bons greffeurs s'accroît et que l'expérience démontre que, sauf en ce qui concerne les guides-greffes, il est presque aussi difficile d'apprendre à un ouvrier à très bien employer une machine, comme cela est nécessaire pour obtenir de bons résultats, qu'à greffer à la serpette d'une manière suffisante.

6° Ligatures et engluements

Les greffes faites sur des pieds déjà forts sont généralement assez solides, une fois abandonnées à elles-mêmes, pour qu'il soit inutile de les lier ; quant à celles de faible diamètre, si, ainsi que nous l'avons dit précédemment, elles doivent être assez soigneusement faites pour pouvoir au besoin se passer de ligature, il est prudent néanmoins de leur procurer par ce moyen un supplément de solidité qui les protège contre les accidents résultant des chocs ou de l'action des vents. On fait usage, dans ce but, de la ficelle, du raphia, du caoutchouc, des garnitures en acier flexible ou de deux demi-bouchons liés avec du fil de fer.

Dans le Midi, la ficelle est le plus souvent employée sans préparation ; elle donne une grande solidité aux assemblages, et, dans les années sèches et où elle se conserve bien, il est quelquefois nécessaire de la couper après la soudure, sans quoi elle risque d'*étrangler* la greffe. Dans les contrées plus humides, on a proposé, au contraire, pour en prolonger la durée, de la sulfater ou de la goudronner.

Le *raphia*, fibre d'un palmier de Madagascar, le *Sagus Raphia* ou *Raphia tædigera*, présente beaucoup de ténacité et sa disposition en rubans aplatis facilite l'opération du ligaturage. On lui a reproché de pourrir trop promptement dans les années pluvieuses ; pour remédier à cet inconvénient, M. Champin a recommandé de le plonger dans des dissolutions de sulfate de cuivre plus ou moins concentrées, suivant la durée de préservation que l'on désire. On a proposé à diverses reprises d'employer, comme liens pour les greffes, le caoutchouc vulcanisé, soit sous la forme de bouts de tube ou d'anneaux que l'on passe sur la greffe au moyen d'appareils spéciaux, soit sous celle de fragments en forme de cordons à section carrée d'environ deux millimètres de côté. Le caoutchouc, sous les premières formes, a été généralement abandonné, et on ne fait plus guère usage, aujourd'hui, que des cordons ; on les emploie particulièrement pour lier les greffes sur bouture : leur élasticité, qui assure une pression régulière et continue, mais jamais excessive, les fait considérer comme d'excellentes ligatures ; seulement leur prix de revient assez élevé amène beaucoup de viticulteurs à y renoncer pour faire usage de matières moins coûteuses. Les liens en acier sont formés par des lames plates et flexibles courbées comme une sorte de collier cylindrique ouvert d'un côté. On écarte, au moyen d'un outil spécial, les bords de la partie ouverte de manière à passer le collier autour de la greffe contre laquelle son élasticité l'amène à s'appliquer avec pression dès qu'on l'abandonne à lui-même. Ce système, qui présente divers inconvénients, est peu employé jusqu'ici.

On a enfin proposé, il y a peu d'années, de faire usage de bouchons de liège pour protéger les parties en contact du sujet et de la greffe contre les intempéries et la dessiccation. Les bouchons sont fendus en deux, suivant leur axe, et légèrement évidés au milieu; on les place ensuite de part et d'autre de la greffe, on les serre au moyen de pinces spéciales (fig. 105) qui permettent à leurs sections de se rejoindre et de se presser mutuellement, puis on entoure le bouchon de trois ligatures de fil de fer qui sont serrées et arrêtées avec des tenailles avant que la compression ait cessé.

Fig. 105. — Greffe au bouchon. A. B. C. D., pince à ligature ;— V. Bouchon.

La *greffe au bouchon*, ainsi qu'on l'a appelée, a donné lieu parfois à des réussites assez satisfaisantes, mais le plus souvent à des insuccès. La difficulté de son exécution et les soins minutieux qu'elle demande pour donner de bons résultats en ont beaucoup restreint l'application, et on peut dire qu'elle n'est vraiment avantageuse que lorsque l'on veut obtenir des greffes hors de terre et que l'on n'opère que sur de petites quantités.

Le but des engluements est de recouvrir les sections des greffes, afin d'en empêcher la dessiccation et de les protéger contre la pénétration des eaux de pluie. Il n'est nécessaire d'y avoir recours que dans le cas où l'on a affaire à des greffes laissant à découvert de larges plaies, ainsi que cela a lieu lorsque l'on opère sur de vieux pieds ou sur des sujets situés dans des terres caillouteuses ou motteuses, où le dessèchement s'effectue promptement. Lorsque l'on greffe au contraire en fente anglaise ou en fente pleine sur de jeunes sujets et dans les terres meubles et fraîches, mais non humides à l'excès, on peut s'en passer, à la condition surtout d'envelopper le point d'assemblage dans une ligature de raphia ou de ficelle goudronnée soigneusement exécutée. La matière qui a donné jusqu'ici les meilleurs résultats est l'argile pétrie ; elle doit être parfaitement purgée de pierres et former une pâte bien liée, ne coulant pas et ne se fendant pas quand on la façonne. On l'applique alors en petite quantité avec les doigts sur les plaies, afin de les protéger du contact de l'air.

On peut encore en faire une bouillie claire, dont on badigeonne la greffe au moyen d'un pinceau.

On emploie quelquefois aussi des feuilles d'étain ou de plomb, qui, placées sous la ligature, s'opposent à la dessiccation des parties coupées et, jusqu'à un certain point, à la naissance des racines ; c'est surtout pour les boutures greffées que l'on en fait usage.

Les mastics résineux, tels que celui de l'Homme-Lefort, qui donnent de bons résultats dans l'air, n'ont pas réussi lorsqu'on a essayé de les employer sous terre.

7° Soins a donner aux greffes

a. *Buttage et protection de la greffe.* — Ainsi que nous l'avons vu précédemment, le greffage de la vigne ne peut réussir que sous terre, et pourtant on l'exécute d'ordinaire à fleur de terre ou même un peu au-dessus du sol. Afin de replacer la greffe dans les conditions voulues pour en assurer le succès, on la butte fortement : on la soustrait ainsi à l'action desséchante de l'air extérieur. La terre, bien ameublie préalablement, est ramenée en forme de cône autour du greffon, de manière à n'en laisser sortir que le dernier œil (fig. 106). Cette opéra-

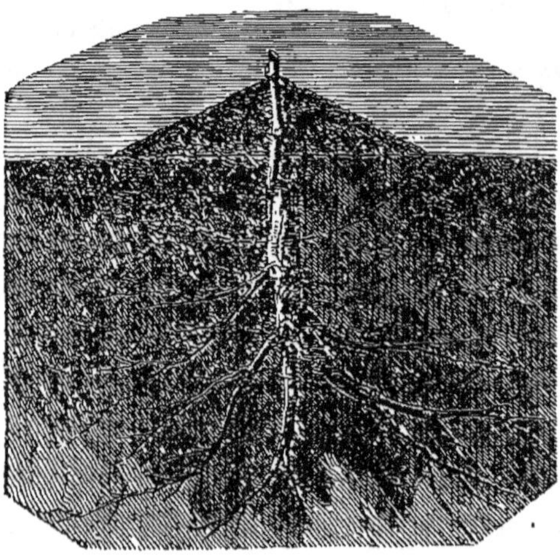

Fig. 106. — Greffe en fente buttée.

tion se fait au moyen d'une houe triangulaire et elle doit être exécutée avec soin, dans la crainte d'ébranler la greffe. Lorsque le sol est caillouteux ou argileux, on entoure la greffe de sable, qui constitue pour elle un meilleur milieu ; pour cela, une fois qu'elle est terminée, on l'entoure d'un bout de tuyau de tôle d'environ $0^{m},08$, dont on lui fait occuper l'axe, on verse du sable dans le tuyau, on butte comme à l'ordinaire, et enfin on retire ce dernier qui laisse un cylindre de sable entourant la greffe et maintenu par la terre. Dans les pépinières, ce buttage s'effectue en billons continus, suivant les lignes.

Le développement considérable des jeunes rameaux dès la première année de greffage entraîne souvent des inconvénients par suite de la prise qu'ils donnent au vent ou simplement à cause de leur poids, qui amène le déplacement du greffon et le décollement de la soudure. Le meilleur moyen d'éviter ce danger consiste à attacher la greffe à un petit piquet placé au pied même de la souche, dès avant le buttage ; on maintient de la sorte dans leur position primitive les éléments qui la composent.

b. *Enlèvement des racines de la greffe et des repousses du sujet.* — Le pied des greffes doit être visité avec soin à peu près tous les mois, pendant l'été qui suit leur exécution, afin de détruire les racines qui naissent sur le greffon et d'enlever les drageons qui sont émis par le sujet. Le succès du greffage dépend, dans une large mesure, de la bonne exécution de ces soins. Lorsqu'on laisse, en effet, les racines du greffon se développer, la végétation du porte-greffe diminue et la partie extérieure grossit plus rapidement que celle qui est sous terre. Ce grossissement anormal détermine l'écartement des parois de la fente et finit souvent par provoquer le décollement complet de la greffe. Du reste, alors même que cet accident ne survient pas, l'affranchissement du greffon est toujours une chose fâcheuse ; les racines de ce dernier se développent au détriment de celles du sujet, qui est alors insuffisant pour nourrir la greffe.

Lorsqu'on néglige de détruire les drageons, ils se développent au détriment des rameaux de la greffe, laquelle souvent ne se soude pas dans ces conditions, ou reste tout au moins chétive et finit quelquefois par succomber. A partir du mois d'août, quand les pieds qui on échoué peuvent être sûrement reconnus, on cesse d'enlever les drageons, afin de réserver, au besoin, des bois sur lesquels on pourra pratiquer la greffe anglaise l'année suivante. En cas d'insuffisance de ces repousses, il est toujours possible de regreffer plus bas sur la souche elle-même, mais les chances d'affranchissement augmentent ; aussi, dans la plupart des cas, doit-on préférer l'emploi du premier moyen, quand on peut y avoir recours.

8° Conditions d'application du greffage

a. *Greffage sur boutures.* — Le greffage sur boutures a donné des résultats assez divers, suivant les milieux où il a été appliqué. Il réussit moins bien, en général, dans la région méditerranéenne, qui est sèche, que dans celle plus humide du Lyonnais, du Beaujolais et du Mâconnais, ce qui s'explique facilement par le fait que la bouture doit non seulement se souder, mais encore s'enraciner, et que, ainsi que nous l'avons vu, une certaine humidité est nécessaire pour cet objet. On a pu néanmoins en tirer parti, même dans la première de ces régions, à la condition de l'exécuter en pépinière arrosée et avec certaines précautions que nous allons indiquer : les boutures, coupées à une longueur d'environ 0m,25, sont greffées en fente anglaise à biseau court, avec un greffon à un seul œil (fig. 107) ou deux yeux; la greffe est quelquefois entourée d'une petite feuille de plomb, qui est elle-même maintenue au moyen d'une ligature de raphia, de ficelle ou de caoutchouc, le plus souvent elle est liée tout simplement avec du raphia ou de la ficelle et enduite d'argile en bouillie, que l'on y applique avec un pinceau ou dans laquelle on la plonge. Lorsque l'on doit faire enraciner des boutures greffées, il est nécessaire d'opérer avec plus de soin et de s'y prendre différemment à bien des points de vue; aussi, étant donnée l'importance que prend d'année en année ce mode de multiplication de la vigne, entrerons-nous dans quelques détails à ce sujet. Les boutures sont d'abord décortiquées à la partie inférieure, de manière à en faciliter l'enracinement; on se sert, pour effectuer promptement cette opération, d'un petit outil fort simple et fort bien compris, imaginé par M. Leydier, à Lancieux, par Sablet (Vaucluse); c'est une sorte de petit peigne en acier, à dents aiguës et peu profondes, qui peut se fixer facilement sur une table au moyen de deux vis.

Fig 107. — Bouture greffée en fente anglaise.

En pressant le sarment sur le peigne et en le tirant en même temps dans une direction perpendiculaire à celle de la lame, on obtient une série de rainures parallèles qui mettent à découvert la couche précambiale d'où naissent les racines. On enlève ensuite tous les bourgeons de la bouture, afin d'empêcher le développement des drageons après le greffage. Cette précaution est particulièrement utile quand on opère sur le V. Rupestris, qui est très sujet à en émettre; on greffe enfin en fente anglaise; on ligature et on englue comme il a été dit précédemment, on enlève les yeux souterrains.

Les boutures greffées sont ensuite plantées dans des fossés parallèles. Comme la nécessité où l'on est de visiter fréquemment les greffes au cours de l'été, pour les débarrasser des racines qui s'y développent, oblige à laisser libre un espace de 70 centimètres au moins, les lignes sont réunies en groupes de deux, éloignées l'une de l'autre de 40 centimètres, les groupes étant à 70 ou 75 centimètres les uns des autres (fig. 108).

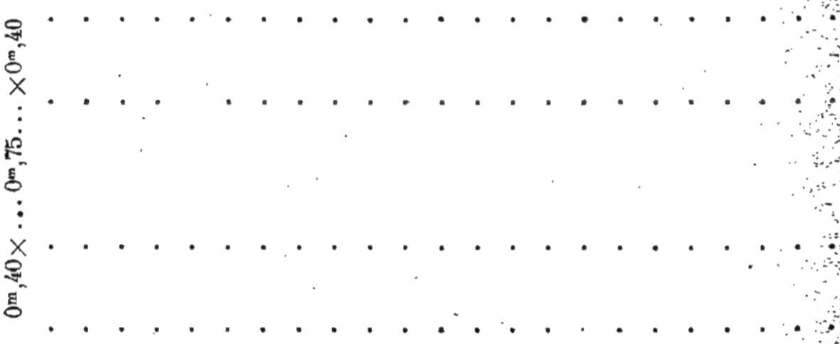

Fig. 108.— Disposition des lignes de boutures greffées en pépinière.

L'opération de la plantation elle-même peut être organisée de la manière suivante, ainsi que nous l'avons vu chez M. Richter, pépiniériste à Montpellier :

1° La tranchée où doivent être placées les boutures est ouverte à la bêche le long d'un cordeau en fil de fer et de manière à ce que la paroi de ce côté soit presque verticale (fig. 110); les déblais sont rejetés du côté opposé au cordeau.

2° Le cordeau est enlevé et on le remplace au bord de la tranchée TT par une règle en bois de 2 mètres *AB*, divisée en deux parties égales par un trait *t* et qui est maintenue de champ par une pièce de bois *BC* fixée perpendiculairement à sa direction (fig. 109).— Si le ter-

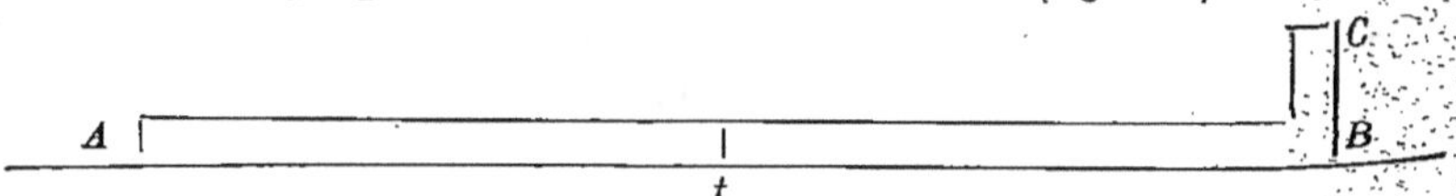

Fig. 109.— Règle en bois pour placer les boutures

rain est un peu argileux, on remblaie l'angle du fossé, dans la partie où doivent reposer les boutures, avec du sable (fig. 111); s'il est de bonne nature, on se borne à fouiller un peu le fond.

Les boutures, en nombre correspondant à celui qui doit garnir la ligne par mètre courant, sont piquées debout, appuyées contre la paroi verticale du fossé et enfoncées jusqu'à ce que leur extrémité supérieure vienne affleurer l'arête supérieure de la règle, de manière à ce que toutes les greffes soient bien à la même profondeur (fig. 112).

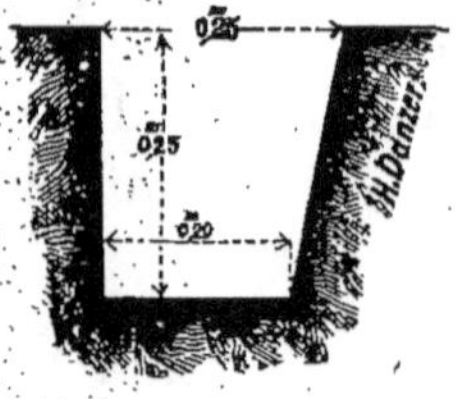

Fig. 110

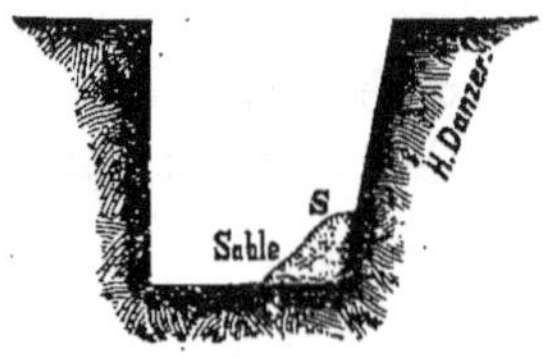

Fig. 111

Fig. 112

Fig. 110. — Tranchée ouverte pour la plantation des boutures greffées. — Fig. 111. — Remblai de sable S dans un angle en vue de favoriser la reprise. — Fig. 112. — Mise en place de la bouture.

3° L'enfouissement se fait progressivement et de la manière suivante: un premier ouvrier jette la terre à la bêche dans la tranchée, de façon à la remplir jusqu'à moitié, un second foule avec le pied, un troisième achève le tassement avec une sorte de dame ou de bourroir en bois (fig. 113); une deuxième série de trois ouvriers achève de combler, en procédant de la même manière, mais sans tasser (fig. 114).

Fig. 113

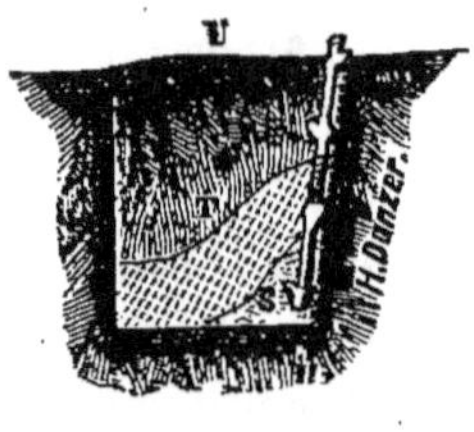

Fig. 114

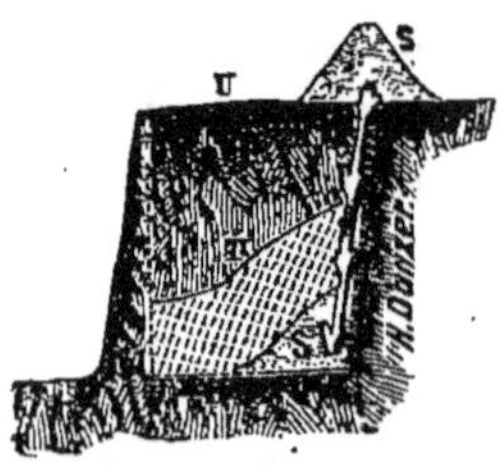

Fig. 115

Fig. 113. — Remblai de terre tassée T sur le sable. — Fig. 114. — Remblai de terre meuble U sur la terre tassée. — Fig. 115. — Buttage en billon S recouvrant les boutures.

4° Une dernière équipe procède au buttage : un ouvrier chausse les greffes jusqu'en haut avec une petite houe, un autre serre la terre contre le greffon avec les mains en prenant toutes les précautions nécessaires pour ne pas l'ébranler, un troisième accumule la terre par dessus avec un râteau, un quatrième enfin achève de butter et régularise la surface avec une râtissoire à tirer (fig. 115) (1).

La plantation doit se faire dans un sol très bien ameubli et lorsqu'il n'est pas trop humide. Les boutures greffées ne doivent pas être apportées en trop grand nombre à la fois sur le lieu de la plantation, de manière à ce qu'elles n'aient pas trop à attendre le moment de leur mise en place ; on peut les mettre par petits paquets, debout dans des cornues, la partie inférieure plongeant dans l'eau, ou bien les recouvrir simplement avec un linge mouillé.

Les soins d'entretien à donner aux pépinières consistent en binages fréquents et, quand on le peut, en arrosages. Les arrosages doivent se faire par infiltration, afin de diminuer le plus possible le tassement du sol : les lignes de boutures sont buttées en billon et on fait courir l'eau dans les rayons intermédiaires. Il faut répéter l'opération le moins souvent possible et avec la quantité d'eau rigoureusement indispensable ; l'excès d'eau nuit en effet, quelquefois à la reprise ; en refroidissant la terre, elle offre dans tous les cas l'inconvénient de donner lieu à des plants sans doute très vigoureux, mais à tissus lâches et spongieux qui manquent ensuite de rusticité ; enfin elle favorise en certaines circonstances le développement du *Dematophora necatrix*. On a toujours intérêt à commencer les arrosages tardivement, afin de laisser le sol s'échauffer le plus possible, ce qui favorise l'émission des racines, mais cela est particulièrement utile lorsque l'on a affaire à des boutures greffées qui doivent en outre se

(1) Nous avons vu un chantier de plantation organisé comme suit chez M. Richter, dont nous venons de parler précédemment :

1° Un homme régularise la terre du côté où appuyeront les boutures, afin de permettre de bien poser les greffes. — 2° Un homme met la terre meuble au fond du fossé. — 3° Une femme défait les paquets de greffes et les distribue à celles qui les mettent en place. — 4° Douze femmes placent les boutures à raison de 20 par mètre linéaire et en les enfonçant de manière à ce que la partie supérieure soit au niveau de la règle. — 5° Un homme met de la terre contre les boutures greffées en l'ameublissant. — 6° Un homme tasse la terre contre les boutures greffées. — 7° Un second homme ajoute de la terre contre les boutures. — 8° Un second homme tasse la terre au pied des boutures. — 9° Un troisième homme met de la terre au pied des boutures pour combler le fossé — 10° Puis viennent trois hommes pour nettoyer le fossé d'où on a sorti les déblais et qui servira pour la ligne suivante. — 11° Un homme pour piocher la terre non remuée derrière la greffe. — 12° Un homme brisant les mottes et buttant. — 13° Une femme faisant un premier tassement à la main contre le point de greffage. — 14° Une femme pour mettre de nouveau de la terre. — 15° Une femme pour tasser la terre à la main jusqu'au premier bourgeon. — 16° Un homme ramène avec une houe les terres laissées par les femmes. — 17° Un homme ramasse et achève d'égaliser avec la râtissoire. — Deux surveillants sont nécessaires pour un pareil chantier.

souder. Il est nécessaire de faire alterner les binages avec les arrosages pour rompre la croûte qui se forme sur le lieu de passage de l'eau; il faut enfin, lorsque l'on a planté des boutures greffées, visiter fréquemment les greffes pour enlever les jeunes racines qui s'y développent plus facilement encore qu'autre part.

Les pépinières doivent être défendues avec un soin tout particulier contre les attaques du mildew, à cause de la facilité avec laquelle leurs jeunes feuilles sont atteintes par cette maladie et des graves inconvénients qui proviennent du défaut d'aoûtement qui en résulte.

Malgré les précautions exceptionnelles qu'exigent les greffes sur boutures et la moindre proportion de réussite que l'on en obtient si on les compare à celles faites sur des plants enracinés proprement dits, elles présentent certains avantages importants et qui leur assurent une place notable dans la pratique; elles peuvent s'exécuter à l'atelier ou à la machine pendant tout l'hiver, pour être conservées en stratification jusqu'au moment de la plantation; elles permettent enfin d'avoir un plant enraciné et greffé au bout d'un an lorsqu'on opère en pépinière, ou de quelques semaines seulement quand on a recours à la culture forcée.

La conservation des boutures greffées en stratification dans le sable exige certaines précautions; en effet, lorsque ce dernier est trop humide, les sclérotes du *Sclerotinia Fuckeliana* se développent parfois entre les parois de la fente et la greffe, dont ils empêchent la soudure.

Diverses personnes qui ont expérimenté la stratification des boutures greffées dans la mousse humide ont unanimement recommandé cette manière de procéder (1). M. Rougier, professeur départemental d'agriculture de la Loire, qui a étudié ce mode de stratification chez M. Martineau, pépiniériste à Sainte-Maure (Indre-et-Loire), en décrit comme il suit l'exécution (2) :

« A. *Matériel et locaux destinés au greffage.* — Le matériel de greffage comprend de la mousse et des caisses.

» La mousse est une substance très commune que l'on peut se procurer à très bon marché; il n'y a pas à craindre qu'elle fasse défaut.

» Les caisses garnies de greffes peuvent être conservées dans des locaux quelconques, pourvu que ceux-ci les garantissent contre les courants d'air. Il est bon toutefois qu'ils aient des ouvertures au

(1) Voir : *Congrès viticole de Montpellier*, 13-17 juin 1893. C. Coulet. Montpellier, pag. 86 et 87.

(2) Rougier. — *La greffe dans la mousse. Progrès agricole*, 12 février 1893.

midi et qu'ils puissent être chauffés, surtout si l'on doit greffer de bonne heure. Dans ce dernier cas, il serait même très utile d'avoir des serres, de façon à pouvoir donner à volonté la chaleur et la lumière nécessaires aux greffes.

»Mais si on ne veut faire qu'un nombre de greffes limité, on peut très bien placer les caisses dans un appartement habité.

»B. *Epoque du greffage.* — Les greffes placées dans les meilleures conditions possibles au point de vue de la soudure mettent de quatre à cinq semaines pour se souder. A ce moment, si les circonstances ont été favorables, le *calus* est formé sur le liber des coupes et il déborde sur tous les points en contact de l'ajustage. Ce serait donc environ un mois avant la plantation qu'il conviendrait de greffer, c'est-à-dire pendant les mois de mars et d'avril dans le centre de la France et un peu plus tôt dans le Midi.

»Mais en prenant diverses précautions qui ont pour but de retarder l'évolution des racines du porte-greffe et le bourgeon du greffon, on peut greffer plus tôt, de manière à augmenter le nombre de journées de greffage.

»Nous pensons cependant qu'il sera toujours préférable de ne laisser les greffes dans les caisses que le temps nécessaire à la soudure, c'est-à-dire 4 ou 5 semaines au plus.

»C. *Exécution des greffes mises dans les caisses.* — Les greffes destinées à être placées dans la mousse doivent être exécutées comme à l'ordinaire, mais on aura soin d'avoir de très bons ajustages. Il est facile d'ailleurs, tout en opérant très rapidement, d'arriver à faire coïncider exactement les coupes.

»Ces greffes, sans être ligaturées, sont réunies en petits paquets de de 10, 12 ou 15, lesquels sont attachés, sans être trop serrés, au moyen de deux liens de raphia. L'un des liens sera placé à la base du paquet, c'est celui qui sera attaché le premier; l'autre, un peu au-dessous de la greffe. Le premier sera un peu plus serré que le second.

»En préparant à l'avance les porte-greffes et les greffons, on a soin de donner aux uns et aux autres à peu près les mêmes dimensions, de manière que les paquets aient tous la même longueur.

»Aussitôt que les paquets sont faits, on les met dans les caisses. On commence par placer au fond de la caisse une couche de mousse humide moyennement tassée et ayant 8 à 10 centimètres d'épaisseur; une des parois de la caisse, celle de l'un de ses bouts, est en même temps tapissée d'une couche de mousse et on place les paquets debout les uns contre les autres, en les espaçant par quelques brins de mousse. On a eu soin, aussi, de tapisser de mousse les parois latérales, et lorsqu'on arrive près de l'autre bout de la caisse, à 6 ou 8 centimètres, on garnit l'espace qui reste avec de la mousse.

»Il est superflu d'ajouter que, pendant ces opérations, il convient de prendre les paquets avec précaution de manière à ne pas déranger les greffons. Pour éviter le mouvement des greffes et leur dislocation qui pourrait avoir lieu en manipulant les caisses, il faut avoir soin de bien appliquer les paquets les uns contre les autres et contre la mousse des parois latérales, de façon à ne pas laisser de grands vides dans l'intérieur de la caisse.

»Au-dessus des greffes, on place une dernière couche de mousse de 8 à 10 centimètres, et au besoin un couvercle, et la caisse se trouve ainsi préparée.

»La manière de procéder qui vient d'être décrite convient lorsque les greffes ne doivent rester dans les caisses que juste le temps nécessaire pour la soudure. Le greffage et la mise en caisse, ainsi que nous l'avons dit plus haut, doivent, dans ce cas, précéder de 4 à 5 semaines la plantation. Mais, dans le cas où l'on désirerait greffer plus tôt et où il serait nécessaire de retarder la plantation, on devrait placer les paquets de greffes dans une position horizontale de manière à amener un retard dans l'évolution des racines du porte-greffe et le bourgeon du greffon.

»M. Martineau a employé cette dernière méthode avec succès, mais nous pensons que pour le début il sera toujours préférable de procéder comme il a été indiqué plus haut, c'est-à-dire de placer les paquets dans une position verticale

»D. *Soins à donner aux greffes pendant leur séjour dans les caisses.*— Les greffes sont laissées dans la caisse jusqu'au moment de la plantation: Pendant ce séjour, on arrosera la mousse de temps en temps de manière à maintenir le tout dans un état de fraîcheur favorable à la soudure. Pour arroser, il suffit de verser de l'eau avec un arrosoir à pomme sur la couche supérieure de mousse, la soudure se produit au bout d'un mois à cinq semaines.

»Si l'on opère en avril, il suffit de placer les caisses dans une pièce fermée et de les sortir lorsque le soleil paraît pour obtenir une soudure rapide; mais si l'on a greffé en février et mars et que l'on désire planter de bonne heure en pépinière, on devra chauffer les locaux de manière à se rapprocher de la température de 18 à 20°, qui est la plus favorable.

»Mais, lorsqu'on greffe de bonne heure, on a intérêt à ne pas presser les greffes de manière à ne pas être amené à planter trop tôt. En effet, ainsi que nous le verrons plus loin, on doit confier au sol les boutures greffées aussitôt que les radicelles commencent à se montrer à la base du porte-greffe; il faut donc que le sol soit en état d'être travaillé au moment de l'apparition des radicelles.

»Quelques jours avant la plantation, c'est-à-dire lorsque la soudure est effectuée et que les bourgeons ont commencé à se développer, il convient d'enlever la couche supérieure de mousse de façon à habituer les jeunes pousses au grand air et à la lumière. Ces jeunes pousses sont très délicates, il convient de les exposer graduellement à l'air et surtout à la lumière. On commencera par placer les caisses dans un endroit obscur le premier jour, peu à peu on les amènera à une lumière plus vive pour qu'elles puissent supporter la plantation en pépinière.

»E. *Plantation.*— Les boutures greffées doivent être confiées au sol lorsque, la soudure s'étant produite sur tout le pourtour de l'ajustage, les radicelles commencent à pointer. A ce moment, les protubérances du calus ou tissu cicatriciel se sont réunies et ont débordé sur toute l'étendue de la ligne qui limite les surfaces en contact en formant un petit bourrelet continu.»

M. Rougier fait remarquer que ce procédé présente les avantages suivants : 1° il permet la suppression de la ligature ; 2° il assure la soudure de la greffe avant la plantation.

La possibilité d'obtenir de meilleures soudures que celles produites dans d'autres conditions, l'amélioration des machines à greffer, qui permet d'en obtenir des résultats de jour en jour plus parfaits, l'augmentation du nombre des bons ouvriers greffeurs et la diminution des boutures américaines, qui rend moins onéreux le déchet résultant des non réussites, donnent une importance toujours plus grande au greffage sur boutures.

b. *Greffage sur plants enracinés.* — Le greffage sur plants enracinés donne une proportion de réussite plus considérable que celui sur boutures, puisque l'on a en moins à courir les chances de non enracinement. Il se présente, du reste, dans des conditions diverses; il peut se faire : 1° en plein champ ; 2° en pépinière ; 3° à l'atelier, sur des plants arrachés.

Le greffage sur plants enracinés *en plein champ* offre l'avantage de ne pas exiger de transplantation, ce qui est une cause de retard dans la mise à fruit ; mais il a l'inconvénient d'entraîner une certaine irrégularité dans l'aspect de la vigne, par suite de l'impossibilité d'obtenir la réussite de toutes les greffes effectuées la première année. Malgré cette difficulté, c'est dans ces circonstances que l'on greffe, surtout dans le midi de la France; en opérant sur des sujets d'un an, situés dans les terres chaudes et perméables, la proportion de réussite est suffisante pour que ce mode de multiplication y ait été préféré, jusqu'à ces derniers temps, dans la pratique. On peut du reste, au moyen d'une pépinière de secours établie et greffée aux mêmes époques que la plantation, remplacer les plants qui ont manqué et ceux où la greffe a échoué, par d'autres du même âge.

Le greffage sur plants enracinés *en pépinières* permet d'obtenir des plantations parfaitement régulières. puisque l'on ne transplante en place que des plants enracinés et soudés ; de plus, il présente l'avantage de diminuer notablement les frais d'entretien des greffes, la première année les opérations ne s'effectuant, par suite de la densité des sujets en pépinière, que sur des surfaces beaucoup moindres qu'en plein champ. Cette économie est, il est vrai, compensée dans une certaine mesure par l'augmentation des frais de la plantation, qui doit se faire en fossettes et avec des précautions que n'exigent pas les boutures. La transplantation entraîne enfin un retard au moins momentané dans le développement des vignes, et elle reporte le début de la fructification à un an après la plantation, c'est-à-dire à deux ans après le greffage, tandis que les plants greffés en place commencent à donner dès l'année qui suit cette opération. Quoi qu'il en soit, cette manière de faire est celle que l'on doit préférer lorsque l'on a à planter dans des terrains argileux froids et compacts, où les greffes réussissent mal, et, d'une manière générale, si l'on veut obtenir des plantations bien régulières dès le début.

Le greffage *à l'atelier*, sur des plants arrachés ou sur des mérithalles enracinés, obtenus par le couchage d'un sarment, permet de travailler par tous les temps et avec des machines, ou tout au moins dans des conditions qui facilitent beaucoup l'opération ; ce procédé offre malheureusement l'inconvénient d'exiger deux transplantations successives, qui sont une cause de retard pour le développement du plant; il ne donne pas non plus une proportion de soudures aussi considérable que le précédent. Les plants ainsi greffés doivent être placés pendant un an en pépinière, afin de les mettre dans les conditions les plus favorables à la reprise; on ne transplante, l'année suivante, en place que ceux dont la greffe a bien réussi.

9° Valeur des divers porte-greffes et des diverses greffes au point de vue des chances de reprise de la greffe

Tous les cépages américains n'ont pas la même valeur au point de vue des chances de reprise qu'ils offrent aux greffes. Celui qui donne la proportion de réussite la plus considérable est le *Vialla;* viennent ensuite l'*York-Madeira*, le *Jacquez* et le *Taylor*, puis le V. Rupestris et les V. Riparia *sauvages;* ces derniers, après deux ans de plantation, deviennent assez réfractaires à la greffe ; enfin le *Solonis*, qui est le plus difficile parmi ceux généralement usités.

La question de l'accommodation des divers porte-greffes aux divers cépages servant de greffe est encore très imparfaitement connue à cause de la complexité des éléments qui interviennent dans le résultat, et, comme le disent très bien MM. Ravaz et Gouirand (1), «il est difficile de faire, avec quelque précision, une classification des vignes européennes au point de vue de leurs affinités pour un même porte-greffe. Ce que nous savons bien, c'est qu'un certain nombre de cépages : le *Merlot*, la *Syrah*, la *Clairette*, le *Colombard*, le *Saint-Macaire*, peut-être la *Mondeuse*, s'allient fort bien aux vignes américaines dont ils augmentent l'aire de la culture. Le *Cabernet-Sauvignon*, le *Petit-Noir*, la *Carignane*, le *Petit-Bouschet*, le *Grenache*, viennent ensuite. La *Folle-Blanche*, le *Saint-Emilion*, le *Quercy*, le *Saint-Rabier*, l'*Aramon*, sont inférieurs aux précédents. Le *Jurançon*, le *Mourvèdre*, l'*Alicante-Bouschet*, le *Terret-Bouschet*, l'*Aramon-Teinturier-Bouschet*, viennent mal. Nous sommes, pour le moment, moins fixés encore sur les autres».

(1) L. Ravaz et G. Gouirand. — *Recherches sur l'affinité des vignes greffées*, in *Revue de viticulture*, tom. 1, pag. 201 et 281.

CHAPITRE XI

SOMMAIRE. — Etablissement du vignoble ; préparation du sol ; fumure ; plantation ; soins à donner aux jeunes plantations (1)

ÉTABLISSEMENT DU VIGNOBLE

A. Préparation du sol.

1° PROFONDEUR DU DÉFONCEMENT

La vigne, comme la plupart des plantes arbustives, demande ordinairement des façons préparatoires profondes; ses racines ont besoin d'un cube de terre meuble assez considérable pour qu'elles puissent prendre un certain développement ; il est nécessaire qu'elles pénè-

(1) BIBLIOGRAPHIE. — **Le Cit. Chaptal** ; *Traité théorique et pratique sur la culture de la Vigne*. Paris, Delalain fils, 1801. — **Comte Odart** ; *Manuel du vigneron* Paris, librair. agric. de la Mais. rust., 1845. — **Cazalis-Allut** ; *Mémoires sur l'Agriculture, la Viticulture et l'Œnologie*. Montpellier, Grollier, 1848.— **Tiébaud de Berneaud** ; *Nouveau Manuel complet du vigneron français*. Paris, Roret, 1851. — **Comte de Gasparin** ; *Cours d'Agriculture*, tom. IV. Paris, librair. agric. de la Mais. rust., 1860. — **Vicomte de Vergnette-Lamotte** ; *Les Vignes de la Côte-d'Or*. — **P. Chamont-Bréon** ; *Des Vignes de la côte et l'arrière-côte de Nuits*. — **C. Alibert** ; *Des Vignes du Médoc*.— **H. Marès** ; *Des Vignes du midi de la France*, in *le Livre de la Ferme*, tom. II. Paris, V. Masson, 1861. — **A. Pellicot** ; *Le Vigneron provençal*. Montpellier, impr. Gras, 1866. — **R. Dejernon** ; *La Vigne en France et spécialement dans le Sud-Ouest*. Pau, impr. Veronese, 1866. — **A. d'Armailhacq** ; *De la culture des Vignes, de la vinification et des vins dans le Médoc*. Bordeaux, P. Chaumas, 1867. — **C. Ladrey** ; *Traité de Viticulture et d'Œnologie*. Paris, F. Savary, 1872. — **Aug. Petit-Laffite** ; *La Vigne dans le Bordelais*. Paris, Rotschild, 1868. — **J. Guyot** ; *Etudes sur les vignobles de France*. Paris, V. Masson, 1868. — **F. Chaverondier** ; *La Vigne et le Vin*. Paris, librair. agr. de la Mais. rust., 1876. — **B.-A. Lenoir** ; *Traité de la culture de la Vigne et de la Vinification*. Paris, veuve Bouchard-Huzard. — **Fleury-Lacoste** ; *Guide pratique du Vigneron*. Paris, Eug. Lacroix.— **Ch. Cocks** et **E. Ferret** ; *Bordeaux et ses vins*. Bordeaux, Féret et fils, 1881.— **G. Foëx** ; *Manuel pratique de Viticulture*. Montpellier, C. Coulet, 5e édit, 1891. — **Vicomte de Villamaïor** ; *Manual di Viticultura pratica*. Porto, 1881. — **Félix Sahut** ; *Les Vignes américaines, leur greffage et leur taille*. Montpellier, C. Coulet, 1887.— **G. de Dubor** ; *Viticulture moderne*. Paris, Larousse, 1894.

trent bien au-dessous de la surface du sol si l'on veut qu'elles trouvent dans les terrains secs la fraîcheur nécessaire pour leur assurer une végétation vigoureuse et non interrompue en été ; enfin, la division d'une épaisseur assez considérable de la couche arable assure l'égouttement des eaux en excès, nécessaire à la bonne végétation de la vigne, dans les milieux peu perméables.

La nécessité des labours préparatoires profonds est particulièrement marquée dans le Midi, à cause de l'intensité de la sécheresse dans certains sols et de la compacité de certaines terres où l'on n'hésite pas, grâce au climat, à cultiver la vigne. Les sables marins eux-mêmes, qui sont doués d'une mobilité telle qu'on est obligé d'en fixer artificiellement la surface, fournissent une végétation infiniment plus vigoureuse et une production bien supérieure quand ils ont été défoncés que quand ils n'ont été labourés que superficiellement. On ne peut considérer comme faisant exception à cette règle, dans cette région, que les terres qui renferment à une faible profondeur une nappe d'eau régulière, ou celles qui reposent en couche peu épaisse sur un sous-sol de roche fendillée. Dans ces dernières, M. Cazalis-Allut a démontré que, les racines pouvant trouver dans les fentes un milieu favorable pour leur fonctionnement, le défoncement constitue non seulement une dépense inutile (1), mais encore une condition désavantageuse.

Le climat peut modifier les indications que nous venons de donner : en premier lieu, en effet, si dans le Midi on recherche surtout une abondante production et des fruits volumineux, ce qui s'obtient en assurant à la vigne une végétation vigoureuse et en faisant pénétrer ses racines profondément sous terre, dans les contrées moins chaudes on vise plutôt, au contraire, à la richesse gleucométrique, qui semble accompagner le plus souvent un développement médiocre de la plante.

Pour atteindre ce but, on établit la vigne sur des labours peu profonds ou dans de simples petites fosses d'un faible volume. C'est ainsi que, tandis que les défoncements atteignent habituellement 0^{m},50 à 0^{m},60 et plus en Languedoc, 0^{m},80 en Provence et à l'île de Chypre, 1^{m},30 à l'Ermitage et jusqu'à 1^{m},50 dans le Douro (Portugal), on se contente la plupart du temps, en Champagne et dans l'Yonne, d'un simple labour à 0^{m},30, et, dans la Côte-d'Or, on se borne à creuser, suivant des directions parallèles, des petits fossés de 0^{m},30, ou 0^{m},35 de profondeur et de même largeur. On obtient de la sorte, par la densité de la plantation et par les provi-

(1) Voir : Cazalis-Allut. — *Mémoires sur l'Agriculture, la Viticulture et l'Œnologie*. Montpellier, Grollier, 1848, pag. 139.

gnages successifs qu'on impose aux vignes, le développement du système radiculaire dans les souches superficielles, qui s'échauffent mieux que les autres.

Dans les parties de la Provence où se pratique encore la plantation en *joualles* ou en *manoullières* (fig. 118, pag. 365), c'est-à-dire où les vignobles sont établis avec des cultures intercalaires, et dans quelques autres contrées, les défoncements se font seulement en fossés plus ou moins larges, mais non pas sur toute la surface du terrain; ce procédé, inférieur évidemment à celui du défoncement en plein, tend à disparaître avec le mode de plantation qui lui a donné naissance.

En résumé, on peut dire que dans la région méridionale, sauf les deux exceptions que nous avons citées, le sol destiné aux vignobles doit être défoncé profondément, ce qui est conforme aux nécessités naturelles d'existence de la vigne; dans les contrées susceptibles de produire les vins fins, on peut être amené, au contraire, à ne donner que des labours superficiels, afin de diminuer la vigueur des ceps au profit de la qualité de leurs produits.

Les habitudes locales, qui sont le résultat d'une expérience traditionnelle, sont généralement, dans ce cas, le meilleur guide à suivre.

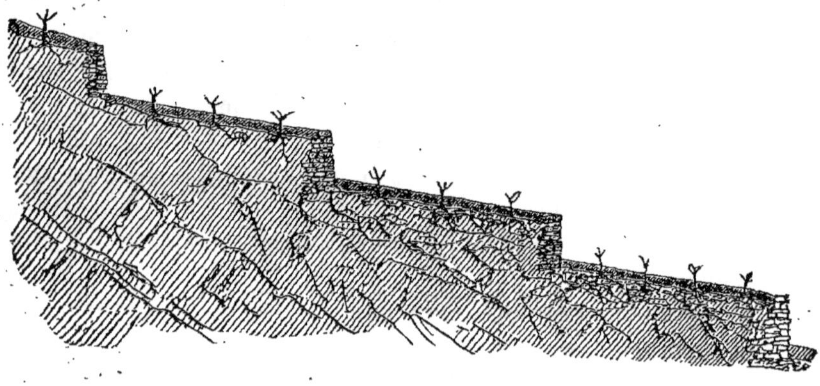

Fig. 116.— Vigne en terrasses du Roussillon.

Lorsqu'on est appelé à replanter à court intervalle des vignes sur un terrain qui en a déjà porté, les façons préparatoires doivent toujours dépasser en profondeur celles du premier établissement. Ie faut en effet attaquer, pour la mélanger avec la couche épuisée par la plantation précédente, celle qui est au-dessous et qui, ayant été moins pénétrée par les racines, renferme encore en plus grande quantité des matériaux utiles à la végétation.

2° Nivellement du sol

Les terres destinées à être plantées en vignes doivent être nivelées avec soin ; lorsque leur pente est trop considérable, on doit couper la déclivité par des murs formant terrasses, ainsi que cela a lieu dans le Roussillon (fig. 116), dans certaines parties de la Provence, dans le Douro (en Portugal), etc., afin d'empêcher les eaux d'en raviner la surface. Dans tous les cas, on doit combler les creux où les eaux pourraient s'accumuler et faire disparaître les monticules, qui constitueraient un obstacle ou tout au moins une gêne pour les opérations de culture. Si le défoncement doit être exécuté à la charrue, il faut le faire précéder par le nivellement, afin d'éviter l'enlèvement d'une partie de la couche de terre déjà remuée sur les points les plus élevés. Lorsque, au contraire, le défoncement se fait à bras, le nivellement s'effectue au fur et à mesure de l'opération.

Dans les terres fortes et argileuses exposées à l'humidité, on assure souvent l'égouttement du sol en le divisant, par des fossés peu profonds, en une série de planches plus ou moins bombées ; il est préférable de substituer à ce procédé, qui est gênant pour les labours, l'emploi des drains souterrains en poterie.

3° Mode d'exécution des défoncements

Les défoncements peuvent s'exécuter soit à bras, soit à la charrue. Les premiers sont évidemment préférables, par suite de la perfection avec laquelle ils permettent d'ameublir le sol ; ils sont seuls possibles dans certains terrains rocheux et difficiles, mais ils sont infiniment plus coûteux que les seconds. Ceux à la charrue à traction directe par les attelages ne peuvent guère être appliqués, avec une efficacité suffisante, que dans les terrains faciles et profonds. Mais on peut arriver à vaincre des obstacles relativement considérables, tels que bancs de rochers, souches d'arbres, palmiers nains, etc., en employant les treuils à manège ou les appareils de labourage à la vapeur. Ces derniers ameublissent le sol infiniment mieux que ne le font les instruments traînés par les attelages ou mus par un manège, à cause de la grande vitesse imprimée au versoir.

Quel que soit, du reste, le système employé, on peut se trouver en présence de l'un des trois cas ci-après : 1° la couche arable est de qualité meilleure que le sous-sol, et ce dernier ne peut être amélioré par l'action de l'air ; 2° le sous-sol peut être modifié utilement sous l'influence atmosphérique ; 3° le sous-sol peut améliorer la couche arable par son mélange avec elle.

Si le travail s'effectue à bras, on doit opérer de la manière suivante : Dans le premier cas, une partie des ouvriers attaque le sol à jauge ouverte dans toute sa profondeur, de manière à mettre à nu le sous-sol, que d'autres ouvriers fouillent en le laissant en place.

Dans le second, les ouvriers ont soin, avant d'attaquer la partie inférieure du terrain, de faire ébouler la surface au fond de la raie, de manière à superposer les couches dans l'ordre inverse de celui qu'elles occupaient auparavant.

Dans le troisième, enfin, ils procèdent en détachant des tranches verticales minces, dont ils mélangent le mieux possible les débris en les rejetant derrière eux.

Si, au contraire, on emploie les attelages, on peut éviter de ramener le sous-sol à la surface en faisant suivre une bonne charrue ordinaire, qui retourne la couche arable, par une fouilleuse qui désagrège le sous-sol en le laissant en place.

Pour obtenir le retournement complet du sol par les instruments, le mieux est d'employer successivement une charrue à labours moyens et une défonceuse du type Bonnet. La première retourne la partie supérieure du terrain et la fait tomber au fond de la raie creusée par la défonceuse ; la seconde remonte, du fond de la raie ouverte par la charrue ordinaire, une nouvelle bande de terre qu'elle renverse par dessus l'autre. On peut substituer à ces instruments,

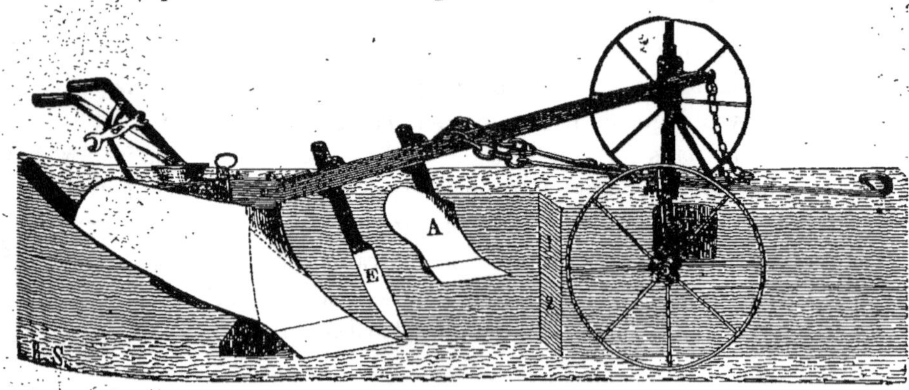

Fig. 117. — Charrue Lanz.

dans les terres faciles et où l'on ne cherche pas à atteindre une très grande profondeur, la charrue Coëtgreave ou la charrue Lanz (fig. 117), qui les portent toutes deux sur le même âge.

4° ÉPOQUE A LAQUELLE LES DÉFONCEMENTS DOIVENT ÊTRE EXÉCUTÉS

L'époque la plus favorable pour l'exécution des défoncements semble être la fin de l'automne et le commencement de l'hiver : les terres, qui ont reçu les pluies d'automne, n'ont plus la dureté que leur communiquent souvent les sécheresses de l'été. La morte saison, qui commence, laisse les bras et les attelages disponibles ; de plus, le sol, remué à ce moment, peut se déliter pendant tout l'hiver, sous l'influence des gels et des dégels, et s'aérer par suite d'une manière très parfaite ; il subit enfin, avant la plantation, un tassement qui pourrait être nuisible s'il se produisait pendant le premier développement des jeunes plants. Tout donc porte à adopter cette époque, de préférence aux autres.

B. **Fumure.** — Sauf le cas où l'on redoute de donner à la vigne une végétation trop vigoureuse, ainsi que cela a lieu dans certains vignobles à vins fins situés hors de la région méridionale, ou celui où le sol à planter est exceptionnellement fertile, on doit le fumer avant la plantation. Ce soin est surtout nécessaire lorsque l'on remplace de suite après son arrachage une ancienne vigne : il faut alors restituer à la terre tous les matériaux, azote, acide phosphorique et potasse, qui lui ont été enlevés précédemment par la végétation. On emploie en Languedoc, lorsqu'on replante dans les conditions que nous venons d'indiquer, de 60 ou 70,000 kilogr. de fumier par hectare ou leur équivalent.

On doit rechercher, pour la fumure donnée à la création du vignoble, des engrais d'une décomposition lente, susceptibles d'attendre le développement des racines des jeunes plants et de leur fournir pendant longtemps une quantité suffisante, mais non trop considérable, des matériaux nécessaires à leur végétation. La cornaille, les débris de vieux cuir, les marcs de colle forte séchés, les roseaux, les rameaux de buis, de cistes, de lentisques ou autres matières analogues, sont utilement employés dans ce cas. Les engrais de cette nature offrent, en outre, l'avantage de ne pas pousser d'une manière trop active la végétation des jeunes plantiers, généralement exubérante par elle-même au début.

Les matières fertilisantes doivent être réparties dans la plus grande partie de l'épaisseur de la couche labourée, sans pourtant en atteindre le fond, vers lequel les eaux entraînent toujours suffisamment les éléments solubles qu'ils renferment ; on peut les enfouir par un second labour, par exemple.

C. Plantation.

1° Forme a donner a la plantation

Les vignobles peuvent être divisés, au point de vue de la forme de la plantation, en deux catégories : 1° les vignobles *en foule*, c'est-à-dire sans formes régulières ; 2° ceux de disposition régulière.

Les premiers sont toujours le résultat de la déformation d'un plan primitif régulier, ainsi que cela a lieu en Bourgogne et en Champagne, où l'on commence par disposer les plants suivant des alignements soigneusement établis, mais où les provignages successifs rompent promptement cette ordonnance. Cette disposition irrégulière tend à disparaître dans un certain nombre de vignobles des contrées précitées, à cause de l'obstacle insurmontable qu'elle op-

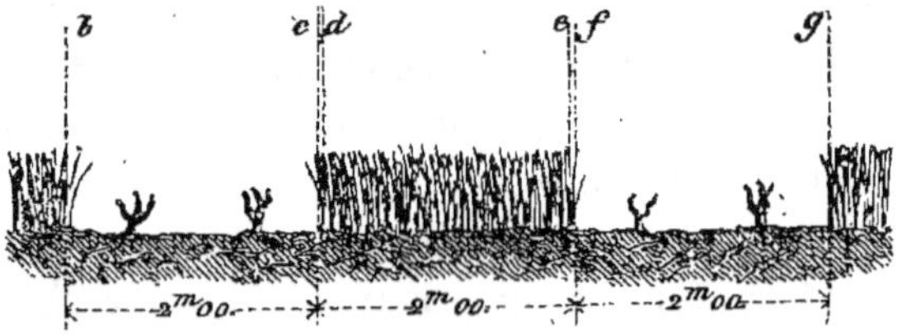

Fig. 118.— Manoullières de vignes provençales *b c*, *f g*, avec cultures intercalaires *d e*.

pose à l'emploi de la charrue et des autres instruments attelés, plus économiques que le bras de l'homme.

Les vignobles à disposition régulière peuvent être subdivisés eux-mêmes en vignes *avec cultures intercalaires* et vignes *plantées en*

Fig. 119.— Vignes avec cultures intercalaires et oliviers, du Var.

plein. Les vignes avec cultures intercalaires existent encore dans l'Isère, l'Ain, le Lot-et-Garonne, quelques parties de la Gironde (côtes) et de la Provence (fig. 118 et 119) ; mais le mélange des cultures, qui met en mutuelle concurrence pour la possession du sol et de la lumière des plantes diverses qui se trouvent toutes dans les conditions relativement défavorables, est aujourd'hui condamné par l'expérience et tend de plus en plus à être abandonné.

La plantation *en plein* (fig. 120), c'est-à-dire celle où la vigne occupe

Fig. 120.— Plantation en plein du Languedoc.

complètement le sol, est la seule qui soit compatible avec l'état actuel de la viticulture et qui présente le caractère intensif qu'elle doit nécessairement revêtir dans les conditions économiques où la pratiquent les peuples civilisés. Ce mode de groupement des ceps se prête lui-même à des dispositions diverses dont nous allons examiner la valeur réciproque ; ce sont : 1° la plantation en lignes ; 2° celle en carré ; 3° celle en quinconce.

La plantation en lignes (fig. 121 *a* et 122) est celle dans laquelle

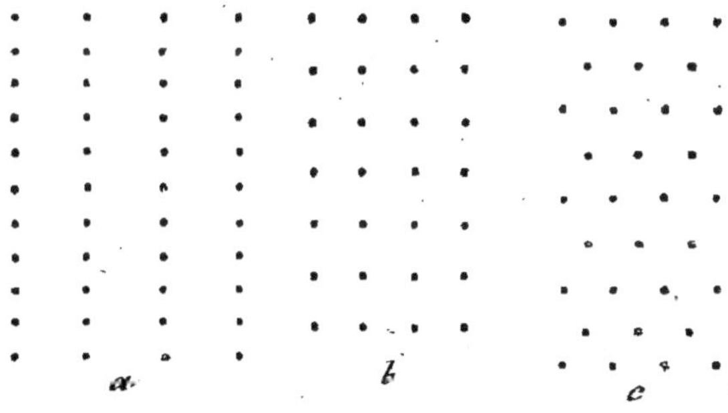

Fig. 121.— Dispositions diverses des vignes.

les pieds sont plus rapprochés dans les lignes que les lignes ne le sont elles-mêmes entre elles.

Cette disposition n'est pas très favorable à la bonne venue et à l'abondante fructification des vignes. En effet, pour se faire une idée exacte de l'influence que peuvent avoir sur le développement des vignes ces diverses formes de plantation, on doit se placer au point de vue suivant : Si l'on considère la projection de l'ensemble des racines d'une vigne sur le plan horizontal, on remarque qu'elle y couvre, jusqu'au moment où elle est gênée par ses voisines, une surface sensiblement circulaire, dont le tronc sera le centre. Cela s'explique, parce qu'il n'y a pas de raison pour que, *dans un terrain homogène*, une racine en dépasse une autre en longueur. On a en outre remarqué que, lorsque les racines de deux pieds voisins arrivent mutuellement au contact, le développement de ces derniers se ralentit beaucoup et s'arrête quelquefois même presque complètement. Or, dans la disposition en lignes, le contact a lieu dès que les racines ont parcouru la demi-distance entre les plants dans la ligne et bien avant qu'elles aient occupé la surface toute entière qui leur appartient dans la plantation (fig. 122).

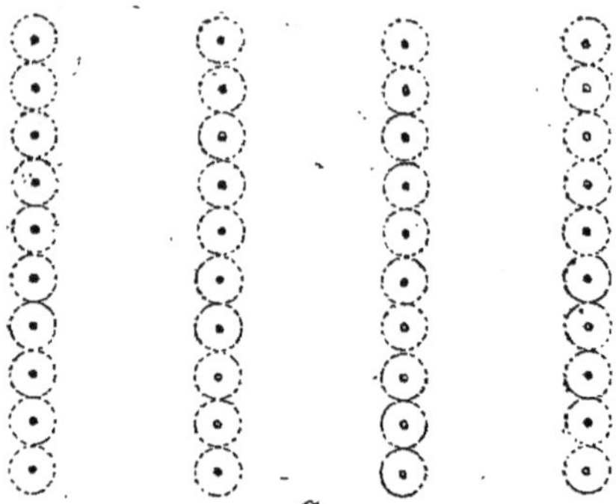

a

Fig. 122.— Disposition des vignes en lignes.

De là, un développement moindre, à surface égale, que celui que l'on obtient avec d'autres formes, et une fructification moins abondante. M. H. Marès a trouvé, par expérience, que le produit des vignes dans ces conditions était inférieur d'un cinquième à celui de celles plantées en carré (1). Mais si cette disposition est moins avantageuse que les autres, à ce point de vue elle présente du moins l'avantage de permettre l'exécution des labours par les attelages pendant tout le temps de la végétation, même dans les vignes à port étalé et non échalassées de la région méridionale, ce qui entraîne une importante économie de main-d'œuvre et la possibilité d'exécuter rapidement et en temps opportun les façons aratoires qu'exige la vigne.

La plantation en carré (fig. 121 *b* et 123) est celle dans laquelle chaque souche occupe le sommet d'un des angles d'un carré ; elle est préférable à la précédente, ainsi que nous venons de le voir, quant à la production tout au moins. L'accroissement des racines, qui a

(1) H. Marès. — *Les Vignes du midi de la France*, 2e édit.; *loc. cit.*, pag. 199.

lieu en rayonnant, peut se continuer jusqu'au moment où les cercles qu'elles occupent deviennent tangents dans deux directions perpendiculaires, c'est-à-dire lorsqu'elles occupent toute la surface possible (fig. 123). De plus, elle permet les labours croisés dans deux directions perpendiculaires avec des intervalles suffisants; enfin, lorsqu'une souche vient à manquer, le remplacement peut se faire avec une égale facilité par le provignage d'un sarment choisi sur l'un des quatre pieds voisins.

Dans la disposition en quinconce, les souches, considérées par groupes de trois, occupent les angles d'un triangle équilatéral, et, par groupes de quatre, ceux d'un losange (fig. 121 *c* et 124). Cette

b

Fig. 123. — Plantation en carré.

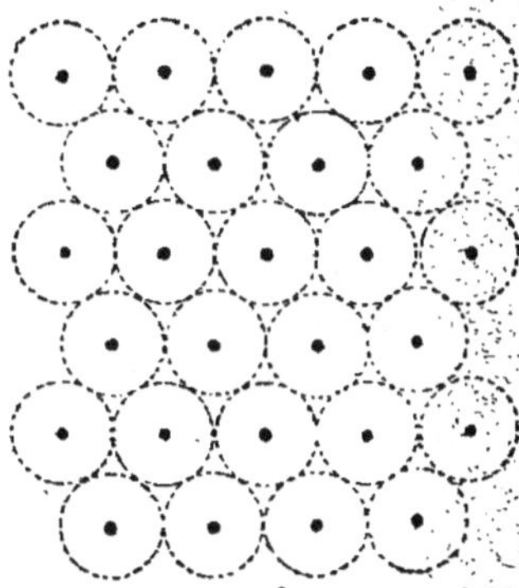

c

Fig. 124. — Plantation en quinconce.

forme possède à un plus haut degré les avantages que nous avons trouvés inhérents à la plantation en carré : elle permet de croiser les labours dans trois directions, de remplacer les ceps manquants en provignant un sarment que l'on peut choisir parmi ceux des six souches environnantes ; elle renferme enfin, dans une surface donnée, un plus grand nombre de pieds de vigne que la disposition en carré, tout en laissant à chacun un cercle de même dimension pour le développement de ses racines, ce qui résulte du fait que les espaces perdus entre eux sont des triangles à côtés curvilignes (fig. 124), au lieu d'être des carrés ; de là, augmentation dans la quantité des produits récoltés. Le seul inconvénient de ce système, c'est qu'il entraîne promptement le recouvrement du sol par les sarments, et par suite la cessation des façons avec les instruments attelés, lorsque l'on a affaire à des cépages à rameaux étalés et non soutenus par des échalas ou autres appuis.

En résumé, le choix de l'une des dispositions que nous venons d'indiquer est subordonné, comme on le voit, à la nature des cépages cultivés, à leur tenue et aux conditions dans lesquelles les travaux de culture doivent être exécutés.

2° Ecartement a laisser entre les ceps

La densité des plantations varie beaucoup d'un vignoble à l'autre : tandis que ceux de la Champagne présentent jusqu'à soixante mille broches émergeant du sol, par hectare, ceux du Languedoc ne comptent que quatre mille quatre cents ceps et quelquefois moins ; enfin beaucoup de nos vignobles algériens, récemment plantés, n'en renferment que deux mille cinq cents. Ces différences ne peuvent pas être considérées comme arbitraires et comme le pur résultat des idées particulières aux vignerons des diverses contrées ; en effet, si l'on examine les choses, pour les vignobles français tout au moins, on voit très nettement que la densité de plantation va en diminuant au fur et à mesure que l'on se dirige du Nord vers le Midi ; en Champagne, une vigne faite présente, comme nous venons de le dire, jusqu'à soixante mille ceps à l'hectare; en Bourgogne, on atteint de quarante à cinquante mille ; dans le Beaujolais, les pieds sont plantés en carré à $0^m,80$, ce qui en donne de quinze à seize mille ; à l'Ermitage, ils sont en carré à un mètre, soit dix mille à l'hectare ; dans la partie de la Drôme voisine de Valence et de Montélimar, la distance moyenne est de $1^m,25$, ce qui représente six à sept mille pieds sur la même surface ; enfin, dans l'Hérault, la plupart des vignes sont à $1^m,50$ en carré, c'est-à-dire réparties à raison de quatre mille quatre cents par hectare ; en Algérie, on tend à faire les nouvelles plantations à 2 mètres en tous sens. Cette augmentation progressive de la surface consacrée à chaque cep, au fur et à mesure que l'on va vers le Midi, nous semble avoir son explication dans les considérations suivantes : L'observation a démontré que le développement des racines en profondeur est habituellement en rapport avec le développement en surface horizontale, si la nature du sol ou sa préparation le permettent, de telle sorte qu'une plantation serrée sera toujours plus superficiellement enracinée qu'une plantation où les pieds seront écartés. Or, dans les vignobles méridionaux, le but habituellement poursuivi est une végétation vigoureuse et une production abondante, que l'on ne peut obtenir, étant donnée la sécheresse du milieu, que par un enracinement profond.

Dans les vignobles de la région septentrionale de la culture de la vigne, au contraire, on recherche surtout des produits fins et sucrés, résultat que l'on obtient en donnant à cette plante une végétation médiocre et en assurant le développement de ses racines dans les couches les plus superficielles et par suite les plus chaudes du sol.

La pauvreté, aussi bien que la sécheresse des terres, semble être une condition impliquant l'écartement dans les plantations : on comprend, en effet, que lorsqu'un volume déterminé de terre renferme moins de matériaux utiles qu'un autre, il faut nécessairement l'accroître pour obtenir une végétation équivalente. C'est ainsi que s'explique l'usage admis dans l'Hérault de planter les sols secs et arides des garrigues à 1^{m},75, tandis que ceux plus fertiles et plus frais des plaines ne le sont qu'à 1^{m},50.

On s'est demandé si la vigueur très grande de certains cépages américains n'obligerait pas à les séparer par des intervalles plus considérables que ceux adoptés jusqu'ici. L'observation a démontré qu'en ce qui concerne les vignes greffées, il n'y avait lieu à aucune modification. On a constaté enfin que les plantations relativement serrées dépassaient au début les autres en production ; mais bientôt la différence à ce point de vue va en s'atténuant, elle disparaît au bout d'un certain temps, et finit généralement par s'accuser en sens contraire.

En résumé, les écartements admis dans les plantations des diverses contrées viticoles paraissent fondées sur des données expérimentales et rationnelles ; on a donc généralement intérêt à ne pas s'en écarter sensiblement dans la pratique.

3° Tracé sur le terrain

Les emplacements que doivent occuper les souches sont indiqués par l'intersection de lignes tracées à des distances convenables, au moyen d'un rayonneur ou d'un cordeau, sur le sol, qu'on a eu le soin d'ameublir préalablement par des hersages.

Fig. 125. — Rayonneur de l'Hérault.

Le rayonneur généralement usité dans le Bas-Languedoc (fig. 125) est formé de trois petits socs en fer, rattachés par des pièces de bois courbes à trois règles formant traverse et coulissant les unes sur les autres, de manière à permettre de faire varier l'écartement des socs; deux mancherons en X, fixés sur la règle du milieu, servent à traîner et à diriger l'appareil. Pour se servir de ce rayonneur, l'homme qui le conduit, marchant à reculons, fait suivre d'abord à l'un des socs extérieurs un cordeau convenablement placé; il obtient ainsi trois parallèles. Arrivé à l'extrémité du champ, il tourne et place le premier soc dans la dernière raie tracée, qu'il suit exactement, comme il l'a fait pour le cordeau, deux nouvelles lignes s'ajoutent ainsi aux précédentes. On trace ainsi une série de parallèles, qu'il suffit de couper par des perpendiculaires convenablement espacées pour avoir le tracé de la plantation en lignes ou en carré, ou bien par d'autres inclinées à 60° pour obtenir des quinconces.

On conçoit que l'on puisse opérer d'une manière analogue en faisant usage du cordeau; mais le tracé sur des lignes très longues n'est pas toujours très exact, parce que le cordeau se déplace peu à peu sous la pression du traçoir; afin de diminuer le plus possible cet inconvénient, on a imaginé, dans la Gironde, un petit tour que l'on fixe sur le sol et qui permet de le tendre fortement. On se borne quelquefois à planter le long du cordeau en déterminant l'emplacement des plants au moyen de nœuds faits sur lui-même ou d'une baguette de longueur convenable: ce procédé ne donne pas non plus de très bons résultats: par suite des degrés divers de tension du cordeau, suivant la partie que l'on considère ou du manque d'exactitude de la baguette, les alignements ne sont généralement bons que dans une seule direction, et il est nécessaire de les rectifier ensuite, ce qui est toujours assez difficile.

Lorsque la plantation a lieu en carré ou en quinconce, la direction des lignes de plantation n'a pas d'importance: on cherche seulement à avoir le moins possible de lignes courtes; lorsque, au contraire, elle se fait en lignes, il faut, dans les régions où l'on doit utiliser le mieux possible la chaleur et la lumière, faire suivre aux rangées la direction N.-S. Elles sont ainsi exposées tout le matin, sur l'une de leurs faces, au levant; l'après-midi, sur l'autre, au couchant. Dans les contrées soumises aux vents violents, tels que le *mistral*, il est préférable de les diriger suivant ces courants, ce qui permet aux vignes de mieux résister à leur action, par suite de l'abri et de l'appui mutuel qu'elles se donnent.

4° Groupement des cépages

Le système de la plantation par groupes séparés de divers cépages est aujourd'hui à peu près généralement admis et doit être considéré comme préférable à celui du mélange des cépages. On a ainsi des souches sensiblement de même vigueur, qui ne vivent pas au détriment les unes des autres, et par suite des vignobles réguliers ; la maturation des fruits est également plus uniforme : tous les pieds ont le même port et peuvent par conséquent être soumis aux mêmes procédés de culture ; enfin, lorsqu'un cépage est atteint d'une maladie qui entraîne certains soins spéciaux, les traitements peuvent n'être effectués que sur la surface qu'il occupe effectivement, au lieu de s'étendre sur l'ensemble de la plantation, ainsi que cela doit avoir lieu lorsqu'il y a mélange.

La séparation des cépages n'empêche pas du reste la vendange simultanée et le mélange à la cuve de raisins divers ; on a même, en opérant ainsi, des facilités que l'on n'aurait pas dans le cas d'une plantation mélangée, pour faire varier la proportion de chaque nature du raisin suivant les circonstances spéciales de l'année.

5° Mise en place

La mise en place s'effectue de manières différentes, suivant qu'on a affaire à des boutures ou à des plants enracinés.

Les boutures sont généralement plantées en pleins champs par l'un des procédés suivants : 1° On les enterre dans des trous plantés au *pal* ou au moyen d'instruments analogues ; 2° dans des *fentes* pratiquées à la bêche ou à la houe ; 3° en *fossettes* creusées à la houe ou à la bêche ; 4° à la *charrue* ; 5° dans la *jauge*, au fur et à mesure du défoncement.

Fig. 126. — Pal usité dans les Charentes.

Le *pal* le plus employé est une tige de fer cylindrique ou quelquefois renflée en fuseau à son extrémité inférieure, comme celui usité dans les Charentes, dont le diamètre varie entre 0m,03 et 0m,04, et terminée en un renflement pointu peu aigu (fig. 126).

On fait usage, dans le Bas-Languedoc, de la *birone*, outil formé d'une tige de fer à section carrée de 0m,15 environ de côté, pointue à l'une de ses extrémités et surmontée à l'autre d'un manche analogue à celui des vrilles de charpentier (fig. 127). Dans la Gironde et certaines parties des Charentes, on emploie des instruments appelés *hagues* (*grande haque* et *petite haque*) ; ils sont entièrement en fer et formés d'une pointe conique surmontée d'une sorte d'étrier dont les branches verticales se terminent par des poignées latérales (fig. 128 et 129). Pour

Fig. 127.— Birone du Languedoc.

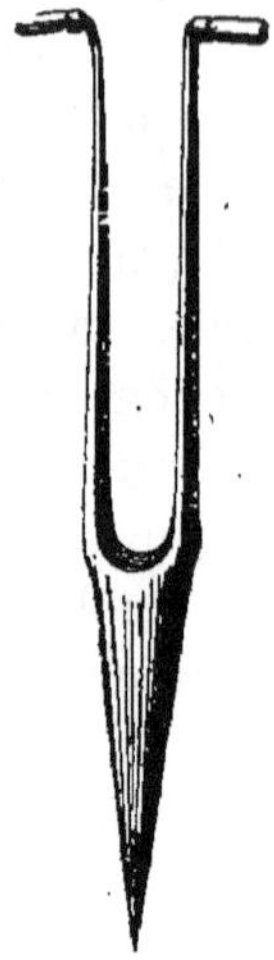

Fig. 128.— Grande haque de la Gironde.

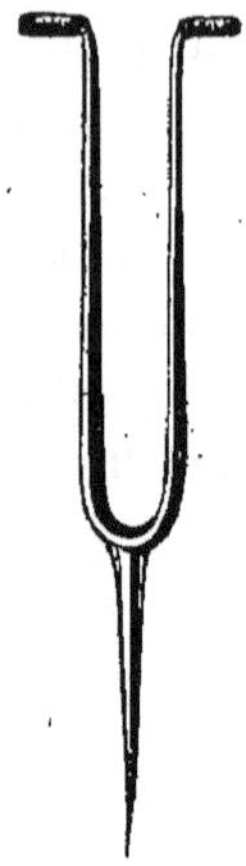

Fig. 129.— Petite haque de la Gironde.

s'en servir, l'ouvrier saisit l'appareil à deux mains par les poignées, le place verticalement au point où doit se faire le trou, engage un pied dans l'étrier et enfonce la pointe en pesant de tout son poids.

Quel que soit l'outil employé, la plantation s'effectue toujours de la même manière : On fait dans le sol une ouverture cylindrique ou légèrement conique, dans laquelle on fait descendre la bouture ; on replante ensuite l'instrument à $0^m,06$ ou $0^m,08$ du trou et on ramène la terre, que l'on serre fortement contre le sarment. On prend souvent le soin, dans les terres argileuses, de verser autour de la bouture une certaine quantité de sable ou de terreau léger qui favorise le développement des racines ; dans les terres à sous-sol crayeux de la Saintonge, on remplace le sable par des vases de mer qui maintiennent une certaine fraîcheur au pied du jeune plant ; enfin, dans la Gironde, on comble l'ouverture faite par la *haque* avec du terreau.

Fig. 130.- Bêche employée pour la plantation des boutures.

Les boutures sont placées, dans quelques contrées, au moyen de la *bêche* (fig. 130), par un procédé tout à fait analogue à celui que nous venons de décrire : l'outil est enfoncé verticalement dans le sol de manière à pratiquer une fente dans laquelle on glisse le sarment, que l'on serre ensuite en ramenant la terre contre lui. Dans d'autres lieux, dans les environs de Tonnerre (Yonne), par exemple, la bouture est couchée obliquement sous la terre légèrement soulevée d'un coup de houe ou creusée en fosse (fig. 131). Cette disposition inclinée de la partie souterraine du sarment présente certains avantages dans la région septentrionale de la culture de la vigne, où la couche supérieure du sol est suffisamment humide et où la température plus élevée qu'elle atteint est nécessaire à l'enracinement. Dans les contrées méridionales au contraire, où le sol est sec près de la surface et où il s'échauffe profondément, il est préférable de planter les boutures verticalement.

Les procédés que nous venons d'indiquer ne sont applicables qu'aux terres meubles et de bonne nature, lorsque l'on a à planter des argiles qui se prennent facilement en mottes ou dans les sols très caillouteux ; il est préférable de mettre les boutures dans de petites fosses, où l'on peut en garnir facilement le pied avec des terres meubles, et qui sont établies comme nous le verrons plus loin, lorsque nous nous occuperons de la mise en place des plants enracinés.

Fig. 131.— Bouture coudée.

On a souvent tenté, dans les contrées où la main-d'œuvre fait défaut, de planter à la charrue ; les sarments sont alignés dans la raie ouverte, à une distance convenable, en les appuyant sur la bande de terre qui vient d'être renversée ; la bande suivante, en s'appliquant sur la première, en enterre la base ; on foule ensuite avec le pied la terre autour de la bouture, afin d'assurer un contact aussi parfait que possible, et on cherche en même temps à bien rectifier l'alignement. Ce système, très imparfait, doit être abandonné, la vigne devant toujours être établie avec le plus grand soin pour donner des résultats rémunérateurs.

On plante enfin quelquefois, en Provence, au fur et à mesure du défoncement : les terres sont défoncées en fossés de 1 mètre de largeur et profonds de $0^m,80$ à 1 mètre. Les boutures sont placées dans l'axe des fossés, à des écartements convenables et enfouies au moyen des déblais extraits de la jauge. Ce procédé est nécessairement lié à l'emploi du défoncement incomplet de la surface qui est aujourd'hui condamné par l'expérience ; aussi est-il de jour en jour plus abandonné. Il offre d'ailleurs l'inconvénient de placer les boutures dans une terre insuffisamment rassise et dont les tassements ultérieurs

Fig. 132. — Bouture recouverte avec du sable.

sont dangereux pour les racines qui en proviennent lorsqu'elles sont encore jeunes et tendres.

Dans les localités très sèches, on recouvre souvent les boutures, après leur plantation, avec un petit tas de sable conique (fig. 132), afin d'en empêcher la dessiccation.

Lorsqu'il s'agit de mettre en place des plants enracinés (fig. 133 et 134), on commence par enfoncer une tringle en fer à l'endroit marqué

Fig. 133. — Plant enraciné provenant de bouture.

Fig. 134. — Chevelée ou plant enraciné provenant d'une marcotte.

pour l'installation d'une souche, puis on creuse une petite fosse de $0^m,25$ ou $0^m,30$ de côté, de manière à ce que l'une de ses parois soit appliquée exactement contre la tringle; on retire ensuite cette dernière, qui laisse une raie à l'endroit même où doit être placée la jeune vigne.

Les plants doivent être arrachés de la pépinière avec précaution, en leur conservant le plus de racines possible: les racines peuvent être considérées, en effet, comme des magasins abondamment pourvus des matériaux nécessaires au premier développement de la plante, et qu'il importe par conséquent de ménager; on doit se borner à les rafraîchir, comme on le dit vulgairement, c'est-à-dire à supprimer les extrémités meurtries ou coupées d'une manière irrégulière. Les plants sont ensuite placés contre la trace laissée par la tringle; on en étale convenablement les racines dans la fosse, puis on commence à combler avec de la terre meuble que l'on tasse légèrement, afin d'assurer le mieux possible le contact; on achève enfin de remplir en ramenant purement et simplement les déblais sans les fouler.

En Champagne et en Bourgogne, le nombre des fosses creusées pour la plantation est beaucoup moindre que celui des ceps qui occuperont ultérieurement le sol: c'est par un ensemble de travaux de provignage convenablement exécutés (*assizelage* en Champagne, fig. 48, pag. 303) que l'on complète la plantation, après que les plants ont acquis un développement suffisant.

Nous avons indiqué, en traitant du bouturage, l'époque la plus favorable pour la mise en place des boutures. En ce qui concerne les plants enracinés, sauf le cas des terres froides et humides, il est préférable de les planter avant la fin de l'hiver, afin que le tassement des terres qui ont servi à combler les trous puisse s'opérer antérieurement à leur entrée en végétation.

D. **Soins à donner aux jeunes plantations.**— Les jeunes plantations doivent recevoir, pendant l'été qui suit l'établissement, de nombreux labours destinés tout à la fois à les maintenir dans un état de parfaite propreté et à conserver la fraîcheur du sol, indispensable à leur reprise et à leur développement. Ces labours peuvent être exécutés avantageusement avec des houes et des scarificateurs à vignes, lorsque l'écartement des pieds et la forme des plantations le permettent; on doit les compléter par des façons à bras superficielles, au pied même des souches.

Il faut, en effectuant ces diverses opérations, éviter l'ébranlement des jeunes plants qui commencent à s'enraciner. On prend fréquemment, dans le but de les protéger, la précaution de planter un petit piquet au pied de chaque cep, ou tout au moins de ceux placés aux extrémités des lignes, qui sont plus exposés que les autres à être heurtés par les animaux au moment des tournées. D'autres fois, on laisse à la bouture quatre ou cinq mérithalles hors de terre, en éborgnant tous les yeux situés au-dessus des deux inférieurs; il est ainsi plus facile de les voir au début et d'éviter de les toucher.

L'hiver suivant, on procède à un déchaussement (fig. 135), en vue

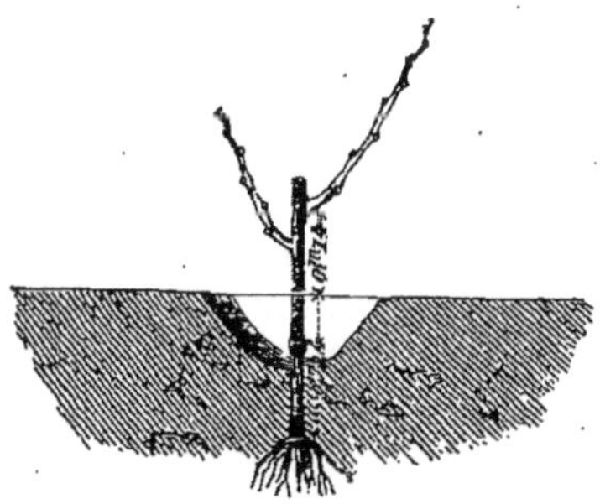

Fig. 135.— Jeune plant de vigne d'un an déchaussé.

surtout de débarrasser le pied des drageons qui ont pu s'y développer. On remplace les pieds manquants, ou d'une végétation chétive, au moyen de plants enracinés que l'on a mis en pépinière dans ce but. On exécute ensuite la taille, qui doit avoir lieu tardivement, à cause de la propension qu'ont les jeunes plants à pousser de bonne heure.

On doit avoir la précaution, en taillant les jeunes vignes, de leur laisser un nombre d'yeux relativement considérable, afin de leur faire produire un grand nombre de rameaux (fig. 136); aucun ne

Fig. 136.— Souches de deux ans de l'Hérault, taillées et déchaussées.

peut alors atteindre une grande longueur, et ils échappent mieux ainsi à l'action des grands vents, qui en décollent souvent beaucoup au printemps. On butte enfin fortement les pieds ou on les attache à des tuteurs, afin de s'opposer le mieux possible à l'ébranlement causé par le vent.

Les soins à donner les années suivantes, jusqu'à l'entrée en culture normale, sont sensiblement les mêmes que ceux que nous venons d'indiquer, avec les différences seulement qui peuvent résulter du degré de rusticité plus grand que prend peu à peu la jeune plantation.

CHAPITRE XII

SOMMAIRE. — Culture des vignes. — Opérations effectuées sur les rameaux. — Principes généraux de taille. — Taille sèche ou taille d'hiver; production des rameaux fructifères; formes qui peuvent être données aux vignes; hauteur des souches; époque de la taille sèche. — Arcure. — Taille en vert ou d'été; pincement; épamprage ou ébourgeonnage; rognage ou écimage; ciselement; effeuillage. — Incision annulaire. — Échalassage; vignes libres et vignes soutenues; divers modes de support de la vigne; liage et accolage (1).

Les soins culturaux à donner aux vignes peuvent se diviser en deux catégories : 1° ceux qui s'adressent à l'appareil extérieur de la plante; 2° ceux qui s'appliquent au sol. Nous étudierons dans le présent chapitre les opérations se rapportant à la première catégorie.

I. — OPÉRATIONS EFFECTUÉES SUR LES RAMEAUX

Les opérations effectuées sur les rameaux peuvent se classer comme il suit : *A*. Taille sèche ou taille d'hiver. — *B*. Arcure. — *C*. Taille en vert ou d'été. — *D*. Incision annulaire. — *E*. Échalas-

(1) BIBLIOGRAPHIE. — **De la Quintinye**; *Instruction pour les jardins fruitiers*. Paris, 1739. — **Le Dr J. Guyot**; *Culture de la vigne et vinification*. Paris, libr. agric. de la Mais. rust., 1860. — **A. du Breuil**; *Cours élémentaire théorique et pratique d'Arboriculture*. Paris, V. Masson, 186[illegible]. — **J.-A. Hardy**; *Traité de la taille des arbres fruitiers*. Paris, libr. agric. de la Mais. rust., 1865. — **A. Pellicot**; *Le Vigneron Provençal*. Montpellier, impr. Gras, 1866. — **Le Dr J. Guyot**; *Étude des vignobles de France*. Paris, V. Masson, 1868. — **J. Marcon**; *Etudes de viticulture*. Périgueux, impr. Dupont, 1872. — **Vicomte de Villamaïor**; *Manual de viticultura pratica*. Porto, Ernesto Chardron, 1881. — **J. Decaisne** et **Ch. Naudin**; *Manuel de l'amateur de jardins* (1re part.). Paris, Firmin-Didot. — **Comte de Gasparin**; *Cours d'Agriculture*, tom. III et IV. Paris, libr. agric. de la Mais. rust., 1860. — **Comm. Francesco-Lawley**; *Della diversa attitudine di talune della varieta di viti nostrali in rapporto al diverso modo di cultivare*, etc. Florence, 188[illegible]. — **F. Sahut**; *Les Vignes américaines : leur greffage et leur taille*. Montpellier, C. Coulet, 1887. — **L. Caille**; *Guide pratique du vigneron*. Chambéry, imp. C.-P. Ménard, 1888. — **E. Bender et V. Vermorel**; *Le Vigneron moderne*. Montpellier, C. Coulet, 1890. — **P. Mouillefert**: *Les Vignobles et les Vins*. Paris, librairie agric. de la Mais. rust., 1891. — *Hadbook on viticulture for Victoria*, Melbourne,

sage. Mais avant d'en entreprendre l'étude, il est nécessaire d'examiner succinctement les principes généraux qui président à la taille des végétaux, leur connaissance devant nécessairement servir de guide dans ce qui va suivre.

Les besoins de l'alimentation de l'homme et ceux de son industrie exigent que l'on apporte certaines modifications au développement normal des plantes. Ces modifications ont pour but d'augmenter: 1° la quantité des récoltes; 2° leur régularité; 3° le volume du fruit; 4° souvent la durée du végétal; 5° enfin le nombre de plantes que l'on peut loger dans de bonnes conditions sur une surface donnée.

Les opérations destinées à produire ces modification reposent sur les bases suivantes, résultant de l'observation:

1° *L'activité de la végétation dans une plante ou dans un rameau est, toutes conditions égales d'ailleurs, d'autant plus grande qu'il porte un plus grand nombre de feuilles.* Ce fait est une conséquence naturelle du rôle prépondérant des feuilles dans la nutrition de la plupart des végétaux phanérogames: elles fixent en effet, comme on le sait, les matériaux fournis par l'atmosphère et concourent à l'élaboration d'une partie de ceux qui ont été recueillis dans le sol et qu'elles appellent à elles; les plantes ou portions de plantes qui en sont le mieux pourvues sont, par suite, celles qui se nourrissent le mieux.

2° *L'activité de la végétation est d'autant plus grande dans un rameau ou une portion de rameau qu'il se rapproche davantage de la verticale.*

3° Par contre, *l'activité de la végétation est d'autant moindre chez un rameau qu'il fait un angle plus grand avec la verticale.*

4° *Les déformations de diverse nature, telles que celles qui résultent des plaies, des étranglements ou de la torsion, déterminent une diminution dans l'activité de la végétation des végétaux ou de leurs parties qui les ont subies.*

Robt. S.-Brain, 1891. — **A.-F. Barron**, traduit par Ed. Pynaert; *La Culture de la vigne en serres et sous verre.* Paris, J.-B. Baillière et fils, 1893.— **G. de Dubor**; *Viticulture moderne.* Paris, Larousse, 1894.— **G. Joigneaux**; *Le Livre de la ferme et des maisons de campagne.* Paris, Masson, tom. II. — **R. Dezeimeris**; *D'une cause de dépérissement de la vigne et des moyens d'y porter remède.* Bordeaux, Féret et fils, 1890. — Consulter en outre la Notice bibliographique du chapitre précédent.

5° *La production des fleurs est, dans une large mesure, en raison inverse de l'activité de la végétation dans une plante ou dans un de ses rameaux considéré isolément*, ce qui semble être une conséquence de la loi naturelle qui amènent les êtres qui déclinent à concentrer leur activité vers la reproduction et à s'assurer des remplaçants.

6° *Les rameaux d'un même végétal ont un développement complémentaire*, c'est-à-dire que, *moindre sera le nombre des bourgeons conservés sur une même plante, et plus le développement de chacun des rameaux auxquels ils donneront naissance sera considérable*. C'est une fausse interprétation de ce fait qui fait croire à certains agriculteurs qu'en taillant court un arbre ou une branche, on les rend plus vigoureux, alors que c'est seulement le petit nombre de rameaux réservés qui est plus vigoureux et non l'ensemble du végétal ou de la branche.

7° *Les choses se passent d'une manière analogue à ce qui vient d'être dit, pour ce qui concerne les fruits ; leur volume est d'autant plus considérable qu'ils sont moins nombreux sur la plante ou sur le rameau.*

8° *Le développement des fruits est complémentaire de celui des rameaux portés sur la même branche ou le même végétal.*

Après l'énoncé qui précède, nous passerons à l'étude de la première opération à effectuer sur la partie extérieure de la vigne : la taille sèche ou taille d'hiver.

A. **Taille d'hiver**. — La taille d'hiver de la vigne est une opération destinée tout à la fois à assurer la fructification dans des conditions spéciales d'abondance ou de qualité et à donner à la plante une forme et un développement déterminés ; ce sera à ces divers points de vue que nous allons la considérer successivement, en traitant les questions suivantes : 1° Production des rameaux fructifères ; 2° Formes qui peuvent être données aux vignes ; 3° Hauteur à faire atteindre aux souches en diverses circonstances ; 4° Époque où l'on doit effectuer la taille d'hiver ; 5° Outils employés pour exécuter cette opération.

1° Production des rameaux fructifères

La vigne, comme on le sait, porte ses fruits sur des rameaux de l'année, produits par le développement des yeux ou bourgeons de l'année précédente ; si on lui laissait tous les bourgeons qui s'y trouvent naturellemeni, on obtiendrait un nombre considérable de rameaux et de fruits individuellement très peu développés, ainsi qu'il résulte des principes établis précédemment. Il est donc nécessaire, pour obtenir des fruits d'un volume suffisant, de supprimer chaque année une grande partie des sarments de l'année précédente et de raccourcir notablement ceux que l'on conserve. Suivant la longueur laissée à ces sarments, la taille est dite *courte* ou *longue* : lorsqu'on les rabat de manière à ce qu'ils n'aient plus que de un à trois bourgeons, la taille est *courte* et le fragment restant prend le nom de *courson*, *côt*, etc.; lorsque, au contraire, on laisse subsister un plus grand nombre d'yeux, la taille est longue et le sarment s'appelle *long bois*, *aste*, *ployon*, *courgée*, etc. Le nombre de bourgeons réservés sur les coursons ou sur les longs bois est indépendant de celui conservé sur la souche entière, de telle sorte qu'il est facile de concevoir une vigne taillée court et une vigne taillée long, pourvues du même nombre d'yeux. Néanmoins, le choix de l'un ou de l'autre de ces types de taille n'est généralement pas arbitraire, il dépend des aptitudes spéciales des cépages auxquels on doit l'appliquer : les uns ont en effet leurs bourgeons fructifères près de la base du sarment de l'année précédente, et l'on a intérêt, par conséquent, à leur conserver seulement des bases de sarments ; d'autres donnent du fruit surtout par les yeux des extrémités, de sorte qu'il est nécessaire de les tailler long ; enfin, quelques-uns émettent des rameaux fructifères à tous leurs bourgeons ; dans cette dernière condition, on peut choisir l'un de ces modes de taille sans se préoccuper de l'ordre de considérations indiqué précédemment. On doit remarquer, quoi qu'il en soit, que, toutes les fois que la taille longue est possible, elle donne un plus grand nombre de raisins et des grains moins volumineux que celle à courson. Cette observation est du reste conforme aux principes que nous avons posés précédemment : le long bois portant un plus grand nombre de bourgeons que le courson, aucun des rameaux qui en proviennent ne prend un développement aussi grand que ceux issus de ce dernier ; par suite de leur chétivité relative, ces rameaux ont une tendance plus grande à se mettre à fruit, et le grand nombre de raisins nés sur la même racine empêche chacun d'entre eux d'atteindre un volume considérable.

La plupart des anciens cépages méridionaux ne se comportent bien qu'à la taille courte; on peut citer, comme rentrant dans ces conditions : l'*Aramon*, la *Carignane*, le *Morrastel*, etc.; la *Clairette*, par contre, se prête au besoin à la taille longue. Parmi les cépages d'autres régions qui exigent ce dernier système, nous mentionnerons : la *Syrah* de l'Ermitage, le *Cabernet-Sauvignon* de la Gironde, le *Pulsart* du Jura, etc. Il en est de même pour la plupart des producteurs directs américains du groupe des V. Æstivalis : *Jacquez*, *Herbemont*, *Cunningham*, *Black-July*, etc.

a. *Courson.*— Les conditions dans lesquelles les divers systèmes de taille doivent être appliqués étant ainsi indiquées, nous allons étudier ce qui est relatif à leur exécution, en commençant par la taille courte. Le premier élément à considérer est le choix du sarment qui produira le courson. Au point de vue de la production du fruit, on doit préférer un rameau de vigueur moyenne, bien sain et aoûté; ceux qui ont un développement trop considérable donnent plutôt du bois, tandis que les petits ne fournissent pas une végétation suffisante. Il est en outre nécessaire, pour assurer la bonne conformation de la souche, de choisir, pour l'établissement en courson, un sarment dirigé de manière à assurer un prolongement convenable au bras qui le porte; dans les vignes en gobelet, par exemple, on prendra un rameau suivant une direction rayonnante du centre vers l'extérieur, et

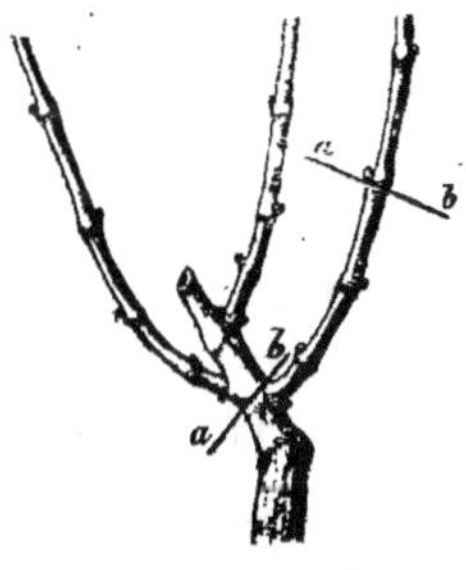

Fig. 137

Fig. 138

Fig. 139

Fig. 137.— Taille à courson sur un bras de souche : *a*, *b*, *a*, *b* représentent des points de section. — Fig. 138.— Courson après la taille. — Fig. 139.— Taille à courson sur un cordon : on supprime A, rameau le plus éloigné du cordon, et on rabat l'autre rameau en B sur un œil franc.

en outre oblique, plus ou moins ascendante suivant le port particulier du cépage considéré ; on le cherchera se rapprochant davantage de la verticale pour les types étalés, dont la souche a une tendance à trop s'ouvrir, et plus près de l'horizontale pour ceux qui sont érigés, dont la charpente se refermerait outre mesure sans cela. Enfin il est nécessaire, dans la plupart des cas, afin d'éviter une élongation trop rapide des bras, de prendre le courson aussi près que possible de la taille précédente (fig. 137, 138 et 139).

Pourtant, dans la Bourgogne et la Champagne, le courson est choisi loin de l'origine; mais les provignages fréquents exécutés dans les vignobles de ces contrées font promptement disparaître sous terre les tiges allongées qui résultent de cette manière de faire (fig. 51, pag. 305).

Le sarment une fois choisi, on supprime tous les autres : on doit les couper au point même où commence l'empattement et non à ras du vieux bois, comme on le fait trop souvent : on obtient ainsi une plaie de surface minima, et l'empattement que l'on a conservé permet d'obtenir la cicatrisation dans de meilleures conditions ; puis on rabat le rameau conservé lui-même à la longueur voulue, c'est-à-dire à un, deux ou trois yeux, plus l'œil de la base (*bourrillon*, *agassin*) (fig. 137, 138 et 139). La section doit être faite, si le mérithalle n'est pas trop long, sur le nœud immédiatement supérieur au dernier bourgeon réservé et bien perpendiculairement à l'axe du sarment suivant 2,2 (fig. 140) ; on opère ainsi sur une cloison ligneuse qui forme diaphragme en ce point et préserve la moelle de la pénétration de l'eau et de la pourriture. Dans le cas, au contraire, où les nœuds sont éloignés, on coupe obliquement à quelques centimètres au-dessus de l'œil supérieur à conserver, et de manière à ce que la section soit du côté opposé à ce dernier ; la disposition inclinée de la plaie facilite l'égouttement de l'eau et diminue, par suite, les chances d'altération (fig. 141).

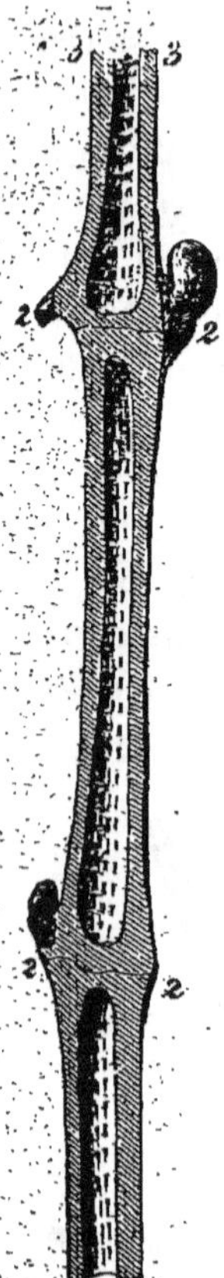

Fig. 140. — Coupe longitudinale d'un sarment montrant les parois ligneuses 3,3 et les diaphragmes 2,2, 2,2 qui entourent la moelle.

Fig. 141. — Coupe oblique d'un sarment.

b. *Long bois.* — Les indications relatives à la taille à long bois sont sensiblement les mêmes que celles que nous venons de donner pour l'établissement des coursons, sauf que, le long bois ayant à nourrir simultanément un nombre plus considérable de rameaux que le courson, il y a moins d'inconvénient à l'effectuer sur un sarment très vigoureux.

c. *Entretien et renouvellement des coursons et des longs bois.* — La taille longue entraîne, comme nous venons de le dire, l'existence d'un grand nombre de rameaux sur un même sarment; conformément au sixième principe posé en commençant, aucun de ces rameaux ne peut prendre, dans ces conditions, un grand développe-

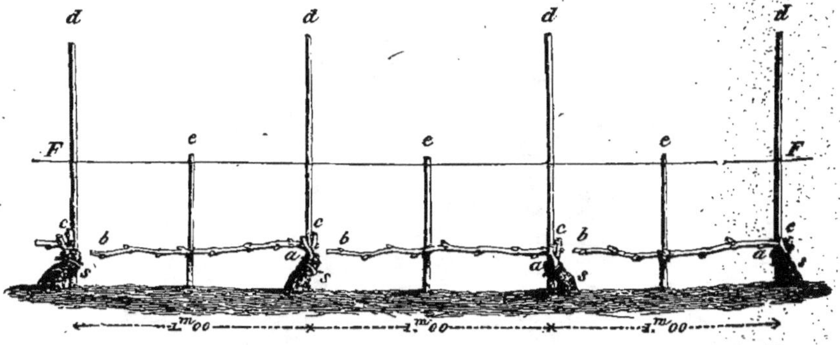

Fig. 142. — Vignes conduites suivant le système Guyot : sur une souche *s* sont établis un long bois *a*, *b* et un courson *c* ; *d d d d*, grands échalas ; *e e e*, petits échalas ; F F, fil de fer.

ment, et il est souvent difficile de trouver parmi eux le remplacement nécessaire pour l'année suivante.

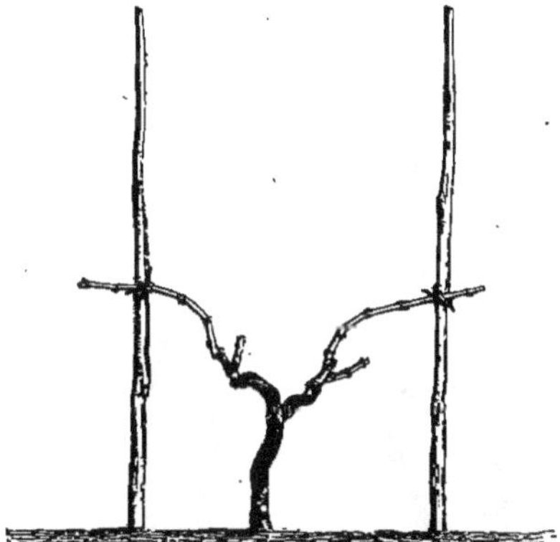

Fig. 143. — Vignes des côtes de la Gironde avec astes (longs bois) et côts (coursons).

Dans ces conditions, il est bon de compléter la taille longue par l'adjonction de coursons qui fournissent des sarments plus vigoureux et plus convenables pour le remplacement, ainsi que l'a proposé M. le Dr Guyot (fig. 142), et que cela se pratique dans certaines parties de la Gironde (fig. 143), du Cher, de l'Isère, au vignoble de Côte-Rôtie dans le Rhône (fig. 144), etc. On peut encore, ainsi que cela a lieu dans le système Sylvoz, provoquer la naissance d'un rameau vigoureux de remplacement à l'origine d'un sarment en soumettant

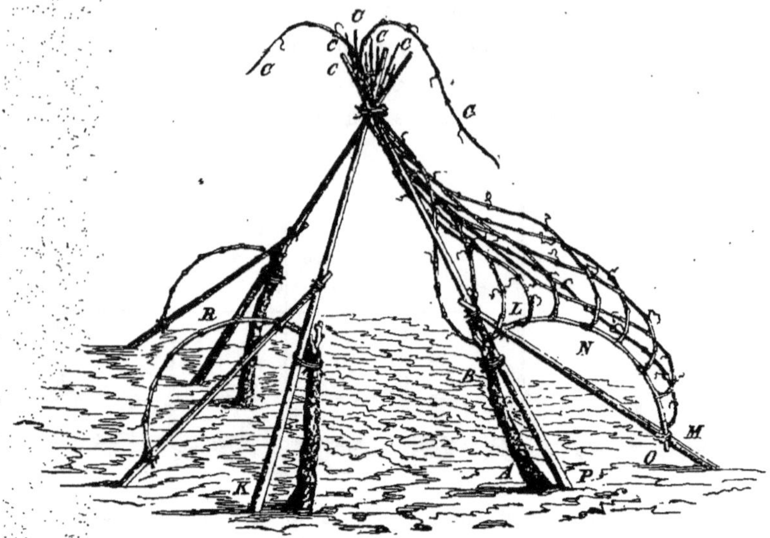

Fig. 144. — Vignes de Côte-Rôtie (Rhône) : A, B tronc ; L, M, N long bois, *c*, *c* rameaux de l'année ; P, K, R, grands échalas ; O petits échalas dit *en garde*.

ce dernier à une arcure très accentuée ; les yeux de la base, qui sont situés avant l'arcure, fournissent une végétation d'autant plus puissante que ceux qui se trouvent sur l'arcure ou après en donnent une moins développée.

L'emploi des *coursons* ou des *longs bois* entraîne nécessairement, à la suite des tailles successives, la formation d'un bras plus ou moins noueux constitué par des tissus cicatriciels, et dont l'allongement dé-

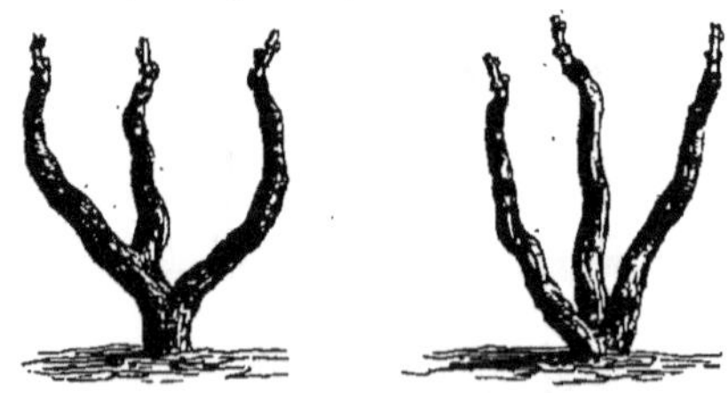

Fig. 145. — Souches en gobelet dont les bras se sont allongés outre mesure par le fait de tailles en courson répétées.

termine une diminution dans la vigueur des rameaux provenant du courson qui le surmonte et même l'extinction de cet organe (fig. 145).

Afin d'éviter cet inconvénient, on doit chercher à ramener de temps en temps le courson sur la tige même, surtout lorsque l'on opère sur des vignes en *cordon* ou en *espalier*, qui, ainsi que nous le verrons plus loin, excluent par leurs formes générales la présence de bras; on doit le faire également, mais à des intervalles plus longs, sur les vignes en *gobelet*, qui sont normalement pourvues de bras.

On a cherché encore à diminuer les inconvénients qui résultent de l'allongement des bras, en assurant, sur tout ou partie de leur épaisseur, la formation de tissus exempts de cicatrices et par conséquent plus vivants. Pour arriver à ce résultat, M. Dezeimeris a proposé récemment de ne pas raser, au niveau de l'empattement, les sarments supprimés à la taille, mais de les rabattre provisoirement sur la cloison située au-dessus du premier œil, pour ne les enlever définitivement qu'à l'hiver suivant. La partie inférieure des sarments ainsi réservée est dépouillée des rameaux qui y prennent naissance, elle s'atrophie et une bonne cicatrisation commence à se produire à leur base avant leur suppression. Cette méthode assure, sans doute, la formation de bois sains, mais elle présente un sérieux inconvénient dans la pratique; elle oblige à de minutieux ébourgeonnements pour débarrasser la vigne des jeunes rameaux nés par suite de l'évolution de l'œil inférieur réservé à la base des sarments supprimés. Le ralentissement de végétation qui résulte de l'accumulation des cicatrices provenant des tailles successives paraît devoir être regardé d'ailleurs comme une condition favorable à la fructification, lorsqu'il ne dépasse pas certaines limites. On sait, en effet, que la mise à fruit des jeunes plantiers ne se produit abondamment que lorsque la taille est venue modérer la fougue exagérée de leur végétation; la greffe, qui est une cause de ralentissement dans la végétation, entraîne une amélioration dans les conditions de la fructification; enfin, les mutilations, telles que les pincements, l'incision annulaire, l'arcure, qui entraînent un affaiblissement de la plante ou tout au moins des rameaux sur lesquels on les pratique, augmentent beaucoup la production. On peut donc se demander si le procédé Dezeimeris, qui assure certainement une plus longue durée aux vignes, n'obtient pas ce résultat au prix d'une diminution dans les rendements.

Or, on ne saurait oublier que la longévité de la vigne, qui est sans doute chose intéressante, est cependant moins importante que sa productivité : beaucoup de vignes soumises à l'ancienne taille très courte de la Provence duraient cent cinquante et deux cents ans, mais donnaient beaucoup moins en somme, pendant cette longue période, que ne le faisaient, pendant leur beaucoup plus courte existence, celles taillées plus long, de l'Hérault, qui étaient souvent usées au bout de cinquante ou soixante ans. Des expériences méthodiques, entreprises à l'École d'agriculture de Montpellier, permettront vraisemblablement bientôt d'ailleurs de trancher cette question (1).

Il y a enfin d'autres moyens plus simples d'empêcher l'accumulation des cicatrices de dépasser la mesure où elle ne peut être regardée que comme utile. Dans le canton de Vaud, par exemple, les vignerons attachent une grande importance à ce que le courson soit toujours pris du même côté, parce que l'on conserve ainsi la moitié inférieure du bras sans cicatrices dans ses tissus. Les coursons n'ont qu'un œil franc et le borgne. L'œil *f* (fig. 146), en dessus du cour-

Fig. 146

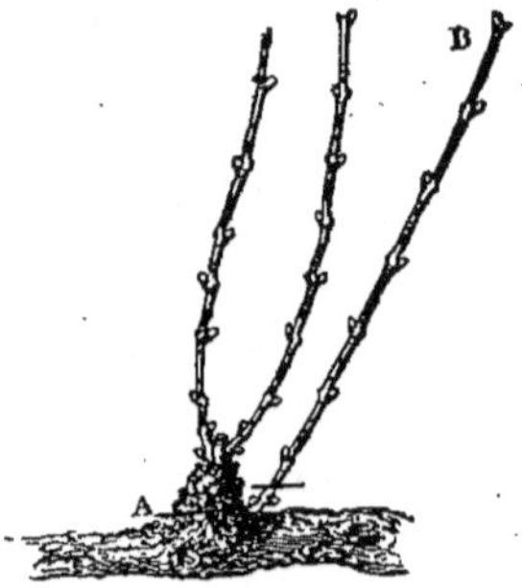

Fig. 147

Fig. 146. — Taille des coursons dans le canton de Vaud. — Fig. 147. — Rajeunissement d'un courson sur un cordon. — *B*, rameau né à la base du bras et servant à l'établissement du nouveau courson ; — *A*, point de section du bras.

son, doit fournir le rameau qui donnera du fruit ; celui de dessous *c* produira le sarment qui servira au remplacement.

Ce procédé paraît assez bien concilier la conservation de la vitalité des bras avec l'établissement des conditions nécessaires à une fructification suffisante. Il nous paraît, dans tous les cas, d'un emploi plus facile que celui de M. Dezeimeris.

(1) Nous ne croyons pas utile de discuter ici l'idée émise par M. Dezeimeris que l'amélioration produite dans la végétation par son procédé de taille serait suffisante pour permettre, dans certains cas, aux vignes d'Europe, de résister aux attaques du phylloxera. Nous nous bornerons à indiquer les premiers résultats des expériences entreprises à l'Ecole nationale d'agriculture de Montpellier : cinq lignes soumises à la taille Dezeimeris, pendant les années 1891, 1892, 1893 et 1894 ont donné un poids total de raisins, en ces quatre années, de 2.209 kilos ; cinq autres lignes, alternant avec les premières et soumises à la taille ordinaire de l'Hérault, ont produit, pendant le même temps, 2.233 kilos. Les sarments récoltés sur les cinq lignes, à la taille Dezeimeris, ont atteint, pour 1893 et 1894, un poids total de 182 kilos, tandis que les cinq autres ont donné pendant le même temps 252 kilos. La taille Dezeimeris n'a donc pas donné, dans l'expérience ci-dessus mentionnée, un rendement en raisins et une végétation supérieure à l'ancienne taille du Languedoc.

Enfin, les vignerons soigneux et intelligents procèdent à des ravalements partiels et successifs qui ramènent les coursons près de l'origine, lorsqu'ils voient la végétation fléchir assez sur un bras pour faire craindre une diminution de récolte. Ces abaissements se font soit au-dessus d'un sarment dont on aura provoqué la naissance sur le vieux bois par une taille un peu courte, soit au-dessus d'un cour-

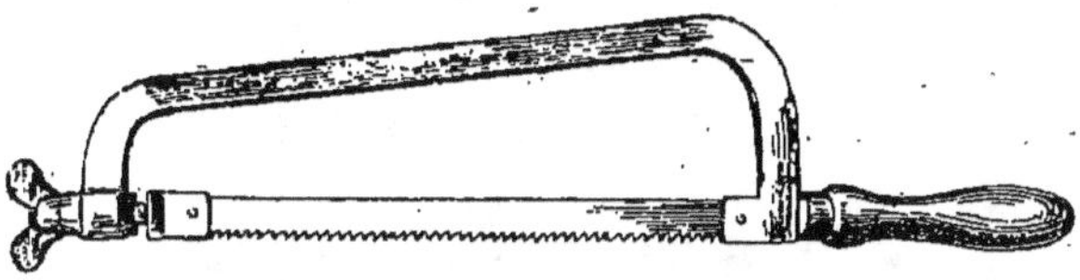

Fig. 148.— Scie pour les rabaissements ou les greffages.

son (CC' fig. 158, pag. 393), réservé exprès depuis longtemps dans ce but, ainsi que cela se pratique ordinairement dans le Médoc.

La section se fait soit avec une scie à main (fig. 148), soit avec un grand sécateur à résection (fig. 149). Mais le meilleur moyen à employer pour rajeunir de vieilles souches consiste dans le recepage au pied et le greffage (1).

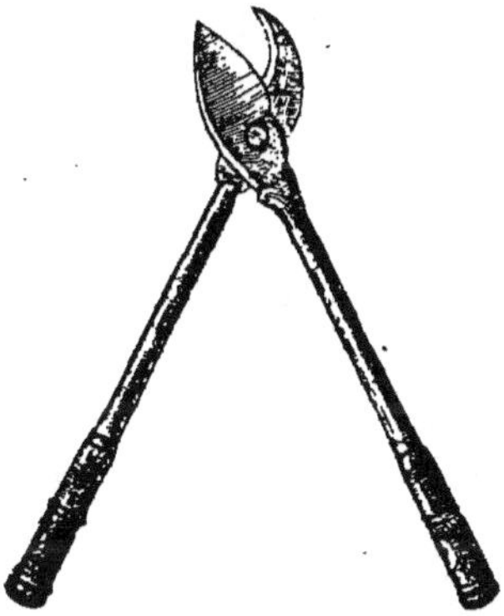

Fig. 149.— Grand sécateur à résection du Languedoc.

M. Marcon, propriétaire à la Mothe-Montravel (Dordogne), a proposé (2) un procédé qui a pour but de prévenir l'allongement des bras, ce qui éviterait la peine d'avoir à en réparer ensuite les effets. Sa méthode est basée sur les principes suivants : Lorsqu'un sarment est dépouillé de ses bourgeons inférieurs et ne conserve que ceux qui se trouvent vers l'extrémité, ces derniers ne se développent pas seuls, mais il naît également des rameaux sur l'empattement, qui finit par devenir comme une sorte de tête de saule donnant chaque année des pousses nouvelles. Chaque année, une de ces pousses convenablement choisie est réservée à la taille pour servir de courson ou de branche à bois; on la dépouille des cinq ou six yeux inférieurs; l'année suivante, on choisit un rameau parmi ceux qui sont sortis des bourgeons réservés à la partie supérieure, pour en faire une *branche à fruit* ou *long bois*. La vigne se trouve donc avoir simultanément au même point : 1° de *jeunes rameaux herbacés* de l'année ; 2° une *branche à bois*; 3° une

(1) Voir pag. 314.

(2) *Études sur la Viticulture et la Vinification*, par J. Marcon. Périgueux, imprim. Dupont et Ce, 1875.

branche à fruit. Cette dernière étant supprimée à la base l'hiver qui suit l'année où elle a joué le rôle de branche à fruit, on voit que tous les trois ans ces organes reprennent leur origine sur la tête de saule et que la production d'un bras devient impossible (fig. 150).

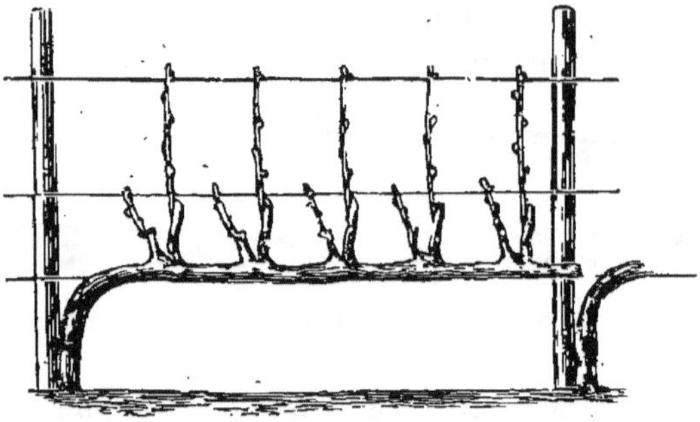

Fig. 150. — Souche conduite suivant la méthode de M. Marcon, après la taille.

Malheureusement, ce procédé, fort ingénieux, s'est montré d'une application difficile dans la pratique, et il est aujourd'hui abandonné.

2° Formes données aux vignes

Les vignes peuvent être rangées, au point de vue des formes qui leur sont données par la taille, en deux grandes catégories: celles dont la charpente n'offre aucune forme régulière et celles à formes régulières. Parmi les premières, on peut mentionner les vignes élevées sur les arbres morts (crosses) d'Évian, dans la Haute-Savoie (fig. 151) et celles qui sont établies sur des arbres vivants dans diverses parties de l'Italie centrale. Elles échappent, comme on le comprend, à toute description, à cause de leur irrégularité même; elles tendent d'ailleurs à disparaître de plus en plus et à être remplacées par des vignes à formes régulières, mieux en rapport avec les exigences de la viticulture moderne. Ces dernières sont soumises à des procédés de taille qui leur donnent des formes se rattachant à l'un des trois types suivants: *gobelet*, *espalier* ou *cordon*.

La forme en *gobelet* est celle dans laquelle, d'un centre commun, partent un certain nombre de bras qui divergent en formant entre eux une sorte de vase; on peut en donner comme exemple les vignes basses du Languedoc (fig. 152), de la Provence (fig. 153), du Beaujolais (fig. 154 et 155), du Roussillon, les hautains des environs de Saint-Gaudens (fig. 156), dans la Haute-Garonne, etc. Ce système est le plus généralement employé dans le midi de la France; il présente en effet l'avantage, dans cette contrée, d'assurer une égale répartition des rameaux tout autour de la souche, ce qui permet d'abriter jusqu'à un certain point le sol environnant contre la dessiccation, et les raisins contre l'action directe des rayons solaires ; les fruits, placés

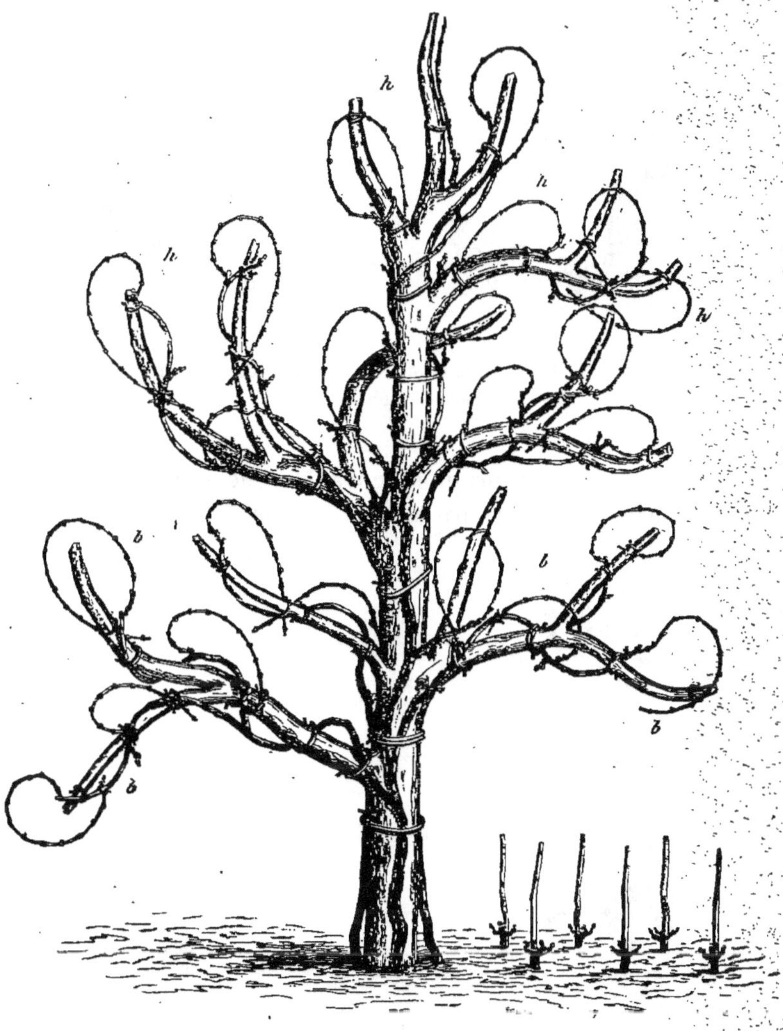

Fig. 151.— Vigne élevée sur un arbre mort (crosse), à Evian (Haute Savoie).

dans le milieu ombragé et légèrement humide ainsi constitué, acquièrent un volume relativement considérable et deviennent riches en jus, ainsi que le recherchent les viticulteurs méridionaux.

Employé au contraire avec un échalas (fig. 154), le gobelet rend facile le relèvement, en un seul faisceau, des rameaux et assure la bonne exposition du raisin, découvert de la sorte à l'action de la chaleur et de la lumière, ainsi que cela est utile dans les vignobles plus septentrionaux, où l'on recherche la richesse gleucométrique plutôt que le volume du fruit.

Cette forme se prête bien au croisement des labours, au remplace-

Fig. 152

Fig. 153

Fig. 152.— Vigne du Languedoc en gobelet.— Fig. 153.— Vigne de la Provence en gobelet.

ment par provin ; enfin, mieux que toute autre, elle permet, dans les milieux où cela se peut, de se passer de l'échalas. On peut lui repro-

Fig. 154

Fig. 155

Fig. 154. — Vigne du Beaujolais en végétation, avec ses rameaux relevés sur un échalas.— Fig. 155.— Vigne du Beaujolais en gobelet, après la taille.

cher d'être d'une conduite difficile, par suite de la nécessité où l'on est de maintenir en équilibre, au point de vue de la végétation, plusieurs bras distincts ; mais, outre que l'on ne s'astreint généralement pas à maintenir une égalité rigoureuse dans le développement des rameaux nés de chaque bras, le nombre considérable des coursons portés par a souche est un obstacle à ce qu'aucun ne prenne un accroissement par trop exagéré.

Le nombre de bras à laisser au cep varie suivant sa plus ou moins

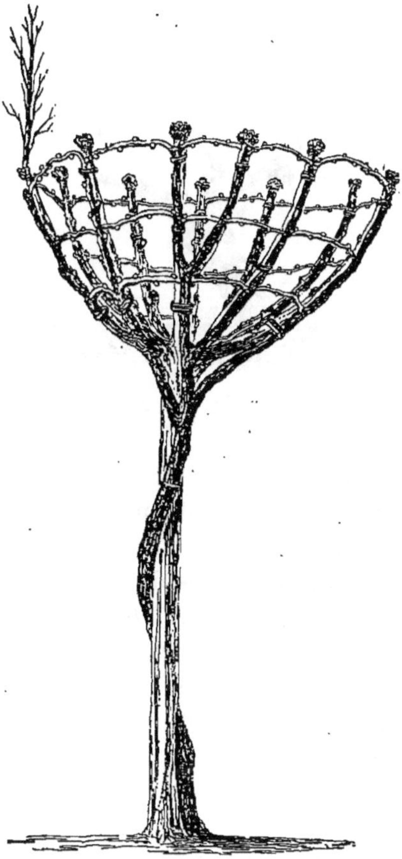

Fig. 156. — Vigne en gobelet, sur un arbre vivant, à Saint-Gaudens (Haute-Garonne d'après M. le Dr GUYOT.

grande vigueur : on doit l'augmenter lorsqu'on voit naître sur le vieux bois des bourgeons qui sont toujours improductifs ; on doit au contraire le réduire si l'on constate une diminution trop sensible dans la longueur des sarments, malgré l'application des soins habituels et de fumures suffisantes. On associe généralement l'emploi de cette forme avec la taille à *courson ;* pourtant, il est possible de laisser outre le courson, sur un ou plusieurs bras, un long bois que l'on recourbe en cerceau au-dessus de la souche, et que l'on fixe en l'enlaçant avec un autre ou en l'attachant avec de l'osier sur une branche opposée (fig. 157) ; il faut seulement avoir soin de faire porter successivement chaque année les longs bois par les bras différents, à cause du déveoppement plus considérable qu'ils provoquent chez ces derniers, conformément aux principes que nous avons établis au début de cette étude, et d'après lesquels l'activité végétale est d'autant plus

Fig. 157. — Vigne en gobelet avec un long bois en cerceau.

grande dans un rameau que ce dernier porte un plus grand nombre de feuilles. Cette disposition a donné des résultats satisfaisants dans les applications qui ont été faites, à l'Ecole d'agriculture de Montpellier, sur divers producteurs directs issus du V. ÆSTIVALIS, tels que le *Jacquez*, le *Black-July* et l'*Herbemont*, et il semble que c'est en définitive le meilleur procédé à adopter pour les cépages de cette catégorie dans les contrées où l'on taille habituellement en gobelet et où on ne fait pas usage d'échalas.

La forme en *espalier* est celle dans laquelle les bras de la souche se répartissent symétriquement dans le même plan ; on peut citer,

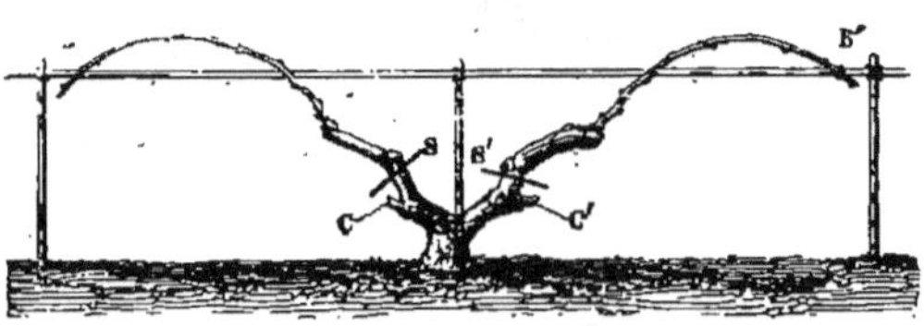

Fig. 158. — Vigne du Médoc en espalier. — B, B' astes ou longs bois ; C, C' côts ou coursons ; S, S' points de section au moment où doit avoir lieu le rajeunissement des bras.

comme application de cette forme, les vignes à vin rouge de la plus grande partie de la Gironde (Médoc, Graves, Côtes, Palus) (fig. 158), du Jura (fig. 159), celles des vallées de l'Isère (fig. 160), celles des enclos de Thomery (fig. 161), beaucoup des chaintres de Chissay, etc. Elle est appropriée aux milieux où le raisin a besoin, pour mûrir, d'être exposé directement à l'action des rayons solaires ; aussi est-ce dans les contrées plutôt un peu brumeuses, telles que la Gironde et les vallées de l'Isère, que l'on en trouve les applications les plus im-

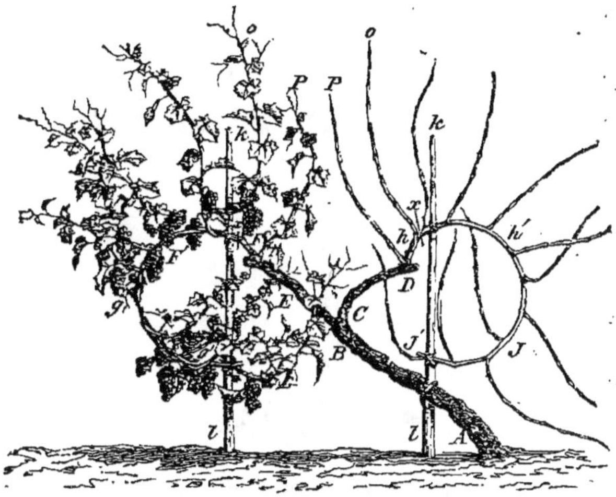

Fig. 159 — Vigne du Jura en espalier, d'après M. J. Guyot. — A, B tronc; C, D, C, E bras; D, J, J long bois arqué; E, F long bois arqué; *h, h'* rameaux de l'année; *l, k, l, k* échalas.

portantes. L'espalier offre seulement, dans ces conditions, l'inconvénient d'exiger des soins un peu minutieux pour maintenir un même degré de développement entre ses deux parties symétriques; dès

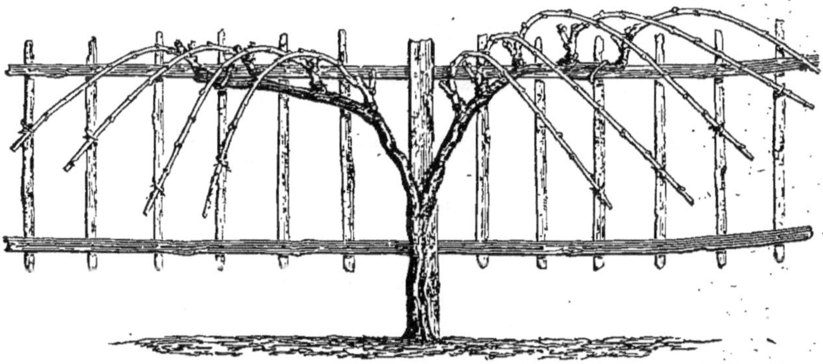

Fig. 160. — Vigne en treille, de l'Isère, d'après le Dr J. Guyot.

qu'une différence se montre dans leur vigueur, c'est au détriment de la plus forte que l'on rétablit l'équilibre, en la raccourcissant.

La forme en *cordon* est caractérisée par le fait que le cep suit une direction unique, horizontale, oblique ou verticale.

On peut citer, comme exemple de cordon appliqué à la vigne, la taille Cazenave (fig. 162); celle du Dr Guyot, l'ancienne taille de

Saint-Émilion (fig. 163), celle de la Bourgogne (fig. 165), de l'Ermitage (fig. 164) et certaines formes usitées dans les jardins (fig. 166).

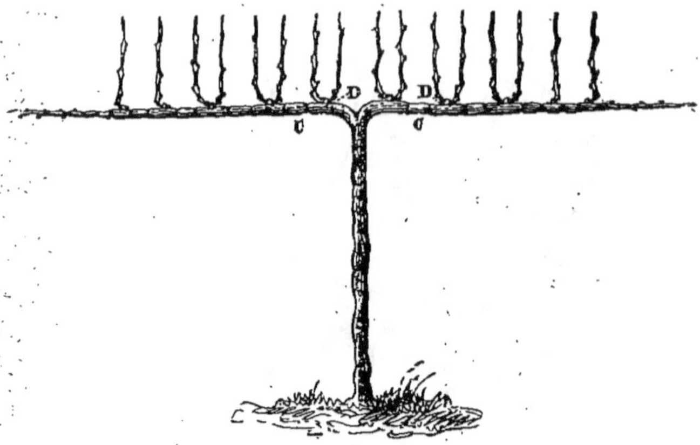

Fig. 161. — Vigne en espalier, de Thomery. — C, C bras symétriques ; D, D rameaux issus des coursons.

Toutes les vignes que nous venons de mentionner sont formées par une tige simple portant un ou plusieurs coursons ou longs bois. On

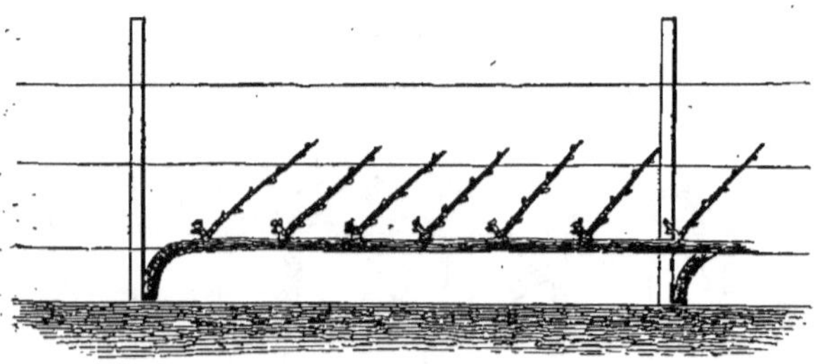

Fig. 162. — Cordon Cazenave.

comprend que dans ces conditions on n'ait plus à se préoccuper d'équilibrer les divers organes de la souche, puisque l'élongation se produit toujours dans le même sens.

3° Hauteur a faire atteindre aux souches

On peut classer les vignes, au point de vue du développement qu'on leur laisse prendre, en trois catégories : les vignes *basses*, les vignes *moyennes* et les vignes *hautes*.

Les vignes *basses* sont, ainsi que le nom l'indique, celles dans les-

Fig. 163

Fig. 164

Fig. 163.— Ancienne taille de Saint-Emilion.— Fig. 164.— Souche de l'Ermitage.— *a*, *b* arçon ou revers en *d* et *e* à l'échalas, d'après M. le Dr J. Guyot.

quelles les rameaux naissent près de terre, et les fruits se trouvent par conséquent à une faible hauteur (0,25 environ ou même moins): on peut citer, comme exemple de ce genre de vignes, celles de la Provence (fig. 153), du Languedoc (fig. 152, pag. 391), du Beaujolais (fig. 154 et 155, pag. 391), des Charentes (fig. 167, pag. 398), de la Bourgogne (fig. 165, pag. 397), de la Champagne (fig. 168, pag. 398), etc. Ce sont elles qui donnent les raisins les plus sucrés; en effet, par suite de leur proximité du sol, ces derniers sont soumis d'une manière très directe aux effets de la réverbération et du rayonnement qui s'y produisent comme auprès d'un mur d'espalier, pour en faciliter la maturation. On doit donc les considérer, au point de vue de la qualité de leurs produits, comme préférables, et elles sont effectivement employées plutôt que les autres toutes les fois que la chose est

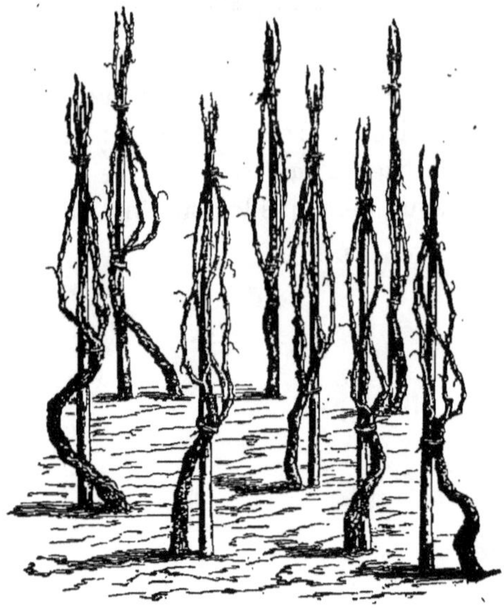

Fig. 165. — Vignes de la Bourgogne (Pinots).

possible. Mais l'action du rayonnement, qui se manifeste en été par une émission de la chaleur absorbée en excès pendant le jour par la

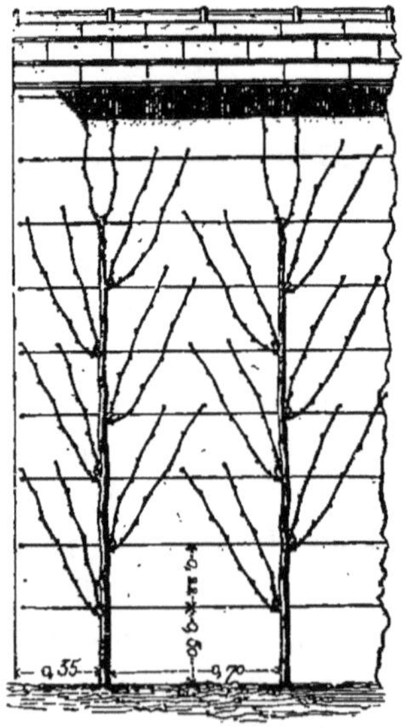

Fig. 166. — Vignes de jardin en cordons verticaux.

terre, au profit des objets voisins, se traduit au contraire, au printemps, par un abaissement de température du sol et des corps voisins, qui peut arriver jusqu'à 0° et au-dessous. Cet abaisssement résulte de la déperdition de calorique qui s'effectue, dans les nuits sereines de

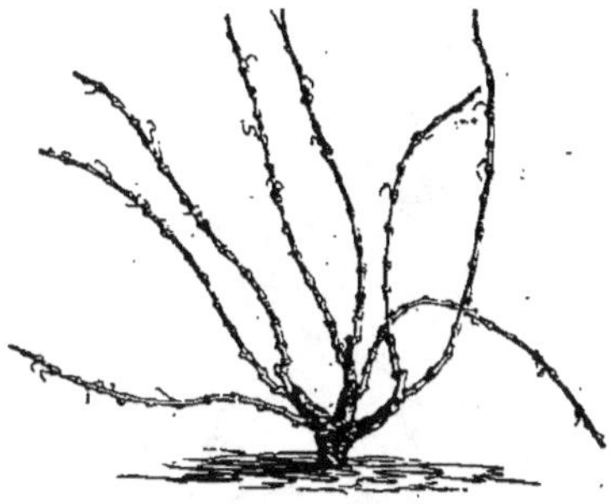

Fig. 167.— Vigne de la Provence.

cette saison, du sol vers les espaces célestes. Les souches basses doivent donc éprouver plus que les autres l'influence des gelées blan-

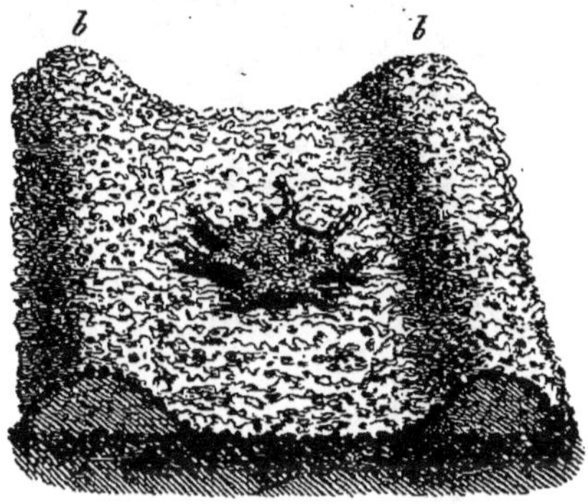

Fig. 168. — Vigne de l'Aunis (Charente-Inférieure).

ches; aussi ne peut-on cultiver la vigne dans ces conditions que dans les climats chauds, où ces météores sont moins à craindre. Les vignes

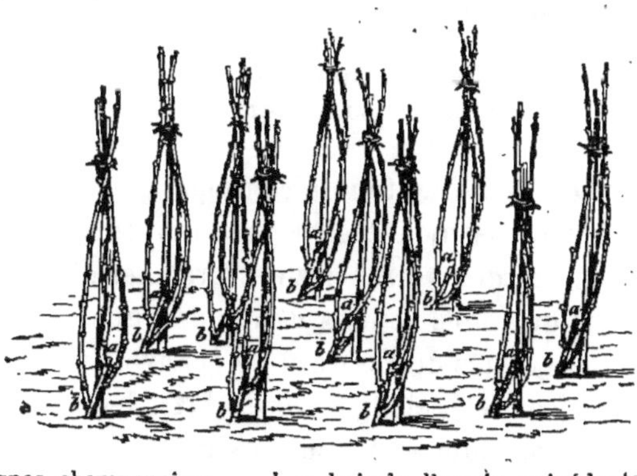

Fig. 169. — Vignes champenoises. — *b*, *a*, bois de l'année précédente. Les parties les plus anciennes sont sous terre.

hautes et moyennes, au contraire, dans lesquelles on ne laisse se développer les rameaux qu'à une hauteur assez considérable pour les soustraire à l'action du rayonnement nocturne, donnent des moûts

Fig. 170. — Vigne en hautains sur crosse, à Evian (Haute-Savoie), d'après M. le Dr J. GUYOT.

peu riches en sucre et on ne doit en faire usage que lorsqu'on ne peut pas l'éviter. L'établissement des vignes moyennes et hautes implique nécessairement des terres riches, fraîches et profondes. C'est pour les raisons que nous venons d'indiquer que, tandis que les vallées froides et humides de l'Isère et de la Savoie sont plantées en *hautains* (fig. 160, pag. 394, et fig. 170 et 171), les coteaux plus secs, plus chauds, moins sujets surtout aux gelées blanches, sont couverts de vignes basses (fig. 183, pag. 407).

4° Époque de la taille sèche

La taille d'hiver peut, à la rigueur, se faire pendant toute la durée du repos de la végétation, depuis le moment où l'aoûtement est suffisant jusqu'à celui où la vigne commence à pleurer. On doit pourtant éviter de l'effectuer, pendant cette période, au moment des grands

Fig. 171. — Treilles, avec arbres vivants, de la Savoie, d'après M. le Dr J. Guyot.

froids, parce que les sarments sont alors plus cassants et les sections faites par la serpe ou le sécateur n'y sont pas nettes et régulières comme il faudrait ; en outre, les tissus fraîchement coupés risquent de s'altérer sous l'influence de la gelée.

Il faut enfin tailler tardivement les vignes situées dans les milieux où les gelées blanches sont à redouter, surtout lorsque l'on a affaire à des cépages qui débourrent de bonne heure, afin de retarder leur entrée en végétation. La somme de matériaux qui eût agi immédiatement pour provoquer le développement rapide d'un petit nombre de

Fig. 172.— Taille préparatoire en vue de diminuer les chances de gelée.

bourgeons, après la taille, se répartit alors sur un grand nombre et, par suite, influe moins sur chacun d'entre eux en particulier et y détermine une évolution beaucoup plus lente ; ce fait est d'ailleurs conforme au sixième des principes généraux relatifs à la taille que nous avons posés en commençant, d'après lequel le développement des rameaux d'un même végétal est complémentaire. Mais, tant que les sarments ne sont pas enlevés, on ne peut procéder aux labours, qui risquent de se trouver renvoyés à une époque trop tardive, en opérant comme il vient d'être dit; aussi prend-on généralement un moyen terme : on supprime tous les sarments qui ne doivent pas servir à porter des rameaux fructifères. On taille enfin les autres, provisoirement, à une longueur de 0m,30 à 0m,40, pour les rabattre plus tard seulement à la dimension voulue, quand presque tous les dangers de gelée ont disparu (fig. 172); cette opération porte dans l'Hérault le nom d'*espoudassage*, dans les Charentes de *fiançailles* et dans l'Yonne de *curage en pied*.

5° Outils employés pour exécuter la taille

Les outils employés pour la taille sont la *serpe* et le *sécateur*. La *serpe* a été longtemps seule usitée ; elle disparaît peu à peu actuellement devant le sécateur, dans les pays de grands vignobles. On s'en

Fig. 173. — Serpe bourguignonne.

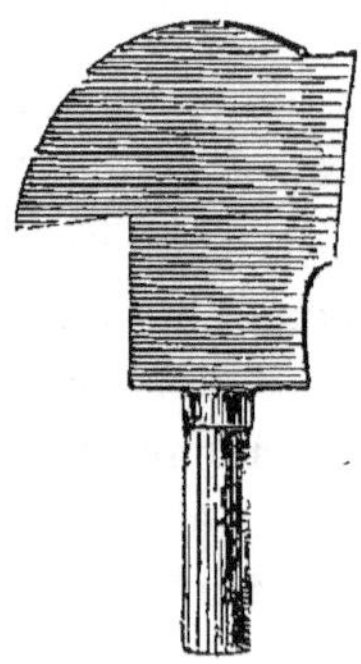

Fig. 174. — Serpe du Médoc.

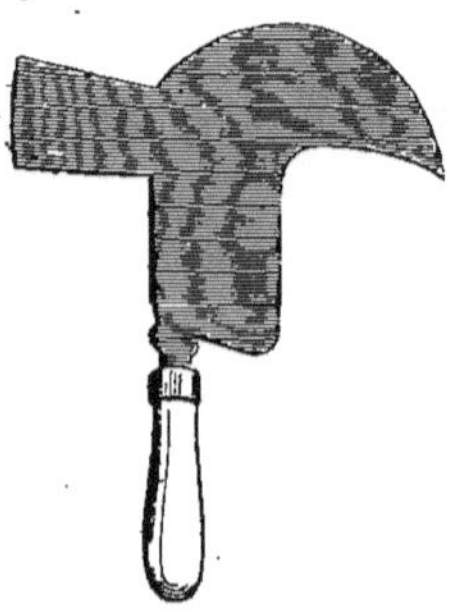

Fig. 175. — Serpe des Charentes.

Fig. 176. — Serpe de la Provence.

sert pourtant encore, de préférence, en Bourgogne, dans la Gironde, dans les Charentes et dans certaines parties de la Provence. La *serpe* bourguignonne est formée par une lame en croissant à un seul tranchant emmanchée sur un manche à poignée (fig. 173); celle du Médoc porte d'un côté de sa lame un tranchant dont l'arête forme un angle droit et de l'autre un second tranchant rectiligne (fig. 174); la serpe des Charentes (fig. 175) et celle de la Provence (*poudette*, *poudadouïre*) (fig. 176) ressemblent beaucoup à la précédente, comme disposition générale. On se sert de la serpe bourguignonne comme d'une serpette; avec les autres, la section se fait au moyen de la partie du tranchant de la lame qui est perpendiculaire à l'axe du manche (fig. 176); on recourbe légèrement le sarment en avant, de manière à présenter à la lame la partie saillante de la courbure, et la coupe se fait en sciant. Le tranchant postérieur sert à enlever les gourmands nés sur le vieux bois et les drageons du pied.

L'emploi de la serpe exige de la part des ouvriers qui en font usage une assez grande habileté manuelle; aussi y renonce-t-on pour le sécateur, malgré la netteté des coupes qu'elle produit, dans les contrées où la taille exige le concours de tous les bras, ainsi que cela a lieu en Languedoc. Les sécateurs employés pour tailler la vigne sont tantôt des sécateurs ordinaires à ressort solidement construits, comme dans le Beaujolais, tantôt des sécateurs sans ressort, comme en Languedoc. Ces derniers sont préférables aux autres à cause de leur solidité; de plus, grâce à la longueur relativement grande de leurs bras, sur lesquels est appliquée la puissance et qui permet de les manœuvrer à deux mains, on peut facilement couper sans efforts les plus gros sarments et même de petits bras de souche.

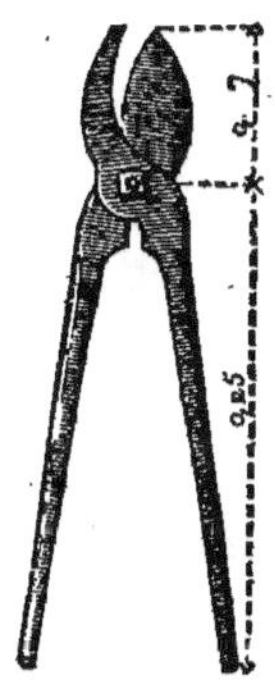

Fig. 177. — Sécateur à vigne du Languedoc.

Le sécateur à vigne du Languedoc (fig. 177) est formé de deux éléments : l'un portant un crochet non tranchant, destiné à maintenir l'objet à couper, l'autre une lame tranchante qui fait la section. La lame et le crochet doivent être disposés de telle sorte, dans les sécateurs bien construits, qu'au moment où elle vient à l'appui, la lame ne presse pas normalement à l'élément du crochet dont elle s'approche, mais obliquement à ce dernier; la coupe se fait ainsi en sciant et sans danger d'écraser le sarment. La forme de lame qui permet le mieux d'arriver à ce résultat est celle dont le bord tranchant se rapproche d'une *développante de cercle*. Les bras, solidement construits et rectilignes, sont trop longs pour être manœuvrés avec une seule main; l'un d'entre eux est terminé par une lame analogue à un ciseau à froid, qui sert à détruire entre deux terres les drageons (*sagates*) nés du pied.

On doit avoir soin, lorsqu'on taille avec le sécateur, de placer toujours le crochet en dessus, de manière à ce que la partie du bois qui a appuyé contre lui et qui est toujours un peu écrasée par la pression se trouve éliminée par la coupe.

B. **Arcure.** — L'*arcure*, comme son nom l'indique, consiste à *arquer* un sarment; cette opération a pour effet de l'éloigner de la verticale et de déterminer dans ses tissus certaines compressions et certaines lésions. Or, ainsi que l'avons vu en étudiant les principes généraux sur lesquels repose la taille (troisième et quatrième énoncé), ces deux conditions entraînent une diminution dans la vigueur de la végétation des rameaux qui en proviennent et une propension à la fructification.

L'arcure est toujours appliquée à des longs bois; on en fait usage dans certains vignobles en treille de l'Isère (fig. 160, p. 394), dans le Jura (fig. 159, pag. 394), à Côte-Rôtie (fig. 144, pag. 385), les Basses-Pyrénées (Orthez) (fig. 178), dans ceux de l'Hérault lors-

Fig. 178.— Vigne en archet, des environs d'Orthez (Basses-Pyrénées), d'après M. le Dr Guyot.

qu'on laisse une *paille* (long bois) sur la souche (fig. 157, pag. 393), dans le système Sylvoz (fig. 179), etc. Elle peut modifier d'une manière avantageuse l'application de la taille Cazenave, en favorisant d'une manière relative le développement des rameaux à fruits et des coursons. La taille dite en tire-bouchon (fig. 180), proposée par M. Champin, et qui constitue un moyen de hâter la mise à fruit des vignes de semis, est une application de l'arcure dont l'influence est particulièrement marquée dans ce cas, par suite du faible diamètre du cylindre autour duquel s'enroulent les spires.

En résumé, l'*arcure*, sans être, à proprement parler, une opération de taille, peut être regardée comme un complément souvent utile de la taille, dont les applications deviendront vraisemblablement de plus en plus nombreuses dans l'avenir,

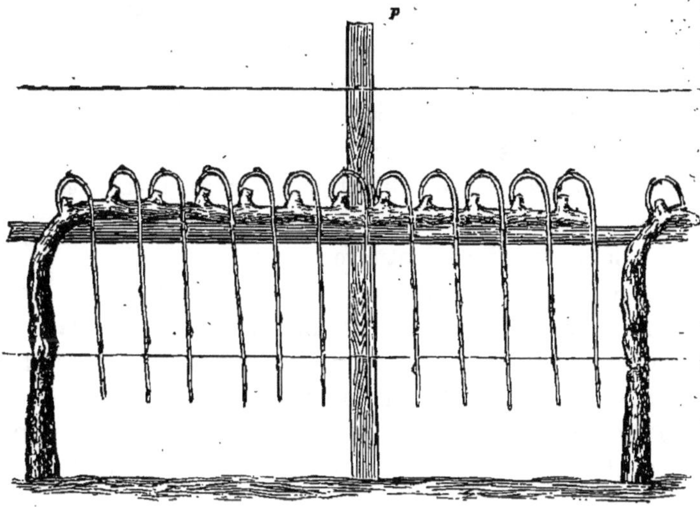

Fig. 179. — Vigne conduite d'après le système Sylvoz.

C. **Tailles en vert.** – On appelle *tailles en vert* l'ensemble des opérations de taille qui s'effectuent sur les rameaux de la vigne pendant sa végétation ; ces opérations paraissent plus particulièrement appropriées aux climats un peu humides, où la végétation est continue pendant l'été et où le développement des rameaux et des feuilles est considérable ; dans les pays méridionaux, où le développement des rameaux subit un arrêt pendant les grandes sécheresses et où leur inclinaison naturelle, par suite du défaut d'échalas, détermine une sorte d'arcure, elles sont plutôt nuisibles. Les plus usuelles sont les suivantes : 1° le *pincement;* 2° l'*épamprage;* 3° le *rognage;* 4° le *cisellement* et 5° l'*effeuillage.*

Fig. 180. — Vigne taillée en tire-bouchon (Champin).

1° Pincement

Le *pincement* est une opération qui consiste à retrancher 0m,01 ou 0m,02 de l'extrémité d'un jeune rameau fructifère peu avant la floraison ou immédiatement après (fig. 181).

Elle a pour but d'accélérer l'épanouissement des fleurs, de diminuer les chances de coulure et quelquefois de favoriser le développement d'un certain nombre de rameaux qui n'y ont pas été soumis. Ces effets sont le résultat de la concentration, dans les fleurs et dans les fruits qui leur succèdent, ou dans les rameaux non pincés, des matériaux qui se seraient portés dans l'axe de prolongement du rameau. Le pincement entraîne généralement l'évolution des bourgeons situés à l'aisselle des feuilles et par suite la formation de rameaux latéraux qui doivent être pincés à leur tour.

Fig. 181. — Jeunes rameaux pincés en *a a a*

Le pincement est pratiqué, d'une manière habituelle, sur les rameaux portant du fruit, dans les vignobles de la Lorraine, dans ceux de la Champagne ; M. le Dr Guyot le fait intervenir régulièrement dans son système de taille pour assurer la fructification des rameaux issus de la branche à fruit et favoriser le développement de ceux de la branche à bois qui n'y sont pas soumis (fig. 182); on l'emploie

Fig. 182.— Vignes soumises au système Guyot et pincées en *o o o o o*.

enfin fréquemment dans la culture de la vigne dans les jardins, et notamment dans celle du *Chasselas* à Thomery. Cette opération, comme d'ailleurs toutes celles qui enlèvent aux vignes une partie de leurs feuilles pendant la végétation, ne donne de résultats satisfaisants, dans le midi de la France, que lorsqu'on y soumet des cépages d'une végétation exceptionnellement exubérante, tels que la *Clairette*, qui coule fréquemment par ce fait. Appliquée aux autres, elle amène, la première année, une augmentation de produits, mais ensuite un affaiblissement considérable.

On peut enfin rattacher au pincement l'enlèvement des vrilles, opération qui se pratique dans certains vignobles de l'Est et dans les serres à raisins. Les vrilles étant, comme nous l'avons expliqué, des inflorescences avortées (page 22), leur suppression favorise évidemment le développement des inflorescences qui restent. Le pincement de l'une des ramifications d'une vrille suffit souvent pour faire naître un grappillon sur l'autre branche, il n'est donc pas surprenant que l'enlèvement d'un grand nombre de vrilles produise un effet manifeste sur la fructification.

2° Ebourgeonnement ou épamprage.

L'*épamprage* (1) consiste dans la suppression des rameaux inutiles pour la production du fruit ou le remplacement; il a pour but de concentrer les matériaux recueillis par la plante sur les rameaux utiles que l'on conserve. Cette opération est généralement pratiquée dans les vignobles les plus soignés de la partie la moins sèche de la région où l'on cultive la vigne et où l'on ne recherche pas une végétation très vigoureuse chez cette plante. On en fait usage dans la Gironde, dans la Côte-d'Or, dans la Champagne, à l'Ermitage, dans le canton de Vaud, dans les cultures de *Chasselas* de Thomery. Elle est au contraire considérée comme plus nuisible qu'utile dans la région méditerranéenne, où, comme nous l'avons vu précédemment, la suppression d'une partie des feuilles est toujours préjudiciable. Néanmoins, même dans ces dernières conditions, on peut quelquefois avoir intérêt à en faire usage, dans le but de préparer le bon établissement de la charpente de la vigne; ce n'est, du reste, que l'usage réitéré de l'épamprage qui amène une diminution sensible dans la vigueur des ceps.

3° Rognage

Le *rognage* est une opération par laquelle on supprime la partie supérieure des sarments dans le courant de l'été, pour favoriser le développement des grains du raisin, sur lesquels se portent les matériaux qui auraient servi à nourrir le prolongement des rameaux. Il est employé dans le Médoc, la Champagne, le Jura, le canton de

(1) Le mot *épamprage* est préférable à celui d'*ébourgeonnement*, parce que ce sont les *pampres* ou *rameaux* de la *vigne*, et non les *bourgeons*, qui sont enlevés par cette opération. Le terme d'*ébourgeonnement* provient de la confusion que font à tort les arboriculteurs et les jardiniers entre les *bourgeons*, qu'ils appellent *yeux*, et les *rameaux* qui résultent de l'évolution des *bourgeons*.

Vaud, quelques points de la Haute-Savoie (fig. 183); il fait partie des procédés de taille Marcon et Cazenave; mais, dans le Midi, il est généralement considéré comme plus contraire encore que les autres

Fig. 183. — Vignes de Saint-Julien (Haute-Savoie) conduites suivant la méthode du canton de Vaud, rognées au niveau de l'échalas.

opérations de taille en vert aux conditions de la végétation sous ce climat. On en fait pourtant usage, sur des vignes plantées en terrains riches et frais, dans quelques parties de l'Aude et de l'Hérault: ce sont la *Carignane* et la *Clairette* qui sont plus spécialement soumises à ce traitement.

4° Cisellement

Cette opération est uniquement usitée pour les raisins de table, et notamment pour les *Chasselas* cultivés en espalier à Fontainebleau et à Thomery. Elle consiste à enlever avec des ciseaux à lames étroites et à bouts arrondis les grains imparfaitement développés ou ceux trop serrés, lorsqu'ils ont atteint environ le tiers de leur grosseur normale. On retranche également deux ou trois centimètres de l'extrémité des grappes lorsqu'elles sont trop longues, ainsi que cela a fréquemment lieu sur de jeunes vignes très vigoureuses; enfin on enlève un certain nombre de grappes lorsqu'elles sont trop nombreuses sur la souche.

Cette pratique a pour résultat de régulariser et d'augmenter le volume des grains, qui, étant moins nombreux, sont mieux nourris individuellement, et d'avancer leur maturité d'une quinzaine de jours.

5° Effeuillage

L'*effeuillage* est pratiqué dans certains vignobles afin d'assurer l'achèvement de la maturation des fruits ; il constitue une opération tantôt habituelle et régulière, comme à Fontainebleau, à Thomery, à l'Ermitage, en Bourgogne, etc. ; tantôt accidentelle et exceptionnelle, comme dans l'Hérault et la Gironde.

M. Muntz a montré que l'effeuillage nuisait à la récolte lorsqu'il était fait hâtivement, ce qui n'est pas surprenant, puisque la suppression des feuilles amène forcément un ralentissement dans la nutrition. Aussi ne doit-on pas effectuer cette opération trop tôt et est-il nécessaire de l'exécuter avec de grandes précautions.

A Thomery, les feuilles sont enlevées en trois fois successivement, dans la crainte de causer un ralentissement brusque dans la végétation ; les grappes sont découvertes progressivement, afin d'éviter le *grillage* qui résulte d'un passage subit de l'ombre au grand soleil; enfin, on se borne à ôter le limbe de la feuille en laissant le pétiole en place, ce qui permet la résorption des matériaux qu'il renferme et ensuite une bonne cicatrisation au moment de la chute. A l'Ermitage et en Bourgogne, l'effeuillage se fait avec précaution, mais en une seule fois, au mois d'août.

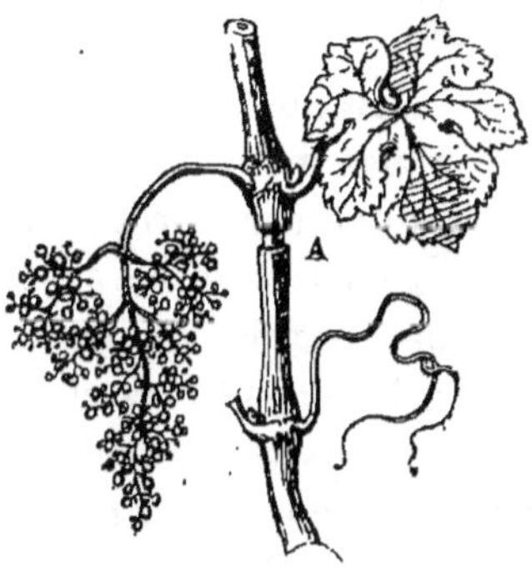

Fig. 184. — Rameau de vigne sur lequel on a pratiqué l'incision annulaire en A.

En Languedoc et dans la Gironde, on n'effeuille que les vignes situées dans les terrains bas et humides et dans les années humides. On enlève progressivement les feuilles et, afin d'éviter le grillage qui pourrait résulter de l'insolation directe, on dégarnit la souche en dessous, de manière à laisser arriver seulement les rayons réfléchis ou rayonnés par le sol et à faciliter la circulation des courants d'air qui diminuent l'humidité par l'évaporation qu'ils déterminent.

D. **Incision annulaire.** — Cette opération consiste à enlever un anneau d'écorce étroit, de 0m,005 environ, à la base des rameaux fructifères et au moment de la floraison (A, fig. 184), ou à l'origine du long bois qui les porte, pendant l'hiver qui en précède l'évolution. On pratique l'incision au moyen de la serpette, ou plus facilement avec un outil connu sous le nom de *coupe-sève* (fig. 185), ou avec la pince à inciser (fig. 186); la largeur de l'anneau enlevé doit être

Fig. 185.

Fig. 186.

Fig. 185. — Coupe-sève pour l'exécution de l'incision annulaire.— Fig. 186. — Pince à inciser.

assez faible pour que la plaie qui résulte de cet enlèvement puisse se cicatriser pendant l'été.

Les suites de l'incision annulaire sont les suivantes : la portion du rameau située au-dessus de l'incision s'allonge moins et grossit davantage qu'elle ne l'eût fait dans les conditions ordinaires ; un renflement annulaire produit par les tissus cicatriciels se forme enfin au-dessus de la coupure ; la végétation du rameau incisé est moins vigoureuse que si on l'eût laissé se développer librement et conformément au quatrième et au cinquième des principes généraux de la taille que nous avons posés au commencement de ce chapitre, la tendance à la fructification devient plus grande, la coulure diminue, et le volume et la richesse saccharine des fruits s'élève dans une notable proportion (1). Ces résultats étaient autrefois expliqués au moyen

(1) Voir : *Rapport de la Commission de viticulture, nommée par Son Exc. M. le Ministre de l'agriculture, sur la question de l'incision annulaire*, etc., par M. Charles Baltet (Rapports publiés par le Ministère de l'Agriculture et du Commerce en 1870, 6e rapport). — Paris, Victor Masson et fils.

de l'ancienne théorie de la sève descendante. On croyait que la sève circulait dans le végétal comme le sang dans les animaux; la sève brute absorbée par les racines s'élèverait par les couches intérieures du bois; puis, après avoir été élaborée par les feuilles et devenue susceptible de nourrir la plante, elle redescendrait vers les racines par les couches corticales. En coupant ou en comprimant ces dernières, on arrêterait la sève élaborée, qui s'accumulerait dans les fleurs et dans les fruits situés au-dessus de l'obstacle ainsi créé. Mais les progrès de la physiologie végétale ont amené à reconnaître que la sève élaborée ne suivait pas nécessairement une direction descendante, mais que les matériaux qui la représentent se portaient, indépendamment de tout mouvement de liquide, vers les points susceptibles de les précipiter à l'état insoluble. Ce ne peut donc être parce que l'incision annulaire oppose un obstacle à la *descente* de la sève qu'elle produit les effets que nous venons d'indiquer ; au reste, l'accumulation de la sève élaborée dans la partie supérieure du rameau devrait en augmenter le développement, alors que c'est le contraire qui a lieu. On peut admettre comme plus probable l'hypothèse suivante : l'incision annulaire serait une cause de diminution dans la végétation du rameau auquel elle s'applique, ce qui, comme nous l'avons vu (quatrième, cinquième et huitième principes de la taille, pag. 380), est dans une certaine mesure une condition favorable à la fécondation, au grossissement du fruit et à sa richesse en sucre. Le bourrelet qui suit l'opération résulterait de l'accumulation de matériaux qui sont appelés habituellement vers les points lésés où se forment les tissus cicatriciels. Ces matériaux arrivent, surtout dans ce cas, vers le côté de la plaie correspondant aux feuilles où ils sont élaborés ; le côté opposé en reçoit fort peu, au contraire, par suite de l'interruption des tissus à cellules grillagées par lesquels se fait la propagation des matières azotées.

L'incision annulaire, malgré les avantages réels qu'elle peut offrir, a l'inconvénient de fatiguer, par suite de l'excès de production qu'elle détermine, les vignes auxquelles elle est appliquée régulièrement; de plus, elle entraîne la rupture de nombreux rameaux sous l'influence du vent dans les cultures où ces derniers ne sont pas solidement accolés sur des échalas ou d'autres appuis analogues, et l'on éprouve, de ce chef, des diminutions souvent plus qu'équivalentes aux augmentations qui résultent de l'opération.

En résumé, l'incision annulaire ne paraît pas pouvoir sortir du domaine purement horticole, et encore ne doit-elle y être appliquée qu'à la condition de laisser de temps en temps un repos suffisant aux vignes qui y sont soumises.

E. **Pollinisation.** — D'après M. A.-F. Barron (1), on fait usage de la fécondation artificielle ou pollinisation, dans les serres d'Angleterre, afin d'empêcher le *millerandage* ou la coulure, notamment lorsque le soleil fait défaut. On applique du pollen sur les fleurs à féconder au moyen d'un pinceau de poils de chameau ; ou bien on frappe vivement sur les pieds de vignes, de manière à produire un nuage de pollen qui se répand partout dans la serre ; d'autres fois, enfin, on se borne à passer légèrement la main sur les grappes.

F. **Échalassage.** — Les vignes peuvent être classées, au point de vue de la tenue qui leur est imposée, en deux catégories : les vignes libres ou abandonnées à elles-mêmes et les vignes relevées, échalassées ou palissées. Le premier mode de tenue des vignobles est exclusivement usité dans la région méditerranéenne, c'est-à-dire dans la partie sèche et chaude des contrées viticoles. Il présente en effet certains avantages qui correspondent bien aux nécessités de ce milieu : les rameaux, rampant autour de la souche, abritent le sol, pendant l'été, contre un dessèchement trop rapide ; la courbure qu'ils prennent naturellement, surtout chez les cépages à port étalé, pour arriver jusqu'au sol, favorise la fructification ; les fruits, bien abrités par le feuillage, échappent aux dangers du *grillage* et, sous l'influence du milieu légèrement humide dans lequel ils se développent, ils acquièrent un volume plus considérable que s'ils étaient directement exposés au soleil.

Dans le reste de la région de la culture de la vigne, où l'humidité du climat est plus grande et le soleil moins ardent, les conditions favorables à la viticulture sont tout autres : on cherche à découvrir le sol afin d'en faciliter l'échauffement et à exposer le mieux possible les raisins à l'action des rayons solaires qui, par la chaleur qu'ils leur communiquent, les enrichissent en sucre, et par leur action lumineuse en diminuent l'acidité (2). Pour arriver à ces résultats, il est nécessaire de relever les rameaux de la vigne afin de les empêcher de ramper sur le sol, ce qui peut se faire de diverses manières, soit par des dispositions qui leur permettent de se soutenir par eux-mêmes, soit en les fixant sur des échalas ou autres supports analogues.

Le procédé le plus simple pour maintenir les sarments en l'air sans les fixer à des supports consiste à enlacer les extrémités des

(1) A.-F. Barron. — *La culture de la Vigne en serre*, pag. 83 et 84.
(2) Voir, pag. 249, la *Physiologie de la Vigne*.

rameaux de deux souches voisines, réunis en faisceau de manière à les maintenir au-dessus du sol, comme une sorte d'arceau de verdure. Ce système est employé dans le Beaujolais à partir de la douzième année d'existence des vignes, et sur quelques points du nord de la Drôme (fig. 187), il offre l'inconvénient d'empêcher le croisement des labours.

Fig. 187. — Vignes du Beaujolais reliées en arceau par leur extrémité.

M. Miramont, propriétaire à Maurecourt, près Pontoise, a également proposé (1) d'éviter les échalas en formant, avec le quart des sarments de quatre souches voisines, une série de pyramides quadrangulaires assez rigides pour se maintenir droites par elles-mêmes (fig. 188). Mais ces procédés ne donnent pas aux rameaux une

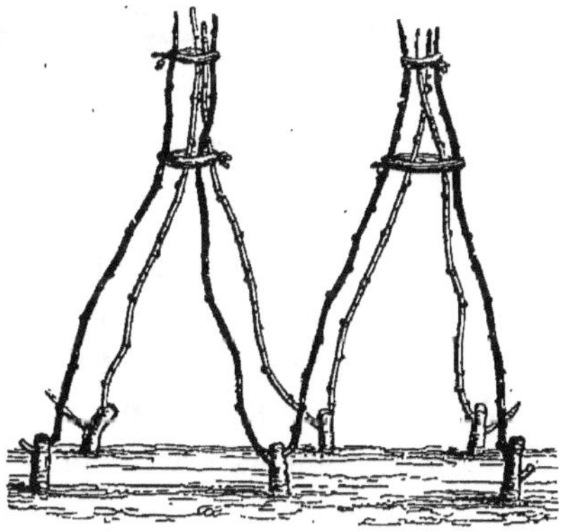

Fig. 188. — Souches soutenues par la réunion de leurs rameaux (procédé Miramont)

résistance suffisante à l'action du vent, les faisceaux des sarments se délient souvent et retombent sur le sol ; on préfère presque toujours

(1) Du Breuil. — *Cours élémentaire d'arboriculture*, pag. 487. Paris, Masson, 1861.

fixer les rameaux de la vigne sur des appuis solides, afin d'éviter ces accidents.

Les principaux supports employés dans ce but sont : 1° les échalas proprement dits ; 2° les arbres morts ; 3° les arbres vivants ; 4° les treillages en bois ; 5° les treillages en fil de fer.

Les échalas ordinaires sont des morceaux de bois en rondin ou refendus, taillés en pointe à leur extrémité inférieure, que l'on plante au pied de chaque souche, et sur lesquels les rameaux sont élevés en faisceau (fig. 189) ; ils sont généralement appliqués à la culture en

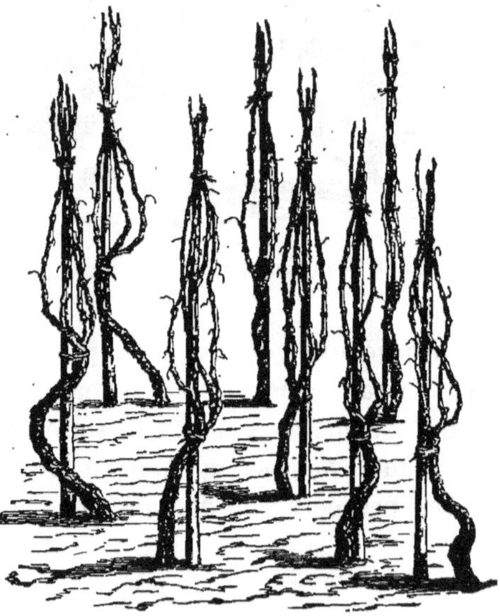

Fig. 189. — Vignes de la Côte-d'Or échalassées.

vigne basse. Les bois les plus employés pour leur confection sont le chêne, le robinier ou faux acacia et le châtaignier, auxquels leur dureté assure une assez longue durée ; mais on leur substitue souvent, par raison d'économie, des bois mous, tels que le saule, l'aulne, le peuplier, etc., dont on assure la conservation au moyen du *sulfatage*.

Le *sulfatage* consiste à plonger la partie inférieure des perches qui serviront à faire les échalas, alors qu'elles sont encore fraîches et vivantes, dans une dissolution de sulfate de cuivre à 3 °/₀ ; ce liquide s'élève peu à peu à travers les tissus, avec certains éléments desquels il contracte des combinaisons qui les rendent imputrescibles. On les écorce et on les débite ensuite. Les échalas sont quelquefois plantés à demeure jusqu'au moment où leur état de vétusté oblige à les remplacer, ainsi que cela a lieu à l'Ermitage ; d'autres fois ils sont arrachés chaque année à l'entrée de l'hiver et replantés au printemps. Comme en Bourgogne et en Champagne, la plantation devient alors un élément important dans les frais annuels qu'entraîne la culture ; c'est, dans tous les cas, toujours une opération difficile et fatigante pour les ouvriers qui l'exécutent. Dans le vignoble de Chablis et dans quelques autres de l'Yonne, les vignerons enfoncent les échalas en appuyant sur leur extrémité avec leur poitrine garnie d'un plastron en bois, ce qui entraîne chez eux de fréquents accidents du côté des poumons; dans d'autres endroits, l'échalas, tenu à pleine main et sous le bras, est planté en pesant sur lui de tout le poids du corps

Fig. 190.— Fiche-échalas Dugay.

par des efforts pénibles. Afin d'atténuer ces inconvénients, on a imaginé divers *fiche-échalas* qui facilitent beaucoup l'exécution de ce travail ; celui de M. Dugay, constructeur à Argenteuil, est décrit de la manière suivante par M. du Breuil (1) : « Une tige en fer A (fig. 190), pourvue d'une manette B à son sommet, porte vers le milieu de sa longueur un crochet C, puis à sa base une sorte de pied de biche. Pour se servir de cet instrument, on procède ainsi : Le vigneron

(1) *Loc. cit.*, pag. 485 et 486.

place l'échalas dans le crochet et le pied de biche, de façon que cette dernière partie soit à 0m,28 environ au-dessus de la base de l'échalas ; puis il place le pied droit sur l'étrier, maintient l'échalas de la main gauche et appuie fortement de la main droite sur la manette. Il pèse ainsi de tout son poids sur l'étrier et enfonce l'échalas jusqu'au point où le pied de biche est fixé. Si l'échalas n'est pas assez enfoncé, il le saisit de nouveau un peu plus haut et recommence la manœuvre.»

On emploie dans l'Aube un autre outil, au sujet duquel M. le Dr Guyot s'exprime ainsi (1) : « M. Fellans, propriétaire à Bar-sur-Aube, a perfectionné l'instrument ficheur ou planteur d'échalas, inventé par M. Dugay; il a fait la clef ficheuse, qui est adoptée depuis longtemps par tous les vignerons du pays pour planter leurs paisseaux, et qui me semble le dernier terme de la perfection dans ce genre.

»Cette clef ficheuse (fig. 191, A) est formée d'une seule lame de fer *a b c d e f g h i*, dont *b c d i* correspond à la semelle du soulier du

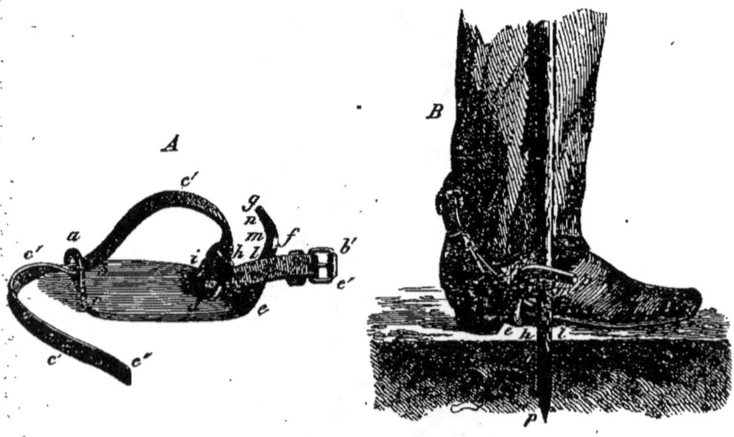

Fig. 191. — Clef ficheuse de M. Fellans.

vigneron, à laquelle elle s'applique comme un étrier, et dont les côtés *c b a*, *d i h* emboîtent le pied en dedans et en dehors. Le côté *c a b* laisse passer la courroie en cuir *c' c' c' c' c'*, qui traverse de l'autre côté *d i h* un œil *i h* pratiqué en dedans de la clef proprement dite *g f e h*. La clef *g e f*, qui consiste dans un vigoureux crochet résultant d'une échancrure *h l m n* pratiquée dans la partie remontante opposée *a b e*, doit être placée en dedans du pied, entre les deux jambes. Ainsi armé, le vigneron saisit son échalas par le haut, en place l'extrémité dans l'échancrure *h l m n*, de façon que

(1) J. Guyot. — *Etude sur les vignobles de France*, tom. III, pag. 90 et suiv.

toute la partie de la pointe *p o* qu'il veut enfoncer en terre soit au-dessous de *h l*, et, d'une seule pression du pied, l'échalas est planté (fig. 191, B).

Les échalas sont ordinairement plantés verticalement et à raison de un par souche ; ils sont pourtant disposés autrement dans certains vignobles : à Côte-Rôtie, par exemple, les échalas de trois souches voisines P K R sont inclinés et reliés à leur extrémité supérieure, de manière à former une pyramide dont chaque arête est prolongée par un petit échalas O L appelé *en garde*, plus incliné que les pre-

Fig. 192. — Vignes de Côte-Rôtie échalassées par groupes de trois.

miers et fixé par l'une de ses extrémités en terre, et par l'autre contre le grand (fig. 192 et 144, pag. 385). Cette disposition donne à l'ensemble une grande résistance à l'action du vent.

Dans l'Yonne, à Chablis et dans les vignobles qui s'y rattachent, où la vigne est conduite en éventail, on place un échalas à chaque bras (fig. 193). Dans certaines parties de la Gironde, chaque bras de vigne est également pourvu d'un tuteur (fig. 143, pag. 384).

Le grand nombre de ceps qui peuplent les vignobles septentrionaux, où l'usage des supports s'impose, entraîne une mise de fonds assez importante et une dépense d'entretien annuelle sensible, lorsque l'on y fait usage d'échalas ordinaires, tels que ceux que nous venons de mentionner. On peut estimer à 3,500 francs le prix d'achat des échalas nécessaires à un hectare de vigne en Champa-

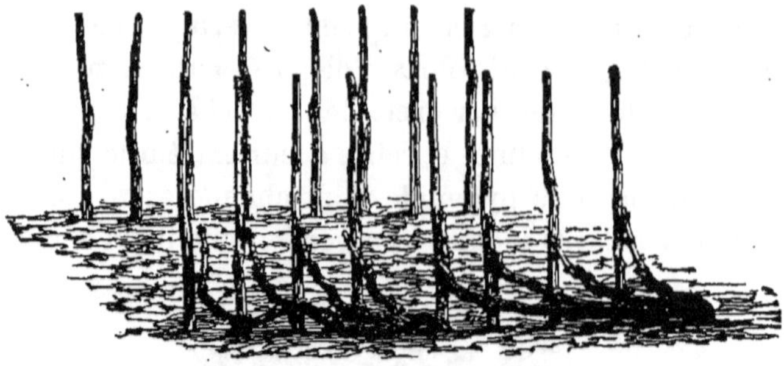

Fig. 193 — Vignes de Chablis (Yonne) avec un échalas à chaque bras.

gne ; aussi, diverses tentatives ont-elles été faites dans certaines contrées viticoles, et notamment en Bourgogne, pour en diminuer le nombre par l'emploi du fil de fer.

Dans les environs d'Évian (Haute-Savoie), où les vignes sont conduites en *hautains*, on les fait grimper sur des arbres morts appelés *crosses ;* la souche est taillée de telle sorte qu'à chaque branche de la *crosse* correspond une ramification de la vigne (fig. 151, pag. 390).

Dans les environs de Saint-Gaudens (Haute-Garonne), de Saint-Girons (Ariège), de Tarbes (Hautes-Pyrénées) et dans certaines parties de l'Italie centrale, la vigne est élevée sur des arbres vivants, tantôt taillés régulièrement en gobelet (fig. 156, p. 392), tantôt taillés en têtards, tantôt abandonnés à leur végétation naturelle. Ce mode de support est très défectueux : en effet, les racines de la vigne se trouvent en concurrence dans le sol avec celles des arbres qui la soutiennent, et ses feuilles, ombragées par celles de ces dernières, reçoivent peu de lumière ; les rayons lumineux verts qui leur arrivent presque seuls sont peu favorables à la transpiration et à la réduction de l'acide carbonique, phénomènes dont on connaît l'importance au point de vue de la nutrition de la plante. Ces inconvénients, unis à ceux qui résultent de la situation élevée du fruit, font que les vignes établies sur des arbres vivants donnent toujours des vins de qualité inférieure, peu alcooliques, verts et acerbes.

A Jurançon (Basses-Pyrénées), les ceps sont établis au pied de perches élevées qui supportent de véritables treilles horizontales (fig. 194).

On fait usage, dans l'Isère et dans certaines parties de la Savoie, de *treillards* en bois pour supporter les vignes moyennes ou hautes ; ces constructions, souvent compliquées (fig. 160, p. 394), sont toujours très coûteuses et l'on a intérêt à leur substituer des treillages en fil de fer, dont le prix de revient est beaucoup moindre. M. Sylvoz, viticulteur distingué de la Savoie et auteur d'un procédé per-

Fig. 194. — Vignes en treilles hautes de Jurançon (Basses-Pyrénées).

fectionné pour la conduite de la vigne en cordon et à grand developpement, emploie des treillages (fig. 179, pag. 404) où les montants et une traverse sont seuls en bois ; deux traverses sont remplacées par des fils de fer. Dans le Médoc, on tend également à substituer aux *lattes* en pin maritime, qui relient entre eux les *carassons*, un fil de fer plus durable et plus économique. Le système proposé par M. le Dr Guyot implique également une combinaison d'échalas et de fil de fer (fig. 142, pag. 384).

Aujourd'hui, les treillages où toutes les traverses sont en fil de fer deviennent de plus en plus nombreux (système Cazenave, fig. 162,

p. 395 ; système Marcon, etc.). Dans certaines contrées où l'on rencontre des calcaires compacts en bancs peu épais, ou des schistes ardoisiers ou autres convenables pour cet objet, on les scie en barres à section rectangulaire pour en faire des montants imputrescibles, mais un peu fragiles pour ces treillages. On remplace ces barres, depuis quelque temps, dans certaines localités des environs de Grenoble, par des colonnes moulées en ciment (fig. 195). Ces colonnes, plus grosses à leur partie inférieure qu'à leur partie supérieure, ont une section octogonale à diamètres inégaux (fig. 196), de manière à ce qu'elles puissent offrir une plus grande résistance dans la direction des lignes suivant laquelle s'exerce la principale poussée. Les crochets, boulons, etc., qui doivent servir ensuite au montage de la treille, sont logés dans le ciment, à des points convenables; au moment du moulage, on introduit généralement aussi, pour leur donner plus de solidité, un fort fil de fer galvanisé qui en forme l'axe. Pour donner une idée des relations qui doivent exister entre les diverses dimensions de ces colonnes, nous donnons ci-dessous les mesures de celles que nous avons fait construire, comme essai, à l'École nationale d'agriculture de Montpellier :

Fig. 195. — Colonne en ciment pour supporter les fils de fer des treillages.

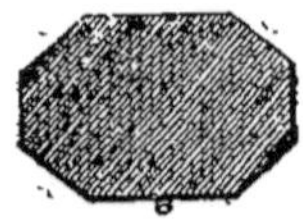

Fig. 196. — Section d'une colonne en ciment.

Hauteur totale..........................		2 mèt.
Grand diamètre.........	en bas....	$0^m,12$
	en haut...	$0^m,10$
Petit diamètre.........	en bas....	$0^m,10$
	en haut...	$0^m,08$

On commence enfin à faire usage de fers cornière, à T, ou de formes diverses pour supporter les fils, et il est vraisemblable que dans un avenir prochain, grâce à la diminution progressive du prix du fer, les treillages entièrement en fer occuperont une place importante dans les vignobles, où ils sont très appréciés à cause de leur solidité et de leur durée (fig. 197 et 198) (1).

(1) Voir A. Carré. — *Taille de la Vigne sur cordon unilatéral permanent, système de Royat.* Montpellier, C. Coulet, 1895.

Les treillages divers dont nous venons de parler s'adaptent aux formes en espalier et en cordon, mais non à celles en gobelet. Ils offrent l'inconvénient d'empêcher le croisement des labours, ce qui

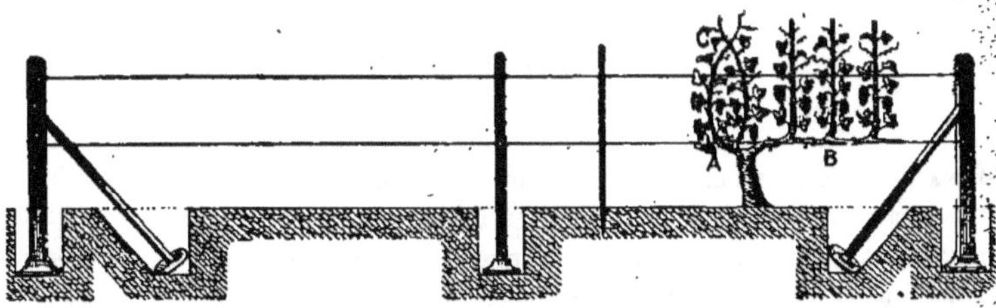

Fig. 197. — Treillage en fer à deux rangs, de M. Louet, à Issoudun.

est fâcheux au point de vue du bon ameublissement du sol, qui est moins bien assuré, et de l'augmentation de la dépense d'entretien par suite de l'emploi nécessaire d'une plus grande quantité de main-d'œuvre à bras d'homme.

La fixation des rameaux de vignes sur les échalas, treillages ou supports divers porte le nom d'*accolage;* les jeunes sarments sont attachés au moyen de liens en paille de seigle trempée dans l'eau

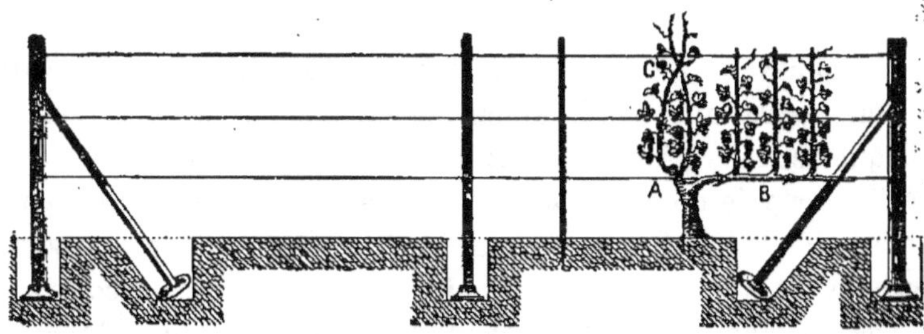

Fig. 198. — Treillage en fer à trois rangs, de M. Louet, à Issoudun.

(*gluis* dans l'Yonne), d'osiers fendus (*vimes* dans la Gironde), ou d'écorce d'osier, quelquefois avec le *raphia*, dont nous avons parlé précédemment (pag. 345), ou avec des lanières de feutre provenant des déchets de chapellerie ; ce sont les liens en paille de seigle qui paraissent offrir la plus grande résistance dans les contrées exposées aux vents violents. C'est généralement en faisant cette opération que l'on pince ou que l'on enlève les ramifications latérales nées à l'aisselle des feuilles, et que l'on supprime les vrilles dans les contrées où la taille en vert est très rigoureusement appliquée.

CHAPITRE XIII

SOMMAIRE. — Opérations effectuées sur le sol où les vignes sont cultivées (1). — Chaussage à l'entrée de l'hiver. — Déchaussement de la fin de l'hiver. — Fumure : engrais et amendements ; mode d'application. — Labours : première façon d'aération ; façons d'été ou binages ; arrosages.

OPÉRATIONS EFFECTUÉES SUR LE SOL OU LES VIGNES SONT CULTIVÉES

Les principales opérations effectuées sur les sols où les vignes sont cultivées sont les suivantes : 1° Le *chaussage* à l'entrée de l'hiver. — 2° Le *déchaussement* à la fin de l'hiver. — 3° Les *applications d'engrais ou d'amendements*. — 4° La *première façon d'aération*. — 5° Les *façons d'été ou binages*. — 6° Les *arrosages d'été*.

A. **Chaussage ou buttage à l'entrée de l'hiver.** — Le *buttage* est une opération régulièrement effectuée dans certains vignobles, tels que ceux de l'Auxerrois et des crus à vins blancs de l'Yonne, où elle porte le nom de *ruellage*. Elle a pour but d'assurer, par les rigoles qu'elle laisse entre les rangées de vignes, un bon égouttement des eaux d'hiver, et d'abriter le pied même des souches contre l'action des grandes gelées. On exécute le buttage au moyen de *charrues chausseuses*, c'est-à-dire disposées de telle sorte qu'elles peuvent s'approcher de très près du tronc des ceps ; on doit l'effectuer lorsque le sol est bien ressuyé et susceptible de s'ameublir le mieux possible : c'est en effet à l'interposition, entre les particules de terre, d'une grande quantité d'air, mauvais conducteur de la chaleur, que le buttage doit son action préservatrice contre le froid.

Cette opération paraît devoir s'imposer, à l'avenir, dans les vignobles greffés sur pied américain et situés sous un climat à hivers rudes, tel que celui du Beaujolais, où les vignes gèlent quelquefois

(1) Voir, pour la Bibliographie, la note du chap. XI, pag. 359, et **Muntz et Girard**, *les Engrais*, Paris, Firmin-Didot et Cie, 1889. — Sur les engrais verts et quelques autres points : **Pline, Columelle, Palladius** ; et sur les arrosages, **V. Pulliat** : *Les Vignobles du Haut-Rhône et du Valais*, Soc. des Agricult. de France.

jusque ras de terre et où il est nécessaire de protéger la greffe contre la destruction qui pourrait l'atteindre sans cette précaution.

B. **Déchaussement**.— Le déchaussement est une opération destinée à cultiver d'une manière complète le pied de la souche; il permet de faire disparaître les herbes qui ont pu échapper aux façons ordinaires et de faire périr, sous l'influence du froid, les larves des insectes qui s'abritent souvent sous les vieilles écorces du collet de la plante. Il facilite en outre la destruction des drageons et des racines superficielles, qui, dans le cas des greffes notamment, peuvent influer d'une manière fâcheuse sur l'avenir de la vigne. On l'emploie enfin souvent, pour préparer l'enfouissement des engrais, dans les contrées où l'on a l'habitude de placer ces derniers au pied des souches.

Les déchaussements peuvent se faire, soit en godets coniques, ainsi que cela a lieu dans l'Hérault (fig. 199), soit en petites fosses

Fig. 199. — Vignes de l'Hérault déchaussées en godets coniques.

pyramidales ou prismatiques et perpendiculaires aux lignes de vignes, comme dans certaines parties des Bouches-du-Rhône (Cassis, la Ciotat), ou en fossés continus suivant la direction des lignes. Dans les premiers cas, on opère à bras: les godets coniques du Languedoc sont creusés jusqu'à $0^m,15$ ou $0^m,20$ de profondeur, et les circonférences qui les limitent ont un diamètre tel qu'elles sont tangentes entre elles. On estime que, dans les conditions que nous venons d'indiquer, cette œuvre équivaut à la culture complète de la moitié de la surface du sol. Dans le dernier cas, le déchaussement se fait en même temps que le premier labour, et il peut être exécuté soit à bras (façon en *selette* de l'Hérault, fig. 200), soit à la charrue (comme

Fig. 200.— Vignes de l'Hérault piochées en selette.

dans la Gironde). Lorsqu'on fait usage de ce dernier procédé, on emploie des charrues vigneronnes déchausseuses, et on enlève, par une façon à la houe, les petites portions de bandes de terre (*cavaillons*, dans le Sud-Ouest) qui restent au pied des souches (fig. 201 et 202).

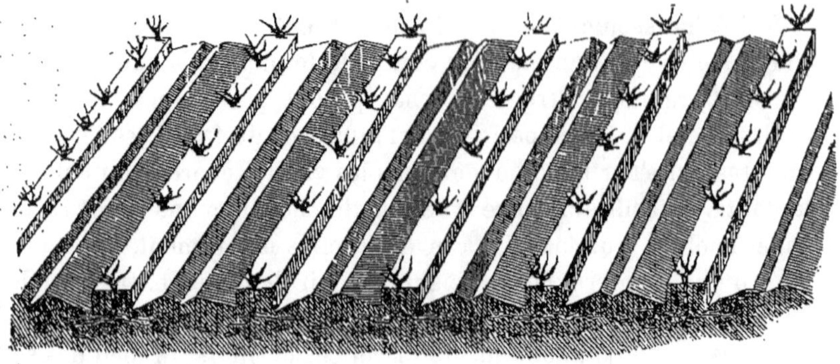

Fig. 201. — Vignes labourées pour le déchaussement, mais non décavaillonnées.

Les déchaussements doivent se faire pendant l'hiver et lorsque l'époque des plus fortes gelées est passée, dans les pays où elles sont à redouter, afin d'éviter les accidents qui pourraient résulter pour le

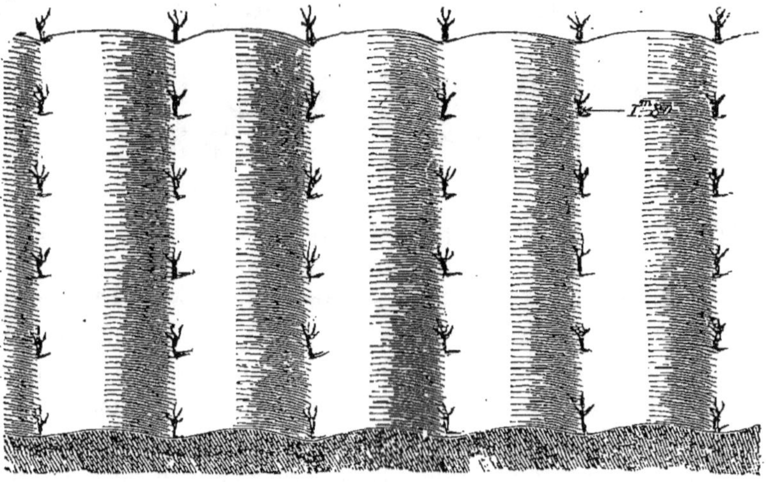

Fig. 202. — Vignes labourées après l'enlèvement du cavaillon.

pied même de la souche. Il est pourtant important de ne pas attendre trop tard pour les exécuter, parce que leur efficacité au point de vue de la destruction des larves et de l'aération du sol est d'autant plus grande qu'ils laissent plus longtemps la vigne et la terre exposées à l'action des intempéries.

C. Engrais et amendements.

1° Engrais

Loi de restitution. — La fertilisation des vignes est basée, comme celle de tous les autres végétaux, sur la grande loi de la restitution; le sol peut être considéré comme un entrepôt plus ou moins bien pourvu, mais dont on ne peut pas exporter indéfiniment les marchandises sans en renouveler les approvisionnements

Sans doute, si les réserves considérables y sont accumulées, on pourra cultiver longtemps sans les remplacer ; mais un moment arrivera fatalement où elles s'épuiseront et où la production diminuera. Le premier point à connaître, pour résoudre la question des fumures, sera donc de savoir quels sont, en qualité et en quantité, les matériaux qu'exporte annuellement la vigne.

Les végétaux puisent dans le sol un grand nombre de matières, telles que : azote, acide phosphorique, potasse, magnésie, chaux, soude, oxyde de fer, acide sulfurique, chlore, silice, etc... Les trois premières sont enlevées en quantités assez considérables par les récoltes pour que leur remplacement doive être fait d'une manière régulière et fréquente, les autres ou bien existent en très grande masse dans le sol, ou ne sont absorbées qu'en si petite quantité que leur remplacement est rarement nécessaire : nous n'aurons donc pas à nous en occuper.

L'azote, et surtout l'azote associé à l'acide phosphorique, agit en donnant à la vigne une végétation puissante, il favorise le développement des feuilles dont on connaît le rôle prépondérant dans la nutrition de la plante ; son action est donc directe et indirecte tout à la fois.

La potasse paraît, ainsi que l'a démontré M. Saintpierre, favoriser la production du sucre dans le fruit (1).

M. Marès a établi ainsi qu'il suit (2) la consommation annuelle en azote et en potasse d'une vigne d'Aramon produisant en moyenne 120 hectolitres par hectare et par an.

(1) Voir C. Saintpierre. — Nouvelle série d'expériences pour l'étude des engrais chimiques appliqués à la vigne ; *Messager agricole*, mars 1873.

(2) H. Marès. — Des vignes du midi de la France, dans le *Livre de la Ferme de Joigneaux*, tom. II, pag. 223.

PRODUCTION PAR HECTARE	POTASSE	AZOTE
120 hectolitres de vin....................	12k00	2k40
1680 kilos de marcs de raisins	7 76	15 42
3160 kilos de sarments verts renfermant.....	3 95	3 41
Total...........	23k71	21k23

Quant à l'acide phosphorique, il admet, d'après un certain nombre d'analyses, qu'il n'équivaut qu'au tiers de la potasse enlevée au sol, ce qui représenterait, dans les conditions indiquées ci-dessus, 7kil. 9. Il admet également que les feuilles retournent au sol et que, par suite, les éléments qu'elles renferment peuvent être négligés. L'observation montrant que, dans bien des cas, il n'en est pas ainsi et qu'elles sont dispersées au loin par le vent, il est préférable d'en tenir compte et nous ajouterons au tableau précédent l'indication de ce qu'elles renferment.

MATIÈRES EXPORTÉES	AZOTE	POTASSE	ACIDE phosphorique
120 hectolitres de vin............	2k40	12k00	
1680 kilos de marcs de raisins.....	15 42	7 76	8k00
3160 kilos de sarments verts.......	3 41	3 95	
1303 kilos de feuilles sèches.....	24 26	4 03	4 81
Total.........	45k49	27k74	12k81

L'examen des nombres ci-dessus montre combien le vin enlève peu d'azote, c'est surtout de la potasse qu'il prend au sol; la quantité d'azote exportée n'est donc pas proportionnée à la production en vin du vignoble. Les recherches de M. Müntz, qui ont porté sur divers domaines de la région méridionale, montrent en effet les quantités de matières fertilisantes ci-après correspondant aux récoltes suivantes:

NOM du domaine	VIN récolté par hectare	AZOTE	ACIDE phos-phorique	POTASSE
Guillhermain.....	112h	74k053	17k118	56k060
Candillargues....	102 5	63 572	11 690	42 076
La Brousse.......	142 8	51 677	11 714	41 229
Verchant........	94 27	37 507	9 991	30 452
Bellevue........	75	43 859	10 265	50 753
Trouchaud-Verdier	190 2	57 642	17 863	56 655
Jarras..........	132 5	55 994	17 042	71 774
Moyennes...	121 32	55 320	13 680	49 800

Ainsi qu'on peut le voir par le tableau ci-dessus, les quantités moyennes de matières fertilisantes exportées par hectare sont, d'après les recherches de M. Müntz, supérieures à celles indiquées précédemment, sauf en ce qui touche l'acide phosphorique: nous les prendrons donc comme base de nos calculs ultérieurs, en les majorant, afin de tenir compte des pertes qui peuvent résulter de l'entraînement par les eaux de certaines parties solubles et du fait que les racines ne peuvent atteindre partout. Cependant on peut supposer que ce qui n'a pas été recueilli une année peut l'être une autre par de nouvelles racines, suivant d'autres directions en descendant plus profondément.

Nous admettrons en définitive les chiffres suivants :

	Par hectare et par an
Azote............................	60 kil.
Potasse............................	55 —
Acide phosphorique..................	14 —

Telles seraient donc les quantités de matières fertilisantes qui devraient être appliquées au sol pour faire face à ses exportations, si ce dernier ne renfermait aucune réserve ou renfermait les trois éléments ci-dessus indiqués dans des proportions convenables.

En effet, l'apport de matières fertilisantes, lorsqu'elles existent déjà dans le sol sous forme assimilable, n'entraîne pas généralement une augmentation dans la production proportionnelle à la dépense qu'il exige — parfois même il serait cause d'une diminution de récolte par suite de l'action exagérée, par rapport aux autres, de certaines d'entre elles; c'est tout au moins ce qui semble ressortir d'expériences faites en 1889 par MM. E. Chauzit et Trouchaud-Verdier (1), et dont nous donnons les résultats résumés dans le tableau ci-après (pag. 428).

L'analyse physico-chimique du sol avait été faite au début de l'expérience et avait donné les résultats suivants :

Compositon centésimale

		Sol	Sous-sol
Analyse mécanique..	Eau (à 100°).........	10.00	13.00
	Pierres...............	5 »	4 »
	Impalpable..........	85 »	83 »
Analyse physique....	Sable...............	23.12	21.62
	Argile..............	30.62	23.50
	Calcaire...........	46.16	54.80
Analyse chimique....	Azote...............	0,087	0,049
	Potasse.............	0,182	0,169
	Acide phosphorique...	0,336	0,198

Ce terrain était donc riche en potasse et acide phosphorique, et moyennement riche en azote. On avait même observé que le sous-sol s'appauvrissait en azote, par le fait de la submersion auquel il était soumis.

Dans ce sol, on appliqua 6 formules d'engrais sur une vigne de vingt ans plantée en *Aramon* et en *Petit-Bouschet*, et l'on établit avec soin le prix de revient de la fumure et le produit de la récolte de chaque parcelle qui donnèrent lieu aux bénéfices et pertes suivants :

(1) B. Chauzit et L. Trouchaud-Verdier. — *Etude sur les engrais chimiques appliqués à la Vigne. Progrès agricole*, 2 mars 1889.

NUMÉROS des carrés	FORMULES D'ENGRAIS	PRIX DE REVIENT de l'engrais	POIDS de la vendange		DIFFÉRENCE en faveur de la partie fumée	DIFFÉRENCE en faveur des témoins	VALEUR en argent de l'excédent ou de la perte de la récolte	BÉNÉFICE	PERTE	NUMÉROS de classement des carrés
			Partie fumée	Témoin						
		fr.	kil.	kil.	kil.	kil.	fr.	fr.	fr.	
	Engrais sans potasse									
1	364 k. nitrate de soude.............. 405 k. superphosphate...	148	24.604	19.636	4.968	»	596	438	»	3
	Engrais sans azote									
2	405 k. chlorure de potassium.. .... 405 k. superphosphate...........	138	16.120	19.636	»	3.516	421	»	559	6
	Engrais sans acide phosphorique									
3	364 k. nitrate de potasse.............	172	22.300	16.000	6.300	»	756	584	»	2
	Engrais complet									
4	364 k. nitrate de soude............... 405 k. chlorure de potassium.......... 405 k. superphosphate................	236	22.300	18.424	3.876	»	465	229	»	5
	Engrais complet et sulfate de fer									
5	Engrais selon la formule 4.......... .. 364 k. sulfate de fer..................	256	26.060	20.848	5.212	»	625	369	»	4
	Engrais complet et sulfate de chaux									
6	Engrais selon la formule 4............. 400 k. sulfate de chaux...............	248	28.360	18.968	9.392	»	1127	879	»	1

MM. Chauzit et Trouchaud-Verdier donnent de ces résultats l'interprétation suivante :

« On voit que, dans 5 carrés sur 6, les engrais ont donné un bénéfice ; seul, le carré 2, qui n'a pas reçu d'azote, est en perte de 559 fr. ; ici l'engrais a produit un mauvais résultat, puisque la partie fumée a donné moins de récolte que la partie témoin. On voit donc que lorsque l'engrais n'est pas utile ou qu'il est mal combiné, il peut devenir nuisible. Si on compare ensuite les résultats du carré 2 à ceux du carré 4, on s'aperçoit que l'engrais complet a été plus avantageux que l'engrais sans azote ; avec lui on obtient 22,300 kilos de vendange par hectare : avec l'engrais sans azote, le rendement n'est que de 16,120 kilos. C'est l'azote qui manquait au sol, c'est surtout la matière azotée qui était utile dans ce cas ; ce fait, d'ailleurs, sera mis en évidence d'une manière plus complète dans la suite.

» L'analyse chimique, en nous accusant une pauvreté relative du terrain en azote, nous avait fait prévoir ce résultat. »

L'analyse du sol permet, en effet, en quelque mesure, de se rendre compte de l'état des choses à ce point de vue. M. Dehérain, par exemple, admet que l'acide phosphorique doit donner des résultats utiles : 1° dans les terres renfermant moins de 0,001 d'acide phosphorique total ; 2° dans celles qui, renfermant plus de 0,001 d'acide phosphorique, ne contiennent que 0,0002 d'acide soluble dans l'acide acétique ; 3° dans celles qui ne contiennent pas 500 kilogr. à l'hectare d'acide phosphorique soluble dans l'acide tartrique.

M. Paul de Gasparin considère que, quand une terre renferme plus de 1 gr. 25 par kilogramme de potasse, les engrais potassiques n'y donnent plus de résultats. Malheureusement, l'analyse n'est pas toujours suffisante pour cet objet ; certains matériaux sont quelquefois sous une forme lentement assimilable, et, par conséquent, bien qu'on en trouve en quantité plus que suffisante en apparence, la vigne ne peut pas en recueillir chaque année ce qui est nécessaire à ses besoins. Il est donc bon d'ajouter aux indications de l'analyse celles d'expériences directes, méthodiquement disposées : on divise la vigne à étudier en une série de carrés renfermant une centaine de pieds environ chacun et suffisamment séparés les uns des autres, pour que les engrais appliqués dans l'un ne puissent pas influer sur l'autre. L'un d'eux sert de témoin, un autre reçoit un engrais complet, renfermant de quoi suffire au remplacement des quantités d'azote, d'acide phosphorique et de potasse exportées par les récoltes ; les autres enfin sont fumés avec des mélanges contenant l'ensemble des éléments ci-dessus, moins un. Les récoltes sont pesées avec soin, et lorsque l'un des carrés à engrais incomplet donne autant que celui à engrais complet, ou que la différence de valeur de récolte est moindre que le prix de l'élément non représenté dans le lot considéré, on peut conclure que la terre est en état de fournir, pour le moment du moins, la quantité de cet élément nécessaire, et qu'il est, par suite, inutile de l'introduire dans les fumures.

La figure 203 donne l'idée de la disposition d'une expérience de ce genre qui est à la portée de tous les viticulteurs et qu'ils ont le plus grand intérêt à faire chacun sur leurs propres terres, les essais faits dans des milieux même fort rapprochés donnant souvent des indications très différentes.

1	2	3	4	5
Témoin	Azote Ac. phosph. Potasse	Azote Ac. phosph.	Azote Potasse	Ac. phosph. Potasse

Fig. 203. — Disposition d'une expérience en vue de déterminer les engrais à employer pour la vigne dans un sol donné

On établit la comparaison entre la valeur des engrais ajoutés et celle de l'excédent de récolte constaté par rapport au lot témoin ou de celui qui a reçu une fumure complète, et il est facile d'en déduire des conclusions quant à la marche à suivre pour l'avenir. Si, par exemple, le produit du n° 1 est égal au produit net du n° 2, c'est que le sol est, pour le moment, suffisamment pourvu de tous les éléments qui lui sont nécessaires et que l'on peut éviter de le fumer ; si le n° 3 donne un bénéfice équivalent au n° 2, c'est qu'il est inutile actuellement d'ajouter de la potasse ; si le n° 4 égale le n° 2, ce sera l'acide phosphorique que l'on pourra considérer comme superflu ; enfin, si le n° 5 ne se montre pas inférieur au n° 2, on conclura que l'on pourra se passer d'azote.

Il est facile, par une méthode semblable, de juger de la valeur relative des diverses formes sous lesquelles on peut appliquer les mêmes éléments.

Engrais usités pour la vigne. — Les besoins de la vigne nous étant connus, reste à savoir comment les principaux engrais dont nous disposons permettent d'y satisfaire ; nous les passerons donc successivement en revue.

A. Fumier de ferme. — L'engrais le plus généralement employé pour les vignes, dans notre région, est le fumier de ferme. Il renferme tous les éléments nécessaires à la plante, sa composition est en moyenne la suivante :

Azote.	0,45 à 0,50 p. 100
Potasse.	0,40 à 0,50 —
Acide phosphorique . .	0,70 à 0,80 —

Indépendamment des matières organiques animales qui constituent les déjections des animaux, les fumiers de ferme renferment des litières d'origine végétale ; il se forme, entre l'azote des premières et les éléments hydrocarbonés des secondes, des combinaisons (corps fumiques) qui donnent de la stabilité à l'azote et en assurent une meilleure conservation dans le sol. Ces produits, d'origine végétale, combinés à de l'azote en plus ou moins grande quantité, constituent ce que l'on appelle l'humus et dont l'abondance dans une terre est généralement un indice de fertilité. L'humus paraît, en outre, jouer un rôle important dans l'entretien de l'humidité du sol. C'est à la présence de l'humus, élément pondérateur de l'azote et de l'humidité, que le fumier doit les qualités particulières qui le caractérisent.

Le fumier de ferme est généralement employé à la dose de 10,000 kil. par hectare et par an, soit chaque année, soit tous les deux ou trois ans. La restitution ainsi opérée s'élève donc à :

Azote..................	45 à 50 kil.
Potasse................	40 à 50 —
Acide phosphorique.....	70 à 80 —

Ces quantités, comme on le voit, sont un peu faibles pour l'azote et la potasse, tandis qu'elles dépassent les nécessités pour l'acide phosphorique. Pour compléter l'azote et la potasse, on peut ajouter 1.000 ou 2.000 kil. de fumier à la quantité usitée, mais l'excédent en acide phosphorique devient plus grand encore. Le meilleur moyen de remettre tout dans les proportions voulues est d'intercaler, entre les fumures au fumier de ferme, des applications d'engrais ne contenant pas ou contenant peu d'acide phosphorique.

L'alternance entre les fumures de fumier de ferme, qui maintiennent dans le sol l'humus nécessaire, et celles d'engrais chimiques que l'on peut très exactement doser, produit d'ailleurs d'excellents résultats.

Nous donnons, dans le tableau ci-après (pag. 434), la valeur élémentaire et le prix d'une fumure au fumier de ferme.

B. Déjections animales. — *Crottins de moutons.* — Après le fumier de ferme, l'engrais le plus employé dans le Midi est le crottin de mouton ; lorsqu'il n'est pas mélangé de litière ou de débris de marcs, il est beaucoup plus riche que le fumier ordinaire; il renferme pour cent, à l'état pur, d'après M. Marès :

		Moyenne
Azote.	de 1,675 à 2,145	1,910
Acide phosphorique. . .	de 2,000 à 2,300	2,150

Il contient, en outre, une proportion de potasse (0,567 °/₀) (1) un peu supérieure à celle du fumier de ferme, mais qui n'est pas en rapport avec celles de l'azote et de l'acide phosphorique renfermées dans cet engrais. On l'applique à la dose de 3 à 4 kil. par cep pour trois ans, ce qui correspond de 4,500 à 6,000 kil. par an et par hectare et aux quantités suivantes de principes fertilisants :

		Moyenne
Azote.	85 k. 95 à 144 k. 60	100 k. 27
Acide phosphorique.	96 k. 75 à 129 k. 00	112 k. 27
Potasse.	25 k. 51 à 34 k. 00	29 k. 75

Ainsi que l'on peut s'en rendre compte par l'examen des nombres précédents, une pareille fumure donne des quantités à peu près convenables de potasse; mais l'azote et l'acide phosphorique y sont en excès, et pour peu que le sol soit frais et profond, elle provoquera une végétation excessive qui sera au détriment de la fructification. Dans ces conditions, il est préférable de réduire la dose à moitié, comme l'a proposé M. Marès (2), mais à la condition cependant d'ajouter au crottin de mouton une vingtaine de kilogrammes de potasse par hectare et par an, pour combler le déficit qui existerait sans cela au point de vue de cet élément et pour établir la proportionnalité qui doit exister entre les divers matériaux à restituer.

En pratique, la fumure pourrait être ainsi établie par hectare pour un ensemble de trois ans.

NATURE DES ENGRAIS	POIDS TOTAL			
	Engrais	Azote	Acide phosphorique	Potasse
Crottins de moutons	9 000k	171 90	193.50	51.03
Sulfate de potasse à 50 p. 100 de K O	120(2)	. . . .	. . . .	60,00
	9 120k	171.90	193.50	111.03

(1) H. Marès; *loc. cit.*, pag. 229.

(2) Le sulfate de potasse doit être employé à raison d'un tiers de cette quantité chaque année.

Malgré cette réduction dans la quantité employée, la fertilisation par le crottin de bergerie est un peu plus chère que celle au fumier de ferme ; en effet, si nous admettons, pour cet engrais, le prix de 4 fr. 50 les 100 kilos, pour le sulfate de potasse à 50 % celui de 26 fr. 25, et pour le fumier de ferme celui de 13 fr. les 1.000 kilos, le coût respectif des fumures par an sera :

Fumure au fumier de ferme, 10.000 kil. à 13 fr. =	130 fr.	»
Fumure au crottin de bergerie :		
Crottin, 3.000 kil. à 4 fr. 50 les 100 kil.......... =	135	»
Sulfate de potasse, 40 kil. à 26 fr. 25 les 100 kil. =	10	50
	145 fr.	50

Matières fécales. — On applique quelquefois aussi, dans la même région, sur les vignes, des matières fécales ; leur composition est assez variable quant aux proportions des éléments fertilisants qu'elles renferment, mais c'est l'azote qui y prédomine, puis l'acide phosphorique ; la potasse n'y existe qu'à l'état de traces insignifiantes. Leur grande solubilité en rend l'assimilation très rapide ; leur action sur la végétation est trop énergique et détermine la production de moûts aqueux et de vins peu solides. Une interprétation erronée de ces phénomènes avait fait croire autrefois qu'ils communiquaient un goût désagréable au vin, hypothèse inadmissible dans l'état actuel de nos connaissances en physiologie végétale et en chimie (1). L'influence de ces engrais ne se prolonge pas plus d'un an si on les emploie seuls ; mais en les mélangeant avec des débris végétaux (*tannée*, *sciure de bois*, *tourbe*, *plantes marines*, etc.), on augmente la durée de leur action et on la rend mieux appropriée aux besoins de la végétation de la vigne.

Le *guano* seul ne peut pas être regardé non plus comme un engrais bien convenable pour les vignobles, à cause de la trop grande promptitude de son action et parce qu'il ne renferme pas habituellement de potasse.

(1) Les raisins peuvent évidemment s'imprégner de mauvaise odeur lorsqu'ils sont à portée d'un dépôt de matières infectes pendant leur développement, mais on ne saurait admettre que des engrais enfouis pendant l'hiver et absorbés seulement après leur décomposition et sous une forme inorganique puissent communiquer leur odeur au fruit.

Éléments fournis par diverses fumures et leur prix de revient

ENGRAIS EMPLOYÉ	QUANTITÉ DE				PRIX	
	Engrais	Azote	Potasse	Acide phosphorique	de chaque élément	Total
Fumier de ferme	kil. 12.000	kil. 54 à 60	kil. 48 à 60	kil. 84 à 96	168f »	160f »
Crottins de moutons	3.000	57	17	65	150 »	
Sulfate de potasse à 50 °/o	80		40		20 60	170 60
Sang desséché	550	60 5			114 95	
Sulfate de potasse à 50 °/o	110		55		28 32	
Superphos. de chaux à 16 °/o	100			16	8 30	151 57
Bourres de laines	1.000	60			125 »	
Sulfate de potasse à 50 °/o	110		55		28 32	
Superphos. de chaux à 16 °/o	100			16	8 30	161 62
Frisons de cornes	460	70			96 60	
Sulfate de potasse à 50 °/o	110		55		28 32	
Superphos. de chaux à 16 °/o	100			16	8 30	133 22
Balayur. de Marseille (fraîches)	10.000	70	45	70	61 50	61 50

C. Matières fertilisantes d'origine animale. — Le *sang desséché* est un engrais très riche en azote (11 à 13 pour cent), il est d'une action très prompte à cause de sa solubilité ; il est nécessaire de lui ajouter la potasse qui lui fait entièrement défaut et l'acide phosphorique dont il ne renferme que de petites quantités.

Les *bourres de laine* sont riches en azote (6 à 6,5 pour cent), elles maintiennent bien l'humidité dans le sol, on doit en compléter l'action fertilisatrice en employant en même temps de la potasse et de l'acide phosphorique.

Les *chiffons de laine* présentent une grande analogie avec l'engrais précédent, mais les grands écarts qui existent dans leur composition en rendent l'emploi aléatoire.

Les *frisons de cornes* sont un engrais azoté très bien approprié à la vigne ; ils renferment 13 °/o d'azote et une certaine quantité d'acide phosphorique. Leur état de grande division en rend l'azote assez promptement assimilable, il est bon d'y joindre l'élément potassique qui y manque et l'acide phosphorique qui n'y est pas en quantité suffisante.

D. Déchets mixtes. — Les *balayures des villes* jouent, depuis quelques années, un rôle important dans la fertilisation des vignes. Celles de Marseille, qui à raison de leur grande quantité sont très employées pour cet objet dans le Midi, nous serviront de type.

Les *balayures de Marseille* sont de quatre sortes :

1° Celles dites *tout venant* qui résultent du balayage des voies non pavées, elles renferment une forte proportion de matières terreuses et sont d'une composition peu régulière ; les analyses qui en ont été faites donnent les écarts suivants lorsqu'elles sont fraîches :

	Par wagon de 10.000 kil.
Azote	50 à 90 kilos
Acide phosphorique	70 à 80 —
Potasse	40 à 50 —
Chaux	100 à 120 —

et lorsqu'elles sont fermentées :

Azote	80 à 100 kilos
Acide phosphorique	90 à 100 —
Potasse	60 à 75 —
Chaux	120

2° Balayures des grandes voies pavées, qui sont plus riches en matières organiques par suite de leur moindre teneur en matières minérales.

3° Balayures des quais, qui renferment une forte proportion de graines oléagineuses, de coques d'arachides, de grains de blé écrasés, de débris de laine et de crottins de chevaux et sont par suite plus riches encore que les précédentes sortes.

4° Balayures additionnées de 20 °/₀ de matières fécales et mélangées à une quantité suffisante de matières végétales pour bien les absorber. C'est la forme évidemment la plus riche en azote ; nous n'avons pas malheureusement d'analyse qui nous permette de juger de combien elle excède les autres au point de vue de cet élément. L'acide phosphorique est renfermé dans les balayures en quantité assez considérable pour qu'il soit inutile d'en ajouter, mais la potasse n'y est évidemment pas en proportion de la quantité d'azote qui y est contenue.

Les divers engrais de balayures dont nous venons de parler ont une odeur infecte ; aussi, la Société d'assainissement des Bouches-du-Rhône les livre-t-elle désinfectés moyennant un léger supplément de prix. On leur a reproché, avec raison, d'offrir quelque danger en temps d'épidémie à Marseille. En outre, les règlements de police d'un grand nombre de communes leur interdisant le séjour dans les gares, elles doivent être enlevées dans un délai très court, ce qui en rend l'usage difficile pour les exploitations éloignées des chemins de fer. Enfin, de même que les fumiers, elles sont d'une application un peu coûteuse

Cependant, malgré ces inconvénients, ces matières offrent de réels avantages lorsqu'on est à même de s'en servir, elles sont très bon marché et, par suite du mélange des matières animales, végétales et minérales qui s'y trouvent, il s'y produit, pendant la fermentation, des corps fumiques et des phénomènes de nitrification éminemment favorables à la nutrition des vignes. Comme les fumiers, les balayures employées de temps en temps, alternativement, avec les engrais chimiques, permettent d'éviter l'épuisement du sol en humus qui résulterait de l'usage exclusif de ces derniers.

Composts et terrages. — Si, comme nous l'avons vu, on cherche dans le Midi à fertiliser les vignes avec des engrais actifs qui en développent beaucoup la végétation et la production, dans les vignobles de la région septentrionale, au contraire, on emploie des matières fertilisantes à action lente et peu énergique, qui ne déterminent qu'une faible végétation, mais qui donnent lieu à une maturité plus hâtive et à des fruits plus riches en sucre. Les engrais qui répondent le mieux à ce *desideratum* sont les *composts* ou de simples *terrages*.

Les *composts* sont des mélanges de terre avec des matières organiques de diverse nature. On recueille, pour les préparer, des curures de fossé, des boues des routes ou des rues, des mottes de gazon et, en général, des terres déjà fertiles par elles-mêmes; ces terres, qui sont destinées à recevoir en mélange les autres éléments plus riches, sont disposées en couches peu épaisses que l'on recouvre avec des matières végétales, telles que des *marcs de raisins*, des *mauvaises herbes*, des *plantes marines*, *fluviales* ou *palustres*, des *roseaux*, des *feuilles d'arbre*, des *rameaux d'arbustes verts*, des débris de *plantes maraîchères*, des *balayures*, des *épluchures de légumes*, des *criblures de graines*, de la *suie*, des *chiffons de laine*, des *déchets de boucherie*, des *poils*, des *plumes*, etc., en un mot des *débris organiques* de toutes sortes. On superpose à ces matières une couche de chaux pour en hâter la décomposition, puis une nouvelle couche de terre, puis du fumier ou d'autres matériaux d'origine animale lorsqu'on peut en disposer, et on continue ainsi à alterner des couches de matières diverses jusqu'à ce que le tas ait atteint une hauteur convenable. On édifie généralement les amas de compost en forme de prisme à section trapézoïdale ou triangulaire. Au bout de quelques semaines, on remanie le tas à la houe et à la pelle, en le reformant un peu en arrière de sa place primitive, de manière à obtenir un premier mélange des matières diverses qu'il renferme; un second et quelquefois un troisième retournement succèdent au premier ; on arrose sans excès, dans les intervalles, quand on le peut, avec des liquides fertilisants : purin, urines, eaux de vaisselle, rinçures de tonneaux, etc. En résumé, on cherche, par ces remaniements successifs et ces arrosages, à réaliser les conditions d'aération et d'humidité nécessaires pour déterminer la désorganisation et la nitrification des matières organiques renfermées dans la masse.

Dans certains vignobles à vins fins, notamment dans les grands crus de la Bourgogne, on fertilise le plus souvent les vignes par de simples terrages. Les terres entraînées par les eaux au pied des coteaux, ou quelquefois celles même des jardins et des prairies, sont remontées dans les vignes à la hotte et à dos d'homme. Ce mode de fertilisation, de même que celui par les composts, ne pousse pas la végétation d'une manière excessive et n'est pas incompatible avec une production d'une grande finesse ; il fournit enfin à la vigne un engrais riche en matières minérales faciles à dissoudre et où l'azote s'est en grande partie nitrifié, ce qui, comme nous l'avons vu, est une condition favorable à la richesse des moûts en sucre. En résumé, les terrages exécutés avec les terreaux de diverse nature peuvent être regardés comme constituant le meilleur moyen de maintenir la qualité des vins des grands crus, tout en assurant la production peu élevée que l'on demande aux vignobles de cette catégorie.

E. Matières végétales. — *Tourteaux*.— Les tourteaux de graines oléagineuses sont également des engrais fort employés pour la vigne dans le Midi. Faciles à se procurer, ils sont d'un transport et d'une application économiques, vu leur richesse en azote et en acide phosphorique. Enfin, ils paraissent s'accommoder très bien des conditions spéciales de nos climats secs et de nos terres calcaires souvent arides.

Les tourteaux les plus usités ont la composition indiquée ci-après :

NATURE DES TOURTEAUX	QUANTITÉ POUR CENT DE		
	Azote	Acide phosphorique	Potasse
Tourteaux d'arachides brutes.	5.37	0.59	0.60
— d'arachides décortiquées.	7 51	1.33	1.50
— de colza exotique	5.40	1.90	1.25
— de coprah.	3.90	1.12	2.54
— de coton brut.	3.90	1.24	1.65
— de coton décortiqué . . .	6.55	3.05	1.58
— de lin.	5 04	2.15	1.29
— de palmiste naturel . . .	2 40	1.20	0.55
— de pavot d'Europe	5.88	2.53	1.98
— de pavot de l'Inde	5.81	2.90	1.98
— de ricin brut.	3.67	1.62	1 12
— de sésame noir	6.34	2.03	1.45

Les tourteaux, comme on le voit dans le tableau précédent, renferment une faible proportion de potasse par rapport à celle d'azote et d'acide phosphorique; il est donc utile d'y joindre, quand on les emploie, des sels de potasse. L'action de ces engrais est particulièrement remarquable dans les terrains calcaires, à cause de la facilité avec laquelle ces terres nitrifient l'azote ; elle est généralement limitée à une année ; ce n'est que dans le cas de grandes sécheresses, qui en empêchent l'assimilation pendant l'été qui suit leur application, qu'ils peuvent encore agir l'année suivante. Ils ne laissent pas d'humus au sol.

Marcs de raisins. — La restitution au sol d'une partie des matières produites annuellement par la vigne et non utilisables pour la vente est une idée naturelle et dont l'application mérite d'être étudiée. Ainsi que nous l'avons vu au début, après les feuilles que l'on ne peut guère songer à recueillir, ce sont les marcs de raisins qui emportent la plus grande quantité d'azote en même qu'une notable proportion de potasse. En admettant une fumure de 8 à 9 kilos de marcs par pied de vigne, pour trois ans, on aura l'équivalent de 12,000 kilos par hectare et par an, qui correspondront à 100 ou 200 kilos d'azote et 50 à 60 kilos de potasse. Malheureusement, ces engrais sont d'une décomposition lente, surtout dans les sols non calcaires ou peu calcaires; il est bon, pour cette raison, de les mélanger avec un peu de chaux en poudre, qui en hâte la décomposition et neutralise l'acide acétique qui s'y est développé. On peut encore y incorporer des cendres lessivées qui produisent les mêmes effets et qui y introduisent de l'acide phosphorique. On peut enfin les mélanger au fumier de ferme, dont ils fixent l'ammoniaque.

Sarments. — L'impossibilité de tirer parti des sarments dans les pays où les vignobles sont très étendus a souvent donné l'idée de les utiliser comme engrais, mais leur pauvreté en matières fertilisantes et leur nature ligneuse empêchent de les employer utilement. Il faudrait, en effet, pour procurer l'azote nécessaire à un hectare de vignes au moyen des sarments, en appliquer 55,000 kilos et on devrait les broyer préalablement afin de les rendre suffisamment décomposables ; or, d'après les chiffres donnés par M. Giret, président du Comice agricole de Béziers, qui a étudié le broyage des sarments en vue de l'alimentation du bétail, le prix de l'opération s'élèverait à 1 fr. 95, la fumure reviendrait ainsi à 1,072 fr., sans compter le prix du ramassage, du transport et la valeur même des sarments. On ne peut guère songer à utiliser les sarments comme engrais qu'en les employant coupés au hache-paille à une longueur de 0m,06 à 0m,08 dans des terres fortes et compactes qu'ils amendent en les divisant.

Roseaux. — Très employés dans les vignobles à portée des marais roseliers, ils renferment 0,43 pour cent d'azote, c'est-à-dire autant que les bons fumiers de ferme. Ils entretiennent la fraîcheur dans le sol, grâce à la forte proportion d'eau qu'ils renferment (60 %) ; à l'état frais enfin, leur structure les rend très propres à déterminer la division des sols compacts, leur action se prolonge plusieurs années.

Plantes marines. — Les plantes marines, que l'on ramasse en grande quantité sur certains points de notre littoral maritime, constituent d'excellents engrais pour la vigne ; elles renferment à l'état frais :

Azote.	0,40 à 0,55	pour 100.
Acide phosphorique.	0,08 à 0,15	—
Potasse.	0,18 à 1,60	—

Une quantité de 15.000 à 18.000 kilog. suffit dans la majeure partie des cas pour constituer une forte fumure.

Rameaux de diverses plantes. — Les rameaux de *buis*, de *cistes*, de *lentisques*, etc., peuvent être appliqués dans des terres fortes après avoir été grossièrement hachés ; on peut les employer dans des terres plus légères après les avoir fait préalablement décomposer avec du fumier ou des débris animaux faciles à putréfier. Le *buis* renferme 1,17 % d'azote : une fumure de 5.000 kil. par an pourrait, par conséquent, suffire pour fournir cet élément.

Le tableau ci-dessous permet de se faire une idée de diverses fumures constituées au moyen des éléments indiqués précédemment et combinées en vue de satisfaire aux besoins d'un hectare de vignes tels qu'ils ont été établis en premier lieu. On y a ajouté leur prix de revient approximatif afin de permettre de se faire une idée de l'avantage que l'on peut avoir à les employer.

ENGRAIS EMPLOYÉ	QUANTITÉ DE				PRIX	
	Engrais	Azote	Potasse	Acide phosphorique	de chaque élément	Total
	kil.	kil.	kil.	kil.		
Fumier de ferme..........	12.000	54 à 60	48 à 60	84 à 96	168f »	168f »
Crottins de moutons.......	3.000	57	17	65	150 »	
Sulfate de potasse à 50 °/₀..	80		40		20 60	170 60
Sang desséché...........	550	60.5			114 95	
Sulfate de potasse à 50 °/₀..	110		55		28 32	
Superphos. de chaux à 16 °/₀	100			16	8 30	151 57
Bourres de laines.........	1.000	60			125 »	
Sulfate de potasse à 50 °/₀..	110		55		28 32	
Superphos. de chaux à 16 °/₀	100			16	8 30	161 62
Frisons de cornes.........	460	60			96 60	
Sulfate de potasse à 50 °/₀..	110		55		28 32	
Superphos. de chaux à 16 °/₀	100			16	8 30	133 22
Balayures de Marseille (fraîches)	10.000	70	45	70	61 50	61 50
Tourteaux de sésame noir..	1.000	63	14.7	22.2	120 »	
Sulfate de potasse à 50 °/₀ ..	80		40		10 30	130 30
Tourteaux de colza.......	1.000	54	12 5	19	105 »	123 »
Sulfate de potasse à 38 °/ .	100		38		18 »	
Marcs de raisins (8 k. par pied) tous les ans.........	12.000	100 à 200	50 à 60			
Sarments	55.000	59.40	137			1072 50
Roseaux, 43 °/₀ azote	15.000	60				
Plantes marines...........	15.000	60 à 80	27 à 240	12 à 22.50		

Récoltes enfouies en vert. — On emploie dans quelques contrées, et notamment dans le Sud-Ouest, pour fumer les vignes, des plantes que l'on cultive pour les enfouir au pied des ceps. On les choisit habituellement parmi celles à feuilles nombreuses et larges et à racines très développées, susceptibles de recueillir le plus possible d'ammoniaque dans l'air et d'éléments minéraux dans les couches profondes du sol. Un certain nombre d'espèces de la famille des légumineuses paraissent réaliser particulièrement ces conditions ; on sait, en effet, que c'est en ensemençant le sol d'où on vient d'arracher la vigne, en luzerne, en sainfoin ou en trèfle, que les viticulteurs de diverses régions le préparent à recevoir de nouveau cette plante. Lorsqu'il s'agit, non plus d'une fumure préparatoire, mais d'une fumure d'entretien, on ne peut avoir recours à des plantes vivaces, il faut employer des espèces susceptibles d'être semées après la récolte et d'être enfouies en mars, avant les façons d'entretien et avant que les gelées blanches soient à redouter. Celles qui réalisent le mieux ces conditions sont : la *féverolle d'hiver*, la *vesce d'hiver*, le *colza d'hiver*, le *trèfle incarnat ;* elles ont la composition suivante pour cent :

ESPÈCES EMPLOYÉES	AZOTE	POTASSE	ACIDE phosphorique
Vesces.	0 56	0.43	0.13
Colza.	0.46	0.35	0.12
Trèfle incarnat	0.42	0.26	0.08

En admettant pour ces diverses plantes un rendement moyen de 12.000 k. au moment où l'enfouissement devient nécessaire, la fumure se trouverait constituée comme suit :

ESPÈCES EMPLOYÉES	RENDEMENT	AZOTE	POTASSE	ACIDE phosphorique
Vesces.	12.000k	61k92	51 60	15 60
Colza		55.20	42	14.40
Trèfle incarnat . .		51.60	31.20	9.60

Ainsi que l'on peut s'en rendre compte par ce qui précède, les plantes mentionnées ci-dessus pourraient à la rigueur suffire à l'exportation déterminée par des récoltes peu abondantes comme le sont celles des contrées où l'on fait usage de ces engrais, mais on ne saurait oublier que c'est du sol même qui nourrit la vigne que sont tirés, pour la grande partie, les matériaux que restituent les engrais verts : la quantité d'azote puisée dans l'atmosphère est très inférieure à celle exportée par les récoltes dans des vignobles productifs ; quant à l'acide phosphorique et à la potasse, si les plantes employées peuvent, grâce à leurs racines profondes, aller les chercher très bas, elles se bornent à transporter ces éléments des couches inférieures, où la vigne irait facilement les chercher, vers les couches supérieures ; il n'y a donc pas restitution en ce qui les concerne. Les plantes cultivées enfouies en vert ne peuvent guère offrir d'intérêt que comme moyen de restituer au sol l'humus détruit, dans les vignes où l'on fait usage uniquement d'engrais chimiques.

F. Engrais chimiques. — Les pays de vignobles sont rarement des pays de bétail et, par suite, en situation de produire beaucoup d'engrais de ferme : les engrais chimiques y deviennent nécessaires pour parer à l'insuffisance de ces derniers. Comme les engrais chimiques ne fournissent pas d'humus au sol pour remplacer celui qui se détruit par le fait de l'oxydation ou qui est entraîné sous forme de combinaisons solubles diverses, il est bon d'en alterner l'emploi avec celui des fumiers de ferme ou des engrais végétaux.

Les formules à employer doivent satisfaire aux indications que nous avons données précédemment, relativement aux exigences de la vigne.

M. Georges Ville a proposé, il y a quelques années, la formule suivante :

Superphosphate de chaux	400 kil.
Carbonate de potasse	200 —
Sulfate de chaux............	400 —

En supposant le superphosphate seulement à 10 °/₀, le carbonate de potasse à 40 °/₀, on aurait par hectare et par an :

ÉLÉMENTS RENFERMÉS DANS LE MÉLANGE	FOURNI par le mélange	EXPORTÉ par la vigne
Acide phosphorique..................	40k	15k
Potasse..............................	80	55
Azote................................	néant	60

Ainsi que l'on peut s'en rendre compte, les quantités d'acide phosphorique et de potasse sont plutôt exagérées, et l'azote, dont l'importance est très grande, comme nous l'avons dit, puisque c'est lui qui assure le bon développement des feuilles, fait absolument défaut. Cet exemple montre l'utilité de n'adopter que des formules bien étudiées et rationnelles : nous allons donc examiner les éléments qui peuvent servir à leur établissement.

FORMULES	QUANTITÉS DE				PRIX	
	Engrais	Azote	Potasse	acide phosphoriq.	de chaque élément	Total
1re Formule	kil.	kil.	kil.	kil.	fr.	fr.
Nitrate de soude à 15 o/o d'azote	400	60			98 »	
Sulfate de potasse à 50 o/o de potasse	120		60		30 90	
Superphosphate de chaux à 16 o/o d'acide phosphorique	100			16	8 85	137 75
2e Formule						
Sulfate d'ammoniaque à 20 o/o d'azote	300	60			105 »	
Sulfate de potasse à 50 o/o de potasse	120		60		30 90	
Superphosphate de chaux à 16 o/o d'acide phosphorique	100			16	8 85	144 75
3e Formule						
Sulfate d'ammoniaque à 20 o/o d'azote	300	60			105 »	
Chlorure de potassium à 50 o/o de potasse	120		60		27 »	
Superphosphate de chaux à 16 o/o d'acide phosphorique	100			16	8 85	
Sulfate de fer	100				5 30	146 15

L'azote peut être fourni par : le *sulfate* et le *nitrate d'ammoniaque*, le *nitrate de potasse* et le *nitrate de soude*. L'*acide phosphorique* provient des *phosphates minéraux* naturels, des *scories de déphosphoration*, des *os*, du *noir animal* et des *superphosphates de chaux*. Enfin, la potasse se trouve dans le *chlorure de potassium*, le *sulfate*, le *nitrate* et les *carbonates de potasse* d'origines diverses.

Les nitrates paraissent plus favorables à la fructification et à la production du sucre dans les raisins que les sels ammoniacaux. Le *sulfate de potasse* paraît être le plus avantageux de tous les sels de potasse parce qu'il se diffuse mieux dans le sol et coûte moins cher, on peut le remplacer par un mélange de *chlorure de potassium* et de plâtre (*sulfate de chaux*) ou de *sulfate de fer*. On emploie de préférence dans les terrains calcaires les *superphosphates de chaux*.

Les variations de prix des divers éléments peuvent rendre plus ou moins avantageuse telle ou telle formule, mais il est facile, au moyen des indications ci-dessus et des cours du jour, de calculer le prix de chacune d'entre elles. Les tableaux pages 440 et 443 permettent de se faire une idée de la manière d'y arriver.

2° Mode d'application des engrais

L'époque la plus convenable est celle du repos de la végétation ; on devra opérer d'autant plus tôt que le sol est plus sec et d'autant plus tard qu'il est plus humide et que les engrais seront plus solubles. Les fumiers de ferme peu décomposés ou au contraire réduits à l'état de *beurre noir* devront être appliqués aux terres sèches, pour ainsi dire dès l'enlèvement des vendanges ; les tourteaux, au contraire, et les engrais chimiques qui sont très solubles ne devront être répandus qu'à la fin de l'hiver ou au commencement du printemps, au moment où la vigne sera sur le point d'émettre ses radicelles.

Le *phosphate de chaux* doit être incorporé dans le sol, par un labour, soit à l'entrée de l'hiver, si les terres sont plutôt sèches, soit trois semaines ou un mois avant l'application des autres sels. Ces derniers ne doivent être répandus qu'au printemps, à cause de leur solubilité.

Les *nitrates* peuvent, au besoin, être abandonnés sans inconvénients à la surface du sol ; le *sulfate d'ammoniaque* et le *sulfate de potasse*, au contraire, doivent être enterrés par un coup de scarificateur.

On a beaucoup discuté la question de savoir s'il était préférable de répandre les engrais sur toute la surface du sol ou de les placer dans des godets de déchaussement ou dans des fossés creusés entre les lignes. On a pensé pendant longtemps qu'une répartition très régulière des engrais dans la masse du sol était la condition la plus favorable à leur assimilation par les plantes ; il résulterait, au contraire, d'un travail récent de M. Schloesing, que l'agglomération en masse des engrais peu solubles ou difficiles à diffuser dans le sol serait préférable (1). D'ailleurs, les fumiers accumulés dans les godets de déchaussement ne tardent pas à être entraînés par les labours un peu partout.

(1) Th. Schloesing. — *Influence de la répartition sur les engrais dans le sol sur leur utilisation*, in *Comptes rendus de l'Académie des Sciences*, séances du 7 et du 8 novembre 1892.

3° Transport des engrais

Les engrais sont généralement amenés à portée de la vigne dans des véhicules ordinaires (charrettes ou tombereaux) ; dans certains cas, lorsque les rangées de souches sont bien alignées et suffisamment basses, et que les chevaux ou les bœufs sont attelés de front, on peut les traîner sans rompre charge jusqu'au point même où ils doivent être employés. Mais, la plupart du temps, il faut les décharger hors des vignes et les y transporter ensuite à bras d'homme au moyen de civières ou, si le terrain est fortement en pente, à dos d'homme dans des hottes ou des paniers tels que ceux dont on fait usage dans les côtes du Rhône ou dans d'autres contrées accidentées. Depuis quelques années, on tend à substituer, dans quelques vignobles du Bas-Languedoc, le charroi dans de petits wagonnets en tôle, roulant sur le sol (1), au transport à la civière ; ces wagonnets (fig. 204), qui n'ont pas plus de $0^{m},90$ de largeur d'une extrémité

Fig. 204. — Wagonnet de MM. Bompard et Grégoire pour le transport des engrais dans les vignes.

à l'autre de l'essieu des roues, peuvent s'atteler avec une égale facilité par les deux bouts, de manière à pouvoir être ramenés sans tourner lorsqu'ils sont engagés entre deux lignes de vignes ; ils ont donné jusqu'ici de bons résultats.

Enfin, dans les grands vignobles où la vendange se fait au Decauville, les voies principales sont laissées en place et on rétablit les voies de pénétration pour le transport des fumiers pendant l'hiver.

4° Engrais a préférer dans diverses circonstances

La question du choix des engrais est plus compliquée qu'elle ne le paraît à première vue. Bien des considérations empêchent souvent, en effet, de se servir de ceux qui paraissent les meilleurs ou le meil-

(1) Ces wagonnets sont construits par MM. Grégoire et Bompard, à Nimes.

leur marché. La distance des lieux de production ou celle des gares d'arrivée, qui augmente le prix de revient, et la nature du sol, sont les deux éléments qui interviennent le plus généralement pour limiter les viticulteurs dans le choix des engrais ; la valeur du premier de ces éléments ne peut être bien appréciée, dans chaque circonstance donnée, que par les intéressés ; en ce qui touche le second, l'expérience a fourni quelques indications qu'il est bon de rappeler.

Toutes les fois que l'on a affaire à des terrains calcaires secs, les engrais qui devront être préférés, lorsque le choix sera possible, sont les fumiers de ferme consommés et passés à l'état de *beurre noir*, et, parmi ces derniers, les fumiers de vaches ; ces matières résistent, en effet, mieux que les autres à l'action destructive du calcaire et y maintiennent une fraîcheur utile. On pourra encore employer, dans de pareils sols, des tourteaux qui y donnent ordinairement de bons résultats.

Dans les terres de moyenne consistance, profondes et fraîches, sans être humides, tous les engrais réussiront ; mais c'est là que les crottins de moutons et les engrais chimiques produiront tout l'effet qu'ils sont susceptibles de donner.

Enfin dans les terres argileuses, fortes et un peu humides, on devra employer, autant que possible, des fumiers d'écurie pailleux, peu décomposés, qui contribuent à diviser le sol et à le réchauffer.

5° Amendements

Les vignobles sont soumis, d'une manière générale, aux mêmes modes d'amendement que les autres cultures ; on y emploie pourtant de préférence, indépendamment du *drainage* dont nous ne saurions nous préoccuper ici, dans les terres manquant de calcaire, le *chaulage* et le *marnage*, dans celles qui renferment cet élément en trop grande quantité, le *sulfate de fer*, et, dans les sols forts et compacts, l'*écobuage* et quelquefois le *mâchefer*, des *cendres de houille* ou autres déchets analogues, enfin le *plâtre*, dont les effets remarquables ont vivement attiré l'attention ces dernières années.

La *chaux* et la *marne* contribuent tout à la fois à modifier les propriétés physiques du sol et sa composition chimique ; leur emploi semble entraîner une amélioration sensible dans les qualités du vin, au point de vue du corps et de la couleur.

Le *sulfate de fer* a pour effet de transformer une partie du carbonate de chaux, qui est nuisible aux vignes américaines, en sulfate de chaux. (Voir *Chlorose*).

L'*écobuage*, qui divise les terres argileuses et les rend plus perméables et plus faciles à échauffer, augmente, d'après des expériences dues à M. J. Pagézy, le rendement et la richesse en sucre des moûts. Ce fait paraît dû à la mise en liberté, sous une forme plus assimilable, d'un certain nombre de sels minéraux et notamment de sels de potasse jusqu'alors retenus à l'état de combinaisons insolubles ou peu solubles; on ne doit pas oublier toutefois que l'écobuage est un moyen peu économique de fertilisation, puisqu'il ne restitue rien au sol, dont il se borne à détruire et à faire absorber plus rapidement certains éléments qu'il renferme déjà.

Le *mâchefer*, indépendamment de son action physique sur les terres par ses parties dures et vitrifiées, y introduit fréquemment des pyrites de fer qui, par leur oxydation, se transforment en *sulfate de fer*, sel qui exerce dans certains cas une action utile sur la végétation, comme nous le verrons plus tard.

Le *plâtre* exerce une action très favorable sur la fructification de la vigne lorsqu'elle est établie dans des sols riches; les expériences de MM. Zacharewicz, d'une part, Chauzit et Trouchaud-Verdier, d'autre part, Oberlin et enfin plus récemment Battanchon et Condeminal, ne laissent aucun doute à cet égard. Le plâtre, employé à la dose de 1.500 à 4.000 kil. par hectare, a augmenté les récoltes dans une proportion qui paraît croître avec la quantité employée et qui peut aller jusqu'à la moitié en plus du produit habituel.

On a fait jusqu'ici usage indifféremment du plâtre cru finement broyé ou du plâtre cuit, sans que l'on ait pu nettement dégager celui qui produisait les meilleurs effets; cependant, il semblerait résulter des dernières expériences de M. Battanchon que ce dernier serait préférable. L'application a généralement lieu à la fin de l'hiver (février, mars ou avril). M. Oberlin, pour incorporer le plâtre au sol, pratique des trous verticaux de $0^m,20$ à $0^m,25$ au moyen d'une broche en fer de $0^m,018$ de diamètre ; ces trous sont répartis uniformément au nombre de 5 ou 6 par mètre carré, on y verse le plâtre et on ne les referme pas. Les essais faits par MM. Battanchon et Condeminal montrent qu'il suffit de le répandre à la volée sur toute la surface et de l'enfouir à la charrue.

Le plâtre paraît agir surtout en favorisant la nitrification des matières azotées du sol; son emploi doit donc être soutenu par de fortes fumures (1).

(1) B. Chauzit et L. Trouchaud-Verdier ; *Etude sur les engrais chimiques appliqués à la Vigne. Progrès agricole*, tom. XI (1889), pag. 171. — B. Chauzit ; *Les engrais chimiques appliqués à la Vigne. Prog. agric.*, tom. XI, pag. 342. — Ed. Zacharewicz ; *Expériences sur les engrais appliqués à la Vigne. Prog. agric.*, tom.

D. **Labours des vignes.** — Les vignes, comme toutes les plantes arbustives, exigent chaque année un premier labour d'aération qui peut être regardé comme la façon aratoire fondamentale et indispensable, et une série de labours de binage destinés à entretenir les effets de la première œuvre.

Ces opérations présentent, au point de vue du caractère spécial de chacune d'entre elles et de l'ordre dans lequel elles se succèdent, une grande analogie dans les principaux vignobles d'Europe.

1° Premier labour

La première façon aratoire donnée aux vignes consiste en un labour d'*aération*, dont la bonne exécution exerce une influence considérable sur leur végétation. C'est en effet un fait d'expérience déjà fort ancien que l'air et les intempéries permettent d'augmenter, dans une large mesure l'état de division des terres déjà obtenu mécaniquement par les labours et l'action des engrais qu'elles renferment. Les gels et les dégels, par exemple, tendent, comme on le sait, à désagréger les couches extérieures du sol : l'eau interposée entre les particules de terre qui les constituent augmente de volume en se congelant, les écarte par conséquent les unes des autres, et les abandonne ensuite, ainsi soulevées, au moment du dégel. Les alternatives de sécheresse et de pluie ont le même effet sur un certain nombre de terrains dont les éléments se comportent diversement pour un état hygrométrique donné : tels sont ceux de nature argilo-calcaire, dont la surface se contracte en séchant, au point de se crevasser, et qui s'effritent aux premières pluies parce que le calcaire et l'argile qui les constituent ne se gonflent pas également sous l'influence d'une même quantité d'eau.

L'air atmosphérique, mis en contact avec les éléments constitutifs

XV (1891), pag. 320, 400, 420, 446 et 469. — B. Chauzit et L. Trouchaud-Verdier; *Expériences d'engrais chimiques appliqués à la Vigne. Progr. agric.*, tom. XV (1891), pag. 264 et 279. — Oberlin ; *Le plâtre dans la fumure des Vignes. Progr. agric.*, 1892, 1er semestre, pag. 294. — Ed. Zacharewicz ; *Expériences sur les engrais appliqués à la culture de la Vigne. Progr. agric.*, 1892, 2e semestre, pag. 121, 140 et 185. —Battanchon ; *Le plâtre en viticulture. Progr. agric.*, tom. XX (1893), pag. 509. — G. Barbut ; *Le plâtre en viticulture. Progr. agric.*, tom. XX (1893), pag. 584. — G. Battanchon ; *Trois années d'observation de l'action du plâtre en viticulture. Progr. agric.*, tom. XXII (1894), pag. 624 et 666. — G. Battanchon ; *Action du plâtre en viticulture, troisième année d'expérimentation. La Vigne américaine*, tom. VII, pag. 325. — Id. *Le plâtre et la vigne. Loc. cit.*, pag. 362.

des terres arables, les modifie en outre d'une manière favorable à leur assimilation par les plantes.

Les travaux de M. Boussingault ont démontré en effet que les matières azotées non assimilables renfermées dans le sol et soumises à l'action de l'air dans des conditions d'humidité convenables se transformaient en nitrates assimilables et donnaient lieu aux phénomènes de *nitrification*. Depuis lors, MM. Schloesing et Muntz ont reconnu que ces phénomènes étaient dus à un microorganisme *aérobie*, auquel ils ont donné le nom de ferment nitrique.

M. Schloesing a établi également que les nitrates se décomposent, en perdant de l'azote gazeux, dans les milieux privés d'oxygène, et MM. Gayon et Dupetit d'une part, Dehérain et Maquenne d'autre part, ont découvert des organismes microscopiques *anaérobies* qui produisent ces transformations (1).

L'aération du sol favorise donc la formation des nitrates, qui se détruisent au contraire lorsqu'on laisse la terre fermée à l'influence de l'oxygène.

C'est également sous l'influence de l'acide carbonique et de l'acide acétique, résultant de la combustion au contact de l'air des matières hydro-carbonées renfermées dans les terres arables, que le carbonate de chaux et certains phosphates nécessaires à la constitution des végétaux peuvent se disssoudre, et que certaines roches riches en matières utiles aux plantes se désagrègent. M. Dehérain a enfin récemment démontré (2) que les phosphates de chaux, qui renferment du fer à un faible degré d'oxydation, ne peuvent eux-mêmes être dissous par les acides que nous venons de mentionner que quand un contact suffisant avec l'air atmosphérique en a peroxydé le fer.

Le labour d'aération doit être effectué dans les vignobles à la fin de l'hiver, à une époque telle que les terres remuées puissent encore subir l'influence des dernières gelées et celle des premières pluies du printemps. Il faut éviter d'en retarder trop l'exécution dans les terrains bas et exposés aux gelées blanches, le sol, lorsqu'il a été fraîchement travaillé, favorisant davantage la production de ce phénomène; on ne doit pas non plus l'effectuer trop tôt, parce que la terre risque de se couvrir d'herbe avant le moment où ces météores sont à craindre, et c'est là une autre condition également fâcheuse.

Le premier labour doit être donné à une plus grande profondeur que les suivants; il atteint dans certaines contrées (Provence, Bas-

(1) Th. Schloesing.— *Contrib. à l'étude de la Chimie agricole*, in *Encyclop. chimique*. Paris, veuve Ch. Dunod, 1885, pag. 153 et suiv.

(2) P.-P. Dehérain.— *Chimie agricole*.

Languedoc, Champagne) jusqu'à $0^m,15$ ou $0^m,20$; c'est en effet, comme nous l'avons dit, l'œuvre principale ; il doit donner accès à l'air, aussi bas que possible, et assurer une bonne pénétration et une bonne conservation des eaux. Certains viticulteurs condamnent cependant, d'une manière générale, les labours de vignes profonds et ne font pas d'exception en ce qui concerne celui qui nous préoccupe. Leur opinion se fonde sur l'inconvénient qui résulte de la destruction des radicelles superficielles de la vigne, dont on sait le rôle important dans la nutrition ; mais on doit remarquer que dans les contrées à étés secs, qui sont celles où les labours profonds sont les plus nécessaires, le chevelu est généralement peu superficiel, parce qu'il ne rencontre pas dans les couches supérieures du sol l'humidité nécessaire à son bon développement, ou parce qu'après être né sous l'influence des pluies du printemps, il périt sous l'action des sécheresses de l'été. Ce ne serait donc que dans climats dans lesquels les terres ne se dessèchent pas en été que l'on aurait peut-être intérêt à ne donner que peu de profondeur au premier labour.

On doit chercher à donner à la première œuvre des vignes un relief aussi accusé que possible, afin d'augmenter la surface et le volume de la terre exposée à l'action de l'air. Pour réaliser cette condition, on laboure, lorsqu'on le peut, de manière à amasser la terre au milieu de l'interligne et à déchausser les souches suivant la direction des lignes (fig. 205). C'est ainsi que s'effectue l'œuvre dite en

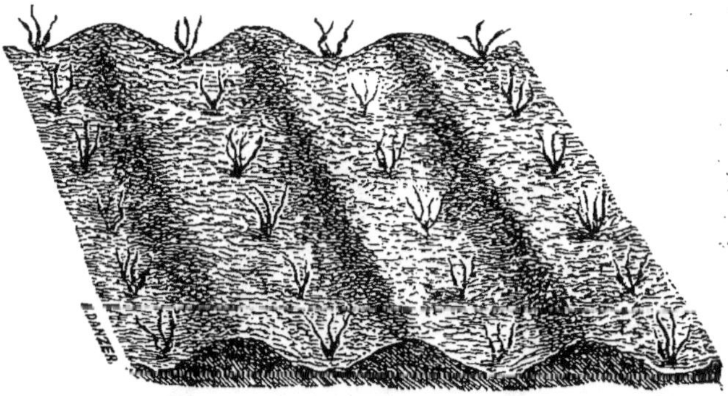

Fig. 205. — Vignes de la Charente labourées et déchaussées suivant la direction des lignes.

selette (fig. 200, pag. 422) dans l'Hérault, et que l'on opère habituellement en Provence, dans la Gironde et la Charente (*cavaillonnage*, (fig. 201 et 202, pag. 423), dans l'Yonne (*déruellage* ou *sombrage*), etc.

Dans d'autres contrées, où la disposition des vignes ne permet pas d'agir ainsi, chaque pied est déchaussé et la terre extraite de ce déblai est accumulée en tas coniques ou prismatiques dans les intervalles (*darbons*, dans le Beaujolais; — piochage *en monticule* du Douro). Ce procédé est employé, indépendamment des contrées que nous venons de mentionner, au vignoble de l'Ermitage, dans les environs de Cassis (Bouches-du-Rhône), à Lesparre (Gironde), etc.

Le premier labour se fait tantôt à bras, tantôt à la charrue. Dans le premier cas, on fait usage de houes pleines ou fourchues, ou quelquefois de la bêche ou de la fourche ; nous donnons ci-dessous les figures des principaux outils employés pour cet objet (fig. 206, 207, 208, 209, 210, 211, 212, 213, 214).

Fig. 206
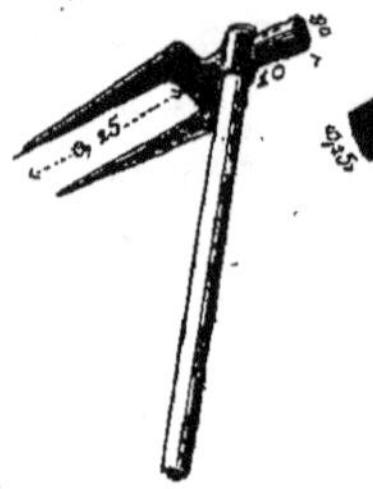
Fig. 207

Fig. 208

Fig. 209

Fig. 210

Fig. 206.— Harpe ou houe fourchue à trois dents, de l'Hérault. — Fig. 207. — Bigot ou pioche à deux dents. — Fig. 208. — Trinque ou houe pleine. — Fig. 209. — Fig. 210. — Autre houe pleine, d'après M. H. Marès.

La façon dite en *selette*, telle qu'on la pratique dans l'Hérault, peut être considérée comme un excellent type de labour d'aération donné

Fig. 211

Fig. 212

Fig. 213

Fig. 211. — Pioche de l'Yonne. — Fig. 212. — Houe fourchue de l'Aunis. — Fig. 213. — Fourche pour les labours de vignes dans les terrains pierreux.

à bras. Pour l'exécuter, l'ouvrier suit, en piochant, les diagonales des carrés, de manière à obtenir un relief élevé, et accumule la terre en formant un billon dans l'interligne et en déchaussant les souches (fig. 200, pag. 422). Il évite de briser les mottes, de manière à augmenter les surfaces pour lesquelles peut s'exercer l'action des agents atmosphériques.

Lorsqu'on opère avec des instruments attelés, on doit employer les charrues *vigneronnes* dites *déchausseuses*, qui permettent d'approcher

Fig. 214.— Mare ou houe fourchue du Médoc.

très près du pied de la souche sans risquer d'en accrocher les bras ou les coursons. On enraye en adossant au milieu de la planche et on laisse les dérayures le long des souches, qui se trouvent ainsi déchaussées ; les petites bandes de terre (*cavaillons*, dans le Sud-Ouest) près de leurs pieds sont abattues au moyen d'un piochage à la main (fig. 201 et 203, pag. 423).

Les charrues déchausseuses les plus connues sont le *cabat* de la Gironde, instrument imparfait en tant que charrue, mais qui est bien

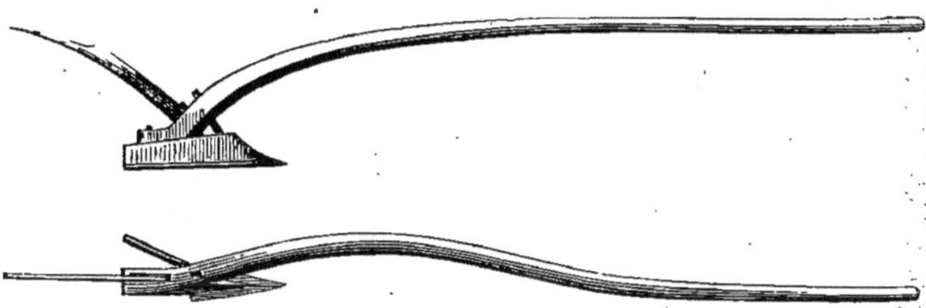

Fig. 215 — Cabat ou charrue déchausseuse de la Gironde.

approprié au déchaussement. Il est formé (fig. 215) d'un corps composé lui-même d'un soc en fer de lance déjeté du côté opposé au sep et d'un versoir plat peu élevé et assez mal fait. Le corps est relié, par l'intermédiaire du sep et des étançons, avec un âge en bois de 4^{m},33 de long et courbé à droite vers sa partie postérieure ; grâce à cette disposition, l'extrémité antérieure de l'âge étant attachée au milieu d'un joug et les bœufs passant de part et d'autre d'une ligne de vignes, le soc longe les ceps sans risquer de les atteindre.

La charrue vigneronne de l'Aude est caractérisée par son système d'attelage, qui présente une disposition toute particulière : un âge allongé forme comme l'un des côtés d'un brancard ; sur cet âge est fixée une traverse perpendiculaire à sa direction et qui porte à son extrémité libre un trait. Le cheval est attelé entre l'âge prolongé et le trait du côté du versoir, de telle sorte que la charrue se trouve déjetée du côté de la ligne à déchausser (fig. 216).

La charrue vigneronne de M. Vernette, de Béziers (fig. 217 et 218), dont le corps très bas porte un versoir étroit et un soc à longue

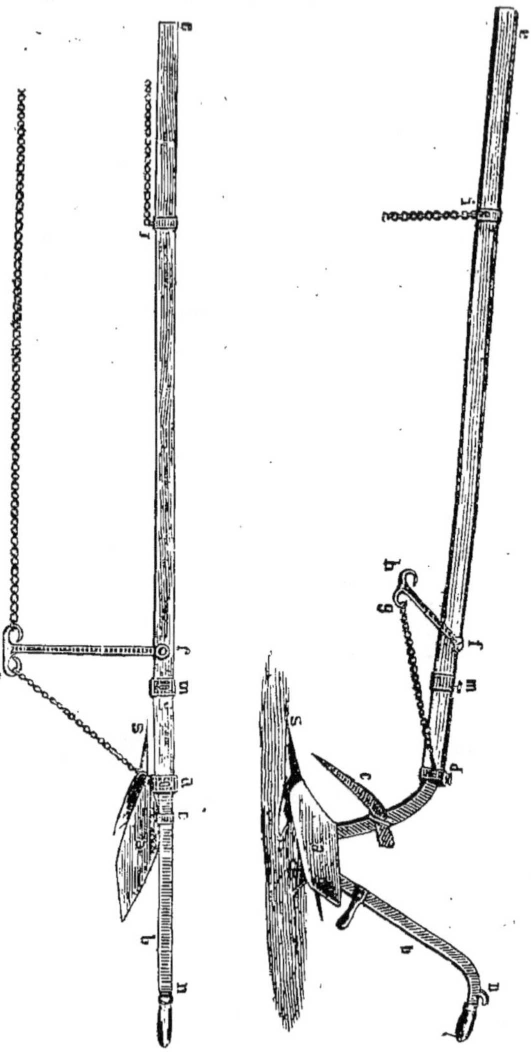

Fig. 216. — Charrue vigneronne de l'Aude : *d e* âge ; *a* corps de la charrue ; *b n* mancheron et sa poignée ; *s* soc ; *c* couteau ; *f h* traverse en fer pour l'attelage ; *d g* chaîne maintenant la traverse en place ; *h* crochet pour la chaîne d'attelage de gauche ; *i* chaîne d'attelage de droite ; *m d* clés régulatrices de l'entrure.

pointe et dont l'âge en fer s'adapte à un brancard en bois. Cette dernière disposition, commune à un grand nombre d'instruments viticoles de l'Hérault, offre l'inconvénient, par suite de la rigidité de l'ensemble, de transmettre à la pointe du soc toutes les oscillations imprimées à l'extrémité du brancard par chaque mouvement de l'animal qui y est attelé, ce qui entraîne de l'irrégularité au point de vue de la profondeur du labour.

Les instruments qui peuvent être considérés comme les plus parfaits parmi les *déchausseuses* sont ceux de MM. Renault-Goin, à

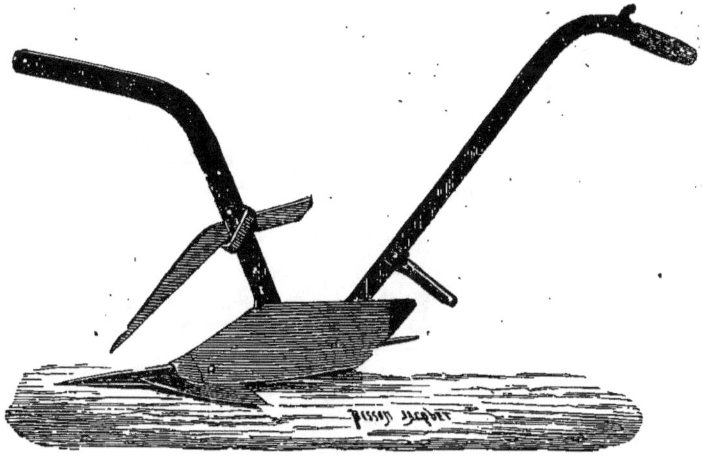

Fig. 217. — Charrue vigneronne de M. Vernette, de Béziers, sans son brancard.

Sainte-Maure (Indre-et-Loire), et Souchu-Pinet, à Langeais (Indre-et-Loire).

Fig. 218. — Charrue vigneronne de M. Vernette, de Béziers, attelée.

L'instrument de M. Renault-Goin (fig. 219 et 220) est une petite charrue en fer dont l'âge se trouve porté dans un plan parallèle et à droite du sep par un étançon courbe ; grâce à cette disposition, le sep et le corps même de la charrue peuvent s'approcher beaucoup du pied des vignes sans que l'âge risque d'en atteindre les bras. Les mancherons, qui sont mobiles, prennent l'inclinaison convenable pour le passage auprès des ceps.

La charrue de M. Souchu-Pinet (fig. 221) ressemble beaucoup par ses dispositions d'ensemble à celle de M. Renault-Goin ; elle en diffère surtout par la forme du versoir, qui est remarquable par la faible traction qu'il exige.

Ces charrues sont attelées au moyen d'un harnais spécial portant un arc en fer fermant palonnier dans le reculement ; cet arc est relié par un bout de chaîne avec le crochet d'attelage (fig. 222).

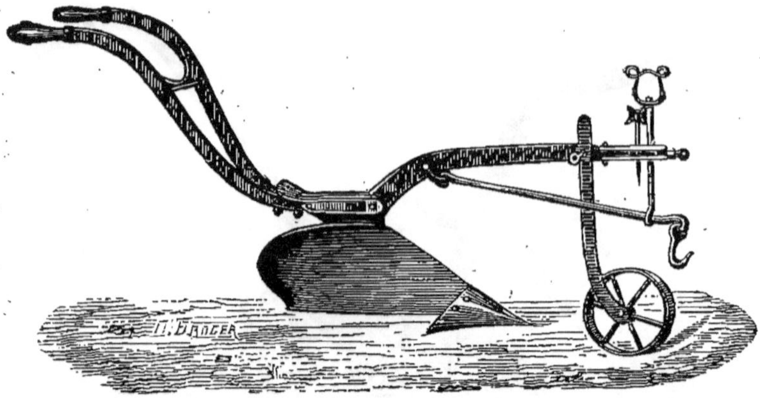

Fig. 219. — Charrue vigneronne déchausseuse de M. Renault-Goin (élévation).

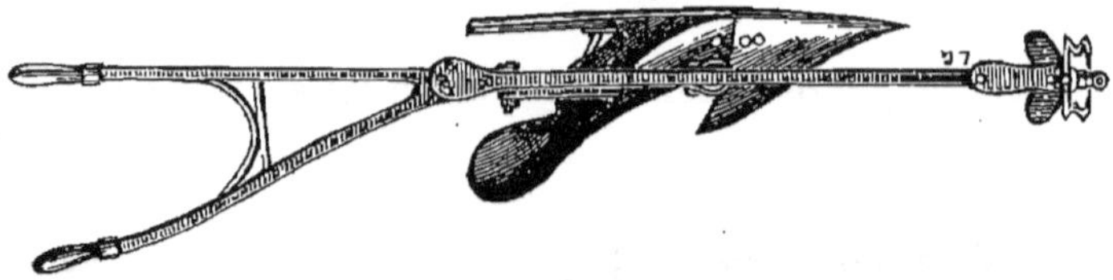

Fig. 220.— Charrue vigneronne déchausseuse de M. Renault-Goin (plan).

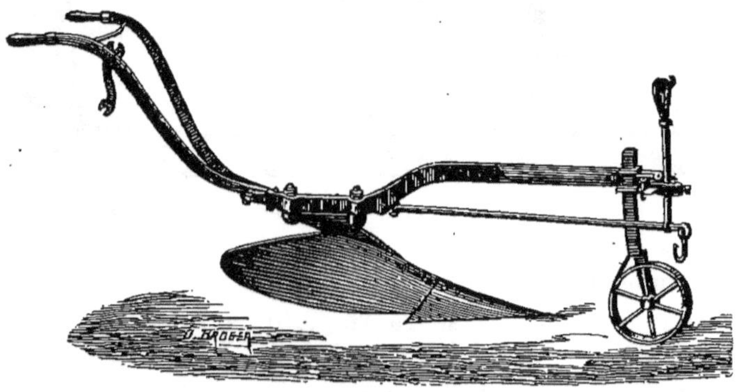

Fig. 221.— Charrue vigneronne déchausseuse de M. Souchu-Pinet.

On emploie beaucoup pour les premiers labours, dans le Bas-Languedoc, l'ancien *araire* romain (fig. 223); on donne alors deux raies croisées perpendiculairement, de manière à ne laisser non remuée que la partie du terrain au pied de la souche qui a déjà été cultivée par le déchaussement en godet que nous avons décrit. Mais cet instrument, très imparfait, déchire seulement le sol au lieu de le retourner, et le laisse à plat et non en planches bombées, comme les charrues vigneronnes; aussi doit-il être abandonné sans hésiter pour ces dernières.

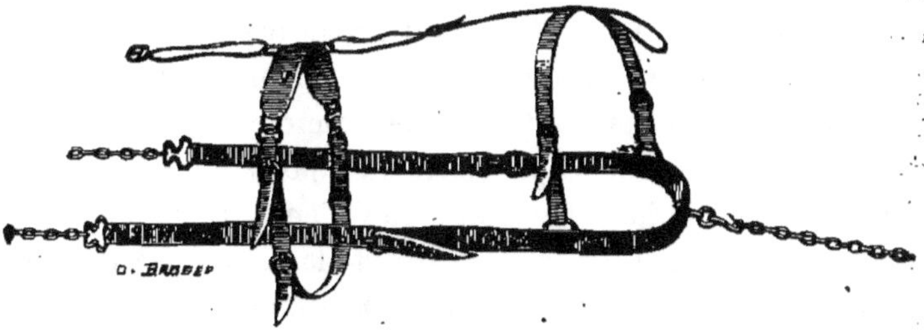

Fig. 222.— Harnais vigneron.

En résumé, ainsi qu'on a pu le voir par ce qui précède, le premier labour donné aux vignes est un labour d'aération; il doit être plus

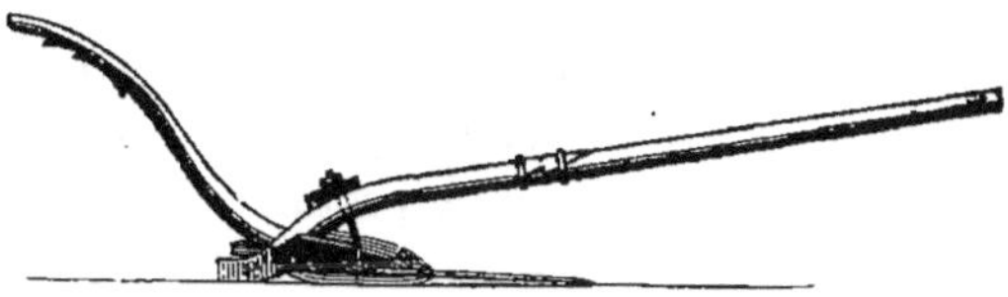

Fig. 223.— Araire de l'Hérault.

profond que les suivants et exposer à l'action atmosphérique un volume et une surface de terre aussi considérables que possible.

2° Labours de binage

Les labours des vignes qui succèdent au premier sont destinés à en entretenir les effets et peuvent être considérés comme de véritables binages. Ces opérations sont pratiquées en nombre variable dans les vignobles; tandis qu'en Provence on ne donne souvent qu'une seconde façon, dans d'autres contrées on en exécute jusqu'à quatre et même cinq; mais, dans la plupart des cas, on ne dépasse pas deux binages, ce qui, avec le labour d'aération, porte à trois les œuvres effectuées annuellement dans les vignes.

a. *Premier binage ou binage de printemps.*— Le premier binage a pour but de détruire les herbes nées à la suite des pluies du printemps et de rompre la croûte que ces dernières ont pu former à la surface du sol, afin de diminuer le desséchement qui se produit en été. On comprend, en effet, que l'ascension de l'eau nécessaire au remplacement de celle qui s'évapore à la surface se fera, suivant les lois de la capillarité, d'autant moins promptement que la terre sera plus divisée. Cette œuvre devra également niveler le terrain en comblant les déchaussements laissés par la façon précédente, lesquels multiplient, comme on le comprend, d'une manière dangereuse pour la saison sèche, les surfaces d'évaporation. Le premier binage doit être exécuté à une profondeur moindre que le labour d'aération, mais plus grande que celle des suivants. On le donne ordinairement au mois de mai (d'où le nom de *mayenquage* qu'il porte dans le Midi) ou au commencement de juin. On doit éviter d'en faire coïncider l'exécution avec le moment de la floraison de la vigne, parce qu'il risque d'entraîner la coulure, par suite de l'abaissement de température qui résulte de l'évaporation active de la surface des terres fraîchement remuées.

Le premier binage s'exécute à bras quand l'irrégularité de la plantation, le rapprochement des pieds de vignes ou le recouvrement du sol par leurs rameaux empêchent d'opérer autrement. Lorsque aucun obstacle ne s'y oppose, on opère au moyen des instruments attelés, dont l'emploi est plus économique et permet l'exécution rapide des façons au moment opportun. Dans le premier cas, on se sert de diverses houes pleines ou fourchues: *bêchard* (fig. 227), *eyssade* de la Provence (fig. 228), *harpe* (fig. 204), *trinque* de l'Hérault (fig. 208), houe de l'Aunis (fig. 224), *meigle*, *fessou* de la Bourgogne (fig. 225 et 226) et quelquefois, mais rarement, de la *bêche* ou *luchet* (fig. 130, pag. 373). Dans le second cas, on emploie les charrues vigneronnes dites *chausseuses*, qui, disposées inversement des *déchausseuses*, permettent d'approcher de très près des souches, en y ramenant la terre, et des *scarificateurs* ou des *extirpateurs* à vignes. Ces derniers instruments sont préférables aux charrues toutes les fois que le rechaussement n'est pas nécessaire, parce que leur travail est plus rapide, moins coûteux et qu'il laisse le sol plus uni et par conséquent moins exposé à la dessiccation par évaporation.

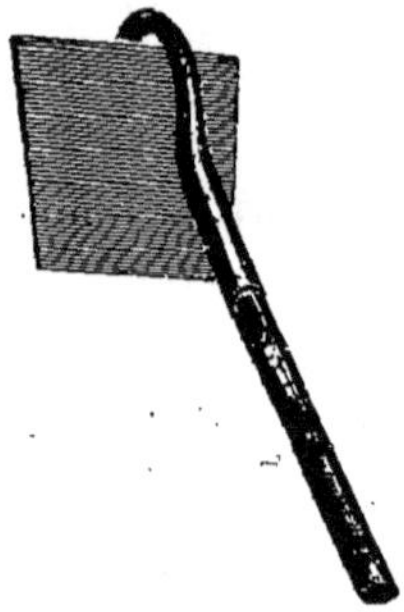

Fig. 224.— Houe pleine de l'Aunis.

On peut mentionner, comme exemple des vigneronnes *chausseuses*, celle de M. Renault-Goin, assez semblable à sa *déchausseuse*, le *bisoc vigneron* (fig. 231), du même constructeur, celui de M. Souchu-Pinet, qui procurent une notable économie de main-d'œuvre, puisqu'un seul cheval et un seul laboureur tracent deux raies, et la *courbe* de la Gironde (fig. 232).

Parmi les scarificateurs, nous citerons la houe vigneronne de M. Portal, de Moux, usitée dans l'Aude, les scarificateurs à vigne de

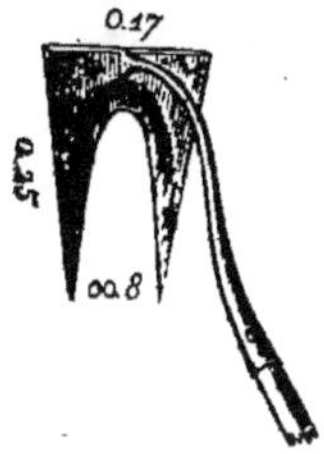

Fig. 225

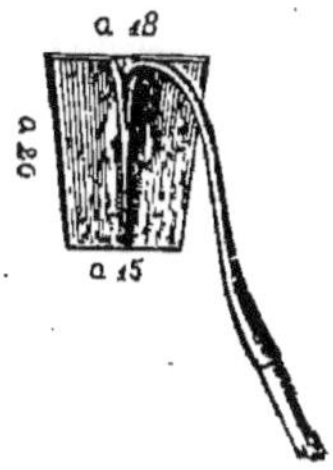

Fig. 226

Fig. 227

Fig. 228

Fig. 225.— Meigle de la Côte-d'Or.—Fig. 226.— Fessou de la Côte-d'Or.— Fig. 227.— Bêchard.— Fig. 228.— Eyssade de la Provence,

M. Renault-Goin qui se montent sur l'âge de ses charrues (fig. 229 et

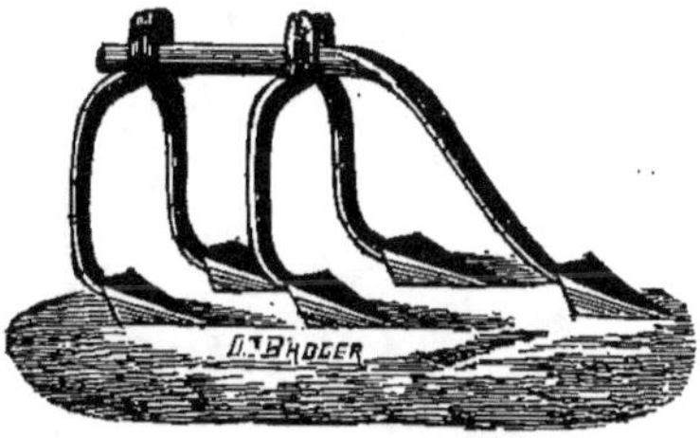

Fig. 229.

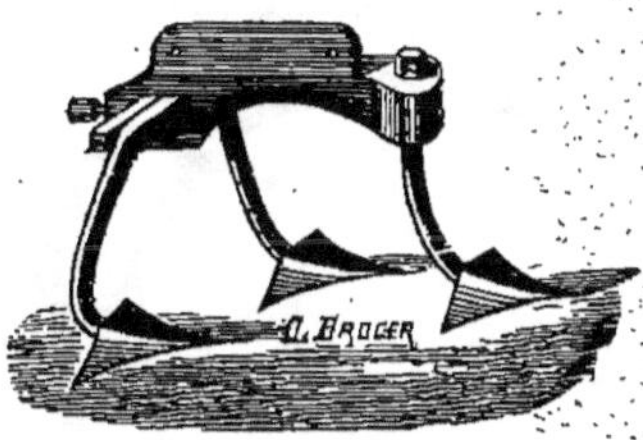

Fig. 230.

Fig. 229.— Scarificateur à vigne de M. Renault-Goin, se montant sur l'âge des vigneronnes de ce constructeur.— Fig. 230. — Scarificateur à vigne de M. Renault-Goin, se montant sur l'âge des charrues de ce constructeur.

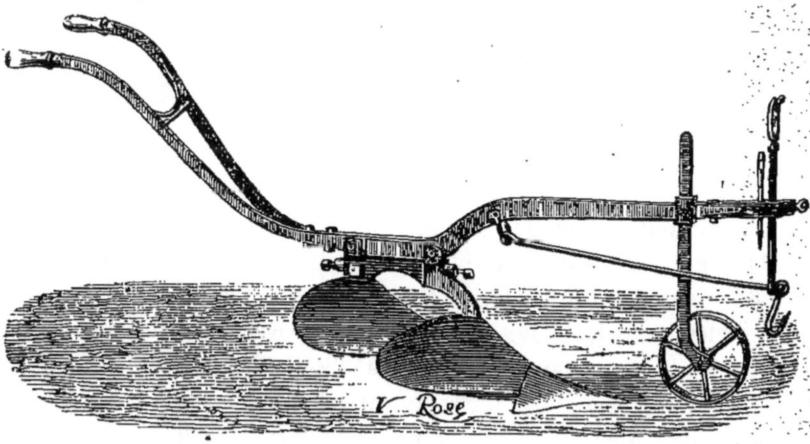

Fig. 231.— Bisoc vigneron de M. Renault-Goin.

230); ceux de M. Souchu-Pinet et de divers autres constructeurs, et la *gratteuse* employée dans l'Hérault.

b. *Binages d'été.*— Le binage ou les binages qui succèdent à celui dont nous venons de parler sont moins profondément exécutés que

Fig. 232. — Courbe ou charrue chausseuse de la Gironde.

lui. On les fait généralement à partir du milieu de juin, plus ou moins rapprochés du précédent, ou les uns des autres suivant leur nombre;

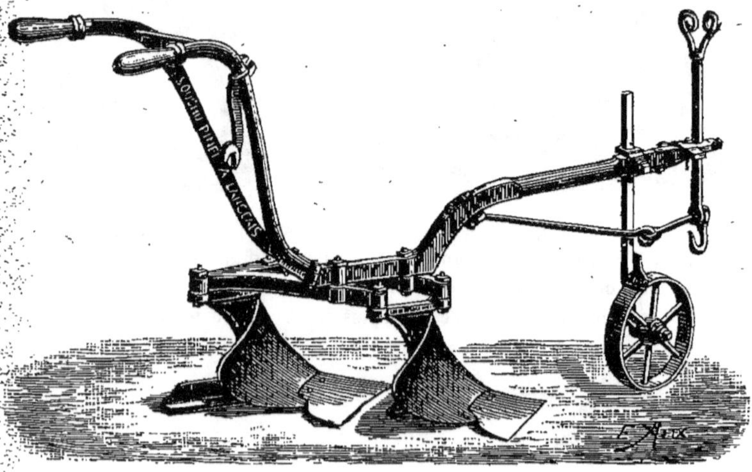

Fig. 233.— Bisoc vigneron de M. Souchu-Pinet.

on doit éviter le plus possible, pendant leurs cours, de toucher aux raisins ou de les découvrir, dans la crainte de les échauder. Ces façons, comme la précédente, peuvent se donner à bras ou au moyen d'instruments attelés: dans le premier cas, on fait généralement usage de houes pleines, à manche allongé, permettant de travailler sans se déplacer dans un rayon assez étendu *rabassié* (fig. 236, pag. 461); dans le second, on emploie des charrues, des houes vigneronnes légères, l'araire avec soc monté en *raclette* du Languedoc (fig. 237), ou des extirpateurs à vignes tels que la *gratteuse* Vernette (fig. 235) avec ses pièces de rechange, ou de simples ratissoires à cheval.

Les conditions favorables à la bonne exécution des divers binages sont: 1° une terre bien ressuyée, mais non durcie, qui s'ameublit

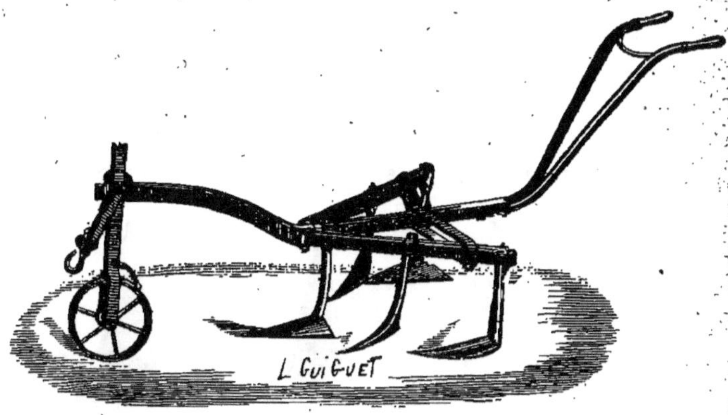

Fig. 234. — Houe vigneronne pour les binages superficiels d'été.

facilement sans se tasser; 2° un temps sec et chaud, qui entraîne un prompt desséchement des mauvaises herbes.

Ainsi que nous l'avons dit précédemment, le nombre des binages

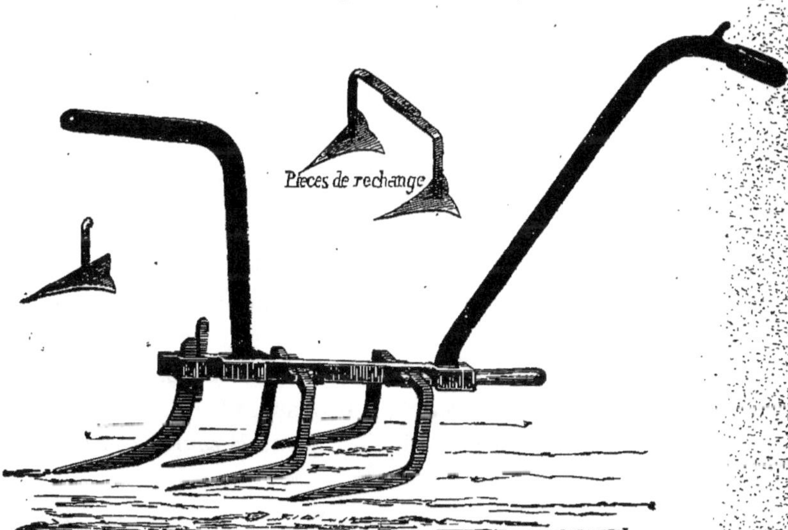

Fig. 235.— Scarificateur dit gratteuse de vignes, de M. Vernette, de Béziers.

donné aux vignes n'est pas le même dans tous les vignobles: en Languedoc, on les donne ordinairement au nombre de deux, l'un en mai (*mayenquage*), l'autre en juin ou juillet (*tierçage*). Il en est de même dans le Beaujolais, où le premier a surtout pour objet d'abattre les *darbons*, sortes de buttes élevées entre les ceps à la fin de l'hiver;

et dans l'Yonne, où ces œuvres portent le nom de *binage* ou de *débinage*.

En Bourgogne, la vigne reçoit deux et quelquefois trois façons superficielles d'été : la première, que l'on appelle *refuer*, se donne avant la floraison ; la deuxième, après que le raisin a noué ; la troisième (quand elle a lieu), après la récolte.

En Champagne, le premier binage porte le nom de *labourage au bourgeon*, parce qu'il facilite la sortie des bourgeons nés à la base de

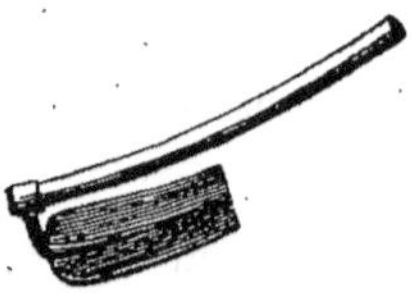

Fig. 236.

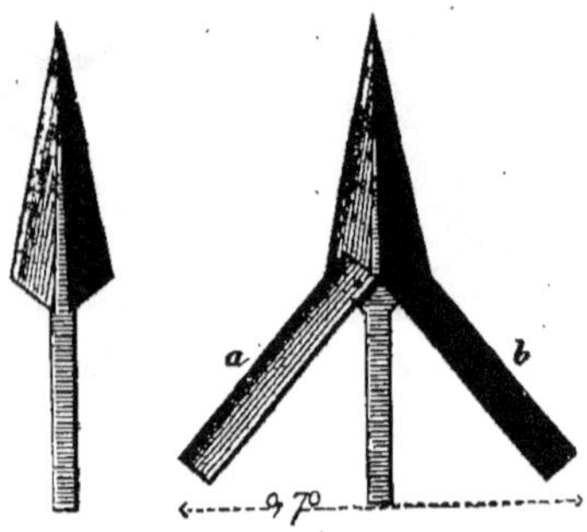

Fig. 237.

Fig. 236. — Houe pour les binages d'été. — Fig. 237. — Soc de l'araire de l'Hérault monté en raclette par l'addition des lames *a* et *b*.

la taille et plus ou moins recouverts de terre par le *bêchage ;* deux autres sont donnés sous le nom de *sarclages*, l'un de la mi-juin à la mi-juillet, et l'autre au moment où la maturité approche. On a la précaution, en exécutant le dernier, de creuser de petites fossettes sous les grappes, de manière à les empêcher de toucher le sol.

Dans le Médoc, on fait trois labours de binage : le premier, qui a lieu en avril, referme au moyen d'une charrue spéciale, appelée *courbe*, le fossé laissé au pied des souches après l'enlèvement du *cavaillon* par la façon d'aération. Le deuxième s'effectue en mai avec une autre charrue appelée *cabat ;* il déchausse les lignes de vignes. Le troisième se donne, à la fin de juin, avec la *courbe* et referme le déchaussement.

E. **Arrosages d'été.** — Les arrosages d'été ont été autrefois pratiqués, pour la vigne, sur quelques points de la Crau d'Arles, dans les Bouches-du-Rhône ; ainsi que nous le verrons plus loin, on en fait usage depuis quelque temps dans certains vignobles des bords de l'Orb (Hérault) et de l'Hérault ; ils constituent une pratique usuelle dans les vignes du Chili et de certaines provinces du Mexique ; enfin on les emploie, de temps immémorial, dans le canton du Valais, en

Suisse. M. Pulliat (1) s'exprime ainsi, en ce qui concerne les irrigations dans cette dernière contrée : «Mais le grand élément de la belle végétation des vignobles valaisans, c'est, sans contredit, l'irrigation des vignes, qui se fait généralement à deux époques de l'été.

»Les eaux destinées à l'arrosage des vignobles sont prises ordinairement à 2,000 mètres d'altitude, au pied des glaciers, et conduites par des rigoles, nommées *bis* dans le pays, à des distances de 15, 20 et même 25 kilomètres.

»Pour que les eaux d'irrigation n'entraînent pas le sol de ces vignes établies sur des pentes très rapides, le vigneron a soin de recouvrir le terrain d'une épaisse couche de pierres de schistes lamellaires ou *brisés*, qui forment un drainage superficiel par lequel ces eaux pénètrent dans ces terrains sans causer d'érosions.

»Dans le Valais, l'été est excessivement sec et chaud. Depuis le 15 juillet jusqu'au 15 septembre, la pluie et les orages sont pour ainsi dire inconnus. A Sion, centre où la température est la plus chaude de toute la contrée, la chaleur devient tellement insupportable que toutes les personnes aisées qui peuvent quitter cette ville vont s'établir dans les maisons de campagne qui se trouvent disséminées, de 500 à 1000 mètres d'altitude, sur le mont Mayens, en face de la ville, sur la rive gauche du Rhône. A Sion, le thermomètre donne parfois 35° à l'ombre ; c'est au moins 40° dans les vignes.

»Pour combattre cet excès de sécheresse et de chaleur, si préjudiciable aux plantes, le Valaisan a sous la main un élément dont il a su se servir et tirer profit : l'eau, qui dans cette contrée est d'autant plus abondante qu'il fait chaud. Au moment où la vigne va nouer les grains de son raisin (généralement à la fin de juin), on donne un premier arrosage ; c'est le moment où elle a besoin d'un surcroît de sustentatiou pour former son fruit. Un deuxième arrosage est donné lorsque le fruit commence à varier ; une longue expérience a prouvé aux vignerons valaisans que c'étaient là les deux moments où l'arrosage produisait le meilleur effet.» (2).

Il est probable qu'il y aurait une utilité réelle à étendre beaucoup, dans le midi de la France, l'usage des irrigations d'été, non pas tant comme moyen de détruire le phylloxera que pour combattre les effets des grandes sécheresses d'été, qui dans certains terrains peu profonds arrêtent ou ralentissent la végétation au moment du déve-

(1) Voir Pulliat. — *Les Vignobles du Haut-Rhône et du Valais*. Paris, extr. du *Bulletin de la Soc. des Agric. de France*, 1885.

(2) Voir en outre, dans la *Viticulture comparée*, la monographie des vignobles de Sion.

loppement du fruit. C'est surtout sur les vignobles destinés à la production des vins communs, mais abondants, que cette pratique pourrait avoir de très bons effets.

L'expérience a montré que c'est dans les terrains chauds et perméables, doués d'une fertilité suffisante, que les irrigations d'été donnent les meilleurs résultats ; elles sont, par contre, plutôt nuisibles qu'utiles dans les sols froids et imperméables.

Le meilleur mode d'application des eaux consiste à les faire circuler dans les rigoles parallèles aux rangées de vignes, de manière à ce que l'arrosage ait lieu par infiltration. L'emploi de l'eau doit cesser trois ou quatre semaines avant la complète maturité du raisin.

On doit également suspendre les irrigations lorsque les maladies cryptogamiques, telles que l'*anthracnose*, le *mildew*, le *black-rot*, le *coniothyrium*, etc., font leur apparition.

CHAPITRE XIV

SOMMAIRE. — La Vendange. — Moment où s'effectue cette opération. — Mode d'exécution dans divers vignobles (1)

LA VENDANGE

On donne le nom de *vendange* à la récolte du raisin ; cette opération s'effectue à des moments et par des procédés différents dans les diverses contrées viticoles ; nous indiquerons donc, en la décrivant dans son ensemble, les variations que peuvent subir les détails qui la constituent en diverses circonstances.

A. **Moment où doit s'effectuer la vendange.** — Le moment où doit s'effectuer la vendange est, d'une manière générale, celui de la maturité du raisin ; mais, comme nous l'avons dit précédemment (2), on laisse passer quelquefois celui de la maturité physiologique pour l'obtention des vins de liqueur. C'est ainsi que, dans certains vignobles (Frontignan, Rivesaltes, etc.), on ne cueille le raisin que lorsqu'il est *passerillé*, c'est-à-dire un peu desséché, ou que dans d'autres, tels que ceux de Sauternes, on ne le détache que lorsqu'il a subi un certain *blettissement* (3). Dans ce dernier cas, l'opération devient longue et minutieuse ; on ne récolte chaque jour que les grappes arrivées au point voulu, quelquefois même on coupe avec des ciseaux les parties seulement de celles dont l'ensemble n'est pas uniformément mûr. Cette manière de faire peut être regardée comme exceptionnelle : on recueille ordinairement le raisin lorsque la moyenne est arrivée à présenter certains caractères extérieurs que nous allons indiquer et quand il marque un degré gleucométrique en rapport avec le genre de vin que l'on veut faire et avec le titre obtenu habituellement.

Les signes apparents de la maturité du raisin sont les suivants : le pédoncule est lignifié (chez les types où il ne reste pas normalement

(1) BIBLIOGRAPHIE. — Consulter la Notice du chap. XI (note 1, pag. 359), et en outre : **Bertall** ; *La Vigne, voyage autour des vins de France.* Paris, Plon, 1878.

(2) Voir, pag. 267, chap. VII. *Physiologie de la vigne.*

(3) Voir pag. 268 et 269.

herbacé); le grain ne grossit plus, il acquiert toute la couleur qu'il est susceptible de prendre; il se détache facilement du pédicelle en lui abandonnant un pinceau, coloré chez les cépages rouges; la peau est amincie et le pigment qui adhère s'en détache facilement avec l'ongle; enfin le raisin a perdu beaucoup de son acidité et a gagné du sucre.

Ces indications, utiles sans doute, sont néanmoins insuffisantes pour fixer exactement le moment de la vendange; les qualités qu'impriment d'ordinaire au raisin le sol et le climat, et le genre de vin que l'on veut obtenir, amènent généralement à choisir, dans les limites de la période où se manifestent les phénomènes que nous avons indiqués, une époque plus ou moins hâtive ou tardive pour l'opération qui nous préoccupe. Dans la région méridionale, où, par suite du manque d'acidité des moûts qui résulte de l'activité de la radiation solaire (1), les vins de la plupart des cépages sont plats et manquent de fraîcheur, on vendange de bonne heure, ainsi que l'a conseillé M. Cazalis-Allut, et on s'en trouve bien (2). Dans la région septentrionale de la culture de la vigne, au contraire, où l'on cherche à diminuer le plus possible l'acidité et à augmenter autant qu'on le peut le sucre, on doit vendanger relativement tard (3). Une fois au courant des conditions générales que doit remplir sa vendange, le viticulteur n'a plus, pour déterminer le moment précis où il doit l'exécuter, qu'à apprécier, au moyen de mesures acidimétriques et gleucométriques, l'état des moûts, qui le guidera sûrement.

B. **Exécution de la vendange.** — L'opération de la vendange se décompose généralement ainsi : 1° la cueillette proprement dite du raisin ; 2° la sortie hors de la vigne ; 3° le transport au cellier ou à la cuverie.

(1) Voir chap. VII, pag. 268. *Physiologie de la vigne.*

(2) M Cazalis-Allut dit, dans ses Œuvres agricoles (Montpellier, 1858, pag. 22), que pour attendre que les raisins fussent mûrs, il avait fait de bons et de mauvais vins, tandis qu'il n'aurait dû en faire que de bons ; mais ayant vu par ses notes que ses vignes les premières vendangées produisaient les meilleurs vins, il prit la détermination de devancer l'époque ordinaire de ses vendanges, et il n'eut qu'à s'en féliciter.

(3) M. le Dr Guyot, dans la *Culture de la Vigne*, 1re édit., pag. 211 et 212, s'exprime ainsi : «Depuis quarante ans, j'ai observé avec intérêt la plupart des vendanges et leurs épisodes relativement aux effets météorologiques J'ai le plus souvent vu les propriétaires de la Bourgogne, de la Champagne et de la Touraine regretter d'avoir vendangé trop tôt, et j'ai constaté que les temporisateurs de ces mêmes pays obtenaient de meilleures récoltes et de meilleurs vins.... car, tandis que le plus franc Pineau noir en verjus marque zéro, lorsqu'il est teinté de rouge il marque 2 degrés, puis 4, puis 6 et 8 ; et ce n'est qu'en mûrissant davantage encore que son jus marquera 10, 12 et jusqu'à 14 degrés à la plus complète maturité.»

La cueillette s'opère tantôt en rompant tout simplement avec l'ongle le pédoncule de la grappe, lorsqu'il est herbacé et cassant comme celui de l'*Aramon* du Languedoc, tantôt en tranchant cet organe au moyen d'un outil approprié; l'instrument le plus répandu pour cet ouvrage est la serpette. M. Cazalis-Allut a proposé de lui substituer le *sécateur vendangeur*, sortes de ciseaux qui permettent de séparer la grappe sans l'ébranler, et par conséquent sans faire tomber les grains trop mûrs; on emploie enfin beaucoup aujourd'hui, pour ce travail, de petits sécateurs à ressort, que l'on peut avoir à bas prix. Le raisin est placé, au fur et à mesure qu'il est détaché de la plante, dans des récipients portatifs (paniers ou seaux). Les paniers en osier (fig. 238, 239 et 240) ont le défaut, lorsque l'on récolte des raisins ten-

Fig. 238.— Vendangerot de la Bourgogne.

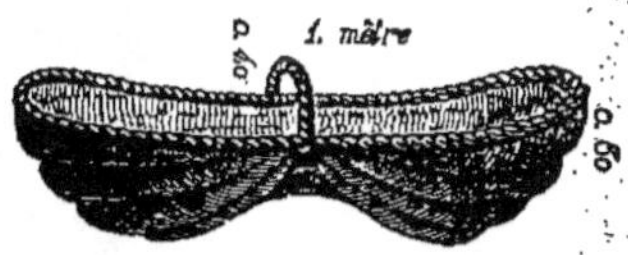

Fig. 239.— Grand panier à vendange de la Bourgogne.

dres et juteux, de laisser suinter le jus de ceux qui s'écrasent et de se garnir par suite de boue lorsqu'on les pose sur le sol; ils ne peuvent

Fig. 240. — Vendangeur bourguignon portant le grand panier à vendange.

servir que dans les contrées où les raisins sont durs et peu juteux comme dans la Bourgogne, la Champagne, etc. Pour éviter cet inconvénient, on emploie dans la Gironde et dans les Charentes des paniers en bois étanches (fig. 241), et dans l'Hérault des seaux à vendange en zinc ou en tôle plombée, blindés, avec des montants en bois pour les protéger contre les chocs (fig. 242). Lorsque ces récipients sont pleins, on les verse dans des hottes en osier (fig. 243) ou en bois, ou

Fig. 241.— Panier à vendange de la Gironde.

Fig. 242.— Seau à vendange de l'Hérault.

Fig. 243.— Hotte bourguignonne en osier pour le transport de la vendange.

Fig. 244.— Vendangeur bourguignon tassant la vendange dans une balonge (d'après Bertall).

dans des balonges (fig. 244), bennes (fig. 245) ou comportes qui servent à les transporter à travers la vigne jusqu'au point d'accès des charrettes. Dans les contrées où les vignes recouvrent le sol, on établit de distance en distance des passages, pour faciliter la circulation

Fig. 245. — Porteur de benne, sur le coteau de l'Ermitage (d'après Bertall).

des porteurs de comportes, en écartant les rameaux ou en en coupant l'extrémité. Arrivées hors de la vigne, les comportes sont quelquefois chargées directement sur des charrettes qui les mènent au cellier, mais le plus souvent on les vide, ainsi que les hottes, dans des tonneaux défoncés ou de grands cuviers : *douils* de la Gironde (fig. 246 et 247), *balonges* de la Côte-d'Or (fig. 248), *paniers* et *caques* de la Champagne (fig. 249 et 250), ou bien dans des charrettes montées en *pastière*, ainsi que cela a lieu en Languedoc. Les pastières de l'Hérault sont des réservoirs parallélipipédiques en bois étanche ou en toile imperméable supportée par une carcasse légère en bois (fig. 251), que l'on installe sur des charrettes ; celles en toile sont remarquablement légères et commodes, certaines d'entre elles sont disposées de manière à ce qu'on puisse en ouvrir la partie postérieure et les vider directement dans les cuves ou les foudres qui servent à la fermentation.

Fig. 246.— Char à vendange de la Gironde portant des douils

On commence enfin, dans les grands vignobles, à faire usage pour la vendange, de porteurs Decauville, sur lesquels on fait circuler de

Fig. 247.— Vendanges du Médoc. (Extrait du Poème de M. G. Biarnez.)

petits wagonnets (fig. 252) pourvus de *pastières* en toile imperméable; les choses sont généralement disposées, dans ce cas, de telle sorte que les voies pénètrent dans la vigne elle-même pour aboutir au cellier, afin d'éviter un transbordement ou un transvasement.

Des voies principales sont établies à demeure, pendant toute la durée de l'opération, sur les chemins d'accès, et des voies volantes de pénétration sont posées succesivement tous les cent mètres dans

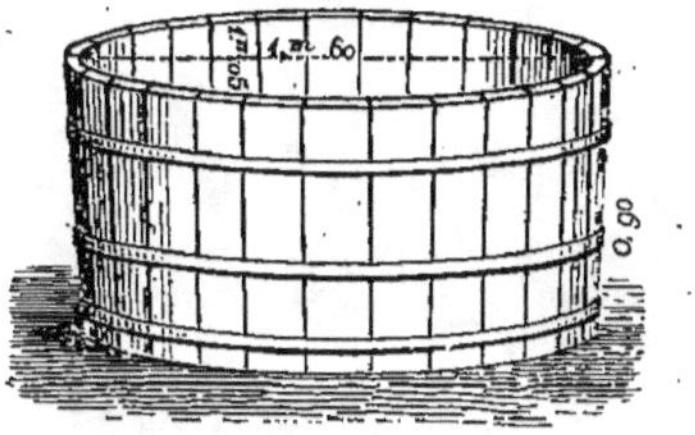

Fig. 248.— Balonge de la Côte-d'Or.

le vignoble, pour être déplacées au fur et à mesure du progrès de l'opération ; ces déplacements sont généralement effectués à prix-fait

Fig. 249.— Caque de la Champagne.

Fig. 250. — Grand panier à vendange de la Champagne.

par une équipe spéciale d'ouvriers. Afin de pouvoir donner leur origine aux voies de pénétration, exactement au point voulu sur les

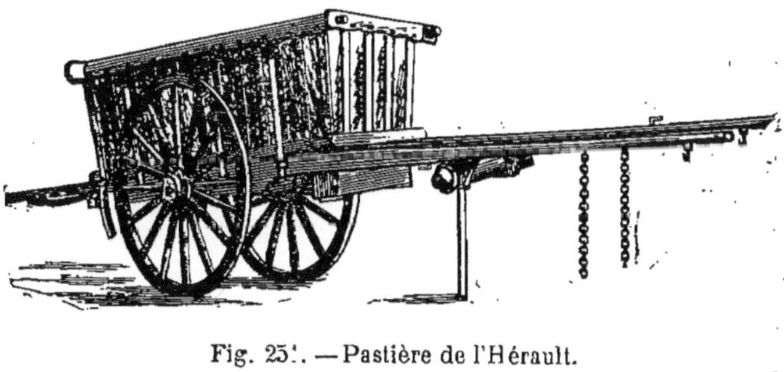

Fig. 251. —Pastière de l'Hérault.

voies principales, MM les ingénieurs de la Compagnie des Salins du Midi, qui emploient ce mode de transport dans les vignobles de cette société, situés dans les sables, ont imaginé le procédé suivant : une plaque tournante est posée sur la voie principale, exactement en face de l'interligne où doit être établie la voie de pénétration, et un dérailleur raccorde la plaque avec les rails sous-jacents (1).

Fig. 252. — Wagonnet à vendange de M. Decauville.

Une fois rendue au cellier, la vendange entre dans les mains de l'œnologue, qui lui fait subir des opérations que nous n'avons pas à décrire dans cet ouvrage.

(1) On peut citer, comme application intéressante de la vendange par les chemins de fer Decauville, celle qui en est faite, comme il vient d'être dit, dans les domaines situés dans les sables marins de la Compagnie des Salins du Midi (Jarras, près Aigues-mortes, et Villeroy, près Cette) et par la Compagnie de la Crau et des marais de Fos, notamment au marais de Fos.

TROISIÈME PARTIE

ACCIDENTS, PARASITES, MALADIES

CHAPITRE XV

SOMMAIRE : Accidents résultant des intempéries : gelées ; grêles ; vents violents ; coulure ; millerandage ; échaudage ; pourriture. — Maladies : chlorose ; apoplexie ; rougeot (1).

I. — ACCIDENTS RÉSULTANT DES INTEMPÉRIES

Bien que la vigne trouve habituellement, dans le climat de la région où elle est cultivée, les conditions nécessaires à l'accomplissement normal des diverses phases de sa végétation, il est des années où des modifications dans les circonstances météorologiques viennent troubler le cours des choses et entraînent des désordres dont les conséquences sont parfois des plus fâcheuses sur la récolte. Ce sont les accidents de cet ordre dont nous allons actuellement étudier les effets et le mode de préservation.

A. **Gelées** (2). — Les vignes peuvent être atteintes par les gelées en automne, en hiver et au printemps ; mais l'action de ces intempéries ne s'exerce pas de la même manière dans chacune de ces saisons et n'entraîne pas les mêmes conséquences, par suite des différences qui existent dans l'état de la végétation, aussi bien que

(1) BIBLIOGRAPHIE — Voir la note du chap. XI. **Edouard Roche ;** *Les variations périodiques de la température dans le cours de l'année à Montpellier*. (*Messager agricole*, 10 mai 1883). — **F. Houdaille ;** *Les gelées du printemps et les nuages artificiels*. (*Progrès agricole*, Montpellier, 1887). — **Id**. *La protection des vignobles contre les gelées*. (*Progrès agricole*, 22 février 1891), et les notes bibliographiques spéciales données au cours du présent chapitre.

(2) Voir : *Les gelées du printemps et les nuages artificiels*, par F. Houdaille ; in *Progrès agricole*. Montpellier, 1887, pag. 260.

dans leur propre intensité. Nous allons examiner successivement leurs effets dans diverses circonstances où elles peuvent se présenter.

1° Gelées d'automne

Ces gelées sont rarement à craindre dans la région où la vigne est cultivée ; elles se produisent pourtant de temps en temps dans certains vignobles situés dans des bas-fonds, lorsqu'un coup de vent du nord succède à des pluies un peu abondantes. D'après M. Petit-Lafitte, elles auraient lieu à peu près tous les quatorze ans dans la Gironde (1). Leur effet le plus habituel est de suspendre subitement et prématurément la végétation et de nuire à l'aoûtement des sarments, qui sèchent alors en grande partie. Lorsque la vendange est encore sur pied, elle peut souffrir sérieusement ; les raisins sont mortifiés par l'action du froid, et, quelle que soit la promptitude avec laquelle on récolte après la gelée, il y a une perte considérable. On pourrait atténuer dans une certaine mesure les effets de ces accidents météorologiques dans les contrées qui y seraient particulièrement sujettes, en cultivant des cépages à aoûtement et à maturité précoces.

2° Gelées d'hiver

Le repos de la végétation pendant l'hiver permet à la vigne de supporter des températures relativement basses sans en souffrir sérieusement. Pourtant, lorsque le froid atteint de —10° à —15° et au-dessous, il peut survenir des accidents graves : un certain nombre de souches périssent, d'autres gèlent jusqu'au niveau du sol ou perdent une partie de leurs bras ou de leurs coursons. Quelquefois enfin, avec des températures moins basses (—8° par exemple), mais dans les bas-fonds humides, les bourgeons seuls sont tués et des rameaux généralement stériles naissent sur le vieux bois au bas de la tige ou des bras ; c'est ce qu'on appelle vulgairement un *retour de sève*. A froid égal, du reste, les vignes sont d'autant plus atteintes qu'elles sont dans un milieu plus humide. Les pieds âgés, les cépages qui s'aoûtent tardivement et imparfaitement, souffrent plus que les autres ; il en est de même des ceps qui ont été récemment déchaussés. Les vignes non taillées résistent mieux au froid que celles qui l'ont été.

Dans les contrées où les gelées d'hiver sont fréquemment à crain-

(1) *La Vigne dans le Bordelais*, par Petit-Lafitte. — Paris, Rotschild. 1868, pag 160.

dre, on cherche à abriter les souches, soit en les buttant jusqu'à la naissance des bras, soit en les couchant sous terre : la terre meuble, retenant une grande quantité d'air, qui est mauvais conducteur de la chaleur, constitue un bon milieu protecteur, suffisant pour les empêcher de geler dans la plupart des cas. Ces procédés sont usités dans le Jura, sur les bords du Rhin, à Tokay, en Crimée et dans les environs de Pékin : le buttage est à recommander d'une manière toute spéciale dans les régions à hivers froids, telles que le Beaujolais, où l'on reconstitue les vignobles par le greffage de nos cépages indigènes sur pied américain et où la gelée du cep jusque ras de terre entraîne la perte de la greffe. On peut y ajouter utilement l'usage de cépages s'aoûtant de bonne heure et l'exécution tardive de la taille et des déchaussements.

Lorsque l'on se trouve en présence du fait accompli, on doit, si la proportion de pieds morts est trop considérable, arracher sans hésitation et replanter. Dans le cas contraire, on peut receper et greffer ; le simple recepage entraîne en effet une perte de production de plusieurs années, à cause de la vigueur des rameaux qui sortent du pied rabattu, lesquels s'emportent en bois sans fructifier ; le greffage remet au contraire la souche très promptement à fruit et permet d'atténuer dans une large mesure les effets de l'accident qui l'a atteinte.

3° Gelées du printemps

Les gelées du printemps sont beaucoup plus fréquentes que celles d'hiver ; elles se répètent à des intervalles assez rapprochés, même dans les pays des vignobles du midi de la France, dont le climat est relativement doux. M. Petit-Lafitte estime qu'elles reviennent en moyenne tous les neuf ans dans la Gironde ; M. Marès dit qu'elles se produisent en Languedoc une année sur trois, avec des intensités diverses. Leurs effets sont moins graves que ceux des gelées d'hiver, puisqu'elles n'entraînent jamais la mort de la plante, mais seulement la perte de la récolte ; on comprend néanmoins que leur fréquente répétition est très fâcheuse, parce qu'elle enlève les revenus que l'on doit légitimement attendre du vignoble.

Ces gelées peuvent se produire sous deux formes : les *gelées à glaces* ou *gelées noires*, et les *gelées blanches*. Les premières sont déterminées par un refroidissement général de l'atmosphère et sont accompagnées d'un abaissement de température plus considérable que les dernières. Elles ont lieu généralement pendant une période qui précède l'arrivée des gelées blanches, et qui coïncide avec la première végétation de la vigne. Lorsque l'atmosphère et le sol sont secs et que le dégel a lieu lentement et progressivement, le mal causé aux vignes est ordinairement de peu d'importance ; lorsque, au contraire, le dégel est rapide, les rameaux déjà formés se mortifient et sèchent, et les bourgeons périssent. On voit souvent se produire, à la suite de ces gelées, des broussins (fig. 253), sortes d'excroissances

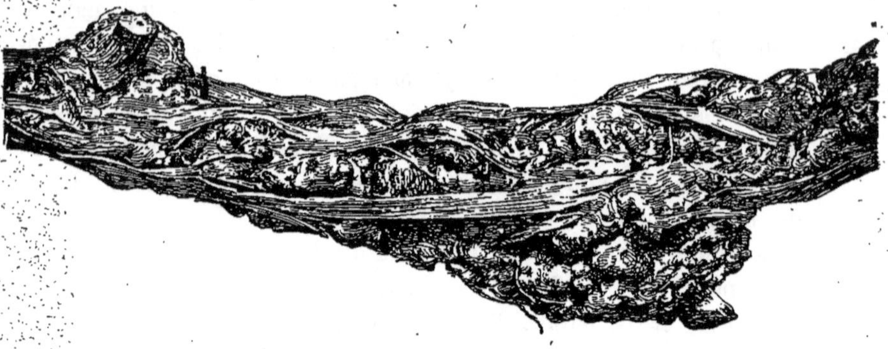

Fig. 253. — Broussin causé par les retours de froid.

tubériformes qui naissent à la base des coursons ou sur les racines. Ces excroissances paraissent dues au développement simultané d'un très grand nombre de bourgeons qui seraient demeurés endormis sans la suppression par le froid de ceux qui avaient commencé leur évolution, et qui sont bientôt arrêtés à leur tour parce qu'ils s'affament mutuellement ; c'est du moins ce que permet de supposer l'examen anatomique de leurs tissus. La destruction des bourgeons entraîne quelquefois la perte du courson et même du bras qui les porte ; dans ce cas, les effets de la gelée se font sentir pendant plusieurs années et on est obligé d'avoirs recours à des ravalements pour remettre la vigne en état.

Les *gelées blanches* sont produites par un refroidissement du sol résultant du rayonnement qui s'établit à la surface de la terre vers les espaces célestes ; les jeunes rameaux des vignes qui en sont rapprochés participent à cet abaissement de température : ils perdent eux-mêmes une partie de leur calorique par rayonnement, et ils sont détruits par une prompte dessiccation s'ils sont amenés à 0° ou audessous (1). Ce sont les endroits bas et un peu humides qui sont le

(1) Dans une note présentée à l'Académie des Sciences le 8 novembre 1892 (tom. cxv, pag. 964) sur les modifications de l'absorption et de la transpiration qui surviennent dans les plantes atteintes par la gelée, M. A. Prunet signale les faits que nous avons cherché à résumer ci-après : 1° Les pousses gelées, après le dégel, vaporisent dans le même temps des quantités beaucoup plus considérables que les pousses non gelées ; 2° Les pertes d'eau éprouvées par les plantes gelées après le

plus exposés à l'action de ce phénomène et c'est en avril ou au commencement de mai, et vers quatre ou cinq heures du matin, qu'on a le plus à le redouter. On a observé que certaines dates déterminées, comprises dans les mois que nous venons d'indiquer, sont plus fréquemment marquées par ces phénomènes. M. Edouard Roche a établi dans ses «Etudes sur le Climat de Montpellier», en se basant sur des observations réunies pendant une longue période (1), que dans l'Hérault les gelées tardives étaient à redouter : en avril, vers le 10 ou le 14, le 18 ou le 19, le 24 ; en mai, du 2 au 4 ou au 5, du 11 au 13 ou au 15. Ces dates correspondent assez exactement à celles des jours désignés dans le calendrier sous le nom de *cavaliers*, pendant lesquels les paysans de ce département ont remarqué que les gelées avaient lieu plus particulièrement (2). Des observations analogues ont été faites dans d'autres pays de vignobles.

On ne connaît qu'un moyen de diminuer les chances qui résultent des *gelées à glace ;* c'est de chercher à obtenir un débourrement tardif, soit en cultivant des cépages qui entrent tard en végétation, soit en ayant recours à des tailles tardives, ainsi que nous l'avons indiqué précédemment (pag. 400 et 401), ou en badigeonnant les souches au mois de février avec une dissolution de sulfate de fer à 50 % additionnée de 1 % d'acide sulfurique ; la vigne se trouve ainsi pendant la première période, où elle est plus particulièrement exposée à ces météores, dans un état qui les rend moins dangereux pour elle (3).

dégel sont le résultat d'une simple évaporation et non d'une transpiration comme dans les plantes normales (cesse dans une atmosphère saturée) ; 3° L'absorption de l'eau par les pousses gelées est très réduite ou même nulle, au moins pendant les premières heures qui suivent le dégel ; 4° L'absorption et surtout la vaporisation sont d'autant plus modifiées que le refroidissement a été plus intense et de plus de durée.

« Le fait signalé plus haut, dit M. Prunet, de la transformation dans les plantes gelées de la fonction transpiratoire en une simple évaporation, montre que l'arrêt ou, du moins, le ralentissement de l'absorption et l'accroissement de la vaporisation qui se manifestent dans ces plantes au moment du dégel ne peuvent pas être simplement attribués à une élévation plus ou moins rapide ou plus ou moins considérable de la température, mais tirent leur origine de modifications profondes apportées dans les propriétés des éléments anatomiques par le refroidissement. »

(1) Édourd Roche.— *Les variations périodiques de la température dans le cours de l'année à Montpellier.* (*Messager agricole du Midi*, 10 mai 1883).

(2) Ces jours sont : Saint-Georges, le 23 avril.
Saint-Marc, le 25 avril.
Sainte-Croix, le 4 mai.
Saint-Jean Porte-Latine, le 6 mai.

(3) Voir ce qui est relatif au traitement préventif de l'anthracnose.

Les précautions dans la plantation et la culture que nous venons d'indiquer sont également bonnes à prendre en ce qui concerne les *gelées blanches*, mais un certain nombre d'autres moyens de préservation peuvent être employés contre ces dernières ; les uns ont un caractère permanent et résultent des conditions même d'établissement de la vigne ; les autres sont éminemment temporaires et doivent être appliqués toutes les fois que les circonstances l'exigent.

Parmi les premiers, nous pourrons mentionner la plantation de la vigne uniquement sur les coteaux, où les effets du rayonnement nocturne sont beaucoup moindres que dans la plaine ou dans les vallées ; c'est ainsi que l'on procède, d'une manière générale, dans les vignobles de la partie septentrionale de la culture de la vigne en Beaujolais, dans le Doubs, le Jura, la Bourgogne, la Champagne, etc.

On a aussi recours, dans le même but, à la conduite des vignes en souches moyennes ou hautes (voir pag. 396 et suiv.). On place, de la sorte, les rameaux à une distance suffisante du sol pour que l'influence de l'abaissement de température de ce dernier ne s'exerce que faiblement sur eux. C'est en vue d'arriver à ce résultat que dans l'Isère, la Savoie, etc., les vignes exposées aux gelées sont conduites en hautains ou en treilles, tandis que celles des coteaux, où ce danger est peu à redouter, sont en souches basses.

Il faut enfin éviter, dans les vignobles où ces phénomènes se produisent souvent, d'établir des murs, des haies ou d'autres abris qui en facilitent la production en arrêtant les courants d'air, et on doit y proscrire les cultures intercalaires, qui offrent des surfaces rayonnant plus activement que le sol naturel.

Les moyens temporaires de préservation de la vigne tendent tous à la couvrir de corps formant écran et empêchant le rayonnement du sol vers le ciel ou des ceps vers le sol. M. J. Guyot a proposé, dans ce but, l'emploi de paillassons supportés par un billon établi parallèlement aux lignes et par les échalas *a*, *b*, *a*, *b*, qu'implique son système de conduite de la vigne (fig. 254). Il a indiqué des dispositions ingénieuses permettant de les utiliser ensuite comme moyen de protection contre la coulure, etc. Ce procédé a l'inconvénient d'entraîner une mise de fonds et des dépenses annuelles très considérables. M. J. Guyot évalue ces dernières à 500 fr. par hectare (1); de plus, lorsque les vents violents déplacent les paillassons, ils risquent de détruire des jeunes rameaux en grand nombre. Il en est de même du système de protection au moyen de toiles, indiqué par M. du

(1) *Culture de la Vigne et Vinification*, par le Dr J. Guyot. Paris, librairie agricole de la Maison rustique, 2e édit., pag. 86 et suiv.

Breuil, et de l'emploi des feuilles ou cornets de carton (système Jobard), ou du papier bitumé. On fait fréquemment des abris suffisants et beaucoup plus économiques en attachant aux échalas une

Fig. 254. — Vignes abritées par des paillassons, d'après M. le Dr J. Guyot.

poignée de paille disposée en éventail, ou du mauvais fourrage, de la fougère ou des rameaux d'arbres qui forment écran et diminuent l'intensité du rayonnement.

Les échalas eux-mêmes, dans les contrées où la vigne est plantée très serrée, exercent une influence assez importante dans le même sens ; on prétend en Champagne, où un hectare porte 50,000 à 60,000 échalas, que, lorsqu'ils sont en place, ils déterminent, en cas de gelée blanche, une différence de 3 degrés en plus par rapport à la température des terres découvertes ; aussi a-t-on soin de ficher les échalas de bonne heure dans les vignes basses. Mais l'abri produit par ces forêts d'échalas devient un inconvénient lorsque la gelée succède à une pluie, à cause de l'humidité plus grande qu'elles maintiennent sur les vignes et sur le sol.

On emploie également avec succès, dans le but de se préserver des gelées blanches, les *nuages artificiels*, que l'on obtient en brûlant dans les vignes des matières donnant une fumée abondante. Les Indiens du Pérou faisaient déjà usage de ce moyen pour protéger leurs récoltes, avant la conquête des Espagnols ; Pline et Olivier de Serres l'ont également recommandé pour sauvegarder celle de la vigne (1). Enfin, M. Boussingault, il y a quelques années, a de nouveau attiré l'attention sur ce procédé, à peu près oublié à cette époque; c'est depuis lors que les applications en sont devenues presque générales dans les vignobles en France.

Les combustibles les plus fréquemment usités pour les *nuages artificiels* sont : le fumier, les mauvaises herbes, les feuilles mortes, que l'on brûle sur des fagots de broussailles ; l'addition d'une certaine quantité de *coaltar* ou d'huiles lourdes du gaz, qui donnent, par leur combustion, une flamme fuligineuse, augmente l'épaisseur de la fumée. On peut encore enflammer des huiles lourdes seules, placées dans de petits godets en tôle répartis régulièrement dans les champs, du coaltar placé dans des marmites en fonte et dans lesquelles on a plongé une mèche d'étoupe plongée dans du pétrole, ou des foyers préparés avec des déchets de résine (foyers Lestout, de Bordeaux, foyers Héguilus, etc.). M. Houdaille, qui a fait une étude des divers foyers usités, s'exprime ainsi sur les conditions qui permettent de produire les effets les plus considérables :

« On remarquera que, dans ces divers systèmes de foyers, la protection est toujours obtenue par l'écran nuageux constitué par les fines particules de carbone en suspension dans l'atmosphère. On peut donc se demander s'il n'y aurait pas lieu de rechercher, au point de vue thermique, un corps doué d'une absorption plus intense et d'un prix de revient aussi peu élevé.

» Les études de Tyndall (2) sur la transmission des rayons de chaleur au travers de divers milieux ont montré que l'absorption par diverses substances optiquement transparentes était parfois considérable. De ce nombre, sont les vapeurs émises par les essences végétales, le gaz ammoniac et les gaz composés en général.

» On pourrait donc recommander de projeter sur les foyers, pendant la combustion, soit un sel ammoniacal volatil (carbonate d'ammoniaque), soit un mélange de chaux et de chlorhydrate d'ammoniaque dégageant du gaz ammoniac, si le prix de ces matières n'était relativement élevé.

» Enfin, dans le cas où les foyers seront formés de broussailles empruntées aux garrigues, on voit que l'on devra choisir de préférence les herbes aromatiques : thym, romarin, lavandes et labiées en général. Il est regrettable que les expériences propres à éclairer

(1) Pline. — *Histoire naturelle*, liv. XVIII, chap. XXIX. — Olivier de Serres. — *Maison rustique*, liv. III, chap. V.

(2) J. Tyndall. — *La Chaleur, mode de mouvement*, pag. 332.

sur la valeur pratique de ces diverses additions soient d'une réalisation fort délicate et par suite fort difficile.

» La vapeur d'eau condensée exerce, elle aussi, une absorption très intense sur la chaleur rayonnante, et la production de nuages de vapeur donnerait une protection parfaitement comparable à celle des nuages de fumée. Il est néanmoins nécessaire de faire observer que la sécheresse de l'air, qui coïncide assez souvent avec les gelées du printemps, dissiperait assez rapidement le nuage de vapeur à peu de distance de son point de formation.

» Toutefois, la combinaison des deux absorbants, vapeur d'eau et particules de noir de fumée, ne peut donner que des résultats avantageux, et peut-être convient-il de lui attribuer la supériorité de classement obtenue dans une expérience comparative faite vers 1874 à Sainte-Estève (Gironde), où les fumées les plus abondantes et les plus opaques furent fournies par des tas de broussailles ou de balles de blé (toujours humides), arrosées de 2 à 3 kil. d'huile lourde de goudron de houille. On ne peut donc qu'approuver la tendance actuelle des viticulteurs de notre région qui renoncent aux foyers préparés par l'industrie, pour recourir au procédé plus économique que nous venons d'indiquer (1). »

Lorsque l'air est calme, ce qui est une condition nécessaire à la production de la gelée blanche, la fumée se repand en une couche horizontale et épaisse, qui empêche les effets de rayonnement et ralentit le dégel, s'il y a eu déjà un peu de gelée, en arrêtant les premiers rayons du soleil ; ce dernier point est fort important, car M. Sachs a démontré que c'était généralement un dégel rapide qui tuait les plantes plutôt que la gelée elle-même. L'une des difficultés de l'emploi des *nuages artificiels* réside dans le fait qu'il est nécessaire d'obtenir une vigilance soutenue de la part du personnel chargé d'allumer les feux en temps opportun ; aussi a-t-on imaginé d'installer, dans les vignes, des thermomètres avertisseurs électriques qui, lorsque la température s'abaisse à un degré déterminé, actionnent une sonnerie placée à portée du contre-maître chargé de veiller à l'allumage.

On a même cherché à réaliser des allumeurs automatiques capables de mettre le feu aux foyers sans l'intervention de l'homme : «Ils ont, d'après M. Houdaille (2), une supériorité et une infériorité sur les simples avertisseurs. Ils évitent, en effet, d'une part, les oublis et les

(1) F. Houdaille. — *La protection des vignobles contre les gelées du printemps.* (*Progrès agricole*, 22 février 1891).

(2) F. Houdaille, *loc. cit.*

hésitations de la personne chargée de l'allumage, qui n'a plus à se demander s'il fait réellement assez froid pour allumer les foyers. Mais, d'autre part, ils suppriment toute décision intelligente et peuvent allumer les feux au milieu de la nuit, au lieu de les réserver plus utilement pour les heures voisines du lever du soleil. Il peut arriver, en outre, que si l'avertisseur a été réglé à + 1° ou + 2°, le vigneron puisse se rendre compte par la marche stationnaire du thermomètre qu'il n'y a pas lieu d'allumer les feux. L'allumage automatique aurait évidemment supprimé cette utile hésitation.

»Néanmoins il est des cas où le propriétaire, éloigné de son vignoble, ne voudra s'en rapporter qu'à lui-même pour l'allumage des foyers. Il décidera, en conséquence, l'allumage à une température déterminée et, quoi qu'il arrive, il sera bien sûr que ses volontés seront respectées s'il les a confiées à un allumeur automatique.

»L'allumage automatique présente, en outre, l'avantage d'être à peu près instantané et de recouvrir en très peu de temps toute l'étendue du vignoble de fumées préservatrices, alors que le propriétaire, à cette heure matinale et imprévue, peut ne pas avoir sous la main le personnel nécessaire à la conduite rapide de l'opération.»

Les principaux allumeurs automatiques expérimentés jusqu'ici sont celui de M. Lestelle, celui de MM. Schaall et Œschlin et celui de M. Héguilus. M. Houdaille en donne, dans le travail précédemment mentionné, les descriptions suivantes :

«*Description des divers allumeurs automatiques* (procédé Lestelle). — L'allumeur automatique de M. Lestelle a été exposé en 1884 au concours régional de Bordeaux et décrit ainsi par M. Robert dans le *Journal d'agriculture pratique* (1) :

«L'appareil de M. Lestelle comprend trois parties essentielles re»liées entre elles par des conducteurs électriques : un thermomètre, »un commutateur et des allumeurs.

»Le *thermomètre*, placé dans le circuit d'une pile, est disposé de »manière à ce que le courant se ferme dès que la température exté»rieure descend au degré où se produisent les effets désastreux de »la gelée.

»Le *commutateur* est un appareil mû par un mouvement d'horlo»gerie et destiné à faire passer le courant induit d'une petite bobine »de Ruhmkorff successivement dans une série de circuits.

»L'*allumeur* porte une amorce qui s'enflamme sous l'action du

(1) *Journal d'agriculture pratique*, année 1884, t. II, pag. 557.

»courant induit et une traînée de fulmicoton, qui propage la com»bustion de l'amorce au foyer voisin.»

»Le thermomètre est placé au milieu du vignoble, sur une planchette à la hauteur des bourgeons de la vigne ; la pile peut se placer en un point quelconque, par exemple dans l'habitation du viticulteur. Le commutateur et ses annexes peuvent être placés près de la pile. Du commutateur partent les fils sur lesquels on groupe les allumeurs en nombre variable suivant l'étendue, la forme ou le morcellement du vignoble à protéger. Ces fils sont enfouis ou suspendus à l'air libre, suivant les circonstances.

»Les foyers formés de feuilles, d'herbes et de débris combustibles de toutes sortes sont disposés à 40 mètres les uns des autres. Pour en faciliter l'allumage par la mèche de fulmicoton de l'allumeur, M. Lestelle met à leur base des matières très inflammables, telles que de la paille trempée dans du brai fondu, ou les filtres pailleux servant à l'épuration des résines. Le foyer est abrité de la pluie par une couverture de son de bois imbibée d'huile lourde de résine. Enfin, les allumeurs sont protégés des intempéries et de la chaleur du foyer par leur introduction dans un tuyau de drainage.

»Lorsque la température extérieure descend à 2 degrés au-dessous de zéro, le circuit du thermomètre se ferme ; le courant anime aussitôt un petit électro-aimant situé dans le commutateur ; le mouvement d'horlogerie se met en marche et le courant induit de la bobine parcourt successivement les allumeurs qui allument tous les foyers en moins d'une seconde.

»Il suffit de renouveler les amorces, le fulmicoton et les foyers pour que l'appareil soit de nouveau prêt à fonctionner.

»M. Lestelle estime à 120 fr. par hectare les frais de première installation jusqu'à 20 hectares : appareils, fils, poteaux, main-d'œuvre.

»L'installation principale comprenant la guérite, les piles, le thermomètre, appareils, etc., coûte de 120 à 300 fr. selon l'importance du vignoble à protéger.

»L'entretien annuel (foyer, amorces), basé sur une durée de dix ans, revient à 12 ou 15 fr. par hectare.

»*Procédé Schaall et Œschlin* (1). — La municipalité de Colmar a récemment organisé un service pour la protection de son vignoble contre les gelées blanches par les nuages artificiels. Nous emprun-

(1) Voir : *Rapport sur les appareils dénommés pyromoteurs et allume-feux automatiques de MM. Schaall et Œschlin*, par Ch. Kœnig. — Colmar, 1888.

tons à l'appendice du *Traité de la vigne et de ses produits,* de MM. Portes et Ruyssen, la description du procédé d'allumage automatique réalisé dans cette localité par MM. Schaall et Œschlin.

»Le thermomètre avertisseur qui provoque l'allumage est un thermomètre à mercure, à tige coudée reposant en équilibre stable sur un axe transversal. Quand le mercure s'est contracté jusqu'à zéro, l'équilibre est rompu en faveur de la partie adjacente au réservoir. Le basculage du thermomètre provoque, par l'intermédiaire d'un levier, le déclanchement d'une tige qui, en se soulevant, met en liberté une série de fils de fer communiquant à autant de poteaux assez élevés distribués dans le vignoble.

»Au sommet du poteau est amarrée une gourde en fer, dont la mise en liberté est provoquée par le relâchement du fil de fer communiquant avec le thermomètre. La gourde, mise en liberté, glisse brusquement le long d'une tige jusqu'au bas du poteau, et son choc contre un taquet qui l'arrête à fin de course détermine l'explosion d'une cartouche qui projette en dehors de la gourde du pétrole enflammé. Celui-ci vient se répandre sur un foyer disposé en bas du poteau et en détermine l'allumage. L'installation de ce procédé est estimée 5.000 fr. pour 80 hectares.

»Ainsi qu'on le voit, l'allumage de chaque foyer demande une installation assez coûteuse et l'on est obligé de réduire beaucoup le nombre de foyers par hectare. Cette condition limite l'économie du procédé à la protection de vignobles d'une très grande surface. Mais le procédé Schaall et Œschlin a l'avantage de supprimer tout courant électrique; l'allumage est entièrement obtenu par des moyens mécaniques. Aussi paraît-il devoir l'emporter en sécurité sur les autres procédés et peut-être y aurait-il lieu de chercher dans cette voie à simplifier l'allumage de chaque foyer, afin de permettre son application à la protection d'un vignoble par l'emploi de foyers multiples.

»Nous rapprocherons de ce dispositif l'idée que l'on nous signalait dernièrement de faire courir, le long de la vigne à protéger, un fil de fer unique maintenu fortement tendu par un ressort à l'une de ses extrémités. Le déclanchement du fil par l'électro-aimant actionné par le thermomètre avertisseur aurait provoqué sur toute la ligne l'inflammation des amorces distribuées dans le voisinage du fil de fer par le frottement du fil contre leur fulminate. Mais quand il s'agit de réaliser pratiquement une combinaison mécanique, on peut se trouver arrêté, dès sa première tentative, par l'une de ces difficultés imprévues qui abondent sur la route des inventeurs, et la moindre réalisation effective d'un système mécanique vaut mieux que les projets les plus corrects établis sur un papier.

»*Procédé Héguilus* — Le procédé de M. Héguilus, que nous allons décrire en détail et qui a été expérimenté avec succès le 13 janvier 1891 à l'Ecole d'agriculture, prend place entre le dispositif électrique de M. Lestelle et la combinaison mécanique Schaall et Œschlin. Réduit à ses organes essentiels, il comprend : 1° un thermomètre avertisseur provoquant par un déclanchement électrique l'inflammation d'une amorce ; 2° un dispositif de pyrotechnie transmettant l'inflammation aux divers foyers répartis dans le vignoble.

»L'ensemble du procédé comprend un poste central destiné à l'allumage de la première amorce, un fil de fer partant du poste central et courant le long de la ligne des foyers, des cônes d'allumage disposés sur le trajet du fil de fer en regard de chaque foyer, des fusées courant sur les fils et propageant l'inflammation de cône à cône et de foyer à foyer. Nous décrirons successivement chacun de ces organes.

»1° *Poste central.* — Une boîte de bois de 0m,40 sur 0m,30, fixée à un poteau de 0m,80, contient à elle seule tout le dispositif réalisant l'inflammation de la première amorce lorsque la température de l'air descend à zéro. A cet effet, un thermomètre avertisseur à alcool, avec index de mercure, de construction à peu près identique à l'avertisseur de M. Éon, est disposé, extérieurement à la boîte, sur une petite planchette (fig. 255).

»Le courant d'une pile P P de deux éléments Leclanché, enfermés dans la boîte après avoir traversé les bobines d'un électro-aimant E E, arrive par la borne A au fil de platine qui pénètre dans le réservoir *t* et descend jusqu'en face du zéro de la graduation du thermomètre. Lorsque la température descend à zéro, l'index de mercure établit une communication entre la borne A d'entrée et la borne B de sortie, et le courant revient à la pile en traversant le circuit d'une sonnerie que l'on peut disposer dans l'appartement de la personne chargée de contrôler le bon fonctionnement de l'allumeur automatique.

» Le passage du courant dans l'électro-aimant E E attire le fer doux *l l'* porté à l'extrémité d'un ressort. Ce fer doux se termine par un crochet qui dégage d'un cran d'arrêt une cheville fixée à l'extrémité supérieure d'une tige mobile en laiton M M. La tige M M, qui mesure environ 0m,10, glisse librement dans une coulisse et vient tomber brusquement en R sur l'extrémité d'un ressort horizontal en acier R R'. Un second ressort *m' m*, qui tend à ramener avec une tension considérable la masse *m* vers le point C, s'engage dans un cran ménagé sur le ressort R R'. La chute de la tige M M et le choc qui en résulte fait fléchir le ressort R R' et laisse échapper le ressort

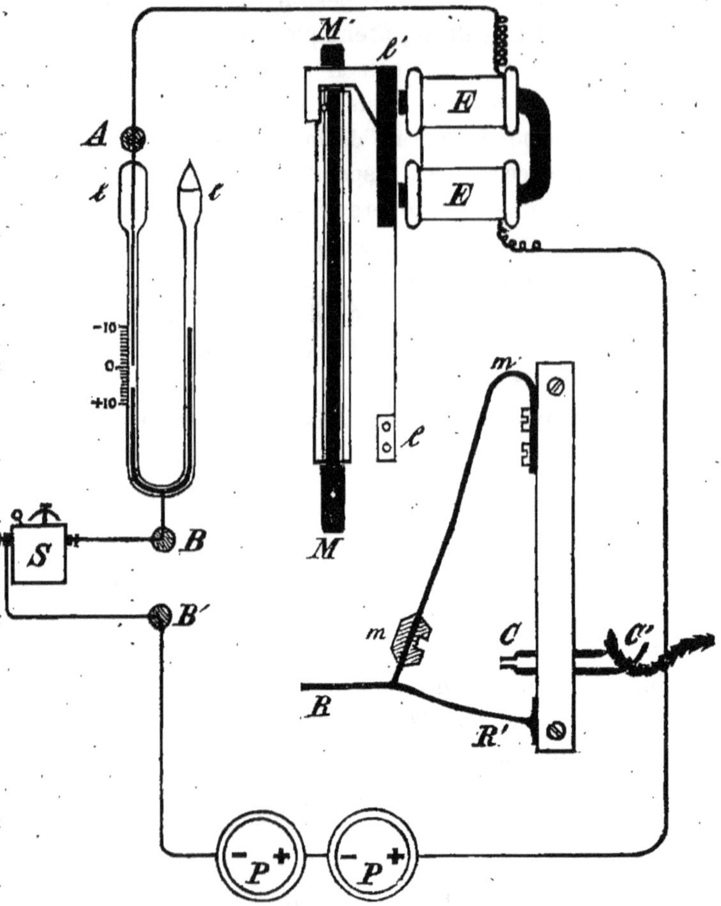

Fig. 255.— Appareil allumeur de M. Héguilus.

m m'. Le marteau *m* vient écraser une capsule de fulminate fixée sur la cheminée C C', au point C. L'explosion du fulminate enflamme au point *C'* une mèche de fulmicoton.

»2° *Cônes d'allumage*.— Deux cônes en zinc de 0m,20 de longueur sur 0m,08 d'ouverture sont fixés extérieurement sur le côté de la boîte opposé à celui où est installé le thermomètre. Ces deux cônes, dont la disposition est à peu près celle de la fig. 257, ont leurs axes compris dans un plan horizontal et formant entre eux un angle de 90°. Ils sont orientés parallèlement aux deux côtés du champ, dont le poste central occupe l'angle.

»Un fil de fer galvanisé, de 1 millim. 1/2 environ de diamètre, part du fond de chaque cône et va aboutir en face du premier foyer, au-dessus du niveau du sol. Sur ce fil est supportée, à l'intérieur du cône, une fusée mobile dont la mèche est reliée, dans le premier cône de départ, à une mèche de fulmicoton partant de l'extrémité de la cheminée où a lieu l'explosion de la capsule de fulminate.

»La fusée est liée à un bout de roseau creux qui est enfilé sur le fil de fer; elle court donc librement, poussée par le recul de sa décharge, le long du fil de fer avec une très grande vitesse et arrive dans le double cône d'allumage situé à 30 mètres environ du premier.

»Le double cône d'allumage (fig. 256), qui se reproduit identique

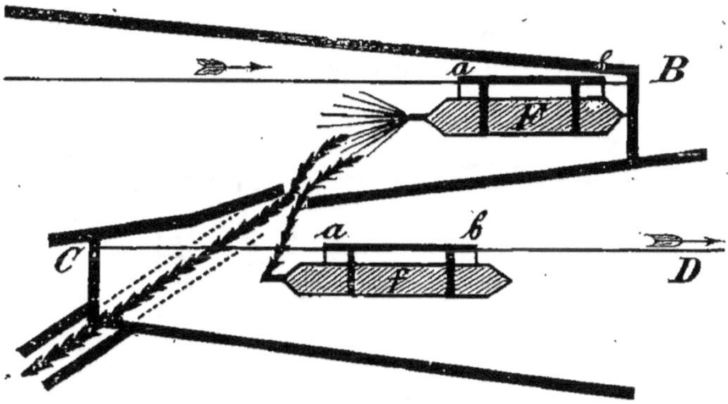

Fig. 256. — Appareil de transmission du feu en ligne droite.

à chaque foyer, est constitué par deux cônes semblables A B et C D. L'ouverture du cône supérieur A B est orientée vers le poste

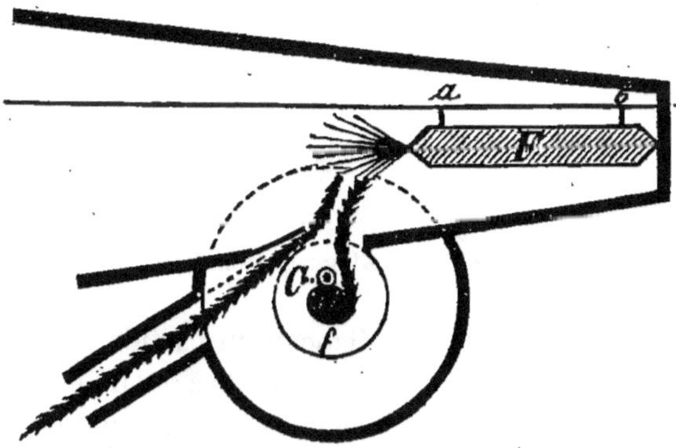

Fig. 257. — Appareil de transmission du feu à une ligne perpendiculaire.

central, l'ouverture du cône C D vers le foyer suivant. Deux mèches en fulmicoton font saillie dans le cône *a b*, au voisinage du tube M.

L'une d'elles descend par le tube M pour provoquer l'allumage du foyer, l'autre se relie à la fusée F' disposée sur le fil de fer intérieur du cône C D.

»La fusée F, lancée par le poste central, vient buter contre le fond du cône *a b* ; elle achève de s'y décharger et enflamme les deux mèches. La fusée F' part aussitôt et va provoquer l'inflammation d'une fusée et d'un second foyer dans le double cône d'allumage disposé à 30 mètres en avant. L'inflammation se communique ainsi de foyer en foyer avec une extrême rapidité. En moins d'une seconde, la fusée accomplit son trajet de 30 mètres et provoque l'allumage de la fusée suivante. En moins de 1 minute, les foyers nécessaires à la protection de plusieurs hectares peuvent être allumés.

»Quand l'une des fusées allumées, au lieu de poursuivre sa course dans la direction suivie par la fusée précédente, doit être dirigée à 90°, ainsi que le cas se produit à chaque angle du vignoble, le double

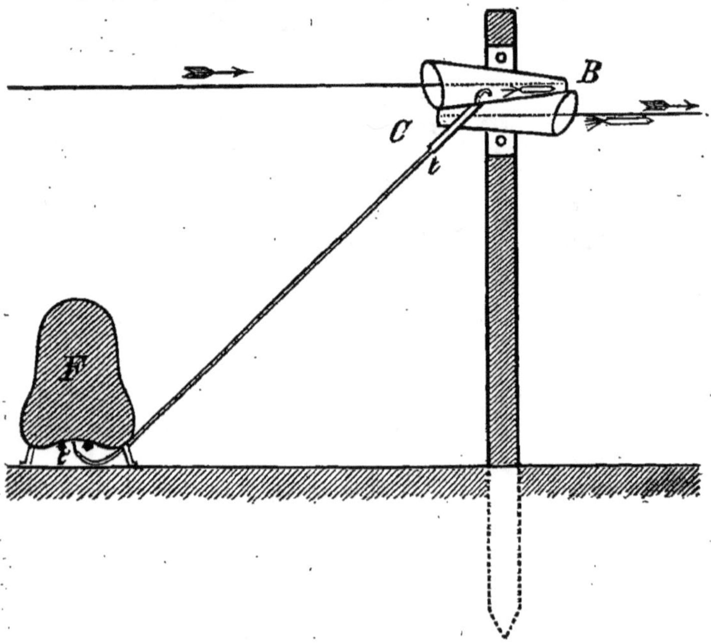

Fig. 258.— Allumage d'un foyer.

cône d'allumage présente une disposition particulière indiquée dans la figure 258. Le cône de départ est orienté à 90° du cône d'arrivée ; la disposition des mèches reste la même et l'inflammation de la fusée F' à l'arrivée de la fusée *f* a lieu de la même manière que dans les doubles cônes parallèles.

»Les foyers employés par M. Héguilus sont des foyers tronc-coniques à sommet arrondi ; ils paraissent constitués par des matières végétales imprégnées de substances résineuses et goudronneuses; ils sont munis de trois pieds en bois élevant le foyer à $0^m,12$ au-dessus du sol. Leur transport est commode, leur allumage très facile et leur combustion régulière. Un tube de laiton de $0^m,015$ de diamètre environ s'emmanche dans le tube M du cône d'allumage (fig. 258) et descend au-dessous du foyer. Il protège une mèche de fulmicoton qui, partant du cône d'allumage, vient s'agrafer au-dessous du foyer et est ainsi entièrement abritée contre la pluie.

»Telle est la description des principales dispositions du procédé Héguilus qui a fonctionné avec une régularité parfaitement satisfaisante dans l'essai qui a été fait à l'École d'agriculture. Une seule fusée n'a pas provoqué l'allumage de la fusée du double cône suivant, par suite d'un rebondissement accidentel sur le fond du cône d'arrivée; mais il est facile de prévenir cet accident en disposant au fond du cône un cran d'arrêt pour prévenir le retour en arrière de la fusée. Nous ne signalons du reste cet incident que pour montrer une fois de plus qu'il faut toujours compter, dans la pratique, avec un insuccès possible et qu'aucun système d'allumeur automatique ne saurait donner au propriétaire une sécurité absolue.

»L'installation d'une sonnerie électrique avertissant le vigneron de l'instant de l'allumage et restant en fonction après le déclanchement provoqué par le thermomètre paraît assurer au système Héguilus une complète sécurité. Il nous semblerait préférable toutefois que la sonnerie électrique ne fût pas disposée en série dans le circuit du thermomètre, mais mise en dérivation sur celui-ci. Le contact en platine qui assure le passage du courant du trembleur à l'électro-aimant de la sonnerie est en effet sujet à encrasser et peut accidentellement offrir une résistance assez grande au passage du courant pour empêcher le déclanchement de la tige M M par l'électro-aimant E E (fig. 255).

»Enfin, nous ferons remarquer que M. Héguilus a pris toutes les précautions désirables pour que les mèches d'allumage résistent aux intempéries. Les fusées au repos sont disposées au fond des cônes, et la section oblique de l'ouverture de ceux-ci prévient assez bien l'introduction de la pluie.

»Nous terminerons en signalant une objection faite par quelques personnes présentes aux expériences et portant sur l'encombrement provoqué par les fils de fer. Il est évident que la présence d'un fil de fer tendu le long d'un vignoble peut être gênant pour la circulation des ouvriers et des attelages (1). Mais on peut remarquer que cet

(1) Il suffirait de faire porter le fil de fer par des perches de 2^m ou de $2^m,50$ pour éviter cet inconvénient. — G. F.

obstacle ne subsiste guère que pendant deux mois ; les fils de fer peuvent être enlevés ou roulés sur chaque poteau, après l'expiration des périodes des gelées du printemps. Et puis, il ne faut pas demander l'impossible et vouloir allumer une série de foyers sans quelque chose de matériel qui les relie l'un à l'autre : ficelle, mèche ou fil de fer, c'est peut-être se poser un problème qui n'a pas de solution.

» Une autre objection plus sérieuse est celle qui reproche à l'allumeur automatique de ne pas se préoccuper de la direction du vent et d'allumer indistinctement tous les foyers, alors qu'une seule ligne aurait suffi à la protection du vignoble. C'est encore de ne pas se préoccuper de l'heure à laquelle le thermomètre descend à zéro et d'exposer les foyers à une combustion complète avant le lever du soleil.

» Pour répondre à cette deuxième objection, il n'y a qu'à disposer un peu différemment le système de M. Héguilus. Le thermomètre à alcool de l'avertisseur serait seul installé dans le vignoble et relié à l'habitation du propriétaire par un circuit aboutissant à la boîte du poste central, où seraient installés : 1° la sonnerie mise en dérivation dans le circuit ; 2° l'électro-aimant E E provoquant, par un dispositif annexe, l'explosion d'une amorce ; 3° une mèche de fulmicoton reliée à l'amorce et allumant un pétard de telle dimension que le dormeur le plus complaisant ait certainement son sommeil interrompu, quelle que fût l'heure où le thermomètre accuserait un abaissement de température dans le voisinage de zéro.

» L'allumage des foyers se ferait, dans cette combinaison, soit à main d'homme, soit à l'aide du dispositif automatique des fusées permettant un allumage indépendant pour chacune des quatre rangées de foyers entourant le vignoble. »

Indépendamment des procédés que nous venons de mentionner, on peut rappeler que M. de Gasparin a proposé d'enduire les ceps, à la fin de l'hiver, avec un lait de chaux ; l'enveloppe blanche dont on les recouvrirait ainsi diminuerait leur pouvoir émissif pour les rayons caloriques et les empêcherait de participer autant qu'à l'état normal à l'abaissement de température qui résulte de la proximité du sol gelé. Mais ce procédé offre l'inconvénient de ne pas protéger les jeunes rameaux nés au printemps, et qui sont précisément la partie de la vigne la plus exposée ; il ne peut avoir d'effet utile que pour les bourgeons non encore ouverts.

On a songé, dans cet ordre d'idées, à employer, comme préservatif des gelées, des poudres telles que le plâtre, la sulfostéatite et la chaux en poudre, qui peuvent s'appliquer à tous les états de développement de la végétation. Les essais faits jusqu'à présent ont généralement donné de bons résultats. Ces poudres paraissent agir comme une enveloppe protectrice, qui rayonne moins que les jeunes rameaux de vigne, à cause de sa couleur blanche et de l'air qui y est interposé et comme absorbant de l'humidité. Elles offrent seulement l'inconvénient de tomber facilement sous l'action du vent.

Les vignes récemment irriguées ou submergées échappent généralement à l'action des gelées blanches, et M. Trouchaud-Verdier, à St-Laurent-d'Aigouze (Gard), arrose chaque année son vignoble au printemps dans le but de le préserver contre ces accidents. Dans quelques contrées, les jardiniers ont recours à ce même moyen pour protéger leurs légumes.

On a observé que les terres fraîchement remuées et celles qui sont couvertes d'herbes sont plus favorables à la production des gelées blanches que celles qui sont propres et rassises; aussi doit-on effectuer le premier labour de la vigne, ainsi que nous l'avons dit plus haut, de manière à éviter que ces conditions ne se réalisent au moment de sa première végétation.

On a beaucoup discuté la question de savoir si l'on devait tailler ou non les vignes gelées; il semble que l'on a véritablement intérêt à le faire quand les rameaux ayant atteint un certain développement, ils ne sont altérés qu'à leur extrémité. On les taille alors comme on l'eût fait à l'entrée de l'hiver, et on obtient généralement des sarments bien aoûtés et qui peuvent même porter une petite récolte.

Lorsqu'une vigne a été atteinte par les gelées, on doit non pas l'abandonner presque sans soins pendant l'année qui suit l'accident, comme le font certains viticulteurs, sous prétexte que l'on doit dépenser le moins possible pour un vignoble qui ne donnera rien, mais il faut, au contraire, par des façons nombreuses et soignées, chercher à relever le mieux possible sa végétation. La récolte de l'année suivante paie d'ordinaire, et au delà, ces dépenses.

B. **Grêle.** — La grêle cause fréquemment des dommages considérables dans les vignobles qui sont exposés à son action; les jeunes rameaux et les raisins atteints par le choc des grêlons sont quelquefois détachés du cep et viennent joncher le sol lorsque ces derniers atteignent un poids considérable; ils éprouvent dans tous les cas des lésions graves et qui compromettent leur développement ultérieur. Les plaies produites par la grêle, en effet, se cicatrisent mal, ce qui semble dû à la destruction des cellules des couches génératrices du bois dans la région frappée. La disproportion qui paraît exister entre l'importance du mal et sa cause apparente nous a amené à rechercher s'il n'interviendrait pas dans ce phénomène un facteur autre que le choc mécanique produit par la petite masse de glace. On a vu, par un temps sec, les grêlons échanger des étincelles avec le sol, ce qui semble indiquer qu'ils jouent un rôle analogue à celui de petits accumulateurs qui se chargeraient entre les nuages pour se décharger au contact de la terre. Il était donc permis de se demander si la mort des cellules des couches génératrices ne serait pas due à la décharge fournie par le grêlon; un fait paraît du reste confirmer cette manière de voir : c'est que la grêle est généralement peu dangereuse lorsqu'elle tombe mélangée à une pluie abondante. La faible différence de densité entre l'eau à l'état de glace et celle à l'état de liquide empêche d'admettre l'hypothèse d'un frottement causé par la différence des vitesses de chute qui ralentirait la marche du grêlon; on peut au contraire supposer que l'innocuité du phénomène pourrait être attribuée, dans ce cas, au fait que les grêlons se déchargeraient de l'électricité dont ils étaient chargés dans l'eau qui les enveloppe. De plus, l'expérience directe montre que de faibles décharges obtenues au moyen de la bobine de Ruhmkorff déterminent des plaies qui se cicatrisent absolument comme celles des vignes grêlées. Mais, d'autre part, les chocs des balles en mastic de même densité et de même dureté que la glace, lancées avec une vitese égale à celle que le calcul indique comme probable pour les grêlons, produisent des effets analogues, par suite de l'écrasement des tissus des couches génératrices (1). Il semble donc probable que les deux causes que nous venons d'indiquer peuvent intervenir pour amener les faits précités; mais la première joue probablement un rôle prépondérant, puisque, lorsque la pluie vient à la supprimer, le mal diminue ou disparaît.

Lorsque la grêle frappe les rameaux encore tendres et herbacés, pendant les deux premiers mois de leur végétation, elle détermine des meurtrissures si profondes que ces derniers restent rabougris; le cep tout entier ne peut avoir pendant toute l'année qu'une végétation chétive et misérable, et il n'offrira à la taille de l'hiver suivant que de très mauvais éléments pour l'établissement des coursons. Lorsque la récolte est perdue et que la plus grande partie des feuilles a été enlevée, le mieux est, presque toujours, de tailler *immédiatement en vert*, comme on l'eût fait sur des sarments aoûtés. Les bourgeons qui ne se fussent développés qu'au printemps suivant partent

(1) Ceci résulte d'expériences que j'ai faites à l'École d'agriculture de Montpellier en 1884 et 1885, avec le concours de MM. Viala et Houdaille.

aussitôt et fournissent des sarments presque aussi beaux que ceux que l'on eût obtenus normalement; ils donnent quelquefois même, dans les bons terrains, quelques raisins qui peuvent mûrir si la taille a eu lieu de bonne heure et si la saison est favorable.

Quand la grêle arrive plus tard, les sarments, déjà mieux lignifiés, souffrent moins de son action, mais la récolte n'en est pas moins compromise, les grains de raisins atteints sont déformés et n'arrivent pas à leur développement normal, et, lorsque le pédoncule de la grappe est frappé, toute la portion qui se trouve au delà se dessèche et tombe. Aucun remède proprement dit ne peut être apporté au mal ; dans ces circonstances, on doit se borner, en donnant un soin tout particulier aux cultures, en augmentant le nombre des labours et des soufrages, à relever le mieux possible la végétation de la vigne.

Certaines contrées sont régulièrement atteintes par les orages à grêle, et les pertes de récoltes y sont très fréquentes, tandis que d'autres quartiers sont très rarement atteints par ce fléau. C'est cette inégale répartition des dommages qu'elle cause qui a été de tout temps un obstacle à l'extension des assurances sur la grêle. Ce sont en effet ceux-là seuls qui sont très exposés qui se font assurer, et les primes qu'il est nécessaire d'exiger d'eux deviennent trop considérables pour que l'assurance soit avantageuse pour eux.

On a proposé à diverses reprises de se préserver de la grêle par l'emploi des *paragrêles*. Ces appareils sont formés d'une perche plantée dans le sol et terminée par une pointe métallique; ils sont destinés à décharger l'électricité des nuages entre lesquels se forment les grêlons. Il est malheureusement impossible d'espérer pouvoir en tirer un parti utile: en effet, en admettant qu'ils soient réellement efficaces pour atteindre le but que nous venons d'indiquer, ils ne sauraient agir que sur les nuages placés au-dessus du point où ils sont établis, et c'est le plus souvent fort loin du point où ils éclatent que se forment les orages qui apportent la grêle.

C. **Vents violents.** — Les vents violents sont dangereux pour les vignes, surtout au début de leur végétation : ils détachent leurs rameaux en grand nombre, alors que ces derniers, qui sont tendres et cassants, ont déjà acquis une certaine longueur et ne sont ni fixés aux échalas ni encore étalés sur le sol. Les jeunes vignes et celles qui viennent d'être greffées souffrent particulièrement de leurs effets, à cause du grand développement qu'atteignent leurs sarments pendant les premières années et de la prise qu'ils offrent à leur action. L'avenir des plantiers et des greffes peut même être parfois gravement compromis, par suite de l'ébranlement qu'ils subissent, lequel détermine la rupture des jeunes racines et le décollement des greffes dont les tissus, encore peu durcis, sont faciles à déchirer. Il faut, en vue d'éviter ces dangers, butter fortement au printemps la tige des jeunes ceps et l'attacher solidement à un piquet planté près de leur pied.

L'emploi de cépages à rameaux étalés et de la culture sans échalas, comme celle de l'Hérault, ou en lignes basses solidement palissées sur fil de fer, comme celle du Médoc, convient plus particulièrement aux contrées où règnent fréquemment des vents violents. On doit en outre orienter les lignes de manière à ce qu'elles suivent la direction moyenne des courants; les vignes s'abritent mutuellement et offrent plus de résistance que si elles étaient frappées latéralement.

Les vents marins ont aussi une action dangereuse sur les vignes situées près de la mer, lorsqu'ils soufflent fortement : ils entraînent de petites particules d'eau salée qui se déposent sur les feuilles et en désorganisent les bords, qui se dessèchent sur une largeur plus ou moins grande. Les plantations faites dans les sables marins du littoral sont particulièrement exposées à cet accident ; le meilleur moyen de préservation consiste dans l'établissement d'abris en roseaux, fascines ou autres matières analogues, capables de diminuer la violence du vent et de lui faire déposer sur eux-mêmes une partie de l'eau salée qu'il porte en suspension.

D. **Coulure**. — On appelle *coulure* l'avortement de la fleur, qui se dessèche et tombe sans avoir noué son fruit. Ce phénomène résulte de trois causes bien distinctes, savoir : 1° de la constitution anormale de la fleur ; 2° d'une végétation trop vigoureuse; 3° des intempéries.

1° Coulure résultant de la constitution anormale des fleurs

Ainsi que nous l'avons vu (1) en donnant la description des caractères du genre **Vitis**, on peut regarder comme fleurs complètes de la vigne celles qui sont hermaphrodites et à corolle calyptriforme se détachant par la base (fig. 259) ; ce sont tout au moins les seules qui sont susceptibles de donner par elles-mêmes du fruit. Les fleurs mâles (fig. 260), qui sont caractérisées par l'avortement du pistil, la longueur relativement grande du filet des étamines et une odeur très suave, sont forcément stériles. Mais à côté de ces formes, que l'on peut

(1) Voir au chap. II, pag. 23, 24 et 25, la description des fleurs de la vigne.

considérer comme normales, puisqu'on les rencontre communément chez les espèces sauvages, il en existe d'autres véritablement anormales, auxquelles on a donné le nom d'*alidouïres* en Languedoc, de *déflouraïres* en Provence, de fleurs *coulardes* autre part, et qui généralement sont stériles.

Ces fleurs ont été étudiées, ainsi que nous l'avons dit, par M. Marès et par M. Planchon. Elles sont caractérisées (fig. 261) par une corolle

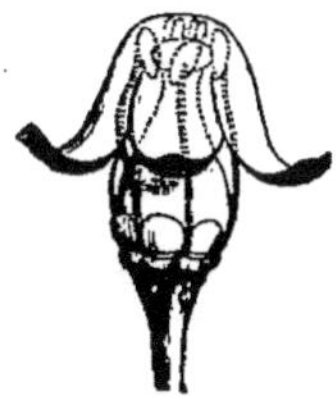

Fig. 259.

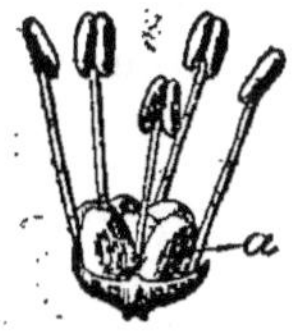

Fig. 260.

Fig. 261.

Fig. 259. — Fleur de vigne hermaphrodite. — Fig. 260. — Fleur de vigne mâle. — Fig. 261. — Fleurs avalidouïres ou coulardes.

persistante, s'ouvrant en étoile, comme celle des **Ampelopsis**; les étamines sont, la plupart du temps, emprisonnées sous les pétales, qui sont épais et creux ; leur filet est trop court pour permettre à l'anthère d'atteindre au stigmate; enfin, les anthères elles-mêmes s'ouvrent imparfaitement et renferment un pollen stérile. Le pistil est bien constitué, de sorte que la fleur pourrait, au besoin, jouer le rôle de fleurs femelles, et, si elle était fécondée par du pollen arrivé du dehors, nouer et donner un fruit; mais cette circonstance se présente fort rarement et elle avorte à peu près constamment. Cette constitution anormale de la fleur est assez fréquente chez le *Terret* (ancien cépage languedocien); on la rencontre également chez certains V. RIPARIA *sauvages*.

On trouve aussi quelquefois sur certaines vignes, telles que la *Clai-*

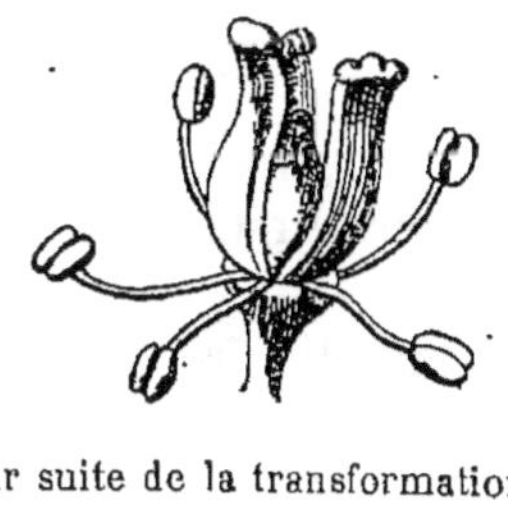

Fig. 262. — Fleur infertile par suite de la transformation en pétales du pistil et d'une partie des étamines.

rette et le *Gamai* (V. VINIFERA), l'*Herbemont* (V. ÆSTIVALIS), etc., des fleurs doubles, par suite de la transformation du pistil ou des étamines en feuilles rudimentaires (*chlorantie*) (fig. 262); ces fleurs sont naturellement infertiles. C'est généralement dans les terres fortes, argilo-calcaires, à fond humide, qui donnent à leurs organes végétatifs une grande vigueur, que ces anomalies se produisent; mais elles peuvent se fixer par l'emploi de boutures provenant de rameaux sur lesquels elles se sont manifestées. Aussi, le meilleur moyen de se débarrasser de ce genre de coulure consiste-t-il à éliminer avec soin des nouvelles plantations, par une sélection soigneusement pratiquée, les boutures provenant de ceps qui en étaient atteints. On peut enfin la faire disparaître dans les vignobles en greffant les souches coulardes avec des sarments provenant de pieds fertiles.

2° Coulure résultant d'une végétation très vigoureuse

Ainsi que nous l'avons vu dans les principes généraux qui doivent guider pour l'exécution de la taille, une végétation très active est généralement incompatible avec une production fructifère abondante. La plante produit des rameaux et des feuilles plutôt que des fleurs, et les rares fleurs qui naissent sur elle avortent, le plus souvent, par suite de modifications qui se produisent dans leurs organes reproducteurs. Ces modifications sont généralement dues à des phénomènes de *chlorantie* et analogues à celles que nous avons indiquées précédemment comme assez fréquentes chez la *Clairette*, l'*Herbemont*, etc.; mais elles présentent ce caractère spécial qu'elles sont éminemment temporaires et ne se produisent plus dès que la vigueur de la plante cesse d'être exagérée. La voie que l'on doit suivre pour combattre ce genre de coulure est indiquée par le fait que nous venons de mentionner; il suffit, pour le faire disparaître, d'employer les moyens de diminuer la végétation de la plante que nous avons signalés précédemment, et dont les principaux sont: l'allongement de la taille, l'arcure, le pincement et l'incision annulaire; enfin, lorsque les organes femelles sont normaux, la *pollinisation* (pag. 411). L'expérience en a pleinement démontré l'efficacité.

3° Coulure déterminée par les intempéries

La coulure est beaucoup plus fréquemment le résultat des intempéries que celui des causes qui viennent d'être indiquées. Elle revêt habituellement, dans ce dernier cas, un caractère de généralité dans le vignoble qui la rend particulièrement dangereuse.

Les causes qui lui donnent généralement naissance sont: les retours de froid, les pluies persistantes ou les vents desséchants qui coïncident avec le moment de la floraison.

Les retours de froid sont nuisibles en ce qu'ils abaissent la température atmosphérique au-dessous du degré nécessaire pour l'accomplissement de l'acte de la fécondation ; aussi doit-on éviter de faire coïncider avec la floraison des façons qui refroidissent les couches superficielles du sol par l'accroissement qu'elles occasionnent dans l'activité du rayonnement et de l'évaporation. Les pluies persistantes entraînent le pollen et refroidissent l'air, ce qui replace les fleurs dans les circonstances que nous venons d'indiquer. Enfin, les vents desséchants flétrissent les organes de reproduction et en empêchent par conséquent les fonctions.

On combat généralement la coulure, dans ces circonstances, par le pincement (fig. 263), par l'incision annulaire (fig. 264) et par les soufrages effectués quelques jours avant la floraison apparente ; ces moyens donnent presque toujours de bons résultats.

Fig. 263.— Rameaux pincés en *a a a*.

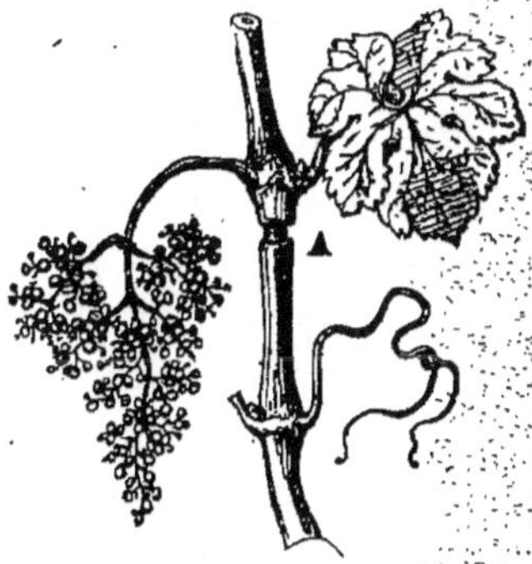

Fig. 264.— Rameaux soumis à l'incision annulaire en A.

E. **Millerandage.** — On peut considérer comme un accident du même ordre que la coulure et, comme dépendant des mêmes causes, le *millerand*, ou avortement partiel des grains de raisin. Les grappes *millerandées* (fig. 265) sont généralement lâches et formées de grains d'inégale grosseur, les uns verts, les autres rouges et d'autres noirs. On les observe sur des souches épuisées par des maladies, telles que le *mildew*, ou greffées sur des pieds américains chlorotiques par suite de défaut d'adaptation. Dans ce cas, d'après M. Pulliat, le grain ne renfermerait pas de pépin, et le mal paraît dû à une nutrition insuffisante (1).

D'autres fois, le *millerand* se produit à la suite d'un abaissement

(1) V. Pulliat — Le *Millerand*.— *La Vigne Américaine*, n° 9, septembre 1881.

de température, de pluies survenues pendant la floraison. Le test osseux de la graine aurait alors, suivant l'auteur précité, un commencement de développement, mais ne contiendrait presque jamais la petite amande intérieure qui renferme l'embryon. M. L. de Malafosse (1) explique de la manière suivante ce qui se passe dans ces circonstances : une partie des fleurs qui auraient dû fleurir au début, dans la grappe, coule, ce qui permet aux fleurs retardataires, qui avortent le plus souvent par suite de la bonne fécondation des premières, de nouer leur fruit. Mais ces fruits, formés tardivement et soumis à la concurrence des premiers venus, se développent d'une manière imparfaite.

Fig. 265.— Grappe millerandée

Le *Pinot*, le *Gamai*, paraissent particulièrement sujets au *millerand*.

Les moyens dont on se sert pour combattre la coulure résultant des intempéries : pincement, incision annulaire, cisellement, soufrage, sélection des boutures et des greffes, etc., peuvent être employés utilement dans ce cas. On peut enfin faire très utilement usage de la *pollinisation* (pag. 411) qui régularise la fécondation.

G. **Echaudage.** — L'*échaudage* est le résultat de l'action très intense de la radiation solaire sur les raisins ; c'est surtout dans la région méditerranéenne et dans les mois de juillet et d'août que ce phénomène est à redouter. Les raisins qui sont à découvert et ceux surtout qui, après avoir été pendant longtemps à l'abri de l'action du soleil, y sont subitement exposés, ont particulièrement à en souffrir. Les raisins rougissent dans la partie échaudée, et, s'ils sont encore peu développés, ils se dessèchent généralement dans un temps assez court; si, au contraire, ils sont arrivés à la période de véraison et, s'ils n'ont pas été très fortement atteints, leurs pédicelles se ramollissent légèrement et prennent une teinte rougeâtre particulière (2); ils se développent alors d'une manière imparfaite, et

(1) L. de Malafosse. — Le *Millerand.* — *La Vigne Américaine*, nº 5, mai 1885.

(2) Marès. — *Des vignes du midi de la France ; loc. cit.*, pag. 353.

ceux qui devraient devenir noirs restent rouges. C'est peut-être cette maladie que le comte Odart a mentionnée sous le nom de *brouissure* (1). « Il arrive quelquefois, dit-il, que les grains de raisins retenus longtemps dans le même état de dureté et d'exiguïté passent trop promptement à un état de demi-grosseur et de demi-maturité qu'ils ne franchissent plus. Si le raisin doit être noir, il reste rougeâtre ; s'il doit être blanc, il conserve une teinte de verdeur. C'est en vain qu'on lui donne tout le temps de former sa partie sucrée, il demeure acide jusqu'au dernier moment ». Il pense que cet état du raisin peut être attribué à la transition rapide de pluies abondantes à une température froide. Ne serait-ce pas plutôt au passage de l'obscurité relative d'un temps couvert et pluvieux à la vive lumière des beaux jours?

Le danger que courent les raisins d'être exposés à l'échaudage, s'ils sont soumis à l'action directe des rayons solaires, explique pourquoi dans le Midi, au lieu de relever les pampres de vignes autour d'un échalas, on les laisse ramper sur le sol, de telle sorte qu'ils recouvrent les fruits d'une ombre protectrice, et la raison pour laquelle on recommande de ne pas faire trop tard le binage d'été, qui entraîne toujours un certain déplacement des rameaux.

Les vignes basses, dont les raisins sont exposés de plus près à l'action de la réverbération des rayons solaires sur le sol, et les cépages à fruits aqueux et à pédoncule herbacé, sont particulièrement atteints par l'échaudage. Le contact du soufre paraît favoriser ce phénomène ; aussi doit-on éviter d'effectuer des soufrages pendant les grandes chaleurs, à moins qu'on ne puisse, comme en Algérie, se contenter de jeter le soufre sur le sol sans l'appliquer sur la plante pour en obtenir l'effet voulu.

M. Marès indique comme suit les conditions dans lesquelles l'échaudage se produit habituellement (2) : « Lorsque le temps est calme et très sec, que l'atmosphère est sous l'influence des courants d'air venant du Nord et du Nord-Ouest, si la température à l'ombre et au Nord s'élève à 33°, les raisins sont échaudés, du côté du Midi, partout où ils ont été frappés verticalement par le soleil ». Le même auteur dit que l'échaudage offre un inconvénient plus grand encore que de diminuer la quantité de la récolte, mais qu'il en altère en outre la qualité.

H. **Pourriture du raisin.** — Indépendamment des altérations

(1) Odart. — *Manuel du Vigneron.*

(2) *Les vignes du midi de la France; loc. cit.*, pag. 352.

utiles pour l'amélioration de leur moût, causées par le *Botrytis cinerea*, connues sous le nom de *pourriture noble* et dont nous avons parlé à la page 269, les raisins à peau fine se pourrissent quelquefois dans les années où l'automne est humide et pluvieux, lorsque les ceps qui les portent sont situés dans des terrains bas. Dans ce cas, c'est le *Penicillium crustaceum* qui attaque le raisin ; il y détermine des modifications aggravées ordinairement par le développement de nombreuses bactéries qui diminuent beaucoup leur valeur comme matière première de la vinification. Cette différence dans le mode d'action des deux champignons est mise en évidence par les expériences suivantes dues à M. Müller-Thurgau et mentionnées par M. C. Sauvageau (1). « M. Müller-Thurgau a ensemencé du moût de *Riesling* stérilisé à 110°, et suffisamment aéré, avec des spores de *Botrytis cinerea* pures de tout autre germe. Les résultats de l'une de ces expériences sont consignés dans les analyses suivantes :

	Sucre p. 100	Acides p. 100	Azote p. 100
Le moût contenait au début.	12,6	1,30	0,121
— — 18 jours après l'ensemencement. . . .	11,8	0,85	0,083
— — 21 — —	9,3	0,47	0,051
— — 25 — —	7,9	0,82	0,040
— — 28 — —	6,1	0,17	0,027

» De ceci, il ressort donc nettement que l'acide est consommé plus rapidement que le sucre...

» Il était fort intéressant de comparer l'action du champignon de la « pourriture noble » à celle de la moisissure verte que l'on trouve partout, qui se cultive naturellement sur le jus de tous les fruits, le *Penicillium crustaceum*. Voici les résultats de l'expérience faite simultanément avec la précédente sur le même moût de 1882 :

	Sucre p. 100	Acides p. 100	Azote p. 100
Le moût contenait au début.	12,6	1,30	0,121
— — 16 jours après l'ensemencement. . . .	7,8	1,17	0,038
— — 19 — —	5,5	1,09	0,032
— — 21 — —	3,3	0,75	0,018
— — 23 — —	1,7	0,51	0,014
— — 28 — —	0,8	0,35	0,010

(1) C. Sauvageau. — *La pourriture noble dans la vinification*, in *Revue de Viticulture*, tom. II, pag. 135.

» Ce champignon se comporte donc bien différemment du précédent : il consomme d'abord le sucre avec plus d'avidité, et c'est seulement lorsque celui-ci commence à s'épuiser qu'il se rejette sur l'acide ».

Les raisins atteints de mauvaise pourriture risquent en outre de communiquer au vin un goût désagréable.

Les vignes basses sont plus exposées que les autres à ce danger; les meilleurs moyens pour le prévenir sont le drainage du sol et la formation d'un tronc élevé pour la souche, et, lorsque ces précautions ne suffisent pas, on pratique l'*effeuillage* quelques jours avant la vendange. Cette opération consiste à enlever une certaine quantité de feuilles, de manière à faciliter la circulation de l'air : on l'effectue par un temps couvert et en supprimant, non pas les feuilles qui sont directement interposées entre le soleil et les grappes, mais plutôt celles du dessous. Les fruits sont ainsi soumis à l'action des courants atmosphériques ; ils s'échauffent, en outre, mieux sous l'influence du rayonnement et de la réverbération du sol, ce qui facilite l'achèvement de leur maturation, laquelle est généralement très imparfaite dans les milieux où la pourriture est à redouter.

Ainsi que nous l'avons dit, les bons effets de l'effeuillage sont discutés, on lui reproche, en supprimant prématurément les feuilles, d'arrêter trop tôt la végétation et de donner lieu, par suite, à des moûts moins sucrés ; on doit donc l'effectuer le plus tard possible.

II. — MALADIES

Indépendamment des accidents auxquels la vigne est exposée, et que nous venons de signaler, cette plante est sujette à diverses maladies dont les effets sont plus ou moins graves, et que nous allons étudier ; les plus importantes d'entre elles sont la *chlorose*, l'*apoplexie*, le *rougeot*, la *maladie pectique*.

A. **Chlorose** — La *chlorose* se manifeste par le jaunissement et la décoloration des feuilles par suite d'une formation insuffisante de chlorophylle ou même de la résorption de cet élément. Cette maladie est anciennement connue en Europe, où on la constatait souvent dans certains milieux sur les cépages indigènes ; les cépages américains semblent plus accessibles que ceux d'origine européenne à son action. Elle perd généralement de son intensité au fur et à mesure que les vignes qu'elle a atteintes avancent en âge.

Considérée au point de vue général, la *chlorose* peut être regardée comme résultant d'une insuffisance de la nutrition du végétal qui entraîne l'arrêt de la production de la chlorophylle. Ce défaut de nutrition peut provenir soit d'un manque de lumière qui arrête les fonctions des feuilles, mais dont il ne saurait être question ici, soit de trois autres causes bien distinctes : 1° la présence dans le sol de matériaux nuisibles à la plante ; 2° l'absence de matériaux qui lui sont utiles ; 3° l'insuffisance ou le mauvais fonctionnement des racines, qui sont les organes destinés à les recueillir. Si, en effet, on a vu la chlorose de la vigne se produire dans des terrains très pauvres, elle se manifeste souvent aussi dans des sols fertiles, lorsque les racines sont altérées par le gribouri, le phylloxera et les diverses maladies cryptogamiques connues sous le nom de *pourridié*.

Chez les vignes américaines, le défaut d'adaptation aux sols calcaires se manifeste habituellement par cette affection, mais toutes ne sont pas également sensibles à l'action du calcaire. M. P. Viala donne, d'après les résultats obtenus par M. L. Ravaz dans ses champs d'expériences en terrain crétacé de Cognac, l'échelle comparative de résistance à la chlorose qui suit :

« A. — Tous les cépages français appartenant au V. VINIFERA, en première ligne.

» B. — Parmi les cépages américains purs, l'ordre de résistance à la chlorose est :

1° V. BERLANDIERI (formes pures et vigoureuses).
2° V. MONTICOLA.
3° V. RIPARIA.
4° V. RUPESTRIS.
5° V. ARIZONICA.
6° V. CALIFORNICA.
7° V. CANDIDANS.
8° V. ÆSTIVALIS.
9° V. LABRUSCA.

» Une exception doit être faite, dans cet ordre de résistance à la chlorose, pour une variété du V. RUPESTRIS, pour le *Rupestris du Lot* (*R. phénomène* ou *R. Saint-Georges*, ou *R. Monticola*), qui a une résistance assez élevée à la chlorose dans certains terrains calcaires. Une autre exception doit être faite pour le *Riparia du Colorado* (probablement un hybride), dont la résistance au jaunissement dans les sols calcaires est aussi peu élevée.

» C.— Parmi les hybrides de vignes américaines pures, l'ordre de résistance à la chlorose est le suivant :

1° *Monticola-Berlandieri* (exemple : *Belton*).
2° *Berlandieri-Ripario.*
3° *Rupestris-Berlandieri.*
4° *Candicans-Berlandieri* (exemple : *Barnes*).
5° *Riparia-Rupestris*, *Solonis*, *Novo-Mexicana.*
6° *Rupestris-Arizonica.*
7° *Rupestris-Californica.*
8° *Rupestris-Æstivalis.*
9° *Cordifolia-Rupestris.*
10° *Labrusca-Riparia*, etc.

»D.— Parmi les hybrides franco-américains, l'échelle de résistance à la chlorose est :

1° *Vinifera* × *Berlandieri.*
2° *Vinifera* × *Monticola.*
3° *Vinifera* × *Riparia.*
4° *Vinifera* × *Rupestris.*
5° *Jacquez.*
6° *Vinifera* × *Cordifolia.*
7° *Vinifera* × *Cinerea*, etc.

» On peut établir, à notre avis, entre ces divers groupes de vignes, l'échelle comparative suivante de résistance à la chlorose :

1° *Vinifera* × *Berlandieri* (Exemple : *Chasselas* × *Berlandieri 41* de MM. Millardet et de Grasset ; *Tisserand*, de l'Ecole d'Agriculture de Montpellier ; hybrides *Vinifera* × *Berlandieri* de M. Couderc), les belles variétés de *Berlandieri* purs (Exemple : *Berlandieri d'Angeac*, *Berlandieri n° 1 et n° 2*, *Berlandieri Daignère*, *Berlandieri Capdeville*, etc.) ; les *Vinifera* × *Monticola* (Exemple : *Hybrides Couderc*) etc.

» 2° *Berlandieri* × *Riparia*, *Monticola* × *Berlandieri* (Exemple : le *Belton*), *Vinifera* × *Berlandieri*, etc.

» 3° Le *Vinifera Rupestris* (*Gamay Couderc*, 1202, 601, 603 de M. Couderc ; 50 A, 33 A[1], 160 de MM. Millardet et de Grasset ; *Aramon* × *Rupestris Ganzin n° 1* ; hybrides Terras).

» 4° *Riparia du Colorado*, *Rupestris du Lot* (*Phénomène*, *Monticola*, *Sijas*, *Saint-Georges*), les *Riparia* × *Rupestris* (Exemple : 108-12, 101-14 de MM. Millardet et de Grasset ; 3309 et 3306 de M. G. Couderc), *Taylor-Narbonne*, *Jacquez*, *Novo-Mexicana*, *Solonis*, etc.

» 5° *Riparia grand glabre*, *Riparia Gloire de Montpellier*, etc.

» 6° Vialla (1) ».

(1) *Congrès viticole et agricole de Lyon. Compte rendu in extenso des séances.* Lyon, 1894, pag. 69, 70 et 71.

Le greffage des vignes d'Europe sur pied américain est souvent une cause d'aggravation, rarement d'amélioration pour l'état chlorotique de certains porte-greffes ; c'est ainsi que l'on a vu fréquemment des V. Riparia *sauvages* et des V. Rupestris, qui ne jaunissent pas avant le greffage, donner lieu à des greffes jaunes, et que, par contre, des *Herbemonts* chlorotiques ont fourni une belle végétation une fois greffés avec des vignes d'Europe. Certains cépages européens paraissent agir plus efficacement pour améliorer les conditions d'existence des pieds sur lesquels on les place, tels sont la *Clairette* et la *Carignane*.

Il semble que la plupart des vignes américaines redoutent la présence du calcaire dans le sol ou dans le sous-sol lorsqu'il y atteint des proportions un peu considérables, ainsi que cela a lieu pour notre châtaignier d'Europe, pour le pin maritime et pour quelques autres espèces. M. Chauzit, qui a fait un très grand nombre d'analyses des terres rapportées d'Amérique, en 1887, par M. Viala et où réussissent diverses espèces américaines et de celles où certaines d'entre elles ont échoué en France, s'exprime ainsi sur cette question : «Dans une terre renfermant moins de 10 °/₀ de carbonate de chaux, tous les plants américains réussiront ; pour les terres contenant 20, 30, 40, 50, 60 °/₀ ou plus de calcaire, il faudra faire un choix pour les cépages américains connus. Nous préciserons même davantage ; voici, en effet, le tableau que nous pourrions établir:

PROPORTIONS de carbonate de chaux contenues dans les terrains	VIGNES AMÉRICAINES qui y prospéreront le mieux
Moins de 10 °/₀ . . .	La plupart des vignes américaines.
de 10 à 20 — . .	Riparia, Taylor, Vialla.
de 20 à 30 — . .	Jacquez, Rupestris, Solonis ou Novo-Mexicana.
de 30 à 40 — . . .	Champin, Othello.
de 40 à 50 — . .	Monticola.
de 50 à 60 — . .	V. Cinerea, V. Cordifolia.
Plus de 60 — . .	V. Berlandieri (1).

(1) B. Chauzit. — *Etude sur l'adaptation au sol des Vignes américaines*, in *Une mission viticole en Amérique*, par Pierre Viala, Montpellier, 1889.

Mais de pareilles indications sont regardées, aujourd'hui, comme loin d'être suffisantes; on sait, en effet, que l'état particulier de chaque nature de calcaire exerce des effets différents sur la végétation des vignes américaines calcifuges, la quantité p. 100 de carbonate de chaux étant supposée la même. Ces dernières redoutent particulièrement les formes tendres et friables, telles que la craie, les travertins et les marnes pierreuses un peu pulvérulentes ; elles peuvent, au contraire, supporter sans jaunir des quantités assez fortes de calcaires durs, à formes plus ou moins cristallines ou saccharoïdes, susceptibles de donner du sable par leurs débris et ne se réduisant pas en bouillie ou en pâte en présence de l'eau. Ce fait paraît dû à ce que les dernières sont généralement plus solubles. MM. de Montdésir (1) et Bernard (2) ont insisté sur la possibilité d'apprécier l'assimilabilité du calcaire par le dégagement d'acide carbonique résultant de son attaque par les acides. MM. Houdaille et Semichon ont repris cette idée et lui ont fait faire un très grand progrès. Pour eux, «les différences très marquées constatées dans les vitesses d'attaque des terres calcaires peuvent s'expliquer par deux causes distinctes : 1° le calcaire est plus divisé et présente une plus grande surface d'attaque; 2° à égalité de surface, les diverses variétés de calcaire peuvent présenter une vitesse d'attaque spécifique différente. Nous appelons, disent-ils, *vitesse d'attaque spécifique* d'un calcaire le poids en milligrammes de carbonate de chaux dissous par seconde et par centimètre carré dans l'attaque de la roche par l'acide chlorhydrique normal à 22° Baumé, étendu de trois fois son volume d'eau (3).» Pour arriver à déterminer la vitesse d'attaque spécifique, MM. Houdaille et Semichon ont dû d'abord mesurer la surface extérieure des particules calcaires ; ils y sont arrivés par une méthode qu'ils ont exposée dans le mémoire précité. Ils ont ensuite mesuré la vitesse d'attaque par les acides au moyen d'un appareil enregistreur qui fournit les éléments de la courbe de dégagement de l'acide carbonique. On peut ainsi comparer les courbes obtenues avec des terrains dont les aptitudes sont bien connues, avec celles que donneront d'autres sols dont on voudra préjuger les possibilités d'adaptation.

« Parmi les divers éléments caractéristiques de l'état physique du calcaire, concluent MM. Houdaille et Semichon, la *vitesse d'attaque*

(1) De Montdésir. — *Sur le dosage du calcaire actif dans les terres*, in *Comptes rendus de l'Acad. des Sc.*, 1887, tom. CIV.

(2) Bernard. — *Le calcaire, sa détermination et son rôle dans les terres arables.* Bureaux du *Progrès agricole*, Montpellier et Villefranche, 1892.

(3) F. Houdaille et L. Semichon. — *Mesure de la vitesse d'attaque spécifique des diverses variétés de calcaire*, in *Rev. de Vitic.*, tom. II, pag. 57.

du sol calcaire paraît être celui qui est le plus directement lié au développement de la chlorose. Cette vitesse d'attaque est, en effet, liée à la fois au taux du calcaire et à la valeur de sa vitesse d'attaque. Une vitesse d'attaque de la terre calcaire supérieure à 20 indique une chlorose meurtrière : de 10 à 20, la chlorose est intense ; elle peut se développer avec une gravité fort variable dans certains sols caractérisés par des vitesses s'abaissant jusqu'à 2. Au-dessous de la vitesse 1, la chlorose n'est généralement pas à redouter (1). »

Mais la vitesse d'attaque du calcaire n'est pas toujours suffisante pour expliquer les faits constatés, la présence dans le sol de l'humus capable de fournir l'acide carbonique susceptible d'attaquer le calcaire et celle de l'eau qui le dissout contribuent puissamment, comme on le comprend, au résultat. La plupart des sols chlorosants des Charentes contiennent une proportion élevée d'humus qui a varié, d'après les analyses de M. Chauzit, de 0,412 à 0,803 pour cent. Plusieurs sols chlorosants, à faible dose de calcaire, ont été trouvés particulièrement riches en humus (2). Quant aux effets dus à la présence de l'eau dans le sol, ils ont été étudiés par MM. Houdaille et Mazade : « L'étude d'un certain nombre de vignobles du département de l'Hérault, dans lesquels la chlorose s'est manifestée brusquement à divers degrés à la suite des pluies du mois de mai 1894, nous a montré que, toutes choses égales d'ailleurs, les manifestations de la chlorose sur un même cépage n'étaient pas directement liées à la teneur en humidité du sol évaluée sous la forme où elle est généralement exprimée dans les analyses physiques ou mécaniques des sols.

» Nous proposons de substituer à la détermination de l'humidité du sol exprimée en grammes pour 100 grammes de sol humide, l'évaluation du *rapport de la quantité d'eau exprimée en grammes contenue dans 100 centimètres cubes du sol au volume de l'espace vide exprimé en centimètres cubes contenu dans 100 centimètres cubes du sol en place tassé naturellement*. Ce dernier rapport exprime plus exactement l'état de saturation du sol par les eaux pluviales : il est, par suite, lié plus directement au pouvoir chlorosant des sols calcaires (3). »

Enfin, la présence de l'argile, très intimement unie au calcaire,

(1) *Loc. cit.*, pag. 345.

(2) Houdaille et Semichon ; *loc. cit*, pag. 345.

(3) F. Houdaille et M. Mazade. — *Influence de la distribution de l'humidité dans le sol sur le développement de la chlorose de la vigne en sol calcaire. Rev. de Vitic.*, tom. II, pag. 87.

paraît être une cause très efficace dans l'activité dangereuse du carbonate de chaux vis-à-vis des vignes américaines calcifuges. Certaines terres, telles que les marnes bleues des environs de Montpellier, qui renferment plus de 35 °/₀ de calcaire, par exemple, portent des *Riparia* qui ne jaunissent pas, même greffés.

En résumé, en tenant compte des divers éléments qui ont été indiqués précédemment, on peut arriver, au moyen des appareils calcimétriques, à se faire une idée assez exacte des chances de chlorose par le calcaire que peut offrir un terrain donné ; nul doute que, lorsque les études en cours actuellement auront été poussées plus loin, on n'y arrive parfaitement

Mais la présence du calcaire dans le sol ne paraît pas être la seule cause de l'altération que nous étudions. Parfois elle a un caractère plutôt accidentel ; elle ne fait son apparition que dans certaines années et disparaît souvent pendant l'été ; elle paraît alors dépendre surtout de conditions physiques spéciales du sol et être sous l'influence des circonstances météorologiques. Son action s'ajoute souvent à celle de la cause indiquée précédemment, pour en augmenter les effets, ainsi que cela a eu lieu sur un grand nombre de points en 1890, mais particulièrement dans les terrains crayeux des Charentes.

Nous avons cherché, dans un mémoire publié il y a quelques années (1), à déterminer les causes de cette dernière forme de chlorose, et nous avons été amené à envisager les choses comme il suit : si l'on examine les terres où les vignes américaines ne jaunissent jamais, on peut observer que, quelle que soit leur coloration, elles présentent le caractère commun de s'échauffer plus que les autres ; il est donc permis de supposer que l'immunité dont jouissent les vignes, quant à la chlorose, dans les terres rouges ou brunes, et qui a frappé dès le début l'attention des viticulteurs, est due à ce que ces dernières absorbent mieux les rayons caloriques, grâce à leur coloration foncée, et non, comme on l'avait supposé, à la présence du fer parmi leurs éléments. L'expérience suivante, faite à l'Ecole d'agriculture de Montpellier en 1880, confirme pleinement cette hypothèse : une planche d'*Herbemont* (V. ÆSTIVALIS), qui jaunissait habituellement, a été divisée en carrés dont plusieurs ont été recouverts d'une couche de $0^m,05$ d'épaisseur de débris de coke lavés à l'acide chlorhydrique, de manière à les débarrasser de tous les éléments solubles qu'ils renfermaient. A la suite de cette opération, qui avait été effectuée en hiver, des différences notables ne tardèrent pas à se

(1) G. Foëx. — *Sur les causes de la chlorose chez l'Herbemont.* (*Annales de l'Ecole nationale d'agriculture de Montpellier*, tom. II). Montpellier, C. Coulet, 1883.

manifester entre les divers lots : tandis que dans ceux qui n'avaient subi aucune modification les vignes restaient chlorosées, elles devenaient au contraire vertes dans les carrés où l'on avait appliqué des débris de coke. Des thermomètres souterrains du système Crova, établis à $0^{m},25$ de profondeur dans ces divers milieux, accusaient en même temps des températures plus élevées dans les lots noircis que dans les autres, et l'on constatait enfin que l'apparition des jeunes racines de l'année précédait de plus d'un mois, dans les terres noircies, celle des mêmes organes dans le sol non modifié. En résumé, en changeant la coloration de la couche superficielle du sol, on a augmenté la quantité de chaleur qu'il a absorbée, et les vignes qui y étaient plantées ont cessé de jaunir.

Ces faits peuvent s'interpréter de la manière suivante : la végétation extérieure de la vigne, qui est sous la dépendance de la température de l'atmosphère, commence simultanément dans les vignes de même cépage, situées sur des terres de couleur foncée et sur celles de couleur claire. Elle est bientôt suivie, dans les premières, par l'apparition des jeunes racines, qui absorbent activement les matériaux nécessaires pour subvenir au rapide développement de la plante ; dans les dernières, au contraire, la naissance des jeunes racines ayant lieu plus tardivement, lorsque la vigne a épuisé la plus grande partie des matériaux qu'elle avait en réserve pour la formation de nouveaux organes, la chlorophylle cesse de se former et paraît même se résorber pour subvenir aux besoins immédiats de la plante.

Si les choses sont ainsi qu'il vient d'être dit, on conçoit que les circonstances météorologiques doivent exercer une influence considérable sur le développement de la chlorose dans les vignobles situés sur les terres qui s'échauffent difficilement et sur ceux qui y sont prédisposés par la nature calcaire de leur sol ou de leur sous-sol. C'est effectivement ce qui paraît ressortir des observations relevées depuis le commencement de 1884, sur la marche de cette maladie dans les vignes de l'Ecole d'agriculture de Montpellier, dont le terrain, en grande partie argileux et froid (marnes bleues), réalise les conditions précédemment indiquées si on les rapproche des documents recueillis à l'observatoire météorologique de l'Ecole et que nous avons groupées dans le tableau ci-après (1) :

(1) Voir : G. Foëx. — *Note relative aux circonstances météorologiques qui ont influé sur la marche de la chlorose des vignes américaines à l'Ecole nationale d'agriculture de Montpellier pendant les années* 1884, 1885, 1886, 1887, 1888, 1889 et 1890. (*Annales de l'Ecole nationale d'agriculture de Montpellier*, tom. V). Montpellier, C. Coulet, 1890.

SOMMES DES TEMPÉRATURES DU SOL A 0m25 PENDANT LES MOIS DE MARS, AVRIL, MAI ET JUIN, EN 1884, 1885, 1886, 1887, 1889 ET 1890

ANNÉES	SOMMES des températures du sol	ÉTAT DES VIGNES au printemps	DIFFÉRENCES avec 1884
1884	1795.2	Bon	»
1885	1755	Passable	— 40°
1886	1722.7	Mauvais	— 72.5
1887	1722.4	Mauvais	— 72.8
1888	1721.9	Mauvais	— 73.3
1889	1719.7	Mauvais	— 75.5
1890	1718.8	Mauvais	— 76.2

L'ordre ci-dessus établi correspond bien aux données générales résultant de l'observation des vignes au printemps pendant la période correspondante. Le printemps de 1884, où le sol a été le plus chaud, est celui où l'état des vignes a été le meilleur; celui de 1885, où la somme des températures a été moindre de 40°, a été moins bon mais encore passable; ceux enfin de 1888, 1887, 1889, 1886 et 1890, dont les sommes de températures ont été de 72°,5 à 76°,2 plus basses que celle de 1884, ont été mauvais; mais, parmi ces derniers, trois l'ont été plus particulièrement : ce sont ceux de 1887, de 1889 et de 1890. Ce fait paraît pouvoir être attribué à l'écart plus considérable qui s'est produit, ces trois années, entre la température de l'atmosphère et celle du sol, écart que manifestent les nombres renfermés dans le tableau ci-après, et dont nous avons expliqué précédemment l'importance.

DIFFÉRENCE ENTRE LA TEMPÉRATURE DU SOL ET CELLE DE L'AIR PENDANT LES PRINTEMPS 1884, 1885, 1886, 1887, 1888, 1889 ET 1890

ANNÉES	MOYENNE des maxima par jour	MOYENNE des minima par jour	MOYENNE des minima et des maxima par jour	MOYENNE des températures du sol par jour	DIFFÉRENCE entre la température du sol et celle de l'air
1884 . .	21.28	8.78	14.99	14.75	0.24
1885 . .	21.18	8.66	14.92	14 38	0.54
1886 . .	21 08	8.63	14.82	14.09	0.73
1887 . .	22.02	7.99	15.00	14.11	0.89
1888 . .	21.59	8.12	14.85	14.11	0 74
1889 . .	21.62	8.56	15.09	14.11	1.98
1890 . .	22.44	8.85	15.64	14.12	1.52

Les printemps des six années considérées se classent alors de la manière suivante :

Années.	Différence moyenne par jour entre la température du sol et celle de l'air
1884	0.24
1885	0.54
1886	0.73
1888	0.74
1887	0.89
1890	1.53
1889	1.98

Cet ordre est sensiblement le même que celui dans lequel l'état des vignes pendant cette saison permet de ranger ces années ; l'année 1890 doit cependant être classée la dernière et non l'avant-dernière au point de vue de l'état de santé des vignes, ce qui paraît résulter du déficit considérable qui s'est produit quant à la température du sol.

Si l'on continue à suivre la marche de la chlorose pendant les étés de cette période, on peut observer que les vignes ont continué à être vertes en 1884 et qu'elles ont plus ou moins reverdi pendant l'été en 1885, 1886, 1887, 1889 et en 1890; la maladie n'a persisté jusqu'à la fin qu'en 1888, année où la somme de température du sol pendant les mois de juillet, août et septembre est restée notablement inférieure à celle des autres.

SOMMES DES TEMPÉRATURES DU SOL A 0m,25 PENDANT LES MOIS DE JUILLET, AOUT ET SEPTEMBRE 1884, 1885, 1886, 1887, 1888, 1889 ET 1890

ANNÉES	JUILLET	AOUT	SEPTEMBRE	TOTAUX
1884. . .	752.60	771.30	748	2271 90
1885. . .	721.40	739.40	559.50	2020.30
1886. . .	738.40	709.80	631.50	2079.70
1887. . .	773.30	758.90	617.90	2150 10
1888. . .	623.40	639.70	588.80	1851.90
1889. . .	709.80	720.50	617.50	2047.80
1890. . .	714.70	750.30	594.50	2059 50

En résumé, il semble résulter de ce qui précède : 1° que la chlorose, lorsqu'elle n'est pas due à la présence dans le sol de certaines formes de calcaires, est la conséquence d'une température trop basse du sol et d'un trop grand écart, au printemps, entre la température de la terre et celle de l'air ; 2° que, dans ces conditions, cette maladie disparaît en été lorsque le sol s'échauffe suffisamment pendant cette saison ; 3° que l'insuffisance de la température du sol et un trop grand écart entre la température du sol et celle de l'atmosphère ; 4° enfin de l'humidité du sol, qui favorise la dissolution du calcaire et en détermine le refroidissement, sont des causes d'aggravation de l'état chlorotique résultant de la présence du calcaire dans le sol.

Moyens de combattre la chlorose

a. *Dans les terrains calcaires.* — On a proposé à maintes reprises, comme moyen de combattre la chlorose des vignes dans les terrains calcaires, l'emploi du fer, parce que l'on pensait, à tort (1), que c'était le défaut de cet élément qui déterminait le mal; dans cet ordre d'idées, on a essayé vainement d'appliquer au pied des vignes mala-

(1) G. Foëx. — *Sur les causes de chlorose de l'Herbemont ; loc. cit.*

des des oxydes de fer (*hématite* ou autres) et même d'y enfouir de la limaille de fer, des fragments de tôle, de fer-blanc, etc. On a fait également usage du sulfate de fer (couperose verte), qui a donné des résultats beaucoup meilleurs. Ce dernier sel peut être employé, soit dans le sol, soit sur la plante.

La manière la plus pratique et la plus efficace de l'appliquer dans le sol consiste à l'enterrer à la fin de l'hiver, à la dose de 0 k. 300, 0 k. 500 ou même 1 kilo, au pied des souches malades ; l'addition du fumier de ferme, des tourteaux ou d'autres engrais actifs augmente généralement les résultats. On peut aussi, lorsqu'on est surpris par le mal au commencement de l'été, employer le sulfate de fer dissous à la dose de 0 k. 100 à 0 k. 130 dans 10 à 12 litres d'eau par pied (1).

Il y a lieu de supposer que le sulfate de fer agit dans ce cas, en transformant une partie du carbonate de chaux du sol en sulfate (2), sel qui n'est pas nuisible aux vignes américaines (3) ; cependant, ce mode d'action est contesté par certains auteurs (4) et les effets surprenants de l'application de ce sel par le procédé Rassiguier, dont nous allons parler, font également naître quelques doutes à cet égard.

On a proposé également d'employer le sulfate de fer dissous à 2 %, en aspersion sur les feuilles, lorsque la vigne est en végétation. Ce procédé, indiqué d'abord par Eusèbe Gris et Arthur Gris, rappelé par M. A. Du Breuil, a été repris et appliqué en grand, en 1887, sous le nom de procédé de Bize, par M. Paul Narbonne (5). Les résultats obtenus par ce moyen sont moins sûrs et ordinairement moins accusés que lorsqu'on a recours à l'enfouissement de ce sel au pied des souches dans le sol.

Enfin, plus récemment, M. le Dr Rassiguier a proposé une méthode d'application du sulfate de fer, différente encore des précédentes, et qui a donné des résultats qui ont vivement attiré l'attention ces der-

(1) Max. Tord. — *Expériences contre la chlorose des vignes en terre de Champagne. Progr. agric.*, 4e année, 1er semestre, pag. 223 ; et A. Bernard : *Chlorose et sulfate de fer. Progr. agric.*

(2) A. Bernard. — *Rôle du fer en sol calcaire. Progr. agric.*, 9e année (1892), 2e sem., pag. 36, 57, 83, 109, 154, 175, 200.

(3) B. Chauzit. — *Les vignes américaines en terrain gypseux. Progr. agric.*, 9e année (1892), 2e sem., pag. 460.

(4) G. Coutagne. — *La chlorose des vignes traitée par le sulfate de fer. Progr. agric.*, 9e année (1892), 2e sem., p. 341. — A. Audoynaud. — *A propos de la chlorose. Progr. agric.*, 9e année (1892), 1er sem., pag. 253.

(5) Arthur Gris. — *Recherches microscopiques sur la chlorophylle. Annales des Sc. nat.*, 4e série, tom. VII, 1857, pag. 179. — Paul Narbonne. — *Procéde de Bize contre la chlorose. Progr. agric.*, 4e année (1887), tom. VIII. — Audibert. — *Le sulfate de fer contre la chlorose. Progr. agric.*, 4e année (1887), tom. VIII, pag. 153.

nières années ; voici en quoi elle consiste d'après lui-même : «Tailler les souches les plus malades dans la seconde quinzaine d'octobre, sans attendre la chute totale des feuilles, et traiter immédiatement au moyen d'un fort pinceau chargé d'eau saturée de sulfate de fer. Ne pas craindre la couleur plus ou moins foncée du courson après ce badigeonnage ; quelques coursons non aoûtés pourront succomber, mais généralement de nouvelles pousses pleines de vigueur les remplaceront.

»Traiter le plus tôt possible, à partir de cette époque, toutes les vignes avec la même solution (1).»

Divers essais faits à des époques variées, notamment par M. Martin (2), tendent à démontrer que les badigeonnages qui donnent les meilleurs résultats sont ceux faits en automne et au printemps, qui peuvent d'ailleurs être mis au même rang au point de vue de leur efficacité.

En résumé, l'emploi du sulfate de fer comme moyen de combattre la chlorose des terrains calcaires est véritablement efficace et susceptible de donner des résultats suffisants dans la pratique, lorsque la quantité de calcaire actif renfermée dans le sol n'est pas trop élevée. Le procédé Rassiguier, qui est le plus facile et le moins coûteux, est évidemment celui qui devra être préféré partout où il se montrera d'une efficacité suffisante ; dans d'autres milieux on pourra essayer d'en aider les effets en enfouissant en outre le sulfate de fer en cristaux dans le sol. Mais la solution la plus sûre et la plus économique de la question de la chlorose, lorsqu'on est en présence d'un vignoble à reconstituer, est certainement l'emploi des porte-greffes résistant au calcaire (voir pag. 501).

b. *Dans les sols froids et humides*. — Les meilleurs moyens à employer pour diminuer les effets de la chlorose dans les terrains froids et humides sont les suivants : 1° le drainage et le nivellement du sol et l'exécution de bons défoncements avant la plantation, de manière à empêcher le séjour prolongé des eaux qui contribue toujours à refroidir la terre et à dissoudre le calcaire ; 2° l'application d'engrais actifs, tels que le fumier de cheval, le crottin de mouton, la fiente de volailles, les tourteaux additionnés de sulfate de potasse,

(1) Dr Rassiguier. — *Traitement radical de la chlorose. Progr. agric.*, 9e année (1892), 2e sem. — *Id.* — *A propos du badigeonnage par le sulfate de fer pour le traitement de la chlorose. Progr. agric.*, 10e année (1893), 2e sem., tom. XX, pag. 140. — Paul Narbonne.— *La chlorose et le procédé Rassiguier.* — *Progr. agric.*, id., pag. 385.

(2) L. Degrully. — *Traitement de la chlorose par le badigeonnage au sulfate de fer. Progr. agric.*, 11e année (1894), 2e sem., tom. XXII, pag. 335.

etc., qui permettent à la plante de se créer des réserves considérables; 3° enfin des façons culturales fréquentes et soigneusement exécutées qui activent la végétation.

B. **Apoplexie ou folletage.**— On appelle *apoplexie* ou *folletage* de la vigne un accident qui survient ordinairement en juillet et en août à des vignes jusqu'alors bien portantes et vigoureuses, sans qu'aucun symptôme précurseur puisse le faire prévoir; on voit tout à coup, sur des ceps isolés les uns des autres, ou quelquefois sur des pièces de vignes tout entières, les feuilles perdre leur éclat, la turgescence qu'elles possèdent habituellement disparaît, elles se fanent et périssent; les sarments se sèchent de haut en bas, et bientôt la souche tout entière meurt. D'autres fois, ces phénomènes ne se produisent pas avec une intensité suffisante pour amener ce dénouement, une portion seulement de la plante est atteinte et le reste demeure en vie; mais l'ensemble en reçoit toujours un ébranlement considérable et dont les effets sont généralement irrémédiables.

C'est surtout dans les sols riches et profonds, dans ceux qui sont frais, à peu de distance de couches aquifères, dans ceux qui par leur nature sont peu perméables et après une année très pluvieuse, que l'apoplexie est particulièrement à craindre, d'après M. H. Marès (1); elle se manifeste également en Algérie sous l'action du siroco.

L'*Aramon* et le *Terret* parmi les cépages languedociens, le *Furmint* de Tokai, le *Grollot* de la Touraine et le *Catawba* d'Amérique sont ceux qui y sont le plus sujets, mais aucune vigne n'échappe à son action.

Cette maladie est très anciennement connue ; elle est décrite dans le «Rustican» de Pierre Crescenzi (1300) ; — les paysans de l'Hérault qualifient depuis longtemps de *foullétadas* les vignes qui en sont atteintes, pensant qu'elles ont succombé à l'action d'un tourbillon ;— mais ce n'est que récemment que l'on a cherché à en trouver les causes. M. Leclerc, à la suite de la mort presque instantanée, en 1878, d'un grand nombre de pieds de vignes très vigoureux, entreprit, à la station agronomique de Métray, quelques recherches sur les faits qu'il avait observés. L'explication qu'il en donne est la suivante: «Il est tombé cette année une forte quantité d'eau, qui d'une part empêche l'échauffement rapide du sol, et d'autre part tend à saturer l'atmosphère de vapeur d'eau. D'un autre côté, le ciel de la Touraine a été presque constamment couvert. La végétation de la vigne eut lieu pour ainsi dire à l'ombre, et, dans ces conditions, les tissus de la

(1) *Les vignes du midi de la France; loc. cit.*, pag. 371.

plante n'ont pas acquis la résistance qu'ils auraient eue si le soleil avait donné plus souvent. Les tissus sont gorgés d'eau. L'atmosphère ayant été aussi relativement humide, l'évaporation de la plante, c'est-à-dire l'eau qu'elle laisse échapper par ses feuilles et ses tiges, a dû être faible, puisque la plante évapore moins dans l'air humide que dans l'air sec. Les expériences du célèbre physiologiste M. Sachs ont prouvé aussi que la transpiration augmente lorsqu'on élève la température du sol. Conséquemment, la circulation de l'eau à travers les racines et le bois a dû être lente, puisque l'évaporation l'était elle-même. Un régime de circulation d'eau dans les racines s'est pour ainsi dire établi, réglé, d'après l'activité de la transpiration. Qu'on suppose maintenant qu'à un instant donné le soleil frappe de ses rayons brûlants le feuillage très développé de la vigne. L'air s'échauffe, devient moins humide, se dessèche, en un mot, et par cela même détermine un accroissement dans la transpiration d'autant plus énergique que la température sera plus élevée, que l'air sera moins saturé de vapeur. Et comme la quantité d'eau perdue par les feuilles ne peut être instantanément remplacée en totalité par celle que les racines absorbent (à cause du régime de circulation établi), les feuilles et les jeunes tiges cèdent les liquides de leurs tissus, se fanent et périssent si la perte d'eau atteint une certaine limite. Ce serait donc un excès d'évaporation déterminée par un coup de soleil et la variation brusque de l'état hygrométrique de l'air qui en est la conséquence, qui occasionnerait le dépérissement observé, et c'est pour cette raison que je considère ce fait comme un accident physiologique et non comme une maladie.»

M. Saint-André, ancien chef des travaux chimiques à l'Ecole d'agriculture de Montpellier, qui a entrepris à peu près à la même époque des études sur le folletage (1), conclut dans le même sens que M. Leclerc ; pour lui, « le folletage de la vigne est une maladie produite par la transpiration de la plante, qui évapore plus d'eau par les feuilles qu'il n'en arrive par la tige.»

Il a reconnu que «l'élévation lente et progressive de la température de l'air et du sol activait à la fois la transpiration des feuilles et l'absorption de l'eau par les racines. Quand le bois ne conduit pas suffisamment l'eau pour remplacer celle qui s'évapore par suite de l'échauffement de l'atmosphère ambiante, le premier phénomène est plus intense que le second ; l'évaporation croît plus rapidement que l'absorption et les caractères du folletage ne tardent pas à se manifester sur la plante.

(1) Voir: *Journal de l'Agriculture*, année 1892, tom. IV, n^{os} des 21 et 28 octobre 2 et 9 décembre.

»Au contraire si, comme cela arrive parfois dans les contrées méridionales, l'élévation de la température de l'air est rapide, elle provoque l'évaporation d'une plus grande quantité d'eau par les organes foliacés et une diminution de la poussée des racines, c'est-à-dire que l'absorption et l'évaporation de l'eau marchent en sens inverse, et, si la température continue d'augmenter, il arrive un moment où les racines cessent de maintenir, à la surface des organes transpirateurs, la couche d'eau indispensable à leur fonctionnement ; à cet instant, la quantité d'eau évaporée par la vigne est notablement inférieure à celle qu'elle est capable de transpirer dans d'autres conditions. Si la température ne demeure pas stationnaire, les cellules des feuilles perdent leur eau de constitution, et le cep présente tous les indices du folletage.»

En résumé, comme on le voit par ce qui précède, l'apoplexie paraît être le résultat de la rupture de l'équilibre qui doit exister entre la fonction de l'absorption de l'eau par les racines et celle de la transpiration des feuilles. Cet accident serait déterminé par des changements considérables survenus dans la température de l'atmosphère, dans son état hygrométrique, ou enfin par le fait d'une action lumineuse très intense qui développe d'une manière exagérée la transpiration.

On ne connaît jusqu'ici aucun remède à l'apoplexie ; les vignes qui en sont atteintes doivent être arrachées et remplacées, lorsqu'elles ne sont que partiellement desséchées, parce qu'elles reprennent rarement ensuite, même avec des soins assidus, leur vigueur première. Le drainage peut seulement diminuer, dans certaines circonstances, les chances de folletage en régularisant les conditions d'humidité du sol.

C. **Rougeot.** — Le *rougeot* est une maladie qui semble, par les conditions qui lui donnent naissance et par l'ensemble de ses effets, se rapprocher de l'*apoplexie ;* comme cette dernière, il atteint la vigne lorsqu'elle est en pleine végétation, au moment des premières chaleurs, et il sévit plus particulièrement dans les terrains profonds et frais. Thiébaut de Berneaud (1) dit qu'il se produit «pendant l'été, après une pluie froide, un orage qui fait baisser subitement la température, ou bien un brouillard, et auxquels succèdent des vents chauds du sud» ; ce sont bien là encore des circonstances qui, comme nous l'avons vu, déterminent l'apoplexie.

M. Marès décrit ainsi la maladie qui nous préoccupe : «Les feuilles

(1) *Nouveau Manuel complet du Vigneron français,* pag. 186. (*Manuels Roret*).

commencent par s'altérer, elles se parcheminent et perdent leur souplesse; leur parenchyme devient rouge, tandis que les nervures restent encore vertes, ce qui leur donne une apparence toute particulière; les raisins se flétrissent, le sarment reste jaune. Si la maladie s'aggrave encore, les feuilles se dessèchent entièrement, et le sarment meurt partiellement, en se nécrosant de l'extrémité à la base. Il est quelquefois atteint sur un seul côté, qui devient brun, tandis que le reste se conserve vert.

»On voit fréquemment, à l'arrière-saison, les souches ainsi attaquées de rougeot repousser de jeunes rameaux sur les sarments.

»Les ceps malades du rougeot ne meurent point, comme dans le cas de l'apoplexie, mais ils sont fort maltraités, et leur fertilité naturelle diminue considérablement. Ils ne la reprennent qu'au bout de quelques années.»

Le drainage paraît être, comme pour l'apoplexie, le meilleur moyen de diminuer les chances de développement de cette maladie. Lorsqu'elle a atteint des vignes, on doit se borner, si les sarments n'ont pas péri, à les tailler court; si la souche a beaucoup souffert, il vaut mieux la receper au pied et la greffer; on reconstitue ainsi promptement un cep fertile et vigoureux. Il est utile, dans tous les cas, de répéter fréquemment les façons d'été et de soufrer énergiquement, afin de donner toute l'activité possible à la végétation.

D. **Maladie pectique.** — MM. Sauvageau et Perraud ont signalé, en 1894 (1), une maladie qui a fait son apparition dans le Beaujolais vers le 15 mai 1894 et sur un grand nombre de points à la fois. Elle se manifeste, d'après ces auteurs, par les caractères suivants : un certain nombre de feuilles de la base des sarments présentent, sur le limbe, des places d'abord d'une couleur plus sombre, puis se transforment en taches d'un rouge vineux. Ces taches, qui se forment d'abord entre les nervures, se réunissent bientôt plusieurs ensemble par leurs bords et recouvrent des portions notables du limbe. Elles entourent fréquemment la feuille d'une zone rouge plus ou moins large, tandis que la partie centrale reste verte. La maladie ressemble alors au *rougeot*. Elle en diffère cependant en ce que, dans le cas de la «*maladie pectique*», le bord rouge du limbe se décolore peu à peu et prend la teinte feuille morte, il se dessèche ensuite en se redressant et en formant une sorte de gouttière. Beaucoup de feuilles ayant tout leur pourtour relevé sont disposées en cuvette. Le limbe

(1) C. Sauvageau et J. Perraud. — La «*Maladie pectique*» *de la vigne*, in *Revue de viticulture*, tome II, pag. 9.

se détache ensuite du pétiole et le pétiole lui-même tombe à son tour. Tandis que certaines parties de la feuille rougissent, le reste, tout en conservant la teinte verte, devient plus sombre et plus terne, indice d'un état de souffrance. Chez les cépages à raisins blancs, la teinte rouge est remplacée par le jaune pâle.

Ce sont généralement les trois ou quatre, quelquefois les cinq ou six feuilles inférieures des sarments qui sont ainsi détruites, leur disparition entraîne le plus souvent un ralentissement sensible dans la végétation.

Les jeunes grappes du bas des sarments sont également altérées. Les fleurs et les jeunes grains brunissent et se détachent de leur pédicelle ; puis la grappe elle-même se désarticule par fragments, ou toute entière ; quelquefois elle se dessèche sur place.

Il résulte de l'étude faite par MM. Sauvageau et Perraud des lésions qui se produisent dans les tissus aux points où ont lieu les désarticulations qu'elles sont dues à la dissociation des cellules du parenchyme mou, voisin des vaisseaux, et de celles du collenchyme par suite de la disparition de la lamelle pecticque interposée entre les cellules. La maladie pectique paraîtrait donc due, d'après les auteurs précités, à une circulation défectueuse de la sève qui entraînerait les altérations que nous venons d'indiquer : ce n'est pas une maladie parasitaire ; elle paraît se produire dans des conditions de sécheresse exceptionnelles du sol et de l'atmosphère.

M. P. Viala et l'auteur de ces lignes ont cru reconnaître, en juillet 1894, la maladie pectique dans un vignoble des environs de Montpellier, dont ils avaient déjà observé les vignes malades l'année précédente. Ce vignoble, situé sur des coteaux caillouteux et très secs, avait perdu une partie de sa récolte ; des expériences sur divers engrais y donnaient lieu à l'observation suivante : les parties traitées au fumier de ferme étaient beaucoup moins atteintes que celles où on avait appliqué des engrais chimiques, tels que chlorure de potassium, nitrate de soude, etc.

En résumé, il semble jusqu'à présent que la maladie pectique peut être regardée plutôt comme une sorte d'accident que comme une affection très dangereuse et de longue durée. Tous les moyens susceptibles d'empêcher le desséchement du sol (bons défoncements, binages fréquents, paillis de fumier, engrais conservateurs de l'humidité) doivent être employés pour la combattre ; l'emploi des engrais chimiques salins semble, au contraire, devoir être évité à cause de l'action desséchante qu'ils peuvent exercer sur le milieu ambiant.

CHAPITRE XVI

Sommaire. — Parasites végétaux de la vigne : oïdium tuckeri ; anthracnose ; black rot ou rot noir ; rot blanc ; mildew ; pourridié ; fumagine ; gelivure ; cuscute, etc.

I. — PARASITES VÉGÉTAUX

Les attaques des parasites végétaux de la vigne constituent l'un des dangers les plus sérieux qui menacent les récoltes de cette plante ou quelquefois même son existence. Un certain nombre d'entre eux paraissent fort anciens en Europe : tels sont ceux qui donnent lieu à l'*anthracnose* et au *pourridié* et la *cuscute* ; d'autres, au contraire, semblent y avoir été importés successivement depuis une cinquantaine d'années, comme l'*oïdium*, le *peronospora* ou *mildew*, le *black-rot*, le *coniothyrium*.

Tous ces parasites, sauf la *cuscute*, sont des *cryptogames* et présentent par conséquent ces caractères de propagation très rapide et de multiplication extraordinairement abondante qui sont le propre de ce groupe de plantes et qui ont déterminé en plusieurs circonstances, dans un temps relativement court, l'invasion complète des vignobles de l'ancien continent. La plupart possèdent, en outre, dans leurs formes et dans leur génération, un polymorphisme éminemment favorable à leur permanence au milieu des variations climatériques les plus grandes. Ce sont des ennemis extrêmement dangereux, malgré leur faiblesse individuelle, à cause de leur nombre et de la facilité de leur adaptation à des milieux très divers.

A. **Oïdium Tuckeri** (1).

1° Historique de la maladie

C'est en 1845 qu'un jardinier anglais, du nom de Tucker, observa pour la première fois l'*oïdium* dans les serres à raisin de Margate,

(1) Bibliographie. — **J. Berkeley** ; *Sur une nouvelle espèce d'oïdium, O. Tuckeri, parasite de la vigne* (Gardner's Chronicle), 1847 et 1848, — **Duchartre** ; *Rapport sur les moyens de combattre le champignon*, etc. (*Monit. Univers.*, 9 septembre 1850). — **Guérin-Menneville** ; *Observations sur la maladie de la vigne* (Comptes

localité située près de l'embouchure de la Tamise; en 1847, M. J. Berkeley attribuait le mal à une cryptogame qu'il décrivait, et à laquelle il donnait le nom d'*Oïdium Tuckeri*. A peu près à la même époque, on le découvrait en France, dans les serres de M. le baron James de Rothschild, à Suresnes, d'où il se répandait d'abord dans les serres et treilles des environs de Paris, du Nord et de la Belgique. En 1860, le mal avait gagné les vignobles de la Seine et des départements voisins; on en constatait l'apparition dans la Gironde, à Lunel, en Espagne et en Italie. En 1851, l'invasion des vignobles d'Europe était à peu près générale; en 1852, 1853, 1854, 1855 et 1856, la situation dans le midi de la France devenait des plus critiques, la plus grande partie des récoltes était emportée par ce que l'on avait spontanément appelé *la maladie*, tant ses ravages impressionnaient les viticulteurs. Bientôt la généralisation de l'emploi du soufre, dont le mode d'application avait été étudié pendant ce temps, mit un terme à ces désastres; mais aujourd'hui encore, la maladie persiste, et il suffit, dans certaines contrées, de négliger les soufrages pour la voir reparaître.

rendus de l'Acad. des sc., 1850, 1851, 1852). – **Naudin**; *Maladie de la vigne, oïdium tuckeri, ses ravages en Angleterre, son remède* (Revue horticole, 1851).— **Gasparini**; *Memoria sulla malattia dell'uva*. 1851. — **Hugo Mohl**; *Sur la maladie du raisin* (traduit par Montagne, Bull. Soc. cent. agric., 1852, pag. 244, et 1853, pag. 455).— **Eug. Tisserand**; *Maladie de la vigne*. Paris, 1852, Ch. Savy. — **Amici**; *Sulla malattia dell'uva*, 1852.— **A. Targioni-Tozzetti**; *Opinioni et resultati degli studi sulla malattia dell'uva*, 1852. — **Esprit Fabre** et **Dunal**; *Observations sur les maladies régnantes de la vigne*, in Bull. de la Soc. d'Agric. de l'Hérault, 1853. — **Victor Rendu**; *De la maladie de la vigne dans le midi de la France et le nord de l'Italie*. Paris, imprim. Imp., 1853. — **Bouchardat**; *Traité de la maladie de la vigne*. Paris, veuve Bouchard-Huzard, 1853. — **Tulasne**; *Les pycnides du raisin*, in Comptes rendus de l'Acad. des Sc., octobre 1853. — **Id.**; *Nouvelles observations sur les Érysiphes*, in Annales des Sc. Nat., 1856, pag. 299. — **Henri Marès**; *Mémoire sur la maladie de la vigne*, in Bull. de la Soc. d'Agr. de l'Hérault, 1856. — **Id**; *Manuel pour le soufrage des vignes malades*. Emploi du soufre, ses effets. Montpellier, Séguin, 1856. — **Id.**; *Notes sur diverses questions concernant le soufrage des vignes*, 1858. — **Id.**; *Note sur la végétation de la vigne en 1859. Maladie de la vigne*. — **Id.**; *Le soufrage économique de la vigne*, 1862. — **Id.**; *Les vignes du midi de la France*, in Livre de la Ferme, tom. II. — **Barral**; *Guérison de la maladie de la vigne. Instructions sur le soufrage* (Rapport à la Société d'encouragement pour l'Industrie nationale, 1857). — **De Lavergne**; *Instructions pour servir au soufrage des vignes*, 1862, — **Von Thumen**; *Die Pilze des Weinstockes*, 1878. — **Docteur Franck**; *Die Krankheitein der Pflanzen*, 1880. — **P. Viala**; *Les maladies de la vigne*. Biblioth. du *Prog. agric.*, 3e édition, 1893.

2° Aspect des vignes atteintes par l'oïdium

Les vignes atteintes par l'*oïdium* ont un aspect languissant, la couleur de leur feuillage est terne; on voit sur toutes leurs parties vertes une efflorescence d'un blanc-grisâtre qui exhale une odeur de moisi caractéristique.

Si l'on examine les choses de plus près, on remarque les apparences suivantes sur les divers organes : les feuilles, arrivées à leur entier développement, sont marquées de plaques disséminées sur leurs deux faces et formées, les unes par une poussière blanche et grasse au toucher, les autres par une poussière grise (fig. 266). Les premières

Fig. 266.— Fragment de feuille attaquée par l'oïdium.

indiquent un mal encore récent, on retrouve, en les frottant avec le doigt, l'épiderme encore intact et vert en dessous; les secondes correspondent à un état de développement plus avancé de la maladie, la feuille est marquée, sous la poussière grise, de petites taches noires. Le parenchyme s'épaissit enfin et devient coriace et cassant. Les jeunes feuilles des extrémités des rameaux se crispent et se recoquillent. Ces altérations ont pour conséquence un fonctionnement imparfait de ces organes, qui entraîne un ralentissement dans la végétation et l'aspect languissant de la plante que nous avons signalé plus haut.

Fig. 267. — Sarment de vigne attaqué par l'oïdium.

Les jeunes rameaux herbacés sont parsemés de taches blanches, puis grises, comme celles des feuilles ; ces taches, d'abord séparées, finissent par devenir confluentes et par couvrir d'assez grandes surfaces du côté où le sarment est exposé au soleil. Au-dessous de ces plaques pulvérulentes se forme une empreinte correspondante sur l'épiderme, qui prend sur les surfaces où elle se manifeste une couleur jaune livide, puis brune (fig. 267). L'aoûtement s'effectue généralement d'une manière imparfaite sur les rameaux atteints par le mal ; lorsque ces derniers sont jeunes et que l'attaque est violente, ils noircissent, cessent de s'accroître et finissent quelquefois par sécher dans toute leur longueur ; enfin, des ramifications latérales peu vigoureuses se développent en grand nombre lorsque l'axe principal s'arrête sans que le sarment ait succombé.

Les grains de raisins subissent des altérations plus graves encore que les feuilles et les rameaux par suite de l'action de l'*oïdium*, et c'est la perte de récolte qui en résulte que l'on peut regarder presque toujours comme la plus fâcheuse conséquence de la maladie. Les jeunes grains, à peine noués, peuvent être envahis par la poussière blanche caractéristique de l'*oïdium* ; ils se dessèchent généralement alors bientôt après et tombent, ainsi que les pédicelles. D'autres fois, lorsqu'ils ont déjà acquis un certain volume, ils grossissent, mais d'une manière irrégulière ; certains points des couches extérieures, situés sous des plaques blanches plus épaisses, se marquent de taches livides plus brunes, la peau devient coriace et cesse de s'accroître dans ces endroits, alors qu'au contraire elle continue à s'étendre partout ailleurs. Il résulte de cette inégalité dans le développement des crevasses, tantôt superficielles (fig. 268) et qui découpent l'épiderme par places en forme de petits carrés ou rectangles, tantôt profondes jusqu'à mettre les graines à découvert (fig. 269). Lorsque le grain est ainsi ouvert de bonne heure et que le temps est beau, il sèche, et la récolte est perdue. Lorsque, au contraire, l'éclatement a lieu après la véraison, lorsque le sucre est formé dans les raisins, le

Fig. 268

Fig. 269

Fig. 268.— Grain de raisin fendu par l'oïdium, d'après M. H. Marès.
Fig. 269.— Raisin fortement attaqué par l'oïdium.

rendement diminue, mais les moûts se concentrent sous l'influence de la dessiccation, et on obtient des produits plus alcooliques. Les temps humides sont à redouter en ces circonstances, parce qu'ils entraînent facilement la pourriture ou le développement de moisissures (*Penicillium crustaceum*).

En résumé, la présence de l'*oïdium* dans une vigne amène un affaiblissement marqué dans la végétation, et une diminution et une altération de récolte qui peuvent aller jusqu'à la perte totale des produits utilisables.

3° Conditions favorables au développement de la maladie

Les conditions nécessaires au développement de l'*oïdium* sont la chaleur et l'humidité, ainsi que cela a lieu pour toutes les maladies cryptogamiques. Dans le cas de celle qui nous préoccupe, c'est l'élément chaleur qui semble jouer le rôle prédominant; l'humidité, bien que nécessaire, peut ne pas être abondante, contrairement à ce qui a lieu pour le mildew et surtout pour l'anthracnose. C'est l'humidité atmosphérique, c'est-à-dire à l'état de vapeur, telle que la donnent les vents marins, qui paraît la plus favorable au développement du mal ; les pluies abondantes qui lavent énergiquement les feuilles l'arrêtent le plus souvent.

D'après M. Marès (1), l'*oïdium* commence à se développer lorsque la température moyenne (c'est-à-dire la moyenne des *maxima* et *minima* de la journée) atteint de 11° à 12° centigrades. Il pousse rapidement lorsque la température moyenne se fixe à 20° et que l'atmosphère est humide. Une chaleur trop forte gêne sa croissance et même en détermine la mort : cet effet commence à se produire vers 38° ; à 45°, l'oïdium ne peut plus végéter et périt, mais ses débris peuvent le produire de nouveau si les conditions se modifient par la suite et reviennent favorables à son développement. La température de 45° se produit facilement dans le midi de la France et en Algérie, au niveau du sol, lorsque ce dernier est frappé par le soleil; aussi, les rameaux et les raisins qui traînent à terre sont-ils généralement préservés de la maladie.

4° Cause de la maladie

Ainsi que nous l'avons vu précédemment, dès le début de la maladie, Berkeley reconnut qu'elle provenait du développement d'un petit champignon qu'il considéra comme appartenant au genre *Oïdium* et auquel il donna le nom d'*Oïdium Tuckeri*; depuis lors, d'autres botanistes, Tulasne, Béranger, Trévisan, le rapportèrent au genre *Erysiphe*, de la famille des *Érysiphées*, qui fait partie du groupe des *Périsporiacées*, dans l'ordre des *Ascomycètes*.

L'*Erysiphe Tuckeri* est distinct de l'*E. communis*, que l'on trouve sur les liserons, les pois, etc., ainsi que le démontre l'impossibilité de faire passer ce dernier sur la vigne et réciproquement. On ne peut donc admettre que la maladie de la vigne soit le résultat d'une infection produite par la cryptogame du liseron, comme l'ont prétendu certains auteurs. Il est certain aujourd'hui que l'*E. Tuckeri* a été importé d'Amérique, et qu'il n'est qu'une forme conidifère de l'*Uncinula spiralis*, espèce américaine qui présente avec lui de grandes analogies (2) ; aucun document recueilli jusqu'ici ne semble tout au moins de nature à faire admettre l'existence de l'*oïdium* en Europe à une époque antérieure à la découverte de Tucker.

L'*Erysiphe* de la vigne tel que nous le connaissons en Europe est

(1) *Bull. de la Soc. d'agric. de l'Hérault*, 1856, pag. 203, 218, 304 et 310. *Les Vignes du midi de la France ; loc. cit.*, pag. 360.

(2) Voir : P. Viala. — *Les maladies de la vigne*, 3e édit , Montpellier, C. Coulet, 1893, pag. 30 et suiv.

formé : 1° d'un *mycélium* ou système végétatif (fig. 270 *m*), qui est l'équivalent de la tige et des racines des végétaux supérieurs, et formé de filaments fins, nombreux et ramifiés, en tubes non cloisonnés. Il couvre d'un réseau serré les parties envahies par le mal, sans

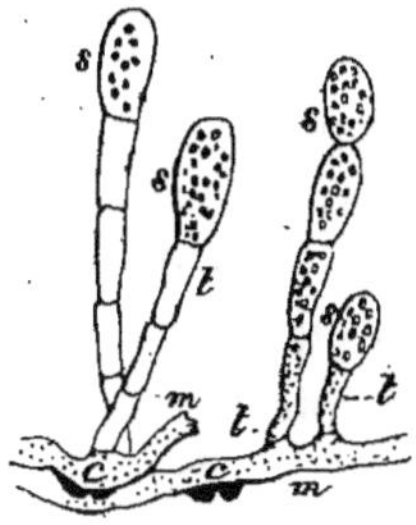

Fig. 270.

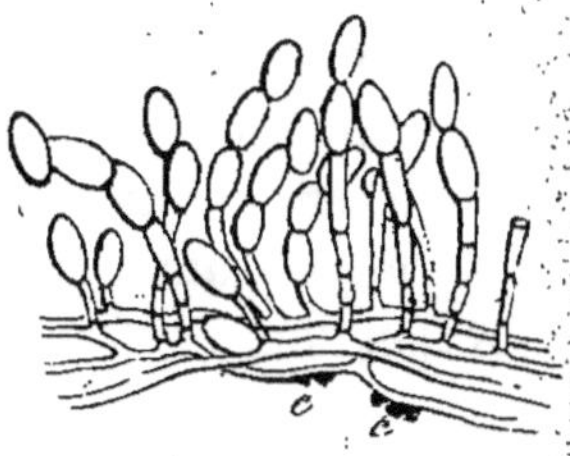

Fig. 271.

Fig. 270. — Erysiphe tuckeri : *m* mycélium ; *c c* suçoirs ; *t t* filaments conidifères ; *s s s s* conidies. — Fig. 271. — Erysiphe tuckeri, d'après M. Marès : *c c* suçoirs.

pénétrer dans les tissus, comme le fait le mycélium du *mildew*. On trouve seulement sur les filaments des renflements en forme de petites pelotes (fig. 270 et 271 *c c*), qui jouent le rôle de *suçoirs* et puisent la nourriture dans les cellules épidermiques de la vigne ; 2° de *filaments fructifères* érigés en forme de massue (fig. 270 *t t*) qui se développent en grand nombre sur le mycélium, avec lequel ils sont en communication directe. Des cloisons se dessinent au bout de quelque temps dans la longueur et limitent des *spores* ou *conidies* (fig. 270 *s s*), se renflent, puis se détachent successivement des stipes conidiophores. Ces *spores* ou *conidies* servent seules d'élément reproducteur à l'*Erysiphe* de la vigne en Europe : en présence d'une humidité convenable et d'une température de 25 à 30°, elles germent et émettent un tube mycélien qui donne à son tour naissance à des filaments conidifères. C'est par erreur que l'on a considéré comme des *pycnides* (corps reproducteurs d'hiver de champignons voisins de l'*oïdium*) des productions développées sur les filaments fructifères, et qui en réalité ne sont que des parasites de l'*Erysiphe* auxquels M. de Bary a donné le nom de *Cinnobolus Cesatii*. On n'a que récemment trouvé, sur l'ancien continent, la fructification en *asques* (1), qui est considérée comme caractéristique des *Érysiphées* et que possède l'*E. Necatrix* des États-Unis (*Uncinula spiralis*).

C'est en automne que la forme *Uncinula* fait son apparition. On

(1) On donne le nom de *asques* ou *thèques* à des cellules allongées (*cellules mères*), dans lesquelles se forment des spores (*cellules filles*) en nombre pair. C'est le mode de fructification du *Rœsleria Hypogæa*, dont nous parlerons plus loin.

voit sur les feuilles de très petites pustules d'un brun plus ou moins foncé, jamais agglomérées, mais reliées entre elles par des fils, peu adhérentes sur les surfaces glabres ou enlacées dans les poils de la face inférieure des feuilles tomenteuses. Ces pustules sont des *périthèces*, d'abord d'un jaune clair, ces derniers deviennent brun foncé une fois mûrs ; ils forment des masses presque sphériques, légèrement déprimées, à enveloppe formée de cellules polygonales et légèrement bombées qui donnent à l'extérieur un aspect verruqueux. A la partie inférieure du conceptacle est insérée une série de poils cloisonnés (*fulcres*), qui suivent une direction sensiblement rayonnante (fig. 272) et dont l'extrémité libre est roulée en spirale.

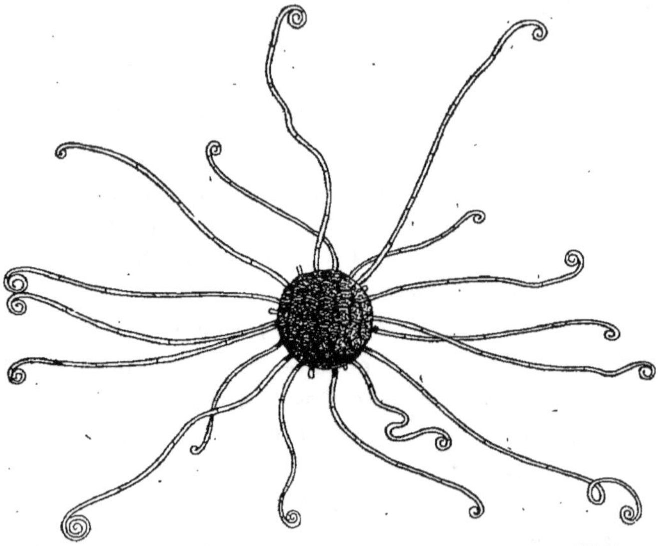

Fig. 272. — Périthèce de l'Uncinula spiralis. — Gross. 100/1 (d'après WORTHINGTON G. SMITH).

Les *périthèces* renferment de 4 à 8 asques, qui renferment elles-mêmes 4 à 6 *sporidies*. La mise en liberté des *asques* a lieu au printemps, sous l'influence de l'humidité qui fait éclater les conceptacles (1).

5° MILIEUX OU L'OÏDIUM SE DÉVELOPPE DE PRÉFÉRENCE

On a observé d'une manière générale que les vignes élevées en treille souffraient plus que les autres de la maladie, ce qui est vraisemblablement dû à ce qu'elles retiennent au passage une plus grande

(1) Voir P. Viala. — *Les maladies de la vigne*, pag. 25 et suivantes de la 3e édition.

quantité de conidies transportées par les vents. Mais, à conditions égales, certains cépages sont beaucoup plus accessibles que d'autres à l'*oïdium*; M. Viala les a classés ainsi qu'il suit:

«Cépages très attaqués par l'oïdium: *Muscats*, *Chasselas*, *Frankental*, *Malvoisies*, *Teinturier*, *Folle blanche*, *Clairettes*, *Piquepouls*, *Gamays*, *Cabernet*, *Brun-fourca*, *Syrah*, *Roussane*, *Riesling*, *Carignane*, *Pascal noir*, *Sicilien* ou *Panse précoce*, *Ugni blanc*, *Tibouren*, *Terrets*, *Œillade*, *Cinsaut*.

»Cépages peu atteints: *Aramon*, *Sauvignon*, *Marsanne*, *Dolceto*, *Colombaud*, *Alicante* ou *Grenache*, *Espar*, *Morrastel*, *Petit-Bouschet*, *Bourboulenque*, *Pinots*.

»Cépages très peu attaqués: *Côt*, *Melon*, *Calitor*, *Catawba*, *Isabelle*, *York-Madeira* et le plus grand nombre de cépages américains: V. RIPARIA, V. RUPESTRIS, etc.»

C'est la résistance reconnue des V. LABRUSCA américains à l'*oïdium* qui avait amené, en 1861, M. le marquis de Ridolfi à entreprendre sur une grande échelle, près de Florence, la culture de l'*Isabelle*.

6° MOYENS EMPLOYÉS POUR COMBATTRE LA MALADIE

Des moyens très divers ont été proposés au début pour détruire l'*oïdium* ou en combattre les effets. On a essayé, par exemple, des soins culturaux propres à modifier l'état de végétation de la vigne, dans la pensée erronée où étaient au début quelques personnes (M. Guérin-Menneville entre autres) que le parasite ne se développait que dans des conditions toutes spéciales et propres à la plante. On a tenté également, en traitant la vigne, pendant le repos de la végétation, au moyen des acides étendus, du flambage, de l'ébouillantage, etc., de détruire les conidies, qui sont, comme nous l'avons vu, les principaux agents de propagation que l'on connaisse jusqu'ici en Europe chez l'*E. Tuckeri*. Mais, en admettant qu'il n'existe aucun autre mode de reproduction de ce parasite qui nous ait échappé jusqu'ici et que ses conidies hivernent seulement sur la tige de la vigne, il faudrait que le traitement fût exécuté sur toutes les vignes existantes et avec un soin que l'on ne peut espérer obtenir dans une opération agricole de cette importance, pour échapper au danger de la réinvasion, qui se fait, pendant la belle saison, avec une rapidité extraordinaire quand les circonstances sont favorables.

(1) *Les maladies de la vigne*, par Pierre Viala. — Bibliothèque du *Progrès agricole*. Montpellier, 1885, pag. 80.

La méthode qui a donné les meilleurs résultats consiste à attaquer directement la cryptogame au moyen de poussières qui lui sont toutes plus ou moins nuisibles ; mais, parmi ces matières, le soufre en poudre s'est montré de beaucoup supérieur aux autres, et il est exclusivement employé. M. Kyle, jardinier à Leyton, le premier ayant essayé de projeter sur les vignes malades des substances diverses, déclara que le soufre lui paraissait avoir donné des résultats préférables. M. Duchartre, bientôt après (25 juin 1850), fit exécuter dans les serres du potager de Versailles des expériences sur l'emploi de ce corps, qui furent décisives et servirent de base aux applications ultérieures. M. Gontier, horticulteur à Montrouge, imagina, en 1850, de le projeter au moyen d'un soufflet sur les feuilles préalablement mouillées; enfin, en 1853, M. Rose Charmeux, le célèbre cultivateur de *Chasselas* à Thomery, démontra, par des expériences qui eurent beaucoup de retentissement à cette époque, que le soufre en poudre pouvait être appliqué avec succès sur des surfaces sèches. Dès lors, l'emploi du soufre pouvait être considéré comme acceptable pour la pratique; déjà en 1852, M. Frédéric Laforgue, de Quarante (Hérault), commençait à soufrer son vignoble (1), et c'est de peu après cette époque que datent les belles études de M. Henri Marès d'où sont sorties les règles, aujourd'hui admises pour son application, et qu'il a ainsi formulées :

« 1° Le soufrage doit être pratiqué dès que l'on voit les premiers symptômes de l'oïdium se manifester. Ces premiers symptômes sont la teinte terne et jaunâtre que prend le feuillage de la vigne, ou l'apparition de plaques feutrées sur le revers des feuilles de l'extrémité des jeunes sarments, ou l'apparition de légères efflorescences blanches sur les grains de raisin.

» 2° Le soufrage doit être renouvelé chaque fois que l'oïdium menace de reparaître, ce qu'on reconnaît aux signes que nous venons d'indiquer.

» 3° Les soufrages doivent être bien faits et s'étendre à toute la vigne ainsi qu'à toutes les parties du cep attaqué, fruits, feuilles et sarments.

» 4° Il faut combiner l'action des soufrages de manière à mettre à profit l'action du soufre sur la végétation et la fructification, et, pour cette raison, soufrer une fois à l'époque de la floraison. Celle-ci comprend une douzaine de jours, depuis le moment où la fleur se prépare jusqu'à celui où le grain commence à se former. Cette dernière opé-

(1) Camille Laforgue. — *L'oïdium et le soufrage*. Béziers, 1894.

ration est des plus importantes, et elle coïncide d'ailleurs avec l'époque où le développement de l'oïdium prend une grande activité.

» Le principe fondamental du soufrage des vignes malades se résume donc ainsi : *Répandre la poussière du soufre sur toutes leurs parties vertes dès les premiers symptômes de la maladie, et en renouveler l'application chaque fois qu'elle reparaît sur les ceps* ; subsidiairement, *donner un soufrage à l'époque de la floraison.*

» Ce principe est général et comprend tous les cas, depuis ceux auxquels suffit une seule opération jusqu'à ceux qui en exigent jusqu'à cinq et même six (1). »

Dans le midi de la France, ces règles sont appliquées de la manière suivante : le premier soufrage se donne ordinairement au mois de mai, pendant les douze ou quinze jours que dure la floraison ; le deuxième, du 15 au 30 juin, alors que les traces du premier tendent à s'effacer et que la maladie peut commencer à reparaître ; le troisième s'effectue enfin en juillet, de manière à protéger les raisins jusqu'à la véraison, époque après laquelle ils n'ont plus rien à craindre de l'oïdium.

Le nombre de trois soufrages que nous venons d'indiquer, bien que pouvant être considéré comme le plus habituel, est quelquefois dépassé ; quoi qu'il en soit, on doit disposer les choses de telle sorte que, dans les circonstances ordinaires, les soufrages ne soient pas espacés de plus de vingt-cinq jours environ.

Dans les jeunes plantations, on ne donne quelquefois qu'un soufrage au commencement de juin, mais on peut renouveler avantageusement cette opération, au moins une fois, en août.

Le soufrage peut être exécuté à peu près en tous moments, pourvu que le vent ne soit pas trop violent et que la température atteigne au moins 25° centigrades : on a remarqué en effet que ce degré de chaleur est au moins nécessaire pour que le soufre émette les vapeurs qui agissent sur l'oïdium ; l'action de ces vapeurs sur l'oïdium est assez rapide : on voit bientôt le mycélium, les filaments conidifères et les conidies elles-mêmes se flétrir et se désagréger (fig. 273 et 274). Les conditions les plus favorables sont un jour sec et chaud, un vent faible qui facilite la dispersion du soufre sans l'entraîner au loin, enfin des surfaces sèches sur lesquelles il peut se répartir régulièrement pour le recevoir (2).

(1) H. Marès. — *Des vignes du midi de la France* ; *loc. cit.*, pag. 363 et 364.

(2) Dans certaines parties de la Gironde, on a l'habitude de mélanger des débris charbonneux ou des terres torréfiées avec le soufre ; cette pratique paraît avoir pour objet d'augmenter le pouvoir absorbant de ce dernier pour les rayons caloriques du

On n'a fait usage, au début, que du soufre sublimé, que l'on considérait comme seul utile à cause de l'acide sulfureux qu'il renferme. Mais, comme nous venons de le voir, l'action du soufre est due aux

Fig. 273.

Fig 274.

Fig. 273 — Fragment de raisin envahi par l'oïdium et récemment soufré. — Fig. 274. — Fragment de la pellicule d'un raisin envahi par l'oïdium et soufré depuis quelques jours. On y voit les filaments mycéliens et les tubes conidifères flétris et en partie détruits.

vapeurs qu'il émet, lorsque la température s'élève suffisamment; aussi le soufre trituré donne des résultats égaux à la fleur de soufre, et aujourd'hui on l'emploie de préférence à ce dernier produit, étant donné son bon marché relatif.

La fleur de soufre offre, d'ailleurs, certains inconvénients. Sa forme en petites masses globuleuses plus ou moins agglomérées (fig. 275 et 276) la rend peu adhérente sur les feuilles, d'où elle tombe sous l'influence des moindres vents; son emploi occasionne en outre quelquefois une maladie spéciale connue sous le nom d'*ophtalmie des soufreurs* chez les personnes qui l'appliquent. Le soufre trituré, dont les grains sont hérissés d'aspérités aiguës (fig. 277), se fixe mieux sur les surfaces vertes de la plante et il fatigue moins les ouvriers qui en font usage.

Les ustensiles employés pour le soufrage sont : 1° le *sablier* (fig. 278),

soleil, en colorant le soufre en noir, et, par suite, de favoriser l'émission des vapeurs dont nous venons d'indiquer le rôle. Des expériences entreprises par MM. Houdaille, professeur, et Cadoret, chef de cultures à l'Ecole d'agriculture de Montpellier, semblent du moins justifier cette manière de voir : ces Messieurs ont placé des thermomètres dans des masses de soufre pur et de soufre mélangé de matières charbonneuses, d'égal volume et exposées au soleil. La température de l'air ambiant était de 25°,9 au début de l'expérience ; après une exposition d'une demi-heure au soleil, le thermomètre placé dans le soufre pur marquait 40°,6, celui qui se trouvait dans le soufre noirci 54°, et la température de l'air était de 29°,5. En ce moment, l'intensité actinométrique au niveau du sol était égale à 1 calorie 41. Le soufre trituré et le soufre sublimé ont conservé pendant l'expérience une température égale.

cône en fer-blanc dont la base est percée de trous, que l'on remplit de soufre, et au moyen duquel on saupoudre les feuilles et les fruits.

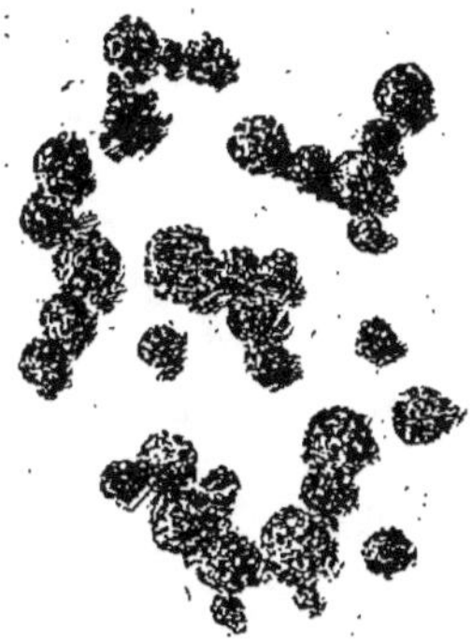

Fig. 275.

Fig. 276.

Fig. 277.

Fig. 278.

Fig. 275. — Grains de soufre sublimé vus au microscope. — Fig. 276. — Grain de soufre sublimé fortement grossi. — Fig. 277. — Grains de soufre trituré vus au microscope. — Fig. 278. — Sablier pour le soufrage.

Un diaphragme portant des ouvertures plus grandes et situé vers le tiers inférieur opère une division. Cet appareil offre l'inconvénient

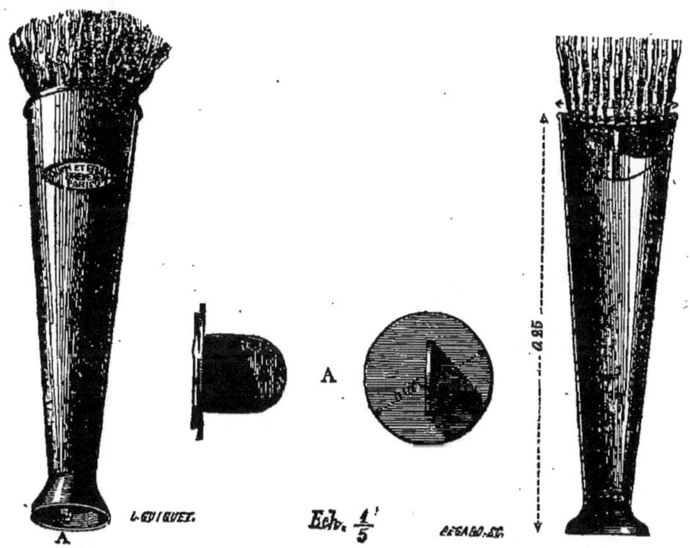

Fig. 279. — Sablier à soufrer avec houppe en laine.

de dépenser beaucoup plus de soufre que les autres (trois fois plus environ que le soufflet). Afin d'atténuer ces inconvénients, on avait proposé d'adapter des houppes de laine ou de crin au-dessous du sablier (fig. 279 et 280), de manière à tamiser la poudre de soufre ;

mais cette modification n'a pas prévalu. On emploie encore quelquefois une boîte à soufrer (fig. 280 et 281), dont le fonctionnement et

Fig. 280. — Sablier à soufrer avec houppe en crin.

le principe présentent la plus grande analogie avec ceux de l'outil dont il vient d'être question.

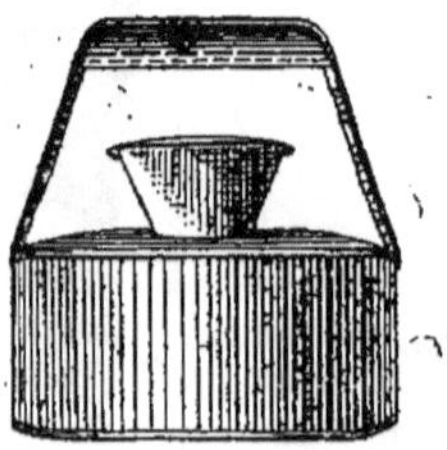

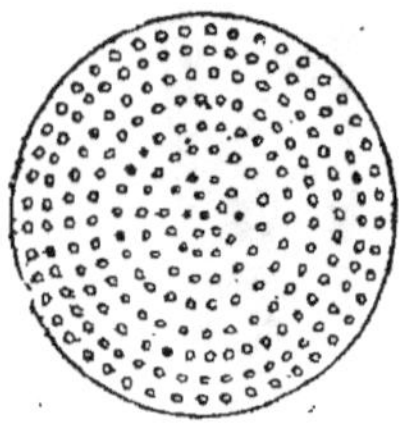

Fig. 281. — Boîte à soufrer ancienne de l'Hérault (élévation). — Fig. 282. — Boîte à soufrer ancienne de l'Hérault (plan vu par dessous).

2° Le *soufflet*, qui est l'instrument le plus répandu. Le plus ancien modèle adopté est celui de M. Gontier (fig. 283 et 284) : il consiste en un soufflet à feu ordinaire, pourvu, à son extrémité et sur le trajet de la tuyère, d'une boîte A B divisée en deux compartiments D et H par une toile métallique G. La chambre supérieure reçoit le soufre, qui tamise à travers la toile métallique et est emporté par le courant d'air qui traverse la chambre inférieure. Cet appareil donne de bons résultats au point de vue de la diffusion de la poudre; de plus, le soufre n'étant jamais en contact avec les cuirs, ces derniers durent longtemps; mais il offre l'inconvénient de fatiguer l'opérateur par

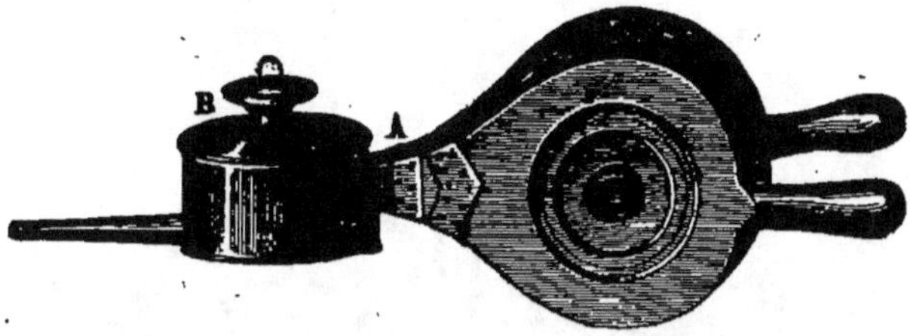

Fig. 283. — Soufflet Gontier.

suite de la situation de la charge au bout d'un bras de levier assez long.

Fig. 284. — Coupe de la boîte du soufflet Gontier.

Aujourd'hui on a substitué à ce soufflet des modèles plus simples, tels que celui de M. de La Vergne (fig. 285 et 286) ou que celui qui est usité dans l'Hérault. Ce sont des soufflets ordinaires, sans soupape à la partie inférieure. Celui de l'Hérault (fig. 287) porte à la face supérieure une ouverture munie d'un entonnoir *e* pour l'introduction du soufre ; une tuyère *t*, pourvue d'un grillage, permet de diriger le jet. Celui de M. de La Vergne ne diffère du précédent qu'en ce qu'il est muni d'une tuyère disposée un peu différemment, et tantôt droite, tantôt courbe. Une fois ces instruments chargés et le trou d'alimentation fermé au moyen d'un bouchon G, chaque mouvement d'aspiration détermine le soulèvement d'une certaine quantité de poussière de soufre, qui est expulsée ensuite à l'expiration. La dissémination du soufre est suffisamment bonne au moyen de ces outils; ils ont seulement le défaut de se détériorer au bout d'un certain temps, surtout lorsqu'on fait usage de la fleur de soufre, dont l'acidité corrode les cuirs.

Afin d'éviter l'inconvénient qui vient d'être signalé, on a imaginé diverses dispositions de soufflets à réservoir indépendant; nous en citerons comme exemple le soufflet régulateur de M. Malbec, de

Béziers (fig. 288). Cet appareil porte sur l'une de ses faces une boîte en fer-blanc, munie d'un entonnoir pour l'introduction du soufre;

Fig. 285. — Ouvrier soufrant avec le soufflet et le sac de M. de La Vergne.

une cloison en toile métallique divise la boîte en deux parties et sert de support au soufre quand l'instrument est chargé. Un tube qui met

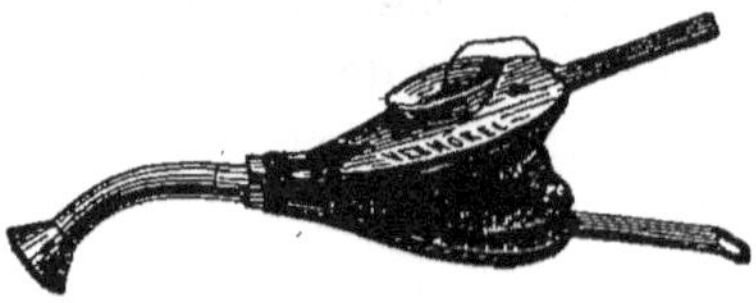

Fig. 286. — Soufflet à soufrer de M. de La Vergne.

en communication le soufflet avec le compartiment inférieur de la boîte y amène de l'air comprimé; ce dernier entraîne une certaine

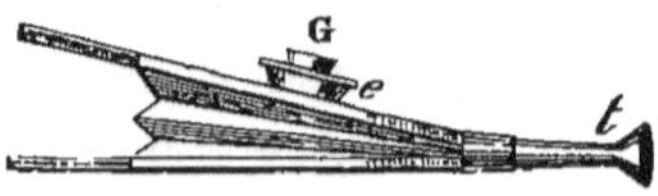

Fig. 287. — Soufflet à soufrer de l'Hérault.

quantité de poudre qui a filtré à travers la toile métallique. Un autre tube, débouchant dans la tuyère, donne issue à l'air chargé de soufre; ce tube traverse le récipient dans presque toute sa longueur, de sorte que, même lorsqu'on laisse pendre verticalement le soufflet, le soufre ne risque pas de se perdre.

Cet appareil, qui fonctionne très bien avec le soufre trituré et avec

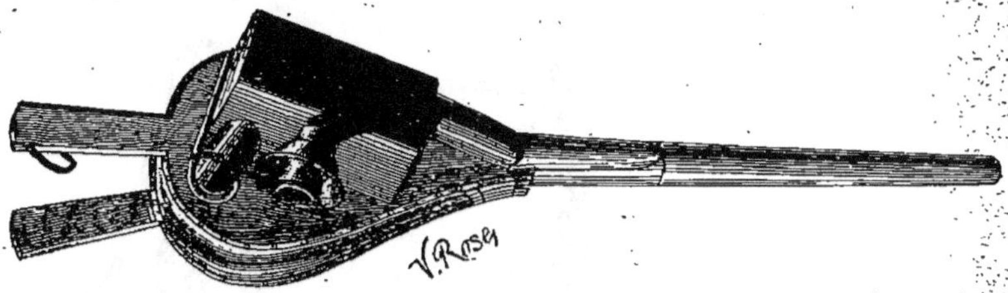

Fig. 288. — Soufflet régulateur Malbec.

divers mélanges, ne donne pas de très bons résultats avec le soufre sublimé qui se tasse trop sur la toile métallique.

On fait enfin usage d'un soufflet tronc-conique (soufreuse Changrin, fig. 289), qui tend à se répandre depuis quelques années, à cause de

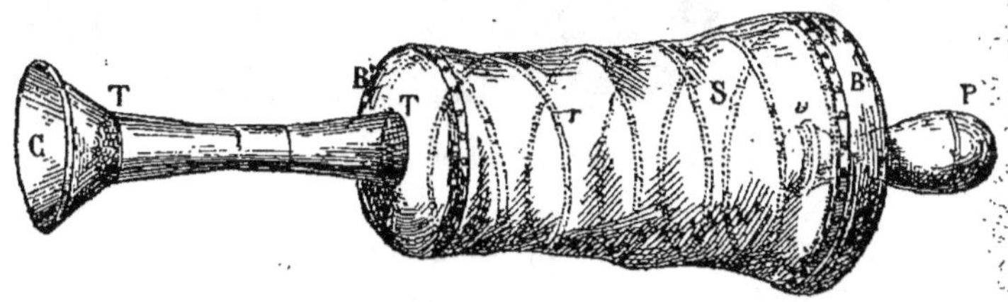

Fig 289. — Soufreuse Changrin.

la commodité de son emploi. Cet instrument est formé d'un sac en cuir S terminé par deux disques en bois B' B, formant fond; ce sac est maintenu gonflé par un ressort à boudin *r*. Le fond inférieur B est percé au centre d'une ouverture *v* servant à introduire le soufre; cette ouverture est fermée pendant le travail par un bouchon à vis en bois P, formant poignée. Le fond supérieur B' porte également au centre une ouverture T, munie d'une tuyère T T C; cette tuyère est garnie en T T de diaphragmes en toile métallique destinée à diviser le soufre à sa sortie; une embouchure conique C favorise la dissémination.

L'emploi du soufflet exige comme accessoire une boîte à soufre que l'ouvrier porte suspendue à sa ceinture, où il puise, au moyen d'une cuillère, la matière nécessaire pour le regarnir de temps en temps, ou bien un sac à soufre imaginé par M. de La Vergne (fig. 290). Ce sac est en toile écrue très serrée; il porte à l'un de ses angles une sorte de goulot fermé avec un bouchon qui sert à verser le soufre dans le soufflet sans en laisser perdre.

3° La *hotte à soufrer* ou *hotte Pinsard* (fig. 291) est formée d'un grand récipient en fer-blanc, en forme d'entonnoir R, qui est suffisant pour renfermer de 12 à 15 kilogr. de soufre et qui peut être fixé sur le dos au moyen de courroies *b* passant sur les épaules; la partie

Fig. 290. — Sac à soufrer de M. de La Vergne.

inférieure de l'entonnoir se prolonge par un large tuyau en caoutchouc *c*, aboutissant à un petit réservoir *r*, surmonté d'un soufflet cylindrique *s* et terminé par une tuyère allongée *t*; un ressort à boudin

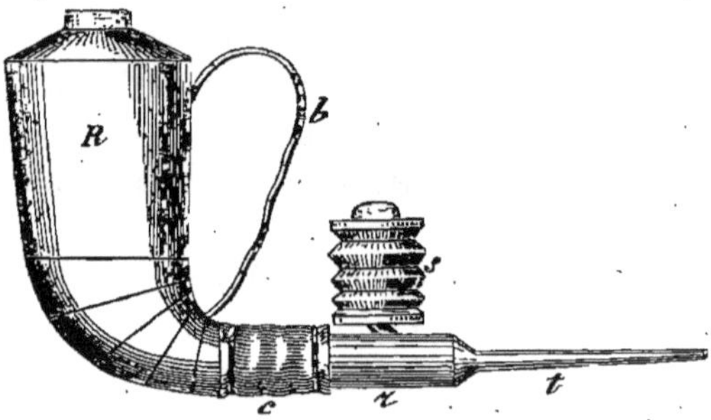

Fig. 291. — Hotte à soufrer Pinsard.

fixé vers la partie supérieure du grand récipient R et dans le petit réservoir *r* sert à attirer le soufre dans ce dernier, à chaque mouvement de flexion imprimé au conduit en caoutchouc.

On manœuvre l'appareil de la manière suivante : L'ouvrier marche parallèlement à une rangée de souches; il soulève et baisse brusquement de la main droite la tuyère à chaque pas; puis, par un coup de soufflet donné de la main gauche, il expulse le soufre, qui se répand en nuage très fin sur les vignes environnantes.

En somme, la *hotte à soufrer* présente les avantages suivants : elle permet, en premier lieu, une économie sensible dans la main-d'œuvre et une exécution rapide : un ouvrier peut en effet, avec cet appareil,

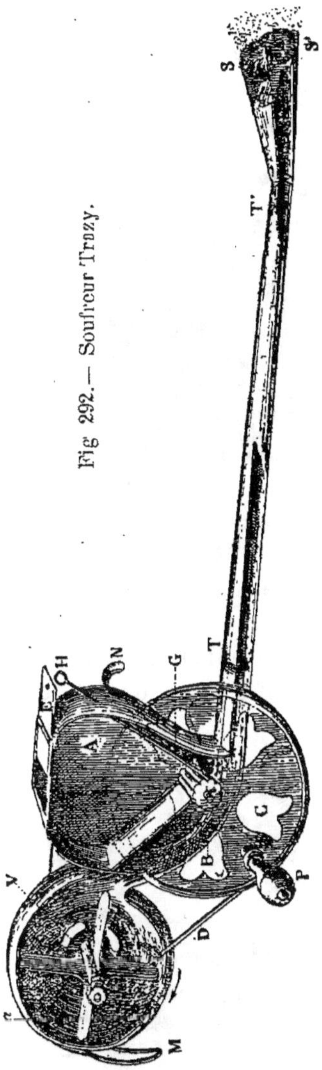

Fig 292. — Soufreur Trezy.

A Réservoir à soufre. — B Cylindre distributeur cannelé. — C Grille d'échappement du soufre. — H Vanne permettant de régler l'échappement du soufre par la grille. — V Ventilateur à quatre ailettes (*a*). — C Volant à manivelle (P) commandant le cylindre distributeur et le ventilateur. — SS' Brosse cylindrique en crin servant à la diffusion du soufre.

faire deux hectares dans une demi-journée. Elle réalise, en outre, une économie notable dans la quantité de soufre employée, par suite de la suppression des chargements fréquents, qui se font toujours avec perte, et de l'excellente diffusion de ce produit.

4° Les *soufflets à ventilateur* ont été imaginés en vue d'obtenir une projection continue de la poussière de soufre ; le courant d'air qui l'entraîne est produit par un ventilateur à palettes tournant avec une très grande rapidité. Ces appareils, toujours un peu délicats et compliqués, sont moins répandus que les précédents. Nous donnons ci-contre un dessin représentant le soufreur Trazy, qui est le plus usité d'entre eux (fig. 292).

5° La *soufreuse* dite *Torpille* de M. Vermorel, à Villefranche (Rhône), qui est formée d'une boîte en fer-blanc, disposée pour être portée sur le dos et présentant une grande analogie de forme avec les

Fig. 293. — Soufreuse dite *Torpille*, de M. Vermorel.

pulvérisateurs employés pour combattre le *mildew*. Dans cette boîte se trouvent un réservoir à soufre et un soufflet qui est manœuvré au

Fig. 294. – Ouvrière soufrant au moyen de *la Torpille.*

moyen d'un levier; un tube en caoutchouc met en communication l'orifice du soufflet avec une tuyère terminée par une sorte d'embouchure évasée qui détermine la dissémination du soufre.

Cet appareil présente tous les avantages du précédent et est d'un maniement plus facile.

6° Enfin, on a construit dans la Gironde, il y a quelques années, des *soufreuses à cheval* qui étaient destinées à lancer le soufre sur les lignes de vignes disposées en espalier et bien relevées de ce département; ces machines ne sont pas demeurées dans la pratique habituelle.

Les quantités de soufre employées par hectare varient beaucoup suivant le développement et le mode de distribution des vignes que l'on traite, mais aussi suivant les outils employés. Dans l'Hérault, les soufrages au soufflet consomment, d'après M. Marès (1) :

Soufrage	de mai	15 kilogr.
—	du 13 au 15 juin	30 —
—	de juillet.	40 —
	Soit	85 kilogr.

à l'hectare ; avec le sablier, on atteint jusqu'à 250 kilogr. pour la même surface.

Le soufre n'agit pas seulement comme moyen de débarrasser la vigne de l'*Erysiphe;* il paraît en outre exercer une action remarquable sur sa végétation : une vigne soufrée présente, une semaine après l'opération, une verdeur et une vigueur très marquées, si on la compare à une autre qui n'a reçu aucun traitement. Cet effet est-il dû à une action directe du soufre sur la feuille ? — C'est ce qui n'a pas encore été établi d'une manière précise, mais cela paraît probable. Il est également à présumer que l'oxydation du soufre qui tombe sur le sol y introduit une certaine quantité d'acide sulfurique qui favorise la diffusion de la potasse en la transformant en sulfate.

B. Anthracnose (2).

1° Historique de la maladie

L'*anthracnose* paraît être très ancienne en Europe; on croit que Pline avait en vue cette maladie lorsqu'il écrivait : «La bruine tom-

(1) H. Marès. — *Des vignes du midi de la France*; *loc. cit.*, pag. 366.

(2) Bibliographie. — **Esprit Fabre** et **Dunal** ; *Observations sur les maladies régnantes de la vigne, in* Bull. de la Soc. d'Agr. de l'Hérault, 1853. — **H. Marès**; *Des Vignes dans le midi de la France ; loc. cit.* — **J.-E. Planchon** ; divers articles, in *la Vigne américaine* de 1875 à 1883.— **L. Portes**; *Comptes rendus de l'Acad. des Sc.*, 1877. — **Id.**; *De l'Anthracnose, maladie appelée vulgairement charbon de la vigne.* — **E. Prillieux** ; *Comptes rendus de l'Acad. des Sc.*, 1877. — **Id.**; *De l'Anthracnose de la vigne observée dans le centre de la France, in* Bull. de la Soc.

bant sur les poussés encore tendres, que la chaleur du printemps invite et qui se hasardent à partir, brûle les jeunes bourgeons pleins de lait ; c'est ce que dans la fleur on appelle *charbon* (carbo, carbunculus) (1). » M. Prillieux a cité des faits qui établissent qu'elle était sûrement connue en France au siècle dernier. Elle a été étudiée d'une manière toute spéciale en France, vers 1853, par Esprit Fabre et Dunal, plus tard par M. H. Marès, qui a ajouté des observations nouvelles à celles de ces auteurs ; depuis lors, elle a été l'objet de travaux nombreux de la part de divers savants, parmi lesquels nous mentionnerons MM. J.-E. Planchon, Max Cornu, Prillieux, Millardet, Portes, de Bary, Von Thümen, Macagno, Targioni-Tozzetti, Passerini, etc., et par nous-même en collaboration avec M. P. Viala. Bien que certains points relatifs à l'anthracnose soient encore imparfaitement éclaircis, du moins on a fait, grâce à ces études, de très grands progrès dans la connaissance de cette maladie depuis quelques années, et on a trouvé des moyens curatifs d'une efficacité aujourd'hui reconnue.

2° Lésions produites par l'anthracnose

L'*anthracnose* détermine sur les organes verts des vignes des lésions quelquefois très importantes et qui peuvent entraîner des con-

bot. de France, tom. XXVI, 1879. — **Id.**; *Sur l'anthracnose ou maladie charbonneuse de la vigne, in* Journ. de la Soc. d'hort. de France, 1880. — **Id.**; *Quelques mots sur le Rot des vignes américaines et l'Anthracnose des vignes françaises, in* Bull. de la Soc. bot. de France, 1868. — **Max Cornu**; *Comptes rendus de l'Acad. des Sc.*, 1877. — **Id.**; *Anatomie des lésions déterminées sur la vigne par l'Anthracnose, in* Bull. de la Soc. bot. de France, tom. XXV, 1878. — **Id.**; Bull. de la Soc. bot. de France, 1879 et 1880. — **G. Foëx** et **P. Viala**; *Essai d'inoculation d'Anthracnose, in* Vigne améric., 1882. — **H. Macagno**; *Comptes rendus de l'Acad. des Sc.*, 1877. — **De Bary**; *Ueber den sogenanten Brenner (Pech) der Reben, in* Bot. Zeit., 1874. — **Id.**; *Lettre sur l'Anthracnose, in* Vigne améric., 1879. — **Meyen**; *Pflanzen Pathologie*, 1841. — **Von Thümen**; *Die Pocken der Weinstockes, in* Wiener Landwirthschaftliche Zeitung, 1870 et 1880. — **Id.**; *Die Pilze des Weinstockes; loc. cit.*, 1878. — **R. Gœthe**; *Mittheilungen über den schwarzen Brenner und den Grind der Reben.* Berlin, 1878, traduction par Reich d'une partie, *in* Vigne améric., 1879. — **Berkeley**; *Grevillea*, 1873, tom. II. — **Dr Engelmann**; *The diseases of Grape vines, in* Illustrated descriptive catalogue, etc., by Bush and Son and Meissner. Saint-Louis, 1883, pag. 47 et suiv. — **Trevisan**; *Sulla provenienza del bienco dei grappoli sopra viti malatte di Picchiola.* Coltivatore, 1852. — **Saccardo**; *Il vajole della vite*, 1877. — **Pirotta**; *Funghi parasiti dei vitigni*, 1877. — **Targioni-Tozzetti**; *Annali d'Agricultura*, 1878. — **Passerini**; *La Nebbia dell-Moscatello e d'una nuova crittogama delle viti.* Parma, 1876. — **P. Viala**; *Les maladies de la vigne*, 3e édit. Montpellier, C. Coulet, 1893; voir en outre la note bibliogr., pag. 550.

(1) Pline. — *Histoire naturelle*, liv. XVII et XVIII, traduc. de Littré.

séquences très graves au point de vue de leur production ou même de leur existence; les lésions se présentent le plus souvent avec des taches noires, d'où le nom d'*anthracnose* (ἄνθραξ — charbon et νόσος — maladie) et ceux de *charbon, carbounat, rouille noire, mal nero, marino nero, schwarzer Brenner* (brûleur noir), *schwarzer Fresser* (dévoreur noir), *pech* (poix), etc. Elles affectent des formes diverses

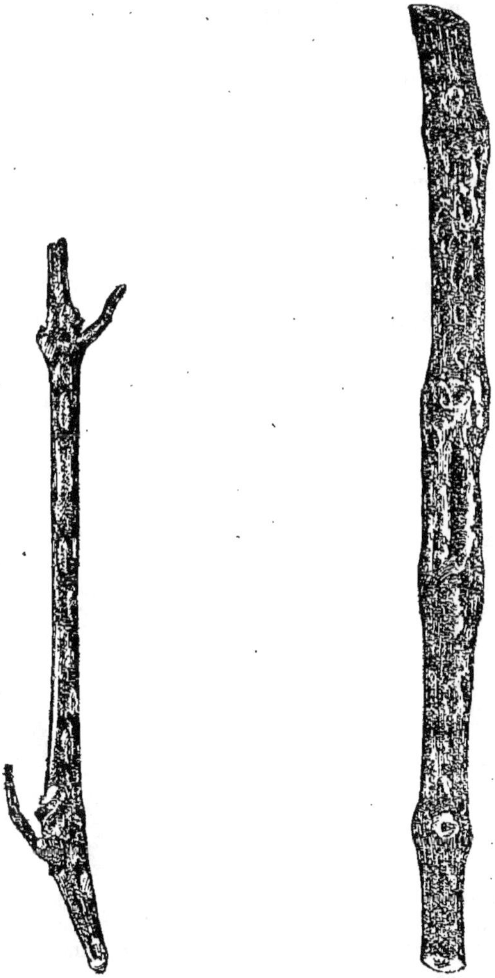

Fig. 295. Fig. 296.

Fig. 295. — Rameau attaqué par l'anthracnose maculée, au début de l'altération, d'après M. Viala. — Fig. 296. — Chancres de l'anthracnose maculée, d'après M. Viala.

et qui ont donné lieu à une classification; on peut les rattacher à trois types distincts: l'*anthracnose maculée,* l'*anthracnose ponctuée* ou *grandinée* de Dunal et l'*anthracnose déformante* de Planchon. Ces trois types de lésions procèdent d'une cause commune, ainsi que nous l'avons démontré, M. P. Viala et moi (1); nous les laisserons néanmoins séparés sous le nom que nous venons d'indiquer, à cause de la facilité qui en résultera pour l'ordre dans ce qui va suivre.

a. *Anthracnose maculée*. — Cette forme d'anthracnose est généralement la plus dangereuse, par suite de l'importance des lésions qu'elle détermine; elle atteint la plupart des cépages connus, dont elle creuse et corrode les jeunes rameaux, les feuilles, les fleurs et les fruits. Son action violente et prolongée entraîne non seulement une perte de récolte, mais quelquefois même la mort d'un certain nombre de souches.

L'*anthracnose maculée* se manifeste sur les rameaux encore herbacés, d'abord par des points isolés brun clair, semblables, ainsi que l'indique M. P. Viala, à une légère meurtrissure, mais sans affaissement de tissus (fig. 295). Cette tache, sous l'influence de conditions favorables, s'étend, devient noire, puis gris-roussâtre au centre; elle

Fig. 297.

Fig. 298.

Fig. 297. — Rameau rongé par les chancres de l'anthracnose maculée, d'après M. Viala. — Fig. 298. — *a* Rameau anthracnosé; *b* jeune rameau stipulaire arrêté par l'anthracnose; *c* nouveau rameau en voie d'accroissement, d'après M. H. Marès.

se creuse enfin plus ou moins profondément suivant les circonstances, et prend une forme définitive au moment de l'aoûtement. C'est alors une sorte de chancre à bords surélevés en bourrelets, dont le fond est tapissé par des fibres séchées et dissociées (fig. 295 et 296).

(1) G. Foëx et P. Viala. — *Essais d'inoculation d'anthracnose* (La Vigne américaine, décembre 1882).

Indépendamment des lésions que nous venons de décrire, qui atteignent jusqu'à la moitié de l'épaisseur du sarment *a* et le rendent cassant, l'*anthracnose* en détermine le rabougrissement (fig. 298) ; on

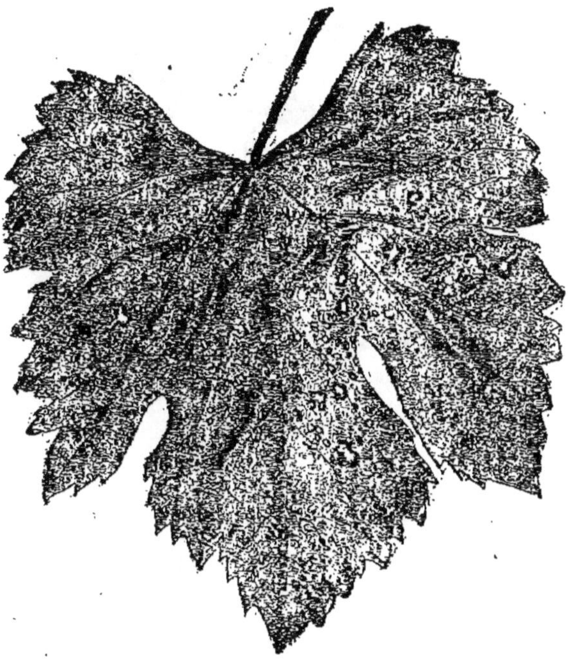

Fig. 299. — Feuille atteinte par l'anthracnose maculée, d'après M. Viala.

le voit souvent cesser de s'allonger, ce qui donne lieu à l'évolution des ramifications latérales *b*, qui, arrêtées à leur tour, donnent naissance à de nouvelles pousses stipulaires *c*. La vigne prend un aspect buissonnant, ses feuilles sont moins vertes qu'à l'ordinaire, et souvent les raisins, sans être atteints directement, s'arrêtent avant le temps dans leur développement.

Les feuilles sont quelquefois attaquées aussi, ainsi que leur pétiole; les chancres sont moins étendus et moins profonds (fig. 299); ils sont noirs autour et déterminent, quand ils se développent sur les nervures dont ils arrêtent l'élongation, un gaufrement du parenchyme. Les jeunes feuilles des extrémités sont quelquefois tellement altérées qu'elles se sèchent et tombent.

Les fleurs coulent souvent par l'influence de l'*anthracnose*, qui rend épais et coriaces les pétales ; ces derniers s'ouvrent alors en étoile, en conservant les anthères emprisonnées dans leur creux ; d'autres fois, elles sont entièrement détruites par le mal, qui les envahit tout entières (fig. 300), ou par suite de l'altération du pédoncule ou du pédicelle qui entraîne la dessiccation.

Le fruit lui-même est atteint quand il est vert; on y remarque des taches grises cerclées de noir (fig. 301); ces taches, qui sont d'abord rapprochées, semblent ensuite s'éloigner quand le grain grossit, puis se rapprochent par leurs bords et finissent par se confondre par suite de

Fig. 300. — Rameau avec grappe de fleur anthracnosé : *a b c* rameaux stipulaires développés sous l'influence de l'anthracnose ; *d* grappe malade ; *e* grappe saine.

leur propre extension. Le grain est plus ou moins déformé par ces altérations, qui peuvent même le faire sécher. A la véraison, la différence de tension produite par les chancres le fait quelquefois éclater. Il résulte de ces diverses lésions du fruit une perte notable de récolte et une diminution sensible dans la qualité.

Les cépages les plus sujets à cette forme d'*anthracnose* sont, parmi les V. VINIFERA : la *Carignane*, à laquelle on a dû renoncer dans certains milieux pour cette raison; le *Terret*, l'*Œillade*, le *Morrastel* et le *Côt*; parmi les vignes américaines, le *Jacquez*, dont la culture a été abandonnée pour ce fait, en Amérique, dans la plupart des Etats de l'Ouest (Missouri, Ohio, etc.), où on l'avait essayée en premier lieu.

Fig. 301. — Grains de raisin anthracnosés.

b. *Anthracnose ponctuée.* — L'*anthracnose ponctuée* ou *grandinée* a causé parfois des ravages considérables dans certains vignobles ; elle ne paraît pourtant avoir occasionné que très exceptionnellement la mort des vignes et seulement quand elle s'est attaquée à la *Clairette*, cépage qui paraît particulièrement sensible à son action. D'une manière générale, on peut considérer cette forme comme moins dangereuse que la forme *maculée*. Ses effets généraux sur la végétation sont toujours les mêmes ; les souches atteintes sont d'un vert pâle, souvent même jaunes ; elles sont rabougries et hérissées de nombreux rameaux stipulaires.

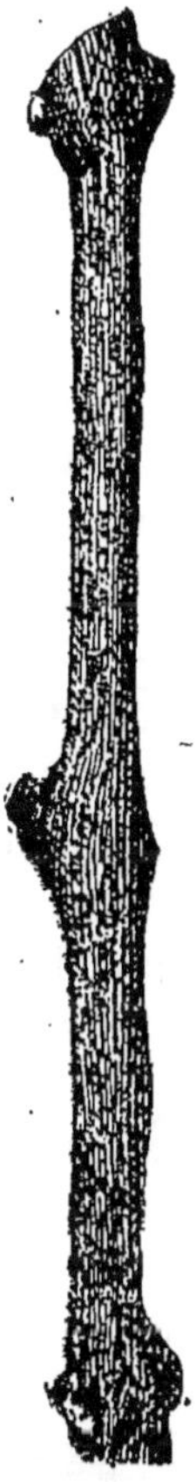

Fig. 302. — Sarment avec ponctuation de l'antracnose ponctuée.

Les lésions qui se produisent sur les parties vertes de la plante ont l'aspect de petits poils noirs isolés, d'où le nom d'*A. ponctuée*, *picoutat*, *pocken*, *vajolo*, etc. Elles se manifestent d'abord sur les rameaux par de toutes petites taches d'un brun-roussâtre, légèrement proéminentes ; puis noires et plus ou moins luisantes (fig. 302). Ces pustules se dépriment au centre au moment de l'aoûtement du sarment. Lorsqu'elles se produisent en grand nombre, elles deviennent confluentes, se fendillent, se couvrent, au milieu de la surface intéressée, d'une sorte d'efflorescence blanche formée par les débris de l'épiderme, et elles sont entourées d'une auréole noire; elles prennent l'aspect des lésions de l'*A. maculée*, ce qui confirme les résultats de l'expérience mentionnée plus haut.

Les feuilles sont rarement atteintes par l'*A. ponctuée*; on la voit pourtant, sur celles des V. Riparia, localisée sur les nervures et sous-nervures, dont elle arrête l'élongation en déterminant un certain boursouflement du parenchyme. Les fleurs peuvent couler lorsqu'elles en sont atteintes, comme cela a lieu dans le cas de l'*A. maculée ;* les altérations qu'elle détermine sur le pédoncule et les pédicelles de la grappe entraînent quelquefois un dessèchement de la portion qui se trouve au delà. Les grains souffrent généralement peu de son action ; ils sont cependant généralement moins bons et moins volumineux qu'à l'ordinaire. Le mal se manifeste chez eux, en ce qu'ils sont criblés de taches noires plus souvent nettement séparées, mais quelquefois confluentes ; les suites sont alors plus mauvaises.

Les cépages les plus sensibles à l'*A. ponctuée* sont, parmi les V. Vinifera : la *Clairette*, qui paraît avoir succombé en certaines circonstances à ses attaques ; le *Grenache*, la *Carignane*, le *Terret*, l'*Œillade*, le *Côt*; et parmi les américains : le V. RIPARIA *sauvage*, le *Clinton*, le *Solonis*, le *Taylor*, le V. RUPESTRIS.

c. *Anthracnose déformante.* — Ce nom a été donné par M. Planchon à une forme d'*anthracnose* qui se manifeste par des déformations spéciales qu'elle entraîne sur les feuilles (fig. 303). Ces dernières portent

Fig. 303. — Feuille de Pauline atteinte de l'anthracnose déformante.

à la face inférieure, sur les nervures et sous-nervures, des taches brun clair ou café au lait un peu saillantes ; les nervures cessent de s'allonger, tandis que le parenchyme, qui est sain, continue à s'accroître et prend un aspect gaufré et tourmenté. Les jeunes rameaux sont souvent atteints de cette forme d'*anthracnose*, qui les recouvre d'une sorte de croûte roussâtre, en arrêtant leur développement ou en les tordant. C'est généralement au moment de la première végétation du printemps que ces phénomènes se produisent ; lorsque arrivent les grandes chaleurs de l'été, les sarments recommencent à s'accroître rapidement et les nouvelles feuilles reprennent leur forme normale.

Les cépages américains paraissent plus sujets à cette maladie que ceux d'Europe, et celui des premiers qui en souffre le plus est la *Pauline*, qui, lorsqu'elle en est atteinte, présente un aspect rabougri et ramassé tout particulier. Après elle, on peut mentionner l'*Alvey*, le *Jacquez* et le *Taylor*, et, parmi les V. VINIFERA, la *Carignane*, qui sont moins déformés, mais chez lesquels la maladie persiste plus longtemps et nuit davantage à la récolte.

3° CAUSE DE LA MALADIE

L'*anthracnose* maculée, qui est la mieux connue, a pour cause un champignon parasite, le *Sphaceloma ampelinum* (de Bary), du groupe des *Pyrénomycètes*, ordre des *Ascomycètes*; son *mycélium* vit dans l'intérieur des tissus, qu'il altère; il émet, pendant la belle saison, des *conidies* qui servent à la propagation, et, en automne, des *pycnides* (conceptacles renfermant des *stylospores*, c'est-à-dire des *spores* portées sur une sorte de *style*), lesquels sont destinés à conserver le parasite d'une année à l'autre pendant l'hiver.

M. P. Viala (1) décrit comme il suit l'appareil fructifère du *sphaceloma:* « Les fructifications d'été du champignon se retrouvent très abondantes, de mai à septembre, sur les taches roussâtres à surface cotonneuse de l'*A. maculée*, où les spores forment parfois des agglomérations considérables. Avec de forts grossissements, on peut, sur des coupes transversales fines, se rendre compte de l'appareil fructifère, qui est difficile à voir.

» Le mycélium forme (fig. 304), immédiatement au-dessous de la cuticule, des cellules allongées, parallèles entre elles, courtes et étroi-

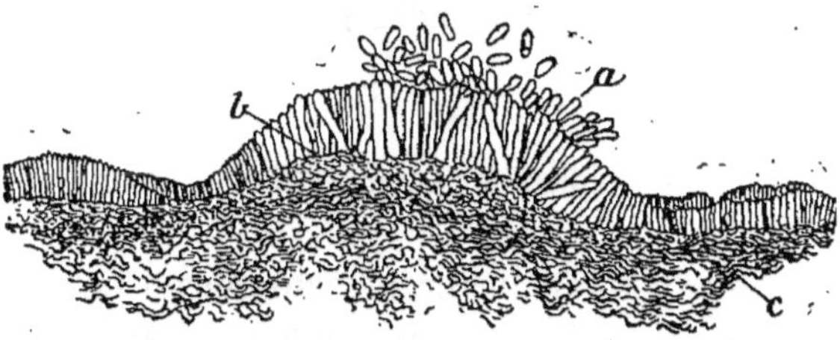

Fig. 304. — Coupe d'un rameau atteint par l'anthracnose maculée : *a* lame fructifère; *b* pseudo-parenchyme ou stroma donnant naissance aux cellules fructifères; *c* lame avec cellules d'écorce altérées.

tes, plus longues que larges et légèrement brunes *a*, comprimées les unes contre les autres et formant ainsi un véritable tissu feutré. Il se relie en bas avec une lame d'un autre tissu plus condensé, à cellules irrégulières, petites, non parallèles, sorte de pseudo-parenchyme ou stroma *b*, dont la constitution anatomique est difficile à éclaircir et qui lui donne naissance. Cette seconde zone, qui supporte les cellules fructifères, plus claire vers l'extérieur, est mêlée en bas aux cellules superficielles de l'écorce et s'engage même jusqu'au bois, dans les plaies profondes, en s'insinuant entre les couches inférieures de l'écorce et du liber, où le tissu mycélien est moins abondant. On distingue alors, logées dans cette masse, les cellules de l'écorce déformées, brunes, bourrées de dépôts noirâtres. Des dilatations et des développements irréguliers déterminent souvent des lacunes plus ou moins étendues, au milieu de la zone brun foncé ou en dessous.

(1) *Loc. cit.*, pag. 300 et 301.

» Les cellules superficielles parallèles forment les spores *a*; par suite du développement du tissu inférieur, elles sont repoussées et, crevant la cuticule, apparaissent au dehors. La cuticule peut n'être percée que par places isolées; elles forment alors des touffes qui dessinent à la surface de la coupe des creux et des reliefs. La cuticule, déchirée, forme dans ce cas, autour de ces touffes, une sorte de cône duquel semblent sortir les spores accumulées en grand nombre, disposition qui pourrait faire croire à un conceptacle.»

En ce qui concerne les corps reproducteurs d'hiver, les pycnides, M. P. Viala s'exprime ainsi: «Il faut que ce champignon possède d'autres corps reproducteurs capables de résister aux variations atmosphériques. Ces corps existent en effet, plongés dans les tissus, à une faible profondeur ou émergeant à la surface: ce sont des sortes de poches ou conceptacles qui produisent et conservent dans leur intérieur, protégé par leur enveloppe épaisse, des quantités considérables de semences qu'elles émettent au dehors, au retour des conditions favorables: ce sont des *pycnides*; elles sont relativement très rares.»

4° Conditions favorables au développement de l'anthracnose

Comme toutes les maladies cryptogamiques, l'*anthracnose* a besoin, pour se développer, de chaleur et d'humidité; mais c'est surtout cette dernière condition qui lui est nécessaire, à l'encontre de ce qui a lieu pour l'*oïdium*. L'eau condensée à l'état de gouttelettes est l'agent principal de dissémination, en même temps qu'elle constitue le milieu nécessaire à la germination; aussi est-ce surtout dans les plaines basses à sous-sol imperméable et formant cuvette, près des étangs dans les vallées exposées aux brouillards et aux rosées et dans les années où ces phénomènes sont particulièrement fréquents, que cette maladie prend le développement le plus considérable.

M. P. Viala a signalé avec raison le fait que l'*anthracnose ponctuée* se développait dans les milieux moins humides que l'*A. maculée*: ainsi certains cépages, tels que l'*Aramon*, le *Malbec*, la *Carignane*, le *Cinsaut*, qui dans les bas-fonds sont atteints par les deux formes, ne présentent que l'*A. ponctuée* sur les coteaux secs exposés aux fortes chaleurs.

On n'a pas de données précises sur la température nécessaire au développement du parasite de l'*anthracnose*; on sait seulement que, s'il peut apparaître dès l'ouverture des bourgeons, ce n'est qu'à partir de la floraison qu'il se développe rapidement, quand les conditions d'humidité sont convenables.

5° Moyens proposés pour combattre l'anthracnose

a. *Moyens préventifs.*— On doit, en premier lieu, éviter de planter, dans les endroits favorables au développement de la maladie, les cépages qui y sont particulièrement sujets.

On peut employer avec succès le drainage pour assainir le sol du vignoble et diminuer ainsi l'humidité du milieu. Mais il existe un moyen plus efficace et d'une application plus générale : c'est le badigeonnage des souches pendant le repos de la végétation et après la taille, avec une dissolution concentrée de sulfate de fer. On détruit ainsi une grande partie des spores d'hiver qui eussent reproduit la maladie au printemps. La dissolution doit être à 50 °/₀, d'après M. Schnorf, l'inventeur du procédé. On peut l'appliquer avec un gros pinceau, avec un tampon de chiffons fixé au bout d'un manche en bois, ou mieux encore avec le pulvérisateur Riley (1) ; cet appareil, d'après les expériences faites à l'École d'agriculture de Montpellier, permet d'opérer cinq fois plus vite et avec moins de liquide qu'avec le tampon. D'après M. P. Skawinski (2), on aurait obtenu les meilleurs résultats de l'emploi du sulfate de fer de fabrication récente, qui renfermait 1 °/₀ d'acide sulfurique ; l'acide semble donc l'agent actif dans le procédé que nous venons d'indiquer, et la formule suivante, qui a donné les meilleurs résultats, doit être employée de préférence :

Sulfate de fer	50 kil.
Acide sulfurique (versé sur le sulfate) .	1 litre
Eau bouillante.	100 —

Cette matière est appliquée à chaud sur les vignes à la fin de l'hiver.

La souche noircit après le traitement et le sulfate de fer prend une couleur rougeâtre : le traitement est sans danger, même lorsque les bourgeons sont déjà gonflés. Il donne lieu à un retard de 8 à 15 jours dans la végétation, ce qui est avantageux au point de vue des gelées, et il empêcherait, d'après certains viticulteurs, les escargots de manger les jeunes bourgeons.

b. *Moyens curatifs.* — Les substances qui ont donné les meilleurs résultats pour arrêter les ravages de l'*anthracnose* sont : le *soufre*, le *soufre acide* et les mélanges de *soufre* et de *chaux*. Ces matières doi-

(1) Voir plus loin, à propos des moyens de combattre le *mildew*, la description du pulvérisateur Riley.

(2) *La Vigne américaine*, juin 1884, pag. 181.

vent être employées dès l'apparition du mal. L'application du soufre doit être faite à des intervalles rapprochés, tous les huit jours par exemple, jusqu'à ce que l'on voie le développement de la cryptogame s'arrêter. Il est probable, d'après M. R. Gœthe, que c'est surtout quand les feuilles sont mouillées que l'action du soufre se manifeste plus particulièrement, parce que les spores qui germent à ce moment sont plus sensibles aux influences extérieures; mais, comme le fait remarquer M. P. Viala, la diffusion du soufre se fait moins bien alors, et il vaut mieux procéder immédiatement après la disparition de l'eau en excès; on trouve encore, dans ces conditions, des germes peu développés et on évite l'inconvénient signalé ci-dessus.

Les mélanges de chaux et de soufre ont plus d'efficacité que le soufre seul ou la chaux pure. On les obtient en réunissant du soufre sublimé ou trituré avec de la chaux blutée; la chaux du Teil, que l'on trouve partout facilement et à l'état voulu, convient très bien à cet usage. D'après M. P. Viala, qui a beaucoup étudié ce mode de traitement, «le procédé à suivre est le suivant: On donne toujours le premier soufrage quand les rameaux ont $0^{m},08$ ou $0^{m},10$; si l'on voit apparaître et se développer les lésions, on répète les opérations de dix en dix jours, en mélangeant avec le soufre des proportions de plus en plus fortes de chaux en poudre.

«La première application se fait habituellement avec:

Soufre	4
Chaux.	1

» La deuxième, avec:

Soufre	3
Chaux.	2

» La troisième, avec:

Soufre	2
Chaux.	3

» On continue ainsi tous les dix jours jusqu'à arrêt complet de la maladie.»

Ces traitements ont donné des résultats lorsqu'ils ont été effectués dans des circonstances convenables; mais, lorsque la maladie se manifeste avec une grande intensité, ils l'atténuent sans la faire entièrement disparaître; aussi leur usage doit-il être complété par celui des badigeonnages d'hiver au sulfate de fer concentré et acide.

C. Black-rot (1).

1° Historique, aspect et causes de la maladie

Nous ne saurions mieux faire, au sujet de cette maladie, que de

(1) Bibliographie (d'après MM. Viala et Ravaz). — **Andrew's Fuller** ; *The grape culturist.* New-York, 1867. — **G. Arcangeli** ; *Sopra una mallattia della vite* (Nuovo Giorn. bot. ital., 1877). — **De Bary** ; *Ueber den sogenanten Brenner (Pech) der Reben.* (Bot. Zeitz, 1874). — **Berkeley** et **Curtis** ; *Grevillea*, 1873, vol. II, pag. 82. — **Robert Buchanan**; *The culture of the grape and wine making.* Cincinnati, 1865. — **Bush and Son and Meissner** ; *Bushberg Catalogue.* Saint-Louis, Missouri, 1895 — **A. Cataneo** ; *Due nuovi miceli parasiti delle viti.* Milano, 1877. **Max Cornu** ; C. R., 1877. *Reproduction des Ascomycèles* (Ann. Sc. nat., 6e sér., tom. III). — **Id.** ; *Bull. Soc. bot.*, 1879 et 1880. — **Ellis** ; *North-american funghi*, n° 26. — **Engelmann** ; *Journal of proceeding Transactions of the Acad. of Sc. Saint-Louis* (Missouri), 1861. — **Id.** ; *The Mildew and the Black Rot* (Bushberg Catalogue), 1883. — **Rodolphe Gœthe** ; *Mittheilungen über den schwarzen Brenner und den Grind der Reben.* Berlin und Leipzig, 1878. — **Georges Husmann** ; *The cultivation of the native grape.* New-York, 1866. — **Millardet** ; *Le Mildiou dans le Sud Ouest* (Journal d'agriculture pratique, 1882). — **Id.** ; *Le Mildiou et le Rot* (Zeitschrift fur Wein-Obst und Gartenbau, für Elsasz-Lothringen, 1883). — **Pirotta** ; *Funghi parasiti dei vitigni*, 1877, Milano. — **Planchon** ; *Les Vignes américaines.* Paris, 1875. — **L. Portes** ; *De l'Anthracnose.* Paris, 1879. — **Ed. Prillieux** ; *L'Anthracnose de la vigne dans le centre de la France.* (Bull. Soc. bot., 1879). — **Id.** ; *Quelques mots sur le Rot des vignes américaines et l'Anthracnose des vignes françaises.* (*Id.* 1880). — **Id.** ; *Cause du Rot des raisins en Amérique* (C. R., 1882). — **Id.** ; *Études sur les dommages causés aux vignes par le Peronospora viticola* (Ann. de l'Inst. nat. agronomique, 1883). — **V. Pulliat** ; *L'Anthracnose de la vigne* (Journal d'Agric. pratique, 1878). — **Report** *of the commissioner of Agriculture.* — **Saccardo** ; *Sylloge fungorum*, vol. III, Patawii, 1884. — **Id.** ; *Il vajolo della vite* (Revista di Viticoltura e d'Œnologia italiana, 1877). — **Spegazzini** ; *Ampelomiceti italici* (Revista di Viticoltura e d'OEnologia italiana, 1877). — **J. Strong** ; *Culture of the grape.* Boston, 1867. — **Felix von Thümen** ; *Die Pilze des Weinstockes.* Wien, 1878 — **Id.** ; *Die Pocken des Weinstockes.* Wien, 1880, 1 planche. — **Id.**, *Micothea universalis*, n° 1386. — **Tulasne** ; *Selecta Fungorum Carpologia.* — **Treelease** ; *The grape Rot*, 1885. — **P. Viala** ; *Les maladies de la vigne*, Montpellier, 1893, 3e édit. — **P. Viala** et **L. Ravaz** ; *Le Black-Rot américain dans les vignobles français.* C. R., 1886. — **Id.** ; *Nouvelles observations sur le Black-Rot.* (Progrès agricole et Vigne américaine, 1885). — **Id** ; *Mémoire sur une nouvelle maladie de la vigne, le Black-Rot.* (Montpellier, Bibliothèque du *Progrès agricole et viticole*, 1886). — **Jean Dufour** ; *Notice sur quelques maladies de la vigne.* Lausanne, 1881. — **Department of agriculture** ; *Report of fungus diseases of the grape vine* by F. Lamson Scribner. Bulletin n° 11, Washington 1888 — **Id.** ; *Report on the experiments made* in 1887 *in the treatment of the downy mildew and the black-rot of the grape vine* prepared by Lamson Scribner. Bulletin n° 7. Washington 1888. — **Id.** ; *Black-rot* (*Lœstadia Bidwellii* by **F.** Lamson Scribner and Pierre Viala. Bulletin n° 5. Washington 1888. **Id.** ; *Report on the experiments made* in 1888 *in the treatment of the downy mildew and black rot.* Bulletin n° 10. Washington 1889. —

reproduire les renseignements suivants, recueillis par MM. P. Viala et L. Ravaz, qui l'ont découverte au mois d'août 1885 (1).

« Le *black-rot* (pourriture noire) est une maladie des raisins qui cause de grands ravages aux États-Unis ; elle est avec le mildiou (*Peronospora viticola*) le plus grand obstacle à la culture de la vigne dans les provinces de l'Ohio, du Mississipi et dans les vallées inférieures du Missouri. Elle n'avait pas encore été signalée en Europe; nous venons malheureusement de la constater dans les vignobles de l'Hérault.

»M. Henri Ricard, régisseur du domaine de Val-Marie, à Ganges (Hérault), nous adressait, le 11 août, à l'Ecole d'agriculture de Montpellier, des grains de raisin que l'on voyait rapidement pourrir et se dessécher. Nous avons bientôt reconnu que leur altération était due au *black-rot* ; une étude sur les lieux nous a permis de juger des caractères et des effets de cette nouvelle maladie.

»Le vignoble de Val-Marie est établi sur les bords de l'Hérault, dans un terrain riche et sableux, submergé, exposé aux vents dominants du nord-ouest et du sud. Des canaux d'irrigation le sillonnent en tous sens et maintiennent une certaine humidité qui, jointe à une température élevée, constitue un des milieux les plus favorables au développement des maladies cryptogamiques. C'est dans la deuxième quinzaine de juillet, après un arrosage et une forte pluie, que le *black-rot* s'est montré, d'abord isolément sur quelques grains, puis, au bout de très peu de temps, sur des grappes entières. Actuellement (20 août), la moitié de la récolte est anéantie, et si la maladie, entravée depuis huit jours, reprend son intensité, les dégâts seront bien plus considérables.

»Depuis lors, la maladie a fait son apparition sur d'autres points ; elle a été découverte, pendant l'été de 1887, dans un certain nombre de départements du Sud ou du Sud-Ouest, dans le Lot, le Lot-et-Garonne, le Tarn, le Tarn-et-Garonne, l'Aveyron, le Cantal et la Corrèze ; sur plusieurs points, ses ravages ont été très considérables, mais nulle part cependant ils ne paraissent avoir été aussi grands qu'aux États-Unis. C'est surtout, comme à Ganges, dans les endroits humides, très arrosés ou à portée des cours d'eau, que le mal a été le plus intense.

Ed. Prillieux ; *Rapports à M. le Ministre de l'agriculture.* (Journal officiel, 1886, août, septembre 1887). — **Id.** ; *Le Black-Rot*, juillet 1887. — **L. Ravaz** ; *Lettres publiées dans le Progrès agricole et viticole*, 1887. — **Pierre Viala** et **L. Ravaz** ; *Le Black-Rot et le Coniothyrium diplodiella*, 2e édit. Montpellier, 1888.

(1) Extrait des *Comptes rendus de l'Acad. des Sc.* du 7 septembre 1885. — Note présentée par M. Van Tieghem.

»Les grains présentent tout d'abord une petite tache d'un rouge livide qui s'étend rapidement en surface et en profondeur, envahissant tout le fruit, qui est complètement altéré au bout d'un ou deux jours. Il est alors d'un rouge-brun livide, spongieux, comme pourri. Le grain se flétrit et se dessèche dans l'espace de trois ou quatre jours; il est d'un *noir foncé*, la peau collée contre les pépins. A ce moment, sa surface est recouverte de petites proéminences noires, très nombreuses et visibles à l'œil nu ; elles apparaissent quand le raisin commence à se flétrir et sont constituées par deux sortes d'organes fructifères du champignon, cause du *black-rot*: le *Phoma uvicola* (Berk. et Curt.). Ces fructifications ont été déjà décrites sur des raisins atteints de *black-rot* et provenant d'Amérique (fig. 307 et 308) (1), ce qui ne permet pas de douter de la nature de la maladie que nous venons de constater.

»Les fruits de toutes les variétés n'ont pas été également atteints : il nous paraît que les grains juteux, à pulpe abondante sont surtout attaqués : ainsi, l'*Aramon* est la variété qui souffre le plus; puis viennent par ordre : *Carignan*, *Morrastel*, *Aspiran*, *Petit-Bouschet*, *Cinsaut*, *Jacquez*, *Alicante-Bouschet*. Nous n'avons pas observé le *black-rot* dans d'autres vignobles de l'Hérault, de Vaucluse, du Gard et de la Drôme que nous venons de parcourir ; il est cependant difficile de s'expliquer comment le mal a pû débuter dans le vignoble de Val-Marie, où l'on n'a pas reçu de vignes américaines depuis six années.»

Le *black-rot* se développe quelquefois sur le parenchyme des feuilles sur lesquelles on aperçoit quelques rares taches de couleur feuille morte, marquées des pustules noires caractéristiques de la maladie. On le trouve, mais d'une manière exceptionnelle, sur l'extrémité des jeunes rameaux ou sur les pédoncules et pédicelles des grappes ; les lésions ont alors une forme déprimée et portent toujours plusieurs séries de pustules disposées concentriquement.

Le *black-rot* est causé par un champignon, le *Phoma uvicola* (Berk. et Curt.), dont le mycélium se développe dans les tissus des raisins et des organes mentionnés plus haut. Ce mycélium est décrit de la manière suivante par MM. Viala et Ravaz (2) : « Les filaments qui le composent se montrent en très grand nombre dès les débuts de l'altération. Ils sont incolores, hyalins, plus ou moins variqueux et remplis de fines granulations. Des cloisons, tantôt très rapprochées, tantôt

(1) *Quelques mots sur le rot des vignes américaines et l'anthracnose des vignes françaises*, par E. Prillieux. (*Bull. Soc. bot.*, 1880, page 34).

(2) P. Viala et L. Ravaz.— *Le black-rot*. Montpellier, 1888, pag. 16, 17 et 18.

assez distantes les unes des autres, les divisent toujours (fig. 305). Leur diamètre est variable : les plus gros mesurent 4 μ, les plus petits 1 μ. Quoique de dimensions aussi différentes, tous ces filaments appartiennent bien au même mycélium. On peut voir en effet de simples ramifications, peu variqueuses, s'insérer sur des tubes plus gros

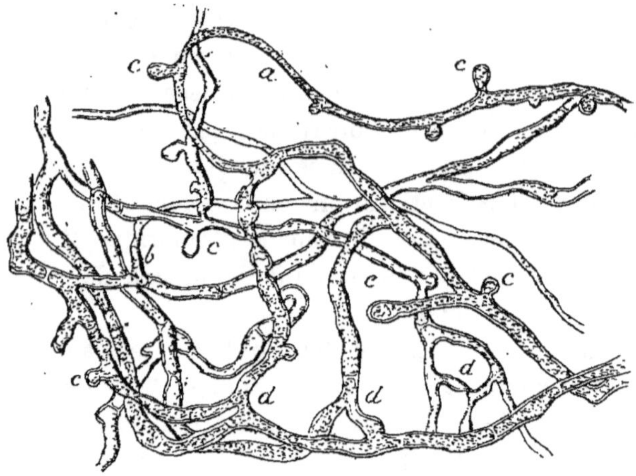

Fig. 305. — Mycélium du *Phoma uvicola*, d'après MM. Viala et Ravaz.

(fig. 305 *a*). D'autres fois, c'est un gros filament qui s'effile peu à peu (fig. 305 *b*), au point d'avoir vers son extrémité un diamètre deux ou trois fois plus petit.

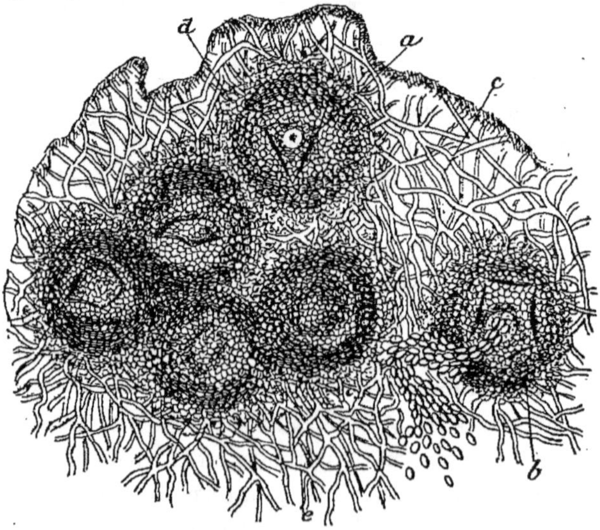

Fig. 306. — *a b c d* conceptacles renfermant les organes fructifères du *Phoma uvicola*. d'après MM. Viala et Ravaz.

»Les ramifications apparaissent tout d'abord sous forme de petits bourgeons rétrécis à leur point d'insertion (fig. 305 *c*) et qui pourraient faire croire à des suçoirs ; mais les états successifs de développement que nous avons observés ne laissent aucun doute sur leur nature» (fig. 305 *d*).

Les filaments du mycélium envahissent bientôt les tissus sains de leur voisinage en cheminant entre les cellules ; lorsque leur développement est devenu suffisant, ils s'agglomèrent en certains points et finissent par former des nodules sphériques qui, par une évolution convenable, deviendront des conceptacles contenant les fructifications du *Phoma*. Ces conceptacles sont entourés, lorsqu'ils sont parvenus à un degré de développement suffisant, d'une enveloppe noire et présentent l'aspect indiqué par la figure 306 *a* et *b*.

Les conceptacles qui se forment ainsi dans les tissus mortifiés par l'action du mycélium sont de deux sortes : les uns sont des *pycnides* (fig. 307); ils sont garnis à l'intérieur de nombreuses spores (*stylo-*

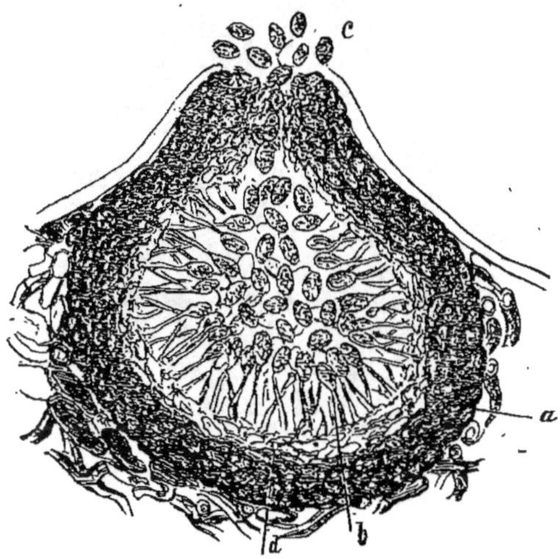

Fig. 307. — Coupe d'un pycnide du *Phoma uvicola*, d'après MM. VIALA et RAVAZ.

spores) transparentes, ovoïdes, à protoplasma granuleux, portées par des *stérigmates* fins et assez allongés. L'enveloppe noire extérieure du *pycnide a* est tapissée d'une zone plus claire *d* sur laquelle sont fixés les stérigmates ; lorsque le moment de la maturité est arrivé, le conceptacle s'ouvre au point de tangence avec la membrane extérieure du raisin et laisse échapper par une sorte d'ostiole *c* les spores qu'elle renferme. Les stylospores, réunies par une matière agglutinante, arrivent à l'extérieur avec l'aspect d'un filament blanc vermiforme. Les conditions de température les plus favorables à leur germination sont 20° à 25°.

Les autres conceptacles qui naissent sur le mycélium du *Phoma uvicola* sont des *spermogonies* (fig. 308) ; comme les *pycnides*, ils sont à peu près sphériques, sont entourés d'une enveloppe noire *a*, tapissée elle-même, à l'intérieur, d'une couche plus claire *b*. La *spermogonie* est remplie de petits bâtonnets transparents *d* (*spermaties*), qui sont très probablement des spores (1) ; ces bâtonnets sont portés par des *stérigmates* *c*, d'une extrême ténuité. Bien qu'on n'ait pu encore obtenir leur germination, il paraît à peu près certain que les *spermaties* jouent un rôle dans la reproduction du *black-rot*, mais ce sont les stylospores qui semblent être les agents principaux de propagation de cette maladie.

Indépendamment des deux modes de fructification du *Phoma uvicola* que nous venons de décrire, et qui ont été observés en Europe, MM. Bidwell et Ellis avaient signalé, en 1880, l'existence aux Etats-

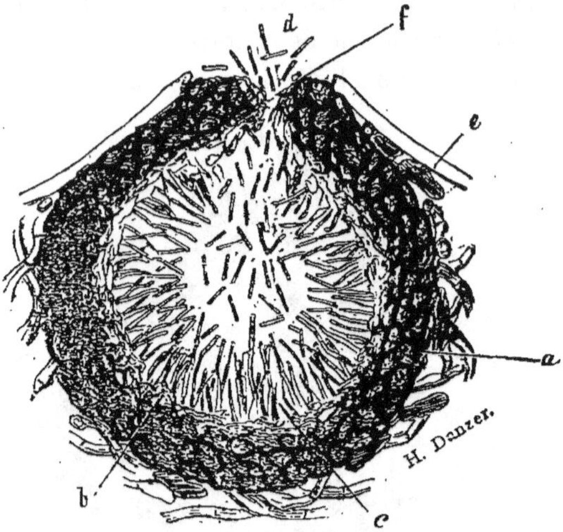

Fig. 308. — Coupe d'une spermogonie du *Phoma uvicola*, d'après MM. Viala et Ravaz.

Unis d'une troisième forme, *ascosporée* en *périthèces*, qui est assez générale chez les *Ascomycètes*, et dont M. Lamson Scribner a donné la description. M. Viala a été à même d'observer cette forme sur des échantillons recueillis au cours de la mission qu'il a remplie aux États-Unis en 1887.

Les *périthèces* (fig. 309) présentent l'aspect général des conceptacles étudiés précédemment ; ils sont, comme eux, entourés par une enveloppe noire, mais ils renferment des *asques* (fig. 310) très déliées et transparentes, renflées en massue, avec l'extrémité libre obtuse, et renfermant huit *sporidies* qui contribuent probablement

(1) Voir Max Cornu. — *Reproduction des Ascocymètes*, in *Ann. des Sciences naturelles*, 6e sér., 1876, tom. III, pag. 53.

à la propagation du *black-rot* d'une année à l'autre. Cette forme de fructification a été rapportée par M. Saccardo au genre *Physalospora*, et il a désigné la cryptogame qui nous préoccupe sous le nom de *Physalospora Bidwellii*. MM. Viala et Ravaz ont d'abord pensé que c'était au genre *Læstadia* (Auersw.) qu'elle devait se rattacher.

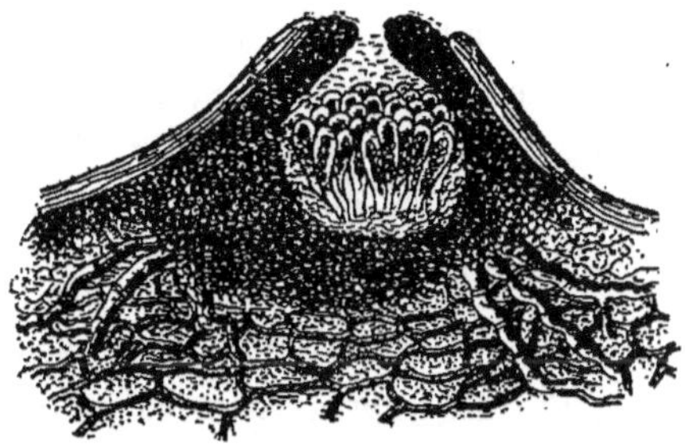

Fig. 309.

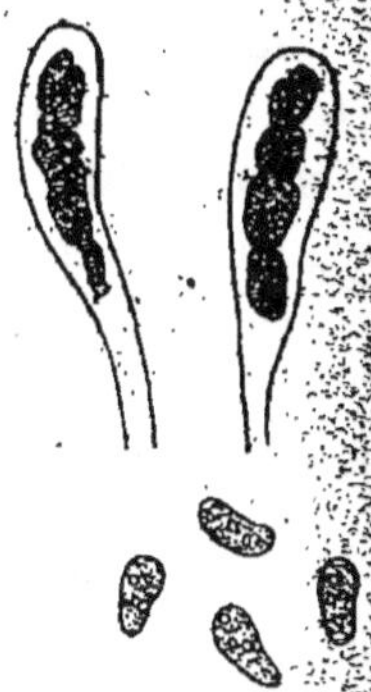

Fig. 310.

Fig. 309.— Coupe d'un périthèce du *Guignardia Bidwellii*, d'après MM. VIALA et RAVAZ. — Fig. 310.— Asques et sporidies du *Guignardia Bidwellii*.

Aujourd'hui, par suite d'un démembrement du genre *Læstadia* d'Auerswald, ils ont définitivement donné au parasite qui produit le black-rot la dénomination générique de *Guignardia*, il doit donc porter le nom définitif de *Guignardia Bidwellii* (Viala et Ravaz).

MM. Viala et Ravaz ajoutent à ce qui précède : « Il restait à démontrer expérimentalement que les périthèces du *Læstadia Bidwellii* appartenaient bien au champignon du black-rot. Nous avions déjà donné cette preuve scientifique pour les pycnides et les spermogonies. Les sporidies des asques ont été inoculées sur des feuilles saines attenantes à la souche et ont reproduit les taches du black-rot avec pustules caractéristiques ; le fait est donc démontré. Cette expérience nous a permis de déterminer quelle était la période d'incubation du mal au début de son invasion ; elle est de 9 à 12 jours. L'histoire botanique du black-rot est ainsi, en grande partie, élucidée (1). »

2° TRAITEMENT DES VIGNES ATTEINTES DU BLACK-ROT

Les moyens employés pour combattre le mildew se sont montrés efficaces pour empêcher le développement du *black-rot* : les applications *préventives* de la bouillie bordelaise, de la bouillie dauphi-

(1) P. Viala et L. Ravaz. — *Notes sur le black-rot* (*Læstadia Bidwellii*) *Progr. agric.*, 10 juin 1888.

noise, de l'eau céleste et du verdet gris ont bien réussi jusqu'à présent ; on doit les préparer avec une proportion de cuivre plus considérable, 4 kilogr. de sulfate de cuivre pour 100 litres, pour les bouillies, pour l'eau céleste et 2 kilogr. de verdet pour 100 litres d'eau. On peut ajouter très utilement à ces moyens de préservation l'enlèvement des feuilles qui portent les taches caractéristiques de la maladie.

C'est grâce à l'arrachage des vignes les plus atteintes au début et à l'emploi fait très soigneusement, sur les autres, des moyens qui viennent d'être indiqués, que le vignoble de Val-Marie, où la maladie avait fait sa première apparition en Europe, paraît complètement débarrassé actuellement, alors que le *black-rot* continue à se montrer dans les environs.

D. **Rot blanc** (1). — Comme le *black-rot*, le *rot blanc* est vraisemblablement d'origine américaine ; il a été signalé pour la première fois en Italie, en 1889, par M. Spegazzini ; en 1885, dans l'Isère, par MM. Viala et Ravaz; en 1886, en Vendée, par MM. Prillieux et Marsais ; il a pris en 1887 une extension très considérable dans le midi de la France : l'auteur du présent ouvrage et M. Ravaz en ont constaté la présence dans les départements de l'Aude, de l'Hérault, du Gard, de Vaucluse, de l'Ardèche, de la Drôme, enfin en Suisse, dans les cantons de Genève et de Vaud. D'autres personnes l'ont reconnu également en Italie, en Vendée et dans plusieurs départements du Sud-Ouest.

Cette maladie se manifeste par la dessiccation des raisins. Les grappes atteintes présentent un certain nombre de grains sur lesquels se montrent de petites taches livides. Ces taches s'accroissent avec rapidité et les tissus de la baie sont bientôt entièrement envahis. En même temps que l'altération progresse, de nombreuses petites

(1) Bibliographie. — **Spegazzini** ; *Ampelomiceti italici* (Revista di Viticoltura e Œnologia italiana, 1888, pag. 339). — **P. Viala** et **L. Ravaz**; *Le Black-Rot* 1886, pag. 56. — **Ed. Prillieux:** *Raisins malades dans la vigne de la Vendée* (Comptes rendus de l'Acad. des Sc., 11 oct. 1886. — **P. Viala;** *Les maladies de la vigne*, 2e édit., 1888, pag. 400. — **Dott. Pasquale Baccarini**; *Intorne ad une malattia dei Grappoli dell'uva* (*Phoma Briosii Bacc.*). Milano, 1886. — **Prof. R. Pirotta**; *Sulla malattia dei Grappoli* (*Coniothyrium diplodiella sacc.*) Dal Giornale : *le Viti americane*, Alba 1887. — **Dott. Fridiano Cavara**; *Lettera al prof. G. Briosi sulla vera causa della malattia sviluppatasi in alcuni vigniti di ovada*. Milano 1888. — **P. Viala** et **L. Ravaz**; *Nouvelles espèces du genre Phoma se développent sur les fruits de la vigne*, *in* Bullet. de la Soc. botan. de Fr., tom. XXXIII, juin 1888. — **Dott. Fridiano Cavara**; *Intorno al dessicamento dei Grappoli della vite*, etc. Milano, 1888. — **G. Foëx** et **L. Ravaz**; *Sur l'invasion du Coniothyrium diplodiella en 1888*, *in* Comptes rendus de l'Acad. des Sc., nov. 1888.

pustules de couleur saumon, formées par les fructifications (*pycnides*) d'un champignon, le *Coniothyrium diplodiella* (*Phoma diplodiella*, *Phoma Briosii*) Sacc., et enfin *Charrinia diplodiella* (Viala et Ravaz), se montrent à la surface. Bientôt après, les grains se flétrissent et se dessèchent, en prenant un aspect chagriné résultant du relief de ces pustules. Il n'en reste plus bientôt que l'enveloppe vidée et les graines. Des altérations semblables à celles qui viennent d'être décrites se présentent sur le pédoncule et sur les pédicelles de la grappe ; elles précèdent, dans la plupart des cas, celles des grains. Leur coloration est d'un brun plus ou moins foncé. Elles s'étendent assez rapidement sur tous les tissus environnants et finissent par envahir les grains, sur lesquels elles se manifestent tout d'abord, presque toujours, au point de leur insertion sur le pédicelle.

Les lésions du pédoncule sont fréquemment assez importantes pour déterminer la chute de la grappe lorsqu'elles se produisent sur des cépages à rafle tendre, tels que l'*Aramon*. Dans tous les cas, elles entraînent la dessiccation de la partie de la grappe ou des grains qui sont situés au delà. Certaines vignes d'*Aramon* placées dans les alluvions du Vidourle, près de Sommières (Gard), et dans la plaine de Ganges (Hérault), ont perdu toute leur récolte ; les grappes jonchaient le sol comme si elles avaient été détachées intentionnellement. L'altération du pédoncule paraît être la cause principale du dommage porté aux récoltes.

Sur certains points : à Bollène (Vaucluse), à Laudun et Bagnols (Gard), les mêmes lésions ont été constatées sur les sarments. Elles paraissent se manifester sur ces organes lorsque les tissus ne sont pas bien lignifiés ; aussi est-ce le *Grenache*, dont l'aoûtement est tardif, qui est le plus atteint. La *Clairette* et la *Carignane* sont moins fréquemment attaquées. Il est rare que l'altération se manifeste sur un point quelconque de l'entre-nœud ; dans la plupart des cas, elle se propage du pédoncule vers son point d'insertion sur le rameau. Elle envahit bientôt toutes les parties avoisinantes, et s'étend tantôt régulièrement tout autour du sarment, tantôt sur une bande longitudinale plus ou moins large. Dans le premier cas, il se forme au-dessus de la partie atteinte un fort bourrelet de tissus cicatriciels ; puis les feuilles prennent une coloration rougeâtre, tombent, et le sarment se dessèche. Les tissus altérés présentent tout d'abord une coloration noirâtre ; mais bientôt les pustules que nous avons signalées sur les grains se montrent à leur surface et leur donnent un aspect gris terreux. Ces pustules se développent surtout à la surface de l'écorce ; elles prennent aussi naissance sur les parties altérées du bois. Elles renferment des pycnides. Dans ce cas, l'écorce se soulève et se détache en lanières (1).

Le *Charrinia diplodiella* présente, quant à son mode de végétation, de nombreuses analogies avec le *Phoma uvicola ;* comme lui, il est pourvu d'un mycélium abondant qui forme, en se condensant en pelotes sur certains points, des nodules qui évoluent en pycnides. Son mycélium diffère de celui du *Phoma uvicola* en ce qu'il est assez régulier et non variqueux ; il est incolore, cloisonné, à contenu granuleux renfermant de nombreuses vacuoles.

Les pycnides sont entourés d'une membrane couleur brun clair (fig. 311 *d*), ils sont remplis de stylospores portées sur des stérigmates *f ;* ces stérigmates sont un peu renflés à la base et ils sont insérés sur un tissu transparent *c*. Les spores sont piriformes et tiennent aux stérigmates par leur pointe ; d'abord transparentes, elles prennent bientôt une teinte brune ; on y remarque deux ou trois points réfringents, dont l'un est plus gros que les autres. Elles germent dans l'eau à une température de 18 à 20°.

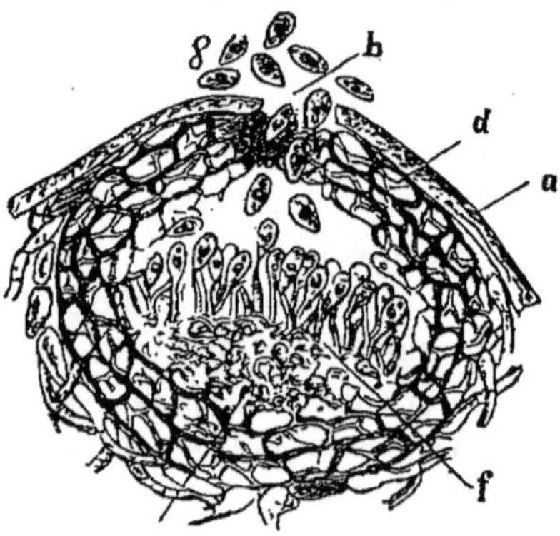

Fig. 311. — Pycnide du *Charrinia diplodiella*, d'après MM. P. VIALA et L. RAVAZ.

Jusqu'ici on n'a trouvé, dans les conditions normales, chez le *Charrinia diplodiella*, d'autre mode de fructification que des pycnides ; mais, en soumettant des fragments de vignes qui en sont atteints à certaines conditions de milieu, MM. Viala et Ravaz ont obtenu la formation de périthèces. «Si l'on prend des rafles, des pédoncules, des rameaux, par conséquent des organes durs, fortement envahis par le rot blanc, disent-ils, et si on les maintient dans une

(1) Les indications qui précèdent sont, pour la plus grande partie, extraites d'une note intitulée : *Sur l'invasion du Coniothyrium diplodiella en 1887*, par MM. Foëx et L. Ravaz. — *Comptes rendus de l'Acad. des Sciences*, nov. 1887.

atmosphère confinée, en les plantant par une de leur extrémité dans du sable stérilisé humide que l'on dessèche graduellement et lentement et que l'on soumet à un abaissement lent et successif de température, on obtient la formation des périthèces...

»Les périthèces sont sphériques (140 à 160 μ de diamètre) ; ils émergent aux deux tiers sur les organes desséchés qui les portent ; leur enveloppe est d'un noir foncé et comme carbonacé, verruqueuse sur la partie émergée et formée de plusieurs assises de cellules. Ils sont disséminés au milieu des pycnides d'hiver. Leur ouverture ostiolaire est large et en forme de cratère (1).»

La longueur des paraphyses, les caractères des asques et ceux des sporidies, ont amené MM. Viala et Ravaz à créer, pour ce champignon, un genre nouveau dans le groupe des Sphæriaceæ-Hyalophragmiæ, auquel ils ont donné le nom de *Charrinia*, et c'est ainsi qu'ils l'ont dénommé définitivement *Charrinia diplodiella*.

Le *rot blanc* paraît se développer surtout dans des années de grande humidité ou dans des milieux qui réalisent particulièrement cette condition. Nous l'avons trouvé près de Bollène (Vaucluse), dans des terrains sableux reposant sur un sous-sol de grès dur formant des poches imperméables, où l'on rencontrait des joncs ; nous l'avons vu à Sommières, dans des plaines d'alluvions fraîches et sur quelques points de coteaux à portée des sources.

On voit souvent sur une grappe le mal se développer seulement sur les grains qui touchent le sol, tandis que les autres demeurent sains. Nous avons vu en 1894, dans une vigne fortement envahie, les grappes qui étaient tombées sur le sol se recouvrir seules des pustules caractéristiques de la maladie. Enfin on a observé que le *rot blanc* succédait fréquemment à une grêle. Tout donc paraît de nature à faire supposer que le *Charrinia diplodiella* se développe surtout comme saprophyte, et c'est vraisemblablement dans ces conditions qu'on l'a rencontré toutes les fois qu'il a causé des dommages sérieux. Cependant il résulte des recherches faites en 1888 par MM. Viala et Ravaz qu'il peut, bien que difficilement, être inoculé à des grappes saines et par suite agir comme parasite (2).

Moyens de combattre le rot blanc. — Le *Charrinia* paraît être d'origine américaine, comme nous l'avons dit en commençant ;

(1) P. Viala et L. Ravaz. — *Sur le rot blanc de la vigne* (Charrinia diplodiella). *Revue de vitic.*, tom. II, pag. 197 et suiv. — et *id.* Note communiquée à l'Acad. des Sc., séance du 20 août 1894.

(2) P. Viala. — *Les maladies de la vigne*, 3e édit., pag. 334 et 335.

M. Viala l'a rencontré sur le territoire des Indiens Wiandotts, où l'on n'a jamais importé de vignes du dehors ; il ne l'a pas vu au contraire dans les Etats de l'Est, où de nombreuses tentatives de culture de vignes européennes ont été faites depuis près d'un siècle. C'est donc une importation américaine, et nous ignorons l'importance des dégâts qu'elle risque de causer en Europe ; cependant l'étude des moyens de la combattre s'impose dès maintenant. Il est probable que l'emploi des sels de cuivre, qui ont réussi contre le *mildew*, donnera des résultats ; des observations faites en France par l'auteur de ces lignes et d'autres recueillies en Amérique par M. P. Viala permettent du moins de l'espérer.

E. **Mildew** (1).

1° Historique

Le *mildew* est très anciennement connu aux Etats-Unis, où ses ravages se sont exercés, dans certains cas, avec tant d'intensité que l'on

(1) Bibliographie. — **De Bary**; *Développement de quelques champignons parasites* (Ann. des Sc. nat., sér 4, 1863). — **Docteur Farlow**; *On the American grape vine Mildew*, 1876. — **Pirotta**; *I funghi parasiti dei vitigni.* Milan, 1877.— **Von Thümen**; *Krankheinten der Pflanzen*, tom. II, 407, 1881.— **Planchon**; *Le Mildew ou faux Oïdium américain dans les vignobles de France.* (Comptes rendus de l'Acad. des Sc., pag. 600, 1879). — **Id.**; Art. div., in *Vigne américaine*, 1879-1882. — **B. Gœthe**; *Der falshe Melthau der Reben*, *in* der Weinbau, n° 11, 1880. —**E. Prillieux**; *Le Peronospora de la Vigne (Mildew des Américains) dans le Vendômois et la Touraine.* (Ann. Inst. nat. agr. Paris, 1883, pag. 139-157). — **Id.**; *Etudes sur les dommages causés aux vignes par le Peronospora viticola en France, pendant l'année 1882.* (Ann. Inst. nat. agr. Paris, 1883, pag. 33-46). — **Maurice Lespiault**; *Les Vignes américaines dans le sud-ouest de la France.* 1881. — **Ch. Rivière**; *Peronospora en Algérie, in* Messager agricole, 1881. — **Dr B. Franck**; *Die Krankheinten der Pflanzen*, 1881, tom. II, pag. 407. — **Millardet**; *Journal d'Agriculture pratique*, 1881 et 1882. — **Max Cornu**; *Le Peronospora des Vignes.* Paris, 1882. — **Bush and Son and Meissner**; *Illustrated descriptive Catalogue of american grapes vines.* Saint-Louis (Missouri), 1883. — **P. Viala**; *Etude botanique sur le Peronospora viticola, in* Vigne Américaine, 1883. — **G. Foëx** et **P. Viala**; *Le Mildiou ou Peronospora de la Vigne.* Montpellier, Coulet, 1883. — **P. Viala**: *Les maladies de la Vigne*, 2e édit., 1887. Montpellier, Bibliothèque du Progr. agric. et vitic., et divers articles cités au cours de ce travail.— **P.-P. Dehérain**; *Traitement des vignes atteintes du Mildew en Italie* (Journ. de l'Agric., 1885). — **D. Jouet**; *Traitement du Mildiou par la chaux et le sulfate de cuivre* (Progrès agricole et viticole, 11 octobre 1885). — **A. Millardet**; *Sur le traitement du Mildew et du Rot* (Comptes rendus de l'Acad. des Sc., 5 octobre 1885.— **Perrey**; *Sur la destruction du Mildew par le sulfate de cuivre* (Comptes rendus de l'Acad. des Sc., 5 octobre 1885). — **P. Viala** et **P. Ferrouillat**; *Traitement du Mildiou* (Bibliothèque du Prog. agric. et vitic. Montpellier, 1887).

Une grande partie de ce qui va suivre est extrait du mémoire précité : G. Foëx et P. Viala ; *Le Mildiou ou Peronospora de la Vigne.*

a dû renoncer, sur bien des points, aux cépages qui y étaient le plus sujets. Il fut signalé pour la première fois en Europe, en 1878, par M. Planchon. Un certain nombre de viticulteurs pensent, il est vrai, l'avoir vu autrefois dans différents points des vignobles de France; mais ils se basent sur de simples apparences, et aucun n'a pu affirmer jusqu'ici avoir constaté la présence de la cryptogame caractéristique de cette maladie sur les échantillons recueillis antérieurement à cette époque.

Depuis la découverte du *mildew* par M. Planchon, cette maladie a été reconnue successivement sur un grand nombre de points dans le Doubs, le Jura, la Savoie, la Touraine, la Gironde, le Roussillon, le Languedoc, la Provence, en Italie, en Grèce, en Algérie. Le mal paraît actuellement avoir envahi tout le bassin de la Méditerranée.

Ses conséquences, au point de vue viticole, sont fort graves : les vignes mildiousées mûrissent mal leurs fruits et donnent des vins manquant d'alcool, de couleur et sans solidité. Lorsque le pédoncule ou les pédicelles des grappes sont atteints, les grains placés au delà de la partie mortifiée se dessèchent et sont perdus pour la récolte. La vigne nourrit mal ses bois, souffre et succombe quelquefois au défaut d'aoûtement; c'est donc avec raison que l'opinion s'est émue de l'extension considérable prise par cette maladie depuis quelques années, et que les viticulteurs en font l'objet de leurs plus sérieuses préoccupations.

2° Aspect des vignes mildiousées

Sur les feuilles, *rameaux*, etc.— Les feuilles présentent à leur face inférieure des taches blanches, de formes plus ou moins irrégulières, ayant l'aspect d'une sorte d'efflorescence saline. A ces taches en correspondent d'autres à la face supérieure, qui ont d'abord une teinte jaunâtre et passent peu à peu à la couleur feuille morte; elles sont habituellement disséminées sur une série de points isolés les uns des autres, qui sont le plus souvent limités par les nervures, mais qui arrivent à se réunir, en recouvrant quelquefois toute la page inférieure de la feuille.

Les tissus du parenchyme, lorsque l'action du mal se prolonge, finissent par se détruire sur l'emplacement des taches, qui sont remplacées par des trous; la feuille peut même, si elle est entièrement envahie, être détruite dans son ensemble et tomber prématurément. Dans la plupart des cas, comme l'a observé M. Prillieux, le limbe se détache à la partie supérieure du pétiole, mais par suite d'une mortification de cet organe et non d'une véritable désarticulation.

Les taches blanches se manifestent parfois sur la face supérieure de la feuille par petits points peu étendus, disséminés le long des nervures principales; enfin, lorsque la face inférieure est fortement envahie par l'*erineum*, on voit la page supérieure se couvrir, d'une manière générale, de taches blanches de *mildew*.

Vers la fin de la végétation, les feuilles se marquent de points jaunes et brunâtres, limités par les sous-nervures, que M. Cornu compare à des *points de tapisserie;* et plus tard, lorsque la feuille se décolore, certains de ces points restent marqués en vert. Si, pendant cette période, on a des temps très secs, parfois quelques-uns des points marqués en brun se détachent et laissent une petite ouverture (1).

Le *mildew* se rencontre également sous la forme d'efflorescences blanches sur toutes les parties vertes de la vigne : sur les fleurs, dont il entraîne la coulure; sur les jeunes rameaux, les pédoncules, les pédicelles des grappes; il détermine sur ces organes un brunissement spécial et un affaissement de tissus, jamais d'excoriation.

Sur les fruits. — Les grains de raisins ne sont atteints par le *mildew* qu'à l'état jeune, et assez rarement; ils sont parfois, avant la véraison, entièrement blancs des fructifications du *mildew*, et leur développement est arrêté dans ces conditions. Lorsque la maladie les attaque plus tard, elle détermine des brunissements et des durcissements de la peau par places limitées; les fructifications, dans ce dernier cas, peuvent ne pas paraître au dehors et se produire à l'intérieur, dans l'espace vide qui existe entre la graine et la pulpe, ainsi que l'a observé M. Prillieux; ces effets seraient, d'après lui, identiques à ceux que l'on désigne en Amérique sous les noms de *rot gris*, *rot commun* (gray rot, common rot).

(1) On confond parfois le *mildew* avec l'erineum, qui est la galle d'un acarien parasite (*Phytoptus vitis* ou *Phytocoptes vitis*). Les feuilles attaquées par le *mildew* ne sont jamais gaufrées, elles le sont toujours à la face supérieure quand elles ont l'*erineum*. Sous l'effet de la piqûre de l'animal, qui cause cette altération peu dangereuse, il se développe à la face inférieure un feutrage serré de poils qui tapissent les galles, lesquelles sont toujours largement ouvertes. Les poils qui recouvrent ainsi les galles à la page inférieure sont d'un blanc brillant au début; c'est alors qu'on peut les confondre avec les efflorescences blanches du *mildew*. Ils n'ont jamais la teinte blanc laiteux de ces dernières et sont adhérents ; la partie de la feuille bullée par l'*erineum* reste, en outre, toujours verte à la face supérieure. Lorsque les galles vieillissent, les poils prennent une teinte roussâtre qui se fonce de plus en plus. Ces poils, rigides, sont constitués par quelques cellules superposées, à membranes épaisses, s'amincissant vers le sommet; la dernière est terminée en pointe émoussée. Ils sont de beaucoup plus gros que les filaments fructifères du *mildew* et ne portent évidemment aucun corps reproducteur.

Les grains, sous l'influence du *mildew*, brunissent parfois au pourtour du pédicelle, et cette altération progresse peu à peu vers le sommet ; elle se produit après la véraison, ainsi que nous l'avons observé. Engelmann l'a signalée en Amérique, et c'est elle que l'on désigne, dans le Missouri, sous le nom de *rot brun*. Lorsque la rafle est envahie par le *mildew*, elle peut sécher au point d'insertion et se détacher. Cet accident s'est produit en 1885, sur une très grande échelle, dans les vignobles de *Jacquez* de l'Hérault ; les feuilles étaient peu atteintes, tandis que les raisins tombaient en quantité telle que la récolte a été réduite, sur certains points, au tiers de ce que l'on pouvait en espérer.

3° Cause de la maladie

La maladie qui nous préoccupe est causée par l'action d'une cryptogame parasite, le *Peronospora viticola* (Berkeley et Curtis ; — de Bary), le *Plasmopora viticola* (Berlese et de Toni), voisine du *peronospora* de la pomme de terre, le *Phytophtora infestans* (de Bary). C'est de là que lui vient son nom de *mildew*, qui lui a été donné par les Américains. Ce champignon appartient à la famille des *Peronosporées*, groupe des *Oomycètes*.

Lorsque l'on examine une feuille de vigne mildiousée, si l'on détache une partie des efflorescences blanchâtres et qu'on la mette sous le microscope, on ne tarde pas à reconnaître qu'elle est formée par des bouquets de *filaments fructifères* garnis de *semences*. Ces filaments sortent en groupe par les stomates, ce qui explique qu'on les trouve, en général, en grand nombre à la face inférieure, et peu nombreux et seulement le long des nervures, à la face supérieure. Ils se rattachent à la partie végétative du champignon, ou *mycélium*, qui se ramifie lui-même entre les cellules des tissus de la feuille, dans laquelle il puise sa nourriture par des *suçoirs*. Sur certains points se forment des renflements qui, à la suite d'une fécondation, donnent lieu à de nouvelles semences (*spores d'hiver*, *œufs*) (fig. 312 *d*).

Mycélium. — La partie végétative du *mildew*, ou mycélium, qui correspond au blanc des champignons de grande taille, vit dans l'intérieur des tissus de la feuille, où il rampe entre les cellules, contre les parois desquelles il se moule, en affectant, par suite, des formes variables (fig. 312 *a a a* et 313). C'est un tube continu, sans cloisons, irrégulièrement renflé (variqueux), les dilatations atteignant parfois de grandes dimensions. Il se ramifie beaucoup et de façons fort diverses ; ces ramifications dilatées restent, dans certains cas, très courtes et sont agglomérées, affectant un aspect coralloïde dans le grain de raisin, ainsi que l'a signalé M. Prillieux.

Le mycélium puise la nourriture nécessaire à tous les organes du champignon, dans l'intérieur des cellules de la feuille, au moyen de

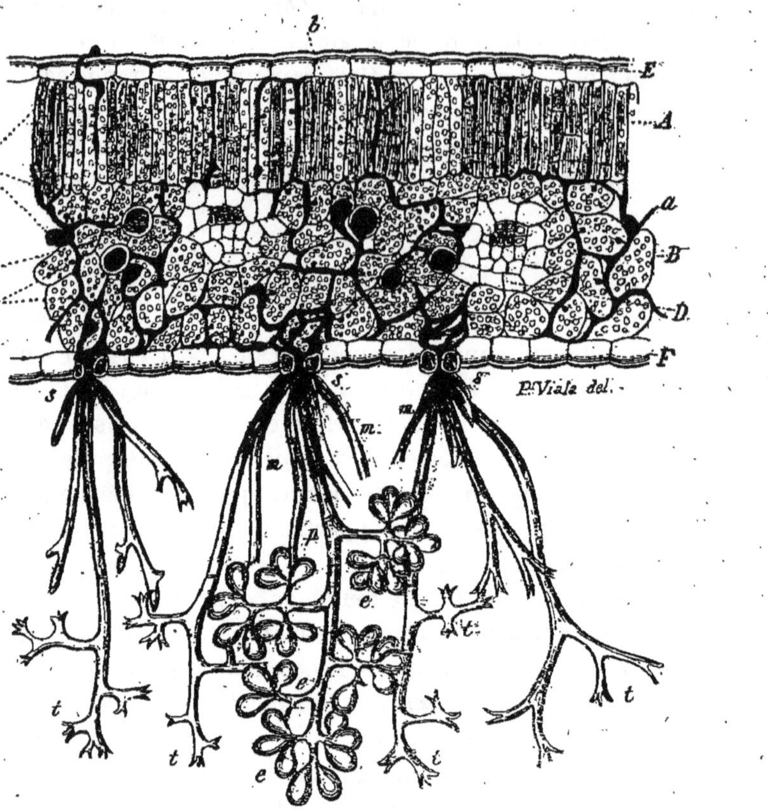

Fig. 312. — *Coupe théorique d'une feuille de vigne envahie par le mildew* : A face supérieure de la feuille, tissu en palissade ; B face inférieure, tissu lacuneux ; D nervure ; E épiderme de la face supérieure ; F épiderme de la face inférieure. *a* Partie végétative du champignon, ou mycélium, rampant entre les cellules après s'être introduit par l'épiderme de la face supérieure ; *c* suçoirs du mycélium ; *b* anthéridie et oogone s'unissant ; *d* spore d'hiver ou œuf ; *s s s* stomates par où sortent les bouquets de filaments fructifères ; *p* un filament fructifère avec les spores d'été ou conidies *e e e* fixées à l'extrémité des ramifications ; *m n* base de filaments dont la partie supérieure n'est pas représentée ; *t t* filaments conidifères avec stérigmates qui portaient les conidies ; *t* (à droite) filaments conidifères avec ramification spéciale

suçoirs sphériques (fig. 312 *c* et 313 *a a a*) qui en percent les parois ; la membrane du mycélium peut en effet résister avec plus d'énergie aux agents destructeurs que la cloison des cellules de la feuille. A l'arrière-saison, il se forme sur le mycélium, gorgé encore de matières nutritives, des renflements spéciaux, les uns sphériques, les autres plus petits et irréguliers, qui par leur union donneront naissance à des corps reproducteurs (*oospores*, *œufs*, *spores d'hiver*).

Filaments fructifères.— Durant toute la période estivale de la végétation de la vigne, le mycélium émet au dehors, par les stomates de

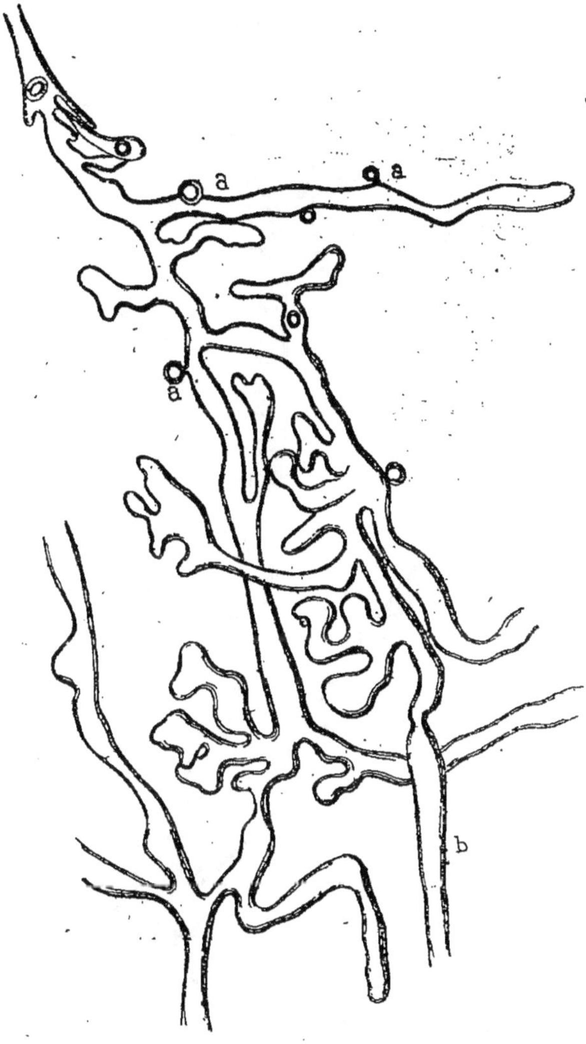

Fig. 313. — Mycélium dans une feuille mildiousée, d'après M. P. VIALA ; *a a a* suçoirs ; *b* base d'un filament conidifère.

la face inférieure, les filaments fructifères qu'il peut former dans l'espace d'une seule nuit (fig. 312 *s s' s* et 314). Ces filaments, en général au nombre de 4 à 8 par chaque stomate et de 1/2 à 1/5 de millimètre de haut, sont dressés, légèrement dilatés dès leur sortie ; ils ont ensuite un calibre assez régulier et présentent presque toujours une cloison au-dessus des premières ramifications (fig. 312 *p* et 314 *a*). Leur membrane est nettement visible.

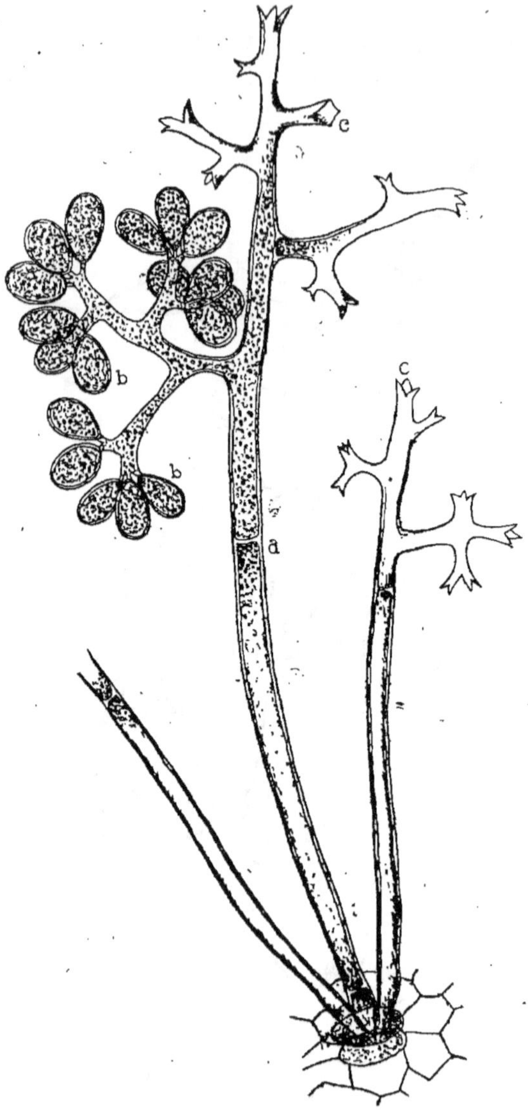

Fig. 314. — Filaments conidifères sortant par un stomate : *b b* bouquets de spores fixés sur les stérigmates qui sont représentés en *c* ; *a* cloison séparant le pied fructifère des ramifications, d'après M. P. Viala.

Ces ramifications, au nombre de 4 à 6, sont alternes et insérées à angle droit sur l'axe du filament ; elles vont en diminuant de longueur vers le sommet. Les branches de la base présentent des ramifications secondaires, rarement tertiaires; celles du sommet sont simples. A leur extrémité, elles portent toutes de 2 à 4 petites pointes courtes (*stérigmates*) (fig. 312 *t t t* et 314 *c*), sur lesquelles sont insérées les semences d'été. Les filaments fructifères, dans quelques cas, restent très courts, avec deux branches seulement, ou sont parfois rudimentaires, émergeant à peine du stomate.

Spores d'été. — Conidies. — Les extrémités des branches fructifères, en se dilatant toutes ensemble et chacune progressivement (fig. 312 *e e e* et 314 *b b*); forment les semences d'été (*spores d'été, conidies*), qui se séparent à leur maturité complète; il n'en naît pas de nouvelles sur le même support fermé, ou *stérigmate*. Ces conidies sont piriformes, mais peu allongées et sans grande différence de dimensions entre les deux extrémités; c'est, en général, par l'extrémité rétrécie qu'elles sont insérées, constituant ainsi une agglomération de fruits au sommet du petit arbre que représente chaque filament fructifère. Leur excessive ténuité et leur grande légèreté permettent leur transport par les vents, très rapidement et à de grandes distances. Elles perpétuent le parasite pendant tout l'été; leur vitalité n'est pas de longue durée. Dans un milieu sec, elles se rident et sèchent, ou éclatent aussitôt en se vidant; si elles tombent dans une gouttelette d'eau déposée sur une feuille, elles germent rapidement

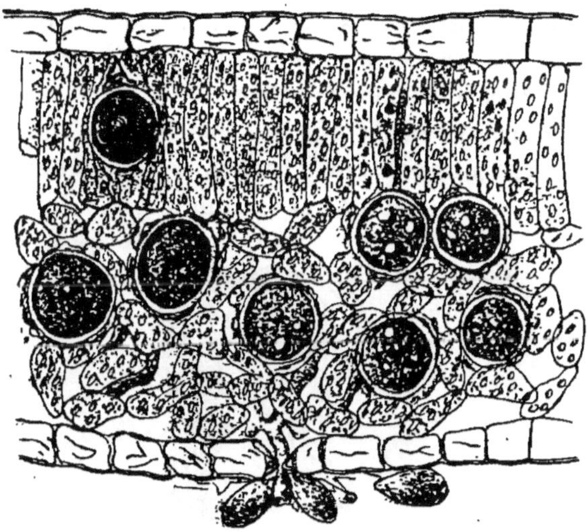

Fig. 315. — Coupe d'une feuille de vigne montrant les *œufs* dans l'intérieur des tissus, d'après M. P. Viala.

à une température de 25 à 30° centigrades. Le tube mycélien pénètre par la face supérieure, s'étend dans l'épaisseur du parenchyme et émet ensuite par les stomates, à la face inférieure, les bouquets de filaments fructifères, ainsi qu'on l'a vu précédemment.

Spores d'hiver. — *Œufs* (fig. 312 *b*, 315 et 316). — Sur le mycélium, dans l'intérieur des tissus, se forment des renflements à peu près sphériques, relativement gros, dans lesquels s'accumule le pro-

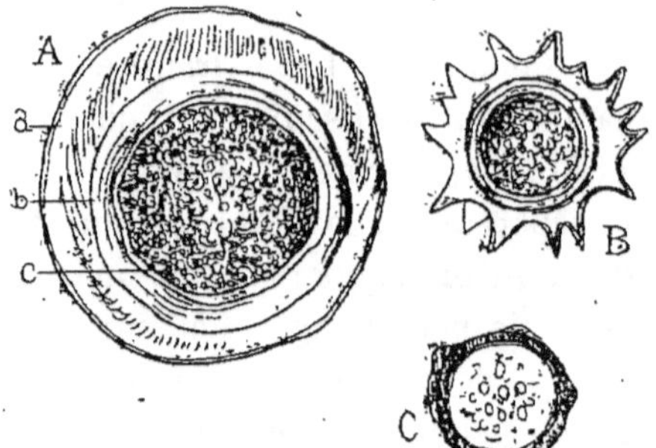

Fig. 316. — Œufs ou oospores du *Peronospora viticola* : A oospore trouvée dans les excréments d'un mouton nourri exclusivement avec des feuilles de vignes ; *a* oogone ; *b* membrane externe ; *c* membrane interne. — B oospore (d'après M. Prillieux) contenue dans une oogone présentant des prolongements filiformes ; C oospore (d'après M. Cornu). Extrait de l'ouvrage de M. P. Viala.

toplasma. Ce corps sphérique, plein de protoplasma, est l'origine de l'organe femelle ; on le nomme *oogone* (qui engendre l'œuf). Le protoplasma qui tapissait les parois, une fois que l'oogone s'est séparée du mycélium par une cloison, se contracte et se réduit en une sphère (oosphère) située ainsi dans l'oogone.

A côté, et le plus souvent sur la même branche du mycélium, se forme un corps plus petit, de forme un peu irrégulière, gorgé aussi de protoplasma granuleux et qui se limite par une cloison du tube qui

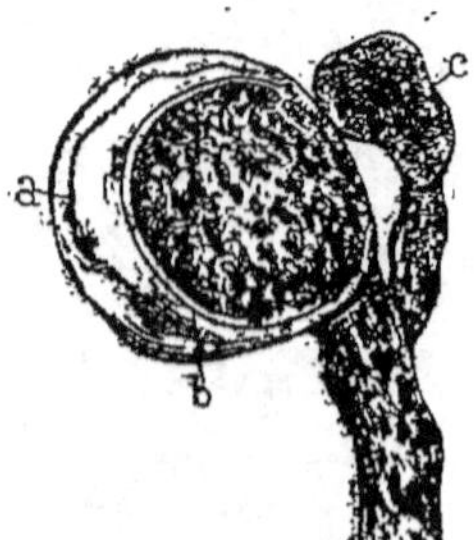

Fig. 317. — Fécondation du *Peronospora viticola* : *a* oogone ; *b* oosphère ; *c* anthéridie, d'après M. P. Viala.

le porte : c'est l'organe mâle ou *anthéridie* (fig. 317 *c*) ; sans se détacher, il vient s'accoler peu à peu contre l'oogone, et, par un mécanisme spécial dont tous les détails n'ont pas encore été suivis sur le *Plasmopora viticola*, son protoplasma passe dans l'oogone et va se fusionner avec celui de l'oosphère, sans qu'il en résulte une augmentation de volume (fig. 317). A la suite de cet acte de fécondation, l'oosphère s'entoure d'une membrane qui s'épaissit peu à peu : il en résulte une *spore d'hiver*, appelée *oospore* (spore-œuf), ou plus simplement *œuf*.

Les œufs du *mildew* de la vigne ont une double membrane, lisse et jaune-brun à l'extérieur, qui les protège et les rend très résistants aux divers milieux qui pourraient agir sur eux. On les retrouve le plus souvent renfermés dans l'oogone et situés dans les tissus de la face supérieure de la feuille (tissu en palissade). Ils sont environ deux ou trois fois plus gros que les conidies ou spores d'été. Ils se forment surtout à l'arrière-saison, alors que les conditions de vie extérieures ou intérieures sont mauvaises pour le mycélium ; ils peuvent aussi, par exception, se former à l'extérieur de la feuille dans des conditions tout à fait spéciales.

La germination des œufs du *mildew* est peu connue ; cependant, M. Prillieux et M. Fréchou l'ont obtenue. D'après le premier de ces Messieurs, elle donnerait directement naissance à des filaments conidifères ; le second a obtenu, mais rarement, des zoospores. Dans la famille des Peronosporées, à laquelle appartient le *Plasmopora* de la vigne, les œufs germent par zoospores, comme les conidies, ou émettent directement des rameaux fructifères qui portent des spores d'été à l'extrémité de leurs branches.

4° Conditions favorables au développement du mildew

Au printemps, lorsque la température maxima atteint de 25 à 30° centigrades et que les conditions d'humidité sont suffisantes, le *mildew* fait son apparition. On l'observe particulièrement sur les points où les feuilles malades ont été enfouies l'année précédente. Bien que la germination des spores d'hiver n'ait pas encore été observée directement, et que par conséquent on ignore les conditions exactes dans lesquelles elle s'effectue, il est néanmoins certain que c'est d'elles que sortent les premiers germes. M. Millardet pense qu'ils s'attachent aux jeunes plants de semis qui croissent accidentellement dans les vignes. Ils s'y développeraient, et, après avoir donné lieu à une fructification en conidies, ces dernières, disséminées par les vents, répandraient le mal sur les souches adultes.

Bien que nos expériences paraissent confirmer les observations sur lesquelles M. Millardet base son hypothèse, du moins le fait ne paraît pas constant. S'il nous a été possible à M. Viala et moi de trouver le *mildew* sur des semis de vignes dans une pièce de terre où avaient été enfouies, à l'automne, des feuilles renfermant des spores d'hiver, nous en avons trouvé en même temps dans une autre vigne parfaitement isolée, où avaient également été enfouies des feuilles mildiousées, et qui ne contenait aucun semis.

Une fois la réinvasion effectuée, les conidies perpétuent la maladie pendant toute la durée de l'été, si elles rencontrent des conditions atmosphériques favorables. Les deux éléments nécessaires pour le développement du *mildew* sont l'humidité et la chaleur.

Les petites pluies suivies d'une température élevée, les rosées abondantes auxquelles succède un soleil ardent, les vents marius, provoquent une expansion considérable de filaments conidifères et sont la cause déterminante de la germination des conidies dans les gouttelettes d'eau déposées sur les feuilles. L'importance de ces influences est démontrée par des faits bien observés : des vignes ont été complètement envahies quelquefois en vingt-quatre heures, à la suite d'un brouillard abondant ou d'une forte rosée, si bien que les viticulteurs ont souvent rattaché le mal à cette cause et lui ont attribué la destruction des feuilles (une *nèble*, d'après les vignerons méridionaux); dans le Médoc et le Lyonnais, ce phénomène est qualifié du nom de *melin* et *brouillardage* ; les Américains, dans le Missouri, l'appellent : *sun scald* (coup de soleil), et les Allemands : *mehl-thau* (rosée de farine). Enfin on a observé que sous les abris, tels que les arbres, etc., qui empêchent le rayonnement et le dépôt de la rosée qui s'ensuit, le *mildew* ne se développe pas.

La température la plus convenable pour la germination des conidies est comprise entre 25° et 30° centigr. Lorsque la température s'abaisse, la germination est plus longue : ainsi à 17°, elle a lieu irrégulièrement et seulement au bout de deux ou trois jours, dans de bonnes conditions d'humidité constante ; elle peut même ne pas se produire lorsqu'on se rapproche de 14°. Parfois cependant, au-dessus de ce point, les conidies ne perdent pas leur faculté germinative : on a obtenu la germination de conidies qui avaient été portées à 0°, en les ramenant progressivement à 23° et 25°.

Dans un milieu sec, la germination ne se produit pas et les spores meurent, ce qui explique l'effet bienfaisant des coups de vent du nord-ouest dans le midi de la France, ou du siroco en Algérie.

La maladie se perpétue d'une année à l'autre, au moyen de *spores d'hiver* ou *œufs*, qui se forment, comme nous l'avons vu, dans l'intérieur de la feuille. Ces œufs présentent une résistance très remarquable à l'action des différents agents. Ils peuvent supporter, sans succomber, les températures les plus basses que l'on puisse atteindre dans les régions de la vigne; la sécheresse et l'humidité excessive ne leur ôtent pas leur faculté germinative; on en a recueilli dans les excréments de mouton, qui, après avoir traversé le tube digestif de ces animaux, ne paraissaient pas avoir perdu leur vitalité; on en a vu enfin infecter des vignes après plus d'un an d'attente. Cette remarquable vitalité est un des grands obstacles que l'on a rencontrés dans les efforts faits pour combattre le *mildew*. M. Fréchou, pharmacien à Nérac, a en outre observé que, dans certaines circonstances, le *mycélium* pouvait conserver sa vitalité d'une année à l'autre et donner lieu, au printemps, à de nouvelles spores d'été. «Lorsqu'on cueille, dit-il, avant leur chute, des feuilles malades et qu'on les conserve soigneusement à l'abri d'une trop grande humidité, on constate après un délai de cinq ou six mois, sur le pourtour des taches causées par le champignon, la production des filaments conidiophores et de nombreux bouquets de macroconidies. Ainsi donc, un fragment de feuille de vigne séché et préservé par une circonstance fortuite de la pourriture en hiver peut devenir, dès que les conditions extérieures se montrent favorables, un véritable foyer d'infection.» Mais il n'est pas probable que ce mode de propagation du mal d'une année à l'autre joue un rôle bien important, les conditions de milieu nécessaires paraissant devoir se réaliser rarement (1).

5° Action du mildew sur divers cépages

Tous les cépages ne sont pas également accessibles à l'action du *mildew*; de même que pour l'*oïdium*, on a constaté que certains d'entre eux étaient à peu près indemnes de la maladie, alors que d'autres en étaient au contraire fortement éprouvés. Ces effets du mal ne sont pas toujours les mêmes, d'une manière relative: certaines années, les différences dans l'état de deux cépages qui semblaient se comporter d'une manière analogue en présence du parasite s'accusent assez fortement; d'autres fois le contraire se produit. Cette inconstance dans les effets du *mildew* vis-à-vis d'un même cépage résulte probablement de l'état des tissus de ses feuilles au moment de la germination des conidies. Quoi qu'il en soit, des observations nombreu-

(1) L'exposé qui précède est extrait, pour la plus grande partie, d'un travail fait en collaboration avec M. P. Viala: G. Foëx et P. Viala. *Le Mildiou ou Peronospora de la Vigne.* Montpellier, 1884, Coulet.

ses permettent aujourd'hui de se faire une idée assez exacte des propriétés moyennes de résistance qu'offrent au parasite les types les plus connus.

Les plus anciens documents recueillis sur ce point l'ont été par les Américains et sur leurs propres cépages ; nous en donnons ci-dessous un résumé, extrait du *Catalogue* de MM. Bush et Meissner.

« TABLEAU DES VIGNES AMÉRICAINES (PRINCIPALES VARIÉTÉS PAR RAPPORT A LEUR RÉSISTANCE AU MILDEW) (*Peronospora*).

» Ire CATÉGORIE : Presque entièrement exempte, même dans des saisons et des localités défavorables.

» V. ÆSTIVALIS, groupe du Nord : *Cynthiania*, *Norton's Virginia*.

» V. LABRUSCA, groupe du Nord : *Concord*, *Hartford*, *Ives*, *Perkins* et aussi *Champion*, *Cottage*, *North Carolina*, *Rentz*, *Venango*.

» V. RIPARIA et les croisements avec le V. LABRUSCA : *Elvira*, *Missouri-Riesling*, *Montefiore*, *Noah*, *Taylor*.

» IIe CATÉGORIE : Souffrant un peu, *mais peu sérieusement*, dans les saisons et localités exceptionnellement défavorables.

» V. ÆSTIVALIS, groupe du Sud : *Cunningham* ; division du Nord : *Hermann*, *Neosho*.

» V. LABRUSCA, groupe du Nord : *Dracut*, *Amber*, *Lady*, *Martha*, *N. Muscadine*, *Telegraph*, *Mason's seedling*.

» V. RIPARIA et ses croisements avec les V. LABRUSCA : *Blue Dyer* (*Franklin*), *Black Pearl*, *Clinton*.

» HYBRIDES DE V. LABRUSCA et VINIFERA : *Gœthe*.

» IIIe CATÉGORIE : Souffrant sérieusement dans les saisons défavorables et à *déconseiller pour les localités exposées habituellement au mildew*.

» V. ÆSTIVALIS, groupe du Sud : *Devereux*, *Herbemont*, *Lenoir*, *Louisiana*, *Rulander*.

» V. ÆSTIVALIS, croisé avec le V. VINIFERA (?) : *Alvey*.

» V. LABRUSCA, groupe du Sud : *Catawba*, *Diana*, *Isabella*.

» V. RIPARIA croisé avec le V. LABRUSCA : *Amber* (Rommel's), *Marion*, *Uhland*.

» HYBRIDES de V. LABRUSCA ou de V. VINIFERA, V. LABRUSCA et ses HYBRIDES et V. VINIFERA avec V. RIPARIA : *Black Eagle*, *Brighton*, *Brandt*, *Herbert*, *Lindley*, *Triumph*, *Wilder*.

» IVe CATÉGORIE : Souffrant sérieusement, même dans les saisons normales ; *sur laquelle on ne peut nullement compter*, sauf dans un petit nombre de localités à l'abri du *mildew*.

»V. Æstivalis : *Elsinburg*, *Eumelan*.

»V. Labrusca, groupe du Sud : *Adirondac*, *Cassady*, *Creveling*, *Isabella*, *Iona*, *Mottled*, *Maxatawney*, *Union Village*, *Rebecca Walter*.

»Origine indéterminée : *Delaware*.

»Hybrides de V. Vinifera et V. Labrusca : *Agawam*, *Allen's Hybr.*, *Aminia*, *Barry*, *Black Defiance*, *Croton*, *Irving*, *Massassoit*, *Merrimack*, *Salem*, *Senasqua*.

»Hybrides de V. Vinifera et V. Riparia : *Autuchon*, *Canada*, *Cornucopia*, *Othello* (1).»

Nous ajouterons à ces indications que le *Jacquez*, vraisemblablement d'ailleurs identique au *Lenoir*, mentionné dans la troisième catégorie de MM. Bush et Meissner, s'est montré très accessible au *mildew* dans les années humides ; le mal semble se caractériser souvent chez lui plutôt par la chute des raisins que par celle des feuilles.

En ce qui concerne les cépages d'Europe, les observations recueillies jusqu'ici peuvent être résumées comme suit : Un certain nombre possède une résistance qui paraît pratiquement suffisante, dans la plupart des cas, aux attaques du *mildew* : nous citerons parmi eux le *Castets* ou *Nicouleau*, — l'*Etraire de l'Adui*, — le *Grapput* de la Dordogne ou *Prolongeau*, — le *Pignon* du Médoc ou *Pardotte*, *Tripet* ou *Courbinotte*, — le *Plant Durif* de l'Isère, — le *Muscadet*, — le *Sauvignon*. — le *Sémillon* de la Gironde, — l'*Ugni blanc* de Provence.

D'autres cépages, sans présenter le même degré d'indemnité, souffrent du moins relativement peu de cette maladie, ce sont : l'*Alicante-Bouschet*, — le *Cabernet Sauvignon*, — le *Gamay*, — la *Mondeuse*, — le *Petit-Bouschet*, — la *Syrah*.

Certains autres ne sont éprouvés sérieusement que dans les années décidément mauvaises ; on trouve parmi eux : l'*Aramon*, — l'*Aubun* de Vaucluse, — la *Clairette*, — le *Colombaud*, — les *Piquepoules*, — les *Spirans*, — le *Mourvèdre*, *Espar*, *Balzac* ou *Mataro*.

Enfin, parmi les plus sensibles à l'action du parasite, on peut mentionner : le *Grenache* ou *Alicante*, — la *Carignane*, — le *Cinsaut*, — les *Terrets*, qui sont atteints des premiers et chez lesquels le mal prend souvent un degré de gravité considérable.

(1) *Catalogue illustré et descriptif des Vignes américaines* de MM. Bush et Meissner. 2e édit. française, etc. Montpellier, C. Coulet, édit., 1885, pag. 78.

6° Moyens proposés pour combattre le mildew

Aucun des moyens curatifs proprement dits mis en œuvre jusqu'ici n'a donné de résultats contre le *mildew;* l'insuccès des tentatives faites dans ce sens n'a rien qui soit de nature à nous surprendre : en effet, le mycélium de cette cryptogame, une fois formé, offre une très grande résistance à l'action des agents extérieurs ; de plus, il est difficile de l'atteindre dans l'épaisseur du parenchyme où il est répandu, sans détruire la feuille elle-même. C'est donc vers l'emploi des moyens préventifs qu'ont dû se porter les préoccupations. On a proposé d'abord les suivants :

a. *Emploi des cépages réfractaires au mildew.* — On a indiqué comme moyen préventif de ne planter ou de ne greffer que les cépages résistant au *mildew;* parmi lesquels ceux qui ont le plus particulièrement fixé l'attention sont, comme on l'a vu : le *Persan* ou *Etraire de l'Adui*, le *Durif*, le *Grapput* ou *Prolongeau*, le *Pignon* du *Médoc* ou *Pardotte*, le *Sauvignon*, le *Sémillon*, l'*Ugni blanc*, etc., parmi les V. Vinifera ; et le *Cynthiana*, l'*Elvira*, le *Noah*, le *Montefiore*, le *Missouri-Riesling* et l'*Herbemont*, parmi les américains.

Malheureusement, la résistance des divers cépages au parasite n'est pas absolument constante ; elle varie d'une année à l'autre, probablement suivant l'état des tissus de la feuille au moment de l'invasion, et les cépages que nous venons de mentionner, tout en demeurant moins gravement atteints que les autres, peuvent l'être cependant. Du reste, l'emploi d'un pareil moyen n'est guère possible que pour des plantations nouvelles, et encore offre-t-il l'inconvénient de restreindre le choix des types à multiplier.

b. *Emploi des sels de cuivre.* — On a remarqué, depuis l'invasion du *mildew* dans la Gironde, que les vignes du bord des champs, que l'on a l'habitude d'asperger avec un mélange de chaux et de vert-de-gris ou de chaux et de sulfate de cuivre, conservaient parfaitement leurs feuilles, tandis que celles qui n'avaient pas reçu ce traitement les perdaient sous l'action de la maladie. On a eu recours à ce moyen sur l'ensemble des vignobles, et les résultats ont été très satisfaisants. Des recherches ultérieures ont permis de constater que l'élément actif dans ces mélanges était le cuivre et qu'il suffisait de quelques traces de métal dans l'eau pour empêcher la germination des *conidies* du *peronospora;* on a donc cherché, depuis, divers composés cuivreux capables d'adhérer fortement aux feuilles et d'y former des dépôts susceptibles de fournir des traces de cuivre aux gouttelettes d'eau déposées par la rosée ou par les pluies, et dans lesquelles s'opère la germination. Les principales matières qui ont été proposées en suivant cet ordre d'idées sont : *A*. MATIÈRES LIQUIDES. — 1° La *bouillie bordelaise*, 2° l'*eau céleste*, 3° l'*ammoniure de cuivre*, 4° la *bouillie dauphinoise*, 5° le *verdet gris*, 6° enfin le *sucrate de cuivre*. — *B*. MATIÈRES SOLIDES PULVÉRULENTES. — 1° *Mélange de soufre et de sulfate de cuivre*, 2° *sulfostéatite*, 3° *poudre et soufre Skawinski*. Nous allons passer en revue successivement ces diverses compositions en en discutant la valeur telle qu'elle résulte des très nombreux essais faits jusqu'ici.

A. MATIÈRES LIQUIDES. — 1° *Bouillie bordelaise*. — Cette matière est le résultat du mélange de chaux et de sulfate de cuivre employé primitivement, comme nous l'avons vu, dans la Gironde, pour défendre les raisins contre les maraudeurs. En versant un lait de chaux dans une dissolution de sulfate de cuivre, on obtient un précipité bleu clair très divisé, susceptible de demeurer quelque temps en suspension dans l'eau et qui est formé d'*hydrate d'oxyde de cuivre*, enveloppé d'un peu de sulfate de chaux et de chaux libre qui ne tarde pas à passer à l'état de carbonate ; sous cette forme, le cuivre adhère fortement aux parties de la plante sur lesquelles il a été projeté, et il se dissout en faibles quantités en présence de l'eau chargée de carbonate d'ammoniaque ou d'acide carbonique déposée par les rosées ou les petites pluies.

La bouillie bordelaise se prépare de la manière suivante : On fait dissoudre 2 à 3 kil. de sulfate de cuivre dans 5 à 6 litres d'eau chaude ; une fois la dissolution effectuée, on étend avec de l'eau froide, de manière à obtenir un volume total de 100 litres ; on délaye, d'autre part, 2 à 3 kil. de chaux grasse éteinte (en pâte) dans une dizaine de litres d'eau et on verse peu à peu le lait de chaux ainsi obtenu dans la dissolution de sulfate de cuivre, que l'on a soin d'agiter pendant ce temps, de manière à rendre le mélange aussi intime que possible et à assurer la combinaison. On doit préparer la bouillie dans des récipients en bois, afin d'éviter l'action corrodante qu'elle exerce sur les métaux usuels. Il est nécessaire de l'agiter avec soin, afin de remettre le précipité en suspension au moment de s'en servir. Les quantités nécessaires dans les vignes du Midi sont d'environ 200 litres pour le premier traitement et de 300 à 400 litres pour les suivants, qui ont lieu lorsque les feuilles de la vigne sont mieux développées.

La *bouillie bordelaise* est le remède le plus généralement employé actuellement contre le *mildew*, le *black-rot* et le *coniothyrium*; il doit la faveur dont il jouit à la suffisance de ses effets, à l'assez bonne adhérence de ses gouttelettes sur les feuilles, enfin à son bon marché relatif et à la facilité de sa préparation. Nous traiterons plus loin la question de l'application de la bouillie, en même temps que nous le ferons pour les autres matières liquides.

2° *Eau céleste.* — M. Audoynaud, ancien professeur de chimie à l'École nationale d'agriculture de Montpellier, a proposé, il y a quelques années, de remplacer la bouillie bordelaise, dont l'adhérence laissait assez à désirer au début, parce qu'on y faisait entrer une trop forte proportion de chaux, par l'eau céleste. Ce produit se prépare de la manière suivante : On fait dissoudre dans 3 litres d'eau chaude contenus dans un baquet en bois 1 kil. de sulfate de cuivre ; lorsque la dissolution est faite et que le liquide est refroidi, on y verse 1 lit. 500 d'ammoniaque à 22° Baumé ; la liqueur prend alors une belle couleur bleue, on l'étend enfin avec 100 ou 200 litres d'eau suivant que l'on veut un composé à 1/2 ou 1 °/₀. La liqueur ainsi obtenue renferme du sulfate d'ammoniaque, sans utilité pour le traitement, et de l'oxyde de cuivre hydraté, corps de nature colloïde et qui adhère très fortement en séchant aux surfaces sur lesquelles il a été projeté. Appliqué sur les feuilles, il y forme des dépôts cuivreux qui fournissent, au fur et à mesure des besoins, les petites quantités de métal nécessaires pour combattre la maladie et qui résistent assez longtemps à l'action des pluies.

L'eau céleste a efficacement préservé les vignes qui ont été traitées par son moyen, elle présente sur la bouillie bordelaise l'avantage d'être plus persistante sur les feuilles, de pouvoir être employée sans agitation préalable et sans risquer d'engorger les appareils, les matières solides qu'elle renferme étant dissoutes et non en suspension. Elle offre malheureusement l'inconvénient, lorsqu'elle contient encore une certaine quantité d'ammoniaque non combinée, de déterminer des brûlures sur les feuilles ; sans doute, si l'on avait toujours la précaution de la préparer à l'avance avec soin et de l'exposer suffisamment longtemps à l'action de l'air, ce danger pourrait être évité, mais les accidents qui se sont produits de ce chef sur divers points ont détourné les viticulteurs de son emploi, qui est aujourd'hui beaucoup moins répandu qu'au début.

3° *Ammoniure de cuivre.* — Ce produit a été signalé à l'attention des viticulteurs par M. Bellot des Minières, qui en a obtenu de très remarquables résultats dans son beau vignoble de Haut-Bailly (Gironde). On le produit en faisant agir de l'ammoniaque sur de la tournure de cuivre ou sur de l'oxyde de cuivre, en présence de l'air ; la liqueur bleue ainsi produite est additionnée d'eau, de manière à ramener la proportion de cuivre de 1 à 3 %; son adhérence peut être comparée à celle de l'eau céleste, dont d'ailleurs il possède toutes les qualités sans offrir les mêmes dangers de brûlure sur les feuilles. Son prix élevé a seul empêché l'usage de s'en répandre dans la pratique générale.

4° *Bouillie dauphinoise.* — M. Masson, professeur à l'École de viticulture de Beaune, et M. le Dr Patrigeon, ont proposé de substituer à l'eau céleste un *hydrocarbonate de cuivre* que l'on obtient en faisant agir sur le sulfate de cuivre des cristaux de soude ou de potasse du commerce (carbonate de soude ou de potasse plus ou moins impur). Ce produit s'est répandu dans la pratique sous le nom de *bouillie dauphinoise* ; il présente, d'après ces auteurs, les avantages suivants:

« 1° Ces carbonates sont moins chers (surtout ceux de soude) que l'ammoniaque ;

» 2° La liqueur résultant de leur combinaison avec le sulfate de cuivre est moins incommode à répandre que l'eau céleste;

» 3° On peut graniter les feuilles de taches blanc-verdâtre ou bleu-verdâtre, qui permettent aux propriétaires de vignobles de constater la façon dont le traitement a été fait par leurs ouvriers ;

» 4° Le précipité colloïdal d'hydrocarbonate de cuivre est très adhérent aux feuilles et joue le même rôle que le précipité d'hydrate de l'eau céleste ;

» 5° Ce précipité reste longtemps en suspension dans le liquide sulfaté ; de plus, il n'a pas l'inconvénient d'encrasser les bons pulvérisateurs ;

» 6° Il n'y a pas, comme avec l'eau céleste, formation du sulfate acide, capable de brûler les feuilles. Le sulfate de soude produit demeure neutre indéfiniment. »

M. Masson indique comme formule pratique pour la préparation de son liquide :

Eau	100 litres.
Sulfate de cuivre	1 kilogr.
Carbonate de soude	2 —

Si l'on veut augmenter le titre au point de vue du cuivre, on devra augmenter aussi dans la même proportion la quantité de carbonate de soude employée.

M. le Dr Patrigeon a fait usage du mélange suivant :

Sulfate de cuivre	4 kilogr.
Carbon. de soude du commerce	6 —
Eau	100 litres.

La *bouillie dauphinoise* a donné de bons résultats partout où elle a été employée dans les conditions voulues; elle s'est montrée plus solidement adhérente aux feuilles que la *bouillie bordelaise*, elle n'offre d'autre inconvénient que d'être un peu plus chère, à quantité égale, que cette dernière.

5° *Verdet gris.*— M. Georges Bencker, de Montpellier, a conseillé récemment l'emploi du *verdet gris* ou *acétate bibasique de cuivre* pour combattre le mildew: il propose d'en faire usage à la dose de 1 kil. pour 100 litres d'eau. La dilution doit être préparée, d'après lui, de la manière suivante :

« On aura un récipient d'environ 500 litres de capacité ; on y mettra 50 kilogr. de verdet gris extra sec en grains et 500 litres d'eau, trois ou quatre jours avant de commencer le traitement. On agitera plusieurs fois dans cet intervalle.

» Le jour où on devra traiter, on versera dans des fûts de 2 hectolitres de capacité (les fûts pétroliers, par exemple) 2 décalitres de cette préparation. On versera à travers un tamis de cuivre, reposant sur l'entonnoir, pour éliminer les impuretés légères du verdet, paille, chanvre, etc. Ces 2 décalitres contiendront 2 kilogr. de verdet, on complétera chaque fût avec de l'eau; on aura ainsi la dilution à 1 °/₀. Ces barils seront emportés à la vigne et serviront à alimenter les pulvérisateurs. »

Les expériences faites à l'École d'agriculture de Montpellier avec le *verdet gris* ont donné constamment d'aussi bons résultats que celles avec la bouillie bordelaise, il a même montré une solidité, au point de vue de l'adhérence, beaucoup plus considérable que cette dernière composition; aussi est-il fort employé aujourd'hui, malgré son prix un peu plus élevé que celui du sulfate de cuivre; son emploi offre plus de sécurité, puisqu'il protège les feuilles jusqu'au moment de leur chute, il permet, enfin, en certaines circonstances, d'économiser un traitement.

6° *Sucrate de cuivre.*— Le cuivre peut entrer en combinaison avec le sucre et donne lieu à des produits susceptibles d'empêcher le développement du mildew ; M. Michel Perret a songé à ajouter, sous forme de mélasse, du sucre à l'hydrocarbonate de cuivre. Il indique, pour ce produit, le mode de préparation suivant :

« 2 kilogr. de sulfate de cuivre ont été dissous dans 15 litres d'eau.

» 3 kilogr. de cristaux de soude ont été projetés dans cette dissolution.

» La précipitation du cuivre étant opérée, on ajoute 200 à 250 gr.

de *mélasse;* on laisse en contact douze heures, et on ajoute 100 litres d'eau.

» La bouillie ainsi obtenue est vert foncé, légère et très adhérente aux feuilles et aux fruits; la partie dissoute par le sucre agit au moment même du badigeonnage, la partie précipitée prolonge l'action en se dissolvant par les agents atmosphériques.

» L'expérience m'a prouvé, cette année (1889), que cette bouillie nouvelle préservait mieux les raisins que les diverses compositions employées jusqu'à ce jour. »

La bouillie sucrée s'est montrée très adhérente aux feuilles et nous paraît, à ce point de vue, pouvoir se classer immédiatement après le *verdet gris*.

Mode d'application des matières cuivreuses. — Les matières cuivreuses agissent *préventivement* en empêchant la germination des conidies ou spores, qui sont les agents reproducteurs du mildew en été; elles doivent donc être employées avant que le mal ait fait son apparition, c'est-à-dire vers le 15 mai, dans la région méditerranéenne. Mais comme, par suite des progrès de la végétation, de nouvelles feuilles se développent, il est nécessaire, pour les protéger, de procéder successivement à d'autres traitements; on devra en donner un deuxième à la fin de juin ou au commencement de juillet, et un troisième vers le 15 août, quelquefois même un quatrième après la vendange, si le mildew se développe abondamment à ce moment, afin d'assurer l'aoûtement des sarments. Au reste, on doit se laisser guider dans une large mesure, pour le nombre et l'époque des traitements, par les circonstances atmosphériques plus ou moins favorables à la maladie qui peuvent se présenter.

Les matières cuivreuses liquides doivent être projetées, à l'état de très grande division, sur les feuilles; il importe moins, en effet, d'accumuler de grandes quantités de cuivre en un point donné que d'en répandre un peu partout; il faut que, partout où une gouttelette d'eau peut se former, elle en trouve des traces à dissoudre. Ce sont les appareils pulvérisateurs qui réalisent le mieux ce desideratum; aussi, un grand nombre de ces instruments ont-ils été imaginés depuis que les effets des traitements cupriques ont été constatés; les plus répandus d'entre eux sont: l'*Éclair*, de M. Vermorel, constructeur à Villefranche-sur-Saône (Rhône), et ceux de M. Vigouroux, à Nimes. M. Ferrouillat a donné de ces appareils des descriptions dont nous extrayons ce qui suit (1):

(1) *Manuel pratique pour le traitement des maladies de la vigne*, par Pierre Viala et Paul Ferrouillat. Montpellier, C. Coulet, 1888.

Appareil Vermorel. — « L'appareil l'*Éclair*, de M. Vermorel, est un des meilleurs appareils et des plus solidement construits.

» *Description.* — Il se compose d'une hotte de cuivre rouge R, solidement agrafée et soudée, d'une capacité de 15 lit. (fig. 318), dans

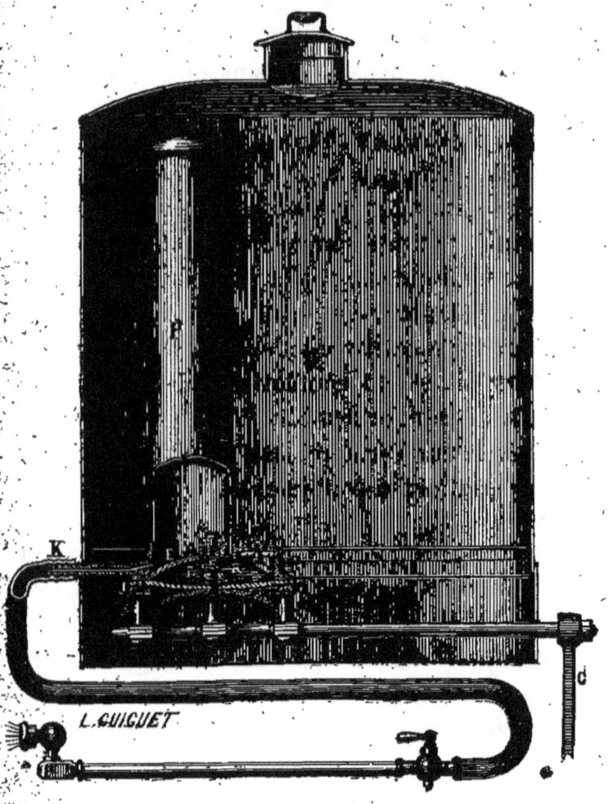

Fig. 318. — Appareil Vermorel (en coupe).

l'intérieur de laquelle s'élève la chambre à air P de la pompe. Celle-ci, placée sous le fond A du récipient, diffère totalement des pompes adaptées aux autres appareils. L'aspiration et le refoulement ne se produisent pas par un piston, mais par un diaphragme circulaire D en caoutchouc, pris entre les deux surfaces internes d'un joint métallique J. L'anneau supérieur du joint J est solidaire de la hotte. L'anneau inférieur, réuni au premier par des vis, porte deux petits paliers *p* et *p'* destinés à soutenir l'arbre B. Le diaphragme est pris entre deux disques de fer D' et D'', et fixé par un bouton F à une bielle *p''* qui vient s'articuler à un coude de l'arbre B, faisant fonction de manivelle. L'arbre B est commandé par un levier en dessous C, que l'opérateur actionne de la main droite. Dans les nouveaux appareils, ce levier peut être déplacé et fixé du côté gauche, sur un prolongement de l'arbre B.

» Le diaphragme D forme avec la calotte sphérique E une sorte de soufflet D, dont le volume dépend de la position du diaphragme. Lorsque le diaphragme est soulevé, la capacité est minimum. Elle est maximum, au contraire, lorsque le diaphragme est abaissé.

» De petits trous *t t'* mettent en communication la hotte R et le petit soufflet R'. Une soupape d'aspiration, constituée par une rondelle de caoutchouc, fixée en son centre par la vis G, s'ouvre de haut en bas, lorsque le diaphragme D s'abaisse. De semblables petits trous *l* et *l'* font communiquer le soufflet R' et la chambre à air P. Ils peuvent être fermés par une soupape de refoulement, formée de la même façon que la première, et s'ouvrant de bas en haut, pendant le soulèvement du diaphragme.

» Lorsque l'ouvrier manœuvre le levier C, le liquide passe du réservoir dans le soufflet et du soufflet dans la boîte à air, d'où il est chassé dans la lance par l'orifice K.

» Le jet pulvérisateur Vermorel est un *Riley* à dégorgeoir, très ingénieux, représenté en élévation et en coupe par la figure 319. La

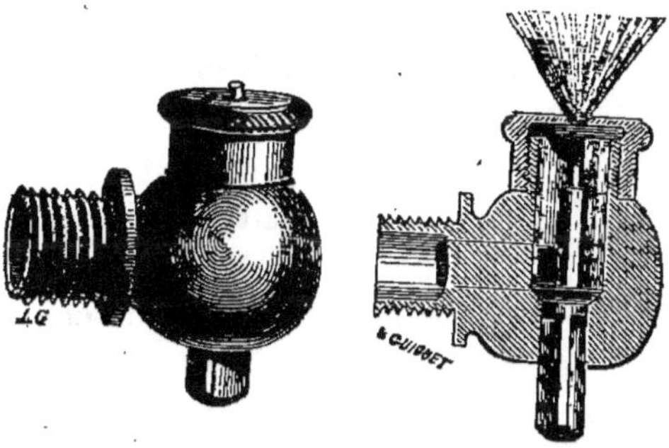

Fig. 319. — Jet pulvérisateur Vermorel.

boîte du pulvérisateur est percée, à sa partie inférieure, d'un orifice circulaire de 5 à 6 millim. de diamètre, qui peut être fermé par une soupape à ailettes. Les ailettes directrices de la soupape font saillie au dehors de l'appareil. Au centre de la soupape est soudée une aiguille qui occupe l'axe de la boîte et qui peut, lorsque la soupape est soulevée, se loger dans l'orifice dont est muni le bouchon de la boîte. De telle sorte que, lorsque la soupape est soulevée et l'orifice inférieur démasqué, l'orifice supérieur est fermé par l'aiguille, comme l'indique la partie gauche de la figure. Lorsque, au contraire, la soupape ferme l'orifice inférieur, l'orifice du bouchon est démasqué et peut livrer passage au liquide, ainsi que le montre la coupe de l'appareil.

» Le fonctionnement de ce pulvérisateur est des plus simples: lorsque le liquide arrive sous pression dans la boîte du pulvérisateur, il applique sur son siège la soupape de l'orifice inférieur, ferme cet orifice et sort en poussière par l'ouverture du bouchon. L'appareil vient-il à s'engorger, l'ouvrier n'a qu'à soulever la soupape avec son doigt. L'aiguille pénètre dans l'orifice du bouchon et en chasse les corps étrangers qui l'obstruaient. En même temps, par la large ouverture inférieure, le liquide s'échappe en entraînant les dépôts qui auraient pu se former dans la boîte. Aussitôt que le doigt est retiré, la pression du liquide ramène la soupape sur son siège en produisant une espèce de coup de bélier qui achève de nettoyer l'orifice du bouchon.

» *Fonctionnement.*— Cet appareil, bien conçu, produit un excellent travail de pulvérisation, et cela avec tous les liquides. La manœuvre est simple. Elle ressemble à celle de tous les appareils munis d'une pompe à liquide. La commande du soufflet est douce et n'exige pas une grande force. La pression est énergique et le liquide répandu en un nuage de fines poussières. Le robinet de la lance étant fermé, on comprime le liquide dans la chambre à air. Puis, pendant le travail, il suffit d'agir régulièrement sur le levier pour avoir un débit égal et continu.

» On peut, avec cet appareil, traiter par jour deux hectares environ. La surface traitée dépend, du reste, de l'état de la végétation, de l'écartement de la plantation et du mode de conduite de la vigne.»

Appareils Vigouroux. — «M. Vigouroux construit deux modèles d'appareils pulvérisateurs. Le premier est l'appareil simple, qui est fabriqué par lui depuis plusieurs années déjà, et auquel n'ont été apportées que des modifications de détail. Le second est nouveau et diffère de l'autre par une disposition ingénieuse, qui permet à l'ouvrier de remplir le récipient sans le poser à terre, en faisant servir à l'aspiration du liquide la pompe qui, pendant le travail, alimente le jet pulvérisateur.

» 1. *Appareil simple.— Description.*—Un réservoir-hotte, en cuivre jaune, de forme aplatie, contenant 12 litres, se fixe sur le dos de l'opérateur par deux bretelles et une ceinture (fig. 320). Ce récipient a un large orifice de remplissage, garni d'une grille et fermé par un

l'opérateur par deux bretelles et une ceinture (fig. 320). Ce récipient a un large orifice de remplissage, garni d'une grille et fermé par un couvercle. Sous la hotte, du côté droit, se trouve le corps de pompe, en communication directe avec l'intérieur du réservoir.

Fig. 320.— Appareil Vigouroux, en travail.

»Dans ce corps de pompe se meut un piston Letestu, à garniture de caoutchouc, actionné par une tige en cuivre qui traverse la hotte dans toute sa longueur, passe par une échancrure ménagée dans le couvercle, et, après s'être recourbée sur elle-même, vient s'attacher à un levier de manœuvre dont le point d'appui est sous le réservoir. La tige met en marche un agitateur, qui peut être supprimé lorsqu'il s'agit de projeter des liquides clairs. Le fond du corps de pompe est relié, par un tuyau extérieur, à la boîte à air, logée dans la hotte, du côté gauche. Le clapet de refoulement, à boule, peut être facilement visité par le desserrage d'un bouchon à vis. Au fond de la chambre à air s'adapte le tube abducteur, en caoutchouc, qui met en communication le réservoir avec la lance du pulvérisateur. Trois pieds soutiennent l'appareil pendant l'opération du remplissage.

»Le jet pulvérisateur peut être, à volonté, un *Riley* ou un *Raveneau*, à dégorgeoir. La figure 321 représente la lance munie d'un *Raveneau*.

Fig. 321. — Lance de l'appareil Vigouroux.

»Le dégorgeoir fonctionne de la manière suivante : le bouchon du jet, dans lequel est percé l'orifice de sortie du liquide (2 millim. de diamètre), est appliqué à l'extrémité de la lance, dont l'orifice a un diamètre plus grand (4 à 5 millim.), par un fort ressort à boudin. Une rondelle en caoutchouc forme joint. Dans ces conditions (fig. 322), le liquide vient se briser contre la palette du jet, et la pulvérisation a lieu. S'il y a engorgement, il suffit de soulever avec le doigt le bouchon du jet, en comprimant le ressort à boudin (fig. 323). Le liquide

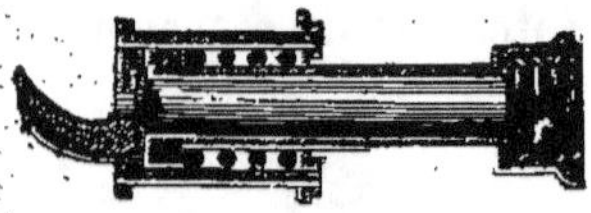

Fig. 322.

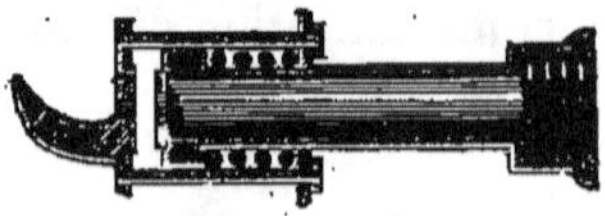

Fig. 323.

Fig. 322.— Jet Vigouroux, en travail. — Fig. 323.— Jet Vigouroux, pendant le dégorgement.

sort alors latéralement avec force, en entraînant les corps étrangers qui faisaient obstacle à la pulvérisation. Le jet Riley est pourvu du même système de dégorgeoir.

»*Fonctionnement.* — La manœuvre de l'appareil est semblable à celle des appareils du même genre décrits plus haut. L'ouvrier doit agir sur le levier de la pompe à intervalles réguliers, *sans précipitation.* Le débit est continu, et la pulvérisation se fait dans de bonnes conditions. On peut traiter environ deux hectares par jour, suivant le développement de la vigne et le mode de plantation.

»2. *Appareil à aspiration. — Description.*— Cet appareil a la même forme que le précédent et les mêmes dispositions en vue de la pulvérisation.

»La tige du piston porte simplement au-dessus du piston Letestu un autre piston plein, à garniture de caoutchouc, permettant à la pompe de travailler à l'aspiration. Au fond du corps de pompe est vissée une tubulure à robinet avec clapet d'aspiration, pouvant recevoir un tuyau en caoutchouc, muni d'une crépine, que l'on fait plonger dans le bac d'alimentation au moment du remplissage. D'autre part, une tubulure à robinet met directement en communication la boîte à air avec l'intérieur de la hotte.

»*Fonctionnement.* — Le robinet du tuyau d'aspiration et celui de la tubulure qui réunit la boîte à air au réservoir étant fermés, celui de la lance étant ouvert, l'appareil travaille comme l'appareil simple: la pompe projette le liquide dans la lance et dans le jet, et la pulvérisation a lieu.

»Si l'on ferme le robinet de la lance et si l'on ouvre les deux autres en ayant soin de faire plonger dans un récipient plein de liquide le tuyau, la pompe aspire le liquide, le refoule dans la boîte à air, d'où il passe dans l'intérieur de la hotte.

»L'ouvrier peut ainsi charger lui-même l'appareil sans le secours d'un aide en conservant la hotte sur son dos. Le remplissage demande environ 1 minute 45 secondes. Un tube de trop-plein indique la fin de l'opération. Il est bon de ne pas laisser le réservoir se vider complètement pour ne pas désamorcer la pompe. La première fois, on amorcera la pompe en versant un peu d'eau ou un peu du liquide employé dans le réservoir. En pompant vite, on amorce souvent la pompe sans y mettre d'eau.

»Le robinet de la lance étant fermé en vue du remplissage, si l'on sentait de la résistance dans la pompe, c'est que le robinet serait resté fermé. S'il n'y avait pas aspiration, c'est qu'on aurait oublié de fermer le robinet.

»Ce nouvel appareil, très ingénieusement conçu, est d'une grande simplicité. Il est commode, et la manœuvre facile.»

Les divers pulvérisateurs que nous venons de mentionner sont des appareils à dos d'homme ; on a proposé récemment plusieurs appareils à grand travail et à traction ; les deux plus connus sont ceux de M. Vigouroux (fig. 324), destinés aux vignes sans échalas du Midi, et celui de M. Vermorel (fig. 325), pour les vignes sur échalas.

Fig. 324.— Appareil Vigouroux, à grand travail et à traction animale.

La pratique n'a pu encore se prononcer d'une manière définitive sur leur valeur, faute d'une expérience assez prolongée ; mais il paraît probable qu'ils rendront de réels services dans les grands vignobles, où un traitement très rapidement exécuté est une condition souvent indispensable au succès. Ils tendent d'ailleurs à se répandre rapidement.

M. Touya, constructeur à Tarbes, a imaginé un tonneau mélangeur (fig. 326) pour la préparation et la mise en suspension de la bouillie bordelaise. Le tonneau, porté sur roues, est muni d'une

Fig. 325.—Appareil Vermorel, à grand travail et à traction animale.

pompe qui sert à introduire les éléments nécessaires qu'un agita-

Fig. 326.— Tonneau agitateur, de M. Touya.

teur permet de brasser; le robinet de sortie est disposé de telle sorte que la bouillie ne peut couler dans les pulvérisateurs qu'après avoir été suffisamment agitée et mélangée. Cet appareil est d'un emploi très commode lorsque l'on a des surfaces un peu considérables à traiter.

B. MATIÈRES SOLIDES PULVÉRULENTES. — 1° *Mélanges de soufre et de sulfate de cuivre.* — La nécessité où l'on est de soufrer les vignes pour les défendre contre les ravages de l'*oïdium* a donné l'idée de se servir du soufre comme véhicule pour le sulfate de cuivre, en mélangeant ce sel très finement trituré avec lui. Ces mélanges sont habituellement faits aux doses suivantes :

Sulfate de cuivre.	5 à 10
Soufre	100

Ces poudres, dont les résultats ont été quelquefois satisfaisants lorsque le *mildew* se développait peu, sont tout à fait insuffisantes dans les années où la maladie prend un certain caractère d'intensité. Elles offrent l'inconvénient de ne pas adhérer fortement aux feuilles comme les diverses matières liquides énumérées précédemment, de telle sorte que, s'il ne pleut pas, l'action du vent les enlève, et si, au contraire, des pluies surviennent, le sulfate se dissout et est entraîné.

2° *Sulfostéatite cuprique.*— Afin d'améliorer les conditions d'adhérence des mélanges dont nous venons de parler, M. le baron de Chefdebien a imaginé d'y ajouter de la stéatite (variété de talc) pulvérisée. Les résultats obtenus sont meilleurs, sans être encore suffisants, dans les mauvaises années ; on ne peut en effet obtenir avec ce mélange une fixité aussi grande du cuivre que celle que possèdent les oxydes hydratés déposés à l'état colloïde sur les feuilles ; de plus, le sulfate, facilement soluble, est toujours rapidement entraîné par les pluies.

3° *Poudres Skawinski.* — MM. Skawinski ont fait usage, dans le Médoc (Gironde), d'un mélange de soufre et de sulfate de cuivre additionnés de poussières diverses et de houille pulvérisée, et d'un autre renfermant les mêmes éléments, sauf le soufre. Les deux formules suivantes ont été indiquées par ces Messieurs :

1er mélange :

Soufre.	50
Sulfate de cuivre	10
Chaux	3
Poussière de houille.	29
Terre d'alluvion calcinée et pulvérisée . . .	8

2me mélange :

Sulfate de cuivre	10
Chaux	3
Poussière de houille	72
Terre d'alluvion calcinée et pulvérisée	15

Ces mélanges offrent les mêmes inconvénients que les précédents; le premier, cependant, doit être préféré aux mélanges simples de soufre et de sulfate de cuivre, en ce qui touche tout au moins leur action sur l'*oïdium*, dans les contrées où l'intensité de la radiation solaire est peu considérable, la couleur noire due à la houille mélangée aux autres matières étant favorable à l'absorption des rayons caloriques, par suite à l'échauffement du soufre et au dégagement de ses vapeurs, ainsi que nous l'avons indiqué page 528, note 2.

Les diverses matières pulvérulentes employées contre le *mildew* sont répandues au moyen des appareils destinés à l'application du soufre, tels que *soufflets*, *hotte Pinsard*, *torpille de Vermorel*, etc. On doit les projeter sur les feuilles, autant que possible, lorsque ces dernières sont couvertes de rosée, afin d'en mieux assurer la fixation.

Si personne, aujourd'hui, ne conteste l'efficacité de l'emploi des sels de cuivre contre le *mildew*, bien des gens se sont alarmés en pensant que leur application sur la vigne risque d'introduire dans le vin un élément dangereux pour la santé publique. Les expériences faites jusqu'ici ont montré que le cuivre se précipitait à l'état insoluble dans les marcs et que les vins des vignes traitées ne renfermaient pas des quantités pondérables de ce métal (1) (les vins de sucre et les piquettes par macération paraissent réaliser les mêmes conditions) ; enfin, la consommation des raisins destinés à la cuve, par les vendangeurs, et celle des raisins de table dans les villes, n'ont donné lieu, jusqu'à présent, à aucun accident, non plus que celle des marcs par les moutons. On peut donc considérer les traitements au moyen des sels de cuivre comme inoffensifs, quant à leurs conséquences pour l'alimentation.

En résumé, on a pu voir par ce qui précède que les matières pulvérulentes donnent des garanties de préservation contre le *mildew* beaucoup moindres que les matières fluides mentionnées au début de cet exposé ; aussi pensons-nous que, malgré les grandes commodités qu'elles offrent pour leur application, *elles ne doivent être employées qu'à titre de supplément* et sans se substituer jamais à ces dernières. L'action suffisante qu'exercent toutes celles d'entre elles qui renferment du soufre, contre l'*oïdium*, permet de les employer au

(1) Voir : Bouffard. — *Annales de l'Ecole nat. d'agric. de Montpellier*, tom. IV.

soufre pur et d'atteindre ainsi un double but sans augmentation sensible des frais.

En ce qui touche enfin le choix entre les matières liquides, on peut dire que la *bouillie bordelaise* étant celle qui a été expérimentée avec succès, de la manière la plus générale, peut être regardée comme devant être adoptée de préférence lorsque l'on veut éviter tout tâtonnement. On peut faire usage toutefois de la *bouillie dauphinoise* et surtout du *verdet gris* avec des chances de réussites égales, dans les conditions ordinaires, et avec des chances supérieures, dans les milieux où l'action des grands vents et celle des pluies fréquentes risquent de détacher trop promptement le cuivre des feuilles de la vigne.

F. Pourridié.

1° Historique

Le *Pourridié* est une maladie très anciennement connue en Europe et qui affecte un grand nombre d'arbres fruitiers et forestiers. Il a été observé dans beaucoup de contrées de l'ancien continent ; dans toute la région méditerranéenne de la France, dans les Charentes, la Gironde, l'Isère, la Savoie, la Bourgogne, la Champagne, dans les vignobles des bords du Rhin, en Autriche, en Suisse, en Italie, en Grèce, en Algérie ; et nous l'avons trouvé, M. P. Viala et moi, sur des vignes de Mori (île de Yesso, — Japon), rapporté par M. Degron à l'École d'agriculture de Montpellier.

2° Aspect des vignes atteintes par le pourridié

Comme toutes les vignes dont les racines sont altérées, celles atteintes par le *pourridié* manifestent des signes généraux d'affaiblissement ; leur fructification augmente d'abord tout d'un coup d'une manière exceptionnelle (1). Les rameaux se rabougrissent ensuite, les feuilles deviennent petites, tout en restant vertes encore assez longtemps ; la souche se forme en *tête de chou* et finit par s'arracher facilement. Les racines sont pourries, brunes et saturées d'eau qui suinte quand on les coupe ; le tronc est sain.

En somme, les vignes affectées de cette maladie ressemblent à celles qui sont attaquées par le *phylloxera* ou par la larve du *gribouri*.

(1) Voir, pag. 380, ce qui a été dit aux principes généraux relatifs à la taille (5me énoncé), sur la corrélation qui existe entre l'affaiblissement d'un végétal ou d'une portion de végétal et sa tendance à se mettre à fruit,

La marche du mal présente d'ailleurs beaucoup d'analogie avec ce qui se produit dans les cas précédents; on voit se former des *taches d'huile* qui vont en s'étendant. Dans les conditions habituelles des vignobles du midi de la France, les vignes atteintes succombent au bout de quinze à dix-huit mois (1). Nous sommes arrivés, M. P. Viala et moi, à faire périr, en six mois, de jeunes vignes en pot placées dans les conditions les plus favorables au développement de la maladie (2).

Les conséquences du *pourridié* peuvent être considérées comme très graves en certains milieux où il prend une grande extension.

3° Conditions favorables au développement de cette maladie

La condition qui semble déterminer surtout le développement du *pourridié* est l'humidité excessive. Les terrains à sous-sol imperméable, formant des cavités souterraines où l'eau reste stagnante, sont ceux où le mal se produit le plus souvent et de la manière la plus intense. La chaleur semble jouer un rôle secondaire.

4° Causes du pourridié

Diverses opinions ont été formulées sur les causes qui lui donnent naissance. MM. Planchon et Millardet ont émis l'hypothèse qu'il pourrait être attribué à l'*Agaricus melleus* (Vahl.), lequel produit la mort de certains arbres forestiers, ainsi que l'a démontré M. R. Hartig, qui admet également pour cause de cette maladie le *Dematophora necatrix*. M. Prillieux l'a rattaché, dans la Haute-Marne, au développement du *Rœsleria hypogæa* (Thum. et Pass.); M. Hartig a affirmé, dans un travail récent (1883), que le *pourridié* de la vigne était dû au champignon dont il a observé pour la première fois la fructification et qu'il a dénommé *Dematophora necatrix*. Il pense que le *Rœsleria hypogæa* et l'*Agaricus melleus* (parasite des conifères) ne jouent que le rôle de saprophyte par rapport à la vigne (3). Enfin, beaucoup de praticiens attribuent cette maladie à ces mycélia connus sous le nom un peu vague de *fibrillaria* (fig. 327 et 328). Ces végétations, qui n'avaient été encore rapportées à aucune espèce de champignon,

(1) P. Viala.— *Le Pourridié; loc. cit.*, pag. 188.

(2) G. Foëx et P. Viala. — Comptes rendus de l'Acad. des Sc., décembre 1884. *Sur la maladie de la vigne connue sous le nom de Pourridié.*

(3) Robert Hartig.— *Der Wurzerpilz des Weinstockes*, 1883.—Id.; *Untersuchungen aus dem forstbotanischen Institut zu München*, 1883, pag. 95 à 140.

mises en culture par M. P. Viala et moi, ont produit la fructification d'un champignon du genre *Psathyrella*, auquel nous avons donné provisoirement le nom de *P. ampelina* (fig. 329).

Il résulte des études que nous avons faites en commun avec M. P. Viala (1) que, dans le plus grand nombre des cas parvenus à notre

Fig. 327.

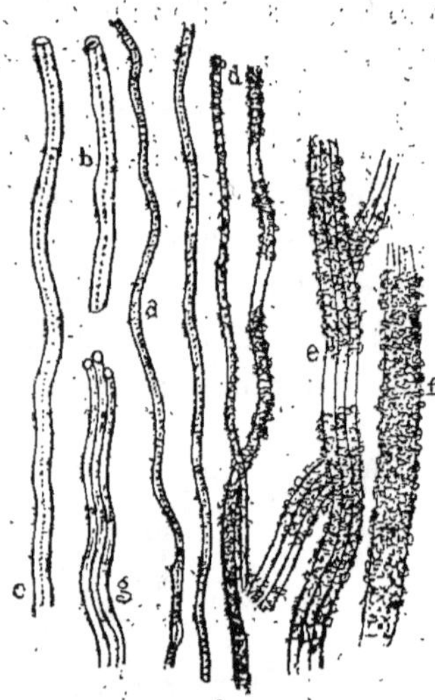

Fig. 328.

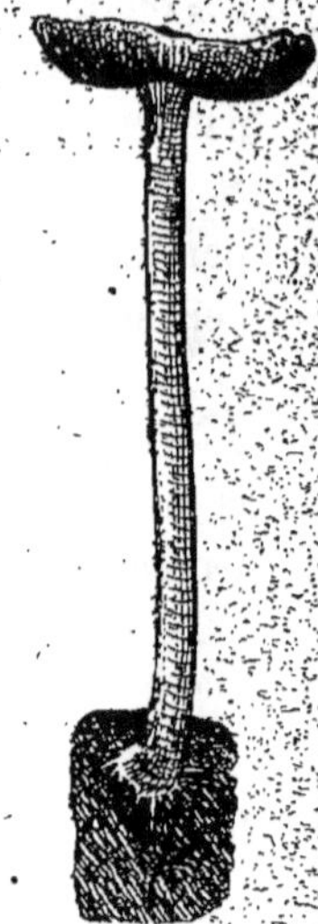

Fig 329.

Fig. 327. — Racine de vigne saine avec plaques et cordons de *fibrillaria*. — Fig. 328. — Filaments mycéliens de *fibrillaria*. — Fig. 329. — Fructification du *P. ampelina* (réduction : 1/1,5), d'après M. Viala.

connaissance, c'est le *Dematophora necatrix* de R. Hartig qui a été cause du mal. On ne saurait néanmoins contester que l'*Agaricus melleus* ne puisse également le déterminer, ainsi que l'a avancé M. Millardet ; nous l'avons vu nous-même à Ganges passer des racines des mûriers qu'il avait tués sur celles des vignes voisines, dont il déterminait la mort. Il en est de même pour le *Rœsleria hypogæa*, bien que cette cryptogame semble jouer, dans la plupart des circonstances, le rôle de saprophyte (2) plutôt que de parasite proprement dit. Quant au *fibrillaria*, nous avons démontré (3) que c'était le mycélium d'un champignon se rattachant au genre *Psathyrella*, que nous avons nommé provisoirement *Psathyrella ampelina*, et qui est constamment saprophyte.

(1) G. Foëx et P. Viala. — *Sur la Maladie de la vigne connue sous le nom de Pourridié ; loc. cit.*

(2) On donne le nom de saprophyte (σαπρὸς pourri, φύτον plante) aux végétaux qui vivent sur les tissus en décomposition d'autres plantes. Les parasites vivent sur les tissus sains, qu'ils détruisent.

(3) G. Foëx et P. Viala. — *Le Pourridié ; loc. cit.*

a. *Dematophora necatrix* R. Hartig (1). — Le *D. necatrix* vit sur un grand nombre de végétaux qui succombent sous ses attaques ; on peut le regarder comme la cause du *blanc* de la plupart des arbres fruitiers, et notamment de ceux à noyau. M. P. Viala l'a trouvé sur des racines d'oliviers, qui mouraient, dans une vigne envahie par cette cryptogame. Nous l'avons cultivé à l'École d'agriculture de Montpellier sur le cerisier et sur des pins auxquels nous l'avions inoculé. M. R. Hartig l'a fait développer sur des végétaux très divers : pommes de terre, betteraves, chênes, pins, etc. Nous avons pu, en l'ensemençant sur les racines d'un certain nombre de vignes placées dans les conditions favorables à son développement, obtenir la mort de ces plantes au bout de six mois, alors que d'autres ceps traités de la même manière, mais non ensemencés, se développaient normalement (2).

Le *D. necatrix* est très répandu dans le monde : il nous est venu

Fig. 330. — Mycélium floconneux blanc développé par des vignes tuées par le *Dematophora necatrix* (réduction: 1/2).

du Japon et d'un grand nombre de points de l'Europe. Il est souvent mêlé sur les racines au *Rœsleria hypogæa*, qui se développe dans les

(1) Bibliographie (d'après M. P. Viala).— **R. Hartig**; *Rhizomorpha Dematophora necatrix* (Untersuchungen aus dem fortsbotanischen Institut zu München, III, 1883, pag. 95-140. Berlin, Julius Springer).— **G. Foëx** et **P. Viala** ; *Sur la maladie de la vigne connue sous le nom de Pourridié* (Comptes rendus de l'Acad. des Sc., décembre 1883).— **Millardet** ; *Revue mycologique*, de M. Roumeguère, janvier 1885, et *Société des Sc. nat. de Bordeaux*, novembre 1884 — **P. Viala** ; *Les maladies de la vigne*, 3e édition, Montpellier, 1893.— **Id.** ; *Note sur le développement du Pourridié de la vigne et des arbres fruitiers*. (Comptes rendus de l'Acad. des Sciences, 20 janvier 1890).— **Id.** ; *Monographie du Pourridié*, *in* Annales de l'Ecole nationale d'agriculture de Montpellier, tom. VI.

(2) **P. Viala**. — *Les maladies de la vigne : Pourridié*, pag. 192 et 193.

mêmes conditions; mais son action précède celle de ce dernier et paraît le plus souvent la préparer.

Les racines des vignes atteintes par cette cryptogame présentent, entre l'écorce et le bois, des plaques mycéliennes feutrées, pénétrant dans les rayons médullaires et collés contre l'écorce des cordons à enveloppe noire. Autour des racines se développent, dans des conditions d'humidité convenables, des filaments blancs floconneux, formant plus tard un feutrage abondant et lâche (fig. 330, 331 et 332)

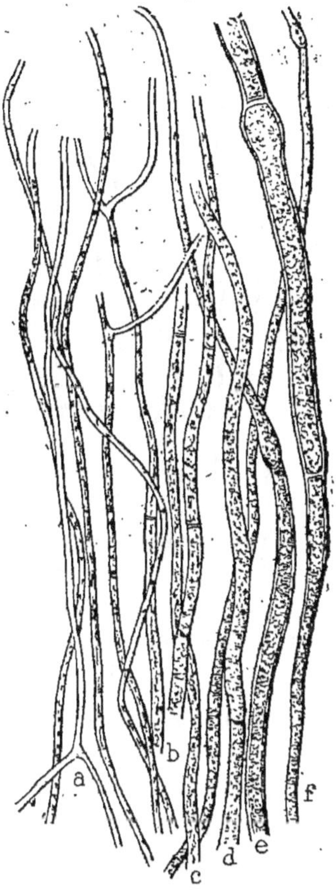

Fig. 331. — Filaments mycéliens incolores et transparents du *Dematophora necatrix* (gross.: 500/1), d'après M. P. VIALA.

et s'étendant dans tous les sens à travers la terre. Ces filaments deviennent d'abord gris souris, puis bruns; certains d'entre eux restent blancs à l'intérieur, se condensent et sont entourés d'une écorce de filaments bruns serrés; on les appelle cordons rhizomorphes, à cause de leur ressemblance avec de petites racines (fig. 333). Les filaments bruns les plus extérieurs sont cloisonnés et formés d'une série de cellules accolées bout à bout et renflées en poire à l'une des extrémités (fig. 333 *c*) ; ceux qui sont immédiatement au-dessous (fig. 333 *b*), également bruns, sont soudés entre eux et non renflés ; enfin les

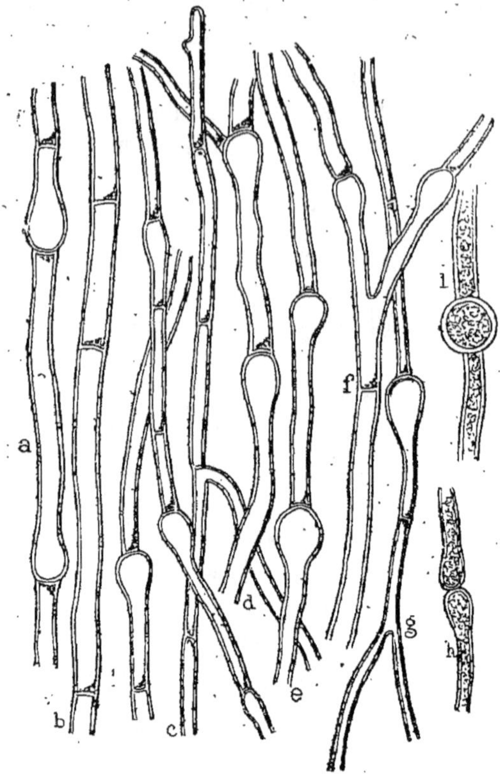

Fig. 332. — Filaments mycéliens bruns du *Dematophora necatrix* (gross. : 500/1), d'après M. P. Viala.

filaments blancs qui forment la masse intérieure (fig. 333 *a*) sont minces et transparents.

Indépendamment de l'appareil mycélien que nous venons de décrire, le *D. necatrix* donne lieu, dans des milieux saturés d'eau, lorsque les vignes ont été tuées par l'action du mycélium et que leurs tissus sont décomposés, à des fructifications extrêmement abondantes et d'un aspect tout particulier (fig. 334, 335, 336) ; elles sont constituées par la réunion des filaments bruns cloisonnés, peu ou pas renflés, qui forment une tige de 0^{mm},5 à 1 millim. ; ils s'étalent en panicule au sommet par suite de leur subdivision en deux ou trois ramifications courtes et incolores, sur lesquelles naissent de petites spores ovoïdes échelonnées de courts renflements (1) (fig. 336 B).

(1) G. Foëx et P. Viala. — *Maladie de la vigne appelée vulgairement Pourridié.* (Ann. de l'École nationale d'agriculture de Montpellier, n° 1, 1884-85), Montpellier, Coulet, édit., 1885, pag. 222 et 223.

M. P. Viala a obtenu, au millieu de ces houppes conidifères, des périthèces formant des fruits très durs, d'un brun foncé, à peu près

Fig. 333.

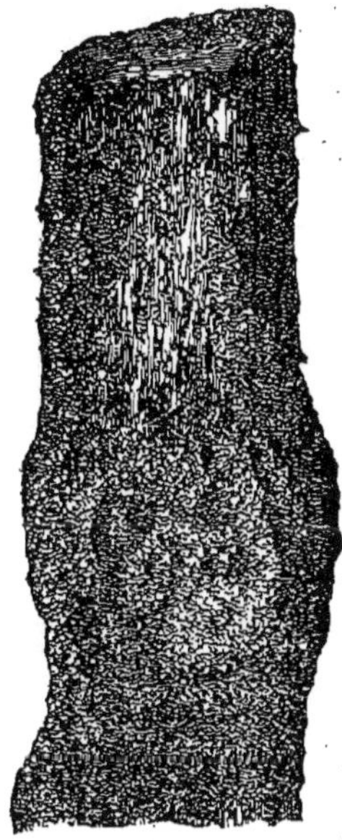

Fig. 334.

Fig. 333. — Cordon rhizomorphe du *Dematophora necatrix : a a* filaments blancs formant la masse intérieure ; *b* filaments bruns soudés ; *c c* filaments bruns cloisonnés extérieurs. — Fig. 334. — Pieds fructifères en touffes serrées du *Dematophora necatrix.*

sphériques, de 2 millim. de diamètre, renfermant un tissu transparent et condensé analogue à celui des tubéracées. Dans ce tissu sont plongées les asques. Cette dernière forme de fructification, qui se produit également lorsque la plante est passée à l'état de saprophyte, semble propre aux sols qui se sont desséchés lentement (1).

b. *Agaricus melleus* L.—*Armillaria mellea* (2) Fr.— L'*A. melleus* a été

(1) P. Viala.— *Développement du pourridié de la vigne et des arbres fruitiers.* (Comptes rendus de l'Acad. des Sc., 20 janv. 1890).— P. Viala.— *Monographie du pourridié (dematophora).* Ann. de l'École nationale d'agriculture de Montpellier, tom. VI (1891).

(2) Bibliographie.— **R. Hartig**; *Wichtige Krankheiten der Waldbaüme,* 1874, pag. 12-13. — **Id.**; *Die Zerstzungserscheinungen des Holzes,* 1878, pag. 59-61. — **O. Brefed ;** *Botanische* (Untersuchungen über Schimmelpilze, 1877.— **Schnetzler;** *Observations faites sur une maladie de la vigne connue vulgairement sous le nom*

signalé sur des vignes des environs de Naples par Briganti, cité par Pirotta; depuis, M. Millardet en a obtenu la fructification en le culti-

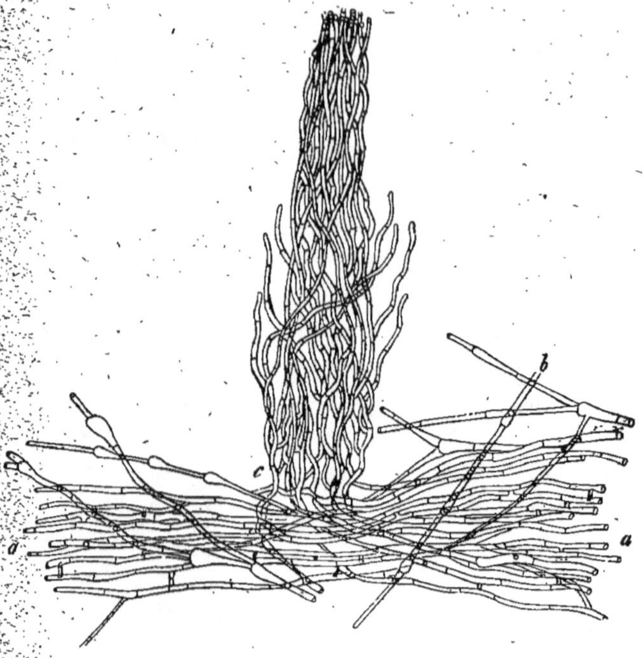

Fig. 335. — Pied fructifère *c*, formé par le mycélium filamenteux *a a* du *Dematophora necatrix*, d'après M. R. Hartig.

vant sur des vignes. Son rôle, en tant que parasite de certains arbres, est incontestable ; nous avons vu fréquemment des marronniers, des châtaigniers, des mûriers, des aulnes, succomber à ses attaques ; mais il peut, dans certains cas, vivre en saprophyte ; c'est du moins l'opinion

de Blanc (Comptes rendus de l'Acad. des Sc., 1877). — **Briganti**; *Hist. fung. Neap.* — **Pirotta**; *I funghi parasiti dei vitigni*, 1877, pag. 12. — **Gibelli**; *La malattia dell Castagno, osservazioni et experienze*, 1875-1878. — **Planchon**; Comptes rendus de l'Acad. des Sc., 22 octobre 1878. — **Id.**; Comptes rendus de l'Acad. des Sc., 31 janvier 1879. — **Id.**; *Notes mycologiques* (Soc. bot. de France, 13 janvier 1882). — **Von Thümen**; *Die Pilze des Weinstockes*, 1878, pag. 208. — **D'Arbois de Jubainville et Vesque**; *Les maladies des plantes cultivées*, 1878, pag. 222-243. — **J. de Seynes**; Comptes rendus de l'Acad. des Sc., janvier 1879. — **Id.**; Association française pour l'avancement des Sciences. Montpellier, 1879. — **Millardet**; *Le Pourridié de la vigne* (Comptes rendus de l'Acad. des Sc., 11 août 1879). — **Id.**; *Pourridié et Phylloxera*, 1882. Bordeaux, Féret. — **Id.**; *Revue mycologique*, de M. Roumeguère, 1885. — **Frank**; *Die Krankheiten der Pflanzen*, 1880, pag. 516. — **G. Foëx** et **P. Viala**; Comptes rendus de l'Acad. des Sc., 1884. — **P. Viala**; *Sur le développement du Pourridié de la vigne et des arbres fruitiers* (Comptes rendus de l'Acad. des Sc., 20 janvier 1890). — **Id**; *Mémoire sur le Pourridié.* (Ann. de l'Ecole nat. d'Agr. de Montpellier, tom. VI, pag. 1 et suiv.).

de M. R. Hartig, dont la compétence est très grande en ces matières. M. Millardet le considère comme la principale cause du *pourridié* de la vigne; comme on l'a vu plus haut, nous pensons, M. Viala et moi,

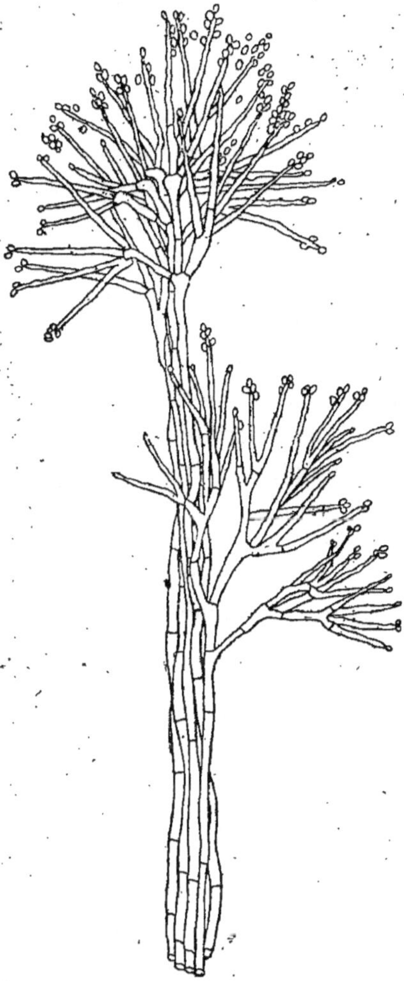

Fig. 336. — Extrémité d'un pied fructifère du *Dematophora necatrix* : les dernières ramifications étalées portent des spores ; B une ramification avec renflements échelonnés sur lesquels sont insérées les conidies (grossissement: 420/1, et B 1000/1), d'après M. R. Hartig.

que le *Dematophora necatrix* est plus fréquent que lui sur cette plante; c'est tout au moins ce qui nous semble ressortir d'un grand nombre d'observations faites sur des échantillons venus de lieux divers. Nous avons cependant, comme nous l'avons indiqué précédemment, constaté sûrement des cas de mort par son action, chez des vignes situées à proximité de mûriers qui avaient succombé à ses attaques.

Fig. 337. — Racine de vigne parcourue à sa surface par des cordons rhizomorphes (var. *subterranea*) de l'*Agaricus melleus*, d'après M. Millardet.

Le mycélium de l'*A. melleus* forme des cordons rhizomorphes, auxquels on a donné le nom de *Rhizomorpha fragilis* (variété *subterranea*) (fig. 337 et 338), et qui rampent dans le sol. Ces cordons sont brun foncé à l'extérieur, avec un cylindre central blanc, comme ceux que nous avons décrits chez le *Dematophora*; mais les filaments bruns extérieurs ne présentent pas les renflements en forme de poire que nous avons indiqués chez ce dernier; ils sont en outre à membrane très épaisse et à lumière étroite (1).

Ces cordons rampent aussi le long des racines et s'insinuent dans l'écorce, où ils s'étalent; l'écorce brune disparaît alors, et ils prennent la forme de plaques festonnées assez étendues, d'une couleur blanchâtre et dessinant, sous l'écorce de certains arbres (le *marronnier*, par exemple), des rinceaux de l'aspect le plus élégant. Ces plaques mycéliennes sont phosphorescentes lorsqu'on les regarde dans une profonde obscurité (2).

M. Wunsche décrit comme il suit la fructification de l'*A. melleus* (fig. 339 et 340): « Chapeau garni de petites squames velues, noirâtres ou brunâtres, que la pluie enlève facilement, couleur de miel (jaune-brunâtre clair) jusqu'à brun sale, mince, strié au bord, qui est étalé, large de 0m,05 — 0m,10, parfois encore plus large. Lames adnées, décurrentes par une dent, assez distantes, pâles, vers la fin un peu tachées de rouge-brunâtre, saupoudrées. — Pied à tissu spongieux, plein, élastique, souvent courbé, à collerette floconneuse, rabattue, d'un jaune-brunâtre, haut de 0m,05 — 0m,12. » Le pied est en forme de bouteille et devient fistuleux en vieillisant.

Ce champignon est comestible et appartient à la famille des *Agari-*

(1) P. Viala. — *Les maladies de la vigne: Pourridié*, pag. 209.
(2) *Id.*, pag. 210.

cinées (Hyménomycètes-Basidiomycètes). Ses ravages sont dus à ce que ses filaments mycéliens s'insinuent dans les divers tissus des racines qu'ils détruisent.

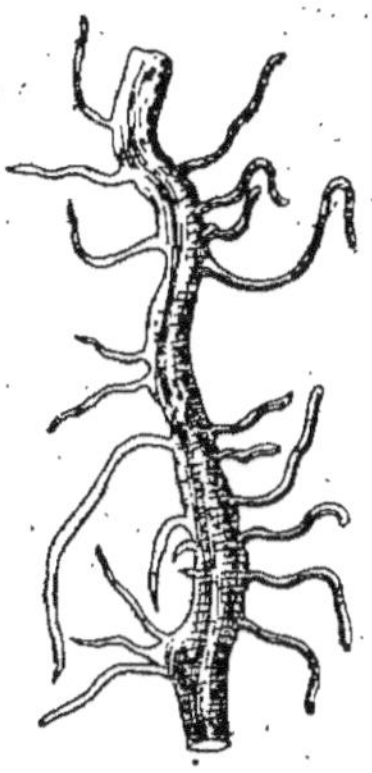

Fig. 338.

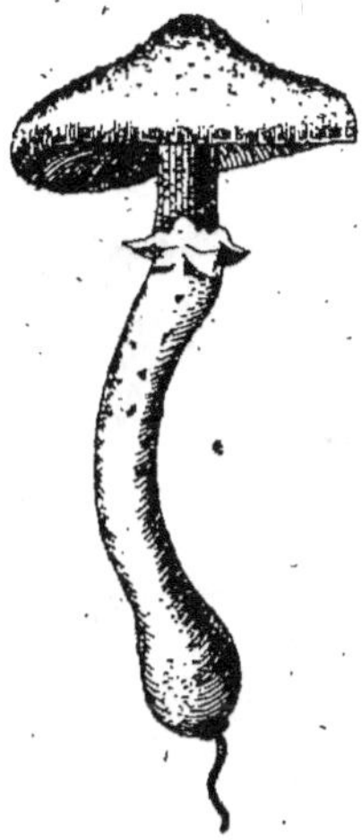

Fig. 339.

Fig. 340.

Fig. 338. — Cordon rhizomorphe de l'*Agaricus melleus* (var. *subterranea*) aplati, d'après M. R. Hartig. — Fig. 339. — *Agaricus melleus*. — Fig. 340. — Touffes d'*Agaricus melleus* jeunes.

c. *Rœsleria hypogæa* (1). — Le *Rœsleria hypogæa*, ou *Pilacre Friesii* (Weimann), *Vibrissea hypogæa* (Ch. Richon et Le Monnier), trouvé d'abord par M. Rœsler, en 1868, et recueilli par M. Planchon à Saint-Louis (Missouri), en 1873, a été décrit et dénommé, en 1877, par MM. von Thümen et Passerini. M. Prillieux l'a signalé récemment comme causant la mort de certaines vignes de la Haute-Marne. Nous l'avons trouvé sur des vignes d'*Aramon* (V. Vinifera), dépérissant sous l'influence du *phylloxera*, à l'Ecole d'agriculture de

(1) Bibliographie. — **Von Thümen**; *Œsterreichische botanische Zeitschrift*, 1877. — **Id.**; *Wiener Landwirthschaftliche Zeitung*, 1877. — **Id.**; *Die Pilze des Weinstockes*, 1878, pag. 210. — **Saccardo;** *Revue mycologique*, janvier 1881. — **Docteur Gillot;** *Note sur quelques champignons nouveaux* (Bull. de la Soc. bot. de France). — **Le Monnier**; *Sur un champignon parasite de la vigne* (Bull. des Sc. Nancy, 1881). — **Docteur Jolicœur;** *Rapports sur la maladie de la vigne connue dans la Marne sous le nom vulgaire de Morille et détermination scientifique du champignon*, par M. le docteur Ch. Richon, 1881. — **Von Thümen;** *Ueber den Wurzels-chimmels der Weinreben*, 1882. — **Ed. Prillieux;** *Le Pourridié des vignes de la Haute-Marne* (Ann. de l'Inst. nat. agr., 1882, pag. 171). — **C. Richon;** *Sur le Vibrissea hypogæa* (Bull. de la Soc. bot. de France, 25 mai 1882). — **L. Ravaz;** *Le Rœsleria hypogæa dans l'Isère* (le Sud-Est, pag. 58, 1884). — **G. Foëx** et **P. Viala**; Comptes rendus de l'Acad. des Sc.; *loc. cit.*, 1884. — **P. Viala**; *Les maladies de la Vigne*, pag. 211 et suiv.

Montpellier, en 1883, et nous l'avons reçu des départements de l'Hérault, de la Gironde, de l'Isère et du Doubs; nous l'avons enfin observé sur un pied de cerisier qui avait succombé aux atteintes du *dematophora*.

Le mycélium du *R. hypogæa* est très délicat, il vit à l'intérieur des

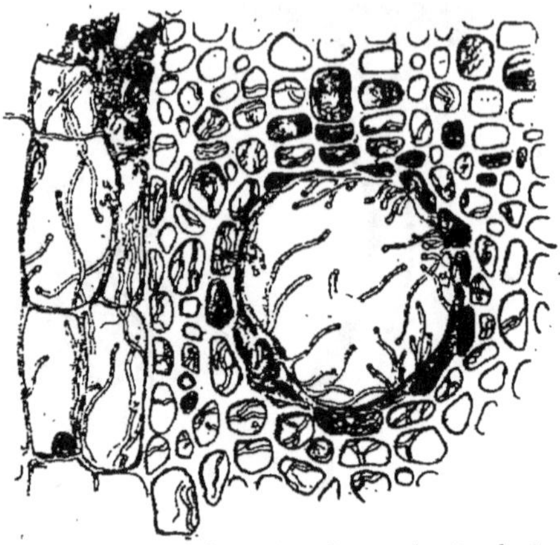

Fig. 341. — Coupe du bois d'une racine attaquée par le *Rœsleria*; le mycélium est abondamment répandu dans tous les éléments du bois (grossissement : 259/1), d'après M. E. PRILLIEUX.

tissus (fig. 341) et il n'est extérieur dans aucun cas. Les fructifications forment au dehors de petites têtes d'un blanc-grisâtre, d'une hauteur moyenne de 5 à 6 millim. (fig. 342); elles sont constituées par des thèques nombreuses et serrées, renfermant chacune huit spores rondes

Fig. 342.

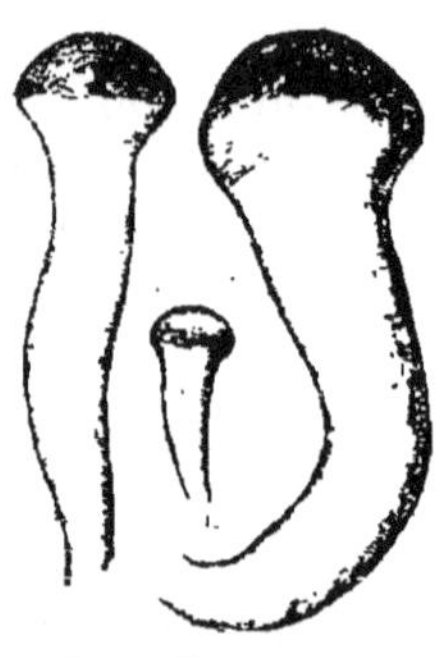

Fig. 343.

Fig. 344.

Fig. 342. — *Rœsleria hypogæa* sur une racine de vigne. — Fig. 343. — Pieds fructifères du *Rœsleria* (gross. 4/1), d'après M. E. PRILLIEUX. — Fig. 344. — Coupe suivant l'axe d'un fructification de *Rœsleria*.

qui se séparent peu à peu de leur étui et s'agglomèrent à la surface en une couche épaisse (fig. 343, 344, 345) qui fait nier par quelques botanistes l'existence des asques. On y rencontre des paraphyses, et quelquefois même en très grand nombre.

Leur prétendue absence ne pourrait donc séparer cette espèce du genre *Vibrissea* (Fr.), dont elle ne se différencierait que par les spores, qui sont sphériques et non filiformes.

Cette cryptogame nous a semblé, dans la plupart des cas, se déve-

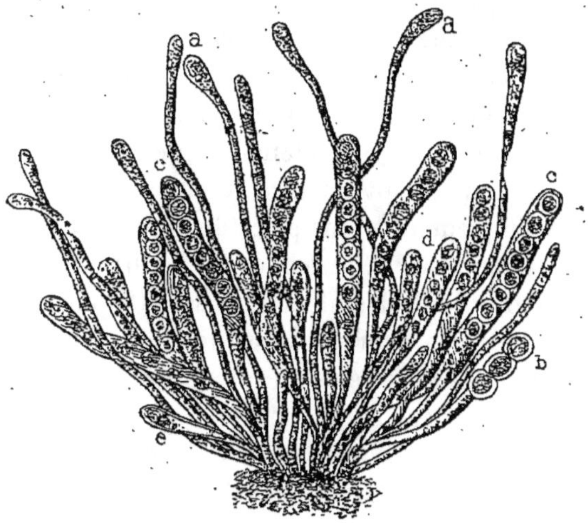

Fig. 345. — Fragment d'une coupe de tête d'un fruit du *Rœsleria* (gross. 600/1), d'après M. P. Viala.

lopper de préférence sur les tissus mortifiés et agir surtout comme saprophyte. Nous avons pourtant rencontré plus rarement du mycélium dans les tissus sains. Les inoculations que nous avons pratiquées sous diverses formes et dans divers milieux, sur des vignes saines et des plantes diverses (cerisiers, pins, marronniers, amandiers, pois, laitues, fèves, choux), ne nous ont jamais donné un bon résultat. Nous obtenions cependant, aux mêmes températures, une abondante germination des spores, en culture cellulaire. Nous n'avons vu le *R. hypogæa* se développer, après ensemencement, que sur les racines mortes de deux pieds de vignes (V. Coignetiæ et *Jacquez* — V. Æstivalis). En résumé, et bien que le *Rœsleria* soit susceptible d'agir comme parasite, il nous a paru, dans les milieux où nous l'avons observé, jouer surtout le rôle de saprophyte (1).

5° Moyens proposés pour combattre le pourridié

La situation souterraine des organes atteints par le *pourridié* et le fait de la pénétration du mycélium des cryptogames qui le détermi-

(1) G. Foëx et P. Viala. — Extrait de *la Maladie de la vigne appelée vulgairement Pourridié ; loc. cit.*

nent dans les tissus mêmes des racines de la vigne rendent fort difficile d'en débarrasser les pieds atteints.

Cependant, M. J. Dufour, dans la *Chronique agricole du canton de Vaud*, propose d'employer des dissolutions de sulfate de cuivre sur les pieds de vigne partiellement atteints : « Supposons, dit-il, que nous ayons à traiter une mauvaise place envahie par le *blanc*. La première chose à faire est d'*extirper les ceps trop malades*, ceux dont les racines sont complètement envahies par le champignon parasite. Ces ceps-là sont d'ores et déjà condamnés ; de plus, ils constituent un foyer d'infection qu'il faut détruire au plus tôt

» Si l'on met simplement à leur place de nouveaux plants, ceux-ci seront bientôt attaqués par le parasite, qui continue à végéter dans le terrain. Il faudra donc désinfecter le sol. On enlèvera d'abord soigneusement tous les débris de racines, de bois et d'échalas. Ensuite on utilisera les propriétés du sulfate de cuivre ou vitriol bleu. On arrosera le sol (pendant le défoncement, si on fait cette opération) avec une *solution de vitriol bleu* à 3 °/₀, celle qui est employée généralement pour le sulfatage des échalas.

» Avant de planter, on versera en outre dans les trous un ou deux litres de la même solution.

» Traitons maintenant les ceps du bord de la tache, ceux qui commencent à être atteints, et même deux ou trois rangs plus loin, pour créer une zone de sûreté qui empêchera la mauvaise place de s'étendre. On peut opérer avec la solution au 3 °/₀ : on déchausse au printemps et on arrose largement la souche et le terrain. On peut aussi employer du vitriol bleu concassé et le répandre après déchaussage, à raison d'une poignée par cep. La même opération peut être faite dans les creux de provignages.

» Le résultat n'est pas toujours visible dès la première année ; il faut parfois traiter deux ans de suite. Mais, en somme, on a obtenu jusqu'ici, avec le vitriol bleu, des résultats positifs. C'est le cas entre autres pour MM. Bezencenet, à Aigle ; Barraud, au Dézaley ; F. Mégroz, à Epesses ; E. Ruey, à Prangins, etc.

» Nous engageons donc les propriétaires et vignerons à expérimenter le procédé indiqué ci-dessus.»

En ce qui nous concerne, nous croyons qu'il est plus sûr d'avoir recours à des procédés d'extinction proprement dits et de détruire aussi complètement que possible, non seulement tous les pieds que l'on peut supposer malades, mais même tous les débris végétaux disséminés dans le sol ; on ne saurait oublier, en effet, qu'après sa vie *parasitaire*, le *Dematophora necatrix* peut avoir, dans certaines circonstances, une très longue période de vie *saprophytaire*, pendant laquelle se produisent ses fructifications. Il faut, en outre, modifier les conditions d'humidité excessives du sol qui constituent le milieu favorable à l'évolution du parasite.

On pourrait essayer, dans cet ordre d'idées, ainsi que l'a proposé M. Hartig pour les arbres forestiers attaqués par l'*A. melleus*, de cerner la tache par un fossé profond dont les terres sont rejetées à l'intérieur ; l'extension du mycélium à travers le sol ne peut alors se faire. Ces opérations doivent être complétées par l'assainissement du terrain, afin d'éviter le retour du mal. On doit en outre laisser l'emplacement ainsi traité inculte pendant plusieurs années : en effet, ainsi que nous l'avons vu plus haut, on a pu obtenir le développement du *D. necatrix* sur la pomme de terre, la betterave, les haricots, etc., et il serait dangereux de fournir par ce moyen un nouvel aliment au parasite, qui se perpétuerait là où l'on voudrait le faire disparaître.

Enfin, des essais faits récemment par nous dans un vignoble de Tain (Drôme) permettent d'espérer que l'on pourra arriver à une purification suffisante du sol par l'emploi du sulfure de carbone à haute dose (700 kil. par hectare) (1).

G. **Brunissure**.— La *brunissure* est une maladie aujourd'hui fort répandue en Europe, en Algérie et aux Etats-Unis et qui a causé dans certains milieux des dommages considérables. Elle a été désignée, sur divers points de l'Hérault, sous les noms de *Rougeole* et de *Roussi*. Elle se manifeste surtout sur les feuilles; cependant, M. F. Debray, qui l'a étudiée en Algérie, l'a observée également dans les tiges, dans les vrilles et dans les pétioles des feuilles (2). M. P. Viala, qui en a recherché les causes avec M. Sauvageau, en donne la description suivante (3): «Les premières lésions se présentent, sur leur face supérieure, comme des taches irrégulièrement carrées ou étoilées de quelques millimètres, d'une couleur brun clair, et bien délimitées sur leurs bords ; elles sont groupées entre les nervures. Ces taches s'agrandissent, forment peu à peu de larges plaques brunes qui s'étendent de plus en plus, et bientôt la couleur verte normale des feuilles saines n'existe plus qu'au pourtour du limbe et le

(1) Voir : G. Foëx. — *Les terrains punais des vignobles des côtes du Rhône*, in *Revue de viticulture*, tom. I, pag. 38 et suiv.

(2) F. Debray.— *Nouvelles observations sur la brunissure*. Revue de viticulture, tom. II, pag. 221.

(3) P. Viala.— *Les maladies de la vigne*, 3me édit., pag. 402 et *Comptes rendus de l'Académie des Sciences*, 27 juin 1892.

long des nervures ; la teinte brune est surtout accusée dans la région du pétiole.

»Cette teinte brune passe, sur certains cépages ou sous l'influence de conditions de milieu non encore précisées, à une coloration brun-rougeâtre ou rouge sale; de loin, l'ensemble des feuilles d'un cep paraît comme roussi. Cette coloration rougeâtre se manifeste aussi, mais avec moins d'intensité, sur la face inférieure. Les nervures, même dans leurs ramifications les plus ultimes, restent jaunes ou vertes et impriment à la feuille rougie un caractère tout particulier. C'est à cet état de la maladie que s'applique surtout le nom de *Rougeole* et celui de *Roussi*. La brunissure ou *rougeole*, dans ce dernier cas, est plus grave que lorsque les feuilles prennent seulement une teinte brune; elle paraît être une affection différenciée par les caractères extérieurs, mais le parasite est le même. On observe d'ailleurs, sur la même souche, tous les passages de la teinte brune à la coloration rouge. L'observation dans un vignoble de l'extension de la *brunissure-rougeole*, qui procède par taches qui s'étendent concentriquement, permet de conclure *à priori* que la maladie est de nature parasitaire.

»Dans le cas des feuilles simplement brunies, l'altération de la face supérieure ne se manifeste par aucune lésion sur la face inférieure, qui paraît longtemps comme absolument saine ; mais, aux dernières périodes du développement de la maladie, la face supérieure prend une teinte foncée brun-grisâtre et terne; les nervures jaunes sont marquées de brun de loin en loin, signe de leur altération partielle.»

La conséquence de l'altération des feuilles est un ralentissement dans la végétation qui se traduit par un développement imparfait du fruit. Les raisins restent petits, verts-rougeâtres, ils sont quelquefois ridés et desséchés; les vins qu'on en obtient sont sans valeur et la récolte est réduite d'un tiers, quelquefois des deux tiers ou même plus (1).

Tous les cépages ne sont pas également atteints par la brunissure; ceux qui paraissent l'être le plus fréquemment sont: l'*Aramon*, le *Pinot*, le *Grenache*, l'*Alicante-Bouschet*, la *Carignane*, le *Mourvèdre*, le *Cinsaut*, le *Gamay*; les formes sauvages des vignes américaines en souffrent, au contraire, généralement peu.

M. J. Pastre, qui a étudié avec beaucoup de soin la *Brunissure* de

(1) Voir : J.-M. Guilhon.— *Un cas extrêmement grave de brunissure*, in Revue de Viticulture, tom. II, pag. 338; et M. Mazade.—*La brunissure aux environs de Montpellier*. Revue de viticul., tom. II, pag. 282.

1885 à 1891, en attribue la cause à une cochenille (1), mais les recherches de MM. P. Viala et C. Sauvageau ont démontré (2) que la brunissure était causée par l'envahissement des tissus de la feuille par un champignon *Myxomycète*, voisin de celui que M. Woronin a reconnu comme causant la hernie du chou (3). Ces auteurs lui ont donné le nom de *Plasmodiophora vitis*; il pénètre d'abord dans les cellules en palissade, il envahit ensuite tous les éléments des tissus lacuneux, mais n'existe qu'exceptionnellement dans l'épiderme (4). Au fur et à mesure qu'il envahit les cellules, on en voit disparaître l'amidon et le protoplasma auxquels il se substitue progressivement.

M. F. Debray, qui a étudié la brunissure en Algérie dans le pétiole et dans les tiges de vignes, pense avoir trouvé quelques-unes des formes du mode de reproduction de ce champignon (5). «Dans le pétiole et dans les tiges, nous l'avons rencontré dans les cellules sous-épidermiques, plus rarement dans les cellules épidermiques ou dans les cellules plus éloignées de la surface. Il affecte la forme d'une masse sphérique, régulière ou lobée, ou bien encore d'une masse lobée à contours tout à fait irréguliers. Cette masse, assez réfringente, est très rarement presque homogène; elle est généralement parsemée de petites vacuoles surtout abondantes vers son centre. La coloration en est jaune sale pâle. Dans une de mes préparations, j'ai pu suivre l'évolution du parasite pendant plusieurs heures: la masse plasmique affectait alors la forme sphérique; des lobes apparaissaient ou bien se séparaient et formaient une petite sphère distincte que l'on pouvait suivre pendant qu'elle s'éloignait du plasma maternel.

Dans certaines cellules, au lieu d'une masse primitivement unique, on en voyait, après quelque temps, deux ou plusieurs, nées par segmentation, tout à fait irrégulières, sans qu'il y ait de rapport de grosseur entre les petites masses mises en liberté. Ces dernières, le plus souvent, étaient beaucoup plus petites que la masse maternelle, mais quelquefois on rencontre dans une même cellule plusieurs

(1) J. Pastre.— *La brunissure de la vigne*, Progrès agricole, tom. XVI (1891), pag. 219 et suiv., et *id. Un dernier mot sur la brunissure et les cochenilles*, Progr. agric., tom. XXIII (1893), pag. 17.

(2) P. Viala et C. Sauvageau. — *Sur la brunissure; maladie de la vigne causée par le Plasmodiophora vitis*. (Comptes rendus de l'Académie des Sciences, 27 juin 1892).

(3) M. Woronin. — *Plasmodiophora brassicæ*. Urheber der kohlpflanzen-Hernie (Jahrbücher für wissenschaftliche Botanik von Pringsheim. (Leipzig, 1878, vol. XI, pag. 548 à 574).

(4) P. Viala.— *Les maladies de la vigne; loc. cit.*

(5) F. Debray.— *Nouvelles observations sur la brunissure*, in Revue de viticulture, tom. II, pag. 152 et 220.

masses de même grosseur qui sont probablement issues de ce mode de fragmentation. — Je considère ce processus comme un mode de multiplication de cet organisme. Je n'ai pu, dans cette même préparation, observer le passage d'une cellule à l'autre.

» Dans d'autres coupes, j'ai vu des masses plasmiques s'étendant dans plusieurs cellules à la fois et, dans certains cas, un étranglement correspondait au point où l'organisme traversait la paroi cellulaire.— Jamais je n'ai rencontré le parasite dans les espaces intracellulaires.

» L'aspect tout particulier du parasite dans ces organes est assez différent de celui qu'il présente dans les feuilles, et j'aurais hésité à identifier les deux si je ne les avais rencontrés simultanément chez les vignes attaquées.

» Dans les régions récemment atteintes, c'est au pourtour des ponctuations noires que j'ai rencontré le plus souvent les cellules envahies, en sorte que je suis porté à croire que ces ponctuations sont très probablement le lieu de pénétration. Dans une coupe parallèle à l'épiderme, j'ai trouvé un petit bouton réfringent à la surface externe de l'épiderme; il semblait adhérent à la masse plasmique d'un parasite compris dans les cellules épidermiques.

» Nous avons dit plus haut que les poils de la face inférieure sont fréquemment colorés en jaune soufre. C'est la coloration que présente le parasite. Beaucoup de poils, bien que nus à la surface, revêtent en outre identiquement la même couleur, en sorte que je crois qu'ils ont été teints par le passage du parasite. Le parasite se rencontre très abondamment sur ces poils; il affecte la forme de masses lobées minces, étendues le long d'un poil isolé ou globuleuses-ovoïdes ou irrégulières, atteignant 1/10e de millimètre ou plus, englobant plusieurs de ces poils. Ces masses sont d'un beau jaune soufre avec un ou plusieurs amas bruns informes, inclus dans les plus grosses. Leur protoplasma est grossièrement granuleux ou semble presque homogène, mais elles sont toujours criblées d'un nombre énorme de vacuoles généralement très petites, quelques-unes seulement un peu plus grosses et visibles sans un fort grossissement ».

M. Debray dit enfin avoir observé la formation de spores sur de grosses masses plasmiques.

On ne connaît encore aucun remède contre la brunissure; le *soufre*, les divers *composés cupriques*, la *chaux en poudre* n'ont jusqu'à présent produit aucun effet.

H. **Maladie de Californie** (1). — Une maladie des plus effrayantes, tant par la gravité de ses effets que par la progression rapide qu'elle a suivie, a été constatée, depuis 1882 ou 1884, dans le comté de Los Angeles, situé dans le sud de la Californie, où M. P. Viala l'a observée en 1887. D'après lui, presque tous les vignobles du comté de Los Angeles, San-Diego et San-Bernardino ont été envahis. C'est surtout aux environs d'Orange, d'Anaheim, Santa-Ana, Modena, Tustin, Santa-Barbara... que la maladie a été le plus intense. Le mal semble encore limité au sud de la Californie; dans tous les cas, il n'a été signalé jusqu'ici nulle part en Europe, et il y a tout lieu de supposer qu'il n'y existe pas. Afin d'éviter les chances d'importation de ce nouveau fléau, un arrêté du Ministre de l'Agriculture a interdit, depuis 1892, l'introduction des boutures de vignes de Californie en France.

La *maladie de Californie*, ainsi que l'a dénommée M. P. Viala, est remarquable par l'importance, la promptitude et la généralité de ses effets, que l'on a comparés, avec juste raison, à ceux du phylloxera. M. Gos, qui a visité le comté de Los Angeles pendant l'automne de 1893, en donne les exemples suivants :

« C'est aux environs d'Anaheim, en 1882, que la maladie fut constatée pour la première fois. De là, elle gagna Orange, Santa-Ana, Modena. Aujourd'hui, ces derniers territoires ne possèdent plus que des vignes mourantes et toutes les tentatives faites pour la reconstitution ont échoué. La maladie, poursuivant sa marche, a complètement envahi la vallée de San-Gabriel; elle gagne tout le Sud : 15.000 hectares sont détruits, 10.000 au moins sont envahis. C'est dire qu'il a suffi de quelques années pour que la Californie perde le dixième de son vignoble et qu'un sixième, en outre, soit

(1) Bibliographie.— **E. Dowien**; *in* Board of state viticultural commissioners. San-Francisco, 1889 et 1890. — **F. W. Morse**; Report of an examination into the phenomena and causes of a supposed vine deasease in Los Angeles County (Report of the viticultural work. University of California, 1886, pag. 176-184. — **Newton B. Pierce**; *The California vine disease.* U. S. Department of agriculture. Division of vegetable pathology. Bulletin n° 2. Washington, 1892.— **P. Viala**; *Une mission viticole en Amérique.* Montpellier, 1889, pag. 292-295. — **P. Viala et C. Sauvageau**; *Sur la maladie de Californie, maladie causée par le Plasmodiophora californica.* Comptes rendus de l'Académie des Sciences, 4 juillet 1892.— **Id.**; *La Brunissure et la maladie de Californie, maladies de la vigne causées par les Plasmodiophora vitis et Plasmodiophora californica.* Annales de l'Ecole nationale d'agriculture de Montpellier, tom. VII, 1892.— **F. Gos**; *La maladie de Californie.* Revue de viticulture, tom. I, pag. 2 et suiv. — **P. Viala**; *Les maladies de la vigne*, 3e édit., pag. 407 et suiv.

gravement compromis. Un autre fait nous donnera une idée plus frappante encore de l'importance du mal et de la rapidité avec laquelle il opère.»

«M. Grosjean, inspecteur général de l'enseignement agricole, était en 1883, en mission d'études dans le Sud californien..... Parmi les domaines visités à cette époque par M. Grosjean, celui de M. A. de Barth Shorb se distinguait par son importance. Il ne comptait pas moins de 350 hectares de vignes soumises en partie à l'irrigation et cette culture était, d'après M. Grosjean, une des plus belles et des plus productives qui se puissent voir. On y préparait à la fois les raisins secs qui étaient vendus sur place et le vin qui était fait avec beaucoup de soin.

»En 1890, quelques taches se manifestaient dans ce vignoble ; au moment de mon passage (17 octobre 1893), il n'y avait plus trace de vignoble; la maladie avait tout détruit. Des orangers, des citronniers, des pruniers, des figuiers, des grenadiers de la plus belle venue épanouissaient leur plantureux feuillage sur la plaine, faisant oublier la vigne défunte.

»Dans la même journée, nous avons visité, à *Sunny Slope*, le beau vignoble administré avec tant de compétence par M. Bischowsky..... Le vignoble est envahi depuis deux ans, de nombreuses taches s'y manifestent déjà. Aucune partie du territoire n'est épargnée; on peut l'observer sur les vignes de tout âge et de toute nature; les vignes sauvages n'en sont point exemptes. La nature du sol ne paraît avoir aucune influence particulière et c'est dans les terres légères, presque sablonneuses de la plaine, qu'elle paraît surtout avoir le caractère foudroyant qu'on lui a quelquefois attribué. La première année, on observe dans l'ensemble du vignoble des bandes isolées dont les vignes prennent un aspect souffreteux. En examinant leurs sarments, plus courts que ceux des souches saines, on aperçoit nettement, à leur extrémité, des traces d'altération ; les raisins n'arrivent que difficilement à maturité ; ils n'ont déjà plus le volume normal.

»L'année suivante, au printemps, la vigne émet des rameaux plus nombreux, mais le rabougrissement s'accentue; les altérations gagnent la base des sarments; les feuilles sont veinées, suivant les nervures, de teintes rouges caractéristiques ; enfin le raisin reste très petit. A l'automne, la vigne a complètement perdu ses feuilles et elle étale au soleil sa récolte entièrement desséchée. L'année suivante, il est rare que la vigne émette des pousses ; les altérations ont gagné le corps de la souche et les racines sont attaquées. La mort complète arrive dans le courant de cette troisième année (1). »

M. P. Viala donne sur les caractères extérieurs de la maladie les indications suivantes qui permettent de compléter ce qui précède (2): «Les jeunes rameaux des souches malades partent avec beaucoup de retard et poussent mal ; ils sont plus ramifiés qu'à l'état normal, courts, à nœuds rapprochés et présentent des caractères extérieurs d'altération comparables à ceux des feuilles. A l'automne, les sarments desséchés, parfois partiellement aoûtés, d'une couleur cannelle foncée à l'extérieur, ont des zones brunes et noirâtres dans le bois ; la tige est zonée de brun et de noir comme les rameaux. Les sarments, pris comme boutures sur les souches attaquées, transmettent la maladie aux ceps qui en proviennent. Les radicelles des pieds atteints sont peu nombreuses ; l'écorce noirâtre des racines se sépare facilement ; le bois est spongieux, noir et juteux.

» Sur les feuilles, il se produit d'abord une décoloration du parenchyme par plaques irrégulières, disposées entre les nervures et sur le pourtour du limbe ; elles sont jaunâtres et se décolorent de plus en plus. Elles deviennent définitivement rouges ou rouge-brun, parfois d'un rouge-noirâtre, d'où le nom de *Black Measles* (rougeole noire) donné par quelques viticulteurs californiens à cet état de la maladie. Ces taches sont entourées de zones plus claires et se rejoignent parfois en formant des bandes longitudinales qui occupent presque tout le parenchyme. Les nervures, non altérées, sont toujours entourées d'une bordure verte. Les feuilles sont définitivement bariolées et elles sèchent en se retournant sur les bords. Elles tombent souvent pendant le printemps ou au commencement de l'été ; les nouvelles feuilles, qui poussent alors sur de nouveaux rameaux secondaires, sont altérées à leur tour. Les fruits sèchent sur la plante et tombent.»

D'après M. N. B. Pierce, les divers cépages cultivés en Californie peuvent être classés comme suit, au point de vue de la résistance qu'ils offrent à l'action de la maladie :

Cépages les moins résistants : *Mission's grape*, *Sultana*.

Cépages de résistance moyenne : *Muscat d'Alexandrie*, *Malaga*, *Zinfandel*, *Chasselas doré*, *Traminer*, *Riesling*, *Mataro*, *Catawba*, *Concord*, *Ives Seedling*, *Isabelle*, *Delaware*, etc.

Cépages les plus résistants : *Tokay*, *Malvoisie noire*, *Jacquez*, *V. Californica*, *Mustang*, etc.

(1) F. Gos. — *La maladie de Californie*. Revue de viticulture, tom. I, pag. 2 et suiv.

(2) P. Viala.— *Les maladies de la vigne*, 3me édit., pag. 410.

Les recherches faites par MM. Viala et Sauvageau sur des feuilles rapportées d'Amérique leur ont permis de découvrir la cause de la maladie qui avait été vainement cherchée jusqu'alors; comme la brunissure, la maladie de Californie est produite par l'invasion des cellules par un *Myxomycète* qui ressemble beaucoup au *Plasmodiophora vitis*, mais qu'ils ont cru devoir séparer de ce dernier à cause de l'importance beaucoup plus grande des dommages causés par lui; ils l'ont appelé *Plasmodiophora Californica*. L'insuffisance des matériaux qu'ils ont eu à leur disposition ne leur a pas permis d'ailleurs de pousser bien loin leur investigation et de constater les modes de fructification de ce parasite.

On ne connaît encore aucun moyen efficace de combattre le fléau, les bouillies cupriques, le soufre, la chaux en poudre ont été essayés vainement en Californie.

I. **Gélivure.** — Cette maladie, qui n'a été signalée et décrite qu'en 1894 par M. P. Viala et l'auteur du présent ouvrage (1), paraît cependant exister depuis nombre d'années dans le département de l'Allier, où elle est désignée sous le nom d'*échauffement*. MM. Viala et Sauvageau l'avaient vue, en 1892, sur quelques pieds de vignes à Candillargues (Hérault); enfin, en 1893, nous l'avons observée, M. Viala et moi, aux environs de Sainte-Cécile (Vaucluse). M. Viala l'a vue dans l'Allier sur divers points et nous avons reçu des échantillons de vignes qui en étaient atteintes de diverses parties de l'Hérault, et enfin de chez M. de Sinety, à Esparron (Var). Elle ne paraît nulle part avoir pris une grande extension, mais elle a entraîné, sur certains points, le rabougrissement et la mort d'un certain nombre de pieds de vignes. M. Prillieux regarde la *gélivure* comme la manifestation la plus fréquente de ce qu'il a appelé la *gommose bacillaire*.

Les caractères des lésions produites au moment du plein développement de la maladie sont les suivants: l'extrémité des jeunes rameaux herbacés et les pétioles des feuilles sont d'abord d'un noir-rougeâtre livide, puis d'un noir sombre et terne. Le sommet de ces jeunes sarments, ainsi altérés et excoriés par places, sèche rapidement en s'aplatissant et en se rétrécissant alors fortement au niveau des nœuds; ils se désarticulent rarement. L'altération, qui débute toujours par le sommet herbacé des rameaux, gagne progressivement vers la base. Des ramifications nombreuses poussent vers les rameaux principaux et même sur les rameaux secon-

(1) G. Foëx et P. Viala.— *Une maladie des sarments* (*la gélivure de la vigne*). *In* Revue de viticulture, tom. I, pag. 129.

daires, toujours au-dessus des parties malades. Ces nombreuses ramifications donnent aux souches attaquées l'aspect en tête de chou. Les mérithalles des sarments envahis sont inégaux, mais toujours courts.

Au commencement de l'invasion, sur les sarments de grosseur moyenne, les premières traces d'altération se manifestent par des bandes longitudinales d'un brun-rougeâtre, puis plus foncé. Les altérations gagnent tout le mérithalle, qui se fendille par places ou s'excorie par régions suivant des lignes plus ou moins étendues; l'excoriation intéresse toute l'écorce jusqu'à la couche génératrice.

Les altérations sont parfois en plaques disséminées (échauffement) et non en bandes continues; ces plaques, de 0m,001 à 0m,005, irrégulières, s'arrêtent dans leur extension ; elles se surélèvent par suite de la prolifération du tissu conjonctif de l'écorce. A la fin de l'automne, elles s'excorient et tombent, et les fibres libériennes restent tendues et desséchées à la surface de la petite plaie mise ainsi à nu. Les altérations superficielles que nous venons d'indiquer gagnent peu à peu et presque constamment l'intérieur du sarment et vont jusqu'à la couche génératrice. Le rameau, coloré sur tout le pourtour du mérithalle, se fend graduellement, il semble que le sarment soit éclaté. Les deux lèvres de la fente s'écartent progressivement et assez lentement ; si les fentes se produisent tardivement sur des bois déjà en aoûtement, il y a sur les parois une légère prolifération de tissus de cicatrisation irrégulière et peu mamelonnée, suivie bientôt d'une subérification qui donne à la plaie un aspect rugueux et une couleur de liège.

Sur les gros sarments altérés ou sur les ramifications principales attaquées de bonne heure, on trouve toutes les phases du développement de la gélivure qui progresse constamment du sommet à la base. Outre les caractères directs d'altération, la *gélivure* se manifeste à la base des rameaux malades par des caractères indirects très curieux : sur les parties encore saines des ramifications principales et que la maladie n'a pas encore gagnées a lieu une prolifération très abondante de ponctuations qui ressemble beaucoup aux papules de l'anthracnose ponctuée. Ces ponctuations, distribuées suivant les stries des mérithalles, surélevées d'un demi-millimètre ou d'un millimètre et de même diamètre, sont irrégulièrement sphériques. Le nombre de ces ponctuations à la base des sarments herbacés malades est tellement grand qu'il reste à peine quelques plages intactes; le sarment, ainsi criblé, est fortement rugueux, comme chagriné.

Ces ponctuations sont des productions subéreuses, de fausses lenticelles, dont l'évolution est vraisemblablement déterminée par suite de la mortification du sommet des rameaux qui constitue une sorte de pincement.

La moelle devient d'abord plus foncée, elle brunit ensuite peu à peu et meurt plus rapidement que les autres tissus, ce qui est normal. Le cylindre médullaire se vide en partie par rétraction des cellules, et la moelle se dispose assez souvent en disques superposés dans son intérieur. Ces altérations paraissent être la simple conséquence de l'état de dépérissement du sarment lui-même et non d'une cause particulière.

Le bois paraît, dans toutes ses régions, desséché normalement; on ne peut, non plus, y observer aucun parasite. Les altérations directes résident exclusivement dans l'écorce et s'étendent seulement jusqu'à la couche génératrice ; les altérations des parties les plus profondes ne sont qu'un résultat indirect de la maladie.

Les pieds de vignes attaqués ont le tiers, parfois les trois quarts de leurs sarments desséchés en partie ou totalement. Les parties sèches du sommet des rameaux malades, les plus jeunes, s'affaissent et tombent; elles se désarticulent, mais toujours au-dessous des nœuds qu'elles entraînent, et le cylindre médullaire mis à nu paraît comme vide sur le fragment de sarment qui reste et qui, sec au sommet, est encore vert à la base. On voit ainsi des souches avec la plus grande partie de leurs sarments desséchés, noircis et comme pincés au sommet, avec leur base encore verte et criblée de ponctuations rougeâtres ; ces sarments altérés sont entremêlés à quelques rares ramifications saines ou au début de la maladie qui brunit leur sommet et à des rejets vigoureux qui partent en grand nombre de la base des premiers rameaux altérés. Cet aspect imprime aux souches atteintes de la *gélivure* un caractère d'ensemble très particulier et qu'on ne retrouve dans aucune autre maladie de la vigne.

Causes de la gélivure. — La *gélivure* paraît être de nature microbienne, bien que les inoculations directes faites jusqu'à présent par M. Viala et moi n'aient pas donné des résultats suffisants pour qu'on puisse l'affirmer d'une manière formelle. On trouve dans toutes les lésions un microbe qui a été isolé à plusieurs reprises et cultivé dans divers milieux artificiels, les formes se sont maintenues semblables à elles-mêmes et identiques à celles que l'on observait dans les tissus. Ce microbe est une bactérie en forme de petits bâtonnets, mobiles et probablement ciliés, courts, cylindriques, un peu renflés en leur centre et, par suite, en forme de tonneau, incolores ; leurs dimensions moyennes sont de 12 μ 20 en longueur, 0 μ 50 en diamètre; ces dimensions varient, pour la longueur, de 18 μ à 0 μ 90, et pour le diamètre, de 0 μ 60 à 0 μ 55. La bactérie de la gélivure forme des spores sur certains milieux de culture; ces spores sont au nombre de deux par bâtonnet.

Traitement de la gélivure. — M. E. Palmier, propriétaire du vignoble de Ruth, près Sainte-Cécile (Vaucluse), croyant ses vignes atteintes par l'anthracnose, a essayé les traitements qui ont été conseillés par M. P. Viala pour cette affection. Il a traité les vignes envahies par un mélange de 50 parties de soufre et 50 de chaux blutée du Teil; les applications ont été répétées six fois à huit jours d'intervalle; une partie des vignes malades a été laissée comme témoin sans traitement. Dès la première application, il y a eu arrêt relatif de développement du mal sur les parties traitées et, à la suite des traitements réitérés, la maladie n'a plus fait de progrès. Les raisins sont arrivés à maturité; de nouveaux rameaux très vigoureux avaient poussé à la base des premiers sarments attaqués; ils ont été traités par le même mélange et sont restés parfaitement sains. Les ceps non traités, au contraire, ont perdu totalement leurs fruits qui se sont desséchés avec les rameaux, et la maladie a progressé sur les pieds témoins jusqu'au 15 septembre, époque à laquelle elle a paru s'arrêter naturellement.

En 1894, à la suite de traitements faits sur tout l'ensemble des vignes malades, on n'a observé que quelques rares crevasses avec commencement de cicatrisation sur un certain nombre de rameaux, sans aucun autre symptôme caractéristique de *gélivure*. On peut donc espérer que l'emploi des mélanges de chaux et de soufre permettra d'arrêter efficacement le cours de cette maladie.

J. **Fumagine.** — La *fumagine* ou *noir de la vigne* est une maladie assez répandue dans les vignobles où elle occupe rarement, cependant, des surfaces de quelque importance; on la rencontre en Allemagne, en Autriche, en France, en Hongrie, en Italie, en Algérie et en Amérique. Elle se manifeste sous l'aspect d'une poussière noire, qui recouvre d'une couche plus ou moins épaisse les divers organes de la vigne, surtout lorsqu'ils sont herbacés. Cette poussière est produite par un champignon qui ne paraît pas particulier à la vigne et qui n'y vit pas en parasite; on trouve, en effet, une fumagine ressemblant beaucoup à celle de la vigne sur un grand nombre de végétaux (olivier, oranger, nerium, camélia, laurier-tin, etc.); nous en avons même rencontré sur les vitres d'une fenêtre de cave.

La fumagine paraît susceptible de vivre sur un support quelconque, à la condition qu'elle y trouve un milieu nutritif. Ce milieu est presque toujours constitué par des déjections d'insectes (miellat des cochenilles sur les feuilles et déjection des moucherons de vendange dans les caves) (1). La fumagine est dangereuse parce que la croûte qu'elle forme à la surface des feuilles est un obstacle au bon fonctionnement de ces dernières et, par conséquent, à la nutrition de la plante; de plus, elle salit les raisins et les déprécie.

Causes de la fumagine.— La cause première de la fumagine paraît être à peu près constamment une cochenille, dont les déjections servent de milieu de culture à un champignon *Pyrénomycète*, le *Fumago vagans*, de Persoon (*Fumago salicina*, de Tulasne). Le grand polymorphisme des champignons de ce groupe permet de supposer que le *Fumago* de la vigne pourrait être identique à celui de l'olivier, le *Meliola Penzigi* Saccardo, mais la démonstration expérimentale de cette hypothèse n'a pas encore été faite.

Les masses noires qui recouvrent les divers organes de la vigne sont constituées par un mycélium très abondant, brun foncé, cloisonné, finissant par se résoudre en une quantité d'éléments sphériques en chapelet, qui germent à leur tour en donnant naissance à un ou plusieurs tubes mycéliens. Le mycélium produit des filaments fructifères ramifiés au sommet et portant à leur extrémité des conidies.

Moyens de combattre la fumagine.— M. Gély, d'Adélaïde (Australie), a proposé, pour combattre la fumagine de l'olivier, d'en détruire les cochenilles, cause première du mal, au moyen d'une dissolution de soude de 1 ou 1,5 °/₀. Cette dissolution doit être projetée sur les arbres, au printemps, lorsque les jeunes cochenilles commencent à se mettre en mouvement. Lorsqu'elles sont fixées, l'opération ne donne plus de résultats sensibles.

On a recommandé les badigeonnages, à la fin de l'hiver, au moyen d'une dissolution de sulfate de fer acide, comme celle employée contre l'anthracnose ; ce moyen paraît effectivement jouir d'une certaine efficacité.

(1) M. Comes pense que l'intervention des cochenilles n'est pas nécessaire pour assurer un milieu de culture convenable pour la fumagine. Il dit que des transsudations de matières sucrées propres au développement du champignon se produisent parfois par suite d'influences extérieures. (O. Comes.— *Sulla melata o manua e sul modo di combatterla.* Portici, mars 1885)

K. **Sclerotinia Fuckeliana** ou *Botrytis cinerea*. — Ce champignon se développe surtout à l'état de saprophyte sur les divers organes de la vigne. C'est, comme nous l'avons indiqué (pag. 269, 498, 499 et 500), sa forme conidifère qui détermine ce que l'on a appelé la *pourriture noble* et qui est, la plupart du temps, un élément d'amélioration pour la qualité des vins dans les vignobles à vins blancs du Rhin, de la Moselle et du pays de Sauternes. Cependant, dans certains cas, il a été nuisible aux greffes sur bouture, stratifiées dans du sable trop humide, dont ils peuvent empêcher la soudure ; cet accident se produit lorsque le champignon évolue sous la forme à laquelle de Bary a donné le nom de *Sclerotinia Fuckeliana* ; il se forme alors des agglomérations de sclérotes qui finissent par pénétrer entre les éléments de la greffe, qu'elles empêchent de s'unir. On doit, afin d'empêcher cet accident, faire sécher avec soin le sable qui servira aux stratifications (1).

L. **Rhizoctone**. — M. G. Boyer a étudié, au commencement de 1895, à Vaison (Vaucluse), un *rhizoctone* qui se développe sur la vigne dont il arrête la végétation et qu'il peut même tuer ; il a bien voulu résumer pour nous, dans la note ci-dessous, ses observations sur ce champignon :

« Ce champignon a été observé dans le département de Vaucluse, à Vaison, sur le *Riparia*, le *Solonis*, le *Jacquez*, mais il existe sans doute dans d'autres vignes greffées ou non. Sa couleur et ses caractères très apparents permettront toujours, d'ailleurs, de le reconnaître aisément.

» Il est formé d'un mycélium abondant, d'une belle couleur lilacée, rouge brique ou lie de vin, offrant une analogie remarquable avec le mycélium qui enveloppe les racines de la luzerne et que l'on connaît sous le nom de *Rhizoctone*.

» Ce mycélium, le seul organe du champignon étudié jusqu'ici, a des filaments ramifiés et cloisonnés. Il se développe sur les racines et sur le sol des vignes. Lorsque les souches sont basses, il en couvre la tête complètement, s'étend même sur la base des sarments et peut s'élever ainsi jusqu'à quelques centimètres au-dessus du sol. Il se dispose en larges lames veloutées étalées à la surface de l'écorce et entre ses feuillets, en cordons, ou en gaines souvent touffues et floconneuses.

» Le mycélium du Rhizoctone de la vigne n'a pas été vu dans les tissus vivants des tiges et des racines et on ne peut encore lui attribuer sûrement aucune altération des organes qu'il recouvre. Son

(1) Voir : P. Viala. — *Les maladies de la vigne*, 3e édit., pag. 352 et 353

parasitisme n'est donc pas démontré, bien qu'il soit considéré, par quelques viticulteurs, comme pouvant causer l'affaiblissement et même la mort des souches qu'il envahit. L'action fâcheuse du Rhizoctone peut s'expliquer par une sorte d'étouffement des souches : l'épais feutrage mycélien qui les recouvre contrariant les échanges gazeux entre elles et l'atmosphère. Enfin, le mycélium affame les souches et diminue leur vigueur en retenant à son profit les matières nutritives que les racines auraient absorbées.

» Un procédé de traitement, déjà appliqué avec succès contre ce champignon, par M. P. Brichet, de Vaison, consiste à déchausser les souches attaquées, à décortiquer le tronc et les racines autant qu'on le peut et à les laisser exposés à l'air pendant quelques semaines. L'opération se fait à la fin de l'hiver et au commencement du printemps (1). »

M. **Roncet** (2). — Le *roncet* est une maladie qui n'est pas encore parfaitement définie et sur les caractères mêmes de laquelle les auteurs qui l'ont mentionnée ne sont pas entièrement d'accord. On y rapporte cependant, d'ordinaire, les affectations qui portent le nom, en divers lieux, de : *pousse en ortille*, *vigne à pousse d'ortie*, *vigne persillée*, *jauberdat*, *friset*, *bourré sarrat* (*court-noué*), et le point commun qui les caractérise paraît être une sorte de rabougrissement qui se manifeste par un ralentissement ou un arrêt dans l'élongation des sarments ; ces derniers donnent naissance à un grand nombre de ramifications et la souche prend un aspect buissonnant sans chlorose. Le phénomène de rabougrissement des sarments est très bien indiqué par le nom de *bourré sarrat* (*court-noué*) qu'on lui donne en Languedoc. Le *court-noué* peut durer quelquefois plusieurs années sans que la vigne subisse d'autres altérations ; mais, au bout d'un certain temps, il est accompagné d'une déformation des feuilles qui a valu à la maladie les noms de *pousse en ortille*, *vigne persillée*, *jauberdat* (qui veut dire *persillé* en patois languedocien) et celui de *friset*. Les lobes et les dents sont plus aigus qu'à l'état normal, et le limbe est plus ou moins gaufré, l'ensemble a un aspect frisoté particulier (fig. 346).

Au fur et à mesure que ces phénomènes s'accentuent, les fonctions

(1) Voir également : G. Boyer. — *Un rhizoctone sur la vigne*. Progrès agricole, tom. XXIII (1895), pag. 188.

(2) Bibliographie. — **Jules Guyot** ; *Les vignobles de France*, tom. II, pag. 498 et 499. — **J.-E. Planchon** ; *Le cottis ou pousse en ortille, maladie des sarments de la vigne*. (Vigne américaine 1882, pag. 232). — **P. Viala** ; *Les maladies de la vigne*, 3e édit., pag. 414 à 419.

de la plante perdent de leur activité, la coulure devient fréquente et les rares raisins qui échappent à cet accident se développent d'une manière incomplète, les grappes sont toujours au moins fortement millerandées.

Le *roncet* paraît pouvoir se propager par la plantation de boutures

Fig. 346. — Rameau de Riparia rabougri par le cottis, d'après M. P. VIALA.

provenant de pieds qui en étaient atteints. Il ne détermine la mort des vignes qu'au bout de plusieurs années (parfois huit ou dix ans).

On a confondu d'abord le *roncet* avec le *cottis*, forme grave de la *chlorose*; mais il diffère de cette dernière affection en ce qu'il n'entraîne pas le jaunissement des feuilles et qu'on le rencontre dans les sols qui ne déterminent pas d'ordinaire l'état chlorotique. MM. Prillieux et Delacroix considèrent le *roncet* comme dû au parasitisme d'une bactérie, ce serait l'une des manifestations d'une maladie à laquelle ils ont donné le nom de *gommose bacillaire* ; il serait identique au *mal nero* des Italiens et de même origine que la *gélivure* (1).

(1) Prillieux et Delacroix. — *La gommose bacillaire.* (Extr. des Annales de l'Institut agronomique, 1895).

Nous avons eu l'occasion, M. Viala et moi, de donner notre manière de voir sur cette opinion qui ne nous paraît pas suffisamment fondée (1). Cependant, la présence sur les rameaux verts des éraillures mentionnées précédemment et le fait fréquemment observé de la perpétuation du *cottis* sur des plants provenant de vignes atteintes de cette maladie permettraient de supposer qu'elle a peut-être une origine cryptogamique.

On n'est pas mieux fixé sur les moyens de combattre le *cottis* que sur ses causes. On a proposé de drainer le sol, d'employer le sulfate de fer ou des mélanges de sels de fer et de cuivre; mais aucun de ces remèdes n'a donné jusqu'ici de résultats décisifs.

N. **Mal nero** (2). — Le *mal nero* ou *mal noir* est, comme le *roncet*, une maladie dont les causes sont encore mal connues et sur les caractères de laquelle les auteurs qui s'en sont occupés ne sont pas d'accord. C'est particulièrement dans le midi de l'Italie qu'elle a été observée jusqu'ici; cependant, MM. Prillieux et Delacroix la regardent comme identique au *roncet* et comme constituant une des manifestations de la *gommose bacillaire*, il serait alors assez répandu en France. M. Max Cornu la considère comme de même nature que l'*aubernage*.

Un grand nombre d'altérations ont été indiquées comme produites par le *mal nero*, telles sont: l'arrêt de végétation des bourgeons, le dessèchement des vrilles, des fleurs, quelquefois des jeunes rameaux eux-mêmes; le rabougrissement et l'aspect court-noué de la plante,

(1) Foëx et Viala.— *Maladies de la vigne dans le Var. In* Revue de viticulture, tom. II, pag. 53 et suiv.; et P. Viala. — *Gélivure.* Rev de Vit., tom. III, pag. 269.

(2) Bibliographie (d'après M. P. Viala). — **Garovaglio** et **Cattanea** ; *Studii sulle dominanti mallatia dei vitigni; Il Del mal nero.* Milano, 1878. — **Cugini**; *Ricerche sul mal nero della vite*, Bologna 1881. — **Id.** ; *Nuove indagini sul mal nero.* Giom. Bg. A. XIX. Bologna, 1882. — **Id.** ; *Il mal nero della vite.* Firenze, 1883.— **Id.** ; *Intorno ad una malattia della viti detta mal nero svilluppatasi in Toscana.* L'agricultura pratica. Firenze, 1886, pag. 283. — **Trevisan** ; *Il mal nero et la Filossera a Valmadrera.* Rend. Ist. Lomb., vol. XIII. Milano, 1880.— **Comes** ; *Il mal nero della vite.* Portici, 1882.— **Id.** ; *Primi resultati degli sperimenti fatti per la cure della gommosi o mal nero della vite.* Portici, 1882. — **Id.**; *Sul preteso tannino scoperto nelle viti affete da mal nero*, 1882. — **Pirotta** ; *Primistudii sul mal nero o mal dello spaco nelle viti.* Alba, 1882.— **Ad. Targioni-Tozzetti**; *Malattie delle viti.* Firenze, 1879-1885. — **Sorauer**; *Pflanzenkrankheitein*, vol. I, 1886, pag. 881. — **Congrès de Florence** ; 1886. — **Thümen** ; *Einwanderung schadlichen pilz* (*Œsterreich.* Land. Vochenblatt, 1883).— **Copolla** ; *Sul mal nero della vite*, Cagliari, 1883. — **Rotondi** et **Galimberti** ; *Revista di Viticoltura e Œnologia*, 1878, pag. 353. — **P. Viala** ; *Les maladies de la vigne.* 3e édit., pag. 424 à 429.

parfois l'état chlorotique des feuilles; mais ces lésions peuvent se rattacher, comme on le voit, au *roncet*, au *cottis* ou à la *chlorose*. M. Comes considère le *mal nero* comme accompagné par des exsudations gommeuses, d'où le nom qu'il lui a donné de *gommose*. MM. Prillieux et Delacroix ont repris cette appellation et ont donné le nom de *gommose bacillaire* à une maladie qui, d'après eux, comme nous l'avons dit précédemment, serait identique au *mal nero* et se manifesterait sous les diverses formes de *dartrose*, *gélivure*, *roncet*, et quelquefois de *folletage*. M. Pirotta et d'autres botanistes italiens signalent la formation de fentes longitudinales sur les bras et le tronc des pieds atteints par cette maladie (*mal dello spaco*); cependant, comme les exsudations gommeuses aussi bien que les taches brunes et même les fentes peuvent se produire aussi dans d'autres circonstances (les exsudations gommeuses et les taches notamment se voient chez les vignes les plus vigoureuses et en parfait état de santé), on ne saurait les regarder, non plus, comme absolument caractéristiques du *mal nero* ou de la *gommose bacillaire*.

Les caractères qui paraissent les plus généralement admis comme constants dans cette maladie sont les suivants: la marche des altérations procède de haut en bas, les tissus des rameaux et ceux du tronc se dessèchent et leur bois se marque de taches brunes ou noires, formant comme de minces filets ou des lignes brisées. Les rayons médullaires brunissent avant le reste du bois. Les racines sont encore saines, alors que le reste de la plante a péri.

Le *mal nero* paraît se développer plus particulièrement dans les terres humides à la suite de refroidissements brusques de la température; il se produit cependant parfois dans les sols secs.

M. Pirotta a observé de petits cordons noirs, analogues aux cordons *rhizomorphes* du pourridié, qui pénétraient le bois par les rayons médullaires; dans ce dernier milieu il a rencontré, en outre, des spores ou conidies, malheureusement aucune observation ultérieure n'est venue confirmer ces faits et la maladie n'a pas été reproduite, croyons-nous, jusqu'ici, par l'inoculation de ces éléments reproducteurs.

M. Comes considère la dégénérescence gommeuse des tissus comme pouvant être la cause plutôt que l'effet du *mal nero*; cette *gommose* résulterait des grands écarts de température.

MM. Prillieux et Delacroix pensent que la *gommose* est produite par l'introduction de bactéries par les plaies de taille ou de greffe. Ils supposent que « l'irritation causée par les produits de sécrétion des bactéries entrées par les plaies amène une réaction de la plante; celle-ci alors donne naissance à de la gomme ou à des thylles dans la partie vivante du bois (1) ». Mais, ainsi que nous l'avons indiqué précédemment, la production de la gomme paraît être un fait normal, puisque nous l'avons observée constamment, M. Viala et moi, chez des vignes saines (2); M. Mangin est d'ailleurs arrivé à la même conclusion à la suite de ses recherches (3).

En résumé, on ne peut rien affirmer encore de certain sur la cause de cette maladie et on ignore les moyens d'en guérir sûrement les vignes.

O. Cuscute.— Les vignes sont quelquefois envahies, dans le midi de la France, par une *cuscute*, la *Cuscuta monogyna*, qui s'attache à leurs rameaux et même aux raisins. Des grappes atteintes de ce parasite ont été observées et signalées dans la Gironde, sous le nom de *raisins barbus*, par M. Ch. Des Moulins et par M. Petit-Lafitte (4).

Cette plante peut être décrite de la manière suivante : *Tiges* rameuses, entortillées, épaisses de 2 millim., souvent rougeâtres, chargées de petits tubercules saillants. *Fleurs* violacées ou jaunâtres, disposées par petits paquets, en grappes interrompues, tantôt courtes, tantôt allongées, rarement en glomérules, sessiles ou pédonculées. *Calice* à lobes ovales-obtus, membraneux au sommet, atteignant le tiers de la corolle ; celle-ci à tube *subcylindrique* pendant la floraison, à cinq dents très courtes. Ecailles à deux lobes trifides, appliqués contre le tube de la corolle. *Etamines* non saillantes, *styles* soudés, inclus ; un seul stigmate à tête globuleuse. *Capsule* très grosse, obovale à deux loges monospermes ou dispermes. *Graines* brunes, lisses, très grosses.— *Fleurit* en juillet-août (5).

La *C. monogyna*, comme les autres plantes du même genre, est un véritable parasite. Sa graine tombée sur le sol y germe d'abord en émettant une radicule fortement épaissie au-dessus de sa pointe, qui pénètre légèrement dans la terre ; la tigelle se relève et s'allonge en soulevant la graine, qui reste adhérente à son extrémité et lui fournit pendant quelque temps les matériaux nécessaires à sa croissance. La tige puise ensuite sa nourriture dans les réserves accumulées, comme

(1) Prillieux et Delacroix.— *La gommose bacillaire*.

(2) G. Foëx et P. Viala. – *Maladies de la vigne dans le Var*. Revue de Viticulture, tom. II, pag. 53; et P. Viala. — *Gelivure*. Rev. de Vit., tom. III, pag. 269.

(3) L. Mangin.— *Sur la gommose bacillaire et la présence de thylles gommeuses dans les vignes*. Revue de Viticulture, tom. II, pag. 276.— *Id. Sur la gommose de la vigne, loc. cit.*, pag. 5 et 29.

(4) Aug. Petit-Lafitte.— *La vigne dans le Bordelais*, Paris, Rotschild, 1868, pag. 517 et 518.

(5) Pouzols.— *Flore du Gard*.

nous venons de le voir, dans la radicule; elle s'élève alors, cherchant une tige ou un rameau susceptible de la nourrir, sa partie inférieure se mortifie et la vie la plus active se porte dans sa région supérieure. Dès qu'elle a rencontré un rameau de vigne ou d'une autre plante à sa convenance, elle l'enlace d'une spire serrée et commence à jouer son rôle de parasite : sur les parties en contact avec la plante nourricière naissent des suçoirs (*haustoria*) qui percent ses tissus et pénètrent à travers son corps ligneux, quelquefois jusqu'à la moelle (1).

La *cuscute* peut entraîner le dépérissement de la vigne et la destruction d'un certain nombre de raisins; mais il est heureusement rare de voir un grand nombre de souches simultanément envahies par ce parasite, et il est dès lors facile de s'en débarrasser en l'enlevant à la main lorsqu'elle commence à entourer les sarments. Il est rare, du reste, de voir la *cuscute* se développer dans des vignes bien tenues, les labours fréquemment donnés la détruisant habituellement avant qu'elle ait pu s'élever jusqu'aux rameaux.

P. **Cryptogames diverses.** — Indépendamment des cryptogames que nous avons signalées, un certain nombre d'autres vivent à l'état parasite sur la vigne : telles sont les *cladosporium*, le *Septosporia ampelina* (*mélanose*), le *septocylindrium*, celles groupées par M. P. Viala sous le nom de *faux Rhytisma*, etc. Mais elles ne lui causent aucun dommage sérieux ; aussi nous bornerons-nous à les mentionner, renvoyant les lecteurs, pour lesquels leur étude offrirait quelque intérêt, aux ouvrages spéciaux (2) qui en ont parlé.

On trouve enfin souvent, sur le tronc et les branches charpentières des vignes, certains *lichens* et *mucinées* qui se développent sur les écorces mortifiées. Ces végétations n'exercent pas par elles-mêmes une action bien dangereuse sur la vigne ; mais dans les contrées humides, où elles croissent en abondance, elles constituent un repaire pour divers insectes ou pour leurs larves qui viennent y hiverner. Il

(1) Bibliographie.— **L. Roch**; *Untersuchung en über die Entwicklung der Cuscuteen* (Botan. Abhandl. de Haustein, 1874). — **H. de Solms-Laubach**; *Ueber den Bau und die Entwicklung der Ernährungsorgane parasitischen Phanerogamen* (Jahrh. für wiss. Botan. 1868). — **P. Duchartre**; *Eléments de botanique*. Paris, J.-B. Baillière, 1877, pag. 281 et suiv.

(2) Bibliographie. — **P. Viala**; *Les maladies de la Vigne*, 2me édit. 1887. — **Von Thümen**; *Die Pilze des Weinstockes*.— **Pirotta**; *I funghi parasiti dei vitigni*, et diverses notes de M. Max Cornu (Soc. bot. de France, 1877, pag. 353). — **E. Prillieux** (Ann. Inst. agr. 1881, pag. 16 et 17), etc.

est bon, pour éviter cet inconvénient, de détruire ces plantes en raclant les vieilles écorces avec des brosses métalliques, avec le gant Sabaté, sorte de gantelet formé de mailles en acier au moyen duquel on peut nettoyer très complètement les souches, ou en les brûlant avec le flambeur Gayot.

CHAPITRE XVII

SOMMAIRE.— Parasites des animaux de la vigne (1).— Vers nématoïdes : anguillule. — Mollusques : les limaçons. — Arachnides : phytocoptes epidermi (érinose).— Insectes coléoptères : hanneton commun, euchlore de la vigne, otiorhynque, attelabe, gribouri, altise, peritelus, vesperus. — Hémiptères : cicadelle, cochenille.— Orthoptères : barbitiste porte-selle ou sauterelle-grillon. — Lépidoptères : pyrale, cochylis, noctuelle, écaille caja, sphinx elpénor.

II. — PARASITES ANIMAUX

Les parasites animaux de la vigne sont généralement plus faciles à détruire que les parasites végétaux ; l'étude attentive de leurs mœurs permet presque toujours de découvrir un moment où ils sont accessibles aux moyens de destruction. L'un d'entre eux pourtant, le *Phylloxera vastatrix*, insecte de l'ordre des APHIDIENS, s'est montré

(1) BIBLIOGRAPHIE. — **V. Audouin** ; *Histoire des insectes nuisibles à la vigne et particulièrement de la pyrale.* Paris, Fortin, Masson et Cᵉ, 1842. — **F. Duval** ; *Des insectes ampélophages du département de l'Hérault, in* Bull. de la Soc. d'Agr. de l'Hérault, 1832, 1837, 1838 et 1839. — **C. Jacquelin Du Val** ; *Genera des Coléoptères d'Europe.* Paris, A. Deyrolle, 1857. — **H. Marès** ; *Les vignes dans le midi de la France, in* Livre de la Ferme, 1863. — **H. Gobin** ; *Guide pratique d'entomologie agricole.* Paris, Eugène Lacroix, 1865. — **V. Rendu** ; *Les insectes nuisibles à l'agriculture.* Paris, Hachette et Cᵉ, 1876. — **Le docteur Boisduval** ; *Essai d'entomologie agricole.* Paris, E. Donnaud, 1867. — **Aug. Petit-Lafitte** ; *La vigne dans le Bordelais.* Paris, J. Rotschild. 1868. — **L. Farmeire** ; *Faune élémentaire des coléoptères de France.* Paris, E. Deyrolle fils. — **J. Lichtenstein** ; *Manuel d'entomologie à l'usage des horticulteurs du midi de la France.* Montpellier, impr. Centr. du Midi, 1872. — **H. de la Blanchère** ; *Les ravageurs des vergers et des vignes.* Paris, J. Rotschild, 1876. — **Maurice Girard** ; *Traité élémentaire d'entomologie.* Paris, J.-B. Baillière et fils, 1879. — **Réunion d'entomologistes français** ; *Les Coléoptères.* Paris, J. Rotschild, 1876. — **L. Jaussan** ; *De la pyrale et des moyens de la combattre.* Montpellier, impr. Cent. du Midi, 1882. — **Ed. André** ; *Les parasites de la vigne.* Beaune, 1882. — **J. Lichtenstein** ; *Tableau synoptique et catalogue raisonné des maladies de la vigne*, Montpellier, impr. Grollier, 1884. — **H. Lecq** ; *L'Altise de la vigne en Algérie.* Alger, 1884. — **V. Mayet** ; *Des insectes ampélophages autres que le phylloxera.* Montpellier, impr. Centr. du Midi, 1879.— **A.-L. Donnadieu** ; *Recherches pour servir à l'histoire des tétranyques.* Paris, J.-B. Baillière et fils, 1876. — **V. Mayet** ; *Les insectes ampélophages.* Biblioth. du *Progrès agricole.* Montpellier, 1888.

longtemps réfractaire aux efforts faits pour en débarrasser les vignes et a exercé des ravages d'une extrême gravité; l'importance de tout ce qui s'attache aux moyens de le combattre ou de mettre les vignobles hors de ses atteintes nous amènera à traiter, dans six chapitres spéciaux, ce qui concerne ce parasite, après que nous aurons terminé dans celui-ci ce qui est relatif aux autres.

A. Vers nématoïdes.

Anguillule (1)

MM. Bellati et Saccardo ont découvert en 1881, dans la province de Feltre, en Italie, une anguillule (*Anguillula radicicola* de Greef) sur les racines de la vigne (2); depuis, M. le professeur Nicopoli l'a également trouvée près de Naples, et la présence de ces *nématoïdes* a été également reconnue en Portugal, où ils semblent avoir exercé des ravages assez considérables; enfin, M. Ravaz en a trouvé dans les environs de Montpellier, en 1886. C'est surtout dans les terrains bas et humides ou dans ceux qui sont légers, granitiques, frais et fertiles, qu'ils se développent en grand nombre.

L'aspect extérieur des vignes atteintes par l'*anguillule* se rapproche beaucoup de celui déterminé par le *phylloxera*; le mal se propage le plus souvent sous forme de *tache d'huile*, les rameaux sont rabougris, les feuilles petites et jaunâtres, le cep forme la tête de chou.

Les racines (fig. 347 A) portent «des renflements B oblongs, fusi-

(1) Bibliographie. — **Davaine**; *Recherches sur l'anguillule du blé niellé, considéré au point de vue de l'histoire naturelle et de l'agriculture*. Paris, Baillière, 1857. — **Julius Kühn**; *Ueber das Vorkommen von anguillulen in erkrankten Blüthenkopfen von Dipsacus follonum*, in Zeitschr. für wissench. Zoolog. von Carl. Theod. von Siebold und Alb. Kölliker, tom. IX, pag. 129, pl. VII, C., 1858. — **Marion**; *Recherches sur les nématides non parasites marins*, in Ann. des Sc. nat., tom. XIII, n° 14, 1870.— **Ch. Bastian**; *Monogr. of the Anguillulidæ*, in Transact. of the Roy. Soc., 1865 — **Perez**; *Recherches sur l'anguillule terrestre*. Thèse présentée à la Faculté des Sciences de Paris, 3 janvier 1867.— **Max Cornu**; *Études sur le Phylloxera vastatrix*, pag. 163 et suiv. — **Dott. Bellati e Saccardo**; *Atti del R. Instituto Veneto di Scienze, Lettere ed Arti*. Tornata, del 27 febraio, 1881.— **Ed. Prillieux**; *Etude sur la formation des grains niellés du blé*. (Extrait des Ann. de l'Inst. nat. agronom.). Paris, veuve Bouchard-Huzard, 1882. — **F. de Almeida e Brito**; *Le Phylloxera et autres épiphyties de la vigne en Portugal*. Lisbonne, 1884, pag. 27 et suiv. — **Prof. Ottavio-Ottavi**; *Viticoltura teorico-pratica*. Casale, 1885, pag. 888 et suiv. — **Ravaz**; *Le Progrès agricole et viticole*.

(2) La présence des anguillules sur un cissus avait déjà été signalée par M. Max Cornu; *Étude sur le Phylloxera vastatrix*.

formes ou irrégulièrement noueux, avec une écorce brune et épaisse, s'exfoliant en lanières ; ces renflements sont charnus et fermes ; seulement plus tard, lorsque les cavernes qui renferment les anguillules sont nombreuses, ils deviennent mous, et] finalement se

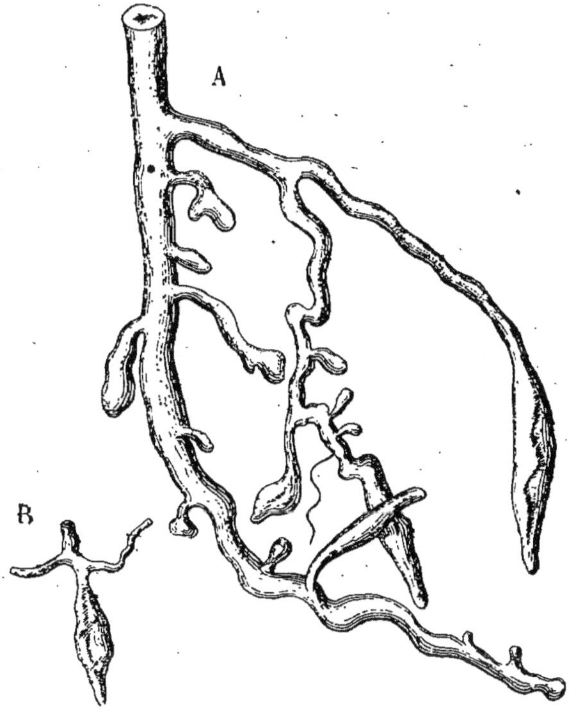

Fig. 347.— Racines avec renflements produits par l'anguillule, d'après MM. BELLATI et SACCARDO.

putréfient. Quelques renflements légèrement recourbés présentent une assez grande ressemblance avec ceux des racines phylloxérées, surtout lorsque ces dernières sont au degré le plus avancé et que par suite elles ont bruni (1).

Si l'on pratique des coupes minces sur les renflements dont il vient d'être question, on y rencontre des espèces de sacs ou kystes ovoïdes, dont quelques-uns renferment un certain nombre d'œufs (fig. 348), dans lesquels se forment les anguillules. Ces dernières, lorsqu'elles sont suffisamment développées, sortent en rompant leur enveloppe, d'autres kystes renferment une seule anguillule repliée

(1) Dott. Bellati e Saccardo.— *Atti del R. Instituto Veneto di Scienze, Lettere ed Arti.* Tornata, del 27 febraio 1881.

sur elle-même, d'où en naissent d'autres par segmentation, d'après Nicopoli et Müller.

L'anguillule découverte sur la vigne par MM. Bellati et Saccardo est l'*Anguillula radicicola* de Greef. C'est (fig. 349) un petit *ver nématoïde* (1) ou filiforme, blanc-jaunâtre, marqué de fines stries transversales, à extrémités obtusément atténuées et muni à l'une d'entre elles d'un orifice buccal.

Fig. 348.— Sac renfermant des œufs

On a proposé, jusqu'ici sans succès, le drainage du sol, l'application de la chaux, de la cendre, etc., pour combattre l'anguillule. On

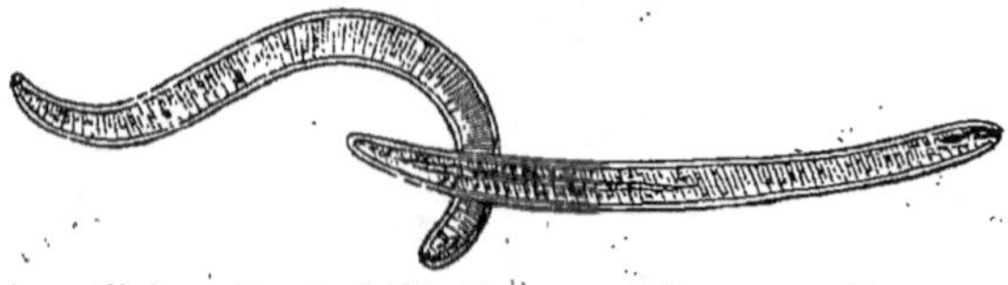

Fig. 349.— Anguillules, d'après MM. Bellati et Saccardo (fortement grossies),

espère arriver à la détruire par des injections souterraines au sulfure de carbone pendant la période où les jeunes sont hors des kystes.

B. **Mollusques** (2).

LES LIMAÇONS OU ESCARGOTS

La plupart des espèces du genre Helix sont nuisibles à la vigne ; dans les printemps doux et humides, qui sont particulièrement favorables à la multiplication de ces mollusques et à leurs migration, ils attaquent les jeunes feuilles de cette plante au moment du débourrement, ou même ses rameaux alors qu'ils sont encore verts et tendres. Ils laissent sur ces derniers des cicatrices quelquefois assez profondes et étendues, qui présentent une certaine ressemblance grossière et extérieure avec celles de l'*anthracnose maculée* dans ses débuts, et qui nuisent sensiblement à leur développement ultérieur. Au fur et à mesure que les rameaux et les feuilles grandissent et que leurs tissus se durcissent, ils échappent de mieux en mieux à l'action des escargots ; pourtant, lorsque le temps devient pluvieux au moment de la floraison, ils peuvent encore nuire en faisant couler un certain nombre de grappes dont ils rongent le pédoncule ou qu'ils engluent de leur bave.

(1) De νῆμα fil, et εἶδος forme.

(2) H. Rouzaud. — *Lettre sur les escargots de la vigne.* (Progrès agricole, avril 1889).

Les limaces proprement dites (sans coquille) n'attaquent pas la vigne.

M. Rouzaud s'exprime ainsi en ce qui touche les escargots (1) :

«Dans le centre et le nord de la France, les seules espèces réellement nuisibles aux vignes sont les *Helix pomatia*, *H. aspersa*, *H. nemoralis* et *H. hortensis*. Comme cette dernière est considérée à bon droit comme une variété de la précédente, c'est donc trois espèces nuisibles que l'on a pour le Centre et le Nord. La plus redoutable au point de vue viticole est l'*Helix aspersa*, qui est ubiquiste ; puis viennent par ordre les *H. pomatia* et *H. nemoralis*.

»Le Midi est autrement partagé, puisqu'il possède certaines formes du Nord (*H. aspersa* et *H. nemoralis*), plus les *Helix vermiculata*, *H. lactea*, *H. pisana*, *H. melanostoma*, *H. aperta*, *H. elegans*, qui lui appartiennent en propre. Cela fait, au minimum, huit espèces nuisibles. Cependant, si l'on remarque que les *Helix lactea*, *H. melanostoma* et *H. aperta* sont très localisées sur certains points de notre territoire ; que les *Helix elegans* ne causent pas plus de dégâts dans nos vignes que les *Helix cespitum*, *H. neglecta* et *H. variabilis*, dont je n'ai pas cru devoir parler ; que l'*Helix nemoralis* ne commence à se montrer que là où l'*Helix vermiculata* a disparu, c'est-à-dire entre 300 et 400 mètres d'altitude, on conclura, en fin de compte, que trois espèces seulement peuvent causer, chez nous, de grands ravages. Ce sont les *Helix pisana*, *H. vermiculata* et *H. aspersa*, dont j'écris les noms dans un ordre voulu.

»*Helix pomatia* L. — Cet animal, connu sous les noms vulgaires d'*escargot vigneron*, d'*hélice vigneronne*, de *limaçon des vignes*, est, en France, la plus grosse espèce du genre ; c'est aussi celle qu'on mange de préférence dans le Nord.

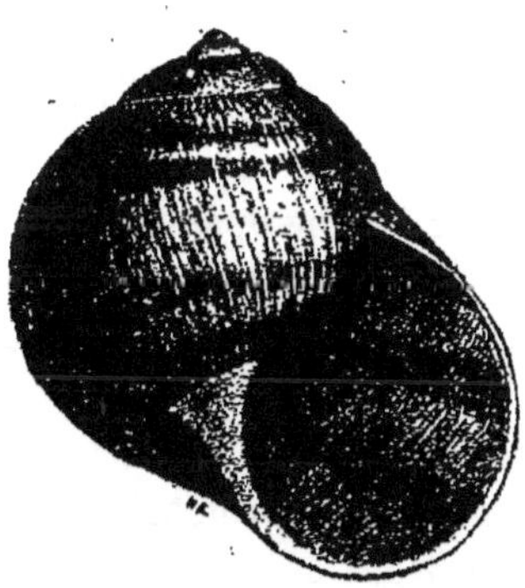

Fig. 350. — Helix pomatia.

» L'épiphragme de l'escargot vigneron est épais, blanc et incrusté de calcaire ; presque tous les sujets que l'on vend sur les marchés de Paris portent cette curieuse fermeture. L'*Helix pomatia* hiverne dans la terre, où elle s'enfonce assez profondément.

»Cette grosse espèce ne se trouve pas dans notre région méridionale.

(1) H. Rouzaud ; *loc. cit.*, pag. 334 et suiv.

»*Helix aspersa* Muller.— Cet escargot habite toute la France et abonde partout dans les bois, les champs, les vignes et les jardins; c'est la grande espèce comestible du Sud-Ouest, où la délicieuse *mourgueta* des Languedociens et des Provençaux n'arrive pas, où l'*escargot vigneron* n'existe pas non plus.

Fig. 351.— Escargot chagriné ayant fini sa ponte.

»Le vieux naturaliste Geoffroy (1) a donné à cette espèce le nom français de *jardinier*, qui n'est pas resté; on le désigne plus couramment sous le nom vulgaire d'*hélice* ou d'*escargot chagriné*, à cause des sculptures de sa coquille.

»L'escargot chagriné est un mollusque très prolifique; il pond une ou deux fois, dit-on, de mai à octobre, et fait à chaque ponte de 100 à 120 œufs; ceux-ci sont ovales et d'un blanc opaque tirant sur le vert. Turpin (2), auquel j'ai emprunté la figure 351, a montré, le premier, que ces œufs portaient dans leur enveloppe une infinité de petits cristaux très réguliers de carbonate de chaux.

»Les jeunes individus deviennent adultes dans les premiers mois de leur deuxième année; ils possèdent alors ce rebord épais, blanc et opaque intérieurement qui caractérise les vieux sujets. Nos paysans qualifient de *closco mol* tout escargot jeune dont la coquille n'est pas encore terminée par ce rebord.

»L'escargot chagriné ne s'enfonce pas dans la terre pour hiverner

(1) *Traité sommaire des coquilles, tant fluviales que terrestres, qui se trouvent aux environs de Paris*, 1767.

(2) *Annales des Sc. nat.*, 1832.

à la façon des *Helix pomatia*, *H. melanostoma* et *H. aperta*; aussi son épiphragme est-il vitreux, corné, non calcaire, et formé souvent de minces feuillets transparents superposés. Il passe l'hiver dans le creux des arbres et des rochers, et surtout sous les tas de pierres et les trous des murs bâtis à pierre sèche.

»*Helix nemoralis* L.— C'est la plus jolie espèce de France pour l'éclat et la variété de coloration de sa coquille: c'est elle que Geoffroy nommait: *la Livrée*. La coquille est d'un beau jaune citron avec ou sans bandes brunes. Les variétés rayées sont de beaucoup les plus répandues; on en connaît une, sans bandes, dont le fond est d'un rouge pelure d'oignon uniforme. Suivant que cette espèce possède une coquille à bouche noire ou blanche, on a affaire à l'*Helix nemoralis* ou à l'*Helix hortensis* des auteurs. Les variétés à bouche blanche (var. *hortensis*) sont plus communes dans le Nord que dans le Midi. Dans ce dernier pays d'ailleurs, les deux formes ne se rencontrent pas avant 300 ou 400 mètres d'altitude.

»Partout où se trouve l'*Helix vermiculata*, on ne trouve pas ces jolis escargots. D'où il résulte qu'au point de vue viticole, l'*Helix nemoralis* ne joue pas un rôle considérable dans notre région; le contraire arrive dès que la culture de la vigne devient moins importante. Ainsi, dans la vallée de l'Aude, l'*Helix nemoralis* ne commence qu'à Limoux, c'est-à-dire au point où la grande culture de la vigne commence à céder le pas aux céréales.

»Dans le Centre et le Nord, il n'en est plus même, et cette espèce se trouve très répandue dans les vignobles. Dans les parties du Midi, où l'escargot chagriné est la grande espèce comestible, on mange aussi quelque peu l'*Helix nemoralis*; mais les individus de cette espèce sont partout assez peu estimés.

»*Helix vermiculata* Müller.— C'est la grande espèce comestible du sud-est de la France et aussi celle qui se rencontre le plus fréquemment dans nos vignes; on lui fait une chasse très active et on la vend sur tous les marchés du littoral, depuis Nice jusqu'à Perpignan. L'animal de cette espèce se retire fort dans l'intérieur de sa coquille, de manière qu'on a de la peine à l'apercevoir quand il y est enfermé. C'est ce qui fait qu'à Montpellier les paysans donnent à cette espèce le nom de *mourgueta*, qui signifie *religieuse* (1).

Fig. 352.— Helix vermiculata.

(1) Draparnaud. — *Hist. nat. des mollusques terrestres*, etc. Paris, 1805.

»Il y a deux variétés communes de cette espèce. D'abord la variété grise avec des bandes brunes, celle que nous avons figurée, et la variété blanchâtre sans bandes ni raies. Ces deux variétés sont partout mélangées, mais la seconde est de beaucoup moins abondante.

»L'épiphragme de l'*Helix vermiculata* est blanc et mince, à peine incrusté de calcaire et ressemble beaucoup à un opercule en papier. Cette espèce hiverne sous les pierres plates, dans la terre des talus fortement gazonnés ou au pied des haies vives; elle recherche aussi les tertres et les murailles bâties à pierre sèche. On la trouve souvent chez nous dans les mêmes abris que l'escargot chagriné.

»L'escargot vermiculé pond en septembre dès qu'il survient quelques bonnes pluies.

»*Helix lactea* Müller. — Cette espèce, qui se trouve très répandue en Espagne et en Algérie, a été acclimatée dans le Roussillon ; elle a très bien prospéré dans certaines parties de ce pays, et se tient de préférence dans les vignes.

»Cet escargot est un peu plus grand que l'*Helix vermiculata*, avec lequel on pourrait le confondre ; il est aussi plus plat. Il est d'un brun foncé, rougeâtre, uniforme ; il ne présente ni raies ni bandes, mais il est marqué souvent d'une infinité de petits points blancs. Toute l'ouverture de la coquille est colorée en brun foncé, ce qui ne se rencontre jamais chez l'escargot vermiculé. Excellente espèce comestible, plus délicate peut-être que l'*Helix vermiculata*. Je l'ai reçue à plusieurs reprises de Fitou et de Leucate, sur la limite de l'Aude et des Pyrénées-Orientales.

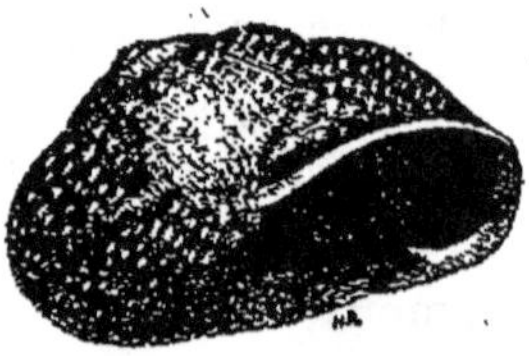

Fig. 353. — Helix lactea.

»*Helix pisana* Müller. — Cet escargot, de taille moyenne, est de beaucoup le plus abondant dans toute la région du Sud-Est; c'est aussi celui qui fait le plus de mal aux vignes. C'est par milliers, en effet, que les jeunes de cette espèce montent, au printemps, à l'assaut de nos souches; comme ils sont très voraces et très nombreux, ils font, quoique petits, une grande consommation de bourgeons. Les rangées de souches les plus malmenées sont toujours celles qui avoisinent les prairies, les talus herbeux ou les haies ; c'est là, en effet, que sont nés tous ces jeunes, qu'ils se sont abrités jusqu'aux beaux jours de printemps ; c'est de là qu'ils s'élancent vers une nourriture plus à leur goût. L'extrême

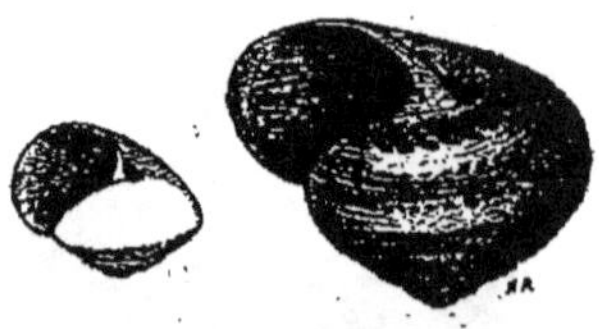

Fig. 354. — Helix pisana.

voracité de ces petits escargots s'explique assez naturellement par le fait qu'ils atteignent en quatre ou cinq mois l'âge adulte. En effet, dès le mois de septembre, qui marque pour cette espèce l'époque de la reproduction, on ne rencontre plus de jeunes; tous les exemplaires de l'escargot de Pise possèdent, alors, à l'entrée de leur coquille, ce bourrelet rose caractéristique, qui avait fait donner à l'espèce le nom significatif d'*Helix rhodostoma*.

»Dans beaucoup d'endroits, on fait ramasser cet escargot par les enfants et on le donne aux canards et aux dindons, qui en sont très friands. L'homme lui-même ne néglige pas une telle nourriture.

»*Helix melanostoma* Draparnaud. — Ce joli escargot habite plusieurs localités isolées de la Provence et du Bas-Languedoc; il se tient dans les jardins, les vignes, les plantations d'oliviers et d'amandiers. Sa coquille arrondie et épaisse, sans autres marques colorées que le collier noir ou brun qui entoure son ouverture, suffit pour le faire reconnaître. Il est très bon à manger et est connu en Provence sous le nom patois de *terrassan*.

Fig. 355. — Hélix melanostoma.

»Cette espèce se trouve en Espagne, en Italie et dans le nord de l'Afrique; en Algérie, sa taille est beaucoup plus considérable que chez nous. L'escargot à bouche noire ferme sa coquille avec un épiphragme blanc, calcaire et à peine bombé; il hiverne dans la terre, surtout au pied des amandiers, et ne sort qu'après les grandes pluies.

»*Helix aperta* Born. Cette curieuse espèce se trouve dans plusieurs localités de la Provence (Antibes, Cannes, Toulon, Saint-Tropez, etc.), de la Corse et du Roussillon; l'Espagne, l'Italie et l'Algérie la possèdent, dit-on, aussi. Aux premiers froids, cet escargot rentre dans la terre, s'y enfonce jusqu'à 20 centimètres de profondeur environ, et y passe dix mois de l'année enfermé dans son épiphragme, sans prendre de nourriture. L'animal sort de terre vers la fin de l'été et se nourrit de graminées et de feuilles de vigne. C'est, de tous les mollusques, le meilleur au goût et le plus léger pour l'estomac; sa chair est tendre et délicate.

Fig. 356. — Hélix aperta.

»Cette espèce, qui est rendue très reconnaissable par une coquille brune et largement ouverte, où l'animal semble ne pas pouvoir contenir, porte en Provence le nom de *tapada* et, dans le Roussillon, celui de *cargol tapat*, qui lui ont été donnés à cause de la présence presque constante de son épiphragme. Celui-ci, comme cela se voit dans la figure 356, est blanc, calcaire et excessivement bombé.»

On se débarrasse des limaçons en les ramassant à la main, en les faisant tomber dans un sac échancré maintenu ouvert par un cerceau coupé ou dans un entonnoir évasé (fig. 357) dont l'ouverture inférieure

Fig. 357.— Entonnoir pour ramasser les limaçons.

rieure communique avec un sachet *s* et qui est entaillé en *e*, de manière à ce que l'on puisse l'avancer sous la souche sans être gêné par le tronc; on les détruit ensuite en les écrasant ou en les jetant aux canards. On peut du reste les faire manger dans la vigne même par des troupes de ces oiseaux, qui en sont avides. M. Rouzaud préconise le ramassage des adultes bons à manger pendant la vendange et celui des œufs et des pondeurs qui se trouvent autour des vignes. Cette dernière opération doit être effectuée après une bonne pluie et au moment même de la ponte, quand les escargots sont encore au-dessus de leurs œufs. Il recommande avec raison d'éviter d'entourer les vignes de haies vives et de les couper de murs de pierres sèches, qui offrent un asile favorable à la multiplication de ces mollusques. Il conseille enfin de brûler chaque année, à la fin de l'hiver, les herbes et les broussailles qui forment bordure autour des vignobles. Mais, quel que soit le moyen employé, il faut se préserver contre de nouvelles invasions, ce qui peut se faire en cernant le tour du champ au moyen d'une bande de chaux fusée pulvérulente, de $0^m,20$ de largeur, que l'on dépose sur le sol, et qui constitue un obstacle infranchissable pour eux; malheureusement, cette enceinte protectrice est souvent bien vite emportée par le vent ou par les pluies.

On a observé que les vignes badigeonnées pendant l'hiver avec le sulfate de fer concentré et additionné d'acide sulfurique, pour les préserver de l'*anthracnose*, échappaient généralement aux attaques de ces mollusques. Il en est de même de celles traitées au moyen de la sulfostéatite cuprique, dont on a proposé l'emploi contre le *mildew* (1).

(1) Millardet.— *Feuille viticole de la Gironde*, 1887.

Les *Helix* sont détruits en grand nombre par divers ennemis naturels, tels que le *hérisson*, divers oiseaux et les larves de certains insectes. M. Rouzaud donne l'énumération suivante de leurs principaux destructeurs :

« Sans inscrire ici l'homme, qui devrait cependant figurer en première ligne parmi les mangeurs et les destructeurs d'escargots, et sans tenir compte de l'action des causes extérieures (sécheresse, gelées, chaleur hivernale, etc.) sur lesquelles la volonté humaine n'a point d'influence, les escargots ont encore un certain nombre d'ennemis que nous devons connaître, protéger et favoriser.

» Au nombre de ceux-ci, il faut compter :

» 1° Les *carabes*, coléoptères carnassiers, très élégants et très agiles, dont certaines espèces se nourrissent exclusivement de mollusques terrestres ; le *Procrustes coriaceus* L., gros insecte qu'on rencontre souvent dans les vignes en septembre, doit être cité ici spécialement.

» 2° Les *staphylins*, coléoptères de forme allongée, velus, presque privés d'ailes, ressemblant, à première vue, à des *perce-oreilles*; la grande espèce noire (*Ocypus olens* Müll.) porte chez nous les noms vulgaires de *diable* ou *curé*, qui ne sont pas tout à fait synonymes.

» 3° Les *silphes*, coléoptères plus ou moins orbiculaires et aplatis, dont certaines espèces (*Sylpha lœvigata* et *S. thoracica*) se nourrissent presque exclusivement d'escargots, et cela, aussi bien à l'état adulte que sous la forme larvaire.

» 4° Les *lampyres* ou *vers luisants*, de la famille des coléoptères, à élytres et téguments mous (*malacodermes*), dont les femelles sont aptères. Les larves et les femelles de ces insectes détruisent de grandes quantités d'escargots. Le *Lampyris Reichei*, commun chez nous, attaque surtout nos *Helix pisana* et *H. variabilis*.

» 5° Les *drilles*, qui appartiennent à la même famille que les vers luisants, dont les larves carnassières se trouvent en grand nombre dans le corps des escargots, qu'elles tuent et mangent ensuite complètement. On doit bien se garder d'écraser les escargots *morts et pleins de vers* ; ceux-ci sont souvent de jeunes drilles.

» A cette liste, dressée en grande partie par l'entomologiste francais, M. Girard (1), j'ajouterai encore :

» 6° Les *fourmis* ; j'ai élevé, en effet, l'été dernier (1888), dans un terrarium de construction rudimentaire, une vingtaine d'escargots de Provence (*Helix melanostoma*) et j'ai pu constater que huit ou dix

(1) *Les destructeurs des limaces et des limaçons*. Bulletin d'insectologie agricole, 1875-1876.

de mes exemplaires — ceux qui avaient perdu leurs épiphragmes calcaires et qui n'avaient pu les renouveler assez tôt et assez complètement — avaient été littéralement rongés vivants par les fourmis. Ces insectes attaquaient les escargots lorsqu'ils étaient retirés dans le fond de leurs coquilles, et, à coup de mandibules, dépeçaient les tissus du bord du manteau et les parties musculeuses de la sole plantaire; en vingt-quatre heures, chaque escargot était déchiqueté et presque complètement vidé. Je suis porté à croire que les fourmis agissent de même, à l'occasion, à l'égard des escargots qu'elles rencontrent dans la campagne.»

C. Arachnides.

Phytoptus vitis ou Phytocoptes epidermi (*Erinose*) (1)

On appelait autrefois *Erineum* ou *érinose* des déformations de la feuille que l'on attribuait à une cryptogame supposée, à laquelle on avait donné le nom d'*Erineum* (2). Une étude plus complète des choses a permis de se rendre compte que l'*érinose* était constituée par les galles d'un très petit *acarien* (3), le *Phytocoptes epidermi* (Donnadieu) ou *Phytoptus vitis*.

Les *phytocoptes* sont des *Acariens* de la famille des *Tétranyques*. Ils sont, au sortir de l'œuf, à l'état de larve tétrapode, à corps allongé et vermiforme, très petite; leurs quatre pieds sont placés à la partie antérieure du corps près du rostre et dirigés en avant. Leur peau est finement striée, elle est pourvue de poils raides largement espacés sur les côtés du corps; deux longs poils sont fixés à la partie postérieure du corps. La larve vit quelque temps dans les productions érinéiformes des végétaux dues à la piqûre des femelles. Elle s'y multiplie par un mode de reproduction ovipare agame, puis s'enkyste. Du kyste nouveau sort une larve exapode, dont le developpement est très rapide et qui devient bientôt l'adulte à huit pieds.

Les *phytocoptes* n'existent que peu de temps à l'état adulte; la plus grande partie de leur vie s'écoule à l'état larvaire. Les adultes paraissent en général au commencement du printemps, et dispa-

(1) V. Mayet. — Voir la notice bibliographique très complète renfermée dans *Les Insectes de la vigne*. Montpellier, 1890, pag. 1 et 2.

(2) Voir : E. Fabre et Dunal. — *Observations sur les maladies régnantes de la vigne* (Bull. Soc. Agr. de l'Hérault, 1853).

(3) Voir : le Dr H. Landois. — *Note sur l'Erineum de la vigne et l'animal qui le produit* (*Revue viticole*, par C. Ladrey. Paris, Savy, 1884, pag. 442).

raissent vite, pour céder la place aux larves, qui vivent jusqu'à l'automne (1).

Les feuilles atteintes par la piqûre du *phytocoptes* sont déformées par des boursouflures qui forment des proéminences sur la face supérieure (fig. 358); les creux correspondants à la face inférieure sont

Fig. 358.— Feuille atteinte d'érinose.

garnis par des poils feutrés et serrés, tantôt blancs, tantôt chamois clair ou brun foncé (fig. 359). Les feuilles sont quelquefois tellement couvertes de galles qu'elles en sont épaissies et déformées; lorsque le mal arrive à ce point, l'aoûtement des sarments se fait généralement d'une manière imparfaite (2), mais la plupart du temps les effets des attaques du *phytocoptes* sont sans importance.

(1) A.-L. Donnadieu.— *Recherches pour servir à l'histoire des tétranyques*. Paris J.-B. Baillère et fils, 1876, pag. 125 et 126.

(2) Voir : H. Marès ; *loc. cit.*, pag. 369 et 370.

Les soufrages réitérés arrêtent habituellement le développement de ce parasite.

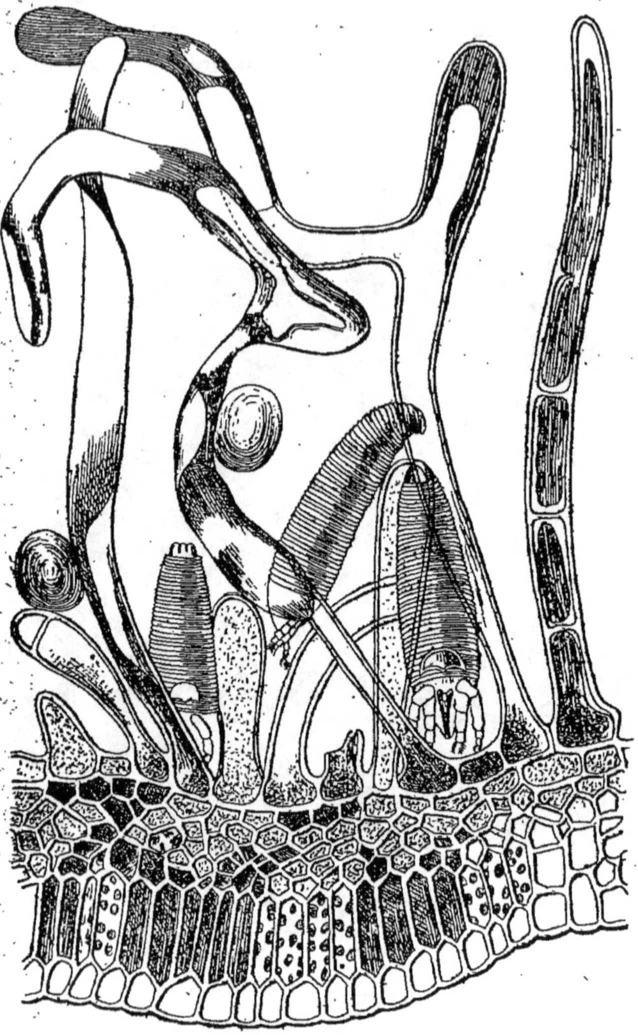

Fig. 359.— Coupe d'une galle d'érinose avec les phytoptus, d'après M. Briosi.

D. **Insectes.** — Ce sont les insectes qui fournissent le nombre le plus considérable de parasites animaux à la vigne, comme du reste à la plupart des plantes ; nous allons passer en revue seulement ceux qui peuvent lui causer des dommages de quelque importance. Après quelques notes descriptives et biologiques qui nous permettront d'apprendre à les reconnaître et d'en étudier sommairement les mœurs, nous examinerons les procédés proposés pour détruire chacun d'entre eux ou se préserver de leurs ravages. En ce qui concerne les personnes qui voudraient en faire une étude plus complète, nous ne pouvons que les renvoyer aux ouvrages spéciaux indiqués dans la notice bibliographique du présent chapitre, et tout spécialement à celui de M. V. Mayet : *les Insectes de la vigne*, qui est le plus récent et le plus complet (1).

1° Coléoptères

Les principaux insectes de l'ordre des Coléoptères qui attaquent la vigne sont : le *hanneton commun*, l'*euchlore de la vigne*, l'*attelabe*, le *gribouri*, l'*altise*, le *Peritelus griseus* et le *Vesperus Xatarti*.

a. *Hanneton commun* (*Melolontha vulgaris*). — Il est inutile de décrire cet insecte, qui est connu de tout le monde. On le voit paraître, au premier printemps, sortant de terre, où il a vécu plusieurs années, profondément enfoncé, à l'état de larve. Une fois dehors, il s'attaque aux feuilles des divers arbres et de la vigne ; mais ses ravages, lorsqu'il est à l'état parfait, sont de courte durée, et il faut qu'il soit multiplié en bien grand nombre pour qu'il en résulte un dommage sensible pour cette dernière. L'accouplement a bientôt lieu, et le mâle périt peu après ; la femelle pond ses œufs (60 à 80 environ) dans un petit trou très profond qu'elle creuse dans la terre, et meurt à son tour. La durée totale de son existence, depuis sa sortie de terre jusqu'à ce moment, est d'environ un mois. Les œufs éclosent assez promptement et donnent lieu à la larve connue sous le nom de *ver blanc*, *mans*, *turc*, *mange-mailloou*, etc.

Le *ver blanc* (fig. 360) passe trois ou quatre ans sous terre ; il s'y enfonce assez profondément au moment des grands froids. Il reste alors engourdi pendant toute leur durée ; mais pendant l'été ou l'automne, il se meut dans les couches supérieures du sol, et, grâce à sa grande voracité, il exerce de sérieux ravages sur les parties souterraines des plantes qu'il rencontre. Il attaque notamment les racines des jeunes vignes récemment plantées, et c'est de là que lui est venu, dans certaines parties du Midi, le nom de *mange-mailloou* (mange-boutures). Lorsque les *vers blancs* sont en grand nombre, ils causent souvent de véritables désastres dans les jeunes plantations et dans les pépinières ; aussi, dans certaines contrées, a-t-on renoncé à planter pendant les années où ils exercent leurs ravages.

(1) Valéry Mayet. — *Les insectes de la vigne*. Montpellier, C. Coulet, 1890.

On a proposé également de labourer au mois de juillet, pendant les fortes chaleurs, après l'éclosion qui a lieu dans la première quinzaine de juin; l'insecte est alors à une faible profondeur (0m,15 au maximum), il est ramené à la surface et périt sous l'action du soleil.

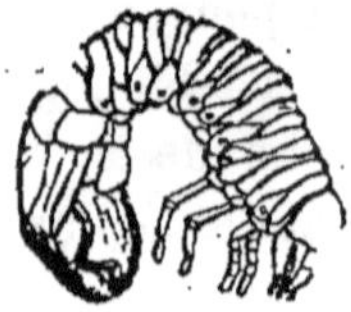

Fig. 360 — Ver blanc du hanneton.

Enfin, lorsque les vers blancs sont peu nombreux, on peut se borner à planter des pommes de terre dans les interlignes et à les arracher au bout de quelques semaines; ces larves attaquent les tubercules, et on les met à nu en extrayant ces derniers de terre.

Mais le moyen le plus sûr est, lorsqu'on a constaté la présence des vers blancs dans un sol que l'on doit planter en vigne, de le traiter à haute dose (300 à 350 kilogr. par hectare) avec le sulfure de carbone avant la plantation, et de défoncer de bonne heure en automne en faisant suivre les charrues par des troupes de canards ou de dindes, qui sont très avides de ces larves.

Il existe également dans le Midi, près de la mer, un autre hanneton, l'*Anomala vitis*, qui est d'un vert brillant et qui attaque les vignes, surtout dans les sables; il n'est pas spécial à la vigne et vit également sur d'autres plantes. Les moyens de destruction à employer à son égard sont les mêmes que ceux indiqués pour le *M. vulgaris*.

b. *Euchlore de la vigne* (*Euchlora vitis*). — L'*euchlore de la vigne* (fig. 361) est un insecte d'un beau vert métallique très brillant, long de 15 à 20 millim. La tête et le prothorax sont criblés d'une ponctuation fine et très serrée; ce dernier offre une bordure latérale d'un jaune-verdâtre qui se confond avec la couleur verte. L'écusson est arrondi et ponctué. Les élytres sont ponctués et présentent quelques côtes élevées et peu prononcées. Les pattes sont vertes avec des reflets cuivreux, et des poils et des épines brunâtres. Tout le dessous du corps est d'un vert cuivreux.

La larve de l'*euchlore* ressemble beaucoup, par sa couleur et par sa forme générale, à celle du *hanneton*; elle semble seulement beaucoup plus petite (1). Comme cette dernière, elle vit sous terre et ronge les racines de vignes.

L'*euchlore* se multiplie heureusement peu en général; on s'en débarrasse, lorsqu'elle est à l'état parfait, en la faisant ramasser à la main ou au moyen des entonnoirs dont nous avons parlé précédemment (fig. 357). On peut la combattre, à l'état de larve, par le sulfure de carbone.

(1) V. Audouin. — *Histoire des insectes nuisibles à la vigne*, etc. Paris, Fortin, Masson et Cᵉ, 1842, pag. 307 et 308.

Audouin cite également l'*euchlore de juillet* (*Euchlora julii*) comme se trouvant quelquefois dans les vignes. Cette espèce ne diffère de la précédente, d'après cet auteur, que par sa taille un peu plus petite et par la nuance d'un jaune-verdâtre de ses élytres.

c. *Otiorhynque* (*Otiorhyncus sulcatus*). — Cet insecte (fig. 362) est long de 10 à 12 millim., il est entièrement noir; la tête, qui offre

Fig. 361

Fig. 362

Fig. 363

Fig. 361.— Euchlore (Euchlora vitis) grossi faiblement. — Fig. 362. — Otiorhynque sillonné (Otiorhyncus sulcatus) grossi. — Fig. 363. — Attelabe de la vigne (Rynchites Betuleti)) grossi.

deux petites carènes longitudinales, est ponctuée et revêtue de petits poils fauves; le corselet ou prothorax est gibbeux et couvert de petits tubercules arrondis très serrés, qui le rendent très granuleux; les élytres sont parsemés de petites taches fauves formées par de poils très courts et très serrés (1).

L'*otiorhynque* ronge les jeunes bourgeons de la vigne; il s'attaque quelquefois aux luzernes; on les chasse avec l'entonnoir échancré mentionné précédemment.

Indépendamment de l'*O. sulcatus*, on rencontre quelquefois dans les vignobles l'*O. raucus*, l'*O. ligustici*, etc.

d. *Attelabe* (*Rynchites Betuleti*). — Les diverses *Rynchites* portent vulgairement les noms de *beche*, de *lisette*, de *cigareur* et de *coupe-bourgeons* en divers lieux; ceux de *cunche* et *urbec* dans la Marne; de *ullebar* et *etulber* dans la Côte-d'Or; enfin le *R. Betuleti* est plus spécialement appelé *becmare vert*. Le nom de *lisette*, que nous avons donné plus haut et qui est usité dans le nord et le centre de la France, s'étend souvent à tous les charançons ennemis de l'agriculture.

(1) V. Audouin; *loc. cit.*, pag. 312.

L'*attelabe* (fig. 363) est un coléoptère vert doré, long de 5 à 6 millim. Audouin le décrit ainsi (1) : « Le corps est également glabre et d'un vert brillant en dessus, le bec est bronzé et très peu inégal ; le prothorax, ponctué, est muni latéralement d'une épine, les élytres sont criblés de points enfoncés ; les pattes sont d'un vert bronzé, ainsi que l'abdomen. »

Au début de son existence à l'état d'insecte parfait, l'*attelabe* cause peu de dommages aux vignes ; il ronge seulement un peu le parenchyme des feuilles sans le traverser ; mais quand arrive le moment de la ponte, la femelle attaque avec ses mandibules le pétiole des feuilles ; ces dernières, partiellement détachées de la plante, se flétrissent légèrement et se ramollissent ; l'insecte y pond alors de un à sept ou huit œufs, puis roule les feuilles en forme de cigare (fig. 364). La larve qui naît dans cet abri ronge le parenchyme et prend en quinze jours tout son accroissement ; elle est alors longue de 4 à 5 millim. et entièrement apode, c'est-à-dire privée de pattes ; sa tête est brune et le reste de son corps est blanchâtre. Elle se laisse tomber sur le sol, dans lequel elle s'enfonce à $0^m,25$ ou $0^m,30$.

Fig. 364. — Feuille de vigne roulée en cigare par l'attelabe.

Elle se pratique dans la terre une loge ovale, où, vers le mois de septembre, elle se transforme en nymphe. L'insecte parfait éclôt en octobre, et, si la saison est exceptionnellement favorable, il reparaît quelquefois, dans le Midi, sur les feuilles de la vigne où les premiers froids viennent le surprendre et quelquefois le tuer (2).

L'*attelabe* nuit surtout à la vigne en flétrissant et en roulant ses feuilles, dont il arrête le fonctionnement. Lorsqu'il n'exerce son action que sur un petit nombre d'entre elles, la plante en souffre peu ; lorsqu'il en atteint au contraire un grand nombre, la végétation s'arrête, les fruits cessent de se développer et ne mûrissent pas, et les rameaux s'aoûtent mal.

Le seul moyen employé pour combattre cet insecte consiste à ramasser, au mois de juin, les feuilles roulées et à les brûler ; mais ce procédé, qui permet d'en amoindrir le nombre pour l'avenir, offre l'inconvénient de ne diminuer en rien les dégâts déjà effectués.

(1) Audouin : *loc. cit.*, pag. 309.

(2) V. Mayet.— *Des insectes ampélophages autres que le phylloxera* Conférence faite le 7 février 1879. Montpellier, impr. centr. du Midi, Hamelin frères, 1879.

e. *Gribouri* (*Adoxus vitis*).— Le *gribouri* (fig. 365) a été désigné par certains auteurs sous le nom d'*eumolpe*; on lui donne le nom de *diablottin* dans les environs de Paris, celui d'*écrivain* dans diverses contrées viticoles, à cause des découpures qu'il trace sur les feuilles; enfin il est appelé *bête à café* dans certains villages des environs de Béziers, à cause de la couleur de ses élytres.

Fig. 365.— Gribouri (Adoxus vitis) grossi.

Cet insecte est long d'environ 6 millim., il est noir et revêtu d'une pubescence grisâtre; la tête et le thorax sont très finement ponctués, les antennes sont noires avec leurs quatre premiers articles rougeâtres, l'écusson est noir; les élytres, d'un rouge brique, sont finement ponctués et couverts d'une légère pubescence d'un gris fauve; les pattes sont noires, avec les jambes de la couleur des élytres (1).

Le *gribouri* apparaît, à l'état d'insecte parfait, en général au mois de juin, il ronge alors les feuilles en y traçant les entailles d'une forme particulière et ressemblant un peu aux caractères cunéiformes, qui lui ont valu, comme nous l'avons vu précédemment, le nom d'*écrivain*. Mais ces lésions ont peu d'importance, et c'est à l'état de larve seulement qu'il devient dangereux. «Sa larve, d'après M. Valéry Mayet, qui l'a très bien étudiée (2), est souterraine; elle ressemble en petit à une larve de hanneton, courbée comme elle en forme de croissant. Elle attaque la racine de la vigne, sur laquelle elle trace des sillons longitudinaux dans lesquels elle reste enchâssée, ce qui la rend très difficile à découvrir. Elle est parfois si abondante qu'elle fait périr les souches qu'elle attaque, en produisant au milieu des taches circulaires que l'on aperçoit de loin et que l'on a prises maintes fois pour la *tache d'huile* du *phylloxera*.

»Quand l'époque de la transformation en nymphe est arrivée, c'est-à-dire vers les premiers jours de mai, elle se creuse dans le sol une loge ovale dont elle tasse les parois et où elle subit la métamorphose. La nymphe est blanche et remarquable surtout par les épines ou éperons recourbés qui arment le bout de l'abdomen, ainsi que l'extrémité des cuisses antérieures et postérieures. Ces épines facilitent beaucoup les mouvements. La nymphe, placée sur une table, change de place en s'accrochant avec ses appendices, et je ne serais pas étonné que, dérangée dans sa loge souterraine par la pioche ou la

(1) V. Audouin; *loc. cit.*, pag. 343.
(2) V. Mayet; *loc. cit.*

charrue, elle ne puisse parvenir à s'enterrer de nouveau à une certaine profondeur.»

Le *gribouri* est difficile à chasser lorsqu'il est à l'état parfait : au moindre bruit, il contracte ses pattes et se laisse tomber en faisant le mort. On cherche à le prendre avec de grands cartons blancs que l'on approche simultanément des deux côtés de la souche, et sur lesquels il est facile de le voir, ou avec une poche en toile maintenue ouverte par un cerceau et échancrée de manière à laisser passer le pied de la souche ; on place la poche sous le cep, que l'on frappe d'un petit coup sec pour y faire tomber les insectes, qui s'accumulent au fond et que l'on brûle ou que l'on noie ensuite. On peut encore faire usage, pour cet objet, de l'entonnoir à altise (fig. 357, pag. 633). Mais le moyen le moins coûteux et le plus efficace consiste à faire passer dans les vignes des troupeaux de poulets ou de dindes, qui les saisissent avec une grande adresse.

M. Paul Thénard affirme avoir obtenu de bons résultats contre les larves en fumant les ceps au mois de mars, à raison de 1,200 kilogr. à l'hectare de tourteaux de colza dont l'huile a été extraite à une température de 80° seulement. Suivant cet auteur, l'huile essentielle de moutarde que ces tourteaux renferment a une action insecticide marquée, tandis que le tourteau lui-même joue le rôle d'engrais. Ce procédé ne paraît pas cependant avoir produit en général des effets suffisants. L'emploi du sulfure de carbone destiné au *phylloxera* s'est montré au contraire très efficace et mérite d'être recommandé.

f. *Altise* (*Altica ampelophaga*). — L'*altise* (fig. 366), qui est appelée quelquefois *babo* ou *pucerotte*, est un petit coléoptère de 5 millimètres de long, d'un vert foncé ou bleuâtre, lisse et brillant ; les antennes sont brunes, avec leurs trois premiers articles verts ; le prothorax offre, assez près de sa base, un sillon transversal très prononcé ; l'écusson est petit et arrondi ; les élytres paraissent lisses, car leur ponctuation est tellement fine qu'on ne la voit qu'à la loupe ; les pattes sont de la couleur générale du corps, avec les tarses bleuâtres (1).

Fig 366. — Altise (Altica ampelophaga) grossie.

Les œufs des *altises* sont oblongs et d'abord d'un jaune clair ; on les rencontre fréquemment en groupes d'une vingtaine, collés au revers des feuilles. Les larves, d'abord jaunes, deviennent grisâtres, puis noires, après plu-

(1) V. Audouin ; *loc. cit*,, pag. 315 ; et d'Aurelle de Paladine. — *Vig. améric.*, mars 1887, pag. 94.

sieurs mues successives. Elles ont 7 à 8 millim. de long. Leur corps est allongé et un peu atténué aux extrémités; la tête est lisse; les six pattes sont terminées en crochet; les anneaux du corps, mous et légèrement plissés, portent chacun une série transparente de petits tubercules d'un noir brillant.

L'*altise de la vigne* opère en un mois le cycle complet de ses métamorphoses. Les insectes parfaits apparaissent au printemps, après avoir passé l'hiver dans les écorces, dans les fissures des murs en pierre sèche ou dans les broussailles avoisinant les vignes. Elles attaquent les jeunes feuilles dès l'ouverture des bourgeons et quelquefois même les jeunes sarments. Elles s'accouplent bientôt et pondent; sept à huit jours après, les œufs éclosent; la larve mange les feuilles inférieures des sarments et est adulte au bout d'une quinzaine. Elle descend alors le long de la tige et s'enfonce à $0^m,10$ environ dans le sol; là, elle se fait une loge ovoïde dans laquelle s'opère la métamorphose en nymphe. Au bout d'une semaine, cette dernière est transformée en insecte parfait. M. V. Mayet estime que l'on a en Languedoc jusqu'à cinq générations d'*altises* par an, et il pense que ce nombre doit être dépassé en Espagne et en Algérie.

L'*altise* est nuisible à la vigne parce qu'elle détruit le parenchyme de la feuille, qu'elle perce d'une multitude de petits trous; mais ce n'est guère qu'à la première génération, lorsque la plante n'a qu'un petit nombre de feuilles, qu'elle est habituellement dangereuse en France. En Algérie, au contraire, où elle s'est multipliée d'une manière extraordinaire depuis quelques années, ses ravages sont très considérables pendant toute la durée de son existence estivale; elle arrive, dans certains cas, à dépouiller presque complètement les souches de leurs feuilles, à arrêter la maturation du fruit et à nuire même à l'aoûtement du bois.

Bien des moyens ont été proposés pour détruire les *altises*: lorsque ces insectes ne sont pas très nombreux, on les fait recueillir avec l'entonnoir en fer-blanc échancré dont nous avons parlé (fig. 337). On peut encore les ramasser à l'état de larve au mois de juin, en enlevant à chaque sarment quatre ou cinq feuilles de la base, sur lesquelles ils se trouvent habituellement en ce moment. Enfin on leur fait donner la chasse par des troupeaux de poulets, de dindons ou de canards, qui s'en emparent très adroitement.

Mais ces moyens sont insuffisants quand la multiplication est très abondante, ainsi que cela a lieu souvent, comme nous l'avons dit, en Algérie; on emploie alors des liquides insecticides, tels que le jus de tabac ou une décoction de cette plante marquant 5 à 6° Baumé, ou une infusion de cinq de poudre de pyrèthre (*Pyrethrum roseum* du

Caucase, ou *P. cinerariafolium* de Dalmatie) pour mille d'eau, recommandée par M. Riley. Ces liquides sont projetés sur les vignes en fine buée au moyen du pulvérisateur Riley.

D'après M. Millardet, l'emploi de la sulfostéatite cuprique que l'on a proposée contre le *mildew* éloignerait les altises (1).

Indépendamment de ces moyens d'action directs, on peut diminuer beaucoup l'importance des invasions d'*altises*, dans certaines circonstances, en brûlant pendant l'hiver les broussailles qui entourent les vignobles et dans lesquelles elles trouvent un refuge.

D'après Dunal (2), la *Punaise bleue* (*Stiretrus cœruleus*) serait un ennemi des *altises*, qu'elle détruirait pour s'en nourrir ; cet insecte devrait par conséquent être conservé avec soin. M. V. Audouin émet quelques doutes à ce sujet (3).

g. *Peritelus griseus*. — Le genre *Peritelus* présente les caractères suivants (fig. 367) : Corps ovale-oblong ou subovalaire, revêtu de squamules. Yeux légèrement convexes. Bec un peu plus long et plus étroit que la tête, épaissi, légèrement défléchi, triangulairement échancré au sommet, à ailes apicales un peu divariquées; mandibules saillantes, épaisses, tronquées au sommet; scrobe empiétant notablement sur le dessus du bec, oblong, assez large, profond antérieurement, plus léger en arrière. Antennes allongées, assez fortes, insérées à une petite distance du sommet du bec; scape long, linéaire, légèrement épaissi vers le sommet, dépassant le bord antérieur du prothorax, les deux premiers articles du funicule assez allongés, obconiques, 3 à 7 assez courts, subturbinés ou lenticulaires, en massue ovale-oblongue. Prothorax court, tronqué à la base et au sommet, légèrement arrondi sur les côtés, un peu plus droit antérieurement. Ecusson indistinct. Elytres ovalaires ou courtement ovales, à épaules arrondies, non saillantes. Jambes antérieures offrant au sommet une petite épine aiguë ; ongles des tarses rapprochés, soudés dans leur moitié basilaire (4).

Fig. 367.
Peritelus griseus.

(1) *Feuille viticole de la Gironde*, 1877.

(2) Félix Dunal. — *Des insectes qui ravagent la vigne dans le département de l'Hérault : Coléoptères* (Extrait du Bull. de la Soc. centr. d'agr. de l'Hérault, pag. 64, pl. V, fig. 22, 1833).

(3) V. Audouin; *loc. cit.*, 317.

(4) D'après Jacquelin Du Val. — *Genera des coléoptères d'Europe.*

Tous les insectes du genre *Peritelus* vivent dans les terrains sablonneux, où ils se nourrissent de diverses plantes ; ils sont nuisibles à la vigne lorsqu'elle devient la seule plante habitant ces milieux.

On a plus particulièrement constaté les ravages du *P. griseus* parce que c'est le plus volumineux et par suite le plus apparent ; mais il n'est pas seul à attaquer les vignes parmi les insectes de ce genre. On trouve également dans les vignobles le *P. rusticus*, le *P. subdepressus* et le *P. senex* ; ce dernier, qui se multiplie en grand nombre, est particulièrement dangereux par ce fait.

La larve des *Peritelus* est encore peu connue ; elle habite probablement sous terre, où on pourrait l'attaquer avec les tourteaux de colza, ou mieux avec le sulfure de carbone, comme celle du *gribouri*. Elle ne paraît pas nuire elle-même à la vigne, mais l'insecte parfait qui en provient coupe les bourgeons et cause souvent des dommages sensibles (1).

h. *Vesperus Xatarti*. — Le *Vesperus Xatarti* Muls. est un coléoptère de la famille des Longicornes ; il a environ 20 millimètres de longueur, il est allongé et de couleur jaunâtre. On le rencontre dans le Roussillon, où sa larve a causé des dommages assez sérieux il y a quelques années ; il existe également en Espagne. La larve est blanche, allongée, avec des yeux visibles et de très longs poils à sa sortie de l'œuf. Plus tard, elle change de forme, ses yeux disparaissent, elle devient grosse et perd son agilité ; ses dimensions sont, à son complet développement, de 25 millim. de diamètre. Ses habitudes sont les mêmes que celles de la larve du hanneton ; elle vit trois ou quatre ans sous terre se nourrissant des racines de la vigne.

Les insectes parfaits font leur apparition en novembre, ils s'accouplent et pondent des œufs en décembre, dans les ronces ou sous les écorces de différents arbres. L'éclosion a lieu en mai.

Le meilleur moyen de se débarrasser du *Vesperus* consiste à le détruire sous terre, quand il est à l'état de larve, au moyen du sulfure de carbone.

2° Hémiptères

L'ordre des Hémiptères renferme peu d'insectes nuisibles à la vigne : on ne peut guère mentionner parmi eux, comme dangereux pour elle, que la *Cicadelle* et la *Cochenille*.

(1) Les renseignements ci-dessus sur les *Peritelus* proviennent de notes inédites qu'a bien voulu nous communiquer M. V. Mayet. Voir en outre les *Insectes ampélophages*, du même.

a. *Cicadelle* (*Penthimia atra*). — Cet insecte est long de 5 millim.; son corps est d'un noir assez brillant, le corselet est rouge avec son bord antérieur noir et les élytres sont rouges, nuancés de brun-noirâtre. Chez certains individus, le corselet est noir avec une tache rouge de chaque côté, et les élytres sont également noirs et parsemés de taches rouges; chez d'autres, le corselet et les élytres sont complètement noirs (1).

Ces insectes nuisent à la vigne en piquant les feuilles pour se nourrir de leurs sucs, ce qui entraîne leur flétrissement rapide. Ils sautent avec agilité, peuvent être chassés, comme les *altises* et le *gribouri*, au moyen d'un entonnoir échancré.

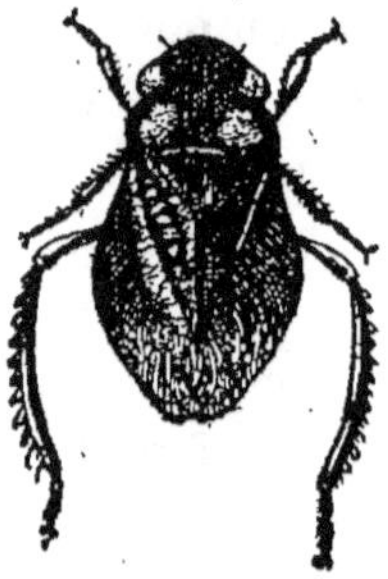

Fig. 368.— Cicadelle (Penthimia atra) grossie.

b. *Cochenille*. — Deux espèces de cochenilles s'attaquent surtout à la vigne en Europe : 1° la plus anciennement connue, que Réaumur a décrite, et qui porte le nom de *Coccus vitis* ou *Pulvinaria vitis*; 2° le *Dactylopius vitis*, plus récemment étudié.

Le *Pulvinaria vitis* «ressemble, d'après M. J. Lichtenstein, à une petite tortue microscopique fixée sur le cep ou le sarment. Le mâle est au contraire un élégant moucheron à deux ailes qui paraît au printemps et féconde sa femelle immobile. Celle-ci grossit et suinte à sa partie postérieure un épais coussin de sécrétion cotonneuse, dans lequel elle dépose des œufs rougeâtres. De ceux-ci sortent de petits pucerons rouges, fort agiles jusqu'à ce qu'ils aient trouvé une place à leur goût, où ils enfoncent leur suçoir, et se fixent pour toujours comme leur mère, ou jusqu'à leur évolution en insecte ailé si ce sont des mâles.

»Le *Dactylopius vitis* n'a pas du tout la même apparence. On dirait un tout petit cloporte enfariné assez agile ; il est, en hiver, dans les fentes de l'écorce, où il pond ses œufs, aussi entourés de suintement cotonneux ; mais la mère ne se fixe pas et ne couvre pas de sa peau desséchée, brune, le nid de ses enfants, comme le fait le *Pulvinaria*. Les jeunes vont d'abord sous les feuilles, puis ils passent dans les grappes, qu'ils salissent de leur sécrétion blanche et de leurs déjections sirupeuses, qui se couvrent bientôt d'une moisissure noire

(1) V. Audouin ; *loc. cit.*, pag. 318.

appelée *fumagine* et qui rend les raisins dégoûtants. Le mâle est aussi ailé, mais de couleur grise. Il paraît en automne (1). »

On a récemment signalé une cochenille souterraine, le *Margarodes vitium* (2), qui cause de grands ravages aux vignes du Chili et dont l'Introduction en Europe pourrait constituer un sérieux danger. Cet insecte vit sur les racines et surtout sur les racines d'un an qu'elle détruit ; sous son action, ces organes deviennent d'un brun-rougeâtre, spongieux, mais ne présentent aucune excroissance comme dans le cas du phylloxera. On trouve souvent les cochenilles sous forme de coques (larve-pupe) irrégulièrement ovoïdes, dures, ayant la grosseur d'un gros pois, d'une coloration fauve et d'un aspect mat et rugueux. Ces sphères sont assez dures et, quand on les écrase, elles se réduisent en un liquide épais.

« La plus grande partie de la vie des *Margarodes,* dit M. A. Giard, se passe sous la forme apode qui suit immédiatement la première larve hexapode. C'est sous cette forme apode, dépourvue de poils, que la cochenille grandit, fixée aux racines par des filaments rostraux... Certaines femelles adultes du *Margarodes vitium* ne dépassent pas 2 millimètres, tandis que d'autres atteignent jusqu'à 5 et même 8 millimètres de longueur (3). »

Les cochenilles nuisent ordinairement à la vigne parce qu'elles en sucent la sève au moyen de leur bec, qu'elles enfoncent entre les fissures de l'écorce ; lorsqu'elles sont très nombreuses, elles entraînent des exubérances considérables qui peuvent faire périr le cep.

Il peut, en outre, se développer de la *fumagine* (*fumago vagans*, de Persoon) sur leurs déjections sucrées. Nous avons indiqué, à la page 614, les inconvénients qui résultaient de l'envahissement des feuilles par ce champignon et, à cette occasion, le procédé proposé par M. Gély, d'Adélaïde (Australie), pour détruire les cochenilles.

On peut détruire ces insectes par des badigeonnages insecticides, tels que ceux avec le jus de tabac, les émulsions phéniquées ou à base de pétrole (4), les dissolutions concentrées de sulfate de fer ou

(1) J. Lichtenstein. — *Tableau synoptique et catalogue raisonné des maladies de la Vigne.* Montpellier, Grollier, 1884, pag. 12 et 13,

(2) A. Giard. — *La maladie des vignes du Chili* (Revue de Viticulture, tom. III, pag. 233).

(3) Revue de Viticulture, tom. III, pag. 73.

(4) M. Riley recommande beaucoup l'émulsion suivante à base de pétrole :

Pétrole..................................	8 litres.
Savon ordinaire	0 kil. 175.
Eau	4 litres.

On chauffe ce mélange d'eau et de savon, et on ajoute le tout bouillant au pétrole. On mélange intimément avec une pompe munie du pulvérisateur Riley, qui rejette le liquide dans le vase même où on le puise. L'émulsion, quand elle est complète, forme une crème qui s'épaissit en refroidissant ; on la délaye, pour s'en servir, dans l'eau froide.

mieux de sulfate de cuivre ; ces liquides sont appliqués avec un tampon de chiffons ou mieux avec le pulvérisateur Riley. On peut également avoir recours au raclage avec le gant Sabaté ou au brûlage avec le flambeur Gayot.

Quant au *Margarodes*, c'est vraisemblablement par l'emploi du sulfure de carbone qu'on peut arriver à en débarrasser les vignes.

Les cochenilles ont un ichneumon (*Ichneumon coccorum*) qui les détruit.

3° Orthoptères

Barbitiste porte-selle (*Barbitistes ephippiger*). — Cet insecte est connu vulgairement sous les noms de *sauterelle*, *gros-grillon*, etc. Il est long de 4 centimètres et complètement vert, si ce n'est sa tête, où l'on remarque quatre lignes longitudinales très fines, de couleur brune ; le corselet ou prothorax est caréné dans son milieu et très rugueux ; les ailes sont d'un vert-jaunâtre ; l'abdomen est vert, sans aucune tache ; les antennes sont très longues et verdâtres. La tarière de la femelle est longue, étroite et de la couleur générale du corps (1).

Le *barbitiste* est rarement assez nombreux dans les vignobles pour y causer des dommages importants ; cependant, dans certains cas, il a fait beaucoup de mal. Il attaque les grains avec ses mandibules et les creuse intérieurement. C'est en automne qu'on le voit paraître. On le ramasse facilement à la main, à cause de sa grande taille, et c'est le meilleur moyen d'en débarrasser les vignes.

4° Lépidoptères

a. *Pyrale* (*Pyralis vitana* Audouin). — La *pyrale* de la vigne est un papillon de nuit du groupe des tordeuses (*tortrix*). Ce papillon dépose ses œufs en juillet sur les feuilles de la vigne ; la petite chenille qui en sort (fig. 369) se laisse choir, suspendue à un fil de soie, et, balancée par le vent, vient s'accrocher contre le cep, où elle se cache sous l'écorce en s'entourant d'un mince cocon de soie. Là, elle passe l'hiver. Dès que les feuilles poussent, elle quitte cette retraite hivernale et se rend dans les bourgeons, dont elle sait réunir les

(1) V. Audouin ; *loc. cit.*, pag. 320.

feuilles naissantes par des fils de soie qu'elle tisse. A l'abri, dans sa retraite, elle dévore les feuilles de la vigne. En grandissant, elle s'élève

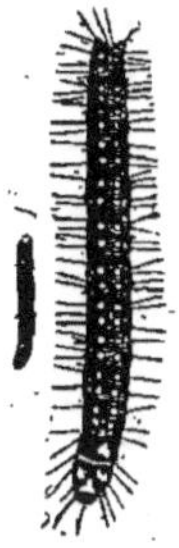

Fig. 369. — Larve de la pyrale.

Fig. 370.— Papillon de la pyrale.

le long des sarments, passant d'un bourgeon à l'autre et garnissant quelquefois tout le pampre de ses tissus, ce qui le fait ressembler à

Fig. 371. — Appareils pour détruire la pyrale : A chaudière portative : B entonnoir pour le remplissage ; C soupape de sûreté ; D robinets; E E crochets pour le transport; F foyer; G cafetière à bec pour la distribution de l'eau bouillante ; H tonneau à pétrole coupé pour la sulfurisation.

une quenouille garnie de chanvre et de lin. Les vignes ainsi fortement attaquées ne donnent point de récolte (1).

(1) Lichtenstein ; *loc. cit.*, pag. 17 et 18.

La *larve* de la *pyrale* est relativement grosse, verdâtre, avec la tête noire. L'insecte parfait est un petit papillon gris doré, avec trois bandes transversales d'un brun-rougeâtre sur les ailes supérieures; les inférieures sont noirâtres, un peu plus claires vers leur base (1) (fig. 370).

Les principaux procédés proposés pour détruire la pyrale sont les suivants :

1° *Échaudage des souches avec de l'eau bouillante.*— On fait bouillir l'eau dans de petites chaudières portatives (fig. 371 A ou 372) que l'on installe au milieu des vignes, de manière à ébouillanter les petites chenilles réfugiées sous l'écorce. Ce moyen offre l'inconvénient d'exiger l'emploi d'eau très chaude (90° au moins), ce qu'il n'est pas toujours possible d'obtenir à cause de la nécessité de la transporter à une certaine distance pour l'appliquer ; il ne permet pas non plus d'atteindre toujours d'une manière suffisante, même avec la cafetière à bec (fig. 371 G), le dessous des bras de souches presque horizontaux, de sorte qu'un certain nombre d'insectes échappent souvent à son action.

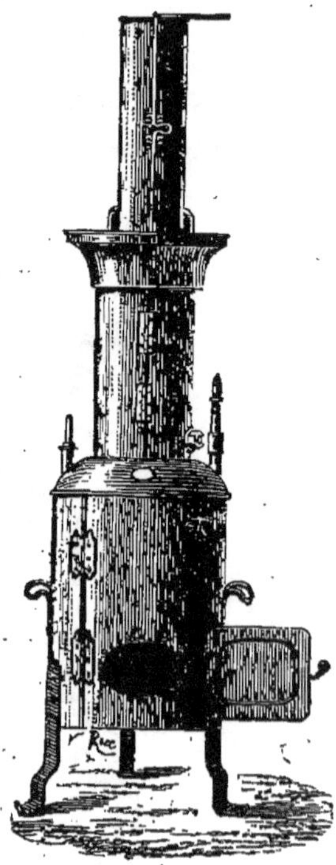

Fig. 372. — Chaudière de M. Bourdil pour échauder la pyrale.

2° *Sulfurisation.* — Les souches sont recouvertes, après la taille, d'une cloche en zinc ou d'un demi-baril à pétrole (fig. 371 H), sous lequel on fait brûler du soufre dans une assiette, ou deux ou trois mèches à soufrer. L'opération doit durer cinq minutes au moins, pour que l'atmosphère soit bien saturée d'acide sulfureux, et dix minutes tout au plus, dans la crainte de désorganiser les bourgeons, qui sont facilement altérés par une action trop prolongée de ce gaz. Les résultats de ce système ont été généralement satisfaisants dans les environs de Montpellier, en 1873 et 1874.

3° Le badigeonnage des souches avec le mélange suivant, imaginé par M. Gaston Bazille et employé par lui dans son domaine de Saint-

(1) V. Mayet ; *loc. cit.;* et voir, pour une étude complète, V. Audouin ; *loc. cit.*

Sauveur, qui était très sujet aux attaques de la pyrale, peut être également recommandé :

Urine de vache....................	100 litres.
Huiles lourdes du gaz..............	6 kil.

L'huile est émulsionnée au moyen d'une certaine quantité de savon vert que l'on introduit dans l'urine. On applique le liquide ainsi obtenu au moyen d'un gros pinceau.

On a enfin proposé, dans le même but, l'emploi des flambeurs et soufflets pyrophores qui brûlent l'écorce et pourraient atteindre les larves qui hivernent sous leur abri ; mais nous ne connaissons pas de résultats bien décisifs obtenus par ce procédé.

Ces divers moyens doivent être employés en hiver, pendant le repos de la végétation.

b. *Cochylis* (*Cochylis roserana* ou *Tortrix uvana*). — La *Cochylis* est un des ennemis dangereux de la vigne, bien qu'on ait moins à en redouter les attaques que celles de la *pyrale*. C'est un petit papillon appartenant à la famille des teignes (*Tortrix*); sa longueur est de 7 à 8 millim. quand ses ailes sont fermées; le corps est d'un jaune pâle avec quelques reflets argentins sur la tête et le thorax; la couleur des ailes antérieures est presque la même que celle du corps, elles présentent vers le milieu une bande transversale brune (fig. 373) Ses œufs très petits, d'un gris terne très pâle, sont pondus sur les bourgeons au moment de leur ouverture, sur les jeunes grappes ou sur les raisins eux-mêmes. La chenille, longue de 8 millim. environ, ressemble à celle de la pyrale, mais elle est plus épaisse et plus grosse proportionnellement à sa longueur; la tête, ainsi que toutes les parties de la bouche, est d'un brun-rougeâtre foncé. Le premier anneau du corps est de la même couleur, mais un peu plus intense, et l'on remarque au milieu une petite ligne très étroite, d'un jaune pâle (1).

Fig. 373. Papillon de la cochylis.

La *cochylis* a deux générations par an ; elle hiverne sous les écorces à l'état de chrysalide, enfermée dans un cocon de soie grise. L'insecte parfait éclôt au mois d'avril, il s'accouple et pond ses œufs. On le voit voltiger, pendant le jour, d'une souche à une autre. La chenille de la première génération se forme un fourreau avec des feuilles et des grappes réunies par des fils de soie. La métamorphose en chrysalide a lieu en juin, et le papillon éclôt en juillet. Les chenilles de la seconde génération éclosent en août et septembre ; elles s'attaquent aux raisins,

(1) V. Audouin ; *loc. cit.*, pag. 280 et 281.

elles percent un petit trou dans l'enveloppe du grain et en mangent le contenu; elles passent rapidement d'un grain à l'autre jusqu'à ce que la grappe entière soit détruite (1).

Le moyen le plus simple de combattre la *cochylis* consiste, lorsque l'on en constate la présence à la fin du mois d'août, à vendanger immédiatement; le raisin est ainsi enlevé avant que les ravages soient bien considérables, et on détruit toutes les chenilles qui sont dans la vigne et qui hiverneraient ensuite sous la forme de chrysalide.

M. Jean Dufour, directeur de la Station viticole de Lausanne, a employé récemment avec succès, contre cet insecte, une infusion de pyrèthre préparée comme suit : «Peser 5 kil. savon noir mou, les mettre dans une petite cuve ou demi-tonneau ; verser dessus environ 10 litres d'eau chaude en remuant constamment, de manière à dissoudre le savon. Puis ajouter 1 kil. ou mieux 1 kil. 200 poudre de pyrèthre (pure et sans addition de naphtaline), bien remuer avec un petit balai pour délayer complètement la poudre, enfin, ajouter environ 80 litres d'eau froide.» Le liquide est appliqué au moyen du pulvérisateur lorsque les larves sont encore jeunes.

Ce traitement revient malheureusement à un prix élevé à cause de la cherté du pyrèthre.

Ce sont le *Terret-Bourret* et le *Piquepoule* qui paraissent plus particulièrement atteints par la *cochylis* dans le midi de la France.

c. *Noctuelle* (*Noctua aquilina*).— Les chenilles de diverses *noctuelles* causent quelquefois beaucoup de mal aux vignes, mais d'une manière temporaire et accidentelle. La larve de la *Noctua aquilina* est celle que l'on rencontre le plus fréquemment dans les vignes, elle est connue sous le nom vulgaire de *ver gris* : elle est en effet d'un gris livide, d'aspect huileux; on la trouve cachée sous les mottes de terre, les touffes d'herbe, les pierres, etc., pendant le jour. Elle mange seulement pendant la nuit; essentiellement polyphage, elle ne s'attaque à la vigne que lorsque d'autres plantes qu'elle préfère ou qui sont mieux à sa portée lui font défaut. Mais, dans ces dernières circonstances, elle grimpe sur les souches, détache les jeunes rameaux pour en ronger ensuite plus commodément les feuilles sur le sol; ses ravages sont alors d'autant plus considérables qu'ils se produisent au moment de la première végétation. Les jeunes greffes ont, comme on le comprend, tout particulièrement à en souffrir.

On se débarrasse de cet insecte en le faisant chercher à la main au

(1) V. Mayet; *loc. cit.*; et J. Lichtenstein. — *Tableau synoptique des maladies de la vigne*, pag. 13.

pied des vignes, dont il s'éloigne peu ; on le trouve d'ordinaire dans un rayon d'environ $0^m,50$ et à $0^m,02$ ou à $0^m,03$ de profondeur. On peut encore creuser autour des souches trois ou quatre trous au moyen d'un piquet en bois à pointe un peu obtuse : les chenilles viennent s'y accumuler lorsqu'elles quittent les vignes, vers le matin, et on les écrase en y enfonçant simplement le piquet qui a servi à creuser ces petites fosses.

Enfin on peut empêcher l'ascension du ver gris sur les souches en entourant le pied de ces dernières avec une bande de toile cirée ; cette bande doit avoir une largeur de 5 centimètres, et on doit avoir soin d'en replier l'extrémité en dessous, afin qu'elle ne présente que des surfaces glissantes à l'insecte. On la fixe par le haut avec un bout de raphia.

d. *Ecaille caja* (*Chelonia caja*). — Ce papillon est assez grand, il a 4 centim. de long et 6 d'envergure. Ses ailes antérieures sont d'un brun café au lait très foncé, avec des rigoles d'un blanc-roussâtre fort irrégulières et dirigées en divers sens ; ces rigoles varient même beaucoup, selon les individus, par leur forme et par leur largeur. Les ailes postérieures sont d'un rouge brique, avec six ou sept taches bleu foncé bordées de noir, légèrement cerclées de jaune.

Sa chenille est grosse, noire et velue ; elle se montre habituellement dès la première végétation de la vigne ; elle coupe les rameaux et les dévore avidement. Elle peut commettre, en certaines années, des dégâts considérables ; aussi doit-on la faire ramasser soigneusement par des femmes.

e. *Sphinx elpenor*. — Ce papillon a 60 ou 65 millim. d'envergure. Ses ailes antérieures sont d'un vert-jaunâtre, avec les bords et des bandes roses. Les ailes postérieures sont roses, sauf leur base qui est noire et leur frange blanche ; leur corps est rose nuancé de vert tendre.

La chenille est longue de 8 centim. ; elle est d'un brun-grisâtre entrecoupé de noir ; elle présente, sur les quatrième et cinquième anneaux, deux taches latérales orbiculaires. La corne caudale, propre à la plupart des chenilles de *sphinx*, est noire avec l'extrémité blanchâtre. Les pattes écailleuses sont d'un gris luisant, et les pattes membraneuses sont brunes. Dans le jeune âge, cette chenille est verte ; quelquefois même elle conserve pendant toute sa vie cette couleur, mais ces dessins ne diffèrent jamais. Elle se métamorphose en chrysalide, à la surface de la terre, dans une coque fragile, formée de mousse ou de feuilles sèches réunies par quelques fils (1).

La chenille du *Sphinx elpenor* est polyphage; elle vit le plus souvent sur des plantes du genre *Epilobe*, mais elle s'attaque fréquemment aussi à la vigne, dont elle dévore les feuilles. On la fait ramasser et écraser comme celle de l'*écaille caja*.

Plusieurs autres *sphinx* mangent également les feuilles de la vigne: ce sont les *S. porcellus*, *S. lineata*, *S. celerio* et *S. Livornica*; les dommages qu'ils causent à cette plante sont généralement peu considérables.

(1) V. Audouin; *loc. cit.*, pag. 304 et 305.

CHAPITRE XVIII

Sommaire. — Parasites animaux de la vigne. — Insectes (*suite*) : pucerons — Phylloxera vastatrix. — Historique : description et biologie ; lésions causées par l'insecte; aspect des vignes phylloxérées ; altération des racines ; galles des feuilles (1).

Phylloxera

L'importance très grande qu'a prise dans l'ancien continent la question du *Phylloxera* nous obligera à traiter ce qui concerne cet

(1) Bibliographie. — **Delorme,** vétérinaire à Arles ; *Lettre au président du Comice agricole d'Aix* (Bull. de la Soc. d'agric. de l'Hérault, 1868, pag. 355, 389). — *De la maladie de la vigne dans le département de Vaucluse* (Note lue devant la section d'agriculture du Congrès scientifique de France, dans sa séance du 7 décembre 1868). — **J.-E Planchon ;** *Nouvelles observations sur le puceron de la vigne* (*Phylloxera vastatrix*). Montpellier, Grollier, 1868. — **J. Lichtenstein** et **J.-E. Planchon ;** *Des modes d'invasion des vignobles par le phylloxera* (Messager agricole, Montpellier, 1870). — **Id.**; *Le phylloxera, instructions pratiques*. Montpellier, 1870. — **Id.**; *Conseils sur le traitement des vignes atteintes du phylloxera* (Messager du Midi, 1871). — **Id.**; *Le phylloxera et son action sur les divers cépages américains*, d'après M. C.-V. Riley, 1871. — **Id.**; *Le phylloxera de la vigne en Angleterre et en Irlande*, 1871. — *Le phylloxera, faits acquis et revue bibliographique* (Congrès scientifique de France, XXXVe session, et tirage à part). Montpellier, 1872. — **Max Cornu** et **Mouillefert ;** *Expériences faites à la station viticole de Cognac dans le but de trouver un procédé efficace pour combattre le phylloxera*. Paris, imp. nat., 1873. — **J. Lichtenstein** et **J.-E. Planchon** ; *Le Phylloxera* (de 1864 à 1873), *résumé pratique et scientifique*. Montpellier, 1874. — **J.-E. Planchon ;** *Le Phylloxera en Europe et en Amérique*. Paris, Claye, 1874. — **Duclaux ;** *Étude sur la nouvelle maladie de la vigne dans le sud-est de la France* (Mémoires présentés par divers savants étrangers à l'Acad. des Sc. Paris, 1874). — **Rœssler ;** *Die Phylloxera vastatrix Œsterreichisshes landwirthschtliches Vochenblatt*, 1875. — **Académie des Sciences ;** *Instructions relatives au traitement des vignes atteintes par le phylloxera*, 1875. — **P. Mouillefert ;** *Le Phylloxera, moyens proposés pour le combattre*, Paris, Masson, 1875. — **F. Rohart ;** *Etat de la question du phylloxera*. Paris, Masson, 1875. — **Max Cornu** et **Mouillefert ;** *Le phylloxera* (Extrait des Mémoires présentés par divers savants à l'Acad. des Sc., 1876). — **H. Marès ;** *Des moyens de reconstituer les vignes dans les contrées où elles ont été détruites par le phylloxera, et sur le phylloxera de la vigne*. Montpellier, Grollier, 1876. — **Th. Petit** ; *Etat de la question phylloxera*. Paris, librairie agricole, 1876. — **J. Lichtenstein ;** *Tableau biologique du phylloxera*. Bordeaux, Féret et fils, 1876. — **J.-E. Planchon ;** *Les mœurs du phylloxera de la vigne*. Montpellier, Grollier, 1877. — **Id.**; *La question phylloxérique en 1876* (Extrait de la Revue des Deux-Mondes, livraison du 15 janvier 1877). Paris, Claye, 1877. — **D. Bellenaud ;**

insecte avec beaucoup plus de développement que nous l'avons fait pour les précédents. Après avoir fait l'historique de son apparition et de son extension en Europe, nous en étudierons les diverses formes et la biologie; nous examinerons enfin les divers procédés qui ont été proposés pour le détruire ou pour soustraire la vigne à son action.

Le phylloxera en France et en Suisse. Chalon-sur-Saône, 1er septembre 1877. — **A. Baudrimont**; *Invasion du phylloxera dans le Médoc.* Bordeaux, Féret et fils. — 1877. — **Antonio Batalha Reis**; *Estado da questao do phylloxera* Lisboa, imprinsa nacional, 1877. — **J. Lichtenstein**; *Notes pour servir à l'histoire des insectes du genre phylloxera* (Annales agronomiques). Paris, Masson, 1877. — **Id.**; *Notes pour servir à l'histoire des insectes du genre phylloxera.* (Ann. Soc. Ent. de Belgique), Bruxelles, Brogniey et van de Weghe, 1877. — **Paul Oliver**; *Le Phylloxera vastatrix, ses mœurs, caractères auxquels on peut le reconnaître* (séance de la Commission de défense contre le phylloxera). Perpignan, Latrobe, 1878. — **C. Ladrey**; *Rapport au Ministre de l'Agriculture et du Commerce sur l'invasion du phylloxera dans le département de la Côte-d'Or.* Paris, Masson, 1878.— **Prosper de Lafitte**; *Discours sur le phylloxera.* Agen, Virgile Lenthéric, 1878. — **Paul Oliver**; *Le Phylloxera et ses mœurs.* Perpignan, Latrobe, 1878 — **Max Cornu**; *Le Phylloxera vastatrix.* Paris, impr. nationale, 1878.— **J. Lichtenstein**; *Histoire du Phylloxera.* Montpellier, Coulet, 1878. — **D. José Munoz del Castillo**; *La Plaga filoxerica, primere parte : El insecto y la vid.* (Conferencia publica doda el 9 du octubre 1878 en el Ateneo de Logrono).— **D. Monnier** et **E. Covelle**; *Le phylloxera dans le canton de Genève.* Genève, H. Georg, 1878.— **A. Bernard**; *Étude sur le phylloxera.* Chaumont, Cavaniol, 1879. — **V. Couderc**; *Quelques mots sur le phylloxera, son entomologie, ses métamorphoses, ses mœurs, ses habitudes, sa prodigieuse fécondité.* Villeneuve-sur-Lot, Edouard Chabrié, 1879. — **A. Charles**; *Les ravages du phylloxera en France.* Paris (au bureau de l'Annuaire illustré du phylloxera, 1879). — **El Illmo Sr. D. Mariano de Paz Graells**; *Pontuorio filoxerico dedicado a los viticultores espanoles y delegados officiales.* Madrid, de segunda martiney, 1879. — **Catta**; *Instructions pour servir à la détermination de l'état phylloxérique.* Albi, G.-M. Nouguiès, 1879. — **G. Vimont**; *Le phylloxera en 1879* (Mémoire adressé à M. Paulin Talabot, directeur général de la Compagnie des chemins de fer P.-L.-M.). Paris, Paul Dupont, 1879.— **Guérin père**; *Traité spécial de la maladie des vignes, de l'oïdium et du phylloxera* Le Mans, Monnoyer, 1880. — **Prosper de Lafitte**; *Le lieu d'origine du phylloxera* (Extrait du Journal d'agriculture, 1880) Paris. — **Le Ministre de l'agriculture et du commerce d'Autriche-Hongrie**; *Rapport sur le phylloxera en Hongrie,* 1880. — **Id.**; *Rapport sur le phylloxera en Hongrie pendant l'année 1881.* — **A. Millardet**; *Pourridié et Phylloxera.* Bordeaux, Féret et fils, 1881. — **Le docteur G. de Horvath**; *Rapport annuel de la station phylloxérique hongroise.* Budapest, 1882. — **Karl Sumac**; *Note sur le phylloxera.* Epernay, Bonnedame et fils, 1882. — **J. Lichtenstein**; *De l'évolution biologique des pucerons en général et du phylloxera en particulier.* Bordeaux, librairie vinicole et viticole, 1883. — **F. de Almeida e Brito**; *Le phylloxera et autres épiphytes de la vigne en Portugal.* Lisbonne, imp. nationale, 1884. — **G. Balbiani**; *Le phylloxera du chêne et le phylloxera de la vigne.* Paris, Gauthier-Villars, 1884. — **D. Delamotte**; *Monographie du Phylloxera vastatrix.* Alger, Adolphe Jourdan 1885, etc.

A. **Historique.** — M. Planchon, le perspicace auteur de la découverte du *Phylloxera* en Europe, a fait de son apparition dans notre pays l'historique suivant (1): « Le *Phylloxera* est originaire des Etats-Unis d'Amérique. Cette assertion, contredite par quelques-uns, a besoin d'être justifiée; heureusement, les preuves abondent et vont ressortir de l'historique même de la découverte de l'insecte.

»En 1854, un entomologiste américain, M. Asa Fitch, chargé par l'Etat de New-York de l'étude des insectes utiles ou nuisibles à l'agriculture, découvrit sur les vignes du pays de petites galles ou verrues creuses faisant saillie à la face inférieure de la feuille et s'ouvrant à la face supérieure par un orifice étroit et garni de poils. Au fond de chaque galle, il vit une sorte de pou à corps rebondi et convexe, à patte courte, à suçoir plongé dans le tissu de la feuille, à antennes coupées en bec de flûte. Presque inerte dans son étroite cellule, cette recluse, invariablement femelle, n'était qu'une sorte de machine à pondre, car ses œufs, accumulés autour d'elle, dépassaient parfois le chiffre de plusieurs centaines. De ces œufs sortaient des petits à marche relativement rapide qui, se portant vers le haut des pampres et piquant chacun un point de la feuille naissante, déterminaient par cette piqûre la formation d'une galle nouvelle, où ils s'enfermaient pour y parcourir les mêmes phases d'évolution que leur mère.

»Comparant sans doute ces galles aux vessies des feuilles de l'orme, aux bourses des feuilles du peuplier qu'habitent des pucerons nommés *pemphigus*, M. Fitch baptisa *Pemphigus vitifolia* le nouvel insecte de la vigne. Il n'y vit d'ailleurs qu'un objet de curiosité scientifique, car les déformations produites ainsi sur quelques feuilles d'un arbuste plein de vigueur ne pouvaient donner l'idée d'un dommage sérieux. Bientôt, cependant, deux autres « entomologistes d'état », feu Benjamin Walsh et Charles Riley, retrouvant le *pemphigus* d'Asa Fitch, en firent mention comme d'un insecte nuisible. De son côté, le Dr Henri Shiner, découvrant les mêmes galles et le même insecte, cette fois avec un individu pourvu d'ailes qu'il supposait être le mâle, en publiait, en 1867, une description minutieuse et, le séparant avec raison des *pemphigus*, l'appelait *Dactylospora vitifoliæ*. Dans l'intervalle, le prétendu *pemphigus* était signalé, de l'autre côté de l'Atlantique, dans des serres à raisins (*graperies*) de Hammersmith, près de Londres (1863), et de quelques points de l'Angleterre et de l'Irlande (1867-1868). Etudié par le célèbre ento-

(1) J.-E. Planchon.— *Le Phylloxera en Europe et en Amérique* (*Revue des Deux-Mondes*, 1er février 1874).

mologiste Westwood, cet insecte, réputé nouveau, reçut le nom de *Peritymbia vitisana*. Notons que M. Westwood sut voir l'insecte sous une forme nouvelle, l'ayant trouvé à la fois sur les feuilles, dans les galles et sur les racines à l'état de suceur souterrain; mais cette observation ne fut publiée qu'en 1867, à la suite de la découverte du *phylloxera* dans le midi de la France.

»Quelques années avant cette date, un mal inconnu minait certains vignobles des deux côtés du Bas-Rhône : à Pujault, dans le Gard, on avait vaguement entrevu le mal dès 1863; en 1867, il avait pris de telles proportions que dans le Comtat, dans la Crau (Bouches-du-Rhône), sur les Alpines, aux environs de Tarascon, l'effroi des vignerons devint général. C'est alors qu'un vétérinaire d'Arles, M. Delorme, en fit connaître les caractères extérieurs sans en pressentir la vraie cause. Toujours disposés à rattacher les faits nouveaux à des faits connus, les paysans de Vaucluse appelèrent ce mal le *blanquet* ou *pourridié*, le confondant avec une maladie de la vigne qui se développait chez les ceps plantés sur défrichement de chêne; mais si les racines pourrissent dans ce dernier cas, c'est sous l'action d'un *mycélium* spongieux, d'une odeur de champignon caractéristique (1) : la pourriture des racines provoquée par le *phylloxera* est une sorte de gangrène humide, avec une teinte noirâtre et sans trace d'odeur fongique.

»Cependant, le mal augmentant toujours, la Société d'agriculture de Vaucluse et M. Gautier, maire de Saint-Rémi, appelèrent en consultation une Commission de la Société centrale d'agriculture de l'Hérault. Réunis au mois de juillet 1868, les délégués étudièrent avec attention les vignes atteintes. S'adressant naturellement aux plus malades, ils n'y trouvaient que des racines pourries, sans traces de champignon ni d'insecte, circonstance aujourd'hui bien expliquée, mais qui dérouta quelque temps l'investigation. Pourtant les allures de la maladie, cette expansion graduelle autour d'un premier centre et le long des lignes de ceps, tout indiquait une cause vivante. «Cela marche comme une armée», nous disait dans son langage pittoresque le régisseur d'un domaine. Ces mots nous engagent à de nouvelles recherches. Un coup de pioche heureux met à nu quelques racines sur lesquelles je vois à l'œil nu des taches et des traînées de points jaunâtres. La simple loupe décompose ces traînées en une poussière d'insectes que leur parenté avec les pucerons et les cochenilles rend suspects à titre de suceurs. Deux jours de recherches nous les font voir en cent endroits, partout où la vigne souffre. Dès

(1) Voir, pag. 600 et suiv., ce qui est relatif à cette maladie.

ce moment, un fait capital est établi : c'est qu'un insecte presque invisible, se dérobant sous terre, s'y multipliant par myriades d'individus, amenait l'épuisement des ceps les plus vigoureux. Mais cet insecte, d'où venait-il? Etait-il décrit? Quels étaient en tout cas ses alliés les plus proches? Ces questions n'étaient pas faciles à résoudre du premier coup ; elles ne pouvaient même l'être qu'à la condition de trouver l'insecte sous tous ses états.

»N'ayant vu d'abord que des insectes souterrains, dépourvus d'ailes, provisoirement désignés par moi sous le nom de *rhizaphis* ou puceron des racines, je cherchai obstinément la forme ailée, que je supposais devoir exister. Cette forme existait en effet, et l'ayant découverte à l'état de nymphe avec ses ailes encore enfermées dans leurs fourreaux, je la vis éclore, le 28 août 1868, comme un élégant petit moucheron, ou plutôt comme une cigale en miniature, portant étalées à plat ses quatre ailes transparentes. Dès lors, mon *rhizaphis* devenait un *phylloxera*, car, sauf des diversités de détail, il était difficile de le distinguer du *Phylloxera Quercus*, insecte qui vit sous les feuilles du chêne blanc et dont la présence se trahit par le jaunissement du point piqué. Voilà donc l'insecte de la vigne rapporté à son vrai genre ; restait à le reconnaître pour identique à un insecte américain.

»Le premier pas dans ce sens fut le résultat d'un heureux hasard. Le 11 juillet 1869, voyageant avec une Commission de la Société des Agriculteurs de France pour l'étude de la maladie nouvelle, je découvris à Sorgues (Vaucluse), sur deux ceps d'une variété de vigne appelée *Tinto*, de nombreuses galles pareilles à celles du *pemphigus* américain. Quelques jours après, M. Laliman retrouvait ces mêmes galles à Bordeaux, mais cette fois sur des cépages d'Amérique, dont plusieurs portaient sur leurs racines des phylloxeras. Soupçonnant que ces deux insectes, si différents en apparence, étaient des formes du même animal modifiées par le milieu, l'une à vie souterraine (type radicicole), l'autre à vie aérienne (type gallicole), M. Lichtenstein et moi eûmes l'idée que le *Pemphigus vitifolia* de Fitch n'était rien autre que notre *Phylloxera vastatrix*. Cette hypothèse devint certitude lorsque, d'une part, nous eûmes établi par expérience la transformation du phylloxera des galles en phylloxera des racines, et surtout lorsque M. Riley, venant exprès d'Amérique en Europe, put affirmer l'identité des insectes des deux pays.»

Ainsi que nous venons de le voir, dès 1863 les premières traces du mal causé par le *phylloxera* étaient vaguement entrevues à Pujault, dans le Gard; en 1865, la tache de Roquemaure s'accusait nettement; en 1866, on en reconnaissait plusieurs dans Vaucluse et les Bouches-du-Rhône; en 1867, ces diverses taches se réunissaient, formant deux vastes étendues entièrement envahies, tandis que l'on trouvait aux portes mêmes de Bordeaux, dans la Gironde, un nouveau point d'attaque. Dès lors, les deux centres phylloxériques du Sud-Est et du Sud-Ouest vont constamment en grandissant et en rayonnant l'un vers l'autre. En 1870, presque toutes les vignes de la Provence et une partie de celles du Languedoc sont atteintes; en 1876, l'arrondissement de Montpellier est envahi vers l'Ouest et, vers l'Est, le mal est arrivé aux Alpes; au Sud, il suit le littoral de Saint-Tropez à Cette, et est reconnu en Corse depuis 1873; au Nord, il touche aux portes de Lyon, avec quelques taches en avant-garde dans le Beaujolais. En même temps, il occupe dans le Sud-Ouest un quart de la Gironde, une partie du Lot-et-Garonne, de la Dordogne et des Charentes. En 1878, l'invasion atteint les Alpes-Maritimes, l'Aude, l'Aveyron, les Pyrénées-Orientales, la Loire, le Puy-de-Dôme, l'Ain, la Saône-et-Loire et la Côte-d'Or, d'une part, tandis que du côté de l'Océan, elle rayonne jusque dans le Tarn-et-Garonne, le Lot, la Corrèze, les Deux-Sèvres et la Vienne; l'insecte se montre en même temps dans l'Indre, le Loir-et-Cher et le Loiret. En 1879, les deux grandes taches de l'Océan et de la Méditerranée se sont rencontrées à travers le Tarn-et-Garonne et le Tarn. Aujourd'hui, un million d'hectares situés dans cinquante-quatre départements sont atteints en France, et de nos grands vignobles, il n'en reste plus un qui soit encore indemne.

Dans le reste du monde, le *phylloxera* a largement étendu aussi son œuvre de dévastation. Si nous passons, en premier lieu, en revue les pays d'Europe, nous constatons que, en Portugal, il s'est répandu dans une grande partie des vignobles depuis 1872 et a attaqué les vignes célèbres qui donnent les vins de Porto. Il s'est étendu ces dernières années vers le Nord.

En Espagne, deux grandes taches découvertes vers 1872, qui ont débuté, l'une à Malaga, l'autre dans l'Ampourdan s'élargissent chaque année et d'autres se sont formées; actuellement, sur 1,706,573 hectares de vignes, 25.321 ont été atteints et 168.097 détruits par le phylloxera, notamment à Malaga, Gérone, Cordoue, Grenade et Orense.

En Italie, le *phylloxera* a été découvert, en août 1879, à Valmadrera (province de Côme), en septembre à Agrate (province de Milan), en mars 1880 à Riesi, en août de la même année à Messine, puis à Porto-Maurizio; enfin, en 1882, dans la province de Girgenti et dans celle de Catanina. En décembre 1892, la situation était la suivante: les provinces de Catanzarro et de Reggio étaient plus atteintes qu'en

1891. Il en était de même en Sicile, province de Palerme, dans 22 communes, Messine dans 18, Girgenti dans 11, Caltanisetta dans 22, Syracuse dans 32 et Catane dans 34 ; au total 139 au lieu de 124 l'année précédente.

En Sardaigne, provinces de Sattari et de Cagliari, 57 points et 5 communes en 1892 au lieu de 55 en 1891.

Dans les provinces de Milan et de Bergame, le phylloxera ne paraît pas avoir fait de progrès. Par contre, dans celle de Côme, en 1892, il y a eu 47 communes attaquées au lieu de 41, et 22 suspectes au lieu de 11.

Dans la province de Novarre, les taches phylloxériques se sont élevées à 45 au lieu de 60 en 1891. Dans celle de Bologne, plusieurs vignobles sont atteints ; région d'Imola à Florence, un seul jardin.

Le tableau ci-après donne la progression du phylloxera en Italie :

Années	Communes	Hectares infestés
1879	3	24
1880	12	36
1881	16	56
1882	23	100
1883	39	386
1884	60	2956
1885	76	3174
1886	114	4534
1887	152	8456
1888	209	33373
1889	264	75613
1890	306	109427
1891	341	136242

En Turquie, l'insecte dévastateur a été reconnu en 1885, il a envahi diverses localités au sud de Constantinople, la région de Sevdikoi, l'île de Samos et plusieurs villages dans le district de Gallipoli, 2,000 hectares environ sont atteints et 800 sont entièrement détruits. On avait constaté antérieurement sa présence dans la Russie méridionale (1880) ; en 1891 il avait envahi une très vaste étendue dans le gouvernement de Kutais, où, en 1892, de nouvelles taches furent constatées ; il en a été de même dans plusieurs localités autour d'Odessa.

En Roumanie, le mal existe sur quelques hectares.

L'Autriche-Hongrie est sérieusement atteinte (la Hongrie surtout, où le fléau a été reconnu dès 1875).

En Autriche, à la fin de 1892, il y avait 36,420 hectares contaminés ou suspects sur une étendue de 152,799 hectares ; en 1892, l'invasion s'est étendue dans plusieurs communes de la Basse-Autriche. de la Styrie, de la Carniole et du littoral.

En Hongrie, d'après le *Weintaube*, les seuls comitats de Temes et de Krasso-Szoreny ont perdu, en douze années, 10,542,000 florins (26,355,000 fr.) dans la valeur des terrains; le rendement des impôts a produit 210,844 florins (572.110 fr.) de moins que le chiffre prévu.

Les propriétaires des vignobles des deux comitats ont perdu chaque année 3,142,500 florins (8,856,000 fr.) et les ouvriers vignerons un salaire annuel de 1,581,330 florins (3,953,325 fr.).

Diverses taches sans cesse renaissantes existent en Suisse dans les cantons de Neuchâtel, de Genève, de Vaud et de Zurich.

En Allemagne, le phylloxera est fort ancien, mais n'a jamais pris un grand développement à cause du climat, la campagne anti-phylloxérique de 1891-1892 a donné les résultats suivants : dans la Prusse rhénane, l'examen des anciens foyers détruits a été satisfaisant, il n'a été trouvé nulle part d'insectes vivants ni traces d'insectes morts. Les recherches sur la rive droite du Rhin ont amené la découverte de douze nouveaux centres. Sur la rive gauche, mais uniquement dans le voisinage des anciens foyers, on en a découvert vingt nouveaux. Dans la province de Hesse-Nassau, la révision des anciens centres a donné également un résultat très favorable. En Saxe, on a trouvé 168 nouveaux centres. Dans le Wurtemberg, région de Neckar-Weihingen, douze nouveaux centres ont été découverts. En Alsace-Lorraine, vingt-cinq nouveaux centres ont été constatés. La région de Vallières et celle du territoire de Saint-Julien ne peuvent plus être sauvées, on songeait à détruire toute la zone atteinte, soit plus de 30 hectares.

En Afrique, le *phylloxera* a été trouvé en 1885 dans les vignobles algériens, près de Tlemcen et de Sidi-bel-Abbès (province d'Oran), et en 1886 dans la province de Constantine, où il a détruit des surfaces assez importantes. On l'a signalé dans l'île de Madère et dans les vignobles du cap de Bonne-Espérance. Il existe depuis 1875 en Australie. En Amérique, il a franchi les montagnes Rocheuses, qui avaient longtemps limité son habitat primitif, et envahi le vignoble californien formé par des cépages issus du V. VINIFERA. Il a enfin récemment atteint les vignobles de l'Uruguay.

Telle est actuellement la situation de l'invasion phylloxérique dans le monde ; favorisée par le grand mouvement d'échanges internationaux, qui est la conséquence du développement de la navigation à vapeur et des chemins de fer, il est probable que dans un avenir peu éloigné, elle aura atteint tous les points du monde où existent des vignes.

B. **Description et biologie.**— L'importance des ravages que nous venons de signaler rend nécessaire une connaissance exacte et complète de tout ce qui touche à l'organisation et au mode d'existence du *phylloxera;* des travaux très importants ont été déjà effectués sur ces questions, nous chercherons à les résumer dans ce qui va suivre.

Le *Phylloxera vastatrix* se montre à nous sous diverses formes, les unes *souterraines*, les autres *aériennes;* ce sont : 1° les *aptères agames* (aériens et souterrains); 2° les *nymphes* (souterrains) ; 3° les *ailés agames* (aériens) et 4° les *sexués* (aériens).

1° Aptères agames

Les *Aptères agames* sont issus de l'œuf des sexués ; ils apparaissent habituellement, sous le climat méditerranéen, au mois d'avril.

Les jeunes (fig. 374) se reconnaissent facilement des individus adultes, que nous décrirons un peu plus loin, à leur agilité, à leur teinte jaune pâle un peu gris, à la longueur de leurs pattes et de leurs antennes et aux poils robustes qui recouvrent ces organes. Suivant qu'ils rencontrent des conditions atmosphériques plus ou moins favorables à l'un ou à l'autre mode d'existence, ils montent sur les rameaux, sur les feuilles, ou descendent dans le sol sur les racines.

a. *Vie gallicole.*— Dans le premier cas, l'insecte produit, par une

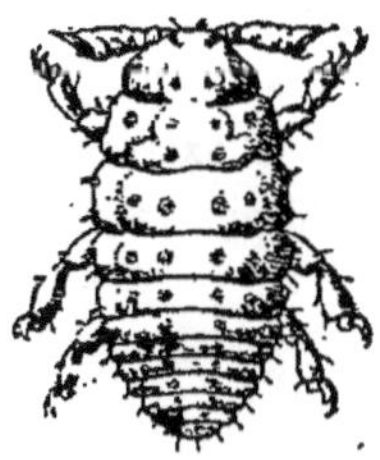

Fig. 374

Fig. 375

Fig. 374. — Phylloxera aptère : jeune venant d'éclore, vu par la face dorsale. — Fig. 375.— Phylloxera aptère : pondeuse de galles.

série de piqûres sur le parenchyme des jeunes feuilles, sur les rameaux herbacés très tendres, ou même sur les vrilles de certaines espèces ou de certains cépages, des *galles* dans lesquelles il se fixe et se constitue, après trois mues successives, à l'état de *mère pondeuse* (fig. 375), sans qu'il y ait eu fécondation par un mâle. Il devient alors renflé et volumineux, et pond successivement, dans la poche ainsi formée, un très grand nombre de *pseudova* (faux œufs, par opposition à l'œuf de la femelle sexuée) ; au bout de peu de temps a lieu l'éclosion. Les jeunes de cette génération se fixent à leur tour sur les feuilles des extrémités et y produisent des galles, ou bien ils descendent sur les racines. La multiplication gallicole peut se prolonger, si les circonstances sont favorables, jusqu'à la chute des feuilles.

M. Marion a constaté, en 1877 et en 1878, que dans certaines circonstances les jeunes aptères nés des pseudova des pondeuses radicicoles sortaient de terre et allaient former des galles sur les feuilles. M. Max Cornu a observé un fait analogue sur une vigne conservée en serre, à l'abri des essaimages et ne pouvant renfermer des descendants immédiats de l'œuf d'hiver. Mais les faits de cette nature paraissent fort rares, et on peut affirmer que, dans le plus grand nombre des cas, les gallicoles sont fournis par les générations qui sortent de l'œuf sexué, ainsi que tendent à le prouver les observations de M. V. Mayet et la belle expérience de M. Balbiani. Au domaine de la Paille, près de Montpellier, se trouve un champ de V. Riparia *sauvages*, planté depuis plusieurs années, et dont les feuilles se couvraient chaque printemps de grandes quantités de galles. Dans l'hiver 1883-1884, M. Balbiani fit traiter la moitié du champ par un badigeonnage destiné à tuer les œufs d'hiver qui pouvaient exister sur les souches ; l'autre moitié ne reçut aucun traitement, elle se couvrit de galles très nombreuses, tandis que la partie badigeonnée resta absolument indemne de ces excroissances. La suppression de l'œuf d'hiver avait entraîné celle des gallicoles.

Les galles se développent le plus souvent sur certaines vignes américaines, et notamment sur celles qui dérivent du V. Riparia ; mais on les voit quelquefois se former sur nos vignes d'Europe, surtout sur les jeunes feuilles tendres et succulentes des extrémités, telles que celles qui se produisent dans les années à printemps doux et humides ou dans les pépinières arrosées.

b. *Vie radicicole.*— Les insectes qui pénètrent sous terre et se fixent sur les racines peuvent se diviser en deux catégories : les uns qui, comme les gallicoles, passent par une série de trois mues à l'état de *mères pondeuses* ; les autres qui, après cinq mues, arrivent à l'état de *nymphes*.

Les *mères pondeuses* (fig. 376 et 377) des racines ont une forme ovalaire plus ou moins rétrécie vers la partie postérieure. La *tête*, fortement empâtée dans le thorax, porte deux antennes à trois articles et deux yeux marqués par trois taches rouges. Le *thorax* est divisé en trois segments, auxquels correspondent du côté ventral

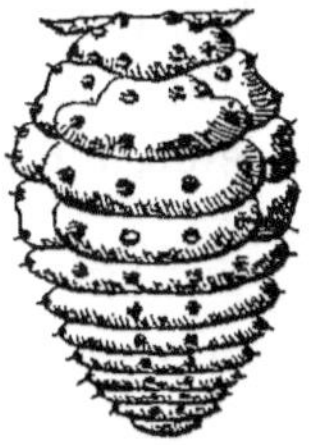

Fig. 376

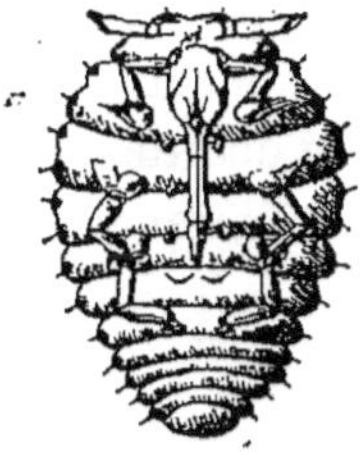

Fig. 377

Fig. 376.— Phylloxera aptère : mère pondeuse des racines, vue par la face dorsale.— Fig. 377.—Phylloxera aptère ; mère pondeuse des racines, vue par la face ventrale.

ceux du sternum, qui portent les trois paires de pattes. L'abdomen est divisé en huit segments.

L'organe qui sert à ces insectes pour prendre leur nourriture est un suçoir formé de trois soies contenues dans une gaine spéciale formée de quatre pièces. Le corps est marqué de soixante-dix tubercules légèrement saillants et distribués d'une manière régulière et symétrique.

La couleur des pondeuses radicicoles varie du jaune clair (lorsqu'elles sont jeunes) à un jaune-verdâtre et sale ou au brun (à l'état d'hibernants).

Elles ne diffèrent des *pondeuses gallicoles* que parce que l'abdomen de ces dernières est plus renflé, à cause de la plus grande quantité d'œufs qu'elles pondent, et par l'épaisseur de la peau, qui est plus mince chez les insectes souterrains que chez ceux qui vivent à l'air.

Les *mères pondeuses* radicicoles pondent non fécondées, fixées par leur suçoir sur un point de la racine qu'elles n'abandonneront pas ; elles déposent autour d'elles de vingt-cinq à trente *pseudova*, à raison de deux à trois, en quatre à cinq jours ; après quoi elles meurent. Les *pseudova* éclosent au bout de huit à dix jours et donnent naissance aux *jeunes agiles*, dont nous avons parlé, et qui sont susceptibles de sortir par des crevasses du sol et d'aller, soit en cheminant, soit emportés par le vent, se fixer plus loin sur d'autres racines (1).

(1) M. Faucon.— Lettre adressée à M. Dumas (*Comptes rendus*, 3 novembre 1879).

Cette nouvelle génération passe par les mêmes phases que la précédente, et les choses continuent ainsi jusqu'à la fin d'octobre ou au commencement de novembre, suivant les régions.

A cette époque, les mères pondeuses meurent et les jeunes récemment éclos passent l'hiver, fixés sur les racines, dans un état d'engourdissement complet. Ils prennent alors une teinte brune et semblent amaigris et déprimés. Au mois d'avril a lieu le réveil de ces *hibernants* ; ils continuent alors la série des générations agames précédemment décrites. On a constaté que ce mode de multiplication pouvait se continuer pendant quatre ans au moins.

2° Nymphes

Les aptères (fig. 378) qui ne deviennent pas *mères pondeuses* passent, comme nous l'avons dit, par deux mues de plus que les autres

Fig. 378

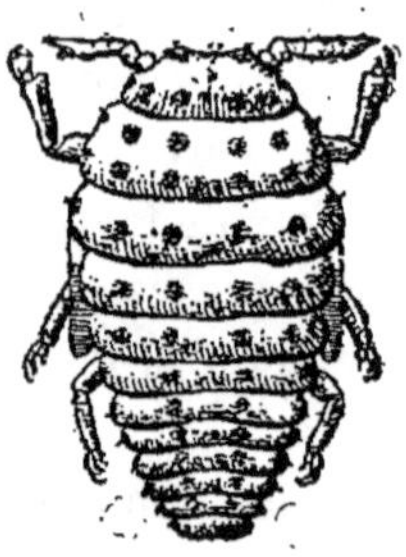

Fig. 379

Fig. 378.— Phylloxera des racines : individu destiné à se transformer en nymphe. — Fig. 379.— Nymphe.

et arrivent à l'état de *nymphes*. Les *nymphes* (fig. 379) diffèrent des pondeuses par leur forme générale plus élancée, par leurs antennes plus longues et par les fourreaux noirs des ailes qu'elles présentent sur les côtés. Ces organes, qui masquent une partie des flancs vers les bords, produisent, à première vue, l'apparence d'un étranglement qui existerait au milieu du corps.

3° Ailés agames

Au bout de quinze à vingt jours, la nymphe sort de terre et devient *insecte ailé* (fig. 380), par une nouvelle mue. L'*ailé* ressemble à un très petit moucheron à corps jaune et allongé, à corselet noir, muni de quatre ailes horizontales grises et transparentes; ces ailes sont plus longues que l'abdomen et inégales; les deux inférieures sont plus courtes que les supérieures. Les antennes ont une forme particulière, le troisième article est très long. Les yeux sont multiples. Les diverses parties du thorax se subdivisent, le prothorax en deux, le mésothorax en trois, le métathorax en deux parties.

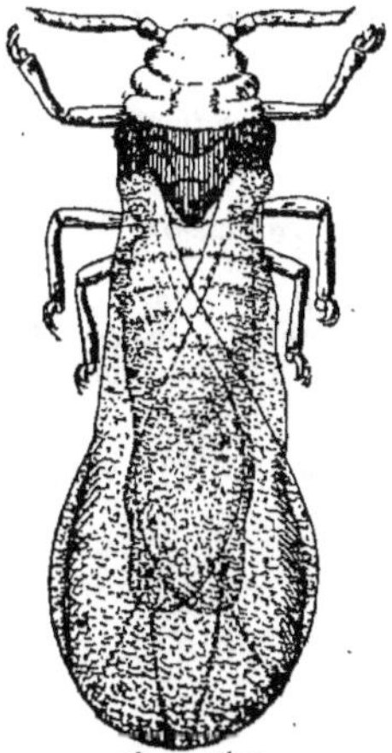

Fig. 380.
Phylloxera ailé.

L'*ailé* prend sa volée et est entraîné souvent fort loin par les vents; c'est vraisemblablement le principal agent de propagation à grande distance, bien que, comme nous l'avons vu, les jeunes *aptères* puissent contribuer également à la diffusion du mal. Il se pose, lorsqu'il peut s'arrêter, sur la face inférieure des feuilles de vigne et y pond, sans fécondation, de trois à six *pseudova*, les uns gros, les autres petits, desquels naissent les *sexués*.

4° Sexués

Les *femelles* naissent des gros *pseudova* des ailés, les *mâles* des petits. Le mâle (fig. 381) est plus petit que la femelle (fig. 382); ils

Fig. 381

Fig. 382

Fig. 381.— Phylloxera sexué, mâle.— Fig. 382.— Phylloxera sexué, femelle.

sont tous deux de taille très inférieure à celle des *pondeuses agames* et des *nymphes*; ils sont dépourvus de suçoir et des organes de la digestion; ils s'accouplent presque dès leur naissance et la femelle pond un œuf unique, d'où naîtront, au printemps suivant, les nouvelles générations d'*aptères agames* dont il a été parlé au commencement.

Cet *œuf*, auquel on a donné le nom d'œuf d'hiver parce que, sous les climats tempérés tout au moins, il passe l'hiver sans éclore, est déposé sous les écorces du bois de deux ans (au-dessous des sarments de l'année) ; ainsi que l'a démontré M. Valéry Mayet, c'est sur les souches qui ont porté des galles plusieurs années de suite qu'on le trouve le plus sûrement.

On peut résumer comme il suit le cycle biologique du *phylloxera* :

L'*œuf* des sexués produit :
- des *jeunes gallicoles*, qui deviennent des *pondeuses gallicoles* ou *radicicoles*.
- ou des *jeunes radicicoles*, qui deviennent :
  - des *pondeuses radicicoles*
  - ou des *nymphes*, qui deviennent des *ailés*, d'où naissent les *sexués*, qui donnent lieu à l'*œuf* fondamental.

Ainsi qu'on le voit par ce qui précède, les *pondeuses* peuvent provenir, soit de l'*œuf vrai* issu d'une fécondation, soit de *pseudova* issus de pondeuses non fécondées. Ce fait a été interprété de deux manières par les entomologistes : les uns, avec M. Balbiani, pensent que les *pseudova* sont un produit parthénogénésique et transitoire, donnant des insectes dont la puissance génératrice va en diminuant au fur et à mesure qu'ils s'éloignent de la mère fondatrice, ce qui exige, à des périodes plus ou moins éloignées, mais néanmoins limitées, le retour aux *sexués* (1). D'autres, comme M. Lichtenstein, croient que les *pseudova* sont la manifestation d'une génération par *gemmation* qui, dans certains milieux, pourrait se continuer indéfiniment sans que l'intervention des *sexués* devienne nécessaire (2).

La théorie de M. Balbiani est la plus généralement admise en France. Nous n'avons pas d'ailleurs la prétention de trancher ici cette question, qui est en dehors de notre compétence ; mais nous avons cru néanmoins devoir faire connaître ces opinions, parce que, ainsi que nous le verrons plus tard, on a basé sur l'une d'elles un procédé de destruction de l'insecte.

C. **Lésions causées par l'insecte.** — La présence du *phylloxera* dans un vignoble se manifeste extérieurement par des points où la végétation est faible et languissante ; au centre se trouvent des souches mortes ou fortement déprimées, à partir desquelles on passe, si

(1) G. Balbiani. — *Le phylloxera du chêne et le phylloxera de la vigne.* (Compt. rend. de l'Acad. des Sc., 2 novembre 1875 et 3 juillet 1876). Paris, Gauthier-Villars, 1884, pag. 23 et suiv.

(2) J. Lichtenstein. — *Histoire du phylloxera, précédée de considérations générales sur les pucerons.* Montpellier, C. Coulet, 1878.

l'on s'en éloigne en rayonnant, au milieu d'autres de moins en moins malades, jusqu'à ce que l'on atteigne celles qui présentent un aspect normal ; ces points ont été comparés, par M. Gaston Bazille, à des *taches d'huile*. Les rameaux des souches les plus atteintes sont rabougris et s'aoûtent mal à l'automne ; les feuilles ont un aspect jaunâtre dès le mois de juillet et tombent prématurément ; la fructification, qui augmente d'abord quelquefois d'une manière sensible, sous l'influence des premiers effets du mal, va ensuite en diminuant ; les raisins n'arrivent plus à parfaite maturité, restent rouges au lieu de devenir noirs et sont souvent *millerandés*.

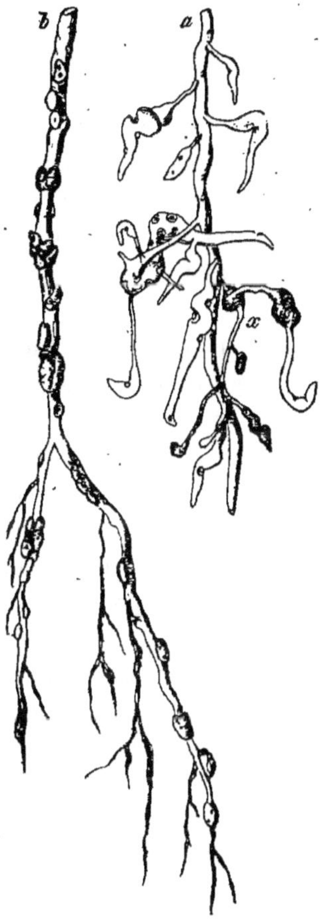

Fig. 383. — Renflements produits par la piqûre du phylloxera : *a* renflements sur de racines jeunes et tendres (*nodosités*) ; *b* renflements sur des racines plus âgées et plus dures (*tubérosités*), d'après M. Millardet.

Mais toutes ces apparences extérieures ne sont pas absolument spéciales au *phylloxera*, elles se manifestent dans presque toutes les maladies qui atteignent la racine (*pourridié*, *larves du gribouri* (1), etc.), et ce n'est que l'examen de la racine elle-même qui permet d'en reconnaître sûrement les ravages.

Lorsque l'on étudie les racines d'un cep récemment atteint par le *phylloxera*, on remarque qu'un grand nombre de radicelles encore tendres sont renflées et déformées, et prennent l'apparence de *nodosités* (fig. 383 *a*) ; les racines plus grosses portent de petites protubérances en forme de verrues (*tubérosités*, fig. 383 *b*), dont le volume est d'autant moindre que les tissus sont plus âgés et plus durs. Ces divers renflements s'altèrent au bout d'un certain temps et finissent par entraîner la désorganisation des racines, sur lesquelles ils se trouvent en grand nombre, chez les vignes d'Europe et d'Asie tout au moins; celles des diverses espèces américaines sont altérées d'une manière plus superficielle, ainsi que nous le verrons plus loin. Chez les vignes d'Europe, les radicelles disparaissent alors et les racines plus âgées deviennent noires, spongieuses et friables; l'insecte n'y trouve plus les conditions nécessaires à son existence et disparaît; enfin la plante périt après avoir épuisé toutes ses réserves, faute de pouvoir renouveler les matériaux qu'elle puise habituellement dans le sol.

Indépendamment des lésions que nous venons de décrire sur les racines, et qui sont les seules dangereuses, le *phylloxera* détermine, comme nous l'avons vu, sur certaines espèces et en certaines circonstances, la formation de galles sur les feuilles. A la suite d'une série de piqûres pratiquées en cercle à la face supérieure, on voit apparaître en dessous un certain nombre de petits renflements en forme de mamelons, lesquels, par leur pression mutuelle, font gaufrer le parenchyme, qui prend l'aspect d'une poche; l'ouverture se trouve à la page supérieure de la feuille et est garnie de poils. Les galles ne paraissent pas nuire sensiblement au bon fonctionnement de la feuille, et on ne peut dans aucun cas les considérer comme contribuant à amener la mort des vignes phylloxérées.

(1) Voir pag. 593 et 642.

CHAPITRE XIX

SOMMAIRE. — Moyens proposés pour détruire le phylloxera. — Insecticides proprement dits : sulfure de carbone (1).

MOYENS DE DESTRUCTION EMPLOYÉS CONTRE LE PHYLLOXERA

Les moyens proposés pour porter remède aux ravages du *phylloxera* peuvent se ranger dans deux catégories distinctes: 1° ceux qui, entrant directement en lutte avec l'insecte, tendent à en amener la destruction : ce sont les insecticides proprement dits, les badigeon-

(1) BIBLIOGRAPHIE. — **D. Crolas** et **A. Audoynaud**; *Recherches sur les phénomènes qui accompagnent l'introduction et la diffusion des vapeurs de sulfure de carbone dans le sol.* Montpellier, Boehm et fils, 1876. — **Crolas** et **Fallières**; *Des moyens pratiques et sûrs de combattre le phylloxera*, chap. IV : *Sulfure de carbone.* Paris, Masson, 1878. — **Compagnie des chemins de fer du P.-L.-M.**; *Instructions pour le traitement des vignes par le sulfure de carbone.* Paris, Paul Dupont, 1878. — **Id**; *Instructions relatives à la disposition des trous d'injection, d'après les différents systèmes de culture.* — **Commission départementale de la Charente-Inférieure pour l'étude du phylloxera**; Comptes rendus. — **Louis Jaussan**; *De l'emploi rationnel du sulfure de carbone dans le traitement des vignes phylloxérées.* Béziers. Granié et Malinas, 1878. — **N...**; *Traitement des vignes phylloxérées au coteau de l'Ermitage.* Lyon, Pitrat aîné, 1879. — **Manoel Paulino d'Oliveira**; *Le Phylloxera et le sulfure de carbone en Portugal.* Paris, Masson, 1879. — **Id.**; *Le phylloxera et le sulfure de carbone* (Extrait du Journal d'Agriculture pratique, 1879). — **Alph. Rommier**; *Limite de la résistance de la vigne aux traitements sulfocarboniques.* Paris, 1879. — **Aimé Champin**; *Le sulfure de carbone et les viticulteurs*, 1879. — **Id.**; *Le sulfure de carbone et les paysans*; *lettre de la Vigne américaine au principal des insecticides* (Extrait du Journal d'Agriculture). Paris, Masson, 1879. — **Paul Oliver**; *Le sulfure de carbone.* Perpignan, Latrobe, 1880. — **Docteur Crolas**; *Rapport à M. le Ministre de l'Agriculture et du Commerce sur les traitements au sulfure de carbone appliqués, en 1881, au champ d'expériences départemental de Saint-Germain, au Mont-d'Or* (Lyon, Gazette agricole et viticole, 1881). - **Marion**; *Application du sulfure de carbone au traitement des vignes phylloxérées*, 1882. — **Prosper de Lafitte**; *Essai sur une bonne conduite des traitements au sulfure de carbone* (Conférence faite au Congrès phylloxérique de Bordeaux). Bordeaux, Féret et fils, 1882. — **G. Gastine**; *Sur la recherche et sur le dosage de faibles quantités de sulfure de carbone dans l'air, dans les gaz, dans les sulfocarbonates*, etc., 1884. — **Docteur Crolas** et **Vermorel**; *Manuel pratique des sulfurages.* Paris, Maison rustique, 1884. — **G. Gastine**; *Emploi du sulfure de carbone contre le phylloxera.* Paris, Masson, 1884. — **G. Gastine** et **Georges Couanon**; *Emploi du sulfure de carbone*

nages contre l'œuf d'hiver et la submersion ; 2° ceux qui, en renonçant à atteindre l'insecte, tendent à établir le vignoble dans des conditions qui leur permettent de lui résister : c'est, par exemple, la plantation dans les sables et l'emploi des vignes américaines résistantes. Nous allons successivement passer en revue ces divers procédés.

Aucune des méthodes proposées jusqu'ici pour combattre le *phylloxera* n'a donné lieu à un plus grand nombre d'inventions et à plus d'illusions, il faut bien le dire aussi, que celle des insecticides. Les conceptions les plus diverses et quelquefois les plus bizarres se sont produites dans cet ordre d'idées : tout a été proposé, depuis le venin du crapaud jusqu'au jus de tabac, sans compter les insectifuges tels que les exorcismes ou les brouettes frappeuses, au moyen desquelles on devait reconduire méthodiquement l'insecte jusqu'à la mer ou à la frontière. Et, bien que tous ceux des procédés qui offraient quelque apparence de sérieux aient été soigneusement expérimentés (1), nous voyons journellement appliquer de nouveau, dans les contrées récemment envahies, une infinité de remèdes qui ont échoué dans les premiers centres d'expérimentation.

De ces nombreux procédés, deux seulement sont demeurés debout comme moyen d'effectuer des traitements culturaux, c'est-à-dire de détruire le *phylloxera* en conservant la vigne ; 1° l'emploi du sulfure de carbone ; 2° celui du sulfo-carbonate de potassium ; enfin un troisième, consistant en badigeonnages contre l'œuf d'hiver, a été récemment proposé.

Il paraît surprenant, à première vue, que, d'un nombre aussi con-

contre le phylloxera. Bordeaux, Féret et fils, 1884. — **F.-P. Crozier** ; *Traité pratique et raisonné de la défense des vignes.* Paris, librairie de la Maison rustique. — **Docteur Crolas** et **Vermorel** ; *Guide du vigneron pour l'emploi du sulfure de carbone contre le phylloxera.* Paris, Maison rustique, 1884. — **Docteur Crolas** et **M.-P. Vincey**; *Rapport à M. le Ministre de l'Agriculture sur les travaux du Comité et des Syndicats.* Lyon, Waltemer et Cᵉ, 1886. — **Jaussan**; *Après sept ans de lutte; observations sur les effets du sulfure de carbone*, Béziers, P. Rivière, 1885. **Docteur Crolas** et **François Jobart**; *Traitement des vignes phylloxérées à l'aide des vapeurs de sulfure de carbone introduites et diffusées dans le sol au moyen de l'aspiration.* — **Etienne Bastide**; *Le phylloxera et le sulfure de carbone.* — **Guillaume Massa**; *De l'acide sulfureux comme moyen de détruire le phylloxera et de rehausser le pouvoir fécondant des engrais.* — **Vernière** ; *Le sulfure de carbone, remède curatif et préventif contre le phylloxera.* Montpellier, Coulet, 1874. — **J. Pastre** ; *Les accidents attribués au sulfure de carbone.* Béziers.

(1) La Commission départementale de l'Hérault, instituée pour étudier les procédés proposés pour concourir au prix institué par M. le Ministre de l'Agriculture, avait expérimenté 307 systèmes en 1887. — *Résultats pratiques de l'application des divers procédés présentés au concours des prix de 20,000 fr. et de 30,000 fr.*, etc. Montpellier, Grollier, 1877.

sidérable de tentatives, si peu aient abouti, alors que les succès des insecticides employés journellement dans nos jardins pour délivrer nos plantes cultivées des pucerons qui en attaquent les feuilles ou les rameaux démontrent l'efficacité d'un grand nombre de matières pour cet objet. Mais, si l'on cherche à s'en rendre compte, on ne tarde pas à reconnaître que ce n'est pas le principe destructeur lui-même qui est difficile à trouver, mais bien un agent pouvant réussir dans les conditions de milieu où se trouve le *phylloxera*, enfin ne dépassant pas, par le prix de revient de son application, un maximum imposé par le revenu même des vignes à traiter. Or, lorsqu'on tient compte de la profondeur considérable à laquelle vit souvent l'insecte — nous l'avons trouvé, à l'Ecole d'agriculture de Montpellier, à $1^m,90$ dans des marnes argileuses très compactes — et à la masse de terre qu'il faut par conséquent intoxiquer, et si l'on réfléchit à la difficulté avec laquelle les liquides et les gaz eux-mêmes se diffusent dans le sol en certaines circonstances, on ne sera pas étonné qu'un si petit nombre de procédés aient subsisté.

I. — SULFURE DE CARBONE

A. **Historique.**— Ce fut en 1872 que M. le baron Thénard proposa, pour la première fois, l'emploi du sulfure de carbone pour détruire le *phylloxera*; cette idée était évidemment la meilleure qui eût été émise jusqu'alors, en ce qui concerne les insecticides tout au moins; l'agent indiqué jouissait, en effet, d'une très grande activité vis-à-vis de l'insecte; la facilité avec laquelle il se volatilisait, aussi bien que la densité considérable de sa vapeur, permettait d'espérer une diffusion facile à travers le sol; enfin, son prix relativement peu élevé rendait probable la possibilité d'une application large et répétée. Mais bien des difficultés restaient encore à vaincre avant que l'on eût trouvé les moyens de tirer un parti utile de cette découverte.

Les premières tentatives pour la mise en pratique de cette idée furent faites à Montpellier, en 1873, par M. Monestier, qui chercha à la réaliser en plaçant le sulfure à une certaine profondeur sous terre, où il le faisait pénétrer au moyen d'un tube métallique; il réduisit, en outre, les doses beaucoup trop considérables indiquées par M. Thénard. Ces essais firent naître de grandes espérances, et M. Gaston Bazille, président de la Société d'agriculture de l'Hérault, tout en formulant de sages réserves quant à l'avenir de ce procédé, signalait les résultats des expériences auxquelles il avait assisté comme véritablement remarquables. Malheureusement, l'aspect des choses ne tarda pas à devenir moins satisfaisant; l'imperfection des moyens employés, une connaissance insuffisante des meilleurs moments d'application, peut-être aussi les difficultés nombreuses qu'offrirent les milieux où les opérations se multipliaient alors, ne tardèrent pas à amener une foule de mécomptes qui éloignèrent les viticulteurs de ce procédé et le firent généralement abandonner dans l'Hérault et dans le Gard.

Néanmoins, quelques chercheurs, plus persévérants que les autres, reprirent les essais de M. Monestier, en les modifiant ou en les perfectionnant. M. le Dr Crolas (de Lyon), dans une série d'expériences qu'il entreprit à l'École d'agriculture de Montpellier avec le concours de M. Audoynaud, et qui furent menées avec beaucoup de science et de méthode, tenta d'arriver à une meilleure diffusion des vapeurs du sulfure au moyen de l'aspiration souterraine d'abord, puis du refoulement ensuite.

A peu près en même temps, MM. Gueyraud dans les Basses-Alpes, Alliès près de Marseille, et Rousselier à Aimargues, continuaient avec des succès divers les tentatives d'applications au moyen de pals distributeurs; mais bientôt d'autres travaux plus complets et plus longuement suivis devaient éclipser ces efforts si intéressants. Justement préoccupée de la diminution considérable qu'entraînait dans le chiffre de ses transports la disparition des vins du Midi, et frappée par les résultats obtenus par M. Alliès près de Marseille, la Compagnie des Chemins de fer de Paris à Lyon et à la Méditerranée résolut de faire étudier sérieusement la question de l'application du sulfure de carbone. Une Commission de savants et d'ingénieurs fut instituée, qui entreprit une série d'expériences méthodiques dont les résultats peuvent être considérés comme ce que nous possédons de plus complet sur cette matière. De ces recherches sortit une formule de traitement dont la Compagnie chercha à répandre l'application par la création et la vente à prix coûtant du matériel nécessaire, en fabriquant et en livrant à bon marché le sulfure de carbone, enfin en fournissant aux propriétaires, en vue de former leur personnel, des moniteurs capables de diriger les travaux. En résumé, on peut dire que par son initiative intelligente et hardie, elle a puissamment contribué à répandre l'emploi de cet insecticide parmi les viticulteurs hésitants ou découragés par les échecs des premières tentatives.

Tandis que la Compagnie de P.-L.-M. poursuivait ses belles expériences dans le Sud-Est, l'Association viticole de Libourne se livrait, de son côté, dans le Sud-Ouest, à des travaux importants sur les meilleures méthodes d'application du sulfure de carbone; les conclusions auxquelles elle arriva furent sensiblement les mêmes que celles formulées par la Compagnie, sauf pour quelques points d'application où la pratique semble lui avoir donné raison.

Depuis lors, les travaux de M. le Dr Crolas (de Lyon), de M. Fallières (de Libourne), de M. Crozier (de Montbrison), de M. G. Gastine (de Marseille) et surtout ceux de M. Jaussan à Béziers ont éclairé bien des points obscurs et tracé à la pratique la voie à suivre jusque dans les moindres détails. Ce sont les résultats de ces divers travaux que nous allons chercher à résumer dans ce qui va suivre.

B. **Mode d'emploi du sulfure de carbone pur.** — MM. G. Gastine et Couanon ont fort bien formulé de la manière suivante le principe sur lequel doivent reposer les traitements insecticides : *Imprégner toutes les parties du sol dans lesquelles se développent les racines d'une substance toxique capable d'atteindre uniformément les insectes et d'en débarrasser le végétal sans l'altérer.* Pour obtenir ces résultats, il est nécessaire de tenir compte de bien des éléments que nous allons examiner, en exposant les procédés d'application aujourd'hui usités.

1° Epoque des traitements

Les traitements doivent être commencés dans les vignes dès que les premières traces de *phylloxera* y ont été constatées ; lorsqu'on attend, comme on le fait trop souvent, que les effets du mal soient tout à fait manifestes, ce qui correspond à la destruction d'une grande partie du système radiculaire, il faut quelquefois plusieurs années pour que la vigne débarrassée d'insectes ait reconstitué ses racines, et on n'arrive pas toujours à des résultats suffisants. Quand on s'y prend, au contraire, dès le début, on conserve la plus grande partie de ces organes et le vignoble ne subit pas de dépression sensible. Enfin, les vignes dont les racines sont déjà gravement altérées sont très sensibles à l'action du sulfure de carbone (1) et ne permettent pas, par conséquent, l'emploi de doses assez fortes pour se débarrasser promptement de l'insecte.

En ce qui concerne la saison à laquelle l'opération doit être effectuée, la Commission de la Compagnie de P.-L.-M. avait recommandé en premier lieu deux traitements : l'un pendant l'hiver, qui avait pour but de détruire les colonies d'hibernants ; l'autre au mois de mai, au moyen duquel on devait faire périr les jeunes des générations issues

(1) Compagnie des chemins de fer de P.-L.-M. — *Résumé des travaux effectués en 1877 pour combattre le phylloxera,* par M. A.-F. Marion. Paris, Paul Dupont, 1878.

de l'œuf d'hiver au moment où ils viendraient de descendre sur les racines.

On pensait, enfin, que la période du repos de la végétation était celle où la vigne risquait le moins de souffrir des effets du sulfure. Aujourd'hui, on a reconnu qu'il était possible, dans certaines conditions, de traiter avec des chances de succès à peu près égales dans les diverses saisons de l'année. On doit seulement éviter les moments où il y a excès d'humidité, parce que, dans ces circonstances, le sulfure ne s'évapore que lentement et que, pendant qu'il est encore à l'état liquide, il peut altérer les racines. Il faut également ne pas opérer en temps de sécheresse trop intense, surtout dans les terrains qui se fendent et laissent dégager les vapeurs sulfocarboniques. Il est enfin préférable de ne pas effectuer d'application lors de la floraison et du moment de la véraison à celui de la vendange, parce qu'il résulte presque toujours de ce fait la cessation provisoire du fonctionnement d'un certain nombre de radicelles et un léger arrêt de végétation ; cet effet de *stupéfaction*, ainsi qu'on l'a appelé, peut entraîner de la coulure et nuire à la maturation du fruit.

2° Influence de la nature du sol et de son état

Les sols dans lesquels les traitements au sulfure de carbone réussissent le mieux sont ceux qui sont riches, profonds, de moyenne consistance, jamais secs ni humides à l'excès ; c'est, en effet, dans un milieu de ce genre que la diffusion des gaz se fait le mieux et le plus régulièrement et que la vigne refait le plus rapidement les racines qu'elle a perdues. Dans les terres très argileuses, au contraire, on se trouve tantôt en présence d'un excès d'humidité qui gêne la diffusion des gaz, tantôt d'un excès de sécheresse qui les amène à se crevasser en été, de sorte que le sulfure s'échappe facilement dans l'atmosphère. Leur nature froide au printemps les rend, en outre, peu propres à la production des radicelles, et par suite à la reconstitution des vignes qui ont sérieusement souffert. Aussi, les insuccès ont-ils été très fréquents jusqu'ici dans ces milieux. Les terrains caillouteux et arides ou peu profonds, ceux surtout situés en coteaux et notamment dans les climats secs et chauds, se sont montrés également peu favorables à la réussite des traitements au sulfure de carbone ; les *garrigues* du midi de la France ont été généralement abandonnées par ceux qui sont parvenus à défendre, avec le plus de succès, leurs vignobles de plaine (1). Dans les sols sableux, l'action insecticide dû traitement est fortement aidée par la résistance naturelle qu'offre, à la propagation du *phylloxera*, le sable qu'ils renferment en notable proportion.

Pour que l'opération puisse s'effectuer dans les conditions les plus favorables, la terre ne doit pas être humide ou sèche à l'excès, ainsi que nous l'avons vu précédemment ; il est bon, en outre, qu'elle n'ait pas été fraîchement remuée ; un léger tassement de la surface, en diminuant les chances d'évaporation du sulfure à l'air libre, assure à cet agent une action prolongée. Le sol ne doit pourtant pas être trop dur, à cause de la difficulté qui en résulterait pour l'opération elle-même.

3° Distribution du sulfure de carbone dans le sol

En principe, le sulfure de carbone ne doit pas être mis seulement à portée des pieds de vignes, mais il doit être réparti le plus uniformément possible dans toute la couche de terre qu'habitent les racines ; aussi est-il nécessaire de bien connaître les conditions dans lesquelles s'opère la diffusion de ses vapeurs. Les expériences de la Commission nommée par la Compagnie des Chemins de fer P.-L.M. ont démontré : 1° qu'après l'injection, on pouvait constater une décroissance des quantités de vapeur renfermées dans le sol, du fond du trou vers la surface, ce qui n'a pas lieu au contraire pour les couches sous-jacentes ; de ce fait, on peut conclure à l'inutilité des injections profondes, qui avaient été considérées comme nécessaires dans les débuts ; 2° que les rayons de diffusion et la permanence des vapeurs ne croissaient pas proportionnellement aux quantités de liquide employées, d'ou l'on avait conclu qu'il valait mieux administrer un poids donné de sulfure en plusieurs fois plutôt qu'en une seule. De là, l'idée des traitement réitérés, évidemment plus efficaces que les autres : mais la pratique, comme nous le verrons, les a abandonnés, parce que l'excès de leur prix de revient sur celui des autres n'est pas compensé, dans la plupart des cas, par une supériorité d'effets suffisante.

Le sulfure, à cause de son action offensive sur les jeunes racines de vignes ou sur celles qui ont déjà été altérées par l'insecte, doit être réparti aussi uniformément que possible dans les diverses par-

(1) Ceci peut être considéré comme vrai à peu près dans toute l'étendue du climat méditerranéen.

ties du sol, de manière à ne former nulle part des accumulations dangereuses. Pour arriver à ce résultat, on l'introduit en terre dans une série de trous régulièrement distribués ou dans des raies parallèles ou rapprochées au moyen de deux types d'instruments divers : les *pals* ou les *charrues sulfureuses*.

a. *Instruments employés pour l'application du sulfure de carbone.* — Les premiers instruments dont il ait été fait usage pour l'application du sulfure de carbone sont les *pals* ; les *charrues sulfureuses* sont d'invention sensiblement plus récente, elles tendent à se répandre

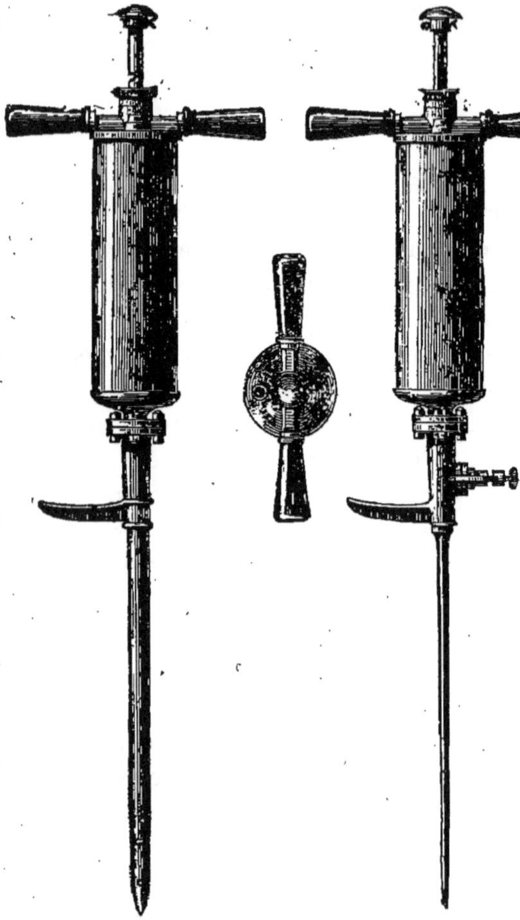

Fig. 384 Fig. 385

Fig. 384. — Pal injecteur Gastine, à clapet inférieur. — Fig. 385. — Pal injecteur Gastine, à clapet latéral et à tige en forme de lame.

en quelque mesure aujourd'hui, à cause de la grande économie qui résulte de leur emploi.

Les premiers *pals* usités pour l'introduction du sulfure de carbone dans le sol étaient de simples tubes ouverts à la partie inférieure ; ces tubes étaient enfoncés après y avoir passé une tige de fer pointue,

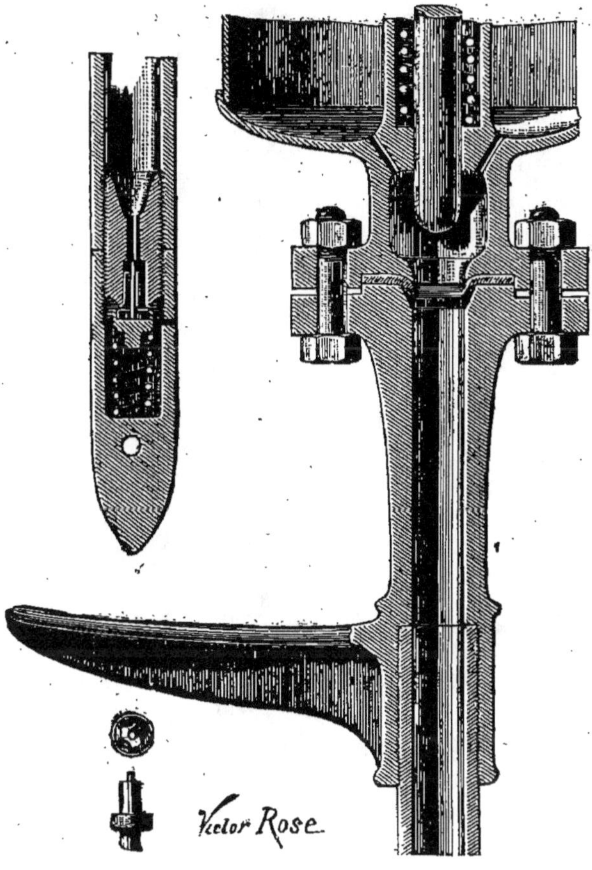

Fig. 386. — *a* Coupe du pal injecteur Gastine, à clapet inférieur; *b* pointe du pal et clapet de retenue; *c* clapet (1).

que l'on enlevait quand on avait atteint la profondeur voulue ; on faisait couler par ce conduit une certaine quantité de liquide, mesurée préalablement (*pal* David et Delbez). On construisit ensuite des appareils jaugeant eux-mêmes, d'une manière approximative, le sulfure et le laissant ensuite écouler (*pal* Gayraud, *pal* Rousselier) ; enfin, le principe des pals *injecteurs* fut introduit par M. Gastine et définitivement adopté par la pratique. Nous donnons ci-après la

(1) Extrait de l'ouvrage de MM. G. Gastine et G. Couanon. — *Emploi du sulfure de carbone*, etc.

description des pals actuellement fabriqués par ce constructeur (1), d'après lui-même : «Comme on peut le voir (fig. 384, 385, 386, 387),

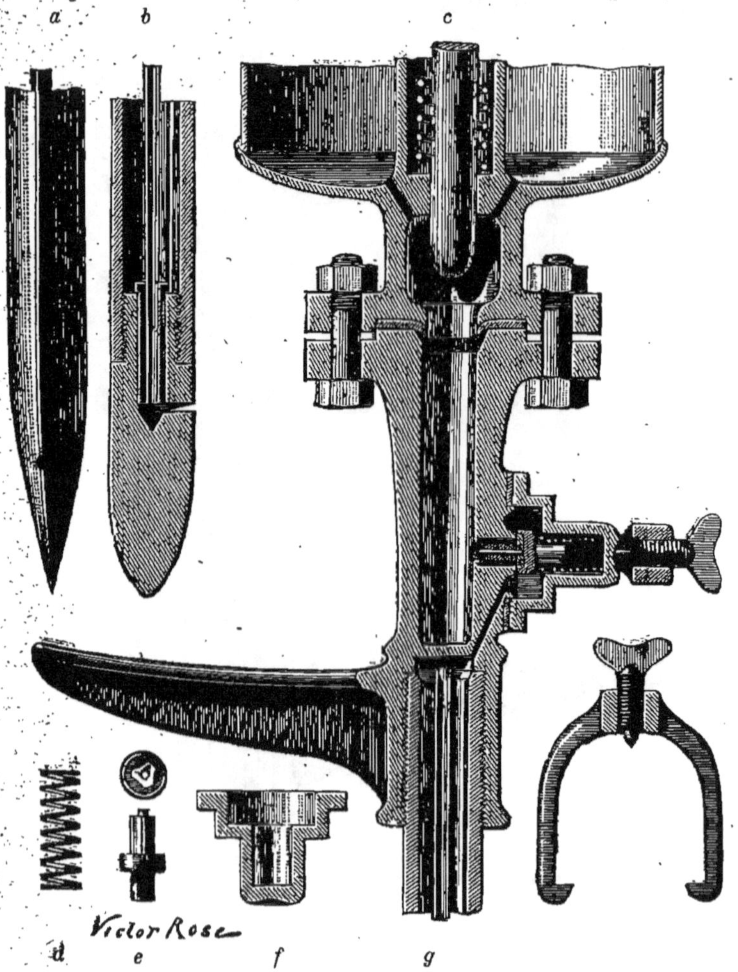

Fig. 387. — *a* Coupe du pal injecteur Gastine, à clapet latéral (2) ; *b* tige du pal cylindrique ; *c* tige du pal à lame ; *d* ressort du clapet de retenue ; *e* clapet de retenue ; *f* bouchon recouvrant le clapet ; *g* presse à vis pour maintenir le bouchon qui recouvre le clapet.

c'est un instrument portatif qui se compose d'un réservoir cylindri-

(1) Le brevet Gastine est actuellement exploité par la société l'*Avenir viticole*, 73, rue du Brueys, à Marseille, et par M. Vermorel, à Villefranche (Rhône), qui a un peu modifié l'instrument.

(2) Extrait de l'ouvrage de MM. G. Gastine et Couanon. — *Emploi du sulfure de carbone*, etc.

que terminé par un tube perforateur. Au-dessus du réservoir, deux manettes permettent de saisir le pal pour l'enfoncer dans le sol. Une

Fig. 388

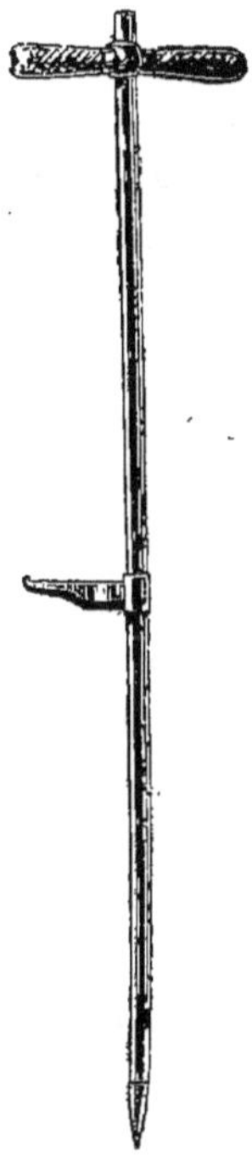

Fig. 389

Fig. 390

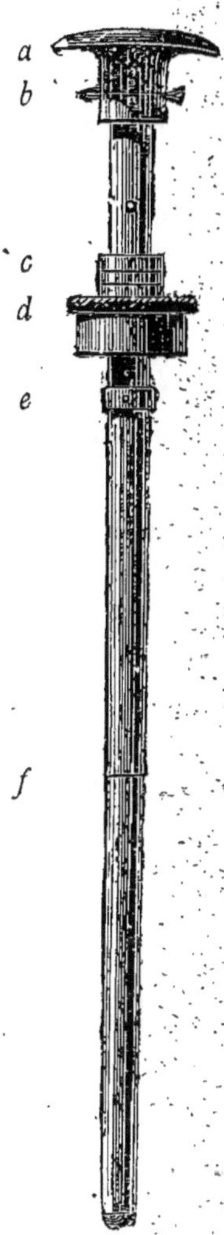

Fig. 391

Fig. 388. — Barres à boucher, d'après M. Gastine. — Fig. 389. — Avant-pal. — Fig. 390. — Bagues de dosage. — Fig. 391. — Piston du pal Gastine : *a* bouton de poussée ; *b* goupille ; *c* bagues de dosage ; *d* bouchon molleté ; *e* rondelle de butée ; *f* tige du piston.

pompe hydraulique placée à l'intérieur du réservoir, et dont la tige du piston dépasse le haut du récipient, entre les manettes, sert à projeter dans le sol avec force, par l'extrémité du tube perforateur, les quantités choisies et exactement dosées.

»Pour opérer, on saisit l'appareil par les manettes, on enfonce le tube perforateur dans la terre, en appuyant sur les manettes. Si l'action exercée par les mains est insuffisante, on ajoute celle du pied en forçant sur une pédale placée au-dessous du réservoir.

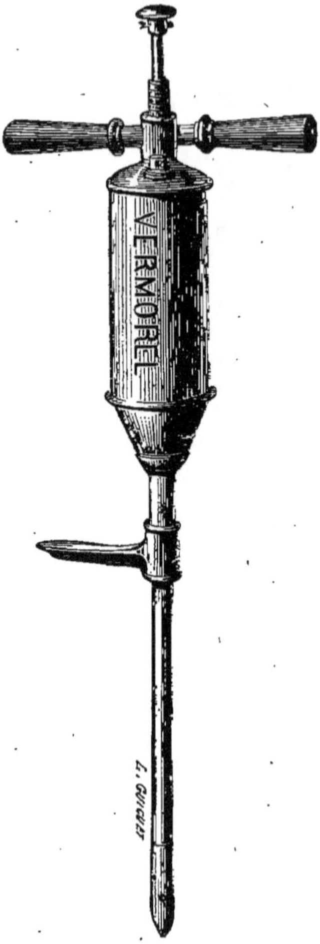

Fig. 392. — Pal injecteur modèle «Select», d'après M. Vermorel.

»Dès que le tube perforateur a pénétré dans la couche arable à la profondeur voulue, on pousse rapidement de haut en bas la tige du piston, et l'injection se produit au fond du trou. On abandonne alors cette tige du piston, qui remonte d'elle-même par l'action d'un ressort intérieur, de telle sorte que l'instrument est immédiatement amorcé pour une seconde injection semblable à la première.

»Le travail de l'opérateur est donc réduit à cette manœuvre : 1° Enfoncer le pal dans le sol; — 2° Appuyer vivement sur la tige du piston; — 3° Retirer le pal du sol; — 4° Boucher immédiatement avec force le trou fait par l'instrument.

»Dans la pratique, pour accélérer le travail, chaque ouvrier porteur d'un pal est généralement suivi d'un aide qui bouche les trous avec une barre de bois terminée par une masse en acier (fig. 388). Lorsque le sol est dur, il est précédé par un autre aide qui prépare la pénétration du pal en enfonçant dans le sol un avant-pal (fig. 389).

»Pour changer les doses (1), il suffit de réduire ou d'augmenter la longueur de la course du piston au moyen de bagues qu'on enfile sur la tige de cette pièce (fig. 390 et 391)».

(1) G. Gastine et Couanon ; *loc. cit.*, pag. 121 et suiv.

M. Vermorel a construit un modèle nouveau, dit *Select*, du pal Gastine, dont il donne la description suivante :

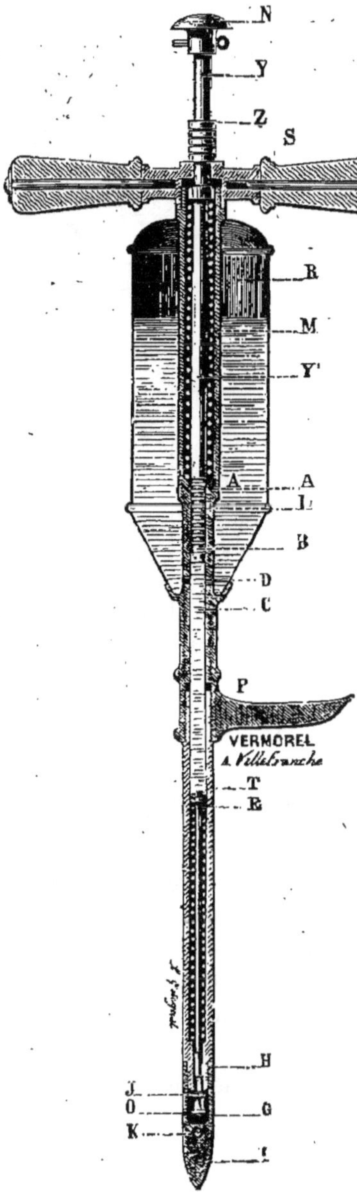

Fig. 393. — Coupe du pal injecteur modèle «Select» construit par M. Vermorel : *A* corps de pompe ; *B* cuir du piston ; *C* tige du clapet inférieur ; *D* ressort du clapet inférieur ; *F* écrous réglant la tension du ressort ; *G* chambre de sortie ; *H* partie carrée ménageant un passage au sulfure de carbone chassé du tube *T* dans la chambre de sortie ; *I* pointe du pal ; *J* clapet inférieur muni d'une rondelle de cuir ; *K* ouverture où s'engage la tige permettant de dévisser la pointe du pal ; *L* cannelures de la partie inférieure du piston ; *M* ressort ramenant le piston de bas en haut après chaque injection ; *N* tête de piston sur laquelle appuie l'ouvrier ; *O* orifice de sortie ; *P* pédale ; *R* réservoir à sulfure ; *S* manette ; orifice d'écoulement du sulfure du réservoir *R* dans le tube *T* ; *Y* tige du piston ; *Z* rondelles de dosage.

«Le pal injecteur (fig. 392, 393, 394, 395, 396 et 397) est formé, à l'extérieur, d'un récipient en zinc ou en cuivre R terminé par une tige de fer creux ou *pal* T, munie elle-même, intérieurement, d'une extrémité conique I. En haut du récipient, deux manettes S ou branches horizontales garnies de manches en bois permettent de saisir l'appareil. Au milieu, sous le récipient, une pédale P sert à l'opérateur pour appuyer le pied et augmenter l'effort exercé sur l'instrument. On peut ainsi enfoncer le pal dans la terre à une profondeur de 30 à 40 centimètres suivant la nature du sol.

»Le mécanisme qui assure le dosage n'est en réalité rien autre qu'une seringue. Il ne comprend que deux organes : un piston qui chasse le liquide avec pression, et un obturateur J qui le retient lorsque la pression n'a pas lieu.

»La tige du piston dépasse le dessus du récipient ; elle se termine en haut par un bouton de poussée T (fig. 393), tandis qu'elle porte en bas une petite cuvette en cuir embouti B (fig. 393) et C (fig. 394) qui forme un joint parfait. Cette cuvette est maintenue à l'extrémité du piston par une vis à tête cylindrique percée d'un trou B (fig. 394). Dans la colonne, un grand ressort M (fig. 393) entoure le piston et le tient relevé lorsque la main n'appuie pas dessus.

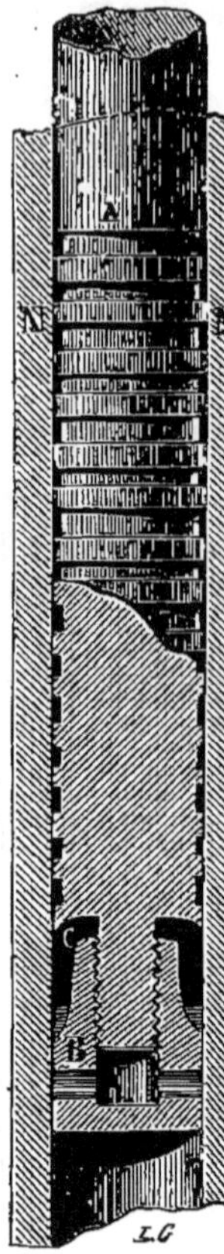

Fig. 394. — *A* Piston cannelé du pal «Select»; *B* écrou de serrage de cuir ; C rondelle en cuir embouti ; *N N* parois du corps de pompe.

»Le tube de pénétration en fer creux T est fermé à son extrémité inférieure par un obturateur J qui ne s'ouvre que lorsque le piston chasse le liquide. Cet obturateur est protégé par une pointe en acier I qui se visse à l'extrémité du pal et qui porte un petit trou O pour la sortie de l'injection.»

Pour se servir du pal, on opère de la manière suivante :

«Le pal étant enfoncé dans le sol au moyen des manettes et de la pédale, il suffit d'appuyer avec la paume de la main sur le bouton de poussée pour que le piston, en s'abaissant dans la chambre de dosage, chasse le liquide placé sous lui. Dès que le piston a dépassé les trous VV, qui font communiquer le récipient avec la chambre de dosage et le tube, le liquide est fortement pressé. Sous l'influence de cette pression, l'obturateur se soulève en laissant passer une dose de liquide rigoureusement proportionnelle à la course du piston.

»Le liquide ainsi refoulé s'échappe avec force par le petit trou de la pointe. Sitôt le piston arrivé en bas, l'injection cesse. Sous l'effet d'un ressort, l'obturateur se ferme, pendant que le piston, abandonné à lui-même, remonte en haut. Le liquide se précipite à nouveau dans la chambre de dosage et l'appareil se trouve prêt pour une nouvelle injection.

Fig. 395

Fig. 396

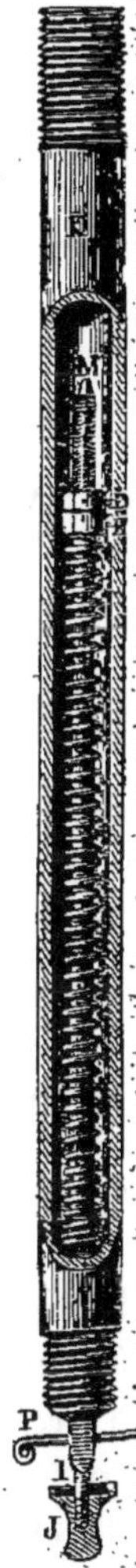

Fig. 397

Fig. 395. — Nouveau clapet à obturateur et ressort démontable à compensation du pal «Select». — Fig. 396.— Tube ouvert pour montrer l'ensemble du clapet du pal «Select». — Fig. 397.— Epinglette placée dans la tige du clapet pour changer un cuir de l'obturateur du pal «Select».

»Ainsi qu'on le voit, l'injection s'effectue avec certitude ; la dose est rigoureuse, il ne peut pas y avoir d'engorgement, quel que soit le sol.

»Le piston, dans toute sa course, donne 10 gram. de sulfure. Pour diminuer cette injection d'un ou plusieurs grammes, il suffit d'enfiler sur la tige une ou plusieurs rondelles ou bagues de dosage en cuivre Z. Avec une rondelle, le pal dose 9 gram. ; avec deux il dose 8 gram. ; avec trois il dose 7 gram. ; avec quatre il dose 6 gram. ; avec cinq il dose 5 gram. Pour enfiler ces rondelles, on enlève la tête du piston N, qui est retenue par une goupille. Ce système est le plus simple, c'est le seul qui évite toute erreur.»

Les trous d'injection doivent être pratiqués verticalement à 0m,30

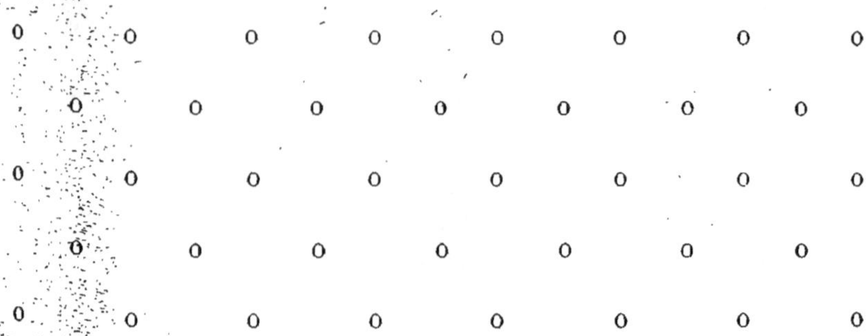

Fig. 398. — Disposition des trous d'injection en quinconce.

ou 0m,40 de profondeur, sauf lorsqu'ils tombent près du pied d'une souche, auquel cas on évite de les faire pénétrer au delà de 0m,08 à 0m,10. Il faut les répartir à des écartements réguliers (0m,60 au minimum, 0m,80 au maximum) (1) et les distribuer en quinconce (fig. 398) ; cette répartition doit être établie, dans les plantations régulières, de manière à ce que les lignes de trous soient parallèles à celles des vignes. Dans les vignobles irréguliers, on doit éviter d'enfoncer le pal à moins de 0m,25 de distance du pied du cep, parce qu'on s'exposerait sans cela à rencontrer dans le voisinage quelques grosses racines qui souffriraient beaucoup de l'action du sulfure (fig. 399).

Les terres légères sont celles dans lesquelles on peut le plus se rapprocher, sans inconvénient, des ceps ; mais les trous doivent y être plus profonds que dans les sols forts et compacts, à cause de la facilité avec laquelle s'y produit l'évaporation des gaz sulfocarboniques.

(1) Voir, pour la répartition des trous d'injection, les *schéma* donnés par MM. Gastine et Couanon, *loc. cit.*, pag. 165 et suiv , et ceux tracés par M. Crozier.— *Phylloxera et sulfure de carbone.* Paris, 1884, librairie agricole de la Maison rustique, pag. 83 et suiv.

En résumé, le nombre des trous d'injection à pratiquer par mètre carré varie suivant diverses circonstances. On peut établir d'une manière générale que, plus la quantité de sulfure à appliquer est répartie en un grand nombre de petites doses, et meilleure est la

Fig. 399. — Traitement d'une vigne au sulfure de carbone (1).

diffusion des vapeurs. Mais la trop grande multiplication des trous augmente d'une manière exagérée les frais de main-d'œuvre : aussi se borne-t-on habituellement à une moyenne de deux ou trois trous par mètre carré, qui donne des effets très suffisants dans les sols de moyenne consistance. Dans les terres plus compactes, où la diffusion est plus lente et plus difficile, il est préférable d'atteindre le chiffre

(1) Extrait de l'ouvrage de M. Barral. — *La lutte contre le phylloxera*. Paris, Marpon et Flammarion, 1884.

de quatre trous par mètre. Lorsque les circonstances obligent à avoir recours à des traitements réitérés, on peut en faire jusqu'à cinq, en ayant bien soin toutefois de combiner les opérations de manière à ne pas superposer les doses injectées.

Les *charrues sulfureuses* ou *injecteuses à traction* sont des appareils

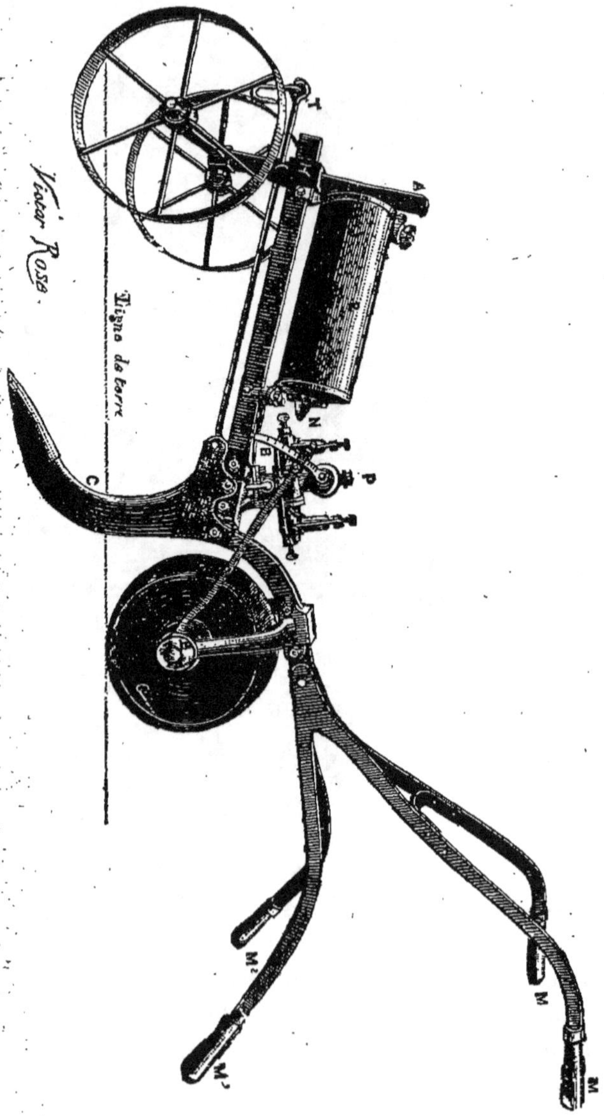

Fig. 400. — Injecteur à traction de M. Gastine.

qui permettent de faire pénétrer au fond d'une fente continue, pratiquée dans le sol, une quantité déterminée de sulfure de carbone. Ces instruments, d'invention récente, comme nous l'avons dit précédemment, tendent néanmoins à se répandre ; ils offrent, en effet, l'avantage de permettre, dans les vignes plantées en lignes régulières, un travail rapide et économique ; aussi, des types nombreux ont-ils été imaginés. Nous décrirons ceux de M. G. Gastine, de M. Vernette et de M. Saturnin.

L'injecteur à traction de M. Gastine (fig. 400) se compose de différents organes spéciaux placés sur un bâti semblable à ceux des charrues employées par les labours légers. Ces organes sont :

« 1° Un réservoir R placé sur l'avant-train ;

» 2° Une pompe B spéciale fonctionnant à double effet et mesurant exactement les doses de liquide insecticide, que l'on peut faire varier à volonté au moyen d'une barre de dosage ;

» 3° Un coutre mince et fortement recourbé en avant, qui trace dans le sol une fente étroite ;

» 4° Un rouleau compresseur, qui bouche immédiatement cette fente derrière le coutre, afin d'éviter toute évaporation du liquide dans l'atmosphère. Ce rouleau sert en même temps à actionner la pompe de l'appareil au moyen d'un excentrique E.

» Un animal de trait, cheval, bœuf ou mulet, étant attelé à l'appareil par la chaîne à traction, dès que l'instrument se met en marche, le rouleau compresseur tourne sur le sol, il actionne la pompe spéciale ; la pompe puise le liquide insecticide dans le réservoir, mesure exactement les doses de ce liquide, et les projette avec force, *en injections continues*, par un tube logé dans une rainure à l'arrière du coutre jusqu'au fond de la fente étroite tracée par ce coutre. Aussitôt que l'injection est produite par la pointe du coutre, le rouleau compresseur qui le suit bouche hermétiquement la fente.

» Tous ces mouvements sont automatiques. La traction du cheval suffit pour les produire sans que le conducteur ait autre chose à faire que de maintenir l'instrument vertical au moyen de mancherons supérieurs.

» Quand l'opérateur, après avoir suivi une rangée de souches, est arrivé à l'extrémité de cette rangée, il saisit les mancherons inférieurs, il soulève l'appareil, le coutre sort entièrement du sol, et l'instrument peut être conduit sur ses roues d'avant-train comme une simple brouette, pour tourner au bout de la ligne de vignes.

» Pendant que le conducteur tourne au bout de la rangée de souches, en conduisant l'appareil comme une brouette, le rouleau ne porte plus sur le sol et ne tourne plus ; par suite, il n'actionne plus la pompe de l'instrument et toute injection est interrompue. Mais, dès que le coutre aura été enfoncé de nouveau dans le sol, dans une autre rangée de souches, le rouleau portera encore sur la surface du terrain, il actionnera encore la pompe et bouchera la fente; tout le mécanisme, en un mot, reprendra son fonctionnement *automatique* sans que le conducteur ait eu à faire autre chose que de quitter les mancherons inférieurs pour reprendre les mancherons supérieurs (1). »

La charrue sulfureuse de M. E. Vernette (fig. 401) est formée es-

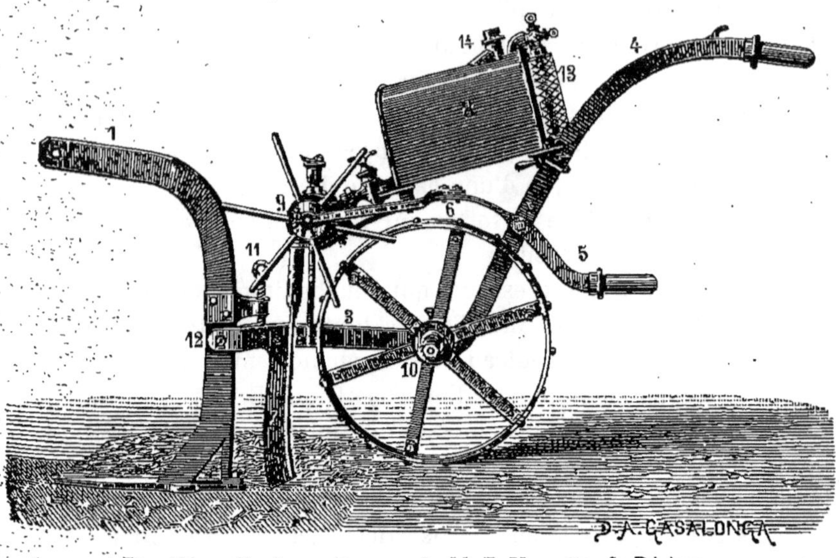

Fig. 401.— Charrue sulfureuse de M. E. Vernette, de Béziers.

sentiellement d'un soc 2 qui ouvre la fente; d'un récipient 8 qui renferme le sulfure; d'un appareil doseur 9 qui jauge le sulfure et le laisse écouler par un tube au fond de la raie; d'une roue 10 qui referme la raie et communique le mouvement au doseur; enfin de deux mancherons, dont l'un 4 sert à maintenir l'appareil pendant le travail, l'autre 5 à le soulever quand on est arrivé au bout de la raie.

L'appareil doseur (fig. 402 et 403) est composé d'une clef tournante A, dans laquelle sont creusés six godets C C', dont la capacité peut être modifiée au moyen de bouchons à vis régulatrice D D, qui en forment le fond. Le mouvement de rotation de la clef est obtenu au moyen de rayons qui sont successivement poussés par des chevilles portées par la circonférence de la roue tasseur. Les godets viennent se présenter les uns après les autres devant le conduit F, qui amène le liquide, et l'entraînent, une fois rempli, vers le tube F', qui l'accompagne au fond de la raie. Une clef de jauge T permet d'enfoncer à une profondeur correspondante au dosage cherché les bouchons à vis du fond.

(1) G. Gastine et G. Couanon; *loc. cit.*, pag. 125 et suiv.

La charrue sulfureuse de M. Henry Saturnin (de Béziers) (fig. 404) se distingue des précédentes par la très grande simplicité de son ap-

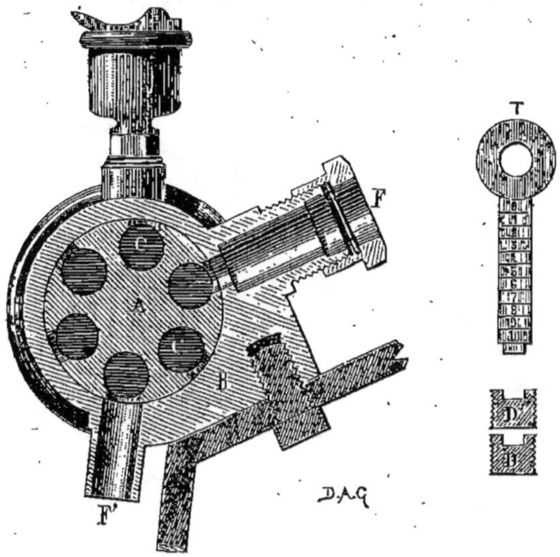

Fig. 402. — Appareil doseur de la charrue sulfureuse de M. E. Vernette : coupe perpendiculaire à l'axe de rotation et clef de jauge T.

pareil distributeur, qui est formé d'une sorte de noria; la description suivante permet de se rendre compte de sa construction. Le sulfure,

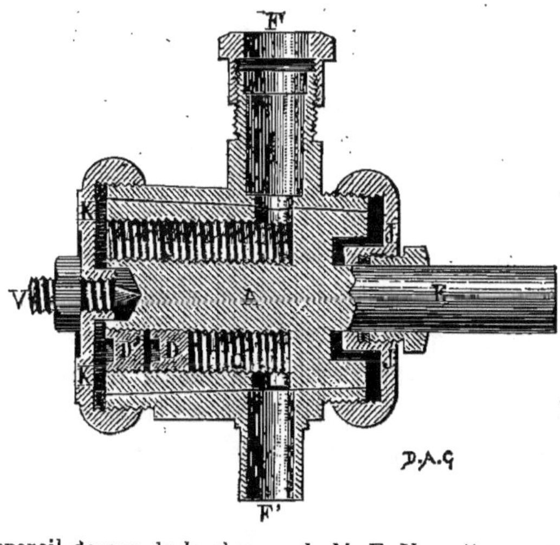

Fig. 403.— Appareil doseur de la charrue de M. E. Vernette : coupe suivant l'axe de rotation.

puisé dans le récipient par les godets d'une noria qui y est renfermée, est versé dans un tube qui l'amène jusqu'au talon du sep, au fond de la raie. Des rasettes inclinées ramènent ensuite la terre vers la fente pour la combler, et la roue tasse la surface pour empêcher l'évaporation.

Lorsqu'on fait usage des injecteurs à traction pour appliquer le sulfure de carbone, on distribue les choses de manière à ce que les lignes d'injection soient écartées d'un mètre au maximum (1).

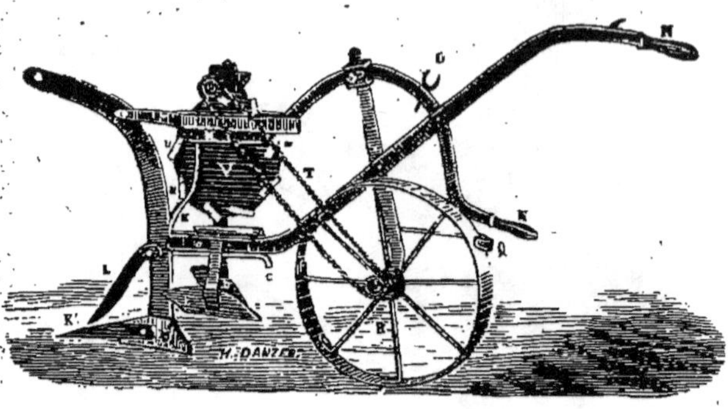

Fig. 404. — Charrue sulfureuse de M. Henry Saturnin, de Béziers, sans le réservoir et l'enveloppe de la noria pour en montrer le mécanisme ; I col de cygne ; L coutre ou couteau ; K soc en acier ; J sep en cuivre ; BB rasettes ; R roue motrice ; Q pare-crotte ; N poignée basse ; N poignée principale ; O clef ; T chaîne sans fin ; U godets ; H tubes d'écoulement.

D'après MM. Gastine et Couanon, on ne devrait tracer qu'une seule fente d'injection pour les rangs de vignes placées à 1 mètre ou à $1^{m},20$ d'écartement. De $1^{m},20$ à 2 mètres, il faudrait en tracer deux. Au-dessus de 2 mètres et jusqu'à 3, on porterait le nombre des lignes d'injection à trois.

Les appareils doivent être réglés de manière à ce que leur débit soit proportionnel à l'écartement des lignes. Des tables construites spécialement pour chaque type fournissent les indications nécessaires à cet objet.

L'emploi des injecteurs à traction implique, plus encore que celui du pal, la nécessité d'un sol bien raffermi à la surface, à cause de la faible profondeur à laquelle on est obligé de déposer le sulfure (20 centim. au maximum). Il est par conséquent toujours mauvais de faire précéder le traitement par un labour, comme le croient utile certains viticulteurs ; l'ameublissement qui résulte de cette façon offre aux vapeurs une issue trop facile vers l'atmosphère.

b. *Quantités de sulfure de carbone employées par hectare.* — Les doses de sulfure de carbone proposées pour des traitements culturaux ont été d'abord très exagérées : on ne songerait qu'à l'effet insec-

(1) *Loc. cit.*, pag. 177.

ticide, sans se préoccuper de ménager la vigne. C'est ainsi que M. le baron Thénard prescrivait d'abord de l'introduire à la dose de 100 grammes par souche traitée. Plus tard, M. Alliès, dont les expériences heureuses servirent de base aux études de la Commission de la Compagnie de P.-L.-M., employait 30 grammes par cep. Cette Commission elle-même, préoccupée tout à la fois d'assurer un effet insecticide puissant, et pourtant d'éviter les accidents qui résultent fréquemment pour les vignes de l'usage de trop fortes doses, proposa d'abord l'emploi de deux traitements réitérés. A chaque traitement, on devait introduire, par mètre carré de surface, 15 grammes de sulfure de carbone, distribués en trois trous, et recommencer l'opération cinq ou six jours après, de façon à confier au sol, par chaque traitement, 30 grammes de sulfure par mètre carré, soit 300 kilogrammes par hectare. Ces doses entraîneraient une consommation, pour deux traitements, de 600 kilogrammes d'insecticide par hectare. Les membres de l'ancienne Commission de P.-L.-M. reconnaissent aujourd'hui que l'on peut arriver à de bons résultats avec des quantités beaucoup moindres.

L'Association viticole de Libourne, qui opérait dans un milieu où le *phylloxera* se multiplie moins rapidement que dans la région méditerranéenne et où, par suite de l'humidité constante du sol, les pertes de sulfure par évaporation dans l'air sont moindres, conclut à une application de 250 kilogrammes par hectare en un seul traitement simple.

Aujourd'hui, dans certaines contrées où la lutte avec le *phylloxera* est relativement facile, on n'emploie que 15 grammes par mètre carré, soit 150 kilogrammes à l'hectare; on descend même quelquefois jusqu'à un minimum de 120 kilogrammes dans les terrains à la fois humides, froids et compacts. M. Crozier (1) donne, au sujet des quantités de sulfure de carbone à employer par hectare, les indications contenues dans le tableau ci-contre, où les doses sont formulées, en tenant compte : 1° de la nature du sol; 2° de sa profondeur; 3° de l'état des vignes.

L'examen des chiffres renfermés dans ce tableau permet de dire qu'aujourd'hui, sauf des circonstances très exceptionnelles, on ne pratique plus guère qu'un traitement annuel unique, à la dose de 150 à 250 kilogrammes à l'hectare.

(1) P. Crozier; *loc. cit.*, pag. 113.

TABLEAU des quantités de sulfure de carbone à employer par hectare, suivant les différentes circonstances.

NATURE DES TERRAINS	PROFONDEUR DU SOL	VIGNES Très affaiblies		VIGNES Peu affaiblies		VIGNES Vigoureuses	
Terrains compacts, froids et humides appelés «terrains forts»	0m40 à 0m50	110k à	120k	120k à	130k	130k à	140k
	0 50 0 60	120	130	130	140	140	150
	0 60 0 70	130	140	140	150	150	160
	0 70 0 80	140	150	150	160	160	170
Terrains argileux, frais et sains.	0 40 0 50	130	140	140	150	150	160
	0 50 0 60	140	150	150	160	160	170
	0 60 0 70	150	160	160	170	170	180
	0 70 0 80	160	170	170	180	180	200
Terrains légers.	0 40 0 50	160	170	170	180	180	200
	0 50 0 60	170	180	180	190	190	200
	0 60 0 70	180	190	190	200	200	210
	0 70 0 80	190	200	200	210	210	220
	0 80 et au-des.	200	210	210	220	220	230
Terrains secs, caillouteux et très ouverts.	0 50 0 60	180	190	190	200	200	210
	0 60 0 70	190	200	200	220	220	240
	0 70 0 80	210	220	220	230	230	250
	0 80 et au-des.	220	230	230	250	260	280

C. **Emploi du sulfure de carbone dissous dans l'eau.** — Les accidents qui se sont produits fréquemment après l'application du sulfure de carbone pur ont fait penser à diverses personnes que, s'il était possible de le répandre en dissolution faible, on obtiendrait une répartition plus régulière de ce liquide dans le sol, et que l'on éviterait ainsi les graves inconvénients qui avaient été signalés à plusieurs reprises. Ce fut M. Cauvy, professeur à l'École de Pharmacie de Montpellier, qui proposa le premier, au commencement de 1875, de dissoudre le sulfure de carbone dans l'eau pour le traitement des vignes phylloxérées; mais il ne fut pas donné suite à cette idée.

Quelques années après, en 1882, M. Rommier, délégué par l'Académie des Sciences pour l'étude du *phylloxera*, proposa également l'emploi du sulfure de carbone dissous dans l'eau contre le *phylloxera*. Il étudia en premier lieu la solubilité de cet insecticide et établit qu'elle était d'un peu moins de 2 grammes par litre à la température ordinaire (1). Il recommanda cependant, pour éviter tout accident, de n'employer qu'une dissolution de 0 gr. 40 à 0 gr. 50 de sulfure par litre.

M. Rommier exposait en ces termes, à cette époque (2), ses idées à ce sujet :

« Il est certain que la solution de sulfure de carbone dans l'eau est insecticide à la faible dose de 4 décigr. par litre ; elle le serait encore, plus diluée, mais à la condition de répartir la même dose de poison sur la même surface de terrain, sa propriété meurtrière dépendant non de la concentration du liquide toxique, mais de la quantité employée.

» Pratiquement, on devrait se procurer un réservoir muni d'ailettes (une espèce de baratte), où l'on pulvériserait le mélange des deux liquides, qui serait dilué, après l'écoulement, suivant la quantité d'eau nécessaire à l'irrigation. »

Depuis, M. Peligot, qui avait présenté à l'Académie des Sciences un mémoire de Chianki-Bey sur les propriétés antiseptiques du sulfure de carbone, appela à son tour l'attention sur l'utilité qu'il y aurait à traiter les vignes phylloxérées par le sulfure de carbone dissous dans l'eau. Mais l'imperfection des appareils proposés en premier lieu pour opérer la dissolution du sulfure empêcha, pendant un certain temps, d'employer pratiquement ce procédé, et ce n'est que depuis peu que, grâce à l'outillage fort ingénieux imaginé par MM. Fafeur frères et C. Benoist, des surfaces un peu considérables ont pu être traitées par ce moyen.

1° Appareils employés

MM. Fafeur frères et C. Benoist donnent, des appareils servant à opérer la dissolution du sulfure, la description suivante :

« La figure 405 va nous servir à expliquer le principe de la marche de cet appareil.

» Un tuyau de conduite A B (fig. 405), rétréci en O, est traversé par un courant d'eau dirigé suivant la flèche F.

» La pression produite par ce rétrécissement et par la vitesse du courant vient s'exercer à la partie supérieure d'un récipient plein

(1) MM. Chancel et Parmentier ont reconnu que le maximum de solubilité du sulfure de carbone à 34° était de 2 gram. par litre d'eau et à 40° de 1 gram. 05. — *Comptes rendus de l'Acad. des Sc.*, 24 novembre 1884.

(2) *Journal de l'agriculture*, 26 août 1882.

d'eau et de sulfure, lequel, en vertu de sa densité, occupe toujours la partie inférieure de ce récipient.

» Cette pression est transmise constamment et intégralement par l'eau du courant au sulfure, qui dès lors monte dans le tube plongeant T, traverse le robinet R' et l'orifice O' et vient déboucher dans la partie du tuyau A, à la rencontre du jet d'eau.

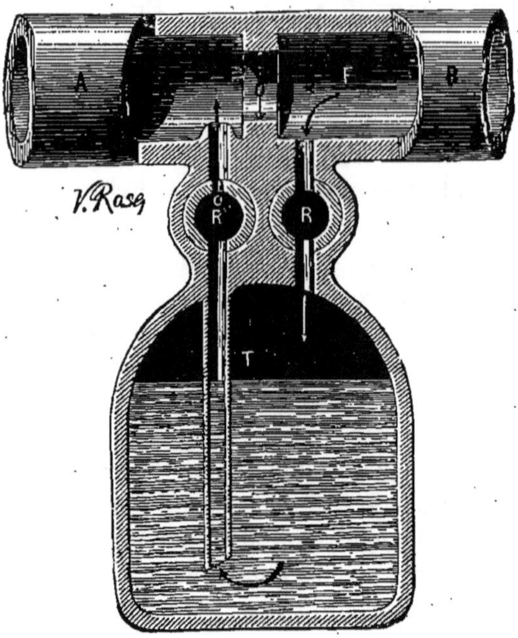

Fig. 405. — Coupe de l'appareil Fafeur pour la dissolution du sulfure de carbone dans l'eau.

» La proportion entre les orifices O et O' détermine les proportions du mélange, que l'on peut faire varier à volonté par le plus ou moins d'ouverture du robinet R'.

» Le robinet R a pour but d'interrompre la communication du courant avec le sulfure, lorsqu'on veut recharger l'appareil.

» Par cette description, on voit que la dissolution est produite, sous pression et à l'abri de l'air, par la rencontre, dans un tuyau de conduite, de deux jets de sulfure et d'eau, dont les intensités sont toujours proportionnées entre elles.

» Le jet de sulfure étant créé par le courant d'eau lui-même, le dosage sera toujours constant, quelle que soit la quantité d'eau écoulée et en admettant toutefois que la vitesse du courant ne descende pas au-dessous de certaines limites.

»Par ce qui précède, on voit que cet appareil se compose, en résumé, de deux éléments principaux :

»1° D'un récipient de sulfure, et 2° d'un tuyau plongeant muni d'un robinet.

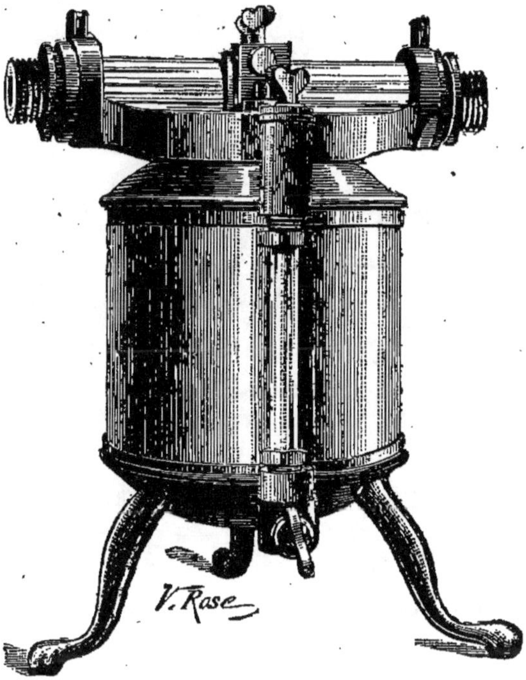

Fig. 406.— Appareil Fafeur pour la dissolution du sulfure de carbone dans l'eau.

»Ces éléments réalisent, avec une simplicité incomparable et avec la plus grande perfection, une dissolution parfaite à un titre rigoureusement exact et variable à volonté.

»Il est facile de concevoir qu'avec des organes aussi simples, on puisse adapter un appareil de dissolution, dans les conditions les plus diverses, à toute conduite d'eau sous pression fournie par un réservoir ou par une pompe à bras ou à vapeur.

»La figure 406 donne le dessin de l'appareil tel qu'il est construit pour être adapté sur de petites pompes à main.

»En outre des améliorations dans la structure que présente cet appareil, il est bon de remarquer que le tuyau A B est formé de deux tubes en verre.

»Dans l'un de ces tubes, *on voit passer le courant d'eau ordinaire et non sulfuré;* dans l'autre, on voit la rencontre de deux jets de sulfure et d'eau formant le courant sulfuré.

»Pour que la dissolution soit parfaite, il ne doit y avoir entre ces deux courants aucune différence de couleur ni d'aspect.

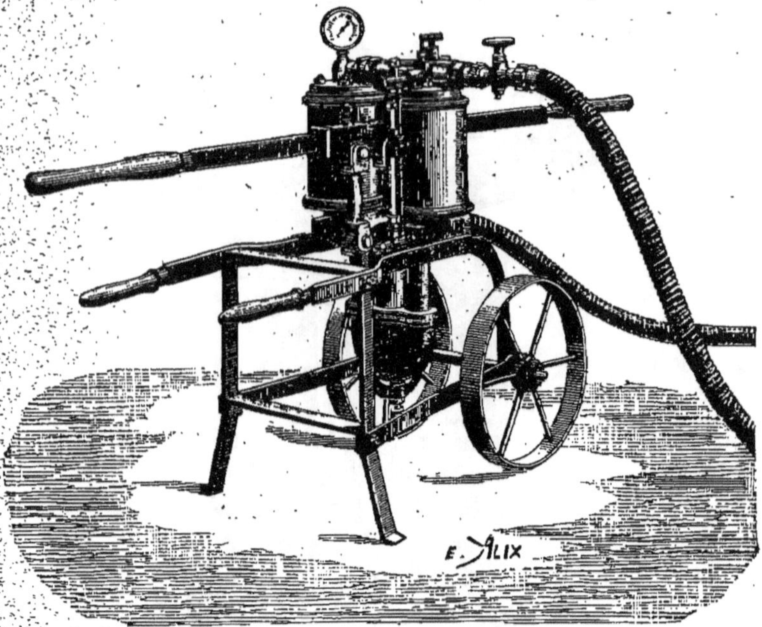

Fig. 407.— Appareil Fafeur monté sur une petite pompe à bras.

»Une émulsion, si elle se produisait, prendrait immédiatement une couleur laiteuse, qu'il faut avoir soin d'éviter à cause de l'effet désastreux qu'elle pourrait produire sur les vignes traitées.

»Dans le phénomène de la dissolution, qui est purement mécanique, il y a trois éléments à considérer, qui sont:

»1° La pression que subissent les deux liquides en contact; 2° l'agitation à laquelle ils sont soumis; 3° leur température.

»La dissolution dépendant de circonstances aussi diverses, il est indispensable de s'assurer si elle a lieu à chaque opération.

»Une simple observation des courants donne, comme nous l'avons déjà dit, une indication certaine.

»Les dosages par fraction de gramme jusqu'à 1gr,2 par litre d'eau sont obtenus en ouvrant le robinet doseur à la graduation correspondante marquée sur le cadran de ce robinet.

»Un tube de niveau, porté par l'appareil et muni d'une échelle graduée, permet encore, si on le désire, de contrôler ce dosage par les quantités de sulfure et d'eau écoulées dans un temps donné.

»Cet appareil, de petites dimensions, est destiné à être adapté à une pompe à bras ou à une conduite d'eau sous pression.

» La figure 408 représente le travail exécuté avec ce petit appareil et une pompe à bras de la maison Fafeur frères, sur de petites pièces de vignes dans les environs de Narbonne.

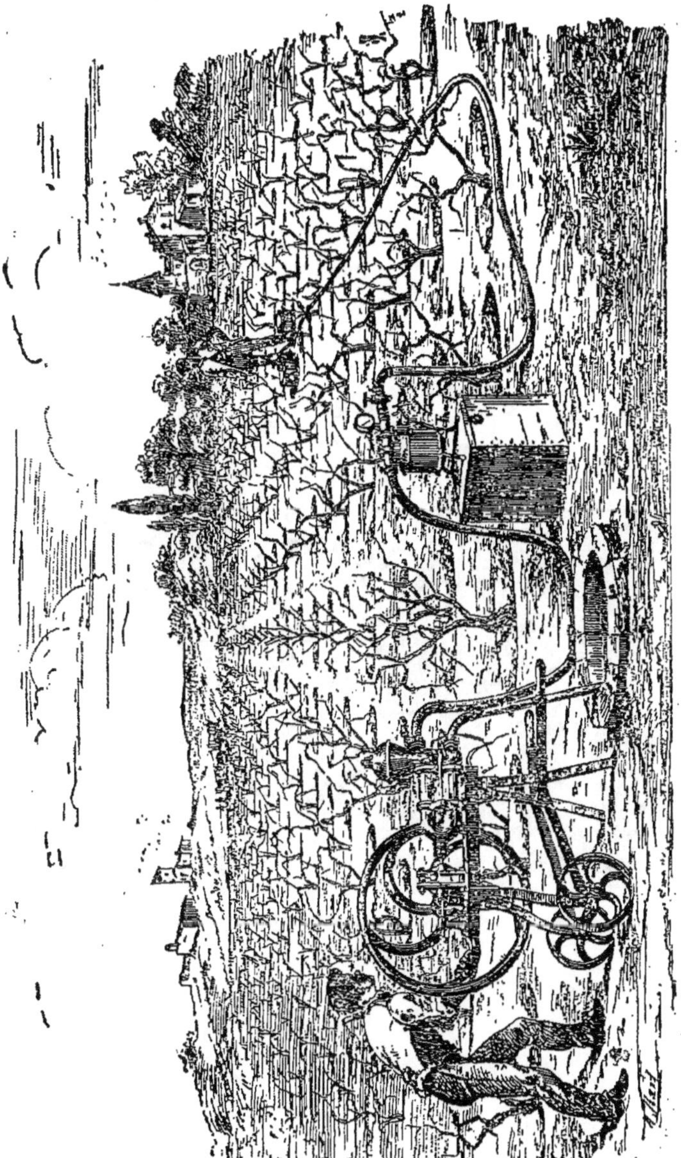

Fig. 408. — Dispositif adopté pour l'appareil Fafeur lorsqu'il est actionné par une pompe à bras.

» La figure 409 représente l'installation des machines et le travail exécuté dans les vignobles du Midi. »

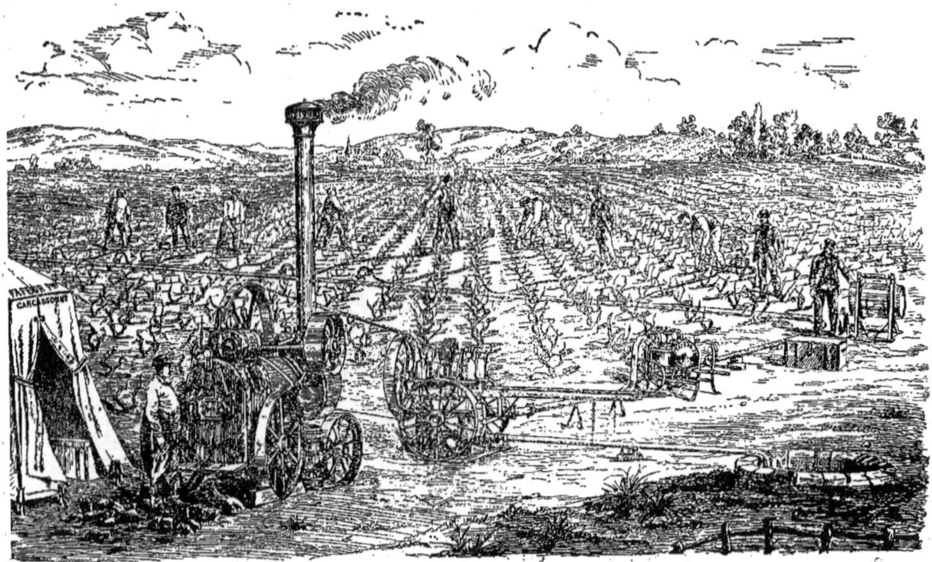

Fig. 409.— Dispositif adopté pour l'appareil Fafour lorsqu'il est actionné par une pompe à vapeur.

2° Application du traitement

Le sol destiné à être traité par le sulfure dissous doit être divisé en un grand nombre de petites cuvettes ou récipients, établis ainsi qu'il sera expliqué à propos du sulfocarbonate de potassium.

« La vigne étant ainsi préparée, disent MM. Fafeur et Benoist, on procède au traitement. Celui-ci consiste à verser autour de chaque pied, ou mieux dans chaque cuvette, une quantité de solution telle qu'on obtienne de 15 à 18 litres par mètre carré de surface, c'est-à-dire que, s'il y a 8,000 cuvettes à l'hectare, il suffit de mettre 20 litres dans chacune, ce qui donne 16 litres par mètre carré. S'il y a 3,000 cuvettes, on doit employer au moins 50 litres, et s'il y en a 2,500, 60 litres.

» Dans les plantations très serrées, on est souvent obligé de mettre deux pieds dans une même cuvette, et même trois, dans une plantation de 30,000 pieds à l'hectare. Dans ce cas, la confection des cuvettes devient plus facile et le traitement se fait mieux.

» Passons maintenant aux manœuvres de l'application.

» S'il s'agit de traiter une très petite surface, et que l'eau soit à proximité, on peut se servir d'une pompe à main avec un petit appareil comme celui qui est représenté sur les fig. 407 et 408. Le tuyau de refoulement en caoutchouc va directement à la partie de vigne à traiter; un homme ou un enfant reçoit le liquide apporté par ce tuyau, alternativement dans deux baquets, ce qui permet de verser l'un pendant que l'autre se remplit. L'extrémité du tuyau se tient facilement sur le bord du baquet à l'aide d'un robinet à patte, pendant que le liquide se déverse.

» Si le traitement est plus important, il faut employer des pompes et des moteurs plus puissants.

» Pour la moyenne culture, on se sert d'une petite machine à vapeur ou d'un manège puissant pour actionner une pompe qu'on place au bord d'un ruisseau ou d'un puits d'un débit suffisant. Cette pompe refoule l'eau dans une conduite formée par des tuyaux en tôle galvanisée et allant directement à la vigne (fig. 409). A une petite distance de la pompe se trouve placé sur cette même conduite l'appareil à dissolution.

» A son arrivée dans la vigne, cette conduite se divise en plusieurs autres sur lesquelles se trouvent placés des robinets d'une forme spéciale, où viennent se visser de petits tuyaux en caoutchouc servant à amener la solution dans les baquets au pied même de la souche.

» Chacune de ces nouvelles conduites en caoutchouc est formée de bouts de tuyaux de 10 mètres, s'ajustant les uns aux autres à l'aide d'un petit raccord, de façon à faire la longueur nécessaire pour les diverses manœuvres. Dans les vignes écartées, quand on met 40 litres et plus par pied, un seul homme peut recevoir le liquide arrivant par la conduite de caoutchouc et le distribuer comme il a été dit pour la pompe à bras. Mais quand il faut mesurer l'eau avec des bassins plus petits, ce qui est nécessaire dans les plantations serrées, comme en Médoc, une seule personne peut ne pas suffire pour la distribution du liquide ; on utilise alors un homme et un enfant.

» Comme on le voit par les figures 408 et 409, la solution est portée sur le pied même ; les bassins, placés sur le bord de la cuvette, sont remplis et versés sur place. Ils sont ainsi toujours vides dans leur déplacement d'un pied à l'autre. Quand, à la sortie de l'appareil, le liquide ne subit pas une pression de 1 à 2 kilogr. au moins, ce qui arrive quand le terrain est trop uni ou la vigne trop rapprochée de l'appareil, on se sert, pour donner la pression suffisante, d'une petite vanne fermée par un ressort qui ne se déplace que suivant la pression voulue.

» Cette petite vanne doit se placer à 10 ou 20 mèt. de l'appareil et permet ainsi à la solution d'être mieux faite.

» Nous ne saurions trop insister sur cette nécessité de produire la dissolution sous une certaine pression, car nous avons remarqué qu'en été, en employant des doses un peu plus fortes que celles que nous allons indiquer, nous n'avions pas d'accidents lorsque la dissolution était à 3 ou 4 kilogr. de pression. En hiver, l'eau est très froide et la dissolution se fait d'autant mieux.

» Avec les pompes puissantes utilisées pour faire les grands travaux, ces précautions sont inutiles, la pression étant toujours suffisante. »

Les doses employées pour la dissolution sont de 6 à 8 décigram. par litre en hiver et de 4 à 6 décigram. en été.

Les traitements peuvent se faire depuis la vendange jusqu'au mois d'août, c'est-à-dire pendant presque toute l'année.

Les résultats de l'emploi du sulfure de carbone dissous ont été très discutés. On se demande notamment si la supériorité de ses effets est suffisante pour rendre avantageux son emploi, malgré son prix de revient plus élevé que celui du sulfure de carbone employé seul. Cependant, de grandes surfaces sont aujourd'hui traitées avec succès par ce moyen, et notammment dans l'Aude.

CHAPITRE XX

SOMMAIRE. — Sulfocarbonate de potassium. — Badigeonnages pour la destruction de l'œuf d'hiver. — Traitement d'extinction.

II. — SULFOCARBONATE DE POTASSIUM (1)

A. **Historique.** — Ce fut en juin 1874 que M. Dumas, secrétaire perpétuel de l'Académie des Sciences, proposa pour la première fois à ce Corps savant l'emploi des sulfocarbonates alcalins comme moyen de destruction du *phylloxera.*

«Il m'a semblé, dit-il, qu'on pouvait trouver une substance chimique propre à favoriser la végétation de la vigne et capable de fournir peu à peu le poison au *phylloxera.* Les sulfocarbonates de potassium et de sodium sont dans ce cas.»

Le prestige qui s'attachait au nom de l'illustre auteur de ce procédé le fit accueillir avec la plus grande faveur : l'Administration de l'Agriculture et l'Académie des Sciences firent entreprendre sur-le-champ d'importantes expériences, dont la direction fut confiée à M. Mouillefert, qui consacra à cette tâche tout son zèle et toute son activité.

Après des études préliminaires faites au laboratoire d'essai de Co-

(1) BIBLIOGRAPHIE. — **P. Mouillefert ;** *Le Phylloxera, moyens proposés pour le combattre,* chap. XII et suiv. Masson, 1875. — **Id. ;** *Le Phylloxera, Comité de Cognac, résumé des résultats obtenus de 1874 à 1877 avec les sulfocarbonates alcalins* Paris, Maison rustique, 1877. — **Id. ;** *Conservation des vignes françaises, principes de l'application des sulfocarbonates alcalins à la guérison des vignes phylloxérées.* Paris, librairie agricole, 1878. — **Crolas** et **Fallières ;** *Des moyens pratiques et sûrs de combattre le phylloxera ; loc. cit.*, chap. II (*sulfocarbonates*). Paris, Masson, 1878. — **P. Mouillefert ;** *Application du sulfocarbonate de potassium aux vignes phylloxérées,* Paris, 1880. — **Id. ;** *Emploi du sulfocarbonate de potassium contre le phylloxera. Application économique et pratique par les procédés mécaniques de MM. Mouillefert et Félix Hembert* (Extrait des Comptes rendus de l'Acad. des Sc., Bull. de la Soc. des Agricult. de France, 1er mars 1880). — **E. Morlot ;** *Le Phylloxera : Des sulfures et sulfocarbonates divers de M. Dumas.* Épinal, Fricotel, 1880. — **P. Mouillefert ;** *Vignes phylloxérées. Faits établissant la haute valeur du sulfocarbonate de potassium.* — **H. Marès ;** *Rapports du Président de la Commission départementale de l'Hérault. in* Compte rendu des travaux du service du phylloxera, années 1881, 1882, 1883 et 1884, et *diverses communications à l'Académie des Sciences.*

gnac, M. Mouillefert arriva à la conclusion que le *sulfocarbonate* qui convenait le mieux pour atteindre le but proposé était celui de *potassium*. Ce produit est formé par une combinaison de *monosulfure de potassium* et de *sulfure de carbone* : soumis à l'influence de l'acide carbonique de l'air et de l'humidité, il se décompose, en donnant naissance à du *carbonate de potasse*, qui, comme tous les sels de cette base, a une action considérable sur la végétation de la vigne, et à de l'*hydrogène sulfuré* et du *sulfure de carbone*, qui se dégagent lentement et sont des insecticides très énergiques. Des expériences faites dans des flacons démontrèrent qu'une dissolution au 1/100,000 de cette substance tuait en vingt-quatre heures tous les phylloxera qui y étaient plongés ; il y avait donc lieu de supposer que l'agent proposé aurait, même à très petite dose, une activité propre considérable, et qu'il créerait en outre dans le sol un milieu gazeux nuisible à l'insecte.

L'application du sulfocarbonate de potassium a été faite, depuis lors, sur bien des points ; une Société (1) s'est formée pour effectuer des traitements à forfait au moyen de cet insecticide, mais son emploi s'est moins répandu que celui du sulfure de carbone ; dans son rapport sur la situation du vignoble français en 1884, M. Tisserand, directeur de l'Agriculture, indique 6,286 hectares traités par le sulfocarbonate de potassium contre 33,446 défendus avec le sulfure de carbone. Cette différence s'explique par le prix de revient plus élevé du traitement, mais aussi par sa moindre efficacité, qui, dans certaines circonstances favorables au développement du *phylloxera*, s'est montrée insuffisante. Il ne faudrait pourtant pas conclure de là que le *sulfocarbonate de potassium* doit être absolument abandonné ; en effet, si son action insecticide est moindre que celle du sulfure de carbone, il présente du moins l'avantage d'être moins dangereux pour la vigne (2). On doit le considérer comme le remède des vignes de luxe, que l'on a grand intérêt à ménager, et sur lesquelles le *phylloxera* n'exerce pas des ravages très actifs.

B. **Mode d'emploi du sulfocarbonate de potassium.** — Le *sulfocarbonate de potassium* est employé à l'état liquide et dilué dans une quantité d'eau suffisante pour permettre de saturer le cube de terre

(1) Société nationale contre le phylloxera.

(2) M. Mouillefert dit que la dose nécessaire pour tuer la vigne dépasse dix fois en hiver, et plus de cinq fois en été, celle qui suffit pour la débarrasser de l'insecte. — *Traitement des vignes phylloxérées par le sulfocarbonate de potassium*. Paris, Librairie agricole, 1879.

dans lequel vivent les racines ; ainsi qu'on le conçoit, de grandes quantités d'eau sont nécessaires pour atteindre ce but, et c'est là une des objections les plus sérieuses qui aient été faites à ce mode de traitement. Mais, comme nous le verrons, on est parvenu, grâce à l'emploi d'un matériel très bien compris, à réaliser le transport économique, et à d'assez grandes distances, de ce liquide ; ce fait atténue beaucoup les inconvénients du système, lorsqu'on peut trouver, à un éloignement pas trop considérable, un étang, un cours d'eau ou une source ayant un débit suffisant.

1° Époque des traitements

Le traitement doit être appliqué en hiver ; en effet, c'est l'époque où, par suite du repos de la végétation, le *sulfocarbonate* peut le moins nuire à la vigne ; c'est également celle où, la taille étant effectuée, la préparation du sol et, d'une manière générale, la circulation dans les vignobles est plus facile. De plus, les terres généralement plus ou moins détrempées peuvent se saturer avec de moindres quantités de liquide qu'en toute autre saison ; c'est le moment où les sources donnent habituellement la plus grande quantité d'eau. Cependant il est possible, en certaines circonstances et en usant de grandes précautions, de traiter même en été. M. Mouillefert recommande une seconde opération au mois de juillet pour les vignes fortement atteintes, afin de sauvegarder les jeunes racines nées au printemps, lesquelles pourraient être détruites par la nouvelle invasion qui se fait généralement à cette époque.

2° Influence de la nature du sol et de son état

Les terres argileuses sont généralement peu favorables aux traitements au *sulfocarbonate* ; elles se laissent pénétrer lentement par les liquides insecticides lorsqu'elles sont déjà mouillées, et ces derniers, qui restent un certain temps exposés à l'air, se décomposent et perdent de leur efficacité. De plus, la potasse, qui, comme nous l'avons vu, se trouve abandonnée à l'état de carbonate de potasse lors de leur décomposition, se diffuse difficilement sous cette forme à travers l'argile (1) et devient, par suite, moins profitable comme engrais qu'elle ne l'est dans d'autres sols. Enfin, la lenteur avec laquelle ces terres s'échauffent les rend peu favorables à la production de nou-

(1) P.-P. Dehérain. — *Cours de chimie agricole*, pag. 432 et suiv.

velles radicelles en remplacement de celles détruites par le *phylloxera*, tandis que la facilité avec laquelle elles se crevassent en été permet à l'insecte de faciles réinvasions ; contrairement à ce qui a lieu pour le sulfure de carbone, il est préférable d'appliquer le *sulfocarbonate* sur un sol récemment ameubli et qui, par suite, se laisse facilement pénétrer.

3° Application des sulfocarbonates

Le *sulfocarbonate* étendu d'une certaine quantité d'eau est versé dans de petits bassins carrés ou rectangulaires, formés au pied des souches par de petits bourrelets en terre ; une fois le liquide absorbé, les récipients sont recouverts avec la terre qui a servi à faire les séparations, afin d'empêcher l'évaporation, ou bien on ajoute de l'eau pure pour entraîner les matières qui sont restées dans les couches supérieures du sol. Les cloisons de séparation doivent être peu épaisses, afin que la terre qui se trouve au-dessous puisse se pénétrer du liquide sulfocarbonaté. Les dimensions des bassins sont variables suivant le mode de plantation de la vigne et de la déclivité du terrain. Dans certains cas, on en fait un par cep (dans la Gironde, dans la Charente, dans le Languedoc) ; dans d'autres contrées où les plantations sont plus denses, on enferme plusieurs pieds dans un même récipient. Les récipients se font habituellement à bras, mais on peut, dans certains cas, s'aider beaucoup de la charrue en édifiant par son moyen des billons parallèles, qu'il suffit de relier ensuite entre eux par des traverses élevées à la houe. Ce travail peut se faire plusieurs jours avant le traitement ; mais le mieux est de l'exécuter au fur et à mesure qu'on l'effectue, parce que la terre fraîchement remuée absorbe mieux la solution.

Lorsque le travail préparatoire est terminé, on met dans chaque récipient l'équivalent de 40 à 50 gram. de sulfocarbonate par mètre carré, mélangé avec la quantité d'eau nécessaire pour imbiber complètement le volume de terre infesté ; cette quantité d'eau varie, suivant la perméabilité du sol, de 10 à 15 litres, ce qui représente une dépense totale par hectare de 400 à 500 kilogr. de sulfocarbonate et 100 à 150 mètres cubes d'eau.

Le transport économique de cette grande quantité d'eau a été l'objet, ainsi que nous l'avons déjà dit, d'études très sérieuses de la part de MM. Mouillefert et F. Hembert. Ces Messieurs ont imaginé un ensemble d'appareils qui permet de l'effectuer dans des conditions remarquables de bon marché et de commodité. Leur système se compose : 1° d'un moteur quelconque ; 2° d'une pompe aspirante élévatoire, actionnée par le moteur ci-dessus, et de ses accumulateurs ou réservoirs à air; 3° d'une canalisation métallique spéciale très légère, d'un montage et démontage extrêmement faciles et rapides, permettant d'envoyer l'eau ou la solution sulfocarbonatée à de grandes distances et à des hauteurs assez considérables; 4° d'un système spécial de prises d'eau greffées sur la canalisation d'amenée et permettant, au moyen d'une canalisation secondaire, de distribuer le liquide dans toutes les parties du vignoble; 5° d'un certain nombre d'accumulateurs ou réservoirs de pression placés sur différents points de la canalisation pour régler la distribution de l'eau suivant des pressions variables; 6° de vases spéciaux plus ou moins grands pour recevoir l'eau de la canalisation de distribution, et où l'on prépare la solution sulfocarbonatée lorsqu'on ne veut pas l'envoyer directement; 7° enfin, d'appareils de distribution de la solution sulfocarbonatée.

Cet outillage fonctionne, d'après M. Mouillefert, de la manière suivante (1): «La pompe et son moteur étant placés près d'une rivière, d'un ruisseau, d'une source, d'une mare, etc., l'eau puisée est envoyée dans la canalisation principale, puis dans la canalisation secondaire, ou de ramification, qui forme un réseau plus ou moins complet dans la vigne à traiter. De distance en distance (tous les 20 mètres en moyenne), cette canalisation secondaire porte des robinets d'une forme spéciale qui permet d'y adapter une troisième canalisation de distribution, composée de bouts de tuyaux de caoutchouc de 10 mètres, pouvant, en s'ajoutant les uns aux autres, atteindre une longueur plus ou moins importante, suivant les cas, et former un nouveau réseau entre les ramifications de la canalisation précédente. Ces canalisations de distribution peuvent être plus ou moins nombreuses, suivant la quantité d'eau envoyée par la pompe.

»A l'extrémité de chacune des canalisations de troisième ordre se trouvent deux vases métalliques (quelquefois de simples cuviers ou baquets) légers, de 350 à 400 litres, facilement déplaçables par un homme, dans lesquels on reçoit l'eau qui s'écoule des tubes de caoutchouc. Quand l'un de ces vases est plein, on y ajoute la quantité de sulfocarbonate nécessaire pour traiter un nombre donné de ceps; on mélange cette substance avec l'eau, en agitant avec un bâton jusqu'à ce qu'on ait une solution homogène; l'ouvrier n'a plus ensuite qu'à puiser cette solution avec deux arrosoirs et la porter au pied des ceps que l'on veut traiter.

»Des accumulateurs ou récipients à pression, placés sur différents

(1) P. Mouillefert; *loc. cit.*, pag. 20 et suiv.

points de la canalisation d'amenée ou de la canalisation secondaire (généralement sur les points les plus élevés), servent à accumuler l'eau qui n'est momentanément pas débitée et qui, en comprimant un certain volume d'air, régularise et active la distribution.

»Dans une bonne organisation, les ouvriers ne doivent pas porter l'eau à plus de 10 mèt. Dans ces conditions, un homme muni de deux arrosoirs peut vider au pied des ceps, sans se presser, en moyenne, de 1,500 à 1,800 litres d'eau par heure (fig. 410).»

Fig. 410. — Traitement d'une vigne au sulfocarbonate de potassium, suivant le procédé de MM. Mouillefort et Hembert (1).

Malgré le dispositif ingénieux que nous venons de décrire et l'économie très considérable qui en résulte pour les traitements, l'emploi du *sulfocarbonate* est encore plus coûteux que celui du *sulfure de carbone*, et ce n'est que dans les vignes à riche production, jouissant,

(1) Extrait de l'ouvrage de M. Barral. — *La lutte contre le phylloxera.*

par suite de la nature du sol ou de leur situation, d'une certaine résistance aux attaques de l'insecte, et pour lesquelles on pourrait redouter l'action trop énergique du *sulfure*, que l'on devra préférer le *sulfocarbonate*. Mais, dans ces circonstances, il présentera toujours l'avantage de laisser dans le sol un engrais bien approprié à la vigne et dont la valeur devra être déduite du prix de revient du traitement.

III— BADIGEONNAGES POUR LA DESTRUCTION DE L'ŒUF D'HIVER (1)

M. Balbiani, professeur au Collège de France, se basant sur la théorie de la multiplication pathénogénésique du phylloxera, a proposé de détruire l'œuf d'hiver au moyen de badigeonnages appliqués sur le tronc et les bras de vignes (2). Ainsi que nous l'avons vu précédemment, dans la pensée de ce savant, le passage à des intervalles relativement rapprochés par la génération sexuée est nécessaire pour rendre leur fécondité aux pondeuses agames; si donc on empêche, en détruisant l'œuf d'hiver, l'apparition de pondeuses agames pourvues d'une nouvelle fécondité, on devra voir, un jour, s'éteindre les générations sorties des *pseudova*.

M. Balbiani (3) a proposé d'employer, pour faire ces badigeonnages, le mélange suivant :

Huile lourde....................	20	parties.
Naphtaline......................	30	—
Chaux vive......................	100	—
Eau.............................	400	—

Pour préparer ce mélange, on dissout la naphtaline dans l'huile lourde, on verse celle-ci sur la chaux préalablement humectée avec une petite quantité d'eau pour l'échauffer et la faire foisonner, et l'on ajoute le reste de l'eau en remuant constamment le mélange. Ce composé est d'une efficacité certaine en ce qui concerne la destruction de l'œuf d'hiver; nous avons rapporté plus haut les résultats qu'en a

(1) BIBLIOGRAPHIE. — **François Jobard**; *Guérison des vignobles atteints par le phylloxera.* Montpellier, 1876.— **P. de Lafitte**; *Essai sur la destruction de l'œuf d'hiver.* Agen, Virgile Lenthéric, 1879. **Id**; *Sur l'œuf d'hiver du phylloxera à propos de M. Graëlls* (Extrait du Journal d'Agriculture pratique, 1880). — **Id.**; *L'œuf d'hiver du phylloxera.* Bordeaux 1881. — **Balbiani**; *Rapport adressé à M. le Ministre de l'Agriculture sur les expériences à entreprendre pour arriver à la destruction de l'œuf d'hiver du phylloxera.* — **Th. Denis**; *Ébouillantage de la vigne par le lait de chaux additionné de potasse brute du commerce.*

(2) Voir pag. 664 et suiv.

(3) Rapport de M. Balbiani sur la destruction de l'œuf d'hiver du phylloxera, dans le Compte rendu des travaux du service du phylloxera, 1884.

obtenus M. Balbiani dans l'expérience de La Paille, où il a empêché, par un simple badigeonnage, la formation des galles; mais on peut se demander quels résultats pratiques donnera cette destruction. A ce point de vue, bien des doutes sont permis: en effet, il est certain que le phylloxera peut se reproduire, par voie de générations agames, pendant quatre ans au moins (1); or, ce laps de temps est suffisant pour amener la ruine d'un vignoble; en un mot, la vigne semble devoir s'éteindre avant la fécondité du phylloxera. Le badigeonnage des ceps ne paraît donc pas de nature à être recommandé autrement, dans l'état actuel de nos connaissances, qu'à titre d'expérience, malgré la juste notoriété qui s'attache au nom de son savant promoteur. Tout au plus peut-on songer à en faire usage dans des vignes jusqu'alors indemnes, mais qui sont menacées par le phylloxera; encore faut-il compter, dans ces conditions, avec l'invasion possible par les jeunes aptères qui peuvent être transportés au loin par les vents, ainsi que l'a démontré M. Faucon (pag. 667).

IV. — TRAITEMENTS D'EXTINCTION (2)

Nous ne nous sommes préoccupé jusqu'ici de l'emploi des insecticides que dans leur application aux *traitements culturaux*; mais, dans les contrées récemment envahies par le *phylloxera* et où l'on ne compte encore que des taches peu nombreuses et de faible surface, on peut tenter des *traitements d'extinction*. Ces traitements diffèrent des précédents en ce qu'on n'hésite pas, en les effectuant, à détruire, en même temps que l'insecte, les vignes sur lesquelles il se trouve, afin d'empêcher ces premiers foyers d'infection de s'étendre sur l'ensemble du vignoble. Des opérations de ce genre ont été effectuées en Suisse, dans les cantons de Genève et de Neuchâtel, en Algérie

(1) Boiteau. — Compte rendu de l'Acad. des Sc., note du 5 janvier 1885, sur la *Génération du phylloxera et ses traitements*.

(2) Bibliographie. — **E. Risler**; *Rapports sur l'arrachage et le traitement des vignes phylloxérées de Pregny*. Genève, impr. J. Benoît et Ce, 1875. — **D. Monnier** et **E. Covelle**; *Le phylloxera dans le canton de Genève, d'août 1877 à février 1878*. Genève, H. Georg, 1878. — **D. Monnier**; *Rapport sur le traitement des vignes phylloxérées en Suisse par les procédés de M. Denis Monnier* (Extrait du Journal d'Agriculture pratique, 1878). — **Id.**; *L'Algérie agricole*, nos du 15 juillet, 15 septembre, 1er octobre, 15 octobre, 1er décembre 1885. Alger. — **Émile Petit**; *La lutte contre le phylloxera en France, en Suisse et en Algérie*. Oran, impr. Chazeau, Mouchot et Ce, 1886. — **Ministerio di Agricoltura, Industria e Commercio**; *Instruzioni per i delegati incaricati della distruzione della fillossera*. Roma, 1881. — **Commission fédérale Suisse**; *Circulaire du 7 juillet 1881*, in Compte rendu des travaux du service du phylloxera, 1882, pag. 537.

dans la province d'Oran et en Champagne; nous allons examiner successivement les moyens qui ont été employés dans ces diverses contrées, afin de donner une idée de ce qui peut être fait en pareille circonstance.

Le premier point sur lequel un traitement d'extinction a été tenté en Suisse est Pregny, localité située près de Genève, où le *phylloxera* avait été constaté en 1874 sur des vignes de serres appartenant à M. de Rothschild et sur trois autres points situés en plein champ. Par un arrêté du 27 novembre 1874, le Conseil d'Etat de Genève chargea M. E. Risler, aujourd'hui directeur de l'Institut national agronomique, de faire exécuter les mesures proposées par la Commission cantonale pour arrêter, si possible, la propagation du mal. On procéda de la manière suivante: Les vignes en plein champ furent arrachées au moyen d'un minage régulier par fossés parallèles de $0^m,60$ de profondeur, lequel pénétrait plus profondément que celui sur lequel avait été établie la vigne et permettait d'extraire presque toutes les racines. Les souches et les racines arrachées ainsi que les échalas furent trempés, immédiatement après leur extraction, dans une chaudière d'eau bouillante installée sur le champ même. On enfouit ensuite au fond du minage une forte couche de chaux des épurateurs du gaz, qui, au moment où elle sort de ces appareils, est très chargée de sulfure, d'ammoniaque, de goudron et de ses dérivés, et on recouvrit la surface du sol défoncé d'une deuxième couche des mêmes matières. Dans l'une des parties envahies, le point d'attaque se trouvant situé dans un vignoble étendu et qui ne pouvait être détruit tout entier, on entoura en outre la partie arrachée d'une ceinture de coaltar, que l'on versait dans une tranchée d'enceinte.

Ces diverses mesures furent complétées par l'interdiction de cultiver le sol pendant un an et d'y replanter de la vigne pendant trois ans.

Les vignes de serres furent, les unes détruites par les procédés indiqués ci-dessus, les autres traitées au moyen du *sulfocarbonate de potassium* et de l'ensablement.

Les résultats des traitements effectués à Pregny furent très satisfaisants : en effet, si l'on n'obtint pas la destruction absolue de l'insecte, on y retarda de plus de onze ans l'invasion générale du vignoble. On peut donc citer cette opération comme un exemple à suivre.

Une tache dérivée des précédentes fut découverte, pendant l'été 1877, sur le coteau de Chambézy, dans la partie directement au-dessous de la propriété de M. le baron de Rothschild. Elle fut traitée, sur la proposition de M. Monnier, par l'acide sulfureux anhydre et l'oxysulfure de calcium. Le travail, d'après le rapport de M. Covelle (1), fut divisé en deux parties :

« 1° Coupage des ceps et destruction par le feu dans un espace de 20 mètres autour de la tache. Intoxication du sol, au moyen de l'acide sulfureux, sur la tache et sur un espace de 40 mètres de rayon ; recouvrement de la partie coupée d'une couche de chaux de gaz. Ces opérations furent faites dans les mois d'août et septembre 1877.

» 2° Arrachage de la vigne sur l'espace de 40 mètres et minage jusqu'aux dernières racines ; couches d'oxysulfure de calcium intérieures et supérieures sur tout le minage. Ces opérations furent faites dans les mois de janvier et février 1878. »

L'emploi de l'acide sulfureux liquide est assez coûteux et compliqué (2) et il n'a pas donné les résultats que l'on espérait ; aussi a-t-il été complètement abandonné aujourd'hui, et lui a-t-on substitué partout celui du sulfure de carbone. C'est avec cette matière qu'ont été effectués les traitements de Boudry et de Colombier, près Neuchâtel, ceux de Tlemcen et de Sidi-bel-Abbès, dans le département d'Oran et ceux de la Marne. Dans les premières de ces localités, on a employé le sulfure à raison de 300 gram. par souche et deux traitements de 150 gram. chacun, à douze jours d'intervalle. La souche est à peu près constamment tuée. La replantation de la vigne n'est autorisée qu'après cinq ans (3).

En Algérie, les traitements ont été effectués, comme à Neuchâtel, à raison de 300 gram. de sulfure de carbone par souche ; mais, à Mansourah, près de Tlemcen, on a préalablement coupé les souches, on les a brûlées sur place et on a arrosé le sol avec du pétrole, à raison de cinq litres par mètre carré. De plus, un badigeonnage pour la destruction de l'œuf d'hiver a été ordonné sur une surface de 50 hectares autour des points d'attaque reconnus. On espère ainsi empêcher l'invasion qui pourrait résulter d'essaimages antérieurs à la destruction de l'insecte.

On voit, par ce qui précède, que l'on cherche, en résumé, par les traitements d'extinction, à détruire non seulement l'insecte, mais

(1) *Le phylloxera dans le canton de Genève, d'août 1877 à février 1878.* Rapports au Département de l'Intérieur par MM. D. Monnier et E. Covelle. Genève, 1878, H. Georg.

(2) On perçait le sol au moyen de pals de fer jusqu'à une profondeur de $0^m,40$ à $0^m,50$, puis on engageait dans l'ouverture ainsi formée un tube ou canule fixé à un réservoir en cuivre plein d'anhydrite ; on ouvrait un robinet jaugeur qui permettait la sortie des gaz sous une pression de trois ou quatre atmosphères ; on retirait l'appareil et on rebouchait le trou en tassant la terre avec le pied.

(3) V. Mayet.— Compt. rend. de l'Acad. des Sc., 1882.

encore les vignes susceptibles de nourrir ceux qui auraient échappé accidentellement; enfin, que l'on s'oppose, par tous les moyens dont on dispose, à la migration des jeunes qui naîtraient des *pseudova* ou à l'éclosion de l'œuf d'hiver.

Les traitements d'extinction ne peuvent se pratiquer utilement que dans des contrées encore indemnes, qui sont en outre éloignées des grands foyers phylloxériques, dont les essaimages viendraient constamment contrarier ou annihiler les résultats acquis, c'est dire que leur rôle en Europe est à peu près terminé.

CHAPITRE XXI

SOMMAIRE.— La submersion. — Les arrosages d'été.

I.— LA SUBMERSION (1)

A. **Historique**. — C'est M. Faucon, propriétaire à Graveson (Bouches-du-Rhône), qui a eu l'honneur d'attacher son nom à l'invention de la submersion des vignes. Divers cultivateurs méridionaux lui ont, il est vrai, contesté la priorité de cette idée; mais, sans trancher d'une manière absolue cette délicate question, on ne saurait du moins se refuser à reconnaître qu'il a été le premier à la réaliser pratiquement sur des surfaces considérables; que, mieux que tout autre, il en a étudié l'application, et qu'il l'a enfin soutenue avec l'énergie que donne une ferme conviction, au moment où elle rencontrait surtout des incrédules ou des détracteurs. On doit ajouter qu'avec un désintéressement des plus louables, il a toujours mis libéralement à la disposition de ses concitoyens les précieux conseils de son expérience et de son bon jugement.

(1) BIBLIOGRAPHIE. — **Louis Faucon** ; *De la submersion.* Montpellier, Coulet, 1874.— **Crolas** et **Fallières;** *Des moyens pratiques et sûrs de combattre le phylloxera (submersion); loc. cit.*, chap. I.— **Louis Faucon** ; *Nouvelles et importantes observations sur le meilleur mode d'emploi de la submersion de la vigne.* Avignon, A. Lagrange, 1879 — **J.-A. Barral**; *Les irrigations dans le département des Bouches-du-Rhône.* Paris, impr. Nationale, 1876. — **Id.** ; *Les irrigations dans le département de Vaucluse.*— **Duponchel**; *Submersion des vignes atteintes du phylloxera.* — **Id.**; *Le Phylloxera, submersion des vignes; visite de la Commission départementale de l'Hérault au domaine de M. Faucon.* — **F. Convert;** *La reconstitution des vignobles, les submersions et les plantations dans les sables* (Extrait du Journal d'Agriculture pratique). Paris, librairie agricole de la Maison rustique, 1882.— **T. Ambroy**; *La submersion des vignes.* Montpellier, C. Coulet, 1883.— **J.-A. Barral**; *La lutte contre le phylloxera.* Paris, Marpon et Flammarion, 1883.— **G. Foëx** ; *Manuel pratique de viticulture.* Montpellier, C. Coulet, 5e édit. 1891.— **Id.** ; *Bulletin des viticulteurs submersionnistes.* Avignon, Seguin frères. — **B. Chauzit** et **L. Trouchaud-Verdier**; *La submersion des vignes, in* Progrès agricole et viticole, juillet et août 1887.

B. **Conditions nécessaires à la réussite de la submersion.** — La submersion est le procédé qui consiste à recouvrir d'eau un vignoble attaqué, pendant un temps suffisant, pour détruire le phylloxera. La chose paraît simple : à première vue, il semble qu'un être chétif comme l'insecte qui nous préoccupe, que le moindre accident peut facilement détruire, doive promptement succomber sous l'influence de l'immersion; et pourtant, nous le voyons, au contraire, résister mieux à l'action de l'eau que des animaux qui lui sont infiniment supérieurs par leur organisation générale et leur force ! M. Balbiani est parvenu à faire vivre sous l'eau, pendant près de quinze jours, de jeunes phylloxera qu'il avait fait éclore dans ce milieu. On comprend dès lors combien il est plus difficile encore de le faire périr sous terre, où, tant qu'il reste à portée de l'insecte la plus petite bulle d'air, son existence peut se prolonger sans trop de difficulté. Ce n'est donc qu'après un temps assez long, et qui varie suivant l'état du phylloxera, que le but peut être atteint. L'emploi de la submersion implique l'établissement de la vigne dans certaines conditions spéciales que nous allons indiquer en premier lieu ; nous examinerons ensuite les installations nécessaires pour la pratiquer, la manière de l'effectuer et les soins particuliers de culture qu'elle entraîne.

Les conditions nécessaires à la réussite de cette opération sont les suivantes : 1° possibilité de se procurer, sans des frais trop considérables, une quantité d'eau suffisante au moment convenable; 2° application de cette eau à des terres susceptibles de la recevoir en nappe régulière et de la garder; 3° enfin, application à des cépages ne risquant pas de souffrir des effets du traitement lui-même.

1° Des eaux

a. *Quantité d'eau nécessaire.* — La submersion exige, d'une manière générale, de grandes quantités d'eau qui sont variables suivant l'état de perméabilité du sol et la durée de l'opération. Théoriquement, pour recouvrir un sol absolument horizontal d'une épaisseur de 0m,25, il serait nécessaire d'y amener 2.500m³ ; mais, comme on le comprend, la terre absorbe une grande partie de ce volume, une autre portion se perd par évaporation ou s'échappe par les fissures des bourrelets (1) ; aussi doit-on employer de beaucoup plus grandes

(1) D'après MM. Chauzit et Trouchaud-Verdier, la perte d'eau par jour est de :

1°	Dans des terrains	peu perméables	0m01
2°	— —	moyennement perméables	0m01 à 0m04
3°	— —	perméables	0m04 à 0m07
4°	— —	très perméables	0m08 à 0m09

quantités d'eau. Il faut compter ordinairement 10.000 à 15.000$^{m^3}$ par hectare et quelquefois jusqu'à 30,000$^{m^3}$ sur la même surface. Une partie de cette eau doit arriver d'une manière à peu près continue pour parer aux pertes par imbibition ou par évaporation.

b. *Qualité des eaux.* — On peut considérer comme moins efficaces, au point de vue insecticide, les eaux chargées d'air, telles que celles qui sont élevées par les machines ou qui ont passé récemment par des chutes, parce que les moindres bulles suffisent au phylloxera pour prolonger son existence. Celles qui sont complètement privées de substances fertilisantes risquent d'épuiser plus ou moins les terres un peu perméables, qu'elles lessivent.

Mais cette infériorité n'a qu'une importance secondaire au point de vue pratique, et on ne saurait renoncer à la submersion par la raison que l'on ne disposerait que d'eaux de cette nature si les autres circonstances la rendaient du reste impossible.

2° Du sol

a. *Perméabilité.* — Pour qu'une terre puisse se submerger, elle ne doit pas être trop perméable par elle-même ou par suite de la nature de son sous-sol. La perméabilité n'est pas seulement un obstacle, à cause de la dépense d'eau qu'elle entraîne et du délavement résultant du courant qui s'établit à travers le sol, mais elle contribue, en outre, à fixer dans le sous-sol, par suite du mouvement de descente de l'eau, des quantités de petites bulles d'air qui, comme nous l'avons vu, favorisent la persistance du *phylloxera*. Les sous-sols argileux, argilo-calcaires ou argilo siliceux compacts, sont ceux qui réalisent généralement le mieux les conditions voulues; ceux qui sont caillouteux ou formés par des roches fissurées ont souvent, au contraire, donné lieu à des insuccès.

b. *Inclinaison et relief.* — Les terrains destinés à la submersion doivent être horizontaux ou ne présenter qu'une faible pente (0^m,02 ou 0^m,03 au plus). Les fortes inclinaisons rendent nécessaire l'établissement d'un grand nombre de bourrelets, ce qui est coûteux et diminue d'une manière fâcheuse la superficie des planches. De plus, la surface du sol doit être suffisamment régulière, afin qu'il n'existe pas de trop grandes différences de hauteur d'eau entre les divers points immergés.

3° Adaptation des cépages a la submersion

Aucun des cépages auxquels la submersion a été appliquée jusqu'ici ne paraît avoir souffert *directement* de ses effets ; mais plusieurs d'entre eux ont été plus fortement atteints, à la suite de ce traitement, par certaines affections ou certains accidents auxquels ils sont prédisposés par nature.

La *Clairette* et la *Carignane*, par exemple, qui sont sujettes à l'*anthracnose*, sont souvent un peu plus maltraitées par cette maladie, lorsqu'on les submerge, que dans les conditions ordinaires ; le *Grenache* ou *Alicante*, dont l'aoûtement est habituellement tardif et incomplet, souffre souvent de l'arrêt de végétation que provoque l'immersion, surtout quand elle a lieu un peu hâtivement. L'*Espar* ou *Mourvèdre* dépérit enfin quelquefois sans cause apparente dans les vignes submergées (1).

L'*Aramon*, le *Petit-Bouschet*, le *Moustardié* de Vaucluse, le *Côt*, le *Cabernet-Sauvignon*, la *Syrah* et le *Chasselas* ont été submergés sans inconvénients.

C. Établissement de la submersion.

1° Amenée des eaux

Les eaux destinées à la submersion proviennent de cours d'eau naturels, de canaux, d'étangs, de barrages, de retenues, de sources, de puits artésiens ou même de drainages. On peut les amener sur les vignes à traiter, par dérivation, au moyen de machines élévatoires et quelquefois par la simple obstruction temporaire des drains ou autres conduits d'assèchement.

a. *Dérivation.* — Le premier moyen est évidemment le plus simple et il doit être employé toutes les fois que l'eau peut être prise sans difficulté à un niveau supérieur ; il n'entraîne d'autre dépense que celle de la création d'un canal d'adduction.

b. *Machines.* — Malheureusement, on ne peut songer à appliquer dans tous les cas la dérivation : l'impossibilité de créer des barrages sur certains cours d'eau, les faibles pentes qui obligent à aller pren-

(1) T. Ambroy. — *La submersion des vignes.* Montpellier, C. Coulet, 1883, pag. 41 et 42.

dre l'eau très loin, en traversant plusieurs propriétés étrangères; enfin, l'intermittence du débit de quelques canaux rendent souvent nécessaire l'emploi du second système. Les machines élévatoires les plus généralement employées sont les *pompes rotatives* et le *rouet* inventé par M. Dellon, ancien ingénieur en chef des ponts et chaussées à Montpellier, et construit par M. Bergeron, à Nimes.

Les pompes les plus répandues dans les submersions, en France, sont celles de L. Dumont (1) (fig. 411 et 412), celles de M. Pilter,

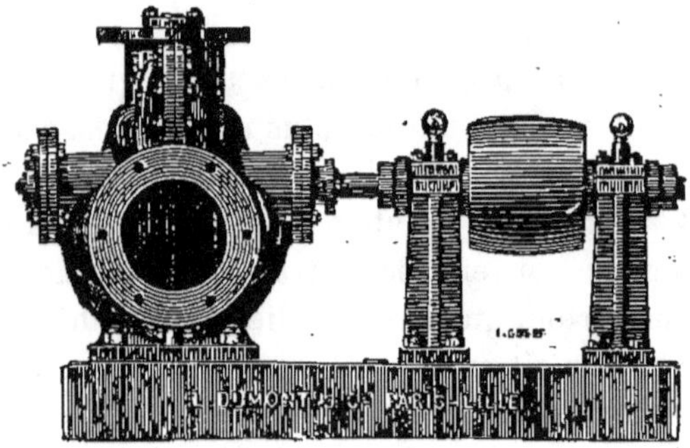

Fig. 411.— Pompe centrifuge Dumont (vue de face).

celles de J. et H. Gwynne (2) (fig. 413). Ces derniers constructeurs ont imaginé une disposition (fig. 414) très commode pour le transport, dans laquelle la pompe, étant fixée sur le bâti de la locomobile motrice, est prête à fonctionner dès l'arrivée.

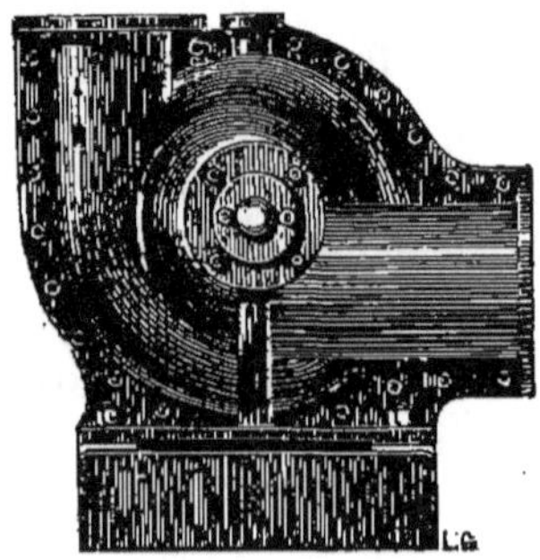

Fig. 412.— Pompe centrifuge Dumont (vue de côté).

Le *rouet* (fig. 415) paraît donner un rendement supérieur à celui des pompes rotatives pour les hauteurs moindres de 5 mètres; mais

(1) L. Dumont, rue Sedaine, 55, à Paris.

(2) J. et H. Gwynne, ingénieurs, Hammersmith Iron works, Londres, et avenue Percier, 8, Paris.

il offre l'inconvénient de ne pas être facile à déplacer comme ces dernières et de se prêter moins bien, par suite, aux exigences de

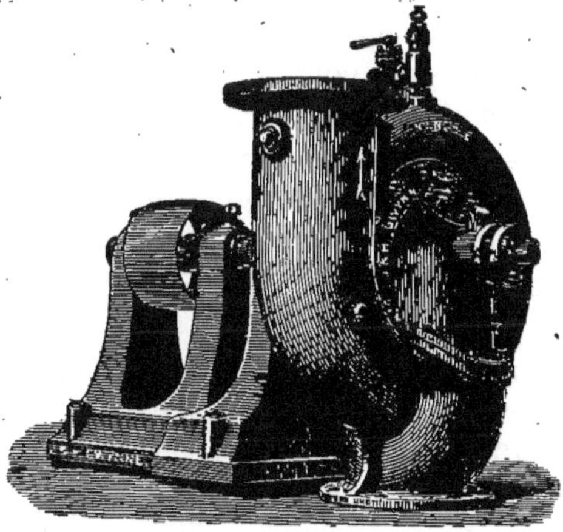

Fig. 413.— Pompe centrifuge J. et H. Gwynne.

certaines exploitations, dont les pièces de vigne sont disséminées, ou

Fig. 414.— Pompe centrifuge J. et H. Gwynne, actionnée directement par une locomobile et fixée au même bâti.

bien où l'on veut utiliser le matériel de submersion aux arrosages d'été sur des terres éloignées du vignoble. On a également fait usage, pour élever les eaux, de la *noria* et du *tympan*; mais ces machines n'ont donné que des résultats inférieurs à ceux des précédentes ; elles ne permettent d'élever l'eau qu'à de faibles hauteurset sont d'une installation moins commode que les pompes rotatives.

Les divers appareils que nous venons de mentionner sont généralement mus par des machines à vapeur; ces moteurs peuvent être considérés, dans bien des circonstances, comme les seuls possibles; ils sont presque toujours les plus commodes.

Les *pompes rotatives* de Neut et Dumont et celles de Gwynne débitant 100 litres par seconde exigent à peu près deux chevaux-vapeur par mètre d'élévation.

Celles qui fournissent 50 litres par seconde demandent 1,20 cheval-vapeur par mètre d'élévation.

La consommation de houille des locomobiles qui actionnent ces appareils varie entre 2 et 3 kilogr. par heure et par cheval-vapeur; lorsque l'on emploie des houilles de basse qualité, ce chiffre peut s'élever à 4 kilogr. et quelquefois plus.

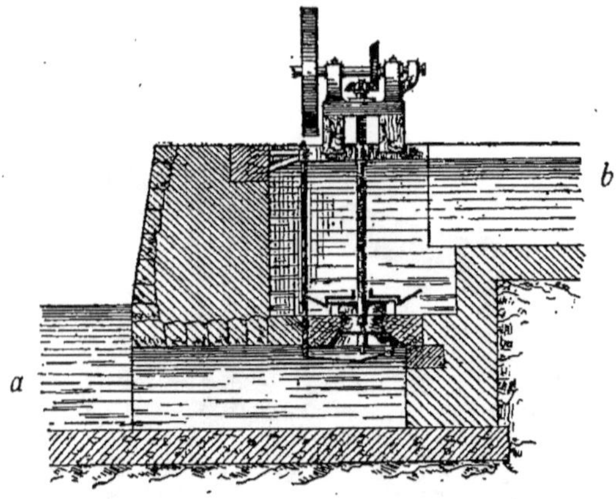

Fig. 415.— Rouet Dellon pour élever les eaux de submersion : *a* canal d'amenée des eaux ; *b* canal conduisant les eaux dans les planches après leur élévation.

Le coût de l'opération par leur moyen varie entre 60 et 80 fr. par hectare lorsqu'on ne dépasse pas 5 mètres, hauteur au delà de laquelle on ne semble guère devoir aller en pratique; ce prix n'est pas plus élevé que celui qu'exigent la plupart des Syndicats ou Sociétés de canaux d'irrigation.

Les machines sont quelquefois installées à demeure, sur un point

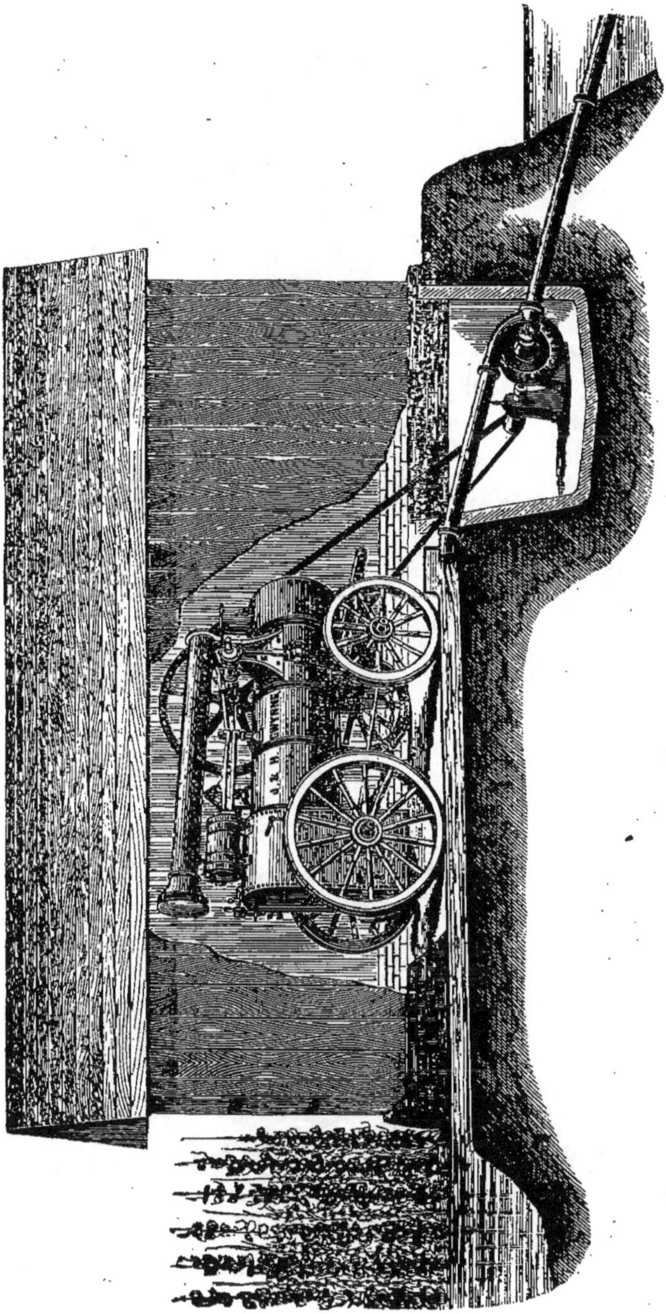

Fig. 416. — Installation locomobile d'une pompe Gwynne au bord d'une rivière

culminant, de manière à dominer, par un système de canalisation convenable, toute l'étendue à submerger ; d'autresfois elles sont locomobiles et peuvent être transportées successivement à portée des piè-

Fig. 417. — Installation locomobile d'une pompe Dumont au bord d'une rivière.

ces de terre que l'on veut traiter (fig. 416 et 417). Le premier système doit être préféré toutes les fois qu'il est possible de l'appliquer : il permet, en effet, d'adapter des machines à vapeur fixes à générateur indépendant, qui font le travail à meilleur marché et durent davantage que les locomobiles. On évite, en outre, par suite de cette disposition, les pertes de temps dans la mise en train de l'opération qui résultent du déplacement; enfin on peut, par une distribution bien combinée des eaux dans l'ensemble du vignoble, arriver par son moyen à mieux répartir le travail pendant la période de submersion, et par conséquent à en abréger la durée.

Fig. 418. — Moulin à vent de M. Dellon.

Il est possible, dans certaines circonstances, de substituer à la vapeur la force fournie par les cours d'eau où l'on puise l'eau nécessaire au traitement des vignes; on emploie dans ce cas, comme machines motrices, des *turbines* ou des *roues hydrauliques*. Le travail s'effectue alors dans des conditions très économiques. Peut-être trouvera-t-on enfin avantage, pour des opérations importantes, à combiner l'action du vent, trop irrégulière pour être utilisée seule, avec celle de la vapeur. Le moulin à vent de M. Dellon (fig. 418) est quelquefois, du reste, usité dans ce but dans de petites exploitations.

Quelle que soit la force motrice employée pour élever l'eau, on amène généralement cette dernière à la portée des machines élévatoires au moyen de *roubines*, c'est-à-dire de fossés creusés à un niveau un peu inférieur à celui des plus basses eaux de la rivière; on doit se ménager le moyen d'en fermer, au besoin, la prise par des vannes convenablement disposées. On évite ainsi les remblais souvent considérables qu'exigerait une installation au bord de l'eau. Lorsque l'on redoute d'entamer les digues qui longent les rivières, on peut les faire franchir par un tuyau d'aspiration formant siphon, qui aboutit à une pompe centrifuge (fig. 419).

c. *Obstruction des drainages et conduits d'écoulement des eaux.* — On peut quelquefois submerger des terrains anciennement conquis sur des marais et des étangs en les faisant revenir temporairement à leur premier état. On commence par niveler le fond, de manière à ne pas avoir des profondeurs d'eau trop différentes; puis, on ferme la partie inférieure, par laquelle se faisait l'évacuation des eaux, au moyen de levées et de vannes convenablement disposées; enfin, dans le cas où il existe un drainage, on en obstrue les tuyaux à la partie

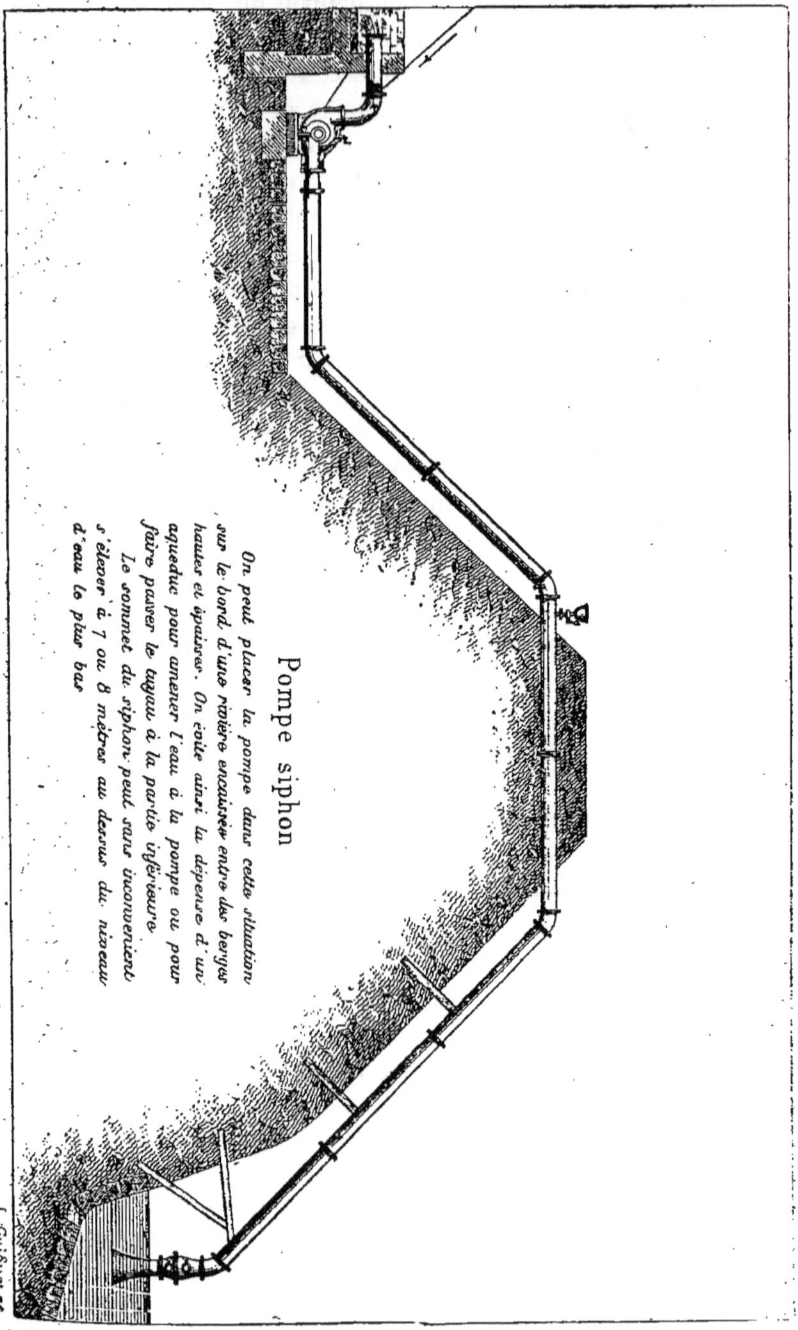

Fig. 419. — Pompe L. Dumont adaptée à un siphon qui franchit une digue sans l'entamer.

inférieure du champ que l'on veut mettre sous l'eau, pendant toute la durée de l'opération. Une fois la submersion terminée, on rouvre tous les conduits pour permettre aux terres de s'égoutter. Plusieurs applications de ce système, qui unit aux avantages d'une économie remarquable d'installation et d'exécution une grande efficacité, ont été faites avec un plein succès.

2° Tracé et établissement des planches de submersion

La nécessité de maintenir l'eau en couche d'une épaisseur régulière sur le sol oblige à en diviser la surface en une série de *bassins*, *compartiments* ou *planches*, par des *levées* ou bourrelets qui en forment la périphérie.

a. *Forme des planches.* — On cherche à donner aux planches des formes rectangulaires : ce sont, en effet, les plus commodes pour les labours et celles qui correspondent le mieux aux systèmes de plantations usités. Dans un terrain horizontal, où l'on peut leur donner une grande étendue en tous sens, on a intérêt à les faire carrées, parce que le carré est celle des figures rectangulaires qui renferme la plus grande surface par rapport à son périmètre et qui demande, par conséquent, le moindre développement de bourrelet ; elle facilite, en outre, l'emploi des labours croisés, dont l'efficacité est généralement reconnue. Dans les terrains offrant une pente sensible, on est amené à faire des planches rectangulaires dont le grand côté suit la moyenne des courbes de niveau, afin, tout en conservant des rayages suffisants, de ne pas exagérer la hauteur des bourrelets en aval.

b. *Dimensions des planches.* — Au point de vue de la destruction des insectes, les plus grandes planches sont les meilleures : en effet, l'étendue des bourrelets y est proportionnellement moins considérable, par rapport à la surface, que dans les petites ; or, les racines qui pénètrent sous les bourrelets sont rarement bien purgées d'insectes et elles constituent en été un foyer d'infection dont il importe de diminuer le plus possible le développement. Mais il est généralement impossible, en pratique, de pousser l'application de ce principe jusqu'à ses dernières conséquences, qui seraient de ne faire qu'une seule planche de toute la vigne à submerger. Les raisons qui s'y opposent le plus souvent sont : 1° le manque d'horizontalité du sol, qui oblige à diviser la pente en plusieurs sections pour éviter la construction de bourrelets trop élevés ; 2° l'impossibilité de disposer à la fois d'un volume d'eau suffisant pour les remplir ; 3° le danger qu'offre le choc, sur les berges, des vagues que soulève le vent sur les planches d'une grande surface ; 4° enfin, la crainte de l'inconvénient qui résulterait, pour toute la submersion, de la formation d'une brèche accidentelle dans l'unique enceinte des levées. En définitive, les dimensions qui paraissent les meilleures, quand on peut les utiliser, sont celles qui renferment de 3 à 20 hectares.

On doit avoir soin de disposer les planches de manière à ce que le trop-plein des plus hautes s'écoule dans les autres: on établit à cet effet de petits déversoirs en maçonnerie ou tout simplement en bois, mais il est bon, en outre, que chacun puisse recevoir l'eau d'une manière indépendante par un canal spécial et se vider séparément. Enfin, il est nécessaire de ménager des fossés d'écoulement et des vannes de décharge qui permettent un égouttement facile après l'opération. Un très bon écoulement des eaux après la submersion est une condition nécessaire du succès de ce procédé: la stagnation des eaux empêche en effet les terres de s'échauffer et, par suite, les radicelles de la vigne de naître de bonne heure, ainsi que cela est nécessaire pour une bonne végétation (1). De plus, l'excès d'humidité risque d'amener, par sa persistance, le développement du *Dematophora necatrix* et de quelques autres formes du *pourridié*, ou celui d'autres maladies cryptogamiques, telles que l'*anthracnose* et le *black-rot*. Enfin les labours et autres opérations de culture sont retardés, par ce fait, souvent bien au delà du temps où ils devraient être effectués.

c. *Bourrelets.*— Les bourrelets doivent être construits en prisme à section trapézoïdale, avec des pentes de 45° : c'est la forme qui leur assure la plus grande solidité, les moindres chances d'éboulement et qui permet le mieux de passer dessus pour circuler dans la vigne pendant la submersion. La largeur de la petite base dépend de la poussée que doit subir l'ouvrage, c'est-à-dire de la profondeur de l'eau qu'il a à retenir; elle varie généralement entre $0^m,50$ (pour des hauteurs de $0^m,50$ que l'on peut considérer comme un minimum) et 1 mètre (pour celles de $0^m,50$ à 1 mètre). Lorsqu'on établit de très grandes planches, on peut faire, au lieu de petits bourrelets comme ceux que nous venons d'indiquer, de véritables chaussées susceptibles de donner passage aux tombereaux de vendange et de fumier.

On a rarement intérêt à faire des levées de plus de 1 mètre de haut; elles doivent, dans tous les cas, assurer le maintien d'une couche de $0^m,25$ d'épaisseur, et la dépasser de $0^m,15$ à $0^m,20$ pour arrêter les vagues que soulève le vent. Il faut enfin donner à ces ou-

(1) Voir pag. 507.

vrages, en les construisant, 10 % de hauteur en plus des dimensions définitives, pour compenser l'effet du tassement.

L'établissement des bourrelets doit avoir lieu avant la plantation, afin de ne pas risquer de nuire aux jeunes vignes et de laisser le temps aux terres de se rasseoir avant l'arrivée des eaux : mais on ne doit y procéder que lorsque les travaux de nivellement et de défoncement sont effectués. Les terres nécessaires à leur édification peuvent être prises sur place, de part et d'autre de la surface qu'ils doivent occuper, mais surtout en aval, où l'on a intérêt à baisser un peu plus le niveau qu'en amont.

Il est utile de consolider les bourrelets contre l'action érosive des eaux, en les engazonnant ; mais on doit éviter de les recouvrir avec des plantes qui risqueraient de salir ensuite les vignes par leurs graines ou les traces de leurs racines ; celle qui paraît la meilleure pour cet objet est le trèfle rampant (*T. repens*), qui peut passer sans grand inconvénient d'une grande humidite à un degré de sécheresse assez considérable ; de plus, par suite de la disposition traînante de ses tiges, dont les nœuds s'enracinent au contact du sol, il forme sur le terrain un feutrage serré et résistant (1). Dans les endroits très exposés aux vents et dans les grandes planches, il est en outre prudent, pendant la durée de la submersion, de matelasser avec des fascines, des sarments ou des roseaux retenus par un fil de fer, les parties des berges que les vagues viennent battre.

D. Exécution de la submersion.

1° Epoque convenable

M. Faucon a observé que le moment où le phylloxera est le plus accessible à l'action destructive de l'eau est celui qui correspond à l'époque de sa vie la plus active, du 15 avril au 15 octobre, et quelquefois plus tard ; pendant l'hiver, au contraire, lorsque l'insecte est dans la période d'engourdissement, il est beaucoup plus réfractaire à ses effets. Ce serait donc l'été que l'on devrait choisir pour opérer le traitement, si l'on n'avait à se préoccuper que de son efficacité vis-à-vis du *phylloxera* ; mais il faut également tenir compte des nécessités

(1) On a récemment proposé aussi l'emploi du pavot pour retenir les terres des talus, rôle auquel ses longues racines pivotantes le rendent éminemment convenable ; mais il a l'inconvénient de se resemer très abondamment et de salir, par suite, les vignes qui l'environnent.

d'existence et de culture de la vigne, qui souffrirait d'une submersion prolongée pendant cette saison, et deviendrait incultivable dans certains moments où il est nécessaire de la travailler. Lors de l'arrêt de la végétation, au contraire, l'eau cesse de nuire, et les travaux, habituellement, suspendus à partir de ce moment, laissent le champ libre pour inonder. C'est lorsque les sarments sont complètement aoûtés que l'on peut mettre l'eau sans danger ; le plus tôt à partir de ce moment est généralement le mieux. La plupart des cépages méridionaux sont dans des conditions voulues vers le 1er novembre. Le *Grenache* ou *Alicante* et la *Carignane* ne sont pourtant pas toujours suffisamment lignifiés à cette époque ; on devra alors différer pour eux la submersion jusqu'au moment où ils seront arrivés à l'état voulu. C'est pour avoir négligé de tenir compte de cette précaution que de fréquents accidents ont atteint le *Grenache* lors des premiers essais de submersion.

2° Durée

La durée de la submersion doit varier suivant diverses circonstances, parmi lesquelles les plus importantes sont : le climat, la nature du sol et la saison.

a. *Influence du climat.* — L'expérience a démontré que dans la partie la plus septentrionale de notre région (1), la durée de la submersion peut être réduite sans inconvénient à 25 ou 30 jours, tandis qu'elle se prolonge au moins de 35 ou 40 jours et quelquefois jusqu'à 60 jours dans l'Hérault, le Gard et les Bouches-du-Rhône. Ce fait s'explique facilement par la moindre multiplication du phylloxera dans les climats froids, laquelle permet de laisser subsister une plus grande quantité d'insectes vivants que dans le Midi, sans qu'il en résulte de graves inconvénients. Il est probable que l'altitude aura la même influence que la latitude, et que, dans les plateaux élevés de la région méridionale, les submersions pourront être relativement courtes.

b. *Influence du sol* — Les terres compactes et à sous-sol imperméable n'exigent pas non plus un séjour sous l'eau aussi considérable que celles qui sont douées d'une certaine perméabilité ou qui reposent sur un sous-sol caillouteux ou fissuré. Les premières sont en effet plus promptement purgées d'air que les secondes, et par suite l'insecte y succombe plus tôt.

(1) Par exemple, chez M. Morin-Latour, à Livron (Drôme).

c. *Influence de la saison.* — La saison influe enfin sur la durée de l'opération, parce que le phylloxera est, comme nous l'avons vu, d'autant plus accessible à l'action de l'eau qu'il se trouve à un moment de l'année où sa vie est plus active, de telle sorte qu'en automne, époque à laquelle il pond encore sous le climat méridional, il sera détruit plus promptement que pendant l'hiver, où on le trouve au contraire dans un état d'engourdissement complet. Tandis que dans la première de ces saisons on doit immerger la vigne durant 35 à 40 jours, il en faut 40 ou 50 et quelquefois plus lorsqu'on opère pendant la seconde.

En résumé, la longueur de la submersion devra varier, suivant les circonstances que nous venons d'indiquer, de 30 à 50 et même 60 jours. De plus, pendant toute sa durée, l'eau doit recouvrir le sol d'une couche d'au moins 0m,20 ou 0m,25 et y séjourner d'une manière continue. Un grand nombre d'insuccès ou accidents ont été le résultat de l'inexécution de ces dernières prescriptions, qui avaient été pourtant données dès le début par M. Faucon ; les moindres interruptions suffisent en effet pour amener l'introduction de l'air, qui permet au phylloxera de prolonger son existence quelquefois suffisamment pour survivre au traitement.

On ne saurait donc s'assurer avec assez de soin, lorsque l'on entreprend une submersion, que les cours d'eau ou canaux qui doivent l'alimenter fourniront de l'eau d'une manière régulière pendant toute sa durée.

3° Age auquel les vignes doivent être submergées

Lorsqu'on plante sur l'emplacement d'une ancienne vigne phylloxérée, on a intérêt à submerger le plus tôt possible, dès la première année, ou mieux avant même la plantation, de manière à détruire les insectes, qui risqueraient d'attaquer en grand nombre les jeunes plants dès leur reprise et de causer parmi eux des ravages irréparables. Lorsque, au contraire, la vigne est établie sur un terrain dépourvu de phylloxera, on peut généralement attendre la fin de la seconde année pour la mettre sous l'eau. Un examen attentif des racines permettra, du reste, de décider quand il faudra procéder à la première opération ; on devra commencer, sans hésiter, dès l'apparition des moindres traces du mal, afin d'éviter de se trouver par la suite en présence de dommages considérables à réparer.

4° Périodicité des submersions

Les submersions doivent être renouvelées toutes les années. En effet, bien qu'on puisse considérer le traitement, lorsqu'il est effectué dans de bonnes conditions, comme le moyen insecticide le plus parfait, et qu'il soit à peu près impossible, dans certaines années, de retrouver au printemps un insecte sur les vignes qui y ont été soumises, ces dernières sont réenvahies chaque été, comme l'a prouvé M. Faucon, par les aptères cheminant sur le sol et par des ailés transportés par le vent, qui proviennent des plantations voisines. Il faut donc, chaque hiver, débarrasser de nouveau les vignes des insectes venus en été qui, par suite de leur multiplication, pourraient exercer des ravages considérables.

E. **Plantation et culture.** — La plantation et les cultures des vignes à la submersion sont, d'une manière générale, soumises aux mêmes règles que celles indiquées précédemment ; nous nous bornerons à signaler ci-après les quelques précautions spéciales auxquelles ces opérations peuvent donner lieu lorsqu'on applique ce traitement.

1° Plantation

Les plantations destinées à être submergées doivent, moins encore que les autres, être formées de cépages mélangés : il est, en effet, nécessaire, comme nous l'avons vu, de n'introduire l'eau dans les vignes que quand l'aoûtement des bois est complet, mais il faut le faire dès ce moment : or, il est impossible que ces conditions soient remplies simultanément dans une planche peuplée de cépages divers ; il faut donc les séparer en les groupant dans des tables différentes dans lesquelles on peut introduire isolément les eaux.

On doit, en outre, dans le tracé de la plantation, éviter de trop rapprocher les lignes des bourrelets : les racines qui pénètrent sous ces derniers sont, en effet, soustraites à l'action de l'eau et conservent des phylloxera qui constituent un danger pour le reste de la planche lors de la réinvasion estivale ; il est nécessaire, par conséquent, pour éviter cette pénétration, de tenir les vignes les plus rapprochées des bourrelets à une distance au moins égale à la moitié de l'écartement normal des souches.

2° Culture

a. *Taille.* — C'est surtout dans les vignes soumises à la submersion qu'une taille tardive est utile pour diminuer les chances de destruction par les gelées blanches ; on peut procéder, en premier lieu, à un simple rognage, auquel on ne fait succéder la taille définitive que lorsque les bourgeons sont gonflés et près de s'ouvrir.

b. *Engrais.* — On a accusé la submersion d'épuiser le sol des matières solubles qu'il renferme; ce reproche, qui ne paraît pas trop fondé pour les terres peu perméables, est vrai, dans une certaine mesure, pour celles qui le sont sensiblement ; on a donc intérêt à fournir à la vigne des engrais renfermant, sous une forme facilement assimilable, les matériaux qui lui sont nécessaires pour l'année seulement et à en renouveler chaque hiver l'application, de telle sorte que tout puisse être absorbé entre deux submersions. La formule suivante, employée par M. Faucon, répond très bien à cet ordre d'idées :

Tourteau de colza	90 °/°
Sulfate de potasse épuré de Stassfurt à 38 °/° de potasse	10—

Ces matières sont mélangées et appliquées à la dose de 250 gram. par pied de vigne.

c. *Labours.* — Les labours doivent être fréquemment répétés dans les vignes submergées, et on doit les exécuter avec un soin tout particulier, à cause du tassement qui résulte du long séjour des eaux sur le sol. On doit éviter dans ce milieu, plus qu'autre part, leur coïncidence avec les moments où les gelées blanches ou la coulure sont à redouter, à cause de la situation généralement basse et humide du vignoble.

Il est enfin nécessaire de donner des soufrages nombreux, afin de combattre la *coulure*, l'*oïdium*, l'*anthracnose*, fréquents dans les conditions où se fait presque toujours la submersion.

F. **Limites d'application de la submersion.** — La submersion est forcément limitée aux vignobles méridionaux situés en plaine ; dès qu'on arrive à la région où la vigne ne peut réussir qu'en coteau, l'application en devient impossible pour les raisons que nous avons données en traitant du relief du sol. De plus, les hivers froids, tels que ceux qui règnent habituellement quand on remonte vers le Nord, risquent d'entraîner des accidents graves pendant l'opération ; la surface se congèle, quelquefois sur une assez grande épaisseur, et il suffit d'un changement du niveau de l'eau qui supporte la glace pour que des souches soient arrachées ou écrasées, suivant que les glaçons s'élèvent ou s'abaissent.

Jusqu'ici, en France, la submersion ne s'est pas étendue dans le sud-ouest au delà de la Gironde et des départements voisins, et dans le sud-est, elle est pratiquée dans le Var, les Bouches-du-Rhône, le Gard, l'Hérault, l'Aude, les Pyrénées-Orientales, le Vaucluse, les Basses-Alpes et la partie méridionale de la Drôme; elle ne dépasse pas, dans ce département, Livron, localité située à l'embouchure de la Drôme et qui paraît pouvoir être considérée comme la limite septentrionale probable de l'application de ce procédé.

II. — IRRIGATIONS D'ÉTÉ (1)

La pratique des arrosages d'été avait fait naître, il y a quelques années, de grandes espérances comme moyen de destruction du *phylloxera*; de nombreuses installations avaient été faites dans la vallée de l'Orb (Hérault), dans la plaine de Marsillargues, dans des jardins maraîchers des environs de Montpellier et dans l'Aude, pour utiliser ce procédé. Les premiers résultats obtenus, notamment dans les terres légères, permettaient en effet de penser qu'avec une dépense d'eau peu considérable, faite dans une saison où les submersions ne demandent plus rien aux cours d'eau, on pourrait conserver des vignobles situés dans des terres où ces dernières opérations n'étaient pas praticables. Malheureusement, ces premiers résultats ne se sont généralement pas maintenus, et, après une période de relèvement notable, les vignes ont de nouveau décliné. Aujourd'hui, les irrigations d'été ne sont plus guère employées que comme complément de la submersion ou des traitements au sulfure de carbone effectués en hiver. Dans ces circonstances, elles ont une action marquée sur la végétation estivale de la vigne, surtout dans les sols

(1) Bibliographie. — **A. Duponchel**; *Les irrigations insecticides*. Paris, Hachette, 1883. — **F. Convert, L. Degrully, F. Bernard, P. Viala**; *Congrès viticole de Montpellier*, 1884, pag. 29. Montpellier, C. Coulet. — **Vannuccio Vannuccini**; *Mémoire sur l'irrigation comme moyen de combattre le phylloxera*, in Messager agricole, 10 juillet et août 1885. — **Monclar**; *L'eau et la vigne*, in Journal d'Agriculture pratique, avril 1882. — **H. Marès**; *Rapports de M. le Président de la Commission départementale de l'Hérault*, 1882, 1883 et 1884, in Compte rendu des travaux du service du phylloxera. Paris, impr. Nationale, 1882, 1883 et 1884. — **J. Maistre**; *Le meilleur moyen de combattre la maladie de la vigne*, in Journal de l'Agriculture, 1881. — **Id**; *La vigne et la sécheresse*, in Journal de l'Agriculture, 1873. — **Id.**; *L'irrigation des vignes*, in Journal de l'Agriculture, 1884.

légers, secs et chauds; mais leurs effets insecticides paraissent très peu considérables.

L'opération se pratique habituellement en faisant circuler l'eau dans des rigoles ouvertes à la charrue au pied des souches, ou mieux à une petite distance de chaque côté, de manière à agir par infiltration. On doit la suspendre lorsque l'*anthracnose* ou le *mildew* font leur apparition dans le vignoble, quand le temps devient pluvieux et environ un mois avant l'époque de la maturité du raisin. On risquerait, sans cette dernière précaution, d'avoir une mauvaise maturation ou même de la pourriture (1).

(1) Voir en outre, à la page 451, ce qui est relatif aux arrosages d'été des vignes, considéré comme simple procédé cultural.

CHAPITRE XXII

SOMMAIRE. — Plantation dans les sables. — Causes de la résistance qu'offrent ces sols à l'action du *phylloxera*. — Choix du sol; cépages convenables ; plantation ; culture. — Emploi des vignes américaines ; causes de la résistance qu'opposent ces vignes aux attaques du *phylloxera ;* producteurs directs et porte-greffes.

I. — PLANTATION DANS LES SABLES (1)

A. **Historique.** — Indépendamment des moyens insecticides employés contre le *phylloxera*, on a cherché à créer des vignobles qui fussent à l'abri de son action ou qui pussent prospérer malgré elle. C'est dans cet ordre d'idées que peuvent être rangées la plantation des vignes d'Europe dans les sables et celle des vignes américaines.

On a reconnu, dès le début de l'invasion phylloxérique, que les *sables* en général et plus spécialement les *sables marins* exerçaient une action préservatrice importante contre le phylloxera, sur les vignes qui y sont établies. Sur l'exemple et sur les conseils d'un modeste cultivateur, M. Bayle, des surfaces considérables de dunes ont été

(1) BIBLIOGRAHIE. — **A.-F. Marion ;** *Action insecticide des sables, in* Application du sulfure de carbone au traitement des vignes phylloxérées, campagne 1878. Rapport sur les expériences et les applications réalisées. — **Boyer ;** Communication faite au Congrès phylloxérique de Nimes, le 24 septembre 1879, *sur la végétation de la vigne dans les sols sableux du département du Gard.* Nimes, Clavel-Ballivet et Ce, 1880. — **Vannuccio Vannuccini ;** *Étude des terres où la vigne indigène résiste au phylloxera, in* Messager agricole, 10 septembre 1881. — **J.-A. Barral ;** *Influence de l'humidité souterraine et de la capillarité du sol sur la végétation des vignes.* Comptes rendus de l'Académie des Sciences, 12 février 1883. — **Saint-André ;** *Recherches sur les causes de la résistance des vignes au phylloxera dans les sols sableux.* Mémoire présenté à l'Académie des Sciences dans la séance du 4 avril 1881. Montpellier, Grollier, 1881. — **Id. ;** *La viticulture dans les landes de Gascogne* (Extrait du Journal de l'Agriculture, mars 1882). Paris, G. Masson, 1882. — **Le docteur G. Horvath ;** *Rapport annuel de la station phylloxérique hongroise,* 1re année. Budapest, 1882. — **F. Convert ;** *Les submersions et les plantations dans les sables.* (Extrait du Journal d'Agriculture pratique, 1882). — **J.-A. Barral ;** *La lutte contre le phylloxera.* Paris, Marpon et Flammarion, 1883. — **A. Audoynaud ;** *Sur la résistance des vignes dans les terres sableuses* (Extrait des Annales agronomiques). Paris, 1883. — **G. Foëx ;** *Manuel pratique de viticulture* (troisième partie). Montpellier, C. Coulet, 5e édit., 1891.

plantées depuis quelques années dans les environs d'Aiguesmortes (Gard); le succès de ces opérations en a fait entreprendre d'autres analogues dans les landes de Gascogne et dans les alluvions sableuses d'une partie de la vallée du Rhône.

B. **Causes de la résistance qu'offrent les sables à l'action du phylloxera.** — Des opinions diverses ont été émises à ce sujet ; les plus connues sont celle de M. Marion et celle de M. Vannuccini.

M. Marion, à la suite d'une expérience que nous allons rapporter, conclut que le sable exerce une action insecticide sur le phylloxera: « Une fosse de 0m,80 de profondeur sur 7 mètres de long et 2 mètres de large a été creusée, dit-il, dans notre champ d'expérience du Cap-Pinède, par les soins de notre collègue M. Mazel. Cette fosse fut remplie avec du sable d'Aiguesmortes, dont les éléments sont tous d'une ténuité extrême et dont la composition nous est donnée par l'analyse suivante de notre confrère M. Dony (1).

	Composition par 100 kil.
Eau hygroscopique, perte à + 10°	0k430
Eau des hydrates, perte à + 300°	0,788
Matières organiques	0,082
Acide carbonique	7,310
Acide phosphorique	0,011
Acide sulfurique	0,034
Chlore	0,015
Potasse	0.107
Soude	0,132
Chaux	10,100
Magnésie	0,061
Alumine	1,123
Oxyde de fer	0,957
Silice et silicates insolubles dans l'eau régale	78,470
Corps non dosés et pertes	0,380
	100,000

» Trente ceps enracinés de deux ans, choisis dans une pépinière phylloxérée, furent plantés dans ce sable en fin avril. Les insectes étaient extrêmement nombreux au moment de la plantation, les racines étaient déjà en grande partie décomposées et il n'existait plus de minces fibrilles. Au bout d'un mois, il était facile de reconnaître

(1) Un mètre cube de sable d'Aiguesmortes pèse 1,343 kilogrammes.

que la reprise était parfaite. Plusieurs pieds furent arrachés : le système radiculaire était rétabli ; on constatait encore les traces du parasite, mais il était impossible de retrouver un seul insecte là où auparavant on voyait à l'œil nu une quantité de pondeuses et d'œufs. Ce phénomène était général. Nous l'avons reproduit plusieurs fois en introduisant de nouveaux pieds phylloxérés dans la fosse, et il n'a jamais fallu plus d'un mois pour amener la disparition totale du phylloxera. La question est donc parfaitement résolue. Il existe des sables qui non seulement s'opposent à la descente du puceron sur les racines, mais qui opèrent encore une action insecticide rapide et sûre sur tous les parasites qui y seraient enfouis accidentellement au moment de la plantation (1). »

M. Vannuccini dit que les sables doivent leur action préservatrice contre le phylloxera au fait qu'ils se laissent pénétrer très facilement par l'eau, de telle sorte que l'insecte succomberait à l'action de l'eau et non à celle même du sable.

Dans un mémoire publié en 1881 (2), M. Vannuccini, après avoir examiné les diverses hypothèses formulées jusqu'alors relativement à la question qui nous préoccupe, les réfute de la manière suivante : « On attribuait la résistance des vignes françaises, dans certaines terres privilégiées et spécialement dans les sables, à des propriétés insecticides du sable, sans trop expliquer comment une substance essentiellement fixe et insoluble pouvait agir sur des organismes.

» D'autres disaient que le sel renfermé dans les sables maritimes était la cause recherchée. Mais ces sables, lavés et relavés par les eaux de pluie, ne contiennent que des traces de cette substance. D'ailleurs, les sables d'eau douce des bords des fleuves, qui cependant offrent une résistance égale aux autres, n'auraient pu se prêter à cette explication.

» On pensait que le sable, étant formé d'un amas de débris irréguliers de quartz, de silicates, pouvait, par des aspérités de ces fragments de roches, gêner ou même blesser le phylloxera. Mais les sables de l'Océan, où pourtant la vigne résiste parfaitement, sont formés de grains arrondis, lisses, semblables en cela à un immense tas de cailloux roulés, d'un volume presque imperceptible.

(1) A.-F. Marion. — *Rapport sur les expériences et les applications réalisées et sur les résultats obtenus*, campagne de 1878. Paris, Paul Dupont, 1879, pag. 14 et 15. — On peut se demander si la fosse dans laquelle on a placé le sable n'a pas agi comme un bas in dans lequel les eaux de pluie auraient opéré une véritable submersion. — (G. F.).

(2) Vannuccini. — *Etude des terres où la vigne indigène résiste au phylloxera* (Messager agricole, 10 septembre 1888).

»On disait que dans le sable, qui en général est accumulé en couches profondes, les racines de la vigne peuvent s'étendre à l'aise. Sans nier l'heureuse influence d'un système radiculaire facilement renouvelable et se développant librement, je me permets de faire observer que, s'il n'y avait pas quelque chose dans le sable qui empêchât le phylloxera d'y pénétrer, cet insecte se multiplie assez prodigieusement pour pouvoir envahir infiniment plus de racines que ce que la vigne peut en émettre.

»L'opinion la plus accréditée était enfin que le sable ne permet pas la pénétration et la propagation du phylloxera à son intérieur, à cause de la ténuité et de la mobilité de ses particules, qui n'auraient pas laissé de passages suffisants à l'insecte.»

Par une série de mesures micrométriques prises sur les grains de sable, sur les intervalles qui les séparent et sur les insectes à divers âges, M. Vannuccini démontre que les vides qui existent dans le sable sont assez larges pour laisser circuler les jeunes phylloxera, mais insuffisants pour que les phylloxera adultes puissent passer.

«Une fois que les jeunes phylloxera fixés sur les racines de la vigne et se nourrissant de leur substance, dit-il, auront atteint peu à peu les dimensions ci-dessus, ils seront forcés de déplacer autour d'eux quelques grains de sable; dans cette position, le sable les touchera de tous côtés, et, entre les grains et l'insecte, il n'y aura plus que des interstices capillaires ou des vides très réduits. Mais si, à ce moment, on suppose que l'eau provenant d'une pluie, ou introduite dans le sol par imbibition ou par infiltration, pénètre dans le sable, voilà que l'insecte ainsi que ses œufs se trouveront entourés d'une couche d'eau persistante qui gênera considérablement leur respiration. Si cet état se prolonge d'une façon quelconque, soit que l'eau continue à pénétrer dans le sol, soit que son évaporation soit empêchée, on comprend que l'insecte et ses œufs souffriront fortement et pourront périr.

»Ces vues théoriques sur le rôle de l'eau ont été confirmées par l'expérience.

»J'ai pris du sable de l'Océan et j'en ai rempli trois allonges placées verticalement et dont l'orifice inférieur avait été bouché par un tampon d'amiante. J'ai enseveli dans le sable de chaque allonge des fragments de racines phylloxérées prises dans un sol sablonneux; ces racines contenaient à peu près la même quantité d'insectes: c'étaient des mères pondeuses entourées de leurs œufs. Une première allonge a été gardée pendant huit jours consécutifs en laissant le sable dans son premier état, c'est-à-dire sec. La seconde a été arrosée une fois jusqu'à ce que l'eau s'écoulât par la partie inférieure à travers le tampon d'amiante, et ensuite a été gardée huit jours en cet état. La troisième allonge enfin a été arrosée abondamment tous les jours, l'eau pouvant toujours s'égoutter librement par le tampon d'amiante; ce traitement a également duré huit jours.

»Au bout de ce temps, j'ai retiré trois lots de racines des allonges et je les ai examinées.

»1° Les racines gardées pendant huit jours dans le sable sec, tassé, offraient de nombreux phylloxera très bien portants. Outre les mères pondeuses du commencement de l'expérience, les œufs avaient éclos, et l'on voyait des jeunes phylloxera fixés plus loin que les mères sur les racines.

»2° L'examen des racines des deux autres lots n'a montré aucune différence sensible. Les racines des deux lots présentaient des insectes qui avaient pris la couleur brune de bois, semblable à celle des hibernants; toute activité vitale semblait éteinte en eux: ils étaient, en effet, ou morts ou engourdis. Les œufs n'étaient pas éclos, et, au lieu de conserver la couleur caractéristique jaune-soufre brillante que possèdent les œufs des phylloxera bien portants, ils étaient devenus bruns et ternes.

»Il me semble qu'ici le rôle de l'eau ne peut être mis en doute. Est-ce que l'eau a agi en empêchant la libre respiration des insectes, ou bien ses effets sont-ils dus à un abaissement de température? La première hypothèse est seule admissible: car le sable arrosé une seule fois et conservé dans l'atmosphère assez chaude du laboratoire, couvert pour éviter toute évaporation, a dû se mettre bien vite en équilibre de température avec l'air ambiant.»

M. Vannuccini explique ensuite comment cette action de l'eau s'exerce plus facilement dans les sables, qui sont très rapidement pénétrés, et dans toute leur masse, par les pluies, que dans les terres argileuses, qui s'imbibent plus lentement. Il fait remarquer enfin que les terrains sableux qui possèdent un plan d'eau peu profond et dont la saturation par les pluies peut se faire, par suite, plus promptement, sont ceux où la résistance est la mieux accusée.

Sans vouloir porter ici un jugement absolu et définitif sur la théorie de M. Vannuccini, nous ne pouvons nous empêcher d'exprimer la pensée qu'elle renferme au moins une grande part de vérité et qu'elle donne bien l'une des causes de la résistance qu'opposent les vignes d'Europe, dans le sable, à l'action de l'insecte. Elle n'a d'ailleurs rien de contraire aux faits observés par M. Marion rapportés plus haut; elle concorde, en outre, avec l'opinion exprimée par M. J.-A. Barral, qui pense que l'activité avec laquelle se produit l'ascension capillaire de l'eau dans les sables joue un rôle important dans les résultats obtenus (1).

C. **Choix du sol**. — Nous examinerons cette première question au point de vue : 1° de l'*indemnité* que le sol peut assurer au vignoble, en ce qui concerne le *phylloxera*; 2° eu égard à l'influence qu'il peut avoir sur le *bon développement* de la vigne.

1° Indemnité

Toutes les terres sableuses, c'est-à-dire celles dans lesquelles les propriétés physiques du sable sont prédominantes, ont une action plus ou moins marquée sur la prolongation d'existence de la vigne ; mais on ne peut compter sur une absolue indemnité, par rapport au *phylloxera*, que dans les sables renfermant plus de 60 °/o de silice. Les sables calcaires ne la préservent pas aussi bien que les sables siliceux ; ils paraissent plus faciles à agglomérer, et l'indemnité croît, jusqu'à une certaine limite, avec l'état de division du sol. La présence, à une faible profondeur, d'un sous-sol sableux, siliceux, de bonne nature, où peut se développer une proportion suffisante des racines, suffit souvent pour assurer la persistance d'une plantation ; les racines qui végètent dans la couche supérieure sont alors attaquées et détruites, mais celles qui pénètrent dans le sous-sol sont préservées et nourrissent les souches.

Enfin, l'existence d'une nappe d'eau douce à une profondeur pas trop considérable au-dessous de la surface du sol paraît, ainsi que l'a avancé M. Vannuccini, jouer un rôle des plus utiles pour la préservation des vignes.

2° Réussite de la vigne

Sauf dans les endroits bas et salés, la vigne paraît prospérer à peu près dans tous les sables. Elle réussit dans les dunes des landes de

(1) Voir J.-A. Barral. — *Influence de l'humidité souterraine et de la capillarité du sol sur la végétation des vignes*. Comptes rendus de l'Acad. des Sc., 12 février 1883 ; et *Journ. de l'Agric.*, 17 février 1883, pag. 248 et suiv. — L'explication donnée par M. Barral n'est évidemment pas suffisante à elle seule pour donner la raison de la résistance des vignes dans le sable ; il ne parle, en effet, que de la vigueur que l'eau douce donne à la végétation, et, comme nous le verrons plus loin, la vigueur d'une vigne ne saurait expliquer sa résistance au phylloxera.

Gascogne, dans celles du cordon littoral qui borde le golfe de Lion, notamment à Aiguesmortes, dans les sables marins du littoral de la Tunisie, dans ceux du Sahel algérien, et dans les sables quaternaires rougeâtres qui dominent ces derniers, entre Guyotville et Sidi-Feruch. Enfin elle prospère dans les sables d'alluvions de la vallée du Rhône et d'un certain nombre d'autres cours d'eau.

De tous les sols sableux où la vigne ait été plantée dans les environs d'Aiguesmortes, ce sont ceux anciennement cultivés en garance, c'est-à-dire les plus riches et les plus anciennement soumis à l'action des labours, qui ont donné les meilleurs résultats : on y a obtenu jusqu'à 250 hectolitres de vin à l'hectare. Il ne semble pas que l'accumulation des matières organiques dans leur sein ait atténué en aucune manière leurs propriétés de résistance à l'insecte.

Les sols situés près de la mer sont moins favorables à la réussite de la vigne que les autres ; les rendements y sont beaucoup moindres, les plantations y sont en outre exposées à des accidents plus nombreux, par suite de l'action des vents marins qui grillent les feuilles (1) ou qui favorisent, par l'humidité qu'ils entretiennent, le développement des maladies cryptogamiques.

Enfin les points bas, peu élevés au-dessus du plan d'eau salée, sont exposés, dans le Midi, à l'action du *salant* (2).

D. **Choix des cépages.**— L'*Aramon*, le *Petit-Bouschet*, le *Cinsaut*, le *Chasselas*, la *Carignane*, le *Piquepoule*, ont plus ou moins bien réussi dans les sables marins. Le *Cinsaut* est celui qui paraît le mieux s'accommoder des sables situés au voisinage de la mer. La *Carignane*, au contraire, qui est très sujette à l'*anthracnose*, souffre beaucoup de l'action des vents marins, auxquels elle se trouve soumise dans les dunes de nos côtes. L'*Aramon*, le *Petit-Bouschet*, le *Chasselas* et surtout le *Piquepoule* réussissent fort bien, à la condition qu'on leur fournisse les matières fertilisantes nécessaires pour subvenir à leur abondante production et qu'on ne les expose pas trop à l'action des vents de mer.

(1) Voir page 493.

(2) On donne, dans le midi de la France, le nom de *salant* au phénomène qui donne naissance aux *sansouïres*, surfaces stérilisées par l'accumulation du sel dans les couches supérieures du sol. L'eau salée, située à une faible profondeur, s'élève par capillarité, à travers le sol, jusqu'à la surface où elle s'évapore en déposant du sel. L'ascension de l'eau salée se faisant au fur et à mesure de son évaporation, il se produit en été, où les pluies ne tombent pas en assez grande quantité pour dissoudre le sel et l'entraîner vers les couches profondes, une accumulation considérable de cette matière, qui rend toute végétation impossible.

E. Plantation.

1° Préparation du sol

Les sables marins utilisés pour les plantations sont presque toujours à l'état de dunes, et il est nécessaire de procéder d'abord à leur nivellement, sans quoi les parties basses risquent d'être envahies par le salant, et les parties hautes souffrent trop de l'action de la sécheresse.

La grande légèreté des sols sableux semblait de nature à rendre inutile leur défoncement préalable, et pourtant l'expérience a démontré que cette opération exerçait une influence capitale sur l'avenir des plantations dans ces milieux. Cette influence s'explique, du reste, lorqu'on réfléchit à l'importance de la bonne division du sol au point de vue de la résistance à l'action du phylloxera et de son aération eu égard à l'assimilation des matières fertilisantes qu'il renferme.

On doit donc labourer profondément le sol au moyen d'une charrue que l'on fait suivre d'une défonceuse Bonnet ; on complète quelquefois cette œuvre par un pelleversage : des hommes placés de distance en distance, le long du sillon, enlèvent alors encore au fond de la raie de la défonceuse une pointe de louchet de terre, qu'ils rejettent par dessus le labour. Les travaux de ce genre sont relativement peu coûteux dans les sols de cette nature, et on ne saurait par conséquent les exécuter avec assez de soin.

2° Mise en place

On plante tantôt des boutures un peu longues, qui réussissent fort bien dans le sable (quand il n'est pas salé ou trop près de la mer), tantôt des plants enracinés. Toutes ces plantations s'effectuent dans de petites fosses creusées à la pelle.

La forme en quinconce est celle qui paraît le mieux convenir dans les conditions qui nous préoccupent, parce que c'est celle qui permet le mieux aux rameaux de recouvrir le sol et de s'opposer à son déplacement par le vent, et que la suppression des labours d'été, dans la plupart des terres de sable, fait disparaître le seul inconvénient qu'elle peut offrir.

F. Soins d'entretien.

1° Fumier

On doit se garder, le plus possible, d'introduire comme engrais, dans le sable, des substances telles que les terreaux de nature à en modifier profondément les propriétés physiques; on risquerait, sans cela, de lui faire perdre ses qualités de résistance au phylloxera, qui, comme nous l'avons vu, semblent inhérentes à sa mobilité. L'emploi des fumiers de ferme, même à haute dose, paraît être demeuré sans inconvénient jusqu'ici; ces engrais doivent être appliqués bien décomposés, à l'état dit de *beurre noir*. C'est sous cette forme seulement que dans les terres très légères ils ne perdent pas avec une très grande promptitude les matières solubles qu'ils renferment.

Les engrais chimiques et les tourteaux sont évidemment les mieux appropriés à ces conditions.

2° Façons d'été

La faible quantité d'herbe qui se développe dans les sables marins ne rend pas utiles de nombreux labours, tandis que la facilité avec laquelle ces genres de sols sont emportés par le vent, lorsqu'il sont secs, rend dangereux de les remuer à certains moments. On se borne ordinairement, par suite de ces considérations, à un seul labour à la fin de l'hiver. On pratique ensuite l'*enjoncage*. Cette opération consiste à répandre sur le sol des joncs et autres plantes palustres, que l'on enfonce à moitié dans le sol avec une pelle ou au moyen d'un appareil portant une série de disques tranchants en fer, qui les font pénétrer en terre en roulant au-dessus d'eux (fig. 420, p. 744). L'*enjonçage* a pour but de fixer les terres jusqu'au moment où les pluies d'automne viennent leur rendre une certaine stabilité; on emploie, pour l'effectuer sur un hectare, mille gerbes de joncs.

Lorsque, par suite de pluies exceptionnelles ou d'autres circonstances, le sol se salit un peu pendant l'été, on se borne à arracher les herbes à la main, sans pratiquer de binages proprement dits.

Il faut enfin donner les plus grands soins à l'exécution des soufrages, des applications de poudre de chaux, de bouillie bordelaise, etc., à cause du développement que prennent, sous l'influence des vents marins ou des brouillards des vallées fluviales, les diverses maladies cryptogamiques auxquelles la vigne est sujette.

Fig. 420.— Appareil de M. Vernette, de Béziers, pour l'exécution de l'*enjoncage*.

II.— EMPLOI DES VIGNES AMÉRICAINES (1)

L'emploi des vignes américaines comme moyen de reconstituer des vignobles capables de résister aux attaques du phylloxera a pris une importance très considérable dans le midi de la France. On com-

(1) Bibliographie. — **J. Adlum** ; *A memoir on the cultivation of the Vine.* Washington, 1823.— **J.-J. Dufour** ; *The american vine dresser Guide.* Cincinnati (Ohio), 1826.— **Rafinesque** ; *American manual of grape Vine.* Philadelphie, 1830. —**R. Buchanan** ; *Culture of the grape.* Cincinnati, 1865. — **C.-W. Grant**, of Iona (N.-Y.); *Illustrated Catalogue of Vines.* 1858.— **G. Husmann**; *The cultivation of the native grape.* New-York — **W.-C. Strong**; *Culture of the grape.* Boston, 1866 et 1867. — **Major J. Le Conte** ; *American grape Vines, in* Agr. patent office Report. Washington, 1858.— **A.-S Culler** ; *The grape culturist.* New-York, 1873. — **Ch. Downing**; *The fruits and fruit Trees of America.* New-York, 1849. — **J.-E. Planchon** ; *Les vignes américaines, leur culture,* etc. Montpellier Coulet, 1875. — **A. Millardet** ; *Études sur les vignes d'origine américaine qui résistent au phylloxera* (Extrait des Mémoires présentés par divers savants à l'Académie des Sciences). Paris, impr. Nationale, 1876. — **C. Foëx** ; *Notes relatives aux effets produits par le phylloxera sur les racines des divers cépages américains et indigènes, in* Comptes rendus de l'Acad. des Sc., nos des 18 décembre 1876 et 15 janvier 1877.— **L. Causse** ; *Rapport fait à la Société d'Agriculture du Gard dans la séance du 26 novembre 1876.* Nîmes, Clavel-Ballivet. — **J.-E. Planchon, V. Pulliat, J.-E. Robin** ; *Les vignes américaines résistantes, choix et culture des cé-*

prend, en effet, que, dans cette contrée, où les vignes ont été détruites avant que les procédés de défense actuellement en usage fussent arrivés à un degré de perfection suffisant pour en permettre l'appli-

pages (Extrait de la Vigne américaine, du 15 décembre 1877). — **U. Coste** ; *Phytotomie pathologique*. Montpellier, impr. centrale du Midi, 1877. — **A. Millardet** ; *La question des vignes américaines*. Bordeaux, Féret et fils, 1877. — **Id.** ; *Études sur quelques espèces de vignes sauvages de l'Amérique du Nord*. Bordeaux, 1879. — **Louis Vialla** ; *Observations sur la plantation des cépages américains*. Montpellier, Grollier, 1877. — **Aimé Champin** ; *Culture théorique et pratique des cépages résistant au phylloxera*. Montpellier, Coulet, 1878. — **G. Foëx** ; *Note relative aux vignes américaines* (Extrait de la Vigne américaine, avril, 1878). — **L. Causse** : *Rapport fait à la Société d'Agriculture du Gard dans la séance du 28 avril 1878*. Nimes, Clavel-Ballivet. — **MM. Guénant** et **Couperie** ; *Compte rendu de la conférence faite par M. Foëx, professeur à l'Ecole d'agriculture de Montpellier, en séance extraordinaire de la Société d'agriculture de la Gironde, le 19 mars 1878*. Bordeaux, E. Crugy. — **Docteur G. Davin** ; *Reconstitution de nos vignobles à l'aide des vignes américaines résistantes*. Draguignan, impr. Latil, 1878. — **G. Bourgade** ; *Adaptation parfaite des vignes américaines du Sud au climat et au sol de la France méridionale*. Montpellier, Coulet, 1878. — **G. Bazille** ; *Exposé de la question phylloxérique*. Vienne, Savigné, 1878. — **Société centrale d'agriculture de l'Hérault** ; *Congrès viticole réuni à Montpellier les 4, 5 et 6 septembre 1878 pour l'étude des vignes américaines*. — Montpellier, impr. Grollier, 1878. — **G. Foëx** ; *La question du phylloxera. Les vignes américaines*, in Journal des connaissances utiles, 1er mars 1879. Paris, Tolmer et Cᵉ. — **Id.** ; *Résistance des vignes américaines*. Communication faite à la séance du 1er septembre 1879 du Congrès de l'Association française pour l'avancement des Sciences tenu à Montpellier. — **G. Davin** ; *Etat actuel de la viticulture américaine*. Draguignan, impr. Latil, 1879. — **J. Comy** ; *Culture des cépages américains dits porte-greffes*. Nimes, impr. Clavel-Ballivet, 1879. — **G. Foëx** ; *Causes de la résistance des vignes américaines aux attaques du phylloxera*. Montpellier, Boehm, 1879. — **Id.** ; *Compte rendu analytique des séances du Congrès viticole tenu à Nimes les 21, 22 et 23 septembre 1879*. Nimes, impr. Clavel-Ballivet, 1880 — **G. Foëx** ; *Rapport à M. le directeur de l'Ecole d'agriculture de Montpellier sur les expériences de viticulture*. Montpellier, C. Coulet, 1879. — **Dott. Domizio Cavazza** ; *La quistione del giorno*. Bologna, 1880. — **State viticultural commission of California**. San Francisco, 1881, pag. 11 et suiv. — **Comission organizadora del Congreso internacional filoxerico de Zaragoza** ; *Sesiones celebrades desde el 1° al 11 de octubre de 1880*. Zaragoza, imprenta del Hospicio provincial. — **G. Foëx** ; *Exposé sommaire des travaux exécutés à l'Ecole d'agriculture de Montpellier*, in Compte rendu des travaux du service du phylloxera, année 1881. Paris, impr. Nationale. — **Société centrale d'agriculture de l'Hérault** ; *Réunions publiques organisées, etc., sur l'adaptation au sol et le greffage des vignes américaines, les 14 et 15 mars* 1881. Montpellier, Grollier, 1881. — **Docteur Frederico Trémols y Borrell** ; *Informe acerca de las cepas de los Estados-Unidos de America*. Barcelone, 1881 — **Visconde de Villar d'Allen** ; *Commissão central dos serviços phylloxericos. Relatorio annual*, 1880-1881. Porto, 1881. — **Justin Allien** ; *Les plants américains à Saint-Georges*. Montpellier. impr. Boehm, 1882. — **Maurice Lespiault** ; *Notes et observations sur les vignes américaines*. Nérac, L. Durey, 1882. — **Société d'agri-**

cation pratique, ou dans les milieux aujourd'hui très nombreux où les insecticides ont été impuissants à sauver les vignobles, on a intérêt, lorsque l'on replante, à le faire dans des conditions telles

culture, de commerce et d'industrie du Var; *Congrès viticole de la région du Sud-Est*, tenu à Draguignan les 27 et 28 mai 1882. Draguignan, impr. Latil. — **Ministerio das obras publicas, commercio et industria;** *Relatorio do inspector geral dos serviços phylloxericos du sul do reino*, anno 1882, pag. 22 et suiv. — **Id.**; *Id.*, 1883. Lisboa, imprensa nacional. — **G. Foëx**; *Conseils aux viticulteurs relativement à la reconstitution des vignobles par les vignes américaines.* Montpellier, 1883. — **Vannuccio Vannuccini**; *Guida pratica par la ricostituzione dei vigneti italiani in previsione di una prossima invasione fillosserica.* Firenze, 1883. — **Société centrale d'agriculture de l'Hérault**; *Réunions publiques organisées, etc., les 5, 6 et 7 mars* 1883, *à l'Ecole d'agriculture de Montpellier.* Montpellier, Grollier. — **G. Foëx**; *Rapport sur les expériences de viticulture faites à l'Ecole nationale d'agriculture de Montpellier en* 1883, *in* Comptes rendus des travaux du service du phylloxera. — **J.-B. Feyeux** et **C.-J. Sylvestre**; *Compte rendu des réunions organisées par la Soc. de Viticult. de Lyon, les* 6, 7 *et* 8 *avril* 1884, *à Villefranche-sur-Saône* (Biblioth. du Progrès agricole et viticole, Montpellier). — **F. Convert, L. Degrully, F. Bernard** et **P. Viala**; *Compte rendu des réunions organisées par la Société centrale d'agriculture de l'Hérault à l'Ecole d'agriculture de Montpellier, les* 10, 11 *et* 12 *mars* 1884 (Biblioth. du Progrès agricole, Montpellier). — **Ad. Targioni-Tozzetti**; *Relazione intorno ai lavori della R. stazione di Entomologia agraria di Firenzi per gli* anni 1879, 80, 81, 82. Firenze, Roma, tipogr. dei Fratelli Bencini, 1884, pag. 184 et suiv. — **L. Degrully** et **P. Viala**; *Les vignes américaines à l'Ecole nationale d'agriculture de Montpellier.* Montpellier, Coulet, 1884. — **G. Foëx**; *Rapport sur les expériences de viticulture faites à l'Ecole nationale d'agriculture de Montpellier en* 1884, *in* Compt. rend. des travaux du service du phylloxera. Paris, impr. Nationale, 1885. — **Id.**; *Manuel pratique de viticulture.* Montpellier, Coulet, 1884. — **G. Foëx** et **P. Viala**; *Ampélographie américaine.* Montpellier (Biblioth. du Progrès agricole et viticole, 1885). — **Bush et fils** et **Meissner**; *Catalogue illustré et descriptif des vignes américaines*, traduit par MM. Bazille et J.-E. Planchon. Montpellier, Coulet, 1885. — **Mme la duchesse de Fitz-James**; *Grande culture de la vigne américaine.* Montpellier, C. Coulet, 1884. — **F. Sahut**; *Les vignes américaines, leur greffage et leur taille.* Montpellier, Coulet, 1885. — **Docteur Despetis**; *Emploi pratique des vignes américaines.* Béziers, 1883 — **Pierre Tochon**; *Conférences sur les cépages américains producteurs directs.* Chambéry, Ménard, 7885. — **Boyer, Fallot, Houdaille, Ravaz**; *Compte rendu des réunions viticoles organisées par la Société centrale d'agriculture de l'Hérault à l'Ecole d'agriculture de Montpellier, les* 8 *et* 9 *mai* 1885. Montpellier, Grollier, 1885. — **Ministero di agricoltura, industria e commercio**; *Atti del Congresso fillosserico internazionale di Torino.* Roma, 1885. — **Dott. Edoardo Ottavi**; *Excursioni viticole nel mezzogiorno della Francia.* Casale, 1885. — **Pierre Tochon**; *Etudes pratiques de la reconstitution des vignobles détruits par le phylloxera en utilisant les vignes américaines.* Chambéry, Ménard, 1886. — **Congrès de Bordeaux**; Compte rendu. Genève, Féret et fils, 1886. *Les vignes américaines et les maladies de la vigne*, conférences de **M. G. Foëx**, directeur de l'Ecole d'agriculture de Montpellier. Athénée. — **P. Viala**; *Mission viticole en Amérique. Rapport au Ministre de l'Agriculture.* (Biblioth. du Progrès agricole et viticole. Montpellier, 1888).

que les vignobles reconstitués ne se trouvent pas, ainsi qu'on l'a dit, fatalement réduits à la condition d'un malade qui devra être médicamenté toute sa vie. Cette idée est si bien passée aujourd'hui dans l'esprit des viticulteurs méridionaux que, dans le seul département de l'Hérault, les plantations des vignes américaines occupaient déjà, en 1891, une surface de 142,000 hectares, et de 500,000 hectares dans l'ensemble des vignobles de France, en 1892 (1). Sur quelles bases repose la confiance que mettent les viticulteurs en l'avenir de ces vignes ? — C'est ce que nous allons voir en les étudiant au double point de vue des preuves qui établissent leur résistance aux attaques du phylloxera et de la possibilité d'en tirer parti pour la production.

A. **Résistance des vignes américaines aux attaques du phylloxera.** — La notion de la résistance des vignes américaines s'appuie sur deux ordres de faits : les uns résultant de l'expérience culturale et directe, les autres établis sur des considérations d'un caractère plus purement scientifique. Nous commencerons par étudier les premiers, qui ont évidemment une valeur pratique plus considérable que les autres.

1° Faits culturaux

a. *En Amérique.* — Démontrer l'ancienneté de l'existence des diverses espèces américaines dans un milieu phylloxéré, où nos vignes du pays succombent, est le plus sûr moyen d'établir leur résistance. Aussi est-ce dans les premières tentatives faites que nous trouverons les meilleurs arguments, et les Etats-Unis, patrie du phylloxera et des cépages américains qui nous préoccupent, sont évidemment le champ d'essai le plus ancien que nous pouvons étudier. Mais l'innocuité même de l'insecte, par rapport à la plupart de leurs espèces indigènes, a longtemps empêché les Américains de fixer leur attention sur cette question, et jusqu'au moment où, à la suite de la découverte de l'insecte aptère souterrain en Europe par M. Planchon, Riley en eut reconnu la présence en Amérique, on n'y

(1) La progression des plantations américaines dans l'Hérault a suivi la marche suivante :

Il existait en	1880	2.500 hectares.
—	1881	5.000 —
—	1882	10.000 —
—	1883	19.000 —
—	1884	29.000 —
—	1885	45.000 —

connaissait que les formes gallicoles, et personne n'avait songé à examiner les lésions qui existaient sur les racines. Il faut donc se livrer à une sorte d'enquête rétrospective pour se rendre compte de l'ancienneté du mal dans ces contrées.

La première tentative de culture de vignes d'Europe faite aux Etats-Unis, en Virginie, en 1620, par la *London Company*, après une apparence de succès, échoua complètement, malgré les soins des vignerons français qui avaient été appelés pour s'en occuper. Plusieurs essais postérieurs faits par des Suisses, des Français et des Allemands, ne réussirent pas mieux. On a notamment conservé le souvenir des entreprises successives et infructueuses des Suisses de la Nouvelle-Vevey, sous la direction de Dufour, qui ne réussirent à constituer leur vignoble que lorsque, renonçant aux cépages de l'ancien continent, ils plantèrent des vignes indigènes (*Schuykill*). On retrouve également, dans les Comptes rendus de l'Académie des Sciences, la trace des échecs éprouvés par le conventionnel Lakanal, qui fit successivement dans le Kentuky, le Tennessee, l'Ohio et l'Alabama des efforts stériles pour cultiver les vignes de France. Ce n'est que depuis que, sur l'initiative de quelques agriculteurs, à la tête desquels se trouve Longworth, les Américains se sont décidément lancés dans la culture des espèces indigènes que le vignoble des États-Unis a pu se constituer. Ces échecs, il est vrai, ont été attribués au climat, mais si cette assertion est vraie en quelque mesure, elle est difficilement soutenable en présence d'une indication recueillie par M. Planchon dans l'herbier de Philadelphie (1) ; un échantillon de vigne y est accompagné de la note suivante, due à M. Buckley, botaniste américain, qui a surtout étudié la flore du Texas : « N° 79. *Black sweet grape, introduced vine ; flourishes finely when engrafted on a strong mustang vine, infavorably situated* (sic) pour *unfavourably*), *produce* 10 *bushels of grapes the fourth year* : *Will not thrive with its own root, without a great deal of careful nursing. Blooms in april, ripes in august.*» C'est-à-dire : N° 79. Raisin noir doux, vigne importée ; prospère remarquablement lorsqu'elle est greffée sur le *Mustang* (2). Je l'ai vue greffée sur un fort pied de *Mustang*, dans une situation défavorable, porter, la quatrième année 10 bushels (3) de raisins. *Elle ne prospère pas sur sa propre racine, à moins de très grands soins*. Fleurit en avril, mûrit en août.»

(1) J.-E. Planchon. — *Les vignes américaines*, etc., pag. 23.

(2) Le *Mustang* est, comme on l'a vu précédemment, le V. Candicans, qui est une espèce très vigoureuse du Texas.

(3) Cette quantité équivaut à plus de trois hectolitres.

On ne peut voir ici l'action du climat, puisque la plante prospère dès qu'elle n'a plus ses racines dans le sol. Au reste, une preuve très positive de l'existence ancienne de l'insecte en Amérique a été trouvée dans un autre herbier, celui du Dr Engelmann, de Saint-Louis (Missouri), également par M. Planchon; il a vu des galles phylloxériques sur les feuilles d'un échantillon du V. MONTICOLA (Buckley) recueilli au Texas, en 1834, par Berlandier. Ainsi, on peut conclure sûrement que le phylloxera se trouve dans ces contrées au moins depuis soixante ans. Malgré cette longue cohabitation, nous voyons les vignes indigènes subsister aux États-Unis, et en 1878, M. Campbell, délégué de l'État de l'Ohio à l'Exposition universelle de Paris, déclarait formellement, à la réunion pour l'étude des Vignes américaines tenue à Montpellier, que «depuis seize ans qu'il suit les études sur le phylloxera dans les vignes de l'État où il réside, le mal n'a pas augmenté et n'augmente pas». Si l'on franchit, au contraire, les montagnes Rocheuses et si l'on pénètre en Californie, où les vignobles sont constitués par des vignes européennes (*Mission grapes*) importées par les Espagnols, lesquelles, grâce à l'isolement de cet Etat, ont pu prospérer pendant de longues années et où l'invasion est de date encore récente, on retrouve encore les mêmes désastres qui ont signalé l'arrivée de l'insecte dans le midi de la France.

b. *En Europe.*— Ces faits, on ne saurait le nier, ont une importance capitale, mais on était en droit de se demander, au début, si les choses se passeraient chez nous comme dans le nouveau Monde; aussi l'examen des diverses tentatives faites en France est-il nécessaire pour détruire cette nouvelle objection, en démontrant l'identité à peu près constante des résultats obtenus. Les deux plantations de vignes américaines qui ont été le plus anciennement exposées au *phylloxera*, dans notre pays, sont celles de M. Laliman à Bordeaux, et de M. Borty à Roquemaure (Gard) ; elles datent de vingt-cinq à vingt-sept ans et sont encore bien vigoureuses et bien portantes, quoique toujours soumises aux attaques de l'insecte.

Depuis lors, une autre expérience caractéristique a été effectuée par M. H. Aiguillon à Chibron, près Signes, dans le Var. Ce viticulteur, après avoir perdu à peu près toutes ses vignes par le *phylloxera*, imagina de replanter une pièce de terre de plusieurs hectares avec des cépages de provenances diverses, afin de se rendre compte si quelques-uns d'entre eux pourraient opposer une certaine résistance à l'action du nouveau fléau. Cent cinquante mille boutures, réparties en huit cent quarante espèces ou cépages environ, furent mises en place au commencement de 1872. La reprise des boutures fut généralement bonne ; mais, dès l'année suivante, les vignes du pays commencèrent à décliner, pour disparaître bientôt. Seuls, quelques pieds de vignes américaines, de *York-Madeira*, *Jacquez*, *Cunningham*, *Herbemont*, *Taylor*, persistèrent. Ces résultats sont particulièrement intéressants à constater, étant donnée la nature très pauvre et caillouteuse du sol et la résistance peu élevée des formes que nous venons de mentionner. On peut citer enfin l'essai très intéressant tenté par M. Reich à l'Armeillères, près d'Arles (Bouches-du-Rhône). Après avoir fait creuser profondément le sol dans un vaste carré, il fit déposer au fond de la fosse ainsi obtenue une couche épaisse de racines phylloxérées et y planta immédiatement après (en 1875) des vignes américaines diverses, mélangées à des plants du pays : aucun des cépages indigènes n'a pu atteindre le terme de la seconde année, tandis que la plupart des américains ont pris un très beau développement. Les faits de cette nature sont aujourd'hui extrêmement nombreux dans le Midi. Sur plusieurs points, on a trouvé des *York-Madeira* et même des *Isabelles* accidentellement mélangés à d'anciennes plantations, persistant au milieu de la destruction générale de l'ancien vignoble. Des plantations américaines importantes sont actuellement en pleine production et fournissent par leur vin des revenus considérables à leur propriétaire, alors que les tentatives de reconstitution par les vignes indigènes dans les milieux antérieurement ravagés par le phylloxera ont complètement échoué. La résistance relative des vignes américaines aux attaques de l'insecte peut donc être sûrement affirmée. Quant à leur résistance définitive et absolue, on peut évidemment objecter qu'elle ne sera prouvée que lorsque l'on aura vu un vignoble de vignes américaines, plantées dans un milieu phylloxéré, atteindre les limites de son existence normale. Mais les faits observés en Amérique, l'âge déjà assez respectable de certaines plantations américaines faites en Europe, enfin les raisons déduites de l'explication que nous allons donner des causes probables de la résistance, permettent de considérer cette objection comme de peu de valeur pour un certain nombre d'entre elles tout au moins

2° Relation entre l'organisation des racines des vignes et leur résistance au phylloxera

Si les résultats des expériences que nous venons de rappeler ont la plus grande importance au point de vue pratique, elles ne suffisent pas aux exigences de notre esprit : en effet, notre intelligence est ainsi faite que la constatation du fait brut ne la contente pas et qu'elle est impérieusement poussée vers la recherche des causes, alors même que le résultat obtenu est capable de satisfaire pleinement par lui-même aux besoins en vue desquels on l'a poursuivi. De plus, considérés au point de vue purement agricole, les faits observés dont on n'a pas la raison n'amènent qu'à des résultats particuliers dont il est impossible d'indiquer les limites d'application ; la cause connue, au contraire, on marche plus sûrement, et des horizons plus étendus s'ouvrent pour la pratique. L'étude des causes de résistance a donc son utilité après celle qui vient d'être présentée sur les faits démontrant que les plants américains possèdent cette propriété.

On a d'abord pensé que la résistance qu'offrent les vignes américaines aux attaques du phylloxera était due à leur vigueur, à leur grand développement radiculaire et à la faculté qu'elles auraient de refaire leurs racines plus promptement que l'insecte ne pouvait se multiplier pour les détruire. Cette explication, assez plausible à première vue, ne peut pourtant être considérée comme suffisante. En effet, si l'on examine les choses de près, on est amené à reconnaître que l'abondance même des racines est une cause favorable à la multiplication de l'insecte, et on conçoit qu'étant donné l'accroissement prodigieusement rapide de ce dernier, lorsqu'il se trouve dans des conditions favorables, il arrive toujours un moment où le parasite se trouve en nombre suffisant pour détruire les racines. Au reste, une preuve décisive à cet égard peut être déduite de l'examen comparatif de certains types américains et français : le V. MONTICOLA, par exemple, bien que d'une végétation médiocre, résiste très bien à l'action du *phylloxera*, tandis que l'*Aramon* du Languedoc, dont la végétation est remarquablement vigoureuse, succombe à ses attaques. Une autre hypothèse a été formulée en 1876, par M. Boutin. Ce chimiste pense que la résistance est due à la présence, dans la racine des vignes américaines, de substances plastiques auxquelles il donne le nom de *matières résinoïdes*, qui s'opposeraient à l'extravasion de la sève résultant de la piqûre du *phylloxera*. D'après ses recherches, qui ont porté malheureusement sur un nombre trop restreint d'échantillons venus de lieux assez différents, la résistance serait proportionnelle à la quantité de ces matières renfermées dans les racines. Cette théorie repose sur une conception inexacte des phénomènes déterminés par l'attaque de l'insecte : il n'y a pas, en effet, à proprement parler, de perte de liquide par la petite piqûre qu'il fait avec son rostre, la lésion mécanique ainsi produite est insignifiante, et on ne peut attribuer à son occlusion, par une sorte de mastic naturel, la persistance de la vigne. Au reste, les analyses faites à l'Ecole d'agriculture de Montpellier, d'après les données de M. Boutin et sur de nombreux échantillons, n'ont pas confirmé ces indications relatives à la proportionnalité des matières résinoïdes avec le degré de résistance. C'est autre part, pensons-nous, qu'il faut en chercher la raison.

Si l'on examine comment se forment les altérations des racines attaquées par le *phylloxera*, on constate, en premier lieu, que les lésions n'intéressent directement que les tissus cellulaires conjonctifs (parenchyme des feuilles, tissus cellulaires de l'écorce et quelquefois des rayons médullaires de la racine); on remarque en outre que la piqûre de l'insecte détermine, dans la région où elle se produit, un afflux des matières azotées, dont l'abondance est de plus en plus grande au fur et à mesure que l'on approche du point d'attaque, et la transformation de l'amidon (lorsqu'il existe) en glucose. Ces phénomènes pourraient être expliqués par l'introduction ou la formation dans la partie lésée d'une substance acide. Il ne tarde pas à se manifester, dans la région où ils se produisent, une hypertrophie des tissus résultant de la formation des nouvelles cellules. L'accroissement de volume, qui en est la conséquence, s'étend plus ou moins suivant que les tissus sont eux-mêmes primitivement plus ou moins durs dans les racines. La pression des tissus environnants finit par limiter le développement du renflement. Lorsque ce dernier cesse de s'accroître, il s'altère peu à peu en donnant naissance à des produits analogues à ceux de la décomposition du *glucose azoté*, que M. Paul Thénard a désignés sous le nom de *corps fumiques*. Ce phénomène peut probablement être expliqué par une saturation des cellules qui continuent à absorber sans qu'il y ait résorption. Dans les feuilles, au contraire, où les renflements peuvent prendre tout l'accroissement qu'implique la cause qui les détermine, il n'y a pas d'altération de tissu.

Les lésions produites par le *phylloxera* acquièrent une importance variable suivant les circonstances. Lorsque les racines jeunes ne renferment pas encore un corps ligneux régulièrement organisé, les renflements prennent un volume assez considérable (*nodosités*) et, en définitive, s'altèrent complètement, ce qui détermine la mort de la racine attaquée, quel que soit le type auquel elle appartient. Lorsque la différenciation des éléments du cylindre central s'est produite et que les faisceaux libéro-ligneux sont constitués, le renflement prend un volume plus ou moins considérable suivant l'épaisseur plus ou moins grande des tissus cellulaires de l'écorce et suivant leur densité (*tubérosités*). Une différence très sensible se montre, en outre, dans l'étendue des altérations qui en sont la conséquence, suivant qu'on se trouve en présence d'une racine de V. VINIFERA ou bien de certaines espèces américaines, telles que V. RIPARIA, V. ÆSTIVALIS, V. RUPESTRIS, etc. En effet, tandis que dans le premier cas les altérations intéressent les diverses natures de tissus cellulaires de la racine (tissu cellulaire de l'écorce, couche génératrice, rayon médullaire), dans le second, au contraire, la couche corticale seule est atteinte. Les conséquences de la pénétration des rayons médullaires chez les V. VINIFERA sont, au bout d'un certain nombre d'attaques, l'altération consécutive des vaisseaux fibro-vasculaires, dont les éléments anatomiques se pénètrent des liquides chargés des matériaux en décomposition provenant des tissus cellulaires, et finalement la destruction de la racine. Chez les espèces américaines résistantes, tout se borne à une altération superficielle, qui se termine par la cicatrisation des tissus et la formation d'une sorte d'eschare qui ne tarde pas à se détacher par suite de la production, par le tissu conjonctif de l'écorce, d'une couche subéreuse limitante qui isole la partie ulcérée. La majeure partie des racines encore vivantes et susceptibles d'émettre facilement des radicelles est détruite dans le premier cas et est conservée dans le second.

Les divers cépages du V. LABRUSCA semblent en général intermédiaires, au point de vue de l'importance des lésions et de la conser-

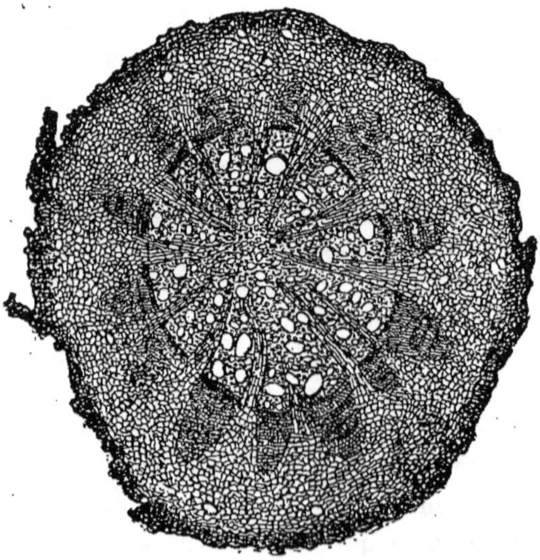

Fig. 421 — Coupe de racine d'Aramon (V. Vinifera) non résistante = 0 à l'échelle de MM. Viala et Ravaz (gross. 20/1 diamètre).

vation des racines, entre les deux catégories que nous venons d'établir ; les différences qui viennent d'être indiquées trouvent une explication rationnelle dans la différence correspondante que l'on observe entre la structure des tissus des racines des vignes de ces diverses origines. En effet, si l'on considère des racines de même âge et de développement équivalent chez les différentes espèces, on

Fig. 422. — Coupe de racine de Jacquez (V. Æstivalis) résistance = 15 à l'échelle de MM. Viala et Ravaz (gross. 20/1 diamètre).

constate que celles de V. Riparia, V. Rupestris, V. Æstivalis, etc., sont dans un état de lignification plus parfait que celles des V. Vini-

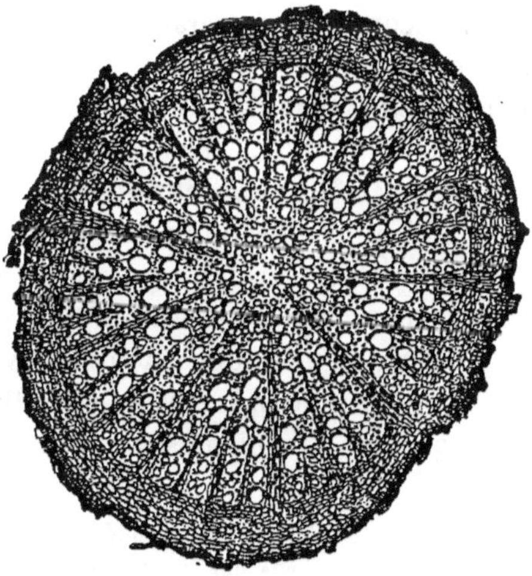

Fig. 423. — Coupe de racine de Solonis (V. Riparia) résistance = 15 à l'échelle de MM. Viala et Ravaz (gross. 20/1 diamètre).

fera ; l'écorce en est plus mince et plus dense, les rayons médullaires en sont plus étroits, plus nombreux, formés de cellules plus petites et à parois plus épaisses, ce que montrent leurs ponctuations, d'un diamètre plus petit que chez ces dernières (fig. 421, 422 et 423). Ces caractères indiquent évidemment une perméabilité moindre des tissus spéciaux des rayons médullaires, ce qui permettrait d'expliquer leur indemnité dans un cas et leur facile altération dans l'autre (1). La constatation de ces faits présente une importance considérable au point de vue des garanties que peuvent nous offrir pour l'avenir les vignes américaines. En effet, dans le cas où, comme on l'avait pensé au début, la résistance n'aurait été due qu'à un plus grand développement des racines ou à la facilité plus grande avec laquelle certains cépages paraissent remplacer celles que le *phylloxera* aurait détruites, on aurait eu à redouter que, placées dans des conditions d'existence un peu défavorables, ou à la suite de la multiplication considérable de l'insecte, elles finissent par succomber, tandis que, si la résistance résulte d'une structure particulière des tissus, il est peu probable qu'elles se modifient, quels que soient les circonstances et le nombre des insectes.

La structure particulière des tissus a toute la valeur d'un caractère spécifique persistant dans les semis si la graine est d'origine pure (2) ; comme elle est vraisemblablement due à une sélection en présence du *phylloxera*, il est peu probable que, sous l'action continue de cette même influence, quel que soit d'ailleurs le changement de milieu, ces caractères spéciaux se modifient. Le greffage de nos vignes d'Europe sur pieds américains offre également, comme on le comprend, beaucoup plus de garanties, si les choses sont telles que nous le pensons.

Nous terminerons cette étude sur la résistance, qui nous a montré les faits observés par la pratique concordant parfaitement avec les données scientifiques recueillies sur cette question, par une considération générale qui, bien qu'elle résulte d'un point de vue purement rationnel, a une réelle valeur, savoir : que l'existence même du *Phylloxera vastatrix* est une preuve de la résistance de certaines espèces de vignes. Il est évident, en effet, que si toutes les vignes se comportaient comme le V. VINIFERA en présence de ses attaques, l'insecte, qui ne peut vivre que sur des plantes du genre VITIS (3), aurait

(1) M. le docteur Ulysse Coste a également expliqué la résistance des vignes américaines en rattachant cette propriété à la dureté de leurs racines. — Voir U. Coste : *Phytotomie pathologique*. Montpellier, 1877.

(2) Dans les hybrides, ce sont les caractères des racines de la plante qui a joué le rôle de père qui prédominent.

(3) Malgré de nombreuses recherches, nous ne l'avons jamais trouvé sur des pieds de Cissus et d'Ampelopsis plantés au milieu de vignes phylloxérées.

depuis longtemps tari lui-même les sources de son alimentation et aurait disparu avec la vigne elle-même ; or, aucun type ne peut, au point de vue de la résistance, offrir des garanties semblables à celles que nous donnent les diverses espèces américaines qui ont été en contact continu depuis des siècles avec le *phylloxera*. C'est ainsi que, s'il est possible de rencontrer parmi les espèces de l'extrême Orient récemment proposées pour la reconstitution de nos vignobles, des types résistants, ce sera un pur hasard, tandis qu'on doit forcément en trouver chez celles d'origine américaine, par suite d'une nécessité naturelle d'existence.

Tous les cépages américains sont loin d'offrir une résistance égale aux attaques du phylloxera, certains d'entre eux issus du V. LABRUSCA ou de croisements entre certaines espèces américaines et le V. VINIFERA ont une résistance peu supérieure à celle de ce dernier. Elles n'ont pu subsister, aux Etats-Unis, que dans les milieux limités et offrant des conditions de climat ou de sol exceptionnellement favorables. La connaissance insuffisante que l'on avait des vignes américaines lors des premières importations qui en furent faites en Europe, la difficulté de bien dégager la valeur des divers éléments qui en assurent la persistance ou qui en déterminent la mort, dans les divers milieux américains, a contribué à faire introduire dans les premières plantations un grand nombre de formes d'une résistance insuffisante au phylloxera, telles que le *Concord*, l'*Ives seedling*, le *Clinton*, l'*York Madeira*, divers hybrides de Roger, d'Arnold, etc., qui ont complètement disparu aujourd'hui ou n'existent plus qu'à l'état exceptionnel dans des milieux privilégiés. D'autres, telles que le *Vialla*, le *Taylor*, le *Solonis*, le *Jacquez*, etc., ont pu être utilisées dans les circonstances ordinaires, mais ont donné de mauvais résultats dès que ces dernières ont été quelque peu défavorables. Depuis lors, l'attention a été attirée par suite de l'étude des formes sauvages importées en Europe, ou étudiées en Amérique par T.-V. Munson (1) ou par M. P. Viala au cours de sa mission de 1887 (2), sur la possibilité d'employer des types à résistance plus élevée, susceptibles de bien vivre en présence du phylloxera, même dans les circonstances de milieu les plus favorables au développement de l'insecte. A raison de cette préoccupation, on abandonne de plus en plus les nombreux porte-greffes à résistance moyenne pour ne plus utiliser que ceux à

(1) T.-V. Munson. — *Les vignes américaines en Amérique*. Revue de Viticulture, tom. I, pag. 81. — Id.; *Explorations viticoles dans le Texas*. Rev. de Vitic., tom. II, pag. 369. — Id.; Note IV de l'Appendice.

(2) P. Viala. — *Une Mission viticole en Amérique*. Montpellier, 1889.

grande résistance, tels que V. RIPARIA (formes *R. Gloire de Montpellier*, *R. Grand-Glabre*, *R. du Colorado* (1) ; V. RUPESTRIS (formes *R. du Lot*, *R. Martin*); V. BERLANDIERI (formes *B. Rességuier N° 1* et *N° 2*, *B. Danjeac*, *B. Dainières* et autres des calcaires bien sélectionnés) et certains hybrides en très petit nombre dont la résistance au phylloxera a été sûrement éprouvée et qui peuvent en outre s'accommoder des calcaires, tels que le *Riparia-Rupestris* N° 101-14 de M. Millardet, 3309 et 3306 de M. Couderc et le *Chasselas* × *Berlandieri* N° 41.

L'étude de la résistance relative qu'offrent les diverses vignes au phylloxera a été faite par M. Millardet, puis par MM. Viala et Ravaz, qui ont établi une sorte d'échelle de leur valeur à ce point de vue. Ainsi qu'on le comprendra facilement, on ne saurait se contenter, comme base d'appréciation, du fait brut de la persistance de la vigne au bout d'un certain temps dans un milieu phylloxéré quelconque; en effet, les attaques du phylloxera ont pu être atténuées par la nature du sol, par l'humidité plus ou moins grande qui y règne ou par d'autres causes, ou, tout au contraire, leurs effets ont pu être aggravés, comme nous le verrons un peu plus loin, par suite du défaut d'adaptation. Afin d'échapper à ces causes d'erreur, c'est dans l'importance relative des lésions qui se manifestent au bout d'un temps suffisamment long sur les racines que l'on a cherché les éléments de cette classification. Les vignes qui ne portent pas de trace de l'action du phylloxera et qui, par suite, peuvent être regardées comme indemnes, occupent le haut de l'échelle ; viennent ensuite celles qui ont des *nodosités* en plus ou moins grand nombre sur leurs radicelles, mais peu ou point de *tubérosités* ; puis celles qui ont des *tubérosités* nombreuses : plus ces lésions sont volumineuses et pénétrantes et plus les formes qui en portent doivent être classées bas dans l'ensemble.

Nous donnons ci-après le tableau de la « valeur de la résistance au phylloxera » dressé par MM. Viala et Ravaz pour un grand nombre de cépages dans leur ouvrage sur l'*adaptation* (2).

(1) L. Ravaz. — *Le Riparia du Colorado*. Rev. de Vitic., tom. I, pag. 344 et 345.

(2) Les notes du tableau ci-après sont comptées de 0 (minimum de résistance) à 20 (indemnité par rapport au phylloxera).

V. ROTUNDIFOLIA	20
V. LABRUSCA (forme sauvage)	5
Concord	3
Isabelle	5
Ives seedling	4
V. CALIFORNICA	4
V. CANDIDANS (*Mustang*)	13
V. LINCECUMII	14
V. ÆSTIVALIS (forme sauvage)	16
V. BERLANDIERI.	
B. Millardet	18
B. Planchon	19
B. Viala	19
B. de Grasset	19
B. Ecole	19
V. CORDIFOLIA	19.50
V. CINEREA (forme étudiée).	14
V. RUPESTRIS.	
R. Mission	19.50
R. du Lot	19.50
R. Richter ou *Reich* (1)	19.50
R. Ganzin	19.50
R. Martin	19.50
R. à pousses violacées	19
R. à feuilles métalliques	19.50
R. Ecole	18.50
R. de Fortworth	19.50
R. du Kansas (Jæger)	19
R. α (*Couderc*)	19
R. γ —	19
V. MONTICOLA	19.50
V. ARIZONICA	18
V. RIPARIA.	
R. Gloire de Montpellier	19
R. Grand-Glabre	19
R. Scuppernon	19
R. Baron-Perrier	19
R. Tomenteux géant	19
R. Ramond	19
R. Martineau	19
V. RUBRA	19.50
V. COIGNETIÆ	3
V. AMURENSIS	2
V. THUNBERGI	1

V. VINIFERA.	
Aramon	0
Pineau	0
Chasselas	0
Grenache	0
Etraire de l'Aduï	1
Colombeau	1
Psalmodi	1
Ugni blanc	1
Cabernet-Sauvignon, etc.	1
HYBRIDES DIVERS.	
York Madeira	11
Cynthiana	14
Hermann	10
Pauline	12
Taylor	11
Noah	13
Elvira	8
Clinton	8
Vialla	12
Black pearl	12
Bacchus	8
Oporto	12
Blue Dyer	9
Uhland	9
Marion	16
Catawba	4
Diana	4
Huntingdon	10
Berlandieri×Candidans n° 1.	15
— — n° 2.	15
— — n° 3.	15
Barnes	15
Berlandieri Bouisset	16
Champins glabres	14
Champins tomenteux	12
Belton	16
Candicans-Monticola (n° 32 Ecole)	17
Candicans-Riparia	15
Solonis	15
Solonis à feuilles lobées	14
Hutchison	16
Mobeetie	17
Doaniana	13
Rupestris-Taylor	16

(1) Le *Rupestris* a été reconnu identique au précédent (G. F.).

Rupestris de Lézignan	19.50	*Beauty*	3
Azémar	17	*Alvey*	7
Berlandieri-Rupestris n° 1	12	*Jacquez*	13
— — n° 2	17	*Saint-Sauveur*	3
Berlandieri-Monticola n° 1	15	*Jacquez d'Aurelle* n° 1	9
— — n° 6	15	*Jacquez à gros grains*	11
— — n° 8	10	*Herbemont*	12
Cordifolia-Rupest. de Grasset n° 1	19	*Harwood*	10
Cinerea-Rupestris (Munson)	18	*Herbemont d'Aurelles*	3
Triumph	4	*Herbemont Touzan* (1)	14
Senasqua	5	*Black-July*	11
Black-Defiance	5	*Blue Favorite*	9
Agawam	6	*Cunningham*	12
Irwing	5	*Rulander*	2
Black-Eagle	3	*Othello*	6
Eumelan	3	*Canada*	4
Delaware blanc	3	*Brandt*	4
Delaware gris	3	*Cornucopia*	4
Croton	3	*Secretary*	2
Duchess	2	*Autuchon* (2)	7

Depuis la publication du tableau ci-dessus, d'autres observations ont été faites par M. P. Viala et nous, ou par nous-même isolément; nous les donnerons ci-après afin de compléter ce qui précède en quelque mesure.

Hybrides obtenus à l'Ecole nationale d'agriculture de Montpellier

Petit-Bouschet × *Rupestris* N° 134	17
Alicante-Bouschet × *Rupestris* N° 136	19
Petit-Bousch.×*Ripar.* N° 142	19
Petit-Bousch.×*Ripar.* N° 147	19
— — N° 148	19
— — N° 149	19
Cabernet×*Mustang* N° 134	16
Cabernet×*Berlandieri* N° 333 (*Tisserand*)	15
Hybride Seibel N° 1	1[illegible]
— — N° 2	

B. **Adaptation des vignes américaines au sol et au cli[illegible]**

Bien que la résistance des vignes américaines à l'action [illegible] *loxera*, que nous venons d'étudier, soit incontestable, les div[illegible] tentatives faites pour les employer à la reconstitution des vi[illegible] n'ont pas toujours été couronnées de succès. Certaines d[illegible] qui se rattachent plus ou moins directement au gr[illegible]

(1) L'étude faite à nouveau en 1894 des lésions existant [illegible] *mont-Touzan* nous a amené à réduire sa note à 6.

(2) P. Viala et L. Ravaz. — *Les Vignes américaines.* [illegible]lier, C. Coulet, 1892.

BRUSCA, certaines espèces sauvages telles que le V. CALIFORNICA, beaucoup d'hybrides, bien que plus réfractaires que les nôtres à l'action de l'insecte, ne le sont pas suffisamment pour vivre dans certains milieux défavorables et ont donné lieu à des mécomptes; d'autres enfin sont difficiles quant à la nature du sol (V. RIPARIA par exemple) et ont échoué dans certaines localités, alors qu'elles ont réussi dans d'autres; mais la valeur qu'offrent ces dernières au point de vue de la résistance n'est atteinte en aucune manière par ce fait. La résistance et l'adaptation sont deux choses distinctes, et elles ne sauraient être confondues, ainsi que le démontre l'expérience suivante : Dans les champs d'expérience qui renferment les collections de vignes américaines de l'Ecole d'agriculture de Montpellier, le sol a été enlevé, en 1879, jusqu'à la couche de rocher qui forme le sous-sol, à une profondeur de 75 centimètres en cet endroit, et remplacé par des terres rouges et siliceuses provenant de Saint-Georges-d'Orques; on a planté dans la terre ainsi rapportée les cépages américains, qui végétaient mal et jaunissaient dans le sol naturel de ces champs. Tous ont pris immédiatement une végétation vigoureuse et un aspect verdoyant, qui s'est maintenu depuis cette époque; et pourtant rien n'a été modifié dans l'ensemble des conditions, sauf la nature du sol. On ne serait pas plus en droit d'exiger d'un plant, parce qu'il est plus résistant qu'un autre aux attaques du *phylloxera*, qu'il vive dans un terrain calcaire, alors qu'un sol siliceux lui est nécessaire, qu'on ne pourrait le faire pour le *châtaignier*, le *pin maritime* et d'autres plantes qui ne peuvent subsister que dans des milieux déterminés, et on conçoit que des différences très importantes peuvent se produire à ce point de vue. En effet, on a importé dans trois ‑ quatre de nos départements méridionaux des types de vignes ‑venant des points les plus divers des Etats-Unis et du Canada ‑dional, c'est-à-dire des latitudes et des sols les plus différents. ‑ait fort extraordinaire que tous pussent réussir dans les con‑ ‑s limitées que présente, dans ce milieu, chaque parcelle de

‑non-adaptation des cépages américains à un sol donné se tra‑ ‑néralement par leur état chlorotique plus ou moins accentué; ‑ouvons, en ce qui concerne cette maladie, que renvoyer ‑ à ce que nous avons dit précédemment sur ce sujet ‑.).

‑tions physiques du sol peut être, ainsi qu'on le ‑ modifié par l'influence du climat, et c'est ainsi ‑s'expliquer certaines anomalies apparentes, ‑u *Solonis*, de l'*Herbemont*, du *Cynthiana*, hors de la région méditerranéenne, dans des sols qui ne leur conviennent pas dans cette dernière.

Quelles que soient d'ailleurs les causes de la non-réussite de certaines vignes américaines dans certains terrains, des observations nombreuses ont permis de se faire sur leur adaptation des idées assez précises qui diminuent beaucoup les tâtonnements des viticulteurs. On peut réunir ainsi les principales indications qui ont été recueillies sur cet objet et relatives aux formes offrant, d'autre part, une résistance suffisante aux attaques du phylloxera.

1° Terres d'alluvion humides :

V. CINEREA.
Solonis.

2° Terres profondes, fraîches, bien drainées :

Riparia Gloire de Montpellier.
Alicante-Bouschet × *Rupestris* de l'Ecole nationale d'agriculture de Montpellier.

3° Terres profondes légères, caillouteuses, bien drainées, conservant une proportion d'eau suffisante en été :

Riparia Gloire de Montpellier (si elles ont une certaine fertilité).
Rupestris du Lot (midi) } (si elles sont pauvres).
Rupestris Martin (ouest) } (si elles sont pauvres).
Alicante Bouschet × *Rupestris* N° 136 de l'Ecole nationale d'agriculture de Montpellier.

4° Terres légères et caillouteuses, sèches et arides, même calcaires, mais non crayeuses.

Rupestris du Lot.
Petit-Bouschet × *Riparia* N° 142 de l'Ecole nationale d'agriculture de Montpellier.
Riparia × *Rupestris.*

5° Terres sableuses-siliceuses, légères et perméables :

Rupestris du Lot (midi).
Rupestris Martin (ouest).

6° Terres trop calcaires pour les *Rupestris du Lot*, mais no

Aramon × *Rupestris Ganzin N° 1.*
Riparia-Rupestris.

7° Terres calcaires, crayeuses ou de mauvaise

V. BERLANDIERI (formes des calcaires bien
V. MONTICOLA (formes à végétation vigour

Divers hybrides de V. VINIFERA × V. RUPESTRIS, parmi lesquels le *Chasselas × Berlandieri* N° 41 de MM. Millardet et de Grasset paraît jusqu'à présent offrir le plus de garanties.

Enfin, probablement certains hybrides de V. MONTICOLA × V. VINIFERA, tels que quelques-uns de ceux obtenus entre ces deux espèces par M. Couderc (1).

Le climat, qui est le résultat non seulement de la situation géographique générale, mais aussi de certains éléments topographiques, tels que l'altitude et l'exposition, peut influer de trois manières sur le choix des cépages :

1° Il peut empêcher la culture des producteurs directs américains qui ne mûrissent leurs fruits que dans certaines limites de température ou qui sont exposés à certaines conditions atmosphériques dangereuses pour eux (2) ; 2° il atténue l'influence de certaines propriétés physiques du sol, facilite ou retarde la dissolution du calcaire et modifie, par suite, les chances de réussite de quelques cépages dans un terrain donné ; 3° enfin il permet quelquefois le développement de certaines maladies cryptogamiques, lesquelles empêchent la culture des cépages qui y sont les plus sujets.

Quant aux porte-greffes, l'influence du climat ne saurait les atteindre directement, leur rôle purement souterrain les y soustrayant à peu près complètement ; mais elle peut nuire à leur culture en vue de la multiplication.

C. **Utilisation de la résistance au phylloxera des vignes américaines.** — La résistance que les vignes américaines opposent au *phylloxera* peut être utilisée de deux manières : soit en les employant comme producteurs directs, soit en faisant usage comme porte-greffes de nos cépages indigènes.

L'emploi des vignes américaines comme producteurs directs est évidemment le mode le plus commode d'en tirer parti, et la première solution du problème de la reconstitution des vignobles à laquelle [on] ait songé, lorsqu'on eut reconnu la résistance qu'opposaient les [vi]gnes américaines à l'action du phylloxera, fut d'employer directe[me]nt [le]s raisins à faire du vin. Ce furent les cépages considérés [...]s comme producteurs de vin que l'on importa tout

[...] touche uniquement l'adaptation aux terrains calcaires et abs[...]ccupation relative à la résistance au phylloxera, etc., les [...]ès *viticole de Lyon de 1894* par M. P. Viala, reprodui[...] ouvrage.

[...]au des époques de végétation des vignes américaines.

d'abord; on reçut en premier lieu, en Europe: le *Clinton*, le *Concord*, le *Jacquez*, l'*Herbemont*, le *Cunningham*, le *Norton's Virginia*, le *Black July*, etc.; on introduisit ensuite certains hybrides, tels que l'*Othello*, le *Senasqua*, le *Black Defiance*, le *Noah*, l'*Elvira*, le *Canada*, le *Brant*, le *Cornucopia*, le *Secretary*, l'*Autuchon*, etc.; enfin, depuis quelques années, des hybrides producteurs directs nouveaux ont été créés en France par MM. d'Aurelles de Paladine, Couderc, Ganzin, Seibel, Castel, Terras, etc.

Cette solution était évidemment la plus séduisante à raison de sa simplicité, aussi comprend-on qu'on ait tenté et que l'on tente encore de l'appliquer partout où l'on commence à reconstituer les vignobles. Malheureusement, l'expérience vint bientôt modifier la première manière de voir à ce sujet, de telle sorte que, dans les contrées anciennement replantées, les producteurs directs ont à peu près complètement disparu pour faire place aux vignes d'Europe greffées sur pied américain. Quelles sont les raisons de ce fait évident pour tous ceux qui ont suivi, depuis le début, ce qui est relatif à l'emploi des vignes américaines? — Elles sont de deux ordres: 1° l'infériorité habituelle des vignes américaines quant à la production du vin; 2° l'insuffisance de la résistance au phylloxera de celles qui donnent les meilleurs résultats au point de vue de la qualité ou de la quantité de leur fruit.

Sans doute, il n'est pas impossible de concevoir, théoriquement, un croisement qui accumule la résistance au phylloxera des vignes américaines avec les qualités propres aux raisins des vignes d'Europe, mais il y a les plus grandes chances pour qu'il ne soit pas réalisé. En effet, pour acquérir la résistance au phylloxera, il faut chercher à maintenir aussi intacts que possible les caractères des racines de l'élément américain, en faisant jouer à ce dernier le rôle de père, mais cela entraîne aussi une production de raisins beaucoup plus rapprochés de ceux du type de ce dernier. En réalité, jusqu'ici, aucun producteur direct américain n'a donné des vins d'aussi bonne qualité, ni des récoltes aussi abondantes que certains de nos cépages de l'ancien Monde à vin fin ou à grande production. Lequel d'entre eux, en effet, peut-on comparer au *Cabernet* ou au *Pinot*, au point de vue de la qualité, ou à l'*Aramon* quant à l'abondance? — Enfin, aucun producteur direct n'a atteint le degré de résistance au phylloxera que l'on trouve chez le V. RUPESTRIS, le V. RIPARIA, le V. BERLANDIERI, etc. Ces faits, les succès obtenus par le greffage et la facilité avec laquelle les viticulteurs se sont mis à cette opération expliquent pourquoi, dans toutes les contrées où l'on a une expérience un peu ancienne, les vignes greffées se sont partout substituées aux producteurs directs.

Il nous semble que, dans l'avenir, il y a peu à espérer d'arriver à de meilleurs résultats et qu'on n'a pas intérêt, en général, à poursuivre la recherche de producteurs directs. Dans un cas, cependant, elle pourrait peut-être être d'une certaine utilité : si, en effet, malgré les efforts qui sont faits actuellement pour obtenir des porte-greffes convenables pour les terrains calcaires, on ne réussissait pas d'une manière complète, on pourrait tenter, dans les plus mauvais d'entre eux, d'employer des producteurs directs, afin d'éviter l'aggravation de l'état chlorotique qui résulte le plus souvent du greffage (1).

Ce fut M. Gaston Bazille, président de la Société d'agriculture de l'Hérault, qui, dès que la résistance des vignes américaines eut été signalée au Congrès de Beaune, en 1869, émit l'idée d'utiliser cette propriété de leurs racines en y greffant nos vignes de l'ancien Monde. Depuis lors, le greffage a été appliqué sur une grande échelle dans le midi de la France, et si quelques insuccès dus à sa mauvaise exécution ou au mauvais entretien des greffes pendant la première année ont été signalés, l'opération a donné, d'une manière générale, de très bons résultats, et de vastes vignobles qui sont en pleine production ont été reconstitués par ce moyen.

Ce dernier mode d'emploi des vignes américaines paraît devoir être le plus général ; il s'impose naturellement dans les vignobles à vins distingués, et, ainsi que nous l'avons vu, il peut être regardé, en certains cas, comme préférable dans les vignobles communs à grande production ; il n'exclut pas absolument cependant, comme nous l'avons dit, l'usage des producteurs directs, qui peuvent avoir une certaine place, bien qu'exceptionnelle, dans certains milieux.

Nous avons donné précédemment l'énumération des principaux producteurs directs américains et nous avons fourni, dans la partie consacrée à l'ampélographie, des indications sur la plupart d'entre eux, nous n'insisterons donc pas actuellement sur ce qui les concerne.

En ce qui touche les porte-greffes, nous avons vu que les plus employés sont : les *Riparia-Gloire de Montpellier*, le *R. Grand-Glabre*, le *Rupestris du Lot*, le *Rupestris-Martin*, les V. BERLANDIERI *purs des calcaires*, les *Riparia-Rupestris*, auxquels peuvent s'ajouter utilement, dans certains cas indiqués précédemment, l'*Aramon-Rupestris-Ganzin N° 1*, le *Riparia du Colorado*, le *Chasselas × Berlandieri N° 41*, l'*Ali-*

(1) Extrait du rapport présenté par l'auteur au Congrès viticole et agricole de Lyon, séance du jeudi matin 16 août 1894, pag. 13 *du Compte rendu in extenso des séances*.

cante-Bouschet × *Rupestris N° 136* et le *Petit-Bouschet* × *Riparia N° 142.*

D. **De l'emploi des vignes américaines dans les contrées encore indemnes du phylloxera.** — L'importance d'étudier à l'avance les conditions d'adaptation des vignes américaines au sol et au climat des contrées encore indemnes, mais menacées par le *phylloxera*, fait naître, chez beaucoup de viticulteurs situés dans ces milieux, le désir d'essayer leur culture ; aussi est-il nécessaire d'examiner dans quelles conditions l'importation peut en être faite sans inconvénient. Il est évident, en premier lieu, que l'introduction, dans des vignobles sains, de vignes, américaines ou autres, provenant des contrées envahies par l'insecte, offre un sérieux danger lorsqu'on la fait sous forme de plants enracinés. Elle paraît, au contraire, pouvoir être effectuée sans qu'il en résulte de suites fâcheuses quand elle a lieu au moyen de boutures sans talon : en effet, les boutures ne peuvent nourrir le *phylloxera* si aucun commencement d'enracinement ne s'est produit, et l'œuf d'hiver, qui pourrait lui donner naissance, est déposé sous les écorces des bois de deux ans et de trois ans (1), et non pas sur les rameaux de l'année. On a, il est vrai, accusé les boutures d'avoir introduit l'insecte dans l'île de Monte-Cristo, où le gouvernement italien avait fait établir une pépinière de vignes américaines ; mais il paraît démontré que l'insecte y a été apporté, non par les sarments mêmes des vignes, mais par de la terre provenant de milieux phylloxérés dont on s'était servi imprudemment dans les emballages et que l'on a conservée pour en faire des terreaux au lieu de la jeter à la mer. Quoi qu'il en soit, les gouvernements des pays encore indemnes jugent généralement plus prudent d'interdire l'introduction des boutures des vignes américaines.

Mais si ce procédé peut être discuté au point de vue qui nous préoccupe, il ne devrait pas en être de même du semis ; et cependant, dans certaines contrées, ce mode de multiplication est encore prohibé malgré son évidente innocuité ; on ne saurait admettre que le *phylloxera* peut être apporté par les graines ou que les vignes américaines engendrent spontanément cet insecte, mais on allègue d'autres raisons que nous allons énumérer en en appréciant la valeur : on invoque en premier lieu le fait que les vignes américaines obtenues de semis ne dépérissent pas sous les attaques du *phylloxera* et qu'elles peuvent constituer, sans qu'on s'en aperçoive, des foyers permanents d'infec-

(1) Voir *Nouvelles recherches sur l'œuf d'hiver du phylloxera*, par V. Mayet, *in* Compt. rend. de l'Acad. des Sciences, séance du 28 mars 1881.

tion pour les vignobles environnants. Mais, pour peu que l'on y réfléchisse, on ne tarde pas à se rendre compte que ces vignes, n'ayant pas elles-mêmes importé l'insecte, ne seront atteintes que lorsque les autres le seront aussi, et même plus tardivement qu'elles, le phylloxera paraissant se porter de préférence sur les vignes les moins résistantes; d'ailleurs elles peuvent être soumises à la même surveillance et aux mêmes traitements que les anciens vignobles ; or il n'est pas plus difficile de voir l'insecte sur une racine de vigne américaine que sur une racine de vigne d'Europe.

On fait remarquer, en second lieu, que les feuilles des vignes américaines portent plus facilement des galles que celles des V. Vinifera, et que les jeunes] aptères agiles qui en sortent peuvent se répandre tout autour pour coloniser d'autres vignes; mais on peut, en premier lieu, répondre à cette objection qu'elle atténue la portée de la première, puisque les galles donnent un moyen plus facile, que l'examen des racines, de contrôler la présence de l'insecte; en second lieu, M. Faucon a vu, dans des vignes formées de cépages européens, les jeunes aptères des racines cheminant sur le sol et entraînés par les vents comme ceux des galles (1), de telle sorte que le danger ne saurait être augmenté par le fait de la présence de ces lésions. Au reste, un remède facile pourrait être apporté au mal, s'il y avait lieu, en imposant les badigeonnages expérimentés par M. Balbiani (2).

Enfin on a avancé qu'en admettant que les pépinières de vignes américaines de semis sont par elles-mêmes sans danger, elles peuvent du moins servir à masquer des importations clandestines de plants ou de boutures. Cet argument perd toute sa valeur, si l'on songe que les vignobles anciennement constitués risquent, au même titre, de faciliter l'introduction frauduleuse des plants et cépages européens des contrées phylloxérées, aussi dangereux au point de vue des chances d'infection que peuvent l'être les américains eux-mêmes. C'est, en effet, par des vignes d'Europe et non par des vignes américaines que la Corse et l'Algérie ont été phylloxérées; l'étendue considérable des vignobles composés de cépages de l'ancien Monde en rend, on le comprend, la surveillance beaucoup plus difficile que celle de pépinières américaines peu nombreuses, restreintes comme surface, toujours plus ou moins traitées en suspectes, et où l'Etat peut aisément exercer un contrôle efficace.

(1) Voir pag. 664.

(2) Voir pag. 664 et 710.

En résumé, on peut admettre que l'introduction des vignes américaines dans les contrées encore indemnes du *phylloxera* peut se faire : 1° en les important sous une forme quelconque des contrées non encore phylloxérées ; 2° en les introduisant sous forme de boutures sans talon, surtout lorsqu'elles ont été préalablement désinfectées (1) ; 3° en les multipliant par la voie des semis. Nous avons vu (pag. 285) le parti que l'on peut tirer des vignes de semis, et nous ne pouvons que renvoyer le lecteur à ce qui a été dit sur ce sujet.

(1) La désinfection des boutures, au point de vue de l'œuf d'hiver, peut être obtenue d'une manière très efficace par leur immersion dans l'eau chaude à 45° ou 50°, pendant dix minutes. Voir : ***Désinfection antiphylloxérique des plants de vigne***, par Couanon et Henneguy, in *Journal d'agriculture pratique*, 23 février 1887, pag. 265, et 1er décembre 1887, pag. 794 ; et Comptes rendus de l'Acad. des Sc., 1887.

CHAPITRE XXIII

SOMMAIRE. — Lois et règlements relatifs au phylloxera (1). — Législation française. — Législations étrangères : législation allemande ; — hongroise ; — espagnole ; — italienne ; — suisse : — portugaise. — Mesures prises par divers Etats qui n'ont pas signé la Convention de Berne.

LOIS ET RÈGLEMENTS RELATIFS AU PHYLLOXERA

L'importance des ravages causés par le *phylloxera* a amené les divers Etats de l'Europe, dans lesquels on cultive la vigne, à prendre, soit en commun, soit séparément, des mesures destinées à se préserver de l'invasion de cet insecte, ou à le combattre lorsqu'il fait son apparition sur un point jusqu'alors indemnne. L'Allemagne, l'Autriche-Hongrie, l'Espagne, la France, l'Italie, le Portugal et la Suisse ont conclu, pour cet objet, la Convention dite de « Berne », dont nous donnons ci-dessous la teneur (2):

« ARTICLE PREMIER. — Les Etats contractants s'engagent à compléter, s'ils ne l'ont déjà fait, leur législation intérieure en vue d'assurer une action commune et efficace contre l'introduction de la propagation du *phylloxera*.

» Cette législation devra spécialement viser :

» 1° La surveillance des vignes, jardins, serres et pépinières, les investigations et constatations nécessaires au point de vue de la recherche du *phylloxera* et les opérations ayant pour but de le détruire autant que possible ;

2° La délimitation des territoires envahis par la maladie, au fur et à mesure que le fléau s'introduit ou progresse à l'intérieur des Etats;

» 3° La réglementation du transport des plants de vigne, débris et produits de cette plante, ainsi que des plants, arbustes et produits de l'horticulture, afin d'empêcher que la maladie ne soit transportée

(1) Voir les indications bibliographiques mises en note au cours du présent chapitre ; et **Berti** ; *Relazione sui provedimenti contro lo filossera adottatti in Italia*, chap. I. Roma, 1885.

(2) Les Pays-Bas ont adhéré depuis le 6 décembre 1883 à la Convention de Berne.

hors des foyers d'infection dans l'intérieur de l'Etat même, ou par voie de transit dans les autres Etats ;

»4° Le mode d'emballage et la circulation de ces objets, ainsi que les précautions et dispositions à prendre en cas d'infractions aux mesures édictées.

»Art. 2. – Le vin, les raisins de table sans feuilles et sans sarments, les pépins de raisin, les fleurs coupées, les produits maraîchers, les graines de toute nature et les fruits sont admis à la libre circulation internationale.

»Les plantes, arbustes et produits divers des pépinières, jardins, serres et orangeries ne pourront être introduits d'un État dans un autre que par les bureaux de douane qui seront désignés à cet effet par les États contractants limitrophes et dans les conditions définies à l'art. 3.

»Les vignes arrachées et les sarments secs sont exclus de la circulation internationale.

»Les États limitrophes s'entendront pour l'admission, dans les zones frontières, des raisins de vendange, marcs de raisin, composts, terreaux, échalas et tuteurs déjà employés, sous la réserve que lesdits objets ne proviennent pas d'un territoire phylloxéré.

»Les plants de vigne, boutures et sarments ne pourront être introduits dans un État que de son consentement et ne pourront être admis au transit international que par les bureaux de douane désignés et dans les conditions ci-dessous indiquées.

»Art. 3.— Les objets énumérés au 2e et au 5e alinéa de l'article précédent, comme étant admis au transit international par des bureaux de douane désignés, devront être accompagnés d'une attestation de l'autorité du pays d'origine, portant :

»*a*. Qu'ils proviennent d'un territoire réputé préservé de l'invasion phylloxérique, et figurant comme tel sur la carte spéciale, établie et tenue à jour dans chaque État contractant ;

»*b*. Qu'ils n'y ont pas été récemment importés.

»Les plants de vigne, boutures et sarments ne pourront circuler que dans des caisses en bois parfaitement closes au moyen de vis, et néanmoins faciles à visiter et à refermer.

»Les plants, arbustes et produits divers des pépinières, jardins, serres et orangeries seront solidement emballés : les racines seront complètement dégarnies de terre ; elles pourront être entourées de mousse, et seront en tout cas, recouvertes de toile d'emballage, de manière à ne laisser échapper aucun débris et à permettre les constatations nécessaires.

»Le bureau de douane, chaque fois qu'il le jugera utile, fera examiner ces objets par des experts officiels qui dresseront procès-verbal lorsqu'ils constateront la présence du *phylloxera*.

»Ledit procès-verbal sera transmis à l'État, pays d'origine, afin que les contrevenants soient poursuivis, s'il y a lieu, par les voies de droit, conformément à la législation dudit État.

»Aucun envoi admis à la circulation internationale par quelque point que ce soit ne devra contenir des feuilles de vigne.

»Art. 4.— Les objets arrêtés à un bureau de douane comme n'étant pas dans les conditions d'emballage prescrites par l'article précédent seront refoulés à leur point de départ, aux frais de qui de droit.

»Les objets sur lesquels les experts constateraient la présence du *phylloxera* seront détruits aussitôt et sur place par le feu, avec leur emballage. Les véhicules qui les auront transportés seront immédiatement désinfectés par un lavage suffisant au sulfure de carbone, ou par tout autre procédé que la science reconnaît efficace et qui serait adopté par l'État. Chaque État prendra des mesures pour assurer la rigoureuse exécution de cette désinfection.

»Art. 5.— Les États contractants, afin de faciliter leur communauté d'action, s'engagent à se communiquer régulièrement :

»1° Les lois et ordonnances édictées par chacun d'eux sur la matière ;

»2° Les principales mesures prises en exécution desdites lois et ordonnances, ainsi que de la présente Convention ;

»3° Les rapports ou extraits de rapports des différents services organisés à l'intérieur et aux frontières contre le *phylloxera ;*

»4° Toute découverte d'une attaque phylloxérique dans un territoire réputé indemne, avec indication de l'étendue, et, s'il est possible, des causes de l'invasion (cette communication sera toujours faite sans aucun retard) ;

»5° Toute carte qui sera dressée pour la délimitation des territoires préservés et des territoires envahis ou suspects ;

»6° Des renseignements sur la marche du fléau dans les régions où il a été constaté ;

»7° Le résultat des études scientifiques et des expériences pratiques faites dans les vignobles phylloxérés ;

»8° Tous autres documents pouvant intéresser la viticulture au point de vue spécial.

»Ces différentes communications seront utilisées par chacun des États contractants pour les publications qu'il fera sur la matière, publications qui seront également échangées entre eux.

»Art. 6.— Lorsque cela sera jugé nécessaire, les États contractants se feront représenter à une réunion internationale chargée d'examiner les questions que soulève l'exécution de la Convention et de proposer les modifications commandées par l'expérience et par les progrès de la science.

»Ladite réunion internationale siègera à Berne.

»ART. 7. — Les ratifications seront échangées à Berne dans le délai de six mois, à partir de la date de la signature de la présente Convention, ou plus tôt si faire se peut.

»La présente Convention entrera en vigueur quinze jours après l'échange des ratifications.

»Tout État peut y adhérer ou s'en retirer en tout temps, moyennant une déclaration donnée au Haut-Conseil fédéral suisse, qui accepte l'exécution des art. 6 et 7 ci-insérés.

»En foi de quoi, les plénipotentiaires respectifs l'ont signée et y ont apposé le cachet de leurs armes.

»Fait à BERNE, le jour du mois de septembre de l'an mil huit cent soixante-dix-huit. »

A. **Législation française relative au phylloxera.** — Le Gouvernement Français a, de son côté, élaboré une législation spéciale en conformité avec la Convention de Berne, que les Chambres ont adoptée, en vue de combattre l'invasion phylloxérique. Les lois établies dans ce but sont celles du 15 juillet 1878 et du 2 août 1879 ; elles tendent à atteindre les buts suivants : 1° empêcher la propagation du mal ; 2° arrêter ou retarder l'invasion dans les contrées encore faiblement atteintes ; 3° encourager les propriétaires à défendre leurs vignobles.

En ce qui concerne le premier point, on a cherché à en obtenir la réalisation par les articles suivants :

«ARTICLE PREMIER. — Un décret du Président de la République peut interdire l'entrée, soit dans toute l'étendue, soit dans une partie du territoire français, des plants, sarments, feuilles et débris de vignes, des échalas ou tuteurs déjà employés, des composts ou des terreaux provenant d'un pays étranger, ainsi que le transport des mêmes objets hors des parties du territoire français envahies par le *phylloxera*.

»En ce cas, le Ministre de l'Agriculture et du Commerce peut autoriser exceptionnellement l'introduction des plants étrangers à destination d'une localité déterminée.

»ART. 2. — Des arrêtés spéciaux du Ministre de l'Agriculture et du Commerce, pris sur l'avis de la Commission supérieure du Phylloxera, règlent les conditions sous lesquelles peuvent entrer (1) et circuler en France les plants, sarments, feuilles et débris de vignes, échalas ou tuteurs déjà employés, composts ou terreaux provenant des pays étrangers ou des parties du territoire français déjà envahies par le *phylloxera*, auxquelles ne s'appliquent pas les décrets d'interdiction (2).

»Le Ministre de l'Agriculture et du Commerce fera établir des cartes, avec tableaux à l'appui, indiquant par des teintes différentes les parties du territoire attaquées par le *phylloxera* et celles qui en sont préservées. Ces cartes seront tenues au courant, rectifiées chaque année et plus souvent si le Ministre le juge nécessaire.»

Ces cartes paraissent en effet chaque année, dressées par la Commission supérieure du Phylloxera. Les arrondissements entièrement envahis et où l'introduction des vignes étrangères est autorisée sont teintés en noir. Ceux qui sont faiblement atteints sont marqués en gris, et ceux qui sont indemnes restent en blanc : l'importation des vignes étrangères est généralement interdite dans les uns et dans les autres, ainsi que celle des vignes, débris de vignes, terreaux, échalas, etc., provenant des territoires phylloxérés.

Les prescriptions destinées à arrêter ou retarder le développement du mal sont comprises dans les articles suivants (3) :

»Art. 3. — Dès que le Préfet d'un département a reçu avis, soit par le propriétaire d'une vigne, soit par le Maire d'une commune,

(1) Les bureaux de douane par lesquels peut se faire l'importation des plants, débris et produits de la vigne venant de l'étranger, ont été désignés par arrêté ministériel, en date du 8 juillet 1882. (Voir à l'appendice).

(2) Les règlements relatifs à la circulation en France des plants, débrits et produits de la vigne, sont renfermés dans les documents officiels suivants : *1. Arrêté de M. le Ministre de l'Agriculture du 13 juin 1882.— 2. Circulaire adressée par M. le Ministre des Travaux publics à MM. les Administrateurs des Compagnies des chemins de fer, du 13 juillet 1883. — 3 Circulaire adressée par M. le Conseiller d'État, directeur général des Douanes, le 6 juillet 1883. — 4. Décret du 22 septembre 1883 portant interdiction de l'entrée des plants de vignes, sarments, boutures et autres débris de la vigne dans les zones franches du pays de Gex et de la Haute-Savoie. — 5. Décret du 5 août 1884 relatif à la circulation des raisins de vendanges, marcs de raisins, composts, terres, terreaux, échalas et tuteurs déjà employés dans les zones frontières de la République française et de l'Empire allemand.* — Enfin le *Décret du 10 septembre 1884, interdisant l'exportation, à destination de l'un des États contractants de la Convention de Berne, des ceps arrachés, des sarments, des composts et terreaux, des échalas, tuteurs et feuilles de vignes* ; et la *Loi du 24 décembre 1888, concernant la destruction des insectes, des cryptogames et autres végétaux nuisibles à l'agriculture.*

(3) L'Algérie, qui est restée longtemps indemne du phylloxera, a été placée, dans l'intérêt de la défense de son territoire, sous le régime d'une loi spéciale, celle du 21 mars 1883, dont nous donnons les dispositions dans l'appendice.

soit par la Commission départementale d'études et de surveillance, que le *phylloxera* a fait son apparition dans une localité, il charge un délégué de visiter la commune signalée comme malade, et, en cas de besoin, les vignes environnantes. Le délégué peut faire dans lesdites vignes les opérations nécessaires pour constater la présence du *phylloxera*.

»Un arrêté du Ministre de l'Agriculture et du Commerce peut, en tout temps, ordonner ou autoriser des investigations dans les vignobles des localités considérées comme indemnes où la présence du *phylloxera* sera soupçonnée (1).

»Dans les cas urgents et particuliers, le Préfet aura le droit d'ordonner ou d'autoriser ces investigations.

»Art. 4. — Lorsque l'existence du *phylloxera* a été constatée dans les contrées indemnes, dont le périmètre sera tracé tous les ans sur la carte de l'invasion phylloxérique dont il est fait mention à l'art. 2, conformément aux dispositions de l'article précédent, sur le rapport du Préfet, la Commission départementale permanente et les propriétaires entendus dans les formes et les délais qui seront déterminés par le règlement d'administration publique, un arrêté du Ministre de l'Agriculture et du Commerce, pris sur l'avis conforme de la section permanente de la Commission supérieure du Phylloxera, peut ordonner que la vigne malade et les vignes environnantes, dans un rayon fixé et sous des conditions d'exécution déterminées par le même arrêté, seront soumises à l'un des traitements indiqués par la Commission supérieure.

»Le Ministre peut ordonner pendant plusieurs années la continuation du traitement mentionné ci-dessus, et prescrire au besoin le traitement des taches nouvelles qui viendraient à être découvertes.

»Dans les circonstances exceptionnelles, lorsqu'il y aura nécessité et urgence de préserver de l'invasion du *phylloxera* une contrée vinicole, le Ministre, sur l'avis conforme de la section permanente, pourra ordonner, hors des contrées indemnes, dans les formes prescrites par le règlement d'administration publique, le traitement indiqué au premier paragraphe du présent article.

»Dans les cas ci-dessus énoncés, les dépenses occasionnées par le traitement des vignes sont à la charge de l'État.

»Ces mesures sont complétées par des prescriptions relatives aux indemnités et aux pénalités qu'il peut être nécessaire d'appliquer en vue d'assurer leur exécution.

(1) Un arrêté du 14 juin 1882 règle les conditions dans lesques ces recherches doivent être faites. (Voir à l'appendice).

»Art. 11.— Il sera alloué une indemnité pour la perte des récoltes sur lesquelles l'existence du *phylloxera* aura été constatée. Les juges de paix connaîtront, sans appel jusqu'à la valeur de 100 fr., et à charge d'appel à quelque valeur que la demande puisse s'élever, des constatations relatives aux indemnités réclamées en vertu du présent article.

»Art. 12. — Les contraventions aux dispositions de la présente loi et à celles des décrets ou arrêtés pris pour son exécution seront punies d'une amende de 50 à 500 fr.

»Art. 13. — Ceux qui auront introduit l'un des objets énoncés à l'article premier, sans déclaration ou à l'aide d'une fausse déclaration de provenance ou de route, ou de toute autre manœuvre frauduleuse, seront punis d'un emprisonnement de 1 mois à 15 mois et d'une amende de 50 à 500 fr.

»Art. 14.— Les peines prévues aux deux articles précédents seront doublées en cas de récidive.

»Il y a récidive lorsque, dans les douze mois précédents, il a été rendu contre le contrevenant ou le délinquant un premier jugement en vertu de la présente loi.»

Enfin, les dispositions destinées à encourager les viticulteurs à défendre leurs vignobles sont renfermées dans l'article suivant :

«Art. 5.— Lorsqu'un département ou une commune votera une subvention destinée à aider les propriétaires qui traitent leurs vignes suivant l'un des modes approuvés par la Commission supérieure du Phylloxera, l'Etat donnera une subvention égale à celle du département ou de la commune, qui se trouvera ainsi doublée.

»Lorsque des propriétaires, en vue de la destruction du *phylloxera* sur leur territoire, se sont organisés (1) en associations syndicales temporaires approuvées par l'autorité administrative, ils pourront recevoir, sur l'avis conforme de la section permanente de la Commission supérieure du Phylloxera, une subvention de l'État. Cette subvention ne pourra, dans aucun cas, dépasser la somme votée par le syndicat pour le traitement des vignes phylloxérées.

»Pourront également être subventionnées par l'État, sous les conditions et dans les proportions fixées par le paragraphe précédent, les associations syndicales temporaires approuvées par l'autorité administrative et constituées en vue de la recherche du *phylloxera* dans les contrées indemnes ou partiellement atteintes.»

(1) Voir, à l'appendice, les formules relatives à la formation des syndicats.

En résumé, ainsi qu'on peut le voir par ce qui précède, la législation actuellement en vigueur en ce qui concerne le *phylloxera* divise la France en trois zones, soumises chacune à un régime spécial: La première, considérée comme indemne et qu'elle cherche à défendre en interdisant l'entrée des vignes et objets susceptibles d'y introduire l'insecte ; un service de recherches y est organisé et l'autorité peut y procéder d'office et sans l'assentiment des propriétaires à des traitements d'extinction.

La deuxième, récemment atteinte et faiblement envahie, est également fermée aux importations dangereuses qui pourraient aggraver la situation en créant de nouveaux points d'attaque. L'Etat en abandonne la défense aux propriétaires, qu'il se borne à encourager par des subventions.

La troisième zone est celle qui est complètement phylloxérée ; l'introduction des vignes du reste de la France y est permise, et l'on peut obtenir de l'Administration de l'Agriculture l'autorisation d'y faire pénétrer des vignes étrangères. L'application des moyens insecticides préconisés par la Commission supérieure du Phylloxera y est subventionnée, sur la demande des syndicats.

Enfin, afin de diminuer les chances de propagation du *phylloxera*, la Commission supérieure du Phylloxera recommande de prendre les mesures suivantes pour l'établissement des pépinières de cépages américains:

1° La pépinière devra être établie dans un terrain sain, n'ayant pas porté de vigne antérieurement, et placée dans un isolement aussi complet que possible de toute autre vigne. Le mieux sera que ce terrain soit entouré d'un mur.

»2° La plantation sera faite au moyen de boutures d'une provenance certaine.

»3° Les boutures à employer devront avoir été débarrassées de toute trace de terre et rigoureusement lavées sur place au moyen d'une solution de sulfocarbonate de potassium, après qu'on en aura retranché la crossette, c'est-à-dire le bois de deux ans.

»4° Les boutures devront être emballées dans des caisses exactement fermées, qu'on n'ouvrira que sur le lieu de la plantation même.

»5° Un nouveau lavage rigoureux avec une solution de sulfocarbonate de potassium sera fait après l'ouverture de la caisse, au moment de procéder à la plantation.

»6° La solution de sulfocarbonate de potassium devra avoir été faite avec 1 litre de sulfocarbonate pour 200 litres d'eau.

»7° Une partie de la pépinière sera établie au moyen de semis de pépins provenant de raisins du cépage que l'on veut propager en vue d'obtenir des porte-greffes. Toutefois, les ceps que l'on obtiendra ainsi devront être soumis à une étude ayant pour but d'en reconnaître les qualités et d'en déterminer la plus ou moins grande ressemblance avec le type que l'on cherche à produire.

»8° Si le *phylloxera* est découvert à une distance plus ou moins rapprochée de la pépinière, on ne devra expédier des boutures qu'après les avoir soumises à un lavage rigoureux avec la solution de sulfocarbonate de potassium.»

Les dispositions relatives aux moyens de combattre l'invasion du phylloxera ont été complétées par la loi du 24 décembre 1888, concernant la destruction des insectes, des cryptogames et autres végétaux nuisibles à l'agriculture, dont nous donnons ci-après le texte :

« LOI CONCERNANT LA DESTRUCTION DES INSECTES, DES CRYPTOGAMES ET AUTRES VÉGÉTAUX NUISIBLES A L'AGRICULTURE

»Le Sénat et la Chambre des Députés ont adopté,

»Le Président de la République promulgue la loi dont la teneur suit :

»ARTICLE PREMIER.— Les Préfets prescrivent les mesures nécessaires pour arrêter ou prévenir les dommages causés à l'agriculture par des insectes, des cryptogames ou autres végétaux nuisibles, lorsque ces dommages se produisent dans un ou plusieurs départements ou seulement dans une ou plusieurs communes, et prennent ou peuvent prendre un caractère envahissant ou calamiteux.

»L'arrêté ne sera pris par le Préfet qu'après l'avis du Conseil général du département, à moins qu'il ne s'agisse de mesures urgentes et temporaires.

»Il déterminera l'époque à laquelle il devra être procédé à l'exécution des mesures, les localités dans lesquelles elles seront applicables, ainsi que les modes spéciaux à employer.

»Il n'est exécutoire, dans tous les cas, qu'après l'approbation du Ministère de l'agriculture, qui prend, sur les procédés à appliquer, l'avis d'une Commission technique instituée par décret.

»ART. 2. – Les propriétaires, les fermiers, les colons ou métayers, ainsi que les usufruitiers et les usagers, sont tenus d'exécuter sur les immeubles qu'ils possèdent et cultivent, ou dont ils ont la jouissance et l'usage, les mesures prescrites par l'arrêté préfectoral. Toutefois, dans les bois et forêts, ces mesures ne sont applicables qu'à une lisière de 30 mètres.

»Ils doivent ouvrir leurs terrains, pour permettre la vérification ou la destruction, à la réquisition des agents.

» L'Etat, les communes et les établissements publics et privés sont astreints aux mêmes obligations sur les propriétés leur appartenant.

» ART. 3. — En cas d'inexécution dans les délais fixés, procès-verbal est dressé par le maire, l'adjoint, l'officier de gendarmerie, le commissaire de police, le garde forestier ou le garde champêtre, et le contrevenaut est cité devant le juge de paix.

» La citation sera donnée par lettre recommandée ou par le garde champêtre.

» Les parties pourront comparaître volontairement et sur un simple avertissement du juge de paix.

» Les délais fixés par l'article 146 du Code d'instruction criminelle seront observés.

» Le juge de paix pourra ordonner l'exécution provisoire de son jugement, nonobstant opposition ou appel sur minute avant l'enregistrement.

» ART. 4.— A défaut d'exécution dans le délai imparti par le jugement, il est procédé à l'exécution d'office, aux frais des contrevenants, par les soins du maire ou du commissaire de police.

» Le recouvrement des dépenses ainsi faites est opéré par le percepteur, en vertu de mandatements exécutoires délivrés par les Préfets, et conformément aux règles suivies en matière de contributions directes.

» ART. 5 — Les contraventions aux dispositions des articles 1 et 2 de la présente loi sont punies d'une amende de 6 à 15 francs.

» L'amende est doublée et la peine d'emprisonnement pendant cinq jours au plus peut même être prononcée, en cas de récidive, contre les contrevenants.

» ART. 6.— L'article 463 du Code pénal est applicable aux pénalités prononcées par la présente loi.

» ART. 7.— La loi du 28 ventôse an IV est abrogée. Sont maintenues toutes les dispositions des lois et règlements concernant la destruction du phylloxera et celle du doryphora.

» ART. 8. — La présente loi est applicable aux départements de l'Algérie.

» La présente loi, délibérée et adoptée par le Sénat et par la Chambre des Députés, sera exécutée comme loi de l'Etat.

» Fait à Paris, le 24 décembre 1888.

» CARNOT.

» Par le Président de la République :

» *Le Ministre de l'Agriculture*,

» VIETTE. »

B. **Législations étrangères, relatives au phylloxera.** — La législation des divers Etats signataires de la Convention de Berne présente naturellement une grande analogie, puisque toutes les dispositions légales qui y ont été prises doivent se trouver en conformité avec les prescriptions générales de l'acte international : elle présente pourtant certaines différences de détail que nous examinerons rapidement.

1° Législation Allemande (1)

Les lois qui règlent les mesures à prendre en vue de la préservation contre le *phylloxera* sont celles du 6 mars 1875 et du 3 juillet 1883, auxquelles il faut ajouter l'ordonnance du 4 juillet 1883.

La loi du 6 mars 1875 autorise le chancelier fédéral : 1° à faire des recherches dans les terres plantées en vignes de certains Etats confédérés, dans le but de constater la présence du *phylloxera;* 2° à faire étudier les moyens de destruction de l'insecte ; 3° elle met à la charge de l'Empire les frais occasionnés par l'exécution de cette loi et les indemnités accordées aux propriétaires en vertu d'une taxation judiciaire.

La loi du 3 juillet 1883 ordonne la surveillance des vignes par des experts du Gouvernement. Dans le cas de découverte de l'insecte, elle autorise : l'interdiction du déplacement des vignes et débris de vignes et même des autres plantes ; la destruction des ceps infectés et la désinfection du sol ; enfin l'interdiction de la culture de la vigne pendant un temps déterminé dans les terrains phylloxérés.

Elle oblige les gouvernements des Etats fédérés à avertir le grand chancelier dès que l'on soupçonnerait la présence de l'insecte. Les propriétaires et usufruitiers des terrains sur lesquels le *phylloxera* fait son apparition doivent en aviser immédiatement les autorités. Les dépenses à faire pour la destruction des plants et la désinfection du sol sont mises à la charge des Etats intéressés. Enfin, la loi pose le principe qu'une indemnité sera accordée aux propriétaires pour les plants *non attaqués* qui pourraient être détruits, et elle indique la pénalité dans le cas où il serait contrevenu aux dispositions édictées; les peines peuvent aller jusqu'à l'emprisonnement.

L'ordonnance du 4 juillet 1883 concerne l'importation et l'exportation des plants et autres objets d'horticulture et de viticulture. Ses

(1) *Communication de M. le chargé d'affaires de France à Berlin.* (Compte rendu des travaux du service du phylloxera, 1882, pag. 503 ; et *Id.*, 1883, pag. 311 et suiv.).

prescriptions diffèrent bien peu de celles de la circulaire française du 6 juillet 1883.

2° Législation Hongroise (1)

Les vignobles hongrois sont soumis, au point de vue de la défense contre le *phylloxera*, à une loi édictée le 16 mars 1888, laquelle prohibe l'importation des vignes, ceps, raisins, etc., provenant des pays qui n'ont pas signé la Convention de Berne. Elle autorise à exercer une surveillance spéciale sur le commerce des vignes, plants, etc., et à le resteindre ou même le suspendre dans certaines parties du pays. La surveillance par des experts nommés par le Gouvernement est ordonnée. Les vignes où le *phylloxera* est découvert peuvent être séquestrées et l'arrachage rendu obligatoire, sans indemnité en faveur du propriétaire ; ce dernier est seulement déchargé de l'impôt foncier pour les parcelles arrachées, jusqu'à leur replantation ou pendant une durée maximum de six ans.

3° Législation Espagnole (2)

La défense des vignes phylloxérées est réglée en Espagne par une loi du 30 juillet 1878. Cette loi crée une Commission centrale et des Commissions provinciales de défense contre le *phylloxera*. Elle autorise le Gouvernement, sur l'avis de la Commission centrale, à prohiber pendant le temps nécessité par les circonstances l'introduction des sarments, plants enracinés, débris de vignes, et, d'une manière générale, les arbres, arbustes et plantes vivantes. Les graines et les échantillons d'herbiers sont en dehors de cette prohibition. Dès que le *phylloxera* a fait son apparition sur un point quelconque du territoire espagnol, l'exportation des sarments, des souches, etc., provenant des vignes infestées, est immédiatement interdite. La plantation des vignes ne peut se faire qu'après en avoir prévenu par écrit l'alcade de la localité et lui avoir fourni un certificat constatant que les sarments ou plants ne proviennent pas d'un pays étranger ou d'une région phylloxérée. Les propriétaires doivent prévenir l'alcade de la découverte des symptômes qui leur feraient redouter

(1) *Royaume de Hongrie. Communication du consulat général de France à Buda-Pest*, etc. (Compte rendu des travaux du service du phylloxera, 1883, pag. 325, 328, 331 et suiv.).

(2) El Illmo Sr. D. Mariano de la Paz Graëlls.— *Prontuario filoxerico*. Madrid, 1879, pag. 47 et suiv.

la présence du *phylloxera*. En cas de découverte d'un foyer phylloxérique, on procède à l'arrachage et à l'incinération de la portion reconnue malade et d'une zone de vingt mètres tout autour. Les vignes saines arrachées donnent seules droit à une indemnité. Des visites fréquentes sont ordonnées par les commissions provinciales. Un fonds spécial sera constitué moyennant un impôt de 25 centimes par hectare de vignes pour faire face aux dépenses d'arrachage, désinfection et indemnités.

4° Législation Italienne (1)

Les diverses lois relatives au *phylloxera* ont été résumées en une seule qui a été promulguée le 13 mai 1883, et qui renferme en substance ce qui suit: «Défense d'importer des vignes ou débris de vignes, pieux, échalas, tuteurs, plantes vivantes, engrais végétaux et composts. Cette prohibition peut être appliquée à la circulation d'une localité à une autre en Italie. L'introduction des fleurs coupées et des fruits est cependant autorisée du 1er novembre au 21 mai, ainsi que celle des feuilles de mûrier destinées à l'élevage des vers à soie. L'importation et le transit des marcs pour la distillation et celle de l'amurca destiné à l'extraction de l'huile peuvent être autorisés par le Ministre de l'agriculture ; il en est de même pour les végétaux destinés aux collections des institutions et jardins publics. Des délégués nommés à cet effet ont le droit de pénétrer dans les localités où se trouvent des vignes, afin d'y rechercher la présence du *phylloxera*. Les syndics et les sous-préfets, lorsqu'ils viennent à apprendre la présence du *phylloxera*, doivent aussitôt en avertir le Ministre. Le Ministre ordonne le mode de destruction le plus convenable pour les vignes atteintes, fait délimiter le territoire atteint et les circonscriptions de protection qui devront être détruites. Des indemnités sont réglées, en tenant compte du degré de maladie et de conservation probable des vignes à arracher. La fixation des indemnités est confiée, en cas de contestation, à un expert judiciaire désigné par le juge de paix. Les frais généraux d'inspection, d'études et de déplacement sont à la charge de l'Etat. Ceux relatifs aux travaux de destruction et aux indemnités sont répartis par moitié entre l'Etat et la province. Enfin des amendes sont ordonnées contre les importateurs des produits prohibés par la loi.»

(1) Voir *loi du 13 mai 1883 sur le phylloxera*. (Compte rendu des travaux du service du phylloxera, 1883, pag. 352 et suiv.) ; et *Relazione sui provedimenti contro la filossera adottati in Italia ed all' Estero*. Roma, 1884.

5° Législation Suisse

L'action administrative contre le *phylloxera* est basée sur l'arrêté fédéral du 21 février 1878, qui donne aux autorités fédérales la compétence nécessaire pour assurer la surveillance et l'inspection des vignobles et prendre les mesures préventives que nécessite l'extension du *phylloxera* (1). M. le Consul de France à Genève résume très bien, dans un rapport datant de 1883, les principales dispositions de la législation suisse sur le *phylloxera*: «Parmi les mesures législatives, qui ne font, au reste, qu'assurer la mise en œuvre des principes posés par le règlement fédéral d'exécution des décisions de la Convention internationale sur le *phylloxera*, on ne saurait assez rappeler, comme éminemment pratiques :

»1° Le règlement international pour la défense des vignobles de la Suisse romande ;

»2° Le règlement d'exécution cantonal concernant les mesures défensives contre le *phylloxera ;*

»3° Enfin, le décret cantonal instituant une caisse d'assurance obligatoire des propriétaires de vignes.

»Ces deux dernières dispositions sont également en vigueur dans tous les cantons de la Suisse romande.

»Le règlement international pour la défense des vignobles de la Suisse romande établit, dans tous les cantons qui l'ont adopté, le même mode de surveillance et de traitement des vignobles, la même organisation de Commissions cantonales ou communales chargées de pourvoir à cette surveillance ou aux visites réglementaires, et garantit chaque Etat contractant contre la circulation de canton à canton de tous les produits et débris de la vigne provenant d'un territoire déjà atteint.

»Le règlement d'exécution cantonale fixe la composition des Commissions cantonales et communales et leurs attributions ; il détermine le mode et l'époque de l'inspection des vignes, la forme des rapports dont chacune de ces inspections doit être suivie, enfin précise l'étendue des obligations, de droits et des devoirs des propriétaires. Les Commissions cantonales sont chargées d'instruire les Commissions locales et de répandre, avec l'instruction, la connaissance du danger et de la responsabilité de chacun ; c'est à quoi tendent également des

(1) Voir à l'appendice, note 8, la *Circulaire adressée par la Commission fédérale aux Gouvernements des cantons viticoles* au sujet de l'exécution de cet arrêté.

conférences, des cours techniques organisés périodiquement dans les communes rurales, et qui, en mettant à la portée de tous les notions essentielles sur les symptômes de la maladie, sur les mesures préventives à prendre, etc., etc., font des vignerons autant de surveillants, pour ne pas dire des sentinelles éclairées et sûres.

»Le décret instituant une assurance obligatoire entre tous ceux qui possèdent des vignobles et qui fixe à cinq centimes, par 100 fr. de la valeur cadastrale de ses vignes, la contribution annuelle de chaque propriétaire, crée à l'association d'importantes ressources qui lui permettent d'indemniser les intéressés plus largement qu'il n'eût été possible de le faire avec le seul concours de la Confédération et des cantons, lorsque les vignes atteintes sont momentanément séquestrées ou définitivement détruites. Aussi, les propriétaires ont-ils peu souffert jusqu'ici de la mise en interdiction ou de la destruction de leurs vignes, puisque, dans le premier cas, ils touchent l'équivalent des deux tiers de la valeur cadastrale de leur propriété, déduction faite de la valeur intrinsèque du sol, cette dernière indemnité s'augmentant d'ailleurs, au bout de trois ans, jusqu'à concurrence de la valeur des deux tiers de la vigne détruite, si, durant ce laps de temps, cette destruction a réussi à mettre un terme à l'extension de la maladie sur les vignobles voisins.

»On conçoit combien doit être efficace l'étroite solidarité dans la surveillance et dans les moyens d'action qu'établissent entre tous les intéressés les mesures législatives dont je viens de rappeler les traits principaux.

»Aussi, leur rigoureuse observation a-t-elle, autant au moins que le traitement technique lui-même, contribué au succès de la lutte entreprise contre l'invasion phylloxérique.»

6° Législation Portugaise (1)

Les Chambres portugaises ont élaboré une loi qui a paru au *Journal officiel* portugais le 3 juin 1882, et dont les principales dispositions sont les suivantes :

«1° Le Gouvernement est autorisé à céder le sulfure de carbone destiné au traitement des vignes phylloxérées pour le tiers du prix qu'il lui coûte ;

(1) *Loi du gouvernement portugais du 3 juin 1882* (Compte rendu des travaux du service du phylloxera, année 1883, pag. 526 et suiv.) ; et *Regulamento technico dos Postos districtaes et de tratamento phylloxerico.* Commissâo central anti-phylloxerica do sul do reino, anno de 1882. Lisboa, imprensa nacional, 1883.

»2° Les vignes phylloxérées perdues ou presque perdues, qui seront rétablies par le traitement antiphylloxérique, seront exemptées de la contribution foncière et des impôts locaux pendant cinq années à dater de l'époque où elles redonneront un rendement net;

»3° Les vignes phylloxérées qui, après avoir été détruites, auront été replantées, seront exemptes de la contribution foncière pendant dix années à dater de la replantation.»

7° Pays n'ayant pas adhéré a la Convention de Berne

La plupart des États européens qui n'ont pas signé la Convention de Berne ont néanmoins pris des mesures contre l'invasion phylloxérique.

La Grèce, par une lettre du 22 janvier-3 février 1880, a prohibé l'importation de toute espèce d'arbres ou plantes provenant de l'étranger, et, en ce qui concerne les pays phylloxérés, l'interdiction s'étend aux feuilles d'arbres et aux fruits verts, aux terreaux de feuilles et aux échalas de vigne. Une quarantaine de dix à trente jours avait d'abord été imposée aux barils provenant desdits pays et ayant déjà servi; elle a été levée par un décret du 23 mai 1881. Une circulaire du 12 décembre 1881 défend l'entrée des pierres ou de la terre ayant servi comme lest aux navires venant de l'étranger (1).

La Turquie a également interdit depuis plusieurs années l'importation des arbres, plants, etc., provenant des pays où existe le *phylloxera*.

La Roumanie et la Bulgarie (2) ont établi des règlements relatifs aux mesures à prendre pour empêcher la propagation du *phylloxera*. Toutes deux ordonnent l'emploi des traitements d'extinction; la Bulgarie interdit en outre l'introduction des raisins, plants de vigne, feuilles, sarments et pieds, marcs et fumiers des contrées ayant le *phylloxera*, ainsi que des échalas de vigne, des plants ou des outils employés dans les vignes à l'étranger.

A Chypre, la défense du vignoble est organisée par l'ordonnance du 5 août 1889: «Le Haut-Commissaire, en vertu des pouvoirs que lui confère, dans l'île de Chypre, le règlement de 1879, vient de co-

(1) *Communication de M. le Consul de France à Syra.* (Compte rendu des travaux du service du phylloxera, 1884, pag. 451.)

(2) *Règlement relatif aux mesures à appliquer pour empêcher la propagation du phylloxera en Roumanie, et lettre de M. le Vice-Consul de France à Routschouc; loc. cit.*, pag. 503 et 523.

ordonner, par la susdite ordonnance, les mesures prises jusqu'à présent pour prévenir l'introduction du *phylloxera* dans l'île.

»A partir de ce jour, et à l'avenir, est prohibée l'importation, dans l'île de Chypre, des articles suivants : fruits et légumes crus, frais ou secs; arbres et plantes ou partie de ceux-ci; fleurs coupées ou non; plantes et fleurs desséchées; bois (douves, cercles, etc.) ayant déjà servi pour le vin ou pour un tel usage; liens ayant déjà servi aux vignes ou autres plantes; terre ou sable (graviers); feuilles ou autres moisissures de jardins; engrais d'animaux ou de végétaux, à l'exception du guano, de la poussière, ou de tout engrais fossile ou chimique provenant de France, d'Italie, d'Espagne, du Portugal, d'Algérie, d'Autriche, de Grèce, de Russie, de Roumanie, de la Turquie d'Europe ou de l'Asie-Mineure.

»*Est absolument prohibée* l'importation en Chypre d'herbes sèches et de pailles provenant des pays ci-dessus désignés.

»*Est prohibée* l'importation d'herbes sèches et de pailles, pressées ou non, provenant de Syrie et de tous autres pays du littoral méditerranéen non compris dans la nomenclature ci-dessus, à moins que ces herbes sèches et pailles ne soient accompagnées d'un certificat d'origine, portant le *visa* de l'autorité consulaire anglaise du port du chargement, constatant que ledit certificat est bon et valable; dans le cas où il n'y aurait pas de consul anglais dans le port de chargement, un *visa* identique du capitaine de port aura les mêmes effets. — Les herbes sèches, pailles, gazons, feuilles et autres matières végétales servant à l'emballage des marchandises importées, provenant des pays ci-dessus désignés, seront détruits dans la douane du port d'arrivée, à moins que l'emballage ne soit de paille manufacturée, auquel cas son introduction est permise.

»Rien de ce qui est contenu dans la présente ordonnance ne saurait empêcher l'introduction des articles ci-après : blé, orge et autres produits du règne végétal proprement nettoyés de leurs cosses, pailles et terres; glands et vallonnées; amandes, noix, châtaignes et autres denrées similaires nettoyées de leurs cosses, feuilles, branches et tiges; fruits conservés; fruits confits; fruits et légumes hermétiquement clos dans des fioles, bouteilles ou boîtes en fer-blanc; farine et vermicelle de toute espèce et de toute fabrication».

Hors d'Europe, la colonie de Victoria en Australie s'est préoccupée des mesures de défense à prendre contre l'invasion phylloxérique, qui, ainsi que nous l'avons vu, a été reconnue sur son territoire en 1875. Dès l'année 1887 (1), un acte du Parlement colonial, intitulé:

(1) *Rapport de M. le Consul de France à Melbourne; loc. cit.*, pag. 526 et suiv.

Diseases in vines act 1877 (Loi de 1877 sur les maladies de la vigne), fut promulgué dans le but de chercher à circonscrire le *phylloxera* dans le district de Geelong, où il avait fait son apparition. Elle créait des inspecteurs chargés d'examiner les vignobles de la colonie et d'en rendre compte au Ministre de l'Intérieur, qui aviserait et pourrait ordonner la destruction des vignes malades sans indemnité. Les rapports des commissaires provoquèrent un nouvel acte, intitulé : *The phylloxera vine disease act 1880* (Loi de 1880 sur le *phylloxera de la vigne*), par lequel : 1° était établi un cordon de 30 kilom. de rayon autour de Geelong, en dehors duquel il était interdit d'exporter une partie quelconque des vignes ; 2° la visite minutieuse des vignes était ordonnée ; 3° le brûlage des racines des vignes arrachées était prescrit ; 4° une légère allocation, basée sur le rendement probable des vignes en raisin pendant trois années, était accordée à titre d'indemnité aux propriétaires des vignes détruites.

En janvier 1881, une conférence intercoloniale décida que les trois colonies viticoles australiennes : Victoria, la Nouvelle-Galles du Sud et l'Australie méridionale contribueraient, chacune pour leur quote-part, aux frais de la destruction des vignobles de Geelong et des indemnités qu'elle entraînerait. A la fin de 1881, un nouvel acte a enfin ordonné la destruction totale des vignes de ce district.

CINQUIÈME PARTIE

VITICULTURE COMPARÉE

CHAPITRE XXIV

SOMMAIRE. — Utilité de la viticulture comparée. — Vignobles français, groupe Méridional : Bas-Languedoc ; Provence ; Pyrénées-Orientales ; Charentes ; Beaujolais.

L'étude de la viticulture comparée est le complément nécessaire du Cours de Viticulture générale ; elle permet, en effet, en mettant en regard les divers milieux où l'on cultive la vigne et les systèmes de culture qui y sont pratiqués, de se faire des idées plus larges et plus exactes tout à la fois sur les procédés qu'emploie la viticulture et de mieux se rendre compte des circonstances qui limitent certains d'entre eux dans leur application. Les viticulteurs qui ne possèdent que la connaissance, aussi parfaite qu'on voudra le supposer, des pratiques d'une seule localité, sont facilement déroutés lorsque surviennent des circonstances exceptionnelles ou que des innovations leur sont proposées. Ceux, au contraire, dont le jugement aura été développé par une étude comparative, telle que celle que nous allons entreprendre, seront plus à même de se rendre compte des moyens qui peuvent être mis en œuvre avec succès pour parer à une situation nouvelle pour eux et d'apprécier la valeur des procédés qui leur sont offerts en remplacement de ceux dont ils ont fait usage jusqu'alors.

On ne peut évidemment pas songer à faire ici la description de tous les vignobles du monde, les documents manqueraient aussi bien que le temps pour un travail aussi vaste ; nous nous bornerons à passer en revue les vignobles les plus remarquables, par la qualité et l'abondance de leur production, de la France et de quelques-unes des principales contrées viticoles.

La description des vignobles français viendra naturellement la première et occupera la place la plus considérable, non seulement à cause de l'intérêt plus spécial qui s'attache pour nous à tout ce qui les concerne, mais aussi parce que c'est parmi eux que se rencontrent les types les plus divers et les plus caractéristiques.

Si l'on n'avait à se préoccuper que d'un seul élément, on pourrait diviser d'une manière assez naturelle les vignobles de France en trois grandes catégories : 1° les vignobles où la vigne basse réussit partout ; 2° ceux où la vigne moyenne ou haute se substitue à la vigne basse dans les plaines et les vallées ; 3° ceux enfin où la vigne n'est cultivable qu'en coteaux. Cette classification obligerait à réunir des vignobles composés de cépages de nature très diverse et cultivés par des procédés très dissemblables ; nous lui substituerons un groupement tout à la fois géographique et cultural, peut-être moins simple à première vue, mais qui permettra de réunir plus facilement des types présentant des analogies suffisantes. Nous partagerons les vignobles de France, que nous allons passer en revue, en quatre groupes principaux :

1° Le groupe Méridional, qui renfermera les vignes du Languedoc, de la Provence, du Roussillon, une grande partie de celles de la vallée du Rhône et du Lyonnais, celles du Beaujolais et, si l'on veut, des Charentes, de la Vendée, de l'Indre, de la Loire-Inférieure, etc.

2° Le groupe Septentrional, qui comprend les vignobles de la Champagne et de la Bourgogne, pénètre dans l'Yonne, et jette, comme une avant-garde détachée vers le Midi, celui de l'Ermitage dans la Drôme.

3° Le groupe Sud-Ouest ou Girondin, qui s'étend peu autour du département de la Gironde.

4° Enfin le groupe de l'Est, dans lequel on peut classer les vignes de l'Isère, de la Savoie et d'une partie du département de l'Ain.

I. — GROUPE MÉRIDIONAL

Ce qui caractérise le groupe méridional des vignobles français, qui ainsi qu'on l'a vu précédemment, s'étend jusque vers le Centre et l'Ouest, c'est la culture prédominante de la vigne en souche basse taillée en gobelet et à coursons. Les procédés qui y sont usités tendent de plus en plus à se répandre dans le bassin de la Méditerranée, en Italie notamment, où ils remplacent peu à peu les anciennes cultures en hautain. Les vignobles les plus intéressants renfermés dans cet ensemble sont ceux du Bas-Languedoc, de la Provence, du Roussillon, du Beaujolais et des Charentes.

A. Vignobles du Bas-Languedoc (1). — Nous considérons comme compris dans le Bas-Languedoc les vignobles des départements de l'Hérault, de l'Aude, du Gard et ceux de la *Camargue* (dans les Bouches-du-Rhône).

1° Climat

Le Bas-Languedoc, comme la Provence et le Roussillon, est soumis à l'influence du climat méditerranéen, qui imprime à l'ensemble de leur viticulture et de ses produits de nombreux caractères communs.

Le climat méditerranéen est le plus chaud de la France, il tient le milieu entre les climats marins et continentaux. La quantité moyenne annuelle de pluie y est aussi grande que dans le Nord-Est et le Sud-Ouest (651^{mm}), mais elle est répartie en un nombre de jours moindre que partout ailleurs en France (53 seulement). L'eau tombée se partage, pour 100, de la manière suivante, entre les diverses saisons :

Hiver	25
Printemps	24
Été	11
Automne	40

Il y a, comme on le voit, ordinairement prédominance des pluies d'automne et insuffisance de celles d'été. On traverse quelquefois dans cette dernière saison de très longues périodes de sécheresse, mais il y a de grandes variations d'une année à l'autre à ce point de vue.

Les vents qui règnent le plus fréquemment sont ceux du nord, du nord-est (grec) et du nord-ouest (mistral), qui est violent et desséchant (2).

Par suite de ces circonstances, l'action de la lumière solaire s'exerce très activement; les observations de M. Crova en 1883 ont démontré que le soleil avait brillé à Montpellier, pendant cette année, les 0,587

(1) Bibliographie. — **Cazalis-Allut ;** *Mémoires sur l'Agriculture, la Viticulture et l'Œnologie.* Montpellier, 1848. — **H. Marès ;** *Des vignes du midi de la France*, in Livre de la Ferme, etc., tom. II. — **Société centrale d'agriculture de l'Hérault**, nombreux mémoires dans les bulletins — **J. Guyot ;** *Étude des vignobles de France*, tom. I. Paris, V. Masson, 1868 — **V. Rendu ;** *Ampélographie française*, etc., veuve Bouchard-Huzard, Paris, 1854. — **Bertall ;** *La vigne, voyage autour des vins de France.* Paris, Plon, 1878.

(2) Voir : *Le régime des vents à Montpellier*, par F. Houdaille, *in* Annales de l'École nationale d'agriculture de Montpellier, tom. V.

du temps total où il a été au-dessus de l'horizon (1), ce qui est très considérable si on le compare à ce qui se produit dans les autres parties de la France.

Ainsi qu'on le voit par ce qui précède, le climat méditerranéen est sec malgré les quantités d'eau tombées, à cause du régime spécial des pluies et de la fréquence et de l'intensité des vents du nord.

Le printemps y est tempéré, souvent sec, mais parfois rafraîchi par quelques pluies. Les gelées tardives sont assez souvent à craindre pendant cette saison, et particulièrement aux époques suivantes : en avril, vers le 10 ou le 14, le 18 ou le 19 et le 24; en mai, du 2 au 4 ou au 5 avril, du 11 au 13 ou au 16 (2).

L'été est sec et chaud; plusieurs mois s'écoulent souvent sans pluie, ce qui est favorable à la formation de la matière sucrée dans les raisins. Les vents de mer, qui soufflent presque tous les jours de 9 heures du matin à 5 heures du soir, maintiennent dans l'atmosphère une humidité dont les effets compensent, dans une certaine mesure, ceux de la sécheresse et déterminent l'accroissement du volume des raisins.

L'automne est la saison des pluies ; elles succèdent quelquefois brusquement à de longues sécheresses. Si elles sont trop hâtives et la vendange retardée, elles entraînent l'altération des récoltes et de grandes gênes pour cette opération.

L'hiver est généralement peu rigoureux, la température s'abaisse parfois pendant sa durée jusqu'à — 10° ou — 12°; mais ce fait se produit rarement et est toujours de courte durée. Il est tout à fait exceptionnel que les froids soient assez intenses, à cette époque de l'année, pour que la vigne en souffre sérieusement.

M. H. Marès a fort bien résumé les caractères que nous venons d'indiquer, en disant que «par rapport au reste de la France, la région méridionale possède un climat sec et chaud, excessif dans ses variations vers la chaleur, la sécheresse et l'humidité».

(1) *Observations actinométriques faites pendant l'année* 1882-83 *à l'observatoire météorologique de Montpellier*, par A. Crova. (*Bullet. météorologique de l'Hérault*, année 1883).

(2) Édouard Roche. — *Les variations périodiques de la température dans le cours de l'année à Montpellier.* (*Messager agricole du Midi*, 10 mai 1883).

2° Sol et Situation

Les vignobles du Bas-Languedoc s'étagent depuis les sables du cordon littoral et les étangs qui longent la mer jusqu'aux sommets des coteaux ou *garrigues* qui en dominent les plaines, sans pourtant s'élever jusqu'aux plateaux montagneux, dont le climat modifié par l'altitude est trop rude pour que la production de la vigne y soit régulière et rémunératrice. M. H. Marès, dans un travail auquel nous empruntons les pages suivantes, a classé les terres que renferme cet ensemble en trois catégories (1): 1° *Sols d'alluvions riches formés par les rivières*; 2° *sol des plaines sans rivières ;* 3° *terrains de coteaux ou de garrigues.*

Il définit ces divers milieux de la manière suivante:

»1° *Sols d'alluvions riches formés par les rivières.*— Les terrains des plaines d'alluvions à sol riche et profond, formés par les dépôts successifs des cours d'eaux, et dont le sous-sol est entretenu par eux dans un état de fraîcheur constant, sont ceux qui donnent les quantités de raisins les plus considérables lorsqu'ils sont plantés de cépages appropriés, tels que l'*Aramon* et le *Terret bourret.* Les exemples les plus complets de ces terrains se trouvent dans le Gard, aux environs de Nimes dans les plaines du Vistre; dans l'Hérault, aux environs de Lunel sur les bords du Vidourle, le long de l'Hérault dans les communes de Bessan, Florensac, Agde, Vias, etc., en suivant l'Orb dans la commune de Villeneuve; dans l'Aude, sur les rives de l'Aude dans les communes de Coursan, de Salles-d'Aude, etc.

»Lorsque l'année a été favorable (ce qui n'est pas fréquent pour ces terrains), et qu'ils ont été épargnés par les hivers froids, les gelées blanches, la coulure, les inondations du printemps et de l'automne, et par les invasions d'insectes, les vignes plantées en *Aramon* peuvent y donner des produits énormes. On en cite qui ont fait de 300 à 400 hectolitres de vin par hectare. Ce vin est, il est vrai, très léger, peu susceptible de conservation et ne renferme pas plus de 6 à 6 $^1/_2$ °/o d'alcool. Autrefois, il était destiné à la chaudière et donnait de bons alcools ; mais aujourd'hui, lorsqu'il n'a contracté aucun mauvais goût, il entre dans les coupages, au moyen desquels on parvient à faire des vins à bas prix.

»Lorsque la production de ces vignes de plaine est plus modérée et que la saison a été favorable, le vin est meilleur, mais il n'acquiert

(1) *Le livre de la Ferme,* tom. II, chap. IX.

jamais la qualité des vins de coteaux, le cépage restant le même dans les deux cas. La quantité seule peut y être obtenue (1). »

C'est dans ces milieux que se pratique habituellement la submersion.

»2° *Sols des plaines sans rivières.* — Au-dessus des plaines d'alluvions formées par les rivières, on rencontre des terrains dont la situation n'est pas encore celle des coteaux, mais qui forment la transition entre eux et les alluvions récentes. Ils se trouvent entre la mer et les premiers escarpements des montagnes, recouvrant des plaines plus ou moins inclinées ou ondulées, dont le sol est à l'abri des eaux, et qui présente cependant assez de profondeur pour promettre une végétation vigoureuse. Le plus souvent, dans le Gard, l'Hérault, l'Aude, ces terrains appartiennent aux couches supérieures des terrains tertiaires et sont formés par les dépôts du terrain subapennin.

»On y rencontre des terres de tous genres, franches, fortes ou légères, selon que l'argile y domine plus ou moins. Elles sont, la plupart, calcaires, le plus souvent mélangées de silice en quantités variables ; leur sous-sol est lui-même très sujet à changer, tantôt formé par les argiles, des marnes plus ou moins compactes, des sables et graviers, etc.; il est alors plus ou moins perméable et communique aux terres dont il est recouvert des propriétés particulières bien connues des agriculteurs.

»Ce sont des terrains de ce genre, désignés vulgairement dans l'Hérault sous le nom de *terres de Soubergue*, qui forment la majeure partie des vignes à produits riches et réguliers et qui fournissent la masse énorme des vins que la région a expédiés depuis quelques années. Il faut leur joindre encore les dépôts nombreux de cailloux roulés dont certaines plaines sont couvertes, dépôts qu'on retrouve aussi sur les coteaux, et qui produisent des vins de haute qualité.

»Les terrains de ces plaines élevées, à sol profond, susceptible de défoncement en terre franche bien ressuyée, sont ceux qui donnent les produits moyens les plus élevés, quoiqu'ils n'atteignent pas les cas de fécondité extraordinaire des alluvions de plaine. Les produits de ces terrains varient de qualité selon leur abondance et les propriétés du sol. Ils se confondent tantôt avec les meilleurs vins de plaine, tantôt avec ceux de coteaux, qu'on nomme aussi *vins de mon-*

(1) Les terres de *Camargue*, dont le vignoble nous semble pouvoir être rattaché à celui du Bas-Languedoc, présentent les mêmes caractères généraux que nous venons d'indiquer, mais elles offrent l'inconvénient de présenter de nombreuses taches salées (G. F.).

tagne, vins de garrigues. On y trouve des vins noirs et corsés, dont ceux de Villeveyrac et de Cers sont le type dans l'Hérault, ceux de Narbonne dans l'Aude ; des vins plus fins, vifs et de belle coloration, propres à être consommés en nature, et des vins d'*Aramon*, d'une jolie couleur, d'un rouge brillant, nets et francs, dont les vins de Gigean, près de Cette et de Montpellier, sont un exemple. Dans les terrains légers et maigres de cette nature, on trouve des vins fins de qualité plus relevée, comme ceux de Langlade.

»Généralement, les terrains argileux fortement colorés d'oxyde de fer donnent des vins plus riches en couleur et plus fermes.

»Les terrains remaniés, lorsqu'ils sont formés de terres substantielles et de pierrailles à sous-sol de marnes perméables, sont les plus fertiles et leurs produits sont en bonne qualité. C'est le terrain dans lequel se plaît particulièrement l'*Aramon*, donnant la quantité et une qualité moyenne, de bonne conservation et très propre à la grande consommation courante.

»Les sols où la silice est mêlée au calcaire donnent des vins moins colorés, mais plus fins et plus susceptibles de bouquet. Ces propriétés se dessinent plus nettement lorsque les cailloux roulés s'y rencontrent. Les vignobles de Saint-Georges et de Langlade en sont un exemple.

»Les terrains de plaine ne produisent guère de vins blancs distingués, parce qu'ils sont ordinairement plantés de *Terrets bourrets*, cépage dont le produit est plus ou moins bon selon les années, mais qui n'atteint jamais la distinction des *Piquepouls*, des *Clairettes*, des *Picardans*, *Malvoisies*, etc. Ce sont d'ailleurs les parties de ces plaines les plus basses et les plus sujettes aux gelées qu'on plante ainsi en *Terret bourret*, et la qualité du vin est encore diminuée. Ces vins de *Terret gris*, sauf quelques liquides de choix, étaient envoyés à la chaudière ; ils produisaient d'excellents alcools, et mieux encore des eaux-de-vie de grande qualité.

»De tous les terrains cultivés en vigne, ceux des plaines élevées sont les plus susceptibles d'amélioration, soit par défoncements, soit par drainages, amendements, fumures et culture soignée. La vigne y acquiert généralement une magnifique végétation et y résiste bien aux chaleurs de l'été.

»3° *Terrains de coteaux ou de garrigues.* — Au-dessus des plaines, à l'abri des inondations, s'élèvent les coteaux ; ils s'étagent sur le flanc des montagnes, ou forment en entier des ondulations fortement accusées. Ce sont généralement des terrains maigres, peu profonds, plus ou moins inclinés ; il y en a de toute nature. Celui que l'on désigne plus particulièrement sous le nom de *garrigues* est formé d'une légère couche de terre végétale, mêlée de pierrailles, déposée sur des calcaires profondément fissurés. Il occupe d'immenses surfaces dans la région et forme les pâturages des troupeaux de bêtes à laine.

»Dans les parties qui conviennent le mieux à la vigne, il est naturellement recouvert de cistes, de genêts épineux, quelquefois de bruyères, de chênes verts et de petits chênes kermès (*Quercus coccifera*) à feuilles piquantes. Ces derniers s'étendent sur le sol en broussailles épaisses, et sont de beaucoup les plus nombreux. Comme on les désigne en languedocien sous le nom de *garrouya*, ils ont donné leur nom au terrain dans lequel ils croissent.

»La production de pareils sols est ordinairement peu abondante. On en tire cependant d'excellents vins ; mais, comme leur prix comparativement à celui des vins de plaine n'est point en proportion de leur qualité, on en obtient des profits beaucoup moindres.

»Les garrigues sont formées quelquefois par des couches de marne sableuse très maigre ; leurs produits sont alors généralement moindres que dans les calcaires fissurés, mais leur défrichement est beaucoup plus facile.

»Ces marnes sont susceptibles de fournir des vins blancs très distingués doux ou secs, des *Muscats* et des *Grenaches* dont la qualité, dans les bonnes années, égale celle des vins d'Espagne.

»On trouve aussi des garrigues couvertes de cailloux roulés, tantôt calcaires, tantôt mélangées de quartz et de silice. Ces terrains, souvent désignés dans le pays sous le nom de *grès*, donnent aussi des produits de qualité. Les coteaux, plantés de cépages à raisins très colorés, fournissent les vins les plus foncés, que le commerce recherche avec empressement pour le coupage des vins inférieurs.

»Les terrains lacustres de la période tertiaire occupent aux environs de Montpellier des surfaces considérables dans les communes de Saint-Gély-du-Fesc, les Matolles, Teyran, Assas, etc., et forment, pour la plupart, des coteaux dont les vins corsés et d'une belle couleur sont justement estimés ; ces coteaux sont généralement très pierreux et mêlés de marne argileuse.

»La plupart des sols de garrigue sont des terrains chauds dont les récoltes sont plus précoces que celles de la plaine ; ceux qui reposent sur le roc fendillé sont toujours parfaitement ressuyés et présentent ce caractère de précocité au degré le plus élevé ; les autres viennent ensuite, selon l'état de perméabilité de leur sous-sol.

»Les vignobles en coteaux occupent dans la région méridionale une place très considérable, probablement la plus grande en surface, et ils sont d'autant plus intéressants qu'ils pourraient difficilement être cultivés autrement qu'en vignes. Comme situation, leur place est généralement la meilleure dans les parties du sol qui forment la naissance ou le pied des collines; ils y sont à l'abri des humidités de la plaine, des gelées blanches, et y reçoivent une chaleur réfléchie plus considérable que partout ailleurs. Lorsqu'ils s'élèvent à des niveaux trop hauts, leur situation est moins bonne et leurs produits diminuent tout à la fois en quantité et en qualité.

»Les vins les plus distingués parmi ceux de la région appartiennent à peu près tous aux vignes de coteaux. Si les tendances du commerce et de la consommation encourageaient davantage la production des vins de qualité, la culture des coteaux s'en ressentirait avantageusement et on pourrait en tirer beaucoup plus de vins fins qu'on ne le fait aujourd'hui... Pour le moment, tous les efforts sont plus particulièrement dirigés vers la production des vins communs de consommation courante, dont les débouchés sont plus faciles et qui forment la base de la consommation populaire; les produits des coteaux servent, pour la plupart, à améliorer les crus inférieurs, en attendant le jour où on les recherchera pour leurs qualités propres.»

Enfin, depuis que ce qui précède a été écrit, une grande partie des dunes et sables marins du littoral du Bas-Languedoc ont été défrichés en vue d'utiliser la résistance qu'offrent ces terrains à l'action du *phylloxera*. Des vignobles importants s'étendent aujourd'hui dans les sols de cette nature, depuis les Saintes-Maries, en Camargue, jusqu'à Agde (Hérault). Les vins que l'on y obtient sont, en général, légers et peu colorés, et, sauf dans les parties anciennement cultivées et fortement fumées, la production y est moyenne. Les récoltes y sont fréquemment diminuées par l'action de l'*anthracnose* ou du *mildew*, qui y sévissent pendant les années humides, ou par celle du sel marin, qui remonte sur certains points lorsque la sécheresse est prolongée en été ; le *Piquepoul* est le cépage qui convient le mieux à ce milieu.

3° Crus

Les principaux crus du Bas-Languedoc sont, pour les vins rouges, *Saint-Georges-d'Orques* dans l'Hérault ; *Chuzclan*, *Tavel*, *Bagnols*, *Roquemaure* aux *Côtes du Rhône* ; *Saint-Gilles*, *Pujault*, *Langlade* dans le Gard. Ces divers vignobles donnent des vins d'ordinaire appréciés, sans qu'aucun, néanmoins, puisse être classé à un rang élevé si on les compare à l'ensemble des vins de France.

En ce qui concerne les vins blancs, les types les plus estimés sont : le *picardan* provenant de *Marseillan* et de *Pomérols* dans l'Hérault ; la *blanquette de Limoux* dans l'Aude, et ceux de *Laudun* et de *Cal-*

visson dans le Gard. Mais, indépendamment des vins blancs proprement dits, l'Hérault produit des vins *Muscats* renommés ; le premier est le muscat de *Frontignan*, que Jullien classe immédiatement après celui de *Rivesaltes;* puis celui de *Lunel*, et en dernière ligne celui de *Maraussan*, près Béziers.

4° Cépages

Les cépages rouges les plus répandus dans le Bas-Languedoc sont : l'*Aramon*, le *Petit-Bouschet*, l'*Alicante-Bouschet*, la *Carignane*, l'*Espar*, le *Morrastel*, le *Grenache* ou *Alicante*, l'*Œillade*, le *Cinsaut*, le *Brun fourca*, le *Calitor noir* et le *Jacquez*. L'*Aramon*, le *Petit-Bouschet*, la *Carignane*, le *Brun fourca*, le *Calitor*, jouent surtout le rôle d'élément de quantité dans la production ; l'*Œillade*, le *Cinsaut*, le *Spiran*, le *Piquepoul*, le *Terret*, donnent les vins les plus estimés.

Les cépages à vin blanc les plus cultivés sont : le *Terret bourret*, le *Piquepoul blanc*, l'*Aspiran gris*, l'*Aspiran blanc*, la *Clairette*, le *Picardan*, le *Muscat blanc*. Le *Terret bourret* est très productif, mais donne des vins communs ; les autres donnent tous des produits doués d'une certaine finesse.

Ainsi qu'on le voit par l'énumération qui précède, on peut cultiver dans le Bas-Languedoc, grâce au climat, les vignes à maturation un peu tardive, de la troisième époque de M. Pulliat ; ce sont celles qui y sont même les plus répandues. Les cépages communs et productifs y sont préférés, parce qu'on ne peut y obtenir à un degré suffisant la finesse qui donne leur valeur aux vins des contrées moins chaudes et plus humides. On y profite de la possibilité où l'on est de planter la vigne dans les terrains fertiles des plaines pour s'attacher à obtenir de grandes quantités, en ne recherchant d'autres qualités que la couleur, l'alcoolicité et la solidité, que le commerce demande aux vins communs. C'est par suite de cette tendance que les hybrides à jus coloré de M. Bouschet ont pris une place assez importante dans les nouvelles plantations.

5° Etablissement du vignoble

a. *Préparation du sol.* — Les terres destinées aux plantations de vignes sont généralement défoncées ou labourées profondément sur toute leur surface, dans le Bas-Languedoc : la sécheresse du climat y entraîne en effet la nécessité d'assurer la pénétration des racines de vignes jusque dans les couches inférieures du sol. Pourtant, dans les garrigues, où l'on ne rencontre qu'une couche peu épaisse de terre reposant sur des roches fendillées, on se borne à remuer la surface sans attaquer le sous-sol ; les racines pénètrent dans les fentes, où elles se trouvent à l'abri de la sécheresse. L'emploi des appareils de labourage à la vapeur pour les défoncements est devenu très fréquent, depuis quelques années, dans cette région.

b. *Plantation.*— La plantation s'effectue toujours en *plein*, c'est-à-dire sans cultures intercalaires, tantôt en carré à 1m,50 ou 1m,75 en

Fig. 424.— Vignes du Languedoc plantées en carré.

tous sens (fig. 424), tantôt en quinconce. On emploie, soit de simples boutures plantées au pal (*birone*) (fig. 425), soit, plus rarement, des plants enracinés (*barbades*), ou bien des plants enracinés et greffés. Ce dernier mode d'opérer tend à se répandre de plus en plus à cause de la régularité qu'il assure aux plantations.

Les remplacements se font, soit avec des plants enracinés, soit au moyen du provignage par marcotte simple.

6° Culture

a. *Taille.* — La taille s'effectue pendant toute la période de repos de la végétation, du 15 novembre au 15 mars, et on l'exécute au moyen d'un sécateur spécial (fig. 426) à longs bras, dont l'un est terminé par une sorte de ciseau destiné à nettoyer la souche des drageons sortant de terre (*sagates*).

Les souches sont formées en gobelet à six ou huit bras et quelquefois plus, suivant leur vigueur; le gobelet est porté par un pied d'autant plus élevé qu'elles sont situées dans des terres plus basses et plus exposé aux gelées et aux inondations (fig. 427). Chaque bras porte un courson ordinairement à deux yeux francs.

Ce système est très bien approprié aux conditions spéciales du midi de la France : il présente, en effet, l'avantage, dans ce milieu, d'assurer une égale répartition des rameaux sur toutes les parties du sol environnant le pied de vigne et de l'abriter, par conséquent,

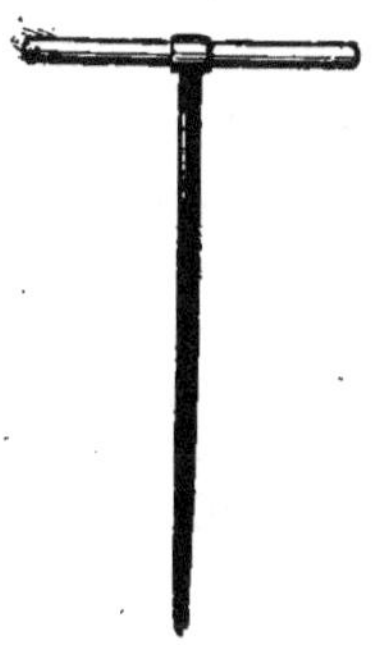

Fig. 425

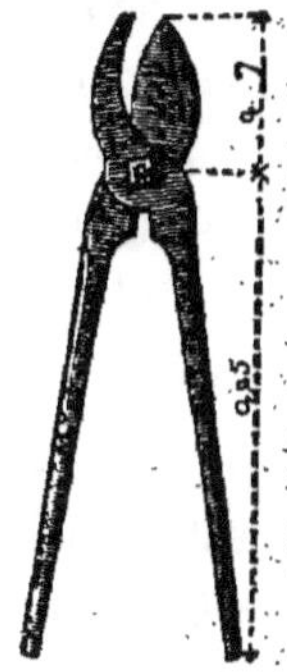

Fig. 426

Fig. 425.— Birone du Languedoc pour la plantation de la vigne.— Fig. 426.— Sécateur du Languedoc.

jusqu'à un certain point, contre la dessiccation très rapide que détermine la sécheresse du climat.

Fig. 427.— Cep de l'Hérault.

Il se prête bien au croisement des labours d'été, si nécessaire pour maintenir la fraîcheur des terres pendant cette saison. Il permet enfin, mieux que tout autre, de se passer d'échalas : le raisin trouve alors, sous l'abri des pampres étalés, un milieu moins sec que l'atmosphère ambiante, favorable à son accroissement en volume et qui le préserve du *grillage*, si souvent à craindre dans la région méditerranéenne.

Aucune opération de taille en vert n'est habituellement pratiquée dans le Bas-Languedoc, à cause du danger que l'on redoute de provoquer un arrêt de végétation au moment où l'action des sécheresses tend déjà à en ralentir le cours. On opère seulement quelquefois des *pincements* sur la *Clairette*, dont la végétation exubérante entraîne en certains cas la coulure. On *ébourgeonne* enfin en certains endroits lorsque la vigne est trop chargée de rameaux et lorsque l'année favorise leur développement par des conditions d'humidité suffisantes.

L'*effeuillage* est quelquefois employé, lorsque l'automne est humide et la récolte très abondante et lente à mûrir, dans les vignobles situés en plaines basses ou dans les vallées. Il est toujours exécuté tardivement et avec prudence.

b. *Fumures.* — L'abondance des fumures avec des engrais très actifs est un des traits caractéristiques de la viticulture languedocienne. On y fait usage des matières fertilisantes les plus diverses : fumier de ferme, crottin de moutons, boues de ville, chiffons de laine, tourteaux, roseaux (*Arundo phragmites*), marcs de raisins, engrais chimiques et commerciaux, et d'une manière générale de tout ce qui peut fournir aux vignes de l'azote, de l'acide phosphorique et de la potasse. C'est grâce à leur emploi que l'on parvient à soutenir dans ces contrées la grande fertilité des vignobles, qui déclineraient promptement si on ne leur restituait pas au fur et à mesure l'équivalent de ce que l'on exporte sous forme de récolte.

Les engrais sont distribués le plus souvent dans des godets coniques (fig. 428) ouverts autour de chaque souche par un déchaussement à bras.

Fig. 428.— Vignes de l'Hérault déchaussées en godets coniques.

c. *Façons aratoires.* — Comme dans la plupart des vignobles que nous aurons à examiner, on donne habituellement, en Languedoc, trois façons aux vignes : la première (*founcha*) est un labour d'aération relativement profond qui se fait à la fin de l'hiver. On l'exécute à bras, à la charrue ou à l'araire.

Quand la première œuvre se donne à bras, les ouvriers, armés de houes à deux dents (*bigot*) (fig. 430 *a*) ou à trois dents (*harpe*) (fig. 429), piochent en suivant une des diagonales des carrés de vignes; ils amoncellent la terre au milieu en une sorte de billon élevé et laissent les souches déchaussées (fig. 431). Ce procédé, qui permet d'exposer le sol à l'action de l'air et des intempéries sous une surface considérable par rapport à son volume, peut être considéré comme l'un des plus efficaces qui soient usités.

Fig. 429.— Harpe de l'Hérault.

Mais l'insuffisance de la main-d'œuvre et sa cherté amènent les viticulteurs à faire le plus souvent usage des instruments attelés : de ces derniers, le plus employé dans l'Hérault et le Gard est l'araire (*araire* ou *fourcat*, à cause de la forme de son brancard) (fig. 433). D'une construction

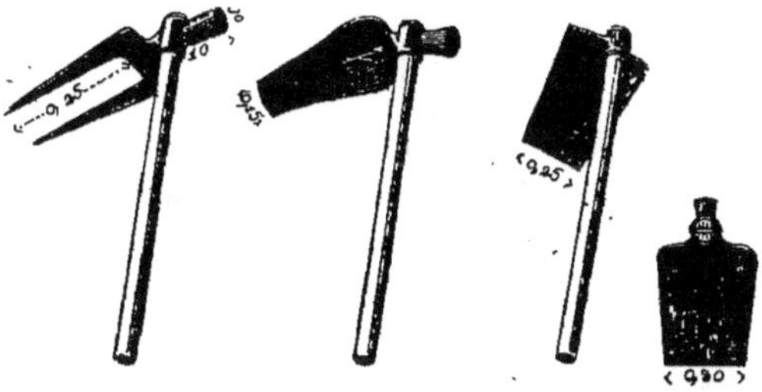

a *b* *c* *d*

Fig. 430.— Outils viticoles de l'Hérault d'après M. G. Marès : *a* bigot ou pioche à deux dents ; *b* trinque ou houe pleine : *c* rabassié : *d* autre forme de trinque.

très primitive, il déchire seulement la terre sans la retourner, on est obligé, pour obtenir par ce moyen un ameublissement suffisant, de

Fig. 431.— Vignes de l'Hérault piochées en sellette.

donner deux raies successives croisées et de faire précéder son passage par un déchaussement en godet au pied des souches (fig. 428). La charrue que l'on rencontre surtout dans l'Aude (fig. 432), ou celle de M. Vernette (de Béziers) (fig. 434), qui commence à se répandre dans l'Hérault, bien que fort imparfaites encore, donnent un travail plus économique et meilleur; on les fait fonctionner en suivant la direction des lignes de manière à adosser au milieu de l'interligne et à s'approcher le plus possible du pied des souches, dont le déchaussement s'achève facilement ensuite, et à peu de frais, à la main. Ces instruments, attelés au moyen de brancards, offrent néanmoins l'in-

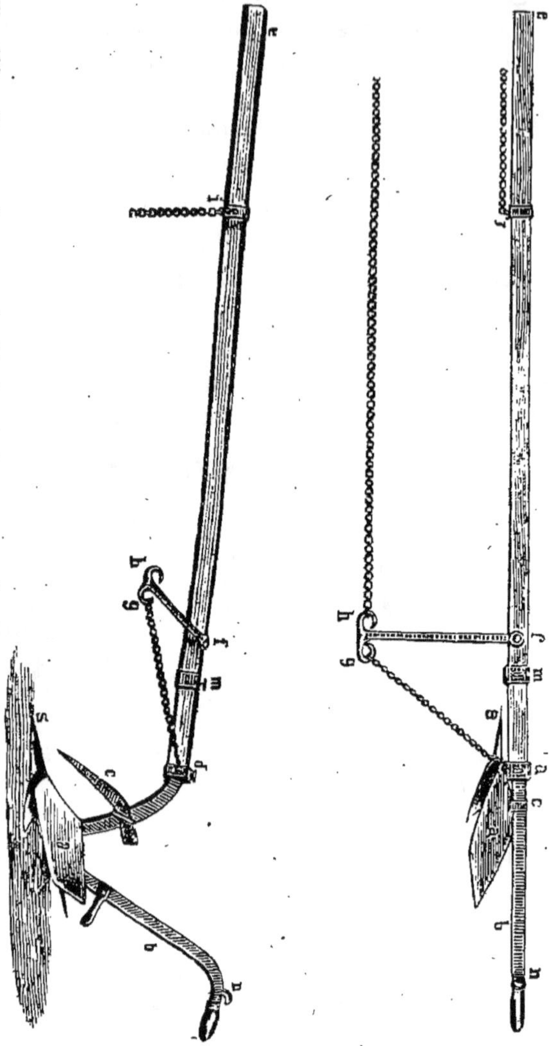

Fig. 432. — Charrue vigneronne de l'Aude : *d e* âge ; *a* corps de charrue ; *b n* mancheron et sa poignée ; *s* soc ; *c* couteau ; *f h* traverse en fer pour l'attelage ; *d g* chaîne maintenant la traverse en place ; *h* crochet pour la chaîne d'attelage de gauche ; *i* chaîne d'attelage de droite ; *m d* clés régulatrices de l'entrure.

convénient d'assujettir la pointe du soc à des déplacements semblables à ceux que déterminent les mouvements du cheval sur l'extrémité du brancard.

La seconde façon (*majenqua*) est un binage destiné à achever l'ameublissement des mottes laissées par la première, à remettre le sol à plat et à détruire les mauvaises herbes nées pendant le printemps. Cette opération est effectuée tantôt à bras, au moyen de la houe fourchue ou pleine (*trinque*) (fig. 430 *b* et *d*), tantôt avec des instruments attelés : on donne alors deux traits croisés d'araire, ou un labour à la charrue en adossant contre les lignes de vignes, de manière à combler le fossé ouvert par la première façon ; on fait enfin quelquefois usage d'un petit scarificateur à vigne.

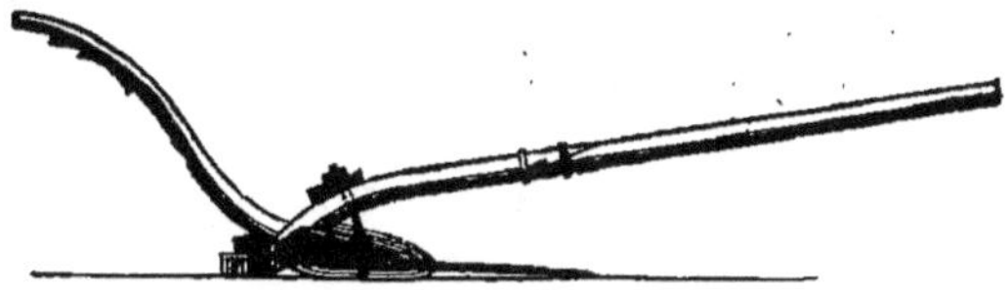

Fig. 433.— Araire de l'Hérault.

La troisième œuvre (*tierça*) est un binage qui nettoie et ameublit très superficiellement le sol. On l'exécute à bras, avec la houe pleine,

Fig. 434.— Charrue de M. Vernette, de Béziers.

toutes les fois que l'on a affaire à des cépages à rameaux étalés qui recouvrent promptement le sol et entravent l'action des instruments aratoires ; dans le cas contraire, on fait usage de l'araire ordinaire ou de l'araire montée en *raclette*, c'est-à-dire dont le soc porte deux

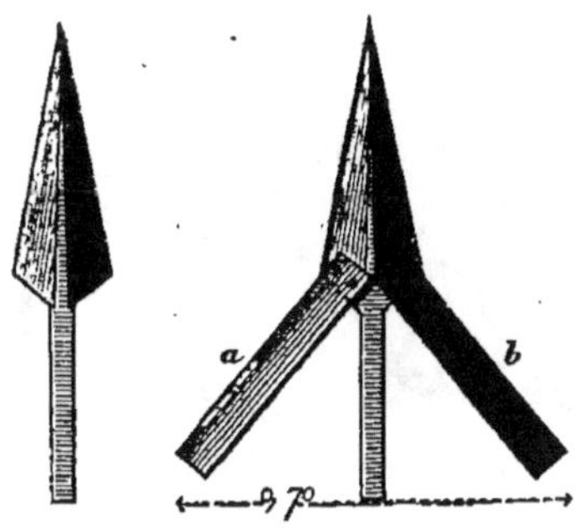

Fig. 435.— Soc de l'araire de l'Hérault montée en raclette par l'addition des lames *a* et *b*.

ailettes tranchantes et divergentes (fig. 435) qui permettent de couper les herbes entre deux terres ; on emploie enfin, mais très rarement, les houes vigneronnes, telles que celles de M. Portal (de Moux), connues surtout dans l'Aude.

d. *Soufrage.* — Le soufrage est devenu une pratique régulière et tout à fait générale dans le Bas-Languedoc ; on en fait trois applications successives : la première en mai, au moment de la floraison de la vigne, la deuxième du 15 au 30 juin, la troisième en juillet, sans se préoccuper si l'*oïdium* a fait ou non son apparition. Il en est de même pour l'emploi des sels de cuivre contre les maladies cryptogamiques qui est fait chaque année aux époques que nous avons indiquées.

7° Vendange

La vendange se fait au moyen de seaux en tôle plombée, d'une construction solide (fig. 436), qui permettent d'opérer sans perdre de

Fig. 436.— Seau à vendange de l'Hérault.

jus. Le contenu des seaux est versé dans des comportes ou cornues en bois qui sont portées par deux hommes jusqu'au bord de la vigne;

Fig. 437.— Pastière à vendange de l'Hérault.

là, on les charge directement sur des charrettes, ou bien on les vide dans des pastières (fig. 437), sortes de récipients en toile imperméable maintenus par un châssis en bois à claire-voie et que l'on charge sur une charrette. Des sentiers sont ménagés dans la vigne en écartant ou en rognant les sarments, de manière à faciliter la circulation des porteurs de comporte.

En résumé, le vignoble du Bas-Languedoc est caractérisé par la culture des cépages à grande production, l'emploi de fortes fumures, la taille en gobelet à bras nombreux et portant des coursons à deux yeux francs. On peut le considérer comme présentant l'ensemble le plus parfait de procédés culturaux intensifs qui aient encore été appliqués à la vigne dans la région méridionale. Aussi est-ce le type que l'on tend le plus à imiter dans les plantations de vignes, qui se multiplient aujourd'hui sur les divers points du littoral de la Méditerranée.

B. **Vignobles de la Provence** (1). — On peut regarder comme faisant partie de l'ensemble des vignobles provençaux ceux des départements des Bouches-du-Rhône (moins la Camargue, qui, récemment plantée, est soumise aux procédés de culture du Languedoc), ceux du Var, de Vaucluse, des Alpes-Maritimes et des Basses-Alpes.

1° Climat

Les départements que nous venons d'énumérer sont situés dans la partie orientale de la région méditerranéenne de la France, qui est en même temps celle où les sécheresses sont les plus longues et les plus intenses (2). En effet, tandis qu'il tombe en moyenne à Carcassonne 728 millim. d'eau annuellement, à Montpellier 769,7, à Nimes 642, on n'en reçoit que 569 à Avignon, 423 à Arles, 512 à Marseille et 505,7 à Toulon.

2° Sol et Situation

Les terrains sur lesquels sont établis les vignobles de la Provence appartiennent généralement à des formations géologiques plus anciennes que ceux du Bas-Languedoc ; le Var, notamment, renferme

(1) Bibliographie — *Actes du Congrès des vignerons français, 8me session tenue à Marseille en août* 1844. Marseille, impr. L. Mossy, 1844. — **A. Pellicot** ; *Le calendrier du cultivateur provençal.* Toulon, 1846. — **H. Laure** ; *Guide des cultivateurs du midi de la France.* Toulon, 1854. — **M. Guillon** ; *Le vade-mecum de l'agriculteur provençal.* Draguignan, 1863.— **A. Pellicot** ; *Le vigneron provençal.* Montpellier, 1866.— **J. Guyot** ; *Étude des vignobles de France*, tom. I. Paris, 1868.

(2) *Patria, Météorologie de la France*, par Ch. Martins. Paris, J.-J. Dubochet, Lechevalier et Cie, 1847.

des massifs importants de roches granitiques, de micaschistes, de porphyres et des surfaces considérables recouvertes par les étages inférieurs du trias (grès bigarré et muschelkalk), qui impriment au sol un caractère très spécial.

Les terres de Provence sont généralement moins fraîches et moins riches que celles du Bas-Languedoc; on y trouve peu de plaines d'alluvions récentes formées par les rivières, si surtout on en retranche la Camargue, et la surface même des plaines sans rivières y est proportionnellement peu considérable. La Crau, la seule qui présente une grande étendue, renferme jusqu'ici peu de vignobles et est sèche et aride. Ce sont principalement les coteaux plus ou moins inclinés qui y sont cultivés en vigne.

La sécheresse relativement plus grande du climat, la nature en général médiocrement fertile du sol, la situation des terres sur lesquelles ils sont établis, enfin les procédés de culture moins parfaits qui y sont usités, rendent les vignobles de Provence moins productifs en moyenne que ceux du Languedoc.

3° Crus

Les vins de Provence sont en général plus alcooliques et plus corsés que ceux du Languedoc; certains d'entre eux parmi les vins rouges, tels que ceux du *Coteau brûlé* et du *Châteauneuf du Pape*, aux *Côtes du Rhône*, près d'Avignon, ont une grande réputation; ceux de la *Gaude*, *Saint-Laurent*, *Cagnes*, *Saint-Paul* et *Villeneuve* dans les Alpes-Maritimes, et de la *Malgue*, près de Toulon, sont fort agréables quand ils ont suffisamment vieilli. Les vins dits de *Bandols*, récoltés sur les territoires du *Beausset*, du *Castelet*, de la *Cadière*, *Saint-Cyr*, *Saint-Nazaire*, *Ollioules*, sont d'une solidité remarquable et sont recherchés pour les transports d'outre-mer et pour les coupages. Ceux *des Mées*, dans les Basses-Alpes, sont également très estimés.

En dehors des crus rouges, la Provence produit les vins blancs et le *muscat* de *Cassis*, les vins cuits et muscats de *Roquevaire*, près de Marseille, la clairette mousseuse de *Trans*, près de Draguignan.

4° Cépages

Les vignobles de la Provence sont généralement peuplés de cépages variés, mélangés en plus grand nombre qu'en Languedoc. Les plus employés sont, parmi les rouges: le *Mourvèdre* (*Espar* du Languedoc), *Grenache*, le *Pécoui-Touar* (*Calitor*), le *Monestel* (*Carignane*), le *Tibouren*, l'*Ugni noir* (*Aramon*), le *Brun fourca*, le *Jacquez*. Parmi les blancs, on rencontre surtout : la *Clairette*, le *Pascal blanc*, le *Mayorquin*, l'*Ugni blanc*, le *Colombaud*, la *Panse précoce*, le *Muscat blanc*.

Les cépages cultivés jusqu'à présent en Provence ont été choisis, comme on le voit par ce qui précède, sous l'empire de préoccupations autres que celles qui ont guidé les viticulteurs languedociens ; on a cherché à en obtenir plutôt certaines qualités commerciales, telles que la solidité et l'alcoolicité, que de grands rendements. Dans les plantations nouvelles, on tend à propager de plus en plus les cépages très productifs du Languedoc.

5° Établissement du vignoble

a. *Préparation du sol.* — La Provence est la région du midi de la France où la nécessité des défoncements s'impose le plus, à cause de la grande sécheresse du climat ; les viticulteurs de cette contrée l'ont compris depuis longtemps, et ils exécutent ces opérations à des profondeurs rarement atteintes d'autre part ; ils les font pénétrer quelquefois jusqu'à $0^{m},75$ et même 1 mètre.

Par suite du mode de plantation en lignes simples, doubles ou triples (*manouillères*), séparées par de larges planches de cultures

Fig. 438. — Vignes en oullières avec cultures intercalaires et oliviers.

intercalaires, anciennement usité en Provence, on y a pratiqué longtemps des défoncements par bandes plus ou moins larges, mais n'intéressant qu'une partie de la surface du sol. On accumulait généralement, au fond de la tranchée, des rameaux d'arbrisseaux verts (cistes, myrtes, buis, lentisques, etc.), qui servaient d'engrais et de drain pour l'égouttement des eaux ; on plantait souvent enfin dans la jauge ouverte au fur et à mesure de l'opération. Aujourd'hui, ces procédés tendent de plus en plus à disparaître et sont remplacés par les défoncements en *plein* et les autres pratiques languedociennes.

b. *Plantation.*— Les anciennes plantations se faisaient, ainsi que nous l'avons dit, en lignes simples, doubles ou quadruples, mélan-

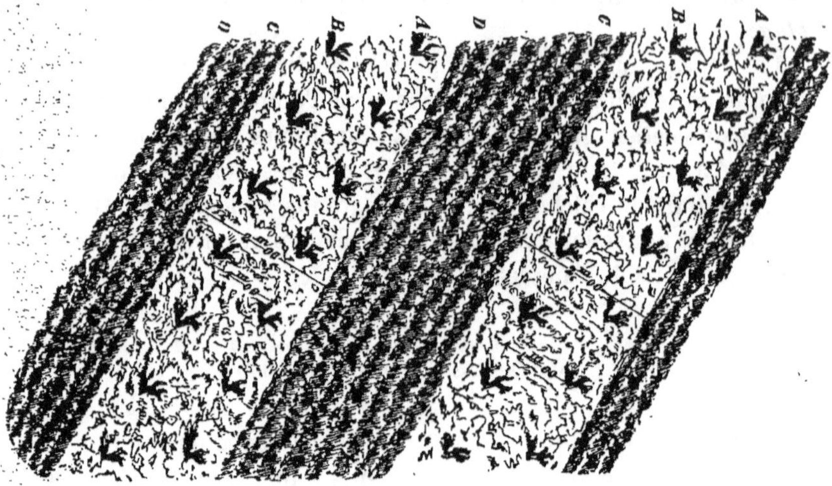

Fig. 439.— Vignes en oullières à doubles rangées A B, A B, avec cultures intercalaires C D, C D.

gées parfois d'oliviers et séparées par des planches de 4 à 6 mèt. de largeur (fig. 438), occupées par des céréales (fig. 439, 440 et 441),

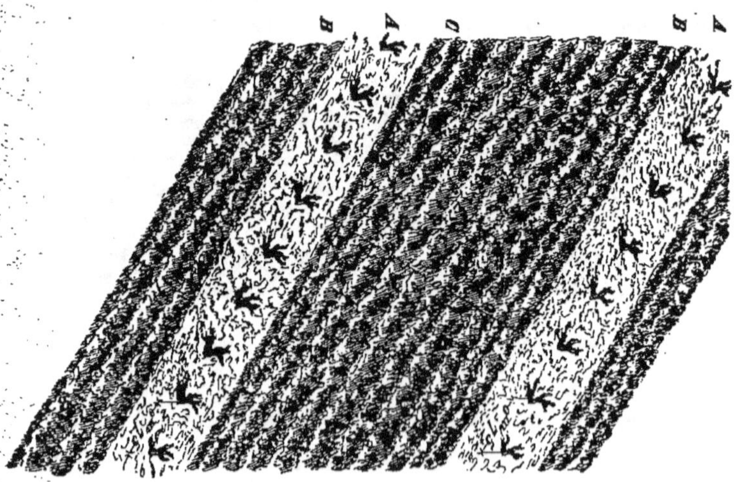

Fig. 440.— Vignes en oullières à rangées simples A A, avec cultures intercalaires B C.

des légumes et quelquefois par un fourrage produit par la végétation spontanée du sol (*margaou*). Les nouvelles se font le plus souvent sans cultures intercalaires, mais elles sont presque toujours disposées en lignes et non en carré, comme en Languedoc, où du reste cette disposition est connue sous le nom de *Provençale*.

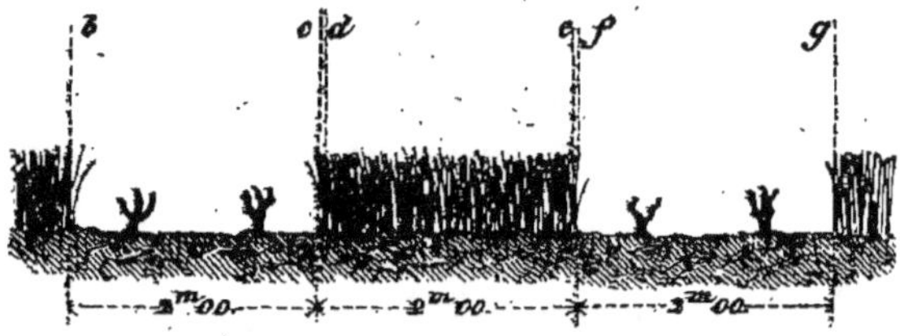

Fig. 441. — Vignes en oullières à doubles rangées *b c*, *g f*, avec cultures intercalaires *e d*

On plante d'ordinaire directement des boutures très longues, souvent à crossettes et tantôt droites, tantôt coudées (fig. 442).

Fig. 442.— Plantation d'une bouture coudée en Provence.

Les manquants sont remplacés au moyen du provignage par cou-

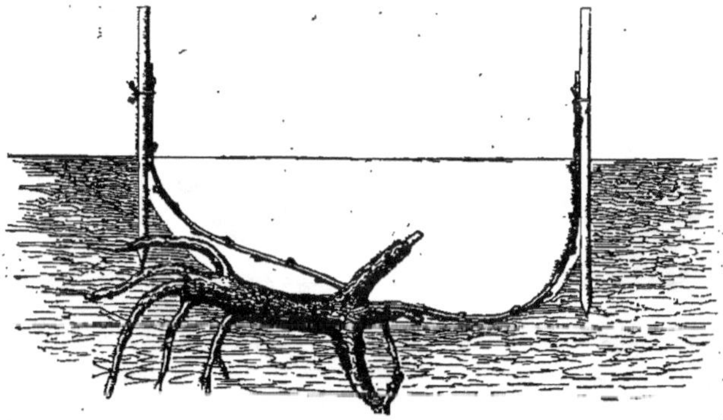

Fig 443.— Provin par couchage de la souche usité en Provence.

chage de la souche (fig. 443) (*cabus*), rarement par des plants enracinés.

6° Culture

a. *Taille.*— La taille provençale est caractérisée par le petit nombre des bourgeons qu'elle laisse sur le cep. Elle forme la souche en

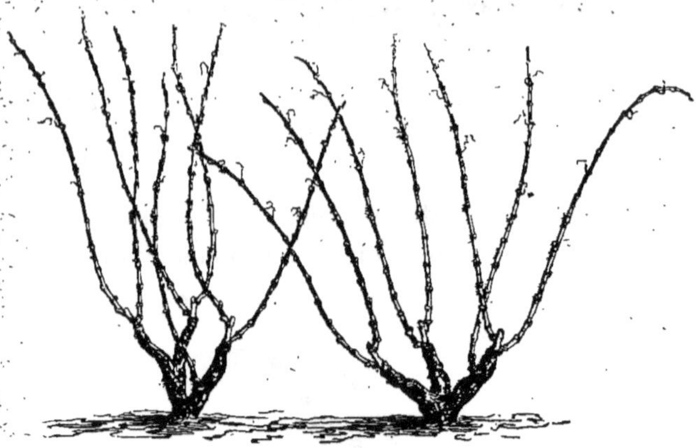

Fig. 444.— Vignes des Bouches-du-Rhône avant la taille.

gobelet à trois bras portant chacun un courson à un œil franc, plus l'*agassin* (1) ou bourgeon de la base (fig. 444, 445 et 446). Cette sévérité dans la taille a pour conséquence de faire développer des dra-

Fig. 445.— Vigne des Bouches-du-Rhône taillée.

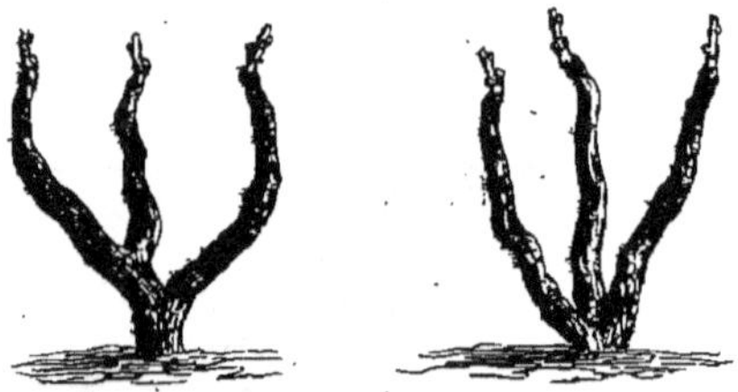

Fig. 446.— Vignes vieilles de Vaucluse taillées

geons et des rameaux sur le vieux bois. Ces productions sont tout à fait infertiles; aussi, dans certaines localités, a-t-on été amené à pratiquer un épamprage qui les supprime. On comprend ce qu'il y a d'irrationnel à provoquer ainsi la formation, au détriment de la récolte, d'organes que l'on est ensuite dans la nécessité de détruire.

Dans la disposition en *manoullière* à plusieurs rangs, où les ceps

(1) *Agassin* veut dire cor au pied en provençal.

sont très serrés, bon nombre d'entre eux n'ont que deux bras, quelques-uns n'en ont même qu'un.

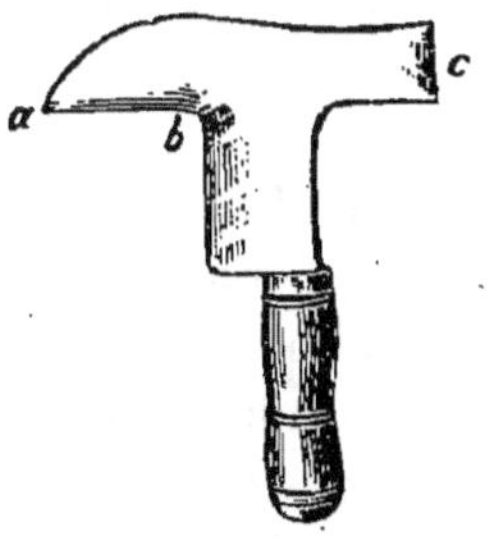

Fig. 447. — Serpe de la Provence ou poudette.

La taille se fait encore beaucoup en Provence avec la serpe (*poudette*) (fig. 447) ; le sécateur à vigne du Languedoc commence pourtant à y être très répandu.

b. *Fumure*.— L'ancienne viticulture provençale, qui, nous venons de le voir, demande peu à la vigne, lui donne peu également. Lorsque cette plante est mélangée à des cultures intercalaires de céréales ou de légumes, elle profite des engrais qui sont donnés à ces cultures, et c'est là une des raisons que donnent, pour les continuer, leurs derniers défenseurs ; dans le cas contraire, elle est rarement fumée et avec de faibles quantités de matières fertilisantes.

c. *Façons aratoires*.— Les vignes ne reçoivent la plupart du temps en Provence que deux labours : l'un à la fin de l'hiver, qui est une façon d'aération ; l'autre en mai (*maïenquage*), qui est un binage. La première œuvre se pratique en déchaussant ; elle consiste ordinairement en un labour donné en adossant au milieu de l'interligne et complété par un piochage à bras au pied des vignes : dans certains endroits des Bouches-du-Rhône (dans les environs de la Ciotat, par exemple), on déchausse les souches à la houe en élevant entre elles de petites pyramides analogues aux *darbons* du Beaujolais ; autre part, près de Cassis, on creuse une série de petits fossés formant des traverses perpendiculaires à la direction des oullières.

La seconde façon, plus superficielle, remet le sol à plat, le nettoie et l'ameublit.

En résumé, l'ancienne viticulture provençale est caractérisée par la disposition des plantations en *oullières* avec cultures intercalaires, par ses tailles courtes, l'insuffisance des fumures et l'emploi de cépages d'une productivité moindre que ceux qui sont surtout répandus en

Languedoc. On peut la considérer comme inférieure, au point de vue du mode de culture usité, à celle de cette dernière contrée, dont les procédés viticoles tendent de plus en plus à se répandre en Provence.

C. **Vignoble de Châteauneuf-du-Pape.** — Le vignoble de Châteauneuf-du-Pape fait partie de cet ensemble échelonné sur une longueur de 200 kilomètres des deux côtés du Rhône, qui constitue les *Côtes du Rhône* et dont les plus connus sont : *Roquemaure*, *Tavel*, *Chuzclan*, *Laudun*, *Châteauneuf-du-Pape*, *Allan*, *Saint-Péray*, l'*Ermitage*, *Condrieu* et *Côte-Rôtie*.

Ce vignoble est situé dans la commune de Châteauneuf-de-Calcernier ou Châteauneuf-du-Pape (Vaucluse), à 9 kilomètres d'Orange et 7 kilomètres de Sorgues, sur la rive gauche du Rhône et presque vis-à-vis Roquemaure. Il se rattache, par les cépages et par les procédés de culture qui y sont le plus souvent employés, au groupe méridional méditerranéen, comme les premiers d'entre les vignobles que nous venons d'énumérer.

1° Climat

La région où est situé Châteauneuf-du-Pape est soumise à l'influence générale du climat méditerranéen, mais avec des conditions de sécheresse plus excessive que celles qu'on y rencontre d'ordinaire, par suite de la fréquence et de l'intensité des vents qui règnent dans la vallée du Rhône (le vent du nord-ouest, *mistral*, notamment).

2° Sol et situation

Les vignobles de Châteauneuf-du-Pape sont établis généralement en coteaux, à des altitudes qui atteignent de 15 à 50 mètres au-dessus du niveau du Rhône, quelques-uns d'entre eux cependant sont en plaine. Ils sont le plus souvent exposés au midi, quelquefois cependant, mais plus rarement, à l'ouest et à l'est.

Le sol a été formé par le tertiaire moyen (*miocène*), dont on connaît la grande variété au point de vue minéralogique ; on y trouve en effet des éléments très divers : calcaire, sable, cailloux roulés tantôt réunis, tantôt séparés, généralement colorés par de l'oxyde de fer. On y rencontre en certains endroits des poudingues et des travertins qui y atteignent des épaisseurs considérables (3 à 4 mètres).

3° Crus

Les vins de Châteauneuf sont généralement corsés et liquoreux, bouquetés et doués d'un fumet spécial qui les caractérise, ils vieillissent assez vite à cause de la prédominance du *Grenache* dans les plantations.

Le principaux crus sont : la *Nerthe*, la *Fortiasse*, les *Fines-Roches*, la *Gardine*, le *Boucou*, *Nailly*, les *Cabrières*.

La *Nerthe* est située dans le territoire de la commune de Châteauneuf ; mais, à 2 kilomètres du village, les terres, formées par des débris de roches, sont en partie en plaine, en partie en coteau. Les parties en coteau sont souvent assez inclinées pour qu'on ait dû les soutenir par des terrasses. Jullien dit que les vins de cette localité sont les plus colorés parmi ceux de Châteauneuf: «Ils ont du velouté et de l'agrément ; le moment de les boire dans leur parfaite maturité est lorsqu'ils ont trois à quatre ans (1).»

La *Fortiasse*, les *Fines-Roches*, le *Boucou* sont tous les trois situés en coteaux, dans les quartiers de la *Grenade* et de la *Crau*, à 1 kilomètre du village, qui sont renommés pour le bouquet des vins qu'on y obtient. Le terrain y est très pierreux et coloré.

La *Gardine* est située sur des coteaux un peu sablonneux et fortement calcaires, à 1 kil. 500 au nord de Châteauneuf. Nailly, à 2 kilomètres au nord-est. Les *Cabrières*, sur la côte de *Palestran*, à 2 kilomètres au nord, en terrain caillouteux et franc dans certaines parties.

4° Cépages

La plus grande partie du vignoble de Châteauneuf est plantée avec d'anciens cépages méridionaux : *Grenache*, *Piquepoul*, *Tinto*, *Terret noir*, *— gris* et *— blanc*, *Counoise*, *Muscardin*, *Vaccarese*, *Clairette*, *Picardan* ; cependant, depuis sa reconstitution, on y a introduit quelques cépages plus fins : la *Syrah*, le *Pinot* et la *Roussanne*.

A la *Nerthe*, on a greffé sur *Solonis* et quelque peu sur *Rupestris* : *Grenache*, *Tinto*, *Piquepoul*, *Terret noir*, *— gris* et *— blanc*, *Counoise*, *Clairette*, *Muscardin*, *Vaccarese*, *Picardan* et *Syrah*. A la *Fortiasse*, les porte-greffes sont : l'*Herbemont*, le *Jacquez*, le *Solonis* et le *Riparia*, sur lesquels on a placé le *Grenache*, la *Clairette*, le *Piquepoul*, la *Counoise*, etc.

Aux *Fines-Roches*, on a uniquement fait usage de la *Syrah* et de la

(1) A. Jullien ; *loc. cit.*, pag. 270.

Roussanne sur *Rupestris-Martin* et *R. Ganzin*, *Aramon-Rupestris N° 1*, *Riparia Grand Glabre*, V. Riparia × Rupestris N° 101 et V. Rupestris × V. Riparia N° 108 de MM. Millardet et de Grasset. Au *Boucou* on a employé le *Grenache*, le *Tinto*, la *Clairette*, le *Muscardin* sur *Riparia-Rupestris*, *Cordifolia-Rupestris*, *Aramon-Rupestris* et *Champin N° 10*. A la *Gardine*, le *Pinot noir* et le *Pinot blanc* ont été greffés sur V. Riparia et V. Rupestris. A *Nailly*, ce sont le *Grenache*, la *Clairette*, le *Tinto*, le *Muscardin*, la *Carignane* sur V. Riparia, V. Rupestris, *Solonis* et *Clinton*. Enfin, aux *Cabrières*, le *Grenache* et la *Clairette* sur *Riparia-Gloire*, V. Riparia × V. Rupestris N° 101 et V. Rupestris × V. Riparia N° 108 de MM. Millardet et de Grasset.

5° Etablissement du vignoble

Jusqu'à ces dernières années, les plantations se faisaient sur des labours peu profonds de 0m,30 à 0m,40 ; depuis 1893, on a défoncé à la vapeur à une profondeur variant de 0m,70 à 0m,80. Les souches sont disposées en carré de 1m,50 ou 1m,75 de côté ; ce dernier écartement est le plus généralement adopté. On plante des enracinés.

6° Culture

La taille se fait de la fin de décembre à la fin de février, avec le sécateur du Languedoc ou un fort sécateur ordinaire. On forme la souche en gobelet. On rogne quelquefois l'extrémité des sarments en été. On fume généralement peu et pendant le courant de mars. Les engrais employés sont le fumier de ferme et quelques engrais chimiques ou commerciaux, on les applique dans des godets de déchaussement creusés à la houe au pied des ceps.

Les vignes reçoivent habituellement quatre labours : le premier, immédiatement après la vendange (octobre et novembre) ; le second, vers la fin de février ; le troisième, en mai, et le quatrième, avant la véraison. C'est ce qui se fait dans les vignobles du Bas-Languedoc, avec le labour de l'entrée de l'hiver en plus ; ce dernier paraît avoir pour effet tout à la fois l'aération du sol et la protection des pieds greffés contre les grands froids de l'hiver.

7° Vendanges

Les vendanges se font, à Châteauneuf, à la fin de septembre ou au commencement d'octobre, les raisins sont choisis avec soin, on met de côté toutes les grappes qui ne sont pas complètement mûres ou celles qui sont altérées d'une manière quelconque.

Le vignoble d'Allan, près de Montélimar (Drôme), qui jouit d'une certaine réputation locale, présente de grandes analogies avec celui de Châteauneuf au point de vue des cépages employés et des procédés de culture. On y cultive surtout les anciens cépages provençaux (notamment le *Piquepoul* et le *Grenache*); cependant, dans le domaine de *Colas*, qui constitue le meilleur cru de la commune, on a introduit la *Syrah* comme dans certains crus de Châteauneuf et on y a joint le *Cabernet-Sauvignon*, qui a donné, par son mélange avec cette dernière, des résultats remarquables.

Comme à Châteauneuf, on donne habituellement quatre labours, dont un en chaussant avant l'hiver, on fume sur déchaussement en godets coniques, les vignes sont dressées sur des échalas de 1m,50 et rognés un peu au-dessus (à Colas tout au moins), mais la taille adoptée est la même que celle de l'Ermitage.

En résumé, on peut remarquer qu'à Châteauneuf-du-Pape comme à Allan, qui étaient des vignobles provençaux bien caractérisés, il y a tendance à adopter les cépages des crus plus septentrionaux et plus fins des Côtes du Rhône et plusieurs de leurs procédés culturaux, l'emploi de l'échalas notamment (1).

D. Vignobles des Pyrénées-Orientales (2).

1° Climat

Le département des Pyrénées-Orientales est soumis à l'influence générale du climat méditerranéen, mais il offre, par suite des abris formés par les Pyrénées et les Albères, des expositions chaudes et sèches qui donnent à ses vins un caractère particulier. Dans les parties découvertes, le vent du nord-ouest souffle avec violence et produit fréquemment, au printemps, des ravages dans les vignes en décollant les jeunes sarments.

2° Sol et Situation

La portion du Roussillon qui est consacrée à la culture de la vigne se compose: 1° d'une grande plaine d'alluvions qui entoure Perpignan et que l'on peut considérer, au point de vue de la nature des

(1) Nous devons une grande partie des renseignements sur ce vignoble à M. Nitholon, ancien régisseur du domaine des Fines-Roches.

(2) Bibliographie. — **A. Jullien** ; *Topographie de tous les vignobles connus*. Paris, Mme veuve Huzard, 1816. — **V. Rendu** ; *Ampélographie française, etc.* — Le docteur **J. Guyot** ; *Étude des vignobles de France*, tom. I. — **Bertall** ; *La Vigne, voyage autour des vins de France.*

produits et des procédés qui y sont suivis, comme une continuation des plaines basses de l'Aude ; 2° d'une région très accidentée formée par des coteaux de roches schisteuses et granitiques, qui présente, par ses aspects, son mode de culture et la qualité de ses vins, un caractère très spécial ; c'est celle-là dont nous nous occuperons seulement dans la présente étude.

La nature mouvementée du sol a obligé à établir de nombreuses terrasses en gradins (fig. 447), soutenues par des murs en pierre

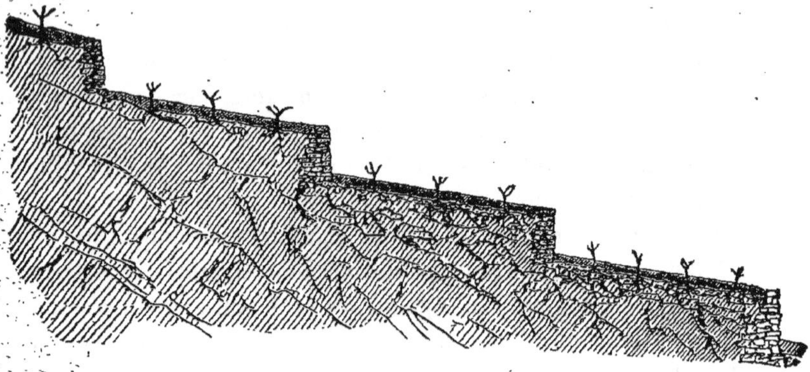

Fig. 448. — Vignes en terrasses des Pyrénées-Orientales,

sèche, qui donnent au vignoble un aspect particulier et qui rappelle celui de certaines parties de la Provence et du Douro (Portugal).

La faible profondeur du sol ne permettrait pas à la vigne de vivre sur la plupart des coteaux de Banyuls, de Port-Vendres et de Collioure, sans la nature particulière du sous-sol, qui est fissuré et se laisse pénétrer par les racines, comme celui des garrigues de l'Hérault et du Gard. Néanmoins, la végétation n'y acquiert pas la vigueur qu'elle atteint dans la région des plaines, et les produits y prennent ce caractère liquoreux que l'on ne trouve jamais dans ceux obtenus dans des sols profonds et frais, où la vigne se développe beaucoup.

3° Crus

Jullien s'exprime ainsi qu'il suit, relativement aux vins des Pyrénées-Orientales (1) : « Les meilleurs vignobles sont situés au pied des Pyrénées, dans des terrains pierreux et à peu de distance de la mer ; les vins qu'ils produisent sont généreux et particulièrement recherchés pour leurs vertus toniques.

(1) A. Jullien ; *loc. cit.*, pag. 283 et suiv.

a. *Vins rouges. 1re classe.* — « *Collioure*, à six lieues et un tiers nord-est de Céret, produit des vins d'une couleur foncée, pleins de corps et de spiritueux ; ils ont un fort bon goût et acquièrent, en vieillissant, de la finesse et un goût agréable ; lorsqu'ils proviennent d'une année dont la température a été favorable à la vigne, ils ont quelque ressemblance avec le vin d'Alicante, dont cependant ils ne réunissent pas toutes les qualités.

»*Banyuls*, à sept lieues un quart de Céret, produit des vins qui ont plus de finesse, mais moins de corps et de moelleux que les précédents ; ils acquièrent de même beaucoup de qualité en vieillissant et se conservent longtemps. Tous deux supportent très bien les voyages.

»*Cosperon*, près Collioure, fournit des vins de même espèce et d'égale qualité.

»Les vignobles que je viens de citer produisent aussi des vins dits de *Grenache*, du nom du plant qui les fournit ; ils sont très colorés la première année et ressemblent aux gros vins d'Alicante ; mais, en vieillissant, leur couleur s'affaiblit; ils deviennent légers et fort agréables, et leur goût s'approche de celui des vins de Rota. »

Vins rouges. 2me classe. — Jullien place ensuite les vins de *Baixas*, puis ceux de *Salces*, *Rivesaltes*, *Espira-de-l'Agly*, qui sont connus sous le nom de vin de plaine et qu'il considère comme plus corsés que ceux de la côte de Narbonne.

«Les vins communs du Roussillon, d'après l'auteur précité, ne conviennent pas pour la boisson ; ils ont une douceur fade et un goût pâteux désagréable ; quoique généreux, ils nuisent plutôt à la digestion qu'ils ne la favorisent; mais ils sont fort estimés pour donner du corps et de la couleur aux vins faibles. »

b. *Vins blancs et de liqueur.* — «*Rivesaltes*, à deux lieues nord de Perpignan. Le vin muscat que l'on récolte dans ce vignoble est sans contredit le meilleur vin de liqueur du royaume : plein de finesse, de feu et de parfum, il embaume la bouche et la laisse toujours fraîche ; lorsqu'il a 12 ans, c'est une liqueur douce, parfumée et agréable, qui peut être comparée aux vins de *Malvoisie* les plus estimés.

»*Cosperon* fournit en petite quantité un vin de liqueur excellent; vieux, sa couleur est ambrée ; il est moelleux, assez spiritueux et pourvu d'un parfum aromatique très prononcé, que l'on apprécie mieux à la seconde dégustation qu'à la première.

»*Salces*, à trois lieues et demi à l'ouest de Perpignan, fournit un vin blanc nommé *Maccabeo*, du nom du raisin qui le produit, et qui a été apporté d'Espagne. Il est moins liquoreux que le muscat de

Rivesaltes ; on lui trouve quelque ressemblance avec le vin de Tokay. »

4° Cépages

Les cépages dominants dans les vignobles des coteaux du Roussillon sont : le *Grenache* et la *Carignane* ; on y rencontre aussi, mais en plus petite quantité, le *Tourbat*, cépage blanc très vigoureux et rustique, que l'on plante sur les points où le rocher est près de la surface ; le *Mataro*, qui est le *Mourvèdre* de la Provence, l'*Espar* de l'Hérault et le *Balzac* des Charentes ; le *Piquepoule noir*, le *Maccabeo*, qui donne, nous l'avons déjà dit, un vin blanc ; enfin à Rivesaltes le *Muscat blanc*, et sur divers points le *San-Antoni*, qui est un raisin de table.

5° Établissement du vignoble

a. *Préparation du sol.* — Les terrains en coteaux ne sont pas défoncés après que le sol a été mis en terrasses (fig. 448 et 450) ; on se

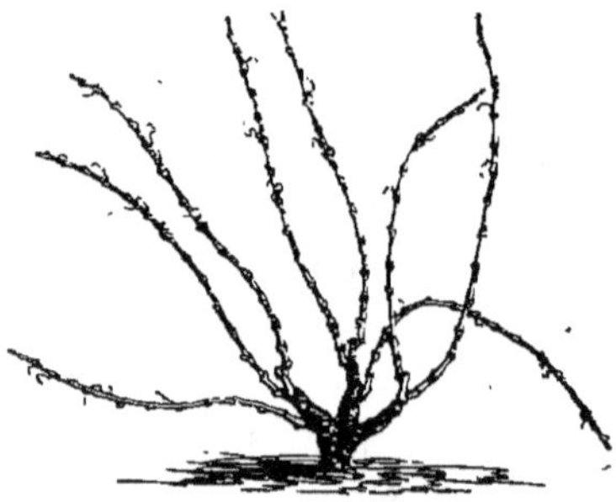

Fig. 449. — Cep des Pyrénées-Orientales avant la taille.

borne à un piochage destiné à niveler la surface, la profondeur du terrain ne dépasse pas 0m,25 sur bien des points. La constitution du sous-sol, qui, comme nous l'avons vu, est fissuré, permet aux racines de pénétrer plus profondément dans un milieu où elles échappent à l'action de la sécheresse ; aussi s'explique-t-on cette manière de faire, qui avait été recommandée, du reste, par M. Cazalis-Allut, pour les garrigues de l'Hérault (1). Dans la plaine même, le sol n'est préparé que par un labour profond, sans défoncement proprement dit.

(1) Cazalis-Allut. — *Mémoires sur l'agriculture, la viticulture*, etc., pag. 138 et suiv.

b. *Plantation.*— La plantation se fait généralement en carré, dans le Roussillon ; les vignes y sont presque toujours seules, on y trouve pourtant encore quelques anciens vignobles avec des oliviers mélangés. Les espacements entre les pieds varient entre 1 mètre et $1^m,25$. La multiplication se fait par boutures que l'on enfonce profondément dans des trous ouverts au pal de fer et dans lesquels on coule un peu de terre de bonne qualité. A la seconde année de plantation, on coupe le plant au ras du sol, de manière à lui faire donner un rejeton sur lequel on assied ensuite la taille.

6° Culture

Les vignes sont conduites en souches basses, généralement à trois bras terminés par des coursons presque toujours à un seul œil franc

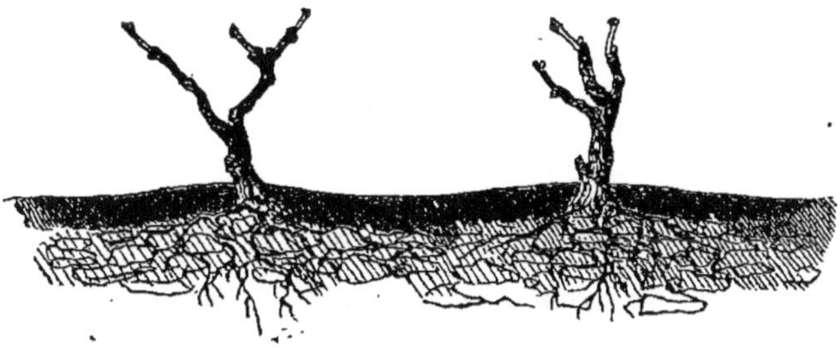

Fig. 450. — Vignes des Pyrénées-Orientales après la taille.

(fig. 449 et 450). Elles ne sont ni échalassées ni soumises à aucune opération de taille en vert.

Les labours s'effectuent le plus souvent à bras, au moyen d'une houe triangulaire (fig. 451); on n'en donne habituellement que deux : l'un, qui est une œuvre d'aération, en décembre ou janvier; l'autre, qui est un binage, en mars ou avril.

Fig. 451.— Houe triangulaire.

En résumé, la culture de la vigne dans le Roussillon présente de grandes analogies avec celle de la Provence : plantations en boutures longues, tailles courtes sur un petit nombre de bras, façons peu nombreuses, tout se ressemble, sauf la préparation du sol pour la plantation, qui, comme nous l'avons vu, est faite par des défoncements profonds en Provence et par de simples labours en Roussillon, et l'écartement des pieds qui est moindre dans cette dernière contrée que dans la première. Ces différences se manifestent par une végétation beaucoup moins vigoureuse dans les vignes du Roussillon, condition qui paraît avantageuse dans le cas de production des vins de liqueur.

E. **Vignobles des Charentes** (1).— Nous étudierons plus spécialement, parmi les vignobles des Charentes, les plus renommés pour la production de l'eau-de-vie, c'est-à-dire ceux des arrondissements de Cognac, de Barbezieux, de Jonzac, de Saintes et d'une partie de ceux d'Angoulême et de Saint-Jean-d'Angély, et nous nous bornerons à quelques indications sommaires sur les autres, qui offrent moins d'intérêt.

1° Climat

Les Charentes sont situées dans le climat girondin, qui sera décrit plus loin, à l'occasion de l'étude des vignes de la Gironde, mais qui est caractérisé par la douceur de ses hivers et par l'absence des sécheresses d'été.

2° Sol et Situation

Le sol des Charentes présente de nombreuses ondulations sans relief très accentué. Il appartient aux formations jurassiques les plus récentes (oolithe supérieure) et à celles du terrain crétacé inférieur (craie tuffeau).

Le territoire du vignoble à eaux-de-vie a été divisé en trois zones correspondant à des terrains de nature diverse : la *grande Champagne*, la *petite Champagne* et les *bois*.

Le sol de la *grande Champagne* est formé par un calcaire lamelleux crayeux et friable, qui ressemble à celui de la Champagne (crétacé inférieur — santonien et campanien).

M. C. Alibert décrit ainsi celui des deux autres zones (2) : «La zone appelée *petite Champagne*, ou *Champagne bâtarde*, est ainsi nommée parce que la couche calcaire qui la forme est plus compacte, moins friable, moins délitescente, ayant des strates épaisses. D'après l'âge géologique, bien que se rattachant à la même cause, cette couche est antérieure à la précédente. Elle passe d'une compacité assez grande à la friabilité, qui est le principal caractère de la couche campanienne, d'une manière insensible. C'est le santonien qui y domine.

(1) Bibliographie. — **C. Alibert** ; *Des eaux-de-vie de Cognac, in* Livre de la Ferme, tom. II.— **Le docteur J. Guyot** ; *Étude des vignobles de France,* tom. II. — **V. Rendu** ; *Ampélographie française,* etc.— **Bertall** ; *La vigne, voyage autour des vins de France.*

(2) *Le Livre de la Ferme et des maisons de campagne*, etc. Paris, V. Masson, 1865, tom. II, pag. 445.

»Partout où le calcaire n'affleure pas, les dépressions sont remplies par des dépôts quaternaires ou par des sables et des argiles appartenant à l'époque tertiaire. Des coteaux à calcaire compact, contenant des rognons siliceux en plus ou moins grande quantité et caractérisés par la présence dans leur pâte de mollusques brachiopodes cirridés, connus sous le nom de *rudistes*, sont aussi recouverts par des couches tertiaires.

»Aptes à la végétation forestière, ces couches tertiaires, partout où elles revêtent la charpente campanienne, s'étaient couvertes de bois. Ces bois ont été peu à peu défrichés, pour céder à la vigne la place qu'ils occupaient. De là est venue la qualification d'*eau-de-vie des bois*. A la limite des affleurements calcaires, les couches argilo-sableuses de la formation tertiaire ont peu de profondeur ; au-dessous d'elles, les racines de la vigne trouvent les strates calcaires dans lesquelles elles viennent s'implanter. A une distance plus éloignée du plateau calcaire, les couches tertiaires ont une profondeur telle qu'elles alimentent seules la vigne qu'elles supportent. De là viennent les distinctions établies par le commerce en *premiers bois* et *seconds bois*. Les zones dont nous venons de donner la description ont les limites suivantes (carte N° 2): La *grande Champagne* s'étend entre la rive gauche de la Charente et la rive droite du Né. La *petite Champagne* est située entre la rive gauche du Né, la route nationale de Bordeaux à Saint-Malo et la route de Pons à Jonzac, du pont de Saut jusqu'au Trèfle. La zone dite des *bois* entoure entièrement les précédentes jusqu'au delà de Saint-Jean-d'Angély, Aigre, Angoulême, Blanzac, Baigres, Saint-Genis, Gémosac et Saintes.

3° Crus

Les crus d'eaux-de-vie correspondent à la division que nous venons d'indiquer comme se rapportant au sol. La *grande Champagne* produit les meilleures eaux-de-vie, la *fine Champagne*; les produits de la *petite Champagne* viennent ensuite, suivis eux-mêmes par ceux des *premiers bois* ou *fins bois*, des *seconds bois* ou *bons bois*, des *bois ordinaires* et des *bois communs*.

Le rendement en vin est, dans ces divers milieux, en raison inverse de la qualité : les *bois* sont la région qui en donne le plus, la *grande Champagne* celle qui en produit le moins. Le rendement du vin en eau-de-vie est, par contre, supérieur dans la *grande Champagne* et inférieur dans la *petite Champagne* et dans les *bois*.

M. C. Alibert (1) donne sur cette question les renseignements suivants : «Les grandes divisions du territoire viticole adoptées par le commerce ne sont pas toujours justifiées. Il y a dans la zone de la *petite Champagne* des éminences dont le sol est pareil à celui de la *grande Champagne* et dont les vins donnent à l'alambic des eaux-de-vie de même distinction ; dans la zone des *bois*, il est aussi telle partie où l'on fait des eaux-de-vie qui valent celles de la *petite*, et même de la *grande Champagne*.

» Du reste, si les eaux-de-vie de Cognac varient de zone à zone, elles n'offrent pas dans la même zone des distinctions sensibles de cru à cru ; elles ne donnent pas lieu à ce déclassement différentiel auquel sont soumis les grands vins de Médoc, qui laissent au goût libre carrière pour exercer sa subtilité. Les eaux-de-vie de Cognac varient, suivant leur provenance, par l'intensité de leur arome ; mais cet arome reste le même, tandis que les vins d'une contrée viticole renommée ont sans doute une parenté évidente, mais offrent encore, dans la qualité même du bouquet, des nuances infinies. Ces différences entre les vins et les eaux-de-vie proviennent de ce que la fermentation conserve des éthers que la distillation ne respecte pas, qu'elle entraîne ou qu'elle modifie profondément.»

Outre leurs vins blancs à eaux-de-vie, les Charentes produisent des vins rouges très chargés en couleur, épais, pâteux et âpres, mais solides et supportant bien le transport.

4° Cépages

Les cépages cultivés dans les Charentes sont peu variés ; le plus répandu est la *Folle blanche*, remarquable par sa vigueur, sa rusticité et sa fécondité, qui donne les vins blancs à eaux-de-vie ; viennent ensuite le *Balzac* (*Mourvèdre* de la Provence, *Espar* du Languedoc) et le *Côt*, sous les noms de *Noir de Chartres* et de *Quercy*, qui fournissent les vins rouges. On rencontre enfin quelquefois, mélangés à la *Folle* en très petite quantité, quelques-uns des cépages blancs de la Gironde.

L'emploi des vignes américaines comme moyen de reconstituer le vignoble détruit par le *phylloxera* a rencontré de grandes difficultés dans la région qui nous intéresse, à cause de la nature crayeuse du sol. On a pu obtenir des résultats suffisants dans certains terrains avec le *Solonis*, les *Riparia* × *Rupestris* ; sur d'autres points, le V. Rupestris a réussi, notamment le type du *Lot* ; mais dans les sols très crayeux de la Champagne de Cognac, ces porte-greffes se sont montrés insuffisants. Les observations recueillies en Amérique par

(1) C. Alibert ; *loct. cit.*

M. P. Viala, au cours de sa mission de 1887, permettaient d'espérer que le V. Berlandieri conviendrait à ces milieux ; les résultats des essais faits avec les bonnes formes de ce porte-greffe ont effectivement donné, jusqu'ici, des résultats satisfaisants.

On y réussira vraisemblablement aussi avec l'hybride de *Chasselas × Berlandieri* N° 41 de MM. Millardet et de Grasset et peut-être avec les formes très vigoureuses du V. Monticola proposées par M. Munson.

5° Établissement du vignoble

a. *Préparation du sol.* — Les terres destinées aux plantations de vignes ne sont pas défoncées, on se borne à les labourer à 0m,20 environ. Les fissures des rochers qui constituent le sous-sol, dans lesquelles les racines peuvent se mettre à l'abri de la sécheresse, et l'humidité relative du climat, permettent d'opérer ainsi sans inconvénient ; la faible profondeur à laquelle se trouve le sous-sol empêche d'ailleurs de pénétrer plus profondément. Dans les sols très peu profonds en coteaux, on cherche seulement à augmenter l'épaisseur de la couche arable en transportant, soit avant, soit immédiatement après la plantation, des terres prises dans les allées des extrémités des champs.

b. *Plantation.* — Les vignes sont plantées de boutures avec l'outil connu sous le nom de *grosse haque* ou *taravelle* dans la Gironde

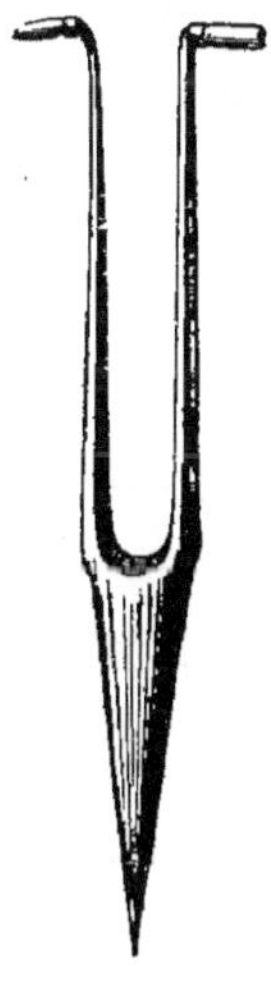

Fig. 452.— Grosse haque.

Fig. 453 — Barre ou pal des Charentes.

(fig. 452); c'est une sorte de pal à pointe assez grosse, surmontée d'un étrier qui permet de l'enfoncer avec le pied, et de poignées

CARTE GÉOLOGIQUE & VITICOLE DES CHARENTES

Gravée par L. Combes.

d'après MM. Dufrenoy et Elie de Beaumont pour la partie Géologique.

latérales au moyen desquelles on le maintient dans la direction convenable. On emploie aussi la *barre*, qui est, comme son nom l'indique, une barre de fer; elle a ordinairement une forme cylindrique dans toute sa partie supérieure et elle est renflée vers la pointe (fig. 453). On verse dans le trou pratiqué par ces instruments, et autour de la bouture, des vases marines dont l'humidité persistante favorise l'émission des racines, de la cendre, des plâtras ou du terreau. On verse ensuite de l'eau, on achève de le combler avec de la terre fine, puis on butte les lignes ainsi plantées, à la charrue. On rabat enfin les boutures au niveau du sol.

Les sarments destinés à servir de bouture sont généralement sélectionnés avec soin parmi ceux qui ont porté le plus de fruits; ils sont, sauf dans l'Aunis, soumis avant la plantation à une stratification prolongée, qui dure jusqu'au moment où les jeunes racines commencent à percer l'écorce.

Dans la *grande* et la *petite Champagne*, les vignes étaient ordinairement disposées en *joualles*, c'est-à-dire en lignes espacées entre elles de 6 mètres environ, les ceps étant séparés dans les lignes par un intervalle de 1^{m},50. Des cultures intercalaires de céréales et autres plantes étaient pratiquées dans les espaces intermédiaires.

Dans les *bois*, les plantations sont plus denses, les lignes sont à un mètre les unes des autres et les pieds à 1^{m},50. On rencontrait enfin, dans certaines parties des Charentes, des joualles à plusieurs rangs; ces dispositions sont aujourd'hui délaissées, on plante surtout *en plein*.

Les pieds manquant dans les plantations sont remplacés au moyen du provignage par marcotte simple ou par couchage de la souche.

6° Culture

a. *Taille*. — La taille s'effectue, dans les Charentes, du milieu de décembre à la fin de mars; on pratique souvent cette opération en deux fois, comme cela a lieu dans l'Hérault (*espoudassage*), dans l'Yonne (*curage en pied*), etc. La première taille (*fiançailles*) se fait en décembre ou janvier et consiste à enlever seulement tous les sarments qui ne doivent pas servir au remplacement des coursons. On emploie, pour l'exécuter, une serpe (fig. 454), intermédiaire, comme forme, entre celle de la Gironde et celle de la Provence, ou un sécateur qui porte derrière le crochet une petite lame tranchante pour nettoyer la souche, et parfois, derrière la partie coupante de l'instrument, une autre lame en forme de crochet qui sert à enlever les gourmands et les drageons dans les angles profonds et étroits.

Les vignes sont tenues en souche basse, en gobelet à trois, quatre ou cinq bras, portant chacun un courson à deux ou trois yeux pour

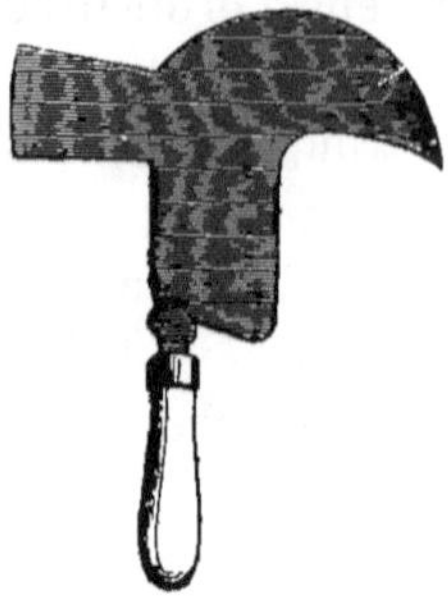

Fig. 454. — Serpe des Charentes.

le *Balzac* et quatre ou cinq pour la *Folle*. Dans l'Aunis et quelques parties de la Saintonge, on donne au gobelet une forme aplatie et rayonnante toute particulière ; les bras, larges à la base, forment par

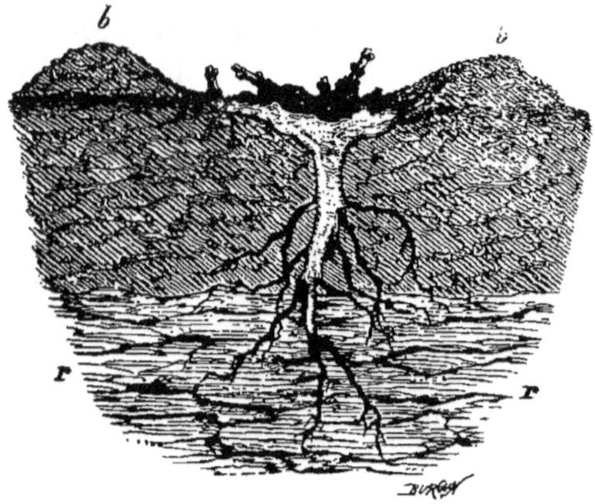

Fig. 455. — Coupe par un plan vertical d'un cep de l'Aunis : *b b* billons ; *r r* sous-sol fissuré où pénètrent les racines.

leur réunion une sorte de disque à demi-enterré, d'où sortent de courts moignons terminés par des coursons taillés très courts (fig. 455 et 456). Un long bois est quelquefois réservé au moment de la taille.

Aucune opération de taille en vert n'est pratiquée dans les Charentes ; on n'y fait pas non plus usage d'échalas.

b. *Terrage*. — On rapporte, tous les trois ou quatre ans, dans les vignes, les terres qui ont été entraînées au bord des champs par les labours ; cette pratique est surtout utile dans les terrains peu profonds, où l'on doit éviter la diminution d'épaisseur du sol.

c. *Façons aratoires.* — Les labours des vignes, dans les Charentes, se donnent à peu près de la même manière que dans la Gironde : on exécute, en mars, un premier labour avec une charrue déchausseuse traînée ordinairement par des bœufs ; on l'achève en enlevant à la

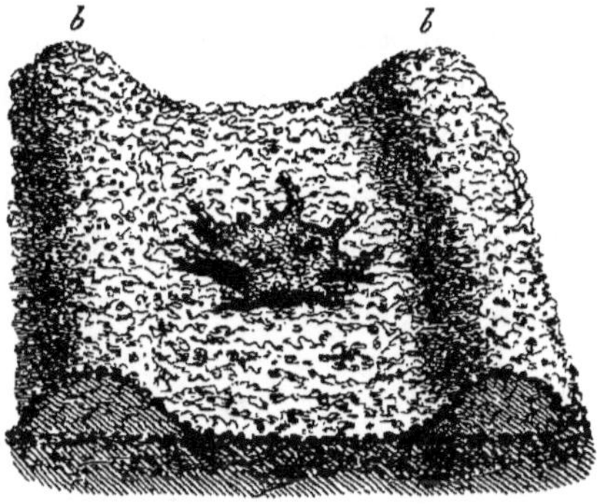

Fig. 456. — Cep de l'Aunis.

main la bande de terre qui est restée au pied des souches et qui porte le nom de *chavaillon*, Une deuxième œuvre (*chaussage*), faite dans la seconde quinzaine de mai, comble la raie ouverte par la première et constitue un véritable buttage ; cette opération est parachevée par une façon à la houe (*tranche*) suivant la ligne. Quelquefois, dans les vignobles très bien soignés, deux façons supplémentaires sont données pendant l'été. Dans l'Aunis, toutes les façons s'effectuent à bras, au moyen des houes représentées (fig. 457 et 458).

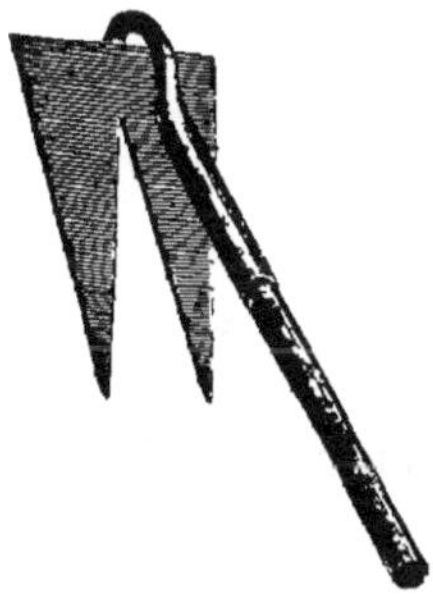

Fig. 457. — Houe fourchue de l'Aunis.

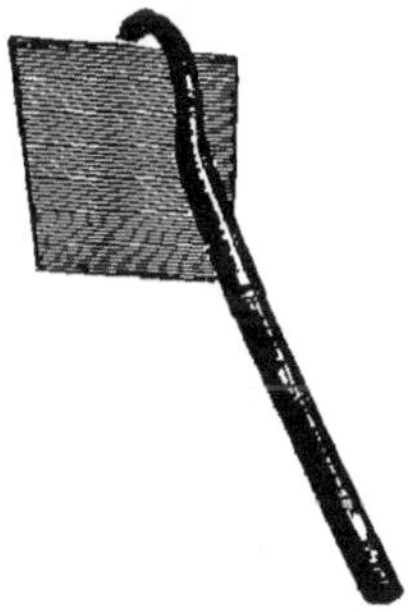

Fig. 458. — Houe pleine de l'Aunis.

Comme on le voit, le vignoble des Charentes se rapproche, par la forme des souches, le mode de taille et l'absence d'échalas, du type méditerranéen ; il se rattache au contraire, par l'ancien usage des cultures intercalaires et le mode d'exécution des labours, au groupe girondin.

La nature généralement pauvre du sol, aussi bien que l'écartement des lignes de vignes dans la plupart des cas, le rendent peu productif, malgré la fécondité naturelle de la *Folle blanche:* il ne donne pas en moyenne plus de 25 hectolitres de vin blanc par hectare, ce qui correspond à 3 hectolitres 1/3 ou 3 hectolitres 1/2 d'eau-de-vie.

F. **Vignoble du Beaujolais** (1).— Le Beaujolais est formé par l'arrondissement de Villefranche (Rhône) et quelques communes de Saône-et-Loire; il forme un groupe de vignobles très bien caractérisés, non seulement par la nature des vins qu'il produit, mais encore par celle du cépage et par les procédés culturaux qui y sont usités.

1° Climat

Le Beaujolais est situé dans les limites du climat rhodanien, lequel peut être considéré comme un climat excessif ou continental tempéré. Les hivers y sont plus doux que dans le Nord-Est, mais pourtant ils sont quelquefois assez rigoureux pour geler partiellement les ceps de vignes ; la moyenne de cette saison y est à peu près de 2°5 ; les étés y sont aussi beaucoup plus chauds, leur température moyenne s'y élève à 21°3.

La quantité annuelle moyenne de pluie est supérieure à celle que l'on observe dans toute la France ; elle atteint 946mm, qui se répartissent de la manière suivante pour 100mm :

Hiver	20
Printemps	24
Été	23
Automne	33

Le nombre de jours de pluie y est moindre que partout ailleurs en France, le Languedoc et la Provence exceptés.

Les vents dominants sont ceux du nord et du sud. Les orages y sont très fréquents.

En résumé, ce qui caractérise le climat du Beaujolais, c'est la remarquable répartition des pluies, dont la régularité assure celle de la végétation pendant la belle saison, et l'écart considérable (18°8) qui existe entre la température moyenne de l'été et celle de l'hiver.

(1) Bibliographie.— **A. Jullien** ; *Topographie de tous les vignobles connus.* — **V. Rendu** ; *Ampélographie française.* — **Le docteur Guyot** ; *Études des vignobles de France*, tom. III.

2° Sol et Situation

M. le Dr Guyot a fort bien décrit les conditions de sol dans lesquelles se trouve le vignoble du Beaujolais ; nous ne saurions mieux faire que de reproduire ce qu'il en dit: «Le sol de l'arrondissement de Villefranche, département du Rhône (Beaujolais), est granitique, schisteux et argileux, sans calcaire dans la moitié de sa superficie, et formé d'alluvions argilo-calcaires dans le surplus ; il contient une forte proportion d'oxyde de fer et de feldspath. Ses roches granitiques les plus dures, mises au contact de l'air par le *minage* ou défonçage, s'effritent et tombent, pour la plupart, en une espèce de gravier pulvérulent appelé improprement *grès* dans le pays, et c'est ce terrain de grès qui donne les vins les plus délicats. Les schistes, désignés sous le nom de *terres pourries* ou de *Morgon* (du nom de la commune où ces schistes dominent), sont très appréciés et très recherchés des vignerons comme extrêmement fertilisants.

»Quant à la surface générale des vignobles du Beaujolais, elle présente un vaste plan incliné, descendant du haut d'une chaîne de montagnes dont les crêtes courent, à une hauteur de 500 à 600 mètres, du nord au sud, où elles s'abaissent, pour disparaître en allant du bois d'Oingt vers Anse et Villefranche, tandis que leurs flancs descendent à l'est en gagnant la Saône.

»Mais ce plan ne se compose point d'une surface unie, il est formé d'une succession de mamelons et de ravins, de collines et de vallons, au fond desquels courent des ruisseaux à lits de torrents, généralement bordés d'arbres, de buissons, d'étroites prairies; ces mamelons et ces collines, ces ravins et ces vallons affectent toutes les directions et offrent toutes les expositions.

»Les vignes y attirent et fixent à peu près exclusivement l'attention; au milieu de ces mamelons, elles occupent de préférence les aspects est et sud; elles commencent généralement au-dessus des prairies qui sont au fond des vallons et ne vont pas jusqu'au sommet des montagnes les plus élevées, mais elles recouvrent tous les plateaux des étages inférieurs des collines, et, le plus souvent, elles en occupent les rampes aux quatre points cardinaux, du haut en bas. Aux étages inférieurs des coteaux, la vigne occupe donc presque tout le sol.

»A mesure qu'on s'élève vers la crête de la chaîne dominante, les vignes deviennent moins continues, les prairies sont plus nombreuses et les terres labourables occupent une plus grande superficie; les vignes deviennent rares. Enfin, les pâtis, les bruyères, les bois et les roches s'emparent exclusivement des vallons, des mamelons les plus froids et des crêtes les plus élevées, à l'altitude de 300 à 600 mètres.

»Le Beaujolais, considéré par un beau jour d'automne de ses sommets extrêmes, offre aux regards un aspect magnifique et plein d'intérêt.»

Nous ajouterons que le Haut-Beaujolais est formé par les granits et les gneiss, de Lyon à Condrieux ; on trouve du calcaire du côté de Villefranche. On a observé que les granits donnent, en Beaujolais, les vins les plus délicats ; les schistes produisent des vins de corps et de garde.

La plupart des bons crus du Beaujolais sont exposés à l'est et au sud, quelques-uns sont tournés vers l'ouest (carte N° 3).

3° Crus

Les vins du Mâconnais et du Beaujolais sont vendus le plus souvent par le commerce sous le nom de *vins de Mâcon*. Si beaucoup d'entre eux ne sont considérés que comme de bons vins d'ordinaire, certains possèdent de réelles qualités et peuvent être classés, au dire de Jullien, dans la seconde classe, immédiatement après ceux des premières cuvées de Beaune. «Ils pourraient leur être assimilés, d'après cet auteur, s'ils joignaient aux qualités qui leur sont propres le bouquet qui distingue particulièrement les vins du département de la Côte-d'Or; ils n'en sont pas tout à fait dépourvus, mais celui qu'ils ont n'est ni aussi prononcé ni aussi suave. Les vins de Mâcon sont en général corsés, spiritueux, quelquefois trop fumeux, et toujours agréables.»

Les crus les plus renommés sont ceux du *Moulin à Vent*, près de Romanèche, de *Thorins*, de *Chenas* ; viennent ensuite ceux de *Romanèche, Fleury*, *Vivier*, *Garans* et la *Chapelle des Bois ;* enfin, une série d'autres, tels que ceux de *Chiroubles*, *Jullienas*, *Morgon*, etc., qui, bien que moins réputés, donnent des vins d'une belle couleur, corsés et spiritueux.

4° Cépages

Le cépage dominant du Beaujolais, qui donne à ses vins leur caractère particulier, est le *Petit-Gamai* et ses diverses sous-races.

CARTE GÉOLOGIQUE & VITICOLE DU BEAUJOLAIS

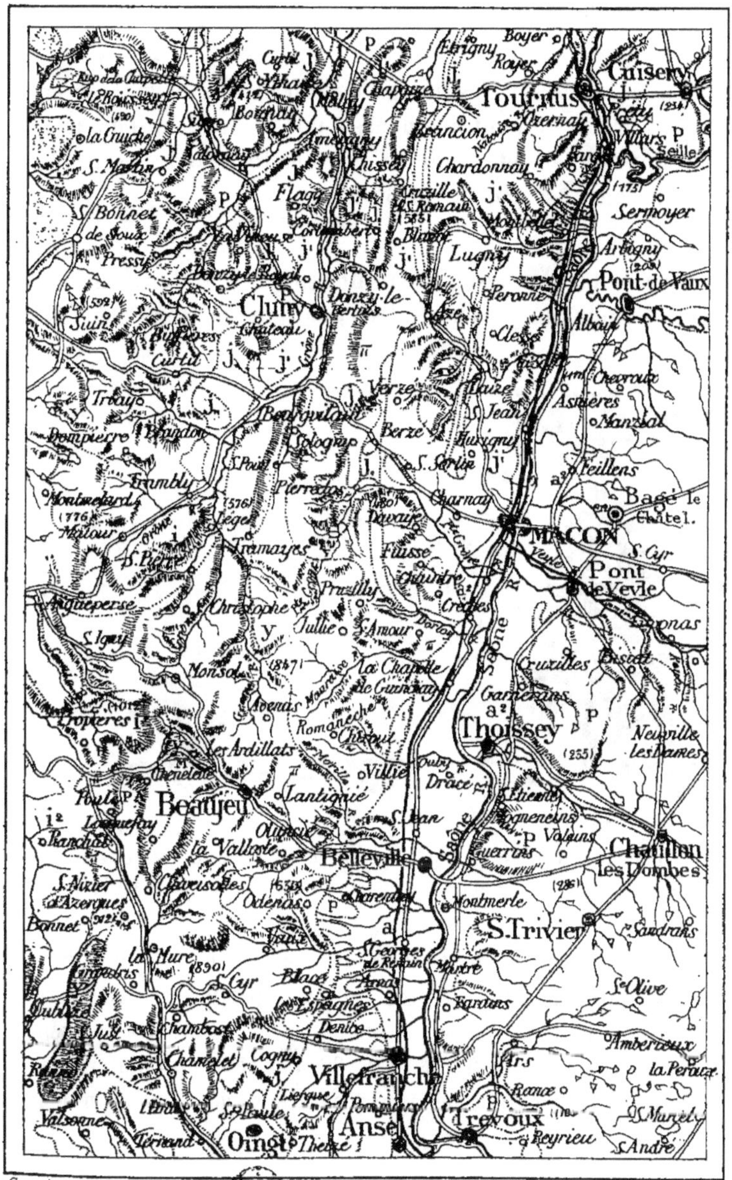

Gravé par L. Combes.

d'après M.M. Dufrénoy et Elie de Beaumont pour la partie Géologique.

Légende

a²	*Alluvions quaternaires*	i²	*Terrains de transition, système silurien.*
j¹	*Etage inférieur du système oolitique*	γ	*Terrains cristallisés ou primitifs.*
J₁	*Calcaire à gryphées arquées.*	γ	*Granit*
J₁₁	*Grès infra-Liassique.*	π	*Porphyres rouges quarzifères.*

5° Établissement du vignoble

a. *Préparation du sol.* — Les terres destinées aux vignobles en Beaujolais sont ordinairement défoncées à une profondeur d'environ 0m,50; elles sont nivelées et assainies par des fossés découverts de 0m,50 de profondeur, espacés de 4 à 5 mètres.

b. *Plantation.* — La plantation se faisait généralement en boutures plantées verticalement au pal ou coudées à la houe ou dans des fos-

Fig. 459. Fig. 460.

Fig. 459. — Vigne du Beaujolais en végétation, avec ses rameaux relevés sur un échalas. — Fig. 460. — Vigne du Beaujolais à trois bras, après la taille.

settes; on faisait quelquefois usage de plants enracinés ; aujourd'hui on emploie des plants greffés et soudés obtenus par la mise en pépinière de greffes sur boutures américaines. Les écartements laissés entre les plants varient entre 0m,65 et 0m,8C. Les ceps sont distribués en quinconce ou en carré, sur des lignes parallèles à la direction des planches ou *razes*.

6° Culture

a. *Taille* — Les souches sont formées en gobelet ordinairement à trois bras, quelquefois à quatre ou seulement à deux; chaque bras porte un courson à deux yeux francs (fig. 460).

Dans les vignobles bien tenus, on pratique l'épamprage (*curage*) avant le moment de la floraison. Les pincements, le rognage et l'effeuillage ne sont pas usités.

Les vignes sont échalassées (fig. 459) de la troisième à la douzième année environ, après quoi les extrémités des rameaux des deux souches voisines sont simplement enlacées, de manière à les maintenir au-dessus du sol, comme une sorte d'arceau de verdure (fig. 461).

Fig. 461. — Ceps du Beaujolais sans échalas, à pampres relevés et attachés en arceau.

b. *Fumures.* — On fume habituellement tous les trois ans avec du fumier de vache, qui convient très bien à la nature caillouteuse et perméable des terres. Le fumier est souvent appliqué en couverture à la surface du sol, ce qui semble diminuer les chances de grillage du raisin.

c. *Façons aratoires.* — La vigne reçoit trois œuvres à bras, et quelquefois quatre, en Beaujolais. La première, qui est un labour d'aération, se donne à plat dans les terres perméables ou en pente; on l'exécute en relief, sous la forme de petites pyramides qui portent le nom de *darbons* (taupe, taupinière), dans les terrains schisteux, compacts et imperméables. Ce procédé, qui n'a d'équivalent que celui usité à l'Ermitage et à Côte-Rôtie sous le nom de *fosserage* ou en Provence dans les environs de la Ciotat (Bouches-du-Rhône), et à Argenteuil (Seine-et-Oise), permet aux terres qui y sont soumises de recevoir très énergiquement l'action des agents atmosphériques. Ce premier labour s'effectue en mars ou au commencement d'avril. Le deuxième, qui consiste à abattre les *darbons* dans les vignes où l'on a été amené à mettre le sol sous cette forme, est l'équivalent du binage de mai pratiqué autre part. En juin ou juillet, on exécute une façon plus superficielle qui porte le nom de *binage* ou *rebinage*, et qui est quelquefois suivie, au moment de la véraison, par une dernière opération du même genre.

d. *Reconstitution du vignoble.* — La reconstitution du vignoble se fait surtout au moyen de boutures américaines (*Vialla* ou V. RIPARIA *sauvage*) greffées sur table, que l'on fait enraciner et souder en pépinière pendant un an.

Le vignoble du Beaujolais étant le plus au nord de ceux qui peuvent être rattachés au groupe méridional, les procédés qui y sont usités ont pris, par suite de ce fait, un caractère un peu spécial, dont les principaux traits sont les suivants : 1° la tenue de la vigne en gobelet très bas, sur trois bras, avec courson à deux yeux francs ; 2° l'emploi temporaire des échalas, qui sont remplacés ensuite par le relèvement des sarments en cerceaux ; 3° la pratique des fumures en couverture en été ; 4° la culture en planches ou *razes*, et le *darbonnage* dans les terres fortes ; 5° enfin l'usage à peu près exclusif du *Petit-Gamai*, auquel les vignes du Beaujolais doivent, pour la plus grande part, la qualité et l'abondance de leurs produits.

CHAPITRE XXV

SOMMAIRE. — Groupe Septentrional : vignobles de la Côte-d'Or ; de la Champagne ; de l'Ermitage ; de l'Yonne.

II. — GROUPE SEPTENTRIONAL

Nous réunirons dans ce groupe les vignobles de la Côte-d'Or et de la Champagne, dont les méthodes de culture et l'ensemble des conditions sont presque identiques, et ceux de l'Ermitage et de Côte-Rôtie, qui s'en rapprochent beaucoup; enfin nous y joindrons les vignobles de l'Yonne, dont les méthodes de culture variées peuvent les faire considérer comme un passage entre le groupe méditerranéen et le groupe septentrional. Il est caractérisé par la culture des cépages fins exclusivement en coteaux, la densité des plantations, la taille pratiquée sur une tige unique et l'usage habituel du provignage comme procédé cultural, et non point seulement pour le remplacement des ceps manquants.

Le but vers lequel on tend dans ce milieu est tout à fait différent de celui poursuivi dans le groupe méridional : au lieu de rechercher les grands rendements, que l'on ne peut guère obtenir qu'avec des vendanges de médiocre qualité, on ne demande à la vigne qu'un produit peu élevé, mais de grande qualité. Aussi, tandis que dans le Midi on pousse le plus possible au développement de la végétation de la vigne et à celui du fruit par de profonds défoncements, l'écartement des pieds dans la plantation, l'usage des fumures actives et abondantes, et en laissant traîner les rameaux de manière à abriter le sol et le raisin contre l'action desséchante du soleil, dans les vignobles que nous allons étudier, au contraire, on cherche par des moyens tout autres à atteindre un résultat opposé : on tend à maintenir la vigne dans un état de chétivité et de faible production qui paraît éminemment favorable à l'enrichissement des moûts en sucre et à la finesse des vins qui en proviennent.

Les procédés usités dans les vignobles de la Côte-d'Or peuvent être considérés comme ayant servi de types à ceux employés dans la Champagne et à l'Ermitage; aussi les décrirons-nous en premier lieu.

A. Vignobles de la Côte-d'Or (1).

1° Climat et Situation

«Le département de la Côte-d'Or doit son nom, d'après M. J. Guyot, à une chaîne de coteaux abrités contre le N.-O. par des montagnes plus élevées, dont ils constituent les contreforts et les rampes inférieures ; cette chaîne, qui s'étend depuis Dijon, par Nuits et Beaune, jusqu'à Santenay, à l'exposition générale du S.-E., se déroule aux yeux étonnés sur une étendue de plus de 60 kilomètres, avec une largeur moyenne de 450 mètres. C'est ce vaste panorama, presque tout couvert de vignes fines, qu'on appelle *Côte d'Or*, à cause de la richesse de ses produits.

»C'est surtout dans l'arrondissement de Beaune, et un peu dans celui de Dijon, qu'on récolte ces vins célèbres connus sous le nom de grands vins de la Haute-Bourgogne.»

La Côte-d'Or est comprise dans l'ensemble du climat rhodanien, dont nous avons déjà donné les principaux caractères ; mais elle occupe dans l'aire rhodanienne une situation relativement septentrionale ; de plus, la disposition des montagnes qui forment la région des vignobles constitue, pour ces derniers, un climat local tout à fait spécial et qui influe d'une manière importante sur la nature de leur production.

M. de Vergnette-Lamotte, à qui on doit une excellente monographie des vignes de la Côte-d'Or, s'exprime ainsi sur ce point : «Les montagnes de la Côte-d'Or (2) sont dirigées vers le N.-E. et séparées du Jura par une plaine de formation tertiaire, dont la largeur moyenne est d'environ 60 kilomètres. De la plaine à la ligne de partage des eaux, perpendiculairement à la chaîne, on compte de 16 à 20 kilom. Dans cette largeur s'élèvent deux étages de collines : sur le premier versant, exposé au S.-E., sont cultivés les grands crus de la Bourgogne ; sur le versant du second étage, sont récoltés les vins

(1) Bibliographie. — **Thiébaut de Berneaud** ; *Nouveau manuel complet du vigneron français*. Paris, Roret, 1851. — **A. Jullien** ; *Topographie de tous les vignobles connus.* — **Vicomte de Vergnette-Lamotte** ; *Les vignes dans la Côte-d'Or*, in Livre de la Ferme, tom. II. — **P. Caumont-Bréon** ; *Des vignes de la côte et de l'arrière-côte de Nuits, in* Livre de la Ferme, tom. II. — **V. Rendu** ; *Ampélographie française.* — **C. Ladrey** ; *Traité de Viticulture et d'Œnologie.* Paris, F. Savary, 1872. — **Bertall** ; *La Vigne, voyage autour des vins de France.* — **Le docteur J. Guyot** ; *Étude des vignobles de France*, tom. III.

(2) Voir la carte N° 4.

inférieurs, dits vins de l'arrière-côte. Entre Santenay et Dijon, qui sont les deux points extrêmes des riches vignobles de la Côte-d'Or, la chaîne est coupée perpendiculairement à sa direction par un grand nombre de petites vallées dont les eaux affluent dans la Saône.

»C'est à l'abri des montagnes de l'arrière-côte et aux influences météorologiques qui se développent dans le vaste bassin qu'elles dominent que nous devons un climat si éminemment favorable à la culture de la vigne.

»Un habile météorologue, que la Côte-d'Or n'a possédé malheureusement que peu d'années, M. Ritter, ingénieur des ponts et chaussées, avait établi sur plus de 200 communes du département des observatoires dans lesquels on tenait chaque jour note des quantités d'eau tombée, de la sérénité du ciel, de la direction des vents, de la température, etc., etc. Un fait très remarquable qui est ressorti de ce travail est celui-ci : c'est que, sur tout le vignoble des grands vins, les jours où le ciel est serein sont plus nombreux que dans la montagne ou dans la plaine, sous la même latitude. M. Ritter donne de ce fait l'explication suivante : Les nuages que les vents amènent au-dessus de nos coteaux y trouvent une température supérieure à celle qu'ils possèdent et se dissipent souvent sous cette influence, pour plus tard se reformer, sous un nouvel abaissement de température, dans la plaine ou dans la montagne. On comprendra toute l'importance de ce fait quand on saura que, si les quantités de chaleur que reçoit le raisin aident au développement de la partie sucrée de ses baies, la matière colorante et le sucre aussi augmentent dans le fruit en raison directe de la lumière solaire qu'il reçoit.

»L'étendue des terrains consacrés à la culture des vignes fines des premier, deuxième et troisième crus, entre Santenay et Dijon, est de 3.750 hectares, dont le produit moyen par hectare ne dépasse guère 15 hectolitres.

»Dans la Côte-d'Or, de la plaine à la montagne, la température varie en moyenne de 1 degré à 2 degrés et demi centigrades. Mais si l'on se trouve dans des conditions différentes d'exposition (quand bien même les hauteurs relatives ne changent pas), les vignes ne donnent plus les mêmes produits, et souvent elles ne peuvent fructifier. C'est ainsi que sur les pentes des arrière-côtes exposées à l'est, on cultive encore la vigne avec succès à 180 mètres de hauteur au-dessus de la plaine et sous l'influence d'une chaleur moins élevée que dans la côte, tandis que sur le versant, à cette même hauteur, la vigne n'amène ses fruits à bonne fin que dans quelques années privilégiées.

»Les plus grands froids observés à Beaune depuis 1838 sont consignés dans le tableau suivant:

1838	1839	1840	1841	1842	1843	1844	1845
—10°	—5°	—5°	—8°	—15°	—17°	—11°	—18°

»Aux températures extrêmes de —10° centigrades, les ceps peuvent subir les atteintes du froid. En 1845, par exemple, par une température de —18°, les vignes n'ont cependant pas sensiblement souffert: cela tient à ce que, les terres étant couvertes de neige, la gelée n'a pas envahi le sol jusqu'aux dernières racines de la plante. Dans l'hiver 1829 à 1830, par un froid égal, mais plus prolongé, et quand la terre était moins couverte de neige, beaucoup de plants ont péri.

»Quant aux limites de la plus grande chaleur, on n'a pas observé plus de 38° (été de 1793). Voici enfin, pour donner un aperçu de la température maxima moyenne de l'année, depuis 1838, les nombres qui représentent la somme des maxima de température recueillis chaque jour :

1838	1839	1840	1841	1842	1843	1844	1845
4769	8179	4197	4996	5374	5440	5177	»

»Les vents dominants du pays sont: la bise ou vent de nord-est, d'est et les vents d'ouest et de sud-ouest. Les vents d'ouest sont très chargés de vapeur, et, quand ils se mêlent avec des couches d'air qui en contiennent peu, cela donne lieu à une précipitation d'humidité et à un dégagement de chaleur qui élève momentanément la température de l'atmosphère. On ne trouve point ce caractère dans les vents d'est qui traversent des continents.

»Les vents les plus favorables aux produits de la Bourgogne sont les vents du nord-est, surtout quand ils règnent dans la période qui précède la vendange : cela tient à ce qu'ils sont moins chargés de vapeur d'eau ; et on sait que les pluies sont très funestes au raisin mûr. En 1837 et 1838, la récolte, qui n'eut lieu qu'au 10 octobre, fut précédée par plusieurs jours de bise (vent de nord-est).

»Le sommet de la chaîne de nos grands crus est en général dénudé. Sur quelques points seulement se trouvent des bois peu garnis et d'une pauvre végétation (Santenay, Chassagne, Sauvigny, Pernaud, Aloxe, Nuits, Gevrey, etc.).

»Le second étage est planté ; il s'y trouve des forêts d'une assez vaste étendue et d'une belle croissance. La plaine, à distance de 6 à 8 kilom. de la côte, est couverte de bois d'une superbe végétation qui s'étendent jusqu'à la Saône, éloignée de 16 à 20 kilomètres de nos vignobles. Par suite du déboisement des sommités des premières collines et des travaux d'assainissement exécutés dans la plaine, le sol doit se dessécher plus rapidement que jadis; l'état hygrométrique a donc pu varier. Il est une époque de l'été où le raisin demande une certaine humidité de l'atmosphère: c'est dans cette période de sa croissance qui précède la maturation. Si le terrain est desséché, que l'air ne soit pas chargé de vapeurs, le fruit s'*arsit* ou s'*enferre*, et son développement languit.

»Les reboisements du sommet de nos montagnes contribueraient à rendre ce mal moins fréquent. Toutefois, comme c'est à une époque très reculée qu'ont disparu les bois de la côte, on ne doit pas attribuer à ce fait une grande action sur les qualités de nos produits, dont les siècles antérieurs ont fait la réputation.

»En résumé, les grands crus de la Côte-d'Or sont exposés au sud-est, sur la pente de collines hautes de 180 mètres au-dessus de la plaine. Ces collines sont elles-mêmes abritées par un second étage élevé de 250 mètres au-dessus du niveau de la mer.

»Enfin, la plaine est à 220 mètres de hauteur absolue au-dessus de ce même niveau.

»Les vignobles de la Côte-d'Or sont situés, comme ceux du Rhin et du Bordelais, sur la ligne qui fixe les limites de la culture du maïs, et par conséquent dans des positions isothermes.

»Les températures extrêmes observées dans la Bourgogne sont de 22°05 centigr. de froid (hiver 1795), de 38° centigr. de chaud (été 1793). Quand la température totale (somme des maxima) du mois de mars dépasse 200°, la vigne est très exposée en avril à des gelées qui détruisent tout espoir de récolte (en 1843). Un mois d'avril dont la température dépasse 500° (1840-1844) est très favorable à une végétation rapide du printemps. Les mois de juin et d'août doivent être chauds et leur température dépasser 750° (1842), pour donner un vin de qualité. La température des mois de mai et de juillet, destinés, le premier à la végétation de la plante, et le deuxième à l'accroissement du fruit, doit être variable. Il est de la plus haute importance que les quinze jours qui précèdent la vendange aient une température de 15 à 20° centigr. en moyenne, et surtout qu'ils soient sans pluie.

»Les quantités d'eau tombées par an sont de $0^m,745$; le nombre de pluie correspondant est de 108. Les pluies des mois de juin et de septembre sont essentiellement funestes à la vigne.»

2° Sol (1)

Les grands crus de la Côte-d'Or sont établis sur diverses formations de l'oolithe inférieure ; M. de Vergnette-Lamotte fournit sur les terres auxquelles ces formations ont donné lieu et sur l'influence qu'elles exercent sur la qualité des vins les renseignements suivants, que nous ne saurions mieux faire que de reproduire : «Les montagnes de la Côte-d'Or sont de formation oolithique (fig. 462). A partir de la plaine se trouvent d'abord une pente douce, puis une pente brusque qui s'infléchit de nouveau et se relève jusqu'aux escarpements du sommet de la montagne ; ce fait s'explique par une différence de structure dans les couches qui composent cet étage oolithique. Ainsi, là où la pente est brusque, au milieu comme au sommet du versant, se trouve un calcaire dur et peu susceptible de désagrégation. Dans les intervalles, on rencontre des calcaires tendres et des marnes qui ont moins résisté à l'action des agents atmosphériques.

»Les divers étages de la formation oolithique inférieure sur lesquels reposent les grands crus de la Côte impriment aux vins des caractères propres à chacun d'eux. Les plantations faites sur un sous-sol de calcaire oolithique dur doivent peut-être à la prédominance de la silice et de l'oxyde de fer dans la terre végétale le cachet de finesse remarquable qui caractérise ces vins. Les vignobles de Santenot, Chevrey, Cailleret, Fremier, Rugien, Clos des Mouches, Cras, Grèves, etc., sont dans ce cas ; il en est de même du célèbre cru de Musigny-Vougeot. Les terrains à sous-sol marneux, plus calcaires, plus riches en argile et par conséquent en potasse, donnent une végétation plus vigoureuse, des produits chargés de tartre, et c'est à ces causes qu'on attribue les qualités des vins des Clos des Chênes, des Chanlins, des Marconnets, des Vergelesses, des Cortons, du Chambertin, etc.

»Quand l'alluvion argilo-calcaire ferrugineuse qui se trouve en face des vallées et de quelques dépressions locales, comme à Pomard, Volnay, Nuits, Vougeot, etc., deviendra assez puissante pour s'y élever au niveau de la zone de bons crus, c'est-à-dire entre 15 mètres et 78 mètres de hauteur absolue au-dessus de la plaine, les vins récoltés sur ces terrains riches en argile et en oxyde de fer devront contenir une plus grande proportion de bases alcalines et ferrugineuses unies à l'acide tartrique, et seront recherchés comme crus de Cham-

(1) Voir la carte N° 4.

pagne, Taillepied, Bouche-d'Or, etc., à Volnay, et comme crus du vignoble de Pomard, où ces terrains sont très fréquents, depuis les

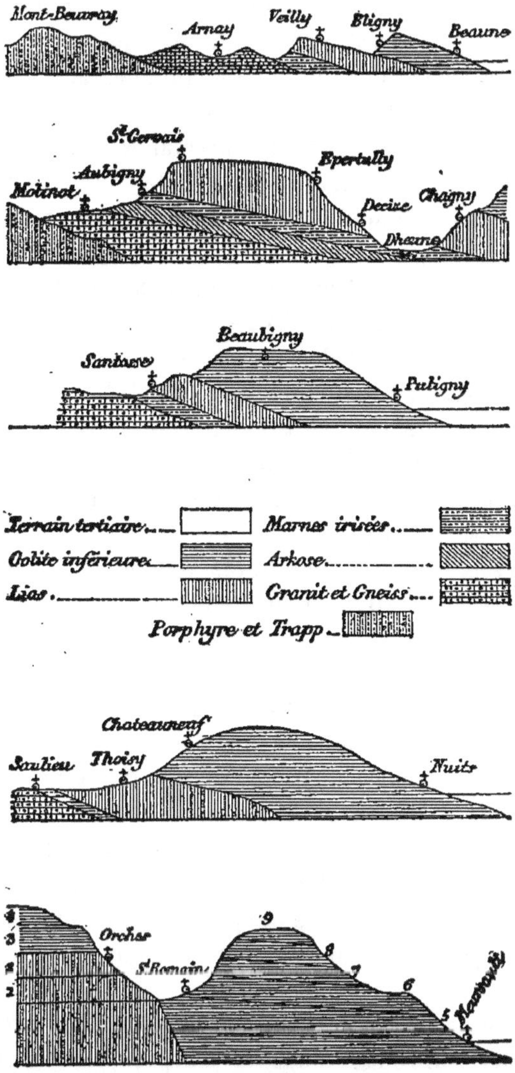

Fig. 462. — Coupe géologique des montagnes de la Côte-d'Or, d'après M. le vicomte de VERGNETTE-LAMOTTE: 1. Calcaire à gryphites. — 2. Calcaire à bélemnites. — 3. Calcaire à entroques. — 4. Calcaire à bouchardes. — 5. Oolithe de Barth. — 6. ? Forest marble. — 7. Combrash. — 8. Oolithe d'Oxford. — 9. Oolithe grossière (Coral rag ?).

Bretins jusqu'aux Épenots, etc., etc. Certains crus de Nuits, de Vosne et de Morey (et des meilleurs), la plus grande partie du Clos

Vougeot, sont aussi plantés sur un sous-sol appartenant, soit à l'alluvion ancienne, soit à des alluvions locales.

»Enfin les calcaires magnésiens, qui donnent une végétation peu vigoureuse, comme au climat des Arvelets, des Pezzerolles, des Charmots, etc., à Pomard, produiront un vin qui devra peut-être à cette cause le cachet de haute finesse qui le caractérise. Les formations de calcaires oolithiques et demi-marneux et les dépôts magnésiens conviendront à la culture des vins blancs à cépages plus agrestes et donneront : les premières, les vins de Montrachet, Combette, Charme, etc.; les secondes, les crus des Perrières, Genevrières et Santenot, etc., etc., à Meursault. On explique la différence qu'on observe entre les vins de Montrachet et ceux des Bâtard et Chevalier-Montrachet, par la variété du sous-sol constatée dans ces trois vignobles étagés les uns au-dessus des autres. Au-dessus du chemin qui domine le Bâtard-Montrachet est une oolithe régulière. Le Montrachet a pour sous-sol un calcaire demi-marneux ; enfin le Chevalier-Montrachet est sur un calcaire demi-magnésien, et au-dessus de lui se trouve le banc dolomitique, qui est supérieur aussi aux meilleurs crus blancs de Meursault.

»...Disons à présent quelques mots des terres végétales qui sont superposées aux formations dont il vient d'être parlé très succinctement.

»Au-dessus des assises oolithiques, la superficie du sous-sol se compose de bancs schisteux très minces, se délitant facilement et dont les débris sont souvent mélangés à la terre végétale. La profondeur de cette terre varie de $0^{m},40$ à $0^{m},60$ (Santenot de Meursault, Cailleret, Chevrey, Fremier de Volnay, Rugien de Pomard, Clos des Mouches de Beaune, etc., etc.). La profondeur de la terre végétale atteint quelquefois de plus grandes proportions. Ainsi, dans la Romanée Saint-Vivant à Vosne et dans certaines parties du Clos de Vougeot, nous trouvons plus de $1^{m},40$ de terre avant d'arriver au sous-sol.

»La terre de nos vignobles fait en général pâte avec l'eau ; elle est de couleur brun-rouge foncé et d'aspect très ferrugineux. Les terres qui accompagnent les marnes blanches sont d'un brun-jaune parsemées de petits grains argileux blanchâtres et de consistance pâteuse quand elles sont humides. On ne rencontre le sous-sol qu'à une profondeur qui varie de $0^{m},80$ à 1 mètre. Puis vient un banc marneux jaunâtre de $0^{m},40$ d'épaisseur, qui sert de passage à la marne pure, que j'ai décrite plus haut (climat des terres blanches de Meursault, du Clos des Chênes de Volnay, des Chanlins, des Noisons de Pomard, des Montremenots et Marconnets de Beaune, des Vergelesses de Pernaud, Corton d'Aloxe, etc., etc.).

»Au-dessus des calcaires magnésiens, la terre végétale est peu profonde et très légère ; cependant elle est encore grasse (climat des Arvelets, Charmots de Pomard, etc., etc.).

»Les alluvions qui sont en face des vallées et des dépressions locales, signalées dans quelques parties, sont recouvertes d'abord par un sol d'alluvion sableuse mélangée d'argile (les angles des cailloux, comme je l'ai déjà dit, ne sont pas arrondis, ce qui indique qu'ils ont peu séjourné dans les eaux). On trouve ainsi un banc demi-argileux, très mélangé de pierres, faisant encore pâte avec l'eau ; enfin, une couche végétale rouge-noirâtre, d'aspect ferrugineux, assez pierreux, et dont la profondeur varie de 0^m,40 à 1 mètre.

»Les tableaux suivants donneront la composition de quelques-uns des terrains et de quelques-unes des terres végétales que l'on rencontre dans les grands crus de la Côte-d'Or. Nous avons dû ces analyses à l'obligeance de M. Berthier (de l'Institut).»

Terrain végétal

Gros et menu dépôt (de nature calcaire).	30.10	29.15
Carbonate de chaux	12.95	17.20
Carbonate de magnésie	3,98	
Fer oxydé	12.72	10.50
Alumine	5.93	7.17
Silice	28 93	32.98
Matières organiques	5.39	3.00
	100.00	100.00

Sous-sol correspondant

Carbonate de chaux	88.00	78.00
Matières argileuses	12.00	22.00
	100.00	100.00

3° Crus

Les vins des premiers crus de la Côte-d'Or peuvent être considérés comme du nombre des plus parfaits qu'il y ait en France lorsqu'ils proviennent de bonnes années. Aucun coupage, aucune préparation spéciale ne leur est nécessaire pour acquérir le plus haut degré de perfection.

Jullien les apprécie ainsi : « Les vins rouges de la Côte-d'Or joignent à une belle couleur beaucoup de parfum et un goût délicieux ; ils sont à la fois corsés, fins, délicats et spiritueux, sans être trop fumeux. Bus avec modération, ils donnent du ton à l'estomac et facilitent la digestion. Les blancs possèdent les mêmes qualités ; ils sont moelleux, et leur couleur prend, en vieillissant, une teinte ambrée ; ceux des premiers crus disputent les honneurs du dessert aux vins de liqueur les plus estimés. »

Le même auteur place dans la première classe de vins rouges de ce département ceux de *Romanée-Conti*, *Richebourg*, *Romanée de Saint-Vivant* et la *Tâche* sur le territoire de Vosne, entre Nuits et Dijon ; ceux du *Clos Vougeot* sur celui de Flagey, de *Chambertin* sur celui de Gevrey, *Saint-Georges* près de Nuits.

Le vignoble de *Romanée-Conti* (fig. 463), très peu étendu (deux

Fig. 463. — La Romanée, d'après BERTALL.

hectares seulement), donne un vin remarquable par sa belle couleur, son arome, sa délicatesse et la finesse de son goût. Les vins de *Richebourg*, la *Romanée de Saint-Vivant* et la *Tâche* ressemblent beaucoup au précédent, mais lui sont inférieurs. *Chambertin* produit un vin excellent, qui joint à une belle couleur beaucoup de sève et de moelleux, de la finesse et un bouquet très suave.

Clos Vougeot (fig. 464) donne des vins qui ont beaucoup de sève, de bouquet et sont très spiritueux. Les produits des diverses portions du Clos varient de qualité : ceux des parties élevées sont beaucoup meilleurs que ceux des parties basses.

Le vin de *Saint-Georges* ressemble à celui de *Chambertin*, mais ne vaut pas ce dernier.

Chambertin, de *Saint-Georges* et de *Corton*, mais inférieurs en corps, en spiritueux et en durée.

Savigny-sous-Beaune donne beaucoup des vins de troisième et de quatrième classe ; mais les coteaux de la *Dominode*, des *Vergelesses*, des *Marconnets*, des *Jarrons* et des *Pougets* en produisent de fort bons qui peuvent être rangés dans la deuxième classe. Il en est de même pour *Meursault*, dont les vignobles les plus renommés sont ceux des *Santenots*, des *Petures* et des *Cras*.

Jullien range dans la troisième classe des vins de la Côte-d'Or les vins de *Saint-Jacques*, de la *Chapelle*, des *Véroilles* et des *Mazy* à *Gevrey* ; ceux de *Morjot*, la *Maltroie* et le *Clos Saint-Jean* à *Chassagne*; ceux de la *Charlemagne* et des *Bressantes* à *Aloxe*, une partie de ceux de *Savigny-sous-Beaune*, de *Blagny* ; les cuvées de *Gravières* et des *Clos de Tavanne* à *Santenay*, et celles du *Clos du Roy* et du *Chapitre* à *Chenove*.

On obtient enfin, indépendamment de ceux que nous venons d'énumérer, d'autres vins rouges qui leur sont inférieurs et que l'on classe comme vins d'ordinaire, mais qui n'en possèdent pas moins encore une réelle distinction.

Les vins blancs les plus célèbres de la Côte-d'Or proviennent de la commune de *Puligny*, où se trouvent les vignobles de *Montrachet* (fig. 465), dont les produits sont distingués sous les noms de vin de *Montrachet aîné*, de *Chevalier-Montrachet* et de *Bâtard-Montrachet*.

Fig. 465. — Coteau de Montrachet, d'après BERTALL.

Le premier est regardé comme supérieur aux autres, «il a du corps, beaucoup de spiritueux et de finesse, un goût de noisette très agréable qui lui est particulier, et surtout une sève et un bouquet dont la suavité le distingue des autres vins blancs de la Côte-d'Or» (Jullien).

Le *Chevalier-Montrachet* possède, à un moindre degré, les qualités qui viennent d'être énumérées. Le *Bâtard-Montrachet* vaut presque le précédent.

Viennent ensuite, au second rang, les vins blancs du coteau de la *Perrière*, de la *Combotte*, de la *Goutte-d'Or*, de la *Genevrières* et des *Charmes* à *Meursault*. Puis, au troisième rang, ceux du *Rougeot* dans la même commune et ceux de *Blagny* sur le territoire de *Puligny*.

4° Cépages

Les cépages les plus répandus dans la Bourgogne sont les *Pinots noirs*, *gris* et *blancs* et les *Gamais*. La sélection et la culture dans des milieux très divers ont déterminé la formation de sous-races nombreuses et plus ou moins caractérisées de ces deux types. Les principales, pour le *Pinot*, sont : le *Pinot dru* ou *Pinot aigret,* le *Mour* ou *Mourel*, le *Noirien de la grande race* ou *Pinot Crépet*, le *Pinot de Pernant*, le *Beurot* ou *Pinot gris*, enfin le *Pinot blanc Chardonay*, qui paraît être une vraie variété issue du semis.

En ce qui concerne les *Gamais*, les races les plus cultivées sont le *Gamai teinturier* (à jus rouge), le *Giboudot* et le *Melon* ou *Gamai blanc*, à feuille ronde, qui est une variété distincte.

Les *Pinots* jouent constamment le rôle d'élément de qualité, tant pour la production des vins rouges que pour celle des vins blancs: ce sont des cépages des coteaux; les *Gamais* donnent la quantité, mais sont exclus des vignobles où l'on tient à conserver une grande distinction au vin: on les cultive de préférence dans la plaine.

5° Établissement du vignoble

a. *Préparation du sol.* — Les plantations se font rarement, dans la Côte-d'Or, sur des terrains neufs ; elles s'exécutent habituellement sur des terres précédemment en vignes que leur état d'épuisement a obligé à arracher. Ces circonstances ne se présentent qu'à des intervalles fort éloignés, surtout pour les vignes fines en *Pinots*, qui peuvent atteindre une durée plusieurs fois séculaire. Quoi qu'il en soit, lorsqu'on se trouve dans la nécessité de renouveler un vignoble, on en cultive l'emplacement après l'arrachage, pendant plusieurs années (trois à six ans), en prairies artificielles, en sainfoin ou en trèfle, suivant la nature du sol, quelquefois en céréales.

La terre ne reçoit aucun défoncement avant la plantation; on se borne à creuser une série de fossés tenant toute la largeur du champ, suivant une direction ordinairement perpendiculaire à la plus grande pente. Ces fossés ont de 0m,20 à 0m,35 de largeur et de profondeur, et ils sont distants de 1m,60 d'axe en axe. Cette préparation peu profonde et incomplète du sol se rattache, ainsi que nous le verrons en examinant la suite des opérations de culture, à la préoccupation constante où semblent être les viticulteurs bourguignons de faire vivre les parties souterraines de la vigne dans la couche la plus superficielle possible. Au lieu de rechercher, comme on le fait dans le Midi, à assurer une production abondante par la pénétration des racines dans les régions constamment fraîches du sol et par une végétation vigoureuse de la souche, on tend, en Bourgogne, à obtenir des récoltes riches en sucre, en donnant à la vigne un développement médiocre et en assurant l'existence de nombreuses radicelles dans les couches superficielles et faciles à échauffer du terrain.

b. *Plantation*. — La plantation se fait, dans les terres légères et saines, du mois de novembre jusqu'aux gelées, et dans celles qui sont fortes, argileuses et humides, en février et mars. On emploie, soit des boutures (*chapons*) (fig. 466), soit des plants enracinés de boutures

Fig. 466.— Chapon ou bouture.

Fig. 467.— Plant enraciné provenant de bouture.

en pépinière (fig. 467) ou par des couchages (fig. 468) (*chevelus* ou *chevolées*); ces plants ou boutures sont couchés dans la fosse et relevés verticalement le long de la paroi qui offre la meilleure exposition (fig. 469). Cette disposition coudée du plant n'est pas favorable, ainsi que nous l'avons vu en traitant de la viticulture générale, au développement des racines vigoureuses et profondes, mais elle détermine la formation de nombreux faisceaux de radicelles à une faible profondeur. On les espace de 0m,33 ou de 0m,50 dans la ligne, puis on les recouvre de 0m,15 de terre, la plupart du temps sans les fumer. Lorsqu'on croit devoir fertiliser le sol au moment de la plantation,

Fig. 468.— Chevelu ou plant enraciné provenant d'un couchage.

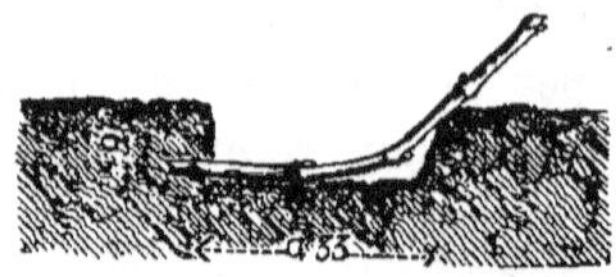

Fig. 469. – Plantation des boutures dans la Côte-d'Or.

on met sur la partie horizontale du plant une motte de terre sur laquelle on étend un lit de fumier que l'on recouvre lui-même de 0m,10 de terre environ. La quantité d'engrais employée par hectare dans ces circonstances est d'environ 12,000 kilogr. On *rabat* enfin, au printemps, l'angle que forme avec la surface du sol la paroi contre laquelle sont appuyés les plants.

La plantation se trouve ainsi constituée à raison de 12,500 pieds ou de 19,000, ce qui est encore loin du chiffre de 30,000 à 50,000 ceps à l'hectare que l'on compte dans une vigne faite. Le surplus est obtenu ensuite par le provignage, au moyen duquel on garnit l'espace vide entre les lignes de la plantation primitive.

6° Culture

a. *Taille.* — La taille s'effectue, dans la Côte-d'Or, de la fin de janvier jusque dans le courant de mars ; on l'exécute au moyen d'une petite serpe en croissant qui porte le nom de *goussotte* (fig. 470); elle est souvent faite par des femmes. Le but poursuivi dans cette opération, comme dans l'ensemble des opérations viticoles de cette contrée, semble être d'astreindre la vigne à une végétation médiocre, favorable à la richesse et à la finesse des moûts. La souche est formée par une seule tige terminée par un courson à trois ou quatre yeux pour les *Pinots* (fig. 471, 472, 473 et 474), à deux ou trois pour les *Gamays*. Ce courson est pris, à l'encontre de ce qui se fait dans les vignobles méridionaux, sur le sarment le plus élevé du cep, ce qui amène un prompt allongement de la tige et un vieillissement précoce dont il faut fréquemment atténuer les effets par le provignage. La section du sarment se fait obliquement par rapport à son axe, du

Fig. 470.— Serpe pour la taille de la vigne dans la Côte-d'Or.

côté opposé au bourgeon, de manière à ce que le point inférieur de la section soit à 0m,15 environ au-dessus de ce dernier (fig. 475).

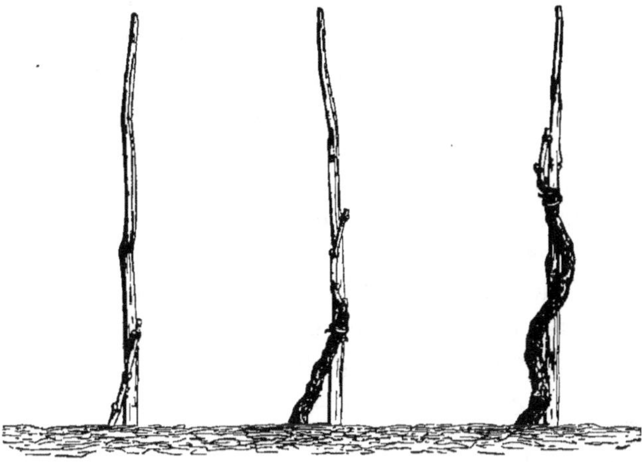

Fig. 471. Fig. 472. Fig. 473.

Fig. 471.— Taille d'une souche qui vient d'être provignée.— Fig. 472.— Taille d'une souche de 6 à 7 ans après le provignage. — Fig. 473. — Taille d'une souche de 14 à 15 ans après le provignage, et demandant à être de nouveau provignée, d'après M. le docteur J. Guyot.

A partir de la quatrième année, chaque pied est pourvu d'un échalas ou paisseau de chêne, de 1m,45 à 1m,60 de haut. Ces échalas

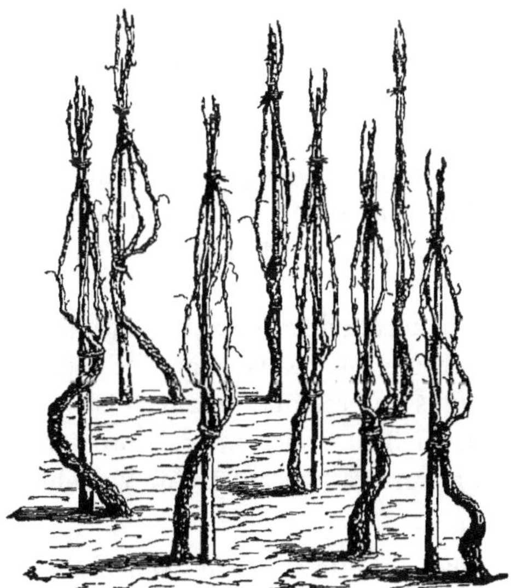

Fig. 474.— Vignes de la Côte-d'Or (Pinots).

sont enlevés, chaque année, après les vendanges et mis en tas ou *bordes* jusqu'au printemps.

b. *Provignage.* — Le provignage peut être regardé comme une opération culturale régulière dans la Côte-d'Or. On marque d'avance les ceps qui ont besoin d'être renouvelés; puis, dans le courant de l'hiver, avant ou pendant la taille, on creuse à côté un fossé de 0m,40 à 0m,45 de profondeur et de 0m,35 de largeur; la souche est ensuite couchée au fond avec précaution et on fait sortir à des places convenables trois ou quatre sarments (*saillies*), qui sont ensuite rabattus sur deux ou trois yeux et qui formeront de nouveaux ceps. On fume entre deux terres dans la fosse.

On fait chaque année de 450 à 600 provins avec 1,250 à 2,500 saillies par hectare, dans les vignes de *Pinots*. Ce nombre est dépassé d'un tiers et quelquefois plus pour les *Gamais*.

Fig. 475 — Section d'un sarment à la taille

Les provins se font tout l'hiver et jusqu'en mars, en avril et dans les premiers jours de mai; l'époque la plus convenable paraît être mars et avril.

c. *Fumures et terrages.* — On fume peu les vignes fines en Bourgogne, dans la crainte d'en altérer les produits; on supplée dans une certaine mesure aux engrais proprement dits par les *terrages*. Les terres entraînées par les eaux au pied des coteaux ou quelquefois celles des jardins ou des prairies sont remontées dans les vignes tous les six ou sept ans; cette opération se fait le plus souvent avec des hottes à dos d'homme. Ce mode de fertilisation par un amendement peu actif, riche en matières minérales faciles à dissoudre, et où l'azote s'est en grande partie nitrifié, semble éminemment favorable au maintien de la qualité du vin et suffit pour assurer la production peu considérable que l'on demande aux vignes de cette catégorie.

Les *Gamais* sont plus abondamment fumés et avec des engrais plus actifs (fumier de ferme, tourteaux, marcs de raisin, etc.). C'est dans les fosses de provins que ces matières fertilisantes sont appliquées, et l'importance annuelle des opérations de provignage entraîne bientôt la fumure de la surface tout entière du vignoble.

d. *Premier labour.* — Cette opération se fait à la fin de mars ou au commencement d'avril : elle porte le nom de *bêchage;* on l'exécute au moyen d'un outil appelé *meigle* ou *meille* (fig. 476). Le sol est remué jusqu'à 0m,10 environ de profondeur, dans le but de l'aérer.

e. *Plantation des échalas.*— On replante ensuite les échalas : ce travail est effectué par des femmes. La plantation doit en être faite

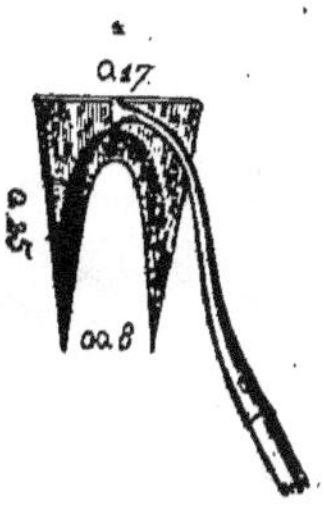

Fig. 476.— Houe fourchue ou meigle de la Côte-d'Or.

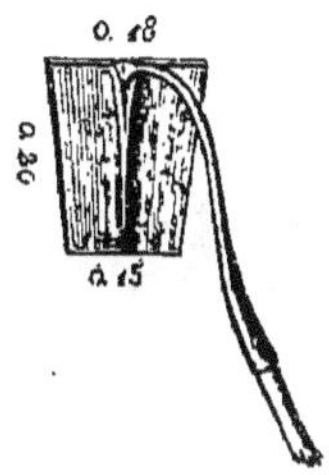

Fig. 477.— Houe pleine ou fessou de la Côte-d'Or.

avant le premier bourgeonnement, afin d'éviter de détacher les jeunes rameaux, ce qui entraînerait un dommage considérable pour les vignes.

f. *Ebourgeonnage.*— Lorsque les rameaux ont atteint de $0^m,05$ à $0^m,10$ de longueur et que l'on peut nettement distinguer ceux qui portent du fruit d'avec les autres, on procède à l'*ébourgeonnage* (*évasiver*). Cette opération, qui porte le nom d'*épamprage* dans d'autres régions, consiste à enlever les rameaux non fructifères qui ne peuvent pas servir à la taille ni au provignage l'année suivante.

Lorsque les vignes sont très vigoureuses, ainsi que cela arrive très fréquemment quand on a affaire à des *Gamais* bien fumés, par exemple, on retarde l'époque de l'ébourgeonnage.

g. *Deuxième labour.*— Le deuxième labour (*refuer*) est un véritable binage, il n'attaque que très superficiellement le sol ; on l'exécute avec une houe qui porte le nom de *fessou* (fig. 477). Cette opération doit précéder la floraison.

h. *Troisième labour.* — Cette œuvre s'effectue après la floraison ; c'est encore un binage très superficiel, qui se nomme *tiercer* en Bourgogne comme en Languedoc.

i. *Accolage, rognage et effeuillage.* — Lorsque les rameaux ont atteint une longueur de $0^m,40$ environ, ils sont attachés à l'échalas avec un lien de paille de seigle. Au mois de juillet, on rogne les sarments au niveau de l'extrémité de l'échalas. Enfin, lorsque le raisin commence à mûrir, on effeuille légèrement la partie de la souche la plus voisine du sol.

j. *Vendange.*— La vendange s'effectue, dans la Côte-d'Or, de la manière suivante, d'après M. Caumont-Bréon : «Les vendangeuses

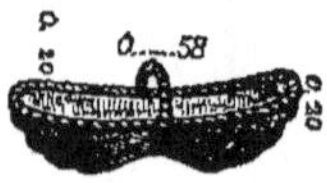

Fig. 478.— Vendangerot de la Bourgogne.

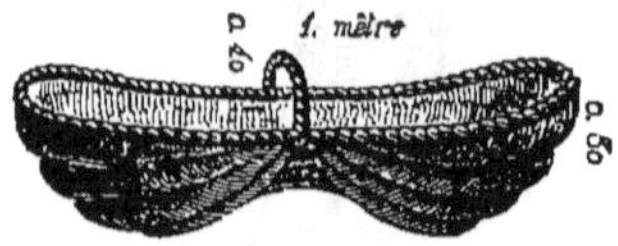

Fig. 479.— Panier à vendange de la Bourgogne.

sont pourvues d'un petit panier nommé *vendangerot* (fig. 478), dans lequel elles mettent les raisins qu'elles coupent avec une petite ser-

Fig. 480.— Vendangeur de la Côte-d'Or portant le grand panier à vendange.

Fig. 481.— Vendangeur de la Côte-d'Or portant la hotte.

pette ou *goussotte;* dès que le vendangerot est rempli, un jeune vendangeur, nommé *vide-panier*, va verser les raisins dans de grands

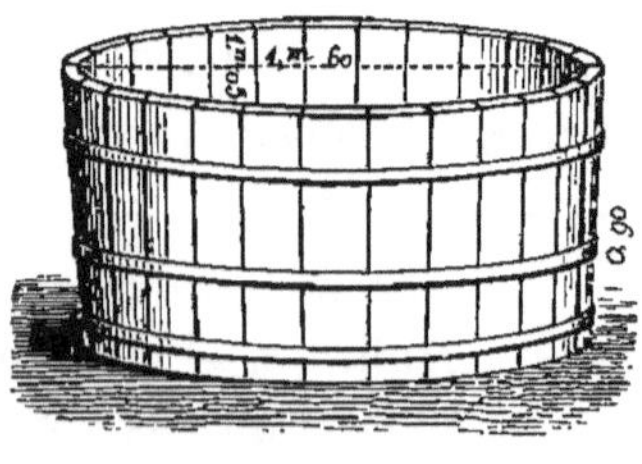

Fig. 482.— Balonge.

paniers à vendange d'une contenance de 60 litres environ (fig. 479 et 480), et qui sont placés de distance à distance dans l'intérieur de la vigne; ceux-ci étant pleins à leur tour, on donne aux porteurs le signal de les sortir de la vigne et de les transporter à dos (fig. 481)

Fig. 483.— Vendangeur de la Côte-d'Or foulant dans une balonge.

dans les *balonges* (fig. 482), qui peuvent contenir environ vingt paniers». A Santenay et à Chassagne, on emploie des hottes (fig. 481) au lieu des grands paniers.

B. **Vignobles de la Champagne** (1).— Les vignes à vins fins de la Champagne sont cultivées uniquement sur les coteaux qui dominent la Marne et la Vesle, dans les arrondissements de Reims et d'Épernay et le canton de Vertus.

1° Climat

Le département de la Marne est situé près de la limite du climat *séquanien* vers le climat *vosgien ;* il emprunte à ce dernier quelques-uns des caractères des climats continentaux : les *maxima* et les *minima* y sont plus écartés (33°,8 et — 12°,5 environ), et les quantités de pluies y sont moindres (475^{mm}) que dans la partie du climat *séquanien* qui se rapproche de l'Océan. Ces différences sont favorables à la culture de la vigne sous cette latitude, où l'on a à redouter un excès d'humidité et l'insuffisance de la chaleur en été; néanmoins, la vigne ne peut être cultivée dans la Marne que sur les coteaux.

M. Victor Rendu décrit ainsi la topographie des vignobles de la Marne : «Deux grandes artères topographiques partagent la contrée vraiment viticole du département : la *rivière de Marne* et la *montagne*

(1) Bibliographie. — **V. Rendu** ; *Ampélographie française*. — **Le docteur J. Guyot** ; *Études des vignobles de France*, tom. III.— **Bertall** ; *La Vigne*, etc.

de Reims. La première comprend tous les vignobles situés près de la Marne. Elle se ramifie en trois chaînes principales, savoir : 1° la *rivière de Marne* proprement dite, en plein midi, commençant à Cumières et finissant à Mareuil : elle renferme les vignobles distingués de Cumières, Hautvillers, Disy, Ay et Mareuil, dont l'extrémité orientale confine au territoire d'Avenay ; 2° la *Côte d'Épernay*, parallèle à la rivière de Marne proprement dite, mais s'avançant davantage vers le sud-est : les vignobles d'Épernay, de Pierry, de Moussy et de Vinay y sont assis ; 3° la *Côte d'Avize*, s'allongeant dans la direction du sud-est, parallèlement à la côte d'Épernay : elle porte les vignobles de Cramant, Avize, Oger, Mesnil et Vertus, tous situés sur son versant oriental ; Cuis et Grauvesse se trouvent sur le revers, à l'ouest.

»La seconde division générale des grands crus de la Marne embrasse tous les vignobles du pays rémois. Une chaîne de collines, la montagne de Reims, les sépare des contrées arrosées par la Marne ; elle se partage à son tour en *haute* et *basse montagne*. La première zone, en allant de l'est à l'ouest, renferme Verzy, Verzenay, Sillery, Mailly, Ludes, Chigny et Rilly ; à la seconde zone appartiennent Saint-Thierry, Marzilly, Hermonville, etc. ; enfin, une petite région intermédiaire à la plaine et à la montagne termine la liste des meilleurs vignobles de la Champagne : c'est là que se rencontre le coteau de Bouzy, dont celui d'Ambonnay fait la continuation.»

2° Sol et Situation (1)

Le sol des vignobles à vins fins de la Champagne est issu de diverses formations géologiques : la plaine appartient à l'étage crétacé supérieur et est constituée par la craie blanche ; elle est bordée par des coteaux de formation tertiaire inférieure (*éocène*), où l'on rencontre des argiles plastiques, des sables siliceux, des calcaires grossiers et des roches gypseuses ; ces coteaux sont dominés eux-mêmes en divers lieux par les meulières du tertiaire moyen (*miocène*).

Au pied des côtes, le sol est formé d'une couche de terre végétale généralement siliceuse, assez riche en humus et d'épaisseur variable. C'est dans ces parties basses que l'on obtient le meilleur vin, lorsque les gelées du printemps ne détruisent pas la récolte. Le sous-sol, dans ces basses vignes, est tantôt pierreux et siliceux, tantôt *gréveux* (tuffeux), au pied des coteaux qui longent la Marne et la montagne

(1) Voir la carte N° 5.

de Reims; il est presque partout crayeux dans la partie sud-est du vignoble champenois.

A mi-côte, le sol est presque identique à celui que nous venons de décrire; c'est dans cette région que l'on trouve réunies le mieux possible les garanties de quantité et de qualité au point de vue des récoltes. Aussi, les propriétés situées dans cette région sont celles qui ont le plus de valeur.

Au sommet des coteaux, la couche végétale est moins épaisse, elle est souvent sablonneuse et repose ordinairement sur un sol d'argile froid et compact qui nuit beaucoup à la qualité du raisin. Par suite de ces circonstances, les vignes qui couronnent les hauteurs sont les moins estimées.

Les coteaux de la Marne sont dominés par des bois étendus dont la présence contribue à constituer un abri précieux pour les vignobles.

3° Crus

Le département de la Marne produit des vins rouges très distingués et qui peuvent être classés parmi les meilleurs vins de France, mais ce sont ses vins blancs mousseux qui ont fait la grande réputation de ses vignobles.

Les plus renommés parmi ces derniers sont ceux de *Sillery*, que l'on récolte sur la côte de Verzenay ; d'*Ay*, qui est le premier vignoble de la *rivière de la Marne*; ceux de *Mareuil, Haut-Villers, Pierry* et *Disy* près d'Épernay. Viennent ensuite au deuxième rang les vins de *Cramant*, *Avize*, *Oger* et le *Mesnil*.

4° Cépages

Les cépages les plus cultivés dans les vignobles à vins fins de la Champagne sont : 1° les *Pinots noirs* de diverses races, désignés dans le pays sous les noms suivants : *Pinot* proprement dit, que l'on met dans les terrains les plus forts ; *Vert doré*, qui demande des terres légères ; *Plant vert*, *Plant doré*, *Plant de Cumière*, etc. ; 2° le *Pinot blanc Chardonay*, qui porte le nom d'*Épinette*. Ce cépage est un peu plus tardif que les précédents, mais il est plus rustique ; on lui consacre d'ordinaire les terres grises et jaunâtres peu fertiles.

5° Établissement du vignoble

a. *Préparation du vignoble.* — Le sol destiné à une plantation de vigne est défoncé à une profondeur qui varie entre 0m,30 et 0m,60. Cette opération s'effectue généralement en même temps que l'arrachage de la vigne que l'on veut remplacer; la replantation se fait en effet immédiatement après ou tout au plus après un an ou deux de culture du sol en céréales ou en fourrages artificiels.

b. *Plantation.* — On emploie habituellement, pour la plantation, des plants enracinés obtenus par la mise en pépinière, pendant deux ou trois ans, de sarments ou crossettes soigneusement sélectionnés. A la montagne de Reims, on se sert de marcottes obtenues au moyen d'un sarment que l'on a couché en terre entre deux mottes de gazon.

Dans la vallée de la Marne, on plante dans des fosses espacées de 0m,80 à 1 mètre, les plants étant eux-mêmes à 0m,65 ou 0m,70 et en quinconce. On n'obtient ainsi que 16,000 à 20,000 plants par hectare; mais on réserve souvent, dès après la seconde année, deux à trois pousses de chaque plant que l'on couche en terre en les fumant (fig. 484) : c'est ce que l'on appelle *assizeler,* c'est-à-dire poser les assises

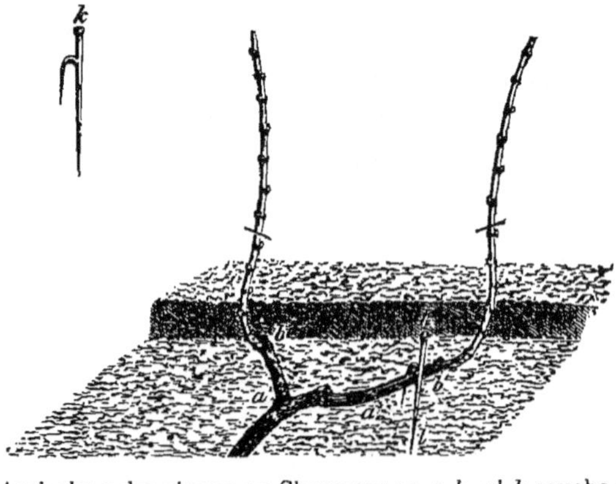

Fig. 484. — Assizelage des vignes en Champagne : *a b, a' b* souche souterraine; *k l* crochet pour maintenir les sarments en place.

de la vigne. On arrrive ainsi, lorsque la vigne est entièrement établie, à avoir 40,000 à 60,000 broches sortant du sol et pourvues chacune d'un échalas.

A la montagne de Reims, où le sol est plus riche, on n'*assizèle* pas, mais on plante plus serré et on fume dans une rigole faite à la houe, devant chaque cep.

No. 5

Carte Géologique et Viticole de la Marne

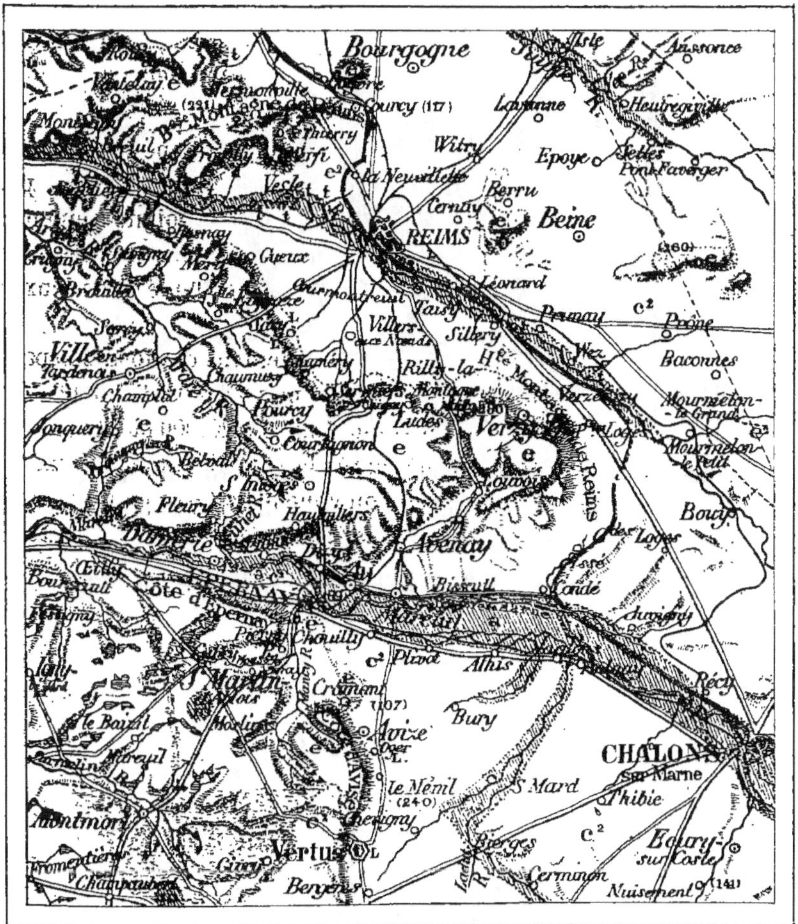

Gravée par L. Combes. d'après MM. Dufrénoy et Elie de Beaumont.

Légende

- a — *Alluvions et Tourbes*
- m — *Tertiaire moyen (Miocène)*
- e — *Tertiaire inférieur (Eocène)*
- C² — *Crétacé supérieur (Craie)*

Echelle de 2mm pour 1 Kilom

6° Culture

a. *Taille.* — La taille s'effectue habituellement en février. On la fait au moyen du sécateur. On réserve sur chaque cep une ou deux broches ou pousses que l'on choisit parmi les plus fortes et les plus haut placées sur les cépages noirs (fig. 485, *a a a a*) ; on les rabat sur

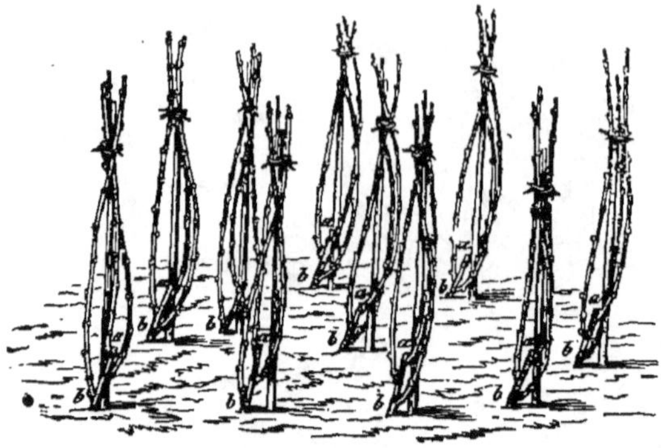

Fig. 485. — Vigne champenoise avant la taille : *a a a a* sarments sur lesquels sera établie la nouvelle taille ; *b b b b* broches laissées à la taille précédente.

trois yeux francs. Sur les cépages blancs, on ne garde ordinairement qu'une broche, mais à quatre yeux, et en ayant soin de la choisir aussi parmi les sarments les plus élevés.

On a soin enfin, pendant la taille, de conserver le nombre de ra-

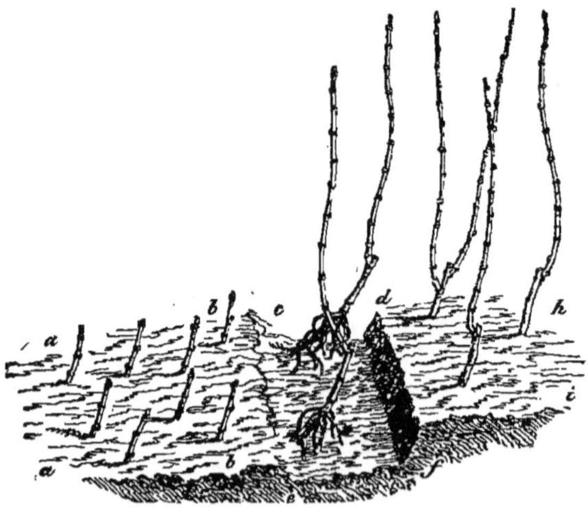

Fig. 486. — Bêchage des vignes en Champagne : *d f i h* partie non bêchée ; *c d e f* jauge ouverte où l'on couche le bois de deux ans ; *a a b b* partie bêchée d'où ne sortent plus que les bois de l'année précédente, taillés à quatre yeux (broches).

meaux nécessaires pour remplacer par le provignage des ceps morts ou disparus accidentellement.

b. *Fumure.* - Les vignes sont fertilisées, en Champagne, au moyen de fumiers de ferme mélangés avec des terres végétales. On cherche généralement à introduire, par ce moyen, dans le sol, des terres d'une nature différente et susceptibles de lui servir d'amendement.

c. *Bêchage.* — Cette opération consiste en un labour d'aération donné à la houe en mars, à $0^m,15$ ou $0^m,20$ de profondeur. Au fur et à mesure de son exécution, on enterre pour chaque cep le bois ancien, en ne laissant sortir que les trois ou quatre yeux de la *broche* (fig. 486). On obtient, par ces couchages successifs, de longues tiges souterraines garnies de nombreux faisceaux de racines peu développées, mais vivant dans une couche superficielle et très accessible à l'échauffement par les rayons solaires; en outre, les raisins sont toujours maintenus à une faible distance du sol et exposés à l'action de la chaleur rayonnée et réfléchie par lui; ces conditions, ainsi que nous l'avons déjà dit, paraissent favorables à la production de moûts fins et sucrés, nécessaires à la préparation des vins blancs mousseux.

d. *Provignage.*— Le provignage est, dans la Marne comme dans la Côte-d'Or, une pratique habituelle et que l'on peut considérer comme entrant dans les opérations ordinaires de culture: on fait chaque année, en Champagne, des provins dans la proportion de 5 % des ceps ordinaires.

Ce travail se fait immédiatement après le *bêchage*, c'est-à-dire généralement en avril. On l'exécute de la manière suivante: La pousse entière de l'année précédente, élaguée de manière à ne conserver que un, deux ou trois rameaux, est couchée sous terre à la profondeur de la plantation, de manière à faire arriver un sarment à chaque endroit où un remplacement est nécessaire; elle est enfin recouverte d'engrais et de terre.

L'apport d'engrais fait chaque année, à cette occasion, contribue puissamment à l'entretien de la fertilité du vignoble.

e. *Echalassage.*— Le fichage en terre des échalas se fait après le provignage et ordinairement à la fin d'avril. Chaque cep a son échalas (fig. 485) dans les vignobles de la Champagne, ce qui, étant donnée la densité des plantations, détermine l'avance d'un capital assez considérable. Les échalas en chêne ou en châtaignier, qui sont les plus appréciés et les plus durables, valent de 0 fr. 06 à 0 fr. 07, ce qui, à raison de 50.000 à 60.000 par hectare, représente une dépense de 3.500 à 3.600 francs.

Dans les vignes basses et exposées aux gelées de printemps, on fiche les échalas de bonne heure, parce qu'on les regarde comme exerçant une préservation efficace lorsque ce phénomène se produit par un temps sec. Les échalas agissent tout à la fois comme une sorte d'écran à claire-voie qui s'oppose au rayonnement du sol et par leur température propre, qui, s'abaissant moins que celle de la surface du sol, empêche l'air interposé de se refroidir autant que la chose aurait lieu sur un espace découvert. On estime, dans la Marne, à 3 degrés la différence de température ainsi déterminée dans les couches inférieures de l'air. Mais l'abri produit par ces forêts d'échalas devient au contraire un inconvénient lorsque la gelée succède à une pluie, à cause de l'humidité plus grande qu'elles maintiennent sur les vignes et sur le sol. Les échalas ont généralement de 1 mètre à 1^{m},15 de longueur.

f. *Premier binage ou labourage au bourgeon.*— On donne à la vigne, immédiatement après le fichage des échalas, une seconde œuvre à laquelle on donne le nom de *labourage au bourgeon*, parce qu'elle favorise la sortie hors de terre des bourgeons du collet du cep, lequel, comme nous l'avons vu, est enterré jusqu'à l'origine de la *broche*. Cette opération a, en outre, pour but d'ameublir le sol foulé par les ouvriers pendant l'opération du fichage des échalas; elle exige de la part de ceux qui l'effectuent beaucoup de soin, dans le but d'éviter de détacher les jeunes bourgeons.

g. *Premier rognage.*— Au moment de la floraison, en juin, on fait un premier *rognage* ou pincement des rameaux fructifères et non destinés au remplacement, afin de favoriser la fécondation. On procède généralement ensuite à l'*accolage* ou *liage* des rameaux à l'échalas.

h. *Deuxième binage.*— Le deuxième binage se fait immédiatement après le liage, pour remettre en état le terrain qui a été foulé pendant le liage.

i. *Deuxième rognage.*— On le pratique en août ou septembre; on coupe avec la serpette les pousses qui se sont développées depuis le premier, à moins que la sécheresse n'ait arrêté elle-même la végétation, auquel cas on se borne à arrêter les rameaux supérieurs.

j. *Troisième binage.*— En attendant que la maturité du raisin soit complète, on fait un troisième binage, auquel on donne le nom de *raclage* ou de *recouchage*, pour détruire les herbes et creuser au-dessous des fruits les plus rapprochés du sol de petites cavités qui les empêchent de traîner, de se salir et de pourrir.

Lorsque la maturité est très avancée, on arrache simplement les herbes à la main et on dégage les raisins au moyen d'une binette afin d'éviter de les meurtrir.

k. *Vendange*.— La vendange se fait avec beaucoup de soin, les raisins sont rangés avec précaution, au fur et à mesure de la cueillette, afin d'éviter qu'ils ne soient meurtris ou écrasés, ce qui en rougirait le jus; les paniers des vendangeurs sont portés dans un atelier de

Fig. 487.— Caque pour la vendange en Champagne.

Fig. 488.— Grand panier à vendange de la Champagne.

triage, où l'on sépare avec la plus grande attention les raisins mal mûrs ou pourris. Le transport s'effectue dans des *caques*, sortes de cuviers d'une contenance d'un hectolitre (fig. 487), ou dans de grands paniers à vendange (fig. 488).

C. **Vignoble de l'Ermitage** (1).— Le coteau de l'*Ermitage* doit son nom à un ermitage qui y fut fondé en 1225 par le chevalier Gaspard de Stérimberg, sur un terrain dépendant de la chapelle de Saint-Christophe, au sommet du Bessas. La vigne paraît y avoir été cultivée peu à près la conquête du pays par les Romains (voir pag. 4); depuis lors elle en a disparu, mais elle y existait de nouveau au XVme siècle, d'après V. Rendu.

Le vignoble de l'Ermitage est peu important comme surface : il ne renfermait en 1861 qu'une soixantaine d'hectares, et le *phylloxera* a réduit depuis lors cette surface; il offre néanmoins un certain intérêt à cause de la qualité des vins qu'il produit et comme curieux

(1) Bibliographie.— **Rey** ; *Monographie viticole du coteau de l'Ermitage et des vignobles qui l'avoisinent*. Grenoble, impr. de Prudhomme, 1861. — **Le docteur J. Guyot**; *Étude des vignobles de France*, tom. II.— **V. Rendu**; *Ampélographie française*. — **Bertall**; *La Vigne, voyage autour des vins de France*. Paris, Plon, 1878.

exemple de l'application, dans une contrée relativement méridionale, des procédés de la viticulture des régions septentrionales de la France. Il fait partie de cet ensemble de vignobles dits des côtes du Rhône, qui comprend *Croze*, *Mercurol*, *Larnage*, *Côte-Rôtie*, *Cornas*, *Allan* et *Châteauneuf-du-Pape*, dont les vins rouges sont renommés,

Fig. 489. — Vue de Saint-Péray.

Condrieu, célèbre par ses vins blancs, et de *Saint-Péray* (fig. 489), qui produit des vins mousseux estimés. Il se rattache au groupe septentrional de ces vignobles, qui est caractérisé par la culture de la *Syrah* et l'emploi de la taille longue.

1° Climat et Situation

Le coteau de l'Ermitage est situé dans la partie moyenne du climat rhodanien, dont nous avons donné les caractères généraux en traitant des vignobles du Beaujolais. M. Rey donne sur sa topographie les renseignements suivants :

« Le coteau de l'Ermitage (fig. 490) est situé au nord-est de la petite ville de Tain, sur la rive gauche du Rhône. Ses murs de clôture se prolongent jusqu'aux habitations, qui n'en sont éloignées que de 200 mètres.

» La hauteur du coteau, prise sur l'emplacement des ruines de l'ancienne chapelle, est de 274 mètres au-dessus du niveau de la mer et de 172 mètres au-dessus du niveau du Rhône.

» Le torrent de Greffieux, dont le lit est constamment à sec lorsqu'il ne pleut pas, divise en deux vignobles le coteau proprement dit de l'Ermitage. Si l'on en excepte les vignes situées dans le ravin formé par ce torrent, les deux vignobles se trouvent exposés au sud-ouest, de telle sorte qu'ils ne perdent pas un rayon de soleil, depuis son

Fig. 490. — Coteau de l'Ermitage, vu de Tournon.

lever jusqu'à son coucher, et se trouvent parfaitement abrités des vents du nord. Leur température moyenne, pour quinze années d'observations, est de 13°,90 centigr. Souvent on peut y voir travailler le vigneron pendant qu'aux alentours la terre est encore couverte de neige.

»Les pentes des deux collines sont également raides ; les terres en sont retenues par des murs en pierre sèche, construits en travers à peu de distance les uns des autres. Sans cette précaution, les eaux pluviales descendraient dans le bas toute la terre végétale, dont la profondeur très souvent n'excède pas 70 centim.

»Entre le ruisseau de Greffieux et la tranchée du chemin de fer de la Méditerranée, dans le pic de Pierraiguille, se trouvent les deux mas du Bessard et de l'Ermite.

»Le mas de l'Ermite n'est pas tout entier sur la commune de Tain. Les crêtes appartiennent à la commune de Croze, dont les vins jouissent aussi d'une juste renommée, et à la description desquels une place est réservée dans cette notice. C'est au sommet de ce mas qu'était bâtie la chapelle de Saint-Christophe, près de laquelle s'installa le sire de Stérimberg. C'est probablement aussi dans ce mas qu'ont été complantées les premières vignes par les successeurs du chevalier qui avait donné l'exemple.

»Le mas du Bessard s'étend de la coupure de Pierraiguille au chemin des Tulipes. Les cimes qui le dominent en font partie, et il se termine dans le bas au chemin du Bessard, sauf quelques parcelles situées de l'autre côté du chemin, composées de sol identique à celui du coteau d'où il a été transporté par les eaux, et dont elles ne portent pas le nom.

»Le mas de l'Ermite occupe l'espace compris entre le chemin des Tulipes, le roc de Greffieux que baigne le torrent, le lit de Greffieux et le sentier des Rogations, qui sépare la commune de Tain de celle de Croze.— Nous placerons ce mas après les trois autres, à cause de sa situation sur le coteau, malgré son infériorité relative, et pour suivre l'ordre topographique. — Les vignes qui s'étendent au pied du roc de Greffieux, sur le mas dont nous venons de parler, doivent, par la nature de leur sol, être classées dans celui qui porte ce nom.

»Le second vignoble, qui se trouve à la gauche du lit de Greffieux, s'étend de ce ravin au ruisseau de Beaune, entre le chemin de Greffieux et les cimes de Chantoulette.— Il renferme aussi deux mas : celui de Greffieux au pied du coteau et le mas du Méal au-dessus de celui-ci, chacun dans toute la longueur du coteau. Le mas de Greffieux est le seul dont le sol ne soit pas retenu par des murettes ; c'est qu'il est moins pentueux et plus étroit. Celui du Méal, beaucoup plus vaste, s'étend du Méal au sommet du coteau.

»Telles sont la configuration et la délimitation des divers quartiers qui composent le coteau de l'Ermitage et produisent le vin qui en porte le nom (1).»

2° Sol

M. Rey donne sur le sol du vignoble de l'Ermitage les renseignements suivants : «Le sol du Bessard est formé des débris des roches granitiques qui composent tout ce coteau.

»Les parties inférieures du Bessard sont composées d'une terre végétale calcaire tamisée par les eaux dans les régions supérieures et mélangées à des cailloux siliceux, calcaires et granitiques dans la partie qui touche au Greffieux.

»La présence de l'élément calcaire explique la supériorité du vin produit ici par un sol granitique. On sait que le granit fournit ordinairement un vin peu distingué. Les fissures de la zone granitique du Bessard contiennent jusqu'à une profondeur considérable des lames de feldspath, calcaire d'une grande pureté. Elles sont dues à un séjour prolongé des eaux sur ces roches, à l'action des acides sur leur surface, à d'autres causes dont notre sujet ne comporte pas la description, et s'expliquent aussi par la nature des collines qui en dépendent.

»Le noyau granitique sur lequel repose le sol du Méal est quelquefois atteint dans les effondrages, mais il ne fournit guère de substance à la vigne, qui est exclusivement complantée dans un terrain d'alluvion dont nous allons donner l'analyse, et qui est aussi mélangé presque partout de cailloux siliceux, calcaires et granitiques.

»Du côté du ruisseau de Beaune et sur les deux tiers au moins du coteau, au lieu de la roche granitique, on rencontre un conglomérat à gangue de grès, à ciment calcaire, plus élevé que l'est le granit du côté du torrent de Greffieux.

»Le Greffieux, qui est la section inférieure du Méal, est aussi un terrain d'alluvion qui renferme beaucoup de cailloux calcaires et un sable fin siliceux, peu substantiel, qui exige des effondrages fréquents. Dans le sommet on retrouve, à une certaine profondeur, le même sous-sol qu'au Méal, c'est-à-dire un poudingue à ciment sableux et calcaire superposé à une roche granitique.

»Dans tous ces terrains, d'un aspect fort aride, la vigne résiste

(1) *Monographie viticole du coteau de l'Ermitage et des vignobles qui l'avoisinent*, par Rey, licencié en droit.

bien à la sécheresse, mais elle est d'une longue venue. Les litières y durent peu et les échalas doivent être fréquemment remplacés.»

Les mas de *Beaune*, de *Rocoule*, des *Marets*, etc., n'appartiennent pas au coteau de l'Ermitage; ils donnent des vins rouges inférieurs à ceux que l'on y obtient, mais ils produisent des vins blancs très estimés.

3° Crus

Jullien apprécie de la manière suivante les vins de l'Ermitage : «Ils sont corsés, fins et délicats, ont une belle couleur, beaucoup de sève et un bouquet très agréable qui participe du parfum de la framboise. Les plus estimés sont: 1° ceux des *mas* nommés *Méal* et *Greffieux*; 2° ceux de *Bessas*, de *Beaune* et de *Rocoule*.»

4° Cépages

Le seul cépage employé pour la production des vins rouges de l'Ermitage est la *Syrah*. Les vins blancs sont obtenus avec la *Marsanne* et la *Roussanne* ; cette dernière est celle que l'on préfère au point de vue de la qualité.

5° Établissement du vignoble

a. *Préparation du sol.*— La surface limitée du coteau de l'Ermitage rend fort rares les plantations nouvelles; ce n'est guère que quand une vigne est épuisée que l'on est amené à l'arracher et à la remplacer, et, afin de ne pas avoir d'interruptions dans la production, on le fait peu à peu, par petites parcelles et d'année en année. On exécute, en l'arrachant, un défoncement très profond qui atteint jusqu'à $1^m,30$; la profondeur à laquelle se fait cette opération est la conséquence de la situation du vignoble sur des coteaux secs et chauds, où les racines doivent pénétrer profondément dans le sol pour trouver un milieu suffisamment humide ; elle résulte en outre de la pratique du provignage en fosses profondes. Le terrain est ensuite cultivé en prairies artificielles pendant trois, quatre et cinq ans, au bout desquels on replante ; c'est le sainfoin qui est généralement employé dans ce cas.

b. *Plantation.* — La plantation se fait au pal, au moyen de boutures ou crossettes que l'on fait pénétrer à $0^m,70$ ou $0^m,80$ de profondeur. Les boutures sont disposées en carrés d'un mètre de côté. On remplace les manquants, l'hiver suivant, par des repiquages, et plus tard au moyen du provignage, qui joue un rôle important dans l'entretien du vignoble.

6° Façons d'entretien

a. *Taille*.— Les vignes, à l'Ermitage, sont habituellement formées sur une seule tige terminée par un *arçon* ou *revers* à trois yeux francs (fig. 491 et 492). On réserve quelquefois au-dessous, et le plus bas

Fig. 491.— Souche de l'Ermitage taillée : *a b* arçon ou revers lié en *d c* à l'échalas, d'après M. J. Guyot

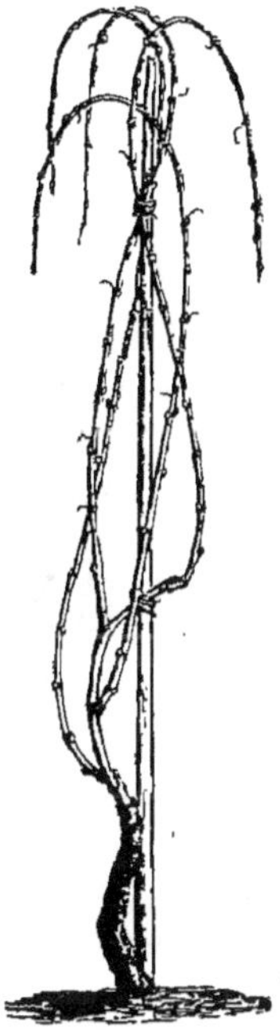

Fig. 492.— Souche de l'Ermitage avant la taille.

possible, un courson destiné à faciliter le ravalement de la souche lorsqu'elle s'allonge outre mesure. En résumé, la taille de la *Syrah* à l'Ermitage rappelle assez exactement celle qui est appliquée au *Pinot* en Bourgogne et en Champagne ; seulement, au lieu de réserver pour l'arçon le rameau supérieur, ainsi qu'on le fait en ces contrées, on choisit au contraire pour cet objet le sarment le plus bas, afin d'éviter l'allongement trop rapide de la souche.

b. *Provignage.*— Le provignage sert à compléter la plantation, qui généralement compte au début un assez grand nombre de manquants; on le pratique en outre annuellement dans la proportion d'environ 800 fosses par hectare pour remplacer les pieds les moins vigoureux. On marque dans ce but, à la vendange, les souches qui portent les meilleurs fruits; à la chute des feuilles, on couche les ceps ainsi choisis dans des fosses P (fig. 493) profondes de $0^m,73$ ou de $0^m,80$,

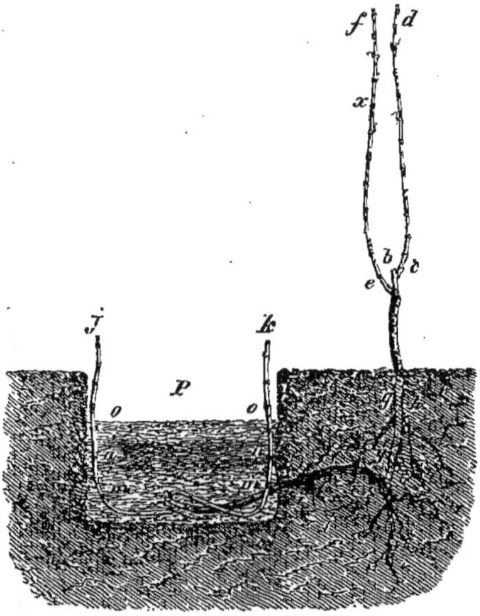

Fig. 493.— Exécution des provins à l'Ermitage: *y g h b* pied-mère à provigner; *e f c d* sarments conservés au pied-mère; *m k m' j* position des sarments après le couchage; *m m* 1re couche de terre placée sur la souche; *n n* couche de fumier; *o o* 2me couche de terre.

d'où l'on fait ressortir deux et rarement trois *pointes j, k*, afin de remplacer, indépendamment de la souche-mère elle-même, un ou deux autres pieds; les pointes sont bien alignées et attachées à des piquets. Chaque provin reçoit environ 2) kilogrammes de fumier de cheval que l'on place entre deux terres, en *n n*, au-dessus du couchage; cette fumure est la seule que reçoivent les vignes. Le fumier est porté à dos d'homme dans des paniers analogues à ceux employés pour la vendange (fig. 495). La fosse n'est d'abord remplie qu'aux deux tiers, les sarments sortant sont rabattus sur trois ou quatre yeux. On a soin de faire émerger les sarments sur des points convenables pour maintenir les alignements.

La pratique du provignage, tel que nous venons de le décrire, semble, à première vue, incompatible avec celle du greffage de nos cépages sur pied américain : l'expérience faite sur certains points a pourtant démontré depuis quelques années qu'il n'en était rien et que la souche provignée conservait jusqu'à présent la résistance due à la nature de ses racines premières, à la condition que le porte-greffe soit bien résistant au phylloxera, que l'opération n'ait lieu que deux ans au moins après le greffage et que les greffes aient été soigneusement débarrassées de leurs racines pendant ce laps de temps.

c. *Labours.* — Les vignes de Tain reçoivent trois façons : le *déter-*

Fig. 494.— Porteur de benne, d'après BERTALL.

rage, le *fosserage* et le *binage*. Le *déterrage* se fait en mars ; c'est un déchaussage en gobelet de 0m,10 de profondeur et de 0m,50 de diamètre. Le *fosserage* consiste à accumuler, au commencement de mai, les terres en une série de buttes coniques, situées au centre de figure des carrés formés par les souches : cette opération est tout à fait analogue au *darbonnage* du Beaujolais, dont nous avons parlé précédemment ; mais elle représente, comme dans cette dernière contrée, la seconde œuvre et non la première. Le *binage*, à la fin de juin, remet le sol à plat en achevant l'ameublissement.

d. ***Echalassage***, *accolage*, *taille en vert*. — Chaque souche, à l'Ermitage, est pourvue d'un échalas (fig. 491 et 492), lequel reste à demeure jusqu'au moment où il devient hors d'usage ; le remplacement

Fig. 495. — Porteur de panier, d'après BERTALL.

des échalas pourris se fait chaque année au moment du déterrage. Lorsque la floraison est terminée, on épampre, on attache l'arçon contre l'échalas avec de l'osier, puis on accole les rameaux avec de la paille de seigle. Les *épamprages* et *accolages* se répètent une fois ou deux, suivant les circonstances, pendant l'été. Vers la fin du mois d'août, on pratique dans les endroits bas une sorte d'effeuillage qui découvre un peu les raisins; enfin on creuse, comme en Champagne, au-dessus de ceux qui sont les plus rapprochés du sol, de petites fossettes qui les empêchent de toucher la terre et de se salir. Cette opération est surtout nécessaire autour des provins.

La vendange ne peut se faire qu'à dos d'homme sur ces côtes à pentes rapides; nous donnons, d'après Bertall, des dessins (fig. 494 et 495) représentant des porteurs de vendanges au coteau de l'Ermitage.

En résumé, comme on le voit, les procédés culturaux usités à l'Ermitage ressemblent beaucoup à ceux de la Bourgogne; comme dans cette contrée on forme les souches sur une seule tige avec une sorte de courson à trois yeux, on use des échalas et du provignage par couchage de la souche. Les principales différences, qui sont évidemment une conséquence des conditions climatériques, consistent dans la profondeur des défoncements et des provins et dans l'écartement plus grand des pieds dans les plantations.

Le vignoble de *Croze*, contigu à celui de l'*Ermitage* et qui donne des vins un peu inférieurs à ceux-ci, mais pourtant fort appréciés encore, est planté, comme ce dernier, en *Syrah*, et suit les mêmes procédés de culture. Il en est de même pour ceux de *Larnage* et de *Mercurol*.

D. **Vignoble de Côte-Rôtie** (1). — Ce vignoble, l'un des plus renommés des Côtes-du-Rhône, est le plus au nord de tous ceux qui constituent ce groupe; il est situé sur le territoire d'Ampuis (Rhône), sur la rive droite du Rhône, presque en face des coteaux renommés de Revantin (Isère). Bien que se rattachant, par ses caractères d'ensemble, au groupe septentrional des Côtes-du-Rhône, dont l'Ermitage est le type, il en diffère cependant assez par certains points pour qu'il soit intéressant de le décrire à part.

(1) BIBLIOGRAPHIE. — **V. Rendu**; *Ampélographie française*; Paris, Bouchard-Huzard, 1854, pag. 44 et suiv. — **Dr J. Guyot**; *Étude des vignobles de France*, tom. III, pag. 6 et suiv. Paris, V. Masson et fils, 1868. — **P. Mouillefert**; *Les vignobles et les vins de France et de l'étranger*. Paris, librairie agricole, 1891.

Bon nombre de renseignements contenus dans la notice ci-après sont dus au regretté M. Jullien Gomot, l'un des propriétaires-viticulteurs les plus distingués d'Ampuis.

1° Climat

Côte-Rôtie se trouve comprise dans le climat rhodanien, dont nous avons indiqué, à la page 826, les caractères principaux ; mais, grâce à la situation abritée de son vignoble, elle jouit d'un climat local exceptionnellement doux.

2° Sol et situation

Les terrains de Côte-Rôtie appartiennent aux formations primitives, ils résultent de la désagrégation de gneiss schistoïdes, renfermant de l'amphibolite de couleur foncée, attaquables par le pic et se délitant peu à peu sous l'action des agents atmosphériques. M. Raulin en a donné l'analyse suivante pour un premier cru appartenant à M. Julien Gomot :

Densité	1,486

Analyse mécanique

Cailloux plus gros que		0^m,010	19,80
—	de	0, 010	14,42
—	—	0, 005	8,45
—	—	0, 001	11,46
Terre fine			45,87
			100,06

Nature des cailloux

Cailloux siliceux	100,00
— calcaires	0,00
	100,00

Analyse physico-chimique

Eau	1,26
Gros sable	52,24
Sable fin	32,29
Argile	3,83
Matières terreuses et alcalino-terreuses	8,26
Humus	1,34
Pertes	0,78
	100,00

Analyse chimique (par mille)

Azote organique	0.62800
— ammoniacal	0,00610
— nitrique	0,00291
Acide phosphorique	2,06400
Chaux	19,77500
Magnésie	1,37500
Potasse	1,32700
Pas d'acide sulfurique.	

Le vignoble est situé sur des coteaux à une altitude de 200 mètres environ, la vallée étant elle-même à 154 mètres, la pente rapide du sol a obligé à le mettre en terrasses au moyen de murs dont les matériaux ont été pris sur place (fig. 496). Les meilleurs crus sont exposés en plein midi, ceux au levant sont un peu inférieurs.

. . . .

3° Crus

Les deux principaux crus de Côte-Rôtie sont la *côte brune* et la *côte blonde*, qui sont situés à la même exposition ; leurs vins sont regardés comme sensiblement équivalents, quoique celui de la *côte brune*, généralement un peu plus riche en *Syrah*, soit d'une un peu plus grande durée que celui de la côte blonde, qui renferme plus de *Viognier*.

Les clos les plus renommés sont ceux de la *Grosse-Roche*, le *Champ*, la *Grande-Plantée*, les *Garennes*, la *Pommière*, *Fontjean*, etc.

Les coteaux des *Moutonnes*, des *Journarys*, du *Crêt*, de l'*Encerman*, du *Mollard*, etc., moins bien exposés, sont regardés comme venant après les précédents.

Les vins de Côte-Rôtie ont, d'après Jullien, « du corps, du spiritueux, de la finesse, une sève et un parfum très agréables. Ils ont besoin de rester en tonneau 6 à 7 ans pour acquérir la maturité convenable ; mis ensuite en bouteilles, ils y gagnent encore de qualité pendant nombre d'années. » D'après M. Jullien Gomot, trois ou quatre ans de tonneau suffisent actuellement pour leur faire acquérir les qualités voulues pour la mise en bouteilles, ce qui peut tenir, peut-être, à une proportion un peu plus grande de *Viognier* dans la vendange et aux soins plus grands donnés à la vinification (vendanges plus tardives, choix très attentif du raisin, soutirages plus fréquents, etc.).

Fig. 496. — Côte-Rôtie, vue de la voie du chemin de fer (rive droite du Rhône).

4° Cépages

Les cépages qui constituent le vignoble de Côte-Rôtie sont la *Syrah*, qui y est désignée sous le nom local de *Sérine* et qui en occupe à peu près les trois quarts, et le *Viognier*, cépage blanc qui donne les vins blancs de Condrieu et entre pour un quart environ dans l'ensemble.

La *Syrah*, qui forme la base des vignobles de la partie septentrionale des Côtes-du-Rhône et qui tend à se répandre dans ceux du midi de cette région viticole, est remarquable par les qualités de coloration et de solidité qu'elle imprime aux vins qu'elle produit ; il ont, au début, une certaine rudesse qui disparaît en vieillissant et fait place à une réelle finesse et à un bouquet agréable. Le *Viognier*, qui donne par lui-même un vin plein de finesse et de bouquet, hâte l'apparition de ces qualités lorsqu'on le mélange à la *Syrah*.

5° Etablissement du vignoble

La pente assez rapide des coteaux oblige à mettre le terrain en terrasses, comme il a été dit plus haut; on défonce, en outre, profondément à bras ; on descend jusqu'au rocher que l'on attaque de manière à ameublir une couche de $0^m,80$ à 1 m.

La plantation se fait de manière à ce que les ceps groupés par trois, suivant les sommets des angles de triangles équilatéraux de $0^m,66$ de côté, forment une série de bandes espacées de 1 mètre entre elles.

Le vignoble a été entièrement reconstitué sur pied américain et c'est le *Rupestris du Lot* que l'on peut regarder comme le porte-greffe qui y est le mieux approprié.

6° Culture

La taille a lieu en janvier, février et mars au moyen du sécateur. La souche, formée sur une tige unique A (fig. 497 et 498), porte un long bois BLMO et un courson de remplacement. Chaque groupe de trois ceps est pourvu de trois grands échalas de $2^m,60$, correspondant chacun à un des ceps et réunis entre eux par leur extrémité supérieure de manière à former ensemble une pyramide triangulaire ; de petits échalas MNL, appelés *engardes*, piqués dans le sol et liés sur les grands de manière à prolonger les arrêtes de la pyramide en formant un plus petit angle avec le sol, servent à fixer les longs bois que l'on arque au-dessus d'eux. Cet ensemble présente une très grande solidité à cause de sa construction en triangles indéformables et offre

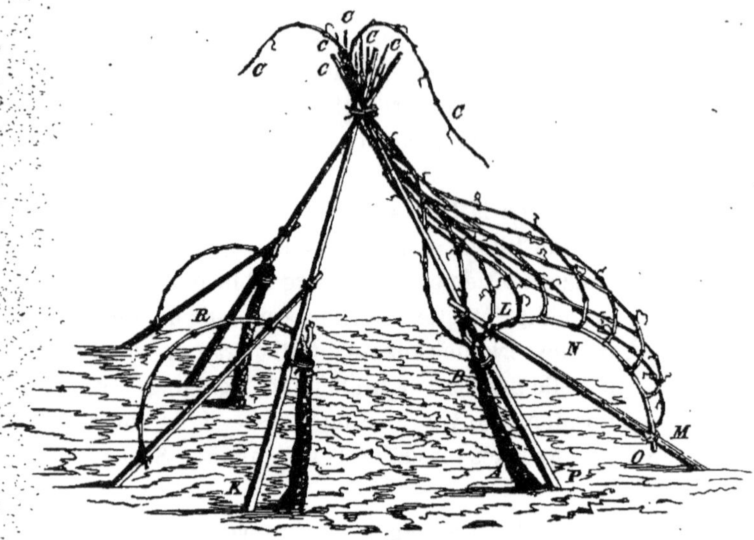

Fig. 497. — Vignes de Côte-Rôtie échalassées par groupe de trois (dépouillées de leurs feuilles), d'après le Dr J. GUYOT.

une très grande résistance à l'action des vents violents qui règnent dans la vallée du Rhône.

On fume tous les 3 ans avec 30.000 kilos de fumier de ferme par hectare, que l'on enfouit dans une raie intermédiaire entre les lignes.

Les vignes même greffées sur pied américain sont provignées, soit par couchage de la souche, soit par marcotte simple ; les résultats obtenus sont généralement satisfaisants, à la condition, comme nous l'avons dit précédemment, que les greffes aient été sevrées avec soin de leurs racines pendant les deux premières années après le greffage. Cependant le provignage ne réussit pas sur certains points que l'on qualifie de *punais* et qui sont envahis par le *Dematophora necatrix* (1).

On donne aux vignes, à l'entrée de l'hiver, un labour en chaussant analogue à celui que nous avons vu pratiquer à Châteauneuf-du-Pape, à Allan (Colas) et sous le nom de *ruellage* dans l'Yonne ; cette opération paraît particulièrement justifiée depuis la reconstitution des vignobles des Côtes-du-Rhône par le greffage sur pied américain, elle permet un bon égouttement des eaux d'hiver et protège la greffe

(1) Voir : G. Foëx. — *Les terrains punais des vignobles des Côtes-du-Rhône*. Rev. de viticul., tom. I, pag. 38 et suiv.

contre l'action des froids souvent assez rigoureux de la vallée du Rhône. Du milieu de mars au commencement d'avril, on pratique ce qu'on appelle le *déterrage*, qui est identique à l'opération qui porte le même nom à l'Ermitage et qui consiste à déchausser les ceps en cuvettes. Au commencement de mai on remet le sol à plat, on com-

Fig. 498.— Vignes de Côte-Rôtie échalassée par groupe de trois (avec leurs feuilles), d'après le Dr J. GUYOT.

plète enfin ces façons en été par un ou deux raclages superficiels exécutés avec une houe (*tranque*).

Les vignes sont soumises à un épamprage en juin, après quoi les rameaux sont accolés contre les échalas au moyen de liens de paille de seigle ; ils ne sont pas rognés ni effeuillés.

Les vendanges se faisaient autrefois à la fin de septembre, on ne les effectue aujourd'hui, d'après M. J. Gomot, que du 15 au 25 octobre, afin d'obtenir une maturité aussi parfaite que possible. Le raisin est mis, au fur et à mesure qu'il est coupé, dans des seaux ; chaque vendangeuse porte deux de ces récipients, de manière à pouvoir séparer les raisins présentant quelque altération ou imparfaitement mûrs d'avec les autres qui sont seuls employés à faire les vins fins. On vide les seaux dans des bennes, qui sont portées sur le dos, comme à l'Ermitage (fig. 494 et 495, pag. 866 et 867).

Les rendements par hectare peuvent atteindre jusqu'à 21 pièces de 235 à 238 litres, soit environ 50 hectolitres.

D'après M. J. Gomot, la reconstitution par le greffage sur pied américain aurait contribué à augmenter notablement la production et à lui faire atteindre les chiffres que nous venons d'indiquer.

E. **Vignobles de l'Yonne** (1). — Les vignobles de l'Yonne présentent un intérêt tout spécial, non seulement à cause de la valeur des vins que produisent certains d'entre eux, mais encore à cause des procédés culturaux qui y sont usités et qui marquent une sorte de passage du groupe septentrional au groupe méditerranéen.

1° Climat

Le département de l'Yonne est situé dans la partie la plus continentale du climat séquanien et vers sa limite orientale. Il subit comme la Champagne, par suite de cette position, des écarts de température beaucoup plus considérables que ceux qu'éprouvent les contrées plus à l'ouest ; les hivers y sont assez rudes et les étés relativement chauds. Les pluies y sont plus abondantes que dans la Marne ; la moyenne annuelle à Auxerre est de 628^{mm}.

Comme en Bourgogne, en Champagne et dans le Jura, la vigne ne donne des produits de valeur qu'en coteaux.

2° Sol et Situation (2)

Les vignes de l'Yonne sont établies sur des sols formés par les étages supérieurs des terrains jurassiques (*oolithe moyenne et supérieure*), et sur quelques points par l'étage inférieur des terrains crétacés (*néocomien*). Celles à vins rouges sont généralement situées dans des terrains argilo-calcaires.

Les meilleurs vins de l'Auxerrois proviennent de la *Grande Côte d'Auxerre*, qui est exposée au sud et au sud-est. Le sol y est très compact, de formation *oolithique supérieure* (*calcaires portlandiens*) à la Chaînette et à Migraine, *néocomienne* à Queutard et à Boivin.

Les vignobles du Tonnerrois sont situés sur les coteaux qui bordent la vallée de l'Armançon, à droite, c'est-à-dire du côté opposé,

(1) Bibliographie. — **V. Rendu** ; *Ampélographie française*. — **Le docteur J. Guyot** ; *Étude des vignobles de France*, tom. III.

(2) Voir, à l'appendice, un extrait d'un travail de M. Marcel-Bonneville, *Sur la constitution géologique des principaux vignobles de l'Yonne*.

dans son ensemble, au midi; les coteaux, d'après M. Rendu, « se découpent en conques ou petits vallons mamelonnés en pentes douces; là se trouvent la vallée du Van, des Olivettes, de Montsavoyer, des Beaumonts, des Grisels, celle des Bridaines et des Valnoirs, les vallons des Vanceuses, des Chardonneuses, des Beauvais et les vallons des Pieds-de-Bois, qui mène à Môlosme, en prenant les noms des Devoirs et des Laumonds. Les meilleurs crus sur cette côte sont tournés vers le midi et le levant, ils occupent les étages inférieurs; les autres coteaux, plus ou moins élevés, donnent des vins de seconde qualité ; à l'exposition du couchant, on obtient des vins corsés, mais de qualité inférieure.

»A gauche de l'Armançon, les coteaux sont plus fortement inclinés; on y rencontre les Vaumorillons, les Vauvignolles, la Lice, les Chambourdons, les Gerbes d'Or, les Voutois, les Vaulignys, etc.»

Le sol est assez analogue à celui des vignobles de l'Auxerrois, mais il est moins compact; il est formé en partie par l'*oolithe supérieure*, en partie par l'*oolithe moyenne*.

A Coulange-la-Vineuse et à Francy, les terres qui appartiennent au corallien blanc ou supérieur (*jurassique moyen*) sont compactes comme celles de l'Auxerrois, mais plus caillouteuses et plus sèches.

A Joigny, le sol est formé par l'étage *crétacé supérieur* et les terrains *tertiaires inférieurs;* c'est un calcaire mêlé de silex et d'*argiles éocènes*. L'argile l'emporte dans les parties hautes, et le calcaire dans la partie basse. Les vignobles de Chablis sont dans le *jurassique supérieur* (*kimméridien*); la terre y est calcaréo-argileuse, plutôt légère et caillouteuse, quelquefois marneuse; le coteau qui les porte est incliné en pente douce vers le sud-est et le sud-ouest.

3° Crus

Les arrondissements de Tonnerre et d'Auxerre sont ceux qui produisent les meilleurs vins du département. Jullien s'exprime ainsi à leur égard: «Le Tonnerrois, qui fait partie de la Champagne, donne des vins qui sont pourvus de toutes les qualités que l'on estime dans ceux de Basse-Bourgogne et d'un degré de spiritueux supérieur à celui de tous les vins de l'Auxerrois. Ce surcroît de qualité, qui force les gourmets à leur accorder la priorité, nuit à leur réputation auprès des consommateurs, et, quoique très salubres pour les personnes qui en font usage, on prétend qu'ils sont trop fumeux. Les vins de l'Auxerrois, plus susceptibles d'être bus à haute dose sans incommoder, conviennent mieux aux estomacs délicats et sont préférés par bon nombre de personnes.»

L'Yonne produit à la fois des vins rouges et des vins blancs. Parmi les premiers, Jullien place dans la première classe ceux de la côte des *Olivottes* à *Dannemoine*, près de Tonnerre; ceux des côtes de *Pitoy*, de *Perrière* et de *Préaux* dans le territoire de Tonnerre; enfin les vins des clos de la *Chaînette* et de la *Migraine* sur la *Grande Côte d'Auxerre*.

La deuxième classe comprend les cuvées *Clairion*, *Boivin*, *Judas*, *Pied-de-Rat*, *Rosoir* et *Queutard* sur la *Grande Côte d'Auxerre*. Les crus de la *Poche*, de la *Haute-Perrière*, le *Buisson*, *Bridenne* et *Chausoin*, à Epineuil, dans le Tonnerrois. Ceux de la *Palotte*, du *Paradis*, de *Bergère*, de *Vaux-Chassés* et des *Cailles* à Francy. Les cuvées des *Marguerites* et de *Corbémoreau* à Dannemoine. Enfin, celles du *Seigneur* à Coulange-la-Vineuse.

Les vignobles de Vincelotte, d'Auxerre, d'Avallon, de Vézelay et de Givry viennent ensuite en troisième ligne. On classe enfin au quatrième rang ceux de Cheney, Cravany, Jussy, Joigny, Villeneuve-sur-Yonne, etc.

La première classe des vins blancs renferme, d'après Jullien, ceux des côtes de *Vaumorillon* et des *Grisées* sur le territoire de Tonnerre, ceux de *Chablis*, dont les meilleures cuvées sont les suivantes: le *Clos*, *Valmur*, *Grenouilles*, *Vaudesir*, *Bourguereau* et *Mont-de-Milieu*. Dans la deuxième, se trouvent compris les vignobles de la côte de *Lechée* à Milly, la *Fourchaume* à Maligny, une partie des côtes de *Troënne* à Poinchy, de *Vaucompin* à Chiché, de *Blanchot* à Friey et de *Fontenay*, tous compris dans le canton de Chablis. On peut y ajouter les crus des *Charloups*, des *Bridaines*, des *Boutoirs* et de la *Maison-Rouge*, près de Tonnerre, enfin les secondes années de Chablis.

4° Cépages

Les vins des meilleurs crus de l'Yonne, rouges ou blancs, sont produits par le *Pinot;* à la *Migraine*, à la *Chaînette*, à *Queutard*, on cultive le *Pinot noir*; à Chablis, le vignoble est planté avec un *Pinot blanc* que l'on appelle *Beaunoir*. Le *Gamai*, autrefois assez répandu dans les vignobles communs, tend à disparaître et est remplacé par le *Tresseau* et le *Franc noir*. Le *Romain* ou *César* est le cépage dominant à Coulange-la-Vineuse.

Dans les vignobles à vin blanc autres que le *Chablis*, on cultive le *Plant de Sacy*, qui serait, prétend-on, un hybride du *Gamai* ou du *Tresseau*.

5° Établissement du vignoble

a. *Préparation du sol.*— La préparatin du sol dans l'Yonne se fait par un simple labour; on retrouve dans cet usage la tendance, que nous avons signalée en parlant des vignobles de la Bourgogne et de la Champagne, à faire vivre les racines de la vigne dans la couche la plus superficielle du sol.

b. *Plantation.*— La plantation se fait souvent, et dans l'Auxerrois notamment, en lignes écartées à 1m,60 ou 1m,70, dont les plants sont rapprochés par la suite à 0m,80 environ par le provignage, ainsi que cela a lieu en Bourgogne ou en Champagne (*assizelage*). Les boutures sont enterrées, soit par une raie de charrue dont on presse ensuite la terre contre le sarment avec le pied, soit dans une fente pratiquée dans le sol d'un coup de houe incliné par rapport au plan de la surface.

Le remplacement des pieds manquants se fait, dans l'Auxerrois, par le provignage. On couche une des souches dans une fosse et on la recouvre de fumier. A Chablis, on ne provigne pas; le remplacement se fait en plantant des enracinés dans des fosses fumées.

6° Culture

a. *Taille.*— Les vignes à vin rouge sont taillées, dans l'Yonne, en *groseillier*; elles forment un gobelet dont les bras partent du niveau du sol, ou même au-dessous, et sont presque verticaux; cette disposition rappelle celle qui a été décrite dans le Beaujolais et constitue un caractère qui rattache certains vignobles de l'Yonne au groupe méditerranéen. Chaque pied reçoit, à la troisième ou à la quatrième année, un échalas de 1m,30.

Dans les vignobles de Chablis et des contrées qui s'y rattachent, la souche est formée en éventail : trois ou quatre bras traînant sur le sol partent, en divergeant, du point où la plante sort de terre; chaque bras est pourvu d'un échalas vers son extrémité (fig. 499). Cette disposition est intéressante en ce qu'on peut la regarder comme réalisant, après celle adoptée en Champagne, où l'on ne laisse sortir du sol que la taille de l'année, un des types de vigne basse les mieux caractérisés. Le fruit, comme on le comprend, se trouve ainsi très rapproché du sol et les moûts peuvent acquérir un degré gleucométrique élevé, qui est nécessaire pour la production des vins blancs.

A Saint-Bris, près d'Auxerre, les vignes blanches sont également formées en éventail, mais elles ne traînent pas par terre : le plan vertical dans lequel se trouve comprise la souche suit la plus grande pente du sol; le bras situé vers le haut est taillé plus long que les autres.

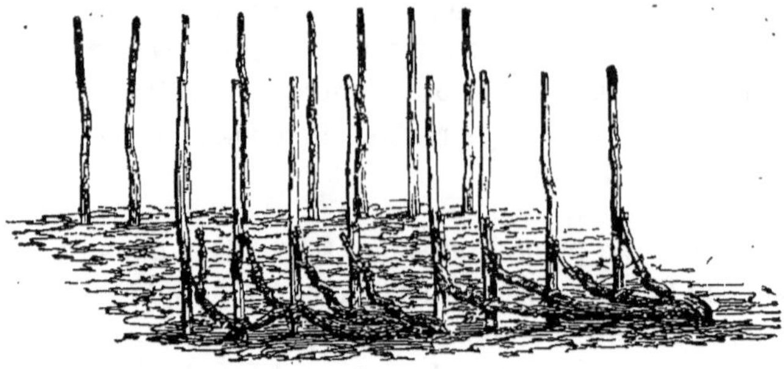

Fig. 499. — Vignes de Chablis en éventail traînant sur le sol.

La taille est généralement courte dans l'Yonne, sauf dans le canton de Chablis, où on laisse trois yeux au *Beaunoir* ou *Pinot blanc*. Cette opération s'exécute au moyen du sécateur et en deux fois; on fait d'abord le *curage en pied*, qui consiste à enlever pendant l'hiver tout ce qui ne sert pas à établir la taille; on achève enfin à la fin de cette saison.

b. *Fumure.* — Les vignes de l'Yonne sont fumées tous les quatre ans, même dans les bons crus, avec du fumier de ferme. On place

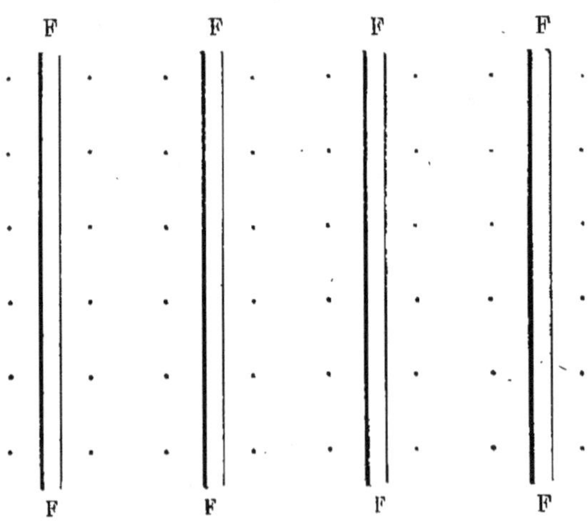

Fig. 500. — Application du fumier dans les vignes de l'Yonne : FF, FF, FF, fossés pour recevoir le fumier.

cet engrais dans des fossés F F F qui sont creusés alternativement, une ligne sur deux (fig. 500) ; on le tasse avec les pieds et on recouvre avec de la terre.

c. *Tailles en vert et accolage.* — Dans le courant de mai, surtout lorsque la gelée a enlevé la première végétation, les vignes sont épamprées (*essumassage*) par des femmes, qui pratiquent ensuite le premier accolage au moment de la floraison. Les rameaux sont fixés au moyen d'un lien de paille de seigle trempé, à trois brins (*gluis*).

Lorsque les sarments atteignent la hauteur des échalas ou *paisseaux*, on rogne au niveau du sommet de ce dernier et on met un second lien. Dans les années humides, où la vigne est trop vigoureuse, on enlève les rameaux stipulaires qui se développent après le rognage; cette opération porte le nom de *mouchetage*.

d. *Façons aratoires.* — On donne, à Auxerre et dans tous les pays à vins rouges et à taille en groseillier, quatre façons à la vigne: 1° le *ruellage* ou chaussage à l'entrée de l'hiver; cette façon, dont nous retrouverons l'équivalent au pays de Sauternes, dans les vignobles blancs de la Gironde et à Côte-Rôtie, a pour but d'assurer le bon égouttement des eaux d'hiver par la *ruelle* ou rigole laissée ouverte entre deux rangées de souches, et de protéger le pied contre l'action des grandes gelées; 2° le *déruellage* ou *sombrage*, qui est un labour de déchaussement: il se fait en mars, après la taille; 3° le *binage*, qui se donne en mai en rechaussant légèrement; 4° enfin, le *débinage*, qui s'effectue à la fin d'août et remet le terrain à plat. Les deux premières œuvres s'exécutent au moyen d'une pioche double (fig. 501). Dans les pays à vin blanc, on fait une simple *ruelle* pour l'égouttement des eaux à l'entrée de l'hiver, au milieu de l'interligne, et on donne trois façons à plat pendant la belle saison.

Fig 501. — Pioche double de l'Yonne.

e. *Vendange.* — La vendange s'effectue, dans l'Yonne, à peu près comme en Bourgogne; nous ne décrirons donc pas cette opération.

CHAPITRE XXVI

SOMMAIRE. — Groupe Girondin : vignobles de la Gironde. — Groupe de l'est : vignobles de l'Isère, de la Savoie et du Bugey

III. — GROUPE GIRONDIN

A. **Vignobles de la Gironde** (1). — Les vignobles de la Gironde sont fort anciens; le poète Ausone, qui vivait au IVme siècle, en fait déjà mention, et depuis lors ils n'ont cessé d'occuper une place éminente parmi les plus célèbres de France. Si d'autres départements produisent de plus grandes quantités de vin, aucun ne donne autant de bons vins, et nulle part les procédés de vinification n'ont été plus perfectionnés.

1° CLIMAT

La Gironde possède un climat tout à fait spécial, auquel on a donné le nom de *girondin*. Ce climat exerce une influence considérable sur la nature des produits des vignobles de ce département et sur leur culture ; on peut le caractériser ainsi : la température moyenne est plus élevée que dans le Nord et moindre qu'en Provence ou en Languedoc; le climat est plus excessif que dans le Nord-Ouest et plus égal que dans le Nord-Est. La quantité moyenne de pluie n'est que de 586^{mm}, alors qu'elle atteint 651^{mm} dans la vallée du Rhône ; mais

(1) BIBLIOGRAPHIE. — **A. Joubert**; *Du Médoc. Observations sur la culture de cette contrée.* Paris, 1851. — **R. Dejernon**; *La vigne en France et spécialement dans le Sud-Ouest.* Pau, Véronèse, 1866. — **A. d'Armailhacq**; *De la culture des vignes dans le Médoc.* Bordeaux, P. Chaumes, 1867. — **Aug. Petit-Lafitte**; *La vigne dans le Bordelais.* Paris, Rotschild, 1868. — **V. Rendu**; *Ampélographie française*, etc. Paris, veuve Bouchard-Huzard, 1854. — **A. Jullien**; *Topographie de tous les vignobles connus.* Paris, 1816. — **C. Alibert**; *Des vignes du Médoc*, in Livre de la Ferme, tom. II. — **Le docteur J. Guyot**; *Étude des vignobles de France*, Bordeaux, Féret, 1870. — **Armand Cazeneuve**; *Manuel pratique de la culture de la vigne.* Bordeaux, Féret, 1879. — **Ch. Cocks** et **E. Féret**; *Bordeaux et ses vins.* Bordeaux, Féret, 1881. — **Bertall**; *La Vigne, voyage autour des vins de France.* Paris, Plon, 1878.

la répartition en est meilleure; on n'a pas à y redouter les grandes sécheresses d'été qui désolent la région méditerranéenne. Le tableau suivant donnera, du reste, une idée du régime des pluies dans ces deux milieux :

QUANTITÉS D'EAU TOMBÉES EN CHAQUE SAISON POUR 100mm

SAISONS	Climat Girondin	Climat Méditerranéen
Hiver	25	25
Printemps	21	24
Été	23	11
Automne	34	41

Les vents prédominants sont ceux du nord-ouest et du sud-est; les orages s'y comptent au nombre de 10 à 20 par an. On peut, en résumé, considérer le climat girondin comme le climat moyen de la France, tandis que les climats vosgien et méditerranéen en sont les climats extrêmes.

2° Sol et Situation (1)

Les terres de la Gironde sont formées par des détritus des divers étages tertiaires et par des alluvions modernes; elles se présentent, par suite, avec des aspects et des propriétés diverses qui, jointes aux différences de situation et d'exposition, impriment à leur production des caractères variés.

Leurs principaux types affectés à la culture de la vigne sont les suivants, qui correspondent à des qualités très diverses: 1° les terres d'*alluvions* ou de *palus*; 2° les terres de *côtes*; 3° les terres de *graves*; 4° enfin, celles des *plateaux*.

Les terres de *palus* sont formées par d'anciens marais desséchés et des fonds de vallées; elles sont de couleur foncée, à cause de leur richesse en matières organiques d'origine végétale, ce qui leur donne un pouvoir absorbant considérable pour les rayons calorifiques; elles doivent à la grande quantité d'argile qu'elles renferment la propriété

(1) Voir la carte N° 6.

de retenir l'eau très énergiquement, ce qui, joint à leur situation basse, en plaine ou en vallée, contribue à rendre tardive la vendange des vignobles qui y sont établis. Ces sols donnent des vins colorés et durables, mais qui manquent le plus souvent de finesse; les meilleures terres de palus se rencontrent sur les bords de la Garonne, de la Dordogne et de l'Isle, particulièrement dans les cantons de Blanquefort, du Carbon-blanc, de Blaye et de Saint-Giers-la-Lande.

Les terres de *côtes* sont ordinairement argileuses (argile plastique *éocène)*, elles reposent sur un sous-sol calcaire ou pierreux. Grâce à leur richesse en argile, elles retiennent assez énergiquement l'eau; elles occupent à ce point de vue, ainsi que pour la perméabilité, un rang intermédiaire entre les terres de *palus* et celles des *plateaux*, elles sont d'autant meilleures qu'elles sont plus colorées par les oxydes de fer. Les vins de *côtes* sont remarquables par leur richesse alcoolique, qui dépasse celle des autres milieux viticoles de la Gironde ; ils sont moins colorés, de moindre durée et moins agréables que ceux des palus, mais supérieurs à tous égards à ceux des plateaux.

Les terres de *graves* sont caractérisées par la présence d'une forte proportion de cailloux quartzeux et de sable grossier de formation *pliocène*, avec un sous-sol d'*alios* (conglomérat siliceux et ferrugineux) ou d'argile, à un mètre environ de profondeur. Quand ces terres sont un peu en pente et fournissent un égouttement suffisant aux eaux, elles sont perméables, par suite faciles à échauffer; la réverbération des rayons calorifiques sur leurs cailloux blancs paraît très favorable à la maturation du raisin, qui est plus hâtive que dans les *palus*. On peut considérer ces terres comme donnant les vins les plus parfaits; les grands crus rouges du Médoc sont obtenus sur un sol de cette nature. Si elles donnent à leurs produits moins de couleur, de force et de durée que celles de *palus* et de *côtes*, elles leur impriment au plus haut degré la douceur et l'agrément qui caractérisent les vins de Bordeaux.

Les terres des *plateaux* sont argilo-siliceuses, de couleur claire; elles sont considérées comme très inférieures, au point de vue viticole, à toutes les autres. Elles ne produisent que des vins grossiers et médiocres ; on les utilise à la culture de l'*Enrageat* (la *Folle blanche*).

3 Cépages

Les principaux cépages cultivés dans la Gironde sont : 1° parmi les rouges : le *Cabernet*, le *Cabernet-Sauvignon*, le *Merlot*, le *Malbec* ou *Côt de Bordeaux* et le *Verdot* ; 2° parmi les blancs : le *Semillon*, le *Sauvignon*, la *Muscadelle*, et rarement et seulement sur les plateaux la *Folle blanche* ou *Enrageat*.

4° Divisions viticoles de la Gironde (1). — Crus

Les grands cours d'eau qui traversent le département de la Gironde en partagent le territoire en trois grandes régions : l'une à gauche de la Garonne et de la Gironde ; la deuxième comprise entre la Garonne et la Dordogne, enfin la troisième à droite de la Dordogne et de la Gironde.

L'ancienneté de la culture de la vigne dans la Gironde et la diversité des qualités des vins qu'elle produit on fait adopter depuis longtemps une division du pays en contrées viticoles, dont les conditions du sol, de situation, les produits et les procédés culturaux présentent des caractères généraux communs. Enfin, dans les plus renommées de ces contrées, une classification quasi-officielle et une véritable hiérarchie ont été établies entre les différents crus.

La région à gauche de la Garonne et de la Gironde a été divisée en quatre contrées viticoles : 1° le *Médoc ;* 2° les *Graves ;* 3° les *Petites Graves ;* 4° le *pays de Sauternes.*

a. *Médoc.* — Le *Médoc* est la région qui s'étend le long de la Garonne et de la Gironde, sur une longueur de 80 kilom. environ et sur une largeur moyenne de 10 kilom. ; elle est formée par une série de croupes graveleuses qui lui donnent un aspect mouvementé tout particulier. On y rencontre des terres de *graves* et de *palus*.

Le Médoc se subdivise en *Haut-Médoc*, qui renferme le pays compris entre Blanquefort et Saint-Seurin de Cadourne, et le *Bas-Médoc*, lequel s'étend de Saint-Seurin de Cadourne à Talais et à Soulac. C'est le *Haut-Médoc* qui produit les grands vins rouges du Bordelais. Les vins de cette contrée sont caractérisés par leur belle couleur rubis, ils ont du corps, une finesse et un moelleux remarquables, un bouquet tout spécial et vieillissent sans s'altérer. Ils sont divisés en cinq catégories de crus proprement dits, plus les crus *bourgeois*, *artisans*

(1) Voir la carte N° 6.

et *paysans*. Nous donnons ci-dessous cette classification, d'après MM. Ch. Cocks et E. Féret (1).

Classification des grands vins rouges de Médoc

Premiers Crus

Château-Lafite......	Pauillac.	Château-Latour ...	Pauillac.
Château-Margaux ...	Margaux.	Chat.-Haut-Brion..	Pessac.

Fig. 502.— Château-Margaux, d'après Bertall.

2mes Crus

Mouton............	Pauillac.	Gruaux-Laroze-Sarg.	St-Julien.
Rauzan-Segla	Margaux.	Gruaux-Larose	—
Rauzan-Cassies.....	—	Branne-Cantenac ..	Cantenac.
Leoville-Lascases ...	St-Julien.	Pichon-Longueville	Pauillac.
Leoville-Poyféré....	—	Pic.-Long.-Lalande	—
Leoville-Barton.....	—	Ducru-Beaucaillou.	St-Julien.
Durfort-Vivens	Margaux.	Cos-Destournel ...	St-Estèphe.
Lascombes.........	—	Montrose.........	—

(1) Ch. Cocks et E. Féret. — *Bordeaux et ses vins*. Bordeaux, Féret et fils, 1881.

3mes Crus

Kirwan	Cantenac.	Lagrange	St-Julien.
Château-d'Issan	—	Langoa	
Château-Giscours	Labarde.	Desmirail	Margaux.
Malescot-St-Exupéry.	Margaux.	Calon-Ségur	St-Estèphe.
Cantenac-Brown	Cantenac.	Ferrière	Margaux.
Palmer	—	Marquis d'Alesme	—
La Lagune	Ludon.	Becker	—

Fig. 503.— Château-Latour, d'après BERTALL.

4mes Crus

Saint-Pierre	St-Julien.	La Tour-Carnet	St-Laurent.
Branaire-Duluc	—	Rochet	St-Estèphe.
Talbot	—	Chât.-Beychevelle	St-Julien.
Duhart-Milon	Pauillac.	Le Prieuré	Cantenac.
Poujet	Cantenac.	Marquis de Therme	Margaux.

5mes Crus

Pontet-Canet	Pauillac.	Haut-Bages	Pauillac.
Batailley	—	Pedesclaux	—
Grand-Puy-Lacoste	—	Belgrave	St-Laurent.
Ducasse-Grand-Puy	—	Camensac	—
Lynch-Bages	—	Cos-Labory	St-Estèphe.
Lynch-Moussas	—	Clerc-Milon	Pauillac.
Dauzac	Labarde.	Croizet-Bages	—
Mouton-d'Armailhacq	Pauillac.	Cantemerle	Macan.
Le Tertre	Arsac.		

b. *Graves.* — Les *Graves* s'étendent depuis Bordeaux jusqu'à 20 kilomètres au sud et à 8 kilomètres à l'ouest de cette ville. C'est une région peu fertile d'une manière générale et où la vigne donne des produits plus distingués qu'abondants. Le sol y est formé de sable et de terres sableuses mélangés de cailloux siliceux, de volume et de couleur variés, de formation *pliocène*. Il est rare que l'élément argileux de l'*éocène* vienne s'ajouter à ce que nous venons d'indiquer, et ce n'est jamais que sur des surfaces limitées qu'on le rencontre. La couche arable atteint des profondeurs qui varient entre $0^m,50$ et 3 mètres. Le sous-sol est formé habituellement par l'*alios* ou par une sorte de poudingue appelée *arène*, mais il est quelquefois argileux et pierreux.

Les vins de *Graves* ont une très grande finesse, ils ont une belle couleur, du corps et ne sont inférieurs à ceux du Médoc que par leur bouquet.

Les *Petites Graves* s'étendent en bandes assez étroites entre la rive gauche de la Garonne et les graves proprement dites. Elles sont formées par des graves légères siliceuses, des sables purs et des palus.

D'après MM. Ch. Cocks et E. Féret, les communes de Bègles*, Cadaujac*, Iles-Saint-Georges*, Saint-Médard d'Eyrant*, Ayguemorte, Beautiran*, Castres, Labrède, Portets*, Saint-Selve, Saint-Morillon, Cabanac, Lauts, font la plupart, dans leurs graves, d'assez bons vins rouges d'ordinaire et des vins blancs secondaires. Celles qui sont suivies d'un astérique sont situées sur les bords du fleuve et produisent des vins de palus assez recherchés, qui sont quelquefois réunis aux vins de graves par les petits propriétaires.

Les communes d'Arbanats, Virelade, Podensac, Cérons, Illats, Landiras, Pujols, Budos, Léogéats, Roaillan, produisent des vins blancs très agréables et qui rappellent, dans une certaine mesure, ceux de Sauternes.

c. *Pays de Sauternes.* - Le *pays de Sauternes* comprend les coteaux qui dominent la Garonne au point où elle reçoit le Ciron. Il renferme les communes de Sauternes, Bommes, Barsac et une partie de celles de Preignac, Saint-Pierre de Mons et Fargues.

Le sol des vignobles de Sauternes est accidenté et de nature assez variée ; on y trouve des parties argilo-calcaires plus ou moins caillouteuses, d'autres siliceuses et quartzeuses, analogues à celles des graves. L'intervention de l'élément argileux paraît avoir une influence notable sur la qualité des vins de cette contrée ; mais c'est surtout à l'heureux choix des cépages qui concourent à leur préparation (le *Sauvignon*, le *Semillon* et la *Muscadelle*) qu'ils doivent les propriétés qui les caractérisent.

Les vins blancs de Sauternes ont beaucoup de moelleux, de finesse et de spiritueux, une sève aromatique et un bouquet des plus agréables. Comme les grands vins rouges du Médoc, ils ont été soumis à une classification régulière que nous donnons ci-dessous.

Fig. 504.— Château-Yquem.

GRAND PREMIER CRU

Château-Yquem .... Sauternes.

PREMIERS CRUS

Chât.-Latour Blanche.	Bommes.	Château-Climens ..	Barsac.
Château-Peyrarguey.	—	Château-Bayle.....	Sauternes.
Château-Vigneau....	—	Château-Rieussac ..	Fargues.
Château-Suduiraut ..	Preignac.	Château-Rabaut ...	Bommes.
Château-Coutet	Barsac.		

2mes CRUS

Château-Myrat......	Barsac.	Château-Caillou ...	Barsac.
Château-Doisy	—	Château-Suau	—
Château-Peyxotto...	Bommes.	Château-Malle.....	Preignac.
Château-d'Arche....	Sauternes.	Château-Romer ...	—
Château-Filhot	—	Château-Lamothe..	Sauternes.
Chât.-Broustet Nérac.	Barsac.		

d. *Entre-deux-mers.* — La deuxième région, située entre la Garonne et la Dordogne, porte le nom d'*Entre-deux-mers* ; elle renferme tout l'arrondissement de la Réole, le sud de l'arrondissement de Libourne et l'est de l'arrondissement de Bordeaux.

« Au point de vue vinicole, dit M. Ch. Cocks, nous ferons trois divisions dans cette presqu'île. La première comprendra le canton de Carbon-blanc et le sud du canton de Créon. La deuxième comprendra toutes les communes situées sur les coteaux et dans les palus de la rive droite de la Garonne, depuis Langoiran jusqu'à La Réole. La troisième comprendra tout le reste de la presqu'île.

»Cette dernière partie, beaucoup plus grande que les autres, ne produit, relativement à son étendue, que peu de vins rouges, mais une grande quantité de vins blancs d'*Enrageat*, généralement chargés en alcool et dépourvus d'agrément.

»Dans notre deuxième division (rive droite de la Garonne), nous trouvons, sur la limite des cantons de Saint-Macaire et de Cadillac, des crus de vins blancs très renommés, pleins de chair, de moelleux, de finesse, d'arome et de distinction ; ces vins sont généralement les produits du *Sauvignon* et du *Sémillon*; ils ont obtenu jusqu'à 1,200 et 1,500 fr. le tonneau, dans certaines années. Nous voulons parler des vins de Sainte-Croix-du-Mont (commune heureusement située, séparée seulement par la Garonne du pays de Sauternes). En nous rapprochant de Bordeaux, toutes les communes que nous trouvons sur les coteaux au pied desquels coule la Garonne produisent des vins rouges et des vins blancs.

»Les vins blancs de ces communes sont généralement plus estimés que les vins rouges. Les plus renommés, après Sainte-Croix-du-Mont, sont Haux, Langoiran, Tabanac et Baurech.

»Après avoir passé devant Baurech, la valeur des vins blancs diminue, mais en même temps la valeur des vins rouges augmente, et nous ne tardons pas à trouver les communes de Quinsac et de Camblanes qui produisent les meilleurs vins de côtes de l'arrondissement de Bordeaux et des vins de palus classés, avec ceux de Baurech, Latresne, Boulic et Floirac, au rang des seconds palus du département.

»Dans notre première division, nous trouvons encore des vins rouges de côtes et de palus et des vins blancs; ces derniers, d'*Enrageat*, très communs. Quant aux vins rouges, au contraire, ils sont, dans les palus, en grande partie au rang des premiers du département, et, sur les côtes, au rang des plus estimés, surtout ceux de Lormont, Bassens, Carbon-blanc et Sainte-Eulalie.»

La troisième région, à droite de la Dordogne et de la Gironde, comprend la plus grande partie de l'arrondissement de Libourne ; ses meilleurs quartiers, au point de vue de la qualité des vins, sont, en premier lieu, le *Saint-Emilionnais*, puis le *Fronsadais*, qui donnent des vins de côtes très estimés et une assez grande quantité de vins de palus. Les autres subdivisions de cette région sont le *Cubzadais*, le *Bourgeais* et le *Blayais*, qui donnent des vins d'une certaine valeur, mais inférieure aux précédents.

e. *Saint-Emilionnais*.— «Le Saint-Emilionnais est borné au nord par le ruisseau de la Barbanne, à l'est et au sud par la plaine de la Dordogne, qui s'étend de Castillon à Libourne, et à l'Ouest par une plaine un peu plus élevée, avec laquelle elle va se confondre à Libourne. C'est dans les bonnes graves de cette plaine élevée qu'on récolte le vin célèbre de Pomerol (Ch. Cocks).»

Les vignobles de cette contrée sont en partie en coteaux, en partie en plaines. Le sol des coteaux est calcaréo-argileux, reposant sur un sous-sol de calcaire grossier (*éocène*). La plaine est siliceuse, silicéo-argileuse, ou silicéo-calcaire, avec sous-sol de même nature que le sol, ou quelquefois formé par l'*alios*, comme dans le Médoc.

Les vins les plus distingués de Saint-Emilion sont produits par les plateaux de la Madeleine et de Saint-Martin et sur les coteaux exposés au sud et à l'ouest de la partie méridionale et occidentale de Saint-Emilion.

Les vins du Saint-Emilionnais peuvent être regardés comme les meilleurs des vins de côtes. Ils ont du corps, une belle couleur, une sève délicate et un bouquet tout particulier, avec une légère pointe d'amertume qui n'est pas sans agrément.

f. *Fronsadais*.— Le Fronsadais est la contrée comprise entre l'Isle et la Dordogne, au confluent de ces deux rivières. Une partie des terres est formée par les riches alluvions de ces cours d'eaux, c'est-à-dire par des palus ; les autres sont des côtes argilo-calcaires, à sous-sol argileux ou pierreux, qui s'étendent sur les coteaux accidentés parallèles au cours de la Dordogne et exposés au sud et au sud-ouest ; on y trouve enfin quelques plateaux sableux, mais de peu d'étendue.

Les vins rouges du Fronsadais sont classés en vins de *palus* et vins de *côtes*.

Les premiers sont de très bons ordinaires, très colorés et corsés, ils ont besoin de vieillir pour gagner la finesse qu'ils sont susceptibles d'acquérir.

Les seconds donnent également des vins d'ordinaire, mais de

CARTE GÉOLOGIQUE & VITICOLE DE LA GIRONDE

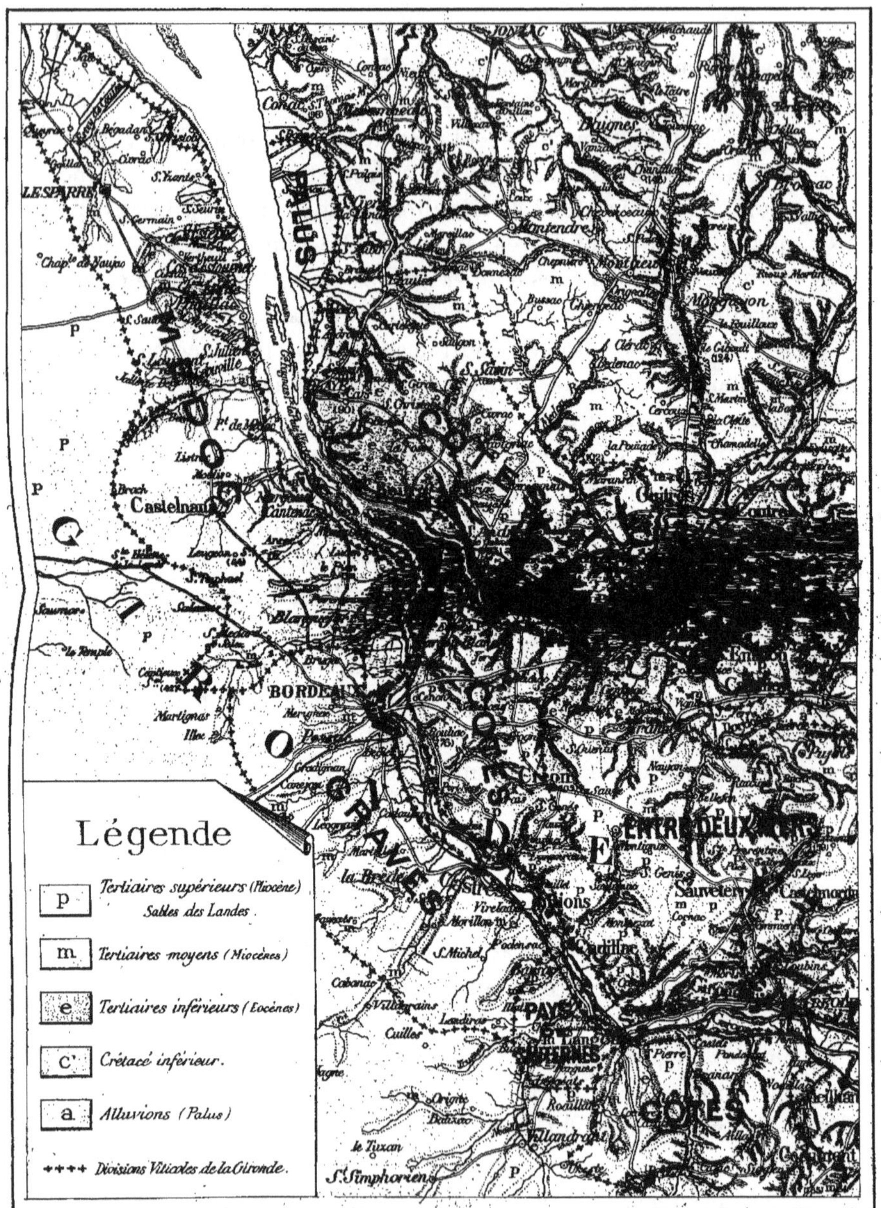

Gravée par L. Combes.

d'après MM. Dufrénoy et Elie de Beaumont

valeur très diverse ; ceux des premières côtes ont une bonne couleur et acquièrent promptement la nuance caractéristique des vins vieux.

Les vins blancs du Fronsadais sont en général produits par l'*Enrageat* et sont de qualité inférieure.

g. *Cubzadais*. — Le *Cubzadais* fait suite au *Fronsadais* en descendant la Dordogne ; ses vignes sont situées sur les plateaux, dans des sables de formation *pliocène*, au-dessous dans des sols argilo-calcaires d'origine *éocène* ; enfin, plus bas encore, dans les palus d'alluvion de la Dordogne. Les vins rouges et blancs d'ordinaire sont inférieurs en qualité à ceux du Fronsadais.

h. *Bourgeais*. — Cette contrée, fort pittoresque et accidentée, se trouve située, toujours sur la rive droite de la Dordogne, au point où cette rivière se réunit à la Garonne pour former la Gironde. Le sol argilo-calcaire de la formation du tertiaire moyen est très fertile, il repose sur un sous-sol presque partout pierreux (calcaire grossier).

Les vins rouges que l'on y produit sont regardés comme de très bons vins rouges d'ordinaire, ils sont très colorés et très corsés ; ils se rapprochent de ceux de Saint-Emilion. Les vins blancs proviennent de l'*Enrageat* et sont de qualité inférieure.

i. *Blayais*. — Le *Blayais* forme l'extrémité nord des vignobles de la Gironde, il s'étend le long de la Gironde ; son territoire se partage en coteaux et en vallons en pente douce séparant de hauts plateaux, et en palus ou alluvions. Le sol est tantôt argilo-calcaire, tantôt sablo-argileux. Le sous-sol est formé vers l'Ouest par le calcaire grossier, vers l'Est par une terre dure compacte, rougeâtre, favorable à la vigne quand elle est suffisamment drainée.

Les vins rouges de cette contrée sont regardés comme de grands ordinaires ; ils sont d'une belle couleur et possèdent beaucoup de souplesse et de moelleux. Leur neutralité les rend éminemment propres aux coupages avec les vins de graves, auxquels ils communiquent du corps et du moelleux sans modifier leur bouquet.

Le *Malbec* est le cépage dominant dans les crus rouges du Blayais.

Les vins blancs jouent un rôle peu important dans cette région ; ils sont d'ailleurs de peu de valeur.

5° ÉTABLISSEMENT DU VIGNOBLE

a. *Préparation du sol.* — Les terrains destinés aux plantations de vignes sont généralement nivelés avec soin, afin d'empêcher la stagnation des eaux, qui est particulièrement préjudiciable sous un climat tel que celui de la Gironde. On les fertilise le plus souvent, soit avec du fumier de ferme, soit avec des terres d'alluvion recueillie au bord des cours d'eau, soit avec des marnes. On défonce enfin à la houe ou au pic (fig. 505) en attaquant le sous-sol d'alios, de marne

Fig. 505.— Défoncement en Médoc (d'après BERTALL)

ou de tuf jusqu'à $0^{m},60$ environ, et en mélangeant les débris de la couche inférieure avec la terre de bonne qualité de la couche supérieure et les engrais ou amendements qui ont été répandus à la surface. La profondeur donnée au défoncement a surtout pour but de drainer le sol et d'en faciliter l'égouttement. On achève la préparation en ouvrant des fossés parallèles à la direction des *règes*, qui portent le nom de *capvirades* et sont destinés à l'écoulement des eaux.

b. *Plantation.* — La plantation se fait habituellement avec la *barre* ou avec la *petite haque* (fig. 506), ou la *grosse haque* (fig. 507), quelquefois en fossés. Les souches occupent le sol en plein ou sont disposées en *joualles*, c'est-à-dire en lignes alternant avec des cultures intercalaires. Les rangs des vignes ou *règes* sont alors groupés au nombre de deux, trois, quatre ou cinq, laissant entre eux des planches d'une largeur égale à celle qu'ils occupent ensemble. Le premier mode de plantation est le plus usité, il est employé à peu près seul dans les bons crus.

Les pieds de vignes sont espacés, dans le Médoc, de $0^{m},90$ ou 1 mètre × $0^{m},90$ à $1^{m}20$; dans les graves des environs de Bordeaux, ils sont à $1^{m},20$ en tous sens ; dans le pays de Sauternes, l'espacement entre

Fig. 506.— Petite haque.

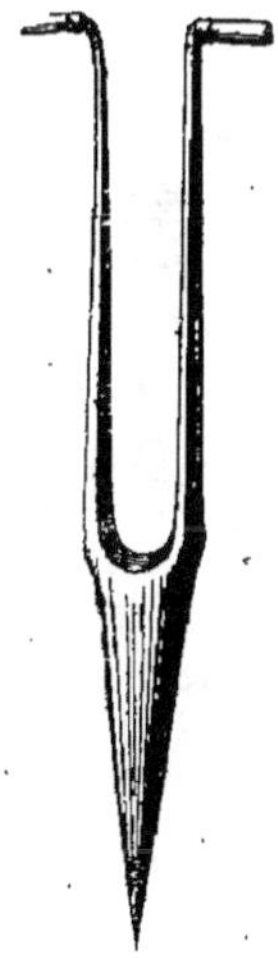

Fig. 507.— Grosse haque.

les vignes varie entre $1^{m},33$ et 2 mètres suivant que l'on cultive à bras, avec des chevaux ou avec des bœufs, et les souches sont elles-mêmes à $0^{m},80$ dans la ligne.

Les deux ou trois premières années de la plantation, on donne dans certains vignobles, en Médoc principalement, six façons aux jeunes vignes, mais le plus souvent quatre seulement. On les débarrasse, au printemps, des limaçons qui en arrêteraient le développement ; on remplace les plants qui n'ont pas réussi par des plants enracinés ou des provins ; on greffe enfin les pieds appartenant à des cépages que l'on ne veut pas conserver.

6° Culture

a. *Taille*.— Bien que les procédés de taille usités dans les vignobles à vin rouge de la Gironde présentent certaines différences que nous signalerons en passant successivement en revue les procédés de culture usités dans les diverses parties de cette contrée, ils offrent du moins un ensemble de caractères communs que nous allons indiquer. Les vignes à vin rouge de la Gironde sont conduites en souches basses ou moyennes suivant qu'elles sont situées sur des croupes ou coteaux, ou dans des milieux plus froids ou plus humides. Elles sont

Fig. 508.— Vignes du Médoc.

établies en espalier à deux bras symétriques terminés par des *astes* BB' ou longs bois; quelquefois un troisième bras vertical, surmonté

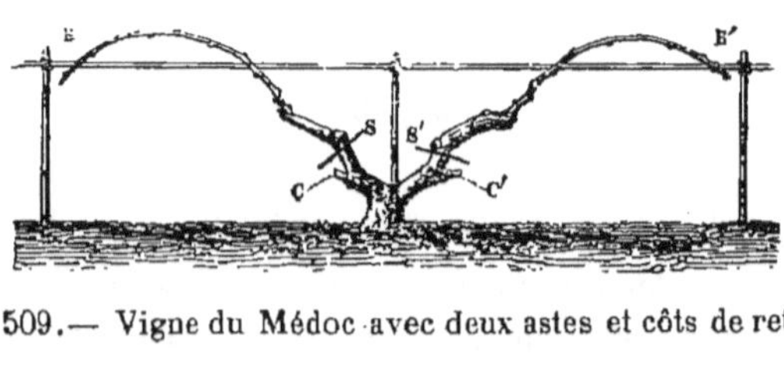

Fig. 509.— Vigne du Médoc avec deux astes et côts de retour.

d'un *aste* plus court, divise en deux parties égales l'angle formé par les deux premiers. Des coursons à deux yeux, portant le nom de *côts*

CC' (fig. 509 et 510), servent au remplacement des *astes*; on substitue quelquefois aux *côts* ce que l'on appelle des *tirants* ou *tirets* TT' (fig. 510), ce sont des rameaux verticaux qui sont coupés assez longs pour être fixés aux traverses des palissades sur lesquelles s'appuie la souche, et dont on éborgne les yeux supérieurs en ne laissant subsister que les deux plus rapprochés de l'origine.

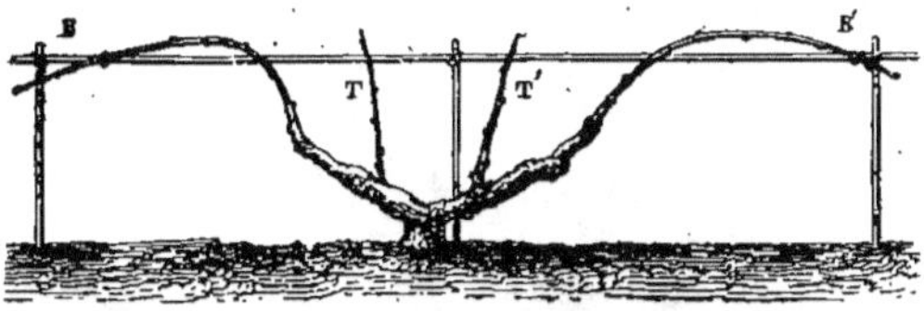

Fig. 510. — Vigne du Médoc avec deux astes et des tirants ou tirets.

La forme en espalier adoptée, qui permet de disposer les vignes dans une série de plants verticaux de peu d'épaisseur, parallèles entre eux et bien détachés les uns des autres, est très bien adaptée aux conditions spéciales du climat girondin. On obtient en effet par son moyen une bonne aération qui favorise le dessèchement de la terre et de l'atmosphère, souvent trop humides; les raisins reçoivent à découvert les rayons calorifiques et lumineux qui y arrivent directement, et ceux rayonnés et réfléchis par le sol, ce qui est très utile dans un milieu où le soleil est souvent caché et n'est jamais très ardent.

Fig. 511
Serpe du Médoc.

L'instrument le plus généralement employé pour faire la taille est la *serpe* (fig. 511), que l'on commence pourtant à remplacer sur quelques points par le sécateur.

b. *Culture du Médoc.*— Dans le Médoc, les vignes sont basses: le tronc de celles qui sont arrivées à leur plein développement atteint une hauteur de $0^m,15$ à $0^m,20$ tout au plus; lorsqu'elles sont chaussées, la naissance des branches n'est qu'à $0^m,05$ au-dessus du sommet du billon. Les *astes* ont une longueur de $0^m,35$ à $0^m,40$; on les arque et on en fixe les extrémités sur des piquets de vieux pin gemmé, d'acacia ou de châtaignier de $0^m,65$ de longueur et dépassant la surface du sol de $0^m,40$; ces piquets portent le nom de *carassons*. A la partie supérieure des *carassons*, on attache horizontalement des tiges minces et droites de jeunes pins maritimes, auxquelles on donne le nom de *lattes*. On lie les astes et les *lattes* au moyen de liens d'osier fendu appelés *vimes*,

Les opérations de taille en vert sont les suivantes : On enlève au printemps les rameaux qui naissent sur le vieux bois et les drageons ou *chausserons*. On attache ensuite les jeunes rameaux ou *flages* (de *flagellum*), afin de les préserver contre les accidents que peuvent causer les vents violents. A l'époque de la floraison, on pratique, au

Fig. 512.— Femmes palissant les vignes dans le Médoc.

moyen d'une lame de faux emmanchée comme un couteau, une sorte de tonte ou de rognage ; on coupe à une hauteur uniforme les jeunes rameaux qui ont été accolés verticalement, et on régularise ceux qui dépassent les autres sur les côtés et risqueraient d'envahir l'interligne ou d'y ombrager les raisins. Cette opération est renouvelée légèrement, dans la première quinzaine de juillet et quelquefois en automne, au moment des vendanges, en vue de faciliter la cueillette.

L'effeuillage ne se fait que dans les années pluvieuses, où la végé-

Fig. 513.— Labour des vignes au Château-Montrose (St-Estèphe, Médoc).

tation de la vigne est très vigoureuse et la maturité difficile. On enlève progressivement les feuilles de manière à ne pas exposer subitement le raisin à l'action du soleil.

Après l'achèvement de la taille d'hiver, on procède ordinairement à l'arrachage du chiendent, à l'enlèvement des mousses qui couvrent

Fig. 514.— Labour des vignes au moyen de la charrue Skawinski, dans le Médoc

les vieilles souches, et au charroi au milieu des *règes* des terres qui ont coulé dans les *capvirades* ou fossés d'égouttement.

Les vignes du Médoc reçoivent habituellement quatre labours (fig. 513 et 514) et deux façons complémentaires à la main. Les labours sont

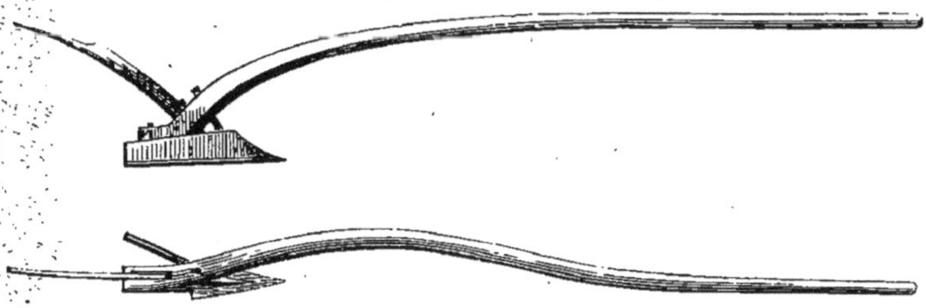

Fig. 515.— Cabat du Médoc.

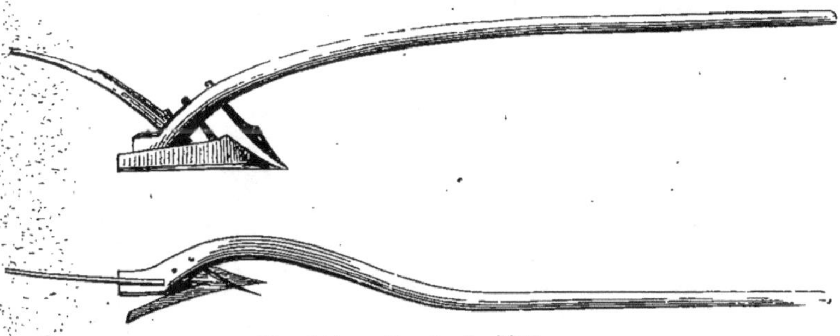

Fig. 516. — Courbe du Médoc.

donnés alternativement avec deux charrues, dont l'une, qui porte le nom de *cabat* (fig. 515), est une déchausseuse; l'autre, que l'on appelle *courbe* (fig. 516), est une chausseuse. Ces instruments sont le plus souvent traînés par des bœufs qui marchent parallèlement de part et d'autre de la ligne de vigne à labourer. On emploie aussi quelquefois une charrue inventée par M. Skawinski (fig. 514) et qui est d'une meilleure construction que les précédentes.

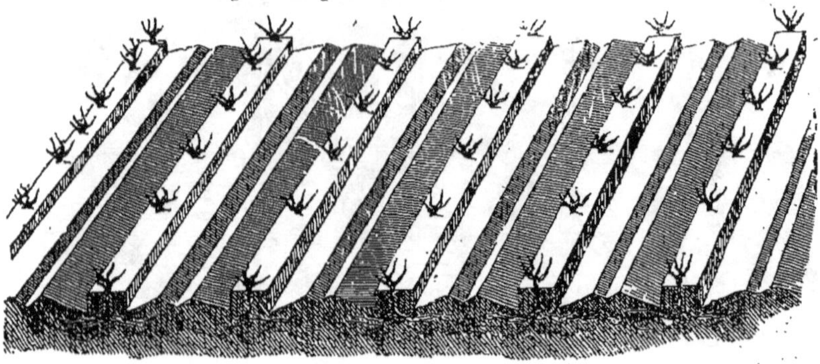

Fig. 517. — Premier labour des vignes dans la Gironde avant l'enlèvement du cavaillon *c c*, *c c*, *c c*.

La première œuvre se donne, vers la fin de février et le commencement de mars, avec le *cabat*. Elle a pour but d'*ouvrir la vigne*, c'est-

Fig. 518. — Marre ou houe de la Gironde.

à-dire de la déchausser; on adosse au milieu de l'intervalle qui sépare les lignes (fig. 517) ; des femmes enlèvent ensuite à la houe (fig. 518)

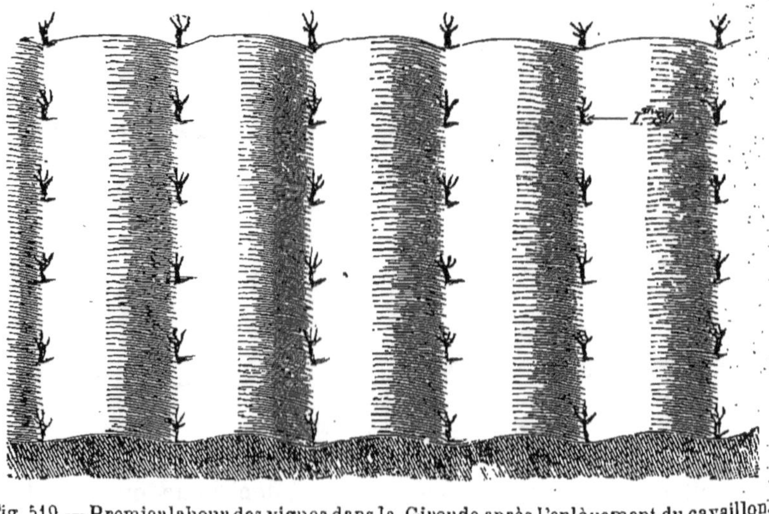

Fig. 519. — Premier labour des vignes dans la Gironde après l'enlèvement du cavaillon.

la petite bande de terre ou *cavaillon* restée au pied des souches et la jettent sur le billon (fig. 519).

La deuxième œuvre s'effectue dans le courant d'avril avec la *courbe* ; elle est destinée à ramener au pied de la vigne la terre qui en a été écartée par le premier labour (fig. 520).

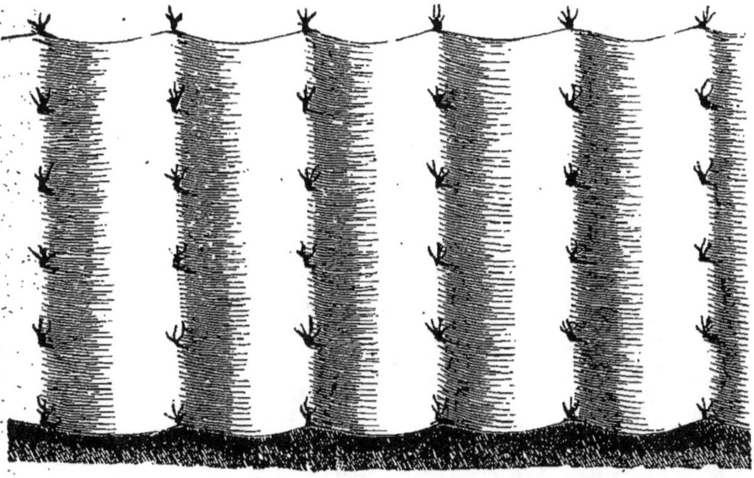

Fig. 520.— Deuxième labour des vignes dans la Gironde.

La troisième façon est pratiquée dans le courant de mai avant la floraison, et comme la première.

La quatrième a lieu à la fin de juin après la floraison, et on la donne avec la *courbe*, comme la seconde. On a le soin de faire déchausser ensuite les grappes, qui sont quelquefois partiellement recouvertes par la terre versée par la charrue.

La vendange est faite dans le Médoc par des compagnies d'ouvriers étrangers qui portent le nom de *manœuvres*. Chaque *manœuvre* renferme : 1° des *coupeurs* employés à cueillir les raisins ; 2° des *porte-hottes*, qui transportent la vendange à travers le vignoble ; 3° des *commandants*, qui surveillent les *coupeurs*, s'assurent qu'ils n'oublient pas des raisins sur les souches, donnent le signal du commencement et de la fin du travail.

Fig. 521. — Panier en bois employé pour la vendange dans le Médoc.

Les *coupeurs* détachent le raisin en en tranchant le pédoncule avec un petit couteau ; ils le placent ensuite dans un panier léger en bois blanc bien joint (fig. 521) qui peut contenir 10 kilog. environ. Les paniers, une fois pleins, sont vidés dans une grande hotte en bois cerclée en fer, qui renferme 50 kilogrammes.

Les hottes sont portées par les *porte-hottes* jusques hors la vigne, où on en verse le contenu dans des tonneaux défoncés appelés *douils* (de *dolium*), qui sont placés sur des chars à bœufs et servent à transporter la vendange jusqu'à la cuverie.

Fig. 522. — La vendange dans le Médoc, d'après une gravure du poème de M. BIARNEZ.

La figure 522 donne une idée de l'aspect d'un vignoble du Médoc au moment de la vendange,

c. *Culture des graves des environs de Bordeaux.* — Les cultures se font tantôt à bras, tantôt à la charrue. Dans le premier cas, qui devient de plus en plus rare à cause de la cherté de la main-d'œuvre, les vignes sont disposées en planches de trois ou quatre rangs dans les graves sèches, ou de deux rangs dans les sols moins légers et plus humides. Les pieds sont espacés de $1^m,10$ en tous sens.

Les souches sont formées par un pied dont la hauteur varie entre $0^m,25$ et $0^m,40$, $0^m,50$ jusqu'à $0^m,60$ quand elles sont âgées ; de ce tronc partent deux branches symétriques terminées par des *astes* ou longs bois, que l'on attache chacun par leur extrémité libre à un échalas de 2 mètres de hauteur (fig. 523 et 524). Les *flages* ou jeunes rameaux de l'année sont accolés, au fur et à mesure de leur développement, contre l'échalas correspondant à l'aste dont ils émanent.

Les vignes cultivées à la charrue se présentent sous deux aspects

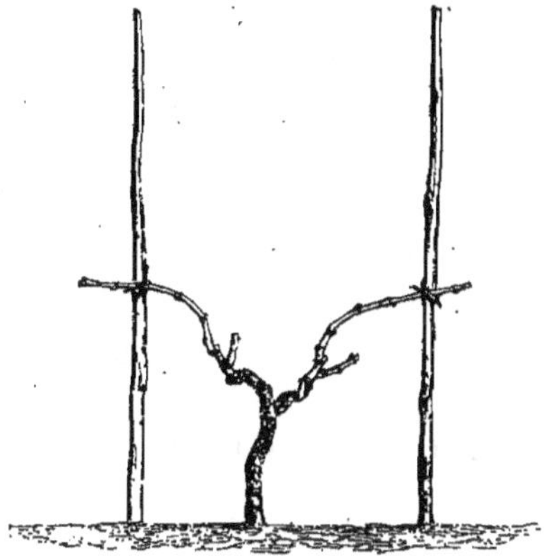

Fig. 524.— Vigne des graves des environs de Bordeaux.

différents : tantôt elles sont tenues, comme en Médoc, sur des fils de fer ou des *lattes*, à $0^m,35$ ou $0,^m40$ au-dessus du sol ; tantôt elles sont fixées à des échalas ordinaires, comme lorsqu'elles sont travaillées

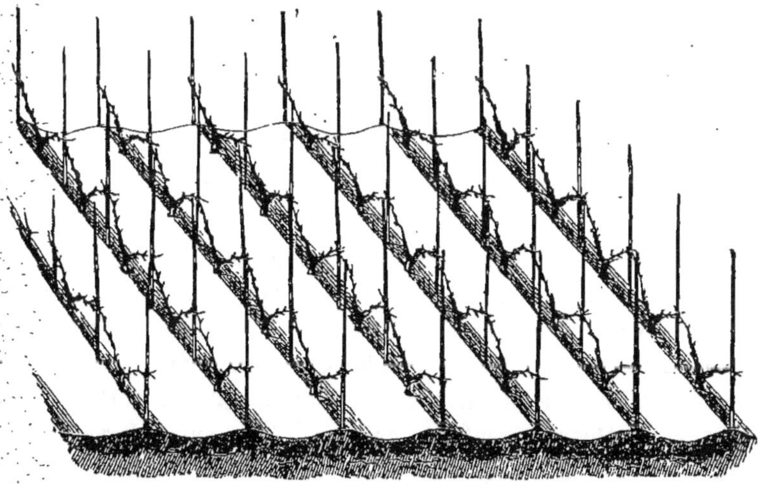

Fig. 524.— Vignes des graves des environs de Bordeaux.

à bras, ou palissées sur des fils de fer horizontaux à une plus grande hauteur qu'en Médoc.

d. *Culture sur les côtes.* — La vigne est généralement, dans ces milieux, plantée en *joualles*, avec ou sans cultures intercalaires. Lorsqu'elle est cultivée seule, les *joualles* sont formées de deux rangs de vignes espacés de $0^m,90$ à $1^m,10$, les pieds étant eux-mêmes distants entre eux de $1^m,50$ à 2 mètres.

Lorsque la vigne est coupée par des cultures intercalaires, les *joualles* sont à deux, trois ou quatre rangs et séparées entre elles de 4, 7 ou 8 mètres. Ce système de culture donne lieu à des produits de moins bonne qualité que le précédent; aussi n'est-il pas usité dans les bonnes côtes du Saint-Emilionnais, du Fronsadais, du Bourgeais, du Blayais et des bords de la Garonne.

Les souches sont établies en vignes moyennes, avec un tronc de $0^m,40$ à $0^m,50$ au plus; le tronc est surmonté de deux ou trois bras dont les *astes* sont fixés sur un grand échalas de 2 ou 3 mètres de haut ou palissés sur deux ou trois tuteurs plantés dans la ligne (fig. 525). On commence à substituer, dans certains vignobles, les fils de fer aux échalas.

Fig. 525.— Vigne des palus de la Gironde.

Anciennement, les vignes de Saint-Emilion étaient formées par un seul tronc surmonté d'un *aste* que l'on accolait à un échalas unique (fig. 526). On a été amené depuis, en suivant la tendance générale qui prédomine dans les divers vignobles, à donner plus de développement à la taille en adoptant la forme indiquée plus haut (fig. 525). Les vignes des côtes reçoivent habituellement trois œuvres lorsqu'elles sont cultivées à bras: lorsqu'elles sont labourées, on leur donne quatre façons.

e. *Culture dans les palus.* — La culture dans les *palus* présente une grande analogie avec celle des côtes; les écartements entre les pieds de vignes y sont seulement plus considérables, à cause du plus grand développement qu'ils peuvent y prendre par suite de la richesse du sol. C'est grâce aux ressources qu'offre la végétation vigoureuse des souches dans ces milieux que MM. Cazenave et

Marcon ont conçu l'idée des systèmes de taille et de conduite de la vigne auxquels ils ont donné leur nom, et que nous décrirons plus loin.

Fig. 526.— Ancienne taille de Saint-Émilion.

Les ceps y présentent généralement l'aspect donné par la figure 525.

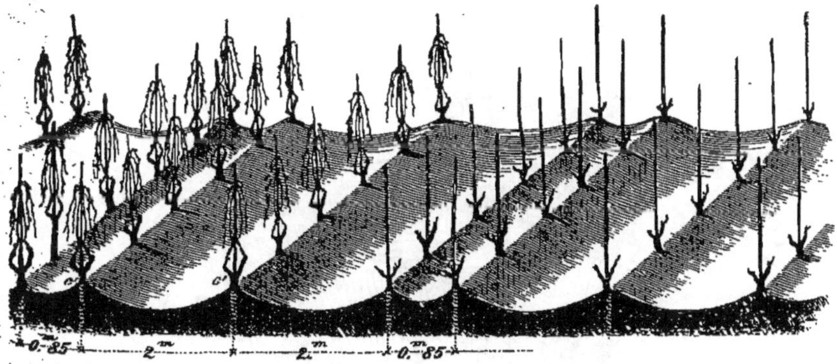

Fig. 527.— Vigne de Sauternes à deux bras, sur échalas, d'après M. J. Guyot

f. *Culture dans les graves de Sauternes.* — Les vignes à vin blanc du pays de Sauternes sont toujours plantées en plein, c'est-à-dire sans cultures intercalaires. Les lignes sont distantes de 2 mètres dans les vignobles labourés par des bœufs et de 1m,33 dans ceux qui sont cultivés à bras ou par des chevaux ; les pieds sont eux-mêmes espacés

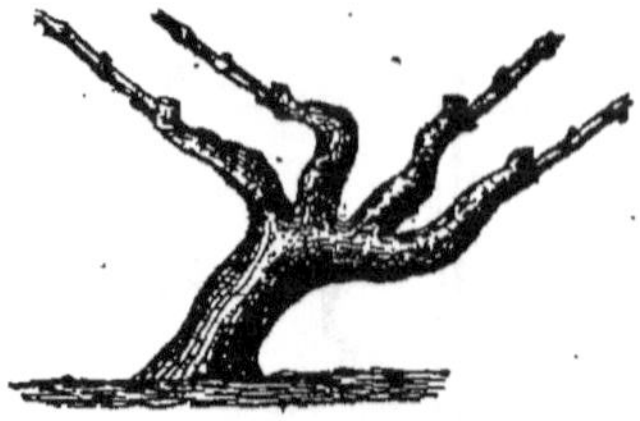

Fig. 528. — Vigne de Sauternes (château Suduiraut) à quatre bras, sur fils de fer.

entre eux de 0m,80 dans les lignes lorsqu'ils sont tenus sur échalas et de 1m,50 quand les sarments sont palissés sur fil de fer.

Fig. 529. — Vendanges au pays de Sauternes, d'après Bertall.

Les souches sont formées en espalier habituellement sur deux bras (fig. 527), quelquefois sur trois ou quatre, disposés en éventail dans le même plan vertical (fig. 528) ; chaque bras est terminé par un courson à deux ou trois yeux, plus l'œil de la base.

Les rameaux de l'année sont accolés à un seul grand échalas de 2^{m},50 de hauteur, ou palissés sur des treillages en fil de fer formés de deux lignes horizontales, l'une à 0^{m},60, l'autre à 1^{m},30 au-dessus du sol.

Les vignes de Sauternes sont fumées tous les quatre ou cinq ans; on y fait usage des marnages, notamment au moment de la plantation. On y pratique régulièrement l'effeuillage pour hâter la maturité.

La vendange se fait progressivement et successivement, au fur et à mesure que les raisins sont arrivés au point de maturité voulu ; on cueille une grappe après l'autre ; quelquefois même seulement une portion de grappe, que l'on détache avec des ciseaux (fig. 529 et 530),

Fig. 530.— Char de vendanges au pays de Sauternes, d'après Bertall.

de manière à obtenir un mélange, dans des proportions convenables, de fruits passerillés, blessis et recouverts de moissisures (*Botrytis cinerea*).

En résumé, ainsi qu'on peut le voir par ce qui précède, les vignobles de la Gironde sont caractérisés: 1° par l'usage des plantations en lignes et la disposition des souches en espalier sur échalas ou treillages, qui répondent très bien, comme nous l'avons fait remarquer, aux conditions qu'implique le climat ; 2° par l'emploi général, pour les cépages rouges, de la taille à long bois avec coursons pour le rabaissement ; 3° enfin par le mode d'exécution des labours, qui se font à la charrue alternativement en chaussant et en déchaussant.

IV. — GROUPE DE L'EST

A. Isère, Savoie et Bugey (1).

1° Climat

L'Isère, la Savoie et le Bugey (2) appartiennent à la partie la plus froide en hiver et la plus humide du climat rhodanien. La culture de la vigne basse n'y est possible qu'en coteau, et ce n'est que grâce à la remarquable rusticité de la *Mondeuse*, conduite en vigne moyenne ou en hautain, que l'on peut y avoir des vignobles dans les plaines et les vallées.

2° Sol et Situation

Les contrées qui nous préoccupent en ce moment renferment peu de plaines ; le sol se partage entre de profondes vallées, des coteaux et des montagnes élevées. Les vallées sont généralement formées par des alluvions fertiles et fraîches; par suite de leur situation, la vigne y est exposée aux gelées, à la coulure, aux diverses maladies cryptogamiques et à la pourriture du raisin en automne. Malgré ces inconvénients, les vignobles occupent une surface relativement importante dans l'Isère, par suite de l'abondance des produits que l'on y récolte dans les bonnes années. Mais la plus grande partie des vignes est plantée dans des terrains situés au bas des montagnes, sur des pentes placées au-dessous des bois ou sur des coteaux rocailleux qui ne peuvent être utilisés pour d'autres cultures. Ces terrains proviennent de formations géologiques diverses, en général crétacées, jurassiques, tertiaires ou modernes dans l'Isère et le Bugey; primitives, jurassiques, crétacées ou tertiaires dans la Savoie.

L'exposition de ces côtes joue, comme on le comprend, un rôle

(1) Bibliographie. — **Le docteur J. Guyot;** *Étude des vignobles de France*, tom. II. — **A. Jullien**; *Topographie de tous les vignobles connus* — **Pierre Tochon**; *Traité théorique et pratique d'agriculture, de viticulture et d'horticulture*, publié sous le patronage du Conseil général du département de la Savoie. Chambéry, d'Abanc, 1874. — **Id.**; *Rapport sur le concours à la prime d'honneur et aux primes de viticulture du canton Nord.* Chambéry, Ménard, 1883.

(2) Le Bugey est une ancienne province qui fait partie actuellement du département de l'Ain.

important quant à la réussite des vignobles. Grâce à une exposition favorable, certains d'entre eux prospèrent en Maurienne, en Tarentaise ou dans le Faucigny, en Savoie, jusqu'à 600 et même 700 mètres d'altitude.

M. le Dr J. Guyot donne sur les terrains de l'Isère consacrés aux vignobles les renseignements suivants : «Sauf les plateaux supérieurs et les flancs des rochers qui couronnent ces montagnes, sauf les versants nord sans soleil et quelques vallées humides et froides, l'Isère offre à peu près sur tout son territoire un sol des plus favorables à la végétation des vignes. De Chapareillan à Grenoble, le long de l'Isère, le sol est composé d'alluvions à cailloux roulés et à galets, au fond et au centre de la vallée, puis, à droite et à gauche, il s'élève en montagnes jurassiques, qui sont doublées sur la rive gauche par des montagnes granitiques, et sur la rive droite par les terrains crétacés inférieurs ou grès verts. Ces mêmes dispositions forment et encadrent le cours du Drac, depuis la Mure jusqu'au-dessous de Grenoble, où le Drac et l'Isère réunis traversent les grès verts jusqu'à Moirans, puis elles descendent à travers le diluvium alpin et les terres à meulières sur lesquelles reposent les deux vignobles de Tullins et de Saint-Marcellin. Si, de Moirans, on s'avance dans la direction de Beaurepaire et de Saint-Rambert, on suit une large zone de diluvium alpin avec les expositions les plus propres à la vigne, sans autre vignoble important que ceux de la côte Saint-André et de Roussillon. Cette zone, qui s'étale dans le canton de Roussillon, sur la rive gauche du Rhône, paraît jetée, en courant de l'Est à l'Ouest, sur une immense surface d'alluvions anciennes de la Bresse qui commence au nord de Saint-Marcellin et de Moirans, pour s'étendre à la Tour-du-Pin, à Bourgoin, à Saint-Jean-de-Bournay et à Vienne. L'extrême nord du département est occupé à l'est par les relèvements oolithiques, et à l'ouest, entre la rivière de la Bourbre, après Bourgoin, la ville de Vienne et Lyon, par les alluvions à cailloux roulés, à galets et à terres rouges et jaunes ; quelques îlots granitiques s'observent auprès de Vienne. Les quatre surfaces géologiques où la vigne se plaît le mieux, le diluvium alpin, les alluvions anciennes, les grès verts et les oolithes, sont précisément celles qui occupent les plus grandes surfaces cultivables du département de l'Isère, celles de la Bourbre et de la rive gauche du Rhône sont bien garnies de vignes, les plateaux en sont presque entièrement privés : ainsi, de Moirans à la côte Saint-André, il ne s'en montre guère qu'à l'état d'échantillon.»

D'après le même auteur, «le sol des vignobles de la Savoie est très varié ; toutefois, il est plus généralement calcaire, avec sous-sol de roches de même nature. A Conflans, en face d'Albertville, les vignes sont assises sur des roches de schiste talqueux ; à Albertville, Aiguebelle, Aiton-l'Hôpital, la gauche de l'Isère est granitique et la droite est de grès vert et de calcaire blanc, par Montailleur, Saint-Pierre-d'Albigny et Montmélian. Dans la Maurienne, le calcaire blanc n'existe pas ; c'est le calcaire noir alpin qui domine, avec le granit et les schistes métamorphiques ou gneiss. Le terrain qui, dans la Maurienne, donne les vins les plus capiteux, le Prinseur, est gypseux. Saint-Martin est sur le calcaire noir. Les vignobles de Saint-Julien et de Saint-Michel reposent sur des terres provenant du délitement et de l'exfoliation des schistes granitiques mélangés de gros et nombreux galets ou cailloux roulés. Ces cailloux sont en partie extraits des terres et accumulés en lignes et en billons séparatifs, découpant bizarrement les vignes et appelés *mergers*; Chambéry, Aix-les-Bains, la Chautagne et la rive gauche du Rhône présentent des vignes sur les sols de grès vert, de meulières et sur calcaires jurassiques.

»Les vignes, dans la Savoie, occupent surtout les rampes inférieures des hautes montagnes et les mamelons compris entre ces hautes montagnes et les torrents ; souvent même elles occupent les plaines alluvionnaires du fond des vallées ; mais ces plaines et même les rampes basses et peu inclinées qui les accostent sont surtout réservées aux céréales, aux prairies ; dans les bas-fonds, on voit encore trop souvent des marais à laiches et à roseaux.

»Le sol de la Haute-Savoie (1) présente quatre catégories principales ; le terrain crétacé, les grès verts supérieurs et inférieurs, les terrains jurassiques et le diluvium alpin. Sur les bords des lacs, des rivières et des torrents, on observe, en outre, les alluvions à galets et à cailloux roulés, mélangés aux détritus des quatre roches que je viens de mentionner ; la vigne croît et prospère sur toutes ces variations du sol de la Haute-Savoie.

»Le sol du département de l'Ain (2) est constitué, depuis Pont-de-Vaux jusqu'à Lyon, jusqu'à Montluel et en remontant par Loyes, Bourg et Saint-Amour, par les alluvions anciennes de la Bresse, et d'Ambérieux à Saint-Rambert et Belley, pour remonter le Rhône jusqu'à Gex, redescendre à Nantua afin de regagner Saint-Amour, par les divers étages des terrains jurassiques. Son sol tout entier serait partout excellent pour la vigne si les Dombes étaient débarrassées de leurs eaux et la Bresse de ses froidures.»

C'est, en résumé, le Bugey que l'on peut considérer comme la

(1) J. Guyot ; *loc. cit.*, pag. 300.
(2) *Id.*; pag. 344.

région viticole la plus importante de ce département; elle se rattache en outre, très directement, à la Savoie, par ses procédés de viticulture.

3° Crus

Tous les vins de quelque valeur dans l'Isère et en Savoie sont obtenus des vignes basses ; ceux des hautains sont généralement âpres, verts et peu alcooliques; cette différence provient à la fois de l'infériorité généralement reconnue des vins des vignes hautes par rapport aux autres, et du fait qu'elles sont cultivées dans les vallées, tandis que les autres le sont toujours et nécessairement, dans ces contrées, sur des coteaux chauds et bien exposés.

Les meilleurs vins rouges de l'Isère sont ceux des côtes voisines de Vienne, telles que celles de *Seyssel* et de *Revantin*; les produits de cette dernière ressemblent à ceux de *Côte-Rôtie.*

Viennent ensuite les vins des *Roches*, de *Murinais*, de *Bessin*, etc., près de Saint-Marcellin, qui, bien qu'inférieurs aux précédents, ont cependant de réelles qualités.

La Savoie produit également des vins fort distingués: parmi les rouges, ceux de *Montmélian*, de *Saint-Alban*, où se trouvent les coteaux renommés de *Mont-Termino* et de *Saint-Jean de la Porte*, sont très estimés. On en obtient deux types : les uns appelés *clairets*, qui n'ont fermenté que deux ou trois jours à la cuve, et qui sont légers, fins et délicats; les autres que l'on ne soutire qu'après huit ou dix jours de contact avec le marc, et qui sont plus colorés, plus fermes et susceptibles d'une plus longue conservation.

On produit également, dans les environs de Saint-Jean-de-Maurienne, des vins de valeur, tels que ceux de *Bonne-Nouvelle*, d'*Aiton*, de *Saint-Jean*, de *Saint-Julien*, de *Saint-Martin de la Porte* et surtout de *Princens* et d'*Échaillon*, qui passent, d'après Jullien, pour ressembler à ceux de quatrième classe de la Haute-Bourgogne.

Dans le Bugey, les vins les plus estimés sont ceux de *Seyssel*, *Machurat*, *Talissieux*, *Culoz*, etc.; Jullien les range dans la cinquième classe, comme vins d'ordinaire de seconde qualité.

4° Cépages

Le cépage le plus répandu dans le groupe de vignobles que nous étudions est la *Mondeuse*, qui, à une très grande rusticité, joint la qualité de se prêter également à la culture en souches basses à taille courte sur les coteaux, et en treilles en taille longue dans les vallées.

On y rencontre également le *Persan*, le *Corbeau*, le *Hibou*, et, sur quelques points voisins de la Drôme, la *Syrah*, parmi les vignes à vin rouge ; l'*Altesse*, la *Jacquère*, la *Mondeuse blanche* et quelquefois la *Roussanne* et la *Marsanne* parmi celles à vin blanc. On peut reprocher à ce choix de cépages , remarquable d'ailleurs à certains points de vue, l'époque généralement trop tardive de leur maturité eu égard au climat.

5° Culture

Si la région viticole que nous étudions présente une certaine homogénéité au point de vue de la nature des cépages et des vins, il n'en est pas de même pour les procédés de culture, qui y sont extrêmement variés. On peut pourtant remarquer que, sauf dans les environs de Vienne, où l'on emploie les cépages et les procédés de Côte-Rôtie ou du Lyonnais, qui sont voisins, et sur quelques points des territoires de Saint-Marcellin et de Tullins, où l'on suit les pratiques de l'Ermitage, les vignobles de l'Isère, de la Savoie et du Bugey présentent le caractère commun suivant : les vignes y sont tenues en souches basses, à taille courte sur les coteaux, et en souches moyennes ou hautes, à taille longue dans les vallées et les plaines.

Les vignes basses sont conduites suivant des procédés assez uniformes ; mais il n'en est pas de même des vignes hautes, qui présentent les dispositions les plus variées.

a. *Vignes basses.* — Les vignes basses, sauf dans les vignobles in-

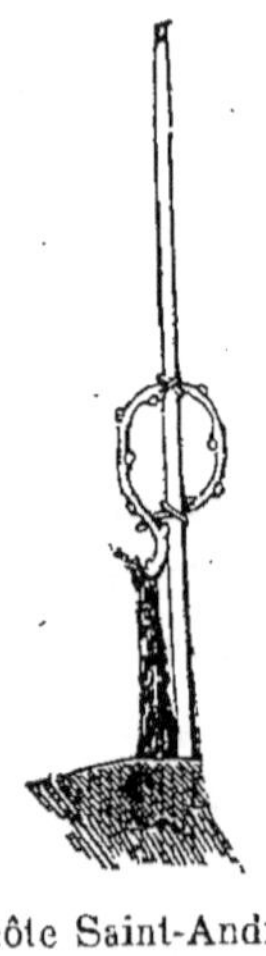

Fig. 531. — Vigne de la côte Saint-André : tige unique surmontée d'un archet recourbé.

diqués plus haut et dans celui de la côte Saint-André (Isère), où l'on suit un mode de taille spécial, dérivé de celui de l'Ermitage, mais où le revers est recourbé en cerceau (fig. 531), sont établies en gobelet à trois ou quatre bras terminés par un courson à deux yeux francs au plus (fig. 532). Elles sont généralement munies d'un échalas

Fig. 532.— Vignes basses des coteaux de la Savoie (Montmélian), d'après M. le docteur J. Guyot.

unique ; cependant, dans la Chautagne (Savoie) et dans certaines parties du Bugey (Ain), les rameaux sont abandonnés à eux-mêmes,

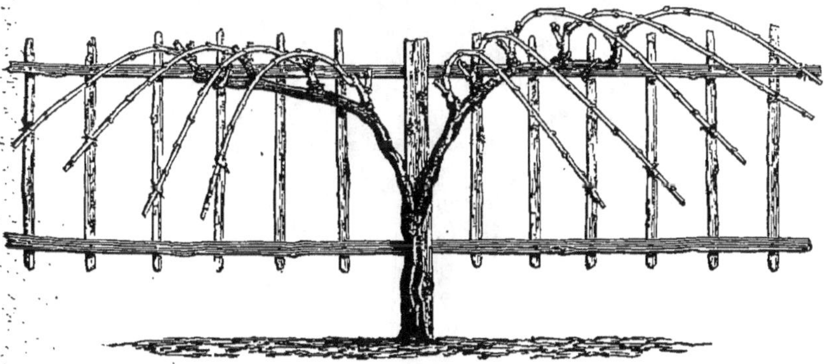

Fig. 533.— Vigne de l'Isère (Tullins) en espalier, sur treillard.

comme dans la région méditerranéenne. C'est du reste des procédés du groupe méridional que dérivent évidemment ceux appliqués aux vignes basses en coteaux de la Savoie, de l'Isère et du Bugey. Dans la Haute-Savoie, on tend de plus en plus à faire usage, pour les vignes basses, des méthodes usitées en Suisse (fig. 539, pag. 918) et que nous décrirons plus loin.

Fig. 534.— Vignes en treilles sur arbres vivants de la Savoie, d'après M. le docteur J. GUYOT

Fig. 535.— Vigne d'Évian (Haute-Savoie) établie sur crosse, d'après M. le docteur J. GUYOT.

b. *Vignes hautes.* — Les vignes hautes, dans la région qui nous préoccupe, sont le plus souvent plantées avec des cultures intercalaires; elles sont caractérisées par la conservation, au moment de la

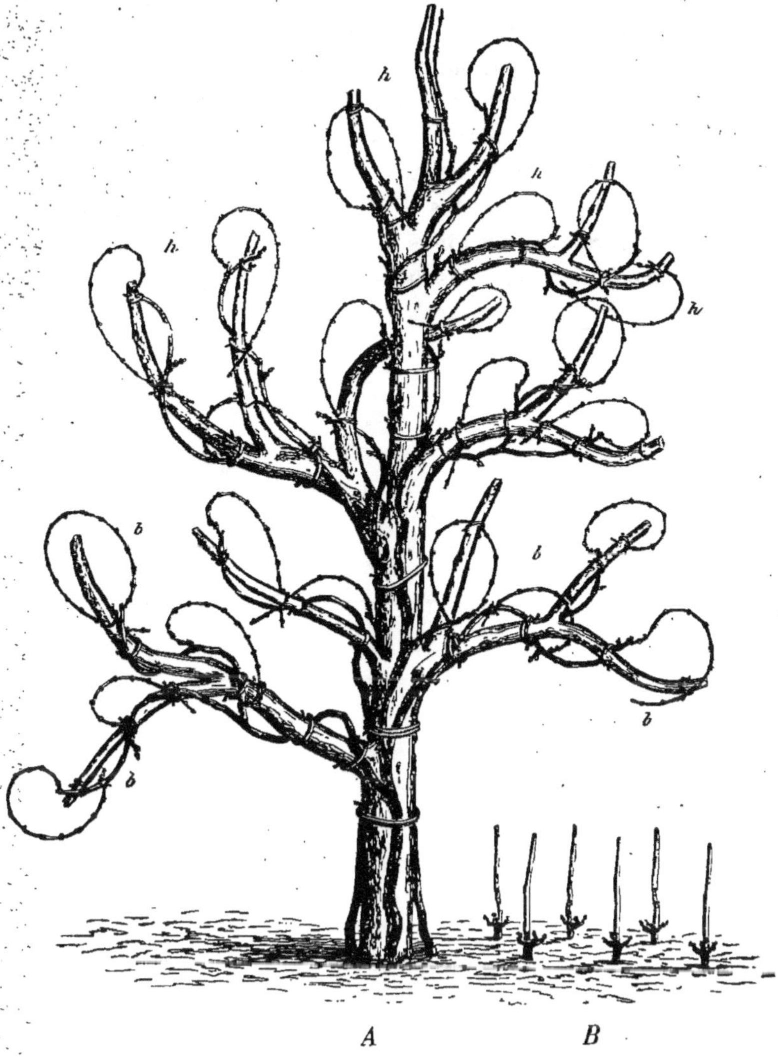

Fig. 536. — A, vigne d'Évian (Haute-Savoie) établie sur crosse, d'après M. le docteur J. Guyot : *b b b*, *h h* longs bois. B, vignes basses.

taille, de longs bois très développés. Elles sont établies en espaliers sur des treillards en bois dans l'Isère (fig. 533) et dans le Bugey, ou sur des treilles supportées par des arbres vivants ou morts, comme dans la Savoie (fig. 534). Dans la Haute-Savoie, à Évian et au bord du lac de Genève, on les fait grimper sur des arbres morts qui portent le nom de *crosse* (fig. 535 et 536).

Ces procédés de tenue de la vigne en hautains sont très défavorables à la qualité de ses produits, ainsi que nous l'avons vu précédemment; de plus, les opérations de taille et de vendange sont rendues très diffficiles par la hauteur des ceps ; aussi doit-on en restreindre uniquement l'usage aux milieux où la culture de la vigne basse est impossible par suite du climat.

En résumé, la viticulture de l'Isère, de la Savoie et du Bugey est caractérisée : 1° par l'emploi des vignes basses en coteaux et des vignes hautes en plaine et dans les vallées; 2° par la tenue de ces dernières en espalier sur des treillards ou sur des arbres vivants ou morts, toujours avec des longs bois arqués; 3° enfin par l'emploi de cépages spéciaux, parmi lesquels la *Mondeuse* joue le rôle le plus important.

CHAPITRE XXVII

SOMMAIRE. — Vignobles étrangers : vignobles du canton de Vaud ; de Sion ; de Tokay ; de Porto ; de Chypre

V. — VIGNOBLES ÉTRANGERS

A. Vignobles du canton de Vaud. — Les vignobles du canton de Vaud sont remarquables par le soin avec lequel ils sont cultivés et les hauts rendements que l'on y obtient, sans sacrifier cependant la qualité des produits. Ils ressemblent, pour l'ensemble des procédés qui y sont appliqués, à ceux du Beaujolais ou à ceux des coteaux de la Savoie ; leur culture offre pourtant certaines particularités intéressantes et qui méritent d'être mentionnées.

1° CLIMAT ET SITUATION

Grâce à leur situation sur des coteaux descendant en pente douce vers le lac Léman, exposés d'une manière générale au Midi et abrités des vents du nord par la chaîne du Jura, les vignobles du canton de Vaud jouissent d'un climat relativement doux. Les gelées d'hiver, assez intenses pour nuire à la vigne, y sont rares ; les hivers de 1830, 1848-49, 1879-80, 1884-85, ont seuls, depuis une soixantaine d'années, causé des dommages de quelque importance, et encore le mal est-il imputable pour une large part au défaut d'aoûtement des sarments lors de l'arrivée des grands froids. Les *minima* ne dépassent que rarement — 6° ou — 8° ; l'hiver de 1830, où le thermomètre est descendu à — 12°, est considéré comme exceptionnel.

Les *maxima* d'été atteignent en moyenne 25° à 28°, d'après M. Mercanton, de Cully, expert viticulteur et président de la section de Lavaux de la Société Vaudoise d'Agriculture et de Viticulture, qui a bien voulu nous fournir de précieux renseignements. Les premières phases de la végétation (débourrement et floraison) se produisent avec huit jours de retard environ sur ce qui a lieu dans le Beaujolais. Les pluies arrivent d'une manière assez régulière au printemps ou au plus tard vers le 24 juin, puis en août et septembre ; en somme, le climat des côtes du canton de Vaud est tempéré, la répartition des pluies d'été y est convenable pour assurer une végétation régulière et vigoureuse à la vigne ; on n'a guère à y redouter à certains moments qu'un excès d'humidité dans les sols compacts.

2° Sol

Le sol des vignobles du canton de Vaud est formé pour la plus grande partie (depuis Rolle jusqu'à Vevey) par les terrains du tertiaire moyen (miocènes) ; on rencontre après cette dernière ville, en se dirigeant vers l'est, une large bande du crétacé supérieur, puis les terrains jurassiques, et, notamment autour de Clarens, une surface de quelques kilomètres carrés où vient émerger le calcaire à gryphées arquées.

3° Crus

La production des vins rouges du canton de Vaud est sans importance ; ce sont les vins blancs de *Chasselas* qui ont fait la réputation du vignoble de cette contrée. Les plus renommés sont ceux de la côte qui s'étend de Cully à Saint-Saphorin, du clos du rocher d'Yvorne et de Villeneuve. Ceux de Nyon, de Rolle et de Morges sont inférieurs aux précédents.

Ces dernières localités et Lausanne, Lutry, Cully, Orbe et Grandson sont celles où la production est la plus abondante.

4° Cépages

Le cépage le plus généralement cultivé dans le canton de Vaud est le *Chasselas*, qui est connu sous les noms de *petit fendant* et de *gros fendant* ; on désigne sous ces dénominations de légères variations du type fixées par sélection, mais qui ne sauraient être regardées comme des cépages bien caractérisés. On a introduit depuis quelques années le *Sylvaner vert* ou *blanc*, qui est appelé dans le pays plant du Rhin. On cultive enfin, mais en très petite quantité, pour la production du vin rouge, la *Mondeuse,* qui ne mûrit pas toujours bien, le *Cortaillod* (*Pinot noir*) et le *Plant Robert* (*Gamai*), que l'on plante dans les terres profondes des hauteurs à Lavaux.

5° Établissement du vignoble

a. *Préparation du sol.* — Les *minages* ou défoncements se font à une profondeur relativement considérable; on pénètre, en rompant les bancs de molasse que l'on rencontre, jusqu'à 0m,90 ou 1 mètre.

Les anciens vignobles de la Provence et ceux de l'Ermitage sont presque les seuls qui nous offrent des exemples de défoncements pareils : la recherche d'une couche assez basse pour que les racines puissent échapper à la sécheresse n'est évidemment pas la cause, dans ce cas, de cette manière de procéder, on la trouve plutôt dans la nécessité de faciliter l'égouttement de la partie supérieure du sol, qui est par nature, le plus souvent, froid et peu perméable. On cherche du reste, par un bon nivellement et par des drainages, à compléter les résultats de cette opération.

Les défoncements pour les renouvellements des vignes vieilles et usées, lesquels se font en petites portions et au fur et à mesure que la nécessité s'en fait sentir, sont effectués à une profondeur moindre, l'égouttement étant suffisamment assuré par les effets de la première opération.

b. *Plantation.* — La plantation se fait au printemps avec des *chapons* (boutures à talon) de 0m,50 à 0m,60 (fig. 537), que l'on met en place au pal et à une profondeur de 0m,27 ou 0m,30. La forme adoptée est le

Fig. 537. — Chapon ou bouture à talon.

Fig. 538. — Taille des coursons dans le canton de Vaud.

carré, et l'espacement varie entre 0m,60 et 0m,90. On a la précaution de placer un piquet auprès de chaque *chapon*. Les jeunes plants sont soumis, pendant les trois premières années de leur existence, à des ébourgeonnements qui ont pour but de favoriser le développement des rameaux nés au point où l'on doit former la tête ; ces derniers sont rognés en septembre, afin d'en assurer l'aoûtement. La taille d'hiver est donnée très courte, contrairement à ce qui a lieu pour les jeunes plants dans le Midi de la France ; mais la rigueur avec laquelle s'effectuent les ébourgeonnements et les pincements permet de réduire la végétation exagérée qu'ils fournissent dans les premières années, et à laquelle on cherche à donner issue, en Languedoc, par une taille généreuse.

6° Culture normale

a. *Taille*. — Les vignes du canton de Vaud sont tenues en souches basses en gobelet et taillées à courson. Les coursons n'ont qu'un œil franc et le borgne. L'œil *f* (fig. 538), en dessus du courson, doit

Fig. 539.— Vignes du canton de Vaud.

fournir le rameau qui portera le fruit ; celui de dessous *c* produira le sarment qui servira au remplacement. Les vignerons attachent une grande importance à ce que le courson soit toujours pris du même côté, parce que l'on conserve ainsi la moitié inférieure du bras sans cicatrices dans ses tissus. (Nous avons parlé précédemment (page 387) de cette méthode de taille). La taille se fait, aujourd'hui, d'une manière générale, au sécateur ; on la pratiquait autrefois à la serpette.

La taille sèche est complétée par diverses opérations de taille en vert ; on pratique d'abord un *épamprement* au moment de la fleur, on enlève ensuite les bourgeons latéraux qui se développent à l'aisselle des feuilles, enfin on *rogne* tous les rameaux au niveau du sommet de l'échalas lorsqu'ils ont atteint une longueur suffisante. L'*effeuillage* ne se fait que dans les années où les circonstances le rendent nécessaire.

Les vignes sont pourvues chacune d'un échalas sur lequel tous les rameaux sont accolés au moyen de liens de paille (fig. 539); les échalas sont arrachés chaque année à l'entrée de l'hiver et replantés au printemps.

b. *Labours.* — Les façons aratoires consistent, en premier lieu, en un raclage qui se fait avant la taille; on donne ensuite, après la taille, une façon plus profonde appelée *fossoyage*, qui est un labour d'aération; puis une œuvre plus superficielle dite *retersage*, et enfin un râtissage au moyen d'un outil appelé *rablet*, en août ou au commencement de septembre.

c. *Fumure.* — Les vignes sont fumées tous les trois ans, à raison de 75 mètres cubes de fumier à l'hectare (125 pieds cubes par *fossorier* de 4 ares et demi).

En résumé, les points les plus caractéristiques de la viticulture vaudoise sont la profondeur des défoncements et le soin particulier qui est donné aux tailles d'hiver et d'été ; on peut la considérer, à ce point de vue, comme réalisant un haut degré de perfection et s'adaptant, d'une manière remarquable, au milieu dans lequel elle a pris naissance.

C'est grâce à ces soins, aussi bien qu'à ceux donnés à la préparation du vin, que l'on a pu obtenir avec le *Chasselas*, si peu estimé en France comme raisin de cuve, des produits qui, dans les bons crus, ont une réelle distinction.

B. **Vignoble de Sion (Valais)** (1). — Le vignoble de Sion est remarquable par sa situation exceptionnelle qui lui permet de donner

(1) BIBLIOGRAPHIE.— **M. de la Pierre ;** *Instructions sur la culture de la vigne à la Vaudoise, dans le district de Sion*, Sion, 1870.—**Société d'agriculture de Sion ;** *Catalogue des différentes variétés de raisins exposés au concours agricole de Lucerne.* Sion, 1881.— **J.-M. Kohler ;** *Analyse chimique des vins du Valais.* Sion, 1883.— **V. Pulliat ;** *Les vignobles du Haut-Rhône et du Valais.* Paris, 1885. (Société des agriculteurs de France).

des vins rouges supérieurs à ceux que l'on récolte nulle part en Suisse et par l'emploi judicieux des irrigations d'été qui donnent à sa culture un caractère très particulier.

1° Climat

Le climat du Valais est remarquable par les écarts considérables de température qui s'y manifestent entre l'été et l'hiver : « Les contrastes de température qu'on rencontre dans le Valais frappent tout d'abord l'observateur...... Sion et tout le centre du Valais jouissent d'une température plus élevée que Genève. La différence de niveau est de 150 mètres. A Sion, l'hiver est plus froid, mais l'été beaucoup plus chaud. Une élévation analogue de température a lieu à l'intérieur de la plupart des vallées latérales, même au pied des glaciers.

»Sous le rapport hygrométrique, nous retrouvons la même division territoriale. Durant les chaleurs estivales des années chaudes, la rosée ne rafraîchit point la végétation des environs de Sion. En hiver, de vastes contrées sont comme ensevelies durant des mois entiers sous une épaisse couche de brouillards qui se condensent et se déposent en givre sur les végétaux : à Sion, les brouillards et le givre sont une rareté. Sur dix fois que des nuages chargés de pluie ou de grêle paraissent à l'horizon, ils suivent au moins neuf fois les deux chaînes de montagnes et laissent le centre à sec. La quantité d'eau qui y tombe durant un jour de pluie ou un orage est de même bien moindre que celle qui tombe sur les arêtes (1).»

Les deux éléments les plus intéressants du climat du Valais sont donc la grande chaleur qui y règne en été et la sécheresse.

2° Sol et Situation

La portion de la vallée du Rhône où se trouvent situés Sion et ses vignobles est fortement abritée, du côté du nord, par la haute chaîne formée par les Alpes Bernoises, la Dent de Morcles, les Diablerets, le Wildhorn, le Wildstrubel, qui court de l'ouest à l'est et dont les sommets atteignent 3.000 mètres et plus de hauteur. Sion se trouvant à une altitude de 495 mètres, c'est un abri de 2.500 mètres, dont la crête est située à moins de 10 kilomètres, qui en protège les environs.

Le sol est de formation sédimentaire ancienne; M. le Chanoine

(1) Le chanoine Rion. — *Guide du botaniste*. (Sion, Librairie générale, 1872). Cité par V. Pulliat.

Rion donne, sur les roches qui le constituent, les indications suivantes: «Si l'on examine le caractère pétrographique des roches, l'on s'aperçoit que l'on est en présence du terrain problématique auquel on a donné le nom de roches métamorphiques. C'est ici, sous nos pieds, par exemple, un quartzite qui passe au gneiss d'un côté et de l'autre à un grès; plus loin, c'est un calcaire parsemé de feuillets brillants converti sur certains points en gypse, transformé en d'autres endroits en dolomie.

»Là, vous croyez bien reconnaître des schistes argileux; avancez de quelques pas, et vous serez surpris de voir cette roche se changer en schistes micacés, puis passer au gneiss et au granit ou se colorer en vert et devenir un schiste talqueux ou chlorité, se métamorphoser en roches aphanitiques, en serpentine et gabro, sans qu'il soit possible de trouver les limites entre des roches si diverses (1).»

Ce sont surtout des roches schisteuses faciles à déliter et de couleur plutôt foncée qui constituent les éléments du sol des vignobles de Sion et des murs de soutènement qui les retiennent.

3° Crus

La production des vins blancs de *Chasselas* et de *Silvaner* tend à prédominer de plus en plus dans les environs de Sion; cependant on y fait aussi un vin de liqueur dit *Malvoisie*, obtenu au moyen du *Pinot gris* que l'on fait passeriller sur des claies jusqu'au moment où son moût a acquis le degré gleucométrique voulu; on y récolte enfin des vins rouges qui offrent un caractère très distingué lorsque le *Cortaillod* (*Pinot noir*) y domine.

M. V. Pulliat apprécie comme il suit les vins du Valais: «Les vins blancs et rouges du Valais, lorsqu'ils sont bien faits, sont plus alcooliques, plus fins que les vins du canton de Vaud et de Neuchâtel; mais, il faut bien le dire, le plus souvent ils laissent à désirer, par suite d'une vinification défectueuse et surtout par un enfutage en vieux tonneaux que l'on se passe de génération en génération et qui communique au vin tous les mauvais goûts possibles; aussi le commerce préfère acheter la récolte sur pied ou le vin sortant de la cuve pour ne pas s'exposer à acheter des vins invendables (2).»

(1) Le chanoine Rion; *loc. cit.*
(2) V. Pulliat.— *Les vignobles du Haut-Rhône et du Valais*. Paris, 1885, pag. 24

4° Cépages

Les principaux cépages cultivés à Sion sont, parmi les rouges : la *Dôle, plant de la Dôle* ou *Cartaillod*, qui est le *Pinot noir*, la *Grosse-Dôle* ou *Gamai*, *le Gros-Rouge* (du pays) et le *Petit-Rouge* (le plus ancien cépage du pays), le *Rouge de Fully*. Parmi les gris : le *Malvoisie* ou *Pinot gris*. Enfin, les principaux cépages blancs sont : le *Chasselas doré* ou *Fendant roux*, qui a pénétré abondamment, ces dernières années, dans le Valais, avec les méthodes de culture du canton de Vaud et qui donne des vins blancs et des raisins de table d'une vente avantageuse ; l'*Aroine*, le *Johanisberg* ou *Petit Rhin* (probablement le *Riesling*, d'après M. V. Pulliat), l'*Humagne* et le *Verret* (cépages locaux), la grande *Amigue* (*Trebbiano* de la Toscane), etc. (1).

5° Etablissement du vignoble

a. *Préparation du sol*, — Les terres destinées à être plantées en vignes sont défoncées à $1^m,20$ ou $1^m,50$ de profondeur, ce qui s'explique par la nature sèche et rocheuse du sol et par la grande sécheresse du climat. La roche est enlevée à la mine et à coups de pic ; ce travail revient à 12 fr. la toise ($3^{m2},80$), soit environ 3 fr. le mètre carré ou 30,000 fr. l'hectare. Les roches extraites servent à faire les murs en pierre sèche qui retiennent les terres sur les coteaux en pente rapide ; la pratique des arrosages d'été rend indispensable l'établissement des terrasses sans lesquelles le ravinement du sol serait trop considérable. On admet que pour que les murs soient établis dans de bonnes conditions, leurs fondations doivent être plus profondes que le défoncement, et que leur épaisseur doit atteindre le tiers de leur hauteur totale dès le neuvième de leur élévation. On donne à leur face extérieure un fruit de 1/5 à 1/4. Les murs peuvent être utilisés comme espaliers pour supporter des treilles de raisins de table. Les *tablats* (planches en gradins retenues par les murs) ne doivent pas avoir une pente trop comsidérable, afin de mieux retenir les eaux de pluie et d'irrigation ; on admet que la meilleure est de 1 pouce à 1 pouce et demi par pied.

(1) Voir : V. Pulliat. — *Les vignobles du Haut-Rhône et du Valais*. Paris, 1885, pag. 23 et 24 ; et *Raisins de Sion. Catalogue des différentes variétés de raisins exposés au concours agricole de Lucerne, par la Société d'agriculture de Sion*, 1881.

b. *Plantation.*— Les plantations se font habituellement en avril, par suite de la commodité qu'offre l'hiver pour faire les défoncements préparatoires; il serait cependant préférable, vu la nature sèche et rocailleues du sol, de planter en automne. On emploie des boutures longues ou des plants enracinés que l'on met en place, soit dans des fossés après en avoir seulement rafraîchi les racines, soit dans des trous pratiqués au plantoir, après avoir rogné les racines à $0^m,3$ ou $0^m,4$; on arrose ensuite à l'arrosoir, afin de tasser la terre et de donner de la fraîcheur au sol.

La plantation a lieu en carré à 2 pieds (60 centimètres).

6° Culture

a. *Provignage.*— On effectue, chaque année, des provignages par couchage pour renouveler les *tablats* dans des proportions déterminées (2 lignes sur 6); on provigne en outre pour remplacer les pieds manquants ou affaiblis.

b. *Taille.*— La taille se fait en deux fois. Les cépages blancs sont conduits suivant les procédés usités dans le canton de Vaud, les cépages rouges sont formés sur trois bras ou quatre au maximum, avec courson à deux yeux, et portés sur un pied auquel on donne la hauteur du sécateur. Dans le cas du *Pinot*, on taille en archet.

Les rameaux sont accolés sur un échalas en mélèze de 4 pieds et demi ($1^m,35$) et de $0^m,05$ à $0^m,06$ de diamètre, on les rogne au niveau de l'échalas. Les rameaux stipulaires, dont l'évolution est provoquée par cette opération, sont enlevés, sauf dans les parties voisines des raisins, où on se borne à les pincer plus tard à deux feuilles, afin de favoriser l'appel des matériaux utiles à la nutrition du raisin. On supprime également les vrilles.

c. *Fumure.*— Les vignes sont fumées avec du fumier de ferme, à raison d'environ 100^{m3} à l'hectare, tous les trois ou quatre ans, soit 25 à 30^{m3} par an et 15 à 20.000 kilos par hectare et par an, quantité, comme on le voit, suffisante pour soutenir une production considérable et pour suffire aux pertes déterminées par les arrosages.

d. *Labours.*— La première œuvre s'effectue, au mois de mars ou au commencement d'avril, au moyen d'une houe fourchue; on donne à ce labour une profondeur de $0^m,30$ lorsqu'il sert à l'enfouissement du fumier, et de $0^m,25$ dans les autres cas.

La seconde façon (*retersage*) se donne en juin, à 0m,10 ou 0m,12 au maximum; on se borne ensuite à arracher à la main les herbes, dont le développement a été provoqué par les arrosages, on diminue ainsi les chances de ravinement du sol, dont la fraîcheur est d'ailleurs suffisamment maintenue par l'irrigation.

e. *Arrosages*.— Les arrosages d'été constituent la pratique la plus caractéristique et la plus curieuse usitée dans les vignobles du Valais. L'eau est amenée par des canaux d'irrigation appelés *bis*, qui vont la prendre fort loin au pied des glaciers (parfois à 20 ou 25 kilomètres) et qui traversent les endroits les plus escarpés, où leur établissement et leur entretien constituent, pour les ouvriers qui y travaillent, un sérieux danger. Le long parcours des *bis* permet à leurs eaux, qui sont glaciales à leur origine, de se réchauffer avant de se répandre dans les vignes

M. de La Pierre, cité par M. V. Pulliat(1), dit : « Il y a eu des millions dépensés dans le Valais pour la création des *bis* ; ils remontent (quelques-uns) jusqu'au XIIme siècle, entre autres celui de Clavoz, qui arrose les vignes de Sion. Ils sillonnent la partie de notre pays qui s'étend de Saxon à la Gamsen, en amont de Viège. Pour le vignoble de Sion, c'est une augmentation de rendement de deux tiers de la récolte.

» Ce sont nos paysans qui ont fait les tracés, et leur création est due à l'initiative des Conseils des communes.

» Il y a une administration spéciale pour diriger les *bis* et pour la livraison de l'eau qui, quelquefois, est volée, cas prévu et puni : la perte de l'eau, à un moment donné, peut entraîner un très grand dommage pour la vigne. »

On donne habituellement aux vignes deux arrosages par an, l'un après la floraison, l'autre lorsque le raisin grossit. Afin de diminuer le ravinement du sol, on répand à la surface des fragments de roches schisteuses, que l'on appelle du *brisé* ; ces roches, vraisemblablement assez riches en potasse, passent en outre pour exercer une action fertilisante.

(1) V. Pulliat ; *loc. cit.*, pag. 21.

C. Vignobles de Tokay (Hongrie).

1° Climat

Le climat de la Hegyalya, contrée où se trouvent situés les vignobles de Tokay, est un climat éminemment continental, c'est-à-dire excessif. Cependant, grâce à des conditions locales particulières, il ne semble pas que les maxima d'été y soient jamais très élevés. M. E. Jouzier, qui a été chargé d'une mission d'études en Hongrie, a pu réunir les quelques documents ci-après qui tendent à le démontrer : «D'après des observations météorologiques faites, de 1848 à 1853, au collège de Saros-Patak, petite ville de la Hegyalya, par M. Etienne Molnar, professeur de physique, la température pendant cette période a été comme suit :

»Température maxima pour la période (25 juin 1839) + 31°,25 C.
»Température minima pour la période (janvier 1850) — 20° C.

Températures moyennes des différents mois

Janvier	3°75 C.
Février	0 38
Mars	2 64
Avril	9 80
Mai	15 75
Juin	20 09
Juillet	20 70
Août	20 27
Septembre	14 82
Octobre	11 08
Novembre	4 85
Décembre	0 70

»Ces renseignements sur le climat du pays de Tokay sont très incomplets, et je ne les donne qu'à défaut d'autres plus intéressants. Ils permettent cependant de voir que ce climat est assez rigoureux en hiver, puisque la température minima a atteint — 20° en janvier 1850. D'autre part, si l'on consulte les archives météorologiques de la France, on voit que l'étendue est considérable, où la température maxima dépasse 31°5, température maxima constatée à Saros-Patak pour la période de six années d'observations, dont les résultats sont rapportés ci-dessus (1).»

L'élément qui paraît prédominant dans le climat de Tokay est la sécheresse atmosphérique; elle se manifeste par le fait que le *mildew* se développe très difficilement et elle a pour effet de permettre aux raisins d'atteindre un état de maturité avancé, de les amener à l'état *passerillé* (voir p. 268), sans qu'ils subissent les altérations que l'on qualifie de pourriture.

2° Sol et situation

M. Jouzier, que nous avons cité précédemment, donne, sur la situation et la nature du sol des vignobles de Tokay, les renseignements ci-après :

«Le célèbre vin de Tokay est produit dans le pays, comme en Hongrie, sous le nom de Tokay-Hegyalya. Ce pays est situé entre le 48°,5' et le 48°,25 de latitude nord et entre le 18°,50' et le 19°,22' de longitude est de Paris. Il correspond donc à peu près, d'après la latitude, aux pays situés en France de chaque côté d'une ligne passant par Rennes, Sens et Epinal, et occupant, de chaque côté de cette ligne, une largeur de 23 kilomètres environ.

»Le mot Hegyalya (2) signifie, en hongrois, pied de montagne. Le pays désigné sous le nom de Tokay-Hegyalya est, en effet, situé au pied des Carpathes, et Tokay en est sinon la principale ville, au moins la plus connue. Ce pays s'étend sur les derniers prolongements méridionaux d'une chaîne qui, se détachant des Carpathes, un peu au midi de la frontière de Galicie, et se dirigeant du nord au sud, passe un peu à l'est de Cassovie et vient finir à Tokay même, dans la grande plaine hongroise. Le dernier mont de la chaîne, la montagne de Tokay, est séparé des autres par un col large et profond et est presque complètement entouré par l'alluvion de la plaine.

»Il résulte de cette disposition que le pays de Tokay-Hegyalya est abrité, du côté du nord et de l'ouest, par les hautes chaînes des monts Carpathes et que, du côté du midi, il regarde la plaine, c'est-à-dire est complètement ouvert au soleil. C'est là une situation des plus favorables pour la culture de la vigne.»

Les vignobles fins s'élèvent sur les coteaux à une altitude d'environ 315 mètres au-dessus du niveau de la Tisza ou 420 mètres au-dessus

(1) E. Jouzier. — *La viticulture à Tokay* (*Hongrie*); Extrait des *Annales de l'Institut national agronomique*, tom. XII, 1887.

(2) En hongrois : *Hegyalja.*

du niveau de la mer ; la limite inférieure est de 35 mètres au-dessus de la Tisza et de 140 mètres au-dessus de la mer. Quelques vignes sont situées en plaine, mais ne donnent que des raisins de table ou des vins communs.

«Les montagnes de la Hegyalya sont de formation volcanique. Elles sont composées de petits groupes de cônes, souvent disposés autour d'un cône principal plus gros et plus élevé que les autres. Les différents groupes sont séparés par un col assez profond ou même, quelquefois, par un petit ruisseau.

»D'après M. Jules Szabó, les roches éruptives qui forment la base de ces montagnes sont le trachite et le rhyolite. La première de ces roches est représentée par la variété dite andésite et par la variété amphibolique ; la seconde est représentée par sa variété trachytique et par sa variété lithoïde.

»Sur ces roches, on rencontre différents terrains sédimentaires, dont les principaux sont un limon argilo-siliceux recouvrant les parties hautes des montagnes, et l'alluvion de la plaine qui ne s'élève, sur les montagnes, que jusqu'à une altitude de quelques mètres au-dessus du niveau de la plaine. Ce dernier terrain ne présente que très peu d'importance pour la viticulture du pays de Tokay.

»Sur cette même montagne, ce limon est assez argileux, de couleur rouge-brunâtre ; il contient de la silice à l'état impalpable, se durcit considérablement par la sécheresse et devient alors tellement résistant qu'on y creuse des caves en galeries absolument comme dans le roc.

»Sur la montagne de Tokay, le limon est presque complètement dépourvu de pierres ; cependant, çà et là, on voit quelques saillies brusques de la roche volcanique du sous-sol et, dans le voisinage de ces saillies, on en rencontre des débris.

»Sur les groupes montagneux qui occupent la partie nord de la Hegyalya, le limon est plus compact encore que sur la montagne de Tokay, plus riche en humus et, par conséquent, de couleur plus foncée. Partout, d'ailleurs, malgré sa plasticité, le sol est perméable et se réchauffe bien au soleil.

»Dans la partie sud-est du pays, dans la commune de Talya notamment, ce limon est moins compact, se présente également avec une couleur noire, mais contient une grande quantité de fragments d'une ponce un peu lourde, de couleur blanchâtre.

»Toutes ces variétés de limon sont très favorables à la vigne. Mais on remarque que les vins provenant de terrains riches en débris ponceux sont plus chauds, plus tôt mûrs, plus riches en bouquet, mais ont moins de corps et se tiennent moins longtemps que ceux qui sont produits par les terrains plus riches en argile (1). »

3° Crus

Jullien donne, sur les vins de Tokay, les indications suivantes : « C'est près du village de Tarzal, sur le mont *Mezes-Malé* (rayon de miel), que croît le fameux vin de Tokay, regardé avec raison comme le premier vin de liqueur du monde. La côte qui le produit a environ 9.000 pas de longueur ; mais la partie exposée au midi, d'où l'on tire le meilleur, n'a guère que 600 pas... Le vin qu'elle produit a toutes les qualités qu'Horace désire rencontrer dans cette liqueur. Doux et en même temps très généreux, délicat et parfumé, il rafraîchit la bouche, enlève le goût de tous les mets qui l'ont précédé et ne laisse que sa saveur délectable.

» Le vin du cru de la montage de *Mezes-Malé* n'entre pas dans le commerce ; il est destiné en totalité pour les caves de l'empereur et celles de quelques magnats qui y possèdent des vignes ; celui que l'on vend sous le nom de Tokay, même en Hongrie, n'est que ce qu'on appelle *ausbruche* et *masklass*. Ces deux vins ne doivent leur délicieuse saveur qu'au mélange plus ou moins considérable d'une liqueur nommée *troken beeren* (raisins secs), qui est le produit de raisins choisis, et que l'on fait sécher à demi avant que d'en exprimer le jus : elle a l'apparence et la consistance du miel : on la mêle en diverses proportions avec des vins ordinaires du canton. Le *masklass* ne diffère de l'*ausbruche* qu'en ce qu'il contient deux fois autant de vin ordinaire avec la même quantité de *troken beeren*, ce qui le rend moins délicat et plus sec. Ces vins participent des qualités et de l'*essence de Tokay*, mais ils lui sont bien inférieurs.

» *Tarzal*, *Kerestur*, *Sator-Vihely*, *Talya*, *Madu*, *Toltsva*, *Sator-Alya* et plusieurs autres endroits voisins sont renommés pour leurs bons vins et fournissent tout celui qui, dans le commerce, porte le nom de Tokay (2). »

(1) E. Jouzier ; *loc. cit.*, pag. 5 et suiv.
(2) A. Jullien.— *Topographie de tous les vignobles connus*, pag. 447 et 448.

4° Cépages

Les principaux cépages cultivés au pays de Tokay sont : le *Furmint* ou *Zapfner*, qui forme l'élément principal et le plus distingué des vins si renommés de ce cru, le *feher szolo* (raisin blanc); le *gohér* et le *harslevélo* (feuille de tilleul). On ajoute, enfin, parfois, à ces divers éléments, le *muscat blanc*.

5° Etablissement du vignoble

Le sol est défoncé et disposé en terrasses lorsque sa pente est assez considérable pour qu'on ait à redouter l'entraînement des terres par les eaux fluviales. Les murs, en pierre sèche, sont construits avec les roches volcaniques extraites sur place.

Les ceps, d'abord plantés en lignes à $0^m,60$ ou 1 mètre, perdent bientôt leurs alignements par suite des provignages auxquels ils sont fréquemment soumis.

6° Culture

a. *Taille.*— La taille pratiquée à Tokay est celle en tête de saule, le cep est formé par une tige de $0^m,25$ de hauteur dont tous les sarments sont rasés chaque année sur leur empattement. Cette taille, dont on ne trouve guère d'équivalent que celle usitée dans l'île de Chypre, paraît être peu favorable à la production, et il est vraisemblable qu'elle pourrait être remplacée avantageusement par celle du Bas-Languedoc. Les essais de culture du *Furmint*, faits dans l'Hérault, à la suite de son importation, par M. de Villerase et par le général Maureilhan, semblent tout au moins le démontrer.

b. *Provignage.*— Les vignes de l'Hegyalya sont soumises à des provignages fréquents qui paraissent être une conséquence du mode de taille d'une brièveté exagérée qui leur est appliquée. Le provignage se fait en automne, par couchage de la souche ; on enterre du fumier dans la fosse et cet engrais constitue, la plupart du temps, la seule fumure que reçoive la vigne.

c. *Buttage.*— La première façon donnée à la vigne, après la vendange, consiste en un buttage énergique qui recouvre la souche et la partie inférieure des sarments. Quand ces derniers doivent servir à faire des boutures ou des provins, on les enterre complètement;

cette opération a pour objet de les protéger contre les gelées d'hiver, qui les détruiraient fréquemment, par suite des températures très basses qui sont très souvent atteintes, comme nous l'avons vu, dans cette contrée. Lorsque l'on fume les vignes en dehors des provignages, on les déchausse en petits godets coniques de $0^m,25$ de profondeur et de $0^m,25$ de rayon avant de faire le buttage indiqué ci-dessus, et on y enfouit le fumier en même temps que l'on accumule les terres sur les souches.

A la fin de l'hiver, lorsque le dégel s'est produit, c'est-à-dire environ dans les premiers jours de mars, on déterre les souches et les sarments de manière à pouvoir procéder à la taille.

d. *Labours.*— De suite après la taille, on fait le premier labour, qui est une façon d'aération et que l'on exécute à plat ; on en donne un second en mai ou juin, puis un troisième en juillet et parfois un quatrième, suivant l'état du sol. Tous ces labours sont donnés à bras. La dernière façon doit être exécutée de telle sorte que les traces des pas des ouvriers qui l'ont faite soient complètement effacées. M. E. Jouzier donne de cette coutume la raison suivante : « Ce détail a pour but de faciliter la surveillance des vignobles. En effet, comme le raisin doit être très mûr et doit par conséquent rester longtemps sur le cep après avoir atteint le degré de maturité que l'on recherche pour faire des vins de table, il est nécessaire de faire surveiller les vignobles. Les propriétaires s'associent et prennent, à cet effet, des gardes qui, nuit et jour, doivent rester dans le vignoble afin d'en écarter non seulement les maraudeurs, mais aussi les oiseaux, les renards et les chiens. Mais, comme le propriétaire n'a pas en son garde une grande confiance, il est interdit à celui-ci de circuler dans le vignoble ailleurs qu'autour des parcelles ; si bien qu'à l'intérieur de celles-ci, la terre doit être vierge de toute trace de passage (1). »

Chaque cep est soutenu à Tokay par un échalas de 1 m. à $1^m,20$ de haut, les rameaux verts y sont accolés au moyen de liens de paille de seigle, immédiatement après la floraison. En juillet, on rogne un peu au-dessus de l'échalas.

La vendange ne se fait que lorsqu'une partie des grains est passerillée; aussi, une automne sèche représente-t-elle des conditions particulièrement favorables à la qualité du vin. Les raisins sont rentrés en une seule fois, mais triés ensuite au cellier ou en plein air, ceux qui sont passerillés devant être traités à part pour produire ce que

(1) *Loc. cit.*, pag. 12.

l'on appelle l'*essence* et les *assoubors*, dont le mélange avec le vin extrait des autres raisins donne aux vins de Tokay leur caractère particulier (1).

D. **Vignobles du Douro (Portugal)** (2), qui produisent les vins de Porto.

M. Élisée Reclus s'exprime ainsi au sujet de la production des vins de Porto (3) : «De nos jours, l'industrie agricole la plus importante des provinces du Nord est la culture de la vigne et la préparation des vins connus, d'une manière générale, sous le nom de vins de Porto. Le principal district de vignobles, désigné d'ordinaire sous l'appellation de *Paiz do vinho*, occupe, au nord du Douro, entre les grands affluents le Tamega et le Tua, des pentes de collines nues et sans arbres, fort laides à voir, dont les schistes noirâtres et désagrégés sont exposés directement, en été, à toute la force des rayons solaires, tandis que les vents âpres du nord et parfois les neiges les refroidissent en hiver; mais, outre cette région de vins exquis, de vastes espaces moins favorables à la production du liquide précieux sont cultivés en vignobles dans toute l'étendue de la contrée. Vers la fin du XVIIme siècle, le district du Haut-Douro, actuellement si riche, était à peine cultivé et ses habitants étaient des plus misérables; tous les vins dits de Porto provenaient des rives du Corgo. Les Anglais n'avaient pas encore apprécié les vins de ces contrées, et Lisbonne leur fournissait en abondance tous les crus portugais qui jusqu'alors avaient flatté leur goût. La culture des vignes du Douro ne prit une certaine importance qu'après le traité conclu par lord Methuen, en 1703. Dès lors la réputation des vins secs de Porto ne cessa de grandir; une compagnie, fondée par le marquis de Pombal, et plusieurs fois transformée depuis, se constitua pour l'exploitation de vastes domaines; la ville de Pozo de Regoa, située au bord du Corgo, dans une espèce d'entonnoir de hautes collines, devint

(1) *Loc. cit.*, pag. 16 et suiv.

(2) Bibliographie. — **Élisée Reclus**; *Nouvelle géographie universelle*, tom. I. Paris, Hachette et Ce, 1879. — **Visconde de Villarhino de S. Ramâo (A. L. de B. F. T. Girâo)**; *Tratado theorico et pratico da Agricultura das Vinhas.* — **Vicencio Alarte**; *Agricultura das Vinhas.* — Consulter également les mémoires du **docteur Rebello da Fonseca** et de **V.-C. de Seabrea e Silva,** et les notes ampélographiques de **M. A.-A. d'Aguiar.** — **J.-I. Fereira Lapa**; *Relatorio da Missao agricola des empendha na provincia do Minho.* Lisboa, 1871. — **Visconde de Villa-Maïor**; *Manual de viticultura pratica.* Porto, 1881. — **A. Batalha Reis**; *A vinha e o vinho.* Lisboa, 1872.

(3) *Nouvelle géographie universelle*, tom. I. Paris, Hachette et Ce, 1879.

fameuse par ses foires, où des transactions d'une heure faisaient la ruine ou la fortune des négociants ; enfin toute une cité de celliers et d'entrepôts s'éleva sur la rive gauche du fleuve en face de Porto.

»Depuis plus d'un siècle, le *port-wine*, vrai ou frelaté, et toujours d'ailleurs fortement mélangé d'eau-de-vie, est un des vins obligés de toute table anglaise ; aussi, presque tout le produit des vendanges du Douro est-il expédié, soit directement en Angleterre, soit dans les colonies britanniques et aux États-Unis. Avant 1852, les meilleures sortes, dites «vins de factoreries» (*vinhos de feitoria*), ne pouvaient être envoyées qu'en Angleterre. Le Cap, les Indes Anglaises, Hon-Kong, l'Australie, la Nouvelle-Zélande en reçoivent tous une part considérable par la voie d'Angleterre, tandis que la France, où ces vins sont moins appréciés, en importe directement une ou deux centaines de barriques. Les Brésiliens et les Portugais du Brésil sont, après les Anglais, les meilleurs clients du Porto ; la mère-patrie leur envoie chaque année environ 40,000 hectolitres de vins. Il est bon d'ajouter que les vignobles du Portugal ne produisent qu'une faible partie du liquide que l'on boit dans le monde sous le nom de *port-wine :* on a calculé que, pendant les années de mauvaise récolte, la consommation de ce qu'on appelait «vin de Porto» dépassait cinquante ou soixante fois la production réelle.»

1° Climat

Le Portugal s'étend en faible largeur de long de l'Atlantique ; aussi est-il soumis au régime des vents d'ouest, qui y amènent des pluies fréquentes et abondantes, notamment dans la partie septentrionale, où se trouvent les vignobles de Porto. C'est en hiver et au printemps que ces phénomènes se produisent avec le plus d'intensité, mais il n'y a jamais de sécheresses prolongées dans les autres saisons. Comme dans toutes les contrées soumises au régime océanien, la température y est assez régulière; elle serait, à Porto, d'après D. Luiz, cité par M. E. Reclus (1), et sur une moyenne de huit années :

Moyennes 15°,6	Hiver	10°,6
	Printemps	14°,8
	Été.	21°,0
	Automne.	16°,2
Mois le plus froid de l'année (janvier). . .		10°,1
Mois le plus chaud de l'année (août). . . .		21°,3
Écart entre ces extrêmes.		11°,2

(1) Elisée Reclus; *loc. cit.*, pag. 929.

2° Sol et situation

Les vignes de la région du Douro sont situées sur des croupes ou des coteaux formés par des schistes siluriens de nature argileuse et de couleur foncée. Ces roches, une fois attaquées par les défoncements et soumises à l'influence de l'air et des intempéries, constituent un excellent sol. Au-dessous de cette couche désagrégée, la vigne fait encore pénétrer ses racines dans les fissures qui séparent les bancs lamelleux constituant le sous-sol.

Le vicomte de Villa-Maïor donne, des sols du Douro, les analyses suivantes (1) :

Analyse *d'une terre cultivée en vigne depuis 1815, sur la rive droite du Douro (ruisseau de Barca), dans la commune de Moncorvo*

Cette analyse comprend une analyse mécanique et une analyse chimique de 100 parties de terre desséchée à 100 degrés.

100 de terre.		
	59,05 de graviers (fragments de schistes et silex).	
	25,36 de sable	21,82 de silice et silicates.
		2,13 oxyde et phosphate de fer.
		1,41 carbonate de chaux.
	0,07 de débris de racines et détritus organiques.	
	15,36 de terre argileuse.	13,91 d'argile.
		0,33 oxyde de fer.
		0,53 chaux.
		0,08 magnésie.
		0,34 acide carbonique.
		0,17 acide phosphorique.
	0,16 matières solubles	Matières organiques : sels ammoniacaux, chlore, acides sulfurique, azotique et phosphorique, potasse, soude, chaux, alumine et oxyde de fer.

(1) Visconde de Villa-Maïor.— *Manual de viticultura pratica*. Porto, 1881, pag. 480 et 481.

ANALYSE *des terres de la ferme du Roriz sur la rive gauche du Douro.*

100 de terre.	41,250 de graviers et débris organiques.	
	23,730 de sable.............	20,995 sable siliceux, mica, etc.
		0,081 silice soluble.
		0,057 magnésie.
		— traces de chaux.
		1,829 oxyde de fer.
		0,787 alumine.
	0,990 matières solubles.....	0,231 matières organiques et volatiles.
		0,759 sels alcalins fixes.
	34,010 terre argileuse........	26,888 argile insoluble.
		0,261 silice soluble.
		— traces de chaux.
		0,279 magnésie.
		3,752 oxyde de fer.
		2,830 alumine.
		— traces d'acide phosphorique.

3° CÉPAGES

Les cépages les plus répandus dans le Douro sont : le *Bastardo*, l'*Alvarelhao*, le *Casculo*, le *Mourisco* coloré ou *Uva rei*, etc.

4° ETABLISSEMENT DU VIGNOBLE

a. *Préparation du sol.* — Les vignobles du Douro sont situés sur des coteaux ; afin d'empêcher le ravinement du sol et de faciliter l'exécution des travaux de labour, on établit sur les pentes une série de gradins horizontaux soutenus par des murs en pierre sèche construits avec les fragments de schistes du défoncement. Ces terrasses ont en général 1^{m},85 de largeur non compris les murs, ou 2^{m},85 y compris les murs. Le défoncement se fait au moyen d'une houe fourchue, il atteint jusqu'à 1 m. ou même 1^{m},50 de profondeur; la nature tendre des roches qui constitue le sol de cette région et la facilité avec laquelle elles se délitent permettent de créer, pour ainsi dire artificiellement, la terre là où il n'y en avait qu'en profondeur très insuffisante. La plantation des boutures a lieu simultanément avec le défoncement; on ouvre une tranchée du mur de soutènement inférieur jusqu'en *a a* (fig. 540), les boutures sont redressées contre cette paroi; on pioche ensuite une seconde bande *a b* (*suchio varrido* ou *sucho pelo pé*), de manière à ce que les jeunes plants soient entièrement entourés de terre meuble. L'ameublissement de la planche s'achève en remuant une troisième bande entre *b* et le mur supérieur ; ce travail prend le nom de *descombramento*.

b. *Plantation* — La plantation se fait au moyen de boutures coudées au fond du premier fossé, la partie horizontale tournée vers le bas de la pente (fig. 540). Les pieds sont éloignés les uns des autres de 0m,77 à 1 mètre dans la ligne.

Fig. 540.— Établissement des vignes en terrasses dans les vignobles.

On n'établit d'ordinaire qu'une seule ligne de vignes par terrasse (*gio*) ; mais, lorsque la pente est faible et qu'on peut donner plus de largeur aux gradins, on en plante plusieurs parallèles entre elles en faisant usage des procédés indiqués précédemment. On trouve enfin quelquefois, dans de très anciennes vignes, des souches sortant horizontalement à travers les murs.

5° CULTURE

a. *Taille.* — Les vignes à vins fins du Douro sont en souche basse, avec long bois et courson ; les pieds les moins vigoureux n'ont qu'une

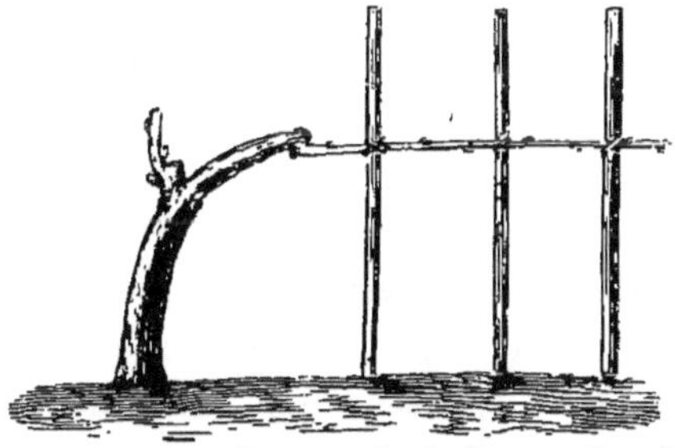

Fig. 541.— Cep soumis à la taille normale du Douro, d'après le vicomte de VILLA-MAÏOR.

tige unique (fig. 541); ceux qui ont une végétation plus puissante sont disposés en espalier à deux bras symétriques, ils présentent une très grande analogie de forme avec les vignes des côtes de la

Gironde (fig. 524, pag. 901). Dans la taille des environs de Porto comme dans la plupart des cas dans la Gironde, les coursons ne servent pas au remplacement annuel du long bois, mais ils constituent seulement un moyen de rasseoir la taille lorsqu'on est obligé, par suite de l'élongation trop considérable des bras, d'avoir recours à un rabaissement. Les longs bois sont légèrement arqués et fixés à des échalas ; l'arcure paraît avoir surtout pour but, dans ce cas, de favoriser l'évolution des rameaux situés près du long bois, et dont l'un doit servir au remplacement, par rapport à celle des rameaux qui naissent plus loin et doivent donner du fruit.

On fait également usage, dans certaines localités, de la taille courte, que l'on appelle aussi taille en branche (*poda en galheiros*); mais elle n'est usitée que dans les vignobles à vins communs. Le *tinto cao* et les *mouriscos* ne produisent abondamment que quand ils ont été taillés suivant ce procédé.

b. *Echalassage.* — L'emploi général de la taille longue dans les vignobles fins du Douro a entraîné naturellement celui des échalas. Ces derniers sont généralement assez courts et servent moins à relever les rameaux qu'à maintenir le long bois dans la position horizontale ou inclinée que l'on veut lui donner.

La disposition des échalas dans les vignes normales du Douro (fig. 541) est la suivante : On met un premier tuteur *a* près de la souche, vers le second ou le troisième œil ; on lui donne le nom de bois d'attente (*pào de espera*) ; un second piquet *c*, appelé bois de la fin (*pào do fin*), est placé vers l'extrémité du sarment, qui y est solidement attachée; un troisième *b* et quelquefois un quatrième sont répartis dans l'intervalle des deux premières : on les nomme bois de doublure (*paus de forrar*).

La brièveté des échalas usités en Portugal permet d'employer, pour les faire, des tiges de bruyères (1), de genêts, de chêne kermès, d'arbousier, etc. On y fait quelquefois aussi usage de piquets ou de lattes de châtaignier.

L'échalassage s'effectue généralement après le bêchage, avant le bourgeonnement, quand le sarment présente assez d'élasticité pour qu'il puisse céder sans se casser ni se fendre lorsqu'on le force à se courber.

Dans les autres vignobles du Portugal, les systèmes d'échalassage et de fixation des longs bois varient beaucoup : c'est ainsi que dans les environs de Cartaxo on courbe le sarment en un cerceau et on le

(1) *Erica arborea.*

lie à un échalas unique planté au pied de la souche (fig. 542) ; cette disposition rappelle celle des vignes en archet d'Orthez (Basses-Pyrénées) ou de la côte Saint-André (Isère), que nous avons indiquées précédemment (fig. 531, pag. 910) ; seulement le tuteur est court et

Fig. 542

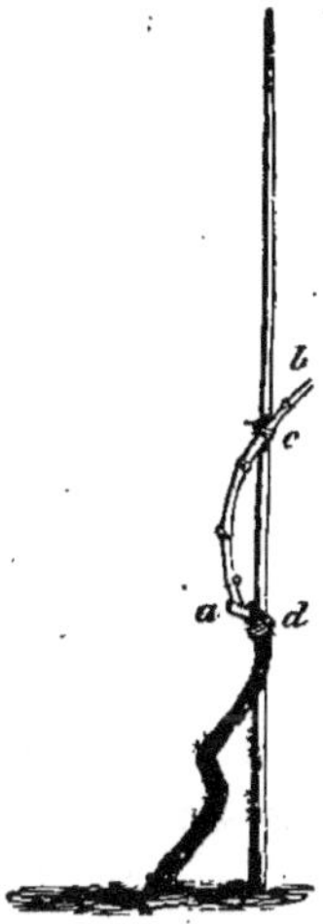

Fig. 543

Fig. 542. — Cep des environs de Cartaxo, d'après le vicomte de VILLA-MAÏOR. — Fig. 543. — Cep de vigne du Portugal avec un long bois fixé à l'échalas.

n'a d'autre rôle que de maintenir le cerceau vertical. Dans d'autres localités, le long bois *a b*, situé à l'extrémité du cep, est courbé en arc et attaché à un échalas en *b d*, ainsi que cela se fait pour l'*arçon* ou *rèvers* des vignes de l'Ermitage (fig. 543) ; l'échalas est plus court et n'a guère que 1 mètre de hauteur. A Santarem, le long bois est enlacé sur une sorte d'arc-boutant attaché à un piquet vertical par sa

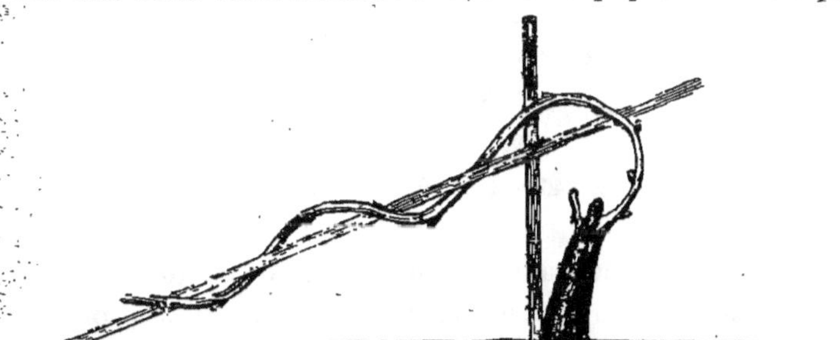

Fig. 544. — Cep de vigne de Santarem, d'après le vicomte de VILLA-MAÏOR

partie supérieure et fichée en terre par son extrémité inférieure (fig. 544) ; c'est ce que l'on nomme la disposition en *queue de lapin*. Ce système de support rappelle l'*en garde* sur lequel est fixé l'archet des vignes de Côte-Rôtie. Enfin, dans certaines contrées telles que la

Bairada. le long bois recourbé en cerceau est seulement rattaché par son extrémité sur le tronc lui-même (fig. 545) ; on dit alors que la vigne est disposée *en boudin*.

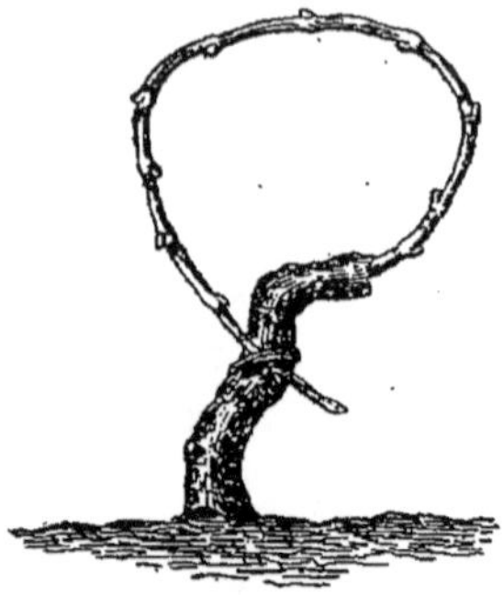

Fig. 545. — Cep de vigne de Bairada, d'après le vicomte de VILLA-MAÏOR.

c. *Amendements*. — Les vignes du Douro ne sont généralement pas fumées, à proprement parler ; on se borne à démolir, au bout d'un certain temps, les murs de soutènement des terrasses, dont les pierres schisteuses se sont délitées sous l'influence des intempéries et de l'action atmosphérique. On répand ces débris sur le sol, ce qui produit l'effet d'un véritable terrage, et on reconstruit de nouveaux murs avec des matériaux neufs. Ce moyen de fertilisation, s'il paraît convenir très bien à des vignes fines à faible rendement, doit être du moins regardé comme trop coûteux.

d. *Labours*. — Dans les vignobles du Douro, la vigne reçoit trois œuvres à bras pratiquées au moyen de la houe fourchue (fig. 546).

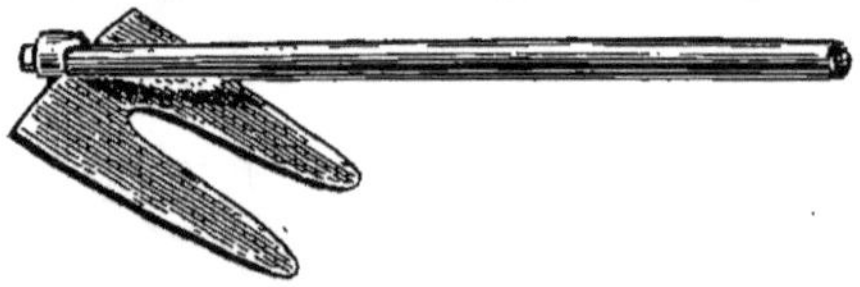

Fig. 546. — Houe fourchue du Douro.

La première est un déchaussement qui se fait en automne, après la chute des feuilles ; on creuse des fossés de $0^{m},20$ de profondeur au pied même des vignes, de manière à mettre à nu, pour le moment de la taille, les drageons partis du pied de la souche et en même temps pour retenir les eaux et les faire pénétrer dans la masse du sol, au lieu de les laisser ruisseler à sa surface. Cette opération est possible seulement sous un climat doux.

La deuxième œuvre se pratique en hiver, à la fin de janvier ou dans le courant de février dans les sols secs, en mars dans ceux qui sont humides ; elle atteint, d'après M. le vicomte de Villa-Maïor, jusqu'à 0m,22 ou 0m,23 de profondeur, et la terre est accumulée en petits tas pyramidaux de 0m,60. On appelle cela *cavar à montes*, piocher en monts ou en monticules. Ces monticules doivent être très rapprochés les uns des autres. Ce procédé de piochage rappelle le *darbonnage* du Beaujolais ou les opérations analogues usitées à l'Ermitage (Drôme) et près de la Ciotat et de Cassis (Bouches-du-Rhône) ; il est seulement beaucoup plus énergique que ceux que nous venons de mentionner et constitue un moyen très puissant d'aération du sol.

La troisième façon est un binage que l'on appelle *arrenda* ; il s'effectue à la fin du mois de mai, lorsque les sarments sont déjà formés. Cette opération a pour but d'abattre les monticules qui ont été élevés par le piochage précédent, de bien niveler le sol et de détruire les herbes qui s'y développent au commencement du printemps.

En résumé, les procédés de taille usités dans les vignobles du Douro présentent une certaine analogie avec ceux employés dans la Gironde : la vigne y est en souche basse, en espalier ou en cordon à long bois, avec des coursons de rabaissement ; elle est exposée au soleil sous une faible épaisseur et soutenue par des échalas courts. On y reconnaît d'une manière évidente l'influence du climat de l'Océan et des nécessités culturales qu'il entraîne.

C. **Vignoble de l'île de Chypre.** — Le vignoble de Chypre ne produit pas de grandes quantités de vin ; outre ce qui est absorbé par la consommation des habitants, il exporte environ 20.000 à 25.000 hectolitres ; mais certains de ses vins sont très estimés comme vins de liqueur et se répandent au loin.

1° Climat. — Sol. — Situation

Le climat de Chypre est tempéré en hiver et plutôt chaud en été. Il y règne une grande sécheresse, l'été, de mars en octobre ; il ne pleut pas, sauf dans les montagnes ; les pluies sont abondantes de novembre à mars. Une montagne volcanique élevée, l'Olympe, domine toute l'île, qui est elle-même formée par des calcaires tertiaires. Les localités où l'on se livre plus particulièrement à la production du vin sont : Vouni, Rilani, Lophos, Omodos et Saint-Thérapon ; elles sont situées au sud de l'Olympe et sur des terres calcaires colorées en rouge par l'oxyde de fer, chaudes et perméables. Les vignobles y sont établis quelquefois en plaine, mais le plus souvent en coteaux, depuis le littoral jusqu'à 1.600 mètres d'altitude, surtout entre 600 et 1.200 mètres sur les collines calcaires.

2° Crus

Le cru le plus renommé de l'île est celui de la *Commanderie*, ainsi appelé parce qu'il dépendait autrefois du domaine des Templiers et des Chevaliers de Malte ; il est situé entre le mont Olympe et les villes de Limassol et de Paphos. Le vin qu'on y récolte est très rouge quand on le fait, mais au bout d'un an il perd sa couleur et devient jaunâtre.

Après celui de la *Commanderie*, le vin le plus estimé est le *Muscat*, mais qui est produit en beaucoup moins grande quantité.

La production est de 190.000 hectolitres sur 19.000 hectares, soit environ 9 h. 5 par hectare.

3° Cépages

Sauf le *Muscat*, on ne cultive dans les vignobles à vin de Chypre qu'un seul cépage noir dont on obtient les vins ordinaires en mettant ses raisins à la cuve dès la récolte, et les vins de liqueur en les laissant exposés dix à douze jours au soleil avant de les fouler.

Les vignes les plus répandues sont : le *Mauro* ou *Staphili Mauro* (vin de la Commanderie) et le *Xynisteri*, qui donne un vin plus clair et plus fin ; le *Veritikon*, le *Monostauritikon*, le *Blanc à gros grain*, l'*Ophtalmon* et le *Roditis*.

4° Etablissement du vignoble

a. *Préparation du sol.* — Les plantations sont rarement préparées par un défoncement à 0m,70 ou 0m,80, au cours duquel on extrait les pierres renfermées dans le sol ; on achève l'ameublissement et le nettoiement du terrain par une série de labours à la charrue. On se borne ordinairement à un labour peu profond. On établit parfois des terrasses pour empêcher les terres d'être entraînées.

b *Plantation.* — On plante en boutures de 0m,50 à 0m,60, sélectionnées avec soin et préalablement stratifiées. L'opération se fait au moyen d'un outil en bois nommé *skala* (fig. 547), qui présente une certaine analogie avec la haque de la Gironde et qui permet de percer un trou de 0m,40 de profondeur et de 0m,06 de diamètre. Les plants sont toujours placés en carrés et à des écartements variant entre 1m,20 et 1m,50

5° Culture

a. *Taille.* — La taille se fait, en février et en mars, au moyen d'une serpette à lame finement dentée en scie. Tous les sarments sont généralement supprimés, de manière à constituer une sorte de tête de saule (κεφαλή) à 0m,40 ou 0m,50 au-dessus du sol (fig. 548); on

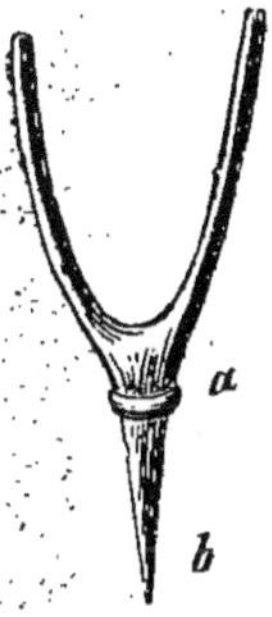

Fig. 547.— Skala plantoir à vigne employé à Chypre.— Fig. 548.— Cep taillé de l'île de Chypre.

réserve quelquefois un ou deux coursons à deux yeux ou même deux ou trois longs bois à six ou huit yeux. Cette taille, d'une brièveté exagérée, ne permet qu'une faible production, à cause du peu de fertilité des rameaux nés sur le vieux bois ; aussi certains vignerons ne taillent-ils que tous les deux ans. Ce procédé se rapproche un peu de celui usité par les Arabes Tunisiens, qui recepent la vigne au pied au bout de quelques années de production et la laissent fructifier sans la tailler jusqu'à un nouveau recepage. On obtient ainsi une fructification qui alterne avec les années de taille, comme celle des oliviers en Provence, et pour les mêmes raisons.

On ne pratique aucune opération de taille en vert.

b. *Façons aratoires.* — Les vignes de Chypre ne sont presque jamais fumées ; elles reçoivent seulement une façon exécutée au moyen d'une charrue en bois fabriquée dans le pays. Cette œuvre se donne en avril après la taille et est complétée par le piochage de la bande de terre demeurée, après le labour, au pied des souches. On l'effectue quelquefois à bras, au moyen d'une houe à lame triangulaire. Parfois cette opération n'a lieu que tous les deux ans.

En résumé, le vignoble de Chypre présente les caractères des anciens vignobles méridionaux des pays secs poussés à un très haut degré : défoncement profond du sol, emploi de boutures longues, taille en souche basse, extrêmement courte et labour unique au printemps. Mais le procédé le plus caractéristique qu'offre sa culture est sans contredit la taille en tête de saule sans courson.

CHAPITRE XXVIII

SOMMAIRE. — Systèmes divers de taille et de conduite de la vigne ; culture de la vigne en chaintres à Chissay.— Systèmes de taille en cordon horizontal et à grand développement : Cazenave, Marcon, Sylvoz.— Système Guyot

A. **Culture de la vigne en chaintres à Chissay (Loir-et-Cher)** (1).— La commune de Chissay (Loir-et-Cher) est peut-être la seule de France où les procédés traditionnels de culture de la vigne aient été modifiés d'une manière tout à fait radicale et avantageuse en même temps dans l'espace de quelques années. C'est à l'initiative intelligente d'un simple vigneron, Denis Lusseaudeau (Etienne), qu'est due la transformation dans le mode de culture des vignes qui a enrichi cette localité. Devenu propriétaire d'une petite terre, il imagina, afin de pouvoir cultiver tout à la fois des céréales et des vignes, d'y planter ces dernières en lignes espacées de 12 mètres ; frappé de la vigueur de la végétation qu'avaient les souches ainsi établies, il leur laissa de longues verges qu'il étendait dans l'intervalle des rangées, en les faisant supporter au-dessus du sol par de petites fourches en bois, une fois la récolte intercalaire enlevée. Après quelques années d'hésitation, ses concitoyens, qui avaient redouté au début de voir épuiser leurs vignes par une taille aussi longue, adoptèrent sa manière de faire et la perfectionnèrent. C'est de là qu'est sortie la culture en *chaintre* ou *cheintre*, qui date déjà d'une cinquantaine d'années.

Le Dr Guyot donne au mot *chaintre* la signification de *chaînes traînantes* ; MM. Lhérissier et I. Doublet, qui ont écrit sur ce mode de culture, ne partagent pas cette opinion : «On se servait autrefois, disent-ils, du mot *cheintre* pour désigner une pièce de terrain qui n'était pas entièrement de même nature, et alors on disait : une pièce

(1) BIBLIOGRAPHIE. — **Le docteur J. Guyot** ; *Etude des vignobles de France*, tom. III.— **J. Lhérissier** et **I. Doublet** ; *Nouvelle culture de la vigne en chaintres*. Tours, Juliot, impr. 1878. — **Armand Cazenave** ; *Manuel pratique de la culture de la vigne dans la Gironde*. Bordeaux, Féret, 1879, pag. 113 et suiv. — **A. Vias** ; *Culture de la vigne en chaintres*, Paris, libr. agr. de la Mais. rust., 1882.— **G. Briant** ; *Les vignes en chaintres*, etc. Paris, J. Michelet, 1883. — **Hippolyte Hemmer** ; *La vigne en chaintres*. Nancy, 1883.

de terre avec une cheintre de pré; une pièce de pré entourée d'une cheintre de bois; ou bien: une pièce de terre avec une plusieurs cheintres de vigne, etc.; et comme ces nouvelles plantations se font dans les terres et qu'elles n'occupent pas toujours la totalité du terrain ou sont susceptibles d'être entrecoupées par d'autres cultures, on leur a donné le nom de cheintres, que nous conserverons avec son orthographe étymologique qui s'accorde parfaitement avec la prononciation du mot.» Quoi qu'il en soit, la culture en *cheintre* constitue aujourd'hui un système tout spécial et bien défini, présentant de grands avantages pour le milieu dans lequel il a été inventé, et que l'on cherche à introduire dans d'autres points de la région viticole de la France; nous allons en étudier l'exécution telle qu'elle a lieu à Chissay.

1° Préparation du sol et Plantation

Le sol destiné aux plantations est préparé par un simple labour à la charrue, s'étendant sur toute la surface du champ. On creuse ensuite, sur les points que doivent occuper les souches, de petites fosses rectangulaires appelées *cassettes*, qui ont $0^m,30$ de profondeur, $0^m,30$ de largeur et de $0^m,50$ à $0^m,60$ de longueur. Ces fosses sont espacées de deux ou trois mètres sur des lignes séparées elles-mêmes par une distance de six mètres. Les vignes doivent être dirigées du sud-ouest au nord-est, afin de donner moins de prise aux vents du sud-est, qui soufflent avec violence dans la vallée du Cher.

La plantation se fait au moyen de plants enracinés de deux ou trois ans, que les viticulteurs préfèrent, à tort, à ceux d'un an; le cépage employé est le *Côt*, qui se prête très bien à la taille longue et aux conditions que présentent le sol et le climat de Chissay. L'opération s'effectue sur des terres qui viennent d'être ensemencées, afin de ne pas perdre le produit des espaces considérables qui restent entre les plants; on plante en automne quand on a semé du blé, et au printemps lorsqu'on a répandu de l'avoine. On considère la plantation dans un blé comme préférable à celle dans une avoine, à cause de la concurrence très énergique que fait cette plante à la vigne pour la possession du sol, alors que cette dernière est encore jeune; aussi suit-on généralement, dans les intervalles des plantations, la rotation suivante : première année, blé; deuxième année, avoine; troisième année, pommes de terre. Après la troisième année, le sol n'est plus ensemencé. Il serait évidemment préférable de renoncer à ces cultures intercalaires des premières années, qui nuisent toujours dans une certaine mesure au développement de la vigne; mais on comprend que le grand espacement des ceps et le fait que leur entrée en production est nécessairement retardée par suite de l'établissement du mode spécial de taille qui leur est appliqué font hésiter à perdre, pendant trois ans consécutifs, tous les produits du sol.

2° Culture

a. *Formation de la souche et taille.*— Les vignes en *chaintres* sont de véritables espaliers horizontaux pourvus de longues verges et portés à l'extrémité d'une longue tige flexible, qui permet de les déplacer en leur faisant subir des mouvements angulaires d'une amplitude souvent assez considérable. Ces espaliers sont formés tantôt d'un axe unique, duquel partent des ramifications latérales (fig. 549 et 550), tantôt de deux bras principaux situés symétriquement et présentant chacun une disposition analogue à celle qui vient d'être indiquée. Cette dernière forme est d'un entretien moins facile, à cause de la difficulté où l'on est de maintenir l'équilibre entre les deux portions symétriques de la plante; aussi tend-on, d'après M. Cazenave, à l'abandonner de plus en plus pour adopter la première.

Nous allons chercher à donner une idée des moyens employés pour établir les chaintres à axe unique, qui, comme nous venons de le voir, sont aujourd'hui préférés; la formation de ceux à deux bras est, du reste, tout à fait analogue : on opère seulement sur deux rameaux issus du pied, comme on le fait sur un rameau unique dans le cas que nous examinerons.

La première opération de taille consiste à supprimer, après la plantation, tous les sarments, sauf un seul que l'on choisit parmi les plus vigoureux et les plus près de terre, que l'on rabat au-dessus d'un ou deux yeux.

On continue à procéder de la même manière à la deuxième et à la troisième année, jusqu'à ce que la souche soit assez forte pour émettre des sarments de plus d'un mètre. Pendant cette période, afin de favoriser le développement des rameaux, on les relève verticalement avec des échalas (*charniers*) et on enlève avec soin, en déchaussant les ceps, les drageons qui naissent au pied, par suite de la taille très courte qui leur est imposée.

A la quatrième année, on conserve à la taille le sarment le plus fort et le plus près de terre, que l'on rabat à un mètre environ de son origine, en *a* (fig. 551). On ne conserve à ce rameau que les trois yeux supérieurs, qui formeront les verges de l'année suivante, et on enlève pendant l'été les bourgeons qui reparaissent dans la partie dénudée.

Le sarment, d'abord redressé le long du *charnier*, est abaissé pendant le courant de mai et étendu sur le sol suivant la direction de la

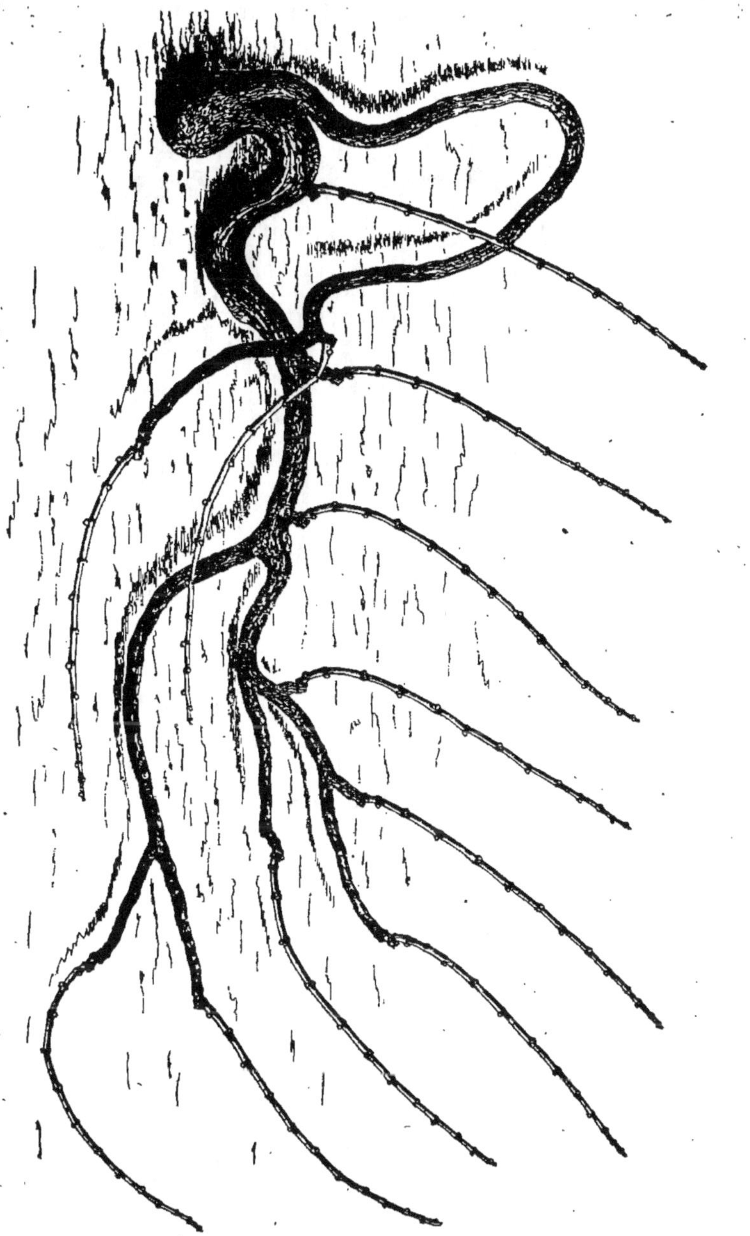

Fig. 549.— Ancien cep en chaintre, d'après M. J. Guyot.

vigne ; on a quelquefois la précaution de lier la naissance du sarment à un petit piquet, de manière à l'obliger à décrire une courbe en *col de cygne*, qui assure aux ceps une mobilité plus grande. L'établissement de l'espalier au bout d'une tige longue et flexible est nécessité par les déplacements que l'on doit imprimer ensuite à la souche au moment des labours; dans les chaintres établis anciennement (fig.

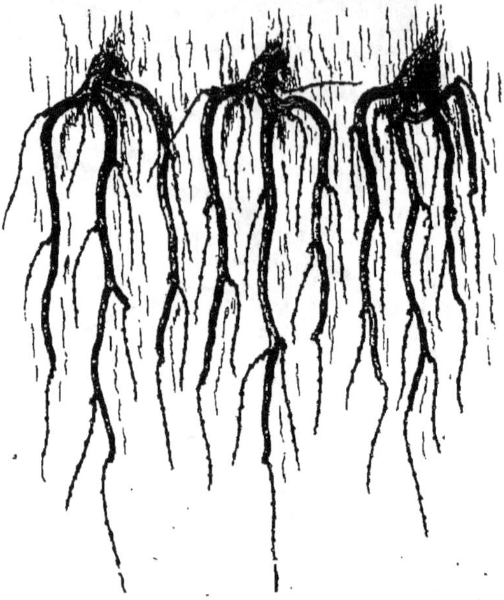

Fig 550.— Cep en chaintre, d'après M. J. GUYOT.

549 et 550), on faisait naître les bras près du sol (fig. 549), et la rigidité du tronc entraînait le concours de plusieurs personnes pour l'exécution des manœuvres d'écartement.

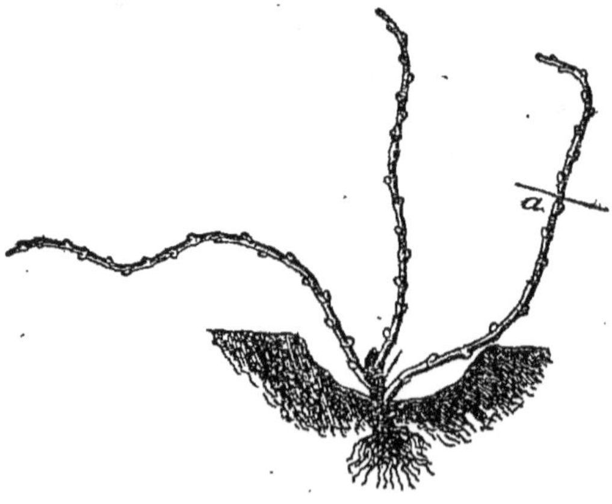

Fig. 551.— Taille à la quatrième année, d'après M. VIAS.

A la cinquième année, on commence la formation des bras sur trois rameaux dont on a provoqué le développement, comme il vient d'être dit ; on en réserve deux *b* et *a* (fig. 552) qui formeront, l'un le prolongement (*b*), l'autre un bras portant une première verge latérale (*a*). Cette taille donne lieu à une végétation analogue à celle repré-

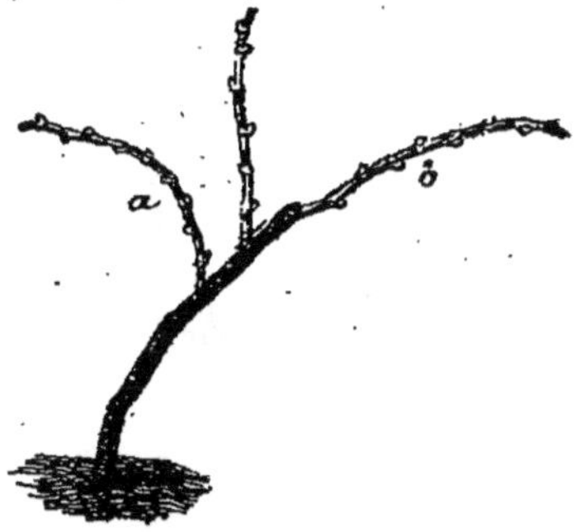

Fig. 552. — Taille à la cinquième année, d'après M. VIAS.

sentée par la figure 553. A la sixième année, on coupe la branche *m n* en *o*, de manière à conserver le sarment *a* le plus rapproché de l'axe,

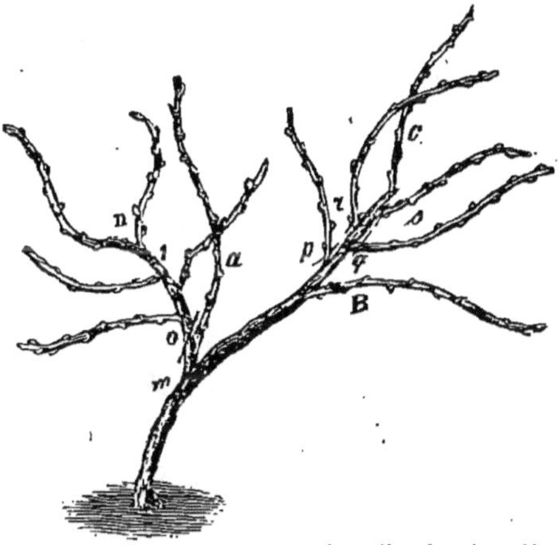

Fig. 553. — Végétation produite par la taille de cinquième année, d'après M. VIAS.

qui formera une verge ; on supprime ensuite *p*, *q*, *r*, *s* et on réserve *B* et *C*, qui fournissent, l'un une nouvelle verge latérale *b*, l'autre une verge de prolongement *c* (fig. 554).

On continue ainsi à allonger, d'année en année, la souche en la garnissant de bras latéraux alternes par des moyens analogues à ceux qui viennent d'être indiqués, jusqu'à ce qu'elle occupe toute la longueur qui lui est réservée dans la ligne. Elle présente alors l'aspect donné par la fig. 555, et on se borne à l'entretenir en cet état en renouvelant chaque année les verges, en coupant les rameaux de l'année précédente au-dessus du point d'insertion des sarments *a*, *b*, *c, d, e, f, g*. Malgré la précaution que l'on prend de choisir toujours le long bois aussi près que possible de l'axe, il ne tarde pas à se for-

Fig. 554. — Taille de sixième année, d'après M. Vias.

mer des bras qui s'allongent peu à peu d'une manière exagérée ; on cherche alors, par des rabaissements, à ramener la taille près de la

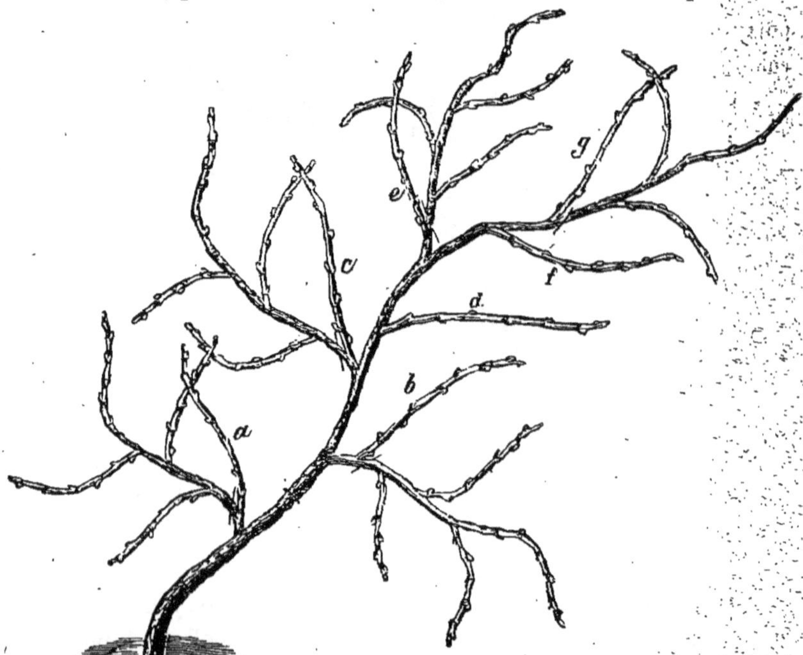

Fig. 555. — Etat d'un cep en chaintre en plein développement.

tige principale, comme on le voit sur la partie gauche du chaintre représenté à la figure 549.

Indépendamment de la taille sèche dont nous venons de parler, les vignes en chaintres sont soumises à une série d'épamprages ou ébourgeonnements successifs portant sur les rameaux qui ont une tendance naturelle à naître dans la partie dénudée qui constitue la tige, et particulièrement vers le pied. On commence en avril, quand les jeunes pousses ont de 0m,10 à 0m,15, et on continue en juin et juillet. On effeuille enfin aux approches de la maturation, de manière à permettre aux raisins, qui sont abrités par une sorte d'écran de verdure, de recevoir l'action des rayons solaires.

b. *Labours.* — Les vignes en chaintres de Chissay reçoivent habituellement deux labours; le premier s'effectue dans le courant de mars ou d'avril; on l'exécute en déchaussant les ceps suivant les lignes et en adossant dans l'interligne. Le second se donne dans le courant de juin, un peu avant la floraison de la vigne et en chaussant les ceps. Ces façons sont complétées par le piochage de la bande qui a échappé à l'action des labours et quelquefois par un hersage qui brise les mottes.

Pendant ces opérations, les bras de chaintres sont détournés et portés sur la planche voisine, afin de laisser le champ libre à la charrue; après la seconde œuvre, on les remet en place, et, afin d'empêcher les raisins de traîner par terre, on peut faire supporter le cep et les verges par des *fourchines*, qui sont de petites fourches en bois de 0m,45 de long environ (fig. 556), ou de simples piquets fendus portant une encoche au sommet (fig. 557). La vigne forme ainsi une sorte d'espalier qui s'étend horizontalement au-dessus du sol, avec des grappes suspendues aux longs bois, sans toucher terre.

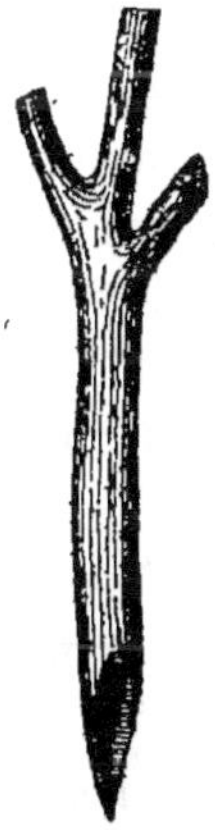

Fig. 556.— Fourchine.

Fig. 557.— Piquet de support.

Cette disposition permet de concilier les avantages qui résultent de l'application à la vigne des grandes formes avec ceux qu'offre la conduite en souches basses. On obtient par son moyen une grande vigueur, une production abondante, mûrissant bien et suffisamment riche en sucre. On peut seulement lui reprocher, si on la compare aux modes de plantation plus serrée, de n'arriver que plus tardivement à la pleine production. Enfin, l'expérience a montré, dans la région méditerranéenne, que les déplacements nécessités pour l'exécution des labours d'été, qui doivent y être fréquents, vu la sécheresse du climat, entraînent l'échaudage ou le grillage du raisin. Cette dernière considération a surtout arrêté les viticulteurs méridionaux, qui espéraient trouver dans la culture en *chaintres* un moyen de rétablir d'une manière peu coûteuse leurs vignobles sur pied américain, en diminuant beaucoup le nombre des greffes à effectuer par hectare.

En résumé, la culture en *chaintres* paraît susceptible d'applications avantageuses pour la production des vins communs, lorsque l'on dispose de terres riches et profondes, capables de bien nourrir des vignes à grand développement et lorsque l'on opère sous un climat où l'échaudage n'est pas trop à redouter.

B. **Systèmes de taille de la vigne en cordon horizontal et à grand développement.** — La remarquable puissance de la végétation de la vigne dans les sols riches, frais et profonds, a amené, depuis quelques années, un certain nombre de viticulteurs à rechercher les formes les plus convenables pour utiliser ce développement à une abondante production de fruits. La plupart d'entre ceux qui se sont occupés de cette question paraissent d'accord sur la supériorité qu'offre à ce point de vue l'usage des cordons unilatéraux munis de longs bois; c'est, du reste, dans ce sens que tend la culture en chaintres qui se pratique dans des conditions de milieu analogue.

Divers procédés de taille sont nés de ces préoccupations, parmi lesquels les plus connus sont ceux de MM. Cazenave, Marcon et Sylvoz, que nous allons étudier successivement.

1° Système Cazenave (1)

Le système de taille imaginé par M. Cazenave, propriétaire à La Réole (Gironde), consiste à former les vignes en cordons horizontaux, portant une série de longs bois inclinés et de coursons séparés par un intervalle de 0m,33 environ (fig. 561). Pour arriver à cette formation, on établit, suivant chaque ligne, un treillage de fil de fer à trois rangs, le premier à 0m,50 du sol, le deuxième à 0m,35 au-dessus du premier, et le troisième à 0m,40 du deuxième ; ces fils de fer sont supportés par des pieux espacés de 2 mètres, et ils sont fortement tendus. Lorsque les jeunes vignes sont assez vigoureuses pour donner des sarments de trois à quatre mètres, ce qui arrive à la fin de la deuxième ou de la troisième année, on supprime tous les rameaux, sauf un seul, qui est recourbé, puis attaché le long du fil de fer inférieur par des ligatures en osier ; les liens doivent être rapprochés pour maintenir le cordon bien droit, et il ne faut pas qu'ils soient assez serrés pour risquer de déterminer des étranglements. Le sarment est coupé à une longueur telle qu'il dépasse de 0m,10 environ la courbure du cep suivant.

Une fois les cordons fixés sur leur fil de fer, on procède à l'ébourgeonnement; cette opération consiste à enlever tous les yeux inutiles pour l'établissement des *bras* ou groupes d'un long bois et d'un courson. On conserve seulement la moitié des bourgeons sur les sarments dont les yeux sont espacés de 0m,07 à 0m,08 ; on supprime de préférence ceux qui sont en dessous. Lorsque les sarments sont très vigoureux et, par suite, les mérithalles plus longs, on en enlève un moins grand nombre.

Les bourgeons ainsi réservés donnent naissance à des rameaux dont on cherche à régulariser le développement par des pincements convenables. La figure 558 montre l'aspect de ces rameaux *a s*, *as*, *as* pendant l'hiver qui suit leur formation ; mais, pour plus de clarté, ils ne sont pas représentés en aussi grand nombre qu'on les voit en réalité ; la plupart ont fructifié, ainsi qu'on le reconnaît aux portions de pédoncules qui restent en *q q q q*.

Parmi les sarments ainsi obtenus, on réserve à la taille suivante ceux qui sont convenablement espacés, c'est-à-dire à environ 0m,33

(1) Bibliographie. — **Le docteur J. Guyot** ; *Etude des vignobles de France*, tom. I. — **F. Chaverondier** ; *La vigne et le vin*. Paris, libr. agr. de la Maison rustique, 1876. — **Armand Cazenave** ; *Manuel pratique de la culture de la vigne dans la Gironde*. Bordeaux, Féret, 1879.

les uns des autres, et on supprime tous les autres. On a soin de ne pas prendre l'origine du premier *bras* trop près de la courbure et du cep (1), parce qu'il se développerait d'une manière exagérée au détri-

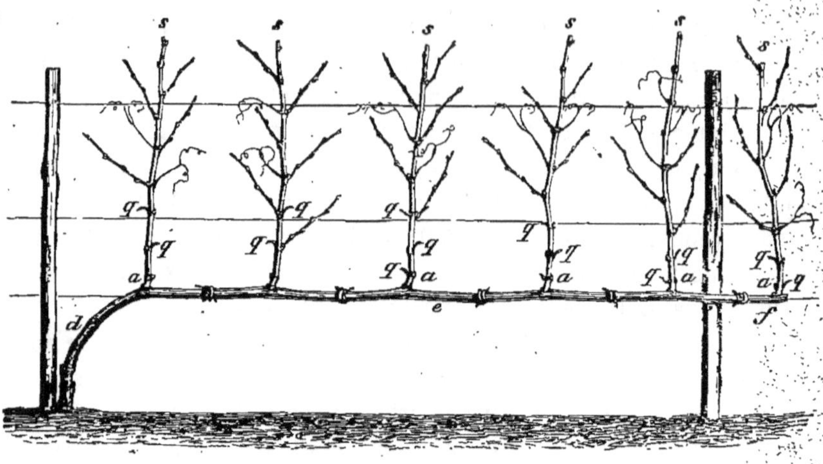

Fig. 558. — Montrant les résultats de la première végétation après l'établissement du cordon Cazenave, d'après M. J. GUYOT.

ment des autres ; le dernier, situé tout à fait à l'extrémité du cordon et au-dessous de la courbure du cep suivant, garnit d'ailleurs la place

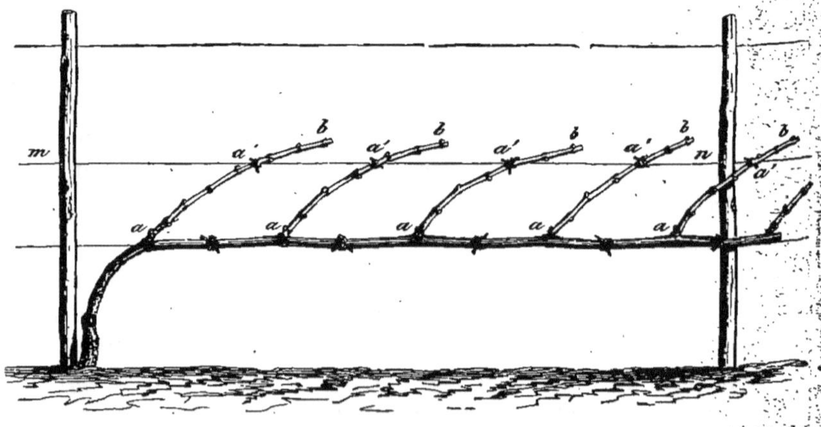

Fig. 559. — Première taille après la formation du cordon Cazenave, d'après M. le docteur J. GUYOT.

laissée vide. Les rameaux ainsi réservés sont destinés à former des *astes* ou longs bois ; ils sont taillés à une longueur de trois à six

(1) Le premier rameau, ainsi que le premier bras, dans les fig. 558 et 559, est représenté trop près de l'origine.

yeux, puis on les fixe en *a' a' a' a'* (fig. 559) sur le second fil de fer *m n*, de manière à les maitenir inclinés dans la position *a a' b*.

L'été suivant, les bourgeons des sarments conservés émettent de nombreux rameaux (fig. 560) qui sont accolés au troisième fil de fer et rognés uniformément en *d f d f d f*; la fructification est dès lors très abondante. Les ceps étant en cet état, la taille normale peut leur

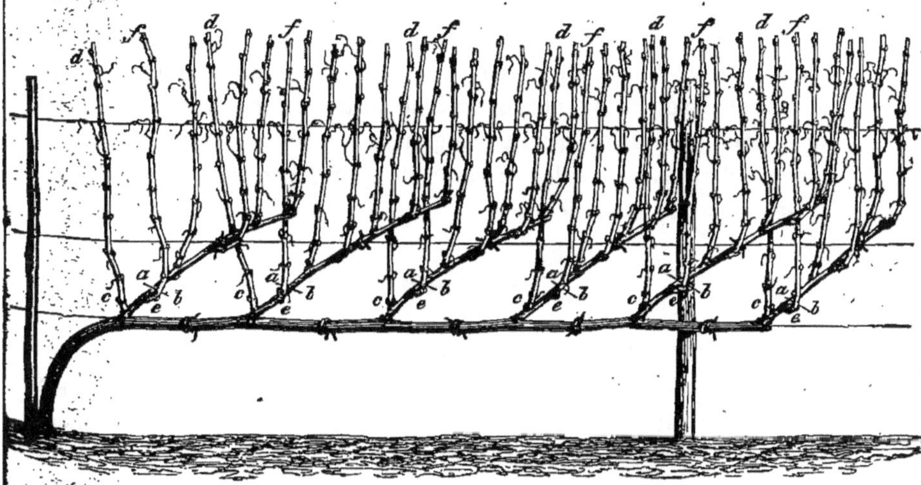

Fig. 560. — Résultats de la végétation qui suit la taille indiquée à la figure 559.

être appliquée : sur chaque bras, le rameau inférieur *c d*, taillé à deux yeux, donne le *côt* ou courson, et le suivant *e f*, auquel on laisse six ou huit yeux, fournit l'aste ou long bois ; une section pratiquée

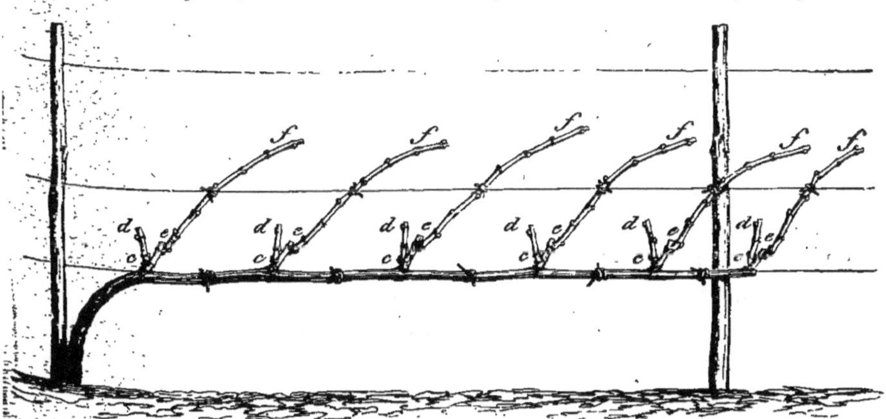

Fig. 561. — Vigne en cordon horizontal du système Cazenave.

immédiatement au-dessus de l'origine de ce de dernier, suivant *a b*, élimine le reste de l'*aste* de l'année précédente. On obtient ainsi un cep disposé comme le montre la figure 561.

La difficulté principale qu'entraîne l'entretien des cordons Cazenave réside dans la tendance qu'ont les bras à s'allonger, ce qui implique une diminution dans la vigueur des rameaux qui en proviennent. On cherche à retarder le plus possible cet allongement en choisissant comme courson le sarment le plus rapproché de la tige et en provoquant par des pincements l'évolution des yeux inférieurs. Mais ces moyens, qui exigent beaucoup de soin et d'expérience de la part des vignerons chargés de les appliquer, ne sont pas toujours suffisants, et il faut, au bout d'un temps plus ou moins long, en venir à des rabaissements pour *rajeunir* le cordon; aussi le système Cazenave, malgré tout ce qu'il a d'ingénieux et les produits élevés qu'il permet d'obtenir dans les terres riches, fraîches et profondes, s'est-il peu répandu jusqu'ici.

2° Système Marcon (1)

M. Marcon, propriétaire à Lamothe-Montravel (Dordogne), frappé des avantages généraux que présente le système Cazenave, en a tenté l'application en le modifiant de manière à éviter l'inconvénient que nous avons signalé plus haut et qui résulte de l'allongement des bras. Le principe de ce nouveau système réside dans le fait d'observation suivant: lorsque l'on supprime quelques-uns des yeux inférieurs d'un rameau sans toucher à son empattement, un certain nombre des bourgeons situés dans cette région, et qui seraient demeurés endormis dans les conditions ordinaires, poussent et donnent naissance à de nouveaux rameaux sur lesquels on peut établir un courson. On conçoit qu'il soit facile de ramener ainsi à de courts intervalles l'origine de la taille sur le cordon lui-même et d'empêcher la formation d'un bras.

Sur un cordon établi comme ceux de M. Cazenave (fig. 558), on réserve aux mêmes écartements un courson *d* et un long bois *e* (fig. 562). Le courson est formé de la manière suivante : un rameau de l'année *a*, né sur l'empattement des rameaux plus anciens, est taillé à quatre ou cinq yeux, puis on lui enlève deux des bourgeons de la base, de manière à favoriser la croissance de nouveaux rameaux sur le cordon lui-même. On obtient ainsi un courson qui présentera après sa végétation l'aspect de *d*. Le long bois sera pris, l'année suivante, sur une des ramifications de ce courson. La vigne porte donc, en hiver, avant la taille, une série de touffes également espacées sur

(1) J. Marcon.— *Etude sur la viticulture et la vinification.* Périgueux, Dupont et Ce, impr., 1872.

une même tige et renfermant : 1° des pousses de l'année telles que *a*, dont une sera réservée pour être taillée en courson ; 2° un courson

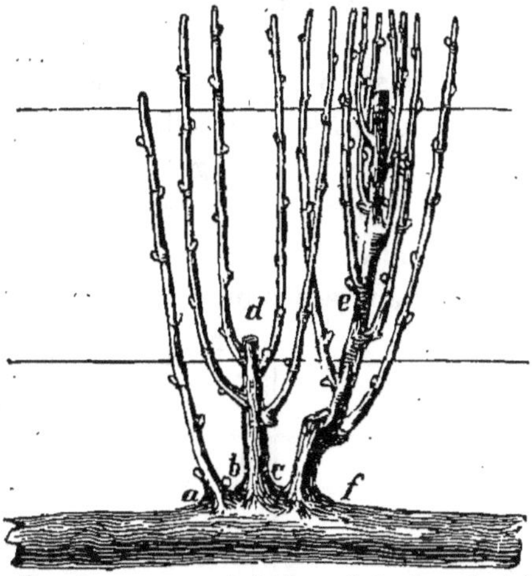

Fig. 562. — Production du courson et du long bois dans la taille Marcon, avant la taille.

b d, qui a fourni plusieurs ramifications et sera rabattu sur la plus basse ou la meilleure pour donner un long bois ; 3° un long bois *c e*, dont le rôle est terminé et qui sera supprimé immédiatement au-dessus de son empattement suivant *c f*. Après la taille, le cordon présentera l'aspect de la figure 563.

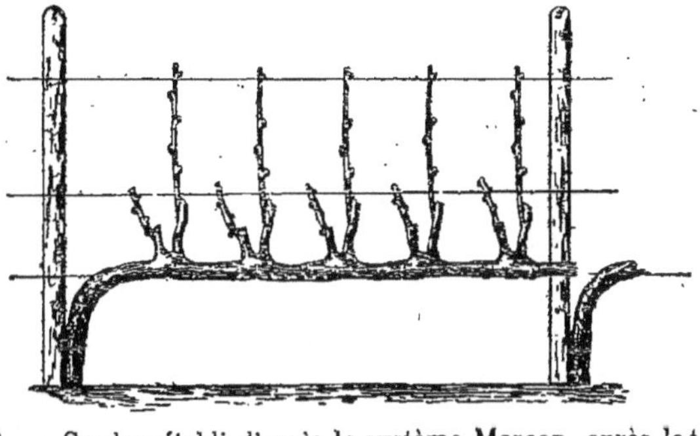

Fig. 563. — Cordon établi d'après le système Marcon, après la taille.

Bien que le système Marcon permette véritablement la suppression des bras, les cordons auxquels il donne lieu n'en sont pas moins d'un entretien difficile et ne peuvent guère réussir qu'entre les mains d'un viticulteur soigneux et expérimenté.

3° SYSTÈME SYLVOZ

Le système Sylvoz consiste dans l'emploi de cordons pourvus de longs bois ou *archets* amenés à une direction verticale, en dessous de la tige, par une arcure à court rayon (fig. 564). Ces cordons sont supportés par des treillards formés des poteaux *p* en bois de 2^m,30, enfoncés en terre de 0^m,50 et espacés entre eux de 3^m,50. Sur ces poteaux est fixée à 1^m,20 au-dessus du sol une traverse *b b* formée

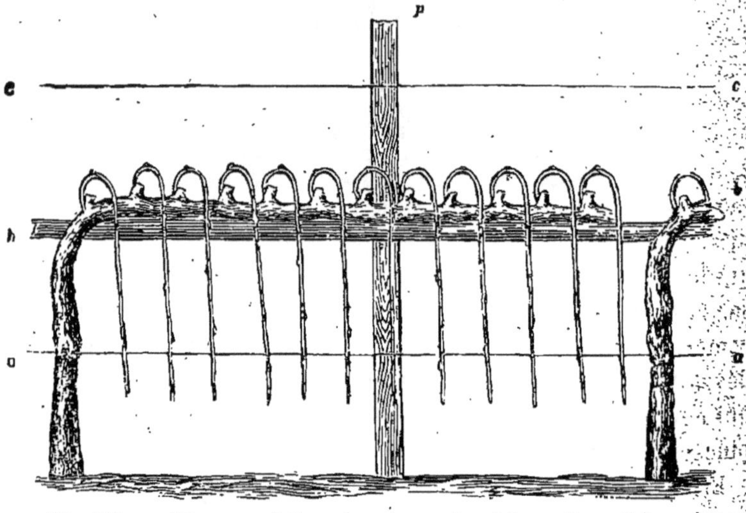

Fig. 564. — Vigne conduite en cordon, suivant le système Sylvoz.

de perches bien droites, de liteaux ou de gros fils de fer (n°s 19 à 21); à 0^m,50 au-dessus et à 0^m,40 au-dessous de cette ligne, on tend des fils de fer (n°s 17 ou 18) *a a*, *c c*. La traverse *b b* est destinée à supporter le cordon, le fil de fer *a a* à maintenir l'extrémité inférieure des archets, et le fil de fer *c c* à fixer les rameaux qui se développent sur la partie courbe des archets.

Les ceps sont obtenus de plants enracinés plantés au milieu de l'intervalle qui sépare les poteaux. Ces ceps sont taillés sur deux yeux pendant les deux premières années, de manière à produire des sarments longs et vigoureux; quand on est arrivé à ce résultat, on conserve à la taille le meilleur d'entre eux, que l'on courbe à la hauteur de la traverse *b b*; on le dispose de manière à ce qu'un œil placé en dessus se trouve à l'origine de l'arc et puisse servir de base à un archet, on taille l'extrémité immédiatement avant un œil situé en dessous, qui devra fournir le prolongement du cordon.

On cherche à favoriser, pendant le courant de l'année, le développement des rameaux qui naîtront de ces bourgeons, en supprimant parmi les autres ceux qui ne portent pas de fruits et en pinçant au-dessus de la quatrième feuille ceux qui en ont. On les attache en outre, dans une position verticale, au fil de fer supérieur *c c*. L'année suivante, le premier sarment est taillé en courson à deux yeux et celui de l'extrémité est raccourci suffisamment pour déterminer la formation d'un rameau en dessus, à 0m,25 ou 0m,30 du courson, et celle d'un autre situé en dessous. Le rameau de dessus servira à produire un nouveau courson et l'œil de dessous donnera un prolongement. Les pousses qui se développeront pendant l'été seront traitées comme il a été dit précédemment.

A la taille suivante, on choisira le meilleur des sarments venus sur le courson et que l'on trouvera le plus rapproché du cordon, afin de retarder le plus possible la formation d'un bras. Ce sarment est recourbé et attaché sur les traverses *b b* et *a a* dans une position verticale, de manière à former le premier archet; les autres sont supprimés. Les choses se continueront ainsi d'année en année jusqu'à ce que le cordon ait atteint toute la longueur voulue. Les rameaux nés sur la partie supérieure de l'archet et qui doivent servir au remplacement sont liés verticalement au fil de fer *c*, afin d'en favoriser le développement; les ramifications latérales de la partie descendante, qui ne sont destinées qu'à la production du fruit, sont au contraire pincées.

En résumé, les principes sur lesquels repose le système Sylvoz sont, ainsi qu'on a pu le voir, les suivants : 1° emploi comme charpente du cordon horizontal, qui est plus facile à mener que les espaliers symétriques ; 2° production du fruit au moyen de longs bois dont la fertilité est augmentée par l'arcure ; 3° obtention de bois de remplacement vigoureux, en réservant les rameaux de la partie supérieure de l'archet et en favorisant leur développement par un palissage vertical et par le pincement des rameaux latéraux et inférieurs de l'archet.

Ce procédé semble destiné à un certain avenir en Savoie et dans l'Isère : il est en effet d'une conduite facile et répond très bien aux conditions de la culture qui se fait dans les terres basses et riches de ces deux départements. Il tend à s'y substituer aux anciennes formes en treilles à bras symétriques.

C. **Système Guyot** (1). — Bien que le système de taille et de conduite de la vigne proposé par M. le Dr Guyot ait fait beaucoup de bruit à un certain moment et ait été l'objet de l'attention générale, il est aujourd'hui presque partout abandonné, à cause des soins minutieux qu'exige l'entretien des vignes qui y sont soumises. Néanmoins, la notoriété dont il a joui et les idées ingénieuses qu'il renferme nous font un devoir d'en donner une rapide description.

M. le Dr Guyot n'admet en premier lieu, pour la vigne, d'autre mode de groupement que celui en lignes, et il en donne les raisons suivantes :

« 1° Il permet l'emploi de tous les moyens et de tous les instruments mis en mouvement par la main de l'homme ou par les animaux de trait : les bêchages binages et sarclages à la main y sont pratiqués sans hésitation et sans crainte d'attaquer les tiges ou les racines ; les façons par les animaux de trait ne sont possibles que dans un alignement rigoureux, et les labourages et les binages par les bœufs, comme dans le Médoc, par les chevaux ou même par les ânes, sont de première importance et d'une grande économie, en ce qu'ils suppléent la main de l'homme, qui n'a plus qu'à achever, entre les ceps, la culture et le nettoyage qui ont été exécutés rapidement par les animaux de trait sur la plus grande superficie de la vigne ;

» 2° Elle permet une surveillance prompte et infaillible sur la propreté, l'état d'entretien et les besoins de tout le vignoble ;

» 3° Les moyens de soutènement, de protection et de palissage sont plus faciles, plus solides et plus économiques qu'avec aucune autre disposition ;

» 4° L'alignement des ceps facilite la distribution et la répartition exacte des engrais et amendements au pied de chaque cep, la sortie hors du vignoble des sarments, des pampres rognés et des produits de la vendange ; en un mot, toutes les opérations de culture de la vigne ;

» 5° Les rayons du soleil échauffent la terre dans l'intervalle des lignes, sans que pour cela ils échauffent moins et moins directement les ceps et les pampres bien rognés et bien palissés, la terre rendant ensuite aux ceps, pendant que le soleil cesse de luire, la chaleur qu'elle a reçue pendant l'insolation ;

(1) Bibliographie. — **Le docteur J. Guyot**; *Culture de la vigne et vinification*. Paris, libr. agr. de la Maison rustique, 1860. — **Id.**; *Etude des vignobles de France*. — **F. Chaverondier**; *La vigne et le vin*. Paris, 1876. — **Fleury-Lacoste** ; *Guide pratique du vigneron*. Paris. Eug. Lacroix. — **Armand Cazenave** ; *Manuel pratique de la culture de la vigne dans la Gironde*. Bordeaux, Féret, 1879.

»6° Enfin la circulation et le renouvellement de l'air, indispensables à une bonne végétation, ne peuvent avoir lieu dans des ceps groupés sans ordre comme dans des ceps alignés.»

M. Guyot préfère naturellement, lorsqu'il est possible, l'emploi des lignes basses, et, comme il connaît les dangers qu'elles courent du côté des gelées dans bien des milieux, il propose un procédé de préservation au moyen de paillassons reposant d'un côté sur un billon élevé au nord de la ligne et de l'autre sur le fil de fer servant à l'accolage des rameaux des longs bois, dans son système (fig. 254, pag. 478).

L'écartement adopté est de 1 mètre en tous sens. Il n'admet pas l'emploi du provignage comme moyen d'entretien du vignoble, parce que ce mode de multiplication ne donne pas naissance à des ceps aussi vigoureux et aussi bien enracinés que le bouturage. On peut se demander si cette manière de voir, qui paraît juste pour le midi de la France, où l'on recherche avant tout un grand développement et une récolte abondante, l'est au même degré pour les vignobles fins de la région septentrionable, où l'on semble demander par une végétation médiocre et à une production limitée une certaine part des qualités propres qui distinguent leurs vins.

Mais c'est le mode de taille et d'échalassage de la vigne qui constitue l'élément le plus caractéristique et le plus intéressant tout à la fois du système de M. Guyot. Ce viticulteur a cherché à obtenir une

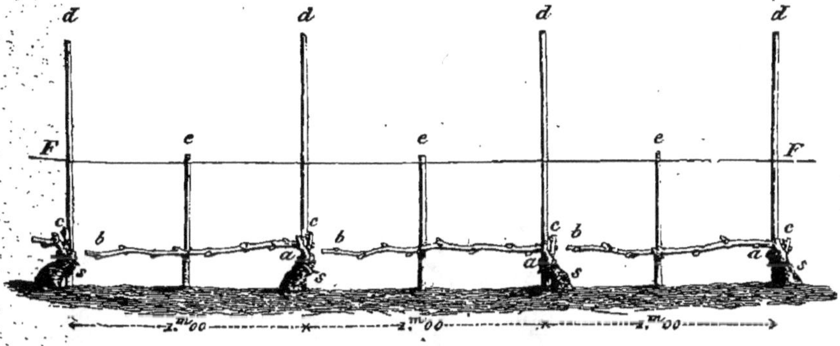

Fig. 565. — Vignes soumises au système Guyot, après la taille.

fructification abondante au moyen de la taille longue et à éviter en même temps les inconvénients qui résultent souvent de l'emploi des longs bois, lesquels consistent dans la difficulté de trouver de bons remplacements, et dans la diminution de volume de fruit qui résulte de la multiplicité des grappes issues du même sarment (1). Pour

(1) Voir, pag. 380, le septième principe de taille.

arriver à ce résultat, il a disposé les choses ainsi qu'il suit : Au pied même de chaque souche (fig. 565) est planté un échalas *d* de 1^m,20 à 1^m,30 ; au milieu de l'intervalle qui sépare deux souches, et dans la ligne, on enfonce un piquet *e* de 0^m,50 à 0^m,60, de manière à ce qu'il sorte du sol de 0^m,35 ; un fil de fer *FF'* est tendu horizontalement suivant la ligne qui limite le niveau supérieur des petits piquets.

Chaque cep est taillé avec un long bois *a b*, destiné uniquement à la production du fruit, et avec un courson *c* qui fournit plus spécialement des sarments de remplacement. A raison de cette destination,

Fig. 566. — Vignes soumises au système Guyot en végétation.

M. J. Guyot a appelé le premier *branche à fruit* et le second *branche à bois*. La branche à fruit est couchée horizontalement et liée au piquet à 0^m,10 ou 0^m,12 au-dessus du niveau du sol ; cette disposition est évidemment favorable à la fructification, ainsi que cela a été établi au troisième principe de taille (pag 379). Les rameaux issus de ce sarment sont épamprés avec soin, on ne conserve que ceux qui portent des fruits ; on les fixe verticalement contre le fil de fer *FF*,

Fig. 567. — Rameau pincé en *a a a*.

on les pince enfin aussitôt que deux petites feuilles se sont développées au-dessus de la seconde grappe, et au-dessus de la cinquième ou sixième feuille, en *c c c c* (fig. 566) et *a a a a* (fig. 567), s'il ne se montre qu'une seule grappe sur le rameau *a b*.

Les rameaux nés sur le courson sont redressés verticalement et liés sur l'échalas *d*, de manière à acquérir tout le développement possible et à fournir de bons éléments de remplacement lors de la taille suivante. Cette taille se pratique ainsi qu'il suit, d'après M. J. Guyot : «Chaque souche, selon son âge et sa vigueur, peut produire, par période de végétation annuelle, de quatre à six sarments de 1 mètre et plus de longueur. A la taille d'hiver ou taille sèche, la plupart de ces sarments doivent être abattus complètement et le plus près possible de la souche, mais deux sarments au moins doivent être conservés : l'un, rogné à deux ou trois yeux de la souche, l'autre, maintenu à une grande longueur. C'est ce dernier sarment, laissé tous les ans au printemps et abattu tous les ans pour être remplacé au printemps suivant par un autre sarment pareil, qui satisfait à l'activité de la vigne en lui laissant la plus grande allure possible, c'est-à-dire toute la longueur du bois qui a poussé l'année précédente.»

En résumé, le système Guyot peut être considéré comme fondé sur des données rationnelles et conformes aux principes généraux de taille qui ont été posés précédemment ; il peut donner de bons résultats lorsqu'il est appliqué à des cépages convenables et cultivés dans les climats où les pincements rigoureux et répétés ne sont pas à redouter et où l'insolation du raisin est une condition favorable ; on ne saurait, par contre, en faire usage sur les vignes à taille courte et dans les localités où les opérations de taille en vert ne peuvent être employées qu'exceptionnellement et où il est avantageux de maintenir le raisin dans un milieu qui ne soit ni sec à l'excès ni trop exposé au soleil. Mais, dans les endroits mêmes où le procédé Guyot réussit, il a été abandonné peu à peu, à cause des soins minutieux qu'exigent les vignes que l'on y soumet, lesquels ne peuvent être donnés d'une manière suffisante que par des vignerons très habiles et très expérimentés.

CHAPITRE XXIX

Sommaire. — Culture de la vigne pour les raisins de table. — Culture en plein air : culture des raisins de table en plein air à Thomery. — Culture en serre : forçage des vignes à Thomery. — Culture sous verre en Angleterre. — Culture sous verre en Belgique et dans le nord de la France : cueillette, emballage, transport et conservation des raisins (1).

La culture des raisins de table a pris, depuis quelques années, un grand développement en Europe ; pendant longtemps, elle n'a guère été faite qu'à Thomery, près de Fontainebleau, pour les besoins de la consommation de Paris, mais, aujourd'hui, elle s'est beaucoup étendue en Angleterre, en Ecosse, en Belgique et dans le département du Nord. C'est la culture *sous verre* qui permet, dans ces diverses contrées, d'obtenir des raisins que nous appellerons *de luxe*, susceptibles d'être vendus, soit comme primeurs, soit au contraire comme raisins tardifs ou conservés d'arrière-saison. La culture comprise ainsi entraîne une mise de fonds considérable par suite du capital nécessaire à l'édification des serres qui s'étendent sur de vastes surfaces et à l'établissement d'appareils de chauffage, enfin les frais d'exploitation en houille et main-d'œuvre sont eux-mêmes très élevés, mais les prix de vente sont tels et les débouchés si considérables que les entreprises de ce genre laissent de beaux bénéfices à ceux qui les ont tentées.

A l'appui de cette assertion, nous donnons ci-dessous les prix des raisins aux halles de Paris (ventes à la criée) en 1892-1393 et au marché de Covent Garden à Londres en 1891.

(1) Bibliographie. — **Rose Charmeux** ; *Culture du Chasselas à Thomery*. Paris, Masson, 1863. — **A. du Breuil** ; *Cours élémentaire, théorique et pratique d'arboriculture*. Paris, Masson, 1861. — **Rose Charmeux** ; *Culture de la vigne en treille*, *in* Livre de la Ferme, tom. II. — **J.-A. Hardy** ; *Traité de la culture des arbres fruitiers*. Paris, libr. agr. de la Mais. rust., 1865. — **Mme Millet-Robinet** ; *Maison rustique des dames* Paris, libr. agric. de la Mais. rust., tom. II. — **A. Cazenave** ; *Manuel pratique de la culture de la vigne dans la Gironde*. Bordeaux, 1879. — **Charles Baltet** ; *Traité de la culture fruitière, commerciale et bourgeoise*. Paris, Masson, 1884. — **C. Joly** ; *Note sur la culture de la vigne sous verre*. — **Alfred Renouard** ; *La culture artificielle du raisin en Angleterre* ; — *La Nature*, 19 avril 1890. — **Id.** ; *La culture de la vigne à Bailleul et à Roubaix* ; — *La Nature*, 24 janvier 1894.

Prix de vente par kilogramme des raisins aux Halles centrales

Novembre	2f50 à	4f
Décembre	2 50	4
Janvier	2 50	4
Février	3	5
Mars	4	10
Avril	4	5
Mai	3	5
Juin	2 50	4
Juillet	2	3 50

Prix de vente par kilogramme des raisins noirs à Covent Garden

Raisins noirs

	1re qualité	2e qualité
Janvier	6f à 8	4f à 6
Février	8	5 à 8
Mars — Commencement du mois	10	8
Mars — Fin du mois	18 à 24	
Avril — Raisins forcés	18 à 24	6
Avril — Raisins retardés	12 à 16	7 à 8
Mai	12	
Juin	7 à 10	4 à 5
Juillet	4 à 6	2 à 4
Août	3 à 4	1 50 à 2 50
Septembre	3 à 5	1 50 à 3
Octobre	3 à 5	1 50 à 2
Novembre	4 à 6	2
Décembre	5 à 6	3 50

Raisins muscats

	1re qualité	2e qualité
Mai	12f à 16	
Juin	12 à 16	
Juillet	8	4f à 5
Août	7	3 50 à 4
Septembre	7	3 50 à 4
Octobre	7	3 50 à 4
Novembre	8	5 à 6
Décembre	12 à 16	

En France, bien que des exploitations importantes, telles que celle de M. Cordonnier, à Bailleul, près Roubaix (Nord), celle de M. Salomon, à Thomery (Seine-et-Marne), et beaucoup d'autres, aient augmenté sensiblement notre production depuis quelques années, nous sommes cependant encore tributaires de la Belgique, de l'Allemagne et de l'Angleterre pour une somme de 12 à 15 millions de francs de fruits de primeur, dont la majeure partie est constituée par des raisins, et il y a tout lieu de supposer que la consommation augmentera encore au fur et à mesure des progrès du bien-être. De plus, le développement des moyens de communication nous permet d'espérer des débouchés de plus en plus étendus chez les peuples du Nord. En ces circonstances, on peut se demander si le Midi, si bien situé au point de vue climatérique pour la culture de la vigne, ne serait pas en état de fournir sa part de raisin de luxe de plein air, comme il livre déjà à la consommation bien des légumes et des fruits de primeur qui font concurrence sur les marchés du Nord aux produits de la culture forcée. On ne saurait songer évidemment, dans ces contrées, à la culture forcée, la houille y est trop chère, mais on peut et on doit faire sans cela mieux que l'on n'a fait jusqu'ici ; les *Chasselas*, les *Portugais bleu* et les *Cinsaut* que l'on expédie aux halles de Paris sont loin d'être des produits de luxe, à peine peut-on les qualifier de primeurs et leur aspect est tout à fait différent de celui des beaux raisins qui sortent des serres du Nord ; il est certain, cependant, que l'on pourrait arriver à des résultats analogues au point de vue de la beauté des fruits, sinon de leur précocité, en donnant aux vignes cultivées en plein air et à leurs raisins des soins convenables. A ce point de vue, la culture des raisins de table telle qu'elle est pratiquée en plein air depuis plus d'un siècle à Thomery offre un intérêt tout particulier, et c'est par elle que nous commencerons cette étude.

I. — CULTURE EN PLEIN AIR

A. **Culture des raisins de table en plein air à Thomery** — La culture du *Chasselas* à Thomery, qui est devenue pour ce village une source de grande prospérité, est due à l'initiative et aux travaux assidus de la famille Charmeux; pendant un siècle et demi, ses diverses générations n'ont pas cessé d'en perfectionner les procédés. M. Rose Charmeux donne sur la création de ce beau vignoble les renseignements suivants : « Au commencement du XVIIIme siècle, la culture du Chasselas était inconnue à Thomery ; on ne la pratiquait qu'au jardin de Fontainebleau, pour les agréments de la Cour, non pour les besoins du commerce. Les treilles de cette résidence royale jouissaient nécessairement d'une réputation méritée, réputation qui devait éveiller tôt ou tard l'attention des amateurs. Mon bisaïeul François Charmeux eut, le premier, l'idée de se procurer du plant de Fontainebleau et d'établir un espalier de Chasselas en 1730. Pour cela, il dut solliciter une autorisation, et il ne l'obtint que sous la condition expresse de laisser au milieu du mur une porte ouverte en tout temps pour la facilité des chasses du roi. Depuis, cette porte a été murée, mais on en retrouve encore les traces sous le crépi de la muraille.

»Ce premier espalier donna de bons et beaux produits, qui se vendirent bien. Mon bisaïeul, encouragé par le succès, fit construire de nouveaux murs, et, au bout de six ans environ, il eut quelques imitateurs dans la localité; mais ce ne fut réellement qu'à partir de 1800 que la nouvelle culture prit une rapide et large extension. Dans le principe, la conduite des vignes en cordons laissait beaucoup à désirer; mon grand-père y apporta d'utiles améliorations, et, plus tard, mon père réalisa des progrès trop tôt interrompus par la mort, et nous fit promettre, à nous encore enfant, de continuer l'œuvre si heureusement commencée. Nous fîmes la promesse, et croyons l'avoir tenue convenablement. »

1° Sol. — Exposition. — Abris

Les vignes de Thomery sont situées sur des terres généralement riches, perméables et chaudes. Le sol est sablo-argileux, le plus souvent profond de 2m,50 à 3 mètres, quelquefois reposant avec une médiocre épaisseur sur un sous-sol caillouteux ; il exige, dans ce dernier cas, des défoncements bien faits.

L'exposition jugée la meilleure est celle du sud-est, parce que le raisin s'y conserve plus longtemps à la treille.

On cherche à utiliser le mieux possible l'action de la radiation solaire par l'emploi de murs nombreux et convenablement orientés; ces constructions jouent tout à la fois le rôle d'abris, de réflecteurs et d'accumulateurs; ils protègent les vignes contre les courants d'air froids, leur envoient dans la journée les rayons réfléchis par leur surface, et pendantt la nuit ceux qu'ils ont emmagasinés pendant le jour. On obtient ainsi une précocité et une perfection dans la maturité très supérieures à celles que permettrait naturellement le climat, surtout avec des formes de vignes élevées, telles que celles usitées à Thomery.

Ces murs avaient habituellement, autrefois, 2m,20 à 2m,30 de haut, on en fait aujourd'hui de 3 mètres; ils sont bâtis en bons moellons avec un simple mortier de terre; on les crépit seulement avec un très bon enduit de mortier hydraulique; ils sont en outre couronnés par un petit toit en tuiles plates dominées elles-mêmes par une faîtière en tuiles creuses. Des supports en fer scellés sous le chaperon servent à porter des châssis en bois léger garnis en toile bitumée, destinés à abriter contre les grandes pluies les vignes qui garnissent la face au-dessus de laquelle ils sont fixés. Ces châssis sont rectangulaires et ont ordinairement 2m,66 de longueur par 0m,50 de largeur. Des fils de fer galvanisés sont enfin tendus horizontalement sur chaque face, à partir de 0m,30 ou 0m,40 au-dessus du sol et à 0m,20 ou 0m,25 d'écartement, pour faciliter le palissage des vignes.

Les murs sont disposés, dans les enclos de Thomery, de manière à ne pas se porter ombre mutuellement; ils sont séparés par des contre-espaliers parallèles à leur direction et qui ont de 0m,90 à 1m,20 de haut. Ces contre-espaliers sont groupés par séries de lignes espacées entre elles de 0m,60 et séparés du mur et du groupe de contre-espaliers les plus voisins par des allées de 2m,40 (fig. 568).

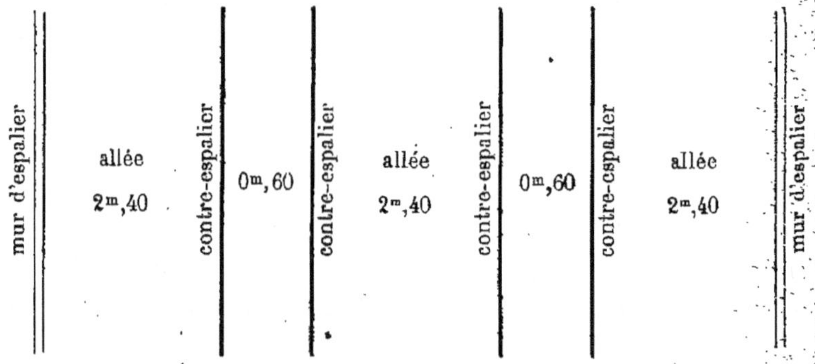

Fig. 568. — Disposition des murs d'espalier et des contre-espaliers, à Thomery, d'après M. Rose Charmeux

2° Cépages

Les cépages presque exclusivement cultivés à Thomery sont : 1° le *Chasselas doré de Fontainebleau*, qui occupe la place de beaucoup la plus importante; 2° le *Frankenthal*. La belle collection de M. Rose Charmeux, accrue depuis par M. Salomon, son digne successeur, a bien montré des types nombreux et très méritants qui se prêteraient parfaitement au genre de culture qu'on y pratique; mais les habitudes de la consommation parisienne ont empêché d'en étendre la production d'une manière notable.

3° Établissement des vignes

Le sol destiné aux plantations est défoncé à 1 mètre de profondeur et sur une largeur d'au moins $2^m,50$. Il est, en outre, convenablement amendé et abondamment fumé ; on cherche, en résumé, à assurer à la vigne une végétation vigoureuse et une production qui soit en rapport avec les frais de cultures considérables qui lui seront ultérieurement appliqués.

Le mode de multiplication le plus usité à Thomery est le provignage par marcotte simple ; on produit par son moyen des plants enracinés qui portent le nom de *chevelées* (fig. 569); *ces chevelées* sont

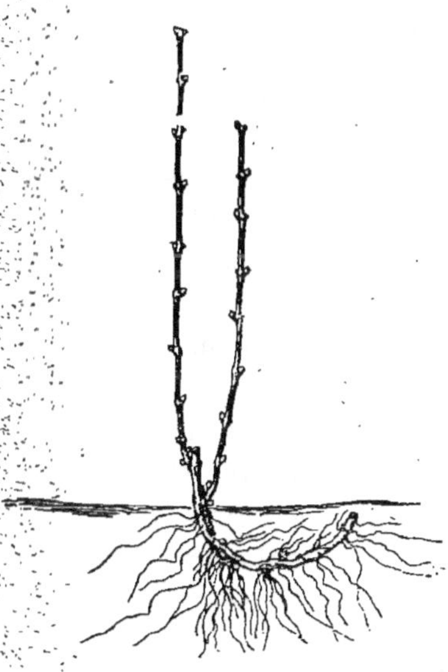

Fig. 569

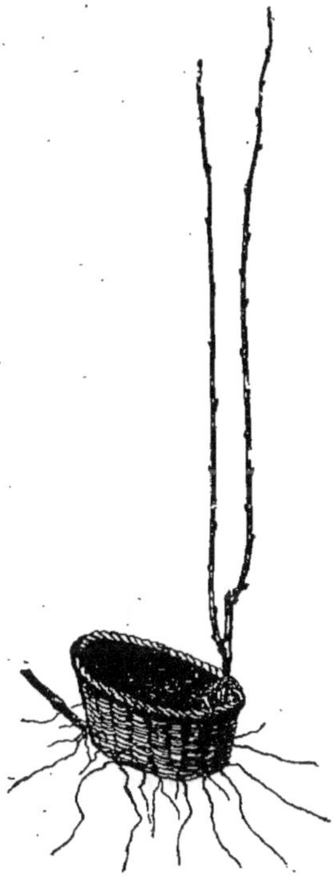

Fig. 570

Fig. 569. — Chevelée ou plant provenant du provignage par marcotte simple.— Fig. 570. — Chevelée en panier.

quelquefois mises à enraciner dans un panier que l'on enterre (fig. 570), de manière à en faciliter la transplantation et le transport après le sevrage.

La plantation s'opère, pour ces dernières, de la manière suivante : On déblaye sur toute la longueur du mur un large fossé de $1^m,20$ d'ouverture et de $0^m,30$ de profondeur ; on place dans ce fossé les *chevelées* en panier à des espacements convenables les uns des autres et à une distance uniforme de 1 mètre du mur. Lorsque la chevelée a deux sarments, on supprime le moins vigoureux, on fend le devant du panier et on couche le rameau réservé, au fond de la tranchée, de manière à ce qu'il vienne se relever au pied du mur. On recouvre le plant ainsi disposé avec 0m,08 ou 0m,10 de terreau, auquel on super-

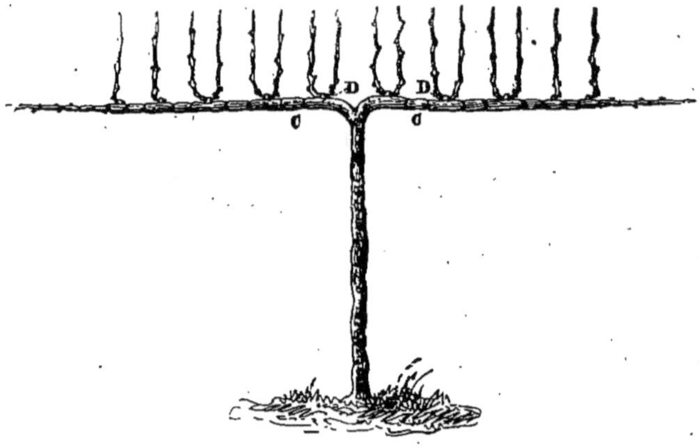

Fig. 571. — Vigne en espalier à bras symétriques, de Thomery

pose la même épaisseur de terre ; la tranchée reste ainsi ouverte partiellement, pendant la première année. On rabat enfin le sarment à trois yeux au-dessus de terre. On achève de combler le fossé l'année suivante.

Pour ce qui est des chevelées ordinaires, on les place, comme les précédentes, à 0m,30 de profondeur, l'origine se trouvant à 1 mètre du mur ; mais, au lieu de les coucher immédiatement jusqu'à ce dernier, on les relève à 0m,40 ou 0m,50 avant d'y arriver. On pratique, un an ou deux après, un provignage qui amène le sarment jusqu'au pied du mur, où on le rabat sur trois yeux, comme il a été dit précédemment.

4° Taille

Les vignes de Thomery sont conduites en espalier à bras symétriques horizontaux (fig. 571) ou en cordons verticaux (fig. 572) ou obliques ; les rameaux fructifères sont fournis par des coursons courts à deux yeux (y compris celui de la base).

a. *Espalier à bras symétriques*. - La forme en espalier à bras symétriques est d'une conduite plus difficile que celle en cordon, à cause de la nécessité où l'on est de maintenir l'équilibre entre ses parties correspondantes et parce que, pour permettre un recouvrement régulier des murs, elle entraîne l'usage de ceps de hauteurs variées.

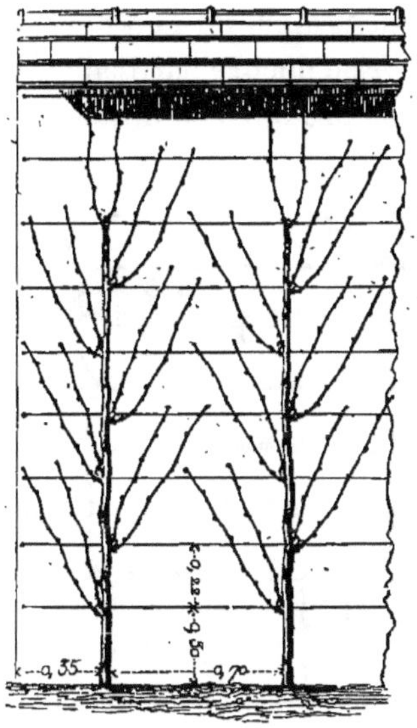

Fig. 572. — Vignes en cordons verticaux.

M. Rose Charmeux en a perfectionné l'emploi en imaginant un mode de répartition des ceps, grâce auquel le mur est bien garni, sans que les rameaux se gênent mutuellement. Les ceps forment cinq étages correspondant aux rangées de fils de fer n°s 1, 2, 3, 4 et 5 (fig. 573); on place, en premier lieu, le cep n° 1, puis le n° 3, de manière à laisser pour le développement des rameaux du n° 1 la hauteur de deux étages ; viennent ensuite les n°s 5, 4 et 2, qui se trouvent dans des conditions analogues.

L'établissement des espaliers à bras symétriques de M. Rose Charmeux s'obtient de la manière suivante : On supprime par un épamprage convenable les rameaux qui se développent sur le cep après la plantation, sauf un seul qui est taillé l'année suivante de manière à ne produire qu'un seul sarment ; lorsque ce dernier a dépassé d'environ quatre yeux la hauteur du fil de fer où doivent être fixés les bras, on le pince au-dessus de l'œil situé immédiatement au-dessous de ce fil de fer. Dans le cas où aucun œil ne se trouve exactement situé à ce point, on pince au-dessus de celui qui en est le plus voisin et on le place, l'hiver suivant, à la hauteur voulue, en soulevant ou en abaissant légèrement la souche que l'on a rendue mobile en la déchaussant.

La suppression de la partie supérieure du rameau, qui est encore à l'état herbacé, amène le développement d'un rameau anticipé que l'on nomme *entre-cœur* à Thomery ; on l'enlève dès qu'il a atteint $0^m,01$ ou $0^m,02$; on obtient ainsi un bon développement du bourgeon terminal, que l'on favorise encore par l'enlèvement des autres *entre-cœurs*, qui pourraient se produire en dessous. Le bourgeon terminal

5
4
3
2
1
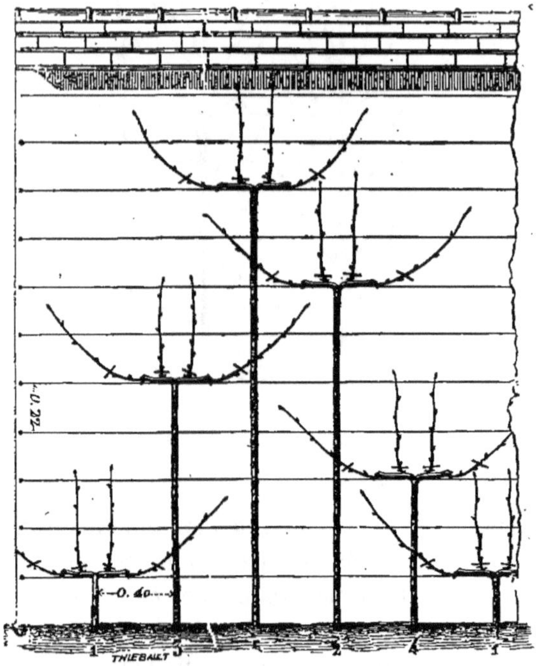

Fig. 573. — Disposition adoptée par M. Rose Charmeux pour obtenir une répartition régulière des rameaux des espaliers à bras symétriques sur les murs d'abri.

donne lieu, dans l'année même, à un rameau qui s'aoûte et qui porte à sa base plusieurs yeux bien constitués ; on le rabat au printemps suivant au-dessus de ces yeux (fig. 574). On choisit parmi les rameaux herbacés qui naissent de ce point les deux meilleurs et les mieux situés, qui serviront à former les bras ; lorsqu'ils ne sont plus cassants, on les palisse obliquement et sans trop les serrer contre les fils de fer ; on en pince l'extrémité quand ils ont atteint 1 mètre. Ce pincement amène l'évolution de rameaux stipulaires, que l'on pince à leur tour au-dessus de leur première feuille.

Les deux sarments obtenus de la sorte sont destinés à former des bras qui porteront des coursons; on les taille de la manière suivante: On les rabat au-dessus de trois yeux bien caractérisés, comptés à partir du point de bifurcation. Le troisième œil doit être choisi, autant que possible, au-dessous du sarment, parce qu'il est destiné à lui servir de prolongement; le second, situé au-dessus, fournira le rameau qui servira de base au courson de l'année suivante, et le premier placé en dessous donne une pousse qui sera supprimée lors de l'ébourgeonnement.

L'année d'après, on taillera à courson les sarments provenant des seconds yeux réservés, et les prolongements sont réduits à trois ou quatre yeux (fig. 573), en ayant la précaution de laisser le dernier à la partie inférieure du sarment, qui est lui-même attaché horizontalement. A la pousse, on ne laisse se développer sur chaque courson que deux rameaux, ainsi que nous l'expliquerons plus loin, et sur chaque sarment de prolongement, le bourgeon terminal et deux bourgeons situés au-dessus. Tous les autres sont enlevés lors de l'épamprage.

Fig. 574. Taille en vert destinée à former les deux bras d'un espalier, d'après M. Rose Charmeux.

On continue à opérer de la même manière chaque année, en allongeant simultanément les deux bras de $0^m,15$ à $0^m,20$ jusqu'à ce que chacun d'eux porte trois coursons; on ne taille plus alors qu'à deux yeux le prolongement, de manière à ne plus produire de coursons que tous les deux ou trois ans, et de manière à ce que les bras voisins de cep de même hauteur ne se rapprochent pas à plus de $0^m,30$ l'un de l'autre. Lorsqu'ils arrivent à se rejoindre, la récolte diminue et il faut avoir recours à un ravalement partiel pour les rajeunir.

Les ceps des diverses hauteurs sont formés successivement, en commençant par les plus bas, comme il vient d'être dit, de manière à ce qu'il y ait un an d'intervalle entre la formation des bras de chacun d'eux.

On recommande, pour obtenir des charpentes régulières et de longue durée, de ne pas mener les choses trop vite par des allongements annuels exagérés.

b. *Cordons verticaux.* — Les cordons verticaux sont d'une conduite plus facile que les espaliers à bras symétriques; aussi leur emploi tend-il à se généraliser de plus en plus. On ne fait guère usage que de ceux à coursons alternes, dont l'établissement est moins difficile que celui des cordons à coursons opposés.

Lorsque l'on veut garnir des surfaces peu élevées, telles que des murs de 2 mètres ou des contre-espaliers de 1m,20 à 1m,50, les plants sont placés à 0m,70 les uns des autres. Comme dans le cas précédent, on ne conservera à la taille qu'un seul rameau, dont on arrêtera la végétation par un pincement à 1 mètre, s'il est très vigoureux.

Au printemps de l'année suivante, on taille à un œil au-dessus de la ligne inférieure du fil de fer, et l'on ne conserve à l'ébourgeonnement que les rameaux issus : 1° du bourgeon supérieur qui doit fournir le prolongement ; 2° du second bourgeon (compté en descendant) qui doit donner un courson ; 3° de l'œil au-dessous du précédent, dont les productions ne jouent qu'un rôle transitoire, en vue de concourir à la nutrition de la plante, et seront supprimées l'année suivante. Les trois rameaux ainsi obtenus sont palissés, celui du milieu verticalement et les deux autres obliquement ; on les pince à 1 mètre s'ils se développent très vigoureusement.

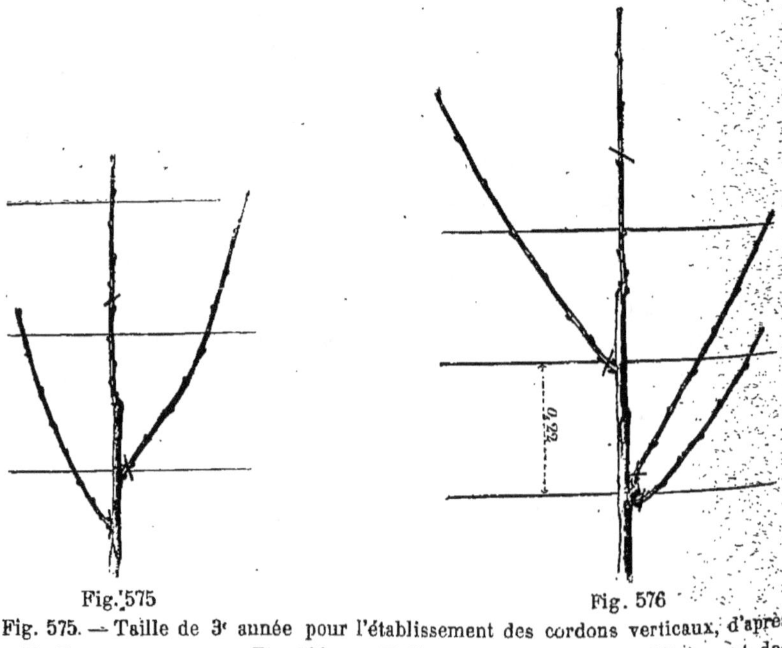

Fig. 575 Fig. 576

Fig. 575. — Taille de 3e année pour l'établissement des cordons verticaux, d'après M. Rose Charmeux. — Fig. 576. — Taille de 4e année pour l'établissement des cordons verticaux, d'après M. Rose Charmeux.

A la troisième feuille, on taille le rameau inférieur, de manière à enlever la couronne et à l'empêcher de repousser. Le deuxième est rabattu en courson au-dessus des deux yeux (y compris l'œil d'empattement). Le troisième est arrêté au-dessus du bourgeon immédiatement supérieur au second fil de fer (fig. 575). On obtient ainsi, sur le prolongement, trois ou quatre rameaux, dont on ne conserve que trois : l'un à la partie supérieure, que l'on redresse verticalement et qui servira à allonger le cordon l'année suivante ; les autres situés sur les côtés, que l'on palisse obliquement et sur lesquels on établira de nouveaux coursons (fig. 576). On continue de la sorte, chaque année, jusqu'à ce que l'on ait atteint le fil de fer supérieur. On doit disposer les choses de telle sorte que tous les coursons des divers pieds situés à la même hauteur soient tournés du même côté ; dans le cas où les yeux destinés à leur donner naissance ne présenteraient

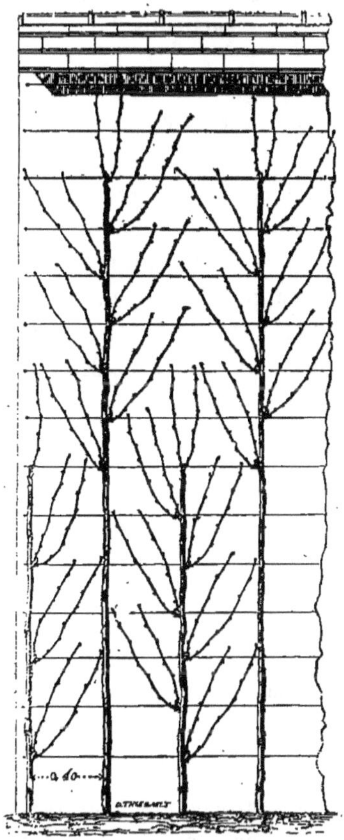

Fig. 577. — Cordons verticaux, de M. Rose CHARMEUX.

pas naturellement une direction convenable, on les y ramènerait par une légère torsion, et on les y maintiendrait en les liant solidement au fil de fer avec un lien d'osier.

M. Rose Charmeux a imaginé une disposition qui permet d'appliquer la forme en cordon vertical à des murs élevés de $2^{m},50$ à 4 mèt.

et plus : les plants sont placés à $0^m,40$ les uns des autres et conduits de manière à garnir alternativement la moitié inférieure et la moitié supérieure du mur (fig. 577) ; on évite ainsi un allongement exagéré des cordons qui amène la végétation à se porter à l'extrémité supérieure, tandis qu'elle abandonne peu à peu la région inférieure du cep.

c. *Cordons obliques.* — Les cordons obliques sont très bien appropriés à l'établissement des contre-espaliers peu élevés, contre lesquels les cordons verticaux n'atteindraient pas un développement suffisant. Ils sont créés par des procédés analogues à ceux qui viennent d'être décrits à propos des cordons verticaux.

5° Établissement et entretien des coursons

La taille des coursons situés sur les bras d'espaliers ou sur les cordons demande des soins tout particuliers, en vue d'éviter ou tout au moins de retarder la formation d'un bras sur le point où ils sont nés. On doit, pour cela, rapprocher le plus possible la taille de l'origine du sarment : en effet, si l'on rabattait le sarment représenté par la fig. 578 en *D*, les bourgeons *C* et *D* se développeraient seuls et les bourgeons inférieurs ne produiraient pas de rameaux, de telle sorte

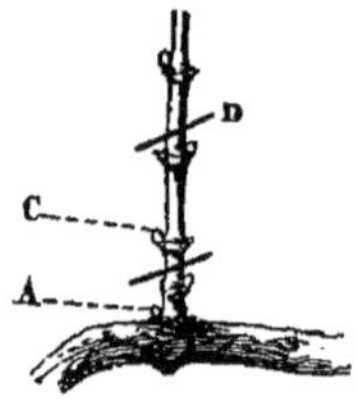

Fig. 578. — Taille des coursons la première année.

Fig. 579. — Taille normale des coursons.

qu'il faudrait chercher le remplacement sur un sarment né assez loin du cordon, ce qui déterminerait un allongement rapide. En ne conservant, au contraire, que les yeux inférieurs, on obtient le développement des rameaux *A* et *B* (fig. 579), qui sont nés très près de la tige ; *A* est supprimé à ras du cordon et *B* est taillé à deux yeux, ainsi qu'on l'avait fait précédemment pour le sarment *D* (fig. 578).

Lorsque l'on opère sur des cépages très vigoureux, tels que le *Frankenthal*, les *Muscats*, etc., on doit laisser les trois yeux inférieurs à chaque courson ; on enlève seulement au cours de la végétation, lors de l'épamprage, le rameau né du second œil lorsqu'il ne porte pas de fruit.

Malgré tous les soins que l'on met à ne pratiquer la taille que sur le sarment le plus bas, il se produit néanmoins un certain allongement auquel correspond une diminution progressive dans la végéta-

Fig. 580. — Rajeunissement d'un courson.

tion des rameaux nés des coursons. On doit chercher alors à faire naître, par une taille très courte, des rameaux sur la charpente même de la vigne, et on prend comme premier élément du courson l'un d'entre eux *B* (fig. 580), que l'on taille sur deux yeux; le bras qui commençait à se former est coupé en *A* au ras du cordon.

6° Rajeunissement des ceps

Le rajeunissement des ceps se fait au moyen d'un rabaissement sur les deux premiers coursons dans la forme en espalier à bras symétriques, et sur le courson inférieur dans celle en cordon vertical ou oblique. On obtient ainsi des jets vigoureux sur lesquels on rétablit les choses dans leur état antérieur, par des moyens analogues à ceux employés en premier lieu.

7° Opérations de taille en vert

a. *Epamprage.* — Les coursons donnent souvent naissance à un plus grand nombre de rameaux que ne semblerait le comporter celui des yeux réservés : on le diminue alors par un épamprage qui se pratique lorsque les pousses ont $0^m,12$ à $0^m,15$ de longueur. On doit conserver au moins un ou deux rameaux sur chaque courson et supprimer de préférence ceux qui sont stériles et ne sont pas convenables pour le remplacement. On réserve avec soin pendant cette opération, ainsi qu'il a été dit plus haut, les rejets nés sur le cordon ou sur les bras, à la base des coursons dont la végétation languit.

b. *Pincement.* — On procède également à Thomery, une quinzaine de jours après l'épamprage, à l'enlèvement des vrilles et *entre-cœurs*, ou rameaux stipulaires ; on exécute en même temps un pincement sur les rameaux qui dépassent la hauteur de deux lignes de fil de fer.

c. *Palissage.* — Ces opérations sont suivies, huit ou dix jours après, par le palissage, qui consiste à accoler les rameaux contre le mur en les liant avec des joncs au fil de fer. Ceux des extrémités des bras doivent être maintenus dans une position inclinée ; ceux de la partie supérieure des cordons verticaux sont dressés verticalement ; enfin ceux provenant des coursons sont plus ou moins inclinés, de manière à garnir le mieux possible la partie du mur avoisinante.

8° Soins à donner aux raisins

Afin d'obtenir un plus beau développement du fruit, on enlève une partie des jeunes grappes ; les autres, conformément au septième principe de la taille posé à la page 380, prennent par suite un développement plus considérable. On ne laisse d'ordinaire sur un cep de végétation moyenne qu'un nombre égal de grappes à celui des coursons On l'augmente ou on le diminue suivant la vigueur de chaque pied.

Par une extension de la même idée, on *ciselle* les grains de raisins

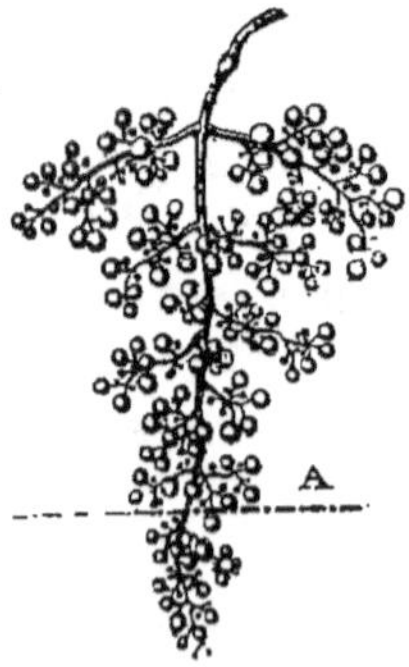

Fig. 581.— Ablation de l'extrémité de la grappe.

lorsqu'ils ont atteint le volume d'un pois ; on enlève avec de petits ciseaux les plus petits grains des grappes qui ne sont pas trop serrées. On supprime une proportion de grains d'autant plus considérable que la grappe est plus serrée. Ces retranchements assurent une augmentation de volume notable aux grains qui restent et en régularisent la maturation. On coupe souvent enfin, dans le même but, deux ou trois centimètres de l'extrémité inférieure des grappes de Chasselas (fig. 581) lorsqu'elles sont trop longues, ce qui arrive fréquemment quand elles se développent sur des vignes jeunes et vigoureuses.

9° Effeuillage

En même temps que l'on pratique le *cisellement*, on fait un premier *effeuillage* qui consiste à enlever les feuilles interposées entre les fruits et le mur, de manière à leur permettre d'utiliser les rayons réfléchis et rayonnés par lui. Lorsque la véraison commence, on supprime quelques feuilles extérieures sur les points où l'ombre qu'elles portent sur les raisins est trop épaisse. Enfin, quand la maturité approche, vers les premiers jours d'octobre, on découvre les grappes en coupant les feuilles qui masquent les raisins.

L'*effeuillage* s'effectue, à Thomery, avec beaucoup de précaution ; les feuilles ne sont enlevées que progressivement et en petit nombre, sur chaque point, de manière à ne pas déterminer un arrêt subit de végétation qui serait préjudiciable à la plante. Enfin, au lieu d'arracher la feuille avec son pétiole, on la coupe au ras du limbe, ce qui permet d'éviter des déchirures dangereuses pour les tissus tendres des jeunes sarments ; la chute du pétiole se fait alors, seulement plus tard et après une cicatrisation régulière (1).

Ces effeuillages successifs déterminent un ralentissement progressif de la végétation et contribuent à en arrêter le cours d'une manière prématurée, mais favorable à la hâtivité de la maturation.

II.— CULTURE EN SERRE

La culture de la vigne en serre a pour objet soit le *forçage* pour l'obtention des raisins de primeur, soit la culture des raisins *tardifs* qui a pris, depuis quelques années, une grande extension en Angleterre.

A. **Culture des vignes en serres à Thomery.**— Le forçage des vignes est destiné à fournir des raisins pendant la période qui s'étend entre le mois de mai, dernière limite de la conservation de la récolte précédente, et le mois de juillet, où commencent à arriver les premières primeurs du Midi. Les fruits ainsi obtenus sont des pro-

(1) Voir, pag. 269, ce qui est relatif à l'aoûtement.

duits de grand luxe et inférieurs en qualité à ceux obtenus en plein air et conservés ; ils ne sauraient donc donner lieu à une spéculation très étendue ; ils procurent néanmoins des bénéfices considérables et méritent, à ce titre, d'attirer l'attention sur les moyens mis en œuvre pour hâter la formation et la maturation.

Les serres à raisins usitées à Thomery sont construites, d'après M. Rose Charmeux, suivant quatre types principaux : 1° les serres portatives pour espalier ; 2° les bâches à raisin ou serres volantes ; 3° les serres à deux versants, dites hollandaises ; 4° les serres tempérées.

Les serres portatives sont appliquées contre les murs d'espalier (fig. 582) ; un petit mur en briques, de 0m,75 de hauteur et établi à

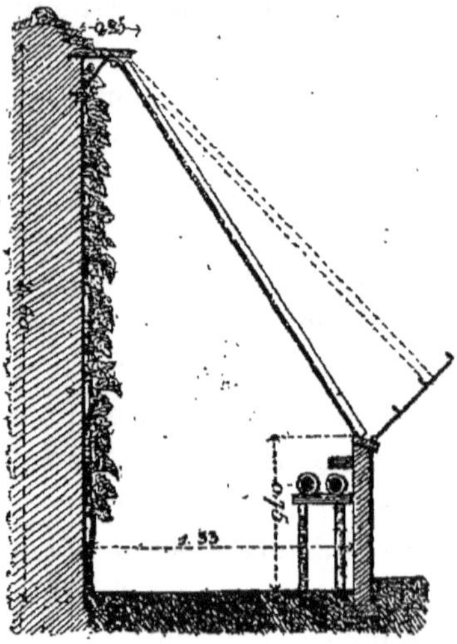

Fig. 582.— Serre portative pour espalier.

1m,33 de l'espalier, supporte le bas des châssis vitrés qui sont suspendus à une planche formant saillie de 0m,25 au-dessous d'un chaperon. Un thermosiphon, supporté à 0m,50 de hauteur par des châssis en bois, sert au chauffage.

La bâche ou serre volante paraît être la disposition préférée de M. Rose Charmeux ; cet habile horticulteur s'exprime ainsi sur ce genre d'abri et sur la manière d'y conduire la culture : «A nos yeux, la serre volante ou mobile a un immense mérite, celui de pouvoir être transportée chaque année d'une place à une autre. Il suit de là qu'on peut conserver aisément à une vigne de contre-espalier toute sa vigueur pendant une longue suite d'années, en ne la chauffant que par parties, et alternativement tous les trois ans. La serre en question (fig. 583) doit couvrir deux rangées de ceps. La première rangée, appuyée au mur du fond, formera l'espalier ; au midi, la seconde rangée, distante de 1^{m},10 de la première, et légèrement inclinée en avant, restera à l'état de contre-espalier et ne devra pas s'élever à plus de

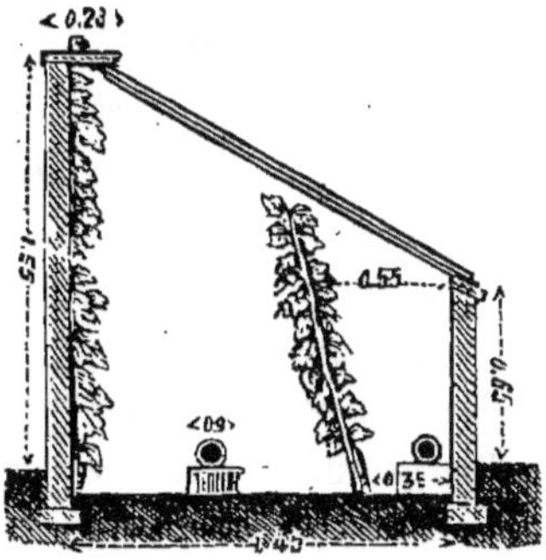

Fig. 583. — Bâche à raisin ou serre volante.

70 centim. La distance entre les pieds, sur chaque ligne, sera, comme dans la culture en plein air, de 66 centim.

»Voici, en quelques mots, la description d'une serre volante, ou mieux à châssis mobiles :

»Les murs sont en briques. Le plus élevé, au midi, mesure 1^{m},55 de hauteur ; le second mur, en avant du premier, n'a que 65 centim.; la largeur de la serre à sa base, entre les deux murs, est de 1^{m} 45 ; la longueur est indéterminée.

»On recouvre le mur le plus élevé avec des planches de sapin larges de 30 centim., bien jointes entre elles et faisant saillie du côté du midi. On recouvre le petit mur d'une planche de même bois, mais n'ayant que 12 centim. de largeur. Les murs doivent être crépis avec de la chaux et blanchis en les fouettant au balai.

»Les barres de fer servent de support aux châssis et maintiennent l'écartement de la serre après la récolte du raisin, c'est-à-dire lorsque les châssis en question ont été enlevés.

»Des crémaillères sont placées au milieu de chaque châssis sur la planche qui recouvre le petit mur de devant et servent à donner de l'air au besoin.

»Un thermosiphon avec tuyaux en cuivre de 10 centim. de diamètre est destiné au chauffage de la pièce ; une porte d'entrée est ménagée à l'une des extrémités.

»Que la serre que nous venons de décrire soit mobile ou fixe, c'est à elle que l'on a recours pour le premier forçage.

»Quelques jours avant de commencer le forçage, on couvre le sol de la bâche de fumier bien consommé, on laboure légèrement après cela, puis on taille la vigne avant de mettre les châssis ou aussitôt après. Cette taille est la même que pour les cordons verticaux à l'air libre; seulement, on ne l'exécute que vers le 1er décembre, d'un œil ou mieux de deux yeux plus longue que la taille ordinaire, afin de conserver aux ceps une vigueur que le forçage tend toujours à diminuer. La régularité de la charpente en souffre sans aucun doute; mais, puisque la treille est appelée à se reposer après avoir produit forcément, il devient facile, à l'époque du repos, de rétablir la régularité compromise.

»Dès que la taille est faite, on commence le forçage des raisins de première saison du 15 au 25 décembre, pour avoir du raisin bon à manger à la fin d'avril. Les quinze premiers jours, on chauffe de manière à ce que la température de la serre ne s'élève pas au-dessus de 12 à 15° centigrades. Les quinze jours suivants, on chauffe à 20°; puis après, jusqu'à la maturité, de 20 à 25°. Le moment de la floraison exige une attention toute particulière; c'est de lui que dépend presque tout entier le succès de la culture. Pour que la fécondation se fasse convenablement et que les grains nouent bien, il faut de toute nécessité que la chaleur soit maintenue entre 20 et 25°, que la vigne soit bien éclairée et que l'air ne soit pas chargé d'humidité.

»Lorsque la floraison se trouve favorisée par quelques beaux jours, on en profite avec empressement pour donner de l'air à la serre au moment où les rayons du soleil frappent sur la vigne. C'est le moyen de fortifier les jeunes rameaux et d'empêcher la température de dépasser les bornes que nous lui avons assignées tout à l'heure. Mais si, au contraire, la floraison se fait par un temps pluvieux, brumeux et humide, on tient la serre soigneusement close; autrement, la culture serait fort compromise.

»Lorsque les raisins sont parfaitement noués et que la température extérieure permet de donner de l'air de temps en temps, on peut faire monter la chaleur de quelques degrés, afin d'activer le développement des grains et de gagner du temps pour la maturité.

»On arrose les vignes forcées tous les huit jours environ; au besoin même, par un temps sec, on bassine légèrement les feuilles au moyen d'une pompe portative.

»On a soin de couvrir pendant la nuit les panneaux ou les châssis de la serre avec des paillassons ordinaires, que l'on double au moment des grands froids. On a soin aussi d'entourer les murs sur toute leur hauteur, avec des accots en feuilles de chêne desséchées: c'est là une indispensable garantie contre le froid, et, quand la récolte est faite, ces feuilles mélangées au fumier forment un excellent compost pour la vigne. Les paillassons qui servent à couvrir la serre pendant les nuits sont enlevés ou roulés tous les matins vers neuf heures.

»Nous n'avons pas besoin, en indiquant les soins d'entretien nécessaires à la réussite de la vigne forcée, de faire observer que le palissage, l'ébourgeonnement, le soufrage, l'évrillage, la suppression des entre-cœurs, le pincement, le cisellement, l'effeuillage, etc., sont autant d'opérations qu'elle réclame, et que ces opérations se font exactement comme sur les vignes en plein air. »

Les serres hollandaises ou à double pente (fig. 584) sont formées

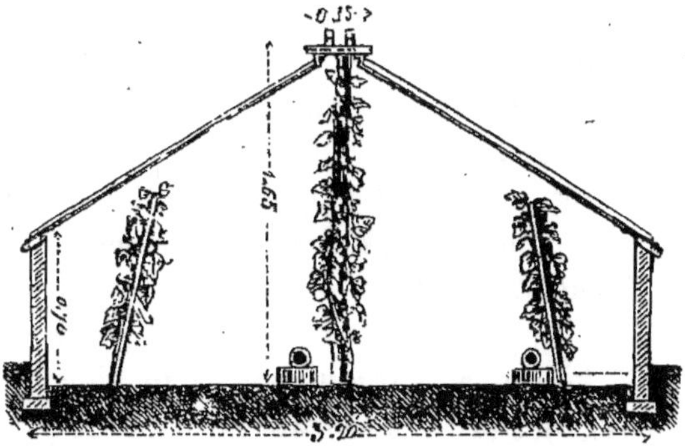

Fig. 584.— Serre à deux versants, dite hollandaise.

par deux séries de châssis inclinés en sens contraire; ces châssis reposent, par leur partie inférieure, sur de petits murs en briques parallèles, de 0m,70 de hauteur et espacés l'un de l'autre de 3m,20, et leur bord supérieur est suspendu à une planche fixée sur des pieux plantés au milieu de l'intervalle des deux murs. Ces pieux ont une longueur de 1m,65 hors du sol.

Les vignes sont disposées en trois lignes de contre-espalier : l'une qui occupe l'axe de la terre et qui est la plus haute, les deux autres symétriquement situées par rapport à la première et légèrement inclinées vers l'intérieur, de manière à donner plus de surface à la vigne. La serre est orientée du nord au sud, de manière à offrir successivement ses deux surfaces au soleil levant et au soleil couchant ; le chauffage a lieu, comme dans les dispositions précédemment indiquées, au moyen d'un thermosiphon. Les soins, pendant le forçage, sont les mêmes que ceux qui ont été décrits.

La serre hollandaise ne permet pas d'obtenir un forçage aussi énergique que celles qui ont été mentionnées précédemment; on ne l'emploie, par suite, que pour la production des raisins de seconde saison, qui arrivent à maturité environ un mois après le premier. On n'y commence le forçage que dans les premiers jours de janvier.

La serre tempérée est formée de panneaux de 2m,20, que l'on place dans une position inclinée en avant d'un mur de 3 mètres, en les faisant reposer sur un petit mur en briques situé parallèlement et à

$1^m,50$ du premier. On arrive, au moyen de cet abri, à une avance de quelques semaines seulement, au point de vue de la maturité. Les raisins sont obtenus, dans ces conditions, en concurrence avec ceux qui sont récoltés en plein air dans le Midi; quoique exigeant des frais moindres que le forçage en serre chaude, ce procédé paraît donc moins avantageux.

B.— **Culture sous verre en Angleterre.** — La production du raisin pour la consommation directe s'est beaucoup accrue depuis quelques années en Angleterre ; cette augmentation paraît avoir été favorisée par l'introduction dans les cultures de bons cépages à fruits tardifs, mais surtout par le développement de la culture de la tomate, qui permet d'obtenir des serres un rendement rémunérateur, avant que la vigne ait atteint l'âge voulu pour entrer en production.

D'après M. A.-F. Barron, auteur d'un bon Traité de la culture de la vigne sous verre (1), «les principaux établissements de production se trouvent à une distance peu éloignée de Londres, de sorte que le fruit peut être délivré par voiture ou camion sans l'intervention du chemin de fer et sans subir aucune altération.

»Beaucoup de ces établissements ont une étendue très grande. Des champs entiers sont couverts de verre, offrant ainsi dans certaines parties de la contrée un élément nouveau dans le paysage, et chaque année cela s'étend de plus en plus. Actuellement, les plus grands producteurs sont MM. Rochford, dont les divers établissements à Cheshunt, Broxbourne, etc., couvrent au delà de 50 acres (2), desquels la moitié est plantée en vignes, dont ils estiment récolter 300.000 kilos de raisins par an, une fois que les vignes seront en pleine production. Parmi les autres grands cultivateurs des environs de Londres, on peut citer M. Peter Kay, de Flinchley, M. Ladds, de Bexley et Swanley, M. Sweet, de Whetstone, etc.

»Un autre grand centre de production s'est formé à Worthing, dans le Nissex, d'où environ 300.000 kilos sont envoyés chaque année à Covent Garden. Les principaux cultivateurs sont M. N. Piper, Bushby, M. G. Russell, M. Sams et M. Beer. En Ecosse, également, la culture du raisin se fait en grand, pour le marché de Londres, par MM. Thomson et fils, à Clovenfords, Galashills, et par M. D. Beatson, de Kirkaldy. Énorme également est la quantité de raisins produite

(1) *La culture de la vigne en serres et sous verre*, par Archibald F. Barron, traduit par Ed. Pynaert. Paris, J.-B. Baillière et fils, 1893.

(2) Une vingtaine d'hectares.— G. F.

dans les îles de la Manche et en particulier de Guernesey. La récolte qui, en 1876, était de 50.000 kilogr., s'est accrue en 10 ans au chiffre de 500.000 kilogr., dont un seul commissionnaire à Govent Garden vendit 300,000 kilogr., et environ 350.000 kilogr. en 1890 et 1891. »

Indépendamment des exploitations organisées dans un but de spéculation, on rencontre un grand nombre de serres à vignes. Le plus modeste *cottage* a sa *vinery* et les châteaux des riches propriétaires ont des serres à raisins parfois très considérables. On peut citer, parmi les plus remarquables, celles du jardin royal de Frogmore, près de Windsor, qui, au nombre de huit, sont uniquement consacrées à la culture de la vigne.

1° Serres anglaises

L'emploi des serres à vignes vise particulièrement, en Angleterre, les trois objets suivants : 1° la production de vignes précoces ou forcées ; 2° la culture des vignes non chauffées ; 3° la culture de vignes tardives pour l'obtention et la conservation des raisins le plus tard possible dans la saison.

Ces *desiderata* sont poursuivis au moyen de serres se rattachant habituellement à l'un des trois types ci-après : serre adossée, — partiellement adossée, — à deux versants.

La *serre adossée* (fig. 585) ressemble à celle que nous avons décrite

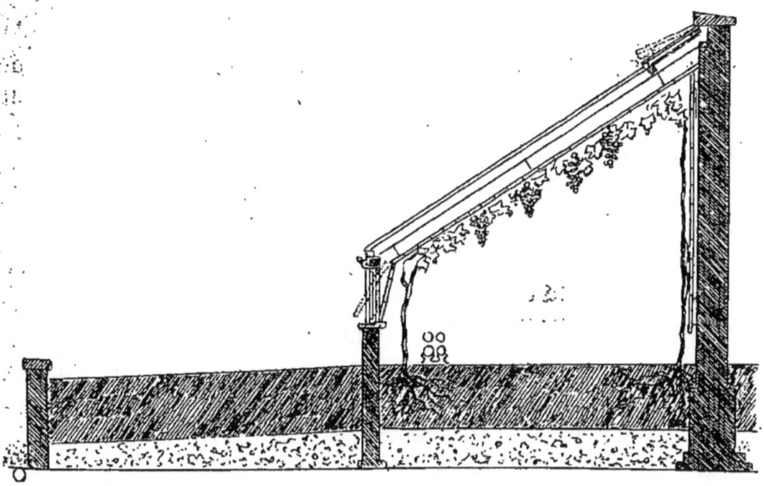

Fig. 585.— Serre anglaise adossée, d'après M. A.-F. Barron.

sous le nom de bâche à raisin ou serre volante, et qui est usitée pour le forçage des raisins à Thomery ; elle a seulement de plus grandes dimensions (5 m. de largeur au lieu de 1m,45), elle doit être exposée au midi; c'est la plus économique lorsque l'on dispose d'un mur orienté dans cette direction et c'est en même temps la plus chaude, aussi l'emploie-t-on de préférence pour les cultures hâtives : elle est, au contraire, sans utilité pour l'obtention des raisins tardifs, qui peuvent parfaitement mûrir, même exposés au nord. La toiture doit former un angle de 40° avec l'horizontale; si l'angle était plus aigu, la serre serait sujette à des élévations brusques de température qu'il faudrait combattre par une ventilation immédiate et proportionnée. Les vignes y sont plantées sur deux rangées, l'une en avant et palissée sous le vitrage, l'autre contre le mur du fond, mais qui ne joue qu'un role provisoire et que l'on arrache lorsque la première est assez développée pour intercepter la lumière.

La *serre partiellement adossée* (fig. 586) peut être regardée comme

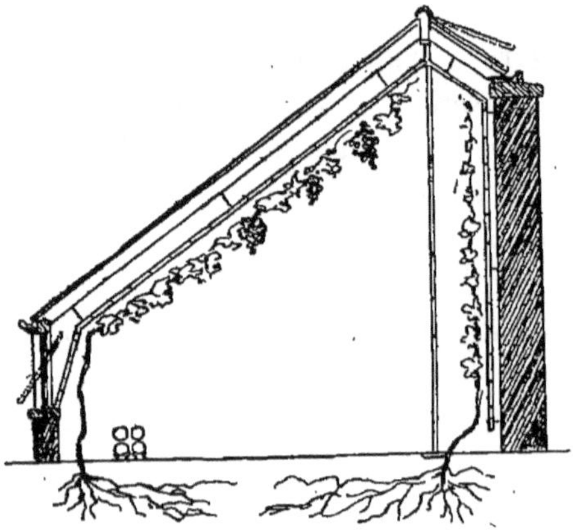

Fig. 586.— Serre anglaise partiellement adossée, d'après M. A.-F. Barron.

présentant une disposition intermédiaire entre celle de la serre adossée et celle à double versant; elle a deux parties, dont l'une très courte, s'appuie sur le mur d'abri ; elle doit, comme la précédente, être exposée au midi, et les vignes y sont disposées comme dans la serre adossée. Cette disposition réunit la plupart des avantages des deux systèmes, il est facile d'y obtenir la ventilation par le haut et par le bas et, par suite, on peut y introduire en abondance l'air et la lumière, indispensables à la culture de la vigne sous verre. M. A.-F. Barron recommande particulièrement ces serres pour les raisins Muscats, qui exigent beaucoup de soleil, et pour les raisins tardifs.

La *serre à double versant* (fig. 587), qui porte parfois le nom de *serre hollandaise*, est fort répandue aujourd'hui, elle est d'un usage général dans les nouvelles installations. C'est ce type qui offre le plus grand développement de vitrage, de sorte qu'il permet d'avoir largement l'air et la lumière, ce qui est, comme nous venons de le voir, une excellente condition, mais elle a l'inconvénient de se refroidir plus facilement que les autres, à cause de l'étendue de ses surfaces vitrées, d'où une plus grande difficulté pour maintenir une

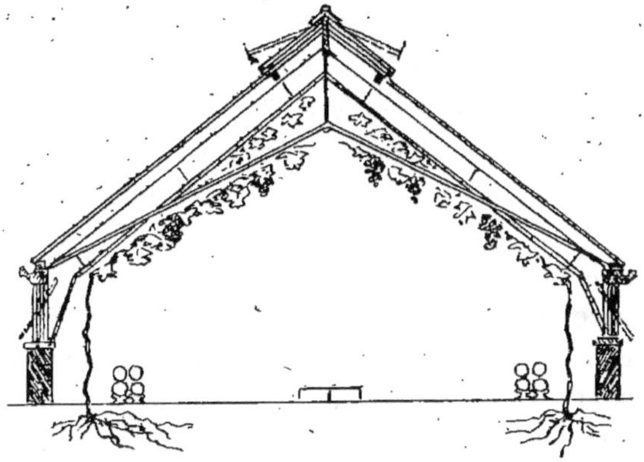

Fig. 587.— Serre anglaise à double versant, d'après M. A.-F. BARRON.

température constante. La meilleure orientation pour ce genre de serres est celle nord-sud, qui leur permet de recevoir successivement le soleil sur leurs deux versants.

On a parfois utilisé, en Angleterre, pour la culture de la vigne, des serres à deux versants de grande dimension, qui avaient généralement été construites dans un autre but; telle est, par exemple, la

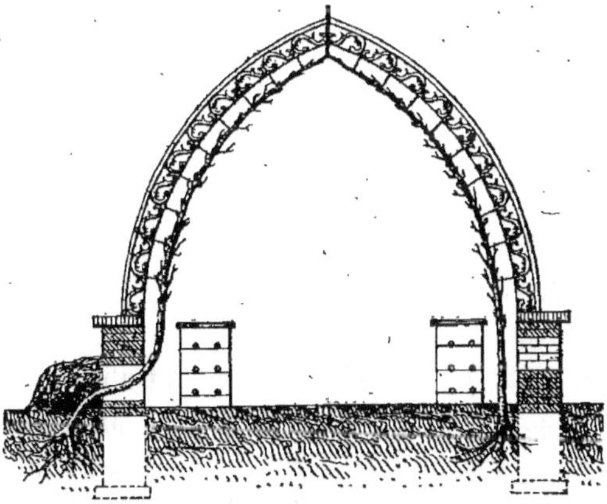

Fig. 588. — Coupe de la grande serre à vignes de la Société Royale d'horticulture de Londres, à Chiswick, montrant les vignes partant indifféremment de l'intérieur ou de l'extérieur.

ment été construites dans un autre but; telle est, par exemple, la grande serre à raisins de la Société Royale d'horticulture de Londres, à Chiswick (fig. 588); mais ces installations ne sont généralement pas commodes, à cause de la difficulté où l'on est d'avoir accès aux parties supérieures pour les diverses opérations de taille, de cisellement et de récolte ; on a dû construire, pour cet objet, à Chiswick, une grande échelle double, roulante, en fer, qui présente la même courbure que les parois de la serre.

Des fils de fer galvanisés sont tendus parallèlement les uns aux autres à 0m,25 d'écartement et à 0m,45 du verre ou à 0m,15 du mur en vue de permettre le palissage des vignes.

Le chauffage est obtenu tantôt avec de simples tuyaux de fumée en poterie, tantôt avec des thermosiphons ; le premier système offre l'inconvénient de donner une chaleur trop sèche et difficile à régler, le second est infiniment préférable et tend à être adopté de plus en plus dans les installations modernes. Les tuyaux du thermosiphon doivent être placés en bas, l'air chaud ayant une tendance à s'élever à raison de sa plus faible densité ; il faut enfin leur donner le plus grand développement possible afin de faciliter les échanges de température et de ne pas être obligé de surchauffer. Le thermosiphon peut être enterré dans une tranchée revêtue en briques de manière à permettre tout à la fois le chauffage du sol et de l'atmosphère (1).

2° Préparation du sol. — Plantation

M. A.-F. Barron donne, sur la nature du sol convenable pour la plantation de la vigne en serre, les indications suivantes : « Le sol le mieux approprié à la végétation de la vigne est une argile jaune, calcaire qui contient une certaine proportion d'humus provenant de la décomposition des racines et des herbes qui ont occupé le terrain antérieurement. Là où on peut se le procurer, on obtient un excellent sol en enlevant à 5 ou 10 centimètres d'épaisseur le gazon d'une bonne prairie pâturée ; le meilleur provient d'un terrain sablo-argileux, ni trop léger, ni trop compact. Il faut prendre de préférence ces gazons dans une prairie aérée et à un endroit suffisamment éloigné des racines des arbres. Il faut aussi les faire couper par un temps sec. On abîme les meilleures terres quand on les manipule pendant qu'elles sont humides. On réduit les gazons au moyen de la bêche en gros fragments, puis on y ajoute, dans la proportion de 5 ou 6 mètres cubes de terre de gazon, 1 mètre cube de plâtras ou de décombres, une partie de charbon de bois, de cendres de bois ou de terres brûlées et environ 100 kilos d'os secs et concassés en gros

(1) Ed. Pynaert.— *Les serres-vergers*. G. Masson, Paris, 1888, pag. 229.

fragments. Ces éléments bien mélangés constitueront en moyenne la meilleure base du compost à employer, mais celui-ci peut se modifier évidemment, quant aux proportions, d'après la qualité de l'argile ; lorsque celle-ci est sablonneuse, on devra employer moins de décombres, puisque ceux-ci servent principalement à donner la porosité au sol ; si, au contraire, le terrain était de nature compacte, il faudrait employer une plus grande quantité de gravois. » Le sol est défoncé à une profondeur qui varie entre $0^m,60$ et $0^m,90$ sur toute la surface comprise par la serre.»

Il ne semble pas qu'il y ait grande différence au point de vue des résultats entre les vignes plantées à l'intérieur ou à l'extérieur de la serre ; cependant, on admet généralement que les premières sont d'un entretien plus facile parce qu'on n'est pas obligé de les arroser aussi fréquemment que les dernières, puisqu'elles sont soumises à l'influence des pluies.

Dans certaines serres, la canalisation des thermosiphons est installée de manière à permettre le chauffage du sol (fig. 589) ; il ne paraît pas que cette disposition présente grand avantage.

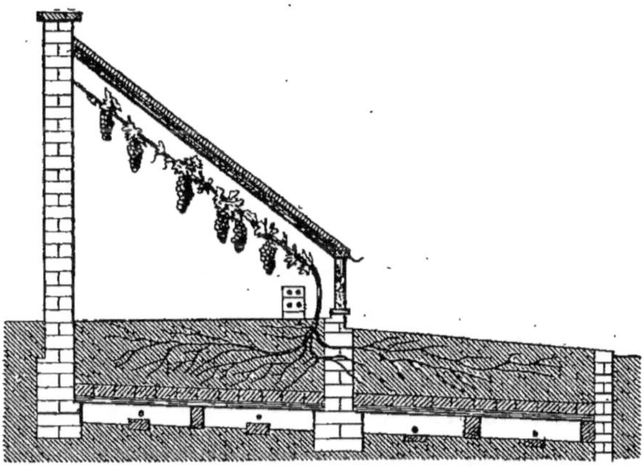

Fig. 589.— Serre à vigne dont le sous-sol est chauffé par le thermosiphon.

La plantation des vignes dans les serres se fait habituellement, en Angleterre, en octobre ou à la fin de janvier, on la suspend pendant les grands froids. On emploie généralement des plants obtenus en pots, particulièrement avec des boutures semées, comme nous l'indiquerons plus loin, ou que l'on a fait enraciner dans des cubes de tourbe.

L'écartement ordinairement admis est de $1^m,20$ ou $1^m,50$; quelquefois cependant, cette distance est réduite, au début, à $0^m,60$ ou $0^m,75$ et on supprime plus tard un plant sur deux, afin de laisser prendre à ceux qui restent leur développement normal. Les *Muscats*, qui ont une végétation très vigoureuse, sont placés à 2m,10 et on a soin de les établir le long des vitrages. Indépendamment de ces dispositions qui sont les plus généralement adoptées, certains jardiniers plantent les vignes en plein, en carrés de 1 m. ou 1m,50 de côté et les font monter sur des échalas qui ont 3 m., comme on le fait dans la culture en plein air, mais cette manière de faire offre l'inconvénient que les ceps se portent mutuellement ombrage et se dégarnissent du pied.

3° Cépages usités

M. A.-F. Barron donne les listes suivantes de cépages employés en Angleterre, en les classant suivant le but en vue duquel ils sont le mieux appropriés (1) :

I. — Pour la culture en pots

1. *Black Hamburgh (Frankenthal).*
2. *Chasselas de Fontainebleau.*
3. *Foster's white seedling.*
4. *Madresfield Court.*
5. *Royal Ascot.*
6. *Black Alicante.*

II. — Pour serre froide ou abris vitré

1. *Frankenthal.*
2. *Chasselas de Fontainebleau.*
3. *Madresfleld Court.*
4. *Foster's seedling.*

III. — Pour culture d'amateur

1. *Frankenthal.*
2. *Madresfield Court.*
3. *Foster's seedling.*
4. *Chasselas de Fontainebleau.*
5. *Alicante.*
6. *Muscat d'Alexandrie.*

(1) A.-F. Barron; *loc. cit.*, pag. 159 et suiv.

IV. — Pour la vente au marché

1. *Frankenthal.*
2. *Gros Colman.*
3. *Muscat d'Alexandrie.*
4. *Canon Hall muscat.*
5. *Alicante.*
6. *Lady Downe's seedling.*
7. *Madresfield Court.*
8. *Buckland Sweetwater.*

V. — Pour expositions

Les six cépages suivants à grains noirs :

1. *Frankenthal.*
2. *Alicante.*
3. *Madresfield Court.*
4. *Gros Guillaume.*
5. *Gros Colman.*
6. *Alnwick seedling.*

et les quatre cépages suivants à grains blancs :

1. *Muscat d'Alexandrie.*
2. *Trebbiano.*
3. *Buckland Sweetwater.*
4. *Foster's seedling.*

VI. — Raisins tardifs

A grains noirs :

1. *Gros Colman.*
2. *Lady Downe's seedling.*
3. *Mrs Pince.*
4. *Alicante.*
5. *Alnwick seedling.*
6. *Gros Guillaume.*
7. *West St-Peters.*

A grains blancs :

1. *Muscat d'Alexandrie.*
2. *Tokay blanc.*
3. *Trebbiano.*
4. *Raisin de Calabre.*

VII. — Pour la culture forcée hâtive

1. *Frankenthal.*
2. *Madresfield Court.*
3. *Duke of Buccleuch.*
4. *Chasselas de Fontainebleau.*
5. *Foster's seedling.*
6. *Ascot citronelle.*

VIII. — Pour la plus haute qualité

1. *Muscat d'Alexandrie.*
2. *Chasselas musqué.*
3. *Grizzly Frontignan.*
4. *Duchess of Buccleuch.*
5. *Ferdinand de Lesseps.*
6. *Muscat Champion.*
7. *Duke of Buccleuch.*

IX. — Cépages produisant les plus grosses grappes

1. *Trebbiano.*
2. *White Nice.*
3. *Gros Guillaume.*
4. *Syrian* ou *Raisin de Palestine.*
5. *Frankenthal.*

X. — Cépages ayant les plus gros grains

1. *Gros Colman.*
2. *Canon Hall muscat.*
3. *Duke of Buccleuch.*
4. *Waltham Cross.*
5. *Mill Hill Hamburgh.*
6. *Dutch Hamburgh.*
7. *Muscat Champion.*

4° Soins d'entretien

a. *Fumures.* — Les vignes en serres sont très fortement fumées en Angleterre ; on fait usage des engrais les plus divers : fumiers de vache, os concassés, superphosphates d'os, râpures de cornes, guano, nitrate de potasse, sulfate de potasse, plâtre, engrais liquides en arrosage, etc.

b. *Taille sèche.* — Dans la plupart des serres, les vignes sont formées en cordons verticaux simples ou doubles, à coursons alternes (fig. 590 et 591); cependant, dans les grandes serres, il y a tendance à diminuer le nombre des pieds et à multiplier celui des bras, afin d'obtenir une plus grande puissance de végétation de la part des ceps. « On peut voir un des meilleurs exemples de ce système, dit M. A.-F. Barron (1), chez M. Kay, à Finchley, où il existe un *Black-Hamburgh* ou *Frankenthal* dont la tige se divise en cinq cordons ou ramifications principales, lesquelles s'étendent le long de toute la toiture vitrée de la serre à une longueur de 30 mètres, sur une largeur de 6 mètres ; l'espace a été entièrement rempli en 6 ans. »

La taille à long bois a été presque exclusivement employée en Angleterre jusqu'à il y a une cinquantaine d'années ; depuis lors, on a reconnu l'avantage qu'il y avait à faire usage de la taille à courson.

Les coursons, ainsi que nous l'avons indiqué lorsque nous avons parlé de la taille à Thomery, doivent être établis successivement par un allongement pas trop rapide du cordon, ils sont écartés entre eux de $0^m,30$ à $0^m,40$ ou $0^m,45$, et sont, enfin, taillés très court afin d'empêcher le plus possible la formation de bras.

c. *Tailles en vert.* — On pratique peu après l'entrée en végétation, lorsque les jeunes rameaux ont $0^m,02$ ou $0^m,03$ de longueur, un *épamprage* qui a pour objet, en ce qui touche la formation de la charpente, de favoriser la pousse terminale et de réduire à un nombre convenable les rameaux qui devront par la suite servir à former les coursons. Au point de vue de l'entretien, il sert à diminuer le nombre des rameaux, de manière à empêcher une production exagérée et une confusion qui gênerait l'accès de l'air et de la lumière.

Peu de temps après, on procède au *palissage* et au *pincement*. Le pincement se fait sur les rameaux qui portent du fruit, ordinairement au-dessus des deux feuilles qui sont superposées à la grappe ;

(1) A.-F. Barron ; *loc. cit.*, pag. 72.

d'autres fois, on laisse le rameau atteindre toute la longueur correspondante à l'espace qu'il peut occuper, sans se superposer au voisin (0^m,60 à 0^m,75 pour des cordons espacés de 1^m,20 à 1^m,50). On en-

Fig. 590.— Vue d'une serre à vigne en végétation à Clavenfords, d'après M. Ch. Joly.

lève, en même temps, les vrilles, celles qui sont rattachées aux grappes d'abord, puis celles qui sont opposées aux deux feuilles situées au-dessus de cette dernière, et enfin même quelques grappes avant la floraison, lorsqu'elles sont nées en trop grand nombre, afin de favoriser le développement de celles qui restent.

Ces diverses opérations provoquent l'évolution de rameaux stipulaires que l'on doit pincer le plus tôt possible.

Fig. 591. — Vue d'une serre anglaise à vigne après la taille, d'après M. Ch. Joly.

d. *Pollinisation.* — Pendant la floraison, afin d'éviter la coulure ou le millerandage qui peuvent se produire, en certaines circonstances, dans les serres, par des temps couverts notamment, on pratique la *pollinisation* ou *fécondation* artificielle. On recueille du pollen sur les fleurs en pleine floraison, au moyen d'un pinceau en poil de chameau, et on le passe sur les fleurs dont la corolle s'est détachée, ou, pour éviter cette opération longue et minutieuse, on se borne à frapper brusquement sur les tiges des vignes, de manière à secouer les grappes de fleurs d'où s'échappe un nuage de pollen qui se répand partout dans la serre et se dépose sur les stigmates qui sont à découvert ; enfin, d'autrefois, on passe légèrement la main successivement sur les grappes, de manière à entraîner le pollen des unes aux autres.

e. *Cisellement.* — Après la floraison, les grappes sont l'objet d'autres soins, on en supprime encore quelques-unes si elles sont trop nombreuses, et on procède au *cisellement* ou *égrainage.* M. A.-F. Barron décrit comme suit l'égrainage : « De la main gauche, on tient un petit bâton fourchu ou fendu de $0^m,15$ de longueur environ, afin de maintenir la grappe immobile sans la toucher ; de la main droite

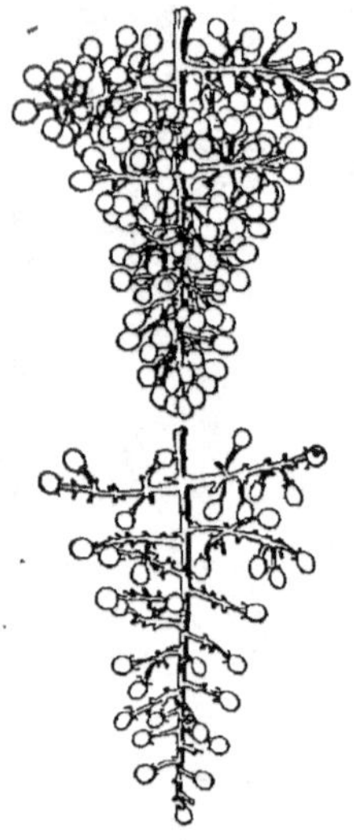

Fig. 592.— Une grappe de raisin avant et après le cisellement.

on tient une paire de ciseaux à égrainer. On dispose, d'abord, la grappe d'une façon convenable, puis on enlève tous les grains intérieurs, puis tous les petits grains, puis ceux de la superficie. Une main experte coupera deux ou trois grains ou plus en une fois et non grain par grain. Après cela, on trouvera que le travail est considérablement dégrossi et qu'il ne s'agit plus que de régulariser les grains conservés de façon à ce qu'ils se trouvent à un écartement convenable. Il faut 10 minutes à un praticien adroit pour éclaircir convenablement 1 kilo de raisins.

» Des mains très expertes peuvent égrainer convenablement une grappe en une seule opération ; pour de petites grappes, il est facile de le faire ainsi, mais, en règle générale, on doit les repasser deux fois avant la formation du pépin et une fois après, afin d'enlever tous les petits grains et de régulariser les grappes.»

5° Forçage

Le *forçage* est possible à toute époque de l'année, pourvu que les bois de la vigne soient complètement aoûtés. « Des vignes forcées de bonne heure, une année, dit M. A.-F. Barron, sont plus faciles à forcer l'année suivante et des sujets établis se forcent beaucoup plus facilement que des jeunes vignes qui, lorsqu'elles sont cultivées en pots, ne doivent pas être forcées.» Il faut cinq mois depuis l'entrée en végétation pour amener le *Black-Hambourg* à maturité, le *Muscat d'Alexandrie*, le *Gros Colman*, l'*Alicante*, le *Lady Downe's seedling* en exigent six. On doit disposer les choses de manière à ce que les raisins arrivent à maturité au plus tard dans la première quinzaine de septembre; après cette époque, ils exigent un chauffage considérable pour parfaire leur maturité et se conservent difficilement en hiver, sauf cependant le *Gros Colman* qui se garde d'autant mieux qu'il mûrit plus tardivement.

a. *Conduite de la température.* — On chauffe, au début, les serres, de manière à obtenir une température de 15° jusqu'au moment de l'entrée des vignes en végétation, puis on l'augmente progressivement jusqu'à 21° qui doivent être atteints au moment de la floraison. On abaisse de quelques degrés après la fécondation jusqu'à la formation du pépin, on relève de nouveau alors. On diminue enfin de nouveau un peu au moment de la véraison. On augmente la température de 3° par le chauffage artificiel pendant le jour, on peut même arriver à 6° de plus que pendant la nuit, si le soleil brille. On ne doit jamais, pour obtenir une température élevée, surchauffer les tuyaux des thermosiphons, il vaudrait mieux se contenter de quelques degrés de moins, quand il fait très froid, plutôt que de s'exposer aux accidents qui pourraient résulter de cette manière de faire.

Afin d'éviter les excès de température, lorsque le soleil est très ardent dans la journée, on aère en soulevant les châssis ouvrants, on commence le matin avec précaution et on augmente l'aération au fur et à mesure de l'élévation de la température, on diminue l'après-midi et on cesse le soir, sauf à partir du moment de la véraison, où l'on donne de l'air nuit et jour.

b. *Seringages.*— Une chaleur trop sèche étant à redouter au début, et les vignes en serre ne recevant ni pluie ni rosée, on procède à de nombreux seringages sur les feuilles jusqu'au moment de la floraison; on cesse alors, mais on doit arroser abondamment en tout temps les murs et le sol jusqu'à la véraison, après quoi, on doit chercher à maintenir l'atmosphère la plus sèche possible.

C. **Culture des vignes en pots en Angleterre.** — Ainsi que l'on peut le voir par ce qui précède, la culture en serre en Angleterre ne présente pas de différences bien notables avec celle qui est pratiquée à Thomery et que nous avons décrite précédemment en ce qui touche, tout au moins, les vignes en pleine terre ; mais, depuis quelques années, un nouveau type de culture, celui des vignes en pots, qui présente un certain nombre de particularités intéressantes, est devenu fort à la mode et a pris une place assez importante en Angleterre. Nous allons donc donner ci-après quelques indications relatives à la manière dont elle est effectuée.

La culture des vignes en pots se fait tantôt en vue de préparer des plants pour la plantation à demeure, tantôt en vue d'obtenir des ceps fructifiant en pot. On peut arriver, en une seule saison, à conduire une vigne depuis son bouturage à un œil jusqu'à la fructification ; d'autres fois, on recepe au bout de la première année et on rempote pour arriver à la fructification à seconde année. Les plants développés en un an valent mieux que les autres, mais ils exigent des soins nombreux qui les font revenir trop cher.

On multiplie les plants destinés à être cultivés en pots par le bouturage à un œil ou par le marcottage ; c'est le premier de ces deux procédés qui est le plus usité.

1° Multiplication par le bouturage à un œil

a. *Epoque.* — C'est généralement aux mois de janvier et de février que l'on sème les yeux; on a le soin, dans bien des cas, de ne le faire qu'après les avoir stratifiés de décembre en février. On les place soit en nombre dans des terrines garnies de bonne terre, soit isolément dans des pots de $0^m,08$, dont on garnit le fond avec des débris de poterie ou du charbon de bois, et que l'on remplit avec un compost renfermant moitié terre argileuse, moitié terre de bruyère pas trop avancée, avec une bonne poignée de sable. L'œil est placé dans le sable fin et doit affleurer à la surface. Les terrines ou les pots sont placés sur une couche ayant une chaleur de fond de 27° et une chaleur superficielle de 18 à 21°.

b. *Rempotage.* — Dès que les racines formées atteignent les bords des petits pots, que la première feuille s'est complètement développée et que les jeunes plantes ont environ 0m,05 de haut, on rempote dans des vases de 0m,12, et, à partir de ce moment, l'accroissement devient rapide. Les rempotages doivent suivre le développement des racines dès que ces dernières tapissent les parois du vase, on fait passer le plant dans un plus grand; on le met successivement dans des pots de 0m,20, 0m,25 et même 0m,30. Après le dernier rempotage, qui se fait au commencement de juillet, on recouvre la surface du pot avec du fumier court ou du terreau jusqu'au-dessus de la bordure du vase et on renouvelle de temps en temps cette couverture.

On fait usage pour le premier rempotage d'une terre argilo-sableuse, légère et fibreuse, mêlée d'un peu de charbon de bois concassé, de poudre d'os et de fumier décomposé. Le second et le troisième rempotage se font avec une terre analogue, mais plus riche et plus consistante.

Le terreau qui sert à recouvrir les pots est généralement composé de moitié de fumier décomposé et de moitié de terre vierge mélangés avec de la râpure de cornes ou des os concassés.

c. *Arrosages.* — Les vignes en pot ont besoin de beaucoup d'humidité, on doit en arroser fréquemment la terre, de manière à empêcher qu'elle soit jamais sèche. Lorsque les racines commencent à tapisser les parois, on arrose avec des engrais liquides, on donne enfin plusieurs seringages par jour, afin de maintenir une humidité constante dans l'atmosphère.

d. *Taille et conduite.* — Les pieds qui doivent fructifier en un an ne reçoivent que des tailles en vert. On leur donne un échalas dès que le besoin s'en fait sentir, on enlève les vrilles, et les ramifications latérales sont pincées, dès leur apparition, au-dessus de la première feuille; la pousse terminale est arrêtée à 2 ou 3 mètres, suivant les circonstances.

Les vignes en pot doivent être placées près du verre, au-dessous du vitrage, de manière à ce qu'elles puissent profiter le mieux possible de la lumière (fig. 593 et 594). On leur donne plus d'air et moins d'arrosages au fur et à mesure qu'elles avancent en âge, afin

Fig. 593.— Disposition des vignes en pots dans une serre anglaise à deux versants.

d'en favoriser l'aoûtement; on finit même, parfois, par les mettre en plein air, mais avec de grandes précautions.

Fig. 594.— Vignes en pots dans une serre de Sawbridgeworth.

Lorsque les vignes ne doivent être amenées à la fructification qu'au bout de deux ans, on procède par une série de rempotages moins fréquents. A l'entrée de l'hiver, on taille à un ou deux yeux, puis on les fait rentrer en végétation en les plaçant sur une couche chaude en janvier ou février. On les rempote lorsque les bourgeons commencent à se gonfler, la terre usée est enlevée le plus possible et remplacée par de la terre neuve; on les remet ensuite sur couche et on procède successivement à une série de rempotages, comme dans le cas précédent.

2° Multiplication par le marcottage

Ce procédé est moins employé que le précédent, on le met en pratique de la manière suivante : on provoque le bon développement, près du pied des ceps que l'on veut multiplier, d'un ou deux sarments que l'on couche horizontalement au-dessus d'un certain nombre de vases de 0^{m},20 à 0^{m},25 remplis de bonne terre, on fixe le sarment au contact du sol, de manière à ce qu'un œil se trouve placé

Fig. 595. — Vigne obtenue en pot, forcée sous abri vitré, en vue d'être placée sur une table.

au milieu du pot et on le recouvre de terre. On entretient ensuite une humidité constante du sol par des arrosages fréquents.

Cette opération, effectuée en avril, permet de faire le sevrage à la fin de mai; les plants déjà très bien enracinés ont alors 0^{m},80 ou 0^{m},90.

On conduit les vignes obtenues de la sorte comme il a été dit pour celles provenant des boutures à un œil.

Les vignes en pot sont souvent employées en Angleterre pour l'ornementation des tables ou des appartements, on les fait supporter alors par des tuteurs en fer et on leur donne une forme et un développement convenables pour cet objet (fig. 595). On augmente l'effet décoratif en plantant à la surface du pot quelques boutures de sélaginelle, qui le garnissent bientôt d'une verdure abondante.

D. **Culture de la vigne dans des serres destinées à d'autres plantes en Angleterre.** — M. Alfred Renouard, ingénieur civil, donne, dans la *Nature* (1), les renseignements suivants sur la culture de la vigne, en Angleterre, dans des serres destinées à d'autres plantes : «Il faut encore se rendre en Angleterre pour voir la vigne, non plus cultivée dans des serres généralement destinées à cette plante, mais dans celles qui sont destinées aux végétaux d'agrément. Les résultats hors ligne obtenus par les amateurs et les horticulteurs de profession les ont engagés à introduire, sous ces abris vitrés, les vignes, à la culture desquelles ils n'avaient pas songé tout d'abord.

»En ce cas, lorsque la constitution des fruits exige que la température extérieure soit supérieure à 10°, on plante toujours les vignes à l'extérieur ; on peut en voir un exemple à la figure 596, qui représente une serre à ananas et à vignes. Les tiges passent alors par des ouvertures ménagées dans le mur, distantes, lorsque les vignes sont conduites en cordons, de 1^{m},40 à 1^{m},50 les unes des autres, de façon que l'on n'arrive pas à produire un feuillage suffisamment épais pour empêcher l'air et la lumière d'arriver jusqu'aux plantes placées directement au-dessous. Les pieds placés à l'extérieur doivent tout naturellement être abrités contre le froid et sont toujours recou-

Fig. 596. — Serre anglaise à ananas et à vignes.

(1) *La Nature*, 19 avril 1890.

verts d'une couche de fumier de cheval frais ou chaud, remanié de temps en temps et souvent additionné de façon à ne jamais devenir inerte. Quelques horticulteurs, à l'automne, retirent les sarments de la serre pour leur faire passer l'hiver à l'air libre, puis l'introduction des branches n'a pas lieu avant le commencement de mars.

»Lorsque, au lieu d'ananas, il s'agit de plantes ornementales, dont la plupart exigent un ombrage fréquent, on fait cette introduction plus tôt. En outre, pour qu'il n'y ait pas une disproportion trop grande entre la température des parties souterraines et celle des parties aériennes, on chauffe la terre au moyen du thermosiphon, comme nous l'avons indiqué précédemment: sans cette précaution, il arrive souvent que le raisin coule dans la serre au commencement de mars, lorsque la température extérieure est à plusieurs degrés au-dessous de zéro et qu'à l'intérieur la vigne fleurit par une température de 20 degrés».

E. **Culture retardée des vignes en Angleterre**. — La culture retardée présente l'avantage de permettre l'obtention de raisins qui précèdent ceux de première primeur et à beaucoup meilleur marché, puisqu'elle permet l'économie du chauffage (1). Elle prend, pour ces raisons, une importance de plus en plus grande en Angleterre, et elle serait vraisemblablement susceptible d'un grand avenir dans le midi de la France, où elle pourrait être l'objet de simplifications considérables.

1° Cépages

Nous avons indiqué (pag. 989) les cépages les plus convenables pour ce mode de culture, d'après M. A.-F. Barron (*Gros Colman*, *Lady Downe's seedling*, *Mrs Pince*, *Alicante*, *Alnwick seedling*, *Gros Guillaume*, *West Saint-Peters*). M. Ed. Pynaert cite, en outre, comme convenables pour cet objet: *Muscat d'Alexandrie*, *Gros Maroc*, *Raisin de Calabre* (2).

2° Serres

Les serres qui donnent les meilleurs résultats pour les cultures tardives sont celles à deux pentes avec de nombreux châssis ouvrant

(1) On estime que la production d'un kilogramme de raisins par la culture forcée entraîne en moyenne une consommation de 50 kilogrammes de houille.

(2) Ed. Pynaert; *loc. cit.*, pag. 368.

ou amovibles, qui permettent de soumettre, le plus possible et pendant une assez longue période, les vignes à l'action des conditions extérieures.

3° Conduite des cultures

La conduite des cultures pour l'obtention des raisins retardés est la suivante, d'après M. Pynaert (1) : «Les panneaux de la serre sont placés sur les vignes seulement au mois de mai et on ne les y maintient que jusqu'après la formation du raisin. Pendant cette période, la serre n'est pas chauffée ; il suffit d'y concentrer la chaleur solaire en tenant les châssis constamment fermés.

»La température peut atteindre jusqu'à 30°, sans qu'il soit nécessaire de donner de l'air. Dès que la fécondation a eu lieu, on ouvre peu à peu les ventilateurs ou bien les châssis, pour habituer progressivement les vignes à l'air, et quelque temps après, par une journée couverte, on enlève le vitrage.

»Celui-ci est replacé en octobre. On choisit, à cet effet, de préférence, une journée claire. A dater de ce moment, la température doit être maintenue à un degré modéré. Au besoin il faudra chauffer.

»Ainsi traités, les raisins atteignent leur maturité vers la fin de décembre ou vers le nouvel an. Le *Gros Maroc* et les variétés à grains noirs doivent avoir pris leur couleur avant que le soleil n'ait perdu toute sa force, sans cela, leur coloration reste imparfaite.

»Le fruit, une fois qu'il est bien mûr, se conserve parfaitement sur pied jusqu'en mars. Les seules précautions à prendre consistent à empêcher la gelée de pénétrer dans la serre, à aérer autant qu'il est possible pour dissiper l'humidité et à enlever les grains qui commencent à se gâter sur les grappes.

»En prenant ces quelques précautions, il est facile de récolter ainsi en plein hiver, jusqu'à l'époque où les vignes forcées donnent leurs premiers produits, des grappes de toute beauté et qui possèdent en même temps une grande fraîcheur, la saveur sucrée et le bouquet du raisin ayant mûri au soleil de septembre. »

F. **Culture de la vigne en serres en Belgique.** — M. Ed. Pynaert donne sur les procédés de culture usités en Belgique (2), «où l'on fait usage du chauffage artificiel, sans mettre en œuvre les procédés relativement compliqués du forçage, c'est-à-dire de la fructification à contre-saison,» les renseignements suivants :

(1) Ed. Pynaert ; *loc. cit.*, pag. 369 et suiv.
(2) *Id.*, *loc. cit.*, pag. 343 et suiv.

«Ces procédés ont trouvé une large application dans plusieurs parties de la Belgique, et notamment à Hœilaert, à la Hupe, à Groenendael, à Vilvorde, Duffel, Wavre Sainte-Catherine, à Contich, etc.

»Il s'est formé dans ces localités des établissements très importants, où la production fruitière a atteint, ces dernières années, un chiffre considérable.

»Hœilaert est le berceau de cette industrie horticole, encore récente, peut-on dire, et qui présente, à notre point de vue, le plus vif intérêt ; c'est ce qui m'a engagé à consacrer aux procédés suivis ici un chapitre particulier.

»Il y a à peine vingt ans que MM. Sohie frères ont construit leurs premières serres à vignes, et aujourd'hui celles-ci couvrent une surface de six hectares et demi.

»Dans la seule commune de Hœilaert, le nombre des cultivateurs qui se sont adonnés à ce genre de culture est de près de quarante.

»On se figure difficilement l'aspect que présente l'ensemble de ces constructions vitrées qui, de loin, dans ces pays peu accidentés, produisent dans le paysage une teinte blanche, éclatante au soleil et auquel l'œil n'est pas habitué.

»Les établissements de culture fruitière sous verre n'exigent pas une longue description. La plupart, sinon tous, sont construits dans des conditions de la plus stricte économie. Leurs propriétaires ont résolu le problème de la production à bon marché par des installations peu coûteuses et par une culture intensive dans toute la force de l'expression. Le succès a couronné leurs efforts persévérants et on les a vus, d'année en année, appliquer les bénéfices réalisés à étendre constamment leur nouvelle industrie. Grâce à l'initiative intelligente et à l'activité des promoteurs des vignobles vitrés de Hœilaert, la Belgique possède aujourd'hui un ensemble de cultures fruitières sous verre que les nations voisines lui envient.

»Il n'y a pas lieu d'examiner en ce moment si l'extension rapide, je dirai presque fabuleuse, de ces cultures n'a pas été hors de proportion avec le développement des débouchés, d'où est résulté un abaissement momentané des prix, abaissement qui, j'en suis convaincu, ne se maintiendra pas. Mais on peut se demander si, mettant à profit l'expérience acquise, nos cultivateurs ne feraient pas mieux de chercher à produire plus de fruits de premier choix plutôt que de se borner à du bon ordinaire. Quoi qu'il en soit et sans donner mon approbation à tous les procédés suivis, on n'en doit pas moins éprouver de la sympathie et de l'estime pour ces travailleurs infatigables, qui ont doté leur pays d'une exploitation horticole très remarquable et essentiellement lucrative.

»Dans le principe, toutes les serres construites pour la production en grand du raisin étaient en fer. On est revenu de cet engouement exclusif, et les dernières serres bâties sont en grande partie à charpente en bois. Je reproduis ici, d'après le Bulletin d'arboriculture, la coupe d'une serre en fer.

Fig. 597.— Coupe d'une serre à vignes à Hœilaert, d'après M. Ch. Joly.

»Cette serre a une largeur de 9 mètres environ. Sa hauteur au centre est d'un peu plus de 3 mètres; sa forme très surbaissée et la légèreté des barreaux en fer qui tiennent le vitrage ont nécessité à l'intérieur une charpente de support au moyen de madriers en bois, servant à la fois à la fixation du treillis. C'est massif, disgracieux, mais c'est économique, et ici cette dernière condition prime tout.

»En voyant les serres faites sur le modèle de celles imaginées dans le principe par MM. Sohie, on peut constater que toutes ces constructions ont été destinées à faire simplement de la culture sous verre, à l'aide de la chaleur solaire. C'est la grande production et, plus tard, la concurrence qui ont entraîné progressivement les cultivateurs à avancer leurs produits et à faire ainsi de véritables cultures forcées dans des serres aussi imparfaites quant au but auquel elles sont destinées. Les résultats obtenus dans des conditions aussi difficiles n'en sont, je dois le déclarer, que plus dignes d'être admirés.

»Presque toutes les serres à Hœilaert sont construites ainsi dans le style le plus primitif, aussi simplement que possible, et ont un cachet *sui generis*, comme dit notre collègue M. Rodigas, dans son compte rendu de l'excursion faite par le Cercle d'arboriculture durant l'été 1886. Nous lui empruntons les détails qui suivent : «Ces serres ont généralement une largeur moyenne de 5 mètres et sont à double versant : quelques-unes ont une largeur double et sont aussi beaucoup plus longues. Toutes sont munies de l'antique chauffage, à l'aide de tuyaux en poterie, disposés suivant la longueur de la serre et partant d'un foyer maçonné à la partie inférieure de celle-ci. Le nombre des foyers augmente suivant l'étendue des serres. Celles-ci, ordinairement, ne sont pas horizontales; au contraire, elles suivent la rampe du terrain, de sorte que l'un des pignons de la serre s'élève souvent de plusieurs mètres au-dessus du niveau de l'autre pignon. Cette disposition nous a paru vicieuse, parce que la partie la plus élevée doit être nécessairement la mieux chauffée; mais on nous a dit qu'en ce cas on aère davantage, ce qui revient à avouer qu'on laisse s'échapper la chaleur inutile ; on a ajouté, en outre, que cette disposition, permettant de coucher la cheminée de chauffage sur un plan naturellement incliné, facilite beaucoup le tirage.

»Les serres sont toutes fort basses et pourvues de systèmes de ventilation primitifs, mais suffisants ; la plupart sont orientées de l'est à l'ouest. Elles sont généralement en fer. Le vitrage est posé sur des tringles en T soutenues par des bandes de fer longitudinales, portées elles-mêmes sur une charpente en bois.

»Lors de notre visite, plusieurs serres étaient en pleine récolte et offraient le plus riant aspect. Les grappes étaient généralement petites, mais c'est ainsi que les détaillants les demandent pour le marché. Ces grappes sont expédiées en papier de soie, dans de petites caisses faites à la main. Le prix de ces raisins varie (courant d'août) de 2 fr. 50 le kilogramme pour le fruit d'élite, jusqu'à 0 fr. 75 pour le fruit ordinaire. Ce prix est encore rémunérateur, dit-on.

»Dans les petites serres, les vignes sont plantées sur deux rangs ; il y en a quatre dans celles à double versant. La distance entre les vignes varie de 0m,70 à 1 mètre. Les plants préférés sont ceux qui ont eu déjà deux ans de culture en pots. Ils produisent dès la première année, bien qu'il soit préférable d'attendre jusqu'à la deuxième année.

»L'engrais employé est le terreau de fumier de cheval. On s'en trouve bien.

»Le pêcher est, à Hœilaert, l'objet d'une culture assez étendue. Chez les frères Sohie, nous avons vu deux ou trois serres exclusivement occupées par des arbres de cette essence. La récolte était presque terminée. On donne la préférence à la Madeleine rouge, dont chaque fruit se vend jusqu'à 3 fr. pièce. M. Buquet nous a indiqué un petit établissement dont pas une pêche n'a été livrée au-dessous de ce prix. Les soins de culture sont aussi sommaires que ceux que l'on accorde à la vigne. On les taille peu, on pince et on palisse les rameaux, et on se borne souvent à enlever ceux qui donneraient lieu à confusion.

»Par son importance, la culture du fraisier vient immédiatement après la vigne. A l'établissement Sohie, on en tient 25.000 potées. Nous avons vu un grand nombre de ces potées de trois plants posées parmi l'ivraie des chemins et attendant une deuxième mise en train pour le forçage, sans avoir subi aucune opération depuis la précédente récolte. Nous avons oublié de noter les variétés qui sont préférées à Hœilaert. Les plantes que nous avons vues étaient du type de la marguerite Lebreton».

« Il est inutile, je crois, de s'arrêter longuement aux modes de taille et de culture suivis par les cultivateurs d'Hœilaert. Les uns et les autres se résument en ceci : fournir au sol tous les éléments possibles pour produire une végétation vigoureuse et, d'autre part, recourir à tous les procédés de taille allongée, etc., pour obtenir la plus grande somme de raisins et de fruits.

»Il y a bien, dans notre pays, quelques spécialistes qui ne s'appliquent pas uniquement à produire la quantité et dont les produits se signalent parfois aux expositions ; mais ils forment relativement la minorité, et en général, contrairement à ce qui se passe entre horticulteurs et jardiniers, ils n'aiment pas les visites de leurs confrères, de crainte de voir divulguer les procédés auxquels ils attribuent leurs succès. »

G. **Culture de la vigne sous verre dans le département du Nord.** —L'établissement le plus important qui ait été créé dans le Nord de la France pour la culture du raisin en serre est celui de M. A. Cordonnier. Le *Journal de l'Agriculture* en donne la description suivante :

«C'est à Roubaix (Nord), comme les lecteurs du journal le savent déjà, que M. Cordonnier établit ses premières grapperies ou serres à raisins; ces serres couvrent environ 7.000 mètres carrés. Mais il créa bientôt, à Bailleul, un établissement beaucoup plus important, puisque les serres y couvrent 23.320 mètres carrés. Une visite à ces serres est une des excursions agricoles les plus suggestives qu'on puisse faire dans la région septentrionale.

»L'établissement de Bailleul se compose de 16 serres, orientées du nord au sud et construites parallèlement. A l'ouest, une avant-serre (si l'on peut s'exprimer ainsi) est perpendiculaire à l'ensemble et se poursuit en une allée centrale longue de 150 mètres environ, qui court jusqu'à l'extrémité, perpendiculairement au groupe de serres. Dans l'avant-serre sont plantées les variétés de raisins à l'étude et s'alignent les cultures de ces magnifiques variétés de chrysanthèmes à grandes fleurs, recherchées aujourd'hui, et dont M. Cordonnier a été un des principaux promoteurs. Toutes les serres de production sont établies sur le même modèle ; en voici les dimensions : longueur, 170 mètres ; largeur, 8m,50 ; hauteur, 3m,75. La charpente est en fer et en bois, les fermes sont à arc surbaissé et d'une puissance suffisante pour éviter l'emploi de piliers intérieurs. De chaque côté des serres courent, près du sol, les tuyaux de chauffage. Les serres sont coupées par des bassins en pierre dans lesquels circule l'eau d'arrosage.

»Quand on suit l'allée centrale, on trouve d'abord, au nord, un groupe de deux serres consacrées au forçage du pêcher (variété Amsden) et, au sud, deux autres serres consacrées à des vignes forcées nouvellement plantées en *Frankenthal.* La récolte des pêches se fait depuis le 15 avril jusqu'à la fin de mai.

»On traverse ensuite un groupe de quatre serres de vignes également en culture retardée, plantées en *Black-Alicante*, puis un deuxième groupe de quatre serres de vignes également en culture retardée et plantées en Gros Colman. Ces serres sont les plus anciennes ; construites en 1889, plantées pendant l'hiver 1889-90, elles vont donner, pour la première fois, une récolte complète. Les raisins sont arrivés à peu près à maturité ; le coup d'œil est splendide : les sarments, forts et vigoureux, garnissent tout le vitrage et se rejoignent au haut de la serre ; chacun d'eux est chargé, sur toute sa longueur, de grosses et fortes grappes qui forment une véritable voûte sans vides. Quand l'œil parcourt un de ces longs boyaux, il ne perçoit qu'une masse ininterrompue de grappes énormes, dont la teinte bleuâtre envahit tout l'espace. On ne sait ce qu'il faut le plus admirer, de la puissance ou de la régularité de cette magnifique végétation. M. Cordonnier compte, pour ses serres, sur une production de 20.000 kilogr. au moins ; pour lui, quand il n'y a pas d'accidents, elle peut atteindre 25.000 kilog.

»Un dernier groupe de quatre serres est consacré aux vignes en culture hâtée : au sud sont celles qui donnent du raisin en mai et en juin, juillet et août. Au moment de notre visite (13 novembre), on commence les travaux préparatoires pour faire partir la végétation. Ces vignes sont plantées de Frankenthal pour les trois quarts et de raisins blancs pour un quart ; les principales variétés de raisins blancs sont le *Chasselas de Fontainebleau*, le *Foster White*, l'*Admirable de Courtiller*, le *Diamant Traub*, etc. Ces dernières serres sont construites depuis un an ou deux : elles ne donneront leur pleine production que dans deux ans.

»Trois choses sont capitales dans une installation de ce genre : le chauffage, l'alimentation d'eau et le choix des engrais.

»Le chauffage est assuré par des thermosiphons. Une cave, longue de 140 mètres, qui suit l'un des côtés de l'établissement, renferme huit grandes chaudières, dont chacune alimente 1.500 à 1.800 mètres de tuyaux de chauffage. Ce groupement de tout le système de chauffage a permis de réaliser une grande économie dans la main-d'œuvre sous ce rapport : un seul homme suffit pour l'entretien des feux.

»La ville de Bailleul, qui a une distribution d'eau, doit en fournir aux serres, mais cette alimentation a été assez précaire jusqu'ici, surtout pendant le dernier été. En outre, M. Cordonnier a établi sous la cave un puits horizontal qui recueille les eaux de drainage chargées des engrais qui y sont dissous. Une machine à air chaud renvoie l'eau dans un réservoir supérieur, d'où partent des tuyaux qui portent l'eau partout. L'arrosage se fait ainsi mécaniquement. En outre, en dirigeant les jets d'eau en pluie sur les tuyaux de chauffage, on maintient dans l'air l'état hygrométrique nécessaire à la végétation.

»Les vignes sont plantées en pleine terre, après défoncement du sol, à l'écartement de 80 centimètres ou de $1^{m},60$, suivant qu'on les dirige sur un ou sur deux cordons. Quoique la terre de Bailleul soit une terre forte, d'excellente qualité, on enfouit du fumier dans le défoncement ; plus tard, on applique le fumier en couverture. On emploie, en outre, les engrais minéraux phosphatés, azotés ou potassiques, comme aussi de la chaux et du plâtre. Ces engrais sont répandus à la surface et incorporés au sol par les arrosages. Tout l'établissement est un vaste champ d'expériences pour la meilleure utilisation des engrais. La végétation est superbe, comme je l'ai déjà dit ; des vignes plantées à l'automne développent, l'année suivante, des sarments qui atteignent 8 à 10 mètres, avec une grosseur proportionnée. Il est inutile d'ajouter qu'aux soins de fumures s'ajoutent les soins de culture donnés avec une régularité scrupuleuse ; taille, palissage, rognage, suppression des bourgeons anticipés, etc., ne laissant rien à désirer.

» Comme produits accessoires, outre les chrysanthèmes déjà cités, les serres de Bailleul donnent surtout des fraises forcées et des cerisiers en pots, à la mode anglaise.

» La création de cet établissement fait le plus grand honneur à M. Cordonnier.»

Ainsi que l'on peut le voir par ce qui précède, on a su réunir, dans nos serres du Nord, des installations simples et pratiques et les meilleures méthodes de culture usitées à Thomery, en Angleterre et en Belgique.

III. — CUEILLETTE, CONSERVATION ET EMBALLAGE

La cueillette, la conservation et le transport des raisins de table exigent des soins très minutieux, si l'on veut les présenter sur le marché dans toute leur beauté ; aussi croyons-nous utile de donner quelques renseignements sur les moyens employés pour réaliser ces diverses opérations.

1° Cueillette

La cueillette se fait au fur et à mesure de la maturité des grappes, en commençant par les étages inférieurs, dont les raisins se conservent moins bien que les autres. On tranche le pédoncule à la serpette ou avec des ciseaux, afin d'éviter l'ébranlement et l'égrenage qui pourraient résulter de la cueillette à la main. On opère toujours le matin et le soir, sauf dans les jours où le ciel est couvert : on peut ainsi mieux discerner le degré de maturité.

Les grappes doivent être saisies, autant que possible, par le pédoncule en évitant de les frotter, ce qui ferait perdre l'aspect agréable que donne aux raisins la pruine dont ils sont recouverts. Dans le même but, aussi bien que pour éviter de les écraser, il faut les déposer dans des paniers larges et peu profonds.

2° Conservation des raisins

Une partie des raisins récoltés à Thomery n'est livrée à la consommation que dans le courant de l'hiver et le commencement du printemps qui suit leur récolte, au moment où, à cause de leur rareté, ils atteignent un prix plus élevé ; aussi, toutes les questions relatives à leur conservation ont-elles été étudiées avec le plus grand soin.

Les raisins sont conservés par deux procédés : celui dit à *rafle fraîche* et celui à *rafle sèche*. Dans les deux cas, les raisins sont placés dans un fruitier, pièce parfaitement exempte d'humidité, où l'on peut maintenir une température constamment basse et cependant toujours supérieure à zéro, enfin munie de moyens de fermeture qui permettent d'y faire une obscurité complète et d'empêcher le renouvellement trop rapide de l'air.

a. *Conservation des raisins à rafle fraîche.* — On choisit de préférence, pour les conserver par ce procédé, les plus beaux raisins parmi ceux des étages supérieurs des treilles, qui paraissent plus résistants à la pourriture.

Les soins à prendre pour la conservation sont les suivants, d'après M. Etienne Salomon :

«La cueillette des raisins destinés à la conservation doit se faire à maturité complète et par un temps sec exempt de tous brouillards.

»Voici comment on procède :

»On coupe le sarment supportant la ou les grappes à un œil au-dessus de la dernière, et généralement à deux ou trois yeux au-dessous de la première, de façon à avoir une longueur de 12 à 15 centimètres au moins au-dessous de la première grappe. Le jour même de la cueillette, on effectue la mise en flacon ; cette opération consiste à plonger l'extrémité inférieure de chaque rameau dans les flacons préalablement remplis d'eau. Cette eau doit être additionnée d'un morceau de charbon de bois de la grosseur d'une noisette ou d'une pincée de sel gris, afin d'empêcher la corruption du liquide.

»L'appareil ou les appareils à conserver les raisins doivent être autant que possible placés dans une chambre spécialement affectée à cet usage. Trop d'air et trop de lumière sont nuisibles à la conservation des fruits.

»Le type d'un fruitier modèle est celui qui, entouré d'une double cloison avec doubles fenêtres, conserverait une température moyenne de six à huit degrés; une trop haute température fait fermenter les fruits, ce qui amène leur pourriture ou leur dessiccation.

»L'humidité est le pire ennemi d'un fruitier.

»On emploie avec succès, pour la combattre, des pierres à chaux. Quatre ou cinq pierres de grosseur moyenne, renouvelées tous les mois, suffisent à cela. La moisissure des rafles et des grains étant le plus souvent la suite de cette même humidité, le meilleur mode pour l'enlever consiste à brûler le quart environ d'une mèche à soufrer les tonneaux quand on s'aperçoit que cette maladie fait des progrès.

»Le thermomètre placé dans le fruitier ne doit jamais descendre au-dessous de zéro, car cet abaissement de température, se continuant quelques jours, suffirait à congeler l'eau contenue dans les flacons, ce qui ferait éclater ces derniers, sans cependant avoir une influence désastreuse sur les raisins, ceux-ci ne gelant qu'à quatre ou cinq degrés.

»*Résumé.*— 1° Cueillir les raisins à maturité complète et par un temps sec.

»2° Choisir, pour fruitier, une chambre ayant de préférence les ouvertures au nord.

»3° Fermer hermétiquement, afin que les variations atmosphériques s'y fassent peu sentir.

»4° Avoir dans cette chambre un thermomètre et un hygromètre (le premier se maintient entre 4 et 12 degrés, le second marquant 67 à 72 degrés); le fruitier sera dans d'excellentes conditions pour la conserve.

»5° Inspections fréquentes pour enlever les grappes et les grains attaqués.

»6° Emploi de pierres à chaux pour combattre l'humidité quand l'hygromètre dépassera 75 degrés.

»7° Brûlure de mèche soufrée lorsque, en entrant dans le fruitier, l'odorat sera affecté de l'odeur de moisi.

»8° Remplissage des flacons quand la déperdition sera assez forte pour empêcher un sarment d'y tremper en grande partie.

»En suivant les instructions ci-dessus, nous ne doutons pas que les personnes qui feront usage de nos appareils n'en soient satisfaites et n'arrivent à conserver des raisins très frais jusqu'au mois d'avril.»

La cueillette se fait d'ordinaire, à Thomery, après le 20 octobre; on choisit, comme il a été dit plus haut, pour l'effectuer, un temps sec et exempt de rosée.

b. *Conservation du raisin à rafle sèche.* — Les raisins étant cueillis avec les précautions que nous avons indiquées précédemment, mais sans fragment de rameau, sont placés sur un lit de fougère bien sèche ou de paille de seigle, dans des boîtes à coulisses à claire-voie que l'on pose sur des étagères convenablement disposées dans le fruitier. Chaque boîte peut renfermer environ 6 kilogrammes de raisins ; on lui donne une inclinaison qui permet de voir facilement l'état de son contenu ; enfin, pendant la période de conservation, on enlève de temps en temps avec des ciseaux les grains altérés.

La sécheresse de l'air du fruitier étant plus nécessaire peut-être encore à la conservation que dans le procédé à rafle humide, il est bon de placer, dans la salle, deux tonneaux à demi-remplis de chaux vive.

Les moyens suivants ont été également proposés pour conserver les raisins :

c. *Conservation dans la poudre de liège.* — Les grappes, débarrassées, avec des ciseaux, de tous les grains plus ou moins altérés, sont déposées sur un lit de liège en poudre, tel que celui que l'on prépare pour la fabrication du linoleum, dans des tonnelets légers un peu plus grands que ceux où l'on renferme la bière. Sur chaque couche de raisins, on saupoudre du liège qui remplit parfaitement les interstices en empêchant tout contact et tout frottement. Le raisin se conserverait ainsi pendant toute une année.

d. *Conservation dans la poussière de tourbe.* — M. Rossignol père, président de la Société horticole de Melun, dit avoir obtenu un résultat tout à fait satisfaisant en plaçant les raisins dans une caisse contenant de la poussière de tourbe criblée au tamis.

e. *Conservation par les vapeurs d'alcool.* — M. A. Petit, professeur à l'Ecole d'horticulture de Versailles, a remarqué que les vapeurs d'alcool arrêtent d'une façon remarquable le développement des moisissures qui envahissent les fruits lorsqu'ils se trouvent dans une atmosphère humide.

Le 31 octobre 1894, il a placé des *Chasselas*, fraîchement cueillis avec d'autres fruits, dans une case en briques cimentée intérieurement et fermée, aussi bien que possible, par une petite porte ordinaire en bois. En même temps, on y a introduit un petit bocal renfermant 100 centilitres d'alcool à 96°. Une case pareille, mais ouverte, a reçu des fruits de provenance identique. Les fruits reposaient sur un lit de frisure de bois. Les cases sont dans une cave dont la température a lentement baissé de 10 à 8° centigrades. Le 20 novembre, les raisins de la case ouverte étaient pourris. Le 24 décembre, chaque grappe de la case alcoolisée n'avait perdu que deux ou quatre grains qui avaient pris la couleur brune, mais étaient restés fermes, sans amertume et sans moisissure superficielle. Les rafles étaient encore parfaitement vertes ; les raisins offraient toutes les qualités de raisins fraîchement cueillis (1).

3° Emballage

a. *Emballage en paniers ou corbeilles.* — M. C. Baltet donne, dans son *Traité de la culture fruitière commerciale et bourgeoise* (2), quelques indications relatives à l'emballage des raisins en paniers ou corbeilles, tel qu'il se pratique en France et qui peuvent être résumées comme il suit : « On emploie ordinairement des petits paniers rectangulaires en osier blanchi avec couvercle, d'un volume appro-

(1) Communication de M. A. Petit à la Société nationale d'agriculture.

(2) Paris. — G. Masson, 1884, pag. 534 et suiv.

prié au débit probable (de plus en plus petits au fur et à mesure que les raisins deviennent rares et chers).

Le fond du panier est garni d'une couche élastique, telle que de la paille brisée ou des rognures de papier. On place sur chaque côté une feuille de papier dont le bout inférieur s'étend sur le fond, et la partie supérieure est assez longue pour recouvrir le dessus des raisins. On a soin de les remplir de manière à ce que la couche supérieure dépasse les bords d'environ $0^{m},02$; on rabat les feuilles de papier sur les raisins en les tendant le mieux possible, on place sur le papier ainsi disposé une poignée de paille de seigle, de fougère sèche ou de rognure de papier et on ferme en comprimant le raisin. La compression a pour but d'empêcher ce dernier de ballotter, ce qui en déterminerait l'altération.

Les cultivateurs de Montreuil emballent les raisins ordinaires pour Paris dans de petits paniers ronds, où ils les déposent en tas coniques; on les entoure ensuite d'un papier, puis d'une toile solidement maintenue par des épingles spéciales. Les raisins de choix sont placés sur une bannette plate, bien étalés et recouverts d'une toile. On les transporte dans de grands paniers à trois étages.

M. A.-F. Barron décrit ainsi qu'il suit (1) le mode d'emballage usité dans les vineries de la banlieue de Londres, pour les expéditions à Covent Garden: «Le panier en osier, à couvercle, contient un autre petit panier léger, lequel est utilisé pour l'étalage dans la vitrine. Les grappes, après la cueillette, sont simplement placées dans ce petit panier, sur un ou deux feuillets de papier de soie ou un peu de mousse sèche ou de laine de bois. Ce mode d'emballage est employé pour les transports par chemin de fer qui ne dépassent pas trente à trente-cinq kilomètres sur les lignes où les gardes et manœuvres sont accoutumés à manier les marchandises avec les précautions voulues».

Les producteurs des îles Jersey et Guernesey font usage d'un panier en osier découvert à anse; on n'y emploie pour tout emballage qu'une simple feuille de papier avec la mention imprimée: «*Raisins, manier avec soin, prière de placer ce côté vers le haut.*» On considère que l'anse facilite le maniement et empêche de poser d'autres paquets sur les raisins.

b. *Emballage en caisse.* — Les raisins de premier choix, pour peu qu'il faille les expédier un peu loin, doivent être emballés dans des caisses. On procède avec les précautions suivantes :

(1) *Loc. cit.*, pag. 128 et suiv.

Les raisins sont triés avec soin; on en enlève tous les grains altérés ou ayant mauvaise apparence, puis on les range un à un dans de petites caisses en bois blanc peu profondes, qui ne peuvent renfermer qu'une seule couche de grappes. Ces caisses sont garnies de papier blanc avec le bord imitant la dentelle; la partie destinée à être ouverte est placée en bas, et le fond est enlevé au moment de l'emballage. Les raisins sont posés légèrement inclinés, de manière à ce que le pédoncule se trouve en dessus; on achève de remplir en comblant les vides avec des grappillons. Le remplissage doit être fait de telle sorte que les raisins dépassent d'environ 0m,01 les bords et y subissent une légère pression, une fois la caisse fermée. On recouvre de papier Joseph et on cloue le fond en fixant d'abord l'un des bouts, puis en glissant la main sur la surface, de manière à amener progressivement l'autre bout au contact avec le bord. La caisse doit porter sur l'autre face les indications nécessaires pour que l'ouverture se fasse du côté opposé à la fermeture. Les raisins se présentent ainsi au déballage en masse serrée, légèrement aplatis et sous leur meilleur aspect.

Lorsque l'on fait des expéditions en temps de gelée ou que l'on emballe des raisins extra, on les place entre deux couches de ouate en feuilles.

Les caisses renferment, au moment de la récolte et jusqu'en janvier, 1 kilogramme et demi; plus tard, on en réduit le contenu à 1 kilogramme et même 500 grammes.

IV. — CONSIDÉRATIONS SUR LA CULTURE DES RAISINS DE TABLE DANS LE MIDI DE LA FRANCE

Ainsi que nous avons eu l'occasion de l'indiquer précédemment, il semble que la culture des raisins de table serait susceptible d'un certain avenir dans le midi de la France, si on y utilisait les méthodes usitées dans les pays du Nord, en vue d'obtenir des raisins de luxe. Jusqu'ici, en effet, on s'est borné à récolter des raisins venus dans des conditions tout à fait anologues à celles où l'on cultive les vignes à raisins de cuve pour les expédier aux halles de Paris. Ces raisins, portés par des ceps dont les rameaux sont établis sur le sol, sont loin de présenter les conditions de beauté, de régularité d'aspect et de précocité que l'on pourrait obtenir avec quelques soins.

Des résultats obtenus dans certains jardins du midi de la France, aussi bien que de ceux auxquels on arrive à Thomery, dans le nord de la France, en Angleterre et en Belgique, il est permis de déduire que deux types de production pourraient être tentés avec chances de succès et de bénéfices: 1° celle des secondes primeurs ; 2° celle des raisins tardifs. Il serait nécessaire, dans les deux cas, d'établir les vignes soit sur des treillages de contre-espalier en plein vent, soit mieux contre des murs, de manière à permettre une facile exécution des opérations de taille en vert (pincement, évrillage, ciselage, effeuillage, etc.), si utiles à l'obtention de produits beaux et réguliers, et afin d'améliorer les conditions de la maturité tant au point de vue de sa perfection que de sa hâtivité.

On pourrait, en vue de hâter l'époque de la maturité des raisins précoces, les abriter au moyen de châssis vitrés qui trouveraient une seconde utilisation en automne comme moyen de protection des raisins tardifs.

Les cépages qui pourraient être utilisés avec le plus de profit pour l'obtention de raisins hâtifs dans le Midi sont : le *Chasselas de Fontainebleau* et les autres variétés de ce cépage, le *Frankenthal* ou *Black Hambourg*, le *Madresfield Court*, *Portugais bleu*, *Joannenc* (*Lignan*, *Madeleine blanche*, *Précoce de Kientzeim*, *Luglienga*), l'*Agostenga*, *Précoce de Malingre*, *Madeleine de Jacques*, *Malvoisie rouge du Pô*, *Madeleine royale*, *Muscat rouge de Madère*, *Panse précoce*, *Perrier noir*, *Sicilien*.

Parmi les cépages tardifs, on peut mentionner: *Gros Colman*, *Lady Downe's seedling*, *Mrs Pince*, *Alicante*, *Anlwick seedling*, *Gros Guillaume*, *West St-Peters*, *Muscat d'Alexandrie*, *Tokay blanc*, *Trebbiano*, *Raisin de Calabre*, actuellement cultivés dans les serres d'Angleterre, et les suivants: *Sabalkanskoï*, *Aïn el Couma* (Algérie), *Bermestia blanche*, *Bermestia rose*, *Bobal* (Espagne), *Marocain noir*, *Marocain gris*, *Marsiglia bianca*, *Marsiglia nera* (Sicile), *Moscato de Corfou*, *Muscat Caminada*, *Occu di boc nero* (Sardaigne), *Panse jaune* (Provence), *Regina delle Malvasia* (Sicile), *Ribier* (Maroc), *Rosaki* (Turquie d'Asie), *Rouge très rouge de Kabylie* (Mascara), *San Francisco* (Naples), *Schiradzouli rouge*, *Teneron* (Vaucluse), *Triga-bianca* (Sardaigne), *Triga di bo bianca* et — *Nera* (Asti), *Tunis blanc* (Sardaigne). Ces divers cépages, choisis pour la plupart parmi ceux dont les raisins arrivent à maturité à la 4e époque de M. Pulliat, c'est-à-dire en octobre-novembre, en Provence et en Languedoc, offrent généralement une certaine résistance à la pourriture; il est d'ailleurs utile, afin de les protéger contre les grandes pluies d'automne, d'abriter les espaliers sur lesquels ils se trouvent au moyen de bâches en toile imperméable, ou mieux encore, comme nous l'avons dit précédemment, au moyen de châssis vitrés qui les garantissent également contre le froid et permettent, s'ils sont contre des murs exposés au midi, de les garder jusqu'à la fin de décembre ou même en janvier.

Sans doute, les précautions que nous venons d'indiquer entraînent des dépenses supplémentaires importantes ; mais, grâce à elles, on peut arriver à augmenter beaucoup la valeur vénale des raisins et on peut utiliser l'action gratuite du soleil méridional que l'on est obligé de remplacer plus au nord par celle plus intense de la houille (1).

(1) Voir la note 1, pag. 1001.

APPENDICE

NOTE I

Explication des mots techniques employés dans les descriptions ampélographiques

Anthères.— Partie des étamines qui renferment le pollen, — à deux loges, s'ouvrant en long chez les vignes.

Aoûtement. — Lignification des sarments.

Bourgeons.— Petits corps ovoïdes ou coniques qui se forment à l'aisselle des feuilles sur les sarments et dont l'évolution donne naissance à de nouveaux rameaux.

Bourgeonnement. — Phénomène de l'ouverture des bourgeons et aspect que présentent les jeunes organes qui y sont renfermés lors de leur apparition.

Bourrelet.— Partie renflée du pédicelle en contact avec le grain de raisin.

Calice. — Verticille extérieur de la fleur ; chez les vignes, il est *cupuliforme* et *gamosépale*, c'est-à-dire à *sépales* soudés.

Cépage. — Forme de vigne cultivée dont on a assuré la perpétuation au moyen des procédés de multiplication par segmentation.

Chair.— Voir PULPE.

Chalaze.— Petite masse de tissus circulaire ou allongée, plus ou moins saillante, située vers le milieu de la partie dorsale de la graine.

Corolle.— Deuxième verticille de la fleur. Elle est ordinairement *calyptriforme*, c'est-à-dire en forme de capuchon chez les vignes, les pétales se détachent par en bas en restant soudés au sommet ; cependant quelquefois elle s'ouvre en étoile. Elle est le plus souvent à cinq pétales, quelquefois à quatre, à six ou à sept.

Continues. — Disposition des vrilles ou inflorescences qui se succèdent continuellement opposées à chaque feuille.

Dents.— Découpures saillantes du bord des *feuilles* ou du *calice*.

Diaphragme.— Cloisons ligneuses qui ferment à chaque nœud l'étui médullaire.

Discontinues.— Disposition des *vrilles* la plus ordinaire, dans laquelle deux feuilles qui se suivent ont une vrille ou une inflorescence opposée, la troisième n'en a pas, et ainsi de suite.

Disque. — Ensemble des organes appendiculaires situés entre les étamines et l'ovaire Il est hypogine et glanduleux chez la vigne.

Entière.— On dit qu'une feuille est entière lorsqu'elle n'est pas divisée en *lobes* par des *sinus*.

Etamines.— Organes mâles qui constituent le troisième verticille de la fleur; elles sont composées de l'*anthère*, supportée par le *filet;* leur nombre varie chez les vignes entre quatre, cinq, six et sept ; il est habituellement de cinq.

Filet.— Support filiforme des *anthères*, sa longueur varie dans les fleurs de vignes ; il est généralement très long dans les fleurs mâles, presque rudimentaire dans certaines fleurs coulardes.

Fleur.— La fleur est la réunion des organes reproducteurs de la plante ; elle est ordinairement hermaphrodite chez les vignes cultivées, on en trouve des formes mâles et d'autres femelles, par suite de l'avortement d'une partie des organes, chez les vignes sauvages. — Ce mot désigne quelquefois la *pruine* du raisin (voir ce mot).

Grain.— On donne le nom de *grains*, en ampélographie, aux baies qui constituent les fruits de la vigne.

Graine.— Les *graines* sont les semences de la vigne ; on appelle *face ventrale* celle qui est tournée vers l'axe lorsqu'il y a plusieurs graines dans le même grain, et *face dorsale* celle qui y est opposée. La *chalaze* et le *raphé* sont sur la face dorsale ; on a donné le nom de *bec* à l'extrémité inférieure en pointe de la graine.

Grappe.— Groupe de *fleurs* ou de *grains* supportés par le même pédoncule. On appelle *grappes ailées* celles dont se détachent un ou plusieurs *lobes* latéraux.

Herbacé.— On qualifie d'herbacés les organes verts et tendres (sarments *herbacés* en opposition avec ceux qui sont *aoûtés*.)

Limbe.— Partie plane de la feuille située en prolongement du *pétiole*. La face inférieure du limbe dans les feuilles de vignes est fréquemment garnie de poils.

Lobe.— S'applique soit à une portion détachée d'une grappe, soit aux parties de feuilles limitées par des *sinus*. Les feuilles de vignes, quand elles ne sont pas *entières*, sont *tri-lobées* ou *quinque-lobées*, ce qui s'écrit par abréviation : 3-lob., 5-lob. Lorsque les lobes eux-mêmes sont divisés par des sinus secondaires, la feuille est dite *sub-lobée*.

Maturité.— Moment où le raisin est arrivé au terme de son développement. Elle se manifeste par les caractères suivants : le grain a perdu son acidité, il est devenu sucré, il ne grossit plus, il se détache facilement du pédicelle en lui abandonnant un *pinceau ;* la *peau* est amincie, le pigment qui y adhère en dessous se détache facilement avec l'ongle ; enfin, le *pédoncule* de la grappe se lignifie chez certains cépages.

Mérithalle (ou *entre-nœuds*).— Partie de sarment comprise entre deux *nœuds*.

Nectaires.— Organes floraux de nature glanduleuse, sécrétant du nectar et adhérents au disque. Généralement très développés dans les fleurs mâles, dont l'odeur très pénétrante est attribuée à ce fait. Souvent désignés aussi sous le nom d'*urcéoles* (grelots).

Nervures.— Cordons formés de faisceaux fibro-vasculaires plus ou moins saillants, à la face inférieure des feuilles ; elles ont une disposition palmée dans les feuilles de vignes.

Nœuds.— Parties renflées du sarment sur lesquelles sont insérées les feuilles, les bourgeons, les vrilles et les grappes.

Ombilic.— Trace du stigmate sur la peau du raisin.

Ovaire. — Partie du quatrième verticille de la fleur qui porte le pistil et qui se transforme en fruit après la fécondation.

Parenchyme. — Tissu cellulaire qui, en remplissant les espaces libres entre les *nervures*, forme avec elles le *limbe* de la feuille.

Peau.— Épicarpe du grain de raisin.

Pédicelle. — Ramifications du *pédoncule* qui supportent les grains de raisin, lesquels sont fixés sur le bourrelet qui en constitue l'extrémité.

Pédoncule.— Organe qui constitue le support et l'axe principal de la *grappe*. Chez beaucoup de vignes, le *pédoncule* se lignifie à la maturité.

Pétale.— Élément de la corolle. Les pétales sont le plus souvent au nombre de cinq dans les fleurs de vignes ; on en trouve parfois, cependant, quatre, six ou sept. Dans les fleurs normalement constituées, ils se détachent par en bas en restant soudés au sommet.

Pétiole.— Sorte de petite ramification herbacée qui rattache le *limbe* de la feuille au sarment.

Pigment.— Matière colorante accumulée sous la *peau* du raisin.

Pinceau.— Faisceaux partant du *pédicelle* pour aller s'insérer sur les graines et qui restent adhérents au *bourrelet du pédicelle* lorsque la baie est arrachée.

Pollen. — Poussière fécondante renfermée dans les loges des anthères.

Pruine. — Matière pulvérulente, blanchâtre, qui recouvre la peau des raisins chez beaucoup de cépages. On lui donne quelquefois le nom de *fleur* du raisin.

Pulpe.— Partie fondante du grain qui entoure les *graines* et est renfermée dans la *peau ;* elle est formée par l'*endocarpe* et le *mésocarpe,* confondus au moment de la maturité. Désignée aussi sous le nom de *chair.*

Ramifications.— Rameaux secondaires qui naissent aux nœuds des sarments de l'année.

Raphé.— Saillie longitudinale située sur la face dorsale de la graine, dans le prolongement du *funicule,* se rattachant à la *chalaze.*

Sarments.— Rameaux de vignes de l'année.

Sinus.— Echancrures du limbe de la feuille qui séparent les *lobes.*

Sous-nervures.— *Nervures* secondaires se détachant des principales qui ont toujours une disposition palmée, tandis que les dernières se subdivisent de manière à garnir les intervalles.

Stigmate.— Organe récepteur du pollen qui termine le *pistil ;* il est généralement capité et supporté par un *style* court ou presque sessile sur l'ovaire dans la fleur de vigne.

Tomentum.— Duvet formé par un groupe de poils.

Tronc.— Tige principale de la vigne d'où se détachent les *bras* ou *branches.*

Urcéoles.— Voir Nectaires.

Véraison.— Modification qui se produit dans l'état des raisins trente ou quarante jours avant la maturité ; les fruits des cépages à raisins noirs deviennent violacés, ceux des cépages à raisins blancs acquièrent une teinte plus claire.

Verrues.— Petites protubérances du *bourrelet* du *pédicelle.*

Vrilles.— Sortes de filets volubiles situés sur certains nœuds à l'opposé d'une feuille ; ce sont des grappes avortées.

NOTE II

Variations des Ampélidées

L'étude des Ampélidées tend à montrer, dans les diverses formes de cette famille, la prédominance des caractères adaptationnels, c'est à-dire de ceux qui résultent de l'influence des milieux sur les caractères philétiques, lesquels marquent les affinités ou les dissemblances héréditaires entre les différents types maintenus dans les mêmes conditions On peut apporter des faits nombreux à l'appui de cette assertion, nous nous bornerons aux deux suivants : le Dr Welwich, botaniste allemand, qui a été au service du Portugal et a étudié la flore de l'Angola et du Benguela, dit, en parlant des Ampélidées de ces régions : «Parmi les nombreux groupes de plantes qui affectent plus ou moins la physionomie de la végétation de l'Afrique occidentale, les Ampélidées tiennent une place éminente Elles sont intéressantes aussi pour le phytographe, par le fait que les nombreuses espèces de Cissus (Vitis), par leur constitution variée et leur mode de croissance, caractérisent les trois grandes régions botaniques en lesquelles, dans mon opinion, les districts d'Angola et de Benguela doivent être divisés. Le nombre total d espèces d'Ampélidées que j'ai trouvées dans les contrées précédemment nommées s'élève à environ quarante (dans lesquelles cependant sont comprises deux espèces de Léées), et une très remarquable plante que l'on rencontre sur les hauts plateaux sablonneux du district d'Ambaca et qui doivent probablement constituer un nouveau genre. Ces quarante espèces d'Ampélidées sont dispersées sur un espace de 300 milles de l'est à l'ouest, commençant à la région des steppes de sable brûlant de la côte de l'Atlantique et s'étendant jusqu'aux plaines élevées, richement boisées et fraîches de l'intérieur. D'un bout à l'autre de cet espace, le nombre des espèces s'accroît graduellement et le nombre des individus devient continuellement plus grand.

»Si l'on jette un regard sur leur distribution géographique, on trouve que les espèces épaisses, à tronc succulent et charnu, sont prépondérantes dans les régions du littoral ; celles avec tronc allongé, grimpant, dans la région des forêts primitives, et les espèces avec tronc droit, à peine grimpant, dans la région la plus haute des plaines de l'intérieur. De sorte que l'espèce Caule stante (à tige droite) est très rare dans la région du littoral, tandis que presque toutes les espèces qui ont été trouvées dans la région des plaines élevées montrent une tige courte et droite, avec une tendance à s'accrocher ou à grimper (1).» On peut mentionner également la présence de forts poils glanduleux en aiguillons et d'épines sur diverses vignes de Chine et du Japon, appartenant à des espèces diverses (V. Romaneti, V. Davidi et divers cépages Yeddo, vigne de Chine du jardin d'acclimatation, appartenant au V. Vinifera) Dans le premier exemple, nous voyons, dans les régions voisines, les formes changer au fur et à mesure que le milieu se modifie ; dans le second, un même milieu détermine certains caractères communs chez des espèces diverses et très nettement distinctes à d'autres points de vue. On comprend que, grâce à cette grande plasticité de forme, des différences apparentes très grandes peuvent accompagner des origines communes peu éloignées.

(1) Extrait d'un travail du Dr Welwich (*Botanical Magazine*).

NOTE III

Sur les caractères internes de la graine des vignes et leur emploi dans la détermination des espèces et la distinction des hybrides. Note de M. Gustave Chauveaud, présentée à l'Académie des sciences par M. Duchartre (1894).

L'étude des parties internes de la graine des vignes révèle un certain nombre de caractères qui s'ajoutent utilement aux caractères extérieurs employés d'ordinaire exclusivement. L'examen des parties internes exige, il est vrai, une manipulation plus ou moins compliquée, mais en revanche il peut fournir des indications que l'on ne saurait tirer de la différenciation externe. C'est ainsi que cet examen nous a permis, dans plusieurs circonstances, d'acquérir une certitude qui nous manquait auparavant. Ces caractères différentiels sont offerts par les diverses parties qui constituent la graine, à savoir : le tégument, l'amande et l'embryon.

1° Le tégument du pépin de raisin est constitué essentiellement par une couche scléreuse très dure. Suivant les espèces, cette couche présente des modifications caractéristiques qui portent sur sa forme (en coupes transversale et longitudinale), sur son épaisseur, sur le mode de cloisonnement et la forme de la cavité de ses cellules.

2° Quand on enlève le tégument, on met à nu l'amande dont le contour diffère plus ou moins, selon l'espèce considérée, du contour présenté par la graine intacte C'est surtout la forme de l'extrémité radiculaire qui présente à cet égard les variations les plus typiques.

3° L'embryon peut aussi fournir des indications précieuses tant par la forme que par les dimensions relatives de ses parties (axe, cotylédons).

Nous ferons remarquer toutefois que, quand on utilise pour la détermination des espèces les caractères dont nous parlons, il est indispensable d'examiner plusieurs graines de la même plante, afin d'éviter les exagérations individuelles qui peuvent se présenter. Ceci dit, montrons par un exemple ce que peut donner l'application de ces caractères.

Choisissons, pour les comparer entre elles, les graines de V. Riparia et de V. Rupestris (Fortworth). Les caractères extérieurs fournissent pour distinguer ces graines une série de nuances difficiles à décrire plutôt que des différences bien tranchées.

Il en est autrement des caractères internes. En effet :

1° L'épaisseur de la couche scléreuse atteint au plus 200 μ (V. Riparia) ; elle dépasse toujours 300 μ (V. Rupestris).

2° L'extrémité radiculaire de l'amande présente un bec épais, court et arrondi (V. Riparia) ; ce bec est grêle, long et très aigu (V. Rupestris).

3° Les cotylédons, brusquement élargis dès leur base, dépassent beaucoup le diamètre de l'axe (V. Riparia) ; ils se confondent peu à peu avec l'axe dont ils dépassent à peine le diamètre en largeur (V. Rupestris).

4° Enfin l'axe est plus court que les cotylédons (V. Riparia) ; il est beaucoup plus long que les cotylédons (V. Rupestris)

De ces divers caractères, un seul, le premier par exemple, permet d'établir à coup sûr le diagnostic différentiel. Il suffit, pour cela, de limer les graines après les avoir fixées entre les mors d'un étau ou d'une pince. La différence d'épaisseur de la couche scléreuse, qui est, en général, dans le rapport du simple au double, est appréciable à l'œil nu ; à la loupe, cette différence devient tout à fait frappante.

Mais où les caractères internes acquièrent une importance encore plus grande, c'est quand il s'agit de graines hybrides, et alors il convient de distinguer deux cas :

1° Les graines proviennent d'une plante hybride.

Considérons, par exemple, le N° 107 (Millardet), qui est un hybride de V. Rupestris fécondé par V. Cordifolia. Ses graines, par l'aspect extérieur, se rapprochent beaucoup des graines du V. Cordifolia, dont elles diffèrent surtout par une légère atténuation de la chalaze et du raphé.

L'épaisseur du tégument accuse l'influence du V. Rupestris.

L'amande accuse encore plus nettement l'influence de la mère, car, comme chez cette dernière, l'extrémité radiculaire est terminée par un bec long et aigu, s'écartant ainsi beaucoup du père, dont l'extrémité radiculaire s'atténue brusquement sous un angle droit ou obtus, sans former un bec distinct.

L'embryon présente un mélange de caractères empruntés aux deux générateurs. En effet, les cotylédons rappellent complètement ceux du père, tandis que l'axe, par sa forme et par sa longueur, dénote une influence très marquée de la mère.

2° Les graines proviennent directement d'une hybridation artificielle.

Dans ce cas, les caractères externes sont empruntés à la mère. Certains auteurs, il est vrai, admettent que l'on peut distinguer à l'extérieur les graines ainsi hybridées des graines pures récoltées sur le même pied, mais la plupart des hybrideurs sont de l'avis contraire, ce qui démontre bien l'insuffisance de la différenciation externe.

C'est, en effet, dans les parties profondes de la graine que l'on peut constater sûrement les modifications apportées par le fait de l'hybridation, et c'est surtout l'embryon qui fournit à cet égard des renseignements certains. Les modifications qu'il présente sont, d'ailleurs, des plus variées. Par exemple, dans les graines récoltées sur une variété de V. Vinifera, le Servant, fécondé par le V. Berlandieri, on trouve certains embryons de forme allongée avec des cotylédons presque rectangulaires, ce qui est le caractère propre des vignes françaises, tandis que d'autres sont trapus, à cotylédons cordiformes, ressemblant complètement à l'embryon du V. Berlandieri. Un grand nombre d'autres embryons présentent un mélange des caractères du père et de la mère dans les proportions les plus variées ; aussi, entre les formes extrêmes, est-il possible d'intercaler une quantité de formes intermédiaires.

C'est là la première constatation que l'on puisse faire des caractères acquis par l'hybridation. Il est intéressant de rechercher si, par des observations longtemps suivies, il est possible d'arriver à déduire de l'examen de la graine les propriétés que possèdera la plante qui sortira.

NOTE IV

Les vignes sauvages de l'Amérique du Nord

Classification et synopsis générique

Par T.-V. Munson

M. T.-V. Munson, de Denison (Texas), vient de publier, dans le Bulletin du département de l'agriculture de Washington, une nouvelle classification des vignes sauvages de l'Amérique ; c'est une introduction à un travail complet sur les vignes américaines, qui paraîtra sous peu. M. T.-V. Munson est un des viticulteurs américains qui a le plus voyagé à travers les forêts vierges des Etats-Unis pour y étudier sur place les vignes américaines, tant au point de vue botanique qu'au point de vue viticole. Il connait certainement le mieux les vignes indigènes des Etats-Unis ; nous croyons que son essai de classification intéressera nos lecteurs, et nous en reproduisons les éléments principaux.

Classification des espèces de vignes américaines

Genre Vitis (Tournefort, Linné pro parte)

Section I. — *Euvites* (Planchon)

Série I. — Ripariæ (Planchon).

1. — *Vitis Rupestris* (Scheele). — Rustique au nord, sud-ouest du Texas, monts Ozark, centre du Tennessee.

2. — *V. Riparia* (Michaux). — Rustique au nord — ou *V. Palmata* de Vahl ; tous les Etats du nord à l'est des montagnes rocheuses, et le Canada.

3. — *V. Solonis* (Hort. Ber.). — Rustique au nord ; nord-ouest du Texas et Nouveau-Mexique.

4. — *V. Doaniana* (Munson) — Rustique au nord ; nord-ouest du Texas et Nouveau-Mexique (espèces nouvelles).

Toutes les espèces de la série I sont d'excellents éléments d'hybridation ; elles reprennent très facilement de boutures et sont très résistantes au froid. A l'état sauvage, elles poussent sur les bords sableux et alluviaux des fleuves et des lacs ; à l'état cultivé, elles prospèrent partout, excepté dans les sols très crayeux.

Série II. — Occidentales (Munson).

5. — *Vitis Arizonica* (Engelmann). — Demi-rustique au nord. Nom commun : vigne des Canons de l'Arizona ; — ouest du Texas, Nouveau-Mexique, Arizona et Etat de Chihuhahua (Mexique) ; variété *glabra* (Munson).

6. — *V. Girdiana* (Munson). — Délicate au nord ; espèce du nord de la Californie, habitant au sud du désert de Mojave, rare au nord (espèce nouvelle).

7. — *V. Californica* (Bentham). — Délicate au nord ; espèce du nord de la Californie, centre et nord de la Californie, et sud de l'Orégon sur la rivière Rouge.

Toutes les espèces de la série II reprennent facilement de boutures ; leurs feuilles sont très sensibles au mildiou et leurs fruits au black-rot ; elles poussent à l'état sauvage dans les sols sableux du bord des rivières. Ce sont les espèces américaines les plus sensibles au froid.

SÉRIE III. — Coriaceæ (Munson).

8. — *Vitis Champini* (Planchon). — Demi-rustique au nord ; espèce de beaucoup de valeur ; — sud-ouest du Texas.

9. — *V. Candicans* (Engelmann). — Demi-rustique au nord. Nom commun: vigne Mustang du Texas ; — est du 100me méridien dans le Texas.

10. — *V. Coriacea* (Shuttleworth). — Sensible aux froids ; centre et sud de la Floride.

Espèces très résistantes à la sécheresse et peu aux froids ; bouturage difficile pour le *V. Candicans* et le *V. Coriacea;* facile pour le *V. Champini* (?) ; très résistantes au phylloxera ; habitant surtout, à l'état sauvage, dans les sols sableux.

SÉRIE IV. — Labruscæ (Planchon).

11. — *Vitis Labrusca* (Linné). — Rustique au nord ; espèce comprenant l'Ive's Seedling, le Concord ; reprend facilement de boutures ; habitat : sols sableux, alluvions humides. — Etat de l'Atlantique et Tennessee.

SÉRIE V. — Æstivales (Planchon).

12. — *Vitis vinifera* (Linné). — Espèce asiatique et européenne.

13. — *V. Bourquiniana* (Munson). — Demi-rustique au nord ; — sud de l'Europe ; comprend l'Herbemont (espèce nouvelle).

14. — *V. Lincecumii* (Buckley). — Rustique au nord. Non commun : vigne Post-Oack du Texas ; grains gros, bons. Sud du Texas. Variété *glauca* (Munson) ; — nord du Texas au sud du Missouri.

15. — *V. Bicolor* (Leconte). — Rustique au nord. Noms communs : vigne bleue, vigne d'hiver, de l'Ohio et Michigan, du Kentucky au Michigan, Wisconsin, Illinois, New-York.

16. — *V. Æstivalis* (Michaux). — Rustique au nord, Tennessee, Géorgie, Virginie.

17. — *V. Simpsonii* (Munson). — Délicate au nord, Floride (espèce nouvelle).

Espèces reprenant généralement de boutures avec difficulté, excepté pour le *V. Vinifera* et le *V. Bourquiniana ;* vignes indigènes dans les sols sableux, élevés, chauds, alluviaux, bien drainés.

SÉRIE VI. — Cordifoliæ (Munson).

18. — *Vitis Cordifolia* (Michaux) — Rustique au nord. Noms communs : vigne des gelées, vigne Possum ; — de l'Iowa à l'Etat de New-York, du sud au golfe du Mexique.

19. — *V. Rubra* (Michaux) (*V. Palmata* d'Engelmann). — Rustique au nord, ornementale ; sud de l'Illinois.

20. — *V. Monticola* (Buckley). — Demi-rustique au nord. Nom commun : Sweet mountain grape. Sud-ouest du Texas. — *V. Texana* de Munson.

Espèces reprenant difficilement de boutures ; légèrement sensibles aux maladies ; toutes ces formes sont très distinctes et très caractérisées ; très résistantes au phylloxera.

SÉRIE VII. — Cinerascentes (Planchon).

21. — *V. Virginiana* (Munson). — Rustique au nord, sur le bord des rivières du sud-ouest de la Virginie (espèce nouvelle).

22. — *V. Berlandieri* (Planchon). — Demi-rustique au nord. — *V. Monticola* de Millardet. — Habitat : terrains crayeux du sud-ouest du Texas.

23 — *V. Cinerea* (Engelmann). — Rustique au nord. Nom commun : Sweet Winter grape. Texas, territoire indien, Missouri, Illinois, Tennessee — Variété *Floridana* (Munson), Floride et côtes du golfe du Mexique (forme nouvelle)

24. — *V. Caribœa* (de Candolle). — Sensible aux froids. Est du Mexique et îles.

25. — *V. Blancoii* (Munson). — Sensible aux froids. Montagnes de la Sierra-Madre, à l'ouest du Mexique (espèce nouvelle).

Espèces reprenant difficilement de boutures, excepté pour le *V. Blancoii ;* indigènes dans les bas-fonds ou sur les coteaux crayeux.

Section II. — *Puncticulosis* (Munson)

Série I. — Muscadiniæ (Munson).

26 — *V rotundifolia* (Michaux). — Demi-rustique au nord. Nom commun du sud : Muscadine grape ; tous les Etats du sud à l'est du 100e degré de longitude et au sud du 38e degré de latitude.

27. — *V. Munsoniana* (Simpson). — Demi-rustique au nord. Nom commun : vigne d'oiseau (Mustang grape de Chapmann). Centre et sud de la Floride.

Espèces reprenant difficilement de boutures ; résistant à toutes les maladies ; indigènes dans les sols riches et bien drainés (1).

(1) Traduit par M. P. Viala, *in Progrès agricole,* 14 décembre 1890. Voir également : *Revue de viticulture ;* T.-V. Munson, *Les vignes américaines en Amérique,* t. I, p 81 ; t III, p. 157, etc.

NOTE V

Liste des cépages Bouschet (1)

I. *Aramons Bouschet*

1. Petit Bouschet.
2. Gros-Bouschet.
3. Grand noir de la Calmette.
4. Aramon teinturier Bouschet.
5. Aramon Bouschet n° 1.
6. Aramon Bouschet n° 2.
7. Aramon Bouschet n° 3.
8. Aramon Bouschet n° 4.
9. Aramon Bouschet n° 5.
10. Aramon Bouschet n° 6.
11. Aramon Bouschet n° 7.
12. Aramon Bouschet n° 8.
13. Aramon Bouschet n° 9.
14. Bouschet à feuilles lisses et Aramon n° 2.
15. Bouschet à feuilles lisses et Aramon n° 3.
16. Bouschet à feuilles lisses et Aramon n° 5.
17. Petit-Bouschet à gros grains.
18. Petit-Bouschet extra-fertile.
19. Bouschet précoce.
20. Bouschet à feuilles Malvoisie.

II. *Morrastels Bouschet*

21. Morrastel Bouschet à gros grains.
22. Carignan Bouschet.
23. Morrastel Bouschet à feuilles lisses.
24. Morrastel Bouschet à petits grains.
25. Morrastel Bouschet à feuilles laciniées.
26. Morrastel fleuri Bouschet.
27. Morrastel Bouschet à sarments érigés.
28. Morrastel Bouschet n° 1.
29. Morrastel Bouschet n° 2.
30. Morrastel Bouschet n° 3.
31. Morrastel Bouschet n° 4.
32. Morrastel Bouschet n° 5.
33. Morrastel Bouschet n° 6.
34. Morrastel Bouschet n° 7.

III. *Œillades Bouschet*

35. Œillade du 1er août.
36. Œillade Bouschet n° 1.
37. Œillade Bouschet n° 2.
38. Œillade Bouschet n° 4.
39. Passerille Bouschet.

IV. *Alicantes Bouschet*

40. Alicante Henri Bouschet.
41. Alicante Bouschet extra-fertile.
42. Alicante Bouschet n° 1.
43. Alicante Bouschet n° 2.
44. Alicante Bouschet à sarments érigés.
45. Alicante Bouschet à feuilles découpées.
46. Alicante Bouschet à grains oblongs.
47. Alicante Bouschet à gros grains ou à petites feuilles.
48. Alicante Bouschet précoce ou n° 5.
49. Alicante Bouschet tardif ou n° 6.
50. Alicante Bouschet n° 8.
51. Alicante Bouschet à longue grappe ou n° 8.
52. Alicante Bouschet n° 12.
53. Alicante Bouschet n° 13.

V. *Piquepouls Bouschet*

54. Piquepoul Bouschet.
55. Petit-Bouschet et Piquepoul n° 2.
56. Alicante Bouschet et Piquepoul gris n° 4.
57. Alicante Bouschet et Piquepoul gris n° 8.
58. Alicante Bouschet et Piquepoul gris n 9.

VI. *Divers*

59. Aspiran Bouschet.
60. Terret Bouschet.
61. Muscat Bouschet.
62. Cinsaut Bouschet.
63. Espar Bouschet.

(1) Extrait de : Pierre Viala ; *Les Hybrides Bouschet.*

NOTE VI

Les gelées de printemps et les nuages artificiels

par M. F. HOUDAILLE, professeur à l'Ecole nationale d'agriculture de Montpellier

(Extrait du *Progrès agricole et viticole*)

On rapporte que Louis XVIII, recevant une délégation du Bureau des Longitudes qui venait lui présenter la *Connaissance des Temps* et l'*Annuaire*, après avoir remercié Laplace, son président, crut devoir lui adresser une question quelque peu indiscrète. «J'espère, lui dit-il, que vous allez m'expliquer ce que c'est que la lune rousse »et quelle est son action sur les récoltes.»

Laplace, quelque peu embarrassé par cette question imprévue, à laquelle il n'avait pas d'ailleurs réfléchi en dressant les tables du temps, dut se contenter de répondre que la lune rousse n'avait rien de commun avec la lune dont il était question dans l'*Annuaire*.

Si Louis XVIII eût consulté un jardinier au lieu d'embarrasser un astronome, il eût, dès cette époque, obtenu la définition suivante de la lune rousse : La lune rousse est la lune qui, commençant en avril, devient pleine à la fin de ce mois ou plus ordinairement dans le courant de mai.

Mais il était plus difficile de répondre à la seconde partie de l'indiscrète interrogation : Quelle est l'action de la lune rousse sur les récoltes ? Arago ne tarda pas à faire remarquer que le froid attribué à la lumière de la lune de fin avril n'était que la conséquence de l'exagération du rayonnement nocturne à cette époque de l'année. L'atmosphère, débarrassée de sa vapeur d'eau par les froids de l'hiver qui la condensent, n'offre plus d'obstacles à la déperdition de la chaleur du sol. Les bourgeons des plantes, refroidis à plusieurs reprises par ces brusques abaissements de la température, souffrent ou même gèlent à la surface et ne tardent pas à roussir. La lune n'avait que le seul tort d'assister, radieuse et presque réjouie, à ces brusques refroidissements de la végétation. Si le ciel d'avril eût été moins pur, la lune cachée derrière un nuage eût passé inaperçue, et la lune brillante d'avril n'eût pas gagné l'épithète injurieuse de lune rousse.

Cette explication, toute moderne, avait été pressentie par Pline, qui écrivait : «La conjonction et la pleine lune ne sont nuisibles, même pendant les nuits, que lorsque le temps est serein et l'air complètement calme, car avec des nuages et du vent la rosée ne tombe pas.»

Mais une explication aussi simple ne pouvait être acceptée sans objections. On ne tarda pas à remarquer que les plantes pouvaient geler ou roussir alors que le thermomètre ne descendait pas jusqu'à zéro. Ce n'était donc pas le froid qui tuait les plantes, mais bien une maligne influence de la radiation lunaire. Et cependant, si l'on prend soin, comme Melloni ou Tyndall, de rassembler les rayons de la lune en un même point avec une puissante lentille ou un grand miroir, on obtient une élévation de température si faible que les thermomètres les plus sensibles peuvent à peine la constater. La lune envoie donc jusqu'au sol un peu de chaleur, mais si peu, qu'il faudrait beaucoup de bonne volonté pour la rendre responsable des accidents qui arrivent aux plantes pendant qu'elle brille au-dessus de l'horizon.

Le phénomène du gel d'un végétal dans l'air possédant une température supérieure à zéro demandait néanmoins une explication. Ce fut un physicien anglais, Wells, qui eut tout l'honneur de la donner.

Wells remarqua que les corps exposés en plein air par une nuit sereine se refroidissaient très irrégulièrement et se refroidissent d'autant plus qu'ils possèdent un pouvoir émissif plus élevé. Une théière en argent poli conserve très longtemps sa chaleur, et tous les métaux polis ont un pouvoir émissif très faible. Or Wells, ayant exposé une plaque d'argent au rayonnement nocturne, trouva qu'elle se refroidissait beaucoup moins que la planche de bois qui la supportait.

Il vit en outre que ce refroidissement était bien dû au rayonnement de la chaleur vers les espaces célestes, car, ayant placé à la hauteur de $1^m,20$ deux thermomètres, l'un à la face supérieure, l'autre à la face inférieure d'une planche épaisse, il vit que le premier indiquait jusqu'à 9° de moins que le second

Wells fit encore voir que la conductibilité des corps exposés au rayonnement avait une grande influence sur leur refroidissement. Il ne suffit pas, en effet, qu'un corps rayonne beaucoup pour que sa température s'abaisse notablement au-dessous de celle de l'air : il faut encore qu'il ne puisse pas regagner par conductibilité la chaleur qu'il a perdue. C'est pour cette raison que les Indiens, qui utilisent le rayonnement nocturne des nuits sereines pour obtenir de la glace, ont soin de déposer les vases qui renferment le liquide sur une couche de paille sèche, mauvaise conductrice de la chaleur.

On peut poser encore en règle générale que les corps solides se refroidissent plus que l'air dans lequel ils sont plongés, parce qu'ils rayonnent davantage. M. Pouillet a vu des flocons de duvet de cygne descendre à 6° au-dessous de la température de l'air. Il a trouvé de plus que pour un ciel serein, cette différence restait constante, quelle que fût la température de l'air.

Melloni observa de même qu'un thermomètre de verre s'abaissait quelquefois de 2° au-dessous de la température de l'air. Il serait fort intéressant de connaître l'abaissement maximum de la température que peut présenter un sarment de vigne par rapport à l'air dans lequel il rayonne. Il est assez probable que cet abaissement est sensiblement de même ordre que celui du réservoir d'un thermomètre, de telle sorte que la température d'un bourgeon de la vigne est approximativement donnée par la température d'un thermomètre exposé librement au rayonnement à hauteur égale au-dessus du niveau du sol

La vigne pourra donc descendre à 0° dans un air où un thermomètre abrité indique + 2°. Il faut ajouter en outre que l'on a trop souvent signalé le gel d'un végétal dans un air au-dessus de zéro, parce que l'observation de la température n'avait pas été faite à une hauteur convenable. Il est bon de rapporter ici quelques chiffres qui montrent la grandeur de l'écart que peut présenter la température au ras du sol et à quelques décimètres au-dessus.

M. Glaisher a exposé des thermomètres à différentes hauteurs au-dessus du sol d'une prairie. La température réelle de l'air à 2 mèt. étant — 1°2, le thermomètre au niveau du gazon indiquait — 11°7, à $0^m,10$ — 8°2, à $0^m,30$ — 2°6, à $0^m,70$ — 2°,1, à $1^m,30$ — 1°9, à 2^m — 1°7. Le thermomètre au niveau du sol et le thermomètre à 2 mèt. présentaient un écart de 10°. Des variations aussi excessives ne se produisent guère qu'au-dessus des surfaces gazonnées. Melloni en a donné une explication très rationnelle Supposons que la couche d'air qui baigne le gazon soit, à l'origine, à — 1°2 : les tiges d'herbes qui rayonnent vont prendre une température de 2° plus basse par exemple ; mais alors l'air finira par se refroidir jusqu'à atteindre cette température, soit — 5°1. Puis les herbes rayonnant dans cet air à — 3°2 vont de nouveau se refroidir plus que lui et prendre une température de 2° plus basse ; de telle sorte que la température de l'air court sans cesse au-devant de la température du gazon qui fuit toujours devant elle. Le refroidissement obtenu serait presque illimité si l'air froid restait emmagasiné au contact du gazon et ne tendait pas à s'écouler pour être remplacé par de l'air plus chaud.

Dans les observations de l'École d'agriculture de Montpellier, les écarts entre le thermomètre exposé à l'air libre à 0m,20 au-dessus du sol nu atteignent très fréquemment 4 degrés. Dans la matinée du 9 février 1887, on relevait les températures minima suivantes : à 2 mèt. — 8°5, à 0m,20 — 14°2 ; l'écart était de près de 6 degrés.

Les chiffres relevés par M. Glaisher montrent en outre que, si l'écart des températures est très grand entre la surface du sol et les couches d'air distantes de quelques décimètres, les différences s'atténuent très rapidement avec la hauteur ; de telle sorte qu'un thermomètre placé à la hauteur moyenne des bourgeons de la vigne donne bien, à 1 degré près, la température sur toute la longueur des sarments.

Une cause indépendante de celle que Wells a mise en évidence peut aussi contribuer à amener au-dessous de zéro la température d'un végétal dans un air à quelques degrés au-dessous de zéro. Lorsqu'un liquide s'évapore, il se refroidit, et Gay-Lussac a le premier déterminé expérimentalement, dès 1822, la température finale d'une mince surface d'eau évaporant dans l'air sec. Il a montré que la théorie et l'expérience conduisent à des valeurs sensiblement égales de l'abaissement de température, qui atteindrait pour des températures de l'air . . . 0° 1° 2° 3° 4° 5°
les valeurs respectives . . . . 5°8 6°0 6°2 6°5 6°8 7°2.

Mais l'air n'est jamais complètement sec, et si l'on admet que l'humidité relative de l'air soit de 0,50 au moment du lever du soleil par un temps sec et un léger vent du nord, l'expérience indique que la température de l'air étant
de . . . . 0° 1° 2° 3° 4° 5°
l'abaissement de température déterminé par l'évaporation serait respectivement de . . . . 2°8 2°8 2°9 3°1 3°2 3°3.

De telle sorte que, si les feuilles d'un végétal évaporaient autant qu'une mince pellicule d'eau, elles pourraient descendre à zéro dans de l'air à + 3, par le seul refroidissement dû à l'évaporation.

Dans des conditions de sécheresse de l'air tout à fait exceptionnelles, de Saussure a vu, par une température de + 10°1, un thermomètre mouillé descendre à + 0°8. Si la température se fût abaissée de 1° environ, le thermomètre se serait recouvert de glace par une température de + 9°.

On doit néanmoins faire remarquer ici que cette cause de refroidissement des plantes a moins d'importance que ne sembleraient l'indiquer les chiffres ci-dessus, parce que l'évaporation des végétaux est très réduite en l'absence de la radiation solaire et que l'air, au moment du minimum de température, est en général amené assez près du point de saturation.

La température de l'air à 1m,50 ou 2 m ne pourra donc nullement guider pour décider s'il y a eu gelée pour les plantes, alors même que, pour simplifier cette étude, nous admettrions momentanément qu'une plante gèle quant la température de ses tissus s'abaisse à 0°. On peut toutefois admettre qu'un thermomètre placé à 0m,20 au-dessus du sol nu, exposé sans abri au rayonnement nocturne, accuse une température qui se rapproche assez, en général, de celle d'un végétal exposé au refroidissement d'une nuit sereine.

Nous pourrons rechercher dans les documents météorologiques de ces dernières années quel a été le nombre et la date des journées où les plantes auraient pu geler. Nous rechercherons si ces dates ont été précédées par un refroidissement avant-coureur de la température pendant les jours précédents, et nous examinerons s'il existe une liaison entre les températures de la nuit et celles de la matinée, où le thermomètre au niveau du sol est descendu à zéro.

Époques des gelées de printemps. — La période des gelées de printemps s'étend, pour la vigne, depuis son débourrement jusqu'à la cessation des froids. Le débourrement commence, pour quelques variétés américaines à végétation hâtive, vers le 15 mars, et sous notre climat la période des gelées n'excède que fort rarement la fin du mois d'avril. On peut donc assigner à la période des gelées de printemps l'intervalle du 25 mars au 15 mai, soit deux mois environ.

Mais, durant cette période, les gelées sont-elles uniquement réparties d'après la loi du hasard, ou bien sont-elles plus ou moins étroitement liées à certaines époques particulières ? Nous allons exposer les pièces du procès, laissant à nos lecteurs liberté entière pour admettre ou refuser les conclusions que l'on pourrait en déduire, si le raisonnement ne se refusait quelquefois à admettre ce que notre esprit voit clairement sans toutefois en comprendre la cause.

Supposons d'abord que les dates des gelées de printemps observées pendant une série d'années n'aient d'autre raison d'être qu'une répartition dictée par le hasard et représentons, par une ligne ondulée A, les variations de température pendant une année déterminée, l'année 1882 par exemple. Les hauts de la courbe représenteront une élévation, les bas un abaissement de la température. Traçons de même côte à côte une deuxième ligne ondulée B, représentant la marche de la température en 1883. Puis traçons une ligne C qui reste toujours à égale distance des lignes A et B. La ligne C ainsi obtenue représentera la marche moyenne de la température pendant les deux années 1882 et 1883; elle aura pour caractère d'être moins mouvementée que les lignes A et B prises isolément, parce qu'elle sera constamment comprise entre les ondulations extrêmes de A et de B, et que celles-ci ne concorderont que fort rarement à la même époque de l'année.

Si l'on associe de même les deux années 1884 et 1885, représentées par deux lignes A' et B', on obtiendra de même une ligne C' possédant les mêmes caractères que C et représentant la marche moyenne annuelle de la température en 1884 et 1885 ; et si enfin on trace une ligne conduite à égale distance de C et C' rapportées côte à côte, on obtiendra une ligne C'' moins mouvementée que C et C' et par suite que A, B, A' et B'. Cette ligne C'' représentera d'ailleurs la marche moyenne du thermomètre pendant la période de quatre années de 1882 à 1885.

Nous arrivons ainsi à ce résultat que, si les dates des variations de température sont purement accidentelles, la ligne qui exprime la marche moyenne de la température deviendra de plus en plus régulière, au fur et à mesure qu'elle résumera un plus grand nombre d'années. Or, c'est précisément tout le contraire qui arrive et qui a été mis en évidence par le remarquable travail de M. E. Roche, sur la marche annuelle de la température à Montpellier.

M. Roche a montré que, plus on étendait la comparaison de la marche du thermomètre à un plus grand nombre d'années, plus aussi se dessinait la netteté de certains abaissements de température à date fixe. C'est qu'en effet, s'il existe une cause réelle qui veuille qu'un refroidissement de l'atmosphère se produise à une date déterminée, il arrivera que cet abaissement pourra bien être masqué en 1882, déplacé légèrement en 1883, mais il apparaîtra avec beaucoup de probabilité en 1884 et en 1885. La moyenne de 1882 et 1883 l'aurait laissé passer inaperçu; la moyenne de quatre années, 1883 à 1886, le mettra en évidence, et sa date sera d'autant mieux indiquée que la marche moyenne des températures sera déduite d'une plus longue série.

Voici quelles sont, d'après M. Roche, les dates des principaux abaissements de température entre les limites du 15 mars au 15 mai :

1° Du 10 au 14 mars ; 2° du 25 au 29 mars ; 3° du 9 au 14 avril ; 4° du 23 au 25 avril ; 5° du 3 au 6 mai ; 6° du 11 au 13 mai.

Les proverbes populaires avaient d'ailleurs depuis longtemps sanctionné les résultats de cette étude. La période du 25 au 29 mars correspond à la date des coups de vents accompagnés de giboulées, que les anciens désignaient sous le nom de *vaccarious*. Les périodes du 23 au 25 avril et du 3 au 6 mai comprennent les quatre jours où soufflent les vents généralement secs et froids, appelés vents *cavaliers*. La période du 11 au 13 mai correspond à celle des saints de glace: saint Mamert, saint Pancrace et saint Gervais,

qui sans froid, dit-on, ne vont jamais.

Nous avons réuni dans le tableau suivant la date de toutes les journées de 1883 à 1886 où, dans l'intervalle du 15 mars au 15 mai, le thermomètre à 2 mètres est descendu au-dessous de zéro. On y a joint tous les principaux abaissements au-dessous de zéro du thermomètre à 0m,20, pris mensuellement par ordre de grandeur. Enfin, on a ajouté, pour les mois qui n'ont pas eu de gelées, la date des journées où le thermomètre a atteint un minimum de température. De telle sorte que ce tableau peut être considéré comme un relevé impartial des principaux abaissements de température observés de 1883 à 1886.

Date des périodes de refroidissement observées pendant le printemps des années 1883 à 1886

Date	Therm à 2m,20	Therm. à 2m	Durée du refroidissement précurseur.
(v) 14 mars 1883	— 9°	— 5°	2 jours
21 mars	— 2°,3	— 0°.4	1
(v) 29 mars	— 3°,5	— 1°	0
(v) 9 avril	— 1°,3	+ 1°,3	1
(v) 12 avril	— 0°,8	+ 2°,8	0
(v) 25 avril	+ 0°,2	+ 3°	1
(v) 12 mai	+ 0°,8	+ 3°	2
(v) 26 mars 1884	— 3°,2	— 0°,8	4
(v) 27 mars	— 1°,4	+ 1°,3	5
4 avril	+ 0°,7	+ 2°	0
(v) 12 avril	— 0°,5	+ 1°,8	4
(v) 23 avril	+ 0°,7	+ 3°	0
(v) 9 mai	+ 5°,5	+ 8°	4
(v) 26 mars 1885	— 4°,4	— 2°,7	2
30 mars	— 2°,7	+ 0°,3	1
(v) 10 avril	— 3°,2	+ 1°,5	0
(v) 22 avril	— 1°,2	+ 2°,0	0
(v) 11 mai	+ 4°,5	+ 7°,0	0
16 mars 1886	— 4°	— 2°	1
(v) 10 avril	— 0°,2	+ 2°,6	1
(v) 12 avril	— 0°,3	+ 2°,4	3
17 avril	+ 0°,5	+ 2°	1
(v) 3 mai	+ 1°	+ 4°,5	2

La dernière colonne du tableau ci-dessus mentionne le nombre de jours où la baisse des températures minima a précédé la date de la gelée. On voit que si quelques gelées de printemps sont précédées quelques jours à l'avance par un refroidissement progressif de l'atmosphère, il en est d'autres qui se produisent à la suite d'un refroidissement brusque sans être aucunement indiquées par l'allure du thermomètre dans les journées précédentes.

On a fait précéder de la notation (v) les dates de toutes les gelées ou de refroidissement maximum qui correspondent aux périodes établies par les travaux de M. Roche. On voit que les coïncidences sont beaucoup plus nombreuses que les discordances, bien que le nombre de jours, compris dans les six périodes réunies indiquées plus haut, comprenne moins de la moitié de l'intervalle du 15 mars au 15 mai.

Cette variation nous conduirait à rechercher pourquoi les variations de la température sont liées à certaines dates de l'année. Le fait n'a pas reçu jusqu'ici d'explication satisfaisante On peut remarquer qu'il est en tout cas beaucoup plus logique d'admettre que les variations de la température et leurs dates sont liées aux phases successives de la marche du soleil plutôt qu'à celles des lunaisons.

Il est impossible de nier l'action directrice que la radiation solaire exerce sur la marche ascendante des températures, tandis que l'influence lunaire devient de plus en plus problématique au fur et à mesure qu'on cherche à la vérifier par le contrôle sérieux de l'observation.

L'enregistrement continu de la température par des automates enregistreurs établit nettement que la température minima de la nuit est en général atteinte au moment du lever du soleil. La terre se refroidit en effet de plus en plus tant que le rayonnement nocturne n'est pas compensé par les premiers apports de la radiation solaire, et c'est en général quelques instants après le lever du soleil que le minimum est atteint, à moins qu'une brusque saute de vent ne produise avant cette date un réchauffement accidentel. Mais comme le phénomène des gelées de printemps atteint son maximum dans un air calme, on peut fixer les dates suivantes pour l'heure des minima de température à Montpellier.

15 mars	1er avril	15 avril	1er mai	15 mai
6 h. 15 m	5 h. 43 m.	5 h. 20 m.	4 h. 56 m.	4 h. 41 m.

Il nous reste à rechercher dans les documents écrits par des automates enregistreurs si les abaissements de température constatés se produisent plus ou moins brusquement vers le lever du soleil, s'ils ne sont pas annoncés au contraire par une baisse rapide du thermomètre dans les premières heures de la nuit. On a rapporté dans le tableau suivant la marche décroissante de la température depuis le maximum du jour précédent jusqu'au minimum atteint vers le lever du soleil. Cette marche a été déduite pour la température à 2 mètres du tracé du thermomètre enregistreur à 6 mètres et des maxima et minima observés à 2 mètres. On a déterminé la marche de la température à 0m,20 en supposant que les abaissements des thermomètres à 2 mètres et à 0m,20 restent proportionnels pendant les phases successives du refroidissement.

Marche du refroidissement nocturne

		3 h.s.	5 h.s.	9 h.s.	12 h.s.	3 h.m.	6 h.m.
26 mars 1884. Th. à	2m	16,5	12,2	5,6	3,6	2,8	—0,8
	0m20	16,5	11,6	4,1	1,8	0,9	—3,2
24 mars 1885, Th. à	2m	17,1	12,5	9,0	5,4	2,8	—0,5
	0m20	17,1	12	7,8	4,1	1,2	—2,5
12 avril 1883. Th. à	2m	14,7	13,6	7,6	3,7	2,8	3,7
	0m20	14,7	13,2	5,5	0,4	—0,8	+0,4
10 avril 1885. Th. à	2m	15°	11,5	7,6	3,3	1,7	1,5
	0m20	15°	10,3	5,0	— 0,8	—2,9	—3,2
12 mai 1883. Th. à	2m	18°	17,2	7,3	3,8	3,0	6,3
	0m20	18°	17	5,5	1,4	0,5	4,3
3 mai 1886. Th. à	2m	24,5	19,8	14,8	9,6	4,5	5,9
	0m20	24,5	18,9	13,1	6,9	0,9	2,5

On peut voir, d'après les données du tableau qui précède, que la marche du refroidissement nocturne peut se rapporter à deux types principaux. Dans le premier, gelée du 12 avril 1883, la température baisse rapidement de 3 heures du soir à minuit, puis devient sensiblement stationnaire, variant à 0m,20 de 1°,2 en trois heures.

Dans le second type, au contraire, gelée du 26 mars 1884, le refroidissement est continu ; il s'accélère même dans les dernières heures de la nuit, et le thermomètre à 0m,20 baisse de 4°,1 de 3 heures à 6 heures du matin.

Les autres gelées se répartissent entre ces deux types extrêmes en présentant toutes les allures intermédiaires, de telle sorte qu'il est impossible d'indiquer quelle température doit exister trois heures avant l'époque du minimum pour que le thermomètre descende jusqu'à zéro. On peut seulement indiquer que la température a, dans le cas extrême, varié de 6° pendant les trois heures qui ont précédé la date du minimum. L'abaissement a été de 2° par heure, matinée du 3 mai 1886.

Puisqu'il est impossible, par l'observation d'un thermomètre à heure fixe, de prévoir les chances de gelée au moment du lever du soleil, il faudra se résoudre ou bien à se lever matin et à observer de loin en loin le thermomètre toutes les fois où une nuit sereine aura favorisé le rayonnement nocturne, ou bien à confier le salut de ses vignes au bon fonctionnement d'un thermomètre avertisseur. Les dispositifs qui portent ce nom sont nombreux, mais on ne saurait affirmer que tous soient également parfaits.

Le principe des avertisseurs électriques consiste dans l'emploi d'un thermomètre, métallique en général, qui pour un abaissement déterminé de la température établit la continuité d'un circuit électrique. Le propriétaire est ainsi averti que la température est de 0° et que ses vignes gèlent.

Il est vrai qu'on peut régler l'instrument pour qu'il se mette en marche chaque fois que la température s'abaisse jusqu'à 2° ou 1° au-dessus de zéro On est en général réveillé assez souvent et de fort bonne heure : on se lève en sursaut, et assez souvent aussi on voit la température s'immobiliser sans atteindre 0° ; on en est quitte pour une fausse alerte.

Si imparfait, on le voit, que soit le résultat obtenu, il faut encore que le thermomètre avertisseur soit d'une construction robuste, afin de ne pas procurer une fausse sécurité qui, basée sur le bon fonctionnement de l'appareil, serait démentie au lever du soleil par la flétrissure et la dessiccation des jeunes pousses de la vigne. Le thermomètre devrait être installé à la hauteur moyenne des sarments de la vigne et exposé au rayonnement, afin de se trouver dans des conditions de refroidissement analogues à celles des bourgeons de la vigne. Les piles adoptées seraient des éléments Leclanché, qui sont moins sujets à faiblir avec le temps, et l'on recommanderait volontiers l'adoption du dispositif suivant, qui permettrait d'être constamment averti du bon fonctionnement de l'appareil.

Il suffit, on le sait, d'un courant très faible pour maintenir un fer doux au contact d'un électro-aimant, et d'autre part, il est possible, en introduisant un corps mauvais conducteur dans le circuit d'une pile, d'obtenir un courant de très faible intensité. On pourrait donc facilement disposer les choses de manière à ce qu'un faible courant circule aussi longtemps que la température serait au-dessus de zéro. A zéro, le courant est interrompu, l'électro-aimant abandonne le fer doux, qui dans sa chute met la pile dans le circuit de la sonnerie, qui part à l'instant. Ce dispositif, qui nous a été indiqué par M. Crova, a le grand avantage de servir de contrôle au bon fonctionnement de l'appareil. Un affaiblissement accidentel de la pile se traduirait par la chute du fer doux et avertirait aussitôt que la pile n'est plus en état et demande à être visitée.

M. Lestelle a réalisé dans les Charentes un dispositif permettant l'allumage automatique des foyers destinés à produire les fumées préservatrices. L'expérience faite en 1884 a donné des résultats assez satisfaisants pour permettre d'en recommander l'emploi, si toutefois la bourse du propriétaire s'accommodait aisément d'une dépense de première installation qui s'élève, à 120 francs par hectare.

Mais à quelle température faudra-t-il régler l'appareil pour être averti de la gelée ? Avant de donner une réponse décisive, il est bon d'entrer ici dans quelques détails sur l'action physiologique du froid sur les végétaux.

On peut poser en principe qu'un végétal ne meurt pas en général pour être descendu à quelques degrés au-dessous de zéro. M. A. Champin, dans un des derniers numéros du *Progrès agricole*, rappelait ce fait particulièrement intéressant que certaines variétés de vignes américaines supportent des froids de — 20° et quelques variétés européennes — 40°.

Dès 1797, Pictet et Maurice, ayant enfoncé de 0m,16 le réservoir d'un thermomètre dans le tronc d'un marronnier de 0m,60 de diamètre, virent que la température de l'arbre suivait assez fidèlement la température de l'air à un jour d'intervalle. On voit par là que la température de nos arbres, quelque gros qu'ils soient, descend au-dessous de zéro dans tous les hivers où la température de l'air était descendue à — 30°, et l'arbre n'en mourut pas.

Il est vrai cependant que tous les tissus végétaux sont loin de présenter une égale résistance. Les sarments aoûtés de nos vignes supportent très aisément — 8° et — 10°, et les jeunes pousses gèlent à des températures très voisines de zéro.

L'expérience semble montrer que, pour une même plante, un tissu gèle d'autant plus facilement qu'il est plus riche en eau. On sait aussi que des mélanges d'eau et de matières salines gèlent d'autant moins facilement qu'ils contiennnent une proportion de sel plus élevée et que l'alcoolicité d'un vin abaisse sa température de congélation.

La présence des lacunes microscopiques dans les jeunes tissus des plantes paraît en outre favoriser leur congélation. Voici, d'après Sachs, quelles seraient les phases successives de la gelée d'un végétal. Dans une première phase, le contenu intérieur des cellules, le liquide et la matière vivante se refroidissent jusqu'à 0° ; la membrane partage le même sort, et sa structure subit alors une modification peu connue, en vertu de laquelle elle laisse filtrer le liquide intracellulaire. L'eau vient cristalliser à la surface externe de la membrane et surtout en regard des parties vides (méats intercellulaires).

Le contenu de la cellule est donc peu à peu privé de son eau ; sa vitalité diminue, et il est probable que, si le froid s'exagérait, il finirait peut-être par périr. Mais le plus souvent il arrive à la matière vivante de la cellule ce qui advient à certain rotifère que l'on peut dessécher impunément et qui reprend la vie avec l'eau qu'on lui avait enlevée.

Si le dégel est lent, l'eau filtre par endosmose vers l'intérieur de la cellule au fur et à mesure de la fusion des cristaux de glace. M. Sachs a vu revenir à la vie des feuilles d'artichaut dans lesquelles l'examen microscopique avait permis de découvrir la formation de cristaux de glace empilés en quantité telle que plus d'un quart du poids du végétal était passé à l'état de glace solide.

Si le dégel est trop rapide, l'eau n'a pas le temps de rentrer dans les cellules ; elle se répand dans les tissus et chaque élément du végétal revenu à la vie sous l'excitation des rayons solaires est contraint de revivre sans avoir repris l'eau nécessaire à son fonctionnement normal. Le plus souvent, une mort rapide en est la conséquence ; le tissu de la plante, que l'on peut considérer comme formé alors d'une multitude de petits ballons dégonflés, flétrit et se fane. Le végétal fond en eau et se grille sous les premiers rayons du soleil.

Un explorateur et un profond observateur de la fin du siècle dernier, Dupont de

Nemours, attirait, dès le 6 brumaire an XIV, l'attention de l'Académie sur un genre de mort qui doit n'être qu'apparent, et rapprochait l'état d'un membre gelé de l'engourdissement périodique que subissent une foule d'animaux pendant les froids de l'hiver. Il cite l'opinion de Haller, qui regrettait que l'on n'eût pas essayé de ramener à la vie un homme qu'un torrent de glace fondante avait revomi plusieurs années après son engloutissement. «Il en est, dit-il, des membres des animaux comme de ceux des végétaux : si l'on opère le dégel avec une sage lenteur, la partie gelée ne tarde pas à revenir à la vie. Si l'on veut remédier au gel d'un membre par des moyens précipités, la distension trop rapide des fluides contenus dans les vaisseaux capillaires les déchire... comme il arrive aux bourgeons des plantes que les rayons du soleil frappent avant que le givre qui les couvrait ait été dissipé, et qui n'éprouvent aucun accident s'ils dégèlent par degré à l'ombre.»

Il paraît résulter à la fois de l'expérience et de l'observation que, si le gel n'est pas en général dangereux pour la plante lorsqu'il est modéré, le dégel est toujours funeste s'il est trop rapide. Cette remarque explique une partie des insuccès relevés dans l'application des procédés qui suppriment le rayonnement nocturne, mais laissent les rayons du soleil levant frapper directement le végétal.

Nous laisserons de côté l'étude d'un certain nombre de procédés destinés à prévenir les effets des gelées de printemps, tels que les écrans disposés au-dessus des ceps, les buttes de terre préservant des vents froids du nord les sarments, dans l'espoir de les protéger du rayonnement et de retarder l'époque du débourrement.

Ces divers procédés nécessitent des frais annuels de main-d'œuvre, et, s'il n'est pas démontré que les dépenses qu'ils entraînent ne soient, dans certains cas, de l'argent bien placé, il est certain qu'ils nécessitent un travail supplémentaire et un assujettissement périodique, auxquels les propriétaires consentent difficilement à s'astreindre dans une région où les gelées de printemps ne constituent fort heureusement que d'assez rares exceptions. L'emploi des nuages artificiels, sur lequel nous croyons devoir plus spécialement insister, a le grand avantage de ne nécessiter une dépense qu'au moment même où l'on est averti que son vignoble court un danger sérieux. On ne regrette jamais son argent quand on le dépense librement et en pleine connaissance de cause.

L'emploi des nuages artificiels est loin d'être une invention moderne. «Quand vous avez des craintes de gelée, écrivait Pline, brûlez dans les vignes et dans les champs des sarments, des tas de paille, ou des herbes, ou des broussailles arrachées : la fumée sera un préservatif.»

L'inca Gascilaso rapporte que, avant la conquête du Pérou par les Espagnols, «lorsque, à la nuit tombante, le ciel était découvert, les Indiens, craignant la gelée, brûlaient du fumier afin de produire de la fumée, et chacun d'eux en particulier, tâchait de faire de la fumée dans son enclos, parce qu'ils disaient que la fumée empêche la gelée en remplissant, comme les nuages, l'office d'une couverture.»

Au siècle dernier, les nuages étaient employés dans le Tyrol, en Champagne, en Bourgogne, en Alsace, dans le Wurtemberg. En 1791, on les employait en Bavière pour protéger les vignobles de Wurtzbourg.

M. Martins, vers 1860, signalait à M. Boussingault l'emploi de la fumée aux environs d'Avignon pour défendre les oliviers de la gelée.

En 1867, M. Gaston Bazille signalait, dans son rapport au jury de la prime d'honneur, les résultats qu'il avait obtenus dès le printemps de 1864 dans son domaine de Saint-Sauveur. Une seule ligne de godets remplis d'huile lourde, échelonnés à 20 mètres de distance, avaient suffi à former un nuage de fumée s'étendant sans discontinuité à plus de deux kilomètres au sud du vignoble protégé.

Mais ce fut surtout vers 1874 que, de nombreux essais tentés dans les Charentes et le Bordelais ayant été couronnés d'un plein succès, l'emploi des nuages artificiels entra définitivement dans la pratique agricole. Les résultats d'une expérience comparative faite à cette époque à Saint-Estève (Gironde) semblent établir que les fumées les plus abondantes ont été obtenues avec des broussailles ou des balles de blé arrosées de 2 à 8 kilogr. d'huiles lourdes.

On peut aussi employer avec succès des godets remplis de 1 à 2 kilogr. de coaltar, que l'on allume facilement en y répandant un peu de pétrole. Les godets ne doivent pas être disposés à plus de 10 mètres les uns des autres ; on les dispose en ligne sur le bord du vignoble par où pénètre le vent, si léger qu'il soit. Un vent très faible permet de réduire beaucoup le nombre des godets, parce que le nuage produit sur l'un des bords du champ ne tarde pas à envahir toute la surface.

Une des difficultés principales de l'application du procédé est celle qui résulte des brusques sautes de vent ; il faut aussitôt changer la disposition des godets et établir ses batteries sur une nouvelle ligne.

Mais, si le vent s'élève, il devient impossible d'obtenir un écran suffisant, quel que soit le nombre des foyers. Il est vrai que, dans ce dernier cas, les bourgeons de la vigne ont moins de chance de se refroidir, parce que l'air froid qui les baigne est sans cesse mélangé à la masse de l'air ; et bien que le végétal rayonne autant de chaleur, il se refroidit beaucoup moins, parce qu'il est sans cesse ramené à la température de l'air qui circule autour de lui. Les nuages artificiels constituent un procédé de défense contre les gelées de printemps, dont l'efficacité a été établie par les résultats de la pratique agricole, et tout se passe comme si leur présence empêchait le refroidissement exagéré du végétal. Les expériences directes, faites en vue de déterminer leur réel mode d'action, ne sont toutefois ni assez nombreuses ni assez concordantes pour permettre d'affirmer que la présence des nuages de fumée retarde sensiblement la vitesse de refroidissement de l'atmosphère qu'ils surmontent. Des expériences faites aux environs de Colmar, en février 1885, ont donné les valeurs suivantes pour la température mesurée à 1m,20 par des thermomètres exposés librement sans abri sur deux parcelles voisines, l'une sous le nuage de fumée, l'autre en dehors de son action :

	HEURES			
	3 h. 20	3 h. 45	4 h. 10	4 h. 30
Champ avec fumée	+1°	—1°	—1°	—1°5
Champ sans fumée	—1°	—1°5	—1°7	—2°

M. Muller-Turgau, qui rapporte cette expérience dans un récent travail « sur la gelée et la mort des plantes par le froid », signale en outre les résultats obtenus en 1876 par Haberlandt, qui trouvait une différence de quelques dixièmes de degré seulement entre les indications du thermomètre sous le nuage de fumée et en dehors du périmètre de son action.

Si la couche d'air, plus ou moins refroidie par le rayonnement nocturne, n'est pas en parfait repos, elle se déplace lentement au-dessous du nuage de fumée, et l'air qui afflue pour la remplacer apporte avec lui la température des régions voisines qui sont soumises à l'action entière du rayonnement nocturne. Le refroidissement du végétal par rayonnement peut, du reste, être atténué beaucoup par l'opacité du nuage de fumée, alors que le thermomètre, placé à 1m,20, n'indiquera qu'un ralentissement très faible dans l'abaissement de la température de l'air. Il serait important d'entreprendre des expériences précises pour établir la marche comparée de la température chez un thermomètre et dans un bourgeon de vigne soumis l'un et l'autre aux diverses phases du rayonnement nocturne.

Le faible obstacle que les nuages artificiels paraissent opposer au refroidissement de l'air a conduit à chercher une autre raison de leur efficacité. On a vu que, d'après Sachs, les plantes meurent non pas de la gelée, mais du dégel, quand il survient trop brusquement. Les nuages artificiels, en amortissant les premiers feux du soleil, réalisent à merveille la condition nécessaire pour que le végétal gelé ait tout le temps nécessaire pour reprendre l'eau qui avait un instant abandonné son poste ; et l'on peut se demander, dès lors, si la pratique des nuages artificiels ne se simplifierait pas quelque peu. Il suffirait de consulter chaque jour le thermomètre vers le lever du soleil : si on le trouve au-dessous de zéro, on allume de suite les feux, et les pampres gelés de la vigne reviennent à la vie par un réchauffement progressif et modéré. Le thermomètre avertisseur est par là même supprimé, et avec lui les insomnies du propriétaire, toujours sceptique quand il songe à sa récolte laissée à la merci d'un courant électrique.

Mais il faut toujours compter avec les découvertes de la science, parfois même avec les contradictions passagères des savants. On avait remarqué que les pommiers exposés aux froids rigoureux de l'hiver gelaient de préférence du côté sud, et l'on expliquait à merveille le phénomène. C'est au sud que l'échauffement a été le plus rapide et le végétal a passé de la mort momentanée à la vie active par une transition trop brusque ; il en résulte le phéuomène inverse, c'est-à-dire le passage de la vie à trépas.

Or, récemment, M. Muller-Turgau a observé que les tissus exposés au sud, ayant bénéficié plus longtemps de la chaleur automnale, étaient plus gorgés d'eau et devaient moins résister aux froids de l'hiver. Il a vu que l'on pouvait impunément refroidir un rameau de pommier à — 25° et qu'il ne périssait pas, même à la suite d'un dégel fort rapide. Au-dessous de — 25°, le rameau gelé périssait, quelle que fût la lenteur du dégel.

D'autre part, M. Goppert a tenté toute une série d'expériences parallèles à celles de M. Sachs et arrive à un résultat sensiblement opposé. Il conclut, en effet, de ses recherches, que tous les soins qu'on met à ralentir le dégel des plantes sont inutiles, car si elles sont mortes, on ne les ressuscitera pas, et, si elles ne le sont pas, la rapidité du dégel ne leur nuira en rien. M. Goppert a fait dégeler par une température de + 25° les bourgeons de quelques plantes ligneuses gelées à — 16° et — 20° ; il a constaté après le dégel qu'elles n'avaient aucunement souffert.

Nous ne tirerons de ces contradictions qu'une seule conclusion, à savoir : que les plantes peuvent supporter un certain degré de froid, et que, si le dégel est lent, elles peuvent périr ou ne pas périr, non pas lorsqu'elles sont dégelées par M. Sachs ou par M. Goppert, mais selon que leurs tissus présentent une vitalité suffisante pour cicatriser les déchirures provoquées par la formation des cristaux de glace, ou selon que les modifications apportées à la matière vivante sont trop profondes pour permettre sa plus ou moins rapide résurrection.

M. Prillieux a montré, dès 1870, que les tissus des plantes herbacées ne gelaient pas en bloc, mais que l'eau s'en isolait pendant la période du gel sous forme d'amas de glace assez volumineux et parfois régulièrement disposés (tiges des Labiées) ou constituant quelquefois un cylindre de glace continu (pétiole de la rose trémière). Ces amas de glace se forment, en général, sous l'épiderme ou sous les premières rangées du parenchyme sous-jacent. On a néanmoins constaté plus rarement de grandes lacunes à gros amas de glace dans le parenchyme médullaire (Anchusa). L'observation microscopique montre en outre, et c'est là un point important, que, tant que les cristaux ne prennent pas un développement tout à fait exceptionnel, les assises de cellules sont simplement décollées sans que les éléments organiques soient déchirés, ainsi que pourrait le faire supposer le grand volume des glaçons que l'on observe. On est ainsi conduit à la conclusion par laquelle M. Prillieux termine son étude, et à admettre que la formation, au milieu des tissus vivants, de lacunes où se déposent les amas de glace, ne cause pas d'ordinaire de dommage notable aux plantes.

Dans un mémoire ultérieur, M. Prillieux a rapporté plusieurs faits qui montrent que la vitalité de la plante suffit souvent à cicatriser la désorganisation souvent profonde de ses tissus. Le vrai but à atteindre dans l'application des nuages artificiels n'est pas tant d'empêcher la température de descendre à zéro que de prévenir un refroidissement exagéré du végétal et de faciliter son retour à la vie par un dégel modéré.

Nous croyons utile de résumer en quelques mots les points principaux qui se dégagent de cette étude des gelées de printemps :

1° La période des gelées de printemps, qui s'étend pour la vigne du 15 mars au 15 mai, paraît présenter des époques de refroidissement maximum distribuées à date fixe. Ces époques, révélées par l'observation, ne sont confirmées par aucun raisonnement théorique satisfaisant. Il sera prudent, néanmoins, de redoubler de vigilance aux dates qui leur correspondent.

2° L'abaissement de la température pendant la nuit qui précède une gelée est trop irrégulier pour que l'on puisse indiquer l'abaissement moyen par heure du thermomètre et prévoir ainsi plusieurs heures à l'avance les chances de gelées au moment du lever du soleil.

3° L'emploi du thermomètre avertisseur sera subordonné à l'adoption d'un appareil robuste et dont on puisse contrôler facilement le bon fonctionnement. Le thermomètre sera placé à la hauteur moyenne des sarments de la vigne et sera exposé au rayonnement direct.

4° Aussitôt que l'on aura été averti de l'abaissement de la température dans le voisinage de 0° vers + 2°, on devra allumer de suite les feux préservatifs. Ceux-ci devront être entretenus avec d'autant plus de soin que la température s'abaissera plus rapidement en dehors du périmètre d'action des nuages artificiels.

5° On augmentera l'opacité du nuage de fumée au moment du lever du soleil et on prolongera les feux une heure environ après que le thermomètre aura remonté jusqu'à 0°. Les fumées devront être prolongées d'autant plus tard après le lever du soleil que la gelée aura été plus forte et que l'abaissement de la température au-dessous de zéro aura duré plus longtemps.

NOTE VII

La fumure des vignes et la qualité des vins

par M. A. Muntz

L'application des fumures à la vigne a, de tout temps, été regardée comme exerçant une influence défavorable sur la qualité des vins. J'ai été amené, dans le cours de mes études sur le vignoble français, à discuter cette assertion et à demander à des données numériques le contrôle d'une opinion généralement adoptée. Des chiffres, remplaçant des appréciations, modifient souvent l'interprétation des faits agricoles, et si, la plupart du temps, la manière de voir du cultivateur s'appuie sur l'observation, souvent il croit à des relations, alors qu'il n'y a que des coïncidences.

J'ai mesuré la fumure, exprimée en éléments fertilisants, dans les grandes exploitations des régions à vins fins et à vins communs, sans modifier en rien les pratiques usuelles et en me bornant à les exprimer en chiffres comparables. Malgré cette influence attribuée à la fumure, presque toutes les vignes reçoivent des engrais et souvent en grande quantité. Un coup d'œil d'ensemble permet de dire qu'on se règle, pour leur emploi, plutôt sur les conditions économiques de chaque région (abondance de matériaux fertilisants ou résultats rémunérateurs des exploitations) que sur les besoins réels de la végétation de la vigne, et sans se rendre compte des quantités qu'on met en œuvre.

Je passerai en revue les usages établis pour les apports d'engrais dans les centres viticoles les plus caractérisés.

Dans le Midi, qui n'est pas un pays d'élève du bétail, ni de grande production fourragère, les fumiers sont rares et les viticulteurs s'adressent souvent à des engrais chimiques ou commerciaux. Mais le bas prix des vins (8 à 20 fr. l'hectolitre) oblige à restreindre les frais d'exploitation, qui ne dépassent pas ordinairement 500 à 600 fr. Aussi les vignobles du Midi sont-ils, en général, fumés avec parcimonie.

Voici, pour quelques-uns, les quantités de principes fertilisants donnés, par hectare, dans la fumure annuelle:

		Azote	Ac. phosphor.	Potasse
Guilhermain (Hérault) (plaine)	donné dans la fumure	74k	47k	57k
	absorbé par la vigne.	74	17	56
Labrousse (Hérault) (demi-montagne)	donné dans la fumure	89	57	99
	absorbé par la vigne.	52	12	41
Saint-Laurent-d'Aigouze (Gard) (submersion)	donné dans la fumure	91	17	26
	absorbé par la vigne.	58	18	57

Dans le Médoc, les conditions économiques sont différentes ; si les rendements sont moindres, les prix des vins atteignent de 60 à 400 fr. l'hectolitre et permettent de consacrer de 1.000 à 2.000 fr. aux frais d'exploitation.

D'ailleurs, cette région est privilégiée sous le rapport de l'abondance des matériaux fertilisants. Outre le fumier d'un bétail assez nombreux, elle trouve les végétaux et les terres humifères des Landes, les riches dépôts formés par les alluvions de la Gironde, les gadoues de Bordeaux. Aussi les vignobles reçoivent-ils de fortes fumures, qui se traduisent, par hectare et par an, par les chiffres suivants :

		Azote	Ac. phosphor.	Potasse
Château-Latour (1er cru)	donné dans la fumure	112k	51k	165k
	absorbé par la vigne.	40	13	54
Château Brane-Cantenac (2e cru)	donné dans la fumure	160	102	172
	absorbé par la vigne.	42	13	54
Château d'Issan (3e cru)	donné dans la fumure	295	272	177
	absorbé par la vigne.	46	17	65

En Bourgogne, on fume les vignes moins abondamment, dans la crainte de diminuer la qualité des vins. Là, où d'ailleurs les terres sont assez riches, nous voyons par exemple :

		Azote	Ac. phosphor.	Potasse
Chambertin	donné dans la fumure	56k	165k	55k
	absorbé par la vigne.	31	9	34
Beaune	donné dans la fumure	47	23	54
	absorbé par la vigne.	24	75	26

Quant à la Champagne, qui n'a cependant pas des ressources locales assez limitées en matières fertilisantes (fumier de cheval et de mouton, terres pyriteuses), elle donne d'abondantes fumures ; les prix des vins (300 à 600 fr., l'hectolitre) sont assez élevés pour qu'on puisse consacrer jusqu'à 3.000 fr. aux frais d'exploitation annuels.

Outre les apports énormes faits au moment de la plantation, les vignes reçoivent par an et par hectare :

		Azote	Ac. phosphor.	Potasse
Cramant	donné dans la fumure	106k	87k	219k
	absorbé par la vigne.	37	9	29
Hautvillers	donné dans la fumure	158	151	196
	absorbé par la vigne.	49	12	55
Verzy	donné dans la fumure	110	50	120
	absorbé par la vigne.	40	125	48

On voit par ce qui précède que le Médoc et la Champagne, dont les vins ont une si grande finesse, emploient de très fortes fumures, dépassant celles qu'on donne aux cultures les plus intensives de céréales, de racines ou de fourrages.

Ce n'est donc pas l'abondance des matières fertilisantes qui exerce une action déprimante sur la qualité des vins. Mais il convient d'ajouter que, dans ces crus renommés, dont les sols offrent peu de ressources par eux-mêmes, ce sont presque toujours des engrais naturels que l'on emploie, après les avoir le plus souvent transformés en terreau. Si l'on donnait des engrais chimiques à action plus rapide, tels que le nitrate de soude, peut-être n'auraient-ils pas la même innocuité : c'est un point qui n'est pas résolu.

En réalité, ces fortes fumures ont plutôt pour effet de donner de la vigueur à la vigne que de pousser à une augmentation de récolte; le rendement est subordonné aux influences climatériques, beaucoup plus qu'à l'abondance des matières fertilisantes, et, quand il n'est pas artificiellement poussé, par le mode de la taille, au delà d'une certaine limite, la qualité des vins ne se ressent pas de l'exagération des fumures.

Mais lorsque, en même temps, on taille à long bois, laissant ainsi beaucoup plus de bourgeons à fruits, ces influences réunies agissent sur la production, qu'on peut alors arriver à doubler, mais au détriment manifeste des vins et de leur vinosité. En demandant à la vigne de plus fortes récoltes, par l'effet combiné de la fumure et de la taille, on n'obtient donc que des vins inférieurs. Mais quand la surproduction est due uniquement à des circonstances météorologiques favorables, il n'en est pas de même, et les années de grands rendements sont généralement aussi des années de bonne qualité, comme cela a eu lieu en 1893, où le Médoc et la Champagne ont récolté le double des années normales.

Si l'on met en parallèle les vignes du Midi, qui vivent dans un climat chaud et régulier, permettant d'obtenir des rendements peu variables, et celles du Médoc, de la Bourgogne et de la Champagne, dont l'action des intempéries modifie les rendements du simple au quadruple d'une année à l'autre, nous voyons que, dans les premières, la production est subordonnée à la quantité d'engrais, le climat étant un facteur constant, tandis que, dans les autres régions, elle est subordonnée aux influences climatériques, la fumure étant là le facteur constant, c'est-à-dire toujours suffisant pour la végétation et la fructification de la vigne.

Comptes rendus de l'Académie des Sciences, 6 mai 1895.

NOTE VIII

Chasselas × Berlandieri N° 41

DESCRIPTION

Plante très vigoureuse, à port étalé, fertile, ressemblant beaucoup, à première vue, à un Berlandieri pur.

Bois de l'année gros, souvent un peu coudés aux nœuds, notablement aplatis et fréquemment canaliculés d'un côté, d'un nœud à l'autre, à la base des plus fortes pousses ; arrondis subpolygonaux vers leur sommet. Bois de couleur vert clair ou un peu jaunâtre dans leur jeunesse, de couleur brun havane à l'état de maturité complète, ornés de bandes longitudinales plus foncées, à la base des gros sarments ; d'un brun plus clair, très légèrement pruineux, dans leur partie moyenne et extrême. Surface des bois assez fortement striée à la base des gros sarments, glabre, sauf au sommet des pousses, où se voient quelques petits pelotons laineux blanchâtres.— Diaphragmes de un et demi à deux millimètres d'épaisseur, concaves en dessus et en dessous. Moelle médiocrement épaisse relativement au bois proprement dit, jamais deux fois aussi épaisse que ce dernier.— Vrilles longues, bifurquées.— Entre-nœuds de longueur souvent irrégulière, de grandeur moyenne (ne dépassant guère 12 centimètres), nœuds peu renflés.— Bourgeons à duvet blanchâtre au sommet, ferrugineux sous les écailles ; à la pousse du printemps d'abord violacés, se nuançant ensuite de grisâtre et devenant enfin de teinte plus ou moins bronzée ainsi que les jeunes tiges. A cette époque, les jeunes feuilles sont à la fois pubescentes et lanugineuses.

Feuillage d'un beau vert, jamais teinté de rouge en automne, mais prenant à cette époque une teinte jaune vif.

Feuilles à pétiole presque toujours plus court que le limbe, d'un vert jaunâtre, souvent légèrement enviné à l'automne ; faiblement pubescent et lanugineux ; portant un sillon longitudinal à peine marqué du côté supérieur ; à coupe (dans sa région moyenne) subarrondie-polygonale du côté inférieur, en dos d'âne, avec une faible dépression médiane, du côté supérieur.— Limbe presque toujours plus large que long, habituellement très étalé ou seulement un peu plié suivant sa longueur ; de forme générale arrondie-pentagonale à la base des sarments ; un peu cordée au sommet ; sub-5 lobé sur les feuilles inférieures, sub-3 lobé sur les moyennes, presque entier sur les supérieures.— Lobes subaigus chez les feuilles inférieures, le plus souvent obtus et très obtus chez les moyennes et supérieures.— Sinus latéraux subaigus ou obtus comme les lobes, le pétiolaire ouvert en V ou en U.— Dents presque toujours d'une seule sorte, petites, obtuses ou arrondies, peu pubescentes au bord.— Consistance du limbe plutôt épaisse et résistante — Face supérieure lisse, luisante, presque glabre. — Face inférieure de teinte plus pâle, brillante dans l'intervalle des nervures. Ces dernières, toutes plus ou moins pubescentes et pelucheuses. Les quatre grandes nervures latérales naissant souvent deux par deux de deux courts troncs communs. Petits bouquets de poils subulés et laineux à l'aisselle des nervures principales du côté inférieur de la feuille.

Fleurs hermaphrodites à étamines courtes.— Grappe cylindrique, étroite, habituellement de 12 à 16 centimètres de longueur, peu composée, le plus souvent non ailée, quelquefois à aile grêle, allongée, portant seulement 4 à 5 grains. Pédicelles des grains courts (5 à 6 millimètres), épais, coniques, finement tuberculeux. Pinceau court, coloré.

Grains espacés, de grosseur sous-moyenne, sphériques, noirs, assez pruineux, juteux, à peau épaisse, jus incolore, pulpe fondante, verdâtre Saveur très franche, agréable, à la fois acidulée et sucrée.

Pépins: 1 à 2 par grain, sans pigment à leur surface, offrant avec ceux du V. Berlandieri une ressemblance frappante, gros, trapus, presque aussi larges que hauts, à surface souvent très tuberculeuse.

Chalaze à bord supérieur occupant sensiblement le milieu de la hauteur totale de la graine, atténuée en pointe du côté inférieur, souvent de teinte plus claire, assez saillante dans une fossette large et profonde qui se continue en haut et en bas.

Raphé non saillant, remplacé par une gouttière. Extrémité inférieure de la graine atténuée en bec assez aigu, court, de couleur plus foncée. Extrémité supérieure très large, bilobée.— Maturité de deuxième à troisième époque.

OBSERVATIONS

La plante dont il est question ici est le produit de la fécondation du Chasselas vert par le pollen d'une plante mâle de V. Berlandieri cultivée par M. Léonce Guiraud dans sa propriété de Villary, près Nimes (Gard), pollen qu'il eut l'obligeance de nous envoyer à Bordeaux en 1882.

En 1884. les quatorze individus issus de cette hybridation et qui constituaient alors le N° 41 de notre collection furent mis en grande culture à Laval, près Pézenas (Hérault), avec quinze cents autres hybrides différents et variés, de même âge, dans une terre de qualité moyenne, bien défoncée, où ces hybrides succédèrent à une vieille vigne qui venait d'être tuée par le phylloxera En 1887, alors que beaucoup de ces hybrides commençaient à dépérir, nous distinguâmes, à leur vigueur, parmi les quatorze plants du N° 41, deux individus qui furent désignés individuellement par les lettres A et B. Depuis, nous nous sommes aperçu que, de ces deux plantes, B seul était réellement hybride de Berlandieri ; A était un hybride de Rupestris qui s'était glissé, par erreur, parmi les 41. C'est donc du 41 B exclusivemeet qu'il sera question ici, et nous ne le désignerons désormais que par son numéro, sa lettre originelle (B) devenant inutile, puisque l'autre 41 (A) est hybride de Rupestris.

Cette même année, les racines de tous les hybrides les plus vigoureux furent visitées avec soin ; le 41 se montra indemne de phylloxera, et dix boutures, que nous mîmes de côté, en furent plantées, au printemps de 1888, dans une vigne voisine que le phylloxera venait de détruire. Ces dix boutures reprirent toutes sans exception; et bien que ces ceps soient entourés de concurrents très sérieux, ils présentent en ce moment, au niveau du sol, une circonférence moyenne de 18 à 19 centimètres, alors que le pied-mère, qui vient de terminer sa dixième année de plantation, en mesure 28. Ces vignes n'ont jamais reçu que des fumures ordinaires tous les trois ans.

En 1890, M. Bouisset plantait dans son jardin, à Montagnac (Hérault), au pied d'un mur et à une exposition favorable, un raciné de 41 au milieu d'une ligne d'hybrides variés (Nos 139, 160, 149, etc.), qu'il pensait être très résistants à la chlorose, dans l'intention d'en faire une treille de raisins de table pour le greffage. Mais ce sol est infiniment plus chlorosant que sa teneur en calcaire (34 p. 100) ne peut le faire supposer.

Deux ans après, tous ces hybrides, sauf le 41, étaient tellement rabougris par la chlorose qu'ils durent être arrachés. Le 41, qui avait montré une végétation et une coloration verte normale, fut seul conservé et, à partir de cet instant, il fut fumé soigneusement Depuis, s'emparant de l'espace libre autour de lui, il a pris un développement qu'on peut appeler prodigieux, sans encourir le reproche d'exagération, puisqu'il couvre en ce moment, sur le mur où il est palissé, une longueur de 18m80, et que sa souche, au niveau du sol, mesure 35 centimètres de circonférence.

Cette grande vigueur ne dépend pas uniquement des fumures et du soleil du Midi, comme on pourrait le supposer. Partout où le 41 a été essayé, dans le Tarn-et-Garonne, le Gers, les Charentes, la Dordogne, il s'est montré de première vigueur, sauf dans les champs d'essai de Montagnac et ceux de MM. Dethan et Bethmont, où il est placé dans des sols d'une extrême pauvreté, ainsi qu'on le verra plus loin, épuisés par des vignes anciennes et qui, depuis, n'ont jamais été fumées.

Cette vigueur persiste après le greffage. Toutes les greffes faites dans le Tarn-et-Garonne, le Gers et les Charentes, en 1891, sur racinés plantés en 1890, lorsque le terrain s'est trouvé être naturellement d'une fertilité à peu près moyenne, sont aujourd'hui belles ou très belles, bien qu'elles n'aient jamais été fumées. Voici quelques mesures qui le prouveront. Elles représentent, en centimètres, la circonférence des pieds greffés immédiatement sous la greffe.

A Julliac-le-Coq, greffé en Folle-Blanche, 8 à 9 centimètres, selon les pieds;

Chez M. Verneuil, même cépage, 8 à 10 centimètres ;

Chez M. Thibaut, Tannat, 7 à 9 centimètres;

Chez M. d'Hebray, dix cépages différents, 8 à 13 centimètres, selon les cépages. Les plus fortes greffes sont celles de Pinot blanc, Milgranet, Valdiguier et Sémillon.

On pourra se faire une idée de la fertilité de ces différentes terres par les analyses données plus loin.

Ainsi qu'on l'a vu plus haut, la plante mère du 41 s'est montrée complètement indemne du phylloxera pendant plusieurs années. Des nodosités en petit nombre ont été constatées pour la première fois, en 1890 et 1891, sur les dix plantes provenant de ces dix boutures de 1888, dont il a été question plus haut. Depuis cette constatation, les racines de ces plantes ont été visitées une ou même deux fois chaque année, et jamais, même en 1893, où le phylloxera s'est montré si meurtrier, l'ombre d'une seule tubérosité ne s'y est aperçue.

Depuis la même époque, nous avons examiné également, chaque année, les racines du 41, à la fois : dans notre champ d'essai de Talence, près Bordeaux; à Maurens (Gers), dans celui de M. Thibaut; à Cozes, chez M. Verneuil; au château de la Grève, chez M. Bethmont; à Julliac-le-Coq, dans le champ d'essai de la Station viticole de Cognac. Toutes ces visites réitérées de 41 greffés ou non, placés dans des sols phylloxérés dès l'origine de la manière la plus intense, ont toujours donné, et il y a un mois encore, le même résultat : nodosités petites et rares (dans la proportion de 5 à 10 p. 100 du nombre des radicelles), tubérosités nulles.

Deux de ces champs d'essai sont particulièrement instructifs, parce que le 41 s'y trouve au centre de taches phylloxériques qui ont fait le vide autour de lui. C'est ce qui est arrivé à Julliac et chez M. Verneuil; chez ce dernier, dix 139 greffés sont morts, il y a deux ans, à côté des dix 41 greffés, et plusieurs autres hybrides qui environnent ces derniers se rabougrissent insensiblement (un 105 et un Taylor-Narbonne, par exemple).

A Julliac, les dix 41 (dont deux non greffés) forment, avec trois ou quatre autres hybrides de Berlandieri (Nos 184, 29), un véritable fourré, au milieu d'un espace de plusieurs ares où ne se voient plus que des hybrides variés rabougris, mourants ou morts à la suite des atteintes de l'insecte.

Même, dans ces conditions, il faut souvent plus d'un quart d'heure de recherches pour trouver une seule nodosité sur la plante dont nous parlons et souvent même on n'en trouve aucune.

Ces faits sont certains, et nous pouvons invoquer à l'appui de nos observations le témoignage de plusieurs viticulteurs, dont la compétence ne fera doute pour personne, qui ont été maintes fois témoins de nos recherches et qui les ont répétées indépendamment de nous : MM. Verneuil, Bethmont, de Lapparent, Ravaz et même MM. Couderc et Roy-Chevrier, qui, avant le Congrès de Lyon, ont eu la satisfaction de constater le parfait état des racines du 41 chez M. Verneuil.

Quel que puisse être le poids de ces diverses constatations, nous aurions peut-être hésité à affirmer aujourd'hui la haute résistance du 41, si nous n'avions pas devers nous des preuves encore plus fortes de cette résistance. Nous savons, en effet, que souvent, dans des champs d'essai comme ceux dont il est question, où beaucoup de plantes différentes se trouvent rassemblées, le phylloxera se cantonne d'abord sur celles qui lui conviennent le plus, pour n'attaquer les autres qu'après la destruction des premières.

Pour résoudre cette difficulté, nous avons cultivé le 41 pendant deux ans dans des pots à fleurs, les uns de 25, les autres de 35 centimètres de diamètre, qui étaient infectés au moyen de galles phylloxériques. Ces plants examinés soit à la première, soit à la deuxième année, n'ont jamais montré la moindre tubérosité et n'ont présenté, comme en plein champ, que cinq à dix petites nodosités par cent radicelles.

Nous avons aussi mis les 41 en concurrence, dans des pots semblables à ceux dont il vient d'être question, d'une part avec le Riparia Grand-Glabre, d'autre part avec le Solonis. Plusieurs pots de chaque sorte examinés, soit à la fin de la première année, soit après la seconde, ont donné uniformément les mêmes résultats. Dans les pots avec Grand-Glabre, le plus souvent à peu près autant de nodosités sur 41 que sur Riparia, quelquefois moins, pas de tubérosité ni sur l'un, ni sur l'autre. Dans ceux avec le Solonis, le 41 se montrait complètement indemne ; le Solonis était couvert de nodosités (50 à 60 °/o du nombre total des radicelles), libre la plupart du temps, mais pas toujours de tubérosités.

M. Ravaz, que nous savions se livrer à des essais du même genre, a bien voulu nous en communiquer dernièrement les résultats. Pour ne pas lui ôter le plaisir d'en donner le détail, nous nous bornerons à dire qu'ils concordent essentiellement avec ceux que nous avons obtenus nous-mêmes.

Mais ce n'est pas tout : nous avons un argument plus puissant encore à faire valoir en faveur de la très haute résistance de la plante dont nous parlons. Il existe à Laval un millier de greffes de 41 faites depuis deux, trois ou quatre années, pour les besoins de la multiplication, sur des plantes de très haute résistance, des Riparias, des Riparias-Rupestris, des Azémar, des 108, 107, Cordifolia-Rupestris de Grasset, etc. Ces greffes, faites à dessein à 15 ou 20 centimètres de profondeur, sont affranchies depuis deux, trois ou quatre ans. Elles couvrent une superficie d'un quart d'hectare, sans mélange de plante à faible résistance. Le phylloxera est partout, et en déchaussa it les pieds avec précaution, on trouve enchevêtrées les racines des porte-greffes et celles du 41. Des recherches fréquentes et minutieuses nous ont montré que, d'une manière générale, il n'y a pas plus de nodosité sur le 41 que sur les porte-greffes nommés plus haut. Quant aux tubérosités, il ne s'en trouve, bien entendu, ni sur l'un, ni sur les autres. M. Viala a bien voulu venir à Laval répéter ces constatations. Elles ont entraîné sa confiance à la résistance du 41.

Dirons-nous encore que, depuis quelques années, il a passé entre nos mains et celles de M. Bouisset, à l'arrachage de la pépinière de ce dernier, plusieurs milliers de racinés de 41, et que jamais rien de suspect n'a pu être constaté sur leurs racines, tandis que fréquemment des lignes entières de plantes moins résistantes, placées à côté du 41 (160 et même Riparia-Martineau et Rupestris-Phénomène), ont offert des tubérosités plus ou moins accusées.

Si nous voulions résumer par un coefficient de résistance l'ensemble de nos observations, nous dirions que cette résistance est le plus souvent de 9, quelquefois de 9,5 et que rarement elle descend à 8,5 (l'immunité étant représentée par 10, la résistance du Phénomène par 7 à 7,5, celle du Solonis par 6,5, celle du Jacquez par 4,5). Elle nous semble par conséquent très comparable à celle du Riparia Grand-Glabre, le plus résistant de tous les Riparias suffisamment étudiés.

Afin d'apprécier la résistance à la chlorose du 41, nous passerons successivement en revue les principaux champs d'essai dans lesquels il a été placé depuis quatre ans au maximum et greffé depuis au moins trois (le deuxième champ de Montagnac seul n'a que deux années de greffage). Une remarque importante et commune à tous ces champs d'essai, c'est que tous ont été établis sur d'anciennes vignes détruites par le phylloxera et que, depuis leur établissement, ils n'ont jamais été fumés. Partout l'essai a porté sur dix pieds de chaque numéro ou variété, du 41 comme des autres.

TERRAINS CALCAIRES ET MARNEUX

»Champs d'essai de Montagnac (Hérault), chez M. Bey de Lacroix.— A la Grangette.

»1er *champ*. — Miocène lacustre. Sol calcaire, marneux, blanc, de 20 centimètres d'épaisseur sur le bord du champ, où est planté le premier pied de chaque variété essayée, arrivant presque au double vers le dernier pied de la même variété : pierreux, très humide en hiver, très sec en été. Sous-sol formé d'un calcaire marneux blanc, feuilleté, impénétrable aux racines, délité à la surface où il se laisse écraser sous la pression du doigt qu'il tache comme de la craie.

»Sol, 0/0: — calcaire, 63,0 ; argile, 6,0.

»Azote, 0,070 ; acide phosphorique, *traces ;* potasse, 0,19.

»Sous-sol : — calcaire, 81,0 ; argile, 9,0.

»Plantation de 1888 ; greffage de 1890.

»2e *champ*. — A côté du précédent ; même étage géologique, mêmes caractères, même composition, cependant plus mauvais encore à cause de la profondeur moindre du sol qui varie entre 15 et 20 centimètres et de la plus grande proportion de pierres.

« Sol, 0/0 : — calcaire, 79,0 ; argile, 12,0.

»Azote, 0,04 ; acide phosphorique, *traces* ; potasse, 0,18.

»Sous-sol : — calcaire, 82,0 ; argile, 12,0.

»Plantation de 1890 ; greffage de 1892.

»Champ d'essai de Saint-Martin, chez M. de Serres.— Situé dans le garumnien (crétacé supérieur) lacustre. Très analogue aux deux champs précédents, mais sous-sol marneux, blanc.

»Sol, 0/0: — calcaire, 77,0; argile, 5.

»Azote, 0,05; acide phosphorique, *traces*; potasse, 0,1.

»Sous-sol: — calcaire, 63,0; argile, 11.0.

»Plantation de 1888; greffage de 1890.

»Dans ces trois champs, où figurent une cinquantaine de variétés et d'hybrides différents, le 41 n'a jamais offert de traces de chlorose. Dans tous, il porte des greffes satisfaisantes soit comme développement, soit comme production, si l'on tient compte de la pauvreté extraordinaire du terrain en principes nutritifs, surtout en acide phosphorique.

»Avec lui, quelques autres hybrides portent des greffes tout aussi vertes, et ont même un peu plus de développement (numéros 33, 143, etc.).

»Des *Jacquez* plantés comme témoins se sont chlorosés non greffés. Les trois quarts sont morts immédiatement après le greffage; le reste, l'année suivante. — Les terres de ce genre sont fréquentes dans le voisinage de l'étang de Thau.

TERRAIN MARNEUX DU GERS

»Champ d'essai de M. S. Thibaut, à Maurens (par Monferran-Savès). — Miocène lacustre. — Niveau à *Melania aquitanica*.

» Sol de 25 à 30 centimètres d'épaisseur, argilo-siliceux et marneux, assez coloré, sans pierres, parsemé de concrétions calcaires noduleuses, plus ou moins friables, assez compact. Sous-sol très compact, se coupant comme du plomb, de couleur jaune, strié de veines blanchâtres de calcaire qui se réduit facilement en poussière sous la pression du doigt. La pente assure aux eaux un écoulement suffisant.

»Le *Solonis* et le *Jacquez* se chlorosent non greffés; souvent la vigne française elle-même y jaunissait sur certains points.

»Terrain défoncé à 50 centimètres, c'est-à-dire en mélangeant le sol avec la partie supérieure du sous-sol. Plantation du 41 en 1890; greffage en 1891.

»Sol, 0/0: — calcaire, 23,0; argile, 36,0.

»Azote, 0,09; acide phosphorique, 0,04; potasse, 0,2.

»Sous-sol: — calcaire, 24,0; argile, 36,0.

»Ce sol est très chlorosant. Les greffes qui n'y ont jamais montré une chlorose caractérisée, à un moment et sur un point particulier, sont très rares. Le 41 est de ce nombre. Ses greffes sont vigoureuses et fructifères.

TERRAIN DE GROIE

»Champ d'essai de M. Bethmont, au château de La Grève, par Tonnay-Boutonne (Charente-Inférieure).

»Etage kimméridgien, d'après la carte géologique.

»Sol faiblement coloré, extrêmement pierreux (52 0/0 de pierres), formé probablement par la décomposition du sous-sol, très aride, de 15 centimètres seulement d'épaisseur; sous-sol formé d'un pavé de fragments calcaires très durs, presque impénétrable aux racines.

»Plantation du 41 en 1890; greffage en 1891.

»Sol, 0/0: — calcaire, 24,0; argile, 32,0

»Azote, 0,25; acide phosphorique, 0,21; potasse, 0,9

»Sous-sol : — calcaire, 90,0; argile, 6.3.

»Sol pauvre malgré sa bonne composition chimique, par suite de son peu d'épaisseur et de la masse de pierres qu'il contient. Les greffes sur *Solonis*, *Riparia* et *Rupestris* s'y chlorosent très fortement.

»Les greffes de *Folle* sur 41 n'ont jamais montré traces de chlorose, mais elles ont un développement notablement inférieur à celui des greffes sur certains 33,50, 141, 143, etc., de telle façon que ces derniers porte-greffes sont inférieurs, pour ce terrain, au 41.

TERRAINS CRAYEUX

»Les trois champs d'essai dont il nous reste à parler sont dans la craie pure ; le sol en est formé par la décomposition du sous-sol. Bien que, dans les deux premiers, le sol ne contienne pas une grande proportion de calcaire est de la craie, la chlorose y est intense, les *Jacquez* et *Solonis* y jaunissent fortement non greffés.

»Champ d'essai de M. Verneuil, à Cozes (Charente-Inférieure), Petite Champagne. — Étage santonien.

»Terre de couleur cendrée pendant la sécheresse, brunâtre après la pluie ; mélangée de pierres crayeuses et de silex nombreux. De fertilité moyenne. Champ peu homogène quant à la teneur en calcaire.

»Sol de 30 à 36 centimètres, reposant sur un banc de craie très fragmentée, un peu perméable aux racines.

»Sol, 0/0 : — calcaire (craie), de 16 à 45; argile, 10, 7 à.....

»Azote, 0,098; acide phosphorique, 0,077 ; potasse, 0,099.

»Sous-sol : — calcaire (craie), 69,8 ; argile, 10,76.

»Le sol, au point où sont les 41, dose de 22 à 23 0/0 de calcaire.

»Plantation des 41 en 1890 ; greffage en 1891.

»Les greffes de *Folle* sur 41 ont toujours présenté une coloration normale, même les années de grande chlorose. Elles sont très belles et fructifères. Deux greffes, mesurées récemment par M. Verneuil, présentent l'une près de 7 centimètres de pourtour, l'autre presque 10, et cela malgré les mutilations nombreuses et étendues dont leurs racines ont été l'objet chaque année. Dans ce champ, quelques greffes sur 33 et sur 50, mais surtout sur 141 et 143, n'ont jamais été touchées que faiblement par la chlorose et se montrent aussi belles et fructifères que celles qui sont sur 41 ; mais en général elles ne se trouvent pas dans les endroits où la quantité de calcaire est le plus considérable.

»Champ d'essai de la station viticole de Cognac, chez M. Pelletan fils, à Julliac-le-Coq (Charente), Grande Champagne.

»Etage campanien. — Terrain très analogue à celui de M. Verneuil, un peu plus pierreux et moins coloré ; assez homogène.

»L'épaisseur du sol est presque uniformément de 25 à 30 centimètres. Sous-sol comme chez M Verneuil.

»Plantation de 1890; greffage de 1891

»Le sol dose presque partout (d'après M. Ravaz) 33 0/0 de calcaire (craie), chiffre que présente le point où se trouve le 41.

»Nous manquons de données sur le dosage des autres principes minéraux. Au reste, il y aurait peut-être indiscrétion de notre part à nous étendre davantage sur des expérimentations dont l'initiative appartient à M. Ravaz. Ce dernier saura en parler avec plus de compétence encore que nous. Dans ce champ, qui offre un type de composition physique et chimique fréquent en Grande Champagne, d'après les renseignements fournis obligeamment par M. Ravaz et nos observations personnelles, les greffes de *Folle* sur 41 n'ont jamais offert la moindre trace de chlorose et ont toujours été du plus beau vert et d'une bonne fructification. L'une de ces greffes mesurait, à la fin du mois d'août dernier, 0m088 de circonférence au-dessous du point greffé. Ajoutons encore qu'ici, comme chez M. Verneuil, les 33, 50, surtout les 111 et 143 greffés, n'ont jamais été que très faiblement chlorosés. Ces épreuves, sans doute insignifiantes, ne les ont pas empêchés d'acquérir en général une vigueur aussi grande que celles des greffes sur 41 et de jouir d'une fructification satisfaisante. Remarquons en outre que ce sont ces mêmes hybrides qui, avec le 41, prospèrent le mieux dans les champs de Montagnac et dans ceux de MM. Thibaut et Bethmont, et qui viennent immédiatement après le 41 dans le champ d'essai suivant dont il nous reste à parler.

» Champ d'essai de M. Dethan, au château de la Côte, par Bourdeilles (Dordogne).

»Santonien inférieur.

»Le plus mauvais de tous nos champs d'essai, à tous les points de vue. Terre crayeuse, blanche, si maigre, que les légumineuses ne peuvent y réussir. Sol de 15 à 25 centimètres de profondeur, extrêmement pierreux, formé par les débris du sous-sol. Ce dernier peu perméable aux racines, constitué par des morceaux de craie de la grosseur du poing à celle de la tête, cimentés par une argile marneuse, jaunâtre, compacte.

»Le *Solonis* et le *Riparia-Ramon* non greffés y sont chlorotiques et rabougris.

»Plantation en 1890 ; greffage en 1891.

»Sol des plus calcaires. Un échantillon prélevé entre deux pieds de 41 greffés dose :

»Sol, 0/0 : — calcaire (craie), 65,0; argile, 11,0 ;

»Azote, 0,018; acide phosphorique, 0,007 ; potasse, 0,06.

»Sous-sol: —calcaire (craie), 75,5.

»Dans cette terre, si pauvre et si crayeuse, les greffes de *Folle* sur 41 n'ont jamais été affectées de chlorose vraie ; elles sont seulement d'un vert pâle ou un peu jaunâtre qui est la couleur de tous les hybrides qui y réussissent le mieux ; sans doute, cette pâleur est un effet de la pauvreté du sol. Au reste, la tenue comparative des 41 greffés en *Folle*, et celle de ceux qui ne sont pas greffés, est la preuve certaine que la chlorose n'a rien à faire dans la décoloration dont nous parlons. Nous avons, en effet, sous les yeux, les notes de coloration données par M. Dethan lui-même, en 1891, 1892 et 1894, à chacun de ces pieds. Or, chose bien extraordinaire et caractéristique, *tous les pieds greffés ont eu régulièrement, chaque année, un coefficient de verdeur plus élevé que celui des pieds non greffés.*

»Les greffes dont nous parlons offrent un aspect très sain et produisent quelques fruits : c'est tout ce qu'on peut en dire. Elles sont, il est vrai, de développement médiocre ; mais il ne saurait en être autrement, dans un sol qui ne contient presque que des traces d'acide phosphorique, et plus de dix fois moins d'azote et de potasse que n'en possèdent les terres de fertilité ordinaire.

»Les bois du 41 mûrissent parfaitement et jusqu'au sommet des pousses, non seulement dans le Midi, mais à Bordeaux et dans les Charentes.

»Sa reprise de boutures est excellente. Cette année, M Bouisset, dans sa propriété de Montagnac (Hérault), a obtenu, sur plusieurs milliers de boutures, une reprise moyenne de 75 0/0.

»Il reçoit parfaitement la greffe de nos variétés européennes, sur racinés en place comme sur simples boutures. M. Bouisset a obtenu cette année, en greffes-boutures de premier choix, une réussite moyenne de 50 0/0 pour la *Folle*. Comme les bois sont gros et de forme régulière, il est très facile de leur trouver des greffons très assortis.

»Les essais de greffage bouture sur bouture ont porté plus spécialement jusqu'ici sur la *Folle*. Cependant, un certain nombre de greffes-boutures réussies de *Carignane*, d'*Alicante blanc*, de *Plant-doré-d'Ay*, de *Pinot noir*, etc., montre qu'il n'y a pas lieu d'appréhender, pour les cépages européens en général, une incompatibilité notable avec le 41.

»Le greffage sur racinés en place donne d'excellents résultats. Tous nos correspondants, M. d'Hébray (Mas-Grenier, par Verdun-sur-Garonne, Tarn-et-Garonne) surtout, louent beaucoup la beauté, la solidité, la régularité des soudures. Tous font remarquer que le plus souvent le renflement au point de la greffe est insensible ou même nul. Le 41 participe à cette propriété remarquable des hybrides franco-américains de grossir autant que grossit le greffon qu'on leur impose, de telle sorte qu'il n'y a pas, entre ce dernier et le porte-greffe, de différence notable de grosseur. Dans quelques cas, la greffe présente quelques millimètres de plus de circonférence que le porte-greffe; dans d'autres, tout aussi nombreux, c'est le porte-greffe qui se montre un peu plus gros. Nous pourrions donner une foule d'exemples de ces deux dispositions, soit en greffes sur 41, soit en greffes sur 43, 50, 141, 143, 30, 142, etc. Cette particularité nous révèle, entre ces porte-greffes et nos cépages, une affinité du plus heureux augure pour la durée du vignoble reconstitué par ce genre d'hybrides.

»Il résulte également de nos observations et des renseignements transmis par nos correspondants que les greffes sur 41 jouissent d'une très bonne fructification. MM. d'Hébray et Thibaut le notent expressément, et M. Verneuil, qui a pris la peine de comparer minutieusement la fécondité de toutes ses greffes, cette année où la coulure a été si calamiteuse dans le Sud-Ouest, place le 41 parmi les porte-greffes qui ont le mieux assuré la fructification complète de la *Folle*.

»Il résulte de ce long exposé que l'hybride dont nous parlons jouit à un haut degré des propriétés nécessaires à un porte-greffe : vigueur, rusticité (il a supporté des hivers très rigoureux sans le moindre accident), résistance au phylloxera égale à celle des porte-greffes américains les mieux éprouvés, résistance à la chlorose supérieure à tout ce qu'on connaît jusqu'à présent (sauf peut-être à celle du *Berlandieri* pur), reprise facile de boutures, affinité pour le greffage, fécondité des greffes, etc.

»Ce porte-greffe est actuellement le seul qui ait fait ses preuves dans les sols crayeux des Charentes (Petite et Grande Champagne) ; et si l'on tient compte de sa tenue dans la terre si énormément crayeuse de M. Dethan, il est à présumer qu'il n'y a pas de terre crayeuse où il ne doive réussir, réserve faite des terrains de ce genre qui souffrent d'un excès d'humidité pendant la belle saison.

»Il réussira donc, pensons-nous, dans la craie, d'une manière générale. Une autre question est de savoir si, dans certaines terres crayeuses, il est le seul qui puisse réussir.

»Les données expérimentales, qui sont actuellement à notre disposition, sont insuffisantes pour répondre à cette question d'une manière suffisamment précise. Nous nous bornerons à quelques indications qui découlent des faits observés chez M. Verneuil et à Julliac-le-Coq.

»Dans les sols bien drainés, qui ne renferment que de 20 à 25 ou 30 % de craie, les hybrides franco-américains de *Rupestris* (nos 33, 50) et plus encore ceux de *Riparia*, ainsi que l'a remarqué M. Ravaz (nos 141, 143), ne se chlorosent pas ou très peu et semblent devoir donner des résultats aussi bons au moins que le 41, parce qu'ils forment par le greffage des ceps qui sont assez fréquemment un peu plus vigoureux que les greffes sur 41.

»Ce ne serait que pour des doses de craie supérieures à 25 ou 30 °/₀ dans le sol que l'emploi du 41 nous semblerait absolument obligatoire.

»Quant aux sols calcaires proprement dits, ou à la fois calcaires et légèrement marneux, il semble à peu près certain que les hybrides franco-américains de *Rupestris* et de *Riparia* seront suffisants dans tous les cas (champs de Montagnac, groie de M. Bethmont) et même qu'ils pourront être quelquefois supérieurs au 41, à cause du développement souvent un peu plus considérable de leurs greffes.

»Enfin, pour les sols très marneux, ceux du Gers, par exemple, qui sont si chlorosants qu'ils arrivent quelquefois à produire, à dose égale de calcaire, des effets aussi désastreux que la craie, il semble probable que, lorsque le calcaire y dépassera la proportion de 25 °/₀, le 41 sera le porte-greffe le plus sûr à cause de sa résistance plus élevée à la chlorose, mais que, pour des teneurs en calcaire inférieures à cette limite, les hybrides franco-américains de *Riparia* et de *Rupestris*, et surtout ceux de *Cinerea* et de *Cordifolia*, à cause de leur affinité pour les terres fortes, pourront être préférés au 41 (1).»

NOTE IX

Lois et règlements relatifs au phylloxera applicables en France

LOIS DES 15 JUILLET 1878-2 AOUT 1879

Relatives aux mesures à prendre pour arrêter les progrès du phylloxera et du doryphora

TITRE PREMIER. — Du Phylloxera

Article premier. — Un décret du Président de la République peut interdire l'entrée, soit dans toute l'étendue, soit dans une partie du territoire français, des plants, sarments, feuilles et débris de vignes, des échalas ou tuteurs déjà employés, des composts ou des terreaux provenant d'un pays étranger, ainsi que le transport des mêmes objets hors des parties du territoire français envahies par le phylloxera.

En ce cas, le Ministre de l'Agriculture et du Commerce peut autoriser exceptionnellement l'introduction des plants étrangers à destination d'une localité déterminée.

Art. 2. — Des arrêtés spéciaux du Ministre de l'Agriculture et du Commerce, pris sur l'avis de la Commission supérieure du phylloxera, règlent les conditions sous lesquelles peuvent entrer et circuler en France les plants, sarments, feuilles et débris de vignes, échalas ou tuteurs déjà employés, composts ou terreaux provenant des pays étrangers ou des parties du territoire français déjà envahies par le phylloxera auxquelles ne s'appliquent pas les décrets d'interdiction.

Le Ministre de l'Agriculture et du Commerce fera établir des cartes, avec tableaux à l'appui, indiquant par des teintes différentes les parties du territoire attaquées par le phylloxera et celles qui en sont préservées. Ces cartes seront tenues au courant, rectifiées chaque année, et plus souvent si le Ministre le juge nécessaire.

Art. 3. — Dès que le préfet d'un département a reçu avis, soit par le propriétaire d'une vigne, soit par le maire d'une commune, soit par la Commission départementale

(1) *Revue de Viticulture*, t. II, pag. 613 et suiv.

d'études et de surveillance, que le phylloxera a fait son apparition dans une localité, il charge un délégué de visiter la vigne signalée comme malade, et en cas de besoin, les vignes environnantes. Le délégué peut faire dans lesdites vignes les opérations nécessaires pour constater l'existence du phylloxera.

Un arrêté du Ministre de l'Agriculture et du Commerce peut, en tout temps, ordonner ou autoriser des investigations dans les vignobles des localités considérées comme indemnes où la présence du phylloxera sera soupçonnée.

(*Addition* [*loi du 2 août 1879*]). Dans les cas urgents et particuliers, le préfet aura le droit d'ordonner ou d'autoriser ces investigations.

Art. 4. — Lorsque l'existence du phylloxera a été constatée dans les contrées indemnes, dont le périmètre sera tracé tous les ans sur la carte de l'invasion phylloxérique dont il est fait mention à l'article 2, conformément aux dispositions de l'article précédent, sur le rapport du préfet, la Commission départementale permanente et les propriétaires entendus dans les formes et les délais qui seront déterminés par le règlement d'administration publique, un arrêté du Ministre de l'Agriculture et du Commerce, pris sur l'avis conforme de la section permanente de la Commission supérieure du Phylloxera, peut ordonner que la vigne malade et les vignes environnantes, dans un rayon fixé et sous les conditions d'exécution déterminées par le même arrêté, seront soumises à l'un des traitements indiqués par la Commission supérieure.

(*Addition* [*loi du 2 août 1879*]). Le Ministre peut ordonner, pendant plusieurs années, la continuation du traitement mentionné ci-dessus et prescrire, au besoin, le traitement de taches nouvelles qui viendraient à être découvertes.

Dans les circonstances exceptionnelles, lorsqu'il y aura nécessité et urgence de préserver de l'invasion du phylloxera une contrée vinicole, le Ministre, sur l'avis conforme de la section permanente, pourra ordonner hors des contrées indemnes, dans les formes prescrites par le règlement d'administration publique, le traitement indiqué au premier paragraphe du présent article.

Dans les cas ci-dessus énoncés, les dépenses occasionnées par le traitement des vignes sont à la charge de l'Etat.

Art 5. — (*Ainsi remplacé* [*loi du 2 août 1879*]). Lorsqu'un département ou une commune votera une subvention destinée à aider les propriétaires qui traitent leurs vignes suivant l'un des modes approuvés par la Commission supérieure du phylloxera, l'Etat donnera une subvention égale à celle du département ou de la commune, qui se trouvera ainsi doublée.

Lorsque des propriétaires, en vue de la destruction du phylloxera sur leur territoire, se seront organisés en associations syndicales temporaires, approuvées par l'autorité administrative, ils pourront recevoir, sur l'avis conforme de la section permanente de la Commission supérieure du phylloxera, une subvention de l'Etat. Cette subvention ne pourra, dans aucun cas, dépasser la somme votée par le syndicat pour le traitement des vignes phylloxérées.

Pourront également être subventionnées par l'Etat, sous les conditions et dans les proportions fixées par le paragraphe précédent, les associations syndicales temporaires approuvées par l'autorité administrative et constituées en vue de la recherche du phylloxera dans les contrées indemnes ou partiellement atteintes.

TITRE III. — Dispositions générales

Art. 11 — Il sera alloué une indemnité pour la perte des récoltes détruites par mesure de précaution.

Aucune indemnité n'est due pour la destruction des récoltes sur lesquelles l'existence du phylloxera ou du doryphora aura été constatée.

Les juges de paix connaîtront sans appel jusqu'à la valeur de 100 fr, et, à charge d'appel, à quelque valeur que la demande puisse s'élever, des contestations relatives aux indemnités réclamées en vertu du présent article.

Art. 12. — (*Ainsi remplacé [loi du 2 août 1879]*). Les contraventions aux dispositions de la présente loi et à celles des décrets ou arrêtés pris pour son exécution seront punies d'une amende de 50 à 500 fr

Art. 13. — Ceux qui auront introduit l'un des objets énoncés aux articles 1er, 6 et 7, sans déclaration ou à l'aide d'une fausse déclaration de provenance ou de route, ou de toute autre manœuvre frauduleuse, seront punis d'un emprisonnement de un mois à quinze mois et d'une amende de 500 fr.

Art. 14. — Les peines prévues aux deux articles précédents seront doublées en cas de récidive.

Il y a récidive lorsque, dans les douze mois précédents, il a été rendu contre le contrevenant ou le délinquant un premier jugement en vertu de la présente loi.

Art. 15. — L'article 463 du Code pénal est applicable aux condamnations prononcées en vertu de la présente loi.

Art. 16. — Un règlement d'administration publique déterminera les mesures nécessaires pour l'exécution de la loi, notamment des articles 4, 5 et 11.

—

DÉCRET DU 26 DÉCEMBRE 1878

Portant règlement d'administration publique pour l'exécution de la loi du 15 juillet 1878 sur le phylloxera et le doryphora

Le Président de la République française,

Sur le rapport du Ministre de l'Agriculture et du Commerce ;

Vu la loi du 12 juillet 1878 portant (article 16) qu'un règlement d'administration publique déterminera les mesures à prendre pour l'exécution de la loi, notamment des articles 4, 5 et 11 ;

Le Conseil d'Etat entendu,

Décrète :

TITRE PREMIER. — Du Phylloxera

Article premier. — Dès que la présence du phylloxera est signalée dans un vignoble d'une contrée considérée comme indemne, le préfet, conformément à l'article 3 de la loi du 15 juillet 1878, envoie immédiatement le professeur d'agriculture, et avec lui, s'il y a lieu, un ou plusieurs membres des comités d'études et de surveillance, qui seront chargés de faire les recherches et constatations nécessaires pour déterminer l'origine et la date de l'invasion, le nombre et l'étendue des points attaqués, la nature du terrain et sa situation topographique.

Les délégués adressent au préfet un rapport sommaire, dont copie est transmise d'urgence au Ministre de l'Agriculture et du Commerce.

Art. 2. — Dans un délai de six jours au plus à partir de la réception du rapport, le préfet convoque, à la mairie de la commune ou d'une des communes sur le territoire desquelles le fléau a été constaté, les propriétaires des vignes phylloxérées ou leurs représentants.

Cette réunion est présidée par le préfet, ou, à son défaut par le sous-préfet de l'arrondissement, ou un des conseillers de préfecture.

Le président provoque et recueille les dires des propriétaires; il les invite à déclarer s'ils sont disposés à appliquer dans leurs vignes l'un des traitements approuvés par la Commission supérieure du phylloxera, et à demander, dans ce cas, le concours de l'Administration; il rappelle aux intéressés les termes de la loi du 15 juillet 1878, et leur fait connaître que les vignes malades peuvent être soumises à un traitement par voie administrative.

Le procès-verbal de la réunion est immédiatement transmis à la préfecture.

Art. 3.— Le préfet convoque dans le plus bref délai la Commission départementale, lui soumet le rapport des délégués, le procès-verbal de la réunion des propriétaires, et il invite la Commission à donner son avis sur les mesures à prendre.

Art. 4. — Dans le délai de deux jours, le préfet transmet au Ministre son rapport, en y joignant toutes les pièces, ainsi qu'une carte sur laquelle les territoires envahis par le phylloxera sont teintés en rouge.

Art. 5.— Aussitôt après la réception de ces documents, le Ministre de l'Agriculture et du Commerce réunit la section permanente de la Commission supérieure du phylloxera et arrête, sur son avis, le mode et la nature du traitement à appliquer, l'étendue ou le périmètre des vignobles à traiter et de ceux sur lesquels l'action administrative devra être, s'il y a lieu, substituée à celle des propriétaires.

Cette décision est transmise immédiatement au préfet, qui doit prendre, sans délai, les mesures nécessaires pour en assurer l'exécution.

Art. 6. — Dans le cas où, sur l'avis de la section permanente de la Commission supérieure du phylloxera, le Ministre prescrit la submersion comme traitement des vignes attaquées par le fléau, le préfet charge les ingénieurs du département de faire exécuter les travaux exigés par cette opération.

Art. 7.— Lorsque, dans les départements envahis, des fonds ont été votés par un conseil général ou un conseil municipal pour aider les propriétaires qui traitent leurs vignes suivant l'un des modes approuvés par la Commission supérieure du phylloxera, le préfet adresse au Ministre de l'Agriculture et du Commerce une ampliation certifiée des délibérations du conseil général ou du conseil municipal.

Le Ministre, conformément à l'article 5 de la loi du 15 juillet 1878, accorde une subvention égale aux sommes régulièrement votées.

Art. 8.— Le préfet nomme une Commission chargée, sous sa présidence, de surveiller l'emploi du fonds commun constitué conformément à l'article précédent.

Cette Commission est composée d'un représentant de l'Administration pris dans les services financiers, d'un membre du conseil général et d'un membre des comités d'études et de surveillance.

Au cas où une subvention a été votée par un conseil municipal, un quatrième membre, pris dans ce conseil municipal, est adjoint à la Commission, mais il ne participe à ses travaux qu'en ce qui concerne la commune.

Les demandes en participation aux subventions de l'État et du département ou de la commune sont examinées par la Commission, qui fait ses propositions au préfet sur le chiffre de la somme à accorder et les conditions sous lesquelles la demande peut être admise.

L'ordonnancement des sommes accordées par l'État est fait au nom du préfet, qui ne doit les mandater qu'au fur et à mesure de l'avancement des travaux et proportionnellement aux dépenses effectuées sur les ressources locales.

. . . .

ART. 14.— Le Ministre de l'Agriculture et du Commerce est chargé de l'exécution du présent décret, qui sera publié au *Journal officiel* et inséré au *Bulletin des Lois*.

Fait à Versailles, le 26 décembre 1878.

Mal DE MAC-MAHON, duc de Magenta.
Par le Président de la République :
Le Ministre de l'Agriculture et du Commerce,
TEISSERENC DE BORT.

DÉCRET DU 8 JUILLET 1882

Fixant les bureaux de douane par lesquels peut s'effectuer l'exportation des plants, débris et produits de la vigne venant de l'étranger.

LE PRÉSIDENT DE LA RÉPUBLIQUE FRANÇAISE,

Sur le rapport des Ministres de l'Agriculture et des Finances ;

Vu la loi des 15 juillet 1878-2 août 1879 (article 2) ;

Vu le décret du 15 mai 1882 portant ratification de la Convention internationale phylloxérique de Berne (articles 2, 3, 4, 5, 6, 7, 8) ;

La Commission supérieure du phylloxera entendue,

DÉCRÈTE :

ARTICLE PREMIER.— L'introduction, sur le territoire de la République française, des plants de vigne, des boutures avec ou sans racines, des sarments et autres débris de la vigne, des échalas et des tuteurs déjà employés, des composts, terres et terreaux provenant de l'étranger, sera soumis aux conditions fixées par la Convention phylloxérique internationale de Berne du 3 novembre 1881.

ART. 2.— Les plants de vigne, les boutures avec ou sans racines et les sarments ne pourront être introduits sur le territoire de la République française qu'à destination d'un arrondissement phylloxéré et figurant comme tel sur la carte la plus récente, établie conformément à la loi du 15 juillet 1878, et spécialement autorisée, par arrêté ministériel, à cultiver les vignes étrangères.

Ils ne le seront qu'avec le consentement, et sous le contrôle du Gouvernement, par les bureaux de douane ci-après désignés :

Dunkerque.	Boulogne.
Gravelines.	Saint-Valéry-sur-Somme.
Calais.	Abbeville.
Dieppe.	Les Hôpitaux-Neufs (Jougne).
Fécamp.	Pontarlier.
Le Havre.	Les Verrières-de-Joux.
Rouen.	Le Villiers.
Honfleur.	Delle.
Caen.	Petit-Croix.
Cherbourg.	Belfort.
Granville.	Saint-Dié.
Saint-Malo.	Avricourt.

Saint-Servan.
Le Légué.
Roscoff.
Morlaix.
Brest.
Lorient.
Vannes.
Saint-Nazaire.
Nantes.
La Rochelle.
Rochefort.
Bordeaux.
Bayonne.
Hendaye.
Cerbère.
Port-Vendres.
Agde.
Cette.
Arles.
Marseille.
Toulon.
Nice.
Menton.
Vintimille.
Modane.
Bellegarde.
Nancy.
Moncel.
Pagny-sur-Moselle.
Batilly.
Audun-le-Roman.
Mont-Saint-Martin.
Longwy.
Ecouviez.
Givet.
Vireux-Molhain.
Anor.
Jeumont
Feignies.
Blanc-Misseron.
Valenciennes.
Vieux-Condé.
Maulde.
Rumegies.
Baisieux.
Lille.
Tourcoing.
Comine.
Houplines.
Armentières.
Godewerersvelde.
Ghylvelde.

ART. 3.— L'introduction desdits plants, sarments et boutures, et leur circulation à travers les territoires préservés de l'invasion phylloxérique, ne pourront avoir lieu que dans des caisses en bois parfaitement closes au moyen de vis, et néanmoins faciles à visiter et à refermer.

ART. 4.— Les objets saisis en contravention aux articles précédents seront détruits aussitôt par le feu et sur place avec leur emballage, et les contrevenants seront poursuivis conformément aux lois des 15 juillet 1878-2 août 1879.

ART. 5.— L'arrêté du 12 décembre 1878 est rapporté.

ART. 6. – Les Ministres de l'Agriculture et des Finances sont chargés, chacun en ce qui le concerne, de l'exécution du présent décret.

Fait à Paris, le 8 juillet 1882.

ARRÊTÉ DU 13 JUIN 1882

Relatif à la circulation en France des plants, débris et produits de la vigne.

LE MINISTRE DE L'AGRICULTURE,

Vu la loi des 15 juillet 1878-2 août 1879 (article 2);

Vu le décret du 15 mai 1882 rendant exécutoire en France la Convention internationale de Berne;

La Commission supérieure du phylloxera entendue;

Sur la proposition du Conseiller d'État, directeur de l'Agriculture,

ARRÊTE :

ARTICLE PREMIER. — Le vin, les raisins de table et de vendange, les pépins de raisin, les marcs de raisin, pourront circuler librement en France sous les conditions suivantes :

1° Ils ne seront accompagnés d'aucun débris de vigne, de feuilles ou de sarments ;

2° Les raisins de vendange des arrondissements phylloxérés à destination d'un arrondissement indemne du phylloxera devront être foulés et en fûts fermés ;

3° Les marcs de raisin des arrondissements phylloxérés à destination des arrondissements non phylloxérés devront être contenus dans des vases, caisses ou véhicules clos.

ART. 2. — Les plants de vigne, sarments, boutures et autres débris de la vigne provenants des arrondissements épargnés par le phylloxera, et figurant comme tels sur la carte la plus récente, établie conformément à l'article 3 de la loi des 15 juillet 1878-2 août 1879, pourront circuler librement.

ART. 3. — Les souche arrachées, les sarments secs, les composts, terres et terreaux, les échalas et tuteurs déjà employés, ne pourront circuler qu'entre les arrondissements phylloxérés autorisés à recevoir les vignes étrangères ou provenant d'arrondissements phylloxérés, mais à condition de ne pas en traverser d'indemnes.

ART. 4. — Les plants de vigne, sarments et boutures provenant des territoires phylloxérés, ne pourront être introduits dans ceux qui ne le sont pas encore, mais ils pourront être expédiés à destination d'un arrondissement phylloxéré et régulièrement autorisé à cultiver des vignes étrangères. Si lesdits plants, sarments et boutures doivent traverser des arrondissements indemnes ou non autorisés à cultiver des vignes étrangères, ils seront emballés dans des caisses en bois parfaitement closes, faciles à visiter, et portant la mention de la nature de l'envoi.

ART. 5. — Lorsque le phylloxera sera signalé dans les arrondissements considérés comme indemnes et dans ceux où le mal ne s'est manifesté que par quelques points d'attaque et désignés comme tels par un astérique dans l'arrêté relatif à la délimitation des territoires phylloxérés, les préfets prendront les mesures nécessaires pour réglementer, conformément aux prescriptions du présent arrêté, l'exportation, hors du territoire des communes phylloxérées, des plants et débris de vigne, des raisins de vendange, des marcs de raisin, des échalas et tuteurs déjà employés, des composts, des terres, des terreaux, etc.

ART. 6. — Aucun envoi provenant d'un territoire phylloxéré ne devra contenir de feuilles ou de sarments de vigne.

ART. 7. — Les objets saisis en contravention au présent arrêté seront détruits aussitôt et sur place, par le feu, avec leur emballage, et les contrevenants seront poursuivis conformément à la loi des 15 juillet 1878-2 août 1879.

ART. 8. — Les préfets, dans leurs départements respectifs, sont chargés de l'exécution du présent arrêté, qui sera affiché et inséré au *Bulletin des Actes administratifs*.

ART. 9. — L'arrêté du 13 décembre 1878 est rapporté.

Fait à Paris, le 13 juin 1882.

DE MAHY.

ARRÊTÉ DU 14 JUIN 1882

Relatif à la surveillance des vignes, pépinières, serres et collections de plantes.

LE MINISTRE DE L'AGRICULTURE,

Vu la loi des 15 juillet 1878-2 août 1879;

Vu le décret du 18 mai 1882 rendant exécutoire en France la Convention internationale de Berne;

La Commission supérieure du phylloxera entendue;

Sur la proposition du Conseiller d'État, directeur de l'Agriculture,

ARRÊTE:

ARTICLE PREMIER.— Les préfets font procéder chaque année, et plus souvent s'il est nécessaire, à des investigations dans les vignobles des arrondissements considérés comme indemnes dans lesquels la présence du phylloxera est soupçonnée.

ART. 2.— Les jardins, les plants de vigne isolés, les collections de plantes vivantes, les serres, les pépinières, et particulièrement les établissements où l'on cultive les vignes étrangères, seront visités et surveillés dans les localités qui ne sont pas encore atteintes par le phylloxera.

ART. 3.— Les préfets devront adresser, chaque année, un rapport sur les résultats de ces visites et la liste des établissements à collection de plantes de serres et des pépinières existant dans leurs départements.

ART. 4.— Tout nouveau point d'attaque découvert dans les jardins, serres ou pépinières devra être immédiatement signalé à l'Administration, avec mention, autant que possible, des expéditions de vignes faites dans les trois dernières années.

ART. 5.— Les préfets des départements sont chargés de l'exécution du présent arrêté, qui sera affiché et inséré au *Bulletin des Actes administratifs*.

ART. 6.— L'arrêté du 14 décembre 1878 est rapporté.

Fait à Paris, le 14 juin 1882.

DE MAHY.

ARRÊTÉ DU 15 JUIN 1882

Relatif à la circulation en France des produits de l'agriculture et de l'horticulture.

LE MINISTRE DE L'AGRICULTURE,

Vu la loi des 15 juillet 1878-2 août 1879;

Vu le décret du 15 mai 1882 rendant exécutoire en France la Convention internationale de Berne;

La Commission supérieure du phylloxera entendue;

Sur la proposition du Conseiller d'État, directeur de l'Agriculture,

ARRÊTE:

ARTICLE PREMIER.— Les produits de l'agricuture et de l'horticulture, tels que légumes, fruits et graines de toute nature, fleurs coupées ou en pots, etc., quelle que soit leur provenance, continueront à circuler librement dans toutes l'étendue du territoire de la République française.

ART. 2.— La même liberté de circulation est maintenue pour les plants, arbustes et tous les végétaux autres que la vigne provenant de pépinières, de jardins, de serres, d'orangeries situés dans les arrondissements réputés préservés de l'invasion phylloxérique et figurant comme tels sur la carte la plus récente, dressée en vertu de l'article 2 de la loi des 15 juillet 1878-2 août 1879.

ART. 3. — Les objets énoncés dans l'article 2 qui proviennent d'arrondissements phylloxérés et qui sont à destination d'arrondissements également phylloxérés pourront circuler librement, à condition que le parcours complet s'effectue à travers des arrondissements autorisés à recevoir des cépages étrangers ou des cépages provenant d'arrondissements phylloxérés. Dans le cas contraire, l'envoi devra être effectué, soit en caisse fermée, soit en wagon plombé, ou être accompagné d'une déclaration de l'autorité compétente du pays d'origine

ART. 4. — Les plantes, arbustes et tous végétaux autres que la vigne provenant de pépinières, de jardins, de serres ou d'orangeries situés dans les arrondissements phylloxérés, ne pourront être introduits dans les arrondissements indemnes ou non autorisés à recevoir des cépages étrangers ou des cépages provenant d'arrondissements phylloxérés que s'ils sont accompagnés d'une déclaration de l'expéditeur et d'une attestation de l'autorité compétente du pays d'origine.

ART. 5. — La déclaration de l'expéditeur mentionnée aux articles 3 et 4 devra :

1° Certifier que le contenu de l'envoi provient en entier de son établissement ;

2° Indiquer le lieu de réception définitive, avec l'adresse du destinataire ;

3° Porter la signature de l'expéditeur.

ART. 6. — L'attestation de l'autorité compétente certifiera :

1° Que les objets proviennent d'un terrain (plantations ou enclos) séparé de tout pied de vigne par un espace de 20 mètres au moins, ou par d'autres obstacles aux racines jugés suffisants par l'autorité compétente ;

2° Que le terrain ne contient lui même aucun pied de vigne ;

3° Qu'il n'y est fait aucun dépôt de cette plante ;

4° S'il y a eu des ceps phylloxérés, que l'extraction radicale en a été opérée, que des opérations toxiques réitérées ont été effectuées et que des investigations répétées pendant trois ans assurent la destruction complète de l'insecte et des racines.

ART. 7. — Si la présence du phylloxera était constatée sur les objets désignés à l'article précédent, lesdits objets seraient saisis et détruits aussitôt, et sur place, par le feu, avec leur emballage.

Les contraventions au présent arrêté seront poursuivies conformément à la loi des 15 juillet 1878-2 août 1879.

ART. 8. — Les préfets, dans leurs départements respectifs, sont chargés de l'exécution du présent arrêté, qui sera affiché et inséré au *Bulletin des Actes administratifs*.

ART. 9. — L'arrêté du 15 décembre 1878 est rapporté.

Fait à Paris, le 15 juin 1882.

DE MAHY.

CIRCULAIRE

Adressée par M. le Ministre des Travaux publics à MM. les Administrateurs des Compagnies de chemins de fer, relativement au transport des produits agricoles et horticoles.

Paris, 13 juillet 1883.

« MESSIEURS,

» M. le Ministre de l'Agriculture m'a signalé les difficultés que rencontrerait le transport, par chemins de fer, des produits horticoles.

» Ces difficultés proviennent le plus souvent de ce que les Compagnies, par suite d'une interprétation inexacte des arrêtés sur la matière, obligent les expéditeurs à remplir des formalités inutiles.

»Afin de remédier à cette situation, mon Collègue m'a fait parvenir une note dans laquelle sont indiquées nettement les règles à suivre pour l'introduction en France et la circulation des plants et débris de vignes, ainsi que des produits agricoles et horticoles

»J'ai l'honneur. Messieurs, de vous adresser un exemplaire de cette note, en vous priant de donner immédiatement à votre personnel des instructions conformes aux indications qu'elle contient.

»Veuillez d'ailleurs m'accuser réception de la présente communication et me faire connaître la suite qu'elle aura reçue.»

NOTE sur la circulation et l'introduction en France des plants et débris de vignes et produits agricoles

PLANTS DE VIGNE AVEC OU SANS RACINES, SARMENTS ET AUTRES DÉBRIS DE LA VIGNE

Importation en France.— Les raisins de table peuvent entrer librement en France, mais ils doivent être enfermés dans des boîtes, caisses ou paniers solidement emballés et néanmoins faciles à visiter. Le raisin de vendange ne peut entrer en France que foulé et en fûts bien fermés. Le marc de raisin ne peut être introduit que dans des caisses et des tonneaux fermés.

Les plants de vigne, les boutures avec ou sans racines, les sarments, les échalas ayant déjà servi, les composts, terres et terreaux, ne peuvent entrer sur le territoire de la République française qu'à destination d'un arrondissement phylloxéré spécialement autorisé à cultiver les vignes étrangères et figurant comme tel sur la carte phylloxérique la plus récente établie conformément à la loi du 15 juillet 1878.

Ils ne sont introduits qu'avec le consentement et sous le contrôle du Gouvernement par les bureaux de douane désignés au décret du 8 juillet 1882.

La circulation desdits plants de vigne, boutures, etc.; à travers les territoires indemnes, ne peut avoir lieu que dans des caisses en bois parfaitement closes au moyen de vis et néanmoins faciles à visiter et à refermer.

Circulation en France. — 1° Les raisins de table et de vendange, les pépins de raisin, les marcs de raisin, peuvent circuler librement sur tout le territoire français, à condition qu'ils ne seront accompagnés d'aucun débris de vigne, de feuilles ou de sarments ; que les raisins de vendange des arrondissements phylloxérés à destination d'un arrondissement indemne seront foulés et en fûts fermés ; et, enfin, que les marcs de raisin des arrondissements phylloxérés, à destination des arrondissements non phylloxérés, seront contenus dans des vases, caisses ou véhicules clos.

2° Les plants de vigne, sarments, boutures et autres débris de la vigne provenant des arrondissements épargnés par le phylloxera peuvent circuler librement sur tout le territoire français.

3° Les plants de vigne, sarments, boutures, échalas et tuteurs ayant déjà servi, les composts, terres et terreaux provenant des arrondissements phylloxérés, ne peuvent être introduits que dans les arrondissements phylloxérés spécialement autorisés à cultiver les vignes étrangères et figurant comme tels sur la carte phylloxérique, où ils sont désignés par la teinte la plus foncée.

PRODUITS HORTICOLES ET PRODUITS DES PÉPINIÈRES, JARDINS, SERRES ET ORANGERIES

Importation en France. — 1° Les fleurs coupées ou en pots, les légumes ou autres produits maraîchers, les graines et fruits de toute nature sont admis, comme les produits de l'agriculture, à la libre circulation internationale (art. 2 de la Convention de Berne).

2° Les plants et arbustes autres que la vigne, provenant de pépinières, de jardins, de serres ou orangeries, ne sont admis, aux termes de l'article 2 du décret du 28 août 1882, à pénétrer en France que s'ils sont accompagnés d'une déclaration de l'expéditeur et d'une attestation de l'autorité compétente du pays d'origine, portant :

A. Qu'ils proviennent d'un terrain (plantation ou enclos) séparé de tout pied de vigne par un espace de 20 mètres au moins, ou par un obstacle aux racines jugé suffisant par l'autorité compétente ;

B. Que ce terrain ne contient aucun pied de vigne ;

C. Qu'il n'y est fait aucun dépôt de cette plante ;

D. Que, s'il y a eu des ceps phylloxérés, l'extraction radicale, des opérations toxiques répétées et, pendant trois années, des investigations ont été faites, qui assurent la destruction complète de l'insecte et des racines.

Ces produits ne peuvent être introduits que par les bureaux de douane désignés à l'article premier du décret du 28 août 1882.

Circulation en France. — 1° Les produits de l'horticulture, tels que légumes, fruits et graines de toute nature, fleurs coupées et en pots, etc., *quelle que soit leur provenance*, peuvent, comme les produits de l'agriculture, circuler librement sur tout le territoire français.

2° Les plants, arbustes et autres végétaux, la vigne exceptée, provenant de pépinières, de serres ou d'orangeries situées dans des arrondissements indemnes et figurant comme tels sur la carte phylloxérique la plus récente, établie conformément à la loi du 15 juillet 1878, peuvent circuler librement sur tout le territoire français.

3° Les plants, arbustes et autres végétaux, la vigne exceptée, venant de pépinières, de serres ou d'orangeries situées dans des arrondissements phylloxérés, qui sont à destination d'arrondissements également phylloxérés, peuvent circuler librement, à condition que le parcours complet s'effectue à travers des arrondissements phylloxérés et autorisés spécialement à introduire et à cultiver les cépages étrangers.

S'ils ont à traverser des arrondissements indemnes, ils seront accompagnés d'une déclaration de l'expéditeur et d'un certificat d'origine délivré par l'autorité compétente et établissant :

A. Que les produits proviennent d'un terrain séparé de tout pied de vigne par un espace de 20 mètres au moins, ou par tout autre obstacle aux racines jugé suffisant par l'autorité compétente ;

B. Que le terrain ne contient aucun pied de vigne ;

C. Qu'il n'y est fait aucun dépôt de plante ;

D. S'il y a eu des ceps phylloxérés, que l'extraction radicale a été opérée, que des opérations toxiques réitérées ont été effectuées et que des investigations répétées pendant trois ans assurent la destruction complète de l'insecte et des racines.

4° Les plants, arbustes et tous végétaux autres que la vigne, provenant d'arrondissements phylloxérés, ne peuvent être introduits dans les arrondissements indemnes que s'ils sont accompagnés d'une déclaration de l'expéditeur indiquant que le contenu de l'envoi provient en entier de son établissement; cette déclaration sera accompagnée d'une attestation de l'autorité compétente du pays d'origine, portant :

A. Que les produits proviennent d'un terrain séparé de tout pied de vigne par un espace de 20 mètres au moins, ou par tout autre obstacle aux racines jugé suffisant par l'autorité compétente ;

B. Que le terrain occupé ne contient aucun pied de vigne ;

C. Qu'il n'y est fait aucun dépôt de cette plante ;

D. S'il y a eu des ceps phylloxérés, que l'extraction radicale a été opérée, que des opérations toxiques réitérées ont été effectuées, et que des investigations répétées pendant trois ans assurent la destruction complète de l'insecte et des racines.

—

ADDITION A LA CONVENTION INTERNATIONALE PHYLLOXÉRIQUE DE BERNE

Une déclaration ayant été échangée, le 5 avril 1889, entre la France, l'Allemagne, l'Autriche-Hongrie, la Belgique, l'Italie, le Luxembourg, les Pays-Bas, le Portugal, la Serbie et la Suisse, complétant l'article 3 de la Convention phylloxérique internationale du 3 novembre 1881, ladite déclaration dont la teneur suit est approuvée.

Déclaration

Les soussignés, à ce dûment autorisés, sont convenus d'apporter l'adjonction suivante, comme alinéa à l'article 3 de la Convention phylloxérique internationale dans les transactions entre les Etats contractants : «L'attestation de l'autorité compétente du pays d'origine prévue à l'alinéa 2 ne sera pas nécessaire lorsqu'il s'agit d'envois de plantes provenant d'un établissement porté dans les listes publiées en exécution de l'article 9, chiffre 6, de la Convention.»

Ainsi fait à Berne, le 15 avril 1889.

La présente déclaration entrera en vigueur, conformément à l'accord intervenu entre les parties contractantes, le 1er janvier 1890.

—

CIRCULAIRE

Adressée par M. le Conseiller d'Etat, directeur général des Douanes, relativement à l'introduction en France des plants et débris de vignes et des produits agricoles et horticoles.

(Circulaire n° 1619).

Paris, 6 juillet 1883.

Les mesures préventives, à l'exécution desquelles le service des douanes est appelé à donner son concours en vue d'arrêter les ravages du phylloxera, ont fait, à diverses reprises, l'objet de circulaires officielles. Les douanes ont été également informées des modifications qui ont été apportées à certaines de ces mesures.

En vue de rendre plus faciles l'interprétation et l'application des dispositions qui régissent aujourd'hui l'entrée des plants de vigne, des plants et arbustes autres que la vigne, des produits horticoles, etc., le Département de l'Agriculture a réuni dans une note les règles actuellement en vigueur.

Le service trouvera ci-jointe une ampliation de cette note. Je prie les directeurs de tenir la main à la stricte exécution des instructions qu'elle contient.

—

NOTE sur l'introduction en France des plants et débris de vigne et des produits agricoles

(Les dispositions de cette note sont applicables à tous les pays, qu'ils aient ou non adhéré à la Convention phylloxérique de Berne)

PLANTS DE VIGNE, BOUTURES DE VIGNE AVEC OU SANS RACINES, SARMENTS ET AUTRES DÉBRIS DE LA VIGNE

Les *raisins de table* peuvent entrer librement en France, mais ils doivent être enfermés dans des boîtes, caisses ou paniers solidement emballés et néanmoins faciles à visiter (1).

Le *raisin de vendange* ne peut pénétrer en France que foulé et en fûts bien fermés.

Le *marc* de raisin ne peut être introduit que dans des caisses ou des tonneaux fermés (2).

Les *plants de vigne*, les boutures avec ou sans racines, les sarments, les échalas ayant déjà servi, les composts, terres et terreaux ne peuvent entrer sur le territoire de la République française qu'à destination d'un arrondissement phylloxéré spécialement autorisé à cultiver les vignes étrangères et figurant comme tel sur la carte phylloxérique la plus récente, établie conformément à la loi du 15 juillet 1878 (3).

Ils ne sont introduits qu'avec le consentement du Département de l'Agriculture et sous le contrôle du Gouvernement par les bureaux de douane désignés au décret du 8 juillet 1882.

La circulation desdits plants de vigne, boutures, etc., à travers les territoires indemnes, ne peut avoir lieu que dans des caisses en bois parfaitement closes au moyen de vis et néanmoins faciles à visiter et à refermer.

PRODUITS HORTICOLES ET PRODUITS DES PÉPINIÈRES, JARDINS, SERRES ET ORANGERIES

1° Les fleurs coupées et en pots, les légumes et autres produits maraîchers, les graines et fruits de toute nature, sont admis, comme les produits de l'agriculture, à la libre circulation internationale (art. 2 de la Convention de Berne) (4).

2° Les plants et arbustes autres que la vigne, provenant de pépinières, de jardins, de serres ou d'orangeries, ne sont admis, aux termes de l'article 2 du décret du 28 août 1882, à pénétrer en France que s'ils sont accompagnés d'une déclaration de l'expéditeur et d'une attestation de l'autorité compétente du pays d'origine, portant (5).

A. Qu'ils proviennent d'un terrain (plantation ou enclos) séparé de tout pied de vigne par un espace de 20 mètres au moins, ou par un obstacle aux racines jugé suffisant par l'autorité compétente ;

B. Que ce terrain ne contient aucun pied de vigne ;

C. Qu'il n'y est fait aucun dépôt de cette plante ;

D. Que, s'il y a eu des ceps phylloxérés, l'extraction radicale et des opérations toxiques répétées, et, pendant trois années, des investigations ont été faites, qui assurent la destruction complète de l'insecte et des racines.

Ces produits ne peuvent être introduits que par les bureaux de douane désignés à l'article premier du décret du 28 août 1882.

(1) Il ne doit être apporté aucune entrave à l'entrée des raisins de table *sans feuilles et sans sarments* arrivant avec un voyageur comme colis à la main.

(2) Le vin et les pépins de raisin sont admis à la libre circulation.

(3) Les vignes arrachées et les sarments secs sont, à titre absolu, exclus de la circulation internationale.

(4) A l'exception des pommes de terre provenant des Etats-Unis et du Canada, dont l'importation en France demeure prohibée. (Décret du 27 mars 1875).

(5) Il ne doit être apporté aucune entrave à l'entrée des petites plantes étrangères à la vigne arrivant avec un voyageur comme colis à la main.

MODÈLE DE CERTIFICAT D'ORIGINE

République française

CERTIFICAT D'ORIGINE

1. — *Déclaration de l'expéditeur*

Je soussigné (1)
déclare :

1° Que les plantes contenues dans (2)
marqué (3) adressé à (4) proviennent en entier de mon établissement ;

2° Que cet envoi ne contient pas de vignes ;

3° Que les plants sont emballés (5) leur motte de terre.

(6) le 189 .

(7)

2. — *Attestation de l'autorité compétente*

Le Maire de
atteste, sur le rapport de l'expert délégué :

1° Que l'envoi de plants ci-dessus provient d'un terrain séparé de tout pied de vigne par un espace de 20 mètres au moins, ou par un obstacle aux racines jugé suffisant par l'autorité compétente ;

2° Que ce terrain ne contient lui-même aucun pied de vigne ;

3° Qu'il n'y est fait aucun dépôt de cette plante.

, le 188 .

LOI DU 29 MARS 1883

Rendant applicable à la zone franche du pays de Gex et de la Haute-Savoie la loi du 21 mars 1883, relative aux mesures à prendre contre l'invasion et la propagation du phylloxera en Algérie.

LE SÉNAT ET LA CHAMBRE DES DÉPUTÉS ONT ADOPTÉ,

LE PRÉSIDENT DE LA RÉPUBLIQUE PROMULGUE LA LOI dont la teneur suit :

ARTICLE PREMIER. — La loi du 21 mars 1883, relative aux mesures à prendre contre l'invasion et la propagation du *phylloxera* en Algérie, est applicable, jusqu'au 31 décembre 1887, à la zone franche du pays de Gex et de la Haute-Savoie.

La présente loi, délibérée et adoptée par le Sénat et par la Chambre des députés, sera exécutée comme loi de l'État.

Fait à Paris, le 29 mars 1885.

Jules GRÉVY.

Par le Président de la République :

Le Ministre de l'Agriculture,

J. MÉLINE.

(1) Nom, prénom, profession et domicile.
(2) Nombre et nature des colis.
(3) Marque et numéro.
(4) Adresse complète du destinataire : nom, profession, domicile (si l'envoi est fait à l'étranger, indiquer le bureau frontière du pays destinataire).
(5) Dire si les plants sont emballés *avec* ou *sans* leur motte de terre.
(6) Lieu de départ.
(7) Signature de l'expéditeur.

NOTE X

Lois et règlements relatifs au phylloxera applicables en Algérie

LOI DU 21 MARS 1883

Sur les mesures à prendre contre l'invasion et la propagation du phylloxera en Algérie

LE SÉNAT ET LA CHAMBRE DES DÉPUTÉS ONT ADOPTÉ,

LE PRÉSIDENT DE LA RÉPUBLIQUE PROMULGUE LA LOI dont la teneur suit :

TITRE PREMIER. — DISPOSITIONS GÉNÉRALES

ARTICLE PREMIER. — Tout propriétaire, toute personne ayant, à quelque titre que ce soit, la charge de la culture ou la garde d'une vigne, est tenu de signaler immédiatement au maire de sa commune tout fait de dépérissement ou même tout symptôme maladif qui se seront manifestés dans ladite vigne.

Une semblable déclaration est obligatoire pour toutes les pépinières ou jardins dans lesquels il existe des pieds de vigne.

Le maire prévient immédiatement le sous-préfet ou le préfet.

ART. 2 — Le maire de chaque commune est tenu de faire visiter par un expert, une fois par an, et plus souvent s'il est jugé nécessaire, les vignes comprises dans le territoire de sa commune. Il rend compte immédiatement au sous-préfet ou au préfet du résultat de cette visite.

ART. 3. — Le préfet fera visiter sans délai les vignes, pépinières ou jardins pour lesquels il aura reçu la déclaration prévue par les articles 1 et 2, ou dans lesquels il jugera une inspection nécessaire. Son délégué est investi du pouvoir de pénétrer dans ces proprtétés et d'y faire toutes les recherches et travaux d'investigation jugés nécessaires.

Cette visite sera étendue aux vignes environnantes. Le délégué transmet sans délai son rapport au préfet.

ART. 4. — Lorsque l'existence du phylloxera a été reconnue, le Gouverneur général prend un arrêté portant déclaration d'infection de la vigne malade, des pépinières et jardins et des vignes environnantes. Cette déclaration d'infection indique le périmètre auquel elle s'étend.

Ce périmètre comprend les vignes reconnues malades ou suspectes et une zone de protection.

La déclaration d'infection entraîne les mesures suivantes :

I. — Dans les vignes malades ou suspectes :

1° La destruction par le feu des ceps, tuteurs, échalas, feuilles, sarments et autres objets pouvant servir de véhicule au phylloxera ;

2° La désinfection du sol ;

3° L'interdiction de toute nouvelle plantation de vignes pendant un temps qui ne pourra pas dépasser cinq années

II. — Dans la zone de protection :

Le traitement préventif des vignes qui s'y trouvent.

III. — Dans le périmètre total des lieux déclarés infectés :

1° La défense de pénétrer, si ce n'est avec une autorisation du délégué ;

2° L'interdiction de sortie des terres, feuilles, plants et tous objets pouvant servir propager le phylloxera.

ART. 5. — Toute plantation faite à l'aide de plants introduits frauduleusement sera détruite par ordre de l'autorité administrative, sans préjudice des poursuites à exercer contre les délinquants.

ART. 6. — Il est interdit d'introduire, de détenir et de transporter à l'état vivant le phylloxera, ses œufs, larves et nymphes.

ART. 7. — Dans les territoires soumis à l'autorité militaire, les dispositions des articles qui précèdent sont appliquées par l'autorité chargée de l'administration.

ART. 8. — Les frais résultant des opérations prescrites aux articles 3 et 4 sont à la charge de l'Etat.

Les frais de visites ordonnées par l'article 2 sont supportés par la commune. Ces dépenses sont obligatoires.

TITRE II. — INDEMNITÉS

ART. 9. — Le propriétaire dont la vigne aura été détruite en exécution de la présente loi aura droit à une indemnité qui sera à la charge du Trésor.

Cette indemnité ne pourra dépasser la valeur du produit net de trois récoltes moyennes que ladite vigne aurait pu donner, déduction faite des frais de culture, de main-d'œuvre et autres, que le propriétaire ou le vigneron aurait eu à faire pour l'obtenir.

Les autres dommages causés par le traitement de la vigne infectée ou suspecte donneront lieu également à une indemnité correspondant au préjudice causé.

Dans les deux cas, l'évaluation de l'indemnité est faite par le délégué du préfet et un expert désigné par la partie.

Le procès-verbal d'expertise est visé par le maire, qui donne son avis.

Le Ministre peut ordonner la révision des évaluations par une commission dont il nomme les membres.

L'indemnité est fixée par M. le Ministre, sauf recours au Conseil d'Etat.

ART. 10. — Il n'est alloué aucune indemnité à tout détenteur de vigne, à un titre quelconque, qui aura contrevenu aux dispositions de la présente loi ou aura introduit chez lui des plants ou produits agricoles ou horticoles dont l'introduction est prohibée.

TITRE III. — PÉNALITÉS

ART. 11. — Sans préjudice de la déchéance prévue à l'article 10 et des responsabilités inscrites dans les articles 1382 et suivants du Code civil, les contrevenants aux dispositions qui précèdent, aux décrets et aux arrêtés rendus pour l'exécution de la présente loi, seront passibles des peines édictées par les articles 12, 13, 14 et 15 de la loi des 15 juillet 1878-2 août 1879.

ART. 12. — Toutes les dispositions inscrites dans les lois des 15 juillet 1878 et 2 août 1879, en ce qu'elles ne sont pas contraires à la présente loi, restent applicables à l'Algérie.

La présente loi, délibérée et adoptée par le Sénat et par la Chambre des députés, sera exécutée comme loi de l'Etat.

Fait à Paris, le 21 mars 1883.

Jules GRÉVY.

Par le Président de la République :

Le Ministre de l'Agriculture,

J. MÉLINE.

DÉCRET DU 12 JUILLET 1880

Etendant à l'Algérie les effets de la loi des 15 juillet 1878-2 août 1879

LE PRÉSIDENT DE LA RÉPUBLIQUE FRANÇAISE,

Sur le rapport du Ministre de l'Agriculture et du Commerce ;

D'après la proposition du Gouverneur général de l'Algérie ;

Vu la loi des 15 juillet 1878-2 août 1879, relative aux mesures à prendre pour arrêter les progrès du phylloxera et du doryphora en France ;

Vu le décret du 21 juin 1879, portant interdiction d'importation en Algérie des produits énumérés dans le décret ;

Considérant qu'il importe de compléter le régime spécial de l'Algérie : d'une part, l'effet d'assurer la répression pénale des délits ; et, d'autre part, en vue de permettre à l'autorité de faire appliquer, suivant les circonstances de temps et de lieu, les dispositions de la loi des 15 juillet 1878-2 août 1879,

DÉCRÈTE :

ARTICLE PREMIER. — La loi des 15 juillet 1878-2 août 1879 susvisée est déclarée applicable à l'Algérie.

A cet effet, elle sera publiée et promulguée à la suite du présent décret, qui sera inséré au *Bulletin officiel des Actes administratifs* du gouvernement général de l'Algérie.

ART. 2. — Le décret du 23 juin 1879, spécial à l'Algérie, reste et demeure en vigueur. Par suite, les arrêtés pris en France pour l'application de ladite loi des 15 juillet 1878-2 août 1879 ne sont pas exécutoires en Algérie.

ART. 3. — Le Gouverneur général de l'Algérie exerce celles des attributions conférées au Ministre de l'Agriculture et du Commerce par la loi des 15 juillet 1878-2 août 1879.

ART. 4. — Le Ministre de l'Agriculture et du Commerce et le Gouverneur général de l'Algérie sont chargés de l'exécution du présent décret.

Fait à Paris, le 12 juillet 1880.

Jules GRÉVY.

Par le Président de la République :

Le Ministre de l'Agriculture et du Commerce,

P. TIRARD.

DÉCRET DU 17 JUIN 1881

Réglementant l'introduction des produits agricoles et des engrais

LE PRÉSIDENT DE LA RÉPUBLIQUE FRANÇAISE,

Sur le rapport du Ministre de l'Agriculture ;

Vu la loi des 15 juillet 1878-2 août 1879 ;

Vu la loi du 21 mars 1883, relative aux mesures à prendre pour empêcher la propagation du phylloxera en Algérie ;

Vu le décret du 24 juin 1879, relatif aux prohibitions édictées pour protéger l'Algérie contre l'invasion du phylloxera ;

Vu l'avis de la Commission supérieure du phylloxera ;

Vu l'avis du Gouverneur général de l'Algérie,

DÉCRÈTE :

ARTICLE PREMIER. — Est prohibée l'importation en Algérie, quelle qu'en soit la provenance :

1° Des ceps de vigne, sarments, crossettes, boutures avec ou sans racines, marcottes, etc., des feuilles de vigne, même employées comme enveloppe, couverture et emballage, des raisins de table ou de vendange, des marcs de raisin et de tous les débris de la vigne ;

2° Des plants d'arbres, arbustes et végétaux de toute nature ;

3° Des échalas et des tuteurs déjà employés ;

4° Des engrais végétaux, terres, terreaux et fumiers.

Ne sont pas compris dans cette prohibition :

Les engrais commerciaux, tels que guanos, phosphates, poudrettes, sels de soude et de potasse, sulfate d'ammoniaque, phosphate de chaux en poudre, superphosphates, les chiffons de laine, os, tourteaux, plâtres, chaux, cendres, marnes, sang desséché et frais, et les engrais composés de matières animales et minérales et analogues.

Art. 2. — Est également prohibée l'entrée en Algérie des fruits et légumes frais de toute nature.

Art. 3. — Les pommes de terre seules sont admises à l'importation, mais après avoir été lavées et complètement dégarnies de terre.

Art. 4. — Est et demeure rapporté le décret du 24 juin 1879.

Art. 5. — Le Ministre de l'Agriculture et le Gouverneur général de l'Algérie sont chargés, chacun en ce qui le concerne, de l'exécution du présent décret.

Fait à Paris, le 17 juin 1883.

Jules Grévy.

Par le Président de la République,

Le Ministre de l'Agriculture,

J. Méline.

NOTE XI

Formules pour la constitution des Syndicats. — Syndicat de traitements

CONVENTION SYNDICALE POUR LA DESTRUCTION DU PHYLLOXERA

(Art. 5 de la loi du 2 avril 1879)

Article premier. — Les soussignés, propriétaires, demeurant à
canton de
arrondissement de

Vu la loi des 15 juillet 1878-2 août 1879, notamment le § 2 de l'article 5 de la dernière loi, ainsi conçu :

« Lorsque des propriétaires, en vue de la destruction du phylloxera sur leur territoire, se seront organisés en associations syndicales temporaires, approuvées par l'autorité administrative, ils pourront recevoir, sur l'avis conforme de la section permanente de la Commission supérieure du Phylloxera, une subvention de l'État. Cette subvention ne pourra, dans aucun cas, dépasser la somme votée par le Syndicat pour le traitement des vignes phylloxérées ; »

Vu la circulaire n° 399 de M. le Ministre de l'Agriculture et du Commerce, en date du 20 août 1879,

S'organisent en association syndicale temporaire, ayant pour objet réel et unique la défense du vignoble par l'emploi d'un des traitements que recommande la Commission supérieure du Phylloxera, en vue d'obtenir la subvention de l'Etat indiquée dans la loi ci-dessus visée du 2 avril 1879.

ART. 2. — Le bureau est composé comme il suit ;

Président, M.
Secrétaire, M.
Trésorier, M.

ART. 3. — Le Syndicat a son siège à

ART. 4. — Les associés s'engagent à faire la dépense présumée nécessaire pour traiter, avec le secours du Gouvernement, hectares ares, se répartissant ainsi, savoir :

Nos D'ORDRE	NOMS DES PROPRIÉTAIRES qui s'engagent A PARTICIPER A LA DÉPENSE	DOMICILE	SUPERFICIE DES VIGNES	
			hectares	ares

ART. 5. — Les travaux de traitement à la dose de par mètre carré sont évalués à la somme de par hectare, savoir :

Pour l'insecticide (1), kilos, à fr. les 100 kilos.	»	»
Pour les transports, main-d'œuvre	»	»
Total égal . . . . fr.	»	»

ART. 6. — Chaque associé doit une part de la dépense nette, proportionnelle au nombre d'hectares pour lesquels il a adhéré au Syndicat.

Fait en quadruple expédition à , le 188 .

(*Suivent les signatures.*)

Syndicat mixte de recherches et de traitements

ARTICLE PREMIER. — Une association syndicale mixte de recherches et de traitements est formée entre les soussignés à l'effet de défendre contre l'invasion du phylloxera leurs vignes situées dans (arrondissement et commune), et de profiter des avantages édictés par les lois des 15 juillet 1878-2 août 1879.

ART. 2. — Les soussignés déclarent adopter comme mode de traitement (le sulfure de carbone ou le sulfocarbonate de potasse), appliqué suivant les méthodes recommandées par la Commission supérieure du Phylloxera.

ART. 3. — La durée de l'association est fixée à années, à partir du 1885.

ART. 4. — Le Syndicat a son siège à

(1) Désigner le mode de traitement employé.

ART. 5.— Le syndicat est administré par un bureau composé d'un directeur, d'un secrétaire et d'un trésorier.

ART. 6.— Les associés s'engagent à payer une cotisation de francs par hectare de vignes possédées par eux dans le périmètre d'action du Syndicat.

ART. 7.— Les sommes provenant des cotisations formeront, avec la subvention qui sera ultérieurement sollicitée de l'Etat, un fonds commun affecté: 1° au service de recherches; 2° aux frais de traitement sur les vignes où l'insecte est ou viendra à être découvert; 3° aux frais généraux.

ART. 8.— Le Directeur représente le Syndicat: il est son intermédiaire auprès de l'Administration; il a la signature sociale et agit en justice au nom du Syndicat, tant comme demandeur que comme défendeur.

ART. 9.— Le Secrétaire est chargé de la correspondance; il convoque aux assemblées générales et mandate les dépenses après l'approbation du Directeur.

ART. 10.— Le Trésorier centralise les fonds du Syndicat et paye les travaux sur le vu des mandats délivrés par le Secrétaire; il prépare pour les subventions de l'Etat les pièces justificatives de dépenses, afin d'obtenir le payement de ces subventions au fur et à mesure de l'avancement des travaux.

ART. 11.— Chaque associé, par le fait même de son adhésion, se reconnaît débiteur de la somme fixée à l'article 6; s'il ne s'exécute pas, il peut être poursuivi par toutes les voies de droit.

Il n'existe aucune solidarité entre les associés et chacun n'est tenu que pour son engagement.

ART. 12.— Les associés se réunissent en assemblée générale, au moins une fois par an, sur la convocation du Directeur, pour entendre le rapport qui sera fait sur l'ensemble des opérations syndicales et communiquer leurs observations. Ce rapport restera aux archives de l'Association; copie en sera adressée au Ministre de l'Agriculture et au Préfet du département.

ART. 13.— Les délibérations sont prises à la majorité des membres présents.

ART. 14.— L'Association est dissoute de plein droit à l'expiration du terme ci-dessus fixé; elle pourra se proroger pour une nouvelle période, mais cette prorogation n'aura d'effet que vis-à-vis des adhérents. Une délibération de la majorité ne saurait engager ceux qui voudraient se retirer de l'Association.

ART. 15.— Les associés font élection de domicile à
chez M. , directeur.

Fait à , le 18 .

(En quadruple expédition.)

(Signature des adhérents.)

Formalités à remplir pour constituer un Syndicat

Pour tous les Syndicats, adresser à la préfecture ou à la sous-préfecture:

1° Trois exemplaires du contrat d'association, dont un sur papier timbré, la minute devant être soumise à la formalité de l'enregistrement.

2° Lettre sur papier timbré, adressée à M. le Préfet pour demander l'approbation du Syndicat.

3° Lettre à M. le Ministre de l'Agriculture lui demandant une subvention, en l'accompagnant des listes de souscription portant les contenances des vignes et la quotité des sommes souscrites.

Dès que le Syndicat a été approuvé par l'autorité préfectorale, il est régulièrement constitué.

La subvention est accordée par le Ministre de l'Agriculture, sur l'avis de la Commission supérieure du Phylloxera. Le président du Syndicat est informé de la décision prise par la préfecture du département.

Le Préfet mandate les fonds proportionnellement aux dépenses faites et aux surfaces traitées, mais seulement après justifications régulières. A cet effet, le trésorier doit réunir toutes les pièces comptables, récépissé des compagnies de chemins de fer constatant le payement du sulfure de carbone ou du sulfocarbonate consommé par le Syndicat; lorsque l'envoi est fait contre remboursement, des factures sont établies sur papier timbré (de 0 fr. 60), certifiées véritables par les fournisseurs et acquittées par eux, en signant sur le timbre à côté; lorsque les produits sont achetés sur place même, acquits pour les frais de transport et de main-d'œuvre, s'il est possible. Un bordereau général, dressé par le trésorier et approuvé par le bureau du Syndicat, établit les dépenses de l'Association qui participent à la subvention de l'Etat. Les frais généraux ne doivent pas être compris dans ce bordereau.

Le bureau du Syndicat est chargé de la répartition entre les sociétaires.

Les délégués départementaux du service contre le phylloxera et les professeurs d'agriculture de chacun des départements fournissent aux viticulteurs tous les renseignements nécessaires pour la constitution des Syndicats (1)

NOTE XII

CIRCULAIRE ADRESSÉE PAR LA COMMISSION FÉDÉRALE SUISSE

7 juillet 1881.

La Commission fédérale s'est occupée, dans ses séances des 27 et 28 juin 1881, de deux questions importantes: celles du chômage des terrains et du traitement des vignobles phylloxérés.

Elle prit, au sujet de la première, la décision de réclamer un chômage de quatre ans, comptés à partir du moment où la mort de la plante a pu être constatée ou du moment du défonçage.

Au sujet de la seconde, elle admet que le sulfure de carbone devait être employé comme toxique, que son dosage devait être porté à 300 grammes appliqués en deux fois, la première dès après la découverte de la maladie, la seconde dix à douze jours après; enfin que la zone d'isolement ou de sûreté devait avoir une largeur de 3 mètres au moins.

Le Département, s'appuyant sur les décisions de la Commission fédérale, adressa, à la date du 7 juillet 1881, une circulaire aux Gouvernements des cantons viticoles, leur rappelant l'ensemble des mesures à prendre pour assurer, soit une surveillance générale efficace, soit un traitement rationnel et présentant des chances de succès. Voici le texte de cette circulaire:

« Messieurs,

» L'arrêté fédéral du 21 février 1878 donne aux autorités fédérales les compétences nécessaires pour organiser la surveillance et l'inspection des vignobles et prendre les mesures préventives que nécessite l'extension du phylloxera. La Convention phylloxérique internationale oblige également le Conseil fédéral à prendre ces mesures.

(1) Extrait de l'ouvrage de MM. Gastine et Couanon sur l'*Emploi du sulfure de carbone*.

Comme il est utile que la tâche qui, dans cette lutte, incombe aux administrations fédérales et cantonales, soit abordée avec ensemble, et comme les expériences faites pendant les dernières années peuvent, à bien des égards, nous servir de direction, nous croyons devoir, de concert avec la Commission phylloxérique fédérale, vous recommander quelques mesures qui nous paraissent de nature à être généralement appliquées.

»Nous vous rappelons d'abord et surtout que le moment est venu de commencer partout les inspections qui doivent avoir lieu chaque année dans tout le vignoble. Le soin minutieux qui sera apporté à ces inspections peut seul faire espérer le succès dans la lutte entreprise.

»C'est à partir du moment où la vigne est attachée que les perquisitions peuvent être faites avec le moins de danger pour la plante et avec le plus de chance de découvrir le parasite.

»La multiplication du phylloxera atteignant généralement son maximum dans les plus grandes chaleurs de nos étés, il est évident que c'est surtout dans les mois de juillet et d'août que la présence du redoutable insecte peut être reconnue, soit par l'aspect extérieur de la plante, soit par l'existence de nodosités sur les radicelles.

»Il est d'une importance capitale d'atteindre l'insecte avant la période de l'essaimage, qui, dans notre climat, commence ordinairement à la fin de juillet. Quand on réussit à l'atteindre alors, les travaux de destruction peuvent être restreints à une circonscription déterminée, et les frais sont réduits à un chiffre supportable. Si, au contraire, la découverte des points d'attaque n'a lieu qu'après cette époque, il devient impossible de fixer la situation des dernières étincelles du foyer.

»Il va sans dire que les visites n'en doivent pas moins être poursuivies jusqu'en automne, bien qu'après la période de l'essaimage, l'on soit beaucoup moins sûr qu'avant de détruire complètement l'insecte. Si on le découvre après l'essaimage, il faut redoubler d'efforts et ne pas oublier que chaque année qui est arrachée à l'ennemi représente une partie importante de notre fortune nationale.

»Bien que nous supposions qu'actuellement on a établi partout des commissions locales auxquelles incombe la tâche, extrêmement importante, d'une surveillance et d'une inspection minutieuses des vignes, et que nous soyons en droit d'attendre de ces experts qu'ils ne négligeront rien de ce qui peut contribuer à faire découvrir à temps le danger, nous croyons que, dans bien des cas, ces commissions trouveraient un appui efficace et un complément de précautions dans l'activité des propriétaires eux-mêmes.

»Quoique la plupart de ces derniers ne possèdent guère toutes les connaissances qui leur permettraient de reconnaître avec quelque sûreté la maladie, il y a incontestablement de véritables avantages à les engager dans la lutte et à les appeler à prendre part eux-mêmes aux recherches, qui sont le point de départ de tout le système de défense. Les personnes qui demeurent à proximité de leur vignoble, qui le visitent fréquemment, qui ont l'habitude de l'observer, sont des alliés qui deviendront précieux, lorsque peu à peu ils seront habitués à ne pas se reposer exclusivement sur les travaux des commissions, mais à faire eux-mêmes l'inspection de leurs ceps. Ils acquerront par la pratique quelque aptitude, que pourront augmenter de bonnes instructions répandues dans la population. On arrivera probablement ainsi un jour à placer le vignoble sous une surveillance qui ne permettra pas au parasite de s'installer sans avoir été signalé dès ses débuts.

»Dans cet ordre d'idées, il peut être utile de recommander aux vignerons de déchausser çà et là des ceps, comme cela s'est fait dans un de nos cantons. Faite avec les précautions nécessaires et poussée à la profondeur des premières radicelles, cette opération ne présente aucun danger. Elle permettra à un œil même peu exercé de reconnaître la présence des nodosités que l'insecte forme sur les radicelles. Si l'observateur possède une loupe, l'opération n'en sera que plus sûre. En tous cas, il doit être bien entendu que la coopération des particuliers ne diminuera en rien ni l'importance, ni le travail, ni la responsabilité des commissions d'inspection.

»Dans le cas où la présence du phylloxera a été constatée, il faut avoir immédiatement recours à l'emploi de substances insecticides. Cette opération ne doit en aucun cas être négligée, et il faut y procéder immédiatement. On s'est servi de différents insecticides, sur le mérite desquels il est permis aujourd'hui de porter un jugement d'une sûreté presque absolue. Les expériences faites dans les cantons de Neuchâtel et de Genève ont surtout contribué à donner des éclaircissements à ce sujet. En nous basant sur ces expériences, nous croyons devoir, pour le cas où la présence de l'insecte serait constatée, recommander l'emploi du sulfure de carbone. Il doit être employé à la dose d'environ 300 grammes par cep, versés dans plusieurs trous, ou 350 grammes par mètre carré. L'application du remède doit avoir lieu en deux fois ; la première moitié de la dose doit être appliquée dès la découverte de la maladie, et la seconde après une période de dix jours environ. Pour la seconde désinfection, il est bon d'avoir égard, autant que possible, aux conditions de la température, l'effet du sulfure de carbone étant augmenté par l'humidité ; aussi convient-il de profiter du moment le plus favorable et d'avancer ou de retarder en conséquence de quelques jours la seconde application.

»Après cette opération, qui est une mesure d'été, nous recommandons pour l'hiver, comme la plus efficace de toutes les mesures, l'arrachage des vignes atteintes. Pour cette opération, il faut entourer le terrain d'un minage poussé à la profondeur des dernières racines, puis il faut recueillir aussi soigneusement que possible les plus petites ramifications des racines et les détruire par le feu. Plus on mettra de soin à cet arrachage, plus il y aura de chances qu'il ne croîtra pas plus tard des pousses sur lesquelles l'insecte qui aurait échappé à la destruction trouverait sa nourriture. On acquerra ainsi l'assurance de pouvoir replanter de vignes le terrain après un laps de quatre années. Quand, pour un motif quelconque, on répugne à avoir recours à cette mesure radicale, il ne reste plus qu'à traiter de nouveau le vignoble infecté, au printemps suivant, par le sulfure de carbone, en appliquant à peu près la moitié de la dose primitive et en répétant cette opération jusqu'à ce qu'on ne voie plus de nouvelles pousses et que les ceps paraissent entièrement morts. Ce moment devra être fixé exactement par une expertise spéciale, le délai de quatre ans après l'expiration duquel il pourra être permis de replanter la vigne devant partir de la constatation de la mort complète de la plante.

»Quand le foyer de la maladie est déterminé d'une manière sûre, les points extrêmes doivent en être marqués par des signes spéciaux, et les travaux de destruction exécutés également dans un pourtour de 3 à 5 mètres en dehors de tous les points d'attaque. Dans les premières années de l'apparition du phylloxera, on étendait cette zone de sûreté jusqu'à une distance de 100 mètres à partir des points extrêmes. Aujourd'hui, les recherches pour constater la présence du fléau se font avec beaucoup plus de sûreté, et l'on ne voit pas de danger à ce que cette zone soit réduite aux limites de 3 à 5 mètres.

»Nous croyons aussi que l'on devrait vouer une attention spéciale aux plants américains, car il est incontestable que c'est par eux que la maladie a été introduite dans notre pays. Ces vignes devraient être l'objet d'une surveillance spéciale. Pour l'exercer d'une manière efficace, il y aurait des avantages à établir une statistique de tous les ceps étrangers, comme nous l'avons déjà recommandé précédemment.»

NOTE XIII

Extrait d'une Note de M. Marcel Bonneville *sur la constitution géologique des vignobles de l'Yonne*

Il est bien facile, à première vue, de donner les grandes coupes géologiques de l'Yonne avec l'énumération des différents crus plus ou moins fameux que portent ces terrains ainsi divisés. Au pied du Morvan, le lias, base du jurassique, nous offre ses bons vins de Rouvré, de Montecherin. Il y a dans le lias encore, probablement la Gironde, le Vault de Jugny (ou plutôt de l'oolithe inférieure). Puis nous avons à traverser tout l'étage jurassique moyen, enfin l'étage jurassique supérieur, qui se termine à Auxerre par les couches du Portland. Cette zone comprend les localités d Arcy, Noyers, la région de Precy-le-Sec, Vincelles, Vincelottes, Vermenton, Irancy, le Tonnerrois, Saint-Bris, Coulanges, enfin quelques vignes d'Auxerre — et j'attirerai tout spécialement l'attention tout à l'heure sur ce point. En suivant toujours la même route du Sud au Nord, le petit Saint-Jacques clair, de Jugny, nous apparaît bien franchement crétacé sur sa colline de craie (turonien). Les vignes suivent la vallée de l'Yonne jusqu'à Villeneuve, toujours sur le terrain crétacé (turonien, senonien) ; mais je crois que ces vignes sont cultivées dans la vallée spécialement sur des alluvions détritiques quaternaires qui doivent contenir en quantité des cailloux roulés du jurassique.

Nous nous arrêterons au Gâtinais, qui sous son froid manteau d'argile tertiaire ne peut plus nourrir la vigne. Les terrains du jurassique, qui constituent la région la plus belle, la plus riche en vigne de l'Yonne, sont bien loin d'être homogènes pétrographiquement, minéralogiquement parlant. On voit à Arcy des calcaires et des marnes, à Vermenton le calcaire lithographique, à Vincelles et Tonnerre, Irancy, Coulanges, le calcaire blanc (corallien supérieur), et au milieu de cet enchevêtrement de sous-étages, il n'y a pas une localité qui, tout en rentrant par elle-même dans une de ces grandes coupes géologiques, ne se compose de terrains différents comme roches constitutives et dont, par conséquent, les éléments chimiques sont aussi différents. Les bonnes vignes de Chablis sont situées sur le sous-étage kimméridien assez prononcé, de même que les localités voisines qui apportent à Chablis plutôt l'aide que la concurrence. Mais, dans ces pays, nous rencontrons aussi le portlandien, dernier terme de la série jurassique.

C'est à Auxerre précisément que l'on se trouve en présence de ce phénomène frappant : On entre dans le climat de la Chainette, qui est portlandien. Si l'on traverse la route de Paris pour se rendre à Boivin en Migraine, on marchera sur le néocomien, premier terme de la série crétacée, séparé dans le temps du Portland, non seulement par l'énorme durée des siècles, mais encore par une évolution complète de la faune fossile, par un changement complet de l'animalisation du globe d'alors. On constatera donc que, dans cette bande de terrains à bonnes vignes, les crus dont le bouquet est à peu près similaire ont la racine en des terroirs très différents comme nature géologique ; le portlandien qui se rapproche de la rivière est caillouteux. La composition du sol serait-elle donc moins influente que l'exposition ? Les éléments géologiques du sol seraient-ils, au fond, de peu de valeur ? C'est sur quoi je ne saurais me prononcer.

Voici du reste le tableau complet des couches géologiques de l'Yonne avec l'indication des localités.

I. — T. *Jurassique.* — *A.* Jurassique inférieur.

a. Lias : Avallon, du Vault.

b. Calcaire à entroques, marnes à foulon, grande oolithe : Vezelay, Nanchèvre Sermizelles, Voutenay, Saint-Moré.

B. Jurassique moyen.

a. Oxfordien ou corallien de M. Zemsert. — Arcy, Noyer, Précy-le-Sec, Noyers et région Vermenton.

b. Corallien blanc supérieur. — Irancy, Vincelles, Vincelottes, Coulanges, Tonnerre.

C. Jurassique supérieur.

a. Kimméridien. — Chablis et la banlieue, Saint-Bris (en partie).

b. Portlandien, Saint-Bris (en partie), Auxerre (en partie. — la Chainette).

II. — T. *Crétacé.* — *a.* Néocomien. — Auxerre (en partie. — Migraine).

b. Turonien (*craie blanche*) : Saint-Jacques.

III. — T. *Tertiaire* — Dans le Gâtinais (presque nul).

IV. — *Alluvions quaternaires.* — Dans toutes les vallées.

TABLE ALPHABÉTIQUE

Des localités et des crûs mentionnés dans l'Ouvrage

N

O

P

TABLE ALPHABÉTIQUE

Des Accidents, Maladies, Parasites animaux ou végétaux qui atteignent les Vignes

TABLE ALPHABÉTIQUE DES CÉPAGES

H

I

N

Q

R

TABLE MÉTHODIQUE DES MATIÈRES

FIN

ERRATUM

Page 544, ligne 10, lisez : *points* au lieu de *poils*.

PUBLICATIONS DE LA LIBRAIRIE CAMILLE COULET, ÉDITEUR

Catalogue illustré et descriptif des vignes américaines, par MM. BUSH et fils et MEISSNER. — 2me édition française, avec 149 figures intercalées dans le texte, 3 planches en chromo-lithographie ; traduite sur la troisième édition anglaise par Louis BAZILLE, revue et annotée par J.-E. PLANCHON. 1 vol. gr. in-8° jésus de 234 pages. Prix, 8 fr. ; franco . . . . 8 fr. 75

Cazalis (F.). Traité pratique de l'art de faire le vin, par le Dr Frédéric CAZALIS, directeur du *Messager agricole*, président de la Société d'Agriculture de l'Hérault. Montpellier, 1890. 1 vol. in-8° de 400 pages, avec 68 figures dans le texte ; prix 7 fr. 50. Franco poste . . . . 8 fr. 25

Coste-Floret (P.). Procédés modernes de vinification, par P. COSTE-FLORET. Montpellier, 1894. 1 vol. in-12 de 450 pages, avec 20 figures dans le texte ; prix 6 fr. Franco poste 6 f. 75

Fitz-James (Mme la duchesse de). La viticulture franco-américaine (1869-1889). Congrès viticoles. Excursions viticoles en France et en Algérie. La viticulture au point de vue financier. Bouture à un œil ; par Mme la duchesse de FITZ-JAMES. Montpellier, 1889, 1 vol. in-12 de 680 pages, avec figures dans le texte ; prix 6 fr. Franco poste. . . . 6 fr. 75

Houdaille (F.). Le Soleil et l'Agriculteur, avec un appendice sur la Lune et les influences lunaires, par F. HOUDAILLE, professeur de physique à l'École nationale d'agriculture de Montpellier. Montpellier, 1892. 1 vol. in-12 de 542 pages, avec 82 figures dans le texte. Prix 4 fr. 50. Franco . . . . 5 fr.

Marès (Henri). Description des cépages principaux de la région méditerranéenne de la France, par Henri MARÈS, membre correspondant de l'Institut, membre de la Société nationale d'agriculture de France, secrétaire perpétuel de la Société centrale d'agriculture de l'Hérault. 1 vol. in-folio carré (44 sur 56 c.), de 30 planches en chromolithographie et de 120 pages de texte ; prix en livraison. . . . . 75 fr.
Relié toile pleine, planches montées sur onglet. . . . . 85 fr.
Demi rel. maroquin, planches montées sur onglet. . . . . 90 fr.

Mayet (Valéry). Les insectes de la vigne et les moyens de les combattre, par Valéry MAYET, professeur à l'École nationale d'agriculture de Montpellier, avec quatre planches, dont trois en chromolithographie et nombreuses figures dans le texte. Montpellier, 1889. 1 vol. in-8° de 350 pages ; prix 10 fr. Franco poste . . . . 11 fr.

Pulliat (V.). Manuel du greffeur de vignes. Quatrième édition. Montpellier, 1889, in-8°. Franco poste . . . . 1 fr. 15

— Mille variétés de vignes, descriptions et synonymies, par V. PULLIAT, professeur de viticulture à l'Institut national agronomique, troisième édition. Montpellier, 1888. 1 vol. in-12 de 400 pages ; prix 4 fr. Franco poste . . . . 4 fr. 50

Rougier (L.). Manuel pratique de vinification, par L. ROUGIER, professeur départemental d'agriculture de la Loire. 3e édition, revue et augmentée. Montpellier, 1894. 1 vol. petit in-8°, avec 45 figures dans le texte ; prix 4 fr. Franco poste . . . . 4 fr. 50

Rovasenda. Essai d'une ampélographie universelle, par le comte de ROVASENDA ; traduite, annotée et augmentée par le Dr F. CAZALIS et G. FOEX directeur et professeur, et Pierre VIALA, professeur de viticulture à l'École nationale d'agriculture de Montpellier. 2me édition, augmentée, avec une planche en couleur. Montpellier, 1887. 1 vol. in-4° ; prix 7 fr. Franco poste . . . . 7 fr. 75

Viala (P.). Les maladies de la vigne, par Pierre VIALA, professeur de viticulture à l'Institut national agronomique, 3e édition, avec 290 figures dans le texte et 20 planches en chromolithog. Montpellier, 1893. 1 vol. grand in-8° ; prix 24 fr. Franco poste . . 26 fr.

— Les hybrides Bouschet, essai d'une monographie des vignes à jus rouge, par P. VIALA, répétiteur de viticulture à l'École nationale d'agriculture de Montpellier, avec 5 planches en chromolithogr. Montpellier, 1886. 1 vol. gr. in-8 ; prix 7 fr. Franco. 7 fr. 60

Viala (Pierre). Une mission viticole en Amérique, par Pierre VIALA, professeur de viticulture à l'École nationale d'agriculture. Montpellier, 1889. 1 vol. in-8 avec 8 planches en chromolithog. et une carte géologique des États-Unis. Prix 15 fr. Franco poste. 16 fr.

— Monographie du Pourridié des vignes et des arbres fruitiers, par P. VIALA, docteur ès sciences, professeur de viticulture à l'Institut national agronomique, avec 7 planches gravées. Montpellier, 1891. 1 vol. gr. in-8° jésus ; prix 8 fr. Franco . . . . 8 fr. 50

SOUS PRESSE, POUR PARAITRE PROCHAINEMENT

Ferrouillat (P.) **et Charvet.** Les celliers, construction et matériel vinicole, avec la description des principaux celliers du Midi, de la région de Bordeaux, de la Bourgogne et de l'Algérie. 1 vol. gr. in-8° de 500 pages, avec un grand nombre de figures dans le texte et environ 50 planches hors texte.

MONTPELLIER. IMP. SERRE ET ROUMEGOUS, RUE VIEILLE-INTENDANCE.

www.ingramcontent.com/pod-product-compliance
Lightning Source LLC
La Vergne TN
LVHW020950300926
849160LV00007B/102